U0392355

国学经典文库

图文珍藏版

一部贯通历史长河的通书　百姓居家常备的实用宝典

中华历书大全

第一册

刘宇庚◎主编

线装书局

图书在版编目（CIP）数据

中华历书大全：全4册 / 刘宇庚主编. -- 北京：
线装书局, 2016.3
ISBN 978-7-5120-2154-9

Ⅰ. ①中… Ⅱ. ①刘… Ⅲ. ①历书 – 中国 Ⅳ.
①P195.2

中国版本图书馆CIP数据核字(2016)第019757号

中华历书大全

主　　编：刘宇庚
责任编辑：高晓彬
装帧设计：博雅圣轩藏书馆 Boyashengxuan Cangshuguan
出版发行：线装书局
　　　　　地　址：北京市西城区鼓楼西大街41号（100009）
　　　　　电　话：010-64045283（发行部）　64045583（总编室）
　　　　　网　址：www.zgxzsj.com
经　　销：新华书店
印　　制：北京彩虹伟业印刷有限公司
开　　本：710mm×1040mm　1/16
印　　张：112
字　　数：1360千字
版　　次：2016年3月第1版第1次印刷
印　　数：0001 – 3000套

更多资讯请访问官网

定　　价：598.00元（全四册）

六十甲子

　　六十甲子是最早、最大的发明创造，它最古老的用途是纪年、纪月、纪日、纪时。纪年为 60 年一个周期，纪月为 5 年一个周期，纪日为 60 天一个周期，纪时为 5 天一个周期，六十甲子的科学原理，虽然无法破译，但由其衍生出来的五运六气理论及四柱命理学理论千年不衰。

二十八星宿

　　二十八星宿是古代汉族天文学家为观测日、月、五星运行而划分的二十八个星区，用来说明日、月、五星运行所到的位置。每宿包含若干颗恒星，作为汉族传统文化中的重要组成部分之一，曾广泛应用于古代天文、宗教、文学及星占、星命、风水、择吉等术数中。

天干地支

　　天干地支简称"干支"。在中国古代的历法中，甲、乙、丙、丁、戊、己、庚、辛、壬、癸被称为"十天干"，子、丑、寅、卯、辰、巳、午、未、申、酉、戌、亥叫作"十二地支"。天干地支组成形成了古代历法纪年，以此相配，组成了六十个基本单位，又形成了一套干支纪法。

阴阳五行

　　阴阳五行是中国古典哲学的核心，为古代朴素的唯物哲学。它认为世界是物质的，物质世界是在阴阳二气作用的推动下孳生、发展和变化；并认为木、火、土、金、水五种最基本的物质是构成世界不可缺少的元素，阴阳与五行两大学说的合流形成了中国传统思维的框架。

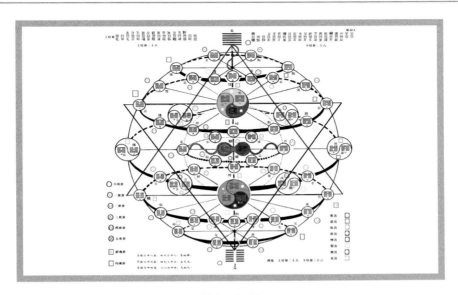

易经八卦

　　《易经》是一部成书于中国殷周时代的，用阴阳符号系统来表示哲学内容的占筮著作。它是一部利用八卦及六十四卦以占筮解辞的方式来阐述世界观的"奇书"典籍，是天地万物变易之学。具体的讲，《易经》就是对六十四卦配以卦辞、给三百八十四爻配以爻辞的占筮汇编。

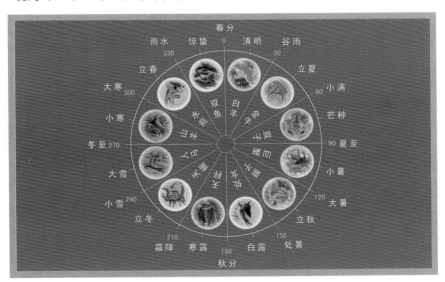

二十四节气

　　根据视太阳在黄道上的位置，划分反映我国一定地区一年中的自然现象与农事季节特征的二十四个节候。即：立春、雨水、惊蛰、春分、清明、谷雨、立夏、小满、芒种、夏至、小暑、大暑、立秋、处暑、白露、秋分、寒露、霜降、立冬、小雪、大雪、冬至、小寒、大寒。

民间诸神

民间诸神是民间奉祀的神灵，他们既不同于加载国家祀典的神灵，也不同于佛道两教诸神；但是民间神灵崇拜又与"国家诸神"、"宗教诸神"有密切的关连。它的形成和发展基本是一个和国家、宗教诸神交相涵化，互相吸收的过程。广为人知的灶王爷、门神就属于民间诸神。

民间禁忌

民间禁忌主要指一社群内的文化现象，即对神灵的崇拜和畏惧，对欲望的克制和限定，对仪式的恪守和服从，对教训的总结和记取。具体包括日常生活禁忌、言谈装扮禁忌、婚丧嫁娶禁忌、出丧日期禁忌、风水忌避的葬地、居丧和祭扫禁忌、非正常死亡禁忌、行业禁忌等。

人文传说

　　人文传说泛指人民群众所创作和传播的所有散文类的民间文学作品，如盘古开天、女娲补天、嫦娥奔月、后羿射日、伏羲画卦、仓颉造字、轩辕造车、大禹治水、老子出关、孔子周游列国、孙武兵法、孟母三迁、孟姜女哭长城、牛郎织女、梁祝化蝶、白蛇传、西天取经等。

十二生肖

　　十二生肖也称十二属相，是中国民间计算年龄的方法，是中国传统文化的重要部分。由12种源于自然界的动物即鼠、牛、虎、兔、龙、蛇、马、羊、猴、鸡、狗、猪组成，用于纪年，顺序排列为子鼠、丑牛、寅虎、卯兔、辰龙、巳蛇、午马、未羊、申猴、酉鸡、戌狗、亥猪。

十二星座

　　十二星座即黄道十二宫，是占星学描述太阳在天球上经过黄道的十二个区域，代表了12种基本性格原型，象征心理层面，反映出一个人行为的表现的方式。依次为白羊座、金牛座、双子座、巨蟹座、狮子座、处女座、天秤座、天蝎座、射手座、摩羯座、水瓶座和双鱼座。

姓名与命运

　　姓名原不过是个符号，不过有人杂以阴阳八卦，四柱五行，创立了各式各样的"姓名学"后，便神秘起来。凡人必有姓和名，既然名字是一个人的符号，那么名字的好坏重不重要呢？因为一个人的姓名将伴随其走完一生之路，一个好名字将使你终身受益。

前　言

中国历法是中华传统文化的重要组成部分，是中国民俗文化中的璀璨明珠。它反映并指导着人们日常的生产及生活，展示着中华民族的传统习惯，是我们劳动人民的智慧结晶。

中国是最早发明历法的国家之一，它的出现对中国经济，文化的发展有一定的影响。经考古发现，早在四千多年前的商周时期，我国先民就已经开始使用历法了。而历书就是将历法研究成果编制为普通百姓日常生活所需的工具书，这项工作古已有之。据今所知，最早发现的历书是三千多年前的甲骨文中记载的，而现存最且最完整的历书是出土于长沙马王堆二号汉墓的《汉武帝元光三年历书》，最早的木雕版历书则出现在唐代文宗时期。唐文宗大和九年，即公元835年，为了防止民间私造滥印历书，文宗皇帝规定今后所有历书都要由皇帝审定，官方刊印，才能流传于世，因此历书也被称为皇历。皇历所记载的历法一般都是以一年为一个版本，第二年变更，故而每年的年终岁尾，都会印下一年度的历书。

古代历书通常被称为"通书"、"皇历"、"时宪书"等，是百姓日常生活中不可或缺的一种工具书，具有参谋生活、指导农事、选定良辰吉日的功效。这是因为历书不仅清晰地显示出年月日及节气的具体数据，反映出自然界时间更替和气象变化的客观规律，还介绍了与农事、生活常识、婚丧嫁娶、传统节日、各地民俗等相关的诸多内容。

农历，中国传统历法之一，也被称为"阴历"、"殷历"、"古历"、"黄历"、"夏历"和"旧历"等。农历属于阴阳历并用，一方面以月球绕地球运行一周为一"月"，平均月长度等于"朔望月"，这一点与阴历原则相同，所以也叫"阴历"；另一方面设置"闰月"以使每年的平均长度尽可能接近回归年，同时设置二十四节气以反映季节的变化特征，因此农历集阴、阳两历的特点于一身，也被称为"阴阳历"。中国的农历之所以被称为"阴阳历"，是因为它不仅有阳历的成分，又有阴历的成分。它把太阳和月亮的运行规则合为一体，做出了两者对农业影响的终结，所以中国的农历比纯粹的阴历或西方普遍利用的阳历实用方便。农历是中国传统文化的代表之一，它的准确巧妙，常常被中国人视为骄傲。至今几乎全世界所有华人以及朝鲜半岛和越南等国家，仍旧使用农历推算传统节日如春节、中秋节、端午节等节日。

汉族地区使用的农历又称夏历，是以月相定月份，以太阳定年周期。以太阳和月亮同时升起，因而在地球上看不到月亮的朔日为每月的开始，每月长短根据月相不同，可能为30或29日，12个月为一年。将太阳年划分为24个节气，第1、3、……23 等奇数为"节"，第 2、4、……24 为"气"，或"中气"。由于太阳年周期和以月相为周期的 12 个月不一致，约隔每四年增加一个月，增加到没有中气的月后面，如 2004 年 2 月只有一个节"惊蛰"，没有气，将闰月增加到 2 月后为闰 2 月。每年的闰月位置都不太一致。农历一年一般为 12 个月，一个月天数依照月亮围绕地球运行周期而定，为 29 或 30 天，闰年为 13 月，中国农历年平年为 353 或 354 天，闰年为 384 或 385 天，平均每年约为 365.2422 天（即太阳环绕地球一周的时间）。

公历是现在国际通用的历法，又称格列历，通称阳历。"阳历"又名"太阳历"，系以地球绕行太阳一周为一年，为西方各国所通用，故又名"西历"。我国从辛亥革命后即自民国元年采用阳历，故又名曰"国历"。为与我国旧有之历相对称，故又名曰"新历"。1949 年正式规定公元纪年。

古人以"上知天文，下知地理，运筹帷幄之中，决胜千里之外"为毕生追求之目标，由此足见天文历法在人们日常生活中的重要作用。事实的确证明了这一点。无论是中国的夏历，还是现今世界通用的公历，它们都在各自的范围内，为各国人民维护社会的和谐做出了不可替代的作用。

生活中的每一个人，固然不一定全都能达到"上晓天文，下知地理"的地步，但是如果对于历法一无所知，那么对于从事任何工作的人来说，都会是令人遗憾的。

知天文地理，让你运筹帷幄。晓人情世俗，为君指点迷津。本套丛书内容广泛，其一包括重点讲述了天文历法知识，涵盖了中华历法演变规律及常识、天干地文、阴阳五行、易经八卦、生肖时辰、天文和地理科普知识、节气与时令的自然观律等传统历法知识，有论有据，有理有趣；其二包括万年历表，作为本书的主体部分之一，以表格的形式列举 1900 — 2100 年间的历史纪年，同时收录了 1801—2020 年中西纪年对照表，具有精确、科学、便于查阅的特点，为读者提供了很大的便利，实用性强；其三包括中华文化大观，介绍了古今贤文、诸子百家、棋琴书画、文学经典、古代谋略、戏曲戏剧、汉字汉语、民间诸神、民间禁忌、人文传说、生肖星座、起名学问、识人大观、健康养生等，内容丰富，妙趣横生；附录部分包括国内长途区号及邮编、国际长途区号及时差表、常用统一电话号码、国际节日等内容。可以说，本书是一套包罗万象之作，在编写过程中，编者尽量做到集众家之长，避他人之短，以为读者提供更为实用的历法知识为宗旨，具有知识面广、内容翔实、数据科学等诸多优点。融知识性、实用性和趣味性于一体，是现代生活的居家必备之宝典。

目　录

国学经典文库

中华历书大全

·目录·

图文珍藏版

1

国学经典文库

中华历书大全

·目录·

图文珍藏版

3

国学经典文库

中华历书大全

·目录·

图文珍藏版

国学经典文库

中华历书大全

·目录·

图文珍藏版

7

国学经典文库

中华历书大全

·目录·

图文珍藏版

国学经典文库

中华历书大全

·目录·

图文珍藏版

第一章　历法是历史的量度尺

时间对于我们每个人都是公平公正的,了解历法知识,能让我们科学地安排好每一天。

黄帝以前,就有了比较完整的历法,它对于人类的生活是极其重要的。试想如果没有准确的历法,人们就无从知道何时播种、何时丰收,甚至季节不分,时序错乱。于是古人按一定法则,科学地安排年、月、日,历法就在这种情况下逐渐形成了。历法是历史的量度尺,是人们生存、发展不可缺乏的工具。同时,了解历法知识,增强时间观念对于我们有计划地开展工作、提高工作效率有非常重要的作用。

一、万年历的由来

万年历是中国文化博大精深的体现,也是人类创造的文化成果之一,它以编排年、月、日、节气等为主要内容,是一种非常实用的便于查阅的工具书,对人类的生产、生活起到了十分重大的作用。当然,"万年"只是一种象征,表示时间跨度大。不过,千百年来大多数人只知道万年历的实用,但对它的来历却是鲜有人知的。它为什么叫做"万年历"呢? 它是由谁发明创造的呢? 要想知道这些问题,还得先说一个很美好的传说故事。

(一)日晷仪和水漏壶

相传在很久很久以前,由于历法制定得不够完善,导致天时和农事不能正确地结合,农民往往付出了辛勤的努力和汗水,却收效甚微,日子过得很艰难。当时的天子祖乙看到自己的百姓深受时节紊乱的苦,心中自是十分忧虑。当听到有人说是因为得罪了天神才会如此,祖乙觉得有理,于是便亲自率领百官,薰香沐浴,设下天台敬祭天神,但是却无济于事,节令还是照样的紊乱。

当时有个名叫万年的青年樵夫,对节令的混乱也是十分焦虑,一心想把节令定准,让百姓过上安康的生活。有一天他上山砍柴,砍累了便坐在树下休息,望着树影出神,心中还在想着如何定节令的事情。不知不觉已经过去了大半个时辰,回过神来他才猛然发现,地上的树影已悄悄地改变了方位。于是万年灵机一动:何不利用日影的长短来计算时间呢? 他兴奋地马上赶回家,开始了自己的研究,没过多久,便设计出了一个可以测日影计天时的日晷仪。不过,这个日晷仪却有一个很大的缺陷,那就是一遇到天阴雨雾的时候,就会失去效用,影响测量的精确程度。

后来有一次,万年在泉边喝水,看到崖上面的水十分有规律、有节奏地往下滴,于是他的兴趣马上又被激发了,灵感也随之而来。于是回到家里,他又动手做了一个五层的漏壶,可以利用漏水的方法来计算时间。这样一来,不管是晴天还是阴天,都能够正确地掌握时间了。有了这个工具,万年更加用心地观察天时节令的变化了。天长日久,他逐渐发现每隔三百六十多天,天时的长短就会重复一次。接下来只要弄懂日月运行的规律,就可以制定出准确的节令了。

(二)得到天子支持,研究更进一步

带着满心的欢喜,万年拿着自制的日晷仪及水漏壶去觐见天子祖乙,他向天子说清楚了天时的变化规律,并说明节令的不准与天神毫无联系。天子祖乙听了他的话龙颜大悦,觉得十分有道理,就好言将万年留下,并在天坛前修建日月阁,筑起日晷台和漏壶亭,又派了十二个童子供万年差遣。祖乙对万年寄予厚望,对他说:"希望你能为天下的黎民苍生谋福,推算出准确的晨夕时间,创建出历法。"万年深深地感受到了自己肩上所负的重任,有了天子的大力支持,他更加专心致志地研究时令了。

过了一段时间后,祖乙派一个叫阿衡的大臣去了解万年制历的进展情况。当阿衡登上日月阁时,看到了万年的初步成果,天坛边的石壁上刻着几行字:

> 日出日落三百六,
> 周而复始从头来。
> 草木枯荣分四时,
> 一岁月有十二圆。

看到这些,阿衡心里非常不安,他知道万年的历法已经研制成功,倘若他日后得到了天子的重用,那么势必会影响到自己的地位。于是,一条毒辣的计策便出现在阿衡的脑海,他花重金收买了一名刺客,准备向万年先下手为强。可是万年把全部的精力都放在了研究时令上面,几乎不离开日月阁一步,使得刺客根本没有下手的机会。于是刺客只好趁夜深人静之时,攀上日月阁,他看到万年正在阁上观察星斗,便挽起了弓箭,只听得"嗖"的一声,万年中箭而倒,不过庆幸的是,这一箭并没有射中要害,只是伤了胳膊。这时,卫士们也发现了刺客,于是当场便将他捉住,送到了天子祖乙面前。祖乙问清楚了阿衡是幕后凶手,便将他收押入狱,然后亲自登上日月阁来看望受伤的万年。

见到天子后,万年便将最新的观测成果呈现给祖乙,说道:"现在申星追上了蚕百星,正是十二个月满之时,星象复原,子时夜交,旧岁已完,新春复始,就请天子定一个节名吧。"祖乙想了想说道:"春为岁首,就叫春节吧。"这也是现在"春节"的来历。

(三)不负重望,大功告成

祖乙见万年为了制定历法,整日不辞劳苦,废寝忘食,如今又受了箭伤,心中自是十分不忍,便请他入宫调养休息一阵。不过万年却回答道:"多谢天子厚爱,不过虽然历法已经制出,但还属草历,仍不够精确,得把岁末尾时也闰进去。不然天长日久,又会遭到节令紊乱。为了天下的百姓,我还是留下来,直到把太阳历定准为止吧。"

冬去春来，年复一年，就这样又经过了数十个寒暑，精确的太阳历终于在万年精心的制定下完成了，当他把太阳历呈给继任的国君时，已经是满头白发。国君对他的精神深为感动，为了纪念他的功绩，便把太阳历定名为"万年历"，还封万年为"日月寿星"。后来，每逢过年人们便会挂上寿星图，据说就是为了纪念德高望重的万年。

以上便是关于"万年历"由来的说法，不管传说是真是假，我们都应该对那个发明万年历的人充满敬意。万年历为人们的生活带来了许多便利，尤其是为农作物的生长提供了准确的时令，其中的无穷奥妙，实非三言两语可以道尽。不管是谁，都应该珍惜这样一个伟大的劳动成果。

二、阳历和阴历的来历

古时候的人们把地球绕太阳转一周称为一年，他们很早就发现年与年之间的间隔数——365 天。不过，"年"这个单位太大，用起来也不方便，而"天"又很小，于是便想方设法在"年"与"天"之间加入一个计量单位，于是历法便应运而生了。对于现代人来说，最熟悉的历法莫过于"阳历"和"阴历"了。

对于"阳历"和"阴历"，相信大部分人都很熟悉，它们是用来记录时间的历法，为人类的生产、生活提供了很大的便利。那么，阳历和阴历到底是怎么来的呢？为什么会有大月、小月之分？为什么会有闰年、闰月之说？这些问题，你都了解吗？

（一）阴历的由来

阳历又被称为"公历"，阳历一年为 365 天，是目前国际上最通用的历法。阳历由古埃及人创立，是按照地球绕太阳转一周（一回归年）为一年来计算的，由"儒略历"修订而成。儒略历采用于公元前 46 年，由古罗马统帅儒略·恺撒修改并制定，根据儒略历法，一回归年的长度是 365.2422 日，即 365 日 5 时 48 分 46 秒，积累四年大约等于一天。据说最初制定历法时，平年为 365 天，闰年为 366 天，每四年一闰，每年分为 12 个月，单月 31 天，双月 30 天。但是这样一来，每年的天数就是 366 天，比回归年 365 天多出了一天，必须从中去除一天。由于在古罗马 2 月份是执行死刑的时期，很多人都认为这个月不吉利，于是便从 2 月中除去了一天，2 月只剩下了 29 天。恺撒死后，其侄子奥古斯都即位，由于奥古斯都出生于 8 月份，为了彰显皇威，于是奥古斯都又从 2 月里抽出一天放在了 8 月，结果 2 月只剩下了 28 天，而原本只有 30 天的 8 月变成了 31 天。从此以后，平年 2 月是 28 天，每逢闰年便是 29 天。后来，其他月份也有一定的改动，如 9 月和 11 月被改成了小月，10 月和 12 月被改成了大月。

经过此次修改后，儒略历又被叫做"格里高利历"，简称"格里历"。此历法曾先后在天主教国家使用，到 20 世纪时被全世界普遍采用，所以又名"公历"。

阳历特有的优点是，当太阳经过赤道、北回归线、赤道、南回归线时，基本上是都在固定的日期，分别是 3 月 22 日、6 月 22 日、9 月 22 日和 12 月 22 日，即春分、夏至、秋分和冬至。由于阳历的历年与回归年十分接近，和季节节气也相互吻合，所以被广泛应用于生产和生活当中。我国也从民国元年起，采用了中华民国纪年和阳历。到 1949 年时，我国真正地采用了公元纪年的历法。

（二）阴历的由来

我们现在所说的农历，其实就是阴历，但它并不是纯粹的阴历，而应该叫做"阴阳历"。阴历是根据月亮圆缺变化的周期来制定的，以月亮围绕地球转一周为一个月，由于古时候的人们称月亮为"太阴"，所以称为"太阴历"，简称"阴历"。由于阴历的历史太过悠久，它产生的确切日期已经很难断定，不过根据现存的甲骨文可以断定，阴历早在殷商时代就已经相当普及了。

历月的长短根据月相来确定，早在两河流域的古人就发现，在大多数年份中，月亮会有 12 个盈亏，而少数年份里则有 13 个盈亏，于是便将一年粗略地定为 12 个月份。后来又经过长期地观察，人们发现月亮绕地球一周的周期为 29.5 天，为了取整数，于是定大月为 30 天，小月 29 天，这样一年共有 354 天。虽然这个数字已经十分接近回归年的长度，但比起阳历的 365 天还整整相差 10 天左右，所以从公历上来看，每年过春节都基本上会提前 10 天左右。如此经过三年，则阴历就会比阳历提前 1 个月左右，为了避免阳历的月份与阴历的月份越拉越大，于是便用"三年左右加一个闰月"的方法来弥补，插入闰月后，阴历的这一年就变成了 383 天或 384 天。这就是为什么阴历有时一年有 12 个月，有时一年有 13 个月的原因了。但长期的观测证明，这种方法还是不够精确，故又将"三年一闰"改为更为精确的"三年一闰，五年再闰……十九年七闰"。一般情况下来说，如果是农历春节前立春，则第二年不闰月，若是过了春节立春的，这一年就会有一个闰月了。如 2007 年的春节在 1 月 29 日，而立春是在 2 月 4 日，阴历闰 7 月。

阴历只是古人凭借着月相来制定的，这是人们最容易也最直接可以看到的天象，因此，各国的历法基本上都是先有阴历后有阳历。但由于阴历的年的长短和回归年无关，也与四季寒暑无关，所以应用率没有阳历那么高。不过阴历有一个阳历所不能的优点，即每个月的十五必是月圆之日。

不管是"阳历"还是"阴历"，都是先辈们留下来的一笔宝贵财富。古人在没有各种先进仪器的情况下，能够借助于自然现象，制定出如此规律的历法，实在是一个了不起的举动。几千年过去了，这些历法依然被普遍地应用在生产生活中，对社会起到了很大的推动作用。

三、公元元年的来历及世纪、年代的划分

历史是一门深奥的学问，它不仅跨越了时间还跨越了空间，人类的文明发展了几千年，历史的车轮行动了几千年。为了能够更加清楚地划分时代之间的界限，为了让历史事件和人物更长久地保留于世，必须要有一种记录时间的单位，这个单位

要大过"年",于是"世纪"和"年代"便应运而生了。

(一)公元元年的来历

说到"世纪"和"年代",就不得不提一下"公元元年","公元"是"公历纪元"的简称,是现在国际上通用的纪年体系。现代人对于"公元元年"都不陌生,但对于它的来历恐怕就不是那么清楚了。其实,这里还有一个小故事。

"公元元年"是由基督教规定出来的,目的是为了纪念他们已故的教主耶稣,据说那一年是耶稣的生日。有一个叫狄奥尼西的权威教徒,为了能够准确地推算出7年之后"复活节"的日期,便提出了一个说法;要把耶稣诞生的那一年定为公元元年。这个主张一提出,便得到众多教徒的大力支持,但是他们却遇到了一个难题,那就是没有人知道耶稣究竟出生在哪一年。这时,狄奥尼西想出了一个办法,他用28乘以19得出的数字532,作为当时的公元年数,即规定当年的年份为公元532年,次年为公元533年。而耶稣诞生之前的时间,被称为公元前。

那么,为什么要用28和19这两个数字呢?这又是一个有趣的传说。因为28这个数字有着特殊的特征,即经过一个28年,各月的号数和星期的日子就会重合。如1977年和2005年,恰好相隔28年,这两年各月的号数和星期日都是相对应的,因此"28年"被人们称为"太阳周"。而19也有一个很奇特的特点,就是每过19年,各月份的同一天会得到同样的"月亮盈亏",如2005年和1986年就是一个很好的例子。

"公元元年"确定后,仅在教会中使用。后来罗马教皇制定格里高利历时,采用了这种纪年法,由于格里高利历法的精确度相当高,所以国际上都通用此历法。后来,尽管有人考证出耶稣是诞生于公元4年,甚至还有人认为历史上根本不存在耶稣这个人,但由于各国沿用原来的历法时日已久,就没做大的改动。就这样,公元纪法一直沿用到了现在。

(二)世纪和年代的划分

16世纪时,历史上需要一个比"年"大比"千年"小的年数段,于是"世纪"这个词便出现了。需要注意的是,如果年份是百位数,那么在百位数上加1就是世纪,如公元672年就是7世纪,如果年份是千位数,则需在前两位数上加上1,如1985年就是20世纪,而不是19世纪。一个世纪是指连续的100年,通常是从可以被100整除的年代的下一年开始,比如21世纪是从2001年开始,到2100年结束,公元7世纪,应该是从公元601年,到公元700年结束。不过,也有一些专家认为世纪应该从0~99来算,也就是说21世纪应该从2000—2099年,不过由于"公元元年"是公元1年而非公元0年,因此这种观点只得到了少数人的认可,大部分学者还是持1~100的世纪年法。

到了20世纪,又出现了"年代"一词,一个年代指连续10年。和世纪有所不同,年代是0~9计算的,而且得到了学者们的公认。例如20世纪70年代,就是从1970年起到1979年止。而每个世纪的最后一年都不包括在年代里,只能说是某某世纪的最后一年,如公元 1000 年就是 11 世纪的最后一年。另外,某世纪的 00～09年,一般不说是某世纪的多少年代,而叫做"某世纪的最初十年",某世纪的 10～19年,也不叫做某世纪的十年代,而是叫做某世纪的第二个十年,如 2010—2019 年就叫做 21 世纪的第二个十年。

"公元元年"的出现,使得人们对于历史年份的记载更加清楚,"世纪"和"年代"的出现,则更是为人们理清了思路。这些纪时法,为历史几千年的发展提供了一个平台,也为人们带来了很大的方便,实在是一项伟大的创举。

四、月相知识

在所有的自然景观中,恐怕月亮是最富浪漫色彩的事物了,千百年来,无数人都将自己的情感寄托在月亮身上,抒发个人的胸怀和抱负。北宋大文豪苏东坡就曾作过一首千古佳作:"人有悲欢离合,月有阴晴圆缺"。这句诗将月相的变化和人间的感情融合交织在一起,写出了高雅深邃的意境,它的艺术魅力感人至深。月球,这个遥远神秘,皎洁而又充满变幻的天体,一直以来就是人们歌颂的对象。那么,它到底为什么会有晴有阴,有圆有缺呢?月相究竟是如何变化的呢?很多人都对此迷惑不已。本节就为大家揭开月相的规律和秘密。

(一)月相的成因

众所周知,由于月亮的表面是由岩石和尘土组成的,它和地球一样,本身并不能发光发热,因此在地球我们所看到的"月光"实际上是月球反射太阳的光。在太阳的照射下,月球向着太阳的那半个球面是亮区,而另半个球面则为暗区。由于月球绕着地球自西向东转,而地球又绕着太阳自西向东转,这就造成了月球相对于地球和太阳的位置总在不停地变化。因此,月球被太阳照射的部分有时向着地球,有时则背着地球,有时显得大一些,有时又会小一些,造成了地球上人们的视觉感官的不同,这就是所谓的月相变化。那么,月相变化的规律到底是怎么样的呢?

简单地来分,在一个月之内按照顺序月相基本上可以分为新月、上弦月、满月、下弦月几种。新月的前后,人们可以看到月球呈现出弯弯的娥眉状,至上弦月时可见到半圆月亮,在满月的时候,能够看到又明又亮的圆盘状,到了下弦月,又剩下半轮月亮。不过,上弦月和下弦月所显示的月球亮光部位是不同的,前者人们看到的是月球的西半幅,而后者则是东半幅。

(二)月相的变化规律

月球是地球的卫星,当月球运行到地球和太阳之间时,它被太阳光照亮的那部分恰好背对着地球,向着地球的那一面就是黑暗的,这时地球上的人们就看不到月亮,人们将这种月相称为"新月",也叫做"朔",也就是农历的每月初一。

新月过后,月球会继续自西向东运转,被太阳光照射的亮区也部分转向地球,到农历初二、初三的时候,人们就可以看到一弯纤细银钩似的月亮,出现在西方的天空,弓背方向朝向夕阳,这一月相被人们形象地称为"蛾眉月"。再过四五天,也就是到了农历初七、初八的时候,月球逐渐远离太阳,等到太阳一落山,月亮就悄悄地爬上来了。此时月球的半个亮区对着地球,人们可以看到半轮月亮,凸面向着西方,直到半夜,月亮才落下去。这个月相叫做"上弦月"。

"十五的月亮圆又圆",对人们来说,算是耳熟能详的一句话了,用专业的术语来讲,农历的十五、十六的月亮叫做"满月",也叫"望"。此时,月球已经转到了地球背着太阳的那一面,这时候地球在太阳和月球的中间,月球被太阳照亮的那一半刚好全部都对着地球,因此人们可以看到一轮圆月。由于此时太阳和月球遥遥相望,因此当太阳在西边落下时,月亮则从东边升起,当月亮落下时,太阳又从东边升起了。

满月过后,月球被太阳照射的亮区部分又逐渐背离地球,开始出现亏缺,人们所看到的月亮一天比一天小,而且月亮升起的时间也一天比一天迟了。到农历的二十二、二十三,满月亏去了一半,人们又只能看到半个月亮,这就是所谓的"下弦月",此时凸面向着东方,下弦月总是到半夜时分才升上来。四五天后,月球又变成一个蛾眉形的月牙状,不过农历初二、初三时的月亮方向相反,此时弓背朝向旭日。人们将这个月相称为"残月"。当月球再次运行至太阳和地球之间时,就又回到了"朔"的状态,也意味着这个月过完了。

月相就是这样月月如一日的,周而复始地变化着。月相变化的周期大约为29.53天,阴历的出现就是以月相的变化为依据的。古时科技水平不发达,而月相这一直观的天象为人们生活和生产提供了重要的资料,对人们产生巨大的影响。有意思的是,由于月球的自转和公转周期是相同的,所以人们看到的月亮始终只是月亮的一面,至于它的另一面究竟是什么样子的,直到20世纪70年代人类的脚步登上了月球的表面才得以解开。

五、闰月和闰年

闰,本义就是余数。指历法纪年和地球环绕太阳一周运行时间的差数,多余出来的叫"闰"。闰年是阳历中的一种现象,固定在二月,比平年加一天,29天;一般年份365天,闰年为366天;闰月是阴历中的一个现象,闰一个月,那一年阴历有13个月,那一年叫闰月年,闰月历年长度为384日或385日。

(一)阴历闰月

闰月是阴历中一种比较常见的现象,阴历是按照月亮的圆缺即朔望月安排大月和小月,一个朔望月的长度是29.5306日,是月相盈亏的周期,阴历规定,大月30天,小月29天,这样一年12个月共354天,比地球绕太阳转一圈的时间365天少十二天。如果这样的话,只需经过17年,阴阳历日期就同季节发生倒置,譬如,某年新年是在瑞雪纷飞中度过,17年后,便要摇扇过新年了。为了补一年相差的十二天,于是规定阴历每三年光景要加一个闰月。说得更精确些,在19个阴历年里加近七个闰月,那么夏历每年的平均天数就几乎是365天多了。这就是阴历阴历闰哪个月,决定于一年中的二十四个节气。阴历的每一个月份通常包含一个节气和一个中气,如惊蛰、秋分等。二十四节气在阴历中的日期是逐月推迟的,于是有的阴历月份,中气落在月末,下个月就没有中气了。若某阴历的一个月份只有节气而没有中气,历法便会把该月多加一个月作为闰月。以2001年为例,2001年阴历四月二十九日是中气小满,再隔一个月的初一才是下一个中气夏至,当中这一个月没有中气,就定为闰月,它跟在四月后面,所以叫闰四月。十二个中气,哪个中气属于哪个月,是有规定的:

正月的中气是雨水;二月的中气是春分;

三月的中气是谷雨;四月的中气是小满;

五月的中气是夏至;六月的中气是大暑;

七月的中气是处暑;八月的中气是秋分;

九月的中气是霜降;十月的中气是小雪;

十一月的中气是冬至;十二月的中气是大寒。

至于十二个节气在哪几个月里,那就不一定。一般每过两年多就有一个没有中气的月,这正好和需要加闰月的年头相符。所以阴历就规定把没有中气的那个月作为闰月,来加以调整。闰月是推算出来的,在一年的月序中不固定,除阴历十一月、十二月、正月外,每三年闰一个月,每五年闰两个月,每十九年闰七个月。由此看来,闰月并不神秘。

无论阴历闰月闰哪一个月份,都要遵守以下两条规则:

①冬至必须落在农历冬月(11月)。如果落不上,腊月之前就要添上一个月,成为闰年。

②如果是闰年,冬月后边第一个不含主节气的月份定为闰月。闰月使用前一月份的名称。

(二)阳历闰年

在公历(格里历)纪年中,有闰日的年份叫闰年,一般年份为365天,闰年为366天。闰年是为了弥补因人为历法规定造成的年度天数与地球实际公转周期的时间差而设立的。补上时间差的年份,即有闰日的年份为闰年。

人类居住的地球总是绕着太阳旋转的,地球绕太阳公转一周叫做一回归年,一回归年长365日5时48分46秒。因此,公历把一年定为365天,叫做平年。但是,它又比回归年短约0.2422日,每四年累积约一天,故每四年增加一日,把这一天加于2月末(2月29日),使当年的历年长度为366日,这一年就为闰年。但四年增加一日比四个回归年又多0.0312日,400年后将多3.12日,故在400年中少设3个闰年,也就是在400年中只设97个闰年,这样公历年的平均长度与回归年就相近似了。由此规定:公历年份是整百数的,必须是400的倍数的才是闰年,不是400的倍数的就是平年。例如2000年是闰年,1900年、2100年就不是闰年。总结起来

国学经典文库

中华历书大全

·历法是历史的量度尺·

图文珍藏版

就是人们通常所说的：四年一闰；百年不闰，四百年再闰；千年不闰，四千年再闰；万年不闰，五十万年再闰。

阳历究竟哪一年算是闰年，只要做一次简单的计算就知道，只要符合以下条件之一的年份即为闰年。

①能被 4 整除而不能被 100 整除。

②能被 400 整除。

在自然界中，阴历与阳历虽然各为体系，但它们却是一个不可分割的整体。由于阳历历年的长度（365 或 366 日）很接近回归年的长度，与农业生产和人们生活的要求相一致，因而被广泛采用。但阳历历月中的日期数与月相完全没有关系，而且每个月的情况又各不相同，人们完全无法从阳历历月中的日期来判断月相。所以，人们就用阴历来补充这个不足，阴历历月中的日期大体上与月相保持一致，即阴历每个月的初一大致为新月（朔），十五前后为满月（望），其他月相情况也是如此。所以，阴历与阳历相辅相成，缺一不可，共同指导着人们的生活。

六、星期的来历

星期是一种特殊的记日方法，它与年、月等计时方式一样，是人类经济生活发展所需要的产物。星期是以七天为一周期，周而复始。随着星期的逐渐发展，在人们的不断完善下，现在世界各国通用一星期七天的制度。

（一）一周七天的由来

自然界原本是没有星期的，自然的周期现象是"年""月""日"。一年有十二个月，十二个月又分为四季，每一季三个月，每个月有三十天。无论是四季的划分还是月和日的划分，它们都以自然天文现象作基础，而星期的制定则带有更多人为的因素。现代历法学家一般认为星期的产生与集市贸易活动有关，因为社会生产力达到一定程度，出现了产品交换，逐渐有将集市活动定期化的需要。一月一次嫌太长，于是介于月、日之间的集市间隔周期就出现了。最初各地的一周长短不一。如我国农村有些地区流行逢初一、十五赶"集"，就是以半月作一周；有些地区以每旬逢一或逢一、五的日子赶"集"就是以十日或五日作一周了。古埃及、希腊一周为十日；罗马八日；亚述六日；西非一些部落四日不等。这种现象一直持续到一个月分为 4 周，每周有 7 天的计时方法出现。当然，这些虽然也有一定的道理，可它也只是科学家的一些推测而已。

其实，据史料记载，早在公元前六七世纪，新巴比伦王国通过观察月亮圆缺变化的规律，就总结并制定出了以七日为一周的记时方法。月亮圆缺的各种形状叫做月相。月相由缺到圆再由圆到缺循环一个周期就是一个月，约 29.53 日。在这一个月中，每月月初的一天，由于地球、月球和太阳几乎在一条直线上，月球以它黑暗的半边对着地球，人们看不见月球，这一天的月相被称为"新月"，也叫"朔"。在其余 28 天，人们能够看到月亮。月相由蛾眉月逐渐变为上弦月，由上弦月又逐渐变成满月,称"望";然后再由满月(望)逐渐变为下弦月、蛾眉月、新月(朔)。这种朔望两弦四相,相隔7天,是一种天然的计日单元,于是七天一周制便由古代巴比伦人创造出来了。此外,他们也已认识到金、木、水、火、土五大行星,习惯于把它们与日、月合称为"七曜",其中,土曜日是星期六,日曜日是星期天,月曜日是星期一,火曜日是星期二,水曜日是星期三,木曜日是星期四,金曜日是星期五。"星期"便由此得名,"星期"就是星的日期的意思。公元1世纪,罗马人开始使用这种计日制度,公元321年3月7日,古罗马士坦丁大帝正式颁布施行。人们也把"星期"称为"曜日",如日曜日、月曜日等。

(二)我国星期的命名

中国原来只有"旬"没有"星期",巴比伦人创立星期制后,首先传到希腊罗马等古代世界各地,随后也渐渐地传入到了中国。可是,在西方国家,七日一制的称呼多带宗教色彩。如基督教徒做礼拜这一天,叫"礼拜日",七天称"一个礼拜"。那么中国为什么又把七日一周叫"一星期"呢?

19世纪,中国正处在一个半殖民地半封建时期,外国列强入侵,中国被迫通商后,传教士开始泛滥的进入我国。由于宗教信仰,他们每七天就要做一次礼拜,到了那一天,只要是本教徒,都要做礼拜,于是"礼拜天"就随着做礼拜的那一天流传起来。洋务运动后工业越来越紧密地与"礼拜"联系到了一起,"礼拜一"到"礼拜六"都产生了。但是,"礼拜"这个词终究与非主流的宗教有关系,一个国家的制度怎能与宗教扯上关系,人们需要有一个新的词来表示七天的周期。五四运动时期,研究编写"统一国之用"的官定各种教材的官员之一袁嘉谷,第一次把我国古代历法中二十八宿按日、月、火、水、木、金、土的次序排列,七日一周,周而复始,称为"七曜"的一周改称一星期,以"星期日、星期一……星期六"依次指称周内各日。这一做法非常成功地采用了原来并不流行的"星期"这个词,"礼拜天"改为"星期日",同西方的"Sunday"(太阳天)有了双关的重合。既避免了"礼拜"的宗教含义,又保留了星期原始的含义,还避免了与传统文化的冲突。在"礼拜"被改为"星期"之后很长的一段时间里,"星期"与"礼拜"并存,但是新中国成立后统一为"星期"。"周"是后来才有的,因为只有一个音节,所以,在很多地方,人们为了方便,有时也用"周"替代"星期",即"周一、周二、周三……"

由于不同国家和地区的宗教信仰不同,所以,在不同地区,一星期的开始时间并不完全一致。埃及人的一个星期是从星期六开始的,犹太教以星期天开始,而伊斯兰教则把星期五排在首位……总之,无论怎样,都是采用一个星期七天制。

七、六十甲子

六十甲子是中国最古老的纪年、纪月、纪日、纪时的方法。纪年为60年一个周期,纪月为5年一个周期,纪日为60天一个周期,纪时为5天一个周期。如在考古中发现最早的汉字是甲骨文,而甲骨文所记录的大多数文字是对六十甲子的记录,所以,六十甲子是中华民族最早、最伟大的发明创造。

(一)六十甲子表

六十甲子是以天干和地支按顺序相配的,干有十干,支有十二,阳干配阳支,阴干配阴支,将十干与十二支循环组合,求得最小公倍数为60,故称为六十甲子,又叫六十花甲子,又因起头是"甲"字的有六组,所以也叫"六甲"。古代是用干支来记年的,所以有六十年一轮回之说,民间的老人说:我的年龄已经超过一甲子了,意思就是说他已经超过六十岁了。六十甲子的组合见下表:

六十甲子表

01 甲子	11 甲戌	21 甲申	31 甲午	41 甲辰	51 甲寅
02 乙丑	12 乙亥	22 乙酉	32 乙未	42 乙巳	52 乙卯
03 丙寅	13 丙子	23 丙戌	33 丙申	43 丙午	53 丙辰
04 丁卯	14 丁丑	24 丁亥	34 丁酉	44 丁未	54 丁巳
05 戊辰	15 戊寅	25 戊子	35 戊戌	45 戊申	55 戊午
06 己巳	16 己卯	26 己丑	36 己亥	46 己酉	56 己未
07 庚午	17 庚辰	27 庚寅	37 庚子	47 庚戌	57 庚申
08 辛未	18 辛巳	28 辛卯	38 辛丑	48 辛亥	58 辛酉
09 壬申	19 壬午	29 壬辰	39 壬寅	49 壬子	59 壬戌
10 癸酉	20 癸未	30 癸巳	40 癸卯	50 癸丑	60 癸亥

(二)纳音五行

六十甲子和五音十二律结合起来,其中一律含五音,因此又组成了纳音五行。纳音五行是我国古代劳动人民对自然界的最基本的认识和描述,也是对自然信息的深入总结。在六十甲子中,任何一个天干与地支的组合,都有一个新的五行——纳音相对应。《地理大全入门要诀》卷之六中对"纳音五行"做出了这样的解释:"纳音,是根据金属敲之有声来命名。一为火,二为土,三为木,四为金,五为水。甲己子午属九,乙庚丑未属八,丙辛寅申属七,丁壬卯酉属六,戊癸辰戌属五,巳亥归四。这种方法就是将干支数加起来看得数是多少,然后用五去除,所除得的余数,剩一就属火,剩二就属土,以此类推。因此,甲子是二九一十八属木,乙丑是二八一十六属火,纳音总数是三十四,除以五余数为四,四为金,所以纳音属金。"

六十甲子以及纳音五行中的每一个组合,都是一个有机整体,代表天、地、人的有机组合。因为天干象天,地支象地,地支所藏象人。

甲子 乙丑	海中金	丙子 丁丑	涧下水	戊子 己丑	霹雳火	庚子 辛丑	壁上土	壬子 癸丑	桑柘木
丙寅 丁卯	炉中火	戊寅 己卯	城墙上	庚寅 辛卯	松柏木	壬寅 癸卯	金箔金	甲寅 乙卯	大溪水
戊辰 己巳	大林木	庚辰 辛巳	白蜡金	壬辰 癸巳	长流水	甲辰 乙巳	佛灯火	丙辰 丁巳	沙中土
庚午 辛未	路旁土	壬午 癸未	杨柳木	甲午 乙未	沙中金	丙午 丁未	天河水	戊午 己未	天上火
壬申 癸酉	剑锋金	甲申 乙酉	泉中水	丙申 丁酉	山下火	戊申 己酉	大驿土	庚申 辛酉	石榴木
甲戌 乙亥	山头火	丙戌 丁亥	屋上土	戊戌 己亥	平地木	庚戌 辛亥	钗钏金	壬戌 癸亥	大海水

八、四季的成因及划分

春天,是百花盛开、欣欣向荣的季节;夏天,是绿树成荫、生机勃勃的季节;秋天,是秋高气爽、硕果累累的季节;冬天,是银装素裹、白雪皑皑的季节。总之,不管是哪个季节,人们都对它充满了希望。四季作为一种自然现象,不仅表现在温度的变化,还表现在昼夜的长短和太阳高度的周期性变化。千百年来,人们都试图弄清楚四季究竟是怎么形成的,又是如何划分的。随着科学水平的提高,这些问题都已经得到了解决。

(一)四季的成因

地球是一个自转体,自转是造成昼夜交替出现的原因。同时,地球又是一个绕着太阳转的公转体,由于地球公转和自转时并在一个平面上,因此两者之间会出现一个倾斜角,即赤道面与轨道面的交角,这个倾斜角就是造成四季变化的原因所在。地理学上将这个倾斜角叫做黄赤交角,大约为 $23°26'$。由于地球公转时整个球体是倾斜的,因此地轴与黄道面的夹角($66°34'$)基本不变,与地轴的空间指向也基本保持不变。

因为黄赤交角的存在,使太阳直射点最北到达北回归线即北纬 $23°26'$,最南则到达南回归线即南纬 $23°26'$,也就是说太阳直射点只在南纬 $23°26'$ ~ 北纬 $23°26'$ 做周年往返移动。随着时间的变化,太阳直射点会有所不同,地球表面上所获得的热量也会发生变化,如此一来,温度和气候便随之变动,于是就产生了四季。

(二)四季的划分

古时候人们对四季的划分,是以最直观的天气的寒暖为依据的,这也是古代各国人民最普遍的一种划分法。随着天文学家越来越多的发现和研究,人们也渐渐地改进了四季的划分办法。现在,各国所采用的依据是不完全相同的,大致可以分为两种。

第一种:按四立来分。这种方法是我国传统的四季划分办法,以24节气中的立春、立夏、立秋和立冬来作为四季来临的标志。这种划分办法最初是由一个标杆想到的,古人们发现标杆的影子会随着时间而变化,于是就根据影子长短变化的规律将一年分出四个阶段,使四段的影长各具特征。以立春和立秋为起点的影长特征为中等,以立夏为起点的影长最短,以立冬为起点的影长则最长。我国有"热在三伏,冷在三九"的说法,因此以夏至和冬至分别作为夏季和冬季的开始日期,更能与实际的气候相对应,这种划分四季的方法是现在最常见的方法。

第二种:按二分二至来分。这种方法多见于西方一些国家,它更加强调的是四季的气候意义,如春季是以春分为起点,以夏至为结束的,这种方法比我国传统的划分四季的方法迟了几乎一个半月。一些天文学家认为,这种方法有一定的缺陷性,比起以四立划分的方法不够科学。

实际上,从人体所感受的气温来看,夏至并不是最热的时候,冬至也并非最冷的时候,它们离气温的高低极值基本上都还有1~2个月的时间。但是,不管是我国传统的四立划分方法,还是西方国家二分二至的四季划分方法,在天文学上都有其确切的含义和理由,即使它们都无法做到全面地考虑气候特点。

九、区时和国际日期变更线

据说在19世纪,俄国伊尔库次克附近的一个小镇上闹出了这样一个笑话:9月1日早上7点有个邮政官拍了一份电报给芝加哥邮局,等他收到回电时却大吃一惊,因为邮电上写道:"8月31日9时28分收到来电……"9月份发的电报8月份收到,这怎么可能呢?其实,这和他们当时所处的地理位置有关系,那么造成这种情况的原因是什么呢?有什么好的办法来解决呢?

(一)"区时"知多少

众所周知,地球是太阳系中的一颗行星,它不仅要自西向东绕着太阳转,还要每天不停地自西向东绕地轴自转,于是产生了黎明、正午、黄昏和子夜等昼夜更替的现象,周而复始地在世界各地循环出现。太阳能够照到的半个球面就是白昼,那么另外半个球面就是黑夜了,它们之间的过渡界线就是清晨和黄昏。在同一时刻,不同经度的地方时间也不同,如果以日出作为黎明,以日落作为黄昏,那么地球上就会出现一条永恒的由东向西移动的晨昏线,且是不固定的。那么,地球上新的一天究竟应该从哪里开始呢?如果地球上的人都以自己所看到的太阳位置作为确定"一天"的标准,那么时间必定会乱了套,像文章开头那种误会也就不难理解了。

关于这个问题,过去的人们争论了很多年,最终做出了一条行之有效的规定。

平常的生活中,我们口中常说的"几点几分",通常习惯上就称为"时间",其实严格来讲,应该叫做"时刻"。某一地区的时刻,和该地区所处的地理经度有关,经度不同,所对应的时刻也不尽相同。如世界各地的人都习惯将太阳正当头的时刻定为中午12点,当上海是中午12点时,莫斯科的居民却还要经过5个小时才能看到太阳当头照;而此时位于澳大利亚的悉尼人却已经早过了12点的时候了。如果世界各地的人都使用当地的时间标准,势必会给人们的生活带来诸多不便;但如果世界统一使用一个时刻,则又只能满足在同一条经线上的某几个地点的生活习惯。为了克服这些困难,天文学家们不懈地努力着。终于在1879年,加拿大铁路工程师伏列明提出了"区时"的概念,解决了这个问题:将全世界的经度划成一个个区域,每15°划为一个(即太阳一个小时走过的经度),这样就分成了24个区域,在每个区域内都采用统一的时间标准,称为"区时"。由于它是根据太阳的具体位置所确定的时刻,所以又称为"地方时"。由于相邻的区域相差整整一个小时,所以当人们从东走到邻近的一个区域时,就需要将时间拨快1个小时,反之,则需要将时间拨慢1个小时。

天文学家们还规定,每个时区的"中央经线"分别为0°、东西经15°、东西经30°,一直到东西经180°,在每条中央经线的东西两侧各有7.5°的经度范围,这些地区都一律采用该中央经线的地方时作为标准时刻。

(二)国际日期变更线

区时的问题解决了,新的问题又出现了:假如一个人自西向东周游世界,另一个人自东向西周游世界,前者每跨过一个时区,就需要将钟表向前拨一个小时,而后者则每跨过一个时区,就需要将钟表向后拨一个小时。当他们都跨越24个时区回到原地后,前者钟表的时间就是第二天的同一钟点,而后者钟表的时间则为前一天的同一钟点。为了避免这种"日期错乱"现象,天文家们又规定出了一条"国际日期变更线"。

1884年,世界天文学家召开了一次国际经度会议,规定出了一条全世界共用的、可供对照的"日期变更线",叫做"国际日期变更线"。这条变更线位于太平洋中的180°经线上,是"今天"和"昨天"的分界线,因此又叫做"日界线"。这样一来,就避免一些国家会在一天之内有两个日期了,给居民们的生活也带来了很大的便利。大多数人都认为"国际日期变更线"是一条直线,其实并非如此,真正的"日界线"是一条弯曲的折线,它北起北极,直到南极,中间通过白令海峡、太平洋,避开了一些岛屿和地区,没有穿过一个国家。这条线上的子夜,即地方时间零点,这条线的确定,使人们明确了地球新日期开始最早(日界线以西)和最晚(日界线以东)的地区在哪里。按照规定,只要越过这条变更线,日期就需要发生变化:如果从东向西越过,就需要加上一天,如越过之前为16号,那么越过之后就是17号了;相反,如果从西往东越过日界线,则就要减去一天,方法同上。

由于"国际日期变更线"既是一天开始的界限,又是一天结束的界限,因此它所通过的东西 12 时区就显得特别重要,也特别特殊。这两个时区的时刻都一致,但日期却有所不同,仅一线之隔,就相差了一天之久,西边比东边早了一天。因此过此线上,只需要更换日期,而时刻保持不变。这也造成了一些很有趣的现象:在日期变更线西边楚克茨克半岛上居住的人,是全世界最早迎接新年的人;而居住在这条线东边的美国阿拉斯加人,却需要等上 24 小时之后才可以看到新年的曙光。

"区时"和"国际日期变更线"概念的提出,在很大程度上解决了世界各地时间的混乱情况,给人们带来了很大的便利。由于相邻区域的时间刚好相差一个小时,使得各不同时区间的时刻换算变得也极为简单。因此,一百多年来,这种方法一直被世界各地沿用不衰。

十、农历月份的别称

人们平常所说的农历月份,一般都用"一到十二"来表示,不过在我国民间,这些月份还有其他的说法。这些传统的说法,有些根据气候变化而定,有些根据农作物的生长特点而定,总之各不相同,读起来别有一番风味。

(一)百花盛开的春季月份的别称

春节是我国最大的传统节日,我们常在过年的时候说"正月里来闹花灯","正月"指的就是一月。《梦粱录·正月》一书的作者——我国南宋的吴自牧曾在此书中说:"正月朔日,谓之元旦,俗呼为新年"。除了"正月"之外,一月还叫"端月",这是秦始皇时期规定的,由于秦始皇名为"嬴政","政"与"正"谐音,为了避免忌讳,就将"正月"改为"端月"。此外,《后汉书·冯衍传》中说:"开岁发春兮,百卉含英"。这里的"开岁",也是农历一月的另一种说法。

农历二月的说法也是多种多样,相信大家都对宋人叶绍翁的"春色满园关不住,一枝红杏出墙来"这句诗耳熟能详了,由于杏花开在二月,故二月又被人们称为"杏月"。又因二月位于春季之中,所以又叫"仲春"。另外,在《尔雅·释天》有一句话:"二月为如。"如者,乃随从之义,万物相随而出,如如然也。因此,二月另一个别致的名字应运而生——如月。

一年分为四季,三个月为一季,由于在春季中三月排行第三,因此三月又叫做"季月"。同时,三月又是桃花争相开放的季节,所谓"桃花尽日随流水,洞在清溪何处边",唐朝张旭描绘出了一幅如梦如幻的景象,因此三月又叫"桃月"。此外,"晚春"、"暮春"、"蚕月"等都是三月的另外说法。

(二)绿树成荫的夏季月份的别称

农历四月是麦子成熟的季节,《礼记·月令》中说:"孟夏之月,麦秋至。"是故,四月就被冠以"麦月"之称。由于农历四月已经步入了夏季,天气炎热多雨,从气候上而言较多梅雨,又时植梅子黄熟,所以四月就被称为"梅月"。此外,四月还叫"余月",因为《尔雅·释天》说:"四月为余。"四月时节万物皆生枝叶,余是为舒展的意思。

平时人们所说的"仲夏"之月，其实就是五月的别称，它也是最常用的一个别称，是因为五月排在夏季之中。五月是一个特殊的月份，因为五月初五是中国传统的端午节，旧时很多农家都用菖蒲叶与艾叶等扎悬于门首，据说可以驱邪避虫，因此五月又被叫做"蒲月"。另外，五月又被称为"皋月"，《尔雅·释天》中说："五月为皋"。皋者，意为高也，高者上也，而五月阴生，欲自而上，又物皆结实。

从气温上来看，农历的六月是一年中最热的月份，《易·系辞上》说："日月运行，一寒一暑"。因此六月被称为"暑月"。另外，六月又是荷花开放的季节，唐代王昌龄所作的"荷叶罗裙一色裁，芙蓉向脸两边开"，为六月天的人们带来了一丝丝凉意，故六月又叫做"荷月"。此外，"季夏"、"焦月"、"溽暑"等都是六月的别称。

（三）硕果累累的秋季月份的别称

七月是秋季的第一个月，因此有"新秋"之称。古时候，由于各种瓜果也在秋天成熟，因此七月又叫"瓜月"，又因为初秋时有一种兰花开放，因为人们又将七月称为"兰秋"和"秋月"。

八月位于秋季的中间，因此被人们称为"仲秋"。由于十里飘香的桂花在八月开放，且我国很多民歌中都将桂花和八月联系起来，如"八月里来桂花香"，唐朝的诗人宋之问也有"桂子月中落，天香云外飘"的诗句，因此人们又将八月称为"桂月"。由于《尔雅·释天》中云："八月为壮"。因此八月又叫"壮月"。

九月是秋天的最后一个月份，霜降往往在这个月份进行，李商隐曾作诗"青女素娥俱耐冷，月中霜里斗婵娟"。因此，九月又被叫做"霜月"。另外，"菊月"也是九月一个常用的别称，因为菊花在这个季节开放得最为鲜艳，黄巢的《菊花》可以说明这一点："待到秋来九月八，我花开后百花杀。冲天香阵透长安，满城尽带黄金甲"。除此之外，"季秋"、"朽月"等都是九月的别称。

（四）冰天雪地的冬季月份的别称

十月是冬季的第一个月份，因此有"初冬"和"开冬"之称。由于冬季时地里的农活都已忙完，人们就可以闲下来忙一些娶亲嫁女的喜事，静下心来观赏一下良辰美景，因此又将十月称为"露月"、"良月"等。

十一月是冬季的第二个月份，理所当然地被称为"仲冬"。《礼记·月令》："仲冬之月，命之曰畅月"。畅者，充也，因此十一月又被叫做"畅月"，意为充实之月。此外，十一月还有"幸月"、"葭月"、"龙潜月"之说，不过目前尚无确切的证据来说明。

对于十二月的别称，平时人们听说的最多的恐怕就是"腊月"了。以此命名的原因就在于腊梅在这个月份开放，"墙角数枝梅，凌寒独自开。遥知不是雪，为有暗香来"。宋朝王安石的咏梅诗已经将寒冬时节的梅花傲骨表现得淋漓尽致，"腊月"也是十二月份最常用的一个别称。此外，又因为十二月份常常是冰天雪地，严寒彻骨,因此又被称为"冰月"、"严月"。

月份别称的意义,不仅仅只在于它们多出了几个名字,更是古代先人们多年来经验的积累和智慧的体现。这些别称很直观地向人们展示当时月份的气候及农作物情况,我们在感叹祖先们精明的头脑外,更要小心翼翼地保存这些无价之宝。

十一、黄道和黄道吉日

皇历又称农历或农民历,几千年来,老百姓办事之前,都要先翻看一下皇历,然后选个黄道吉日来办此事,以求万事顺利。如婚喜、丧葬、盖房、出远门,乃至剃头、洗澡,都要翻翻皇历,看看哪天是"黄道吉日"。但是,却很少有人知道黄道和黄道吉日的由来。

(一)何为黄道

也许有很多人都会以为"黄道"是一个带有迷信色彩的一个词,其实不然,"黄道"是天文学上的一个名词。天文学把太阳在地球上的"周年视运动"轨迹,既太阳在天空中穿行的视路径的大圆,称为"黄道",也可以说是地球围绕太阳运行的轨道在天球上的投影。

太阳在地球上沿着黄道一年转一圈,一圈360°,为了确定位置的方便,人们把黄道分为12等份,每份30°。每份用邻近的一个星座命名,这些星座就称为黄道星座或黄道十二宫。这样,相当于把一年划分成了12段,在每段时间里太阳进入一个星座。在西方,一个人出生时太阳正走到哪个星座,就说此人是这个星座的。黄道星座沿黄道排列,黄道与天赤道有23°26′的交角(黄赤交角);黄道与天赤道的两个交点是春分点和秋分点。在黄道坐标系中,天体的黄经从春分点起沿黄道向东计量,北黄纬为正,南黄纬为负。南、北黄极距相应的天极都是23°26′。从地球上看,黄道很接近于太阳在天球上做"周年视运动"的轨迹。由于地球公转受到月球和其他行星的摄动,地球公转轨道并不是严格的平面,即在空间产生不规则的连续变化,这种变化包括多项短周期的和一项缓慢的长期运动。短周期运动可以通过一定时期内的平均加以消除,消除了周期运动的轨道平面称为瞬时平均轨道平面。由于黄道很接近于太阳在恒星中的视周年路径。只有应用精密的天文仪器,才能察觉黄道与太阳视周年路径的差别。黄道的严格定义是:黄道是天球上黄道坐标系的基圈。

在白天,我们只能看见太阳而看不到星星。所以当太阳走到一个星座时候,我们就恰好看不见这个星座。也就是说,在一个人过生日时候,是看不到自己所属的那一个星座的。

(二)黄道吉日

黄道吉日,也称"黄道日"、"黄道三辰",是汉族传统对吉日的称谓。黄道吉日就是万事皆宜的日子,可以进行嫁娶、订婚、约会、开张、开市和搬家等重要事宜,该日百事吉利,不避凶忌,万事如意。中国有超过八成的人都有查阅黄道吉日的经验。

　　黄道吉日的推算是星宿家们根据黄道上六大星的运行来确定的。这六大星分别是:青龙、明堂、金匮、天德、玉堂、司命。青龙,是诸神之中最尊贵的,为吉祥的象征;明堂,是要害部门,有如现在的总统府,是旧时人们想象皇帝施政天下的地方;金匮,以金为匮,自然尊贵无比;天德,为天之礼德所在,得之当然无不吉;玉堂,为宏伟大殿所在,神仙之居;司命,文昌司命,典制百兴。从名称和他们所司之职来看,六大星当然十分重要,十分吉利。所谓黄道吉日就是这六神所在的日子,也就是这六辰值日的日子,诸事皆宜,不避凶忌,为黄道吉日。黄道吉日,当然凡事吉利,喜、丧、庆、典自然要挑个黄道吉日。

　　为了人们在翻阅皇历的时候,更方便地查阅黄道吉日,现把一些常用的名词解释如下:

　　嫁娶:男娶女嫁,举行结婚大典的吉日。

　　祭祀:指祠堂之祭祀,即拜祭祖先或庙寺的祭拜、神明等事。

　　安葬:举行埋葬等仪式。

　　祈福:祈求神明降福或设醮还愿之事。

　　出行:指外出旅行、观光游览。

　　开光:佛像塑成后,供奉上位之事。

　　解除:指打扫院落和房屋,解除灾厄等事。

　　动土:建筑房屋时,第一次动起锄头挖土。与"起基"意思相同。

　　安床:指摆放、安置床铺之意。

　　纳采:男女订婚时授受聘金之事,是缔结婚姻的一种仪式。

　　入宅:即迁入新宅、搬入新家。

　　移徙:指迁移住所或搬家之意。

　　破土:仅指埋葬死人时用的破土,与一般建筑房屋的"动土"不同,即"破土"属阴宅,"动土"属阳宅也。

　　入殓:将尸体放入棺材之意。

　　栽种:种植物"接果""种田禾"之意。

　　拆卸:拆掉房屋、建筑物或其他事物。

　　修造:指修理与建造房屋或其他建筑。

　　开市:也就是"开业"之意,与商品行号开张做生意"开幕典礼""开工"意思相近。

　　冠笄:男女年满二十岁所举行的成年礼仪式。

　　订盟:订婚仪式的一种,俗称小聘(订)。

　　立券:订立各种契约、互相买卖之事,与"交易"意思相同。

　　斋醮:庙宇建醮前需举行的斋戒仪式。

　　挂匾:指悬挂招牌或各种匾额。

求嗣：指向神明祈求后嗣（子孙）之意。

安门：放置正门门框。

纳财：购屋产业、进货、收账、收租、讨债、贷款、五谷入仓等。

上梁：修建房屋时，房屋装上大梁。同"架马"意思相同。

赴任：走马上任。

修坟：修理坟墓。

移柩：行葬仪时，将棺材移出屋外之事。

"吉日"一词，虽然带有一层迷信色彩，但是它代表了人们对美好事物的一种追求。至于《老皇历》上所指导的看病、做衣服，甚至连洗澡、理发都要找好日子，那就大可不必遵循了。因为那已是过去时了，在传统文化中也确实有一些糟粕，我们在继承和发扬传统文化的时候，应该"取其精华，去其糟粕，古为今用，灵活运用"。

十二、潮汐

到过海边的人都知道，海水总是按时涨上来，又按时退下去，天天如此，月月如此，年年如此。涨潮时，海水上涨，波浪滚滚，景色十分壮观；退潮时，海水悄然退去，露出一片海滩。人们把白天海水的涨落叫做潮，晚上海水的涨落叫做汐，合称为"潮汐"。我国古书上说："大海之水，朝生为潮，夕生为汐"。那么，潮汐是怎样产生的？

（一）潮汐的形成原因

潮汐是一种很规律的海面升降变化，在很早的时候，很多贤哲都对这个问题进行过探讨，提出过一些假想，但都无法合理地解释这种现象。

随着科学的不断进步和人们对潮汐现象的不断研究，对潮汐现象的真正原因才逐渐有了认识。原来，海水随着地球自转也在旋转，而旋转的物体都受到离心力的作用，使它们有离开旋转中心的倾向，这就好像旋转张开的雨伞，雨伞上水珠将要被甩出去一样。同时，潮汐的发生还和太阳、月球有关系，并且和我国的传统农历对应。潮汐的产生和月球、太阳等天体引力作用也有着密不可分的关系，在万有引力的作用下，月亮对地球上的海水有吸引力，人们把吸引海水涨潮的力叫引潮力。在农历每月的初一即朔点时刻，月亮处在太阳和月球在地球的一侧，所以就有了最大的引潮力，所以会引起"大潮"；在农历每月的十五或十六附近，太阳和月亮在地球的两侧，太阳和月球的引潮力你推我拉也会引起"大潮"；在月相为上弦和下弦时，即农历的初八和二十三时，太阳引潮力和月球引潮力互相抵消了一部分所以就发生了"小潮"，故农谚中有"初一十五涨大潮，初八二十三到处见海滩"之说。地球表面各地离月亮的远近不一样，所以，各处海水所受的引潮力也出现差异。一般正对着月亮的地方引潮力就大，而背对着的月亮的海水所受引潮力变小，离心力变大了,海水在离心力的作用下,像背对月亮那面跑,于是也会出现涨潮。由于天体是运动的,各地海水所受的引潮力不断在变化,使地球上的海水发生了时涨时落的运动,从而形成了潮汐现象。由于地球、月球在不断运动,地球、月球与太阳的相对位置在发生周期性变化,所以引潮力也在周期性变化,这就使潮汐现象周期性地发生。

(二)潮汐的类型

潮汐是每一个海洋水体都会发生的一种周期性运动。如果说月球和太阳的作用是影响各地潮汐变化的共同因素,那么,地球纬度、气象、洋流、海洋地形等,则是影响各地潮汐变化特点的个性因素。二者综合作用的结果,使各地发生潮汐的现象,并表现出不同的特点。仅以海水涨落的高低来说,各地就很不一样。有的地方涨潮时潮水几乎察觉不出,而有的地方却高达几米,气势非常壮观。在我国台湾省基隆,涨潮时和落潮时的潮差只有 0.5 米,而杭州湾的潮差竟达 8.93 米。在一个潮汐周期(约 24 小时 50 分钟,天文学上称一个太阴日,即月球连续两次经过上中天所需的时间)里,各地潮水涨落的次数、时刻、持续时间也均不相同。潮汐现象尽管很复杂,但大致说来不外三种基本类型。

半日潮型:对于地球上任何一个具体地点来说,从它第一次处于对月点的位置转到第二次又处于对月点的位置,所需的时间,比地球自转一周所需的时间(约 24 小时)长一些,先后两次对月位置的时间间隔约为 24 小时 50 分。这个时间间隔叫一个太阴日。在一个太阴日内出现两次高潮和两次低潮,且高潮位与高潮位、低潮位与低潮位潮高相等,涨、落潮历时相等的潮汐称半日潮,涨潮过程和落潮过程的时间也几乎相等(6 小时 12.5 分)。我国渤海、东海、黄海的多数地点为半日潮型,如大沽、青岛、厦门等。

全日潮型:一个太阴日内只有一次高潮和一次低潮高潮和低潮之间相隔的时间大约为 12 小时 25 分,这种一日一个周期的潮称为全日潮。如果在半个月内,有连续七天出现全日潮,而其余的日子里是一天两次潮,这种类型的潮也叫全日潮。如南海汕头、渤海秦皇岛等。南海的北部湾是世界上典型的全日潮海区。

混合潮型:混合潮是半日潮和全日潮之间的一个过渡潮型。一个月内有些日子出现两次高潮和两次低潮,但两次高潮和低潮的潮差相差较大,涨潮过程和落潮过程的时间也不等;而另一些日子则出现一次高潮和一次低潮。潮汐类型的划分,取决于分潮振幅之比。当全日分潮的振幅 H_1 与半日分潮的振幅 H_2 之比等于 1 ~ 2 时,则为混合潮。我国南海多数地点属混合潮型。如海南省三亚市东南部的榆林港,十五天出现全日潮,其余日子为不规则的半日潮,潮差较大,是典型的混合潮。

我国是世界海洋潮汐类型最为丰富多彩的海区之一。由于潮汐涨落与人们的生产和生活有密切关系,人类很早就对潮汐有较深刻的认识,并掌握了潮汐的规律,积累了丰富的经验。用海水来晒制食盐及根据潮水涨退来打捞鱼虾已有很久的历史了。另外,潮汐中还蕴藏着巨大能量,潮汐发电就是靠潮汐的落差来实现的。目前,我国建成了十多座潮汐电站,由于潮汐电站既不浪费能源,也不污染环境,因而,给人们带来无限光明和利益。

第二章　天象

一、星系

天文学中,把恒星以及分布在它们之间的星际气体、宇宙尘埃等物质构成的天体系统叫做"星系",又称"恒星系"。我们所生活着的地球便属于太阳系,太阳系是宇宙中最美丽的星系之一。

二、星座和星体

中国古人认为,可命名的星座有 320 座,其中有名的星体有 2500 颗,如果包括还没有命名的星体,数量可达到 11520 颗。

中国古人把突然出现的星空异象或是流星、彗星叫做客星。客星一般分为五类,分别是周伯、老子、王蓬絮、国皇、温星。而且这五类客星有不同的区别标准:

周伯星:大而色黄,煌煌然;

老子星:明大、色白,淳淳然;

王蓬絮星:状如粉絮,拂拂然;

国皇星:其色黄白,望之上有芒角;

温星:色白而大,状如风动摇;

三、三垣

紫微垣、太微垣、天市垣,俗称"三垣"。在黄河流域见北天上空,以北极星为标准,集合周围其他各星,合为一区,叫紫微垣。古人认为紫微垣是天帝之座。在紫微垣外,在北斗之南,轸宿和翼宿以北的星区是太微垣。在房宿和心宿东北的星区是天市垣。杜甫《秋日送石首薛明府》:"紫微临大角,皇极正乘舆。"大角,北天之亮星,古人以为是天王座。

四、星宿

古代把星座称作"星宿"。《范进中举》:"如今却做了老爷,就是天上的星宿。""天上的星宿是打不得的。"古人认为人间有功名的人是天上星宿下凡降生的,这是迷信说法。

五、二十八星宿

又叫"二十八舍"或"二十八星",是古人为观测日、月、五星运行而划分的二十

八个星区,用来说明日、月、五星运行所到的位置。每宿包含若干颗恒星。二十八宿的名称,自西向东排列为:

东方苍龙七宿(角、亢、氐、房、心、尾、箕);

北方玄武七宿(斗、牛、女、虚、危、室、壁);

西方白虎七宿(奎、娄、胃、昴、毕、觜、参);

南方朱雀七宿(井、鬼、柳、星、张、翼、轸)。

唐代温庭筠的《太液池歌》:"夜深银汉通柏梁,二十八宿朝玉堂。"夸张地描写出了灿烂星光照耀宫阙殿堂的景象。王勃《滕王阁序》:"物华天宝,龙光射斗牛之墟。"是说物产华美有天然的珍宝,龙泉剑光直射斗宿、牛宿的星区。刘禹锡诗:"鼙鼓夜闻惊朔雁,旌旗晓动拂参星。"形容雄兵出师惊天动地的场面,参星即参宿。

六、四象

古人把东南西北四方星空中每方的七个星宿联系起来,想像成四种动物的形象,叫做"四象"。东方名"苍龙",南方名"朱雀",西方名"白虎",北方名"玄武(龟)"。以东方苍龙为例,把角宿到箕宿用虚线联系起来正像一条龙的形象,角宿是龙角,亢宿是龙颈,氐、房像龙身,心宿是龙心,尾宿是龙尾。又如南方朱雀,其中柳宿为喙,星宿是鸟颈,张宿为嗉,轸宿为羽翮。外国把一些星的结合体叫做星座,把星座也想像成各种动物的形象,如天鹅座、猎犬座、狮子座等。

七、五纬

行星古称为"纬",也叫"纬星"。这是与恒星相对而言的,恒星相对位置不变,称为经星。古人实际观测到的行星有五个:金星、木星、水星、火星、土星。这五大行星总名"五纬"。《史记·天官书》:"水、火、金、木、填(镇)星,此五星者,天之五佐,为纬,见(现)伏有时,所过行赢缩有度。"

金星:五纬之一,是离地球最近的一颗行星,古称"明星",因为它在行星中最为明亮。又因其光呈银白色,故又称"太白"。金星在黎明时(日出前)出现在东方,叫启明;黄昏时(日没后)出现在西方,叫长庚。《诗经·小雅·大东》:"东有启明,西有长庚。"宋朱熹《集传》:"启明、长庚皆金星也。"

木星:五纬之一,古称"岁星",或称"岁"。古人认为岁星十二年绕太阳一周,每一年行经一个特定的星空区域,并用此方法以纪年。《左传·襄公二十八年》:"岁在星纪。"晋杜预《注》:"岁,岁星也。"

水星:五纬之一,别名辰星。古人把水星看做行星之长。另外,二十八宿中室宿的一、二两颗大星,即飞马座的 α、β 两星也称水,但那是恒星。

火星:五纬之一,别名荧惑。因其时隐时现,出入无常,令人迷惑,故名荧惑。古人认为荧惑是执法星,以之兆兵象。火星出则有兵(战争),入则兵散。《史记·天官书》:"火犯守角,则有战。"(角,角宿)唐司马贞《索隐》引韦昭:"火,荧惑也。"

《诗经·豳风·七月》:"七月流火。"《毛传》:"火,大火也。"清陈奂《诗毛氏传疏》:"火,东方心星,亦曰大火。"也就是天蝎座的 α 星。

土星:五纬之一,古名"填星"或"镇星",又名"地侯"。土星约二十八年行一周天,与二十八宿数目相等,一年行经一宿,犹如坐镇,故名镇星。

八、七曜

日、月和金、木、水、火、土五行星的总称。曜,光明、照耀之意。日、月、五星皆照耀天下,故名"七曜"(曜也作耀),又叫做"七政"、"七纬"。晋范宁《春秋谷梁传序》:"七曜为之盈缩。"南朝宋鲍照《鲍氏集十河清颂》:"如彼七纬,累璧重珠。"

九、赤道

在地球的若干纬线中,以地心为圆心的是地面上最长的一根纬线,这根纬线叫做地球赤道,简称"赤道"。赤道与地球南北极的距离相等,在纬度零度左右,它把地球分为南半球和北半球。

十、天赤道

若把地球赤道平面无限扩展而同天球(把宇宙空间当作球体看待,这个球体叫做天球)相割形成的天球大圈,叫做天赤道。

十一、黄道

古人认为太阳绕地而行,绕地的轨道称为"黄道"。按照科学的说法,地球绕太阳公转一周时的轨道叫做地球轨道,它的平面叫做地球轨道平面。若把地球轨道平面无限扩展,同天球相割而成的天球大圈就叫做黄道。黄道与天赤道并不重合(即地球轨道平面与地球赤道平面并不重合)而成 23.5° 的角度相交。这就是说黄道在天赤道南北二十几度之间上下摆动。黄道所经之星空称为"黄道带"。

十二、十二次

古人为了观测日月五星的运行、说明节气的变换,把黄道附近一周天按由西向东的次序分为十二等分,叫做十二次,并依次取名,如果和二十八宿相配,则每一星次都有相应的一些星宿,只是因为二十八宿不是等分,所以各星次中星宿的多寡不同。有些星宿分跨两个次,而有些一个次都不止一个星宿。十二次的作用有两点:第一是用来表示一年四季太阳所在的位置,以说明季节变换,如太阳在星纪中交是冬至,在玄枵中交是大寒等;第二是用来说明岁星每年运行所到的位置。岁星十二年一周天,每年行经一个特定的星区,就是次,并以此纪年。如上年"岁在星纪",次年则"岁在玄枵"。

1. 星纪(纪者言其统纪万物,十二月之门,万物之所终始,故曰星纪):对应斗、牛、女三宿，按列国时的分野是：吴越。

2. 玄枵（玄者黑，北方之色，枵者耗也，十一月之时阳气在下，阴气在上，万物幽死，未有生者，天地空虚，故曰玄枵）：对应女、虚、危三宿，按列国时的分野是：齐。

3. 诹訾（十月之时，阴气始盛，阳气伏藏，万物失藏养育之气，故哀愁而悲叹，故曰诹訾）：对应危、室、壁、奎四宿，按列国时的分野是：卫。

4. 降娄（阴生于午，与阳俱行，至八月阳遂下，九月阳微，剥卦用事，阳将剥尽，万物柘落，蜷缩而死，故曰降娄）：对应奎、娄、胃三宿，按列国时的分野是：鲁。

5 大梁（八月之时白露始降，万物于是坚成而强，故曰大梁）：对应胃、昴、毕三宿，按列国时的分野是：赵。

6. 实沈（七月之时，万物极茂，阴气沈沉重，降实万物，故曰实沈）：对应觜、参、井三宿，按列国时的分野是：晋。

7. 鹑首（南方七宿，其形象鸟，以井为冠，以柳为口，故曰鹑首）：对应井、鬼、柳三宿，按列国时的分野是：秦。

8. 鹑火（南方为火，言五月之时，阳气始盛，火星昏中，在七星、朱鸟之处，故曰鹑火）：对应柳、星、张三宿，按列国时的分野是：周。

9. 鹑尾（南方七宿，以轸为尾，故曰鹑尾）：对应张、翼、轸三宿，按列国时的分野是：楚。

10. 寿星（三月，春气布养万物，各尽天性，不罹天矢，故曰寿星）：对应轸、角、亢、氐四宿，按列国时的分野是：郑。

11. 大火（心星在卯，火出木心，故曰大火）：对应氐、房、心、尾四宿，按列国时的分野是：宋。

12. 析木（尾东方，木宿之末，斗北方，水宿之初。次在其间，隔别水木，故曰折木）：对应尾、箕斗三宿，按列国时的分野是：燕。

十三、分野

分野是指星空区域和地面州国之间的对应关系，就是把天上的星宿分别指配于地上的州国，或者说根据地上的区域来划分天上的星宿，于是二者互为分野。比如说某宿是某地某国的分野，或者说某地某国是某宿的分野。唐王勃《滕王阁序》说："豫章故郡，洪都新府。星分翼轸，地接衡庐。"因为豫章古为楚地，而翼轸二宿正是楚的分野，所以说"星分翼轸"。又唐李白《蜀道难》："扪参历井仰胁息，以手扶膺坐长叹。"蜀道跨古益、雍二州，参宿是益州的分野，井宿是雍州的分野。此言蜀道之高险，故云"扪参历井"。古人建立星宿分野，主要是为了观测天象的变化来占卜人间的吉凶祸福。星象学家认为天上有星主风雨，有星主水旱，有星主饥馑，有星主盗贼。某星进入某宿，则该宿在地上的分野区域就会有相应的反应。星宿的分野最初是按列国来分配，后来又以州来分配，也有以十二次为纲再配以列国的。

1.角、亢、氐：兖州。对应的大概是现在河南省东部和安徽北部、山西省东部和河南省西北部、河南新郑一带、山东兖州。

2.氐、房、心、尾：豫州。原先是宋的分野，大概是今河南东部及山东、江苏、安徽之间。

3.尾、箕：幽州。燕国的分野，大概是今河北省北部和辽宁省西端。

4.斗、牛、女：扬州。这三个包括的地方很广。斗分野在吴，牵牛、婺女，则在越，包括了今江苏省南部和浙江省东部及北部，而后来扩展到交趾、南海、九真、日南等。

5.女、虚、危：青州。主要是齐的分野。包括现今山东省及辽宁省辽河以东，及河南省东南一部分。

6.危、室、壁：并州。主要是卫的分野，今河北保定、正定和山西大同、太原一带。

7.奎、娄：徐州。主要是鲁的分野，今山东省南部和江苏西北部。

8.胃、昴、毕：冀州。主要包括赵、魏的分野，今山西北部和西南部、河北西部和南部一带、陕西省东部一带。

9.毕、觜、参：益州。主要是魏晋的分野。今山西省大部与河北省西南地区。

10.井、鬼：雍州。主要是秦的分野，今陕西省和甘肃省一带，还包括了四川的大部分地区。

11.柳、星、张：三河。主要是周的分野，但未详何为称三河。按以河南、河内、河东三郡为三河，而周灭后，多数在魏地，大概是指河南东部及南部一带。

12.翼、轸：荆州。主要是楚的分野，现今湖南大部分，旁及湖北、安徽、广东、江西、贵州等地区。

十四、昴宿

西方白虎七宿的第四宿，由七颗星组成，又称旄头（旗头的意思）。唐代李贺诗"秋静见旄头"，旄头指昴宿。唐代卫象诗"辽东老将鬓有雪，犹向旄头夜夜看"，旄头亦指昴宿，诗句表现了一位老将高度警惕、细心防守的情景。

十五、参商

参指西方白虎七宿中的参宿，商指东方苍龙七宿中的心宿，参宿在西，心宿在东，二者在星空中此出彼没，彼出此没，因此常用来比喻人分隔两地，不得相见。如曹植诗"面有逸景之速，别有参商之阔"，杜甫诗"人生不相见，动如参与商"。

十六、壁宿

指北官玄武七宿中的第七宿，由两颗星组成，因其在室宿的东边，很像室宿的墙壁，又称东壁。唐代张说诗"东壁图书府，西园翰墨林"，形容壁宿是天上的图书馆。

十七、流火

流,下行;火,指大火星,即东官苍龙七宿中的心宿。《诗经·七月》:"七月流火,九月授衣。"七月相当于公历的八月,流火是说大火星的位置已由中天逐渐西降,表明暑气已退,天气转凉。

十八、北斗

又称"北斗七星",指在北方天空排列成斗形(或杓形)的七颗亮星。七颗星的名称是:天枢、天璇、天玑、天权、玉衡、开阳、摇光。此七星排列如斗杓,故称"北斗"。根据北斗星便能找到北极星,故又称"指极星"。屈原《九歌》:"操余弧兮反沦降,援北斗兮酌桂浆。"《古诗十九首》:"玉衡指孟冬,众星何历历。"《小石潭记》中用"斗折蛇行",形容像北斗星的曲线一样弯弯曲曲。

十九、北极星

星座名,是北方天空的标志。古代天文学家对北极星非常尊崇,认为它固定不动,众星都绕着它转。其实,由于岁差的原因,北极星位置也在变更。三千年前周代以帝星为北极星,隋唐宋元明则以天枢为北极星。再过一万二千年以后,织女星将会成为北极星。

二十、彗星袭月

彗星俗称扫帚星,彗星袭月即彗星的光芒扫过月亮。按迷信的说法是重大灾难的征兆。如《唐雎不辱使命》:"夫专诸之刺王僚也,彗星袭月。"

二十一、白虹贯日

白色的长虹穿日而过。"虹"实际上是"晕",是大气中的一种光学现象。这种现象的出现,往往是天气将要变化的预兆。可是古人却把这种自然现象视作人间将要发生异常事情的预兆。如《唐雎不辱使命》:"聂政之刺韩傀也,白虹贯日。"汉代邹阳《狱中上梁王书》:"昔荆轲慕燕丹之义,白虹贯日,太子畏之。"燕太子丹厚养荆轲,让其刺秦王,行前已有天象显现,太子丹却畏其不去。

二十二、运交华盖

华盖,星座名,共十六星,在五帝座上,今属仙后座。旧时迷信,以为人的命运犯了华盖星,运气就不好。鲁迅《自嘲》诗:"运交华盖欲何求,未敢翻身已碰头。"

二十三、月亮的别称

月亮是古诗文提到的自然物中最常被描写的对象之一。它的别称有:

国学经典文库

中华历书大全 ·天象·

图文珍藏版

1. 因初月如钩,故称银钩、玉钩。
2. 因弦月如弓,故称玉弓、弓月。
3. 因满月如轮、如盘、如镜,故称金轮、玉轮、银盘、玉盘、金镜、玉镜。
4. 因传说月中有兔和蟾蜍,故称银兔、玉兔、金蟾、银蟾、蟾宫。
5. 因传说月中有桂树,故称桂月、桂轮、桂宫、桂魄。
6. 因传说月中有广寒、清虚两座宫殿,故称广寒、清虚。
7. 因传说为月亮驾车之神名望舒,故称月亮为望舒。
8. 因传说嫦娥住在月中,故称月亮为嫦娥。
9. 因人们常把美女比作月亮,故称月亮为婵娟。

二十四、东曦

中国古代神话说太阳神的名字叫曦和,驾着六条无角龙拉的车子在天空驰骋。东曦指初升的太阳。《促织》:"东曦既驾,僵卧长愁。""东曦既驾"指东方的太阳已经出来了。

二十五、天狼星

为全天空最明亮的恒星。苏轼《江城子》词:"会挽雕弓如满月,西北望,射天狼。"其中用典皆出自星宿,雕弓指弧矢星,天狼即天狼星。屈原《九歌》中也有"举长矢兮射天狼。"

二十六、老人星

为全天空第二颗最明亮的星,也是南极星座最亮的星。民间把它称做寿星。北方的人若能见到它,便是吉祥太平的事。杜甫诗云:"今宵南极外,甘作老人星。"

二十七、牵牛织女

"牵牛"即牵牛星,又叫牛郎星,是夏秋夜空中最亮的星,在银河东。"织女"即织女星,在银河西,与牵牛星相对。《古诗十九首》:"迢迢牵牛星,皎皎河汉女。"唐代诗人曹唐《织女怀牵牛》:"北斗佳人双泪流,眼穿肠断为牵牛。"

二十八、银河

又名银汉、天河、天汉、星汉、云汉,是横跨星空的一条乳白色亮带,看起来像一条河,由一千多亿颗恒星组成。曹操《观沧海》:"星汉灿烂,若出其里。"陈子昂《春夜别友人》:"明月隐高树,长河没晓天。"苏轼《阳关曲》:"暮云收尽溢清寒,银汉无声转玉盘。"秦观《鹊桥仙》词:"纤云弄巧,飞星传恨,银汉迢迢暗度。"

二十九、文曲星

星宿名之一。旧时迷信说法,文曲星是主管文运的星宿,凡文章写得好而被朝廷录用为大官的人是文曲星下凡。如吴敬梓《范进中举》:"这些中老爷的都是天上的文曲星。"

三十、天罡

古星名,指北斗七星的柄。道教认为北斗丛星中有三十六个天罡星、七十二个地煞星。小说《水浒》受这种迷信说法的影响,将梁山泊一百零八名大小起义头领附会成天罡星、地煞星降生。

三十一、云气

古代迷信说法,龙起生云,虎啸生风,即所谓"云龙风虎"。又说真龙天子所产生的地方,天空有异样云气,占卜测望的人能够看出。比如《鸿门宴》中"吾令人望其气,皆为龙虎,成五采,此天子气也。"

三十二、朔望两弦

月亮是地球的卫星,它环绕地球旋转,地球连同月亮环绕太阳运行。月亮相对于太阳来说,绕地球一周约需 29 天 12 时 44 分,这是月亮盈亏圆缺变化的周期,叫做"朔望月",也就是农历一个月的平均长度。

月亮本身不发光,我们看到的月光是太阳光线照射到月亮,再从月亮表面反射到地球的反射光。因此,月亮对着太阳的半个球面是明亮的,而背着太阳的半球面是黑暗的。太阳、地球和月亮在空间的相对位置时刻在改变,从地球上看,月亮就有盈亏的变化。每当月亮在太阳和地球中间,也就是日、月"黄经"相同的时候,月亮以背光的一面向着地球,地球上就看不到月光,这叫做"朔",这一天是农历的"初一"。

朔日过后一两天,可以看到月亮亮面的一小部分,形似蛾眉,叫"蛾眉月"。以后,随着月亮相对于太阳位置的东移,镰刀形月逐渐变大,大概在朔以后七八天,当月亮距离太阳 90°时,能见到半轮明月凸向西边,日落时高悬在中天,这叫做"上弦"。再过七八天,月亮距离太阳 180°时,也就是地球在太阳和月亮的中间,被照亮的半球完全对着地球,人们可以见到一轮满月,这就是"望"。满月以后,月亮又逐渐接近太阳,月轮也逐渐亏蚀,成为残月。当月亮与太阳的黄经相差 270°时,又可见半轮明月,只是凸向东方,此时叫做"下弦"。以后残月逐渐变窄,月亮又回到太阳和地球中间,与太阳的黄经相合,又见不到月光而成为"朔"了。

三十三、太阳出没歌

正九出乙入庚方,二八出卯入西场。
三七发甲入辛地,四六出寅戌宫藏。
五月艮出乾宫入,仲冬出巽入坤方。

惟有十与十二月,出辰入申仔细详。

三十四、太阴出没歌

三辰五巳八午真,初十出未十三申。
十五酉上十八戌,二十亥上记斜神。
二十三日子时出,二十六日丑时行。
二十八日寅时正,三十加来卯上轮。

三十五、日食和月食

朔的时候,月亮走到太阳和地球的中间,如果这三个天体恰好或几乎排列成一条直线,那么月亮全部或一部分遮住了太阳,就会发生日食现象。望的时候,月亮转到地球背着太阳的一边,也就是地球处在太阳和月亮的中间,此时如果三个天体几乎排列成一条直线,那么地球挡住了太阳射向月亮的光线,月亮进入了地球的阴影区,就发生了月食。

日食可分日全食、日环食和偏食;月食也有全食和偏食之分,但没有环食。

全球每年最多可发生五次日食,最少两次。而月食每年最多可发生三次,一般是一次或两次,也可能一次也没有。月食在半个地球上都能见到,而日食只能在较小区域内看到,所以对某一个地方来说,见到月食的机会要比见到日食的机会多,而见到日全食的机会就更少了。

全食的过程可分五个阶段,初亏(偏食开始)、食既(全食开始)、食甚(地球上看到的亏蚀最大)、生光(全食结束)、复圆(偏食终了,日食的过程结束)。而偏食只有三个阶段,没有食既和生光。日食的"食分"是指太阳亏蚀的程度,以太阳直径为单位计算;月食的"食分"是月亮边缘深入到地影的距离,以月亮直径为单位。

三十六、观天气星诀

云

风静郁蒸热,风雷必振烈。
东风云过西,雨下不待时。
云起南山暗,风雨辰时见。
日出即遇云,无雨必天阴。
云随风雨疾,风雨霎时息。
迎云对风行,风雨转时辰。
日落黑云接,风雨不可说。
云布满山低,连夜雨乱飞。
云从龙门起,飓风连急雨。
西北黑云生,雷雨必震声。

红云日出生，劝君莫远行。

红云日没起，晴明不可许。

天上鱼鳞云，地上雨淋淋。

天上扫帚云，三日雨淋淋。

天上花花云，地上晒死人。

云彩吃了虹，下个没有停。

不孤黑云长，就孤云磨响。

云从东南长，下雨不过晌。

天上灰布悬，雨丝定连连。

天上勾勾云，地上雨淋淋。

早晨东云长，下雨不过晌。

早晨游云走，中午晒死狗。

红云变黑云，必定有雨淋。

红白黑云绞，雹子小不了。

早起天无云，日出光渐明。

暮看西边明，来日定晴明。

丝天外飞云，久晴便可期。

清晨起海云，风雨待时辰。

乌云拦东行，不雨就刮风。

乌云接落日，天变在明日。

黑紫云如牛，狂风急如流。

黑云镶金边，下雨不过三。

满天馒头云，明天雨淋淋。

火烧云盖头，大雨来得快。

月出被云淹，明天是好天。

早晨火烧云，晚上雨倾盆。

云势若鱼鳞，来朝风不轻。

云钓午后排，风色属人猜。

夏云钓内出，秋风钩持来。

晓云东不至，夜云秋过西。

乱云天顶绞，风雨来不少。

风送雨倾盆，云过天暗昏。

早晨云如山，必定下满湾。

早上朵朵云，下午晒死人。

风

初三若有飓，初四更可怕。

二月风雨多,劝君要牢记。
初八及十三,十九二十一。
三月十八雨,四月十八至。
汛头风不长,汛后风雨毒。
春夏东南风,不必回天公。
秋冬西北风,天光必晴明。
长夏风势轻,舟船最可行。
深秋风势动,风势浪未静。
夏风连夜倾,不尽便晴明。
西北黑云生,暴雨必形成。
早怕南云涨,晚怕北云推。
秋冬东南风,雨下不相逢。
春夏西北风,夏来雨不从。
大风不过午,过午连夜吼。
风向四面转,天气快要变。

雨

久雨见星亮,明日雨更明。
久雨鸟雀叫,隔日好天到。
久雨泛星光,午后雨必狂。
下雨天边亮,还要下一丈。
早雨一天晴,晚雨到天明。
有雨天边亮,无雨顶上光。
有雨山戴巾,元雨山拦腰。
旱淋白露干,大旱十个月。
雨点起大泡,连阴定予光。
雨中知了叫,报告晴来到。
雨点铜钱大,有雨也不下。
泥鳅上下游,大雨在后头。
电光西北,雨下连连。
辰间电飞,大飓可期。
电光乱明,无雨风晴。
闪烁星光,雨下风狂。
直闪多雨,横闪多雹。
立秋响雷,百日无霜。
东闪太阳红,西闪雨重重。
六月初一雷,一雷庄九台。

九月雷声发，大旱一百天。
雷打惊蛰前，高山好种田。
先响雷不下，后响雷不停。
闷雷带横闪，冰雹大如碗。
电光乱不晴，明雷不下雨。
秋雷走得早，春雨多不了。

虹

雨下垂虹，霎时晴明。
断虹晚见，不明天变。
断虹电挂，有风不怕。
东虹为云，西虹为雨。
虹高日头低，早晚披蓑衣。
虹吃云彩，永远不来。

日

乌云接日，雨即倾滴。
云下日光，晴明无妨。
早间日珥，狂风即起。
早后日珥，明日有雨。
午前日晕，风起北方。
午后日晕，风势须防。
晕开门如，风色不狂。
早白暮赤，飞沙走石。
日没暗红，无雨必风。
日光晴彩，久晴可待。
日光早出，晴明不久。
返照黄光，明日风狂。
日落胭脂红，不雨就有风。
日落乌云涨，夜半听雨响。
日落云里走，雨在半月后。
日落乌云起，来日必有雨。
日落风不刹，明天还得到。
日落云连云，不雨也阴天。
日落天黄黄，大雨淹倒墙。
日落乌云座，明天推好磨。
日落快冲冲，明天刮大风。
日落不返光，明日大风狂。

图文珍藏版

日落云上长，半夜听雨响。

日落乌云涨，深夜听雨响。

日出紫云生，午后雷雨鸣。

日出东南风，无雨定有风。

中午露一露，下午下个够。

太阳落到云，大雨下倾盆。

太阳落穿山，明朝定晴天。

午前耳生风，午后耳生雨。

早晨太阳黄，午后风必狂。

当午日一现，几天不见面。

霜雾

大雾不过三，小雾不过五。

六月出大雾，大旱到白露。

早晨地罩雾，尽管晒稻谷。

早晨落大雾，尽管洗衣服。

晨雾不过三，不下也阴天。

半夜拉起雾，正午晒死兔。

秋湿冷气生，霜冻必早行。

秋后北风紧，夜静有白霜。

雪

一九有雪，九九有雪。

三月有雪，收成如铁。

小雪满天雪，来岁必丰年。

雪打正月节，二月雨不歇。

节令

一年打两春，黄土变成金。

一场秋雨一场寒，十场秋雨就穿棉。

二月干一干，三月雨不宽。

二月初一雨雪大，芒种前后有一怕。

七月立大秋，早晚都丰收。

七月十五看红花，八月十五定收成。

三伏热似火，一雨便成秋。

五月旱来不算旱，六月连阴吃饱饭。

小雪不种地，大雪不行船。

不怕六月六的雨，就怕七月七的风。

七九河便开,八九雁准来。
六月十三道不开,不是下雨就阴天。
立秋天渐凉,处暑谷渐黄。
一九二九下了雪,头伏二伏水必缺。

第三章　历法

历法大致分为以下三种:一类叫阳历,其中年的日数平均约等于回归年,月的日数和年的月数则人为规定,如公历、儒略历等;一类叫阴历,其中月的日数约等于朔望月,而年的月数则人为规定,如伊斯兰教历、希腊历等;另一类叫阴阳历,其中月的日数平均约等于朔望月,而年的日数又平均约等于回归年,如中国的农历、藏历等。

人们把现在普遍使用的公历称为"阳历",而把中国传统的历法称为"阴历"。

一、太阳历法

阳历(即公历),是世界上多数国家通用的历法,由"儒略历"修订而成。儒略历是公元前46年,古罗马统帅儒略·恺撒决定采用的历法。

阳历,是以地球绕太阳运动作为根据的历法。它以地球绕太阳一周(一回归年)为一年。一回归年的长度是365.2422日,也就是365天5小时48分46秒,积累4年共有23小时15分4秒,大约等于一天,所以每4年增加1天,加在2月的末尾,得366天,就是闰年。但是4年加1天实际回归年多了44分56秒,积满128年左右就又多算了一天,也就是在400年中约多算了3天。

阳历闰年规定:公元年数可用4整除的,就算闰年;为了要在400年中减去多算的3天,规定公元世纪的整数,即公元年数是100的倍数时,须用400来整除,能整除的才算闰年,如1600、2000年、2400年就是闰年。这样就巧妙地在400年中减去了3天。阳历规定每年都是12个月,月份的大小完全是人为的规定,现在规定每年的1、3、5、7、8、10、12月为大月,每月31天;4、6、9、11月为小月,每月30天;2月平年是28天,闰年是29天。

为了方便记忆,关于阳历的月大月小有歌诀如下:

"一三五七八十腊,每逢此月全是大;

四六九冬三十天,惟有二月二十八。

每逢四年闰一日,一定准在二月加。"

在这里:冬,即十一月;腊,即十二月。

二、太阴历法

太阴历又叫阴历,也就是以月亮的圆缺变化为基本周期而制定的历法。它的特点是每个月的平均长度等于或接近于"朔望月",一年十二个月,大月30天,小月

29 天,一年计有 354 天。

月亮本身不发光,只能反射太阳光。月亮绕地球运行的同时,也随地球绕太阳运转,日、月、地三者的相对位置在不断变化着,因此从地球上看到的月亮被太阳照亮的部分也在不断变化。

当月亮处于太阳和地球之间时,它的黑暗半球对着我们,我们根本无法看到月亮的任何一点形象,这就是"朔",一般出现在阴历的每月初一,这时的月亮叫朔月。

而当地球处于月亮与太阳之间时,虽然三个星球也是处于一条线上,但这时,月亮被太阳照亮的半球朝向地球。正当太阳落山时,月亮便从东方升起来,我们可以看到一轮圆形的明月,柔和的月光整夜洒在大地上,这就是满月,也就是"望"。出现在阴历的每月十五或十六七日,这时的月亮叫望月。

由朔到望之间,月亮位于太阳以东,月、地、日的夹角为 90°时,人们只能看到月亮的西一半球亮,呈半圆形,称为上弦。一般出现在阴历的每月初八前后,叫上弦月。

由望到朔之间,月亮位于太阳以西,月地日的夹角为 90°时,人们只能看到月亮东一半球亮,呈半圆形,称为下弦,一般出现在阴历的每月廿三前后,叫下弦月。

月相变化的周期,也就是从朔到望或从望到朔的时间,叫做朔望月。观测结果表明,朔望月的长度并不是固定的,有时长达 29 天 19 小时多,有时仅为 29 天 6 小时多,它的平均长度为 29 天 12 小时 44 分 3 秒。

三、阴阳历法

阴阳历是兼顾月亮绕地球的运动周期和地球绕太阳的运动周期而制定的历法。阴阳历历月的平均长度接近朔望月,历年的平均长度接近回归年,是一种"阴月阳年"式的历法。它既能使每个年份基本符合季节变化,又使每一月份的日期与月相对应。它的缺点是历年长度相差过大,制历复杂,不利于记忆。

四、日、月、年、岁

古人经常观察到的天象是太阳的出没和月亮的盈亏,所以昼夜交替的周期为"日",月相变化的周期为"月"(现代叫做朔望月)。

年的概念和农业有关,《说文》:"年,熟谷也"。谷物的成熟周期意味着寒暑往来的周期,也就是地球绕太阳一周的时间,称为太阳年。在远古,年和岁是有区别的。"岁"表示今年某一节气到明年同一节气之间的这段时间,而"年"指的是今年正月初一至明年正月初一这段时间。

五、阴阳合历

以朔望月为单位的历法是阴历,以太阳年为单位的历法是阳历,中国古代的历法不是纯阴历,而是阴阳合历。平年 12 个月,有 6 个大月 30 天和 6 个小月 29 天。

有大小月之分,是因为月相的变化在29—30天之间(精确数值是29.53天)。每年12个月一共354天,但这个数还不够一个太阳年。地球绕太阳一周的实际时间是365.2422日,比阴历12个月的总和还多出11天多。

所以阴历每过3年就和实际太阳年相差1个月的时间,所以每3年就要加1个月,称为闰月。这样是为了使历年的平均时间约等于1个太阳年,并且和自然季节大致符合。

置闰是古代历法中的大事。《左传·文公六年》:"闰以正时,时以作事,事以厚生,生世之道于是乎在矣"。三年一闰还不够,还要五年闰两次,所以《说文》说"五年再闰"。五年闰两次要多了些,后来规定19年闰7个月。

关于闰月的安插问题,在殷周时代就有记载,闰月一般放在年终。当时置闰尚无定制,有的年份甚至出现一年两闰。但到了春秋时代就再也没有这种状况了。汉初在九月之后置闰,称为"后九月",上古还有年中置闰,如闰三月,闰六月。当闰而不闰叫"失闰"。如何安插,是古代历法的重要问题。

六、四季

一年分为春夏秋冬四季,后来又按夏历正月、二月、三月等十二个月分为孟春、仲春、季春、孟夏、仲夏、季夏、孟秋、仲秋、季秋、孟冬、仲冬、季冬。古书常把这些名称作为月份的代名词。《楚辞·哀郢》:"民离散而相失兮,方仲春而东迁。"这里的仲春指的就是夏历二月。

在商代和西周前期,一年只分为春秋二时,所以后来春秋就意味着一年。《庄子·逍遥游》:"蟪蛄不知春秋",意思是蟪蛄的生命不到一年。此外,史官所记的史料在上古也称一年的周期为春秋,因为史料都是记年体的。后来历法日趋周密,春秋二时再分冬夏二时,有些古书所列的四时顺序不是"春夏秋冬",而是"春秋冬夏"。如《墨子·天志中》:"制为四时春秋冬夏,以纪纲之",《管子·幼官篇》:"修春秋冬夏之常祭",《礼记·孔子闲居》:"天有四时,春秋冬夏"等。

七、纪日法

古人用干支纪日,例如《左传·隐公元年》"五月辛丑,大叔出奔共"。干是天干,即甲乙丙丁戊己庚辛壬癸;支是地支,即子丑寅卯辰巳午未申酉戌亥。十干和十二支依次组合,形成"六十甲子"。

甲子乙丑丙寅丁卯戊辰己巳庚午辛未壬申癸酉
甲戌乙亥丙子丁丑戊寅己卯庚辰辛巳壬午癸未
甲申乙酉丙戌丁亥戊子己丑庚寅辛卯壬辰癸巳
甲午乙未丙申丁酉戊戌己亥庚子辛丑壬寅癸卯
甲辰乙巳丙午丁未戊申己酉庚戌辛亥壬子癸丑
甲寅乙卯丙辰丁巳戊午己未庚申辛酉壬戌癸亥

每个单位代表一天，假设某日为甲子日，则甲子以后的日子依次是乙丑、丙寅、丁卯等。六十甲子周而复始。这种纪日法在甲骨文时代就有了。

古人纪日有时只记天干不记地支，《楚辞·哀郢》："出国门而轸怀兮，甲之朝吾以行。"地支纪日比较后起，而且大多限定在特定的日子。

在一个月内的某些日子，在古代还有其他称谓，如每月的第一日叫"朔"，最后一天叫"晦"，所以《庄子》说"朝菌不知晦朔"。初三叫朏，大月十六、小月十五叫望，鲍照诗"三五二八日，千里与君同"，指的就是望日的明月。望的次日叫既望，苏轼《前赤壁赋》说"壬戌之秋，七月既望"。对朔晦两天，古人常常既称干支又称朔晦。如《左传·僖公五年》"冬十二月丙子朔，晋灭虢，虢公丑奔京师"，《左传·襄公十八年》中有"十月……丙寅晦，齐师夜遁"。其他日子只记干支。人们可以通过朔日的干支推算它是这个月的第几天。例如前面提到的"五月辛丑，大叔出奔共"，根据后人推定，"辛丑"这一天是鲁隐公元年五月二十三日。

有时候根据干支的顺序，甚至可以推断出古书中的错误来。《春秋·襄公二十八年》说："十有二月甲寅，天王崩。乙未，楚子昭卒"。从甲寅到乙未共42天，不可能在同一月内，因此这个记载肯定有错误。

八、纪时法

古代主要根据天色把一昼夜分为若干时段，日出时叫旦、早、朝、晨，日入时叫夕、暮、昏、晚，所以古书上常常出现朝夕、旦暮、晨昏、昏旦。太阳正中时叫日中，将近日中的时间叫隅中，太阳西斜叫昃。

古人一日两餐，朝食在日出之后，隅中之前，这段时间叫做食时或蚤食；夕食在日昃之后，日入之前，这段时间叫晡时。日入以后是黄昏，黄昏以后是人定。《孔雀东南飞》有"奄奄黄昏后，寂寂人定初"的诗句，就是对这段时间的确切描绘。人定以后就是夜半了。

《诗经》上说"女曰鸡鸣，士曰昧旦。"鸡鸣和昧旦是夜半以后相继的两个时段名称。昧旦是天将亮的时间，又叫"昧爽"。古书还常提到平旦、平明，这是天亮的时间。

古人对一昼夜有等分的时辰概念之后，用十二地支表示十二个时辰，每个时辰恰好等于现代的两小时。小时的本意就是小时辰。十二地支是子丑寅卯辰巳午未申酉戌亥。和现代对照，夜半12点（24点）就是子时（所以又称子夜），上午2点是丑时，4点是寅时，6点是卯时，以此类推。近代又把每个时辰细分为初。晚上11点（23点）是为子初，夜半12点为子正；上午1点为丑初，上午2点为丑正，等等。这就等于把一昼夜等分为24小时了。对照表如下：

	子	丑	寅	卯	辰	巳	午	未	申	酉	戌	亥
初	23	1	3	5	7	9	11	13	15	17	19	21
正	24	2	4	6	8	10	12	14	16	18	20	22

九、纪月法

古人纪月通常以序数为记,如一月、二月、三月等,作为岁首的月份叫正月。先秦时代每个月似乎还有特殊的名称。例如正月为"孟陬"(楚辞)、四月为"除"(诗经)、九月为"玄"(国语)、十月为"阳"(诗经)。

古人又有所谓月建的概念,就是把十二地支和一年的十二个月份相配。通常以冬至所在的月份十一月(夏历)配子,称为建子之月,由此顺推。十二月为建丑之月,正月为建寅之月,直到十月为建亥之月,由此周而复始。

后世还以天干配合着地支来纪月。

十、纪年法

古代最早的纪年法是按照王公即位的年次纪年,例如公元前770年是周平王元年、秦襄公八年等。以元、二、三年序数计算,直到在位者出位。汉武帝时开始用年号纪元,例如建元元年、元光二年等,更换年号就重新纪元。这两种纪年法是古代学者所用的传统纪年法。战国时代,占星家还根据天象纪年,有所谓岁星纪年法、太岁纪年法。后世还有干支纪年法。下面分别叙述。

(一)岁星纪年法

古人把黄道附近一周天分为十二等分,由西向东命名为星纪、玄枵等十二次。古人认为岁星(木星)由西向东十二年绕天一周,每年行经一次星次。假如某年岁运行到星纪范围,这一年就记为"岁在星纪",第二年岁运行到玄枵范围,就纪为"岁在玄枵",其余以此类推,十二年周而复始。《左传·襄公三十年》里有"岁在降娄",《国语·晋语四》有"君之行也,岁在大火",就是用岁星纪年的例子。

事实上岁星并不是12年绕天一周,而是11.8622年,每年移动的范围比一个星次稍微多一点,渐积至86年,便会多走一个星次,这种情况叫"超辰"。

(二)太岁纪年法

古人有所谓十二辰的概念,就是把黄道附近一周天的十二等分由东向西配以子丑寅卯等十二辰,其安排的方向正好和十二次相反。二者对照如下表:

十二次	十二辰	十二次	十二辰
1. 星纪	丑	2. 玄枵	子
3. 诹訾	亥	4. 降娄	戌
5. 大梁	酉	6. 实沈	申
7. 鹑首	未	8. 鹑火	午
9. 鹑尾	巳	10. 寿星	辰
11. 大火	卯	12. 析木	寅

岁星由西向东的运行,和人们所熟悉的十二辰的方向正好相反,所以岁星纪年法在实际生活中应用起来很不方便。为此,古代的天文学家便设想出一个假岁星

叫"太岁",让它和真岁星背道而驰,这样就和十二辰的方向顺序相一致,并用它来纪年。太岁是《汉书·天文志》的叫法,《史记·天官书》叫岁阴,《淮南子·天文训》叫太阴。根据《汉书·天文志》记载的战国时天象记录,某年岁星在星纪,太岁便运行到析木(寅),这一年就是"太岁在寅",第二年岁星运行到玄枵,太岁便运行到大火(卯),这一年就是"太岁在卯"。

此外,古人还为"太岁在寅"、"太岁在卯"等12个年份取了专门名称,如摄提格、单阏等,对应如下表:

太岁年名	太岁位置	岁星位置
摄提格	寅(析木)	星纪(丑)
单 阏	卯(大火)	玄枵(子)
执 徐	辰(寿星)	诹訾(亥)
大荒落	巳(鹑尾)	降娄(戌)
敦 牂	午(鹑火)	大梁(酉)
协 洽	未(鹑首)	实沈(申)
涒 滩	申(实沈)	鹑首(未)
作 噩	酉(大梁)	鹑火(午)
阉 茂	戌(降娄)	鹑尾(巳)
大渊献	亥(诹訾)	寿星(辰)
困 敦	子(玄枵)	大火(卯)
赤奋若	丑(星纪)	析木(寅)

屈原《离骚》中有"摄提贞于孟陬兮,唯庚寅吾以降"。一般认为这里的摄提是太岁年名里的摄提格,孟陬指夏历正月建寅之月;庚寅是生日的干支。所以屈原正好生于"寅年寅月寅日"。

但要注意,这里的寅年不是干支纪年里的"寅"年,而是指太岁在寅(析木)之年。大概在西汉年间,历法家又取了阏逢、旃蒙等十个名称,叫做"岁阳",依次和上述十二个太岁年名相配,方法同六十甲子相同,组成六十个年名,以阏逢摄提格为第一年,旃蒙单阏为第二年。六十年周而复始。这种纪年法自西汉太初元年就开始使用了。

《尔雅》记载十个岁阳和十干对应,列表如下:

岁阳	十干	岁阳	十干
阏逢	甲	旃蒙	乙
柔兆	丙	强圉	丁
著雍	戊	屠维	己
上章	庚	重光	辛
玄默	壬	昭阳	癸

太岁与十二辰的对应如下:

太岁年名	十二辰	太岁年名	十二辰
摄提格	寅	单阏	卯
执徐	辰	大荒落	巳
敦牂	午	协洽	未
涒滩	申	作噩	酉
阉茂	戌	大渊献	亥
困敦	子	赤奋若	丑

有时这些年名可用干支来表示,阏逢摄提格为甲寅年,旃蒙单阏为乙卯年。创制这些名字是为了表示岁星逐年所在方位的,但后来发现岁星并不是每年整走一个星次,所以就废而不用,而改用干支纪年了。但后人还有用这些古年名的,是根据当年的干支来对照的,已经失去了这些年名的本来意义了。如司马光《资治通鉴》176卷《陈纪》十下注:"起阏蒙执徐,尽著雍涒滩,凡五年",这是说从甲辰到戊申共五年。

(三)干支纪年法

干支纪年以六十甲子周而复始,据说最早应用于西汉,到了东汉元和二年(85年),朝廷下令在全国范围内推行干支纪年,一直到今天仍在使用。有些史书所记载西汉以前的干支纪年,是后人推算出来的。

十一、万年历的传说

要想追寻万年历的由来,故事得从远古时代的西周说起。

有名樵夫叫万年,有一天他上山砍柴,砍累了就坐在树下休息。休息时他眼望着树影出神,心中仍然在想如何将节令定准的事。不知不觉过了大半个时辰,他才发现地上的树影已悄悄地移动了方位。万年灵机一动,心想,何不利用日影的长短来计算时间呢? 回到家后,万年就设计了一个日晷仪。可是,一遇上阴雨天,日晷仪就失去效用了。有一天,万年在泉边喝水,看见崖上的水很有节奏地往下滴,规律的滴水声又启发了他的灵感。回家后,万年就动手做了一个五层的漏壶,利用漏水的方法来计时。这么一来,不管天气阴晴,都可以正确地掌握时间了。有了计时的工具,万年更加用心地观察天时节令的变化。经过长期归纳,他发现,每隔三百六十多天,天时的长短就会重复一次。只要搞清楚日月运行的规律,就不用担心节令不准了。

万年就带着自制的日晷仪及水漏壶去觐见天子祖乙,说明节令不准与天神毫不相干。祖乙觉得万年说得很有道理,就把万年留下,在天坛前盖起日晷台、漏壶亭,又派了十二个童子供万年差遣。从此以后,万年得以专心致志地研究时令。

过了一段日子,祖乙派手下阿衡去了解万年制历的情况。万年拿出自己推算出的初步成果,说:"日出日落三百六,周而复始从头来。草木荣枯分四时,一岁月有十二圆"。阿衡听后,心里忐忑不安,他担心万年制出准确的历法,得到天子的重用,威胁到他的地位。于是阿衡就以重金收买了一名刺客,准备行刺万年。

无奈万年全心研究时令,几乎从不离开自己所住的日月阁。刺客只好趁夜深人静之时,挽起箭射杀万年。只听得"嗖"的一声,一支箭射中了万年的胳膊,万年应声倒下。童子们高喊捉拿刺客,守卫的兵士及时抓住了刺客,将他扭送到天子那里。

祖乙知晓是阿衡设的诡计害万年后,就下令将阿衡收押,亲自到日月阁来探望万年。万年就把自己最新的研究成果报告给祖乙:"现在申星追上了蚕百星,星象复原,子时夜交,旧岁已完,时又始春,望天子定个节名吧!"祖乙说:"春为岁始,就叫春节吧。"当时祖乙见万年为了制历,日夜劳瘁又受了箭伤,心中不忍,就请他入宫调养身体。万年答道:"多谢天子厚爱,只是目前的太阳历还是草历,不够准确,要把岁末尾时也闰进去。否则,久而久之,又会造成节令失常。为了不负众望,我必须留下来,继续把太阳历定准。"

又经过数十个寒暑,万年精心制定的太阳历终于完成了。当他把太阳历献给祖乙时,已是个白发苍苍的老人了。祖乙深受感动,就把太阳历定名为"万年历",并封万年为"日月寿星"。以上就是"万年历"名称的由来的传说。

十二、农历

农历,即夏历,是农业上使用的历书,有指导农业生产的意义。但事实上农历月日与季节变化相差明显,指导农时的效果并不好。我国古代真正指导农时的是"二十四节气",它实际是一种特殊的"阳历"。

现在所用的农历,据说我们的祖先远在夏代(公元前 17 世纪以前)就开始使用了,所以人们又称它为"夏历"。解放后还仍然叫做"夏历",1970 年以后我国改称为"农历"。至于"农历"一名的由来,大概是因为我国自古以来都是以农立国,所以制定历法必须为农业服务。

农历的历月长度是以朔望月为准的,大月 30 天,小月 29 天,大月和小月相互弥补,使历月的平均长度接近朔望月。

农历固定地把朔所在的日子作为月的第一天——初一。所谓"朔",从天文学上讲,它有一个确定的时刻,也就是月亮黄经和太阳黄经相同的那一瞬间。(太阳和月亮黄经的计算十分繁琐和复杂,这里就不予介绍了。)

至于定农历日历中月份名称的根据,则是由"中气"来决定的。即以含"雨水"的月份为一月;以含"春分"的月份为二月;以含"谷雨"的月份为三月;以含"小满"的月份为四月;以含"夏至"的月份为五月;以含"大暑"的月份为六月;以含"处暑"的月份为七月;以含"秋分"的月份为八月;以含"霜降"的月份为九月;以含"小雪"的月份为十月;以含"冬至"的月份为十一月;以含"大寒"的月份为十二月。(没有包含中气的月份作为上月的闰月。)

农历的历年长度是以回归年为准的,但一个回归年比 12 个朔望月的日数多,而比 13 个朔望月短,古代天文学家在编制农历时,为使一个月中任何一天都含有月相的意义,即初一是无月的夜晚,十五左右都是圆月,就以朔望月为主,同时兼顾季节时令,采用 19 年 7 闰的方法:在农历 19 年中,有 12 个平年,每一平年 12 个月;有 7 个闰年,每一闰年 13 个月。

为什么采取"十九年七闰"的方法呢? 一个朔望月平均是 29.5306 日,一个回归年有 12.368 个朔望月,0.368 小数部分的渐进分数是 1/2、1/3、3/8、4/11、7/19、46/125,即每二年加一个闰月,或每三年加一个闰月,或每八年加三个闰月……经过推算,十九年加七个闰月比较合适。因为十九个回归年等于 6939.6018 日,而十九个农历年(加七个闰月后)共有 235 个朔望月,等于 6939.6910 日,这样二者就差不多了。

另外,"十九年七闰"只是一个近似说法。事实上,春秋时代天文学家曾经首创十九年七闰的方法。祖冲之《大明历》采用 20 组 19 年 7 闰插入 1 组 11 年 4 闰,计 391 年 144 闰,使农历的平均历年更接近回归年。此外还有 334.年 123 闰、1021 年 376 闰的提法,和回归年的差额更小。但自清代以来,我国即完全采用天象确定历年、历月,从而使农历的平均历年与回归年完全一致。

七个闰月安置到十九年当中,其安置方法是很有讲究的。农历闰月的设置,自古以来完全是人为的规定,历代对闰月的设置也不尽相同。秦代以前,曾把闰月放在一年的末尾,叫做"十三月"。汉初把闰月放在九月之后,叫做"后九月"。到了汉武帝太初元年,又把闰月分插在一年中的各月。以后又规定"不包含中气的月份作为前一个月的闰月",直到现在仍沿用这个规定。

为什么有的月份会没有中气呢? 节气与节气或中气与中气相隔时间平均是 30.4368 日(即一回归年 365.2422 日 12 等分),而一个朔望月平均是 29.5306 日,所以节气或中气在农历的月份中的日期逐月推迟,到一定时候,中气不在月中,而移到月末,下一个中气移到另一个月的月初,这样中间这个月就没有中气,而只剩一个节气了。

上面讲过,古人在编制农历时,以十二个中气作为十二个月的标志,即雨水是正月的标志,春分是二月的标志,谷雨是三月的标志……把没有中气的月份作为闰月就使得历月名称与中气一一对应起来,从而保持了原有中气的标志。

从十九年七闰来说,在十九个回归年中有 228 个节气和 228 个中气,而农历十九年有 235 个朔望月,显然有七个月没有节气和七个月没有中气,这样把没有中气的月份定为闰月,就很自然了。

农历月的大小很不规则,有时连续两个、三个甚至四个大月或连续两个、三个小月,历年的长短也不一样,而且差距很大。节气和中气,在农历里的分布日期很不稳定,而且日期变动的范围很大。这样看来,农历似乎显得十分复杂。其实,农历还是有一定循环规律的:由于十九个回归年的日数与十九个农历年的日数差不多相等,就使农历每隔十九年差不多是相同的。每隔十九年,农历的每月初一日与阳历日一般相同或者相差一二天。每隔十九年，节气和中气日期大体上是重复的，个别的相差一、两天。相隔十九年闰月的月份重复或者相差一个月。

十三、农历正月

农历新年的第一天，叫正月初一，也叫做春节。农历第一个月不叫一月而叫"正月"，这是怎么一回事呢？

原来，在我国古代，每年以哪一个月当第一个月，有时是随着朝代的更换而变化的。在汉朝以前，每换一个朝代，就往往把月份的次序改一改。据说，商朝把夏朝规定的十二月算作每年的第一个月，而周朝又把十一月算作每年的第一个月。秦始皇统一天下以后，又把十月算作每年的第一个月，直到汉朝汉武帝，才恢复夏朝的月份排列法，一直沿用到现在。

几代王朝更改了月份的次序，便把更改后的第一个月叫做"正月"。"正"就是改正的意思。在他们看来，既然他们当了皇帝，居了正位，一年十二个月的次序，也得跟着他们"正"过来。

既然"正"是改正的意思，那么"正月"的"正"字，就应该读作"改正"的"正"字音，为什么人们却把它读作"长征"的"征"字音呢？原来是秦始皇姓嬴名政，他嫌"正"字的读音同他的名字相同，说是犯了忌讳，下令要人们把"正月"读作"征月"。后来人们习惯了，就一直沿用到现在。

十四、腊月

农历十二月，俗称"腊月"。为什么把十二月称为"腊月"呢？这要追溯到距今一两千年的古代。

据《说文解字》注："腊，合也，合祭诸神者。"《玉烛宝典》说："腊者祭先祖，腊者报百神。同日异祭也。"可见腊是古人们祭祀百神及祖先的一种活动。因为腊祭多在农历十二月进行，因此从周代开始，人们便把农历十二月叫做腊月。到了汉代，又按"干支纪日"的方法，把"冬至"后的第三个戊日定为"腊日"，就是"腊八"。

十五、九九与三伏

数九，是从冬至日数起，一九、二九、三九、四九，以至九九，共八十一天，是一年中最为寒冷的时候，"春打六九头"，因为五九四十五天，六九的头一天是从冬至起第四十六天，两个节气相隔平均为十五天，从冬至数到六九头相隔四十五天，所以是冬至后的第三个节气。第一个是小寒，第二个是大寒，第三个是立春，故立春日一定在六九的头一天。

数伏，并不是从夏至数起，"夏至三庚便数伏"，在夏至以后的第三个庚日是"初伏"，第四个庚日是"中伏"，第五或第六个庚日是"末伏"，是谓"三伏"。在三伏天，天气最为炎热。两个庚日之间是十天，初伏与夏至之间的天数不一定，最少是二十一天,最多是三十天。末伏的末一天距夏至最少五十一天,夏至到立秋是四十五天,故"秋后有一伏"。

十六、伏天

"伏天"是指我国广大地区每年夏季的一段酷热、晴朗少雨的天气。其起讫时间每年都不尽相同,大致在 7 月中旬到 8 月中旬。关于伏天的历史,据《史记·秦本记》所述:在秦德公 2 年(公元前 676 年),夏季很热,人们用杀狗来禳解毒热,后来便把要解毒热的酷热日子称为伏日。之所以要杀狗,是因为当时迷信的说法认为取狗血涂在四门可阻止鬼物进入城内,"伏"字是人旁有犬,表示犬能保护主人。这就是伏的原意。伏天应在哪些日子呢?我国从公元前 776 年至今,流行"干支纪日法",他们把天干与地支 60 组不同的名称来纪日子,每逢有庚字的日子叫庚日。秦汉时代盛行"五行生克"的唯心说法,认为最热的夏天日子属火,而庚属金,金怕火烧熔(火克金),所以到庚日,金必伏藏。于是规定从夏至日后第三庚日起为初伏(有 10 天),第四庚日起为中伏(有的年有 10 天,有的年有 20 天),立秋后第一庚日起为三伏(有 10 天)。

十七、时辰

我国把一昼夜分为十二个时辰,以子丑寅卯辰巳午未申酉戌亥十二地支表示十二时辰,每时辰分为八刻,又区分为上四刻下四刻。欧美以一昼夜分为二十四小时,恰等于一个时辰的一半,每小时分为四刻,又可分为六十分,每分为六十秒,再精细分析,可计至十分之一秒。在钟表上仅有十二小时,只合一昼夜之半,于是以上午下午辨别,以夜十二时正为二十四时,夜一时为一时,以正午十二时为十二时,下午一时为十三时,下午六时为十八时,下午十一时为二十三时。

一昼夜之起讫时间,有两个不同算法,欧美的二十四小时自二十四时起算,即自夜十二时起算,在夜十二时以前为一日,夜十二时以后为次日。我国的十二时辰,以子时为首,由夜晚十一时起至夜一时为子时,在夜十一时以前为前一日,夜十一时以后为次日,与现代的夏令时间同。

施行夏令时间,将时钟提早一小时,夏令时间的夜十二时等于夜十一时,即等于夜十一时起为次日也。兹将时辰与小时列表对照如下:

子:夜十一时至夜一时	丑:夜一时至三时
寅:夜三时至晨五时	卯:晨五时至七时
辰:上午七时至九时	巳:上午九时至十一时
午:上午十一时至下午一时	未:下午一时至三时
申:下午三时至五时	酉:晚五时至七时
戌:晚七时至夜九时	亥:夜九时至十一时

十八、昼夜时辰计算

地球自转一周,称为"太阳日",昼夜的形成即由此。其向阳之地面为昼,背阳地面则为夜。春分以后,日照北半球渐多,因此北半球夜短昼长,南半球则相反;秋分以后,日照南半球渐多,故北半球昼短夜长,南半球相反。

一昼夜的划分方法,欧美以二十四小时计,每小时分为四刻,又分六十分,每分为六十秒来计算。而我国传统则以十二个时辰来算。以子、丑、寅、卯、辰、巳、午、未、申、酉、戌、亥十二地支来表示。每一时辰分为八刻,又区分为上四刻、下四刻。时辰与小时对照同上。

第四章　天干地支

一、干支起源

早在中华始祖黄帝建国时,命大挠氏探察天地之气机,探究五行(金木水火土),始作十天干,及十二地支,相互配合成六十甲子用为纪历之符号。又根据《五行大义》中记载,大挠"采五行之情,占斗机所建,始作甲乙以名日,谓之干,作子丑以名月,谓之枝。有事于天则用日,有事于地则用月。阴阳之别,故有枝干名也。"

"干支",即"天干地支"的简称。在中国古代的历法中,甲、乙、丙、丁、戊、己、庚、辛、壬、癸被称为"十天干",子、丑、寅、卯、辰、巳、午、未、申、酉、戌、亥叫作"十二地支"。两者按固定的顺序互相配合,组成了干支纪法。从殷墟出土的甲骨文来看,天干地支在我国古代主要用于纪日,此外还曾用来纪月、纪年、纪时等。

中国在汉武帝以前用天干地支纪年;从汉武帝到清末,用皇帝年号加天干地支纪年;民国初期用民国诞生时间来纪年兼或使用公元纪年,民国以后广泛采用公元纪年。

那么天干地支分别代表什么含义呢?

干者犹树之干也。

甲:像草木破土而萌,阳在内而被阴包裹。

乙:草木初生,枝叶柔软屈曲。

丙:炳也,如赫赫太阳,炎炎火光,万物皆炳燃,见而光明。

丁:草木成长壮实,好比人的成丁。

戊:茂盛也,象征大地草木茂盛繁荣。

己:起也,纪也,万物抑屈而起,有形可纪。

庚:更也,秋收而待来春。

辛:金味辛,物成而后有味,辛者,新也,万物肃然更改,秀实新成。

壬:妊也,阳气潜伏地中,万物怀妊。

癸:揆也,万物闭藏,怀妊地下,揆然萌芽。

支者犹树之枝也。

子:孳也,阳气始萌,孳生于下也。

丑:纽也,寒气自屈曲也。

寅:髌也,阳气欲出,阳尚强而髌演于下。

卯:冒也,万物冒地而出。

辰：伸也，万物舒伸而出。

巳：巳也，阳气毕布已矣。

午：仵也，阴阳交相愕而仵。

未：昧也，日中则昃，阳向幽也。

申：伸束以成，万物之体皆成也。

酉：就也，万物成熟。

戌：灭也，万物灭尽。

亥：核也，万物收藏，皆坚核也。

二、天干的阴阳之分

甲、乙、丙、丁、戊、己、庚、辛、壬、癸，为十天干，称为"天干"。

甲、丙、戊、庚、壬，为"阳天干"，乙、丁、己、辛、癸，为"阴天干"。

三、天干的五行属性

甲乙同属木，甲为阳木，属栋梁之木；乙为阴木，属花草之木。

丙丁同属火，丙为阳火，属于太阳之火；丁为阴火，属灯烛之火。

戊己同属土，戊为阳土，属城墙之土；己为阴土，属田园之土。

庚辛同属金，庚为阳金，属于斧钺之金；辛为阴金，属于首饰之金。

壬癸同属水，壬为阳水，属于江河之水；癸为阴水，属于雨露之水。

四、天干与方位及季节配属

甲乙东方木，属春；

丙丁南方火，属夏；

戊己中央土，属长夏；

庚辛西方金，属秋；

壬癸北方水，属冬。

五、天干配四时方位

甲乙东方木，丙丁南方火，戊己中央土，庚辛西方金，壬癸北方水。

甲乙属木，其时春，触地而生产万物，其位东方，故甲乙为东方木。

丙丁属火，其时夏，火炎其上，使成物生长位南方，故丙丁南方火。

戊己属土，其时季夏，得皇极之正气，含黄中之德，能苞万物，其位内通，故戊己中央土。

庚辛属金，其时秋，阴气始起万物禁止，其位西方，故庚辛西方金。

壬癸属水，其时冬，阴化淖濡流施潜行，万物至此终藏，其位北方，故壬癸北方水。

六、天干与人体的关系

十干配身体：甲为头，乙为肩，丙为额，丁为齿舌，戊己鼻面，庚为筋，辛为胸，壬为胫，癸为足。

十干配脏腑：甲为胆，乙为肝，丙为小肠，丁为心，戊为胃，己为脾，庚为大肠，辛为肺，壬为膀胱，癸为肾。

七、十天干生旺死绝表

十天干五行生旺死绝表											
	长生	沐浴	冠带	临官	帝旺	衰	病	死	墓	绝	胎	养
甲	亥	子	丑	寅	卯	辰	巳	午	未	申	酉	戌
丙	寅	卯	辰	巳	午	未	申	酉	戌	亥	子	丑
戊	寅	卯	辰	巳	午	未	申	酉	戌	亥	子	丑
庚	巳	午	未	申	酉	戌	亥	子	丑	寅	卯	辰
壬	申	酉	戌	亥	子	丑	寅	卯	辰	巳	午	未
乙	午	巳	辰	卯	寅	丑	子	亥	戌	酉	申	未
丁	酉	申	未	午	巳	辰	卯	寅	丑	子	亥	戌
辛	子	亥	戌	酉	申	未	午	巳	辰	卯	寅	丑
癸	卯	寅	丑	子	亥	戌	酉	申	未	午	巳	辰

十天干生旺死绝表，是以十干的时令旺衰来说明事物由生长、兴旺，到衰、至死这一个发展变化的全过程。这个过程是事物发展的必然规律。

"长生"就像人出生于世，或降生阶段，是指万物萌发之际。

"沐浴"为婴儿降生后洗浴以去除污垢，是指万物出生，承受大自然沐浴。

"冠带"为小儿可以穿衣戴帽了，是指万物渐荣。

"临官"指人已强壮，可以做官，领导人民，是指万物长成。

"帝旺"象征人壮盛到极点，可辅助帝王大有作为，是指万物成熟。

"衰"指盛极而衰，是指万物开始发生衰变。

"病"如人患病，是指万物困顿。

"死"如人气已尽，形体已死，是指万物死灭。

"墓"也称"库"，如人死后归入于墓，是指万物成功后归库。

"绝"如人形体绝灭化归为土，是指万物前气已绝，后继之气还未到来，在地中未有其象。

"胎"如人受父母之气结聚成胎，是指天地气交之际，后继之气来临，并且受胎。

"养"像人养胎于母腹之中，之后又出生，是指万物在地中成形，继而又萌发，又得经历生生灭灭永不停止的天道循环过程。

八、天干化合

甲己合化土,乙庚合化金,丙辛合化水,丁壬合化木,戊癸合化火。

九、天干解释表

天干	《史记·律书》	《汉书·律历志》	《说明解字》
甲	万物剖符甲而出也	出甲于甲	东方之孟阳气萌动
乙	万物生轧	奋轧于乙	象春草木曲而阴气尚强,其出乙也。
丙	阳道著明	明炳于丙	往南方、万物生
丁	万物丁壮	大盛于丁	夏时万物皆丁实
戊	万物丰茂	丰茂于戊	中宫也
己	万物辟藏诎形	理纪于己	中宫也
庚	阴气庚万物	歛更于庚	往西方象万物庚之有实也
辛	万物之辛生	悉新于辛	秋时万物成而熟
壬	阳气化养于下	怀任于壬	往北方也,阴极阳生。象人怀妊之形。
癸	万物可揆度	陈揆于癸	冬时象水从四八方流入地中

十、十二地支

子、丑、寅、卯、辰、巳、午、未、申、酉、戌、亥的总称。又称"十二支"。

中国古代用十二地支纪时、纪月。地支纪时就是将一日均分为 12 个时段,分别以十二地支表示,子时为现在的 23—1 时、丑时为 1—3 时等等,称为十二时辰。地支纪月就是把冬至所在的月称为子月,下一个月称为丑月,等等。地支与十天干顺序相配,组成甲子、乙丑……癸亥,以六十为周期用以纪日、纪年。

十一、地支的阴阳之分

以奇偶分阴阳:子、寅、辰、午、申、戌为阳,丑、卯、巳、未、酉、亥为阴。

以四季分阴阳:春夏为阳,秋冬为阴;寅、卯、辰、巳、午、未为阳,申、酉、戌、亥、子、丑为阴。

十二、十二支与五行

寅卯属木,寅为阳木,卯为阴木。

巳午属火,午为阳火,巳为阴火。

申酉属金,申为阳金,酉为阴金。

子亥属水,子为阳水,亥为阴水。

辰戌丑未属土,辰戌为阳土,丑未为阴土。未戌为干土,丑辰为湿土。干土者其中藏火,湿土者其中藏水。

十二支藏干:子—癸,丑—己癸辛,寅—甲丙戊,卯—乙,辰—戊乙癸,巳—丙戊庚,午—丁巳,未—己丁乙,申—庚壬戊,酉—辛,戌—戊辛丁,亥—壬甲。

十三、十二支与四时方位

寅卯东方木,巳午南方火,申酉西方金,亥子北方水,辰戌丑未四季土。

少阳见于寅,壮于卯,衰于辰。寅卯辰属木,司春,为东方。

太阳见于巳,壮于午,衰于未。巳午未属火,司夏,为南方。

少阴见于申,壮于酉,衰于戌。申酉戌属金,司秋,为西方。

太阴见于亥,壮于子,衰于丑。亥子丑属水,司冬,为北方。

十四、十二支月建

正月建寅,二月建卯,三月建辰,四月建巳,五月建午,六月建未,七月建申,八月建酉,九月建戌,十月建亥,十一月建子,十二月建丑。

月建以十二节令为准,即立春后,寅木当权,惊蛰后卯木执令,清明后辰值班,余仿此。

十五、十二支配十二时辰

23－1点为子时,1－3点为丑时,3－5点为寅时,5－7点为卯时,7－9点为辰时,9－11点为巳时,11－13点为午时,13－15点为未时,15－17点为申时,17－19点为酉时,19－21点为戌时,21－23点为亥时。

十六、十二支配生肖

子鼠,丑牛,寅虎,卯兔,辰龙,巳蛇,午马,未羊,申猴,酉鸡,戌狗,亥猪。

十七、十二支配人体

十二支配身体:子为耳,丑为胞肚,寅为手,卯为指,辰为肩、胸,巳为面、咽齿,午为眼,未为脊梁,申为经络,酉为精血,戌为命门、腿足,亥为头。

十二支配脏腑:寅为胆,卯为肝,巳为心,午为小肠,辰戌为胃,丑未为脾,申为大肠,酉为肺,亥为肾、心包,子为膀胱、三焦。

十八、地支解释表

地支	《史记·律书》	《汉书·律历志》	《说文解字》
子	言万物孳于下	孳萌于子	十一月阳气动,万物滋。
丑	万物危纽未敢出	纽牙于丑	纽也,十二月万物动用事。
寅	万物始生,螾然也。	引碰地寅	正月阳气动,阴尚强也。
卯	言万物之茂也	冒茆于卯	冒也,二月万物冒地而出。
辰	言万物之蜄也	振羡于辰	震也。
巳	言万物之巳尽	巳盛于巳	四月阳气巳出,阴气巳茂,万物见。
午	阴阳交故曰午	咢布于午	五月阴气牾逆阳,冒地而出也。
未	万物皆成有滋味	昧于未	味也,六月滋味也,象木重枝叶也。
申	言阴用事申贼万物	申坚于申	神也,七月阴气成体,自申束。
酉	万物之老也	留执于酉	就也,八月黍成可为酎酒。
戌	万物尽灭	华人戌	天也,九月阳气微,万物华成,阳下入地也。
亥	阳气茂于下	该阂于亥	也,十月微阳,万物华成,阳下入地也。

十九、干支纪年法

　　干支纪年法是我国古代最常见的一种纪年法。即以十干,甲、乙、丙、丁、戊、己、庚、辛、壬、癸和十二支,子、丑、寅、卯、辰、巳、午、未、申、酉、戌、亥按顺序进行配合。如甲子、乙丑等,经过六十年又回到甲子。周而复始,循环不已。如今,我国农历现仍沿用干支纪年。

　　相传黄帝出生的年份就是甲子年。那么今天的人们如何通过公元推算出历史上任意一年的年干支呢? 有公式可以应用:

　　(所在年份的公元年数 − 3)÷ 60 = 商…余数,按余数查 60 甲子顺序表可得出所求年的年干支。例如:查公元 1023 年年干支方法为:(1024 − 3)÷ 60 = 17(商)…4(余数)。查干支序号表 4 为丁卯年。

二十、干支纪月及推算法

　　干支纪月法是我国传统农历所采用干支记录月序的方法。一般只用地支纪月,每月固定用十二地支表示。干支纪月法一般把冬至所在之月称为"子月"(夏历十一月),下一个月称为"丑月"(夏历十二月),以此类推。故古历中的夏历以"寅月"为正月,又称建寅之月或建寅正月等。

　　干支纪月时,每个地支对应二十四节气自某节气(非中气)至下次节气,以交节时间决定起始的一个月期间,不是农历某月初一至月底。许多历书注明某农历月对应某干支,只是近似而非全等对应。若遇甲或己的年份,正月大致是丙寅;遇上乙或庚之年,正月大致为戊寅;丙或辛之年正月大致为庚寅,丁或壬之年正月大致为壬寅,戊或癸之年正月大致为甲寅。依照正月之干支,其余月份按干支推算。

60 个月合 5 年一个周期;一个周期完了重复使用,周而复始,循环下去。

有歌诀为证:

甲己之年丙作首,乙庚之岁戊为头;丙辛必定寻庚起,丁壬壬位顺行流;更有戊癸何方觅,甲寅之上好追求。

下表是地支纪月时对应的节气时间段、中气、近似农历月份、近似阳历月份、以及年天干和月地支构成的月干支(见下页):

月地支	节气时间段	中气	近似农历月份	近似阳历月份	甲或己年	乙或庚年	丙或辛年	丁或壬年	戊或癸年
寅月	立春—惊蛰	雨水	正月	2月	丙寅月	戊寅月	庚寅月	壬寅月	甲寅月
卯月	惊蛰—清明	春分	二月	3月	丁卯月	己卯月	辛卯月	癸卯月	乙卯月
辰月	清明—立夏	谷雨	三月	4月	戊辰月	庚辰月	壬辰月	甲辰月	丙辰月
巳月	立夏—芒种	小满	四月	5月	己巳月	辛巳月	癸巳月	乙巳月	丁巳月
午月	芒种—小暑	夏至	五月	6月	庚午月	壬午月	甲午月	丙午月	戊午月
未月	小暑—立秋	大暑	六月	7月	辛未月	癸未月	乙未月	丁未月	己未月
申月	立秋—白露	处暑	七月	8月	壬申月	甲申月	丙申月	戊申月	庚申月
酉月	白露—寒露	秋分	八月	9月	癸酉月	乙酉月	丁酉月	己酉月	辛酉月
戌月	寒露—立冬	霜降	九月	10月	甲戌月	丙戌月	戊戌月	庚戌月	壬戌月
亥月	立冬—大雪	小雪	十月	11月	乙亥月	丁亥月	己亥月	辛亥月	癸亥月
子月	大雪—小寒	冬至	十一月	12月	丙子月	戊子月	庚子月	壬子月	甲子月
丑月	小寒—立春	大寒	十二月	1月	丁丑月	己丑月	辛丑月	癸丑月	乙丑月

月干支速查表

年天干 \ 月份	正月	二月	三月	四月	五月	六月	七月	八月	九月	十月	十一月	十二月
甲、己	丙寅	丁卯	戊辰	己巳	庚午	辛未	壬申	癸酉	甲戌	乙亥	丙子	丁丑
乙、庚	戊寅	己卯	庚辰	辛巳	壬午	癸未	甲申	乙酉	丙戌	丁亥	戊子	己丑
丙、辛	庚寅	辛卯	壬辰	癸巳	甲午	乙未	丙申	丁酉	戊戌	己亥	庚子	辛丑
丁、壬	壬寅	癸卯	甲辰	乙巳	丙午	丁未	戊申	己酉	庚戌	辛亥	壬子	癸丑
戊、癸	甲寅	乙卯	丙辰	丁巳	戊午	己未	庚申	辛酉	壬戌	癸亥	甲子	乙丑

二十一、干支纪日及推算法

使用干支记录日序的方法。干支纪日法与干支纪年法一样,用干支相匹配的六十甲子来记录日序,从甲子开始到癸亥结束,六十天为一周,循环记录。

从已知日期计算干支纪日的公式为:$G = 4C + +5Y + [Y/4] + [3(M+1)/5] + D - 3Z = 8C + +5Y + [Y/4] + [3(M+1)/5] + D + 7 + I$

其中 C 是世纪数减 1,Y 是年份后两位,M 是月份,D 是日数。1 月和 2 月按上一年的 13 月和 14 月来算。奇数月 $I = 0$,偶数月 $I = 6$。G 除以 10 的余数是天干,Z 除以 12 的余数是地支。

计算时带的数取整。

例如:查 2006 年 4 月 1 日的干支日。将数值代入计算公式。

G = 420 + [20/4] + 506 + [06/4] + [3 × (4 + 1)/5] + 1 − 3 = 197

除以 10 余数为 7,天干的第 7 位是"庚"。

Z = 820 + [20/4] + 506 + [06/4] + [3 × (4 + 1)/5] + 1 + 7 + 6 = 213

除以 12 余数为 9,地支的第 9 位是"申"。

答案是:2006 年 4 月 1 日的干支日是庚申日。

日干支速查表

时 时干 支 日天干	23时至 1时前	1时至 3时前	3时至 5时前	5时至 7时前	7时至 9时前	9时至 11时前	11时至 13时前	13时至 15时前	15时至 17时前	17时至 19时前	19时至 21时前	21时至 23时前
甲、己	甲子	乙丑	丙寅	丁卯	戊辰	己巳	庚午	辛未	壬申	癸酉	甲戌	乙亥
乙、庚	丙子	丁丑	戊寅	己卯	庚辰	辛巳	壬午	癸未	甲申	乙酉	丙戌	丁亥
丙、辛	戊子	己丑	庚寅	辛卯	壬辰	癸巳	甲午	乙未	丙申	丁酉	戊戌	己亥
丁、壬	庚子	辛丑	壬寅	癸卯	甲辰	乙巳	丙午	丁未	戊申	己酉	庚戌	辛亥
戊、癸	壬子	癸丑	甲寅	乙卯	丙辰	丁巳	戊午	己未	庚申	辛酉	壬戌	癸亥
	23时 子初 0时 子正	1时 丑初 2时 丑正	3时 寅初 4时 寅正	5时 卯初 6时 卯正	7时 辰初 8时 辰正	9时 巳初 10时 巳正	11时 午初 12时 午正	13时 未初 14时 未正	15时 申初 16时 申正	17时 酉初 18时 酉正	19时 戌初 巳0时 戌正	21时 亥初 22时 亥定
古俗称	夜半	鸡鸣	平旦	日出	食时	隅中	日中	日昳	晡食	日入	黄昏	人定

地支纪时速查表

时辰	子	丑	寅	卯	辰	巳	午	未	申	酉	戌	亥
现时	23—1	1—3	3—5	5—7	7—9	9—11	11—13	13—15	15—17	17—19	19—21	21—23

二十二、六十甲子

以一个天干和一个地支相配合排列起来,天干在上,地支在下,天干由甲起,地支由子起,阳干配阳支,阴干配阴支(阳干不配阴支,阴干不配阳支),共有六十个组合,叫做"六十花甲"。我国以六十花甲循环纪年月日时,由来已久,尤以纪年为普遍,例如前赤壁赋"壬戌之秋,七月既望"之句,壬戌即指壬戌年而言。以六十花甲纪数,较之以数目来纪数,不易错误,例如先师孔子诞辰之干支为庚子,或以为系阴历八月二十六日,或以为系八月二十七日,或以为系八月二十八日,颇有争论,因在载籍上有年月日干支之可考,始得考证。兹将六十花甲排列如下:

甲子	乙丑	丙寅	丁卯	戊辰	己巳	庚午	辛未	壬申	癸酉
甲戌	乙亥	丙子	丁丑	戊寅	己卯	庚辰	辛巳	壬午	癸未
甲申	乙酉	丙戌	丁亥	戊子	己丑	庚寅	辛卯	壬辰	癸巳
甲午	乙未	丙申	丁酉	戊戌	己亥	庚子	辛丑	壬寅	癸卯
甲辰	乙巳	丙午	丁未	戊申	己酉	庚戌	辛亥	壬子	癸丑
甲寅	乙卯	丙辰	丁巳	戊午	己未	庚申	辛酉	壬戌	癸亥

二十三、六十甲子纳音五行表

六十甲子表用途很广,人的出生年、月、日、时中天干地支的排列就是由表中查出。表中分为金、木、水、火、土五行,就是把在六十年中出生的人,按金木水火土分为五种类型的命。表内每两年为一行,为一个年命。金年生者,为金命,火年生者,为火命。如1924年、1984年(甲子年),1925年、1985年(乙丑年)生的人,都是"海中金"命,简称"金命"人。其他命如表所示,每六十年一轮,周而复如。

六十甲子表,不仅是人体信息的标志,也是自然界万事万物兴衰的信息标志,对气候来说也是如此。如有时是风调雨顺,农业大丰收,各方面情况都好。有时不是旱就是涝或者地震等自然灾害以及各种事故不断发生,使国家人力财力遭受重大损失。

年号	年命	年号	年命	年号	年命	年号	年命	年号	年命
甲子 乙丑	海中金	丙子 丁丑	洞下水	戊子 己丑	霹雷火	庚子 辛丑	壁上土	壬子 癸丑	桑松木
丙寅 丁卯	炉中火	戊寅 己卯	城墙土	庚寅 辛卯	松柏木	壬寅 癸卯	金箔金	甲寅 乙卯	大溪水
戊辰 己巳	大林木	庚辰 辛巳	白蜡金	壬辰 癸巳	长流水	甲辰 乙巳	佛灯火	丙辰 丁巳	沙中土
庚午 辛未	路旁土	壬午 癸未	杨柳木	甲午 乙未	沙中金	丙午 丁未	天河水	戊午 己未	天上火
壬申 癸酉	剑锋金	甲申 乙酉	泉中水	丙申 丁酉	山下火	戊申 己酉	大驿土	庚申 辛酉	石榴木
甲戌 乙亥	山头火	丙戌 丁亥	屋上土	戊戌 己亥	平地木	庚戌 辛亥	钩钏金	壬戌 癸亥	大海水

二十四、古更与今时对照表

古更(鼓)时	一更(鼓)	二更(鼓)	三更(鼓)	四更(鼓)	五更(鼓)
约相当今时间	20时	22时	半夜0时	2时	4时

二十五、年上起月法

年上起月法,就是查每一年十二个月的每个月是什么名称(干支),知道了每个月的名字,就能知道每一个月的月令。

甲己之年丙作首,乙庚之岁戊为头。

丙辛之岁寻庚上，丁壬壬位顺水流。

若问戊癸何处起，甲寅之上好追求。

"甲己之年丙作首"就是逢甲年和己年时，正月的月干支是"丙寅"，二月"丁卯"，依次顺排十二个月（见年上起月表）。如 1984 年是甲子年，1989 年是己巳年，其年干是甲和己，故，这两年的正月都是"丙寅"月。

月＼年	甲己	乙庚	丙辛	丁壬	戊癸
正月	丙寅	戊寅	庚寅	壬寅	甲寅
二月	丁卯	己卯	辛卯	癸卯	乙卯
三月	戊辰	庚辰	壬辰	甲辰	丙辰
四月	己巳	辛巳	癸巳	乙巳	丁巳
五月	庚午	壬午	甲午	丙午	戊午
六月	辛未	癸未	乙未	丁未	己未
七月	壬申	甲申	丙申	戊申	庚申
八月	癸酉	乙酉	丁酉	己酉	辛酉
九月	甲戌	丙戌	戊戌	庚戌	壬戌
十月	乙亥	丁亥	己亥	辛亥	癸亥
十一月	丙子	戊子	庚子	壬子	甲子
十二月	丁丑	己丑	辛丑	癸丑	乙丑

二十六、日上起时法

甲己还加甲，乙庚丙作初。

丙辛从戊起，丁壬庚子居。

戊癸何方发，壬子是真途。

"甲己还加甲"，是讲的甲日、己日的子时起"甲子"时，这"甲子"就是甲日己日的子时的干支名称。其法与年上起月法相同。至于甲日，或者己日的干支名称，可从万年历上查到，按查到的日干支，再根据其日干来查时的干支。这样，只要知道了每一天"子"时的名称，以下各时的名称按表顺查就知道了。

"甲己还加甲"就是"甲日，己日"的子时的名称起"甲子"，丑时是"乙丑"。其他可以此类推。

时＼日	甲己	乙庚	丙辛	丁壬	戊癸
子	甲子	丙子	戊子	庚子	壬子
丑	乙丑	丁丑	己丑	辛丑	癸丑
寅	丙寅	戊寅	庚寅	壬寅	甲寅
四月	丁卯	己卯	辛卯	癸卯	乙卯
五月	戊辰	庚辰	壬辰	甲辰	丙辰
六月	己巳	辛巳	估巳	乙巳	丁巳
七月	庚午	壬午	甲午	丙午	戊午
八月	辛未	癸未	乙未	丁未	己未

时\日	甲己	乙庚	丙辛	丁壬	戊癸
九月	壬申	甲申	丙申	戊申	庚申
十月	癸酉	乙酉	丁酉	己酉	辛酉
十一月	甲戌	丙戌	戊戌	庚戌	壬戌
十二月	乙亥	丁亥	己亥	辛亥	癸亥

二十七、干支用于农事举例

1. 开耕吉日

甲子 乙丑 丁卯 己巳 庚午 辛未 癸酉 乙亥 丙子 丁丑 戊寅 己卯 辛巳 壬午 癸未 甲申 乙酉 丙戌 丁亥 己丑 辛卯 壬辰 癸巳 甲午 乙未 丙申 己酉 癸丑 甲寅 丙辰 丁巳 戊午 己未 庚申 辛酉 癸亥

2. 漫众吉日

甲戌 乙亥 壬午 乙酉 壬辰 乙卯

3. 下秧吉日

辛未 癸酉 壬午 庚寅 甲午 甲辰 丙午 子未 辛酉 乙卯

4. 莳田吉日

庚午 壬申 癸酉 巳卯 辛巳 壬午 癸未 甲午 癸卯 甲辰 乙酉

5. 种瓜吉日

甲子 乙丑 辛巳 庚子 壬寅 乙卯

6. 割禾吉日

甲子 壬申 癸酉 己卯 辛巳 壬午 癸未 甲午 癸卯 甲辰 己酉

7. 种菜吉日

壬戌 戊寅 庚寅 辛卯

8. 种荞吉日

甲子 壬申 辛巳 壬午 癸未

9. 种豆吉日

庚子 壬戌 壬申 辛己 壬午 辛卯 戊申

10. 种姜吉日

甲子 乙丑 辛未 壬申 辛卯

11. 买牛吉日

丙寅 丁卯 庚午 丁丑 癸未 甲申 辛卯 丁酉 戊戌 庚子 庚戌 辛亥
戊午 壬戌(正月) 庚午 庚戌(六月) 癸亥 癸未

12. 造牛栏吉日

甲子 乙巳 庚午 甲戌 乙亥 丙子 庚辰 壬午 癸未 庚寅 庚子

二十八、星期、干支、二十八宿速推速算

以阳历日计算

求星期公式

$$[5 + A(实际天数)] \div 7 = Xi(余数) \qquad 公式(1)$$

Xi 为 1,2,3,4,5,6,0,分别为星期一、二、三、四、五、六、日。

干支计算公式

$$[13 + A(实际天数)] \div 60 = 商 \cdots Yi(余数) \qquad 公式(2)$$

Yi 为 1,2,3,…59,0,为六十甲子表干支的序号(0 序号为 60)。

二十八宿计算公式

$$[23 + A(实际天数)] \div 28 = 商 \cdots Zi(余数) \qquad 公式(3)$$

Zi 为 1,2,…27,0,为二十八宿表中的序号。

实际天数 A 的计算

$$A(实际天数) = B(基本天数) + C(闰日天数) \qquad 公式(4)$$

$$B = (计算年 - 1) \times 365 + (要计算到年的月日天数) \qquad 公式(5)$$

例如:1984 年 2 月 1 日的基本天数

$$B = (1984 - 1) \times 365 + [(元月)31 + (2月)1] = 723827(天)$$

例:公元 308 年 8 月 28 日的基本天数

$$B = (308 - 1) \times 365) + [(元月) \times 31 + (2月)28 + (3月) \times 31 + (4月)30 + (5月)31 + (6月)30 + (7月)31 + (8月)27] = 112055 + 239 = 112294$$

(不论闰年或平年 2 月均按 28 天计算)

闰日 C 的计算:

$$C = (计算的年 - 1) \div 4 \quad 误差修正值 + Xi; \qquad 公式(6)$$

(误差修正值 1900—2099 年为 13,其他年下边有推算方法)

Xi 为 0 或 1,若计算的年数为平年则为 0,而计算的年数为闰年 3 月 1 日前的

为 0,只有闰年的 3 月 1 日后的才加 1。

误差修正值的推算：

从公元元年 1 月 1 日至 1582 年 10 月 14 日为 0,1582 年 10 月 15 日至 1699 年 12 月 31 日为 10,从 1701 年 1 月 1 日起每增加一个世纪累加 1,但能被 400 除尽的世纪不累加 1,如 1701 年 1 月 1 日起误差修正值为 11,1801 年 1 月 1 日起误差修正值为 12,1901 年 1 月 1 日起误差修正值为 13,而 2001 年 1 月 1 日至 2100 年 12 月 31 日则为 13,因 2000 能被 400 除尽,所以不累加,同理可推得,4801 年 1 月 1 日起为 34,4901 年 1 月 1 日开始为 35,……以此方法推之万世不休。

推算实例

例 1:计算公元 1 年 1 月 1 日的星期、干支和二十八宿。

计算基本天数:$B = (1 - 1) \times 365 + 1 = 1$

闰日数:$C = (1 - 1) \div 4 = 0$

由公式(1)星期序号为 $[5 + 1] \div 7 = 0\cdots 6$,即该天为星期六。

由公式(2)干支序号为 $[13 + 1] \div 60 = 0\cdots 14$,查干支序号表 14 为丁丑。

由公式(3)二十八宿序号为 $[23 + 1] \div 28 = 0\cdots 24$,查表 24 为卯。

例 2:计算 1400 年 7 月 4 日的星期、干支与二十八宿。

基本天数 $B = (1400 - 1) \times 365 + (31 + 28 + 31 + 30 + 31 + 30 + 4) = 510820$

闰日天数 $C = [1400 - 1] \div 4 - 0 + 1 = 350$

因为 1400 年在 1582 年 10 月 14 日之前所以误差修正值为 0,1400 年能被 4 除尽即为闰年,又 7 月 4 日在 3 月 1 日之后,所以公式(6)中的 X_i 值应为 1。

因此:$A = 510820 + 350 = 511170$(实际天数)

由公式(1)星期序号为 $(5 + 511170) \div 7 = 7310\cdots 0$,即该天为星期日。

由公式(2)干支序号为 $(13 + 511170) \div 60 = 853\cdots 43$,查干支序号为丙午。

由公式(3)二十八宿为 $(23 + 511170) \div 28 = 1828\cdots 25$,查二十八宿序号为星。

例 3:计算 1984 年 5 月 23 日的星期、干支与二十八宿。

基本天数 $B = (1984 - 1) \times 365 + (31 + 28 + 31 + 30 + 23) = 723938$(天)

闰日天数 $C = [1984 - 1] \div 4 - 13 + 1 = 483$

1984 年修正值为 13,因 1984 年为闰年,又 5 月 23 日在 3 月 1 日之后所以 X_i 为 1。

$A = 723938 + 483 = 724421$

由公式(1)星期序号为 $(5 + 724421) \div 7 = 103489\cdots 3$,即星期三。

由公式(2)干支序号为 $(13 + 724421) \div 60 = 12073\cdots 54$,54 为丁巳。

由公式(3)二十八宿为 $(23 + 724421) \div 28 = 25873\cdots 0$,0 为 28 号,即轸。

例 4:计算 1998 年 3 月 15 日的星期,干支与二十八宿

公式(6) C = [1998 − 1] ÷ 4 − 13 + 0 = 480

该年 3 月 13 日虽然是在 3 月 1 日之后,但不为闰年,所为 Xi 为 0。

由公式(4)实际天数 A = 728979 + 486 = 729465

星期天的序号为(5 + 729465) ÷ 7 = 104210…0,即为星期日。

干支序号为(23 + 729465) ÷ 60 = 2157…58,即辛酉。

二十八宿序号为(23 + 729465) ÷ 28 = 26053…4,即为房。

第五章　阴阳五行

一、阴阳之说

敦颐的《太极图说》有一段这样的描述："无极而太极。太极动而生阳,动极而静,静而生阴,静极复动。一动一静,互为其根。分阴分阳,两仪立焉。"是故"易有太极,是生两仪"。"(阴阳)二气交感,化生万物。万物生生,而变化无穷焉。"这就是古代易学家们对阴阳概念最好、最完备的阐述。

阴阳的概念,源自古代中国人民的自然观。古人观察到自然界中各种对立又相关的大自然现象,如天地、日月、昼夜、寒暑、男女、上下等。《易经·说卦传》中曾提到:"是以立天之道曰阴与阳,立地之道曰柔与刚,立人之道曰仁与义。兼三才而两之,故《易》六画而成卦。分阴分阳,迭用刚柔,故《易》六位而成章。"乾为纯阳之卦,坤为纯阴之卦,乾坤是阴阳的总代表,也是阴阳的根本,孔子在《系辞》中说"乾坤其易之门邪","乾坤其易之蕴邪"。《易纬·乾凿度》中说:"乾坤者,阴阳之根本,万物之祖宗也。"

对于《周易》的成书,《汉书·艺文志》曰:"《易》道深矣,人更三圣,世历三古"。此说最为汉儒接受,《易纬·乾凿度》有云:"垂皇策者羲,益卦德者文,成名者孔也"。"三圣"、"三古"之说简而言之,即:上古时代,通天之黄河现神兽"龙马",背上布满神奇的图案,圣人伏羲将其临摹下来,并仰观天文、俯察地理,而做"八卦";中古时代,姬昌被纣囚禁于羑里,遂体察天道人伦阴阳消息之理,重八卦为六十四卦,并作卦爻辞,即"文王拘而演《周易》";下古时代,孔子喜"易",感叹礼崩乐坏,故撰写《易传》十篇。但是,后世疑古之风渐起,对《周易》成书的来源有了各种各样的解释。

除此之外,《周易》一书名字的由夜、寒暑、男女、上下等,以哲学的思想方式,归纳出"阴阳"的概念。早至春秋时代的《易传》以及老子的《道德经》都有提到阴阳。阴阳理论已经渗透到中国传统文化的方方面面,包括宗教,哲学,历法,中医,书法,建筑,占卜等。阴阳是"对立统一或矛盾关系"的一种划分或细分,两者是种属关系。阴阳五行国学之本,看似简单,却知者甚少,知而能守其道者更是少之又少。

阴阳学说的基本内容包括阴阳一体、阴阳对立、阴阳消长和阴阳转化四个方面。

阴阳一体的意思很好理解,万物同根同源。没有黑,哪来的白呢? 没有高兴,哪来的悲伤呢？没有正面,何来反面呢？阴与阳代表了属性相反的一对事物或现象,或事物或现象内部一对相反的属性。但是,同时也意味着没有阴就无所谓阳,没有阳也无所谓阴。

阴阳对立,是指属性相反的阴阳双方在一个统一体内的相互对抗、相互制约和相互排斥,如上与下、天与地、动与静、升与降等,其中上属阳,下属阴;天为阳,地为阴;动为阳,静为阴;升属阳,降属阴。阴阳的对立,《春秋繁露》称为"阴阳相反"。如《天道无二》说:"天之常道,相反之物也。……阴与阳,相反之物也,故或出或入,或右或左。……天之道,有一出一入,一休一伏,其度一也。"

属性相反的阴阳双方,大都处于相互对抗、相互作用的矛盾运动之中。如《易传·系辞上》说:"刚柔相摩,八卦相荡。……刚柔相推而生变化。"说明阴阳二气的相互作用是产生各种变化的根源。《管子·乘马》说:"春秋冬夏,阴阳之推移也;时之短长,阴阳之利用也;日夜之易,阴阳之化也。"指出阴阳二气的相互作用推动了四时寒暑的更替和日夜的长短变化。

阴阳消长,是指对立互根的阴阳双方的量和比例不是一成不变的,而是处于不断地增长或消减的运动变化之中。在正常情况下,阴阳双方应是长而不偏盛,消而不偏衰。若超过了这一限度,出现了阴阳的偏盛或偏衰,是为异常的消长变化。自然界的各种事物和现象都是不停地运动变化着的,如日月星辰的运行,四时寒暑的更替,风雷云雨的布施,以及植物的生长和收藏、动物的生长壮老死的规律性变化等,都属于阴阳二气有序的消长运动;人体生命活动的正常进行,生长壮老死的变化,也是机体内阴阳两种势力相互作用而出现的有序消长变化的表达。因此,不论是自然界还是人体内的阴阳双方,都处于不断地消长变化之中。如《国语·越语》说:"阳至而阴,阴至而阳,日困而还,月盈而匡。"《易传·丰》说:"日中则昃,月盈则食(蚀),天地盈虚,与时消息。"

事物的阴阳属性。是由事物内部阴阳的主次关系所决定的.如以阴为主、阳为次的事物,表现阴之属性和特征,反之亦然。但这种主次关系不是一成不变的,它随着阴阳的消长变化不断发生量的改变,直到主次比例完全颠倒,才发生质的转变,即阴阳转化。阴阳之所以能发生转化,以阴阳交感和对立互根为前提;以各种因素参与的阴阳制约消长为过程;以阴阳总体属性的改变为结果。比如,某些急性温热病,由于热毒极重,大量耗伤机体元气,在持续高烧的情况下,可突然出现体温下降、四肢厥冷、脉微欲绝等症状,就是由阳证转化为阴证的表现。可以说,阴阳消长是一个量变的过程,而阴阳转化则是质变的过程。阴阳消长是阴阳转化的前提,而阴阳转化则是阴阳消长发展的结果。

二、五行的运行规律

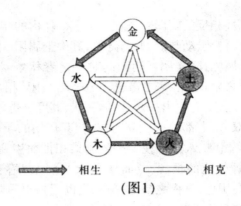

(图1)

"五行"一词,最早出现在《尚书》的《甘誓》与《洪范》中。在《甘誓》中是指"有扈氏威侮五行,怠弃三正,天用剿绝其命"。《洪范》中则指出"鲧堙洪水,汩陈其五行;帝乃震怒,不畀洪范九畴……鲧则殛死,禹乃嗣兴,天乃锡禹洪范九畴,彝伦攸叙……。五行:一曰水,二曰火,三曰木,四曰金,五曰土。水曰润下,火曰炎上,木曰曲直,金曰从革,土爰稼穑。润下作咸,炎上作苦,曲直作酸,从革作辛,稼穑作甘。"木曰曲直是说木具有生长、升发的特性;火曰炎上是说火具有发热、升腾的特性;土爰稼穑是说土具有长养、化育的特性;金曰从革是说金具有肃杀、变革的特性;水曰润下是说水具有滋润、向下的特性。

简单地说来,五行是用五个文字符号代表物质能量的形态间相互关系及运动变化的规律,这五个文字符号即是我们通常所知的金木水火土。

五行之间存在着生、克、乘、侮的关系。五行的相生相克关系可以解释事物之间的相互联系,而五行的相乘相侮则可以用来表示事物之间平衡被打破后的相互影响。

五行相生即相互滋生和相互助长,好比母生子,有相亲相爱之情,意味着畅顺、吉祥。所以,相生关系又可称为母子关系,如木生火,也就是木为火之母,火则为木之子。五行相生的次序是:木生火,火生土,土生金,金生水,水生木。

木生火,是因为木性温暖,火隐伏其中,钻木而生火,所以木生火。

火生土,是因为火灼热,所以能够焚烧木,木被焚烧后就变成灰烬,灰即土,所以火生土。

土生金,因为金需要隐藏在石里,依附着山,津润而生,聚土成山,有山必生石,所以土生金。

金生水,因为少阴之气(金气)温润流泽,金靠水生,销锻金也可变为水,所以金生水。

水生木,因为水温润而使树木生长出来。所以水生木。

具体联系到人身来说,中医很早就把"五脏"类比于"五行",故木、火、土、金、水分别代表着五脏的肝、心、脾、肺、肾。如把前述的五行相生的关系改成五脏相生,则是肝生心、心生脾、脾生肺、肺生肾、肾生肝。如把它联成一个"相生线",五脏(五行)通过"相生"把人身联成一个整体,使脏腑都具有相关的滋生、助长、促进或兴奋的关系。当然,这并不是说"肝生心"就是肝能"真正"将心"生"出来。

五行相克即相互克制和相互约束。好比战争,彼此敌对。据《白虎通义》载:"五行所以相害相克者,天地之性。众胜寡,故水胜火也;精胜坚,故火胜金;刚胜柔,故金胜木;专胜散,故木胜土;实胜虚,故土胜水也。"五行的相克次序为:木克土,土克水,水克火,火克金,金克木。在五行相克的关系中,任何一行都具有克我、我克两方面的关系,也就是"所胜"、"所不胜"的关系。克我者为"所不胜",我克者为"所胜"。以木为例,克我者为金,则金为木之"所不胜",我克者为土,则土为木之"所胜"。其他四行,以此类推。

五行的相生相克是密不可分的。没有生,事物就无法生长和发展;而没有克,事物无所约束,就无法维持正常的协调关系。只有保持相生相克的动态平衡,才能使事物正常地发生与发展。

五行之相生与相克是不可分割的两个方面:没有生,则没有事物的发生与成长;没有克,就没有在协调稳定下的变化与发展。只有生中有克,克中有生,相辅相成,协调平衡,事物才能生化不息。诚如张介宾《类经图翼·运气上》所说:"造化之机,不可无生,亦不可无制,无生则发育无由,无制则亢而为害。"

如果五行相生相克太过或不及,就会破坏正常的生克关系,而出现相乘或相侮的情况。相乘,即五行中的某一行对被克的一行克制太过。比如,木过于亢盛,而金又不能正常地克制木时,木就会过度地克土,使土更虚,这就是木乘土。相侮,即五行中的某一行本身太过,使克它的一行无法制约它,反而被它所克制,所以又被

五行相生	五行与生克关系图	五行相克
水生木,木生火,火生土,土生金,金生水。	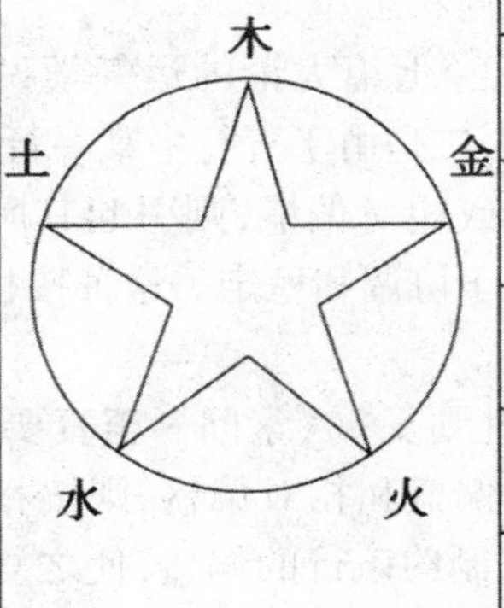	水克火,火克金,金克木,木克土,土克水。
水生木:水可用以灌溉树木。		水克火:水可灭火。
木生火:火需要藉木材燃烧,得以延续火力。		火克金:火可用以熔化金属。
火生土:木藉火燃烧之后,便成灰烬,归于尘土。		金克木:金属制成之器具可用以削砍树木。
土生金:金属乃是蕴藏于大地之矿。		木克土:树木之根可做水土保持或疏导泥土。
金生水:金属为固体,经融化之后由固体转变为液体。		土克水:水来土掩。

五行与生克关系图:木、土、金、水、火(五角星图)

(图2)

称为反克或反侮。比如,在正常情况下水克火,但当水太少或火过盛时,水不但不能克火,反而会被火烧干,即火反克或反侮水。

五行除了相生相克外,还有制化与胜复。五行的制化与胜复,是指五行之中存在着既相互滋生又相互制约的联系以及有胜则有复的调节机制。通过五行系统中的这种固有的内在联系和自我调节机制,维系了五行系统自身的协调和稳定。

五行制化,是指五行相生与相克关系的结合,即五行之间既相互滋生又相互制约,以维持五行之间的协调和稳定。制化,即"制则生化"(《素问·六微旨大论》)之义。

五行的制化规律是"亢则害,承乃制,制则生化"(《素问·六微旨大论》)。五行之中某一行过亢之时,必然承之以"相制",才能防止"亢而为害",维持事物的生化不息。故《内经》强调五行系统中存在制约和克制的重要性,《素问·五脏生成篇》将"所不胜"一方称为"主",也是这一思想的表达:"心……其主肾也;肺……其主心也;肝……其主肺也;脾……其主肝也;肾……其主脾也。"

五行之间的制化调节,具体地说,则是:木生火,火生土,而木又克土;火生土,土生金,而火又克金;土生金,金生水,而土又克水;金生水,水生木,而金又克木;水生木,木生火,而水又克火。如此往复循环。也就是说,五行之中只要有一行过于亢盛,必然接着有另一行来克制它,从而出现五行之间的新的协调和稳定。

现代研究认为,五行的生克制化观点与控制论的反馈调节原理有密切的联系。五行中的每一行都是控制系统,也都是被控对象。五行的生与克,实际上就是代表控制信号和反馈信号两个方面。从控制论而言,五行的生克制化,就是由控制系统和被控制对象构成的复杂调控系统,对系统本身的控制和调节,以维持其协调和稳定。

五行中的任何一行都受着整体调节,而其本身的变化也影响着整体。五行的这种反馈调节模式,表达了五行系统在运动中维持着整体稳定协调的机制。一旦这一自我调节和控制机制失常,则出现亢害或不及的变化,在自然界表现为异常的气候变化,在人体则表现为疾病状态。

五行胜复,源于《黄帝内经》七篇大论的运气学说。胜气的出现,一是由于五行中某一行太过,即绝对偏盛,二是由于五行中某一行不足而致其所不胜行相对偏盛。五行中某一行过于亢盛,或相对偏盛,则引起其所不胜行(即"复气")的报复性制约,从而使五行系统复归于协调和稳定。这种按相克规律的自我调节,称为五行胜复。

五行胜复的规律是:"有胜则复"(《素问·至真要大论》),"子复母仇"。五行中的某一行的偏盛,包括绝对偏盛和相对偏盛,则按相克次序依次制约,引起该行的所不胜行(即复气)旺盛,以制约该行的偏盛,使之复归于平衡,以致整个五行系统复归于协调和稳定。下面以木行的偏盛为例来说明"复气"的产生和"子复母仇"的过程。明代张介宾《类经·运气上》说:"自其胜复者言,则凡有所胜,必有所败;有所败,必有所复。母之败也,子必救之。如水之太过,火受伤矣,火之子土,出而制焉;火之太过,金受伤矣,金之子水,出而制焉;金之太过,木受伤矣,木之子火,出而制焉;木之太过,土受伤矣,土之子金,出而制焉;土之太过,水受伤矣,水之子木,出而制焉。"因此,五行胜复,子复母仇,实指五行系统内部出现不协调时,系统本身所具有的一种反馈调节机制。这一反馈调节机制。可借以说明自然界气候出现异常时的自行调节,也可借以说明人体五个生理病理系统内部出现异常时的自我调节,并可指导治法的确定和方药的选择。

三、五行归类简表

五行	木	火	土	金	水
方位	东	南	中	西	北
天干	甲乙	丙丁	戊己	庚辛	壬癸
地支	寅卯	巳午	辰戌丑未	申酉	子亥
四季	春	夏	长夏	秋	冬
五形	矩形	尖形	方形	圆形	波形
五色	青	赤	黄	白	黑
五味	酸	苦	甘	辛	咸
五志	怒	喜	思	悲	恐
五智	仁	礼	信	义	智
五脏	肝	心	脾	肺	肾
五腑	胆	小肠	胃	大肠	膀胱
五官	目	舌	唇	鼻	耳
五体	筋	脉	肉	皮毛	骨
五魄	魂	神	意	魄	精
五气	风	暑	湿	燥	寒
五化	生	长	化	收	藏
五温	温	热	自然	凉	寒
六神	青龙	朱雀	勾陈腾蛇	白虎	玄武

四、五行对应的人体脏腑和部位

宇宙间上下左右与中心五点均衡之基本动能,为能的升、降、扩散、收缩与稳定,其作用综合分别为火、水、木、金、土代表之,能的生长为阳,消耗为阴,能的助力为生,阻力为克。人为小天地,天地的五行即人身体的五行。人身的五脏五行为肺金、心火、肝木、肾水、脾土。五行为人体五脏之能的五种活动现象。

早在先秦时期，人们并没有清晰的脏腑概念，往往肝、胆、心、肺、脾、肾、肠、胃等并称。最早提及"五脏"一词的是《庄子》一书，而集中体现了齐国稷下学宫思想的《管子》一书，最早明确指出五脏即为脾、肺、肾、肝、心，并将之与五味、五肉、九窍等相配合，已经能够初步体会到五脏与五行间的联系。

古代医家运用五行学说，对人体的脏腑组织、生理病理现象，以及与人类生活有关的自然界事物，作了广泛的联系和研究，并用取类比象的方法，按照事物的不同性质、作用与形态分别归属于木、火、土、金、水"五行"之中。《黄帝内经·素问》中写到："治病必知天地之阴阳，四时经纪，五脏六腑，雌雄表里，刺灸砭石，毒药所主，从容人事，以明经道，贵贱贫富，各异品理，问年少长，勇怯之理，审于部分，知病本始，八正九侯，诊必副矣。"中医学上所用的五行，实际上已不是五种物质的本身，而是五种不同属性的抽象概括。古人指出：人体颐养天年，必须达致五行平衡。五行平衡，百病不生；五行不平衡，初步即表现为睡眠不好、胃肠失调、腰肩酸痛、身体虚弱，之后出现器官受损；五行不平衡日益加剧，最后将变成酸性体质，引发癌症等重大疾病。

五行对应的人体脏腑和部位. 如下表所示：

人体	五脏	肝	心	脾	肺	肾
	五腑	胆	小肠	胃	大肠	膀胱
	五体	筋	脉	肉	皮	骨
	五官	目	舌	口	鼻	耳
	五华	爪	面	唇	毛	发
	五声	呼	笑	歌	哭	呻
	五志	怒	喜	思	悲	恐
	发育	生	长	壮	老	已

肺先行，万物由呼吸为首，脾为五脏之母（统血），肾为一身之根（原气，导源于肾包括命门，藏于丹田，是人体生命活动的原动力）。心包：无形，气之所出；三焦：无形，气之所经。脏腑五行循环：金→水→木→火→土→金。对应为：阴经络：肺→肾→肝→心→脾→肺；阳经络：大肠→膀胱→胆→小肠→胃→大肠。

五行之间是相生相克的。相生相克为气动的均衡至中和之理，是电、能的传动，不是五行"相生"，更不是五行"相克"。而是五行"相生相克"，即能的升、降、扩散、收敛与稳定，如环无端，周而复始，失一不可，不偏不倚，不可太过，不可不及，即我们常说的"中庸之道"。脏腑五行相生关系（调理改善促进相生关系）：

金生水→水生木→木生火→火生土→土生金

肺助肾→肾助肝→肝助心→心助脾→脾助肺

国学经典文库

中华历书大全

·阴阳五行·

图文珍藏版

大肠助膀胱→膀胱助胆→胆助小肠→小肠助胃→胃助大肠

脏腑五行相克关系（药物副作用、空气污染、情绪等会引起相克关系）

金克木→木克土→土克水→水克火→火克金

肺伤肝→肝伤脾→脾伤肾→肾伤心→心伤肺

大肠伤胆→胆伤胃→胃伤膀胱→膀胱伤小肠→小肠伤大肠

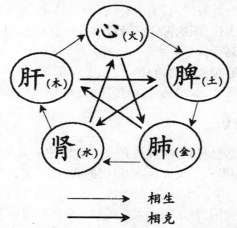

→ 相生
→ 相克

五、五行对应的形貌与性格

有人说："性情者，乃喜怒哀乐爱恶欲之所发，仁义礼智信之所布，父精母血而成形，皆金木水火土之关系也。"刘伯温注《滴天髓》说："五气在天，则为元亨利贞；赋在人，则仁义礼智之性，恻隐、羞恶、辞让、是非、诚实之情。五气不戾者，则其存之而为性，发之而为情，莫不中和矣！反此为乖戾。"所以说在阴阳五行，天干地支之天、地、人三才中，所禀之气，因各人所承受的厚薄不同，所以其性格体形也各自不同。

"命日内五行，相日外五行，五行互相表里。人之美恶姿于命，穷通系于运。首观日主，次看月令、四柱，再参运程。五行停匀，气势顺正者，主人和平正大；五行偏枯浊乱者，主人阴险缺陷，人之性情，随五行而异。"因此人的性情相貌，除受后天教养或改变以外，均为先天生成的。人的性情相貌，乃就先天形势，看其内在的性情及外露的相貌。内在的性情及外露的相貌，因有密切不可分离的关系，故可就其外露的相貌而推其人的性情，并可广推其吉凶祸福，"盖相由心生，有其生理，必有其心理，有其心理，必有其生理也"。

木形人：木性柔软，性情随和，感情丰富，举止洒脱；心胸广阔，生活乐观，善交朋友，清高自信；外貌高大，体长洁白，风姿美貌，仪表俊雅；气宇轩昂，语音柔和，面色清白，口尖发美。

火形人：性情刚烈，感情易动，性急如火，热心快急；待人耿直，善交朋友，分外热情,尊长爱幼;逢恶不怕,见善不欺,见义勇为,缺乏冷静;外貌瘦小,面尖下圆,印堂狭窄,鼻孔易露;说话太急,语音激昂.言语荒诞,有始无终。

土形人:性情温厚,感情淳朴,待人诚实,讲信守誉;不讲假话,谈吐谨慎,做事细心,胆小怕事;背圆腰阔,鼻大口方,面胖色黄。土多土旺之人显得笨拙,土少薄弱之人声音浑浊。

金形人:行动稳定,外表严肃,刚毅有决,内心热情,待人耿直,重情重义,办事认真,秉公执政;脾气古怪,固执保守,针锋相对,刚直易脆;体健神清,面方白皙,肤色黝黑,眉高眼深,鼻高耳仰。

水形人:好动肯谈,行动敏捷,心机灵变;能刚能柔,软中有硬,以柔克刚,刚柔并济;性情聪明,临事果决,命占桃花,风流多情;外形矮小,面黑光彩,语言清合。

六、民间五行常识

五行与百姓的生活息息相关,体现在日常生活中的各个方面。比如我们住房一般都有这种体会:如果房子太大,住在里面的人太少,尤其是空荡荡的老宅子,人住在里面往往不安宁,倒霉、出怪事、易生病。按阴阳而言,人与房子之间,人属阳,房子属阴。阴太盛则侮阳,就是房子太空旷对人造成妨碍。老宅子是阴中之阴,更容易出问题。如果住在里面的是男人还好一点,女人就更麻烦,常常小病不断。因为男人是阳中之阳,还能扛一阵子;女人是阳中之阴,更容易受阴气之害。

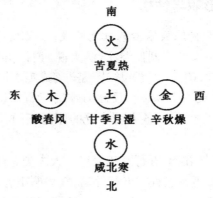

（五行对应的一年四季）

还有住房的楼层,主人的八字就要参照一下。比如阴阳之间,阴气太重,水重火轻,阴多阳少,买房时最好选择单层的楼房,比如一、三、五、七层,而不要选二、四、六、八层。反之,阳气太盛的人,最好选择双数的楼层,以阴补阳,从而尽可能地达到一种平衡状态。房子的朝向也是同理。再如命中用神为水,一、六层是最好的选择;用神为火,二、七层为最佳住所;用神为木,三、八层为最上上选;用神为金,四、九层为安居之所;用神为土,五、十层为养生之处。当然,除了用神,还可看喜神,从而根据喜神的五行属性选项择楼层。房子在小区的位置也是同理,东属木,南属火,西属金,北属水,中属土。

天地万物都以五行分配,颜色五行就为五色,即青、赤、白、黄、黑等五种颜色。这五种颜色在中国古代有特殊的意味:

青色:永远和平

赤色:幸福喜悦

黄色:力量富有

白色:悲哀平和

黑色:破坏沉稳

因此,中国古代的建筑对颜色的选择十分谨慎。如果是为希望富贵而设计的建筑就用赤色,为祝愿和平与永久而设计的建筑就用青色。黄色为皇帝专用,白色不常用,黑色除了用墨描绘某些建筑轮廓外,也不多用。故而,中国古代的建筑以赤色为多,在给屋内的栋梁着色时,以青、绿、蓝三色用得较多,其他颜色很少用。

民间文化认为,每个人按禀性都是五行的聚合,完美的人应当五行俱全,比例谐和,不偏不缺,然而这种人只是极少数,大多数凡夫俗子、寻常百姓不是五行有缺,就是不缺也有偏,或偏少,或偏盛。人体质上、命理中的五行偏缺对于人的命运影响极大,危害甚深。以取名来补足(缺的)或克制(偏盛的)就是为了使人向好的命运转化的举措之一,正是从这个意义上说,采用五行偏缺补救的办法取的名就一定是个大吉大利的好名。所以。民间取名择吉十分慎重,认为一定要五行相生、平衡则为吉,五行相克、偏缺则不吉。姓名相生是指姓与名不能相克,应该相生。如有人取名为刘蓓、刘茵、刘林、刘芳,或取名金蓓、钱蓓等,民俗都认为是不吉利的名字,因为姓刘、金、钱在五行中属金,而名中的蓓、茵、林等在五行中属木,金(姓)克木(名),故不吉。一个吉利的名字必须是姓与名之间五行相生的,如姓刘名波,姓汪名林,符合五行中金生水、水生木的相生关系,是大吉大利的好名字。

另外,结婚、丧葬等大事,民间也采用五行。比如,结婚时,男女双方,八字要配,丧葬时一定要请风水师进行五行堪舆。

第六章　易经八卦

一、旷世奇书《周易》

《周易》堪称我国文化的源头。它的内容极其丰富,对中国几千年来的政治、经济、文化等各个领域都产生了极其深远的影响。无论孔孟之道,老庄学说,还是《孙子兵法》,抑或是《黄帝内经》,无不和《周易》有着密切的联系。药王孙思邈曾经说过:"不知易便不足以言知医。"道出了《周易》与中国文化的关系。

《周易》在西汉时期就被列为六经(易、诗、书、礼、乐、春秋)之首。在我国文化史上享有最崇高的地位。

《周易》分为经部和传部,经部称之为《易经》,传部称之为《易传》。所以,《周易》是《易经》与《易传》的合并本。经部原名也叫《周易》,是对四百五十卦易卦典型象义的揭示和相应吉凶的判断,而传部含《文言》、《象传》(上下)、《象传》(上下)、《系辞传》(上下)、《说卦传》、《序卦传》、《杂卦传》,共七种十篇,称之为"十翼",是孔门弟子对《周易》经文的注解和对筮占原理、功用等方面的论述。

《易经》成书于中国殷周时代。它是一部利用八卦及六十四卦以占筮解辞的方式来阐述世界观的"奇书"典籍。具体地讲,《易经》就是对六十四卦配以卦辞、给三百八十四爻配以爻辞的占筮汇编。对于《易经》,现代人所能见到的并非原本,更多的是《周易》。

《周易》是最能体现中国文化的经典,它认为世界万物是发展变化的,其变化的基本要素是阴和阳。《周易·系辞》中说:"一阴一阳谓之道。"世界上千姿百态的万物和万物的千变万化都是阴阳相互作用的结果。《周易》研究的对象是天、地、人三才,而以人为根本。三才又各具阴阳,所以《周易》六爻而成六十四卦。正如《说卦》:"立天之道曰阴与阳,立地之道曰柔与刚,立人之道曰仁与义。兼三才而两之,故《易》六画而成卦。"

另一方面,《周易》一书名字的由来也颇多争议。东汉郑玄《易论》认为"周"是"周普"的意思,即无所不备,周而复始。而唐代孔颖达《周易正义》认为"周"是指岐阳地名.是周朝的代称。但有人认为《易经》流行于周朝故称《周易》。亦有人依据《史记》的记载"文王拘而演《周易》",认同《易经》乃周文王所著。

《易论》认为"易一名而含三义:易简一也;变易二也;不易三也。"这句话总括了易的三种意思:"简易"、"变易"和"恒常不变"。即是说宇宙的事物存在的状态是:顺乎自然的.表现出易和简两种性质;时时在变易之中;又保持一种恒常。如

《诗经》所说"日就月将"或"如月之恒，如日之升"，日月的运行表现出一种非人为的自然，这是"简易"；其位置、形状却又时时变化，这是"变易"；然而总是东方出、西方落这是"不易"。

而《易经》的"经"是指经典的著作。儒家奉《周易》、《尚书》、《诗经》、《礼记》、《春秋》为《五经》。如同前文所说，"经"是后来为了尊称这些书而加上的称呼，原来《五经》只称为《易》、《诗》、《书》、《礼》、《春秋》。

总体说来，《周易》是一块古老而又灿烂的文化瑰宝，是"群经之首"。《周易》历经数千年之沧桑，已成为中华文化之根。

二、易经与八卦

《易经》是《易传》的基础，《易传》是《易经》的补充和解释。后人对《易经》的认识和理解，大多是受《易传》的观点所影响。

《易经》所说的卦，是宇宙间的现象，是我们肉眼可以看见的现象，宇宙间共有八个基本的大现象，而宇宙间的万有、万事、万物，皆依这八个现象而变化，这就是八卦法则的起源。这八个卦象，分为"先天八卦"和"后天八卦"。据传，"先天八卦"由伏羲所创，"后天八卦"是周文王将八个先天八卦变化成六十四卦。

《易传》中的《系辞》有"是故易有太极，是生两仪，两仪生四象，四象生八卦"之说。

"太极"是指世界上的万事万物在未出现以前时的一种状态。

"两仪"是指世界上的万事万物在出现时就具有的阴阳两种属性。

"四象"是指世界上的万事万物在出现以后存在的四种基本运动形态。

"八卦"是指世界上的万事万物在出现以后最终存在的八种形式。

六十四卦则是由八卦两两重叠的结果，它反映世界上的万事万物运动的状态。

三百八十四爻则是六十四卦中（每卦中有六个爻）爻的总数，它蕴藏着世界上万事万物运动的原因和方向。

六十四卦就是（按《易经》中的顺序排）：

乾、坤、屯、蒙、需、讼、师、比、小畜、履、泰、否、同人、大有、谦、豫、随、蛊、临、观、噬嗑、贲、剥、复、无妄、大畜、颐、大过、坎、离、咸、恒、遁、大壮、晋、明夷、家人、睽、蹇、解、损、益、夬、姤、萃、升、困、井、革、鼎、震、艮、渐、归妹、丰、旅、巽、兑、涣、节、中孚、小过、既济、未济。

三、64 卦详解

第 1 卦　乾为天（乾卦）刚健中正

上上卦

象曰：困龙得水好运交，不由喜气上眉梢，一切谋望皆如意，向后时运渐渐高。

这个卦是同卦（下乾上乾）相叠。象征天，喻龙（德才的君子），又象征纯粹的阳和健,表明兴盛强健。乾卦是根据万物变通的道理,以"元、亨、利、贞"为卦辞,示吉祥如意,教导人遵守天道的德行。

第2卦　坤为地(坤卦)柔顺伸展

上上卦

象曰:肥羊失群入山冈,饿虎逢之把口张,适口充肠心欢喜,卦若占之大吉昌。

这个卦是同卦(下坤上坤)相叠,阴性。象征地(与乾卦相反),顺从天。承载万物,伸展无穷无尽。坤卦以雌马为象征,表明地生育抚养万物,而又依天顺时,性情温顺。它以"先迷后得"证明"坤"顺从"乾",依随"乾",才能把握正确方向,遵循正道,得到吉利。

第3卦　水雷屯(屯卦)起始维艰

下下卦

象曰:风刮乱丝不见头,颠三倒四犯忧愁,慢从款来左顺遂,急促反惹不自由。

这个卦是异卦(下震上坎)相叠,震为雷,喻动;坎为雨,喻险。雷雨交加,险象丛生,环境恶劣。"屯"原指植物萌生大地。万物始生,充满艰难险阻,然而顺时应运,必欣欣向荣。

第4卦　山水蒙(蒙卦)启蒙奋发

中下卦

象曰:卦中爻象犯小耗,君子占之运不高,婚姻合伙有琐碎,做事必然受苦劳。

这个卦是异卦(下坎上艮)相叠,艮是山的形象,喻止;坎是水的形象,喻险。卦形为山下有险,仍不停止前进,是为蒙昧,故称蒙卦。但因把握时机,行动切合时宜,因此,具有启蒙和通达的卦象。

第5卦　水天需(需卦)守正待机

中上卦

象曰:明珠土埋日久深,无光无亮到如今,忽然大风吹土去,自然显露有重新。

这个卦是异卦(下乾上坎)相叠,下卦是乾,刚健之意;上卦是坎,险陷之意。以刚逢险,宜稳健之妥,不可冒失行动,观时待变,所往一定成功。

第6卦　天水讼(讼卦)慎争戒讼

中下卦

象曰:心中有事事难做,恰与二人争路走,雨下俱是要占先,谁肯让谁走一步。

这个卦是异卦(下坎上乾)相叠。同需卦相反,互为"综卦"。乾为刚健,坎为险陷。刚与险,健与险,彼此反对,定生争讼。争讼非善事,务必慎重戒惧。

第7卦　地水师(师卦)行险而顺

中上卦

象曰:将帅领旨去出征,骑着烈马拉硬弓,百步穿杨去得准,箭中金钱喜气生。

这个卦是异卦(下坎上坤)相叠。"师"指军队。坎为水、为险;坤为地、为顺,喻寓兵于农。兵凶战危,用兵乃圣人不得已而为之,但它可以顺利无阻碍地解决矛盾,因为顺乎形势,师出有名,故能化凶为吉。

第8卦 水地比(比卦)诚信团结

上上卦

象曰:顺风行船撒起帆,上天又助一蓬风,不用费力逍遥去,任意而行大亨通。

这个卦是异卦(下坤上坎)相叠,坤为地。坎为水。水附大地,地纳河海,相互依赖,亲密无间。此卦与师卦完全相反,互为综卦。它阐述的是相亲相辅.宽宏无私,精诚团结的道理。

第9卦 风天小畜(小畜卦)蓄养待进

下下卦

象曰:苗逢旱天尽焦梢,水想云浓雨不浇,农人仰面长吁气,是从款来莫心高。

这个卦是异卦(下乾上巽)相叠,乾为天;巽为风。喻风调雨顺,谷物滋长,故卦名小畜(蓄)。力量有限,须待发展到一定程度,才可大有作为。

第10卦 天泽履(履卦)脚踏实地

中上卦

象曰:凤凰落在西岐山,去鸣几声出圣贤,天降文王开基业,富贵荣华八百年。

这个卦是异卦(下兑上乾)相叠,乾为天;兑为泽,以天喻君,以泽喻民,原文:"履(踩)虎尾,不咥(咬)人。"因此,结果吉利。君上民下,各得其位。兑柔遇乾刚,所履危。履意为实践,卦义是脚踏实地地向前进取的意思。

第11卦 地天泰(泰卦)应时而变

中中卦

象曰:学文满腹入场闱,三元及第得意回,从今解去愁和闷.喜庆平地一声雷。

这个卦是异卦(下乾上坤)相叠,乾为天,为阳;坤为地,为阴,阴阳交感,上下互通,天地相交,万物纷纭。反之则凶。万事万物,皆对立,转化,盛极必衰,衰而转盛,故应时而变者泰(通)。

第12卦 天地否(否卦)不交不通

中中卦

象曰:虎落陷坑不堪言。进前容易退后难,谋望不遂自己便,疾病口舌事牵连。

这个卦是异卦(下坤上乾)相叠,其结构同泰卦相反,系阳气上升,阴气下降,天地不交,万物不通。它们彼此为"综卦",表明泰极而否,否极泰来,互为因果。

第13卦 天火同人(同人卦)上下和同

中上卦

象曰:心中有事犯猜疑,谋望从前不着实,幸遇明人来指引,诸般忧闷自消之。

这个卦是异卦(下离上乾)相叠,乾为天,为君;离为火,为臣民百姓,上天下火,火性上升,同于天,上下和同,同舟共济,人际关系和谐,天下大同。

第14卦　火天大有(大有卦)顺天依时

上上卦

象曰:砍树摸雀做事牢,是非口舌自然消,婚姻合伙来费力,若问走失未逃脱。

这个卦是异卦(下乾上离)相叠。上卦为离,为火;下卦为乾,为天。火在天上,普照万物,万民归顺,顺天依时,大有所成。

第15卦　地山谦(谦卦)内高外低

中中卦

象曰:天赐贫人一封金,不争不抢两平分,彼此分得金到手,一切谋望皆遂心。

这个卦是异卦(下艮上坤)相叠,艮为山,坤为地。地面有山,地卑(低)而山高,是为内高外低,比喻功高不自居,名高不自誉,位高不自傲。这就是谦。

第16卦　雷地豫(豫卦)顺时依势

中中卦

象曰:太公插下杏黄旗,收妖为徒归西歧,自此青龙得了位,一旦谋望百事宜。

这个卦是异卦(下坤上震)相叠,坤为地,为顺;震为雷,为动。雷依时出,预示大地回春。因顺而动,和乐之源。此卦与谦卦互为综卦,交互作用。

第17卦　泽雷随(随卦)随时变通

中中卦

象曰:泥里步踏这几年,推车靠崖在眼前,目下就该再使力,扒上崖去发财源。

这个卦是异卦(下震上兑)相叠,震为雷、为动;兑为悦。动而悦就是"随"。随指相互顺从,己有随物,物能随己,彼此沟通。随必依时顺势,有原则和条件,以坚贞为前提。

第18卦　山风蛊(蛊卦)振疲起衰

中中卦

象曰:卦中爻象如推磨,顺当为福反为祸,心中有益且迟迟,凡事尽从忙处错。

这个卦是异卦(下巽上艮)相叠,与随卦互为综卦。蛊本意为事,引申为多事、混乱。器皿久不用而生虫称"蛊",喻天下久安而因循、腐败,必须革新创造,治理整顿,挽救危机,重振事业。

第19卦　地泽临(临卦)教民保民

中上卦

象曰:君王无道民倒悬,常想拨云见青天,幸逢明主施仁政,重又安居乐自然。

这个卦是异卦(下兑上坤)相叠。坤为地;兑为泽,地高于泽,泽容于地。喻君主亲临天下,治国安邦,上下融洽。

第20卦　风地观(观卦)观下瞻上

中上卦

象曰:卦遇蓬花旱逢河,生意买卖利息多,婚姻自有人来助,出门永不受折磨。

这个卦是异卦(下坤上巽)相叠,风行地上,喻德教遍施。观卦与临卦互为综卦,交相使用。在上者以道义观天下;在下者以敬仰瞻上,人心顺服归从。

第21卦　火雷噬嗑(噬嗑卦)刚柔相济

上上卦

象曰:运拙如同身受饥,幸得送饭又送食,适口充腹心欢喜,忧愁从此渐消移。

这个卦是异卦(下震上离)相叠。离为阴卦;震为阳卦。阴阳相交,咬碎硬物,喻恩威并施,宽严结合,刚柔相济。噬嗑为上下颚咬合,咀嚼。

第22卦　山火贲(贲卦)饰外扬质

中上卦

象曰:近来运转锐气周,窈窕淑女君子求,钟鼓乐之大吉庆,占者逢之喜临头。

这个卦是异卦(下离上艮)相叠。离为火为明;艮为山为止。文明而有节制。贲卦论述文与质的关系,以质为主,以文调节。贲,文饰、修饰。

第23卦　山地剥(剥卦)顺势而止

中下卦

象曰:鹊遇天晚宿林中,不知林内先有鹰,虽然同处心生恶,卦若逢之是非轻。

这个卦是异卦(下坤上艮)相叠。五阴在下,一阳在上,阴盛而阳孤;高山附于地。二者都是剥落象,故为"剥卦"。此卦阴盛阳衰,喻小人得势,君子困顿,事业败坏。

第24卦　地雷复(复卦)寓动于顺

中中卦

象曰:马氏太公不相合,世人占之忧疑多,恩人无义反为怨,是非平地起风波。

这个卦是异卦(下震上坤)相叠。震为雷、为动;坤为地、为顺,动则顺,顺其自然。动在顺中,内阳外阴,循序运动,进退自如,利于前进。

第25卦　天雷无妄(无妄卦)无妄而得

下下卦

象曰:飞鸟失机落笼中。纵然奋飞不能腾,目下只宜守本分,妄想扒高万不能。

这个卦是异卦(下震上乾)相叠。乾为天为刚为健;震为雷为刚为动。动而健,刚阳盛,人心振奋,必有所得,但唯循纯正,不可妄行。无妄必有获,必可致福。

第26卦　山天大畜(大畜卦)止而不止

中上卦

象曰:忧愁常锁两眉头,千头万绪挂心间,从今以后防开阵,任意行而不相干。

这个卦是异卦(下乾上艮)相叠。乾为天,刚健;艮为山,笃实。畜者积聚,大畜意为大积蓄。为此不畏严重的艰难险阻,努力修身养性以丰富德业。

第27卦　山雷颐(颐卦)纯正以养

上上卦

象曰:太公独钓渭水河,手执丝杆忧愁多,时来又遇文王访,自此永不受折磨。

这个卦是异卦(下震上艮)相叠。震为雷,艮为山。山在上而雷在下,外实内虚。春暖万物养育,依时养贤育民。阳实阴虚,实者养人,虚者为人养。自食其力。

第28卦　泽风大过(大过卦)非常行动

中下卦

象曰:夜晚梦里梦金银.醒来仍不见一文,目下只宜求本分,思想终是空劳神。

这个卦是异卦(下巽上兑)相叠。兑为泽、为悦,巽为木、为顺,泽水淹舟,遂成大错。阴阳爻相反,阳大阴小,行动非常,有过度形象,内刚外柔。

第29卦　坎为水(坎卦)行险用险

下下卦

象曰:一轮明月照水中,只见影儿不见踪,愚夫当财下去取,摸来摸去一场空。

这个卦是同卦(下坎上坎)相叠。坎为水、为险,两坎相重,险上加险,险阻重重。一阳陷二阴。所幸阴虚阳实,诚信可豁然贯通。虽险难重重,却能显人性光彩。

第30卦　离为火(离卦)附和依托

中上卦

象曰:官人来占主高升,庄农人家产业增,生意买卖利息厚,匠艺占之大亨通。

这个卦是同卦(下离上离)相叠。离者丽也,附着之意,一阴附丽,上下二阳,该卦象征火,内空外明。离为火、为明,太阳反复升落,运行不息,柔顺为心。

第31卦　泽山咸(咸卦)相互感应

中上卦

象曰:运去黄金失色,时来棒槌发芽,月令极好无差,且喜心宽意大。

这个卦是异卦(下艮上兑)相叠。艮为山;泽为水。兑柔在上,艮刚在下,水向下渗,柔上而刚下,交相感应。感则成。

第32卦　雷风恒(恒卦)恒心有成

中上卦

象曰:渔翁寻鱼运气好,鱼来撞网跑不了,别人使本挣不来,谁想一到就凑合。

这个卦是异卦(下巽上震)相叠。震为男、为雷;巽为女、为风。震刚在上,巽柔在下。刚上柔下,造化有常,相互助长。阴阳相应,常情,故称为恒。

第33卦　天山遁(遁卦)遁世救世

下下卦

象曰:浓云蔽日不光明,劝君且莫出远行,婚姻求财皆不利,提防口舌到门庭。

这个卦是异卦(下艮上乾)相叠。乾为天,艮为山。天下有山,山高天退。阴长阳消,小人得势,君子退隐,明哲保身,伺机救天下。

第34卦 雷天大壮(大壮卦)壮勿妄动

中上卦

象曰:卦占工师得大木,眼前该着走上路,时来运转多顺当,有事自管放心宽。

这个卦是异卦(下乾上震)相叠。震为雷;乾为天。乾刚震动。天鸣雷,云雷滚,声势宏大,阳气盛壮,万物生长。刚壮有力故曰壮。大而且壮,故名大壮。四阳壮盛,积极而有所作为,上正下正,标正影直。

第35卦 火地晋(晋卦)求进发展

中上卦

象曰:锄地锄去苗里草,谁想财帛将人找,一锄锄出银子来,这个运气也算好。

这个卦是异卦(下坤上离)相叠。离为日,为光明;坤为地。太阳高悬,普照大地,大地卑顺,万物生长,光明磊落,柔进上行,喻事业蒸蒸日上。

第36卦 地火明夷(明夷卦)晦而转明

中下卦

象曰:时乖运拙走不着,急忙过河拆了桥,恩人无义反为怨,凡事无功枉受劳。

这个卦是异卦(下离上坤)相叠。离为明,坤为顺;离为日;坤为地。日没入地,光明受损,前途不明,环境困难,宜遵时养晦,坚守正道,外愚内慧。

第37卦 风火家人(家人卦)诚威治业

下下卦

象曰:一朵鲜花镜中开,看着极好取不来,劝君休把镜花恋,卦若逢之主可怪。

这个卦是异卦(下离上巽)相叠。离为火;巽为风。火使热气上升,成为风。一切事物皆应以内在为本,然后伸延到外。发生于内,形成于外。喻先治家而后治天下,家道正,天下安乐。

第38卦 火泽睽(睽卦)异中求同

下下卦

象曰:此卦占来运气歹,如同太公做买卖,贩猪牛快贩羊迟,猪羊齐贩断了宰。

这个卦是异卦(下兑上离)相叠。离为火;兑为泽。上火下泽,相违不相济。克则生,往复无空。万物有所不同,必有所异,相互矛盾。睽即矛盾。

第39卦 水山蹇(蹇卦)险阻在前

下下卦

象曰:大雨倾地雪满天,路上行人苦又寒,拖泥带水费尽力,事不遂心且耐烦。

这个卦是异卦(下艮上坎)相叠。坎为水,艮为山。山高水深,困难重重,人生险阻,见险而止,明哲保身,可谓智慧。寒,跛行艰难。

第40卦　雷水解(解卦)柔道致治

中上卦

象曰:目下月令如过关,千辛万苦受熬煎,时来恰好有人救,任意所为不相干。

这个卦是异卦(下坎上震)相叠。震为雷、为动;坎为水、为险。险在内,动在外。严冬天地闭塞,静极而动。万象更新,冬去春来,一切消除,是为解。

第41卦　山泽损(损卦)损益制衡

下下卦

象曰:时动不至费心多,比作推车受折磨,山路崎岖吊下耳,左插右按按不着。

这个卦是异卦(下兑上艮)相叠。艮为山;兑为泽。上山下泽,大泽侵蚀山根。损益相间,损中有益,益中有损。二者之间,不可不慎重对待。损下益上,治理国家,过度会损伤根基。应损则损,但必量力、适度。少损而益最佳。

第42卦　风雷益(益卦)损上益下

上上卦

象曰:时来运转吉气发,多年枯木又开花,枝叶重生多茂盛,几人见了几人夸。

这个卦是异卦(下震上巽)相叠。巽为风;震为雷。风雷激荡,其势愈强,雷愈响,风雷相助互长,交相助益。此卦与损卦相反。它是损上以益下,后者是损下以益上。二卦阐述的是损益的原则。

第43卦　泽天夬(夬卦)决而能和

上上卦

象曰:蜘蛛脱网赛天军,粘住游蜂翅翎毛,幸有大风吹破网,脱离灾难又逍遥。

这个卦是异卦(下乾上兑)相叠。乾为天为健;兑为泽为悦。泽气上升,决注成雨,雨施大地,滋润万物。五阳去一阴,去之不难,决(去之意)即可,故名为夬,夬即决。

第44卦　天风姤(姤卦)天下有风

上中卦

象曰:他乡遇友喜气欢,须知运气福重添,自今交了顺当运,向后管保不相干。

这个卦是异卦(下巽上乾)相叠。乾为天,巽为风。天下有风,吹遍大地,阴阳交合,万物茂盛。姤卦与夬卦相反,互为"综卦"。姤即遘,阴阳相遇。但五阳一阴,不能长久相处。

第45卦　泽地萃(萃卦)荟萃聚集

中上卦

象曰:游鱼戏水被网惊,跳过龙门身化龙,三尺杨柳垂金钱,万朵桃花显你能。

这个卦是异卦(下坤上兑)相叠。坤为地、为顺;兑为泽、为水。泽泛滥淹没大

国学经典文库

中华历书大全

·易经八卦·

图文珍藏版

地,人众多相互斗争,危机必四伏,务必顺天任贤,未雨绸缪,柔顺而又和悦,彼此相得益彰,安居乐业。萃,聚集、团结。

第46卦　地风升(升卦)柔顺谦虚

上上卦

象曰:士人来占必得名,生意买卖也兴隆,匠艺逢之交易好,农间庄稼亦收成。

这个卦是异卦(下巽上坤)相叠。坤为地、为顺;巽为木、为逊。大地生长树木,逐日的成长,日渐高大成材,喻事业步步高升,前程远大,故名"升"。

第47卦　泽水困(困卦)困境求通

中上卦

象曰:时运不来好伤怀,撮上押去把梯抬,一筒虫翼无到手,转了上去下不来。

这个卦是异卦(下坎上兑)相叠。兑为阴为泽,喻悦;坎为阳为水,喻险。泽水困,陷入困境,才智难以施展,仍坚守正道,自得其乐,必可成事,摆脱困境。

第48卦　水风井(井卦)求贤若渴

上上卦

象曰:枯井破费已多年,一朝流泉出来鲜,资生济渴人称羡,时来运转喜自然。

这个卦是异卦(下巽上坎)相叠。坎为水;巽为木。树木得水而蓬勃生长。人靠水井生活,水井由人挖掘而成。相互为养,井以水养人,经久不竭,人应取此德而勤劳自勉。

第49卦　泽火革(革卦)顺天应人

上上卦

象曰:苗逢旱天渐渐衰,幸得天恩降雨来,忧去喜来能变化,求谋干事遂心怀。

这个卦是异卦(下离上兑)相叠。离为火、兑为泽,泽内有水。水在上而下浇,火在下而上升。火旺水干;水大火熄。二者相生亦相克,必然出现变革。变革是宇宙的基本规律。

第50卦　火风鼎(鼎卦)稳重图变

中下卦

象曰:鸳鸯蛤蜊落沙滩,蛤蜊鸳鸯两翅扇,渔人进前双得利,失走行人却自在。

这个卦是异卦(下巽上离)相叠。燃木煮食,化生为熟,除旧布新的意思。鼎为重宝大器,三足稳重之象。煮食,喻食物充足,不再有困难和困扰。在此基础上宜变革,发展事业。

第51卦　震为雷(震卦)临危不乱

中上卦

象曰:一口金钟在淤泥,人人拿着当玩石,忽然一日钟悬起,响亮一声天下知。

这个卦是同卦(下震上震)相叠。震为雷,两震相叠,反响巨大,可消除沉闷之气,亨通畅达。平日应居安思危,怀恐惧心理,不敢有所怠慢,遇到突发事变,也能安然自若,谈笑如常。

第52卦　艮为山(艮卦)动静适时

中下卦

象曰:财帛常打心头走,可惜眼前难到手,不如意时且忍耐,逢着闲事休开口。

这个卦是同卦(下艮上艮)相叠。艮为山,二山相重,喻静止。它和震卦相反。高潮过后,必然出现低潮,进入事物的相对静止阶段。静止如山,宜止则止,宜行则行。行止即动和静,都不可失机,应恰到好处,动静得宜,适可而止。

第53卦　风山渐(渐卦)渐进蓄德

上上卦

象曰:俊鸟幸得出笼中,脱离灾难显威风,一朝得意福力至,东西南北任意行。

这个卦是异卦(下艮上巽)相叠。艮为山,巽为木。山上有木,逐渐成长,山也随着增高。这是逐渐进步的过程,所以称渐,渐即进,渐渐前进而不急速。

第54卦　雷泽归妹(归妹卦)立家兴业

下下卦

象曰:求鱼须当向水中,树上求之不顺情,受尽爬揭难随意,劳而无功运平平。

这个卦是异卦(下兑上震)相叠。震为动、为长男;兑为悦、为少女。以少女从长男,产生爱慕之情,有婚姻之动,有嫁女之象,故称归妹。男婚女嫁,天地大义,人的开始和终结。上卦与渐卦为综卦,交互为用。

第55卦　雷火丰(丰卦)日中则斜

上上卦

象曰:古镜昏暗好几年,一朝磨明似月圆,君子谋事逢此卦,近来运转喜自然。

这个卦是异卦(下离上震)相叠,电闪雷鸣,成就巨大,喻达到顶峰,如日中天。告诫:务必注意事物向相反方面发展。治乱相因,盛衰无常,不可不警惕。

第56卦　火山旅(旅卦)依义顺时

下下卦

象曰:飞鸟树上垒窝巢,小人使计举火烧,君占此卦为不吉,一切谋望枉徒劳。

这个卦是异卦(下艮上离)相叠。此卦与丰卦相反,互为"综卦"。山中燃火,烧而不止,火势不停地向前蔓延,如同途中行人,急于赶路。因而称旅卦。

第57卦　巽为风(巽卦)谦逊受益

中上卦

象曰:一叶孤舟落沙滩,有篙无水进退难,时逢大雨江湖溢,不用费力任往返。

这个卦是同卦(下巽上巽)相叠。巽为风,两风相重,长风不绝,无孔不入。谦逊的态度和行为可无往不利。

第58卦 兑为泽(泽卦)刚内柔外

上上卦

象曰:这个卦象真可取,觉着做事不费力,休要错过这机关,事事觉得随心意。

这个卦是同卦(下泽上泽)相叠。泽为水。两泽相连,两水交流,上下相和,团结一致,朋友相助,欢欣喜悦。兑为悦也。同秉刚健之德,外抱柔和之姿,坚行正道,导民向上。

第59卦 风水涣(涣卦)拯救涣散

下下卦

象曰:隔河望见一锭金,欲取岸宽水又深,指望资财难到手,尽夜资财枉费心。

这个卦是异卦(下坎上巽)相叠。风在水上行,推波助澜,四方流溢。涣,水流流散之意。象征组织和人心涣散,必用积极的手段和方法克服,战胜弊端,挽救涣散,转危为安。

第60卦 水泽节(节卦)万物有节

上上卦

象曰:时来运转喜气生,登台封神姜太公,到此诸神皆退位,纵然有祸不成凶。

这个卦是异卦(下兑上坎)相叠。兑为泽,坎为水。泽有水而流有限,多必溢于泽外。因此要有节度,故称节。节卦与涣卦相反,互为综卦,交相使用。天地有节度才能常新,国家有节度才能安稳,个人有节度才能完美。

第61卦 风泽中孚(中孚卦)诚信立身

下下卦

象曰:路上行人色匆匆,急忙无桥过薄冰,小心谨慎过得去,一步错了落水中。

这个卦是异卦(下兑上巽)相叠。孚本义孵,孵卵出壳的日期非常准确,有信的意义。卦形外实内虚,喻心中诚信,所以称中孚卦。这是立身处世的根本。

第62卦 雷山小过(小过卦)行动有度

中上卦

象曰:行人路过独木桥,心内惶恐眼里瞧,爽利保正过得去,慢行一定不安牢。

这个卦是异卦(下艮上震)相叠。艮为山,震为雷,过山雷鸣,不可不畏惧。阳为大,阴为小,卦外四阴超过中二阳,故称"小过",小有越过。

第63卦 水火既济(既济卦)盛极将衰

中上卦

象曰:金榜以上题姓名,不负当年苦用功。人逢此卦名吉庆,一切谋望大亨通。

这个卦是异卦(下离上坎)相叠。坎为水,离为火,水火相交,水在火上,水势压倒火势,救火大功告成。既,已经;济,成也。既济就是事情已经成功,但终将发生变故。

第64卦　火水未济(未济卦)事业未竟

中下卦

象曰:离地着人几丈深,是防偷营劫寨人,后封太岁为凶煞,时加谨慎祸不侵。

这个卦是异卦(下坎上离)相叠。离为火,坎为水。火上水下,火势压倒水势,救火大功未成,故称未济。

《周易》以乾坤二卦为始,以既济、未济二卦为终,充分反映了变化发展的思想。

——引用奥若的《周易六十四卦详解》

四、八卦诸象对应规律表

卦名	卦象	自然	性情	家族	方位	五行
乾	☰	天	健	父	西北	金
兑	☱	泽	悦	少女	西	金
离	☲	火	丽	中女	南	火
震	☳	雷	动	长男	东	木
巽	☴	风	入	长女	东南	木
坎	☵	水	陷	中男	北	水
艮	☶	山	止	少男	东北	土
坤	☷	地	顺	母	西南	土

五、八卦与五方五行的关系

五方是指东、南、西、北、中五个方位,五行及其代表的天干地支各有所主的方向。即东方主甲、乙、寅、卯之木;南方主丙、丁、巳、午之火;西方主庚、辛、申、酉之金;北方主壬、癸、亥、子之水;中方主戊、己、辰、戌、丑、未之土。

五行的方位对于星命术十分重要。通过一个人的八字所包含的阴阳五行所属就可知道其所属方向。通过相生相克之理可知吉凶。例如八字属木命的人往东最有利,往南、北也行,但不可西行,因为往西则木被金克。火命的人最好向南,往北则犯水。金命的人宜往西,往南则受火制。水命的人应该往北,往中央之地则不利。

八卦与五方的关系:乾为西北。坤为西南。震为正东。巽为东南。坎为正北。离为正南。艮为东北。兑为正西。

八卦与五行的关系:乾,兑属金。坤,艮属土。震,巽属木。坎属水。离属火。

六、八卦在社会中的应用

易经八卦是中国古人智慧的结晶,为提高中华民族的宏观思维能力及逻辑推理能力和正确认识自然社会做出了一定的贡献。它历史悠久,辉煌灿烂,世代相传,后人围绕它的著书立说层出不穷。它在社会生活的方方面面都有不可估量的作用。

　　易医相通,这是中国医学的宝贵传统。在古代医学家们的医疗实践中,他们已经自觉地把八卦象数与中药方剂进行了结合,如把天地之数用于方剂,《至真要大论》说:"君一臣二,奇之制也;君二臣四,偶之制也;君二臣三,奇之制也;君二臣六,偶之制也。故曰:近者奇之,远者偶之;上者不以奇,下者不以偶……"有的则用卦象为方剂命名,如"坎离丸","坤顺丹","太极丸"等。有的古代医学家,在方剂中用"大枣六个"。不论其枣的大小,均用"定数",这里实际上是"数"与"药"在临床中的结合。

　　在武术中,古代拳家用《周易》中象征天、地、雷、风、水、火、山、泽八种自然现象的乾、坤、震、巽、坎、离、艮、兑八种基本图形来表示太极拳的掤、捋、挤、按、采、捌、肘、靠动作。还用"八卦"为八卦掌命名。

　　八卦图有"伏羲先天八卦方位图"和"文王后天八卦方位图"及《乾坤谱》中新发现的"团正八卦立体坐标图"三种最具有代表性。

　　在乾坤谱中,周易八卦的立体坐标分别是:

乾:$x=1,y=1,z=1$

巽:$x=1,y=1,z=0$

离:$x=1,y=0,z=1$

兑:$x=0,y=1,z=1$

震:$x=0,y=1,z=1$

坎:$x=0,y=1,z=0$

艮:$x=1,y=0,z=0$

坤:$x=0,y=0,z=0$

乾坤谱解释了《周易》中的数学原理,证明《周易》中蕴涵了一定的科学性。

　　《周易》中说"《易》与天地准,故能弥纶天地之道。仰以观于天文,俯以察于地理,是故知幽明之故"。尤其是在天文学中,《周易》的重要性表现在修订历法上。何承天说:"夫圆极常动,七曜运行,离合去来,虽有定势,以新故相涉,自然有毫末之差,连日累岁,积微成著。是以《虞书》著钦若之典,《周易》明治历之训,言当顺天以求合,非为合以验天也。"这句话是反映《周易》"革"卦的《象》曰:"泽中有火,革,君子以治历明时",根据天象制定历法并使历法符合天象。

第七章　二十四节气

一、二十四节气的由来

西汉初期的《淮南子》记载了完整的二十四节气，这可能是目前见到最早的完整二十四节气的文字记载。二十四节气的顺序也和现代的完全一致，并确定十五日为一节，以北斗星定节气。《淮南子》说："日行一度，十五日为一节，以生二十四时之变。斗指子，则冬至……加十五日指癸，则小寒……"

我国是世界上农耕文明发源最早的国家之一。先民在长期的农业生产中，十分重视天时的作用。《韩非子》说："非天时，虽十尧不能冬生一穗。"北魏贾思勰著《齐民要术》，提出"顺天时，量地利，则用力少而成功多，任情返道，劳而无获"。天时对农业生产起着重要的作用。

先民利用土圭实测日晷，将每年日影最长定为"日至"（又称日长至、长至、冬至），日影最短为"日短至"（又称短至、夏至）。在春秋两季各有一天的昼夜时间长短相等，便定为"春分"和"秋分"。在商朝时只有四个节气，到了周朝时发展到了八个，到秦汉年间，二十四节气已完全确立。公元前104年，由邓平等制定的《太初历》，正式把二十四节气定于历法，明确了二十四节气的天文位置。

从根本上说，二十四节气是由地球绕太阳公转的运动决定的。太阳从黄经零度起，沿黄经每运行15度所经历的时日称为"一个节气"。每年运行360度，共经历24个节气，每月2个。其中，每月第一个节气为"节气"，即：立春、惊蛰、清明、立夏、芒种、小暑、立秋、白露、寒露、立冬、大雪和小寒等12个节气；每月的第二个节气为"中气"，即：雨水、春分、谷雨、小满、夏至、大暑、处暑、秋分、霜降、小雪、冬至和大寒等12个节气。"节气"和"中气"交替出现，各历时15天，现在人们已经把"节气"和"中气"统称为"节气"。

二十四节气反映了太阳的周年运动，所以节气在现行的公历中日期基本固定，上半年在6日、21日，下半年在8日、23日，历年前后相差不超1到2天。

为了便于记忆，人们编出了二十四节气歌诀：

春雨惊春清谷天，夏满芒夏暑相连，

秋处露秋寒霜降，冬雪雪冬小大寒。

二、二十四节气详解

立春

立是开始的意思,立春就是春季的开始。太阳黄经为315度。是二十四个节气的头一个节气。其含意是开始进入春天,"阳和起蛰,品物皆春",过了立春,万物复苏,生机勃勃,一年四季从此开始了。《月令七十二候集解》:"正月节,立,建始也……立夏秋冬同。"古代"四立",指春、夏、秋、冬四季开始,其农业意义为"春种、夏长、秋收、冬藏",概括了黄河中下游农业生产与气候关系的全过程。立春后气温回升,春耕大忙季节在全国大部分地区陆续开始。

雨水

降雨开始,雨量渐增。太阳到达黄经330度,为"雨水"节气。这时春风遍吹,冰雪融化,空气湿润,雨水增多,所以叫雨水。人们常说:"立春天渐暖,雨水送肥忙"。雨水,表示两层意思:一是天气回暖,降水量逐渐增多了;二是在降水形式上,雪渐少了,雨渐多了。《月令七十二候集解》中说:"正月中,天一生水。春始属木,然生木者必水也,故立春后继之雨水。且东风既解冻,则散而为雨矣。"雨水季节,天气变化不定,是全年寒潮过程出现最多的时节之一,忽冷忽热,乍暖还寒的天气对已萌动和返青生长的作物、林、果等生长及人们的健康危害很大。

惊蛰

蛰是藏的意思。惊蛰是指春雷乍动,惊醒了蛰伏在土中冬眠的动物。每年3月5日或6日,太阳到达黄经345度时为"惊蛰"。这个节气表示"立春"以后天气转暖,春雷开始震响,蛰伏在泥土里的各种冬眠动物将苏醒过来开始活动起来,所以叫惊蛰。这个时期过冬的虫子排的卵也要开始孵化。我国部分地区进入了春耕季节。谚语云:"惊蛰过,暖和和,蛤蟆老角唱山歌。""惊蛰一犁土,春分地气通。""惊蛰没到雷先鸣,大雨似蛟龙。"《月令七十二候集解》中说:"二月节,万物出乎震,震为雷,故曰惊蛰。是蛰虫惊而出走矣。"晋代诗人陶渊明有诗曰:"促春遘时雨,始雷发东隅,众蛰各潜骇,草木纵横舒。"

春分

古时又称为"日中"、"日夜分",分是平分的意思。春分表示昼夜平分。在每年的3月20日或21日,这时太阳到达黄经0°。据《月令七十二候集解》:"二月中,分者半也,此当九十日之半,故谓之分。"另《春秋繁露·阴阳出入上下篇》说:"春分者,阴阳相半也,故昼夜均而寒暑平。"所以,春分的意义,一是指一天时间白天黑夜平分,各为12小时;二是古时以立春至立夏为春季,春分正当春季三个月之中,平分了春季。春分日太阳在赤道上方。这天以后太阳直射位置便向北移,北半球昼长夜短。所以春分是北半球春季开始。我国大部分地区越冬作物进入春季生长阶段。各地农谚有:"春分在前,斗米斗钱"(广东)、"春分甲子雨绵绵,夏分甲子火烧天"(四川)、"春分有雨家家忙,先种瓜豆后插秧"(湖北)、"春分种菜,大暑摘瓜"(湖南)、"春分种麻种豆,秋分种麦种蒜"(安徽)。"二月惊蛰又春分,种树施肥耕地深。"春分也是植树造林的极好时机,所以古诗就有"夜半饭牛呼妇起,明朝种树是春分"之句。

清明

天气晴朗,草木繁茂。每年 4 月 5 日或 6 日。太阳到达黄经 15° 时为清明节气。《月令七十二候集解》说:"三月节……物至此时。皆以洁齐而清明矣。"故"清明"有冰雪消融,草木青青,天气清澈明朗,万物欣欣向荣之意。"满阶杨柳绿丝烟,画出清明二月天"、"佳节清明桃李笑"、"雨足郊原草木柔"等名句,正是清明时节天地物候的生动描绘。从前,在清明节这一天,有些人家都在门口插上杨柳条,还到郊外踏青,祭扫坟墓,这是古老的习俗。

古诗中的"清明时节雨纷纷"指的是江南的气候特色,这时常常时阴时晴,而在黄淮平原以北的广大地区,清明时节降水相对很少。

谷雨

谷雨就是雨水生五谷的意思。太阳黄经为 30°。由于雨水滋润大地五谷得以生长,所以,谷雨就是"雨生百谷"。谚云"谷雨前后,种瓜种豆"。雨量充足而及时,谷类作物能够苗壮生长。谷雨节气就有这样的涵义。《月令七十二候集解》:"三月中,自雨水后,土膏脉动,今又雨其谷于水也。雨读作去声,如雨我公田之雨。盖谷以此时播种,自上而下也。"这时天气温和,雨水明显增多,对谷类作物的生长发育关系很大。雨水适量有利于越冬作物的返青拔节和春播作物的播种出苗。但雨水过量或严重干旱,则往往造成危害,影响后期产量。在黄河中下游,谷雨不仅指明了它的农业意义,也说明了"春雨贵如油"。

立夏

立夏是夏季的开始,太阳黄经为 45°。立夏意味着进入夏天,万物旺盛。习惯上把立夏当作是气温显著升高,炎暑将临,雷雨增多,农作物进入旺季生长的一个重要节气。我国自古习惯以立夏作为夏季开始的日子,《月令七十二候集解》中说:"立,建始也","夏,假也,物至此时皆假大也。"这里的"假",即"大"的意思。我国古代将立夏分为三候:"一候蝼蝈鸣;二候蚯蚓出;三候王瓜生。"即说这一节气中首先可听到蝼蝈(即:蝼蛄)在田间的鸣叫声(一说是蛙声),接着大地上便可看到蚯蚓掘土,然后王瓜的蔓藤开始快速攀爬生长。立夏时节,万物繁茂。明人

《莲生八戕》一书中写有："孟夏之日，天地始交，万物并秀。"这时夏收作物进入生长后期，冬小麦扬花灌浆，油菜接近成熟。夏收作物年景基本定局，故农谚有"立夏看夏"之说。

小满

小满太阳黄经为60°。二十四节气大多可以顾名思义，但是小满却有些令人费解。原来，小满是指麦类等夏熟作物灌浆乳熟，籽粒开始饱满。从小满开始，大麦、冬小麦等夏收作物，已经结果、籽粒饱满，但尚未成熟，所以叫小满。四川盆地的农谚赋予小满新的寓意："小满不满，干断思坎"；"小满不满，芒种不管"。把"满"用来形容雨水的盈缺，指出小满时田里如果蓄不满水，就可能造成田坎干裂，甚至芒种时也无法栽插水稻。因为"立夏小满正栽秧"，"秧奔小满谷奔秋"，小满正是适宜水稻栽插的季节。

芒种

芒种时太阳黄经为75°。"芒"指有芒作物如小麦、大麦等，"种"指种子。芒种即表明小麦等有芒作物成熟，抢收十分急迫。这时最适合播种有芒的谷类作物，如晚谷、黍、稷等。如过了这个时候再种有芒作物就不好成熟了。同时，芒种前后，我国中部的长江中、下游地区，雨量增多，气温升高，进入连绵阴雨的梅雨季节，空气非常潮湿，天气异常闷热，各种器具和衣物容易发霉，所以在我国长江中、下游地区也叫"霉雨"。"东风染尽三千顷，白鹭飞来无处停"的诗句，生动地描绘了芒种时田野的秀丽景色。

夏至

夏至太阳黄经为90°。太阳在黄经90°"夏至点"时，阳光几乎直射北回归线上空，北半球正午太阳最高。夏至这天，是北半球一年中白昼最长、黑夜最短的一天，从这一天起，进入炎热季节，天地万物在此时生长最旺盛。所以古时候又把这一天叫做日北至，意思是太阳运生到最北的一日。夏至这天虽然白昼最长，太阳高度角最高，但并不是一年中最热的时候。因为，近地层的热量，这时还在继续积蓄，并没有达到最多之时。过了夏至，太阳逐渐向南移动，北半球白昼一天比一天缩短，黑夜一天比一天加长。夏至以后地面受热强烈，空气对流旺盛，午后至傍晚常易形成雷阵雨。这种热雷雨骤来疾去，降雨范围小，人们称为"夏雨隔田坎"。唐代诗人刘禹锡在四川，曾巧妙地借喻这种天气，写出"东边日出西边雨，道是无晴却有晴"的著名诗句。

小暑

绿树浓荫，时至小暑。小暑太阳黄经为105°。天气已经很热，但不到最热的时

国学经典文库

中华历书大全

·二十四节气·

图文珍藏版

候,所以叫小暑。此时,已是初伏前后。《月令七十二候集解》:"六月节……暑,热也,就热之中分为大小,月初为小,月中为大,今则热气犹小也。"暑,表示炎热的意思,小暑为小热,还不十分热。意指天气开始炎热,但还没到最热,全国大部分地区基本符合。我国古代将小暑分为三候:"一候温风至;二候蟋蟀居宇;三候鹰始鸷。"小暑时节大地上便不再有一丝凉风,而是所有的风中都带着热浪;《诗经·七月》中描述蟋蟀的字句有"七月在野,八月在宇,九月在户,十月蟋蟀入我床下。"文中所说的八月即是夏历的六月,即小暑节气的时候,由于炎热,蟋蟀离开了田野,到庭院的墙角下以避暑热。

大暑

大暑太阳黄经为120°。暑是炎热的意思。大暑正值二伏前后,是一年中最热的节气,长江流域的许多地方,经常出现40℃高温天气。要做好防暑降温工作。这个节气雨水多,有"小暑、大暑,淹死老鼠"的谚语,要注意防汛、防涝。一般说来,大暑节气是盆地一年中日照最多、气温最高的时期。《月令七十二候集解》:"六月中,……暑,热也,就热之中分为大小,月初为小,月中为大,今则热气犹大也。"炎热的大暑是茉莉、荷花盛开的季节。馨香沁人的茉莉,天气愈热香气愈浓郁,给人洁净芬芳的感觉。高洁的荷花,不畏烈日骤雨,晨开暮敛,连诗人都赞美它"映日荷花别样红"。

立秋

立秋时太阳黄经为135°。从这一天起开始进入秋季,秋高气爽,月明风清。此后,气温由最高逐渐下降。"立秋之日凉风至"明确地把立秋与天凉联系起来。《月令七十二候集解》:"七月节,立字解见春(立春)。秋,揪也,物于此而揪敛也。"我国古代将立秋分为三候:"一候凉风至;二候白露生;三候寒蝉鸣。"意思是是说立秋过后,刮风时人们会感觉到凉爽。最明显的有三个特征。第一,此时的风已不同于暑天中的热风;第二,大地上早晨会有雾气产生;第三,秋天感阴而鸣的寒蝉也开始鸣叫。据记载,宋时立秋这天宫内要把栽在盆里的梧桐移入殿内,等到"立秋"时辰一到,太史官便高声奏道:"秋来了。"奏毕,梧桐应声落下一两片叶子,以寓报秋之意。

处暑

处暑时,太阳黄经为150°。处暑是反映气温变化的一个节气。"处"含有躲藏、终止意思,"处暑"表示炎热暑天结束了。夏季火热已经到头,暑气就要散了。它是温度下降的一个转折点。据《月令七十二候集解》说:"处,去也,暑气至此而止矣。"意思是说炎热的夏天即将过去了。虽然,处暑前后我国北京、太原、西安、成都和贵阳一线以东及以南的广大地区和新疆塔里木盆地地区日平均气温仍在摄氏二十二度以上,处于夏季,但是这时冷空气南下次数增多,气温下降逐渐明显。我国古代将处暑分为三候:"一候鹰乃祭鸟;二候天地始肃;三候禾乃登。"此节气中明显的特征是老鹰开始大量捕猎鸟类;天地间万物开始凋零;"禾乃登"。其中"禾"指的是黍、稷、稻、粱类农作物的总称,"登"即成熟的意思。

白露

白露时太阳黄经为165°。露是由于温度降低,水汽在地面或近地物体上凝结而成的水珠。所以,白露实际上是表示天气已经转凉。我国古代将白露分为三候:"一候鸿雁来;二候玄鸟归;三候群鸟养羞。"意思是说在此节气鸿雁与燕子等候鸟南飞避寒,百鸟开始贮存干果粮食以备过冬。白露是九月的头一个节气。这时,人们就会明显地感觉到炎热的夏天已过,而凉爽的秋天已经到来了。虽然白天的温度虽然仍达三十几度,可是到了夜晚,就下降到二十几度,两者之间的温度差达十多度。阳气是在夏至达到顶点,阴气也在白露兴起。到了白露,阴气逐渐加重,清晨的露水随之日益加厚,凝结成一层白白的水滴。所以就称此节气为白露。俗语云:"处暑十八盆。白露勿露身。"这两句话的意思是说,处暑仍热,每天须用一盆水洗澡,过了十八天,到了白露,就不要赤膊裸体了,以免着凉。还有句俗话:"白露白迷迷,秋分稻秀齐。"意思是说,白露前后若有露,则晚稻将有好收成。

秋分

秋分之"分"为"半"之意,我国古籍《春秋繁露·阴阳出入上下篇》中说:"秋分者,阴阳相半也,故昼夜均而寒暑平。"秋分时太阳黄经为180°。它是表征季节变化的节气。秋分这天,阳光几乎直射赤道,昼夜几乎等长。从这一天起,阳光直射位置继续由赤道向南半球推移,北半球开始昼短夜长。依据我国旧历的秋季论,这一天刚好是秋季九十天的一半,因而称秋分。但在天文学上规定,北半球的秋天是从秋分开始的。我国古代将秋分分为三候:"一候雷始收声;二候蛰虫坏户;三候水始涸"。古人认为雷是因为阳气盛而发声,秋分后阴气开始旺盛,所以不再打雷了。

寒露

寒露时太阳黄经为195°。白露后,天气转凉,开始出现露水,到了寒露,则露水日多,且气温更低了。古代把露作为天气转凉变冷的标志。仲秋白露节气"露凝而白",至季秋寒露时已是"露气寒冷,将凝结"为霜了。《月令七十二候集解》说:"九月节,露气寒冷,将凝结也。"寒露时节,南岭及以北的广大地区均已进入秋季,东北和西北地区则已进入或即将进入冬季。首都北京大部分年份这时已可见初霜,除全年飞雪的青藏高原外,东北和新疆北部地区一般已开始降雪。我国古代将寒露分为三候:"一候鸿雁来宾;二候雀人大水为蛤:三候菊始黄华。"此节气中明显的特征是鸿雁排成一字或人字形的队列大举南迁;深秋天寒,雀鸟都不见了,古人看到海边突然出现很多蛤蜊，并且贝壳的条纹及颜色与雀鸟很相似，所以便以为是雀鸟变成的；第三候的"菊始黄华"是说在此时菊花已普遍开放。

霜降

霜降时太阳黄经为 210°。霜降表示天气更冷了，露水凝结成霜。《月令七十二候集解》："九月中，气肃而凝，露结为霜矣。"古籍《二十四节气解》中说："气肃而霜降，阴始凝也。"可见"霜降"表示天气逐渐变冷，开始降霜。气象学上，一般把秋季出现的第一次霜降叫做"早霜"或"初霜"，而把春季出现的最后一次霜降称为"晚霜"或"终霜"。从终霜到初霜的间隔时期，就是无霜期。也有把早霜叫"菊花霜"的，因为此时菊花盛开，北宋大文学家苏轼有诗曰："千树扫作一番黄，只有芙蓉独自芳"。我国古代将霜降分为三候："一候豺乃祭兽；二候草木黄落；三候蜇虫咸俯。"此节气中明显的特征是豺狼将捕获的猎物先陈列后再食用；大地上的树叶枯黄掉落；蜇虫也全在洞中不动不食，垂下头来进入冬眠状态。宋诗人吕本中在《南歌子·旅思》中写道："驿内侵斜月，溪桥度晚霜。"陆游在《霜月》中写有"枯草霜花白，寒窗月新影。"说明寒霜出现于秋天晴朗的月夜。霜，只能在晴天形成，俗话说"浓霜猛太阳"就是这个道理。

立冬

立冬时太阳黄经为 225°。《月令七十二候集解》说："立，建始也"，又说："冬，终也，万物收藏也。""立，建始也。"表示冬季自此开始。"立冬之日，水始冰，地始冻。"现在，人们常以凛冽的北风、寒冷的霜雪，作为冬天的象征。习惯上，我国人民把这一天当做冬季的开始。冬，作为终了之意，是指一年的田间操作结束了，作物收割之后要收藏起来的意思。立冬一过，我国黄河中、下游地区即将结冰，各地农民都将陆续地转入农田水利基本建设和其他农事活动。我国古代将立冬分为三候："一候水始冰；二候地始冻；三候雉入大水为蜃。"此节气最明显的特征是水已经能结成冰；土地也开始冻结；野鸟一类的大鸟便不多见了。三候"雉入大水为蜃"中的雉即指野鸡一类的大鸟，蜃为大蛤，这时海边可以看到外壳与野鸡的线条及颜色相似的大蛤。所以古人认为雉到立冬后便变成大蛤了。

小雪

小雪时太阳黄经为 240°。小雪时气温下降，开始降雪，但还不到大雪纷飞的时节，所以叫小雪。小雪表示降雪的起始时间和程度。雪是寒冷天气的产物。"荷尽已无擎雨盖，菊残犹有霜枝"，已呈初冬景象。小雪前后，黄河流域开始降雪（南方降雪还要晚两个节气）；而北方，已进入封冻季节。汉朝董仲舒《春秋繁露·阴阳出入上下》："小雪而物咸成，大寒而物毕藏。"明郎瑛《七修类稿·天地三·气候集解》："小雪，十月（夏历）中，雨下而为寒气所薄，故凝而为雪。小者，未盛之辞。"清朝王士禛《题〈徐骑省集〉后》："寂寥小雪闲中过,斑驳新霜鬓上加。"

大雪

大雪时太阳黄经为255°。"大雪"表明这时降雪开始大起来了。大雪前后,黄河流域一带渐有积雪;而北方,已是"千里冰封,万里雪飘"的严冬了。《月令七十二候集解》说:"至此而雪盛也。"大雪的意思是天气更冷,降雪的可能性比小雪时更大了,并不指降雪量一定很大。相反,大雪后各地降水量均进一步减少。我国古代将大雪分为三候:"一候鹃鸥不鸣;二候虎始交;三候荔挺出。"这是说此时因天气寒冷,寒号鸟也不再鸣叫了;由于此时是阴气最盛时期,正所谓盛极而衰,阳气已有所萌动,所以老虎开始有求偶行为;"荔挺"(兰草的一种)也感到阳气的萌动而抽出新芽。

冬至

冬至时太阳黄经为270°。早在二千五百多年前的春秋时代,中国就已经用土圭观测太阳,测定出了冬至。它是二十四节气中最早制订出的一个节气。冬至这一天,阳光几乎直射南回归线,北半球白昼最短,黑夜最长,开始进入数九寒天。天文学上规定这一天为北半球冬季的开始。而冬至以后,阳光直射位置逐渐向北移动,北半球的白天就逐渐长了。冬至是按天文划分的节气,古称"日短"、"日短至"。冬至是中国农历中一个非常重要的节气,也是中华民族的一个传统节日。冬至俗称"冬节"、"长至节"、"亚岁"等。在这一天中国大部分地区还有北方吃饺子、南方吃汤圆的习俗。

小寒

小寒时太阳黄经为285°。小寒以后,开始进入寒冷季节。冷气积久而寒,小寒是天气寒冷但还没有到极点的意思。寒即寒冷,小寒表示寒冷的程度。《月令七十二候集解》:"十二月节,月初寒尚小,故云。月半则大矣。"小寒的意思是天气已经很冷,我国大部分地区小寒和大寒之间一般都是最冷的时期,"小寒"一过,就进入"出门冰上走"的三九天了。我国古代将小寒分为三候:"一候雁北乡,二候鹊始巢,三候雉始鸲。"古人认为候鸟中大雁是顺阴阳而迁移,此时阳气已动,所以大雁开始向北迁移;而且北方到处可见到喜鹊,并且感觉到阳气而开始筑巢;第三候"雉鸲"的"鸲"为鸣叫的意思,雉在接近四九时会感到天气转暖而鸣叫。

大寒

大寒时太阳黄经为300°。同小寒一样,大寒也是表征天气寒冷的节气。大寒就是天气寒冷到了极点的意思。大寒前后是一年中最冷的季节。大寒正值三九刚过,四九之初。谚云:"三九四九不出手。"《月令七十二候集解》:"十二月中,解见前(小寒)。"《授时通考·天时》引《三礼义宗》:"大寒为中者,上形于小寒,故谓之大……寒气之逆极,故谓大寒。"这时寒潮南下频繁,是我国大部分地区一年中的最冷的时期,风大,低温,地面积雪不化,呈现出冰天雪地、天寒地冻的严寒景象。我国古代将大寒分为三候:"一候鸡乳;二候征鸟厉疾;三候水泽腹坚。"就是说到大寒节气便可以孵小鸡了;而鹰隼之类的征鸟,却正处于捕食能力极强的状态中,盘旋于空中到处寻找食物,以补充身体的能量抵御严寒;在一年的最后五天内,水域中的冰一直冻到水中央,且最结实、最厚。大寒以后,立春即到来,天气渐暖。至此地球绕太阳公转了一周,完成了一个循环。

三、二十四节气快速推算法

节气日期推算公式:[Y × D + C] − L

公式解读:年数的后 2 位乘 0.2422 加 3.87 取整数减闰年数。21 世纪 C 值 = 3.87,22 世纪 C 值 = 4.15。

举例说明:2017 年立春日期的计算步骤[17 × 0.2422 + 3.87] − [17/4] = 3.9874。所以 2017 年的立春日期是 2 月 3 日晚子时(壬戌日申子时),就是这么简单。

节气的规律歌诀:

立春五日三时头	惊蛰倒退三时首
一时一刻清时节	立夏九时三刻收
芒种两日退一时	小暑三日五时求
五日退三立秋节	白露六日退一周
寒露六日加六时	立冬六日七时游
大雪六日四时到	小寒五日九时收

四、十二建、七十二候和二十四番花信风

十二建

风水学术语。即正月建寅,二月建卯,三月建辰,四月建巳,五月建午,六月建未,七月建申,八月建酉,九月建戌,十月建亥,十一月建子,十二月建丑。

七十二候

中国最早的结合天文、气象、物候知识指导农事活动的历法。七十二候的起源很早,源于黄河流域。完整记载见于公元前 2 世纪的《逸周书·时训解》。以五日为候,三候为气,六气为时,四时为岁,一年二十四节气,共七十二候。各候均以一个物候现象对应,称候应。其中植物候应有植物的幼芽萌动、开花、结实等;动物候

应有动物的始振、始鸣、交配、迁徙等；非生物候应有始冻、解冻、雷始发声等。七十二候候应的依次变化，反映了一年中气候变化的情况。

二十四番花信风

花信风，中国节令用语。指某种节气时开的花。因为是应花期而来的风，所以叫信风。人们挑选一种花期最准确的花为代表，叫做这一节气中的花信风，意即带来开花音讯的风候。按照我国古代的说法，每年的春回大地，都要经过"二十四番花信"。

梁元帝《纂要》："一月二番花信风，阴阳寒暖，冬随其时，但先期一日，有风雨微寒者即是。其花则：鹅儿、木兰、李花、杨花、桤花、桐花、金樱、黄、楝花、荷花、槟榔、蔓罗、菱花、木槿、桂花、芦花、兰花、蓼花、桃花、枇杷、梅花、水仙、山茶、瑞香，其名俱存。"程大昌《演繁露·卷一》："三月花开时，风名花信风。"南朝宗懔《荆楚岁时说》："始梅花，终楝花，凡二十四番花信风。"根据农历节气，从小寒到谷雨，共八气，一百二十日。每气十五天，一气又分三候，每五天一候，八气共二十四候，每候应一种花。顺序为：

小寒：一候梅花、二候山茶、三候水仙；

大寒：一候瑞香、二候兰花、三候山矾；

立春：一候迎春、二候樱桃、三候望春；

雨水：一候菜花、二候杏花、三候李花；

惊蛰：一候桃花、二候棠梨、三候蔷薇；

春分：一候海棠、二候梨花、三候木兰；

清明：一候桐花、二候麦花、三候柳花；

谷雨：一候牡丹、二候酴醾、三候楝花。

五、黄梅时节家家雨

"黄梅时节家家雨"语出宋人赵师秀的《约客》：

黄梅时节家家雨，

青草池塘处处蛙。

有约不来过夜半，

闲敲棋子落灯花。

黄梅时节即是指春末夏初梅子黄熟的时节。每年的端午前后，正是江淮入梅时，接下来将是一个月左右雨不止的日子，所谓黄梅时节应该是农历的五月。但是也有一说"梅子黄时日日晴"，也就是说即便是黄梅时节，也并不是常常下雨的。有的年份里黄梅时节也是不下雨的。

宋代贺铸曾被称誉为"贺梅子",据说就是因为他在《青玉案》一词中写下了这样的名句:"一川烟草,满城风絮。梅子黄时雨。"宋代陈岩肖在《庚溪诗话》中也有"江南五月梅熟时,霖雨连旬,谓之黄梅雨"的记述。明代徐应秘在《玉芝堂谈荟》中写道:"芒后逢壬立梅,至后逢壬断梅"。历史上所称的"黄梅雨"通常是指"梅"节令内的降水。长江中下游地区的群众习惯上取"芒种"节气为梅节令,此时正值梅熟时节,因此也叫"黄梅"。

梅雨是指每年6月中旬到7月上、中旬,我国长江中下游(宜昌以东的28—34。N范围内或称江淮流域)至日本南部这狭长区域内出现的一段连续阴雨天气。梅雨,在古代常称为黄梅雨。早在汉代,就有不少关于黄梅雨的谚语;在晋代已有"夏至之雨,名曰黄梅雨"的记载;自唐宋以来,对梅雨更有许多妙趣横生的描述。唐代文学家柳宗元曾写过一首《梅雨》诗:"梅实迎时雨,苍茫值晚春。愁深楚猿夜,梦断越鸡晨。海雾连南极,江云暗北津,素衣今尽化,非为帝京尘。"其中的"梅实迎时雨",是指梅子熟了以后,迎来的便是"夏至"节气后"三时"的"时雨"。现在气象上的梅雨泛指初夏向盛夏过渡的一段阴雨天气。

我国南方流行着这样的谚语:"雨打黄梅头,四十五日无日头"。持续连绵的阴雨、温高湿大是梅雨的主要特征。雨带停留时间称为"梅雨季节",梅雨季节开始的一天称为"入梅",结束的一天称为"出梅"。

此外,由于这一时段的空气湿度很大,百物极易获潮霉烂,故人们给梅雨起了一个别名,叫做"霉雨"。明代谢在杭的《五杂炬·天部一》记述:"江南每岁三、四月,苦霪雨不止,百物霉腐,俗谓之梅雨,盖当梅子青黄时也。自徐淮而北则春夏常旱,至六七月之交,愁霖雨不止,物始霉焉。"明代杰出的医学家李时珍在《本草纲目》中更明确地指出:"梅雨或作霉雨,言其沾衣及物,皆出黑霉也。"

可见,"梅雨"或"霉雨"的称谓由来已久,它开始在我国流传的时间,至少可追溯到一千多年前。

六、花草报天气

"花儿知晴雨,草木报天气。""人不知春鸟知春,鸟不知春草知春。"花草也具有灵性,有的花草能够像气象台那样预报天气。

风雨花:菖蒲莲和玉帘在夏秋季节里,每当狂风、暴雨来临之前,就会绽放出艳丽的花朵。

报霜花:有一种叫鬼子姜的植物,花开了十天左右,就要出现初霜,具有预报初霜的"能力"。

梅花:梅花每年开花有早有迟,冬冷则迟,冬暖则早。而冬暖则意味着春天多春寒;梅花开得迟,预兆春暖对春播育秧有利。

桐子花:桐子树开花一般正是4月上、中旬,这时,北方常有较强的冷空气南下,造成阴雨低温天气,欲称"冻桐花"。

含羞草:用手碰一下,如果叶子闭合快,张开还原慢,说明天气将晴,反之天气将雨。

多年生草本植物结缕草和茅草,也能够预测天气。当结缕草在叶茎交叉处出现霉毛团,或茅草的叶茎交界处冒水沫时,就预示要出现阴雨天。因此,有"结缕草长霉,天将下雨";"茅草叶柄吐沫,明天冒雨干活"的谚语。

有趣的是,花草不仅能预报天气,而且还能测量气温。在瑞典南部有一种"气温草",它竟能像温度计一样测量出温度的高低。这种草的叶片为长椭圆形,花为蓝、黄、白三色,所以又叫它"三色堇"。它的叶片对气温反应极为敏感,当温度在20℃以上时,叶片向斜上方伸出;若温度降到15℃时,叶片慢慢向下运动,直到与地面平行为止;当温度降至10℃时,叶片就向斜下方伸出。如果温度回升,叶片又恢复原状。当地的居民根据它的叶片伸展方向,便可知道温度的高低。

除了花草外,大树也能预报天气。在我国广西忻城县龙顶村,有一棵100多年树龄的青冈树,它的叶片颜色随着天气变化而变化:晴天时,树叶呈深绿色;久旱将要下雨前,树叶变成红色;雨后天气转晴时,树叶又恢复了原来的深绿色。当地居民根据树叶的颜色变化,便可知道是阴天还是晴天,故人们称它为"气象树"。

在安徽和县大滕村旁也有一棵"气象树",当地居民根据其发芽的早迟和树叶疏密即可知道当年雨水的多少。如谷雨前发芽,且芽多叶茂,即预示当年雨水多,可能有涝灾;如正常发芽,且叶片分布有疏有密,即预示当年风调雨顺;如推迟发芽,叶片也长得少,则预示当年为少雨年份,可能出现严重旱灾。

七、二十四节气农谚歌

正月:岁朝蒙黑四边天,大雪纷纷是旱年,但得立春晴一日,农夫不用力耕田。

二月:惊蛰闻雷米似泥,春风有雨病人稀,月中但得逢三卯,到处棉花豆麦佳。

三月:风雨相逢初一头,沿村瘟疫万民忧,清明风若从南起,预报丰年大有收。

四月:立夏东风少病遭,时逢初八果生多。雷鸣甲子庚辰日,定主蝗虫损稻禾。

五月:端阳有雨是丰年,芒种闻雷美亦然,夏至风从西北起,瓜蔬园内受煎熬。

六月:三伏之中逢酷热,五谷田禾多不结,此时若不见灾危,定主三冬多雨雪。

七月:立秋无雨甚堪忧,万物从来一半收,处暑若逢天下雨,纵然结实也难留。

八月:秋风天气白云多,到处欢歌好晚禾,最怕此时雷电闪,冬来米价贵如何。

九月:初一飞霜侵损民,重阳无雨一天晴,月中火色人多病,若遇雷声菜价高。

十月:立冬之日怕逢壬,来岁高田枉费心,此日更逢壬子日,灾殃预报损人民。

十一月:初一有风多疾病,更兼大雪有灾难,冬至天暗无雨色,明年定唱太平歌。

十二月：初一东风六畜灾，倘逢大雪旱年来，若然此日天晴好，下岁农夫大发财。

八、节气与气象农谚

我国是以农立国，历代乡贤老农根据对云、雾、雷、风、雨、旱、涝、丰、歉的历史观测所得的经验，编造出了许多农谚，这些农谚多数与节气息息相关，如：

立春落雨至清明。

春寒雨多，冬寒雨散。

春黑冬白，雨仔泄泄。

早春晚播田。

春雾曝死鬼，夏雾做大水。

春南夏北，无水磨墨。

二月二打雷，稻尾较重捶。

雨打五更日晒水。

一点雨一个灯，落到明朝也不晴。

清明刮了坟头土，庄稼地里自受苦。

清明要晴，谷雨要淋。谷雨无雨，后来哭雨。

清明晴，六畜兴；清明雨，损百果。

清明风若从南起，定主田禾大有收。

谷雨有雨兆雨多，谷雨无雨水来迟。

立夏不下，桑老麦罢。

立夏东风到，麦子水里涝。

立夏到小满，种啥也不晚。

立夏刮阵风，小麦一场空。

小满前后，种瓜种豆。

小满暖洋洋，锄麦种杂粮。

过了小满十日种。十日不种一场空。

四月芒种雨，五月无干土，六月火烧埔。

芒种不种，过后落空。

芒种麦登场，秋耕紧跟上。

芒种刮北风，旱断青苗根。

夏至无雨三伏热，处暑难得十日阴。

夏至无雨，囤里无米。

夏至未来莫道热，冬至未来莫道寒。

夏至有风三伏热，重阳无雨一冬晴。

夏至进入伏里天，耕田像是水浇园。

夏至刮东风，半月水来冲。

夏至风从西北起，瓜菜园内受熬煎。

小暑不种薯，立伏不种豆。

小暑风不动，霜冻来的迟。

小暑怕东风，大暑怕红霞。

大暑到立秋，积粪到田头。

立秋无雨，秋天少雨；白露无雨，百日无霜。

立秋处暑云打草，白露秋分正割田。

立秋有雨样样有，立秋无雨收半秋。

立秋雨淋淋，来年好收成。

立秋无雨最堪悲，万物从来只半收。

东闪太阳红通通，西闪雨重重，北闪当面射，南闪闪三夜。

雷打秋，冬半收。

好中秋，好晚稻。

重阳无雨一冬晴。

立冬之日怕逢壬，来岁高田枉费心。

冬至天阴无日色。

十二月南风现报。

大寒不寒。人马不安。

晨雾罩不开，戴笠披水衣。

送神风，接神雨。

九、二十四节气与民俗

（一）立春与民俗

立春作为节令早在春秋时就有了，那时一年中有立春、立夏、立秋、立冬、春分、秋分、夏至、冬至八个节令，之后很长一段时间才有 24 个节气的记载。在汉代前历法曾多次变革，那时曾将 24 节气中的立春这一天定为春节，意思是春天从此开始。这种叫法曾延续了两千多年，直到 1913 年，当时的国民政府正式下了一个文件，明确每年的正月初一为春节。此后，立春日仅作为 24 个节气之一存在并传承至今。

旧俗立春，既是一个古老的节气，也是一个重大的节日。天子要在立春日，亲率诸侯、大夫等迎春吏,沿街高喊"春来了",俗称"报春"。无论士、农、工、商,见春官都要作揖礼谒。报春人遇到摊贩商店,可以随便拿取货物、食品,店主笑脸相迎。这一天,州、县要举行隆重的"迎春"活动。前面是鼓乐仪仗队担任导引;中间是州、县长官率领的所有僚属,皆穿官衣;后面是农民队伍,都执农具。来到城东郊,迎接先期制作好的芒神与春牛。到芒神前,先行二跪六叩首礼。执事者举壶爵,斟酒授长官,长官接酒酹地后,再行二跪六叩首礼。然后到春牛前作揖。礼毕,与来时一样热闹,将芒神、春牛迎回城内。

在立春这一天,举行纪念活动的历史悠久,至少在 3000 年前就已经出现。

自周代起立春日迎春,是先民于立春日进行的一项重要活动,也是历代帝王和庶民都要参加的迎春庆贺礼仪。

在周代立春时,天子亲率三公九卿诸侯大夫去东郊迎春,祈求丰收,回宫后要赏赐群臣,布德和令以施惠兆民。到东汉时正式产生了迎春礼俗和民间的服饰饮食习俗。在唐宋代时立春日,宰臣以下都入朝称贺。到明清两代时,是立春文化的盛行时期,清代称立春的贺节习俗为"拜春",其迎春的礼仪形式称为"行春"。据《燕京岁时记》记载:"立春先一日,顺天府官员,在东直门外一里春场迎春。立春日,礼部呈进春山宝座,顺天府呈进春牛图,礼毕回署,引春牛而击之,曰打春。"清人所著的《清嘉录》则指出,立春祀神祭祖的典仪,虽比不上正月初一的岁朝,但要高于冬至的规模。

(二)雨水与民俗

"雨水节,回娘家"是流行于川西一带汉族的节日习俗。到了雨水节气,出嫁的女儿纷纷带上礼物回娘家拜望父母。生育了孩子的妇女,须带上罐罐肉、椅子等礼物,感谢父母的养育之恩。久不怀孕的妇女,则由母亲为其缝制一条红裤子,穿到贴身处,据说,这样可以尽快怀孕穗子。

"拉保保"是四川一些地区的民间习俗。旧社会,人们迷信命运,为儿女求神问卦,看自己的儿女好不好带,尤独子者更怕夭折,一定要拜个干爹,按小儿的生辰年月日时同金、木、水、火、土,找算命先生算算命上相合相克的关系,如果命上缺木,拜干爹取名字时就要带木字,才能保证儿子长命百岁。此举一年复一年,久而盛行一方之俗,传承至今更名"拉保保"。

之所以在雨水之际"拉干爹",是取"雨露滋润易生长"之意。川西民间很多地方在这天都有个特定的"拉干爹"的场所。当天不管天晴下雨,准备"拉干爹"的父母都会手提装好酒菜、香蜡、纸钱的筲箕,带着孩子在人群中穿来穿去找准干爹对象。如希望孩子长大有知识就拉一个文人做干爹;若孩子身体瘦弱就拉个身材高大强壮的人做干爹。一旦有人被拉着当"干爹",有的挣脱掉跑了,有的扯也扯不开，一般会爽快地答应，并认为这是别人信任自己，因而自己的命运也会好起来的。拉到之后，拉者连声叫道："打个干亲家！"然后摆好带来的下酒菜，焚香点蜡，叫孩子"快拜干爹，叩头"，"请干爹喝酒吃菜"，"请干亲家给娃娃取个名字"，"拉保保"就算成功了。分手后也有常年走动的，称为"常年干亲家"，也有分手后就没有来往的，叫"过路干亲家"。

而今，雨水节由竹溪公园举办的"拉保保"，已成为游园中一项特具风趣的活动。

（三）惊蛰与民俗

在民间，很多地方的人们把惊蛰称为"二月节"，这就给惊蛰平添了很多节日的氛围。既然是"节"，那就肯定少不了精彩有趣的民俗活动。

1. 祭白虎

中国民间传说中的白虎是口舌、是非之神，每年都会在这天出来觅食，开口噬人，犯之则在这年之内常遭邪恶小人对其兴风作浪，阻挠他的前程发展，引致百般不顺。大家为了自保，便在惊蛰那天祭白虎。所谓祭白虎，是指拜祭用纸绘制的白老虎。拜祭时，需以肥猪血喂之，使其吃饱后不再出口伤人，继而以生猪肉抹在纸老虎的嘴上，使之充满油水，不能张口说人是非。

2. 蒙鼓皮

惊蛰是雷声引起的。古人想像雷神是位鸟嘴人身，长了翅膀的大神，一手持锤，一手连击环绕周身的许多天鼓，发出隆隆的雷声。惊蛰这天，天庭有雷神击天鼓，人间也利用这个时机来蒙鼓皮。《周礼》卷四十《挥人》篇上说："凡冒鼓必以启蛰之日。"注："惊蛰，孟春之中也，蛰虫始闻雷声而动；鼓，所取象也；冒，蒙鼓以革。"可见不但百虫的生态与一年四季的运行相契合，万物之灵的人类也要顺应天时，凡事才能收到事半功倍之效。

3. "打小人"

惊蛰象征二月份的开始，会平地一声雷，唤醒所有冬眠中的蛇虫鼠蚁，家中的爬虫走蚁又会应声而起，四处觅食。所以古时惊蛰当日，人们会手持清香、艾草，熏家中四角，以香味驱赶蛇、虫、蚁、鼠和霉味，久而久之，渐渐演变成不顺心者拍打对头人和驱赶霉运的习惯，亦即"打小人"的前身。

所以每年惊蛰那天便会出现一个有趣的场景：妇人一边用木拖鞋拍打纸公仔，一边口中念念有词"打你个小人头，打到你有气有定抖，打到你食亲野都呕"的打小人咒语。

《千金月令》上说："惊蛰日，取石灰糁门限外，可绝虫蚁。"石灰原本具有杀虫的功效，在惊蛰这天，撒在门槛外，认为虫蚁一年内都不敢上门，这和闻雷抖衣一样,都是在百虫出蛰时给它一个"下马威"的举动,希望害虫不敢来骚扰自己。

4. 抖虱子

有些地方的人在惊蛰时听到第一声春雷,赶快使劲抖衣服,认为这样不但可以抖掉身上的虱子跳蚤,而且一年都将免受这些寄生虫的骚扰。晚明刘侗在《帝京景物略》卷二《春场》里说:"初闻雷则抖衣,曰蚤虱不生。"

5. 吃炒豆

在山东的一些地区,农民在惊蛰日要在庭院之中生火炉烙煎饼,意为烟熏火燎整死害虫。在陕西,一些地区过惊蛰要吃炒豆。人们将黄豆用盐水浸泡后放在锅中爆炒,发出噼啪之声,象征虫子在锅中受热煎熬时的蹦跳之声。在山西的雁北地区,农民在惊蛰日要吃梨,意为与害虫别离。

6. 吃炒虫

广西金秀县的瑶族在惊蛰日家家户户要吃"炒虫","虫"炒熟后,放在厅堂中,全家人围坐一起大吃,还要边吃边喊:"吃炒虫了,吃炒虫了!"尽兴处还要比赛,谁吃得越快,嚼得越响,大家就来祝贺他为消灭害虫立了功。其实"虫"就是玉米,是取其象征意义。

(四)春分与民俗

辽阔的中华大地上,莺飞草长,柳暗花明,小麦拔节,油菜花香,一派生机盎然。

拜神

春分前后的民俗节日有二月十五日开漳圣王诞辰:开漳圣王又称"陈圣王",为唐代武进士陈元光,因对漳州有功,死后成为漳州守护神。二月十九日观世音菩萨诞辰:每逢诞辰,信徒多茹素斋,前往各观音寺庙祭拜。二月二十五日三山国王祭日:三山国王是指广东省潮州府揭阳县的独山、明山、巾山三座山的山神,信徒以客籍人士为主。

(五)清明与民俗

清明节的习俗是丰富有趣的,除了讲究禁火、扫墓,还有踏青、荡秋千、拔河蹴鞠、插柳等一系列风俗体育活动。相传这是因为清明节要寒食禁火,为了防止寒食冷餐伤身,所以人们就要参加一些体育活动,以锻炼身体。因此,这个节日中既有祭扫新坟生别死离的悲酸泪,又有踏青游玩的欢笑声,是一个富有特色的节日。

1. 荡秋千

荡秋千是由来已久的清明习俗。秋千,意即揪着皮绳而迁移。秋千的历史相当古老,最早叫千秋,后为了避及某些方面的忌讳,改为秋千。那时的秋千多用树桠枝为架,再拴上彩带做成。后来逐步发展为用两根绳索加上踏板的秋千。荡秋千不仅可以增进健康,而且可以培养勇敢精神,至今为人们特别是儿童所喜爱。

2. 拔河

拔河最早叫"牵钩"、"钩强"，唐朝开始叫"拔河"。它发明于春秋后期，盛行于军旅，后来流传到民间。唐玄宗时曾在清明时举行大规模的拔河比赛。从那时起，拔河便成为清明习俗了。

3. 蹴鞠

蹴鞠本来特指一种古老的皮球，球面用皮革做成，球内用毛塞紧。由于蹴鞠运动的影响逐渐广泛，蹴鞠也就成了蹴鞠运动的代名词。这是古代清明节时人们喜爱的一种游戏。相传是黄帝发明的，最初的目的是用来训练武士。

4. 踏青

踏青又叫春游。古时叫探春、寻春等。三月清明，春回大地，自然界到处呈现一派生机勃勃的景象，正是郊游的大好时机。我国民间长期保持着清明踏青的习惯。

5. 植树

清明前后，春阳照临，春雨飞洒，种植树苗成活率高，成长快。因此，自古以来，我国就有清明植树的习惯。有人还把清明节叫做"植树节"。植树风俗一直流传至今。1979 年，人大常委会规定，每年 3 月 12 日为我国植树节。这对动员全国各族人民积极开展绿化祖国活动，有着十分重要的意义。

6. 放风筝

放风筝是清明时节人们所喜爱的活动。每逢清明时节，人们不仅白天放风筝，夜间也放。夜里在风筝下或风筝拉线上挂上一串串彩色的小灯笼，像闪烁的明星，被称为"神灯"。过去，有的人把风筝放上蓝天后，便剪断牵线，任凭清风把它们送往天涯海角，据说这样能除病消灾，给自己带来好运。

7. 扫墓

清明时节，自古以来就是人们祭祖扫墓的日子，作为中国人更是重视"祭之以礼"的追远活动。宋代高菊涧的《清明》诗云："南北山头多墓田，清明祭扫各纷然。纸灰飞作白蝴蝶，血泪染成红杜鹃。日暮狐狸眠冢上，夜归儿女笑灯前，人生有酒须当醉，一滴何曾到九泉。"

按照旧的习俗，扫墓时，人们要携带酒食果品、纸钱等物品到墓地，将食物供祭在亲人墓前，再将纸钱焚化，为坟墓培上新土，折几枝嫩绿的新枝插在坟上，然后叩头行礼祭拜，最后吃掉酒食回家。唐代诗人杜牧的诗《清明》："清明时节雨纷纷，路上行人欲断魂。借问酒家何处有？牧童遥指杏花村。"写出了清明节的特殊气氛。扫墓是清明节最早的一种习俗，这种习俗延续到今天，已随着社会的进步而逐渐简化。扫墓当天，子孙们先将先人的坟墓及周围的杂草修整和清理，然后供上食品、鲜花等。

由于火化遗体越来越普遍，其结果是，前往骨灰置放所拜祭先人的方式逐渐取代扫墓的习俗。

新加坡华人也在庙宇里为死者立神主牌，因此庙宇也成了清明祭祖的地方。

清明节当天有些人家也在家里拜祭祖先。

据说，插柳的风俗也是为了纪念"教民稼穑"的农事祖师神农氏的。有的地方，人们把柳枝插在屋檐下，以预报天气，古谚有"柳条青，雨蒙蒙；柳条干，晴了天"的说法。黄巢起义时规定，以"清明为期，戴柳为号"。起义失败后，戴柳的习俗渐被淘汰，只有插柳盛行不衰。

不论以何种形式纪念，清明节最基本的仪式是到坟前、骨灰放置处或灵位前追念祖先。为了使纪念祖先的仪式更有意义，我们应让年青一代的家庭成员了解先人过去的奋斗历史。

8.插柳

杨柳有强大的生命力，俗话说："有心栽花花不发，无心插柳柳成荫。"柳条插土就活，插到哪里，活到哪里，年年插柳，处处成荫。

清明节春风明媚，绿树成荫。人们在这一天踏青、扫墓、上坟。人人都要戴柳，家家户户门口插柳枝。这个习俗究竟从何而来呢？关于清明节有个传说和宋代大词人柳永有关。据说柳永生活放荡，常往来于花街柳巷之中。当时的歌妓无不爱其才华，并以受柳永青睐为荣。但因为生活不轨，柳永一生为仕途所不容，虽中过进士最后却于襄阳贫困而亡。他的墓葬费用都是仰慕他的歌女集资的。每年清明节，歌女们都到他坟前插柳枝以示纪念，久而久之就成了清明插柳的习俗。其实这个习俗早在唐代就有了。唐人认为三月三在河边祭祀时，头戴柳枝可以摆脱毒虫的伤害。宋元以后，清明节插柳的习俗非常盛行，人们踏青玩游回来，在家门口插柳以避免虫疫。无论是民间传说还是史籍典章的记载，清明节插柳总是与避免疾疫有关。春天气候变暖，各种病菌开始繁殖，人们在医疗条件差的情况下只能寄希望于摇摇柳枝了。

中国人以清明、七月半和十月朔为三大鬼节，是百鬼出没讨索之时。人们为防止鬼的侵扰迫害，而插柳戴柳。柳在人们的心目中有辟邪的功用。受佛教的影响，人们认为柳可以驱鬼，而称之为"鬼怖木"，观世音以柳枝沾水济度众生。

北魏贾思勰《齐民要术》里说："取柳枝著户上，百鬼不入家。"清明既是鬼节，值此柳条发芽时节，人们自然纷纷插柳戴柳以辟邪了。汉人有"折柳赠别"的风俗：灞桥在长安东，跨水作桥，汉人送客至此桥，折柳赠别。李白有词云："年年柳色，灞陵伤别。"古代长安灞桥两岸，堤长十里，一步一柳，由长安东去的人多到此地惜别，折柳枝赠别亲人，因"柳"与"留"谐音，以表示挽留之意。这种习俗最早起源于《诗经·小雅·采薇》里"昔我往矣，杨柳依依"。用离别赠柳来表示难分难离，不忍相别,恋恋不舍的心意。杨柳是春天的标志,在春天里摇曳的杨柳,总是给人以欣欣向荣之感。"折柳赠别"就蕴含着"春常在"的祝愿。古人送行时折柳相送,也喻意亲人离别去乡正如离枝的柳条,希望他到新的地方,能很快地"生根发芽",好像柳枝之随处可活。它是一种对友人的美好祝愿。古人的诗词中也大量提及折柳赠别之事。唐代权德舆诗:"新知折柳赠",宋代姜白石诗:"别路恐无青柳枝",明代郭登诗:"年年长自送行人,折尽边城路旁柳。"清代陈维崧词:"柳条今剩几?待折赠。"人们不但见了杨柳会引起别愁,连听到《折杨柳》曲,也会触动离绪。李白《春夜洛城闻笛》:"此夜曲中闻折柳,何人不起故园情。"其实,柳树可以有多方面的象征意义,古人又赋予柳树种种感情,于是借柳寄情便是情理中之事了。

9. 拜"城隍爷"

老北京清明节时有这样一个习俗,就是在这一天要去城隍庙烧香叩拜求签还愿问卜,在明清民国时老北京有七八座城隍庙,香火亦以那时最盛。城隍庙里供奉的"城隍爷",是那时百姓信奉的灶王爷、财神爷外最信奉的神佛。这个"爷"其实就是一个城、一个县的万能官。城隍庙在每年的鬼节——清明节开放时,人们纷纷前往求愿,为天旱求雨(多雨时求晴)、出门求平安、有病求康复、为死者祈祷冥福等诸事焚香拜神,那时庙内外异常热闹,庙内有戏台演戏,庙外商品货什杂陈。据说在民国初时还有"城隍爷"出巡之举,人们用八抬大轿抬着用藤制的"城隍爷"在城内巡走,各种香会相随,分别在"城隍爷"后赛演秧歌、高跷、五虎棍等,边走边演,所经街市观者如潮。有一首杂咏:"神庙还分内外城,春来赛会盼清明,更兼秋始冬初候,男女烧香问死生。"说的就是清明节拜"城隍爷"这一习俗。

(六)谷雨与民俗

谷雨是春天最后一个节气,尽管它没有"清明"那么"名声显赫",但很多地方的人们对它也是很重视的,这一点从民俗上就能看出来。

1. 喝谷雨茶

南方很多地方有谷雨摘茶习俗,传说谷雨这天的茶喝了会清火、辟邪、明目等。所以谷雨这天不管是什么天气,人们都会去茶山摘一些新茶回来喝。

谷雨茶也就是雨前茶,是谷雨时节采制的春茶,又叫二春茶。春季温度适中,雨量充沛,加上茶树经半年冬季的休养生息,使得春梢芽叶肥硕,色泽翠绿,叶质柔软,富含多种维生素和氨基酸,使春茶滋味鲜活,香气怡人。谷雨茶除了嫩芽外,还有一芽一嫩叶的或一芽两嫩叶的。一芽一嫩叶的茶叶泡在水里像展开旌旗的古代的枪,被称为旗枪;一芽两嫩叶则像一个雀类的舌头,被称为雀舌。谷雨茶与清明茶同为一年之中的佳品。一般谷雨茶价格比较经济实惠,水中造型好,口感也不比清明茶逊色,大多的茶客通常更追捧谷雨茶。

茶农们说，谷雨这天采的鲜茶叶做的干茶才算是真正的谷雨茶，而且要上午采的。民间还传说真正的谷雨茶能让死人复活，肯定很多人听说过，但这只是传说。可想这真正的谷雨茶在人们心目中的分量有多重。茶农们那天采摘来做好的茶都是留起来自己喝或用来招待客人，在给客人泡茶时会颇为炫耀地对客人说，这是谷雨那天做的茶哦。言下之意，只有贵客来了才会拿出来喝。

2. 祭海

对于渔家而言，谷雨节流行祭海习俗。谷雨时节正是春海水暖之时，百鱼行至浅海地带，是下海捕鱼的好日子。俗话有"骑着谷雨上网场"。为了能够出海平安、满载而归，谷雨这天渔民要举行海祭，祈祷海神保佑。因此，谷雨节也叫做渔民出海捕鱼的"壮行节"。这一习俗在今天胶东荣城一带仍然流行。过去，渔家由渔行统一管理，海祭活动一般由渔行组织。祭品为去毛烙皮的肥猪一头，用腔血抹红，白面大馍馍十个，另外，还准备鞭炮、香纸等。渔民合伙组织的海祭没有整猪的，则用猪头或蒸制的猪形馍馍代替。旧时村村都有海神庙或娘娘庙，祭祀时刻一到，渔民便抬着供品到海神庙、娘娘庙前摆供祭祀。有的则将供品抬至海边，敲锣打鼓，燃放鞭炮，面海祭祀，场面十分隆重。

3. 禁蝎

旧时，山西临汾一带谷雨日画张天师符贴在门上，名曰"禁蝎"。陕西凤翔一带的禁蝎咒符，以木刻印制，可见需求量是很大的。其上印有："谷雨三月中，蝎子逞威风。神鸡叨一嘴，毒虫化为水……"画面中央雄鸡衔虫，爪下还有一只大蝎子。画上印有咒符。雄鸡治蝎的说法早在民间流传。《西游记》第五十五回，孙悟空、猪八戒敌不过蝎子精，观音也自知近他不得。只好让孙悟空去请昴日星官，结果马到成功。昴日星官本是一只双冠子大公鸡。书中描写，昴日星官现出本相——大公鸡，大公鸡对着蝎子精叫一声，蝎子精即时现了原形，是个琵琶大小的蝎子。大公鸡再叫一声，蝎子精浑身酥软，死在山坡。山东民俗也禁蝎。清乾隆六年《夏津县志》记："谷雨，朱砂书符禁蝎。""禁蝎"的民俗反映了人们驱除害虫及渴望丰收平安的心情。

4. 走谷雨

古时有"走谷雨"的风俗，庄户人家的大姑娘小媳妇无论有事没事，都要挎着篮子到野外走一圈回来，称为"走谷雨"。她们这样做是为了寄托自己美好的愿望，想走出一个五谷丰登、六畜兴旺的好年成。

5. 食香椿

北方有谷雨食香椿的习俗。谷雨前后是香椿上市的时节，这时的香椿醇香爽口，营养价值高，有"雨前香椿嫩如丝"之说。香椿具有提高机体免疫力，健胃、理气、止泻、润肤、抗菌、消炎、杀虫之功效。

6. 祭仓颉

陕西白水县有谷雨祭祀文祖仓颉的习俗，"谷雨祭仓颉"是自汉代以来流传千年的民间传统。

7. 桃花水洗浴

谷雨的河水也非常珍贵。在西北地区，旧时，人们将谷雨的河水称为"桃花水"，传说以它洗浴，可消灾避祸。谷雨节人们以"桃花水"洗浴，举行射猎、跳舞等活动庆祝。

谷雨前后也是牡丹花开的重要时段，因此，牡丹花也被称为"谷雨花"。"谷雨三朝看牡丹"，赏牡丹成为人们闲暇重要的娱乐活动。至今，山东菏泽、河南洛阳、四川彭州多于谷雨时节举行牡丹花会，供人们游乐聚会。

（七）立夏与民俗

我国自古以来很重视立夏节气。据记载，周朝时立夏这一天，皇帝要率领文武百官到京城外的南郊迎夏，举行祭祀炎帝、祝融的仪式。并指令司徒等官去各地勉励农民抓紧耕作。《礼记·月令》中说："立夏之日，天子亲率三公、九卿、诸侯、大夫，以迎夏于南郊。还返，行赏、封诸侯，庆赐遂行，无不欢悦。"古时，迎夏的队伍穿的礼服、佩的玉、坐的马车和马、甚至于车上的旗帜都是红色的，这象征着炽热的夏天就要来临了。

直到现在，遗留下来的传统民俗依然很多。

1. 立夏饭

立夏当天，很多地方的人们用赤豆、黄豆、黑豆、青豆、绿豆等五色豆拌合白粳米煮成"五色饭"，后演变为倭豆肉煮糯米饭，菜有苋菜黄鱼羹，称吃"立夏饭"。

南方很多地区的立夏饭是糯米饭，饭中掺杂豌豆。桌上必有煮鸡蛋、全笋、带壳豌豆等特色菜肴。乡俗蛋吃双，笋成对，豌豆多少不论。民间相传立夏吃蛋主心。因为蛋形如心，人们认为吃了蛋就能使心气精神不受亏损。立夏以后便是炎炎夏天，为了不使身体在炎夏中亏损消瘦，立夏应该进补。

宁波的立夏习俗要吃"脚骨笋"，用乌笋烧煮，每根三四寸长，不剖开，吃时要拣两根相同粗细的笋一口吃下，说吃了能"脚骨健"（身体康健）。再是吃软菜（君踏菜），说吃后夏天不会生痱子，皮肤会像软菜一样光滑。

湖南长沙人立夏日吃糯米粉拌鼠曲草做成的汤丸，名"立夏羹"，民谚云"吃了立夏羹，麻石踩成坑"，"立夏吃个团（音为'坨'），一脚跨过河"，意喻力大无比，身轻如燕。上海郊县农民立夏日用麦粉和糖制成寸许长的条状食物，称"麦蚕"，人们吃了，谓可免"疰夏"。

湖北省通山县民间把立夏作为一个重要节日，通山人立夏吃泡（草莓）、虾、竹笋,谓之"吃泡亮眼,吃虾大力气,吃竹笋壮脚骨"。

闽南地区立夏吃虾面,即购买海虾掺入面条中煮食,海虾熟后变红,为吉祥之色,而虾与夏谐音,以此为对夏季之祝愿。

闽东地区立夏以吃"光饼"(面粉加少许食盐烘制而成)为主。闽东周宁、福安等地将光饼入水浸泡后制成菜肴,而蕉城、福鼎等地则将光饼剖成两半,将炒熟了的豆芽、韭菜、肉、糟菜等夹而食之。周宁县纯池镇一些乡村吃"立夏糊",主要有两类,一是米糊,一是地瓜粉糊。大锅熬糊汤,汤中内容极其丰富,有肉、小笋、野菜、鸡鸭下水、豆腐等,邻里互邀喝糊汤。这与浙东农村立夏吃"七家粥"的风俗有点相似。"七家粥"与"七家茶"也算是立夏尝新的另一种形式,"七家粥"是汇集了左邻右舍各家的米,再加上各色豆子及红糖,煮成一大锅粥,由大家来分食。"七家茶"则是各家带了自己新烘焙好的茶叶,混合后烹煮或泡成一大壶茶,再由大家欢聚一堂共饮。这些粥或茶并不见得是多么可口的食物,但这些仪式,却可以说是过去农村社会中重要的联谊活动。

2. 称人

立夏吃罢中饭还有称人的习俗。人们在村口或台门里挂起一杆大木秤,秤钩悬一个凳子,大家轮流坐到凳子上面称一下。司秤人一面打秤花,一面讲着吉利话。

称老人要说:"秤花八十七,活到九十一。"

称姑娘说:"一百零五斤,员外人家找上门。勿肯勿肯偏勿肯,状元公子有缘分。"

称小孩则说:"秤花一打二十三,小官人长大会出山。七品县官勿犯难,三公九卿也好攀。"打秤花只能里打出(即从小数打到大数),不能外打里。

至于立夏"称人"习俗的由来,民间相传与孟获和刘阿斗的故事有关。据说孟获被诸葛亮收服,归顺蜀国之后,对诸葛亮言听计从。诸葛亮临终嘱托孟获每年要来看望蜀主一次。诸葛亮嘱托之日,正好是这年立夏,孟获当即去拜阿斗。从此以后,每年夏日,孟获都依诺来蜀拜望。过了数年,晋武帝司马炎灭掉蜀国,掳走阿斗。而孟获不忘丞相之托,每年立夏带兵去洛阳看望阿斗,每次去则都要称阿斗的重量,以验证阿斗是否被晋武帝亏待。他扬言如果亏待阿斗,就要起兵反晋。晋武帝为了迁就孟获,就在每年立夏这天,用糯米加豌豆煮成中饭给阿斗吃。阿斗见豌豆糯米饭又糯又香,就加倍吃下。孟获进城称人,每次都比上年重几斤。阿斗虽然没有什么本领,但有孟获立夏称人之举,晋武帝也不敢欺侮他,日子也过得清静安乐,福寿双全。这一传说,虽与史实有异,但百姓希望的即是"清静安乐,福寿双全"的太平世界。立夏称人会给阿斗带来福气,人们也祈求上苍给他们带来好运。

3. 挂蛋、斗蛋

立夏当天中午,家家户户煮好囫囵蛋(鸡蛋带壳清煮,不能破损),用冷水浸上数分钟之后,再套上早已编织好的丝网袋,挂于孩子颈上。孩子们便三五成群,进行斗蛋游戏。蛋分两端,尖者为头,圆者为尾。斗蛋时蛋头斗蛋头,蛋尾击蛋尾。一个一个斗过去,破者认输,最后分出高低。蛋头胜者为第一,蛋称大王;蛋尾胜者为第二,蛋称小王或二王。

立夏日有忌坐门槛之说。在安徽,道光十年《太湖县志》中记载:"立夏日,取笋苋为羹,相戒毋坐门坎,毋昼寝,谓愁夏多倦病也。"说是这天坐门槛,夏天里会疲倦多病。

(八)小满与民俗

小满是反映农业物候的节气,在这期间的民风习俗也多与农业生产有关。

1. 祭车神

祭车神是一些农村地区古老的小满习俗。在相关的传说里,"车神"是一条白龙。在小满时节,人们在水车基上放置鱼肉、香烛等物品祭拜,最有趣的地方是,在祭品中会有一杯白水,祭拜时将白水泼入田中,有祝福水源涌旺的意思。

2. 祭蚕

相传小满为蚕神诞辰,因此江浙一带在小满节气期间有一个祈蚕节。我国农耕文化以"男耕女织"为典型,女织的原料北方以棉花为主,南方以蚕丝为主。蚕丝需靠养蚕结茧抽丝而得,所以我国南方农村养蚕极为兴盛,尤其是江浙一带。

蚕是娇养的"宠物",很难养活。气温、湿度,桑叶的冷、熟、干、湿等均影响蚕的生存。由于蚕难养,古代把蚕视作"天物"。为了祈求"天物"的宽恕和养蚕有个好的收成,因此人们在四月放蚕时节举行祈蚕节。

祈蚕节没有固定的日期,各家在哪一天"放蚕"便在哪一天举行,但前后差不了两三天。南方许多地方建有"蚕娘庙"、"蚕神庙",养蚕人家在祈蚕节均到"蚕娘"、"蚕神"前跪拜,供上酒、水果、丰盛的菜肴。特别要用面粉制成茧状,用稻草扎一把稻草山,将面粉制成的"面茧"放在其上,象征蚕茧丰收。

族长约集各户,确定日期,安排准备,到小满黎明燃起火把吃麦糕、麦饼、麦团等,族长以鼓锣为号,众人以击器相和,踏上事先装好的水车,数十辆一齐踏动,把河水引灌入田,至河浜水干为止。

3. 小满动三车

小满节时值初夏,蚕茧结成,正待采摘缫丝。江南地区,自小满之日起,蚕妇煮蚕茧开动缫丝车缫丝,取菜籽至油车房磨油,天旱则用水车戽水入田,民间谓之"小满动三车"。

4. 看麦梢黄

在关中地区,每年麦子快要成熟的时候,出嫁的女儿都要到娘家去探望,问候夏收的准备情况。这一风俗叫做"看麦梢黄",极富诗意。女婿、女儿如同过节一样,携带礼品如油旋馍、黄杏、黄瓜等,去慰问娘家人。农谚云:"麦梢黄,女看娘,卸了杠枷,娘看冤家。"意为夏忙前,女儿去询问娘家的麦收准备情况,而忙罢后,母亲再探望女儿,关心女儿的操劳情况。而小满叫起来,也像极了一个乡村女孩的名字。

5. 夏忙会

有些地方还会举办夏忙会,其主要目的是为了交流和购买生产工具、买卖牧畜、粜籴粮食等,会期一般 3～5 天,届时还会唱大戏以助兴。

(九)芒种与民俗

相比较而言,我国南方地区比较重视芒种节气。

1. 煮食黄梅

芒种前后是长江中下游一带的梅雨季节,此时正值黄梅成熟之时,因为黄梅酸涩,不便直接入口,需加工后方可食用,所以这一地区的许多农家有芒种煮梅食用的习俗。

2. 饯花会

江南一些地区在芒种日还有"饯花会"的习俗。当地的人们认为,芒种过后便是夏日,众花凋谢,花神退位,便要摆设多种礼物为花神饯行。也有的人用丝绸悬挂花枝,以示送别。曹雪芹在《红楼梦》第二十七回写芒种节道:"这日,那些女孩子们,或用花瓣柳枝编成轿马的,或用绫锦纱罗叠成干旄旌幢的,都用彩线系了。每一棵树上,每一枝花上,都系了这些物事。满园里绣带飘飘,花枝招展。""干旄旌幢"中"干"即盾牌;旄、旌、幢都是古代的旗子,旄是旗杆顶端缀有牦牛尾的旗,旌与旄相似,但不同之处在于它有五彩折羽装饰,幢的形状为伞状。由此可见大户人家芒种节为花神饯行的热闹场面。

3. 安苗

安苗是皖南一些地区的农事习俗活动,始于明初。每到芒种时节,种完水稻,为祈求秋天有个好收成,各地都要举行安苗祭祀活动。家家户户用新麦面蒸发包,把面捏成五谷六畜、瓜果蔬菜等形状,然后用蔬菜汁染上颜色,作为祭祀供品,祈求五谷丰登、村民平安。

4. 打泥巴仗

贵州东南部一带的侗族青年男女,每年芒种前后都要举办打泥巴仗节。当天,新婚夫妇由要好的男女青年陪同,集体插秧,边插秧边打闹,互扔泥巴。活动结束,检查战果,身上泥巴最多的,就是最受欢迎的人。

（十）夏至与民俗

夏至,古时又称"夏节"、"夏至节",这一节气是很受人们重视的一个节日,期间的民俗活动也是丰富多彩。

每到夏至时节,很多地方的人们都通过祭神以祈求灾消年丰。《周礼·春官》载:"以夏日至,致地方物魅。"周代夏至祭神,意为清除疠疫、荒年与饥饿死亡。《史记·封禅书》记载:"夏至日,祭地,皆用乐舞。"夏至作为古代节日,宋朝在夏至之日始,百官放假三天,辽代则是"夏至日谓之'朝节',妇女进彩扇,以粉脂囊相赠遗"(《辽史》),清朝又是"夏至日为交时,日头时、二时、末时,谓之'三时',居人慎起居、禁诅咒、戒剃头,多所忌讳……"(《清嘉录》)。

1. 夏至面

自古以来,民间就有"冬至饺子夏至面"的说话,夏至吃面是很多地区的重要习俗。

关于这天为什么要吃面,有多方面的原因和说法。

①象征夏至这天的白昼时间最长

用面条的长比拟夏至的长昼时间,正如我们在过生日的时候也吃面。为的是取一个好彩头。夏至以后,正午太阳直射点逐渐南移,北半球的白昼日渐缩短,因此,我国民间有"吃过夏至面,一天短一线"的说法,那一线不刚刚好是面条的宽度吗?

②预示三伏天的来临

夏至这天的面条是有讲究的,不是我们平日的热汤面,而是凉面,也就是俗称过水面,就是将手擀面煮熟后,直接捞到盛有凉水(一般是现从水井中打上来的井水,温度很低)的面盆中拔凉,然后盛到碗里,浇上事先备好的小菜及卤汁,在炎热的盛夏,着实能让人清心透凉。

这是因为夏至虽然表示炎热的夏天已经到来,但一般来说还不是最热的时候。夏至后大约再过二三十天,就会进入"三伏天",三伏天才是夏天最热的时期,吃凉面有提醒大家注意防暑降温的含义,所以在胶州地区,也称这天的面条为"入伏面"。

③夏至新麦登场要尝新

夏至时节,华北、华东小麦主产区因为温度较高,农作物生长旺盛,在夏至前当季的新麦就已经成熟,用新收割的麦子磨面擀面条,所以夏至食面也有尝新的意思。不过也有直接煮新麦粒吃的,山东龙口、莱阳一带煮新麦粒吃,孩子们用麦秸编一个精致的小笊篱,在汤水中一次一次地向嘴里捞,既吃了麦粒,又是一种游戏,很有农家生活的情趣。

2.吃鸡蛋,治苦夏

夏至后第三个庚日为初伏,第四庚日为中伏,立秋后第一个庚日为末伏,总称伏日。伏日人们食欲不振,往往比常日消瘦,俗谓之"苦夏"。山东有的地方吃生黄瓜和煮鸡蛋来治"苦夏",入伏的早晨吃鸡蛋,不吃别的食物。

3.给牛改善伙食

夏至这天,山东临沂地区有给牛改善饮食的习俗。伏日煮麦仁汤给牛喝,据说牛喝了身子壮,能干活,不淌汗。民谣说:"春牛鞭,舐牛汉(公牛),麦仁汤,舐牛饭,舐牛喝了不淌汗,熬到六月再一遍。"

4.夏至吃狗肉

在岭南地区,有喜吃狗肉之习。俗语说:"夏至狗,没啶走(无处藏身)。"夏至杀狗补身,使当天的狗无处藏身,但不能在家宰杀,要在野外加工。

关于吃狗肉这一习俗,民间有一种说法,夏至这天吃狗肉能祛邪补身,抵御瘟疫等。"吃了夏至狗,西风绕道走",大意是人只要在夏至日这天吃了狗肉,其身体就能抵抗西风恶雨的入侵,少感冒,身体好。正是基于这一良好愿望,成就了"夏至狗肉"这一独特的民间饮食文化。当然,夏至吃狗肉,也应适可而止,不要吃得太多,以免引起消化不良等肠胃病。

而据有关资料记载,夏至杀狗补身,相传源于战国时期秦德公即位次年,六月酷热,疫疠流行。秦德公便按"狗为阳畜,能辟不祥"之说,命令臣民杀狗避邪,后来形成夏至杀狗的习俗。

(十一)小暑与民俗

在小暑时节,鲁南和苏北地区有"吃暑羊"的传统习俗。入暑以后,正值三夏刚过、秋收未到的夏闲时节,忙活半年的庄稼人便三五户一群、七八家一伙吃起暑羊来。而此时喝着山泉水长大的小山羊,已是吃了数月的青草,肉质肥嫩、香气扑鼻。

这种习俗可上溯到尧舜时期,在当地民间有"彭城伏羊一碗汤,不用神医开药方"之说法。徐州人对吃暑羊的喜爱莫过于当地民谣:"六月六接姑娘,新麦饼羊肉汤。"

另外,每年小暑前的辰日至小暑后的巳日是湘西苗族的封斋日,这其间,禁食鸡、鸭、鱼、鳖、蟹等物,据说误食了要降灾祸,但猪、牛、羊肉仍可食。

(十二)大暑与民俗

大暑时节尽管天气炎热,但各地的时令民俗却依然会及时上演。

1.彝族星回节

在每年农历6月24日左右大暑节气时正好是彝族同胞们的星回节,在这一天,当地的人们都要进行隆重的庆祝活动,热闹无比。尽管各地区的彝族同胞欢度节日的形式不同,但由男子每人弹拨用彩绸挎于肩上的大三弦乐器,一起欢跳《大三弦舞》,已成为彝族共同的娱乐形式之一。

2. 送大暑船

"送大暑船"是浙江沿海地区,特别是台州湾好多渔村旧时都有的民间传统习俗,其意义是把"五圣"送出海,送暑保平安。据说,早在20世纪20年代,台州湾一带的"送大暑船"以葭芷的规模最大,可谓声名远扬。每年农历大暑期间,葭芷"送大暑船"民俗正式打出"渔休节"的旗号,活动搞得十分红火。从小暑到大暑期间,四周的温岭、黄岩、玉环的人们络绎不绝地冒着酷暑来到葭芷五圣庙,兴致勃勃地参与庙会活动,天天少则几千人,多则一万多人,活动延续半个月,总计参与人数达十几万。庙会的高潮是在大暑的一天到江边送"大暑船",并伴随有丰富多彩的民间文艺表演,人山人海,摩肩接踵,兴高采烈,万民空巷。

3. 过大暑

福建莆田一带的人们在大暑节那天,有吃荔枝、羊肉和米糟的习俗,叫做"过大暑"。荔枝含有多量的葡萄糖和多种维生素,营养价值高,所以吃鲜荔枝可以滋补身体。先将鲜荔枝浸于冷井水之中,大暑节时刻一到便取出品尝。这时刻吃荔枝最惬意、最滋补。于是,有人说大暑吃荔枝,其营养价值和人参一样高。温汤羊肉是莆田独特的风味小吃和高级菜肴之一。把羊宰后,去毛卸脏,整只放进滚烫的锅里翻烫,捞起放入大陶缸中,再把锅内的滚汤注入,泡浸一定时间后取出上市。吃时,把羊肉切成片,肉肥脆嫩,味鲜可口。米糟——将米饭拌和白米曲让它发酵,透熟成糟。到大暑那天,把它划成一块块的,加些红糖煮食,据说可以"大补元气"。在大暑节那天,亲友之间常以荔枝、羊肉为互赠的礼品。

4. 吃仙草

广东很多地方在大暑的时候有"吃仙草"的习俗。仙草又名凉粉草、仙人草,唇形科仙草属草本植物。为重要的药食两用植物资源。由于其神奇的消暑功效,被誉为"仙草"。其茎叶晒干后可以做成烧仙草,广东一带叫凉粉,是一种消暑的甜品。民谚有:"六月大暑吃仙草,活如神仙不会老。"烧仙草是我国台湾著名的小吃之一,有冷、热两种吃法。烧仙草的外观和口味均类似粤港澳地区流行的另一种小吃龟苓膏,也同样具有清热解毒的功效。但这款食品孕妇忌吃。

5. 吃凤梨

大暑期间,我国台湾周围的海域大多布满暖水鱼群,东北海域有鱿鱼,基隆外海有小卷、赤宗,彰化海域则有黄鳍鲷等。台湾民谚"大暑吃凤梨",说的是这个时节的凤梨最好吃。另外六月十五日是"半年节",由于农历六月十五日是全年的一半,所以在这一天拜完神明后全家会一起吃"半年圆",半年圆是用糯米磨成粉再和上红面搓成的,大多会煮成甜食来品尝,象征意义是团圆与甜蜜。

(十三)立秋与民俗

立秋是秋天的开始,熬过了漫长的炎炎夏日,人们有了食欲,所以立秋的民俗多与吃有关。

1. 贴秋膘

很多地方有在立秋这天以悬秤称人的习俗,将此时的体重与立夏时对比。因为在炎热的夏天,人本就没有什么胃口,饭食清淡简单,两三个月下来,体重大都要减少一点。秋风一起,胃口大开,想吃点好的,增加一点营养,补偿夏天的损失,补的办法就是"贴秋膘":在立秋这天吃各种各样的肉,如炖肉、烤肉、红烧肉等,"以肉贴膘"。

"贴秋膘"在不同的地域也有不同的叫法。黑龙江双城人在立秋日食用美馔,俗称"抓秋膘"。在黑龙江安达,是日食面条,称为"抢秋膘",意在祝健康。北京人家在立秋日要吃肉喝酒,称"贴秋膘"。在河北遵化,要啖瓜果肥甘,称"填秋膘"。辽宁地区有立秋日"吃秋饱"的习俗,海城、锦县等地是吃肉面,义县的城乡居民多吃饼、饺子等面食,朝阳人则是吃黄米面饽饽。

2. 啃秋

城里人在立秋当日买个西瓜回家,全家围着啃,就是啃秋了。而农人的啃秋则豪放得多。他们在瓜棚里,在树荫下,三五成群,席地而坐,抱着红瓤西瓜啃,抱着绿瓤香瓜啃,抱着白生生的山芋啃,抱着金黄黄的玉米棒子啃。啃秋抒发的,实际上是一种丰收的喜悦。

啃秋在有些地方也称为"咬秋"。天津讲究在立秋的那一时刻吃西瓜或香瓜,据说可免腹泻,称"咬秋",寓意炎炎盛夏难耐,忽逢立秋,将其咬住。江苏各地老少也在立秋时刻吃西瓜以"咬秋",认为可不生秋痱子。在江苏无锡、浙江乌青,立秋日取西瓜和烧酒同食,认为可免疟痢。北京人有"春吃萝卜、秋吃瓜"的习惯,家长必须在立秋之日给孩子买个瓜吃,并对孩子说:"吃个瓜吧,秋后好肥得滚瓜溜圆的。"当地有"早甜瓜,晚西瓜"的谚语,因为立秋之瓜须早吃,所以多吃甜瓜(也称香瓜,起于初夏,终于晚秋,味道清香甘美,食之可以解腻)。在浙江杭州,有的妇女在立秋日吃一个秋桃;浙江双林人喜食菱藕、瓜果等。

3. 赤小豆"补秋屁股"

有些地方的习俗是在立秋日用水吞服七粒红豆,认为可预防疟疾。河南郑县称之为"避疟丹"。浙江地区多用井水帮助吞食。在云南镇雄,"先以布袋盛红豆入井底,及时取出,男女老幼各吞数粒,饮生水一盏,以为不患痢疾。后来,用五色或七色布,剪成大、小不同方块,错角重叠,粘连缝就,载于小儿衣后,叫做'补秋屁股'。"

4. 饺子、渣、茄饼

在山东半岛的广大地区,立秋当天的中午一般吃水饺或面条,招远、龙口称"入伏的饺子立秋的面",长岛、莱阳、海阳等地则说是"立秋的饺子入伏的面"。在山东诸城和莱西地区,吃一种豆末和菜煮成的小豆腐,俗称"渣",当地民谚云:"吃了立秋的渣,大人小孩不吐也不拉。"说是有防止肠胃病的功效。在江苏苏州,立秋这天用茄子调和面粉作茄饼。

5. 袯秋

在浙江定海,立秋日,儿童食蓼曲(俗名"白药")、莱菔子,称为"袯秋",以为可去积滞。在浙江舟山,则是给小孩吃萝卜子、炒米粉等拌和的食物,以防积滞。在浙江镇海、奉化,给儿童吃绿豆粥,服酒曲,叫做"袯秋",认为孩子吃了长得快,长得壮。

6. 饮水清暑

在江浙一带,有立秋时饮用"新水"的习俗,所谓"新水",就是刚从井中新打的"新鲜水",据说这样既可免生痱子,又可止痢疾。在四川雅安,则是将其放在阳光下晾晒后家人共饮,以防疟痢。在四川三合,"俗谓立秋正刻饮水一杯,则积暑消除,秋无肠泄之病。"岐黄家又云:"服清暑方一剂更妙。"

7. 秋社

秋社原是秋季祭祀土地神的日子,始于汉代,后世将秋社定在立秋后第五个戊日。此时收获已毕,官府与民间皆于此日祭神答谢。宋时秋社有食糕、饮酒、妇女归宁之俗。唐韩偓《不见》诗:"此身愿作君家燕,秋社归时也不归。"在一些地方,至今仍流传有"做社"、"敬社神"、"煮社粥"的说法。

8. 插戴楸叶

立秋日戴楸叶的习俗由来已久,宋代孟元老的《东京梦华录》和吴自牧的《梦粱录》中都有立秋满街叫卖楸叶,妇女小儿将之剪成各种花样插戴的记载。直到近代,各地仍有立秋日戴楸叶的习俗。在山东地区,据说立秋这天必有一两片楸叶凋落,表示秋天到了。胶东和鲁西南地区的妇女和儿童在这天采集楸叶或桐叶,剪成各种花样,或插于鬓角,或佩于胸前,以应节序。在河南郑县,立秋日男女都戴楸叶,或以石楠红叶剪刻花瓣,簪插鬓角。

与楸叶相关的节日活动,在山东有人于立秋日刚刚天亮时采集楸叶熬膏,称"楸叶膏",据说用来敷痔疮有特别的疗效。

(十四)处暑与民俗

处暑前后民间会有庆祝中元的民俗活动,俗称"作七月半"或"中元节"。旧时民间从上月初一开始，就有开鬼门的仪式，直到月底关鬼门止，都会举行普度布施活动。据说普度活动由开鬼门开始，然后竖灯篙，放河灯招致孤魂；而主体则在搭建普度坛，架设孤棚，穿插抢孤等行事，最后以关鬼门结束。时至今日，已成为祭祖的重大活动时段。

此外，还有一些其他的民俗活动：

1. 放河灯

河灯也叫"荷花灯"，一般是在荷花形底座上放灯盏或蜡烛，中元夜放在江河湖海之中，任其漂泛。放河灯是为了普度水中的落水鬼和其他孤魂野鬼。肖红《呼兰河传》中的一段文字是这种习俗的最好诠释："七月十五是个鬼节；死了的冤魂怨鬼，不得托生，缠绵在地狱里非常苦，想托生，又找不着路。这一天若是有个死鬼托着一盏河灯，就得托生。"

2. 开渔节

对于沿海渔民来说，处暑以后是渔业收获的时节，每年处暑期间，在浙江省沿海都要举行一年一度的隆重的开渔节，决定在东海休渔结束的那一天，举行盛大的开渔仪式，欢送渔民开船出海。2006年第九届中国开渔节，9月6日在浙江省象山县举行。因为这时海域水温依然偏高，鱼群还是会停留在海域周围，鱼虾贝类发育成熟。因此，从这一时间开始，人们往往可以享受到种类繁多的海鲜。

3. 吃鸭子

老鸭味甘性凉，因此民间有处暑吃鸭子的传统，做法也五花八门，有白切鸭、柠檬鸭、子姜鸭、烤鸭、荷叶鸭、核桃鸭等。北京至今还保留着这一传统，一般处暑这天，北京人都会到店里去买处暑百合鸭等。

（十五）白露与民俗

相较于"两至"、"两分"，白露节气的地位并不算高，但其民俗活动却是异常的丰富多彩。

1. 吃番薯

很多地方的人们认为白露期间应多吃番薯，因为吃番薯丝和番薯丝饭后就不会发生胃酸和胃胀，因此就有了在白露节吃番薯的习俗。

2. 白露茶

一说到白露，爱喝茶的人都会想到喝"白露茶"。白露期间，茶树经过夏季的酷热，此时正是生长的极好时期。白露茶既不像春茶那样鲜嫩，不经泡，也不像夏茶那样干涩味苦，而是有一种独特甘醇的清香味，尤受老茶客喜爱。再者，家中存放的春茶已基本"消耗"得差不多了，此时白露茶正接上，所以到了白露前后，有的茶客就托人买点白露茶。

3. 白露米酒

四川很多地方历来就有酿酒习俗。特别是白露期间，几乎家家酿酒。此时酿出的酒温中含热，略带甜味，称为"白露米酒"。白露米酒中的精品是"程酒"，是因取程江水酿制而得名。

程酒，古为贡酒，盛名久远。《水经注》记载："郴县有渌水，出县东侯公山西北，流而南屈注于耒，谓之程水溪，郡置酒馆酝于山下，名曰'程酒'，献同也。"《九域志》亦云："程水在今郴州兴宁县，其源自程乡来也，此水造酒，自名'程酒'，与酒别。"程乡即今三都、蓼江一带。资兴从南宋到民国初年称兴宁，故有郴州兴宁县之说。白露米酒的酿制除取水、选定节气颇有讲究外，方法也相当独特。先酿制白酒（俗称"土烧"）与糯米糟酒，再按1:3的比例，将白酒倒入糟酒里，装坛待喝。如制程酒，须掺入适量糁子水（糁子加水熬制），然后入坛密封，埋入地下或者窖藏，待数年乃至几十年才取出饮用。埋藏几十年的程酒色呈褐红，斟之现丝，易于入口，清香扑鼻，且后劲极强。清光绪元年（1875年）纂修的《兴宁县志》云："色碧味醇，愈久愈香"，"酿可千日，至家而醉"。南朝梁时，兴宁隶属于桂阳郡。在苏南籍和浙江籍的老南京中还有自酿白露米酒的习俗，旧时苏浙一带乡下人家每年白露一到，家家酿酒，用以待客，常有人把白露米酒带到城市。该酒用糯米、高粱等五谷酿成，略带甜味，故称"白露米酒"。直到20世纪30~40年代，南京城里酒店里还有零拷的白露米酒，后来逐渐消失。

4. 吃龙眼

福州有"白露必吃龙眼"的说法。民间的意思是，在白露这一天吃龙眼有大补身体的奇效，在这一天吃一颗龙眼相当于吃一只鸡那么补，听起来感觉太夸张了，哪有那么神奇，不过相信还是有一些道理的。

因为龙眼本身就有益气补脾、养血安神、润肤美容等多种功效，还可以治疗贫血、失眠、神经衰弱等很多种疾病，而且白露之前的龙眼个个大颗，核小味甜口感好，所以白露吃龙眼是再好不过的了，不管是不是真正大补，吃了就是补，所以福州人也习惯了这一传统习俗。

5. 十样白

浙江温州等地有过白露节的习俗。苍南、平阳等地民间，人们于此日采集"十样白"（也有"三样白"的说法），以煨乌骨白毛鸡（或鸭子），据说食后可滋补身体，祛风气（关节炎）。这"十样白"乃是十种带"白"字的草药，如白木槿、白毛苦等，以与"白露"字面上相应。

6. 祭禹王

白露时节是太湖人祭禹王的日子。禹王是传说中的治水英雄大禹，太湖畔的渔民称他为"水路菩萨"。每年正月初从、清明、七月初七和白露时节，这里将举行祭禹王的香会,其中又以清明、白露春秋两祭的规模为最大,历时一周。

在祭禹王的同时,还祭土地神、花神、蚕花姑娘、门神、宅神、姜太公等。活动期间,《打渔杀家》是必演的一台戏,它寄托了人们对美好生活的一种企盼和向往。

(十六)秋分与民俗

跟清明有些类似,秋分时节有扫墓祭祖的习俗,这叫"秋祭"。一般的仪式是,扫墓前先在祠堂举行隆重的祭祖仪式,杀猪、宰羊,请鼓手吹奏,由礼生念祭文等。扫墓活动开始时,首先扫祭开基祖和远祖坟墓,全族和全村都要出动,规模很大,队伍往往达几百甚至上千人。开基祖和远祖墓扫完之后,分房扫祭各房祖先坟墓,最后各家扫祭家庭私墓。大部分客家地区秋季祭祖扫墓,都从秋分或更早一些时候开始。

秋分时节其他的民俗活动还有:

1. 竖蛋

竖蛋活动不仅在春分才有,秋分时节同样流行。这项民俗不仅在国内普及,甚至已经走出国门,走向世界,很多国家和地区在秋分时节都会有这样的活动。

竖蛋活动不仅在春分才有,秋分时节同样流行。这项民俗不仅在国内普及,甚至已经走出国门,走向世界,很多国家和地区在秋分时节都会有这样的活动。

2. 吃秋菜

很多地方在秋分时节要吃一种叫做"野苋菜"的野菜,有的地方也称之为"秋碧蒿",这就是"吃秋菜"的习俗。秋分一到,全家人都去采摘秋菜。在田野中搜寻时,多见是嫩绿的,细细棵,约有巴掌那样长短。采回的秋菜一般人家与鱼片"滚汤",炖出来的汤叫做"秋汤"。有顺口溜这样说:"秋汤灌脏,洗涤肝肠。阖家老少,平安健康。"无论在哪个季节,人们祈求的都是家宅安宁,身壮力健。

3. 送秋牛

秋分随之即到,这时便出现挨家送秋牛图的。其图是把二开红纸或黄纸印上全年农历节气,还要印上农夫耕田图样,名曰"秋牛图"。送图者都是些民间善言唱者,主要说些秋耕和吉祥不违农时的话,每到一家更是即景生情,见啥说啥,说得主人乐而给钱为止。言词虽随口而出,却句句有韵动听。俗称"说秋",说秋人便叫"秋官"。

4. 粘雀子嘴

秋分这一天很多地方的农村有煮汤圆吃的习俗,人们还要煮二三十个不用包心的汤圆,用细竹叉扦着置于室外田边地坎,这就是"粘雀子嘴",寓意是让雀子不要来破坏庄稼。

5. 祭月

春分祭日,秋分则祭月,自古以来,秋分就是传统的"祭月节"。据史书记载,早在周朝,古代帝王就有春分祭日、夏至祭地、秋分祭月、冬至祭天的习俗。其祭祀的场所称为日坛、地坛、月坛、天坛。分设在东南西北四个方向。北京的月坛就是明清皇帝祭月的地方。《礼记》载:"天子春朝日,秋夕月。朝日之朝,夕月之夕。"这里的夕月之夕,指的正是夜晚祭祀月亮。这种风俗不仅为宫廷及上层贵族所奉行,随着社会的发展,也逐渐影响到民间。

现在的中秋节就是由传统的"祭月节"演化而来的。有确切的史料表明,最初"祭月节"是定在"秋分"这一天的,不过由于这一天在农历八月里的日子每年不同,不一定都有圆月。而祭月无月则是大煞风景的。所以,后来就将"祭月节"由"秋分"调至每年的八月十五,这就有了中秋节。

(十七)寒露与民俗

寒露时节的重阳节在农历九月九日,民间又称"双阳节"。唐代诗人王维在《九月九日忆山东兄弟》一诗中写道:"独在异乡为异客,每逢佳节倍思亲。遥知兄弟登高处,遍插茱萸少一人。"这首诗告诉我们,到了唐朝,中原地区"九九登高"、"遍插茱萸"已相沿成俗了。

关于重阳节的由来,有这样一个传说:东汉时期,汝河有个瘟魔,只要它一出现,就有人病倒,天天有人丧命,这一带的百姓受尽了瘟魔的蹂躏。一场瘟疫夺走了恒景的父母,他自己也差点儿丧了命。恒景病愈后辞别了妻子和乡亲,决心访仙学艺,为民除掉瘟魔。恒景访遍名山高士,终于打听到东方一座最古老的山上有一个法力无边的仙长。在仙鹤的指引下,仙长终于收留了恒景。仙长除教他降妖剑术外,又赠他一把降妖剑。恒景废寝忘食地苦练,终于练出了一身武艺。这一天仙长把恒景叫到跟前说:"明天九月初九,瘟魔又要出来作恶,你本领已经学成该回去为民除害了。"仙长送了恒景一包茱萸叶,一坛菊花酒,并且密授避邪用法,让恒景骑着仙鹤赶回家。恒景回到家乡,在初九的早晨,他按仙长的叮嘱把乡亲们领到了附近的一座山上,然后发给每人一片茱萸叶、一盅菊花酒。中午时分,随着几声怪叫瘟魔冲出汝河。瘟魔刚扑到山下,突然吹来阵阵茱萸奇香和菊花酒气。瘟魔突然止步,脸色大变,恒景手持降妖剑追下山来,几回合就把瘟魔刺死于剑下。从此九月初九登高避疫的风俗年复一年地传了下来。

农历九月初九的重阳佳节,活动丰富,情趣盎然,有登高、赏菊、喝菊花酒、吃重阳糕、插茱萸等习俗。

1. 登高

民间有在重阳节登高的风俗,故重阳节又叫"登高节"。相传此风俗始于东汉。唐代文人所写的登高诗很多,大多是写重阳节的习俗,如杜甫的七律《登高》,

就是写重阳登高的名篇。登高所到之处，没有统一的规定，一般是登高山、登高塔。

2. 吃重阳糕

重阳节的代表性食品是重阳糕，因为"糕"与"高"同音，古人坚信"百事皆高"的说法，所以在重阳节登高时吃糕，象征步步高升。

宋代重阳糕的制作十分讲究。《梦粱录》记载：此糕是以糖面蒸糕，上以猪羊肉鸭子为丝簇钉，插小彩旗，故名曰"重阳糕"。还有一种，是由宫中的"蜜煎局以五色米粉塑成狮蛮，以小彩旗簇之，下以熟栗子肉杵为细末，入麝香糖蜜和之，捏为饼糕小段，或如五色弹儿，皆入韵果糖霜，名之曰'狮蛮栗糕'。"《乾淳岁时记》中说，当时更有一种极特殊的重阳食品，它"以苏子微渍梅卤，杂和蔗霜、梨、橙、玉榴小颗，名曰'春兰秋菊'"，不但食糕制作考究精美，而且命名奇特，为前世所罕见。

3. 赏菊并饮菊花酒

重阳节正是一年的金秋时节，菊花盛开。据传赏菊及饮菊花酒起源于晋朝大诗人陶渊明。陶渊明以隐居出名，以诗出名，以爱饮酒出名，也以爱菊出名，后人效之，遂有重阳赏菊之俗。旧时文人士大夫还将赏菊与宴饮结合，以求和陶渊明更接近。北宋京师开封，重阳赏菊之风盛行，当时的菊花就有很多品种，千姿百态。民间还把农历九月称为"菊月"。在菊花傲霜怒放的重阳节里，观赏菊花成了节日的一项重要内容。清代以后，赏菊之习尤为昌盛，且不限于九月九日，但仍然是重阳节前后最为繁盛。

菊花酒，就是用菊花作为原料酿制而成的酒。《西京杂记》称："当每年菊花盛开之时，采其茎叶，杂以黍米酿成，至来年九月九日始熟。"因为饮菊花酒同样可以达到延年益寿的功效，所以是汉代宗贵达官常饮的佳酿。对此沈栓期《九日临渭亭侍宴应制得长字》一诗写道："魏文颂菊蕊，汉武赐萸囊……年年重九庆，日月奉天长。"

4. 插茱萸和簪菊花

重阳节插茱萸的风俗，在唐代就已经很普遍。古人认为在重阳节这一天插茱萸可以避难消灾，或佩带于臂，或作香袋把茱萸放在里面佩带，还有插在头上的。大多是妇女、儿童佩带，有些地方男子也佩带。重阳节佩茱萸，在晋代葛洪《西经杂记》中就有记载。除了佩带茱萸，人们也有头戴菊花的。唐代就已经如此，历代盛行。清代，北京重阳节的习俗是把菊花枝叶贴在门窗上，"解除凶秽，以招吉祥"。这是头上簪菊的变俗。宋代，还有将彩缯剪成茱萸、菊花来相赠佩带的。

到20世纪80年代以后，在政府的倡导下，重阳节已成为了"敬老爱老"的老人节了。

(十八) 霜降与民俗

霜降期间的民俗有吃柿子、赏菊、祭祖等。

1. 吃柿子

霜降是秋季的最后一个节气。在此期间,南方很多地区都有吃柿子的习俗。俗话说:"霜降吃灯柿,不会流鼻涕。"民间的说法是,霜降吃柿子,冬天就不易感冒、流鼻涕。其实,只是柿子一般是在霜降前后完全成熟,这时候的柿子皮薄肉鲜味美,营养价值高。

2. 赏菊

霜降时节正是秋菊盛开的时候,很多地方在这时举行菊花会,以示对菊花的崇敬和爱戴。

北京地区的菊花会多在天宁寺、陶然亭等处举行。菊花会的菊花不仅品种多,而且多为珍品。有的散盆,有的数百盆四面堆积成塔,称作九花塔,红、黑、蓝、白、黄、橙、绿、紫,色彩缤纷。品种有金边大红、紫凤双叠、映日荷花、粉牡丹、墨虎须、秋水芙蓉等几百种以上。文人墨客边赏菊,边饮酒、赋诗、泼墨。还有一种小规模的菊花会,是不用出家门的,主要是早些时候富贵人家举办的。他们在霜降前采集百盆珍品菊花,架置广厦中,前轩后轾,也搭菊花塔。菊花塔前摆上好酒好菜,先是家人按长幼为序,鞠躬作揖祭菊花神,然后饮酒赏菊。

3. 祭祖

霜降期间,农历的十月初一在民间为传统的祭祖节,又称"十月朝"。祭祀祖先有家祭,也有墓祭。祭祀时除了食物、香烛、纸钱等一般供物外,还有一种不可缺少的供物——冥衣。在祭祀时,人们把冥衣焚化给祖先,叫做"送寒衣"。因此,祭祖节又叫"烧衣节"。

(十九)立冬与民俗

我国过去是个农耕社会,劳动了一年的人们,立冬了,农闲了,当然要好好休息一下,顺便犒赏一家人一年来的辛苦。有句谚语"立冬补冬,补嘴空"就是最好的比喻。

立冬是冬天的初始,素来就是个重要的节日。在封建时代,立冬这一天皇帝会率领文武百官到京城的北郊设坛祭祀。时至今日,每逢立冬,人们仍然不忘庆祝一下。

1. 迎冬

在古代,皇帝有出郊迎冬的仪式,并赐群臣冬衣、抚恤孤寡。立冬前三日掌管历法祭祀的官员会告诉皇帝立冬的日期,皇帝便开始沐浴斋戒。立冬当天,皇帝率三公九卿大夫到北郊六里处迎冬。回来后皇帝要大加赏赐,以安社稷,并且要抚恤孤寡。

2. 补冬

在我国南方,立冬人们爱吃些鸡鸭鱼肉,在台湾立冬这一天,街头的"羊肉炉"、"姜母鸭"等冬令进补餐厅高朋满座。许多家庭还会炖香油鸡、四物鸡来补充能量。

在我国北方,特别是北京、天津的人们爱吃饺子。为什么立冬吃饺子?因为饺子是来源于"交子之时"的说法。大年三十是旧年和新年之交,立冬是秋冬季节之交,故"交"子之时的饺子不能不吃。现在的人们已经逐渐恢复了这一古老习俗,立冬之日,各式各样的饺子卖得很火。

3.吃倭瓜

在天津一带,立冬节气历来有吃倭瓜饺子的习俗。倭瓜即南瓜,又称窝瓜、番瓜、饭瓜和北瓜,是北方一种常见的蔬菜。一般倭瓜是在夏天买的,存放在小屋里或窗台上,经过长时间糖化,在冬至这天做成饺子馅,味道与夏天吃的倭瓜馅不同,还要蘸醋加蒜吃,别有一番滋味。

4.烧荤香

东北满族同胞聚集地在立冬这一天有烧香的习俗。立冬过后,秋粮入库,便是满族八旗和汉军八旗人家烧香祭祖的活跃季节。汉八旗的祭祀称"烧旗香跳虎神",满八旗称"烧荤香"。"烧荤香"5～7天,在操办祭祖烧香的头三天,全家人一连十天吃斋,不吃荤腥。

(二十)小雪与民俗

相对于其他节气,小雪期间的节日民俗要相对少一些。

1.腌腊肉

小雪后气温急剧下降,天气变得干燥,是加工腊肉的好时候。小雪节气后,一些农家开始动手做香肠、腊肉,等到春节时正好享受美食。

2.吃糍粑

在南方某些地方,在小雪前后还有吃糍粑的习俗。古时,糍粑是南方传统的节日祭品,最早是农民用来祭牛神的供品。有俗语"十月朝,糍粑禄禄烧",就是指的祭祀事件。

(二十一)大雪与民俗

我国北方很多地区,在大雪的时候均有吃饴糖的习俗。每到这个时候,街头就会出现很多敲锡锣卖饴糖的小摊贩。锡锣一敲,便吸引许多小孩、妇女、老人出来购买。妇女、老人食饴糖为的是在冬季滋补身体。

大雪期间,如恰遇天降大雪,全国各地更多的是在冰天雪地里打雪仗、赏雪景。南宋周密《武林旧事》卷三有一段话描述了杭州城内的王室贵戚在大雪天里堆雪山雪人的情形:"禁中赏雪,多御明远楼,后苑进大小雪狮儿,并以金铃彩缕为饰,且作雪花、雪灯、雪山之类,及滴酥为花及诸事件,并以金盆盛进,以供赏玩。"

大雪的时候白天已经短过夜晚了,人们便利用这个特点,各手工作坊、家庭手工就纷纷利用夜间的闲暇时间开夜工,俗称"夜作",如手工的纸扎业、刺绣业、纺织业、缝纫业、染坊,到了深夜要吃夜间餐,这就是"夜作饭"的由来。为了适应这种需求,各饮食店、小吃摊也纷纷开设夜市,直至五更才结束,生意十分兴隆。

(二十二)冬至与民俗

在二十四节气中,要说哪个节气最为丰富多彩,那恐怕要数得上冬至了。冬至自古以来就是一个很重要的节气。古人认为,冬至过后,白昼的时间一天比一天长,阳气上升,是个吉祥的好日子。因此值得庆贺。

1. 冬至节

冬至过节源于汉代,盛于唐宋,相沿至今。《汉书》中说:"冬至阳气起,君道长,故贺。"《晋书》上记载有:"魏晋冬至日受万国及百僚称贺……其仪亚于正旦。"《清嘉录》甚至有"冬至大如年"之说。人们认为冬至是阴阳二气的自然转化,是上天赐予的福气。汉朝以冬至为"冬节",官府要举行祝贺仪式,称为"贺冬",例行放假。

冬至过节源于汉代,盛于唐宋,相沿至今。《汉书》中说:"冬至阳气起,君道长,故贺。"《晋书》上记载有:"魏晋冬至日受万国及百僚称贺……其仪亚于正旦。"《清嘉录》甚至有"冬至大如年"之说。人们认为冬至是阴阳二气的自然转化,是上天赐予的福气。汉朝以冬至为"冬节",官府要举行祝贺仪式,称为"贺冬",例行放假。《后汉书》中有这样的记载:"冬至前后,君子安身静体,百官绝事,不听政,择吉辰而后省事。"所以这天朝廷上下要放假休息,军队待命,边塞闭关,商旅停业,亲朋各以美食相赠,相互拜访,欢乐地过一个"安身静体"的节日。

唐、宋时期,冬至是祭天祭祀祖先的日子,皇帝在这天要到郊外举行祭天大典,百姓在这一天要向已故的父母尊长祭拜,现在仍有一些地方在冬至这天过节庆贺。

明、清两代皇帝均有祭天大典,谓之"冬至祭天"。宫内有百官向皇帝呈递贺表的仪式,就像元旦一样。

2. 祭祖

在广东潮汕地区,冬至这一天要备足猪肉、鸡、鱼等三牲和果品,上祠堂祭拜祖先,然后家人围桌共餐,一般都在中午前祭拜完毕,午餐家人团聚。但沿海地区如饶平之海山一带,则在清晨便祭祖,赶在渔民出海捕鱼之前,意为请神明和祖先保佑渔民出海捕鱼平安。

浙江绍兴民间在冬至也是家家祭祀祖先,有的甚至到祠堂家庙里去祭祖,谓"做冬至"。一般于冬至前剪纸作男女衣服,冬至送至先祖墓前焚化,俗称"送寒衣"。祭祀之后，亲朋好友聚饮，俗称"冬至酒"，既怀念亡者，又联络感情。绍兴、新昌等县的习俗，多于是日去坟头加泥、除草、修基，以为此日动土大吉，否则可能会横遭不测之祸。

在福建泉州地区，素有"冬节不回家无祖"之说，所以那些出门在外的人，都会尽可能回家过节祭祖。在冬至这一天的早晨，要煮甜丸汤敬奉祖先，然后合家以甜丸汤为早餐。中午祭敬祖先，供品用荤素五味，入夜，又举行家祭如除夕，供品中必有嫩饼菜。当地人把冬至祭祖与清明节的那次祭祖，合称春冬二祭。祭仪十分严格，参加者虔敬至诚。

而在广东惠安，冬节除祭祖外，还有一些清明节同样的习俗，如可于是日前后十天内上山扫墓献钱，修坟迁地也百无忌讳。

在我国台湾省的广大地区还保存着冬至用九层糕祭祖的传统，用糯米粉捏成鸡、鸭、龟、猪、牛、羊等象征吉祥中意福禄寿的动物，然后用蒸笼分层蒸成，用以祭祖，以示不忘老祖宗。同姓同宗者于冬至或前后约定之早日，集到祖祠中照长幼之序，一一祭拜祖先，俗称"祭祖"。祭典之后，还会大摆宴席，招待前来祭祖的宗亲们。大家开怀畅饮，相互联络久别生疏的感情，称之为"食祖"。冬至节祭祀祖先，在台湾一直世代相传，以示不忘自己的"根"。

（二十三）小寒与民俗

冬至虽然刚过，但很多地方的节日气氛依然不减，一些民俗活动仍然会按时上演。

1. 吃菜饭

小寒时节，在江苏一些地区，很多家庭会煮"菜饭"吃，菜饭的内容并不相同，有用矮脚黄、青菜与咸肉片、香肠片或是板鸭丁，再剁上一些生姜粒与糯米一起煮，十分香鲜可口。其中矮脚黄、香肠、板鸭都是南京的著名特产，可谓是真正的"南京菜饭"，甚至可与腊八粥相媲美。

2. 体育锻炼

俗话说："小寒大寒，冷成冰团。"很多地方适逢小寒节气时，会用当地具有地域特色的体育锻炼方式来过节，如跳绳、踢毽子、滚铁环、挤油渣渣（靠着墙壁相互挤）、斗鸡（盘起一脚，一脚独立，相互对斗）等。如果遇到下雪，那节目就更丰富了，打雪仗、堆雪人，很快就会全身暖和，血脉通畅。

3. 吃糯米饭

到了小寒，广东一些地区也会煮饭过节，只不过不是菜饭，是糯米饭。当然，过节吃的糯米饭并不只是把糯米煮成饭那么简单，它里面会配上炒香了的"腊味"（广东人统称腊肠和腊肉为"腊味"）、香菜、葱花等材料，吃起来特别香。"腊味"是煮糯米饭必备的,一方面是脂肪含量高,抵寒;另一方面糯米本身黏性大,饭气味重,需要一些油脂类掺和吃起来才香。

(二十四)大寒与民俗

大寒是一年的最后一个节气,又赶上年关将近,所以此时的一些民俗活动分外有些年味。

1.吃糯米

在我国南方广大地区,有大寒吃糯米的习俗,这项习俗虽听来简单,但却蕴含着人们在生活中积累的生活经验,因为进入大寒天气分外寒冷,糯米是热量比较高的食物,有很好的御寒作用。

2.喝鸡汤、炖蹄髈、做羹食

大寒节气已是农历四九前后,南京地区不少市民家庭仍然不忘传统的"一九一只鸡"的食俗。做鸡一定要用老母鸡,或单炖,或添加参须、枸杞、黑木耳等合炖,寒冬里喝鸡汤真是一种享受。然而更有南京特色的是腌菜头炖蹄髈,这是其他地方所没有的吃法,小雪时腌的青菜此时已是鲜香可口;蹄髈有骨有肉,有肥有瘦,肥而不腻,营养丰富。腌菜与蹄髈为伍,可谓荤素搭配,肉显其香,菜显其鲜,极有营养价值又符合科学饮食要求,且家庭制作十分方便。到了腊月,老南京还喜爱做羹食用,羹看各地都有,做法也不一样,如北方的羹偏于黏稠厚重,南方的羹偏于清淡精致,而南京的羹则取南北风味之长,既不过于黏稠或清淡,又不过于咸鲜或甜淡。南京冬日喜欢食羹还有一个原因是取材容易,可繁可简,可贵可贱,肉糜、豆腐、山药、木耳、山芋、榨菜等,都可以做成一盆热乎乎的羹,配点香菜,撒点白胡椒粉,吃得浑身热乎乎的。

3.祭灶

大寒期间,腊月二十三日为祭灶节。传说灶神是玉皇大帝派到每个家中监察人们平时善恶的神,每年岁末回到天宫中向玉皇大帝奏报民情,让玉皇大帝赏罚。因此送灶时,人们在灶王像前的桌案上供放糖果、清水、料豆、秣草;其中,后三样是为灶王升天的坐骑备料。祭灶时,还要把关东糖用火溶化,涂在灶王爷的嘴上。这样,他就不能在玉帝那里讲坏话了。常用的灶神联往往写着"上天言好事,回宫降吉祥"及"上天言好事,下界保平安"之类的字句。另外,大年三十的晚上,灶王还要与诸神来人间过年,那天还得有"接灶"、"接神"的仪式。所以俗语有"二十三日去,初一五更来"之说。在岁末卖年画的小摊上,也卖灶王爷的图像,以便在"接灶"仪式中张贴。图像中的灶神是一位眉清目秀的美少年,因此我国北方有"男不拜月,女不祭灶"的说法,以示男女授受不亲。也有的地方对灶王爷与灶王奶奶合祭的,便不存在这一说法了。

4. 辞旧迎新

大寒节气,时常与岁末时间相重合。因此,这样的节气中,除顺应节气干农活外,还要为过年奔波——赶年集、买年货,写春联,准备各种祭祀供品,扫尘洁物,除旧布新,腌制各种腊肠、腊肉,或煎炸烹制鸡鸭鱼肉等各种年肴。同时祭祀祖先及各种神灵,祈求来年风调雨顺。旧时大寒时节的街上还常有人们争相购买芝麻秸的影子。因为"芝麻开花节节高",除夕夜,人们将芝麻秸洒在行走之外的路上,供孩童踩碎,谐音吉祥意"踩岁",同时以"碎"、"岁"谐音寓意"岁岁平安",讨得新年好口彩。这也使得大寒驱凶迎祥的节日意味更加浓厚。

十、春季六节气

(一)立春与历法气象

按照传统的排序方法,立春是二十四节气之首。具体的日期一般为公历每年的 2 月 3 日至 5 日,在太阳到达黄经 315 度时,即为立春。

关于立春的"立"字,在《月令七十二候集解》中是这样解释的:"正月节,立,建始也……立夏秋冬同。"可见,立就是开始的意思。二十四节气中有"四立"一说,分别是指春、夏、秋、冬四季开始:立春、立夏、立秋、立冬,其农业意义为"春种、夏长、秋收、冬藏",全面概括了黄河中下游农业生产与气候关系的全过程。中国幅员辽阔,地理条件复杂,各地气候相差悬殊,四季长短不一,因此,"四立"虽能反映黄河中下游四季分明的气候特点,"立"的具体气候意义却不显著,不能适用全国各地。

中国古代将立春的十五天分为三候:"初候东风解冻;二候蛰虫始振;三候鱼陟负冰。"说的是东风送暖,大地开始解冻。立春五日后,蛰居的虫类慢慢在洞中苏醒,再过五日,河里的冰开始融化,鱼开始到水面上游动,此时水面上还有没完全融解的碎冰片,如同被鱼负着一般浮在水面。

黄河中下游土壤解冻日期从立春开始,立春第一候应为"东风解冻",两者基本一致,但作为春季的开始,还有点早。中国气候学上,常以每 5 天的日平均气温稳定在 10℃ 以上的始日划分为春季开始,它与黄河中下游立春含义不符。2 月下旬,真正进入春季的只有华南。但这种划分方法比较符合实际。立春后气温回升,春耕大忙季节在全国大部分地区陆续开始。

自秦代以来,中国就一直以立春作为春季的开始。立春是从天文上来划分的,而在自然界、在人们的心目中,春是温暖,鸟语花香,春是生长,耕耘播种。在气候学中,春季是指候(5 天为一候)平均气温在 10℃ ~22℃ 的时段。

时至立春,人们明显地感觉到白昼长了,太阳暖了。气温、日照、降雨,这时常处于一年中的转折点,趋于上升或增多。小春作物长势加快,油菜抽薹和小麦拔节时耗水量增加,应该及时浇灌追肥,促进生长。农谚提醒人们"立春雨水到,早起晚睡觉",大春备耕也开始了。虽然立了春,但是大部分地区仍很冷,"白雪却嫌春色晚,故穿庭树作飞花"。这些气候特点,在安排农业生产时都是应该考虑到的。

人们常爱寻觅春的信息:那柳条上探出头来的芽苞,"嫩于金色软于丝";那泥土中跃跃欲出的小草,等待"春风吹又生";而为着夺取新丰收在田野中辛勤劳动的人们,正在用双手创造真正的春天。

(二)雨水与历法气象

雨水,气候学上有两层意思,一是天气回暖,降水量逐渐增多了;二是在降水形式上,雪渐少了,雨渐多了。每年阳历的 2 月 18 日前后,太阳到达黄经 330 度,为"雨水"节气。雨水是 24 个节气中的第 2 个节气,和谷雨、小雪、大雪一样,都是反映降水现象的节气。

《月令七十二候集解》:"正月中,天一生水。春始属木,然生木者必水也,故立春后继之雨水。且东风既解冻,则散而为雨矣。"意思是说,雨水节气前后,万物开始萌动,春天就要到了。如在《逸周书》中就有雨水节后"候雁北"、"草木萌动"等物候记载。

我国古代将雨水分为三候:"初候獭祭鱼;二候候雁北;三候草木萌动。"此节气,水獭开始捕鱼了,将鱼摆在岸边如同先祭后食的样子;五天过后,大雁开始从南方飞回北方;再过五天,在"润物细无声"的春雨中,草木随地中阳气的上腾而开始抽出嫩芽。从此,大地渐渐开始呈现出一派欣欣向荣的景象。

"雨水"过后,中国大部分地区气温回升到0℃以上,黄淮平原日平均气温已达3℃左右,江南平均气温在5℃上下,华南气温在10℃以上,而华北地区平均气温仍在0℃以下。雨水前后,油菜、冬麦普遍返青生长,对水分的需求较多。"春雨贵如油",这时适宜的降水对作物的生长特别重要。而华北、西北以及黄淮地区这时降水量一般较少,常不能满足农业生产的需要。若早春少雨,雨水前后及时春灌,可取得最好的收效。淮河以南地区,则以加强中耕锄地为主,同时搞好田间清沟沥水,以防春雨过多,导致湿害烂根。俗话说"麦浇芽,菜浇花",对起薹的油菜要及时追施薹花肥,以争荚多粒重。华南双季早稻育秧已经开始,应注意抓住"冷尾暖头",抢晴播种,力争一播全苗。

雨水季节,天气变化不定,是全年寒潮过程出现最多的时节之一,忽冷忽热,乍暖还寒的天气对已萌动和返青生长的作物、林、果等生长及人们的健康危害很大。在注意做好农作物、大棚蔬菜以及交通部门防寒防冻工作的同时,也要注意个人的保健工作,以防止冬末春初感冒等流行疾病的发生。

雨水节气的天气特点对越冬作物生长有很大的影响,农谚说:"雨水有雨庄稼好,大春小春一片宝","立春天渐暖,雨水送肥忙"。广大农村要根据天气特点,对三麦等中耕除草和施肥,清沟埋墒,为排水防渍做好准备。

随着雨水节气的到来,雪花纷飞、冷气侵骨的天气渐渐消失,而春风拂面,冰雪融化,湿润的空气、温和的阳光和萧萧细雨的日子正向人们走来。

(三)惊蛰与历法气象

惊蛰是反映自然物候现象的节气,含义是:春雷乍响,惊醒了蛰伏在土中冬眠的动物。从这一节气开始,气温回升较快,长江流域大部分地区已渐有春雷。中国南方大部分地区,常年雨水、惊蛰亦可闻春雷初鸣;而华南西北部除了个别年份以外,一般要到清明才有雷声。

惊蛰一般在每年公历的 3 月 6 日左右。此时地球已经达到太阳黄经 345 度。

《月令七十二候集解》中说:"二月节,万物出乎震,震为雷,故曰惊蛰。是蛰虫惊而出走矣。"晋代诗人陶渊明有诗曰:"促春遘时雨,始雷发东隅。众蛰各潜骇,草木纵横舒。"实际上,昆虫是听不到雷声的,大地回春,天气变暖才是使它们结束冬眠、"惊而出走"的原因。

中国各地春雷始鸣的时间早迟各不相同,就多年平均而言,云南南部在每年 1 月底前后即可闻雷,而北京的初雷日却在每年的 4 月下旬。"惊蛰始雷"的说法则与沿江江南地区的气候规律相吻合。

中国古代将惊蛰分为三候:"初候桃始华;二候仓庚鸣;三候鹰化为鸠。"描述已是桃花红,李花白,黄莺鸣叫、燕飞来的时节,大部分地区都已进入了春耕,此时过冬的虫卵也要开始孵化。由此可见,惊蛰是反映自然物候现象的一个节气。

"春雷响,万物长",惊蛰时节正是大好的"九九"艳阳天,气温回升,雨水增多。除东北、西北地区仍是银装素裹的冬日景象外,中国大部分地区平均气温已升到 0℃以上,华北地区日平均气温为 3℃～6℃,沿江江南为 8℃以上,而西南和华南已达 10℃～15℃,早已是一派融融春光了。

华南东南部长江河谷地区,多数年份惊蛰期间气温稳定在 12℃以上,有利于水稻和玉米播种,其余地区则常有连续 3 天以上日平均气温在 12℃以下的低温天气出现,不可盲目早播。惊蛰虽然气温升高迅速,但是雨量增多却有限。华南中部和西北部惊蛰期间降雨总量仅 10 毫米左右,继常年冬干之后,春旱常常开始露头。这时小麦孕穗、油菜开花都处于需水较多的时期,对水分要求敏感,春旱往往成为影响农作物产量的重要因素。植树造林也应该考虑这个气候特点,栽后要勤于浇灌,努力提高树苗成活率。

"春雷惊百虫",温暖的气候条件利于多种病虫害的发生和蔓延,田间杂草也相继萌发,应及时搞好病虫害防治和中耕除草。"桃花开,猪瘟来",家禽家畜的防疫也要引起重视了。

唐诗有云:"微雨众卉新,一雷惊蛰始。田家几日闲,耕种从此起。"农谚也说:"到了惊蛰节,锄头不停歇。"到了惊蛰,中国大部分地区进入春耕大忙季节。真是:季节不等人,一刻值千金。

(四)春分与历法气象

在每年阳历的 3 月 21 日前后,太阳到达黄经 0 度,此时正是二十四节气的春分。分者,半也,这一天为春季的一半,故叫春分。春分这一天,太阳的位置在赤道的正上方,昼夜持续时间几乎相等,各为 12 小时。春分过后,太阳的位置逐渐北移,开始昼长夜短。所以春分在古时又被称为"日中"、"日夜分"、"仲春之月"。

《月令七十二候集解》也有记载:"二月中,分者半也,此当九十日之半,故谓之分。"另《春秋繁露·阴阳出入上下篇》说:"春分者,阴阳相半也,故昼夜均而寒暑平。"另有《明史·历一》说:"分者,黄赤相交之点,太阳行至此,乃昼夜平分。"所以,春分的意义有两方面,一是指一天时间白天黑夜平分;二是古时以立春至立夏为春季,春分正当春季三个月之中,平分了春季。

欧阳修对春分曾有过一段精彩的描述:"南园春半踏青时,风和闻马嘶,青梅如豆柳如眉,日长蝴蝶飞。"无论南方北方,春分节气都是春意融融的大好时节,我国的台湾省更是兰花盛开的时候。

中国古代将春分分为三候:"初候玄鸟至;二候雷乃发声;三候始电。"是说春分日后,燕子便从南方飞来了,下雨时天空便要打雷并发出闪电。春分在中国古历中的记载为:"春分前三日,太阳入赤道内。"

春分节气,东风明显减弱,西风带活动明显增多,蒙古到东北地区常有低压活动和气旋发展,低压移动引导冷空气南下,北方地区多大风和扬沙天气。

春分一到,雨水明显增多,我国平均气温已稳定通过 10℃,这是气候学上所定义的春季温度。而春分节气后,气候温和,中国南方大部分地区雨水充沛,阳光明媚,越冬作物进入春季生长阶段。华中有"春分麦起身,一刻值千金"的农谚。南方大部分地区各地气温则继续回升,但一般不如雨水至春分这段时期上升得快。3月下旬平均气温,华南北部多为 13℃~15℃,华南南部多为 15℃~16℃。高原大部分地区已经雪融冰消,旬平均气温约 5℃~10℃。这有利于水稻、玉米等作物播种,植树造林也非常适宜。但是,春分前后华南常常有一次较强的冷空气入侵,气温显著下降,最低气温可低至 5℃以下。有时还有小股冷空气接踵而至,形成持续数天低温阴雨,对农业生产不利。根据这个特点,应充分利用天气预报,抓住冷尾暖头适时播种。此时,在"春雨贵如油"的东北、华北和西北广大地区降水依然很少,抗御春旱的威胁是农业生产上的主要问题。

春分过后,除了全年皆冬的高寒山区和北纬 45 度以北的地区外,中国各地日平均气温均稳定升达 0℃以上,严寒已经逝去,气温回升较快,尤其是华北地区和黄淮平原,日平均气温几乎与多雨的沿江江南地区同时升达 10℃以上而进入明媚的春季。辽阔的大地上,岸柳青青,莺飞草长,小麦拔节,油菜花香,桃红李白迎春黄。而华南地区更是一派暮春景象。从气候规律说,这时江南的降水迅速增多,进入春季"桃花汛"期。

(五)清明与历法气象

清明,乃天清地明之意。中国传统的清明节大约始于周代,已有两千五百多年的历史。《淮南子·天文训》云:"春分后十五日,斗指乙,则清明风至。"在《岁时百问》中是这样解释的:"万物生长此时,皆清洁而明净。"

清明节,又称扫坟节、鬼节、冥节,与七月十五中元节及十月十五下元节合称三冥节,都与祭祀鬼神有关。清明节是在仲春与暮春之交,公历每年的 4 月 4 日至 6 日之间,按农历,则是在三月上半月,也就是冬至后的 106 天。扫墓活动通常是在清明节的前 10 天或后 10 天。有些地方人们的扫墓活动长达一个月。

在二十四节气中,既是节气又是节日的只有清明。

我国古代将清明分为三候:"初候桐始华;二候田鼠化为如鸟;三候虹始见。"意即在这个时节先是白桐花开放,接着喜阴的田鼠不见了,全回到了地下的洞中,然后是雨后的天空可以见到彩虹了。

清明节气,太阳到达黄经 15 度,我国大部分地区的日均气温已升到 12℃以上。此时正是桃花初绽,杨柳泛青,凋零枯萎随风过的明朗清秀景致的再现。清明一到,气温升高,雨量增多,正是春耕春种的大好时节。故有"清明前后,点瓜种豆","植树造林,莫过清明"的农谚。

"清明时节,麦长三节",黄淮地区以南的小麦即将孕穗,油菜已经盛花,东北和西北地区小麦也进入拔节期。此时,应抓紧搞好后期的肥水管理和病虫防治工作。北方的旱作、江南早中稻进入大批播种的适宜季节,要抓紧时机抢晴早播。"梨花风起正清明",这时多种果树进入花期,要注意搞好人工辅助授粉,提高坐果率。华南早稻栽插扫尾,耘田施肥应及时进行。各地的玉米、高粱、棉花也将要播种。"明前茶,两片芽",茶树新芽抽长正旺,要注意防治病虫;名茶产区已陆续开采,应严格科学采制,确保产量和品质。

(六)谷雨与历法气象

每年阳历 4 月 20 日、21 日,太阳到达黄经 30 度的位置,即为二十四节气的谷雨。古籍《通纬·孝经援神契》记载:"清明后十五日,斗指辰,为谷雨,三月中,言雨生百谷清净明洁也。"而《群芳谱》则有这样的解释："谷雨,谷得雨而生也。"

谷雨是二十四节气的第六个节气,也是春季的最后一个节气。

关于谷雨的来历,还有一种说法。相传轩辕黄帝时的左史官仓颉曾把流传于先民中的文字加以搜集、整理和使用,并根据日月形状、鸟兽足印制造了文字,因而感动玉帝降了一场"谷子雨","谷雨"便由此而来。

中国古代将谷雨分为三候:"初候萍始生;二候鸣鸠拂羽;三候戴胜降于桑。"是说谷雨后降雨量增多,浮萍开始生长,接着布谷鸟便开始提醒人们播种了,然后是桑树上开始见到戴胜鸟。

谷雨节气,东亚高空西风急流会再一次发生明显减弱和北移,华南暖湿气团比较活跃,西风带自西向东环流波动比较频繁,低气压和江淮气旋活动逐渐增多。受其影响,江淮地区会出现连续阴雨或大风暴雨。

谷雨前后,天气温和,雨水明显增多,对谷类作物的生长发育关系很大。雨水适量,有利于越冬作物的返青拔节和春播作物的播种出苗。古代所谓"雨生百谷",反映了"谷雨"的现代农业气候意义。但雨水过量或严重干旱,则往往造成危害,影响后期作物产量。谷雨在黄河中下游,不仅指明了它的农业意义,也说明了"春雨贵如油"。

十一、夏季六节气

(一)立夏与历法气象

《月令七十二候集解》中说:"立,建始也……夏,假也,物至此时皆假大也。"这里的"假",即"大"的意思。实际上,若按气候学的标准,日平均气温稳定升达22℃以上为夏季开始。

每年的阳历5月6日前后,为立夏节气。此时太阳黄经为45度,在天文学上,立夏表示即将告别春天,是夏日天的开始。《月令七十二候集解》中说:"立,建始也……夏,假也,物至此时皆假大也。"这里的"假",即"大"的意思。实际上,若按气候学的标准,日平均气温稳定升达22℃以上为夏季开始。立夏前后,我国只有福州到南岭一线以南地区真正进入夏季,而东北和西北的部分地区这时则刚刚进入春季,全国大部分地区平均气温在18℃~20℃上下,正是"百般红紫斗芳菲"的仲春和暮春季节。

《礼记·月令》中是这样解释立夏的:"蝼蝈鸣,蚯蚓出,王瓜生,苦菜秀。"说明在这时节,青蛙开始聒噪着夏日的来临,蚯蚓也忙着帮农民们翻松泥土,乡间田埂的野菜也都彼此争相出土日日攀长。清晨,当人们迎着初夏的霞光,漫步于乡村田野、海边沙滩时,会从这温和的阳光中感受到大自然的深情。即说这一节气中首先可听到蝼蛄(通称蝲蝲蛄)在田间的鸣叫声(一说是蛙声),接着便可看到蚯蚓掘土,然后王瓜的蔓藤开始快速攀爬生长。

立夏时节,万物繁茂。明人《莲生八戕》一书中写有:"孟夏之日,天地始交,万物并秀。"这时夏收作物进入生长后期,冬小麦扬花灌浆,油菜接近成熟,夏收作物年景基本定局,故农谚有"立夏看夏"之说。水稻栽插以及其他春播作物的管理也进入了大忙季节。所以,我国古来很重视立夏节气。立夏以后,江南正式进入雨季,雨量和雨日均明显增多,连绵的阴雨不仅导致作物的湿害,还会引起多种病害的流行。小麦抽穗扬花是最易感染赤霉病的时期,若预计未来有温暖但多阴雨的天气,要抓紧在始花期到盛花期喷药防治。南方的棉花在阴雨连绵或乍暖乍寒的天气条件下,往往会引起炭疽病、立枯病等病害的暴发,造成大面积的死苗、缺苗。应及时采取必要的增温降湿措施,并配合药剂防治,以保全苗壮苗。"多插立夏秧,谷子收满仓",立夏前后正是大江南北早稻插秧的火红季节。"能插满月秧,不薅满月草",这时气温仍较低,插秧后要立即加强管理,早追肥,早耘田,早治病虫,促进早发。中稻播种要抓紧扫尾。茶树这时春梢发育最快,稍一疏忽,茶叶就老了,正所谓"谷雨很少摘,立夏摘不辍",要集中全力,分批突击采摘。

立夏前后,华北、西北等地气温回升很快,但降水仍然不多,加上春季多风,蒸发强烈,大气干燥和土壤干旱常严重影响农作物的正常生长。尤其是小麦灌浆乳熟前后的干热风更是导致减产的重要灾害性天气,适时灌水是抗旱防灾的关键措施。"立夏三天遍地锄",这时杂草生长很快,"一天不锄草,三天锄不了"。中耕锄草不仅能除去杂草,抗旱防渍,又能提高地温,加速土壤养分分解,对促进棉花、玉米、高粱、花生等作物苗期健壮生长有十分重要的意义。

(二)小满与历法气象

每年阳历的 5 月 21 日前后,太阳到达黄经 60 度时,为小满。小满是二十四节气中第八个节气,其含义是从小满开始,北方大麦、冬小麦等夏熟作物籽粒已经结果,渐饱满,但尚未成熟,约相当于成熟后期,所以叫小满。

从气候特征来看,在小满节气到下一个芒种节气期间,全国各地都渐次进入了夏季,南北温差进一步缩小,降水进一步增多。

我国古代将小满分为三候:"初候苦菜秀;二候靡草死;三候麦秋至。"是说小满节气中,苦菜已经枝叶繁茂,而喜阴的一些枝条细软的草类在强烈的阳光下开始枯死,此时麦子开始成熟。

南方地区的农谚赋予小满以新的寓意:"小满不满,干断田坎";"小满不满,芒种不管"。把"满"用来形容雨水的盈缺,指出小满时田里如果蓄不满水,就可能造成田坎干裂,甚至芒种时也无法栽插水稻。因为"立夏小满正栽秧","秧奔小满谷奔秋"，小满正是适宜水稻栽插的季节。华南的夏旱严重与否，和水稻栽插面积的多少有直接的关系；而栽插的迟早，又与水稻单产的高低密切相关。华南中部和西部，常有冬干春旱，大雨来临又较迟，有些年份要到6月大雨才姗姗而来，最晚甚至可迟至7月。加之常年小满节气雨量不多，平均仅40毫米左右，自然降雨量不能满足栽秧需水量，使得水源缺乏的华南中部夏旱更为严重。俗话有"蓄水如蓄粮"、"保水如保粮"。为了抗御干旱，除了改进耕作栽培措施和加快植树造林外，特别需要注意抓好头年的蓄水保水工作。但是，也要注意可能出现的连续阴雨天气，对小春作物收晒的影响。西北高原地区，这时多已进入雨季，作物生长旺盛，欣欣向荣。

在北方地区，此时宜抓紧麦田虫害的防治，预防干热风和突如其来的雷雨大风的袭击。南方宜抓紧水稻的追肥、耘禾，促进分蘖，抓紧晴天进行夏熟作物的收打和晾晒。小满以后，黄河以南到长江中下游地区开始出现35℃以上的高温天气，有关部门和单位应注意防暑工作。"小满"时节谨防灾。

（三）芒种与历法气象

芒种，二十四节气的第九个节气，每年阳历6月5日左右开始，此时太阳到达黄经75度的位置。芒种的"芒"字，是指麦类等有芒植物的收获；芒种的"种"字，是指谷黍类作物播种的节令。《月令七十二候集解》中说："五月节，谓有芒之种谷可稼种矣。"其含义是指：大麦、小麦等有芒作物种子已经成熟，抢收十分急迫。晚谷、黍、稷等夏播作物也正是播种最忙的季节。俗话说"春争日，夏争时"，"争时"即是这个忙碌的时节最好的写照。人们常说"三夏"大忙季节，即由此而来。

我国古代将芒种分为三候："初候螳螂生；二候䴗鸟始鸣；三候反舌无声。"在这一节气中，螳螂在去年深秋产的卵因感受到阴气初生而破壳生出小螳螂；喜阴的伯劳鸟开始在枝头出现，并且感阴而鸣；与此相反，能够学习其他鸟鸣叫的反舌鸟，却因感应到了阴气的出现而停止了鸣叫。

芒种是一个典型的反映农业物候现象的节气。时至芒种，四川盆地麦收季节已经过去，中稻、甘薯移栽接近尾声。大部分地区中稻进入返青阶段，秧苗嫩绿，一派生机。

"东风染尽三千顷，折鹭飞来无处停"的诗句，生动地描绘了这时田野的秀丽景色。到了芒种时节，盆地内尚未移栽的中稻，应该抓紧栽插；如果再推迟，因气温升高，水稻营养生长期缩短，而且生长阶段又容易遭受干旱和病虫害，产量必然不高。甘薯移栽至迟也要赶在夏至之前；如果栽甘薯过迟，不但干旱的影响会加重，而且待到秋来时温度下降，不利于薯块膨大，产量亦将明显降低。

恰逢此时，我国长江中下游地区进入黄梅季节。梅雨天的一般特点是雨日多、雨量大,温度高,日照少,有时还伴有低温。我国东部地区全年的降雨量约有1/3(个别年份为1/2)是梅雨季节下的,长江中下游地区梅雨一般出现于6月份后。这时,正是水稻、棉花等作物生长旺盛、需水较多的季节。

梅雨形成的原因是冬季结束后,冷空气强度削弱北退,南方暖空气相应北进,伸展到长江中下游地区,但北方的冷空气仍有相当势力,于是冷暖空气在江淮流域相峙,形成准静止锋,出现了阴雨连绵的天气。持续一段时期后,暖空气最后战胜冷空气,占领江淮流域,梅雨天气结束,雨带中心转移到黄淮流域。这时江淮流域都在抢种。

梅雨对庄稼十分有利,东部及长江中下游地区,如梅雨过少或来得迟,作物就会受旱。

(四)夏至与历法气象

夏至是二十四节气中最早被确定的节气之一。在每年阳历的6月21日或22日,太阳到达黄经90度时,为夏至日。按照《恪遵宪度抄本》上的说法:"日北至,日长之至,日影短至,故曰夏至。至者,极也。"夏至这天,太阳直射地面的位置到达一年的最北端,几乎直射北回归线,北半球的白昼时间到达极限,在我国南方各地从日出到日没大多为14小时左右,越往北越长。如海南的海口市这天的日长约13小时多一点,杭州市为14小时,北京约15小时,而黑龙江的漠河则可达17小时以上。

我国古代将夏至分为三候:"初候鹿角解;二候蜩始鸣;三候半夏生。"麋与鹿虽属同科,但古人认为,二者一属阴一属阳。鹿的角朝前生,所以属阳。夏至日阴气生而阳气始衰,所以阳性的鹿角便开始脱落。而麋因属阴,所以在冬至日角才脱落。雄性的知了在夏至后因感阴气之生便鼓翼而鸣。半夏是一种喜阴的药草,因在仲夏的沼泽地或水田中出生所以得名。由此可见,在炎热的仲夏,一些喜阴的生物开始出现,而阳性的生物却开始衰退了。

夏至过后,太阳直射地面的位置逐渐南移,北半球的白昼日渐缩短。民间有"吃过夏至面,一天短一线"的说法。

"不过夏至不热","夏至三庚数头伏"。夏至这天虽然白昼最长,太阳角度最高,但并不是一年中天气最热的时候。因为接近地表的热量,这时还在继续积蓄,并没有达到最多的时候。俗话说"热在三伏",真正的暑热天气是以夏至和立秋为基点计算的。大约在七月中旬到八月中旬,我国各地的气温均为最高,有些地区的最高气温可达40℃左右。

过了夏至,我国南方大部分地区农业生产因农作物生长旺盛,杂草、病虫迅速滋长蔓延而进入田间管理时期,高原牧区则开始了草肥畜旺的黄金季节。这时,华南西部雨水量显著增加,使入春以来华南雨量东多西少的分布形势逐渐转变为西多东少。如有夏旱,一般这时可望解除。近30年来,夏至时节,我国北方大部分地区气温较高,日照充足,作物生长很快,需水较多。此时的降水对农业生产影响很大,自古就有"夏至雨点值千金"之说。

华南西部6月下旬出现大范围洪涝的次数虽不多,但程度却比较严重。因此,要特别注意做好防洪准备。夏至节气是华南东部全年雨量最多的节气,往后常受副热带高压控制,出现伏旱。为了增强抗旱能力,夺取农业丰收,在这些地区抢蓄伏前雨水是一项重要措施。

夏至期间,意味着炎热天气的正式开始。之后天气越来越热,而且是闷热。有以下几种天气对人们的生产生活影响较大,值得关注:

1. 对流天气

夏至以后地面受热强烈,空气对流旺盛,午后至傍晚常易形成雷阵雨。这种热雷雨骤来疾去,降雨范围小,人们称"夏雨隔田坎"。唐代诗人刘禹锡曾巧妙地借喻这种天气,写出"东边日出西边雨,道是无晴却有晴"的著名诗句。对流天气带来的强降水,不都像诗中描写的那么美丽,常常带来局部地区灾害。

2. 暴雨天气

夏至期间我国大部分地区气温较高,日照充足,作物生长很快,需水较多。此时的降水对农业产量影响很大,有"夏至雨点值千金"之说。这时长江中下游地区降水一般可满足作物生长的需求。

夏至期间,正值长江中下游、江淮流域梅雨季节,频频出现的暴雨天气,容易形成洪涝灾害,甚至对人民的生命财产造成威胁,应注意加强防汛工作。

3. 江淮梅雨

夏至时节正是江淮一带的梅雨季节,空气非常潮湿,冷、暖空气团在这里交汇,并形成一道低压槽,导致阴雨连绵的天气。在这样的天气下,器物发霉,人体也觉得不舒服,一些蚊虫繁殖速度很快,一些肠道性的病菌也很容易滋生。这时要注意饮用水的卫生,尽量不吃生冷食物,防止传染病的发生和传播。

(五)小暑与历法气象

每年阳历的7月7日或8日,太阳到达黄经105度时为小暑。从小暑开始,炎炎似火的盛夏正式登场了。《月令七十二候集解》:"六月节……暑,热也,就热之中分为大小,月初为小,月中为大,今则热气犹小也。"暑,即炎热的意思。小暑就是小热,意指极端炎热的天气刚刚开始,但还没到最热的时候。这一气候特征全国大部分地区都基本符合。

我国古代将小暑分为三候:"初候温风至;二候蟋蟀居壁;三候鹰始挚。"小暑时节大地上便不再有一丝凉风,而是所有的风中都带着热浪。《诗经·七月》中描述蟋蟀的字句有:"七月在野,八月在定,九月在户,十月蟋蟀入我床下。"文中所说的八月即是夏历的六月,即小暑节气的时候,由于炎热,蟋蟀离开了田野,到庭院的墙角下以避暑热。在这一节气中,老鹰因地面气温太高而在清凉的高空中活动。

时值小暑节气,南方地区平均气温为26℃左右。一般的年份,7月中旬华南东南低海拔河谷地区,可开始出现日平均气温高于30℃、日最高气温高于35℃的集中时段,这对杂交水稻抽穗扬花不利。除了事先在作物布局上应该充分考虑这个因素外,已经栽插的要采取相应的补救措施。在西北高原北部,此时仍可见霜雪,相当于华南初春时节的景象。

从小暑开始,长江中下游地区的梅雨季节先后结束,东部淮河、秦岭一线以北的广大北方地区开始了来自太平洋的东南季风雨季,自此降水明显增加,且雨量比较集中;华南、西南、青藏高原也处于来自印度洋和我国南海的西南季风雨季中;而长江中下游地区则一般为副热带高压控制下的高温少雨天气,常常出现的伏旱对农业生产影响很大,及早蓄水防旱显得十分重要。农谚有"伏天的雨,锅里的米",这时出现的雷雨,热带风暴或台风带来的降水虽对水稻等作物生长十分有利,但有时也会给棉花、大豆等旱作物及蔬菜造成不利影响。

也有一些年份,小暑前后来自北方的冷空气势力仍然较为强劲,在长江中下游地区与南方暖空气狭路相逢,势均力敌,出现锋面雷雨。"小暑一声雷,倒转做黄梅",小暑时节的雷雨常是"倒黄梅"天气的信息,预兆雨带还会在长江中下游维持一段时间。

小暑前后,我国南方大部分地区进入雷暴最多的季节。雷暴是一种剧烈的天气现象,常与大风、暴雨相伴出现,有时还有冰雹,容易造成灾害,亦须注意预防。

(六)大暑与历法气象

每年阳历的7月23日或24日,太阳到达黄经120度时,即为大暑节气。《月令七十二候集解》载:"六月中……暑,热也,就热之中分为大小,月初为小,月中为大,今则热气犹大也。"大暑节气正值"三伏"天的中伏,是一年中最热的时期,气温最高,农作物生长最快,同时,很多地区的旱、涝、风灾等各种气象灾害也最为频繁。

我国古代将大暑分为三候:"初候腐草为萤;二候土润溽暑;三候大雨时行。"世界上已知的萤火虫品种大概有两千多种,分水生与陆生两种,陆生的萤火虫产卵于枯草上,大暑时,萤火虫孵化而出,所以古人认为萤火虫是腐草变成的;第二候是说天气开始变得闷热,土地也很潮湿;第三候是说时常有大的雷雨出现,这大雨使暑湿减弱,天气开始向立秋过渡。

大暑时节最突出的特点就一个字:热,极端的热。这样的天气给人们的工作、生产、学习、生活各方面都带来了很多不良影响。一般来说,在最高气温高于35℃时,中暑的人会明显增多;而在最高气温达37℃以上的酷热日子里,中暑的人数会急剧增加。特别是在副热带高压控制下的长江中下游地区,骄阳似火,风小湿度大,更叫人感到闷热难当。全国闻名的长江沿岸"三大火炉"城市南京、武汉和重庆,平均每年炎热日就有17～34天之多,酷热日也有3～14天。其实,比"三大火炉"更热的地方还很多,如安庆、九江、万县等,其中江西的贵溪、湖南的衡阳、四川的开县等地全年平均炎热日都在40天以上,整个长江中下游地区就是一个"大火炉",做好防暑降温工作显得尤其重要。

"禾到大暑日夜黄",大暑时节对南方一些种植双季稻的地区来说,一年当中最艰苦、最紧张、顶烈日战高温的"双抢"季节正式开始了。当地农谚说:"早稻抢日,晚稻抢时","大暑不割禾,一天少一箩",适时收获早稻,不仅可减少后期风雨造成的危害,确保丰产丰收,而且可使双晚适时栽插,争取足够的生长期。要根据天气的变化,灵活安排,晴天多割,阴天多栽,在7月底以前栽完双晚。最迟不能迟过立秋。

"大暑天,三天不下干一砖。"酷暑盛夏,水分蒸发特别快,尤其是长江中下游地区正值伏旱期,旺盛生长的作物对水分的需求更为迫切,真是"小暑雨如银,大暑雨如金"。棉花花铃期叶面面积达一生中最大值,是需水的高峰期,要求田间土壤湿度占田间持水量的70%～80%为最好,低于60%就会受旱而导致落花落铃,必须立即灌溉。要注意灌水不可在中午高温时进行,以免土壤温度变化过于剧烈而加重蕾铃脱落。大豆开花结荚也正是需水临界期,对缺水的反应十分敏感。农谚有"大豆开花,沟里摸虾",出现干旱应及时浇灌。

黄淮平原的夏玉米一般已拔节孕穗,即将抽雄,是产量形成最关键的时期,要严防"卡脖旱"的危害。

当然,炎热的大暑也有美丽的一面,此时正是茉莉、荷花盛开的季节,馨香沁人的茉莉,天气越热香味越浓郁,给人洁净芬芳的享受。高洁的荷花,不畏烈日骤雨,晨开暮敛,诗人赞美它"映日荷花别样红"。生机勃勃的盛夏,正孕育着丰收。

十二、秋季六节气

(一)立秋与历法气象

在每年阳历的8月7日、8日或9日,太阳到达黄经135度时,即为立秋节气。历书上说:"斗指西南维为立秋,阴意出地始杀万物,按秋训示,谷熟也。"立秋后,谷物成熟,气温逐渐下降,月明风清,秋高气爽。

我国古代将立秋分为三候:"初候凉风至;二候白露降;三候寒蝉鸣。"是说立秋过后,刮风时人们会感觉到凉爽,此时的风已不同于暑天中的热风;接着,大地上早晨会有雾气产生;并且秋天感阴而鸣的寒蝉也开始鸣叫。

立秋是夏秋之交的重要节气,古人历来都很重视这个节气。在我国封建社会,还有立秋迎秋之俗,每到此日,封建帝王亲率文武百官到城郊设坛迎秋。此时也是军士们开始勤操战技,准备作战的季节。

立秋一到,传统意义上的秋天从此开始了。尽管谚语也说"立秋之日凉风至",但事实上,由于我国地域辽阔,幅员广大,纬度、海拔跨度都很大,这就决定了全国各地不可能在立秋这一天同时进入凉爽的秋季。从其气候特点看,立秋由于盛夏余热未消,秋阳肆虐,特别是在立秋前后,很多地区仍处于炎热之中,故民间历来就有"秋老虎"之说。气象资料表明,这种炎热的气候,往往要延续到九月的中下旬,天气才真正能凉爽起来。

其实,按气候学划分季节的标准,下半年日平均气温稳定降至22℃以下为秋季的开始,除长年皆冬和春秋相连无夏区外,我国很少有在"立秋"就进入秋季的地区。

秋来最早的黑龙江和新疆北部地区也要到8月中旬入秋,一般年份里,北京9月初开始秋风送爽,秦淮一带秋天从9月中旬开始,10月初秋风吹至浙江丽水、江西南昌、湖南衡阳一线,11月上中旬秋的信息才到达雷州半岛,而当秋的脚步到达"天涯海角"的海南崖县时已快到新年元旦了。"秋后一伏热死人",立秋前后我国大部分地区气温仍然较高,各种农作物生长旺盛,中稻开花结实,单晚圆秆,大豆结荚,玉米抽雄吐丝,棉花结铃,甘薯薯块迅速膨大,对水分需求都很迫切,此时受旱会给农作物最终收成造成难以补救的损失。所以有"立秋三场雨,秕稻变成米","立秋雨淋淋,遍地是黄金"之说。双晚生长在气温由高到低的环境里,必须抓紧当前温度较高的有利时机,追肥耘田,加强管理。当前也是棉花保伏桃、抓秋桃的重要时期,"棉花立了秋,高矮一齐揪",除对长势较差的田块补施一次速效肥外,打顶、整枝、去老叶、抹赘芽等要及时跟上,以减少烂铃、落铃,促进正常成熟吐絮。茶园秋耕要尽快进行,农谚有"七挖金,八挖银",秋挖可以消灭杂草,疏松土壤,提高保水蓄水能力,若再结合施肥,可使秋梢长得更好。立秋前后,华北地区的大白菜要抓紧播种,以保证在低温来临前有足够的热量条件,争取高产优质。播种过迟,生长期缩短,菜棵生长小且包心不坚实。立秋时节也是多种作物病虫集中危害的时期,如水稻三化螟、稻纵卷叶螟、稻飞虱、棉铃虫和玉米螟等,要加强预测预报和防治。北方的冬小麦播种也即将开始,应及早做好整地、施肥等准备工作。

(二)处暑与历法气象

处暑是反映气温变化的一个节气。"处"含有躲藏、终止的意思,"处暑"表示炎热暑天结束了。

处暑节气在每年阳历的 8 月 23 日左右。据《月令七十二候集解》说："处,去也,暑气至此而止矣。"意思是炎热的夏天即将过去了。虽然处暑前后我国北京、太原、西安、成都和贵阳一线以东及以南的广大地区和新疆塔里木盆地地区日平均气温仍在 22℃ 以上,处于夏季,但是这时冷空气南下次数增多,气温下降逐渐明显。

我国古代将处暑分为三候:"初候鹰乃祭鸟;二候天地始肃;三候禾乃登。"此节气中老鹰开始大量捕猎鸟类;天地间万物开始凋零;"禾乃登"的"禾"指的是黍、稷、稻、粱类农作物的总称,"登"即成熟的意思。

华南处暑时节平均气温一般较立秋降低 1℃~5℃ 左右,个别年份 8 月下旬华南西部可能出现连续 3 天以上日平均气温在 23℃ 以下的低温,影响杂交水稻开花。但是,由于华南处暑时仍基本上受夏季风控制,所以还常有华南西部最高气温高于 30℃、华南东部高于 35℃ 的天气出现。特别是长江沿岸低海拔地区,在伏旱延续的年份里,更感到"秋老虎"的余威。西北高原进入处暑秋意正浓,海拔 3500 米以上已呈初冬景象,牧草渐萎,霜雪日增。

处暑是华南雨量分布由西多东少向东多西少转换的前期。这时华南中部的雨量常是一年里的次高点,比大暑或白露时为多。因此,为了保证冬春农田用水,必须认真抓好这段时间的蓄水工作。高原地区处暑至秋分会出现连续阴雨天气,对农牧业生产不利。我国南方大部分地区这时也正是收获中稻的大忙时节。一般年份处暑节气内,华南日照仍然比较充足,除了华南西部以外,雨日不多,有利于中稻割晒和棉花吐絮。可是少数年份也有如杜甫诗所述"三伏适已过,骄阳化为霖"的景况,秋绵雨会提前到来。所以要特别注意天气预报,做好充分准备,抓住每个晴好天气,不失时机地搞好抢收抢晒。

处暑以后,我国大部分地区昼夜温差增大,昼暖夜凉对农作物十分有利,庄稼成熟较快,民间有"处暑禾田连夜变"之说。黄淮地区及沿江江南早中稻正成熟收割,这时的连阴雨是主要不利天气。而对于正处于幼穗分化阶段的单季晚稻来说,充沛的雨水又显得十分重要,遇有干旱要及时灌溉,否则导致穗小、空壳率高。

处暑以后,我国大部分地区昼夜温差增大,昼暖夜凉对农作物体内干物质的制造和积累十分有利,庄稼成熟较快,民间有"处暑禾田连夜变"之说。

此外,还应追施穗粒肥以使谷粒饱满,但追肥时间不可过晚,以防造成贪青迟熟。南方双季晚稻处暑前后即将圆秆,应适时烤田。大部分棉区棉花开始结铃吐絮,这时气温一般仍较高,阴雨寡照会导致大量烂铃。在精细整枝、推株并垄以及摘去老叶,改善通风透光条件的同时,适时喷洒波尔多液也有较好的防止或减轻烂铃的效果。处暑前后,春山芋薯块膨大,夏山芋开始结薯,夏玉米抽穗扬花,都需要充足的水分供应,此时受旱对产量影响十分严重。从这点上说"处暑雨如金"一点

国学经典文库

中华历书大全

·二十四节气·

图文珍藏版

也不夸张。

处暑以后,除华南和西南地区外,我国大部分地区雨季即将结束,降水逐渐减少。尤其是华北、东北和西北地区必须抓紧蓄水、保墒,以防秋种期间出现干旱而延误冬作物的播种期。

(三)白露与历法气象

每年公历的9月7日前后太阳到达黄经165度时,即为二十四节气的白露。白露是9月的头一个节气。露是由于温度降低,水汽在地面或近地物体上凝结而成的水珠。所以,白露的含义实际上就是气温下降,天气已经转凉。

我国古代将白露分为三候:"初候鸿雁来;二候玄鸟归;三候群鸟养羞。"说时值白露节气,鸿雁与燕子等候鸟准备南飞避寒,百鸟开始贮存干果粮食以备过冬。可见白露实际上是天气转凉的象征。

白露时节,晴朗的白昼温度虽然仍旧可以达到三十几度,可是夜晚就会下降到二十几度,其温差达十多度。阳气是在夏至达到顶点,物极必反,阴气也在此时兴起。此时,人们会明显地感觉到炎热的夏天已过,而凉爽的秋天已经到来了。

俗语云:"处暑十八盆,白露勿露身。"这两句话的意思是说,处暑仍热,每天须用一盆水洗澡,过了十八天,到了白露,就不要赤膊裸体了,以免着凉。还有句俗话:"白露白迷迷,秋分稻秀齐。"意思是说,白露前后若有露,则晚稻将有好收成。

白露时节,我国大部分地区天高气爽,云淡风轻。一个春夏的辛勤劳作,经历风风雨雨,送走了高温酷暑,迎来了气候宜人的收获季节。俗话说:"白露秋分夜,一夜冷一夜。"这时夏季风逐渐为冬季风所代替,多吹偏北风,冷空气南下逐渐频繁,加上太阳直射地面的位置南移,北半球日照时间变短,日照强度减弱,夜间常晴朗少云,地面辐射散热快,故温度下降速度也逐渐加快。凉爽的秋风自北向南已吹遍淮北大地,成都、贵阳以西日平均气温也降到22℃以下。

白露是收获的季节,也是播种的季节。富饶辽阔的东北平原开始收获谷子、大豆和高粱,华北地区秋收作物成熟,大江南北的棉花正在吐絮,进入全面分批采收的季节。西北、东北地区的冬小麦开始播种,华北的秋种也即将开始,应抓紧做好送肥、耕地、防治地下害虫等准备工作。黄淮地区、江淮及以南地区的单季晚稻已扬花灌浆,双季双晚稻即将抽穗,都要抓紧气温还较高的有利时机浅水勤灌。待灌浆完成后,排水落干,促进早熟。如遇低温阴雨,还要注意防治稻瘟病、菌核病等病害。秋茶正在采制,同时要注意防治叶蝉的危害。

白露后,我国大部分地区降水显著减少。东北、华北地区9月份降水量一般只有8月份的1/4到1/3,黄淮流域地区有一半以上的年份会出现夏秋连旱,对冬小麦的适时播种是最主要的威胁。

此外，在白露期间，华南广大地区有着气温迅速下降、绵雨开始、日照骤减的明显特点，很明显地反映出由夏到秋的季节转换。华南常年白露期间的平均气温比处暑要低3℃左右，大部分地区平均气温先后降至22℃以下。按气候学划分四季的标准，时序开始进入秋季。华南秋雨多出现于白露至霜降前，以岷江、青衣江中下游地区最多，华南中部相对较少。"滥了白露，天天走溜路"的农谚，虽然不能以白露这一天是否有雨水来作天气预报，但是，一般白露节前后确实常有一段连阴雨天气；而且，自此华南降雨多具有强度小、雨日多、常连绵的特点。与此相应，华南白露期间日照较处暑骤减一半左右，递减趋势一直持续到冬季。白露时节的上述气候特点，对晚稻抽穗扬花和棉桃爆桃是不利的，也影响中稻的收割和翻晒，所以农谚有"白露天气晴，谷米白如银"的说法。充分认识白露的气候特点，并且采取相应的农技措施，才能减轻或避免秋雨危害。另一方面，也要趁雨抓紧蓄水，特别是华南东部的白露是继小满、夏至后又一个雨量较多的节气，更不要错过良好时机。

（四）秋分与历法气象

　　每年阳历的9月22日至24日，太阳到达黄经180度时，即为二十四节气的秋分。在古籍《春秋繁露·阴阳出入上下篇》中有这样的说法："秋分者，阴阳相半也，故昼夜均而寒暑平。"

　　秋分过后，一遇冷空气活动，气温便下降得特别快，并且幅度也很大，这就使得秋收、秋耕、秋种的"三秋"大忙显得格外紧张。

　　可见"秋分"有两个方面的意思：一是太阳直射地球赤道，因此这一天的24小时昼夜均分，各12小时；全球无极昼极夜现象。秋分之后，北极附近极夜范围渐大，南极附近极昼范围渐大。二是按我国古代以立春、立夏、立秋、立冬为四季开始的季节划分法，秋分这天正好在秋季90天的中间，平分了秋季。秋分之"分"便由此而来。

　　我国古代将秋分分为三候："初候雷始收声；二候蛰虫坯户；三候水始涸。"古人认为雷是因为阳气盛而发声，秋分后阴气开始旺盛，所以不再打雷了。

　　从秋分这一天起，气候主要呈现三大特点：阳光直射的位置继续由赤道向南半球推移，北半球昼短夜长的现象将越来越明显，白天逐渐变短，黑夜变长（直至冬至日达到黑夜最长，白天最短）；昼夜温差逐渐加大，幅度将高于10℃以上；气温逐日下降，一天比一天冷，逐渐步入深秋季节。南半球的情况则正好相反。

　　秋分时节，我国长江流域及其以北的广大地区，均先后进入了秋季，日平均气温都降到了22℃以下。北方冷气团开始具有一定的势力，大部分地区雨季刚刚结束，凉风习习，碧空万里，风和日丽，秋高气爽，丹桂飘香，蟹肥菊黄。秋分是美好宜人的时节,也是农业生产上重要的节气。秋分后太阳直射的位置移至南半球,北半球得到的太阳辐射越来越少,而地面散失的热量却较多,气温降低的速度明显加快。农谚说:"一场秋雨一场寒","白露秋分夜,一夜冷一夜"。"八月雁门开,雁儿脚下带霜来",东北地区降温早的年份,秋分见霜已不足为奇。

秋分过后,一遇冷空气活动,气温便下降得特别快,并且幅度也很大,这就使得秋收、秋耕、秋种的"三秋"大忙显得格外紧张。秋分棉花吐絮,烟叶也由绿变黄,正是收获的大好时机。华北地区已开始播种冬麦,长江流域及南部广大地区正忙着晚稻的收割,抢晴耕翻土地,准备油菜播种。秋分时节的干旱少雨或连绵阴雨是影响"三秋"正常进行的主要不利因素,特别是连阴雨会使即将到手的作物倒伏、霉烂或发芽,造成严重损失。"三秋"大忙,贵在"早"字。及时抢收秋收作物可免受早霜冻和连阴雨的危害,适时早播冬作物可争取充分利用冬前的热量资源,培育壮苗安全越冬,为来年奠定下丰产的基础。"秋分不露头,割了喂老牛",南方的双季晚稻正抽穗扬花,是产量形成的关键时期,早来低温阴雨形成的"秋分寒"天气,是双晚开花结实的主要威胁,必须认真做好预报和防御工作。

(五)寒露与历法气象

每年阳历的 10 月 8 日或 9 日,太阳到达黄经 195 度时,即为二十四节气的寒露。古籍《通纬·孝经援神契》上说:"秋分后十五日,斗指辛,为寒露。言露冷寒而将欲凝结也。"《月令七十二候集解》上也说:"九月节,露气寒冷,将凝结也。"可见,寒露的意思就是气温比白露时更低,地面的露水更冷,快要凝结成霜了。

寒露时节,南岭及以北的广大地区均已进入秋季,东北和西北地区已进入或即将进入冬季。首都北京大部分年份这时已可见初霜,除全年飞雪的青藏高原外,东北和新疆北部地区一般已开始降雪。

我国古代将寒露分为三候:"初候鸿雁来宾;二候雀入大水为蛤;三候菊有黄华。"此节气中鸿雁排成一字或人字形的队列大举南迁;深秋天寒,雀鸟都不见了,古人看到海边突然出现很多蛤蜊,并且贝壳的条纹及颜色与雀鸟很相似,所以便以为是雀鸟变成的;第三候的"菊有黄华"是说在此时菊花已普遍开放。

寒露以后,北方冷空气已有一定势力,我国大部分地区在冷高压控制之下,雨季结束。天气常是昼暖夜凉,晴空万里,对秋收十分有利。我国大陆绝大部分地区雷暴已消失,只有云南、四川和贵州局部地区尚可听到雷声。华北10月份降水量一般只有9月份降水量的一半或更少,西北地区则只有几毫米到20多毫米。干旱少雨往往给冬小麦的适时播种带来困难,成为旱地小麦争取高产的主要限制因素之一。

海南和西南地区这时一般仍然是秋雨连绵,少数年份江淮和江南也会出现阴雨天气,对秋收秋种有一定的影响。

"寒露不摘棉,霜打莫怨天。"趁天晴要抓紧采收棉花,遇降温早的年份,还可以趁气温不算太低时把棉花收回来。江淮及江南的单季晚稻即将成熟,双季晚稻正在灌浆,要注意间歇灌溉,保持田间湿润。

南方稻区还要注意防御"寒露风"的危害。华北地区要抓紧播种小麦,这时,若遇干旱少雨的天气应设法造墒抢墒播种,保证在霜降前后播完,切不可被动等雨导致早霜种晚麦。寒露前后是长江流域直播油菜的适宜播种期,品种安排上应先播甘蓝型品种,后播白菜型品种。淮河以南的绿肥播种要抓紧扫尾,已出苗的要清沟沥水,防止涝渍。华北平原的甘薯薯块膨大逐渐停止,这时清晨的气温在10℃以下或更低的几率逐渐增大,应根据天气情况抓紧收获,争取在早霜前收完,否则在地里经受低温时间过长,会因受冻而导致薯块"硬心",降低食用、饲用和工业用价值,也不能贮藏或作种用。

白露后,天气转凉,开始出现露水,到了寒露,则露水增多,且气温更低。此时我国有些地区会出现霜冻,北方已呈深秋景象,白云红叶,偶见早霜,南方也秋意渐浓,蝉噤荷残。北京人登高习俗更盛,景山公园、八大处、香山等都是登高的好地方,重九登高节,更会吸引众多的游人。

古代把露作为天气转凉变冷的表征。仲秋白露节气"露凝而白",至寒露时已是"露气寒冷,将凝结"为霜了。

这时,我国南方大部分地区气温继续下降。华南日平均气温多不到20℃,即使在长江沿岸地区,也很难升到30℃以上,而最低气温却可降至10℃以下。西北高原除了少数河谷低地以外,平均气温普遍低于10℃,用气候学划分四季的标准衡量,已是冬季了。千里霜铺,万里雪飘,与华南秋色迥然不同。

常年寒露期间,华南雨量亦日趋减少。华南西部多在20毫米上下,东部一般为30~40毫米左右。绵雨甚频,朝朝暮暮,冥冥霏霏,影响"三秋"生产,成为我国南方大部分地区的一种灾害性天气。伴随着绵雨的气候特征是:湿度大,云量多,日照少,阴天多,雾日亦自此显著增加。但是,秋绵雨严重与否,直接影响"三秋"的进度与质量。为此,一方面,要利用天气预报,抢晴天收获和播种;另一方面,也要因地制宜,采取深沟高厢等各种有效的耕作措施,减轻湿害,提高播种质量。在高原地区,寒露前后是雪害最严重的季节之一,积雪阻塞交通,危害畜牧业生产,应该注意预防。

(六)霜降与历法气象

每年阳历10月23日前后,太阳到达黄经210度的位置时,即二十四节气之霜降。霜降表示天气更冷了,露水凝结成霜。正如《月令七十二候集解》上所说:"九月中，气肃而凝，露结为霜矣。"霜降时期，我国黄河流域大部地区已出现白霜，千里沃野上，一片银色冰晶熠熠闪光，此时树叶枯黄，开始落叶了。

我国古代将霜降分为三候："初候豺乃祭兽；二候草木黄落；三候蛰虫咸俯。"此节气中豺狼将捕获的猎物先陈列后再食用；大地上的树叶枯黄掉落；蛰虫也全在洞中不动不食，垂下头来进入冬眠状态中。

气象学上，一般把秋季出现的第一次霜叫做"早霜"或"初霜"，而把春季出现的最后一次霜称为"晚霜"或"终霜"。从终霜到初霜的间隔时期，就是无霜期。也有把早霜叫"菊花霜"的，因为此时菊花盛开，北宋大文学家苏轼有诗曰："千树扫作一番黄，只有芙蓉独自芳。"

我们都知道，霜是水蒸气遇冷而凝成的，这在古诗词中也多有描述。南宋诗人吕本中在《南歌子·旅思》中写道："驿内侵斜月，溪桥度晚霜。"陆游在《霜月》中写有："枯草霜花白，寒窗月新影。"说明寒霜出现于秋天晴朗的月夜。秋高气爽的夜晚云彩很少，大地表面散热较快，温度骤然下降到0℃以下，空气中的水汽就会凝结在溪边、桥间、树叶和泥土上，形成细微的冰针，有的成为六角形的霜花。霜，只能在晴天形成，人说"浓霜猛太阳"就是这个道理。

民间有"霜降杀百草"的说法，寒霜打过的植物一般都会枯萎。这是由于植株体内的液体，因霜冻结成冰晶，蛋白质沉淀，细胞内的水分外渗，使原生质严重脱水而变质。"风刀霜剑严相逼"说明霜是无情的、残酷的。其实，霜和霜冻虽形影相连，但危害庄稼的是"冻"不是"霜"。有人曾经做过试验：把植物的两片叶子分别放在同样低温的箱里，其中一片叶子盖满了霜，另一片叶子没有盖霜，结果无霜的叶子受害极重，而盖霜的叶子只有轻微的霜害痕迹。这说明霜不但危害不了庄稼，相反，水汽凝结时，还可放出大量热来。

与其说"霜降杀百草"，不如说"霜冻杀百草"。霜是天冷的表现，冻是杀害庄稼的敌人。由于冻则有霜（有时没有霜，称黑霜），所以把秋霜和春霜统称霜冻。

霜降时节，我国南方大部分地区平均气温仍然保持在16℃左右，离初霜日期还有一个半月左右的时间。在华南南部河谷地带，则要到隆冬时节才能见霜。当然，即使在纬度相同的地方，由于海拔高度和地形不同，贴地层空气的温度和湿度有差异，初霜期和霜日数也就不一样了。

此时，在农业生产方面，北方大部分地区已在秋收扫尾，即使耐寒的葱，也不能再长了，因为"霜降不起葱，越长越要空"。在南方，却是"三秋"大忙季节：单季杂交稻、晚稻在收割；种早茬麦，栽早茬油菜；摘棉花，拔除棉秸，耕翻整地。"满地秸秆拔个尽，来年少生虫和病。"收获以后的庄稼地，要及时把秸秆、根茬收回来，因为那里潜藏着许多越冬虫卵和病菌。

霜降时节是黄淮流域给羊配种的好时候，正如农谚所说"霜降配种清明乳，赶生下时草上来"，母羊一般是秋冬发情，接受公羊交配的持续时间一般为30小时左右，和南方白露配种一样，羊羔出生时天气暖和，青草鲜嫩，母羊营养好，乳水足，能乳好羊羔。

十三、冬季六节气

(一)立冬与历法气象

每年阳历的11月7日或8日，太阳到达黄经225度时，是二十四节气之立冬。自古以来，民间就习惯以立冬为冬季的开始，《月令七十二候集解》说："立，建始也。"又说："冬，终也，万物收藏也。"

我国古代将立冬分为三候："初候水始冰；二候地始冻；三候雉入大水为蜃。"此节气水已经能结成冰；土地也开始冻结；三候"雉入大水为蜃"中的雉即指野鸡一类的大鸟，蜃为大蛤，立冬后，野鸡一类的大鸟便不多见了，而海边却可以看到外壳与野鸡的线条及颜色相似的大蛤。所以古人认为雉到立冬后便变成大蛤了。

对"立冬"的理解，我们还不能仅仅停留在冬天开始的意思上。追根溯源，古人对"立"的理解与现代人一样，是建立、开始的意思。但"冬"字就不那么简单了，在古籍《月令七十二候集解》中对"冬"的解释是："冬，终也，万物收藏也。"意思是说秋季作物全部收晒完毕，收藏入库，动物也已藏起来准备冬眠。看来，立冬不仅仅代表着冬天的来临。完整地说，立冬是表示冬季开始，万物收藏，规避寒冷的意思。

其实，我国幅员广大，除全年无冬的华南沿海和长冬无夏的青藏高原地区外，各地的冬季并不都是于立冬日同时开始的。按气候学划分四季标准，以下半年候平均气温降到10℃以下为冬季，则"立冬为冬日始"的说法与黄淮地区的气候规律基本吻合。我国最北部的漠河及大兴安岭以北地区，9月上旬就早已进入冬季，首都北京于10月下旬也已一派冬天的景象，而长江流域的冬季要到"小雪"节气前后才真正开始。

立冬时节，北半球获得的太阳辐射量越来越少，由于此时地表下半年贮存的热量还有一定的剩余，所以一般还不太冷。晴朗无风之时，常有温暖舒适的"小阳春"天气，不仅十分宜人，对冬作物的生长也十分有利。

立冬前后，我国大部分地区降水显著减少。东北地区大地封冻，农林作物进入越冬期；江淮地区"三秋"已接近尾声；江南正忙着抢种晚茬冬麦，抓紧移栽油菜；而华南却是"立冬种麦正当时"的最佳时期。此时水分条件的好坏与农作物的苗期生长及越冬都有着十分密切的关系。华北及黄淮地区一定要在日平均气温下降到4℃左右，田间土壤夜冻昼消之时，抓紧时机浇好麦、菜及果园的冬水，以补充土壤水分不足，改善田间小气候环境，防止"旱助寒威"，减轻和避免冻害的发生。江南及华南地区，及时开好田间"丰产沟"，搞好清沟排水，是防止冬季涝渍和冰冻危害的重要措施。

另外，立冬后空气一般渐趋干燥，土壤含水较少，林区的防火工作也该提上重要的议事日程了。

（二）小雪与历法气象

"小雪"是反映天气现象的节令。古籍《群芳谱》中说："小雪气寒而将雪矣，地寒未甚而雪未大也。"这就是说，到"小雪"节气由于天气寒冷，降水形式由雨变为雪，但此时由于"地寒未甚"，故雪量还不大，所以称为小雪。

每年阳历的 11 月 22 日至 23 日，太阳到达黄经 240 度时，即为二十四节气的小雪。小雪，望文生义，表示降雪开始的时间和程度。正如《月令七十二候集解》上说："十月中，雨下而为寒气所薄，故凝而为雪。小者未盛之辞。"这个时期天气逐渐变冷，黄河中下游平均初雪期基本与小雪节令一致。虽然开始下雪，一般雪量较小，并且夜冻昼化。如果冷空气势力较强，暖湿气流又比较活跃的话，也有可能下大雪。如 1993 年 11 月 15 日至 20 日，北方部分地区就下了大到暴雪。

小雪前后，我国大部分地区农业生产开始进入冬季管理和农田水利基本建设期。黄河以北地区已到了北风吹、雪花飘的孟冬，此时我国北方地区会出现初雪，虽雪量有限，但还是提示我们到了御寒保暖的季节。小雪节气的前后，天气时常是阴冷晦暗的，此时人们的心情也会受其影响，特别是那些患有抑郁症的朋友更容易加重病情，所以在这个节气里，一定要学会调养自己。

"小雪"时值阳历 11 月下旬，农历十月下半月。"小雪"是反映天气现象的节令。古籍《群芳谱》中说："小雪气寒而将雪矣，地寒未甚而雪未大也。"这就是说，到"小雪"节气由于天气寒冷，降水形式由雨变为雪，但此时由于"地寒未甚"，故雪量还不大，所以称为小雪。随着冬季的到来，气候渐冷，不仅地面上的露珠变成了霜，而且也使天空中的雨变成了雪花，下雪后，使大地披上洁白的素装。但由于这时的天气还不算太冷，所以下的雪常常是半冰半融状态，或落到地面后立即融化了，气象学上称之为"湿雪"；有时还会雨雪同降，叫做"雨夹雪"；还有时降如同米粒一样大小的白色冰粒，称为"米雪"。本节气降水依然稀少，远远满足不了冬小麦的需要。晨雾比上一个节气更多一些。

小雪表示降雪的起始时间和程度。雪是寒冷天气的产物。小雪节气，南方地区北部开始进入冬季。"荷尽已无擎雨盖，菊残犹有傲霜枝"，已呈初冬景象。因为北面有秦岭、大巴山屏障，阻挡冷空气入侵，刹减了寒潮的严威，致使华南"冬暖"显著。全年降雪日数多在 5 天以下，比同纬度的长江中、下游地区少得多。大雪以前降雪的机会极少,即使隆冬时节,也难得观赏到"千树万树梨花开"的迷人景色。由于华南冬季近地面层气温常保持在0℃以上,所以积雪比降雪更不容易。偶尔虽见天空"纷纷扬扬",却不见地上"碎琼乱玉"。然而,在寒冷的西北高原,常年10月一般就开始降雪了。高原西北部全年降雪日数可达60天以上,一些高寒地区全年都有降雪的可能。

(三)大雪与历法气象

每年阳历的12月7日或8日,太阳到达黄经255度时,即为二十四节气的大雪。《月令七十二候集解》说:"至此而雪盛也。"大雪的意思是天气更冷,降雪的可能性比小雪时更大了,并不指降雪量一定很大。相反,大雪后各地降水量均进一步减少,东北、华北地区12月平均降水量一般只有几毫米,西北地区则不到1毫米。

我国古代将大雪分为三候:"初候鹖鴠鸟不鸣;二候虎始交;三候荔挺出。"这是说此时因天气寒冷,寒号鸟也不再鸣叫了;由于此时是阴气最盛时期,正所谓盛极而衰,阳气已有所萌动,所以老虎开始有求偶行为;"荔挺"为兰草的一种,也感到阳气的萌动而抽出新芽。

人常说,"瑞雪兆丰年"。严冬积雪覆盖大地,可保持地面及作物周围的温度不会因寒流侵袭而降得很低,为冬季作物创造了良好的越冬环境。积雪融化时又增加了土壤水分含量,可供作物春季生长的需要。另外,雪水中氮化物的含量是普通雨水的5倍,还有一定的肥田作用。所以有"今年麦盖三层被,来年枕着馒头睡"的农谚。

大雪时节,除华南和云南南部无冬区外,我国辽阔的大地已披上冬日盛装,东北、西北地区平均气温已达-10℃以下,黄河流域和华北地区气温也稳定在0℃以下,冬小麦已停止生长。江淮及以南地区小麦、油菜仍在缓慢生长,要注意施好腊肥,为安全越冬和来春生长打好基础。华南、西南小麦进入分蘖期,应结合中耕施好分蘖肥,注意冬季作物的清沟排水。这时天气虽冷,但贮藏的蔬菜和薯类要勤于检查,适时通风,不可将窖封闭太死,以免升温过高,湿度过大导致烂窖。在不受冻害的前提下应尽可能地保持较低的温度。

(四)冬至与历法气象

每年阳历的12月21日至23日,太阳到达黄经270度的位置时,即是冬至节气。冬至是按天文划分的节气,古称"日短"、"日短至"。早在两千五百多年前的春秋时代,我国已经用土圭观测太阳测定出冬至来了,它是二十四节气中最早制定出的一个。《月令七十二候集解》中说:"十一月(农历)中,终藏之气,至此而极也。"跟夏至正好相反,现代天文科学测定,此时太阳几乎直射南回归线,北半球就成为一年中白昼时间最短的一天。

古人对冬至的说法是："阴极之至，阳气始生，日南至，日短之至，日影长之至，故曰'冬至'。"冬至过后，全国各地气候都进入一个最寒冷的阶段，也就是人们常说的"进九"，我国民间有"冷在三九，热在三伏"的说法。

我国古代将冬至分为三候："初候蚯蚓结；二候麋角解；三候水泉动。"传说蚯蚓是阴曲阳伸的生物，此时阳气虽已生长，但是阴气仍然十分强盛，土中的蚯蚓仍然蜷缩着身体；麋与鹿同科，却阴阳不同，古人认为，麋的角朝后生，所以为阴，而冬至——阳生，麋感阴气渐退而解角；由于阳气初生，所以此时，山中的泉水就可以流动并且水温温热。

冬至期间，虽然北半球日照时间最短，接收的太阳辐射量最少，但这时地面在炎热的夏季积蓄的热量还可提供一定的补充，故这时气温还不是最低。但地面获得的太阳辐射仍比地面辐射散失的热量少，所以在短期内气温仍继续下降。我国除少数海岛和海滨局部地区外，1月都是最冷的月份，故民间有"冬至不过不冷"之说。天文学上也把"冬至"规定为北半球冬季的开始。

冬至一过，虽进入了"数九天气"，但我国地域辽阔，各地气候景观差异较大：东北大地千里冰封，琼装玉琢；黄淮地区也常常是银装素裹；大江南北这时平均气温一般在5℃以上，冬季作物仍继续生长，菜麦青青，一派生机，正是"水国过冬至，风光春已生"；而华南沿海的平均气温则在10℃以上，更是花香鸟语，满目春光。

在农业生产方面，冬至前后正是兴修水利、大搞农田基本建设、积肥造肥的大好时机，同时要施好腊肥，积极做好防冻工作。江南地区更应加强冬作物的管理，做好清沟排水，培土壅根，对尚未犁翻的冬板田要抓紧时间耕翻，以疏松土壤，增强蓄水保水能力，并消灭越冬害虫。已经开始春种的南部沿海地区，则需要认真做好水稻秧苗的防寒工作。

（五）小寒与历法气象

每年阳历的1月5日至7日，太阳到达黄经285度时为小寒。寒，即寒冷的意思。小寒表示寒冷的程度。这个节气表示进入冬季寒冷的季节，会有雪霜。《月令七十二候集解》："十二月节，月初寒尚小，故云。月半则大矣。"我国大部分地区小寒和大寒期间一般都是最冷的时期，俗话说冷在"三九"。"三九"多在9~17日，也恰在小寒节气内。"小寒"一过，正式进入寒冷的冬季，"出门冰上走"的三九寒天隆重登场了。

我国古代将小寒分为三候："初候雁北乡；二候鹊始巢；三候雉始鸲。"古人认为候鸟中大雁是顺阴阳而迁移，此时阳气已动，所以大雁开始向北迁移；此时北方到处可见到喜鹊，并且感觉到阳气而开始筑巢；第三候"雉鸲"的"鸲"为鸣叫的意思，雉在接近四九时会感阳气的生长而鸣叫。

小寒时节,华北大部地区的平均气温一般在 -5℃ 上下,极端最低温度在 -15℃ 以下;而东北北部地区,这时的平均气温在 -30℃ 左右,极端最低气温可低达 -50℃ 以下,午后最高气温平均也不过 -20℃,真是一个冰雕玉琢的世界。黑龙江、内蒙古和新疆北纬 45 度以北的地区及藏北高原,平均气温在 -20℃ 上下,北纬 40 度附近的河套以西地区平均气温在 -10℃ 上下,都是一派严冬的景象。到秦岭、淮河一线平均气温则在 0℃ 左右,此线以南已经没有季节性的冻土,冬作物也没有明显的越冬期。这时的江南地区平均气温一般在 5℃ 上下,虽然田野里仍是充满生机,但亦时有冷空气南下,造成一定危害。

小寒过后,除南方地区要注意给小麦、油菜等作物追施冬肥,海南和华南大部分地区则主要是做好防寒防冻、积肥造肥和兴修水利等工作。在冬前浇好冻水、施足冬肥、培土壅根的基础上,寒冬季节采用人工覆盖法也是防御农林作物冻害的重要措施。当寒潮成强冷空气到来之时,泼浇稀粪水,撒施草木灰,可有效地减轻低温对油菜的危害,露地栽培的蔬菜地可用作物秸秆、稻草等稀疏地撒在菜畦上作为冬季长期覆盖物,既不影响光照,又可减小菜株间的风速,阻挡地面热量散失,起到保温防冻的效果。遇到低温来临再加厚覆盖物作临时性覆盖,低温过后再及时揭去。大棚蔬菜这时要尽量多照阳光,即使有雨雪低温天气,棚外草帘等覆盖物也不可连续多日不揭,以免影响植株正常的光合作用,造成营养缺乏,天晴揭帘时导致植株萎蔫死亡。高山茶园,特别是西北向易受寒风侵袭的茶园,要以稻草、杂草或塑料薄膜覆盖篷面,以防止风吹而引起枯梢和沙暴对叶片的直接危害。雪后,应该及早摇落果树枝条上的积雪,避免大风造成枝干断裂。

(六)大寒与历法气象

每年阳历的 1 月 20 日前后,太阳到达黄经 300 度时,即为二十四节气之大寒。关于大寒的含义,《授时通考·天时》引《三礼义宗》说:"大寒为中者,上形于小寒,故谓之大……寒气之逆极,故谓大寒。"可见,大寒有两层意思,一是相对于小寒而言,二是大寒期间天气冷到了极点,故谓之"大"。

"爆竹声声辞旧岁",不少年份的春节就在大寒节气内。节日期间,北国的松花江畔冰灯晶莹绮丽,江南大地花市万紫千红,"天府"红梅斗寒盛开。辽阔的祖国大地,处处气象更新,人们将欢庆一年一度的传统佳节。

我国古代将大寒分为三候:"初候鸡始乳;二候征鸟厉疾;三候水泽腹坚。"就是说到大寒节气便可以孵小鸡了;而鹰隼之类的征鸟,却正处于捕食能力极强的状态中,盘旋于空中到处寻找食物,以补充身体的能量抵御严寒;在一年的最后五天内,水域中的冰一直冻到水中央,且最结实、最厚。

大寒期间,寒潮南下活动频繁,是我国大部分地区一年中的最冷时期,风大,低温,地面积雪不化,呈现出冰天雪地、天寒地冻的严寒景象。这个时期,铁路、邮电、石油、海上运输等部门要特别注意及早采取预防大风降温、大雪等灾害性天气的措施。农业上要加强牲畜和越冬作物的防寒防冻。

从气象学的统计来看,小寒、大寒时期是一年中雨水最少的时段。常年大寒节气,华南大部分地区降雨量为 5～10 毫米,西北高原山地一般只有 1～5 毫米。华南冬干,越冬作物在这段时间耗水量较小,农田水分供求矛盾一般并不突出。不过"苦寒勿怨天雨雪,雪来遗到明年麦"。在雨雪稀少的情况下,不同地区按照不同的耕作习惯和条件,适时浇灌,对小麦作物生长无疑是大有好处的。

第八章　1900－2100年万年历法表

公元1900年　清光绪二十六年　庚子鼠年（闰八月）　太岁虞起　九星一白

月份	正月小 戊寅 八白 离卦 室宿					二月大 己卯 七赤 震卦 壁宿					三月小 庚辰 六白 巽卦 奎宿					四月小 辛巳 五黄 坎卦 娄宿				
节气	立春 2月4日 初五戊申 未时 13时51分		雨水 2月19日 二十癸亥 巳时 10时01分			惊蛰 3月6日 初六戊寅 辰时 8时21分		春分 3月21日 廿一癸巳 巳时 9时39分			清明 4月5日 初六戊申 未时 13时52分		谷雨 4月20日 廿一癸亥 亥时 21时27分			立夏 5月6日 初八己卯 辰时 7时55分		小满 5月21日 廿三甲午 亥时 21时16分		
农历	公历	干支	九星	日建	星宿	公历	干支	九星	日建	星宿	公历	干支	九星	日建	星宿	公历	干支	九星	日建	星宿
初一	31	甲辰	五黄	平	箕	3月	癸酉	七赤	危	斗	31	癸卯	一白	建	女	29	壬申	三碧	定	虚
初二	2月	乙巳	六白	定	斗	2	甲戌	八白	成	女	4月	甲辰	二黑	除	虚	30	癸酉	四绿	执	危
初三	2	丙午	七赤	执	牛	3	乙亥	九紫	收	女	2	乙巳	三碧	满	危	5月	甲戌	五黄	破	室
初四	3	丁未	八白	破	女	4	丙子	一白	开	虚	3	丙午	四绿	平	室	2	乙亥	六白	危	壁
初五	4	戊申	九紫	破	虚	5	丁丑	二黑	闭	危	4	丁未	五黄	定	壁	3	丙子	七赤	成	奎
初六	5	己酉	一白	危	危	6	戊寅	三碧	闭	室	5	戊申	六白	定	奎	4	丁丑	八白	收	娄
初七	6	庚戌	二黑	成	室	7	己卯	四绿	建	壁	6	己酉	七赤	执	娄	5	戊寅	九紫	开	胃
初八	7	辛亥	三碧	收	壁	8	庚辰	五黄	除	奎	7	庚戌	八白	破	胃	6	己卯	一白	开	昴
初九	8	壬子	四绿	开	奎	9	辛巳	六白	满	娄	8	辛亥	九紫	危	昴	7	庚辰	二黑	闭	毕
初十	9	癸丑	五黄	闭	娄	10	壬午	七赤	平	胃	9	壬子	一白	成	毕	8	辛巳	三碧	建	觜
十一	10	甲寅	六白	建	胃	11	癸未	八白	定	昴	10	癸丑	二黑	收	觜	9	壬午	四绿	除	参
十二	11	乙卯	七赤	除	昴	12	甲申	九紫	执	毕	11	甲寅	三碧	开	参	10	癸未	五黄	满	井
十三	12	丙辰	八白	满	毕	13	乙酉	一白	破	觜	12	乙卯	四绿	闭	井	11	甲申	六白	平	鬼
十四	13	丁巳	九紫	平	觜	14	丙戌	二黑	危	参	13	丙辰	五黄	建	鬼	12	乙酉	七赤	定	柳
十五	14	戊午	一白	定	参	15	丁亥	三碧	成	井	14	丁巳	六白	除	柳	13	丙戌	八白	执	星
十六	15	己未	二黑	执	井	16	戊子	四绿	收	鬼	15	戊午	七赤	满	星	14	丁亥	九紫	破	张
十七	16	庚申	三碧	破	鬼	17	己丑	五黄	开	柳	16	己未	八白	平	张	15	戊子	一白	危	翼
十八	17	辛酉	四绿	危	柳	18	庚寅	六白	闭	星	17	庚申	九紫	定	翼	16	己丑	二黑	成	轸
十九	18	壬戌	五黄	成	星	19	辛卯	七赤	建	张	18	辛酉	一白	执	轸	17	庚寅	三碧	收	角
二十	19	癸亥	三碧	收	张	20	壬辰	八白	除	翼	19	壬戌	二黑	破	角	18	辛卯	四绿	开	亢
廿一	20	甲子	七赤	开	翼	21	癸巳	九紫	满	轸	20	癸亥	九紫	危	亢	19	壬辰	五黄	闭	氐
廿二	21	乙丑	八白	闭	轸	22	甲午	一白	平	角	21	甲子	四绿	成	氐	20	癸巳	六白	建	房
廿三	22	丙寅	九紫	建	角	23	乙未	二黑	定	亢	22	乙丑	五黄	收	房	21	甲午	七赤	除	心
廿四	23	丁卯	一白	除	亢	24	丙申	三碧	执	氐	23	丙寅	六白	开	心	22	乙未	八白	满	尾
廿五	24	戊辰	二黑	满	氐	25	丁酉	四绿	破	房	24	丁卯	七赤	闭	尾	23	丙申	九紫	平	箕
廿六	25	己巳	三碧	平	房	26	戊戌	五黄	危	心	25	戊辰	八白	建	箕	24	丁酉	一白	定	斗
廿七	26	庚午	四绿	定	心	27	己亥	六白	成	尾	26	己巳	九紫	除	斗	25	戊戌	二黑	执	牛
廿八	27	辛未	五黄	执	尾	28	庚子	七赤	收	箕	27	庚午	一白	满	牛	26	己亥	三碧	破	女
廿九	28	壬申	六白	破	箕	29	辛丑	八白	开	斗	28	辛未	二黑	平	女	27	庚子	四绿	危	虚
三十						30	壬寅	九紫	闭	牛										

公元1900年　清光绪二十六年　庚子鼠年（闰八月）　太岁虞起　九星一白

月份	五月大　壬午 四绿　艮卦 胃宿					六月小　癸未 三碧　坤卦 昴宿					七月大　甲申 二黑　乾卦 毕宿				
节气	芒种 6月6日 初十庚戌 午时 12时38分		夏至 6月22日 廿六丙寅 卯时 5时39分			小暑 7月7日 十一辛巳 夜子时 23时10分		大暑 7月23日 廿七丁酉 申时 16时36分			立秋 8月8日 十四癸丑 辰时 8时50分		处暑 8月23日 廿九戊辰 夜子时 23时19分		
农历	公历	干支	九星	日建	星宿	公历	干支	九星	日建	星宿	公历	干支	九星	日建	星宿
初一	28	辛丑	五黄	成	危	27	辛未	二黑	除	壁	26	庚子	九紫	执	奎
初二	29	壬寅	六白	收	室	28	壬申	一白	满	奎	27	辛丑	八白	破	娄
初三	30	癸卯	七赤	开	壁	29	癸酉	九紫	平	娄	28	壬寅	七赤	危	胃
初四	31	甲辰	八白	闭	奎	30	甲戌	八白	定	胃	29	癸卯	六白	成	昴
初五	6月	乙巳	九紫	建	娄	7月	乙亥	七赤	执	昴	30	甲辰	五黄	收	毕
初六	2	丙午	一白	除	胃	2	丙子	六白	破	毕	31	乙巳	四绿	开	觜
初七	3	丁未	二黑	满	昴	3	丁丑	五黄	危	觜	8月	丙午	三碧	闭	参
初八	4	戊申	三碧	平	毕	4	戊寅	四绿	成	参	2	丁未	二黑	建	井
初九	5	己酉	四绿	定	觜	5	己卯	三碧	收	井	3	戊申	一白	除	鬼
初十	6	庚戌	五黄	定	参	6	庚辰	二黑	开	鬼	4	己酉	九紫	满	柳
十一	7	辛亥	六白	执	井	7	辛巳	一白	开	柳	5	庚戌	八白	平	星
十二	8	壬子	七赤	破	鬼	8	壬午	九紫	闭	星	6	辛亥	七赤	定	张
十三	9	癸丑	八白	危	柳	9	癸未	八白	建	张	7	壬子	六白	执	翼
十四	10	甲寅	九紫	成	星	10	甲申	七赤	除	翼	8	癸丑	五黄	执	轸
十五	11	乙卯	一白	收	张	11	乙酉	六白	满	轸	9	甲寅	四绿	破	角
十六	12	丙辰	二黑	开	翼	12	丙戌	五黄	平	角	10	乙卯	三碧	危	亢
十七	13	丁巳	三碧	闭	轸	13	丁亥	四绿	定	亢	11	丙辰	二黑	成	氐
十八	14	戊午	四绿	建	角	14	戊子	三碧	执	氐	12	丁巳	一白	收	房
十九	15	己未	五黄	除	亢	15	己丑	二黑	破	房	13	戊午	九紫	开	心
二十	16	庚申	六白	满	氐	16	庚寅	一白	危	心	14	己未	八白	闭	尾
廿一	17	辛酉	七赤	平	房	17	辛卯	九紫	成	尾	15	庚申	七赤	建	箕
廿二	18	壬戌	八白	定	心	18	壬辰	八白	收	箕	16	辛酉	六白	除	斗
廿三	19	癸亥	九紫	执	尾	19	癸巳	七赤	开	斗	17	壬戌	五黄	满	牛
廿四	20	甲子	四绿	破	箕	20	甲午	六白	闭	牛	18	癸亥	四绿	平	女
廿五	21	乙丑	五黄	危	斗	21	乙未	五黄	建	女	19	甲子	九紫	定	虚
廿六	22	丙寅	七赤	成	牛	22	丙申	四绿	除	虚	20	乙丑	八白	执	危
廿七	23	丁卯	六白	收	女	23	丁酉	三碧	满	危	21	丙寅	七赤	破	室
廿八	24	戊辰	五黄	开	虚	24	戊戌	二黑	平	室	22	丁卯	六白	危	壁
廿九	25	己巳	四绿	闭	危	25	己亥	一白	定	壁	23	戊辰	八白	成	奎
三十	26	庚午	三碧	建	室						24	己巳	七赤	收	娄

公元1900年　清光绪二十六年　庚子鼠年（闰八月）　太岁虞起　九星一白

月份	八月大　乙酉　一白　兑卦　觜宿					闰八月小					九月大　丙戌　九紫　离卦　参宿				
节气	白露 9月8日 十五甲申 午时 11时16分		秋分 9月23日 三十己亥 戌时 20时20分			寒露 10月9日 十六乙卯 丑时 2时13分					霜降 10月24日 初二庚午 寅时 4时55分		立冬 11月8日 十七乙酉 寅时 4时39分		
农历	公历	干支	九星	日建	星宿	公历	干支	九星	日建	星宿	公历	干支	九星	日建	星宿
初一	25	庚午	六白	开	胃	24	庚子	三碧	平	毕	23	己巳	七赤	危	觜
初二	26	辛未	五黄	闭	昴	25	辛丑	二黑	定	觜	24	庚午	九紫	成	参
初三	27	壬申	四绿	建	毕	26	壬寅	一白	执	参	25	辛未	八白	收	井
初四	28	癸酉	三碧	除	觜	27	癸卯	九紫	破	井	26	壬申	七赤	开	鬼
初五	29	甲戌	二黑	满	参	28	甲辰	八白	危	鬼	27	癸酉	六白	闭	柳
初六	30	乙亥	一白	平	井	29	乙巳	七赤	成	柳	28	甲戌	五黄	建	星
初七	31	丙子	九紫	定	鬼	30	丙午	六白	收	星	29	乙亥	四绿	除	张
初八	9月	丁丑	八白	执	柳	10月	丁未	五黄	开	张	30	丙子	三碧	满	翼
初九	2	戊寅	七赤	破	星	2	戊申	四绿	闭	翼	31	丁丑	二黑	平	轸
初十	3	己卯	六白	危	张	3	己酉	三碧	建	轸	11月	戊寅	一白	定	角
十一	4	庚辰	五黄	成	翼	4	庚戌	二黑	除	角	2	己卯	九紫	执	亢
十二	5	辛巳	四绿	收	轸	5	辛亥	一白	满	亢	3	庚辰	八白	破	氐
十三	6	壬午	三碧	开	角	6	壬子	九紫	平	氐	4	辛巳	七赤	危	房
十四	7	癸未	二黑	闭	亢	7	癸丑	八白	定	房	5	壬午	六白	成	心
十五	8	甲申	一白	闭	氐	8	甲寅	七赤	执	心	6	癸未	五黄	收	尾
十六	9	乙酉	九紫	建	房	9	乙卯	六白	执	尾	7	甲申	四绿	开	箕
十七	10	丙戌	八白	除	心	10	丙辰	五黄	破	箕	8	乙酉	三碧	开	斗
十八	11	丁亥	七赤	满	尾	11	丁巳	四绿	危	斗	9	丙戌	二黑	闭	牛
十九	12	戊子	六白	平	箕	12	戊午	三碧	成	牛	10	丁亥	一白	建	女
二十	13	己丑	五黄	定	斗	13	己未	二黑	收	女	11	戊子	九紫	除	虚
廿一	14	庚寅	四绿	执	牛	14	庚申	一白	开	虚	12	己丑	八白	满	危
廿二	15	辛卯	三碧	破	女	15	辛酉	九紫	闭	危	13	庚寅	七赤	平	室
廿三	16	壬辰	二黑	危	虚	16	壬戌	八白	建	室	14	辛卯	六白	定	壁
廿四	17	癸巳	一白	成	危	17	癸亥	七赤	除	壁	15	壬辰	五黄	执	奎
廿五	18	甲午	九紫	收	室	18	甲子	三碧	满	奎	16	癸巳	四绿	破	娄
廿六	19	乙未	八白	开	壁	19	乙丑	二黑	平	娄	17	甲午	三碧	危	胃
廿七	20	丙申	七赤	闭	奎	20	丙寅	一白	定	胃	18	乙未	二黑	成	昴
廿八	21	丁酉	六白	建	娄	21	丁卯	九紫	执	昴	19	丙申	一白	收	毕
廿九	22	戊戌	五黄	除	胃	22	戊辰	八白	破	毕	20	丁酉	九紫	开	觜
三十	23	己亥	四绿	满	昴						21	戊戌	八白	闭	参

国学经典文库

中华历书大全

·1900~2100年万年历法表·

图文珍藏版

公元1900年　清光绪二十六年　庚子鼠年（闰八月）　　太岁虞起　九星一白

月份	十月大				十一月小				十二月大			
	丁亥 八白 震卦 井宿				戊子 七赤 巽卦 鬼宿				己丑 六白 坎卦 柳宿			

| 节气 | 小雪 11月23日 初二庚子 丑时 1时47分 | 大雪 12月7日 十六甲寅 戌时 20时55分 | 冬至 12月22日 初一己巳 未时 14时41分 | 小寒 1月6日 十六甲申 辰时 7时53分 | 大寒 1月21日 初二己亥 丑时 1时16分 | 立春 2月4日 十六癸丑 戌时 19时39分 |

农历	公历	干支	九星	日建	星宿	公历	干支	九星	日建	星宿	公历	干支	九星	日建	星宿
初一	22	己亥	七赤	建	井	22	己巳	六白	执	柳	20	戊戌	八白	收	星
初二	23	庚子	六白	除	鬼	23	庚午	七赤	破	星	21	己亥	九紫	开	张
初三	24	辛丑	五黄	满	柳	24	辛未	八白	危	张	22	庚子	一白	闭	翼
初四	25	壬寅	四绿	平	星	25	壬申	九紫	成	翼	23	辛丑	二黑	建	轸
初五	26	癸卯	三碧	定	张	26	癸酉	一白	收	轸	24	壬寅	三碧	除	角
初六	27	甲辰	二黑	执	翼	27	甲戌	二黑	开	角	25	癸卯	四绿	满	亢
初七	28	乙巳	一白	破	轸	28	乙亥	三碧	闭	亢	26	甲辰	五黄	平	氐
初八	29	丙午	九紫	危	角	29	丙子	四绿	建	氐	27	乙巳	六白	定	房
初九	30	丁未	八白	成	亢	30	丁丑	五黄	除	房	28	丙午	七赤	执	心
初十	12月	戊申	七赤	收	氐	31	戊寅	六白	满	心	29	丁未	八白	破	尾
十一	2	己酉	六白	开	房	1月	己卯	七赤	平	尾	30	戊申	九紫	危	箕
十二	3	庚戌	五黄	闭	心	2	庚辰	八白	定	箕	31	己酉	一白	成	斗
十三	4	辛亥	四绿	建	尾	3	辛巳	九紫	执	斗	2月	庚戌	二黑	收	牛
十四	5	壬子	三碧	除	箕	4	壬午	一白	破	牛	2	辛亥	三碧	开	女
十五	6	癸丑	二黑	满	斗	5	癸未	二黑	危	女	3	壬子	四绿	闭	虚
十六	7	甲寅	一白	满	牛	6	甲申	三碧	危	虚	4	癸丑	五黄	建	危
十七	8	乙卯	九紫	平	女	7	乙酉	四绿	成	危	5	甲寅	六白	除	室
十八	9	丙辰	八白	定	虚	8	丙戌	五黄	收	室	6	乙卯	七赤	满	壁
十九	10	丁巳	七赤	执	危	9	丁亥	六白	开	壁	7	丙辰	八白	平	奎
二十	11	戊午	六白	破	室	10	戊子	七赤	闭	奎	8	丁巳	九紫	定	娄
廿一	12	己未	五黄	危	壁	11	己丑	八白	建	娄	9	戊午	一白	执	胃
廿二	13	庚申	四绿	成	奎	12	庚寅	九紫	除	胃	10	己未	二黑	破	昴
廿三	14	辛酉	三碧	收	娄	13	辛卯	一白	满	昴	11	庚申	三碧	危	毕
廿四	15	壬戌	二黑	开	胃	14	壬辰	二黑	平	毕	12	辛酉	四绿	成	觜
廿五	16	癸亥	一白	闭	昴	15	癸巳	三碧	定	觜	13	壬戌	五黄	收	参
廿六	17	甲子	六白	建	毕	16	甲午	四绿	执	参	14	癸亥	六白	开	井
廿七	18	乙丑	五黄	除	觜	17	乙未	五黄	破	井	15	甲子	一白	闭	鬼
廿八	19	丙寅	四绿	满	参	18	丙申	六白	危	鬼	16	乙丑	二黑	建	柳
廿九	20	丁卯	三碧	平	井	19	丁酉	七赤	成	柳	17	丙寅	三碧	除	星
三十	21	戊辰	二黑	定	鬼						18	丁卯	四绿		张

月份	正月小 庚寅 五黄 震卦 星宿					二月大 辛卯 四绿 巽卦 张宿					三月小 壬辰 三碧 坎卦 翼宿					四月小 癸巳 二黑 艮卦 轸宿				
节气	雨水 2月19日 初一戊辰 申时 15时44分		惊蛰 3月6日 十六癸未 未时 14时10分			春分 3月21日 初二戊戌 申时 15时23分		清明 4月5日 十七癸丑 戌时 19时44分			谷雨 4月21日 初三己巳 寅时 3时13分		立夏 5月6日 十八甲申 未时 13时50分			小满 5月22日 初五庚子 寅时 3时04分		芒种 6月6日 二十乙卯 酉时 18时36分		
农历	公历	干支	九星	日建	星宿	公历	干支	九星	日建	星宿	公历	干支	九星	日建	星宿	公历	干支	九星	日建	星宿
初一	19	戊辰	二黑	满	翼	20	丁酉	四绿	破	轸	19	丁卯	一白	闭	亢	18	丙申	九紫	平	氐
初二	20	己巳	三碧	平	轸	21	戊戌	五黄	危	角	20	戊辰	二黑	建	氐	19	丁酉	一白	定	房
初三	21	庚午	四绿	定	角	22	己亥	六白	成	亢	21	己巳	九紫	除	房	20	戊戌	二黑	执	心
初四	22	辛未	五黄	执	亢	23	庚子	七赤	收	氐	22	庚午	一白	满	心	21	己亥	三碧	破	尾
初五	23	壬申	六白	破	氐	24	辛丑	八白	开	房	23	辛未	二黑	平	尾	22	庚子	四绿	危	箕
初六	24	癸酉	七赤	危	房	25	壬寅	九紫	闭	心	24	壬申	三碧	定	箕	23	辛丑	五黄	成	斗
初七	25	甲戌	八白	成	心	26	癸卯	一白	建	尾	25	癸酉	四绿	执	斗	24	壬寅	六白	收	牛
初八	26	乙亥	九紫	收	尾	27	甲辰	二黑	除	箕	26	甲戌	五黄	破	牛	25	癸卯	七赤	开	女
初九	27	丙子	一白	开	箕	28	乙巳	三碧	满	斗	27	乙亥	六白	危	女	26	甲辰	八白	闭	虚
初十	28	丁丑	二黑	闭	斗	29	丙午	四绿	平	牛	28	丙子	七赤	成	虚	27	乙巳	九紫	建	危
十一	3月	戊寅	三碧	建	牛	30	丁未	五黄	定	女	29	丁丑	八白	收	危	28	丙午	一白	除	室
十二	2	己卯	四绿	除	女	31	戊申	六白	执	虚	30	戊寅	九紫	开	室	29	丁未	二黑	满	壁
十三	3	庚辰	五黄	满	虚	4月	己酉	七赤	破	危	5月	己卯	一白	闭	壁	30	戊申	三碧	平	奎
十四	4	辛巳	六白	平	危	2	庚戌	八白	危	室	2	庚辰	二黑	建	奎	31	己酉	四绿	定	娄
十五	5	壬午	七赤	定	室	3	辛亥	九紫	成	壁	3	辛巳	三碧	除	娄	6月	庚戌	五黄	执	胃
十六	6	癸未	八白	定	壁	4	壬子	一白	收	奎	4	壬午	四绿	满	胃	2	辛亥	六白	破	昴
十七	7	甲申	九紫	执	奎	5	癸丑	二黑	收	娄	5	癸未	五黄	平	昴	3	壬子	七赤	危	毕
十八	8	乙酉	一白	破	娄	6	甲寅	三碧	开	胃	6	甲申	六白	平	毕	4	癸丑	八白	成	觜
十九	9	丙戌	二黑	危	胃	7	乙卯	四绿	闭	昴	7	乙酉	七赤	定	觜	5	甲寅	九紫	收	参
二十	10	丁亥	三碧	成	昴	8	丙辰	五黄	建	毕	8	丙戌	八白	执	参	6	乙卯	一白	收	井
廿一	11	戊子	四绿	收	毕	9	丁巳	六白	除	觜	9	丁亥	九紫	破	井	7	丙辰	二黑	开	鬼
廿二	12	己丑	五黄	开	觜	10	戊午	七赤	满	参	10	戊子	一白	危	鬼	8	丁巳	三碧	闭	柳
廿三	13	庚寅	六白	闭	参	11	己未	八白	平	井	11	己丑	二黑	成	柳	9	戊午	四绿	建	星
廿四	14	辛卯	七赤	建	井	12	庚申	九紫	定	鬼	12	庚寅	三碧	收	星	10	己未	五黄	除	张
廿五	15	壬辰	八白	除	鬼	13	辛酉	一白	执	柳	13	辛卯	四绿	开	张	11	庚申	六白	满	翼
廿六	16	癸巳	九紫	满	柳	14	壬戌	二黑	破	星	14	壬辰	五黄	闭	翼	12	辛酉	七赤	平	轸
廿七	17	甲午	一白	平	星	15	癸亥	三碧	危	张	15	癸巳	六白	建	轸	13	壬戌	八白	定	角
廿八	18	乙未	二黑	定	张	16	甲子	七赤	成	翼	16	甲午	七赤	除	角	14	癸亥	九紫	执	亢
廿九	19	丙申	三碧	执	翼	17	乙丑	八白	收	轸	17	乙未	八白	满	亢	15	甲子	四绿	破	氐
三十						18	丙寅	九紫	开	角										

公元1901年 清光绪二十七年 辛丑牛年　太岁汤信 九星九紫

月份	五月大 甲午 一白 坤卦 角宿				六月小 乙未 九紫 乾卦 亢宿				七月大 丙申 八白 兑卦 氐宿				八月小 丁酉 七赤 离卦 房宿			
节气	夏至 6月22日 初七辛未 午时 11时27分		小暑 7月8日 廿三丁亥 卯时 5时07分		大暑 7月23日 初八壬寅 亥时 22时23分		立秋 8月8日 廿四戊午 未时 14时46分		处暑 8月24日 十一甲戌 卯时 5时07分		白露 9月8日 廿六己丑 酉时 17时10分		秋分 9月24日 十二乙巳 丑时 2时08分		寒露 10月9日 廿七庚申 辰时 8时06分	
农历	公历	干支	九星	日建 星宿	公历	干支	九星	日建 星宿	公历	干支	九星	日建 星宿	公历	干支	九星	日建 星宿
初一	16	乙丑	五黄	危 房	16	乙未	五黄	建 尾	14	甲子	九紫	定 箕	13	甲午	九紫	收 牛
初二	17	丙寅	六白	成 心	17	丙申	四绿	除 箕	15	乙丑	八白	执 斗	14	乙未	八白	开 女
初三	18	丁卯	七赤	收 尾	18	丁酉	三碧	满 斗	16	丙寅	七赤	破 牛	15	丙申	七赤	闭 虚
初四	19	戊辰	八白	开 箕	19	戊戌	二黑	平 牛	17	丁卯	六白	危 女	16	丁酉	六白	建 危
初五	20	己巳	九紫	闭 斗	20	己亥	一白	定 女	18	戊辰	五黄	成 虚	17	戊戌	五黄	除 室
初六	21	庚午	一白	建 牛	21	庚子	九紫	执 虚	19	己巳	四绿	收 危	18	己亥	四绿	满 壁
初七	22	辛未	二黑	除 女	22	辛丑	八白	破 危	20	庚午	三碧	开 室	19	庚子	三碧	平 奎
初八	23	壬申	一白	满 虚	23	壬寅	七赤	危 室	21	辛未	二黑	闭 壁	20	辛丑	二黑	定 娄
初九	24	癸酉	九紫	平 危	24	癸卯	六白	成 壁	22	壬申	一白	建 奎	21	壬寅	一白	执 胃
初十	25	甲戌	八白	定 室	25	甲辰	五黄	收 奎	23	癸酉	九紫	除 娄	22	癸卯	九紫	破 昴
十一	26	乙亥	七赤	执 壁	26	乙巳	四绿	开 娄	24	甲戌	二黑	满 胃	23	甲辰	八白	危 毕
十二	27	丙子	六白	破 奎	27	丙午	三碧	闭 胃	25	乙亥	一白	平 昴	24	乙巳	七赤	成 觜
十三	28	丁丑	五黄	危 娄	28	丁未	二黑	建 昴	26	丙子	九紫	定 毕	25	丙午	六白	收 参
十四	29	戊寅	四绿	成 胃	29	戊申	一白	除 毕	27	丁丑	八白	执 觜	26	丁未	五黄	开 井
十五	30	己卯	三碧	收 昴	30	己酉	九紫	满 觜	28	戊寅	七赤	破 参	27	戊申	四绿	闭 鬼
十六	7月	庚辰	二黑	开 毕	31	庚戌	八白	平 参	29	己卯	六白	危 井	28	己酉	三碧	建 柳
十七	2	辛巳	一白	闭 觜	8月	辛亥	七赤	定 井	30	庚辰	五黄	成 鬼	29	庚戌	二黑	除 星
十八	3	壬午	九紫	建 参	2	壬子	六白	执 鬼	31	辛巳	四绿	收 柳	30	辛亥	一白	满 张
十九	4	癸未	八白	除 井	3	癸丑	五黄	破 柳	9月	壬午	三碧	开 星	10月	壬子	九紫	平 翼
二十	5	甲申	七赤	满 鬼	4	甲寅	四绿	危 星	2	癸未	二黑	闭 张	2	癸丑	八白	定 轸
廿一	6	乙酉	六白	平 柳	5	乙卯	三碧	成 张	3	甲申	一白	建 翼	3	甲寅	七赤	执 角
廿二	7	丙戌	五黄	定 星	6	丙辰	二黑	收 翼	4	乙酉	九紫	除 轸	4	乙卯	六白	破 亢
廿三	8	丁亥	四绿	定 张	7	丁巳	一白	开 轸	5	丙戌	八白	满 角	5	丙辰	五黄	危 氐
廿四	9	戊子	三碧	执 翼	8	戊午	九紫	开 角	6	丁亥	七赤	平 亢	6	丁巳	四绿	成 房
廿五	10	己丑	二黑	破 轸	9	己未	八白	闭 亢	7	戊子	六白	定 氐	7	戊午	三碧	收 心
廿六	11	庚寅	一白	危 角	10	庚申	七赤	建 氐	8	己丑	五黄	定 房	8	己未	二黑	开 尾
廿七	12	辛卯	九紫	成 亢	11	辛酉	六白	除 房	9	庚寅	四绿	执 心	9	庚申	一白	开 箕
廿八	13	壬辰	八白	收 氐	12	壬戌	五黄	满 心	10	辛卯	三碧	破 尾	10	辛酉	九紫	闭 斗
廿九	14	癸巳	七赤	开 房	13	癸亥	四绿	平 尾	11	壬辰	二黑	危 箕	11	壬戌	八白	建 牛
三十	15	甲午	六白	闭 心					12	癸巳	一白	成 斗				

月份	九月大	戊戌 六白 震卦 心宿	十月大	己亥 五黄 巽卦 尾宿	十一月大	庚子 四绿 坎卦 箕宿	十二月小	辛丑 三碧 艮卦 斗宿
节气	霜降 10月24日 十三乙亥 巳时 10时46分	立冬 11月8日 廿八庚寅 巳时 10时34分	小雪 11月23日 十三乙巳 辰时 7时41分	大雪 12月8日 廿八庚申 丑时 2时52分	冬至 12月22日 十二甲戌 戌时 20时36分	小寒 1月6日 廿七己丑 未时 13时51分	大寒 1月21日 十二甲辰 辰时 7时11分	立春 2月5日 廿七己未 丑时 1时38分

农历	公历	干支	九星	日建	星宿	公历	干支	九星	日建	星宿	公历	干支	九星	日建	星宿	公历	干支	九星	日建	星宿
初一	12	癸亥	七赤	除	女	11	癸巳	四绿	破	危	11	癸亥	一白	闭	壁	10	癸巳	三碧	定	娄
初二	13	甲子	三碧	满	虚	12	甲午	三碧	危	室	12	甲子	六白	建	奎	11	甲午	四绿	执	胃
初三	14	乙丑	二黑	平	危	13	乙未	二黑	成	壁	13	乙丑	五黄	除	娄	12	乙未	五黄	破	昴
初四	15	丙寅	一白	定	室	14	丙申	一白	收	奎	14	丙寅	四绿	满	胃	13	丙申	六白	危	毕
初五	16	丁卯	九紫	执	壁	15	丁酉	九紫	开	娄	15	丁卯	三碧	平	昴	14	丁酉	七赤	成	觜
初六	17	戊辰	八白	破	奎	16	戊戌	八白	闭	胃	16	戊辰	二黑	定	毕	15	戊戌	八白	收	参
初七	18	己巳	七赤	危	娄	17	己亥	七赤	建	昴	17	己巳	一白	执	觜	16	己亥	九紫	开	井
初八	19	庚午	六白	成	胃	18	庚子	六白	除	毕	18	庚午	九紫	破	参	17	庚子	一白	闭	鬼
初九	20	辛未	五黄	收	昴	19	辛丑	五黄	满	觜	19	辛未	八白	危	井	18	辛丑	二黑	建	柳
初十	21	壬申	四绿	开	毕	20	壬寅	四绿	平	参	20	壬申	七赤	成	鬼	19	壬寅	三碧	除	星
十一	22	癸酉	三碧	闭	觜	21	癸卯	三碧	定	井	21	癸酉	六白	收	柳	20	癸卯	四绿	满	张
十二	23	甲戌	二黑	建	参	22	甲辰	二黑	执	鬼	22	甲戌	二黑	开	星	21	甲辰	五黄	平	翼
十三	24	乙亥	四绿	除	井	23	乙巳	一白	破	柳	23	乙亥	三碧	闭	张	22	乙巳	六白	定	轸
十四	25	丙子	三碧	满	鬼	24	丙午	九紫	危	星	24	丙子	四绿	建	翼	23	丙午	七赤	执	角
十五	26	丁丑	二黑	平	柳	25	丁未	八白	成	张	25	丁丑	五黄	除	轸	24	丁未	八白	破	亢
十六	27	戊寅	一白	定	星	26	戊申	七赤	收	翼	26	戊寅	六白	满	角	25	戊申	九紫	危	氐
十七	28	己卯	九紫	执	张	27	己酉	六白	开	轸	27	己卯	七赤	平	亢	26	己酉	一白	成	房
十八	29	庚辰	八白	破	翼	28	庚戌	五黄	闭	角	28	庚辰	八白	定	氐	27	庚戌	二黑	收	心
十九	30	辛巳	七赤	危	轸	29	辛亥	四绿	建	亢	29	辛巳	九紫	执	房	28	辛亥	三碧	开	尾
二十	31	壬午	六白	成	角	30	壬子	三碧	除	氐	30	壬午	一白	破	心	29	壬子	四绿	闭	箕
廿一	11月	癸未	五黄	收	亢	12月	癸丑	二黑	满	房	31	癸未	二黑	危	尾	30	癸丑	五黄	建	斗
廿二	2	甲申	四绿	开	氐	2	甲寅	一白	平	心	1月	甲申	三碧	成	箕	31	甲寅	六白	除	牛
廿三	3	乙酉	三碧	闭	房	3	乙卯	九紫	定	尾	2	乙酉	四绿	收	斗	2月	乙卯	七赤	满	女
廿四	4	丙戌	二黑	建	心	4	丙辰	八白	执	箕	3	丙戌	五黄	开	牛	2	丙辰	八白	平	虚
廿五	5	丁亥	一白	除	尾	5	丁巳	七赤	破	斗	4	丁亥	六白	闭	女	3	丁巳	九紫	定	危
廿六	6	戊子	九紫	满	箕	6	戊午	六白	危	牛	5	戊子	七赤	建	虚	4	戊午	一白	执	室
廿七	7	己丑	八白	平	斗	7	己未	五黄	成	女	6	己丑	八白	建	危	5	己未	二黑	执	壁
廿八	8	庚寅	七赤	平	牛	8	庚申	四绿	成	虚	7	庚寅	九紫	除	室	6	庚申	三碧	破	奎
廿九	9	辛卯	六白	定	女	9	辛酉	三碧	收	危	8	辛卯	一白	满	壁	7	辛酉	四绿	危	娄
三十	10	壬辰	五黄	执	虚	10	壬戌	二黑	开	室	9	壬辰	二黑	平	奎					

国学经典文库

中华历书大全

·1900—2100年万年历法表·

图文珍藏版

公元1902年　清光绪二十八年　壬寅虎年　　太岁贺谔　九星八白

月份	正月大 壬寅 二黑 巽卦 牛宿					二月小 癸卯 一白 坎卦 女宿					三月大 甲辰 九紫 艮卦 虚宿					四月小 乙巳 八白 坤卦 危宿				
节气	雨水 2月19日 十二癸酉 亥时 21时39分			惊蛰 3月6日 廿七戊子 戌时 20时07分		春分 3月21日 十二癸卯 亥时 21时16分			清明 4月6日 廿八己未 丑时 1时37分		谷雨 4月21日 十四甲戌 巳时 9时04分			立夏 5月6日 廿九己丑 戌时 19时38分		小满 5月22日 十五乙巳 辰时 8时53分				
农历	公历	干支	九星	日建	星宿	公历	干支	九星	日建	星宿	公历	干支	九星	日建	星宿	公历	干支	九星	日建	星宿
初一	8	壬戌	五黄	成	胃	10	壬辰	八白	除	毕	8	辛酉	一白	执	觜	8	辛卯	四绿	开	井
初二	9	癸亥	六白	收	昴	11	癸巳	九紫	满	觜	9	壬戌	二黑	破	参	9	壬辰	五黄	闭	鬼
初三	10	甲子	一白	开	毕	12	甲午	一白	平	参	10	癸亥	三碧	危	井	10	癸巳	六白	建	柳
初四	11	乙丑	二黑	闭	觜	13	乙未	二黑	定	井	11	甲子	七赤	成	鬼	11	甲午	七赤	除	星
初五	12	丙寅	三碧	建	参	14	丙申	三碧	执	鬼	12	乙丑	八白	收	柳	12	乙未	八白	满	张
初六	13	丁卯	四绿	除	井	15	丁酉	四绿	破	柳	13	丙寅	九紫	开	星	13	丙申	九紫	平	翼
初七	14	戊辰	五黄	满	鬼	16	戊戌	五黄	危	星	14	丁卯	一白	闭	张	14	丁酉	一白	定	轸
初八	15	己巳	六白	平	柳	17	己亥	六白	成	张	15	戊辰	二黑	建	翼	15	戊戌	二黑	执	角
初九	16	庚午	七赤	定	星	18	庚子	七赤	收	翼	16	己巳	三碧	除	轸	16	己亥	三碧	破	亢
初十	17	辛未	八白	执	张	19	辛丑	八白	开	轸	17	庚午	四绿	满	角	17	庚子	四绿	危	氐
十一	18	壬申	九紫	破	翼	20	壬寅	九紫	闭	角	18	辛未	五黄	平	亢	18	辛丑	五黄	成	房
十二	19	癸酉	七赤	危	轸	21	癸卯	一白	建	亢	19	壬申	六白	定	氐	19	壬寅	六白	收	心
十三	20	甲戌	八白	成	角	22	甲辰	二黑	除	氐	20	癸酉	七赤	执	房	20	癸卯	七赤	开	尾
十四	21	乙亥	九紫	收	亢	23	乙巳	三碧	满	房	21	甲戌	五黄	破	心	21	甲辰	八白	闭	箕
十五	22	丙子	一白	开	氐	24	丙午	四绿	平	心	22	乙亥	六白	危	尾	22	乙巳	九紫	建	斗
十六	23	丁丑	二黑	闭	房	25	丁未	五黄	定	尾	23	丙子	七赤	成	箕	23	丙午	一白	除	牛
十七	24	戊寅	三碧	建	心	26	戊申	六白	执	箕	24	丁丑	八白	收	斗	24	丁未	二黑	满	女
十八	25	己卯	四绿	除	尾	27	己酉	七赤	破	斗	25	戊寅	九紫	开	牛	25	戊申	三碧	平	虚
十九	26	庚辰	五黄	满	箕	28	庚戌	八白	危	牛	26	己卯	一白	闭	女	26	己酉	四绿	定	危
二十	27	辛巳	六白	平	斗	29	辛亥	九紫	成	女	27	庚辰	二黑	建	虚	27	庚戌	五黄	执	室
廿一	28	壬午	七赤	定	牛	30	壬子	一白	收	虚	28	辛巳	三碧	除	危	28	辛亥	六白	破	壁
廿二	3月	癸未	八白	执	女	31	癸丑	二黑	开	危	29	壬午	四绿	满	室	29	壬子	七赤	危	奎
廿三	2	甲申	九紫	破	虚	4月	甲寅	三碧	闭	室	30	癸未	五黄	平	壁	30	癸丑	八白	成	娄
廿四	3	乙酉	一白	危	室	2	乙卯	四绿	建	壁	5月	甲申	六白	定	奎	31	甲寅	九紫	收	胃
廿五	4	丙戌	二黑	成	室	3	丙辰	五黄	除	奎	2	乙酉	七赤	执	娄	6月	乙卯	一白	开	昴
廿六	5	丁亥	三碧	收	壁	4	丁巳	六白	满	娄	3	丙戌	八白	破	胃	2	丙辰	二黑	闭	毕
廿七	6	戊子	四绿	收	奎	5	戊午	七赤	平	胃	4	丁亥	九紫	危	昴	3	丁巳	三碧	建	觜
廿八	7	己丑	五黄	开	娄	6	己未	八白	定	昴	5	戊子	一白	成	毕	4	戊午	四绿	除	参
廿九	8	庚寅	六白	闭	胃	7	庚申	九紫	执	毕	6	己丑	二黑	成	觜	5	己未	五黄	满	井
三十	9	辛卯	七赤	建	昴						7	庚寅	三碧	收	参					

公元1902年　清光绪二十八年　壬寅虎年　太岁贺谔　九星八白

月份	五月小　丙午 七赤 乾卦 室宿					六月大　丁未 六白 兑卦 壁宿					七月小　戊申 五黄 离卦 奎宿					八月大　己酉 四绿 震卦 娄宿				
节气	芒种 6月7日 初二辛酉 早子时 0时19分			夏至 6月22日 十七丙子 酉时 17时15分		小暑 7月8日 初四壬辰 巳时 10时46分			大暑 7月24日 二十戊申 寅时 4时09分		立秋 8月8日 初五癸亥 戌时 20时22分			处暑 8月24日 廿一己卯 巳时 10时53分		白露 9月8日 初七甲午 亥时 22时46分			秋分 9月24日 廿三庚戌 辰时 7时55分	
农历	公历	干支	九星	日建	星宿	公历	干支	九星	日建	星宿	公历	干支	九星	日建	星宿	公历	干支	九星	日建	星宿
初一	6	庚申	六白	平	鬼	5	己丑	二黑	危	柳	4	己未	八白	建	张	2	戊子	六白	定	翼
初二	7	辛酉	七赤	平	柳	6	庚寅	一白	成	星	5	庚申	七赤	除	翼	3	己丑	五黄	执	轸
初三	8	壬戌	八白	定	星	7	辛卯	九紫	收	张	6	辛酉	六白	满	轸	4	庚寅	四绿	破	角
初四	9	癸亥	九紫	执	张	8	壬辰	八白	收	翼	7	壬戌	五黄	平	角	5	辛卯	三碧	危	亢
初五	10	甲子	四绿	破	翼	9	癸巳	七赤	开	轸	8	癸亥	四绿	平	亢	6	壬辰	二黑	成	氐
初六	11	乙丑	五黄	危	轸	10	甲午	六白	闭	角	9	甲子	九紫	定	氐	7	癸巳	一白	收	房
初七	12	丙寅	六白	成	角	11	乙未	五黄	建	亢	10	乙丑	八白	执	房	8	甲午	九紫	收	心
初八	13	丁卯	七赤	收	亢	12	丙申	四绿	除	氐	11	丙寅	七赤	破	心	9	乙未	八白	开	尾
初九	14	戊辰	八白	开	氐	13	丁酉	三碧	满	房	12	丁卯	六白	危	尾	10	丙申	七赤	闭	箕
初十	15	己巳	九紫	闭	房	14	戊戌	二黑	平	心	13	戊辰	五黄	成	箕	11	丁酉	六白	建	斗
十一	16	庚午	一白	建	心	15	己亥	一白	定	尾	14	己巳	四绿	收	斗	12	戊戌	五黄	除	牛
十二	17	辛未	二黑	除	尾	16	庚子	九紫	执	箕	15	庚午	三碧	开	牛	13	己亥	四绿	满	女
十三	18	壬申	三碧	满	箕	17	辛丑	八白	破	斗	16	辛未	二黑	闭	女	14	庚子	三碧	平	虚
十四	19	癸酉	四绿	平	斗	18	壬寅	七赤	危	牛	17	壬申	一白	建	虚	15	辛丑	二黑	定	危
十五	20	甲戌	五黄	定	牛	19	癸卯	六白	成	女	18	癸酉	九紫	除	危	16	壬寅	一白	执	室
十六	21	乙亥	六白	执	女	20	甲辰	五黄	收	虚	19	甲戌	八白	满	室	17	癸卯	九紫	破	壁
十七	22	丙子	六白	破	虚	21	乙巳	四绿	开	危	20	乙亥	七赤	平	壁	18	甲辰	八白	危	奎
十八	23	丁丑	五黄	危	危	22	丙午	三碧	闭	室	21	丙子	六白	定	奎	19	乙巳	七赤	成	娄
十九	24	戊寅	四绿	成	室	23	丁未	二黑	建	壁	22	丁丑	五黄	执	娄	20	丙午	六白	收	胃
二十	25	己卯	三碧	收	壁	24	戊申	一白	除	奎	23	戊寅	四绿	破	胃	21	丁未	五黄	开	昴
廿一	26	庚辰	二黑	开	奎	25	己酉	九紫	满	娄	24	己卯	六白	危	昴	22	戊申	四绿	闭	毕
廿二	27	辛巳	一白	闭	娄	26	庚戌	八白	平	胃	25	庚辰	五黄	成	毕	23	己酉	三碧	建	觜
廿三	28	壬午	九紫	建	胃	27	辛亥	七赤	定	昴	26	辛巳	四绿	收	觜	24	庚戌	二黑	除	参
廿四	29	癸未	八白	除	昴	28	壬子	六白	执	毕	27	壬午	三碧	开	参	25	辛亥	一白	满	井
廿五	30	甲申	七赤	满	毕	29	癸丑	五黄	破	觜	28	癸未	二黑	闭	井	26	壬子	九紫	平	鬼
廿六	**7月**	乙酉	六白	平	觜	30	甲寅	四绿	危	参	29	甲申	一白	建	鬼	27	癸丑	八白	定	柳
廿七	2	丙戌	五黄	定	参	31	乙卯	三碧	成	井	30	乙酉	九紫	除	柳	**28**	甲寅	七赤	执	星
廿八	3	丁亥	四绿	执	井	**8月**	丙辰	二黑	收	鬼	31	丙戌	八白	满	星	29	乙卯	六白	破	张
廿九	4	戊子	三碧	破	鬼	2	丁巳	一白	开	柳	**9月**	丁亥	七赤	平	张	30	丙辰	五黄	危	翼
三十						3	戊午	九紫	闭	星						**10月**	丁巳	四绿	成	轸

公元1902年　清光绪二十八年　壬寅虎年　　太岁贺谔　九星八白

月份	九月小　庚戌 三碧／巽卦 胃宿					十月大　辛亥 二黑／坎卦 昴宿					十一月大　壬子 一白／艮卦 毕宿					十二月大　癸丑 九紫／坤卦 觜宿				
节气	寒露 10月9日 初八乙丑 未时 13时45分｜霜降 10月24日 廿三庚辰 申时 16时35分					立冬 11月8日 初九乙未 申时 16时17分｜小雪 11月23日 廿四庚戌 未时 13时35分					大雪 12月8日 初九乙丑 辰时 8时41分｜冬至 12月23日 廿四庚辰 丑时 2时35分					小寒 1月6日 初八甲午 戌时 19时43分｜大寒 1月21日 廿三己酉 未时 13时13分				
农历	公历	干支	九星	日建	星宿	公历	干支	九星	日建	星宿	公历	干支	九星	日建	星宿	公历	干支	九星	日建	星宿
初一	2	戊午	三碧	收	角	31	丁亥	一白	除	亢	30	丁巳	七赤	破	房	30	丁亥	六白	闭	尾
初二	3	己未	二黑	开	亢	11月	戊子	九紫	满	氐	12月	戊午	六白	危	心	31	戊子	七赤	建	箕
初三	4	庚申	一白	闭	氐	2	己丑	八白	平	房	2	己未	五黄	成	尾	1月	己丑	八白	除	斗
初四	5	辛酉	九紫	建	房	3	庚寅	七赤	定	心	3	庚申	四绿	收	箕	2	庚寅	九紫	满	牛
初五	6	壬戌	八白	除	心	4	辛卯	六白	执	尾	4	辛酉	三碧	开	斗	3	辛卯	一白	平	女
初六	7	癸亥	七赤	满	尾	5	壬辰	五黄	破	箕	5	壬戌	二黑	闭	牛	4	壬辰	二黑	定	虚
初七	8	甲子	三碧	平	箕	6	癸巳	四绿	危	斗	6	癸亥	一白	建	女	5	癸巳	三碧	执	危
初八	9	乙丑	二黑	平	斗	7	甲午	三碧	成	牛	7	甲子	六白	除	虚	6	甲午	四绿	执	室
初九	10	丙寅	一白	定	牛	8	乙未	二黑	成	女	8	乙丑	五黄	除	危	7	乙未	五黄	破	壁
初十	11	丁卯	九紫	执	女	9	丙申	一白	收	虚	9	丙寅	四绿	满	室	8	丙申	六白	危	奎
十一	12	戊辰	八白	破	虚	10	丁酉	九紫	开	危	10	丁卯	三碧	平	壁	9	丁酉	七赤	成	娄
十二	13	己巳	七赤	危	危	11	戊戌	八白	闭	室	11	戊辰	二黑	定	奎	10	戊戌	八白	收	胃
十三	14	庚午	六白	成	室	12	己亥	七赤	建	壁	12	己巳	一白	执	娄	11	己亥	九紫	开	昴
十四	15	辛未	五黄	收	壁	13	庚子	六白	除	奎	13	庚午	九紫	破	胃	12	庚子	一白	闭	毕
十五	16	壬申	四绿	开	奎	14	辛丑	五黄	满	娄	14	辛未	八白	危	昴	13	辛丑	二黑	建	觜
十六	17	癸酉	三碧	闭	娄	15	壬寅	四绿	平	胃	15	壬申	七赤	成	毕	14	壬寅	三碧	除	参
十七	18	甲戌	二黑	建	胃	16	癸卯	三碧	定	昴	16	癸酉	六白	收	觜	15	癸卯	四绿	满	井
十八	19	乙亥	一白	除	昴	17	甲辰	二黑	执	毕	17	甲戌	五黄	开	参	16	甲辰	五黄	平	鬼
十九	20	丙子	九紫	满	毕	18	乙巳	一白	破	觜	18	乙亥	四绿	闭	井	17	乙巳	六白	定	柳
二十	21	丁丑	八白	平	觜	19	丙午	九紫	危	参	19	丙子	三碧	建	鬼	18	丙午	七赤	执	星
廿一	22	戊寅	七赤	定	参	20	丁未	八白	成	井	20	丁丑	二黑	除	柳	19	丁未	八白	破	张
廿二	23	己卯	六白	执	井	21	戊申	七赤	收	鬼	21	戊寅	一白	满	星	20	戊申	九紫	危	翼
廿三	24	庚辰	八白	破	鬼	22	己酉	六白	开	柳	22	己卯	九紫	平	张	21	己酉	一白	成	轸
廿四	25	辛巳	七赤	危	柳	23	庚戌	五黄	闭	星	23	庚辰	八白	定	翼	22	庚戌	二黑	收	角
廿五	26	壬午	六白	成	星	24	辛亥	四绿	建	张	24	辛巳	九紫	执	轸	23	辛亥	三碧	开	亢
廿六	27	癸未	五黄	收	张	25	壬子	三碧	除	翼	25	壬午	一白	破	角	24	壬子	四绿	闭	氐
廿七	28	甲申	四绿	开	翼	26	癸丑	二黑	满	轸	26	癸未	二黑	危	亢	25	癸丑	五黄	建	房
廿八	29	乙酉	三碧	闭	轸	27	甲寅	一白	平	角	27	甲申	三碧	成	氐	26	甲寅	六白	除	心
廿九	30	丙戌	二黑	建	角	28	乙卯	九紫	定	亢	28	乙酉	四绿	收	房	27	乙卯	七赤	满	尾
三十						29	丙辰	八白	执	氐	29	丙戌	五黄	开	心	28	丙辰	八白	平	箕

公元1903年　清光绪二十九年　癸卯兔年（闰五月）　太岁皮时　九星七赤

月份	正月小 甲寅 八白 坎卦 参宿				二月大 乙卯 七赤 艮卦 井宿				三月小 丙辰 六白 坤卦 鬼宿				四月大 丁巳 五黄 乾卦 柳宿			
节气	立春 2月5日 初八甲子 辰时 7时31分		雨水 2月20日 廿三己卯 寅时 3时40分		惊蛰 3月7日 初九甲午 丑时 1时58分		春分 3月22日 廿四己酉 寅时 3时14分		清明 4月6日 初九甲子 辰时 7时25分		谷雨 4月21日 廿四己卯 未时 14时58分		立夏 5月7日 十一乙未 丑时 1时25分		小满 5月22日 廿六庚戌 未时 14时45分	
农历	公历	干支	九星	日建 星宿	公历	干支	九星	日建 星宿	公历	干支	九星	日建 星宿	公历	干支	九星	日建 星宿
初一	29	丁巳	九紫	定 斗	27	丙戌	二黑	成 牛	29	丙辰	五黄	除 虚	27	乙酉	七赤	执 危
初二	30	戊午	一白	执 牛	28	丁亥	三碧	收 女	30	丁巳	六白	满 危	28	丙戌	八白	破 室
初三	31	己未	二黑	破 女	3月	戊子	四绿	开 虚	31	戊午	七赤	平 室	29	丁亥	九紫	危 壁
初四	2月	庚申	三碧	危 虚	2	己丑	五黄	闭 危	4月	己未	八白	定 壁	30	戊子	一白	成 奎
初五	2	辛酉	四绿	成 危	3	庚寅	六白	建 室	2	庚申	九紫	执 奎	5月	己丑	二黑	收 娄
初六	3	壬戌	五黄	收 室	4	辛卯	七赤	除 壁	3	辛酉	一白	破 娄	2	庚寅	三碧	开 胃
初七	4	癸亥	六白	开 壁	5	壬辰	八白	满 奎	4	壬戌	二黑	危 胃	3	辛卯	四绿	闭 昴
初八	5	甲子	一白	开 奎	6	癸巳	九紫	平 娄	5	癸亥	三碧	成 昴	4	壬辰	五黄	建 毕
初九	6	乙丑	二黑	闭 娄	7	甲午	一白	平 胃	6	甲子	七赤	成 毕	5	癸巳	六白	除 觜
初十	7	丙寅	三碧	建 胃	8	乙未	二黑	定 昴	7	乙丑	八白	收 觜	6	甲午	七赤	满 参
十一	8	丁卯	四绿	除 昴	9	丙申	三碧	执 毕	8	丙寅	九紫	开 参	7	乙未	八白	满 井
十二	9	戊辰	五黄	满 毕	10	丁酉	四绿	破 觜	9	丁卯	一白	闭 井	8	丙申	九紫	平 鬼
十三	10	己巳	六白	平 觜	11	戊戌	五黄	危 参	10	戊辰	二黑	建 鬼	9	丁酉	一白	定 柳
十四	11	庚午	七赤	定 参	12	己亥	六白	成 井	11	己巳	三碧	除 柳	10	戊戌	二黑	执 星
十五	12	辛未	八白	执 井	13	庚子	七赤	收 鬼	12	庚午	四绿	满 星	11	己亥	三碧	破 张
十六	13	壬申	九紫	破 鬼	14	辛丑	八白	开 柳	13	辛未	五黄	平 张	12	庚子	四绿	危 翼
十七	14	癸酉	一白	危 柳	15	壬寅	九紫	闭 星	14	壬申	六白	定 翼	13	辛丑	五黄	成 轸
十八	15	甲戌	二黑	成 星	16	癸卯	一白	建 张	15	癸酉	七赤	执 轸	14	壬寅	六白	收 角
十九	16	乙亥	三碧	收 张	17	甲辰	二黑	除 翼	16	甲戌	八白	破 角	15	癸卯	七赤	开 亢
二十	17	丙子	四绿	开 翼	18	乙巳	三碧	满 轸	17	乙亥	九紫	危 亢	16	甲辰	八白	闭 氐
廿一	18	丁丑	五黄	闭 轸	19	丙午	四绿	平 角	18	丙子	一白	成 氐	17	乙巳	九紫	建 房
廿二	19	戊寅	六白	建 角	20	丁未	五黄	定 亢	19	丁丑	二黑	收 房	18	丙午	一白	除 心
廿三	20	己卯	四绿	除 亢	21	戊申	六白	执 氐	20	戊寅	三碧	开 心	19	丁未	二黑	满 尾
廿四	21	庚辰	五黄	满 氐	22	己酉	七赤	破 房	21	己卯	一白	闭 尾	20	戊申	三碧	平 箕
廿五	22	辛巳	六白	平 房	23	庚戌	八白	危 心	22	庚辰	二黑	建 箕	21	己酉	四绿	定 斗
廿六	23	壬午	七赤	定 心	24	辛亥	九紫	成 尾	23	辛巳	三碧	除 斗	22	庚戌	五黄	执 牛
廿七	24	癸未	八白	执 尾	25	壬子	一白	收 箕	24	壬午	四绿	满 牛	23	辛亥	六白	破 女
廿八	25	甲申	九紫	破 箕	26	癸丑	二黑	开 斗	25	癸未	五黄	平 女	24	壬子	七赤	危 虚
廿九	26	乙酉	一白	危 斗	27	甲寅	三碧	闭 牛	26	甲申	六白	定 虚	25	癸丑	八白	成 危
三十					28	乙卯	四绿	建 女					26	甲寅	九紫	收 室

公元1903年　清光绪二十九年　癸卯兔年（闰五月）　　太岁皮时　九星七赤

月份	五月小		戊午 四绿 兑卦 星宿		闰五月小				六月大		己未 三碧 离卦 张宿	
节气	芒种 6月7日 十二丙寅 卯时 6时07分		夏至 6月22日 廿七辛巳 夜子时 23时04分		小暑 7月8日 十四丁酉 申时 16时36分				大暑 7月24日 初一癸丑 巳时 9时58分		立秋 8月9日 十七己巳 丑时 2时15分	
农历	公历	干支	九星	日建	星宿	公历	干支	九星	日建	星宿	公历	干支	九星	日建	星宿

农历	公历	干支	九星	日建	星宿	公历	干支	九星	日建	星宿	公历	干支	九星	日建	星宿
初一	27	乙卯	一白	开	壁	25	甲申	七赤	满	奎	24	癸丑	五黄	破	娄
初二	28	丙辰	二黑	闭	奎	26	乙酉	六白	平	娄	25	甲寅	四绿	危	胃
初三	29	丁巳	三碧	建	娄	27	丙戌	五黄	定	胃	26	乙卯	三碧	成	昴
初四	30	戊午	四绿	除	胃	28	丁亥	四绿	执	昴	27	丙辰	二黑	收	毕
初五	31	己未	五黄	满	昴	29	戊子	三碧	破	毕	28	丁巳	一白	开	觜
初六	6月	庚申	六白	平	毕	30	己丑	二黑	危	觜	29	戊午	九紫	闭	参
初七	2	辛酉	七赤	定	觜	7月	庚寅	一白	成	参	30	己未	八白	建	井
初八	3	壬戌	八白	执	参	2	辛卯	九紫	收	井	31	庚申	七赤	除	鬼
初九	4	癸亥	九紫	破	井	3	壬辰	八白	开	鬼	8月	辛酉	六白	满	柳
初十	5	甲子	四绿	危	鬼	4	癸巳	七赤	闭	柳	2	壬戌	五黄	平	星
十一	6	乙丑	五黄	成	柳	5	甲午	六白	建	星	3	癸亥	四绿	定	张
十二	7	丙寅	六白	成	星	6	乙未	五黄	除	张	4	甲子	九紫	执	翼
十三	8	丁卯	七赤	收	张	7	丙申	四绿	满	翼	5	乙丑	八白	破	轸
十四	9	戊辰	八白	开	翼	8	丁酉	三碧	满	轸	6	丙寅	七赤	危	角
十五	10	己巳	九紫	闭	轸	9	戊戌	二黑	平	角	7	丁卯	六白	成	亢
十六	11	庚午	一白	建	角	10	己亥	一白	定	亢	8	戊辰	五黄	收	氐
十七	12	辛未	二黑	除	亢	11	庚子	九紫	执	氐	9	己巳	四绿	收	房
十八	13	壬申	三碧	满	氐	12	辛丑	八白	破	房	10	庚午	三碧	开	心
十九	14	癸酉	四绿	平	房	13	壬寅	七赤	危	心	11	辛未	二黑	闭	尾
二十	15	甲戌	五黄	定	心	14	癸卯	六白	成	尾	12	壬申	一白	建	箕
廿一	16	乙亥	六白	执	尾	15	甲辰	五黄	收	箕	13	癸酉	九紫	除	斗
廿二	17	丙子	七赤	破	箕	16	乙巳	四绿	开	斗	14	甲戌	八白	满	牛
廿三	18	丁丑	八白	危	斗牛	17	丙午	三碧	闭	牛	15	乙亥	七赤	平	女
廿四	19	戊寅	九紫	成	牛女	18	丁未	二黑	建	女	16	丙子	六白	定	虚
廿五	20	己卯	一白	收	女	19	戊申	一白	除	虚	17	丁丑	五黄	执	危
廿六	21	庚辰	二黑	开	虚危	20	己酉	九紫	满	危	18	戊寅	四绿	破	室
廿七	22	辛巳	一白	闭	危室	21	庚戌	八白	平	室	19	己卯	三碧	危	壁
廿八	23	壬午	九紫	建	室	22	辛亥	七赤	定	壁	20	庚辰	二黑	成	奎
廿九	24	癸未	八白	除	壁	23	壬子	六白	执	奎	21	辛巳	一白	收	娄
三十											22	壬午	九紫	开	胃

公元1903年　清光绪二十九年　癸卯兔年（闰五月）　　　太岁皮时　九星七赤

月份	七月小					八月小					九月大				
		庚申 二黑 震卦 翼宿					辛酉 一白 巽卦 轸宿					壬戌 九紫 坎卦 角宿			
节气	处暑 8月24日 初二甲申 申时 16时41分		白露 9月9日 十八庚子 寅时 4时42分			秋分 9月24日 初四乙卯 未时 13时43分		寒露 10月9日 十九庚午 戌时 19时41分			霜降 10月24日 初五乙酉 亥时 22时23分		立冬 11月8日 二十庚子 亥时 22时13分		
农历	公历	干支	九星	日建	星宿	公历	干支	九星	日建	星宿	公历	干支	九星	日建	星宿
初一	23	癸未	八白	闭	昴	21	壬子	九紫	平	毕	20	辛巳	四绿	危	觜
初二	24	甲申	一白	建	毕	22	癸丑	八白	定	觜	21	壬午	三碧	成	参
初三	25	乙酉	九紫	除	觜	23	甲寅	七赤	执	参	22	癸未	二黑	收	井
初四	26	丙戌	八白	满	参	24	乙卯	六白	破	井	23	甲申	一白	开	鬼
初五	27	丁亥	七赤	平	井	25	丙辰	五黄	危	鬼	24	乙酉	三碧	闭	柳
初六	28	戊子	六白	定	鬼	26	丁巳	四绿	成	柳	25	丙戌	二黑	建	星
初七	29	己丑	五黄	执	柳	27	戊午	三碧	收	星	26	丁亥	一白	除	张
初八	30	庚寅	四绿	破	星	28	己未	二黑	开	张	27	戊子	九紫	满	翼
初九	31	辛卯	三碧	危	张	29	庚申	一白	闭	翼	28	己丑	八白	平	轸
初十	9月	壬辰	二黑	成	翼	30	辛酉	九紫	建	轸	29	庚寅	七赤	定	角
十一	2	癸巳	一白	收	轸	10月	壬戌	八白	除	角	30	辛卯	六白	执	亢
十二	3	甲午	九紫	开	角	2	癸亥	七赤	满	亢	31	壬辰	五黄	破	氐
十三	4	乙未	八白	闭	亢	3	甲子	三碧	平	氐	11月	癸巳	四绿	危	房
十四	5	丙申	七赤	建	氐	4	乙丑	二黑	定	房	2	甲午	三碧	成	心
十五	6	丁酉	六白	除	房	5	丙寅	一白	执	心	3	乙未	二黑	收	尾
十六	7	戊戌	五黄	满	心	6	丁卯	九紫	破	尾	4	丙申	一白	开	箕
十七	8	己亥	四绿	平	尾	7	戊辰	八白	危	箕	5	丁酉	九紫	闭	斗
十八	9	庚子	三碧	平	箕	8	己巳	七赤	成	斗	6	戊戌	八白	建	牛
十九	10	辛丑	二黑	定	斗	9	庚午	六白	成	牛	7	己亥	七赤	除	女
二十	11	壬寅	一白	执	牛	10	辛未	五黄	收	女	8	庚子	六白	除	虚
廿一	12	癸卯	九紫	破	女	11	壬申	四绿	开	虚	9	辛丑	五黄	满	危
廿二	13	甲辰	八白	危	虚	12	癸酉	三碧	闭	危	10	壬寅	四绿	平	室
廿三	14	乙巳	七赤	成	危	13	甲戌	二黑	建	室	11	癸卯	三碧	定	壁
廿四	15	丙午	六白	收	室	14	乙亥	一白	除	壁	12	甲辰	二黑	执	奎
廿五	16	丁未	五黄	开	壁	15	丙子	九紫	满	奎	13	乙巳	一白	破	娄
廿六	17	戊申	四绿	闭	奎	16	丁丑	八白	平	娄	14	丙午	九紫	危	胃
廿七	18	己酉	三碧	建	娄	17	戊寅	七赤	定	胃	15	丁未	八白	成	昴
廿八	19	庚戌	二黑	除	胃	18	己卯	六白	执	昴	16	戊申	七赤	收	毕
廿九	20	辛亥	一白	满	昴	19	庚辰	五黄	破	毕	17	己酉	六白	开	觜
三十											18	庚戌	五黄	闭	参

公元1903年　清光绪二十九年　癸卯兔年（闰五月）　太岁皮时　九星七赤

月份	十月大　癸亥 八白 艮卦 亢宿					十一月小　甲子 七赤 坤卦 氐宿					十二月大　乙丑 六白 乾卦 房宿				
节气	小雪 11月23日 初五乙卯 戌时 19时21分		大雪 12月8日 二十庚午 未时 14时35分			冬至 12月23日 初五乙酉 辰时 8时20分		小寒 1月7日 二十庚子 丑时 1时37分			大寒 1月21日 初五甲寅 酉时 18时57分		立春 2月5日 二十己巳 未时 13时24分		
农历	公历	干支	九星	日建	星宿	公历	干支	九星	日建	星宿	公历	干支	九星	日建	星宿
初一	19	辛亥	四绿	建	井	19	辛巳	七赤	执	柳	17	庚戌	二黑	收	星
初二	20	壬子	三碧	除	鬼	20	壬午	六白	破	星	18	辛亥	三碧	开	张
初三	21	癸丑	二黑	满	柳	21	癸未	五黄	危	张	19	壬子	四绿	闭	翼
初四	22	甲寅	一白	平	星	22	甲申	四绿	成	翼	20	癸丑	五黄	建	轸
初五	23	乙卯	九紫	定	张	23	乙酉	四绿	收	轸	21	甲寅	六白	除	角
初六	24	丙辰	八白	执	翼	24	丙戌	五黄	开	角	22	乙卯	七赤	满	亢
初七	25	丁巳	七赤	破	轸	25	丁亥	六白	闭	亢	23	丙辰	八白	平	氐
初八	26	戊午	六白	危	角	26	戊子	七赤	建	氐	24	丁巳	九紫	定	房
初九	27	己未	五黄	成	亢	27	己丑	八白	除	房	25	戊午	一白	执	心
初十	28	庚申	四绿	收	氐	28	庚寅	九紫	满	心	26	己未	二黑	破	尾
十一	29	辛酉	三碧	开	房	29	辛卯	一白	平	尾	27	庚申	三碧	危	箕
十二	30	壬戌	二黑	闭	心	30	壬辰	二黑	定	箕	28	辛酉	四绿	成	斗
十三	12月	癸亥	一白	建	尾	31	癸巳	三碧	执	斗	29	壬戌	五黄	收	牛
十四	2	甲子	六白	除	箕	1月	甲午	四绿	破	牛	30	癸亥	六白	开	女
十五	3	乙丑	五黄	满	斗	2	乙未	五黄	危	女	31	甲子	一白	闭	虚
十六	4	丙寅	四绿	平	牛	3	丙申	六白	成	虚	2月	乙丑	二黑	建	危
十七	5	丁卯	三碧	定	女	4	丁酉	七赤	收	危	2	丙寅	三碧	除	室
十八	6	戊辰	二黑	执	虚	5	戊戌	八白	开	室	3	丁卯	四绿	满	壁
十九	7	己巳	一白	破	危	6	己亥	九紫	闭	壁	4	戊辰	五黄	平	奎
二十	8	庚午	九紫	破	室	7	庚子	一白	闭	奎	5	己巳	六白	平	娄
廿一	9	辛未	八白	危	壁	8	辛丑	二黑	建	娄	6	庚午	七赤	定	胃
廿二	10	壬申	七赤	成	奎	9	壬寅	三碧	除	胃	7	辛未	八白	执	昴
廿三	11	癸酉	六白	收	娄	10	癸卯	四绿	满	昴	8	壬申	九紫	破	毕
廿四	12	甲戌	五黄	开	胃	11	甲辰	五黄	平	毕	9	癸酉	一白	危	觜
廿五	13	乙亥	四绿	闭	昴	12	乙巳	六白	定	觜	10	甲戌	二黑	成	参
廿六	14	丙子	三碧	建	毕	13	丙午	七赤	执	参	11	乙亥	三碧	收	井
廿七	15	丁丑	二黑	除	觜	14	丁未	八白	破	井	12	丙子	四绿	开	鬼
廿八	16	戊寅	一白	满	参	15	戊申	九紫	危	鬼	13	丁丑	五黄	闭	柳
廿九	17	己卯	九紫	平	井	16	己酉	一白	成	柳	14	戊寅	六白	建	星
三十	18	庚辰	八白	定	鬼						15	己卯	七赤	除	张

公元1904年 清光绪三十年 甲辰龙年　　太岁李成 九星六白

月份	正月大 丙寅 五黄 艮卦 心宿				二月大 丁卯 四绿 坤卦 尾宿				三月小 戊辰 三碧 乾卦 箕宿				四月大 己巳 二黑 兑卦 斗宿			
节气	雨水 2月20日 初五甲巳 巳时 9时24分		惊蛰 3月6日 二十己亥 辰时 7时51分		春分 3月21日 初五甲寅 辰时 8时58分		清明 4月5日 二十己巳 未时 13时18分		谷雨 4月20日 初五甲申 戌时 20时42分		立夏 5月6日 廿一庚子 辰时 7时18分		小满 5月21日 初七乙卯 戌时 20时28分		芒种 6月6日 廿三辛未 午时 12时00分	
农历	公历	干支	九星	日建星宿	公历	干支	九星	日建星宿	公历	干支	九星	日建星宿	公历	干支	九星	日建星宿
初一	16	庚辰	八白	满 翼	17	庚戌	八白	危 角	16	庚辰	五黄	建 氐	15	己酉	四绿	定 房
初二	17	辛巳	九紫	平 轸	18	辛亥	九紫	成 亢	17	辛巳	六白	除 房	16	庚戌	五黄	执 心
初三	18	壬午	一白	定 角	19	壬子	一白	收 氐	18	壬午	七赤	满 心	17	辛亥	六白	破 尾
初四	19	癸未	二黑	执 亢	20	癸丑	二黑	开 房	19	癸未	八白	平 尾	18	壬子	七赤	危 箕
初五	20	甲申	九紫	破 氐	21	甲寅	三碧	闭 心	20	甲申	六白	定 箕	19	癸丑	八白	成 斗
初六	21	乙酉	一白	危 房	22	乙卯	四绿	建 尾	21	乙酉	七赤	执 斗	20	甲寅	九紫	收 牛
初七	22	丙戌	二黑	成 心	23	丙辰	五黄	除 箕	22	丙戌	八白	破 牛	21	乙卯	一白	开 女
初八	23	丁亥	三碧	收 尾	24	丁巳	六白	满 斗	23	丁亥	九紫	危 女	22	丙辰	二黑	闭 虚
初九	24	戊子	四绿	开 箕	25	戊午	七赤	平 牛	24	戊子	一白	成 虚	23	丁巳	三碧	建 危
初十	25	己丑	五黄	闭 斗	26	己未	八白	定 女	25	己丑	二黑	收 危	24	戊午	四绿	除 室
十一	26	庚寅	六白	建 牛	27	庚申	九紫	执 虚	26	庚寅	三碧	开 室	25	己未	五黄	满 壁
十二	27	辛卯	七赤	除 女	28	辛酉	一白	破 危	27	辛卯	四绿	闭 壁	26	庚申	六白	平 奎
十三	28	壬辰	八白	满 虚	29	壬戌	二黑	危 室	28	壬辰	五黄	建 奎	27	辛酉	七赤	定 娄
十四	29	癸巳	九紫	平 危	30	癸亥	三碧	成 壁	29	癸巳	六白	除 娄	28	壬戌	八白	执 胃
十五	3月	甲午	一白	定 室	31	甲子	七赤	收 奎	30	甲午	七赤	满 胃	29	癸亥	九紫	破 昴
十六	2	乙未	二黑	执 壁	4月	乙丑	八白	开 娄	5月	乙未	八白	平 昴	30	甲子	四绿	危 毕
十七	3	丙申	三碧	破 奎	2	丙寅	九紫	闭 胃	2	丙申	九紫	定 毕	31	乙丑	五黄	成 觜
十八	4	丁酉	四绿	危 娄	3	丁卯	一白	建 昴	3	丁酉	一白	执 觜	6月	丙寅	六白	收 参
十九	5	戊戌	五黄	成 胃	4	戊辰	二黑	除 毕	4	戊戌	二黑	破 参	2	丁卯	七赤	开 井
二十	6	己亥	六白	成 昴	5	己巳	三碧	除 觜	5	己亥	三碧	危 井	3	戊辰	八白	闭 鬼
廿一	7	庚子	七赤	收 毕	6	庚午	四绿	满 参	6	庚子	四绿	危 鬼	4	己巳	九紫	建 柳
廿二	8	辛丑	八白	开 觜	7	辛未	五黄	平 井	7	辛丑	五黄	成 柳	5	庚午	一白	除 星
廿三	9	壬寅	九紫	闭 参	8	壬申	六白	定 鬼	8	壬寅	六白	收 星	6	辛未	二黑	除 张
廿四	10	癸卯	一白	建 井	9	癸酉	七赤	执 柳	9	癸卯	七赤	开 张	7	壬申	三碧	满 翼
廿五	11	甲辰	二黑	除 鬼	10	甲戌	八白	破 星	10	甲辰	八白	闭 翼	8	癸酉	四绿	平 轸
廿六	12	乙巳	三碧	满 柳	11	乙亥	九紫	危 张	11	乙巳	九紫	建 轸	9	甲戌	五黄	定 角
廿七	13	丙午	四绿	平 星	12	丙子	一白	成 翼	12	丙午	一白	除 角	10	乙亥	六白	执 亢
廿八	14	丁未	五黄	定 张	13	丁丑	二黑	收 轸	13	丁未	二黑	满 亢	11	丙子	七赤	破 氐
廿九	15	戊申	六白	执 翼	14	戊寅	三碧	开 角	14	戊申	三碧	平 氐	12	丁丑	八白	危 房
三十	16	己酉	七赤	破 轸	15	己卯	四绿	闭 亢					13	戊寅	九紫	成 心

公元1904年　清光绪三十年　甲辰龙年　　太岁李成　九星六白

月份	五月小　庚午 一白　离卦 牛宿				六月小　辛未 九紫　震卦 女宿				七月大　壬申 八白　巽卦 虚宿				八月小　癸酉 七赤　坎卦 危宿			
节气	夏至 6月22日 初九丁亥 寅时 4时51分		小暑 7月7日 廿四壬寅 亥时 22时31分		大暑 7月23日 十一戊午 申时 15时49分		立秋 8月8日 廿七甲戌 辰时 8时11分		处暑 8月23日 十三己丑 亥时 22时36分		白露 9月8日 廿九乙巳 巳时 10时37分		秋分 9月23日 十四庚申 戌时 19时40分			
农历	公历	干支	九星	日建	星宿	公历	干支	九星	日建	星宿	公历	干支	九星	日建	星宿	公历	干支	九星	日建	星宿

农历	公历	干支	九星	日建	星宿	公历	干支	九星	日建	星宿	公历	干支	九星	日建	星宿	公历	干支	九星	日建	星宿
初一	14	己卯	一白	收	尾	13	戊申	一白	除	箕	11	丁丑	五黄	执	斗	10	丁未	五黄	开	女
初二	15	庚辰	二黑	开	箕	14	己酉	九紫	满	斗	12	戊寅	四绿	破	牛	11	戊申	四绿	闭	虚
初三	16	辛巳	三碧	闭	斗	15	庚戌	八白	平	牛	13	己卯	三碧	危	女	12	己酉	三碧	建	危
初四	17	壬午	四绿	建	牛	16	辛亥	七赤	定	女	14	庚辰	二黑	成	虚	13	庚戌	二黑	除	室
初五	18	癸未	五黄	除	女	17	壬子	六白	执	虚	15	辛巳	一白	收	危	14	辛亥	一白	满	壁
初六	19	甲申	六白	满	虚	18	癸丑	五黄	破	危	16	壬午	九紫	开	室	15	壬子	九紫	平	奎
初七	20	乙酉	七赤	平	危	19	甲寅	四绿	危	室	17	癸未	八白	闭	壁	16	癸丑	八白	定	娄
初八	21	丙戌	八白	定	室	20	乙卯	三碧	成	壁	18	甲申	七赤	建	奎	17	甲寅	七赤	执	胃
初九	22	丁亥	四绿	执	壁	21	丙辰	二黑	收	奎	19	乙酉	六白	除	娄	18	乙卯	六白	破	昴
初十	23	戊子	三碧	破	奎	22	丁巳	一白	开	娄	20	丙戌	五黄	满	胃	19	丙辰	五黄	危	毕
十一	24	己丑	二黑	危	娄	23	戊午	九紫	闭	胃	21	丁亥	四绿	平	昴	20	丁巳	四绿	成	觜
十二	25	庚寅	一白	成	胃	24	己未	八白	建	昴	22	戊子	三碧	定	毕	21	戊午	三碧	收	参
十三	26	辛卯	九紫	收	昴	25	庚申	七赤	除	毕	23	己丑	五黄	执	觜	22	己未	二黑	开	井
十四	27	壬辰	八白	开	毕	26	辛酉	六白	满	觜	24	庚寅	四绿	破	参	23	庚申	一白	闭	鬼
十五	28	癸巳	七赤	闭	觜	27	壬戌	五黄	平	参	25	辛卯	三碧	危	井	24	辛酉	九紫	建	柳
十六	29	甲午	六白	建	参	28	癸亥	四绿	定	井	26	壬辰	二黑	成	鬼	25	壬戌	八白	除	星
十七	30	乙未	五黄	除	井	29	甲子	九紫	执	鬼	27	癸巳	一白	收	柳	26	癸亥	七赤	满	张
十八	7月 丙申		四绿	满	鬼	30	乙丑	八白	破	柳	28	甲午	九紫	开	星	27	甲子	三碧	平	翼
十九	2	丁酉	三碧	平	柳	31	丙寅	七赤	危	星	29	乙未	八白	闭	张	28	乙丑	二黑	定	轸
二十	3	戊戌	二黑	定	星	8月 丁卯		六白	成	张	30	丙申	七赤	建	翼	29	丙寅	一白	执	角
廿一	4	己亥	一白	执	张	2	戊辰	五黄	收	翼	31	丁酉	六白	除	轸	30	丁卯	九紫	破	亢
廿二	5	庚子	九紫	破	翼	3	己巳	四绿	开	轸	9月 戊戌		五黄	满	角	10月 戊辰		八白	危	氐
廿三	6	辛丑	八白	危	轸	4	庚午	三碧	闭	角	2	己亥	四绿	平	亢	2	己巳	七赤	成	房
廿四	7	壬寅	七赤	成	角	5	辛未	二黑	建	亢	3	庚子	三碧	定	氐	3	庚午	六白	收	心
廿五	8	癸卯	六白	收	亢	6	壬申	一白	除	氐	4	辛丑	二黑	执	房	4	辛未	五黄	开	尾
廿六	9	甲辰	五黄	收	氐	7	癸酉	九紫	满	房	5	壬寅	一白	破	心	5	壬申	四绿	闭	箕
廿七	10	乙巳	四绿	开	房	8	甲戌	八白	满	心	6	癸卯	九紫	危	尾	6	癸酉	三碧	建	斗
廿八	11	丙午	三碧	闭	心	9	乙亥	七赤	平	尾	7	甲辰	八白	成	箕	7	甲戌	二黑	除	牛
廿九	12	丁未	二黑	建	尾	10	丙子	六白	定	箕	8	乙巳	七赤	成	斗	8	乙亥	一白	满	女
三十											9	丙午	六白	收	牛					

月份	九月小	甲戌 六白 艮卦 室宿	十月大	乙亥 五黄 坤卦 壁宿	十一月大	丙子 四绿 乾卦 奎宿	十二月小	丁丑 三碧 兑卦 娄宿
节气	寒露 10月9日 初一丙子 丑时 1时35分	霜降 10月24日 十六辛卯 寅时 4时19分	立冬 11月8日 初二丙午 寅时 4时04分	小雪 11月23日 十七辛酉 丑时 1时15分	大雪 12月7日 初一乙亥 戌时 20时25分	冬至 2月22日 十六庚寅 未时 14时13分	小寒 1月6日 初一乙巳 辰时 7时27分	大寒 1月21日 十六庚申 早子时 0时51分
农历	公历 干支 九星 日建 星宿		公历 干支 九星 日建 星宿		公历 干支 九星 日建 星宿		公历 干支 九星 日建 星宿	
初一	9 丙子 九紫 满 虚		7 乙巳 一白 危 危		7 乙亥 四绿 闭 壁		6 乙巳 六白 定 娄	
初二	10 丁丑 八白 平 危		8 丙午 九紫 危 室		8 丙子 三碧 建 奎		7 丙午 七赤 执 胃	
初三	11 戊寅 七赤 定 室		9 丁未 八白 成 壁		9 丁丑 二黑 除 娄		8 丁未 八白 破 昴	
初四	12 己卯 六白 执 壁		10 戊申 七赤 收 奎		10 戊寅 一白 满 胃		9 戊申 九紫 危 毕	
初五	13 庚辰 五黄 破 奎		11 己酉 六白 开 娄		11 己卯 九紫 平 昴		10 己酉 一白 成 觜	
初六	14 辛巳 四绿 危 娄		12 庚戌 五黄 闭 胃		12 庚辰 八白 定 毕		11 庚戌 二黑 收 参	
初七	15 壬午 三碧 成 胃		13 辛亥 四绿 建 昴		13 辛巳 七赤 执 觜		12 辛亥 三碧 开 井	
初八	16 癸未 二黑 收 昴		14 壬子 三碧 除 毕		14 壬午 六白 破 参		13 壬子 四绿 闭 鬼	
初九	17 甲申 一白 开 毕		15 癸丑 二黑 满 觜		15 癸未 五黄 危 井		14 癸丑 五黄 建 柳	
初十	18 乙酉 九紫 闭 觜		16 甲寅 一白 平 参		16 甲申 四绿 成 鬼		15 甲寅 六白 除 星	
十一	19 丙戌 八白 建 参		17 乙卯 九紫 定 井		17 乙酉 三碧 收 柳		16 乙卯 七赤 满 张	
十二	20 丁亥 七赤 除 井		18 丙辰 八白 执 鬼		18 丙戌 二黑 开 星		17 丙辰 八白 平 翼	
十三	21 戊子 六白 满 鬼		19 丁巳 七赤 破 柳		19 丁亥 一白 闭 张		18 丁巳 九紫 定 轸	
十四	22 己丑 五黄 平 柳		20 戊午 六白 危 星		20 戊子 九紫 建 翼		19 戊午 一白 执 角	
十五	23 庚寅 四绿 定 星		21 己未 五黄 成 张		21 己丑 八白 除 轸		20 己未 二黑 破 亢	
十六	24 辛卯 六白 执 张		22 庚申 四绿 收 翼		22 庚寅 九紫 满 角		21 庚申 三碧 危 氐	
十七	25 壬辰 五黄 破 翼		23 辛酉 三碧 开 轸		23 辛卯 一白 平 亢		22 辛酉 四绿 成 房	
十八	26 癸巳 四绿 危 轸		24 壬戌 二黑 闭 角		24 壬辰 二黑 定 氐		23 壬戌 五黄 收 心	
十九	27 甲午 三碧 成 角		25 癸亥 一白 建 亢		25 癸巳 三碧 执 房		24 癸亥 六白 开 尾	
二十	28 乙未 二黑 收 亢		26 甲子 六白 除 氐		26 甲午 四绿 破 心		25 甲子 一白 闭 箕	
廿一	29 丙申 一白 开 氐		27 乙丑 五黄 满 房		27 乙未 五黄 危 尾		26 乙丑 二黑 建 斗	
廿二	30 丁酉 九紫 闭 房		28 丙寅 四绿 平 心		28 丙申 六白 成 箕		27 丙寅 三碧 除 牛	
廿三	31 戊戌 八白 建 心		29 丁卯 三碧 定 尾		29 丁酉 七赤 收 斗		28 丁卯 四绿 满 女	
廿四	11月 己亥 七赤 除 尾		30 戊辰 二黑 执 箕		30 戊戌 八白 开 牛		29 戊辰 五黄 平 虚	
廿五	2 庚子 六白 满 箕		12月 己巳 一白 破 斗		31 己亥 九紫 闭 女		30 己巳 六白 定 危	
廿六	3 辛丑 五黄 平 斗		2 庚午 九紫 危 牛		1月 庚子 一白 建 虚		31 庚午 七赤 执 室	
廿七	4 壬寅 四绿 定 牛		3 辛未 八白 成 女		2 辛丑 二黑 除 危		2月 辛未 八白 破 壁	
廿八	5 癸卯 三碧 执 女		4 壬申 七赤 收 虚		3 壬寅 三碧 满 室		2 壬申 九紫 危 奎	
廿九	6 甲辰 二黑 破 虚		5 癸酉 六白 开 危		4 癸卯 四绿 平 壁		3 癸酉 一白 成 娄	
三十			6 甲戌 五黄 闭 室		5 甲辰 五黄 定 奎			

公元1905年　清光绪三十一年　乙巳蛇年　太岁吴遂　九星五黄

月份	正月大 戊寅 二黑 坤卦 胃宿				二月大 己卯 一白 乾卦 昴宿				三月小 庚辰 九紫 兑卦 毕宿				四月大 辛巳 八白 离卦 觜宿			
节气	立春 2月4日 初一甲戌 戌时 19时15分		雨水 2月19日 十六己丑 申时 15时20分		惊蛰 3月6日 初一甲辰 未时 13时45分		春分 3月21日 十六己未 未时 14时57分		清明 4月5日 初一甲戌 戌时 19时14分		谷雨 4月21日 十七庚寅 丑时 2时43分		立夏 5月6日 初三乙巳 未时 13时14分		小满 5月22日 十九辛酉 丑时 2时31分	
农历	公历	干支	九星	日建/星宿	公历	干支	九星	日建/星宿	公历	干支	九星	日建/星宿	公历	干支	九星	日建/星宿
初一	4	甲戌	二黑	成 胃	6	甲辰	二黑	除 毕	5	甲戌	八白	破 参	4	癸卯	七赤	闭 井
初二	5	乙亥	三碧	收 昴	7	乙巳	三碧	满 觜	6	乙亥	九紫	危 井	5	甲辰	八白	建 鬼
初三	6	丙子	四绿	开 毕	8	丙午	四绿	平 参	7	丙子	一白	成 鬼	6	乙巳	九紫	建 柳
初四	7	丁丑	五黄	闭 觜	9	丁未	五黄	定 井	8	丁丑	二黑	收 柳	7	丙午	一白	除 星
初五	8	戊寅	六白	建 参	10	戊申	六白	执 鬼	9	戊寅	三碧	开 星	8	丁未	二黑	满 张
初六	9	己卯	七赤	除 井	11	己酉	七赤	破 柳	10	己卯	四绿	闭 张	9	戊申	三碧	平 翼
初七	10	庚辰	八白	满 鬼	12	庚戌	八白	危 星	11	庚辰	五黄	建 翼	10	己酉	四绿	定 轸
初八	11	辛巳	九紫	平 柳	13	辛亥	九紫	成 张	12	辛巳	六白	除 轸	11	庚戌	五黄	执 角
初九	12	壬午	一白	定 星	14	壬子	一白	收 翼	13	壬午	七赤	满 角	12	辛亥	六白	破 亢
初十	13	癸未	二黑	执 张	15	癸丑	二黑	开 轸	14	癸未	八白	平 亢	13	壬子	七赤	危 氐
十一	14	甲申	三碧	破 翼	16	甲寅	三碧	闭 角	15	甲申	九紫	定 氐	14	癸丑	八白	成 房
十二	15	乙酉	四绿	危 轸	17	乙卯	四绿	建 亢	16	乙酉	一白	执 房	15	甲寅	九紫	收 心
十三	16	丙戌	五黄	成 角	18	丙辰	五黄	除 氐	17	丙戌	二黑	破 心	16	乙卯	一白	开 尾
十四	17	丁亥	六白	收 亢	19	丁巳	六白	满 房	18	丁亥	三碧	危 尾	17	丙辰	二黑	闭 箕
十五	18	戊子	七赤	开 氐	20	戊午	七赤	平 心	19	戊子	四绿	成 箕	18	丁巳	三碧	建 斗
十六	19	己丑	五黄	闭 房	21	己未	八白	定 尾	20	己丑	五黄	收 斗	19	戊午	四绿	除 牛
十七	20	庚寅	六白	建 心	22	庚申	九紫	执 箕	21	庚寅	三碧	开 牛	20	己未	五黄	满 女
十八	21	辛卯	七赤	除 尾	23	辛酉	一白	破 斗	22	辛卯	四绿	闭 女	21	庚申	六白	平 虚
十九	22	壬辰	八白	满 箕	24	壬戌	二黑	危 牛	23	壬辰	五黄	建 虚	22	辛酉	七赤	定 危
二十	23	癸巳	九紫	平 斗	25	癸亥	三碧	成 女	24	癸巳	六白	除 危	23	壬戌	八白	执 室
廿一	24	甲午	一白	定 牛	26	甲子	七赤	收 虚	25	甲午	七赤	满 室	24	癸亥	九紫	破 壁
廿二	25	乙未	二黑	执 女	27	乙丑	八白	开 危	26	乙未	八白	平 壁	25	甲子	四绿	危 奎
廿三	26	丙申	三碧	破 虚	28	丙寅	九紫	闭 室	27	丙申	九紫	定 奎	26	乙丑	五黄	成 娄
廿四	27	丁酉	四绿	危 危	29	丁卯	一白	建 壁	28	丁酉	一白	执 娄	27	丙寅	六白	收 胃
廿五	28	戊戌	五黄	成 室	30	戊辰	二黑	除 奎	29	戊戌	二黑	破 胃	28	丁卯	七赤	开 昴
廿六	3月	己亥	六白	收 壁	31	己巳	三碧	满 娄	30	己亥	三碧	危 昴	29	戊辰	八白	闭 毕
廿七	2	庚子	七赤	开 奎	4月	庚午	四绿	平 胃	5月	庚子	四绿	成 毕	30	己巳	九紫	建 觜
廿八	3	辛丑	八白	闭 娄	2	辛未	五黄	定 昴	2	辛丑	五黄	收 觜	31	庚午	一白	除 参
廿九	4	壬寅	九紫	建 胃	3	壬申	六白	执 毕	3	壬寅	六白	开 参	6月	辛未	二黑	满 井
三十	5	癸卯	一白	除 昴	4	癸酉	七赤	破 觜					2	壬申	三碧	平 鬼

公元1905年　清光绪三十一年　乙巳蛇年　　太岁吴遂　九星五黄

月份	五月大 壬午 七赤 震卦 参宿					六月小 癸未 六白 巽卦 井宿					七月小 甲申 五黄 坎卦 鬼宿					八月大 乙酉 四绿 艮卦 柳宿				
节气	芒种 6月6日 初四丙子 酉时 17时53分	夏至 6月22日 二十壬辰 巳时 10时51分				小暑 7月8日 初六戊申 寅时 4时19分	大暑 7月23日 廿一癸亥 亥时 21时45分				立秋 8月8日 初八己卯 未时 13时56分	处暑 8月24日 廿四乙未 寅时 4时28分				白露 9月8日 初十庚戌 申时 16时21分	秋分 9月24日 廿六丙寅 丑时 1时29分			
农历	公历	干支	九星	日建	星宿	公历	干支	九星	日建	星宿	公历	干支	九星	日建	星宿	公历	干支	九星	日建	星宿
初一	3	癸酉	四绿	定	柳	3	癸卯	六白	收	张	8月	壬申	一白	除	翼	30	辛丑	二黑	执	轸
初二	4	甲戌	五黄	执	星	4	甲辰	五黄	开	翼	2	癸酉	九紫	满	轸	31	壬寅	一白	破	角
初三	5	乙亥	六白	破	张	5	乙巳	四绿	闭	轸	3	甲戌	八白	平	角	9月	癸卯	九紫	危	亢
初四	6	丙子	七赤	破	翼	6	丙午	三碧	建	角	4	乙亥	七赤	定	亢	2	甲辰	八白	成	氐
初五	7	丁丑	八白	危	轸	7	丁未	二黑	除	亢	5	丙子	六白	执	氐	3	乙巳	七赤	收	房
初六	8	戊寅	九紫	成	角	8	戊申	一白	除	氐	6	丁丑	五黄	破	房	4	丙午	六白	开	心
初七	9	己卯	一白	收	亢	9	己酉	九紫	满	房	7	戊寅	四绿	危	心	5	丁未	五黄	闭	尾
初八	10	庚辰	二黑	开	氐	10	庚戌	八白	平	心	8	己卯	三碧	危	尾	6	戊申	四绿	建	箕
初九	11	辛巳	三碧	闭	房	11	辛亥	七赤	定	尾	9	庚辰	二黑	成	箕	7	己酉	三碧	除	斗
初十	12	壬午	四绿	建	心	12	壬子	六白	执	箕	10	辛巳	一白	收	斗	8	庚戌	二黑	除	牛
十一	13	癸未	五黄	除	尾	13	癸丑	五黄	破	斗	11	壬午	九紫	开	牛	9	辛亥	一白	满	女
十二	14	甲申	六白	满	箕	14	甲寅	四绿	危	牛	12	癸未	八白	闭	女	10	壬子	九紫	平	虚
十三	15	乙酉	七赤	平	斗	15	乙卯	三碧	成	女	13	甲申	七赤	建	虚	11	癸丑	八白	定	危
十四	16	丙戌	八白	定	牛	16	丙辰	二黑	收	虚	14	乙酉	六白	除	危	12	甲寅	七赤	执	室
十五	17	丁亥	九紫	执	女	17	丁巳	一白	开	危	15	丙戌	五黄	满	室	13	乙卯	六白	破	壁
十六	18	戊子	一白	破	虚	18	戊午	九紫	闭	室	16	丁亥	四绿	平	壁	14	丙辰	五黄	危	奎
十七	19	己丑	二黑	危	室	19	己未	八白	建	壁	17	戊子	三碧	定	奎	15	丁巳	四绿	成	娄
十八	20	庚寅	三碧	成	室	20	庚申	七赤	除	奎	18	己丑	二黑	执	娄	16	戊午	三碧	收	胃
十九	21	辛卯	四绿	收	壁	21	辛酉	六白	满	娄	19	庚寅	一白	破	胃	17	己未	二黑	开	昴
二十	22	壬辰	八白	开	奎	22	壬戌	五黄	平	胃	20	辛卯	九紫	危	昴	18	庚申	一白	闭	毕
廿一	23	癸巳	七赤	闭	娄	23	癸亥	四绿	定	昴	21	壬辰	八白	成	毕	19	辛酉	九紫	建	觜
廿二	24	甲午	六白	建	胃	24	甲子	九紫	执	毕	22	癸巳	七赤	收	觜	20	壬戌	八白	除	参
廿三	25	乙未	五黄	除	昴	25	乙丑	八白	破	觜	23	甲午	六白	开	参	21	癸亥	七赤	满	井
廿四	26	丙申	四绿	满	毕	26	丙寅	七赤	危	参	24	乙未	八白	闭	井	22	甲子	三碧	平	鬼
廿五	27	丁酉	三碧	平	觜	27	丁卯	六白	成	井	25	丙申	七赤	建	鬼	23	乙丑	二黑	定	柳
廿六	28	戊戌	二黑	定	参	28	戊辰	五黄	收	鬼	26	丁酉	六白	除	柳	24	丙寅	一白	执	星
廿七	29	己亥	一白	执	井	29	己巳	四绿	开	柳	27	戊戌	五黄	满	星	25	丁卯	九紫	破	张
廿八	30	庚子	九紫	破	鬼	30	庚午	三碧	闭	星	28	己亥	四绿	平	张	26	戊辰	八白	危	翼
廿九	7月	辛丑	八白	危	柳	31	辛未	二黑	建	张	29	庚子	三碧	定	翼	27	己巳	七赤	成	轸
三十	2	壬寅	七赤	成	星											28	庚午	六白	收	角

国学经典文库　中华历书大全　·1900—2100年万年历法表·　图文珍藏版

公元1905年　清光绪三十一年　乙巳蛇年　　太岁吴遂 九星五黄

月份	九月小	丙戌 三碧 坤卦 星宿		十月大	丁亥 二黑 乾卦 张宿		十一月小	戊子 一白 兑卦 翼宿		十二月大	己丑 九紫 离卦 轸宿	
节气	寒露 10月9日 十一辛巳 辰时 7时19分	霜降 10月24日 廿六丙申 巳时 10时07分		立冬 11月8日 十二辛亥 巳时 9时49分	小雪 11月23日 廿七丙寅 辰时 7时04分		大雪 12月8日 十二辛巳 丑时 2时10分	冬至 12月22日 廿六乙未 戌时 20时03分		小寒 1月6日 十二庚戌 未时 13时13分	大寒 1月21日 廿七乙丑 卯时 6时43分	
农历	公历	干支	九星	日建	星宿	公历	干支	九星	日建	星宿	公历	干支	九星	日建	星宿	公历	干支	九星	日建	星宿

农历	公历	干支	九星	日建	星宿	公历	干支	九星	日建	星宿	公历	干支	九星	日建	星宿	公历	干支	九星	日建	星宿
初一	29	辛未	五黄	开	亢	28	庚子	六白	满	氐	27	庚午	九紫	危	心	26	己亥	九紫	闭	尾
初二	30	壬申	四绿	闭	氐	29	辛丑	五黄	平	房	28	辛未	八白	成	尾	27	庚子	一白	建	箕
初三	10月	癸酉	三碧	建	房	30	壬寅	四绿	定	心	29	壬申	七赤	收	箕	28	辛丑	二黑	除	斗
初四	2	甲戌	二黑	除	心	31	癸卯	三碧	执	尾	30	癸酉	六白	开	斗	29	壬寅	三碧	满	牛
初五	3	乙亥	一白	满	尾	11月	甲辰	二黑	破	箕	12月	甲戌	五黄	闭	牛	30	癸卯	四绿	平	女
初六	4	丙子	九紫	平	箕	2	乙巳	一白	危	斗	2	乙亥	四绿	建	女	31	甲辰	五黄	定	虚
初七	5	丁丑	八白	定	斗	3	丙午	九紫	成	牛	3	丙子	三碧	除	虚	1月	乙巳	六白	执	室
初八	6	戊寅	七赤	执	牛	4	丁未	八白	收	女	4	丁丑	二黑	满	危	2	丙午	七赤	破	壁
初九	7	己卯	六白	破	女	5	戊申	七赤	开	虚	5	戊寅	一白	平	室	3	丁未	八白	危	奎
初十	8	庚辰	五黄	危	虚	6	己酉	六白	闭	危	6	己卯	九紫	定	壁	4	戊申	九紫	成	奎
十一	9	辛巳	四绿	危	危	7	庚戌	五黄	建	室	7	庚辰	八白	执	奎	5	己酉	一白	收	娄
十二	10	壬午	三碧	成	室	8	辛亥	四绿	建	壁	8	辛巳	七赤	执	娄	6	庚戌	二黑	收	胃
十三	11	癸未	二黑	收	壁	9	壬子	三碧	除	奎	9	壬午	六白	破	胃	7	辛亥	三碧	开	昴
十四	12	甲申	一白	开	奎	10	癸丑	二黑	满	娄	10	癸未	五黄	危	昴	8	壬子	四绿	闭	毕
十五	13	乙酉	九紫	闭	娄	11	甲寅	一白	平	胃	11	甲申	四绿	成	毕	9	癸丑	五黄	建	觜
十六	14	丙戌	八白	建	胃	12	乙卯	九紫	定	昴	12	乙酉	三碧	收	觜	10	甲寅	六白	除	参
十七	15	丁亥	七赤	除	昴	13	丙辰	八白	执	毕	13	丙戌	二黑	开	参	11	乙卯	七赤	满	井
十八	16	戊子	六白	满	毕	14	丁巳	七赤	破	觜	14	丁亥	一白	闭	井	12	丙辰	八白	平	鬼
十九	17	己丑	五黄	平	觜	15	戊午	六白	危	参	15	戊子	九紫	建	鬼	13	丁巳	九紫	定	柳
二十	18	庚寅	四绿	定	参	16	己未	五黄	成	井	16	己丑	八白	除	柳	14	戊午	一白	执	星
廿一	19	辛卯	三碧	执	井	17	庚申	四绿	收	鬼	17	庚寅	七赤	满	星	15	己未	二黑	破	张
廿二	20	壬辰	二黑	破	鬼	18	辛酉	三碧	开	柳	18	辛卯	六白	平	张	16	庚申	三碧	危	翼
廿三	21	癸巳	一白	危	柳	19	壬戌	二黑	闭	星	19	壬辰	五黄	定	翼	17	辛酉	四绿	成	轸
廿四	22	甲午	九紫	成	星	20	癸亥	一白	建	张	20	癸巳	四绿	执	轸	18	壬戌	五黄	收	角
廿五	23	乙未	八白	收	张	21	甲子	六白	除	翼	21	甲午	三碧	破	角	19	癸亥	六白	开	亢
廿六	24	丙申	一白	开	翼	22	乙丑	五黄	满	轸	22	乙未	五黄	危	亢	20	甲子	一白	闭	氐
廿七	25	丁酉	九紫	闭	轸	23	丙寅	四绿	平	角	23	丙申	六白	成	氐	21	乙丑	二黑	建	房
廿八	26	戊戌	八白	建	角	24	丁卯	三碧	定	亢	24	丁酉	七赤	收	房	22	丙寅	三碧	除	心
廿九	27	己亥	七赤	除	亢	25	戊辰	二黑	执	氐	25	戊戌	八白	开	心	23	丁卯	四绿	满	尾
三十						26	己巳	一白	破	房						24	戊辰	五黄	平	箕

国学经典文库
中华历书大全
·1900-2100年万年历法表·
图文珍藏版

公元1906年　清光绪三十二年　丙午马年（闰四月）　太岁文折　九星四绿

月份	正月小 庚寅 八白 乾卦 角宿					二月大 辛卯 七赤 兑卦 亢宿					三月大 壬辰 六白 离卦 氐宿					四月小 癸巳 五黄 震卦 房宿				
节气	立春 2月5日 十二庚辰 丑时 1时03分			雨水 2月19日 廿六甲午 亥时 21时14分		惊蛰 3月6日 十二己酉 戌时 19时36分			春分 3月21日 廿七甲子 戌时 20时52分		清明 4月6日 十三庚辰 丑时 1时07分			谷雨 4月21日 廿八乙未 辰时 8时39分		立夏 5月6日 十三庚戌 戌时 19时08分			小满 5月22日 廿九丙寅 辰时 8时24分	
农历	公历	干支	九星	日建	星宿	公历	干支	九星	日建	星宿	公历	干支	九星	日建	星宿	公历	干支	九星	日建	星宿
初一	25	己巳	六白	定	斗	23	戊戌	五黄	成	牛	25	戊辰	二黑	除	虚	24	戊戌	二黑	破	室
初二	26	庚午	七赤	执	牛	24	己亥	六白	收	女	26	己巳	三碧	满	危	25	己亥	三碧	危	壁
初三	27	辛未	八白	破	女	25	庚子	七赤	开	虚	27	庚午	四绿	平	室	26	庚子	四绿	成	奎
初四	28	壬申	九紫	危	虚	26	辛丑	八白	闭	危	28	辛未	五黄	定	壁	27	辛丑	五黄	收	娄
初五	29	癸酉	一白	成	危	27	壬寅	九紫	建	室	29	壬申	六白	执	奎	28	壬寅	六白	开	胃
初六	30	甲戌	二黑	收	室	28	癸卯	一白	除	壁	30	癸酉	七赤	破	娄	29	癸卯	七赤	闭	昴
初七	31	乙亥	三碧	开	壁	3月 甲辰		二黑	满	奎	31	甲戌	八白	危	胃	30	甲辰	八白	建	毕
初八	2月 丙子		四绿	闭	奎	2	乙巳	三碧	平	娄	4月 乙亥		九紫	成	昴	5月 乙巳		九紫	除	觜
初九	2	丁丑	五黄	建	娄	3	丙午	四绿	定	胃	2	丙子	一白	收	毕	2	丙午	一白	满	参
初十	3	戊寅	六白	除	胃	4	丁未	五黄	执	昴	3	丁丑	二黑	开	觜	3	丁未	二黑	平	井
十一	4	己卯	七赤	满	昴	5	戊申	六白	破	毕	4	戊寅	三碧	闭	参	4	戊申	三碧	定	鬼
十二	5	庚辰	八白	满	毕	6	己酉	七赤	破	觜	5	己卯	四绿	建	井	5	己酉	四绿	执	柳
十三	6	辛巳	九紫	平	觜	7	庚戌	八白	危	参	6	庚辰	五黄	建	鬼	6	庚戌	五黄	执	星
十四	7	壬午	一白	定	参	8	辛亥	九紫	成	井	7	辛巳	六白	除	柳	7	辛亥	六白	破	张
十五	8	癸未	二黑	执	井	9	壬子	一白	收	鬼	8	壬午	七赤	满	星	8	壬子	七赤	危	翼
十六	9	甲申	三碧	破	鬼	10	癸丑	二黑	开	柳	9	癸未	八白	平	张	9	癸丑	八白	成	轸
十七	10	乙酉	四绿	危	柳	11	甲寅	三碧	闭	星	10	甲申	九紫	定	翼	10	甲寅	九紫	收	角
十八	11	丙戌	五黄	成	星	12	乙卯	四绿	建	张	11	乙酉	一白	执	轸	11	乙卯	一白	开	亢
十九	12	丁亥	六白	收	张	13	丙辰	五黄	除	翼	12	丙戌	二黑	破	角	12	丙辰	二黑	闭	氐
二十	13	戊子	七赤	开	翼	14	丁巳	六白	满	轸	13	丁亥	三碧	危	亢	13	丁巳	三碧	建	房
廿一	14	己丑	八白	闭	轸	15	戊午	七赤	平	角	14	戊子	四绿	成	氐	14	戊午	四绿	除	心
廿二	15	庚寅	九紫	建	角	16	己未	八白	定	亢	15	己丑	五黄	收	房	15	己未	五黄	满	尾
廿三	16	辛卯	一白	除	亢	17	庚申	九紫	执	氐	16	庚寅	六白	开	心	16	庚申	六白	平	箕
廿四	17	壬辰	二黑	满	氐	18	辛酉	一白	破	房	17	辛卯	七赤	闭	尾	17	辛酉	七赤	定	斗
廿五	18	癸巳	三碧	平	房	19	壬戌	二黑	危	心	18	壬辰	八白	建	箕	18	壬戌	八白	执	牛
廿六	19	甲午	一白	定	心	20	癸亥	三碧	成	尾	19	癸巳	九紫	除	斗	19	癸亥	九紫	破	女
廿七	20	乙未	二黑	执	尾	21	甲子	七赤	收	箕	20	甲午	一白	满	牛	20	甲子	四绿	危	虚
廿八	21	丙申	三碧	破	箕	22	乙丑	八白	开	斗	21	乙未	八白	平	女	21	乙丑	五黄	成	危
廿九	22	丁酉	四绿	危	斗	23	丙寅	九紫	闭	牛	22	丙申	九紫	定	虚	22	丙寅	六白	收	室
三十						24	丁卯	一白	建	女	23	丁酉	一白	执	危					

公元1906年 清光绪三十二年 丙午马年（闰四月） 太岁文折 九星四绿

月份	闰四月大					五月小 甲午 四绿 巽卦 心宿					六月大 乙未 三碧 坎卦 尾宿				
节气	芒种 6月6日 十五辛巳 夜子时 23时48分					夏至 6月22日 初一丁酉 申时 16时41分	小暑 7月8日 十七癸丑 巳时 10时15分				大暑 7月24日 初四己巳 寅时 3时32分	立秋 8月8日 十九甲申 戌时 19时51分			
农历	公历	干支	九星	日建	星宿	公历	干支	九星	日建	星宿	公历	干支	九星	日建	星宿
初一	23	丁卯	七赤	开	壁	22	丁酉	三碧	平	娄	21	丙寅	七赤	危	胃
初二	24	戊辰	八白	闭	奎	23	戊戌	二黑	定	胃	22	丁卯	六白	成	昴
初三	25	己巳	九紫	建	娄	24	己亥	一白	执	昴	23	戊辰	五黄	收	毕
初四	26	庚午	一白	除	胃	25	庚子	九紫	破	毕	24	己巳	四绿	开	觜
初五	27	辛未	二黑	满	昴	26	辛丑	八白	危	觜	25	庚午	三碧	闭	参
初六	28	壬申	三碧	平	毕	27	壬寅	七赤	成	参	26	辛未	二黑	建	井
初七	29	癸酉	四绿	定	觜	28	癸卯	六白	收	井	27	壬申	一白	除	鬼
初八	30	甲戌	五黄	执	参	29	甲辰	五黄	开	鬼	28	癸酉	九紫	满	柳
初九	31	乙亥	六白	破	井	30	乙巳	四绿	闭	柳	29	甲戌	八白	平	星
初十	6月 丙子	丙子	七赤	危	鬼	7月 丙午	丙午	三碧	建	星	30	乙亥	七赤	定	张
十一	2	丁丑	八白	成	柳	2	丁未	二黑	除	张	31	丙子	六白	执	翼
十二	3	戊寅	九紫	收	星	3	戊申	一白	满	翼	8月 丁丑	丁丑	五黄	破	轸
十三	4	己卯	一白	开	张	4	己酉	九紫	平	轸	2	戊寅	四绿	危	角
十四	5	庚辰	二黑	闭	翼	5	庚戌	八白	定	角	3	己卯	三碧	成	亢
十五	6	辛巳	三碧	闭	轸	6	辛亥	七赤	执	亢	4	庚辰	二黑	收	氐
十六	7	壬午	四绿	建	角	7	壬子	六白	破	氐	5	辛巳	一白	开	房
十七	8	癸未	五黄	除	亢	8	癸丑	五黄	破	房	6	壬午	九紫	闭	心
十八	9	甲申	六白	满	氐	9	甲寅	四绿	危	心	7	癸未	八白	建	尾
十九	10	乙酉	七赤	平	房	10	乙卯	三碧	成	尾	8	甲申	七赤	建	箕
二十	11	丙戌	八白	定	心	11	丙辰	二黑	收	箕	9	乙酉	六白	除	斗
廿一	12	丁亥	九紫	执	尾	12	丁巳	一白	开	斗	10	丙戌	五黄	满	牛
廿二	13	戊子	一白	破	箕	13	戊午	九紫	闭	牛	11	丁亥	四绿	平	女
廿三	14	己丑	二黑	危	斗	14	己未	八白	建	女	12	戊子	三碧	定	虚
廿四	15	庚寅	三碧	成	牛	15	庚申	七赤	除	虚	13	己丑	二黑	执	危
廿五	16	辛卯	四绿	收	女	16	辛酉	六白	满	危	14	庚寅	一白	破	室
廿六	17	壬辰	五黄	开	虚	17	壬戌	五黄	平	室	15	辛卯	九紫	危	壁
廿七	18	癸巳	六白	闭	危	18	癸亥	四绿	定	壁	16	壬辰	八白	成	奎
廿八	19	甲午	七赤	建	室	19	甲子	九紫	执	奎	17	癸巳	七赤	收	娄
廿九	20	乙未	八白	除	壁	20	乙丑	八白	破	娄	18	甲午	六白	开	胃
三十	21	丙申	九紫	满	奎						19	乙未	五黄	闭	昴

172

公元1906年　清光绪三十二年　丙午马年（闰四月）　　太岁文折　九星四绿

月份	七月小				丙申　二黑 艮卦　箕宿	八月大				丁酉　一白 坤卦　斗宿	九月小				戊戌　九紫 乾卦　牛宿
节气	处暑 8月24日 初五庚子 巳时 10时13分		白露 9月8日 二十乙卯 亥时 22时16分			秋分 9月24日 初七辛未 辰时 7时14分		寒露 10月9日 廿二丙戌 未时 13时14分			霜降 10月24日 初七辛丑 申时 15时54分		立冬 11月8日 廿二丙辰 申时 15时46分		
农历	公历	干支	九星	日建	星宿	公历	干支	九星	日建	星宿	公历	干支	九星	日建	星宿
初一	20	丙申	四绿	建	毕	18	乙丑	二黑	定	觜	18	乙未	八白	收	井
初二	21	丁酉	三碧	除	觜	19	丙寅	一白	执	参	19	丙申	七赤	开	鬼
初三	22	戊戌	二黑	满	参	20	丁卯	九紫	破	井	20	丁酉	六白	闭	柳
初四	23	己亥	一白	平	井	21	戊辰	八白	危	鬼	21	戊戌	五黄	建	星
初五	24	庚子	三碧	定	鬼	22	己巳	七赤	成	柳	22	己亥	四绿	除	张
初六	25	辛丑	二黑	执	柳	23	庚午	六白	收	星	23	庚子	三碧	满	翼
初七	26	壬寅	一白	破	星	24	辛未	五黄	开	张	24	辛丑	五黄	平	轸
初八	27	癸卯	九紫	危	张	25	壬申	四绿	闭	翼	25	壬寅	四绿	定	角
初九	28	甲辰	八白	成	翼	26	癸酉	三碧	建	轸	26	癸卯	三碧	执	亢
初十	29	乙巳	七赤	收	轸	27	甲戌	二黑	除	角	27	甲辰	二黑	破	氐
十一	30	丙午	六白	开	角	28	乙亥	一白	满	亢	28	乙巳	一白	危	房
十二	31	丁未	五黄	闭	亢	29	丙子	九紫	平	氐	29	丙午	九紫	成	心
十三	9月	戊申	四绿	建	氐	30	丁丑	八白	定	房	30	丁未	八白	收	尾
十四	2	己酉	三碧	除	房	10月	戊寅	七赤	执	心	31	戊申	七赤	开	箕
十五	3	庚戌	二黑	满	心	2	己卯	六白	破	尾	11月	己酉	六白	闭	斗
十六	4	辛亥	一白	平	尾	3	庚辰	五黄	危	箕	2	庚戌	五黄	建	牛
十七	5	壬子	九紫	定	箕	4	辛巳	四绿	成	斗	3	辛亥	四绿	除	女
十八	6	癸丑	八白	执	斗	5	壬午	三碧	收	牛	4	壬子	三碧	满	虚
十九	7	甲寅	七赤	破	牛	6	癸未	二黑	开	女	5	癸丑	二黑	平	危
二十	8	乙卯	六白	破	女	7	甲申	一白	闭	虚	6	甲寅	一白	定	室
廿一	9	丙辰	五黄	危	虚	8	乙酉	九紫	建	危	7	乙卯	九紫	执	壁
廿二	10	丁巳	四绿	成	危	9	丙戌	八白	建	室	8	丙辰	八白	执	奎
廿三	11	戊午	三碧	收	室	10	丁亥	七赤	除	壁	9	丁巳	七赤	破	娄
廿四	12	己未	二黑	开	壁	11	戊子	六白	满	奎	10	戊午	六白	危	胃
廿五	13	庚申	一白	闭	奎	12	己丑	五黄	平	娄	11	己未	五黄	成	昴
廿六	14	辛酉	九紫	建	娄	13	庚寅	四绿	定	胃	12	庚申	四绿	收	毕
廿七	15	壬戌	八白	除	胃	14	辛卯	三碧	执	昴	13	辛酉	三碧	开	觜
廿八	16	癸亥	七赤	满	昴	15	壬辰	二黑	破	毕	14	壬戌	二黑	闭	参
廿九	17	甲子	三碧	平	毕	16	癸巳	一白	危	觜	15	癸亥	一白	建	井
三十						17	甲午	九紫	成	参					

公元1906年　清光绪三十二年　丙午马年（闰四月）　太岁文折　九星四绿

月份	十月大 己亥 八白 兑卦 女宿				十一月小 庚子 七赤 离卦 虚宿				十二月大 辛丑 六白 震卦 危宿			
节气	小雪 11月23日 初八辛未 午时 12时53分	大雪 12月8日 廿三丙戌 辰时 8时09分			冬至 12月23日 初八辛丑 丑时 1时53分	小寒 1月6日 廿二乙卯 戌时 19时11分			大寒 1月21日 初八庚午 午时 12时30分	立春 2月5日 廿三乙酉 卯时 6时58分		
农历	公历	干支	九星	日建	星宿	公历	干支	九星	日建	星宿	公历	干支	九星	日建	星宿
初一	16	甲子	六白	除	鬼	16	甲午	三碧	破	星	14	癸亥	六白	开	张
初二	17	乙丑	五黄	满	柳	17	乙未	二黑	危	张	15	甲子	一白	闭	翼
初三	18	丙寅	四绿	平	星	18	丙申	一白	成	翼	16	乙丑	二黑	建	轸
初四	19	丁卯	三碧	定	张	19	丁酉	九紫	收	轸	17	丙寅	三碧	除	角
初五	20	戊辰	二黑	执	翼	20	戊戌	八白	开	角	18	丁卯	四绿	满	亢
初六	21	己巳	一白	破	轸	21	己亥	七赤	闭	亢	19	戊辰	五黄	平	氐
初七	22	庚午	九紫	危	角	22	庚子	六白	建	氐	20	己巳	六白	定	房
初八	23	辛未	八白	成	亢	23	辛丑	二黑	除	房	21	庚午	七赤	执	心
初九	24	壬申	七赤	收	氐	24	壬寅	三碧	满	心	22	辛未	八白	破	尾
初十	25	癸酉	六白	开	房	25	癸卯	四绿	平	尾	23	壬申	九紫	危	箕
十一	26	甲戌	五黄	闭	心	26	甲辰	五黄	定	箕	24	癸酉	一白	成	斗
十二	27	乙亥	四绿	建	尾	27	乙巳	六白	执	斗	25	甲戌	二黑	收	牛
十三	28	丙子	三碧	除	箕	28	丙午	七赤	破	牛	26	乙亥	三碧	开	女
十四	29	丁丑	二黑	满	斗	29	丁未	八白	危	女	27	丙子	四绿	闭	虚
十五	30	戊寅	一白	平	牛	30	戊申	九紫	成	虚	28	丁丑	五黄	建	危
十六	12月	己卯	九紫	定	女	31	己酉	一白	收	危	29	戊寅	六白	除	室
十七	2	庚辰	八白	执	虚	1月	庚戌	二黑	开	室	30	己卯	七赤	满	壁
十八	3	辛巳	七赤	破	危	2	辛亥	三碧	闭	壁	31	庚辰	八白	平	奎
十九	4	壬午	六白	危	室	3	壬子	四绿	建	奎	2月	辛巳	九紫	定	娄
二十	5	癸未	五黄	成	壁	4	癸丑	五黄	除	娄	2	壬午	一白	执	胃
廿一	6	甲申	四绿	收	奎	5	甲寅	六白	满	胃	3	癸未	二黑	破	昴
廿二	7	乙酉	三碧	开	娄	6	乙卯	七赤	满	昴	4	甲申	三碧	危	毕
廿三	8	丙戌	二黑	开	胃	7	丙辰	八白	平	毕	5	乙酉	四绿	成	觜
廿四	9	丁亥	一白	闭	昴	8	丁巳	九紫	定	觜	6	丙戌	五黄	收	参
廿五	10	戊子	九紫	建	毕	9	戊午	一白	执	参	7	丁亥	六白	开	井
廿六	11	己丑	八白	除	觜	10	己未	二黑	破	井	8	戊子	七赤	闭	鬼
廿七	12	庚寅	七赤	满	参	11	庚申	三碧	危	鬼	9	己丑	八白	闭	柳
廿八	13	辛卯	六白	平	井	12	辛酉	四绿	成	柳	10	庚寅	九紫	建	星
廿九	14	壬辰	五黄	定	鬼	13	壬戌	五黄	收	星	11	辛卯	一白	除	张
三十	15	癸巳	四绿	执	柳						12	壬辰	二黑	满	翼

月份	正月小 壬寅 五黄 兑卦 室宿					二月大 癸卯 四绿 离卦 壁宿					三月小 甲辰 三碧 震卦 奎宿					四月大 乙巳 二黑 巽卦 娄宿				
节气	雨水 2月20日 初八庚子 丑时 2时58分			惊蛰 3月7日 廿三乙卯 丑时 1时27分		春分 3月22日 初九庚午 丑时 2时32分			清明 4月6日 廿四乙酉 卯时 6时54分		谷雨 4月21日 初九庚子 未时 14时17分			立夏 5月7日 廿五丙辰 早子时 0时53分		小满 5月22日 十一辛未 未时 14时03分			芒种 6月7日 廿七丁亥 卯时 5时32分	
农历	公历	干支	九星	日建	星宿	公历	干支	九星	日建	星宿	公历	干支	九星	日建	星宿	公历	干支	九星	日建	星宿
初一	13	癸巳	三碧	平	轸	14	壬戌	二黑	危	角	13	壬辰	八白	建	氐	12	辛酉	七赤	定	房
初二	14	甲午	四绿	定	角	15	癸亥	三碧	成	亢	14	癸巳	九紫	除	房	13	壬戌	八白	执	心
初三	15	乙未	五黄	执	亢	16	甲子	七赤	收	氐	15	甲午	一白	满	心	14	癸亥	九紫	破	尾
初四	16	丙申	六白	破	氐	17	乙丑	八白	开	房	16	乙未	二黑	平	尾	15	甲子	四绿	危	箕
初五	17	丁酉	七赤	危	房	18	丙寅	九紫	闭	心	17	丙申	三碧	定	箕	16	乙丑	五黄	成	斗
初六	18	戊戌	八白	成	心	19	丁卯	一白	建	尾	18	丁酉	四绿	执	斗	17	丙寅	六白	收	牛
初七	19	己亥	九紫	收	尾	20	戊辰	二黑	除	箕	19	戊戌	五黄	破	牛	18	丁卯	七赤	开	女
初八	20	庚子	七赤	开	箕	21	己巳	三碧	满	斗	20	己亥	六白	危	女	19	戊辰	八白	闭	虚
初九	21	辛丑	八白	闭	斗	22	庚午	四绿	平	牛	21	庚子	四绿	成	虚	20	己巳	九紫	建	危
初十	22	壬寅	九紫	建	牛	23	辛未	五黄	定	女	22	辛丑	五黄	收	危	21	庚午	一白	除	室
十一	23	癸卯	一白	除	女	24	壬申	六白	执	虚	23	壬寅	六白	开	室	22	辛未	二黑	满	壁
十二	24	甲辰	二黑	满	虚	25	癸酉	七赤	破	危	24	癸卯	七赤	闭	壁	23	壬申	三碧	平	奎
十三	25	乙巳	三碧	平	危	26	甲戌	八白	危	室	25	甲辰	八白	建	奎	24	癸酉	四绿	定	娄
十四	26	丙午	四绿	定	室	27	乙亥	九紫	成	壁	26	乙巳	九紫	除	娄	25	甲戌	五黄	执	胃
十五	27	丁未	五黄	执	壁	28	丙子	一白	收	奎	27	丙午	一白	满	胃	26	乙亥	六白	破	昴
十六	28	戊申	六白	破	奎	29	丁丑	二黑	开	娄	28	丁未	二黑	平	昴	27	丙子	七赤	危	毕
十七	3月	己酉	七赤	危	娄	30	戊寅	三碧	闭	胃	29	戊申	三碧	定	毕	28	丁丑	八白	成	觜
十八	2	庚戌	八白	成	胃	31	己卯	四绿	建	昴	30	己酉	四绿	执	觜	29	戊寅	九紫	收	参
十九	3	辛亥	九紫	收	昴	4月	庚辰	五黄	除	毕	5月	庚戌	五黄	破	参	30	己卯	一白	开	井
二十	4	壬子	一白	开	毕	2	辛巳	六白	满	觜	2	辛亥	六白	危	井	31	庚辰	二黑	闭	鬼
廿一	5	癸丑	二黑	闭	觜	3	壬午	七赤	平	参	3	壬子	七赤	成	鬼	6月	辛巳	三碧	建	柳
廿二	6	甲寅	三碧	建	参	4	癸未	八白	定	井	4	癸丑	八白	收	柳	2	壬午	四绿	除	星
廿三	7	乙卯	四绿	除	井	5	甲申	九紫	执	鬼	5	甲寅	九紫	开	星	3	癸未	五黄	满	张
廿四	8	丙辰	五黄	除	鬼	6	乙酉	一白	执	柳	6	乙卯	一白	闭	张	4	甲申	六白	平	翼
廿五	9	丁巳	六白	满	柳	7	丙戌	二黑	破	星	7	丙辰	二黑	建	翼	5	乙酉	七赤	定	轸
廿六	10	戊午	七赤	平	星	8	丁亥	三碧	危	张	8	丁巳	三碧	建	轸	6	丙戌	八白	执	角
廿七	11	己未	八白	定	张	9	戊子	四绿	成	翼	9	戊午	四绿	除	角	7	丁亥	九紫	执	亢
廿八	12	庚申	九紫	执	翼	10	己丑	五黄	收	轸	10	己未	五黄	满	亢	8	戊子	一白	破	氐
廿九	13	辛酉	一白	破	轸	11	庚寅	六白	开	角	11	庚申	六白	平	氐	9	己丑	二黑	危	房
三十						12	辛卯	七赤	闭	亢						10	庚寅	三碧	成	心

公元1907年 清光绪三十三年 丁未羊年　太岁缪丙 九星三碧

月份	五月小 丙午 一白 坎卦 胃宿					六月大 丁未 九紫 艮卦 昴宿					七月大 戊申 八白 坤卦 毕宿					八月小 己酉 七赤 乾卦 觜宿				
节气	夏至 6月22日 十二壬寅 亥时 22时22分			小暑 7月8日 廿八戊午 申时 15时59分		大暑 7月24日 十五甲戌 巳时 9时17分					立秋 8月9日 初一庚寅 丑时 1时35分			处暑 8月24日 十六乙巳 申时 16时03分		白露 9月9日 初二辛酉 寅时 4时02分			秋分 9月24日 十七丙子 未时 13时08分	
农历	公历	干支	九星	日建	星宿	公历	干支	九星	日建	星宿	公历	干支	九星	日建	星宿	公历	干支	九星	日建	星宿
初一	11	辛卯	四绿	收	尾	10	庚申	七赤	除	箕	9	庚寅	一白	破	牛	8	庚申	一白	建	虚
初二	12	壬辰	五黄	开	箕	11	辛酉	六白	满	斗	10	辛卯	九紫	危	女	9	辛酉	九紫	建	危
初三	13	癸巳	六白	闭	斗	12	壬戌	五黄	平	牛	11	壬辰	八白	成	虚	10	壬戌	八白	除	室
初四	14	甲午	七赤	建	牛	13	癸亥	四绿	定	女	12	癸巳	七赤	收	危	11	癸亥	七赤	满	壁
初五	15	乙未	八白	除	女	14	甲子	九紫	执	虚	13	甲午	六白	开	室	12	甲子	三碧	平	奎
初六	16	丙申	九紫	满	虚	15	乙丑	八白	破	危	14	乙未	五黄	闭	壁	13	乙丑	二黑	定	娄
初七	17	丁酉	一白	平	危	16	丙寅	七赤	危	室	15	丙申	四绿	建	奎	14	丙寅	一白	执	胃
初八	18	戊戌	二黑	定	室	17	丁卯	六白	成	壁	16	丁酉	三碧	除	娄	15	丁卯	九紫	破	昴
初九	19	己亥	三碧	执	壁	18	戊辰	五黄	收	奎	17	戊戌	二黑	满	胃	16	戊辰	八白	危	毕
初十	20	庚子	四绿	破	奎	19	己巳	四绿	开	娄	18	己亥	一白	平	昴	17	己巳	七赤	成	觜
十一	21	辛丑	五黄	危	娄	20	庚午	三碧	闭	胃	19	庚子	九紫	定	毕	18	庚午	六白	收	参
十二	22	壬寅	七赤	成	胃	21	辛未	二黑	建	昴	20	辛丑	八白	执	觜	19	辛未	五黄	开	井
十三	23	癸卯	六白	收	昴	22	壬申	一白	除	毕	21	壬寅	七赤	破	参	20	壬申	四绿	闭	鬼
十四	24	甲辰	五黄	开	毕	23	癸酉	九紫	满	觜	22	癸卯	六白	危	井	21	癸酉	三碧	建	柳
十五	25	乙巳	四绿	闭	觜	24	甲戌	八白	平	参	23	甲辰	五黄	成	鬼	22	甲戌	二黑	除	星
十六	26	丙午	三碧	建	参	25	乙亥	七赤	定	井	24	乙巳	七赤	收	柳	23	乙亥	一白	满	张
十七	27	丁未	二黑	除	井	26	丙子	六白	执	鬼	25	丙午	六白	开	星	24	丙子	九紫	平	翼
十八	28	戊申	一白	满	鬼	27	丁丑	五黄	破	柳	26	丁未	五黄	闭	张	25	丁丑	八白	定	轸
十九	29	己酉	九紫	平	柳	28	戊寅	四绿	危	星	27	戊申	四绿	建	翼	26	戊寅	七赤	执	角
二十	30	庚戌	八白	定	星	29	己卯	三碧	成	张	28	己酉	三碧	除	轸	27	己卯	六白	破	亢
廿一	7月	辛亥	七赤	执	张	30	庚辰	二黑	收	翼	29	庚戌	二黑	满	角	28	庚辰	五黄	危	氐
廿二	2	壬子	六白	破	翼	31	辛巳	一白	开	轸	30	辛亥	一白	平	亢	29	辛巳	四绿	成	房
廿三	3	癸丑	五黄	危	轸	8月	壬午	九紫	闭	角	31	壬子	九紫	定	氐	30	壬午	三碧	收	心
廿四	4	甲寅	四绿	成	角	2	癸未	八白	建	亢	9月	癸丑	八白	执	房	10月	癸未	二黑	开	尾
廿五	5	乙卯	三碧	收	亢	3	甲申	七赤	除	氐	2	甲寅	七赤	破	心	2	甲申	一白	闭	箕
廿六	6	丙辰	二黑	开	氐	4	乙酉	六白	满	房	3	乙卯	六白	危	尾	3	乙酉	九紫	建	斗
廿七	7	丁巳	一白	闭	房	5	丙戌	五黄	平	心	4	丙辰	五黄	成	箕	4	丙戌	八白	除	牛
廿八	8	戊午	九紫	闭	心	6	丁亥	四绿	定	尾	5	丁巳	四绿	收	斗	5	丁亥	七赤	满	女
廿九	9	己未	八白	建	尾	7	戊子	三碧	执	箕	6	戊午	三碧	开	牛	6	戊子	六白	平	虚
三十						8	己丑	二黑	破	斗	7	己未	二黑	闭	女					

月份	九月大	庚戌 六白 兑卦 参宿		十月小	辛亥 五黄 离卦 井宿		十一 月大	壬子 四绿 震卦 鬼宿		十二 月小	癸丑 三碧 巽卦 柳宿	
节气	寒露 10月9日 初三辛卯 戌时 19时02分	霜降 10月24日 十八丙午 亥时 21时51分		立冬 11月8日 初三辛酉 亥时 21时36分	小雪 11月23日 十八丙子 酉时 18时52分		大雪 12月8日 初四辛酉 未时 13时59分	冬至 2月23日 十九丙午 辰时 7时51分		小寒 1月7日 初四辛酉 丑时 1时01分	大寒 1月21日 十八乙亥 酉时 18时28分	
农历	公历	干支	九星 日建星宿	公历	干支	九星 日建星宿	公历	干支	九星 日建星宿	公历	干支	九星 日建星宿
初一	7	己丑	五黄 定 危	6	己未	五黄 收 壁	5	戊子	九紫 除 奎	4	戊午	一白 破 胃
初二	8	庚寅	四绿 执 室	7	庚申	四绿 开 奎	6	己丑	八白 满 娄	5	己未	二黑 危 昂
初三	9	辛卯	三碧 执 壁	8	辛酉	三碧 开 娄	7	庚寅	七赤 平 胃	6	庚申	三碧 成 毕
初四	10	壬辰	二黑 破 奎	9	壬戌	二黑 闭 胃	8	辛卯	六白 平 昂	7	辛酉	四绿 成 觜
初五	11	癸巳	一白 危 娄	10	癸亥	一白 建 昂	9	壬辰	五黄 定 毕	8	壬戌	五黄 收 参
初六	12	甲午	九紫 成 胃	11	甲子	六白 除 毕	10	癸巳	四绿 执 觜	9	癸亥	六白 开 井
初七	13	乙未	八白 收 昂	12	乙丑	五黄 满 觜	11	甲午	三碧 破 参	10	甲子	一白 闭 鬼
初八	14	丙申	七赤 开 毕	13	丙寅	四绿 平 参	12	乙未	二黑 危 井	11	乙丑	二黑 建 柳
初九	15	丁酉	六白 闭 觜	14	丁卯	三碧 定 井	13	丙申	一白 成 鬼	12	丙寅	三碧 除 星
初十	16	戊戌	五黄 建 参	15	戊辰	二黑 执 鬼	14	丁酉	九紫 收 柳	13	丁卯	四绿 满 张
十一	17	己亥	四绿 除 井	16	己巳	一白 破 柳	15	戊戌	八白 开 星	14	戊辰	五黄 平 翼
十二	18	庚子	三碧 满 鬼	17	庚午	九紫 危 星	16	己亥	七赤 闭 张	15	己巳	六白 定 轸
十三	19	辛丑	二黑 平 柳	18	辛未	八白 成 张	17	庚子	六白 建 翼	16	庚午	七赤 执 角
十四	20	壬寅	一白 定 星	19	壬申	七赤 收 翼	18	辛丑	五黄 除 轸	17	辛未	八白 破 亢
十五	21	癸卯	九紫 执 张	20	癸酉	六白 开 轸	19	壬寅	四绿 满 角	18	壬申	九紫 危 氐
十六	22	甲辰	八白 破 翼	21	甲戌	五黄 闭 角	20	癸卯	三碧 平 亢	19	癸酉	一白 成 房
十七	23	乙巳	七赤 危 轸	22	乙亥	四绿 建 亢	21	甲辰	二黑 定 氐	20	甲戌	二黑 收 心
十八	24	丙午	九紫 成 角	23	丙子	三碧 除 氐	22	乙巳	一白 执 房	21	乙亥	三碧 开 尾
十九	25	丁未	八白 收 亢	24	丁丑	二黑 满 房	23	丙午	七赤 破 心	22	丙子	四绿 闭 箕
二十	26	戊申	七赤 开 氐	25	戊寅	一白 平 心	24	丁未	八白 危 尾	23	丁丑	五黄 建 斗
廿一	27	己酉	六白 闭 房	26	己卯	九紫 定 尾	25	戊申	九紫 成 箕	24	戊寅	六白 除 牛
廿二	28	庚戌	五黄 建 心	27	庚辰	八白 执 箕	26	己酉	一白 收 斗	25	己卯	七赤 满 女
廿三	29	辛亥	四绿 除 尾	28	辛巳	七赤 破 斗	27	庚戌	二黑 开 牛	26	庚辰	八白 平 虚
廿四	30	壬子	三碧 满 箕	29	壬午	六白 危 牛	28	辛亥	三碧 闭 女	27	辛巳	九紫 定 危
廿五	31	癸丑	二黑 平 斗	30	癸未	五黄 成 女	29	壬子	四绿 建 虚	28	壬午	一白 执 室
廿六	11月	甲寅	一白 定 牛	12月	甲申	四绿 收 虚	30	癸丑	五黄 除 危	29	癸未	二黑 破 壁
廿七	2	乙卯	九紫 执 女	2	乙酉	三碧 开 危	31	甲寅	六白 满 室	30	甲申	三碧 危 奎
廿八	3	丙辰	八白 破 虚	3	丙戌	二黑 闭 室	1月	乙卯	七赤 平 壁	31	乙酉	四绿 成 娄
廿九	4	丁巳	七赤 危 危	4	丁亥	一白 建 壁	2	丙辰	八白 定 奎	2月	丙戌	五黄 收 胃
三十	5	戊午	六白 成 室				3	丁巳	九紫 执 娄			

公元1908年　清光绪三十四年　戊申猴年　太岁俞志　九星二黑

月份	正月大 甲寅 二黑 离卦 星宿					二月小 乙卯 一白 震卦 张宿					三月小 丙辰 九紫 巽卦 翼宿					四月大 丁巳 八白 坎卦 轸宿				
节气	立春 2月5日 初四庚寅 午时 12时47分			雨水 2月20日 十九乙巳 辰时 8时53分		惊蛰 3月6日 初四庚申 辰时 7时13分			春分 3月21日 十九乙亥 辰时 8时27分		清明 4月5日 初五庚寅 午时 12时39分			谷雨 4月20日 二十乙巳 戌时 20时11分		立夏 5月6日 初七辛酉 卯时 6时38分			小满 5月21日 廿二丙子 戌时 19时58分	
农历	公历	干支	九星	日建	星宿	公历	干支	九星	日建	星宿	公历	干支	九星	日建	星宿	公历	干支	九星	日建	星宿
初一	2	丁亥	六白	开	昴	3	丁巳	六白	平	觜	4月	丙戌	二黑	危	参	30	乙卯	一白	闭	井
初二	3	戊子	七赤	闭	毕	4	戊午	七赤	定	参	2	丁亥	三碧	成	井	5月	丙辰	二黑	建	鬼
初三	4	己丑	八白	建	觜	5	己未	八白	执	井	3	戊子	四绿	收	鬼	2	丁巳	三碧	除	柳
初四	5	庚寅	九紫	建	参	6	庚申	九紫	执	鬼	4	己丑	五黄	开	柳	3	戊午	四绿	满	星
初五	6	辛卯	一白	除	井	7	辛酉	一白	破	柳	5	庚寅	六白	开	星	4	己未	五黄	平	张
初六	7	壬辰	二黑	满	鬼	8	壬戌	二黑	危	星	6	辛卯	七赤	闭	张	5	庚申	六白	定	翼
初七	8	癸巳	三碧	平	柳	9	癸亥	三碧	成	张	7	壬辰	八白	建	翼	6	辛酉	七赤	定	轸
初八	9	甲午	四绿	定	星	10	甲子	七赤	收	翼	8	癸巳	九紫	除	轸	7	壬戌	八白	执	角
初九	10	乙未	五黄	执	张	11	乙丑	八白	开	轸	9	甲午	一白	满	角	8	癸亥	九紫	破	亢
初十	11	丙申	六白	破	翼	12	丙寅	九紫	闭	角	10	乙未	二黑	平	亢	9	甲子	四绿	危	氐
十一	12	丁酉	七赤	危	轸	13	丁卯	一白	建	亢	11	丙申	三碧	定	氐	10	乙丑	五黄	成	房
十二	13	戊戌	八白	成	角	14	戊辰	二黑	除	氐	12	丁酉	四绿	执	房	11	丙寅	六白	收	心
十三	14	己亥	九紫	收	亢	15	己巳	三碧	满	房	13	戊戌	五黄	破	心	12	丁卯	七赤	开	尾
十四	15	庚子	一白	开	氐	16	庚午	四绿	平	心	14	己亥	六白	危	尾	13	戊辰	八白	闭	箕
十五	16	辛丑	二黑	闭	房	17	辛未	五黄	定	尾	15	庚子	七赤	成	箕	14	己巳	九紫	建	斗
十六	17	壬寅	三碧	建	心	18	壬申	六白	执	箕	16	辛丑	八白	收	斗	15	庚午	一白	除	牛
十七	18	癸卯	四绿	除	尾	19	癸酉	七赤	破	斗	17	壬寅	九紫	开	牛	16	辛未	二黑	满	女
十八	19	甲辰	五黄	满	箕	20	甲戌	八白	危	牛	18	癸卯	一白	闭	女	17	壬申	三碧	平	虚
十九	20	乙巳	三碧	平	斗	21	乙亥	九紫	成	女	19	甲辰	二黑	建	虚	18	癸酉	四绿	定	危
二十	21	丙午	四绿	定	牛	22	丙子	一白	收	虚	20	乙巳	九紫	除	危	19	甲戌	五黄	执	室
廿一	22	丁未	五黄	执	女	23	丁丑	二黑	开	危	21	丙午	一白	满	室	20	乙亥	六白	破	壁
廿二	23	戊申	六白	破	虚	24	戊寅	三碧	闭	室	22	丁未	二黑	平	壁	21	丙子	七赤	危	奎
廿三	24	己酉	七赤	危	危	25	己卯	四绿	建	壁	23	戊申	三碧	定	奎	22	丁丑	八白	成	娄
廿四	25	庚戌	八白	成	室	26	庚辰	五黄	除	奎	24	己酉	四绿	执	娄	23	戊寅	九紫	收	胃
廿五	26	辛亥	九紫	收	壁	27	辛巳	六白	满	娄	25	庚戌	五黄	破	胃	24	己卯	一白	开	昴
廿六	27	壬子	一白	开	奎	28	壬午	七赤	平	胃	26	辛亥	六白	危	昴	25	庚辰	二黑	闭	毕
廿七	28	癸丑	二黑	闭	娄	29	癸未	八白	定	昴	27	壬子	七赤	成	毕	26	辛巳	三碧	建	觜
廿八	29	甲寅	三碧	建	胃	30	甲申	九紫	执	毕	28	癸丑	八白	收	觜	27	壬午	四绿	除	参
廿九	3月	乙卯	四绿	除	昴	31	乙酉	一白	破	觜	29	甲寅	九紫	开	参	28	癸未	五黄	满	井
三十	2	丙辰	五黄	满	毕											29	甲申	六白	平	鬼

国学经典文库　中华历书大全　·1900—2100年万年历法表·　图文珍藏版

公元1908年　清光绪三十四年　戊申猴年　　太岁俞志　九星二黑

月份	五月大 戊午 艮卦 七赤 角宿	六月小 己未 坤卦 六白 亢宿	七月大 庚申 乾卦 五黄 氐宿	八月小 辛酉 兑卦 四绿 房宿
节气	芒种 6月6日 初八壬辰 午时 11时19分 / 夏至 6月22日 廿四戊申 寅时 4时19分	小暑 7月7日 初九癸亥 亥时 21时48分 / 大暑 7月23日 廿五己卯 申时 15时14分	立秋 8月8日 十二乙未 辰时 7时26分 / 处暑 8月23日 廿七庚戌 亥时 21时56分	白露 9月8日 十三丙寅 巳时 9时52分 / 秋分 9月23日 廿八辛巳 酉时 18时58分

农历	公历	干支	九星	日建	星宿	公历	干支	九星	日建	星宿	公历	干支	九星	日建	星宿	公历	干支	九星	日建	星宿
初一	30	乙酉	七赤	定	柳	29	乙卯	三碧	收	张	28	甲申	七赤	除	翼	27	甲寅	七赤	破	角
初二	31	丙戌	八白	执	星	30	丙辰	二黑	开	翼	29	乙酉	六白	满	轸	28	乙卯	六白	危	亢
初三	6月	丁亥	九紫	破	张	7月	丁巳	一白	闭	轸	30	丙戌	五黄	平	角	29	丙辰	五黄	成	氐
初四	2	戊子	一白	危	翼	2	戊午	九紫	建	角	31	丁亥	四绿	定	亢	30	丁巳	四绿	收	房
初五	3	己丑	二黑	成	轸	3	己未	八白	除	亢	8月	戊子	三碧	执	氐	31	戊午	三碧	开	心
初六	4	庚寅	三碧	收	角	4	庚申	七赤	满	氐	2	己丑	二黑	破	房	9月	己未	二黑	闭	尾
初七	5	辛卯	四绿	开	亢	5	辛酉	六白	平	房	3	庚寅	一白	危	心	2	庚申	一白	建	箕
初八	6	壬辰	五黄	开	氐	6	壬戌	五黄	定	心	4	辛卯	九紫	成	尾	3	辛酉	九紫	除	斗
初九	7	癸巳	六白	闭	房	7	癸亥	四绿	定	尾	5	壬辰	八白	收	箕	4	壬戌	八白	满	牛
初十	8	甲午	七赤	建	心	8	甲子	九紫	执	箕	6	癸巳	七赤	开	斗	5	癸亥	七赤	平	女
十一	9	乙未	八白	除	尾	9	乙丑	八白	破	斗	7	甲午	六白	闭	牛	6	甲子	三碧	定	虚
十二	10	丙申	九紫	满	箕	10	丙寅	七赤	危	牛	8	乙未	五黄	闭	女	7	乙丑	二黑	执	危
十三	11	丁酉	一白	平	斗	11	丁卯	六白	成	女	9	丙申	四绿	建	虚	8	丙寅	一白	破	室
十四	12	戊戌	二黑	定	牛	12	戊辰	五黄	收	虚	10	丁酉	三碧	除	危	9	丁卯	九紫	危	壁
十五	13	己亥	三碧	执	女	13	己巳	四绿	开	危	11	戊戌	二黑	满	室	10	戊辰	八白	成	奎
十六	14	庚子	四绿	破	虚	14	庚午	三碧	闭	室	12	己亥	一白	平	壁	11	己巳	七赤	收	娄
十七	15	辛丑	五黄	危	危	15	辛未	二黑	建	壁	13	庚子	九紫	定	奎	12	庚午	六白	开	胃
十八	16	壬寅	六白	成	室	16	壬申	一白	除	奎	14	辛丑	八白	执	娄	13	辛未	五黄	闭	昴
十九	17	癸卯	七赤	收	壁	17	癸酉	九紫	满	娄	15	壬寅	七赤	破	胃	14	壬申	四绿	闭	毕
二十	18	甲辰	八白	开	奎	18	甲戌	八白	平	胃	16	癸卯	六白	危	昴	15	癸酉	三碧	建	觜
廿一	19	乙巳	九紫	闭	娄	19	乙亥	七赤	定	昴	17	甲辰	五黄	成	毕	16	甲戌	二黑	除	参
廿二	20	丙午	一白	建	胃	20	丙子	六白	执	毕	18	乙巳	四绿	收	觜	17	乙亥	一白	满	井
廿三	21	丁未	二黑	除	昴	21	丁丑	五黄	破	觜	19	丙午	三碧	开	参	18	丙子	九紫	平	鬼
廿四	22	戊申	一白	满	毕	22	戊寅	四绿	危	参	20	丁未	二黑	闭	井	19	丁丑	八白	定	柳
廿五	23	己酉	九紫	平	觜	23	己卯	三碧	成	井	21	戊申	一白	建	鬼	20	戊寅	七赤	执	星
廿六	24	庚戌	八白	定	参	24	庚辰	二黑	收	鬼	22	己酉	九紫	除	柳	21	己卯	六白	破	张
廿七	25	辛亥	七赤	执	井	25	辛巳	一白	开	柳	23	庚戌	二黑	满	星	22	庚辰	五黄	危	翼
廿八	26	壬子	六白	破	鬼	26	壬午	九紫	闭	星	24	辛亥	一白	平	张	23	辛巳	四绿	成	轸
廿九	27	癸丑	五黄	危	柳	27	癸未	八白	建	张	25	壬子	九紫	定	翼	24	壬午	三碧	收	角
三十	28	甲寅	四绿	成	星						26	癸丑	八白	执	轸					

公元1908年　清光绪三十四年　戊申猴年　　太岁俞志　九星二黑

月份	九月大 壬戌 三碧 离卦 心宿					十月大 癸亥 二黑 震卦 尾宿					十一月小 甲子 一白 巽卦 箕宿					十二月大 乙丑 九紫 坎卦 斗宿				
节气	寒露 10月9日 十五丁酉 早子时 0时50分		霜降 10月24日 三十壬子 寅时 3时36分			立冬 11月8日 十五丁卯 寅时 3时22分		小雪 11月23日 三十壬午 早子时 0时34分			大雪 12月7日 十四丙申 戌时 19时43分		冬至 12月22日 廿九辛亥 未时 13时33分			小寒 1月6日 十五丙寅 卯时 6时45分		大寒 1月21日 三十辛巳 早子时 0时10分		
农历	公历	干支	九星	日建	星宿	公历	干支	九星	日建	星宿	公历	干支	九星	日建	星宿	公历	干支	九星	日建	星宿
初一	25	癸未	二黑	开	亢	25	癸丑	二黑	平	房	24	癸未	五黄	成	尾	23	壬子	四绿	建	箕
初二	26	甲申	一白	闭	氐	26	甲寅	一白	定	心	25	甲申	四绿	收	箕	24	癸丑	五黄	除	斗
初三	27	乙酉	九紫	建	房	27	乙卯	九紫	执	尾	26	乙酉	三碧	开	斗	25	甲寅	六白	满	牛
初四	28	丙戌	八白	除	心	28	丙辰	八白	破	箕	27	丙戌	二黑	闭	牛	26	乙卯	七赤	平	女
初五	29	丁亥	七赤	满	尾	29	丁巳	七赤	危	斗	28	丁亥	一白	建	女	27	丙辰	八白	定	虚
初六	30	戊子	六白	平	箕	30	戊午	六白	成	牛	29	戊子	九紫	除	虚	28	丁巳	九紫	执	危
初七	10月	己丑	五黄	定	斗	31	己未	五黄	收	女	30	己丑	八白	满	危	29	戊午	一白	破	室
初八	2	庚寅	四绿	执	牛	11月	庚申	四绿	开	虚	12月	庚寅	七赤	平	室	30	己未	二黑	危	壁
初九	3	辛卯	三碧	破	女	2	辛酉	三碧	闭	危	2	辛卯	六白	定	壁	31	庚申	三碧	成	奎
初十	4	壬辰	二黑	危	虚	3	壬戌	二黑	建	室	3	壬辰	五黄	执	奎	1月	辛酉	四绿	收	娄
十一	5	癸巳	一白	成	危	4	癸亥	一白	除	壁	4	癸巳	四绿	破	娄	2	壬戌	五黄	开	胃
十二	6	甲午	九紫	收	室	5	甲子	六白	满	奎	5	甲午	三碧	危	胃	3	癸亥	六白	闭	昴
十三	7	乙未	八白	开	壁	6	乙丑	五黄	平	娄	6	乙未	二黑	成	昴	4	甲子	一白	建	毕
十四	8	丙申	七赤	闭	奎	7	丙寅	四绿	定	胃	7	丙申	一白	收	毕	5	乙丑	二黑	除	觜
十五	9	丁酉	六白	闭	娄	8	丁卯	三碧	定	昴	8	丁酉	九紫	收	觜	6	丙寅	三碧	除	参
十六	10	戊戌	五黄	建	胃	9	戊辰	二黑	执	毕	9	戊戌	八白	开	参	7	丁卯	四绿	满	井
十七	11	己亥	四绿	除	昴	10	己巳	一白	破	觜	10	己亥	七赤	闭	井	8	戊辰	五黄	平	鬼
十八	12	庚子	三碧	满	毕	11	庚午	九紫	危	参	11	庚子	六白	建	鬼	9	己巳	六白	定	柳
十九	13	辛丑	二黑	平	觜	12	辛未	八白	成	井	12	辛丑	五黄	除	柳	10	庚午	七赤	执	星
二十	14	壬寅	一白	定	参	13	壬申	七赤	收	鬼	13	壬寅	四绿	满	星	11	辛未	八白	破	张
廿一	15	癸卯	九紫	执	井	14	癸酉	六白	开	柳	14	癸卯	三碧	平	张	12	壬申	九紫	危	翼
廿二	16	甲辰	八白	破	鬼	15	甲戌	五黄	闭	星	15	甲辰	二黑	定	翼	13	癸酉	一白	成	轸
廿三	17	乙巳	七赤	危	柳	16	乙亥	四绿	建	张	16	乙巳	一白	执	轸	14	甲戌	二黑	收	角
廿四	18	丙午	六白	成	星	17	丙子	三碧	除	翼	17	丙午	九紫	破	角	15	乙亥	三碧	开	亢
廿五	19	丁未	五黄	收	张	18	丁丑	二黑	满	轸	18	丁未	八白	危	亢	16	丙子	四绿	闭	氐
廿六	20	戊申	四绿	开	翼	19	戊寅	一白	平	角	19	戊申	七赤	成	氐	17	丁丑	五黄	建	房
廿七	21	己酉	三碧	闭	轸	20	己卯	九紫	定	亢	20	己酉	六白	收	房	18	戊寅	六白	除	心
廿八	22	庚戌	二黑	建	角	21	庚辰	八白	执	氐	21	庚戌	五黄	开	心	19	己卯	七赤	满	尾
廿九	23	辛亥	一白	除	亢	22	辛巳	七赤	破	房	22	辛亥	三碧	闭	尾	20	庚辰	八白	平	箕
三十	24	壬子	三碧	满	氐	23	壬午	六白	危	心						21	辛巳	九紫	定	斗

公元1909年 清宣统元年 己酉鸡年（闰二月）　太岁程寅 九星一白

节气

月份	正月小（丙寅 八白 震卦 牛宿）		二月大（丁卯 七赤 巽卦 女宿）		闰二月小	三月小（戊辰 六白 坎卦 虚宿）	
节气	立春 2月4日 十四乙未 酉时 18时32分	雨水 2月19日 廿九庚戌 未时 14时38分	惊蛰 3月6日 十五乙丑 未时 13时00分	春分 3月21日 三十庚辰 未时 14时12分	清明 4月5日 十五乙未 酉时 18时29分	谷雨 4月21日 初二辛亥 丑时 1时57分	立夏 5月6日 十七丙寅 午时 12时30分

日历表

农历	正月小 公历	干支	九星	日建	星宿	二月大 公历	干支	九星	日建	星宿	闰二月小 公历	干支	九星	日建	星宿	三月小 公历	干支	九星	日建	星宿
初一	22	壬午	一白	执	牛	20	辛亥	九紫	收	女	22	辛巳	六白	满	危	20	庚戌	八白	破	室
初二	23	癸未	二黑	破	女	21	壬子	一白	开	虚	23	壬午	七赤	平	室	21	辛亥	六白	危	壁
初三	24	甲申	三碧	危	虚	22	癸丑	二黑	闭	危	24	癸未	八白	定	壁	22	壬子	七赤	成	奎
初四	25	乙酉	四绿	成	危	23	甲寅	三碧	建	室	25	甲申	九紫	执	奎	23	癸丑	八白	收	娄
初五	26	丙戌	五黄	收	室	24	乙卯	四绿	除	壁	26	乙酉	一白	破	娄	24	甲寅	九紫	开	胃
初六	27	丁亥	六白	开	壁	25	丙辰	五黄	满	奎	27	丙戌	二黑	危	胃	25	乙卯	一白	闭	昴
初七	28	戊子	七赤	闭	奎	26	丁巳	六白	平	娄	28	丁亥	三碧	成	昴	26	丙辰	二黑	建	毕
初八	29	己丑	八白	建	娄	27	戊午	七赤	定	胃	29	戊子	四绿	收	毕	27	丁巳	三碧	除	觜
初九	30	庚寅	九紫	除	胃	28	己未	八白	执	昴	30	己丑	五黄	开	觜	28	戊午	四绿	满	参
初十	31	辛卯	一白	满	昴	3月	庚申	九紫	破	毕	31	庚寅	六白	闭	参	29	己未	五黄	平	井
十一	2月	壬辰	二黑	平	毕	2	辛酉	一白	危	觜	4月	辛卯	七赤	建	井	30	庚申	六白	定	鬼
十二	2	癸巳	三碧	定	觜	3	壬戌	二黑	成	参	2	壬辰	八白	除	鬼	5月	辛酉	七赤	执	柳
十三	3	甲午	四绿	执	参	4	癸亥	三碧	收	井	3	癸巳	九紫	满	柳	2	壬戌	八白	破	星
十四	4	乙未	五黄	执	井	5	甲子	七赤	开	鬼	4	甲午	一白	平	星	3	癸亥	九紫	危	张
十五	5	丙申	六白	破	鬼	6	乙丑	八白	开	柳	5	乙未	二黑	平	张	4	甲子	四绿	成	翼
十六	6	丁酉	七赤	危	柳	7	丙寅	九紫	闭	星	6	丙申	三碧	定	翼	5	乙丑	五黄	收	轸
十七	7	戊戌	八白	成	星	8	丁卯	一白	建	张	7	丁酉	四绿	执	轸	6	丙寅	六白	收	角
十八	8	己亥	九紫	收	张	9	戊辰	二黑	除	翼	8	戊戌	五黄	破	角	7	丁卯	七赤	开	亢
十九	9	庚子	一白	开	翼	10	己巳	三碧	满	轸	9	己亥	六白	危	亢	8	戊辰	八白	闭	氐
二十	10	辛丑	二黑	闭	轸	11	庚午	四绿	平	角	10	庚子	七赤	成	氐	9	己巳	九紫	建	房
廿一	11	壬寅	三碧	建	角	12	辛未	五黄	定	亢	11	辛丑	八白	收	房	10	庚午	一白	除	心
廿二	12	癸卯	四绿	除	亢	13	壬申	六白	执	氐	12	壬寅	九紫	开	心	11	辛未	二黑	满	尾
廿三	13	甲辰	五黄	满	氐	14	癸酉	七赤	破	房	13	癸卯	一白	闭	尾	12	壬申	三碧	平	箕
廿四	14	乙巳	六白	平	房	15	甲戌	八白	危	心	14	甲辰	二黑	建	箕	13	癸酉	四绿	定	斗
廿五	15	丙午	七赤	定	心	16	乙亥	九紫	成	尾	15	乙巳	三碧	除	斗	14	甲戌	五黄	执	牛
廿六	16	丁未	八白	执	尾	17	丙子	一白	收	箕	16	丙午	四绿	满	牛	15	乙亥	六白	破	女
廿七	17	戊申	九紫	破	箕	18	丁丑	二黑	开	斗	17	丁未	五黄	平	女	16	丙子	七赤	危	虚
廿八	18	己酉	一白	危	斗	19	戊寅	三碧	闭	牛	18	戊申	六白	定	虚	17	丁丑	八白	成	危
廿九	19	庚戌	八白	成	牛	20	己卯	四绿	建	女	19	己酉	七赤	执	危	18	戊寅	九紫	收	室
三十						21	庚辰	五黄	除	虚										

公元1909年 清宣统元年 己酉鸡年（闰二月）　太岁程寅 九星一白

月份	四月大 己巳 五黄 艮卦 危宿					五月小 庚午 四绿 坤卦 室宿					六月大 辛未 三碧 乾卦 壁宿				
节气	小满 5月22日 初四壬午 丑时 1时44分			芒种 6月6日 十九丁酉 酉时 17时13分		夏至 6月22日 初五癸丑 巳时 10时05分			小暑 7月8日 廿一己巳 寅时 3时43分		大暑 7月23日 初七甲申 亥时 21时00分			立秋 8月8日 廿三庚子 未时 13时22分	
农历	公历	干支	九星	日建	星宿	公历	干支	九星	日建	星宿	公历	干支	九星	日建	星宿
初一	19	己卯	一白	开	壁	18	己酉	四绿	平	娄	17	戊寅	四绿	危	胃昴
初二	20	庚辰	二黑	闭	奎	19	庚戌	五黄	定	胃	18	己卯	三碧	成	昴毕
初三	21	辛巳	三碧	建	娄	20	辛亥	六白	执	昴	19	庚辰	二黑	收	毕觜
初四	22	壬午	四绿	除	胃	21	壬子	七赤	破	毕觜	20	辛巳	一白	开	参
初五	23	癸未	五黄	满	昴	22	癸丑	五黄	危	参	21	壬午	九紫	闭	参
初六	24	甲申	六白	平	毕觜	23	甲寅	四绿	成	参	22	癸未	八白	建	井鬼
初七	25	乙酉	七赤	定	参	24	乙卯	三碧	收	井鬼	23	甲申	七赤	除	柳星
初八	26	丙戌	八白	执	井	25	丙辰	二黑	开	柳	24	乙酉	六白	满	星
初九	27	丁亥	九紫	破	鬼	26	丁巳	一白	闭	星	25	丙戌	五黄	平	张
初十	28	戊子	一白	危	柳	27	戊午	九紫	建		26	丁亥	四绿	定	翼
十一	29	己丑	二黑	成	星	28	己未	八白	除	张翼	27	戊子	三碧	执	轸角
十二	30	庚寅	三碧	收	张	29	庚申	七赤	满	翼	28	己丑	二黑	破	角元
十三	31	辛卯	四绿	开	张翼	30	辛酉	六白	平	轸	29	庚寅	一白	危	角元
十四	6月	壬辰	五黄	闭	翼	7月	壬戌	五黄	定	角元	30	辛卯	九紫	成	元氐
十五	2	癸巳	六白	建	轸	2	癸亥	四绿	执		31	壬辰	八白	收	氐
十六	3	甲午	七赤	除	角	3	甲子	九紫	破	氐房心	8月	癸巳	七赤	开	房心
十七	4	乙未	八白	满	亢氐	4	乙丑	八白	危	尾	2	甲午	六白	闭	尾箕
十八	5	丙申	九紫	平	房	5	丙寅	七赤	成	箕	3	乙未	五黄	建	斗牛
十九	6	丁酉	一白	定	心	6	丁卯	六白	收		4	丙申	四绿	除	女
二十	7	戊戌	二黑	定	尾	7	戊辰	五黄	开	斗牛	5	丁酉	三碧	满	虚危
廿一	8	己亥	三碧	执	箕	8	己巳	四绿	开	女虚	6	戊戌	二黑	平	室
廿二	9	庚子	四绿	破	斗	9	庚午	三碧	闭		7	己亥	一白	定	壁
廿三	10	辛丑	五黄	危	牛女	10	辛未	二黑	建		8	庚子	九紫	执	室壁
廿四	11	壬寅	六白	成	虚	11	壬申	一白	除	危室	9	辛丑	八白	破	奎娄
廿五	12	癸卯	七赤	收	危	12	癸酉	九紫	满	壁	10	壬寅	七赤	危	胃
廿六	13	甲辰	八白	开	虚	13	甲戌	八白	平	奎	11	癸卯	六白	成	壁奎
廿七	14	乙巳	九紫	闭	室危	14	乙亥	七赤	定	娄	12	甲辰	五黄	成	娄
廿八	15	丙午	一白	建	室壁	15	丙子	六白	执	胃	13	乙巳	四绿	收	胃
廿九	16	丁未	二黑	除	奎	16	丁丑	五黄	破		14	丙午	三碧	开	昴
三十	17	戊申	三碧	满							15	丁未	二黑	闭	昴

月份	七月小				壬申 二黑 兑卦 奎宿	八月大				癸酉 一白 离卦 娄宿	九月大				甲戌 九紫 震卦 胃宿
节气	处暑 8月24日 初九丙辰 寅时 3时43分		白露 9月8日 廿四辛未 申时 15时46分			秋分 9月24日 十一丁亥 早子时 0时44分		寒露 10月9日 廿六壬寅 卯时 6时43分			霜降 10月24日 十一丁巳 巳时 9时22分		立冬 11月8日 廿六壬申 巳时 9时13分		
农历	公历	干支	九星	日建	星宿	公历	干支	九星	日建	星宿	公历	干支	九星	日建	星宿
初一	16	戊申	一白	建	毕	14	丁丑	八白	定	觜	14	丁未	五黄	收	井
初二	17	己酉	九紫	除	觜	15	戊寅	七赤	执	参	15	戊申	四绿	开	鬼
初三	18	庚戌	八白	满	参	16	己卯	六白	破	井	16	己酉	三碧	闭	柳
初四	19	辛亥	七赤	平	井	17	庚辰	五黄	危	鬼	17	庚戌	二黑	建	星
初五	20	壬子	六白	定	鬼	18	辛巳	四绿	成	柳	18	辛亥	一白	除	张
初六	21	癸丑	五黄	执	柳	19	壬午	三碧	收	星	19	壬子	九紫	满	翼
初七	22	甲寅	四绿	破	星	20	癸未	二黑	开	张	20	癸丑	八白	平	轸
初八	23	乙卯	三碧	危	张	21	甲申	一白	闭	翼	21	甲寅	七赤	定	角
初九	24	丙辰	五黄	成	翼	22	乙酉	九紫	建	轸	22	乙卯	六白	执	亢
初十	25	丁巳	四绿	收	轸	23	丙戌	八白	除	角	23	丙辰	五黄	破	氐
十一	26	戊午	三碧	开	角	24	丁亥	七赤	满	亢	24	丁巳	七赤	危	房
十二	27	己未	二黑	闭	亢	25	戊子	六白	平	氐	25	戊午	六白	成	心
十三	28	庚申	一白	建	氐	26	己丑	五黄	定	房	26	己未	五黄	收	尾
十四	29	辛酉	九紫	除	房	27	庚寅	四绿	执	心	27	庚申	四绿	开	箕
十五	30	壬戌	八白	满	心	28	辛卯	三碧	破	尾	28	辛酉	三碧	闭	斗
十六	31	癸亥	七赤	平	尾	29	壬辰	二黑	危	箕	29	壬戌	二黑	建	牛
十七	9月	甲子	三碧	定	箕	30	癸巳	一白	成	斗	30	癸亥	一白	除	女
十八	2	乙丑	二黑	执	斗	10月	甲午	九紫	收	牛	31	甲子	六白	满	虚
十九	3	丙寅	一白	破	牛	2	乙未	八白	开	女	11月	乙丑	五黄	平	危
二十	4	丁卯	九紫	危	女	3	丙申	七赤	闭	虚	2	丙寅	四绿	定	室
廿一	5	戊辰	八白	成	虚	4	丁酉	六白	建	危	3	丁卯	三碧	执	壁
廿二	6	己巳	七赤	收	危	5	戊戌	五黄	除	室	4	戊辰	二黑	破	奎
廿三	7	庚午	六白	开	室	6	己亥	四绿	满	壁	5	己巳	一白	危	娄
廿四	8	辛未	五黄	开	壁	7	庚子	三碧	平	奎	6	庚午	九紫	成	胃
廿五	9	壬申	四绿	闭	奎	8	辛丑	二黑	定	娄	7	辛未	八白	收	昴
廿六	10	癸酉	三碧	建	娄	9	壬寅	一白	定	胃	8	壬申	七赤	开	毕
廿七	11	甲戌	二黑	除	胃	10	癸卯	九紫	执	昴	9	癸酉	六白	开	觜
廿八	12	乙亥	一白	满	昴	11	甲辰	八白	破	毕	10	甲戌	五黄	闭	参
廿九	13	丙子	九紫	平	毕	12	乙巳	七赤	危	觜	11	乙亥	四绿	建	井
三十						13	丙午	六白	成	参	12	丙子	三碧	除	鬼

公元1909年　清宣统元年　己酉鸡年（闰二月）　太岁程寅　九星一白

月份	十月大　乙亥 八白 巽卦 昴宿					十一月小　丙子 七赤 坎卦 毕宿					十二月大　丁丑 六白 艮卦 觜宿				
节气	小雪 11月23日 十一丁亥 卯时 6时20分		大雪 12月8日 廿六壬寅 丑时 1时34分			冬至 12月22日 初十丙辰 戌时 19时19分		小寒 1月6日 廿五辛未 午时 12时37分			大寒 1月21日 十一丙戌 卯时 5时58分		立春 2月5日 廿六辛丑 早子时 0时27分		
农历	公历	干支	九星	日建	星宿	公历	干支	九星	日建	星宿	公历	干支	九星	日建	星宿
初一	13	丁丑	二黑	满	柳	13	丁未	八白	危	张	11	丙子	四绿	闭	翼
初二	14	戊寅	一白	平	星	14	戊申	七赤	成	翼	12	丁丑	五黄	建	轸
初三	15	己卯	九紫	定	张	15	己酉	六白	收	轸	13	戊寅	六白	除	角
初四	16	庚辰	八白	执	翼	16	庚戌	五黄	开	角	14	己卯	七赤	满	亢
初五	17	辛巳	七赤	破	轸	17	辛亥	四绿	闭	亢	15	庚辰	八白	平	氐
初六	18	壬午	六白	危	角	18	壬子	三碧	建	氐	16	辛巳	九紫	定	房
初七	19	癸未	五黄	成	亢	19	癸丑	二黑	除	房	17	壬午	一白	执	心
初八	20	甲申	四绿	收	氐	20	甲寅	一白	满	心	18	癸未	二黑	破	尾
初九	21	乙酉	三碧	开	房	21	乙卯	九紫	平	尾	19	甲申	三碧	危	箕
初十	22	丙戌	二黑	闭	心	22	丙辰	八白	定	箕	20	乙酉	四绿	成	斗
十一	23	丁亥	一白	建	尾	23	丁巳	九紫	执	斗	21	丙戌	五黄	收	牛
十二	24	戊子	九紫	除	箕	24	戊午	一白	破	牛	22	丁亥	六白	开	女
十三	25	己丑	八白	满	斗	25	己未	二黑	危	女	23	戊子	七赤	闭	虚
十四	26	庚寅	七赤	平	牛	26	庚申	三碧	成	虚	24	己丑	八白	建	室
十五	27	辛卯	六白	定	女	27	辛酉	四绿	收	危	25	庚寅	九紫	除	壁
十六	28	壬辰	五黄	执	虚	28	壬戌	五黄	开	室	26	辛卯	一白	满	奎
十七	29	癸巳	四绿	破	危	29	癸亥	六白	闭	壁	27	壬辰	二黑	平	娄
十八	30	甲午	三碧	危	室	30	甲子	一白	建	奎	28	癸巳	三碧	定	胃
十九	12月	乙未	二黑	成	壁	31	乙丑	二黑	除	娄	29	甲午	四绿	执	昴
二十	2	丙申	一白	收	奎	1月	丙寅	三碧	满	胃	30	乙未	五黄	破	毕
廿一	3	丁酉	九紫	开	娄	2	丁卯	四绿	平	昴	31	丙申	六白	危	觜
廿二	4	戊戌	八白	闭	胃	3	戊辰	五黄	定	毕	2月	丁酉	七赤	成	参
廿三	5	己亥	七赤	建	昴	4	己巳	六白	执	觜	2	戊戌	八白	收	井
廿四	6	庚子	六白	除	毕	5	庚午	七赤	破	参	3	己亥	九紫	开	鬼
廿五	7	辛丑	五黄	满	觜	6	辛未	八白	破	井	4	庚子	一白	闭	柳
廿六	8	壬寅	四绿	平	参	7	壬申	九紫	危	鬼	5	辛丑	二黑	建	星
廿七	9	癸卯	三碧	定	井	8	癸酉	一白	成	柳	6	壬寅	三碧	除	张
廿八	10	甲辰	二黑	执	鬼	9	甲戌	二黑	收	星	7	癸卯	四绿	满	翼
廿九	11	乙巳	一白	破	柳	10	乙亥	三碧	开	张	8	甲辰	五黄	平	轸
三十	12	丙午	九紫								9	乙巳	六白		

公元1910年　清宣统二年　庚戌狗年　太岁化秋　九星九紫

月份	正月小　戊寅 五黄 巽卦 参宿					二月大　己卯 四绿 坎卦 井宿					三月小　庚辰 三碧 艮卦 鬼宿					四月小　辛巳 二黑 坤卦 柳宿				
节气	雨水 2月19日 初十乙卯 戌时 20时28分		惊蛰 3月6日 廿五庚午 酉时 18时56分			春分 3月21日 十一乙酉 戌时 20时02分		清明 4月6日 廿七辛丑 早子时 0时22分			谷雨 4月21日 十二丙辰 辰时 7时45分		立夏 5月6日 廿七辛未 酉时 18时19分			小满 5月22日 十四丁亥 辰时 7时30分		芒种 6月6日 廿九壬寅 亥时 22时56分		
农历	公历	干支	九星	日建	星宿	公历	干支	九星	日建	星宿	公历	干支	九星	日建	星宿	公历	干支	九星	日建	星宿
初一	10	丙午	七赤	定	角	11	乙亥	九紫	成	亢	10	乙巳	三碧	除	房	9	甲戌	五黄	执	心
初二	11	丁未	八白	执	亢	12	丙子	一白	收	氐	11	丙午	四绿	满	心	10	乙亥	六白	破	尾
初三	12	戊申	九紫	破	氐	13	丁丑	二黑	开	房	12	丁未	五黄	平	尾	11	丙子	七赤	危	箕
初四	13	己酉	一白	危	房	14	戊寅	三碧	闭	心	13	戊申	六白	定	箕	12	丁丑	八白	成	斗
初五	14	庚戌	二黑	成	心	15	己卯	四绿	建	尾	14	己酉	七赤	执	斗	13	戊寅	九紫	收	牛
初六	15	辛亥	三碧	收	尾	16	庚辰	五黄	除	箕	15	庚戌	八白	破	牛	14	己卯	一白	开	女
初七	16	壬子	四绿	开	箕	17	辛巳	六白	满	斗	16	辛亥	九紫	危	女	15	庚辰	二黑	闭	虚
初八	17	癸丑	五黄	闭	斗	18	壬午	七赤	平	牛	17	壬子	一白	成	虚	16	辛巳	三碧	建	危
初九	18	甲寅	六白	建	牛	19	癸未	八白	定	女	18	癸丑	二黑	收	危	17	壬午	四绿	除	室
初十	19	乙卯	四绿	除	女	20	甲申	九紫	执	虚	19	甲寅	三碧	开	室	18	癸未	五黄	满	壁
十一	20	丙辰	五黄	满	虚	21	乙酉	一白	破	危	20	乙卯	四绿	闭	壁	19	甲申	六白	平	奎
十二	21	丁巳	六白	平	危	22	丙戌	二黑	危	室	21	丙辰	二黑	建	奎	20	乙酉	七赤	定	娄
十三	22	戊午	七赤	定	室	23	丁亥	三碧	成	壁	22	丁巳	三碧	除	娄	21	丙戌	八白	执	胃
十四	23	己未	八白	执	壁	24	戊子	四绿	收	奎	23	戊午	四绿	满	胃	22	丁亥	九紫	破	昴
十五	24	庚申	九紫	破	奎	25	己丑	五黄	开	娄	24	己未	五黄	平	昴	23	戊子	一白	危	毕
十六	25	辛酉	一白	危	娄	26	庚寅	六白	闭	胃	25	庚申	六白	定	毕	24	己丑	二黑	成	觜
十七	26	壬戌	二黑	成	胃	27	辛卯	七赤	建	昴	26	辛酉	七赤	执	觜	25	庚寅	三碧	收	参
十八	27	癸亥	三碧	收	昴	28	壬辰	八白	除	毕	27	壬戌	八白	破	参	26	辛卯	四绿	开	井
十九	28	甲子	七赤	开	毕	29	癸巳	九紫	满	觜	28	癸亥	九紫	危	井	27	壬辰	五黄	闭	鬼
二十	3月	乙丑	八白	闭	觜	30	甲午	一白	平	参	29	甲子	四绿	成	鬼	28	癸巳	六白	建	柳
廿一	2	丙寅	九紫	建	参	31	乙未	二黑	定	井	30	乙丑	五黄	收	柳	29	甲午	七赤	除	星
廿二	3	丁卯	一白	除	井	4月	丙申	三碧	执	鬼	5月	丙寅	六白	开	星	30	乙未	八白	满	张
廿三	4	戊辰	二黑	满	鬼	2	丁酉	四绿	破	柳	2	丁卯	七赤	闭	张	31	丙申	九紫	平	翼
廿四	5	己巳	三碧	平	柳	3	戊戌	五黄	危	星	3	戊辰	八白	建	翼	6月	丁酉	一白	定	轸
廿五	6	庚午	四绿	平	星	4	己亥	六白	成	张	4	己巳	九紫	除	轸	2	戊戌	二黑	执	角
廿六	7	辛未	五黄	定	张	5	庚子	七赤	收	翼	5	庚午	一白	满	角	3	己亥	三碧	破	亢
廿七	8	壬申	六白	执	翼	6	辛丑	八白	开	轸	6	辛未	二黑	平	亢	4	庚子	四绿	危	氐
廿八	9	癸酉	七赤	破	轸	7	壬寅	九紫	闭	角	7	壬申	三碧	定	氐	5	辛丑	五黄	成	房
廿九	10	甲戌	八白	危	角	8	癸卯	一白	建	亢	8	癸酉	四绿	执	房	6	壬寅	六白	成	心
三十						9	甲辰	二黑	除	氐										

公元1910年 清宣统二年 庚戌狗年　太岁化秋 九星九紫

月份	五月大 壬午 一白 乾卦 星宿					六月小 癸未 九紫 兑卦 张宿					七月大 甲申 八白 离卦 翼宿					八月小 乙酉 七赤 震卦 轸宿				
节气	夏至 6月22日 十六戊午 申时 15时48分					小暑 7月8日 初二甲戌 巳时 9时21分 / 大暑 7月24日 十八庚寅 丑时 2时42分					立秋 8月8日 初四乙巳 酉时 18时57分 / 处暑 8月24日 二十辛酉 巳时 9时27分					白露 9月8日 初五丙子 亥时 21时22分 / 秋分 9月24日 廿一壬辰 卯时 6时30分				
农历	公历	干支	九星	日建	星宿	公历	干支	九星	日建	星宿	公历	干支	九星	日建	星宿	公历	干支	九星	日建	星宿
初一	7	癸卯	七赤	收	尾	7	癸酉	九紫	平	斗	5	壬寅	七赤	危	牛	4	壬申	四绿	建	虚
初二	8	甲辰	八白	开	箕	8	甲戌	八白	平	牛	6	癸卯	六白	成	女	5	癸酉	三碧	除	危
初三	9	乙巳	九紫	闭	斗	9	乙亥	七赤	定	女	7	甲辰	五黄	收	虚	6	甲戌	二黑	满	室
初四	10	丙午	一白	建	牛	10	丙子	六白	执	虚	8	乙巳	四绿	收	危	7	乙亥	一白	平	壁
初五	11	丁未	二黑	除	女	11	丁丑	五黄	破	危	9	丙午	三碧	开	室	8	丙子	九紫	平	奎
初六	12	戊申	三碧	满	虚	12	戊寅	四绿	危	室	10	丁未	二黑	闭	壁	9	丁丑	八白	定	娄
初七	13	己酉	四绿	平	危	13	己卯	三碧	成	壁	11	戊申	一白	建	奎	10	戊寅	七赤	执	胃
初八	14	庚戌	五黄	定	室	14	庚辰	二黑	收	奎	12	己酉	九紫	除	娄	11	己卯	六白	破	昴
初九	15	辛亥	六白	执	壁	15	辛巳	一白	开	娄	13	庚戌	八白	满	胃	12	庚辰	五黄	危	毕
初十	16	壬子	七赤	破	奎	16	壬午	九紫	闭	胃	14	辛亥	七赤	平	昴	13	辛巳	四绿	成	觜
十一	17	癸丑	八白	危	娄	17	癸未	八白	建	昴	15	壬子	六白	定	毕	14	壬午	三碧	收	参
十二	18	甲寅	九紫	成	胃	18	甲申	七赤	除	毕	16	癸丑	五黄	执	觜	15	癸未	二黑	开	井
十三	19	乙卯	一白	收	昴	19	乙酉	六白	满	觜	17	甲寅	四绿	破	参	16	甲申	一白	闭	鬼
十四	20	丙辰	二黑	开	毕	20	丙戌	五黄	平	参	18	乙卯	三碧	危	井	17	乙酉	九紫	建	柳
十五	21	丁巳	三碧	闭	觜	21	丁亥	四绿	定	井	19	丙辰	二黑	成	鬼	18	丙戌	八白	除	星
十六	22	戊午	九紫	建	参	22	戊子	三碧	执	鬼	20	丁巳	一白	收	柳	19	丁亥	七赤	满	张
十七	23	己未	八白	除	井	23	己丑	二黑	破	柳	21	戊午	九紫	开	星	20	戊子	六白	平	翼
十八	24	庚申	七赤	满	鬼	24	庚寅	一白	危	星	22	己未	八白	闭	张	21	己丑	五黄	定	轸
十九	25	辛酉	六白	平	柳	25	辛卯	九紫	成	张	23	庚申	七赤	建	翼	22	庚寅	四绿	执	角
二十	26	壬戌	五黄	定	星	26	壬辰	八白	收	翼	24	辛酉	九紫	除	轸	23	辛卯	三碧	破	亢
廿一	27	癸亥	四绿	执	张	27	癸巳	七赤	开	轸	25	壬戌	八白	满	角	24	壬辰	二黑	危	氐
廿二	28	甲子	九紫	破	翼	28	甲午	六白	闭	角	26	癸亥	七赤	平	亢	25	癸巳	一白	成	房
廿三	29	乙丑	八白	危	轸	29	乙未	五黄	建	亢	27	甲子	三碧	定	氐	26	甲午	九紫	收	心
廿四	30	丙寅	七赤	成	角	30	丙申	四绿	除	氐	28	乙丑	二黑	执	房	27	乙未	八白	开	尾
廿五	7月	丁卯	六白	收	亢	31	丁酉	三碧	满	房	29	丙寅	一白	破	心	28	丙申	七赤	闭	箕
廿六	2	戊辰	五黄	开	氐	8月	戊戌	二黑	平	心	30	丁卯	九紫	危	尾	29	丁酉	六白	建	斗
廿七	3	己巳	四绿	闭	房	2	己亥	一白	定	尾	31	戊辰	八白	成	箕	30	戊戌	五黄	除	牛
廿八	4	庚午	三碧	建	心	3	庚子	九紫	执	箕	9月	己巳	七赤	收	斗	10月	己亥	四绿	满	女
廿九	5	辛未	二黑	除	尾	4	辛丑	八白	破	斗	2	庚午	六白	开	牛	2	庚子	三碧	平	虚
三十	6	壬申	一白	满	箕						3	辛未	五黄	闭	女					

公元1910年　清宣统二年　庚戌狗年　太岁化秋 九星九紫

月份	九月大 丙戌 六白 巽卦 角宿					十月大 丁亥 五黄 坎卦 亢宿					十一月大 戊子 四绿 艮卦 氐宿					十二月小 己丑 三碧 坤卦 房宿				
节气	寒露 10月9日 初七丁未 午时 12时21分		霜降 10月24日 廿二壬戌 申时 15时11分			立冬 11月8日 初七丁丑 未时 14时53分		小雪 11月23日 廿二壬辰 午时 12时10分			大雪 12月8日 初七丁未 辰时 7时16分		冬至 12月23日 廿二壬戌 丑时 1时11分			小寒 1月6日 初六丙子 酉时 18时20分		大寒 1月21日 廿一辛卯 午时 11时51分		
农历	公历	干支	九星	日建	星宿	公历	干支	九星	日建	星宿	公历	干支	九星	日建	星宿	公历	干支	九星	日建	星宿
初一	3	辛丑	二黑	定	危	2	辛未	八白	收	壁	2	辛丑	五黄	满	娄	1月 1	辛未	八白	危	昴
初二	4	壬寅	一白	执	室	3	壬申	七赤	开	奎	3	壬寅	四绿	平	胃	2	壬申	九紫	成	毕
初三	5	癸卯	九紫	破	壁	4	癸酉	六白	闭	娄	4	癸卯	三碧	定	昴	3	癸酉	一白	收	觜
初四	6	甲辰	八白	危	奎	5	甲戌	五黄	建	胃	5	甲辰	二黑	执	毕	4	甲戌	二黑	开	参
初五	7	乙巳	七赤	成	娄	6	乙亥	四绿	除	昴	6	乙巳	一白	破	觜	5	乙亥	三碧	闭	井
初六	8	丙午	六白	收	胃	7	丙子	三碧	满	毕	7	丙午	九紫	危	参	6	丙子	四绿	闭	鬼
初七	9	丁未	五黄	收	昴	8	丁丑	二黑	满	觜	8	丁未	八白	危	井	7	丁丑	五黄	建	柳
初八	10	戊申	四绿	开	毕	9	戊寅	一白	平	参	9	戊申	七赤	成	鬼	8	戊寅	六白	除	星
初九	11	己酉	三碧	闭	觜	10	己卯	九紫	定	井	10	己酉	六白	收	柳	9	己卯	七赤	满	张
初十	12	庚戌	二黑	建	参	11	庚辰	八白	执	鬼	11	庚戌	五黄	开	星	10	庚辰	八白	平	翼
十一	13	辛亥	一白	除	井	12	辛巳	七赤	破	柳	12	辛亥	四绿	闭	张	11	辛巳	九紫	定	轸
十二	14	壬子	九紫	满	鬼	13	壬午	六白	危	星	13	壬子	三碧	建	翼	12	壬午	一白	执	角
十三	15	癸丑	八白	平	柳	14	癸未	五黄	成	张	14	癸丑	二黑	除	轸	13	癸未	二黑	破	亢
十四	16	甲寅	七赤	定	星	15	甲申	四绿	收	翼	15	甲寅	一白	满	角	14	甲申	三碧	危	氐
十五	17	乙卯	六白	执	张	16	乙酉	三碧	开	轸	16	乙卯	九紫	平	亢	15	乙酉	四绿	成	房
十六	18	丙辰	五黄	破	翼	17	丙戌	二黑	闭	角	17	丙辰	八白	定	氐	16	丙戌	五黄	收	心
十七	19	丁巳	四绿	危	轸	18	丁亥	一白	建	亢	18	丁巳	七赤	执	房	17	丁亥	六白	开	尾
十八	20	戊午	三碧	成	角	19	戊子	九紫	除	氐	19	戊午	六白	破	心	18	戊子	七赤	闭	箕
十九	21	己未	二黑	收	亢	20	己丑	八白	满	房	20	己未	五黄	危	尾	19	己丑	八白	建	斗
二十	22	庚申	一白	开	氐	21	庚寅	七赤	平	心	21	庚申	四绿	成	箕	20	庚寅	九紫	除	牛
廿一	23	辛酉	九紫	闭	房	22	辛卯	六白	定	尾	22	辛酉	三碧	收	斗	21	辛卯	一白	满	女
廿二	24	壬戌	二黑	建	心	23	壬辰	五黄	执	箕	23	壬戌	五黄	开	牛	22	壬辰	二黑	平	虚
廿三	25	癸亥	一白	除	尾	24	癸巳	四绿	破	斗	24	癸亥	六白	闭	女	23	癸巳	三碧	定	危
廿四	26	甲子	六白	满	箕	25	甲午	三碧	危	牛	25	甲子	一白	建	虚	24	甲午	四绿	执	室
廿五	27	乙丑	五黄	平	斗	26	乙未	二黑	成	女	26	乙丑	二黑	除	危	25	乙未	五黄	破	壁
廿六	28	丙寅	四绿	定	牛	27	丙申	一白	收	虚	27	丙寅	三碧	满	室	26	丙申	六白	危	奎
廿七	29	丁卯	三碧	执	女	28	丁酉	九紫	开	危	28	丁卯	四绿	平	壁	27	丁酉	七赤	成	娄
廿八	30	戊辰	二黑	破	虚	29	戊戌	八白	闭	室	29	戊辰	五黄	定	奎	28	戊戌	八白	收	胃
廿九	31	己巳	一白	危	危	30	己亥	七赤	建	壁	30	己巳	六白	执	娄	29	己亥	九紫	开	昴
三十	11月	庚午	九紫	成	室	12月	庚子	六白	除	奎	31	庚午	七赤	破	胃					

公元1911年　清宣统三年　辛亥猪年（闰六月）　　太岁叶坚　九星八白

月份	正月大 庚寅 二黑 坎卦 心宿					二月小 辛卯 一白 艮卦 尾宿					三月大 壬辰 九紫 坤卦 箕宿					四月小 癸巳 八白 乾卦 斗宿				
节气	立春 2月5日 初七丙午 卯时 6时10分			雨水 2月20日 廿二辛酉 丑时 2时20分		惊蛰 3月7日 初七丙子 早子时 0时38分			春分 3月22日 廿二辛卯 丑时 1时54分		清明 4月6日 初八丙午 卯时 6时04分			谷雨 4月21日 廿三辛酉 未时 13时35分		立夏 5月7日 初九丁丑 早子时 0时00分			小满 5月22日 廿四壬辰 未时 13时18分	
农历	公历	干支	九星	日建	星宿	公历	干支	九星	日建	星宿	公历	干支	九星	日建	星宿	公历	干支	九星	日建	星宿
初一	30	庚子	一白	闭	毕	3月	庚午	四绿	定	参	30	己亥	六白	成	井	29	己巳	九紫	除	柳
初二	31	辛丑	二黑	建	觜	2	辛未	五黄	执	井	31	庚子	七赤	收	鬼	30	庚午	一白	满	星
初三	2月	壬寅	三碧	除	参	3	壬申	六白	破	鬼	4月	辛丑	八白	开	柳	5月	辛未	二黑	平	张
初四	2	癸卯	四绿	满	井	4	癸酉	七赤	危	柳	2	壬寅	九紫	闭	星	2	壬申	三碧	定	翼
初五	3	甲辰	五黄	平	鬼	5	甲戌	八白	成	星	3	癸卯	一白	建	张	3	癸酉	四绿	执	轸
初六	4	乙巳	六白	定	柳	6	乙亥	九紫	收	张	4	甲辰	二黑	除	翼	4	甲戌	五黄	破	角
初七	5	丙午	七赤	定	星	7	丙子	一白	收	翼	5	乙巳	三碧	满	轸	5	乙亥	六白	危	亢
初八	6	丁未	八白	执	张	9	丁丑	二黑	开	轸	6	丙午	四绿	满	角	6	丙子	七赤	成	氐
初九	7	戊申	九紫	破	翼	9	戊寅	三碧	闭	角	7	丁未	五黄	平	亢	7	丁丑	八白	成	房
初十	8	己酉	一白	危	轸	10	己卯	四绿	建	亢	8	戊申	六白	定	氐	8	戊寅	九紫	收	心
十一	9	庚戌	二黑	成	角	11	庚辰	五黄	除	氐	9	己酉	七赤	执	房	9	己卯	一白	开	尾
十二	10	辛亥	三碧	收	亢	12	辛巳	六白	满	房	10	庚戌	八白	破	心	10	庚辰	二黑	闭	箕
十三	11	壬子	四绿	开	氐	13	壬午	七赤	平	心	11	辛亥	九紫	危	尾	11	辛巳	三碧	建	斗
十四	12	癸丑	五黄	闭	房	14	癸未	八白	定	尾	12	壬子	一白	成	箕	12	壬午	四绿	除	牛
十五	13	甲寅	六白	建	心	15	甲申	九紫	执	箕	13	癸丑	二黑	收	斗	13	癸未	五黄	满	女
十六	14	乙卯	七赤	除	尾	16	乙酉	一白	破	斗	14	甲寅	三碧	开	牛	14	甲申	六白	平	虚
十七	15	丙辰	八白	满	箕	17	丙戌	二黑	危	牛	15	乙卯	四绿	闭	女	15	乙酉	七赤	定	危
十八	16	丁巳	九紫	平	斗	18	丁亥	三碧	成	女	16	丙辰	五黄	建	虚	16	丙戌	八白	执	室
十九	17	戊午	一白	定	牛	19	戊子	四绿	收	虚	17	丁巳	六白	除	危	17	丁亥	九紫	破	壁
二十	18	己未	二黑	执	女	20	己丑	五黄	开	危	18	戊午	七赤	满	室	18	戊子	一白	危	奎
廿一	19	庚申	三碧	破	虚	21	庚寅	六白	闭	室	19	己未	八白	平	壁	19	己丑	二黑	成	娄
廿二	20	辛酉	一白	危	危	22	辛卯	七赤	建	壁	20	庚申	九紫	定	奎	20	庚寅	三碧	收	胃
廿三	21	壬戌	二黑	成	室	23	壬辰	八白	除	奎	21	辛酉	七赤	执	娄	21	辛卯	四绿	开	昴
廿四	22	癸亥	三碧	收	壁	24	癸巳	九紫	满	娄	22	壬戌	八白	破	胃	22	壬辰	五黄	闭	毕
廿五	23	甲子	七赤	开	奎	25	甲午	一白	平	胃	23	癸亥	九紫	危	昴	23	癸巳	六白	建	觜
廿六	24	乙丑	八白	闭	娄	26	乙未	二黑	定	昴	24	甲子	四绿	成	毕	24	甲午	七赤	除	参
廿七	25	丙寅	九紫	建	胃	27	丙申	三碧	执	毕	25	乙丑	五黄	收	觜	25	乙未	八白	满	井
廿八	26	丁卯	一白	除	昴	28	丁酉	四绿	破	觜	26	丙寅	六白	开	参	26	丙申	九紫	平	鬼
廿九	27	戊辰	二黑	满	毕	29	戊戌	五黄	危	参	27	丁卯	七赤	闭	井	27	丁酉	一白	定	柳
三十	28	己巳	三碧	平	觜						28	戊辰	八白	建	鬼					

国学经典文库　中华历书大全　·1900～2100年万年历法表·　图文珍藏版

月份	五月小					六月大					闰六月小				
	甲午 七赤 兑卦 牛宿					乙未 六白 离卦 女宿									
节气	芒种 6月7日 十一戊申 寅时 4时37分	夏至 6月22日 廿六癸亥 亥时 21时35分				小暑 7月8日 十三己卯 申时 15时04分	大暑 7月24日 廿九乙未 辰时 8时28分				立秋 8月9日 十五辛亥 早子时 0时44分				
农历	公历	干支	九星	日建	星宿	公历	干支	九星	日建	星宿	公历	干支	九星	日建	星宿
初一	28	戊戌	二黑	执	星	26	丁卯	六白	收	张	26	丁酉	三碧	满	轸
初二	29	己亥	三碧	破	张	27	戊辰	五黄	开	翼	27	戊戌	二黑	平	角
初三	30	庚子	四绿	危	翼	28	己巳	四绿	闭	轸	28	己亥	一白	定	亢
初四	31	辛丑	五黄	成	轸	29	庚午	三碧	建	角	29	庚子	九紫	执	氐房
初五	6月	壬寅	六白	收	角	30	辛未	二黑	除	亢	30	辛丑	八白	破	房
初六	2	癸卯	七赤	开	亢	7月	壬申	一白	满	氐	31	壬寅	七赤	危	心尾
初七	3	甲辰	八白	闭	氐	2	癸酉	九紫	平	房	8月	癸卯	六白	成	箕
初八	4	乙巳	九紫	建	房	3	甲戌	八白	定	心	2	甲辰	五黄	收	箕
初九	5	丙午	一白	除	心	4	乙亥	七赤	执	尾	3	乙巳	四绿	开	斗牛
初十	6	丁未	二黑	满	尾	5	丙子	六白	破	箕	4	丙午	三碧	闭	牛
十一	7	戊申	三碧	满	箕	6	丁丑	五黄	危	斗	5	丁未	二黑	建	女
十二	8	己酉	四绿	平	斗	7	戊寅	四绿	成	牛	6	戊申	一白	除	虚危
十三	9	庚戌	五黄	定	牛	8	己卯	三碧	成	女	7	己酉	九紫	满	危
十四	10	辛亥	六白	执	女	9	庚辰	二黑	收	虚	8	庚戌	八白	平	室壁
十五	11	壬子	七赤	破	虚	10	辛巳	一白	开	危	9	辛亥	七赤	平	壁
十六	12	癸丑	八白	危	危	11	壬午	九紫	闭	室	10	壬子	六白	定	奎娄
十七	13	甲寅	九紫	成	室	12	癸未	八白	建	壁	11	癸丑	五黄	执	娄胃
十八	14	乙卯	一白	收	壁	13	甲申	七赤	除	奎	12	甲寅	四绿	破	胃
十九	15	丙辰	二黑	开	奎	14	乙酉	六白	满	娄	13	乙卯	三碧	危	昴毕
二十	16	丁巳	三碧	闭	娄	15	丙戌	五黄	平	胃	14	丙辰	二黑	成	毕
廿一	17	戊午	四绿	建	胃	16	丁亥	四绿	定	昴	15	丁巳	一白	收	觜
廿二	18	己未	五黄	除	昴	17	戊子	三碧	执	毕	16	戊午	九紫	开	参井
廿三	19	庚申	六白	满	毕	18	己丑	二黑	破	觜	17	己未	八白	闭	井
廿四	20	辛酉	七赤	平	觜	19	庚寅	一白	危	参	18	庚申	七赤	建	鬼柳
廿五	21	壬戌	八白	定	参	20	辛卯	九紫	成	井	19	辛酉	六白	除	柳
廿六	22	癸亥	四绿	执	井	21	壬辰	八白	收	鬼	20	壬戌	五黄	满	星
廿七	23	甲子	九紫	破	鬼	22	癸巳	七赤	开	柳	21	癸亥	四绿	平	张翼
廿八	24	乙丑	八白	危	柳	23	甲午	六白	闭	星	22	甲子	九紫	定	翼
廿九	25	丙寅	七赤	成	星	24	乙未	五黄	建	张	23	乙丑	八白	执	轸
三十						25	丙申	四绿	除	翼					

国学经典文库

中华历书大全

·1900—2100年万年历法表·

图文珍藏版

月份	七月小					八月大					九月大				
		丙申 五黄 震卦 虚宿					丁酉 四绿 巽卦 危宿					戊戌 三碧 坎卦 室宿			
节气	处暑 8月24日 初一丙寅 申时 15时12分		白露 9月9日 十七壬午 寅时 3时13分			秋分 9月24日 初三丁酉 午时 12时17分		寒露 10月9日 十八壬子 酉时 18时14分			霜降 10月24日 初三丁卯 戌时 20时58分		立冬 11月8日 十八壬午 戌时 20时47分		
农历	公历	干支	九星	日建	星宿	公历	干支	九星	日建	星宿	公历	干支	九星	日建	星宿
初一	24	丙寅	一白	破	角	22	乙未	八白	开	亢	22	乙丑	二黑	平	房
初二	25	丁卯	九紫	危	亢	23	丙申	七赤	闭	氐	23	丙寅	一白	定	心
初三	26	戊辰	八白	成	氐	24	丁酉	六白	建	房	24	丁卯	三碧	执	尾
初四	27	己巳	七赤	收	房	25	戊戌	五黄	除	心	25	戊辰	二黑	破	箕
初五	28	庚午	六白	开	心	26	己亥	四绿	满	尾	26	己巳	一白	危	斗
初六	29	辛未	五黄	闭	尾	27	庚子	三碧	平	箕	27	庚午	九紫	成	牛
初七	30	壬申	四绿	建	箕	28	辛丑	二黑	定	斗	28	辛未	八白	收	女
初八	31	癸酉	三碧	除	斗	29	壬寅	一白	执	牛	29	壬申	七赤	开	虚
初九	9月	甲戌	二黑	满	牛	30	癸卯	九紫	破	女	30	癸酉	六白	闭	危
初十	2	乙亥	一白	平	女	10月	甲辰	八白	危	虚	31	甲戌	五黄	建	室
十一	3	丙子	九紫	定	虚	2	乙巳	七赤	成	危	11月	乙亥	四绿	除	壁
十二	4	丁丑	八白	执	危	3	丙午	六白	收	室	2	丙子	三碧	满	奎
十三	5	戊寅	七赤	破	室	4	丁未	五黄	开	壁	3	丁丑	二黑	平	娄
十四	6	己卯	六白	危	壁	5	戊申	四绿	闭	奎	4	戊寅	一白	定	胃
十五	7	庚辰	五黄	成	奎	6	己酉	三碧	建	娄	5	己卯	九紫	执	昴
十六	8	辛巳	四绿	收	娄	7	庚戌	二黑	除	胃	6	庚辰	八白	破	毕
十七	9	壬午	三碧	收	胃	8	辛亥	一白	满	昴	7	辛巳	七赤	危	觜
十八	10	癸未	二黑	开	昴	9	壬子	九紫	满	毕	8	壬午	六白	成	参
十九	11	甲申	一白	闭	毕	10	癸丑	八白	平	觜	9	癸未	五黄	收	井
二十	12	乙酉	九紫	建	觜	11	甲寅	七赤	定	参	10	甲申	四绿	收	鬼
廿一	13	丙戌	八白	除	参	12	乙卯	六白	执	井	11	乙酉	三碧	开	柳
廿二	14	丁亥	七赤	满	井	13	丙辰	五黄	破	鬼	12	丙戌	二黑	闭	星
廿三	15	戊子	六白	平	鬼	14	丁巳	四绿	危	柳	13	丁亥	一白	建	张
廿四	16	己丑	五黄	定	柳	15	戊午	三碧	成	星	14	戊子	九紫	除	翼
廿五	17	庚寅	四绿	执	星	16	己未	二黑	收	张	15	己丑	八白	满	轸
廿六	18	辛卯	三碧	破	张	17	庚申	一白	开	翼	16	庚寅	七赤	平	角
廿七	19	壬辰	二黑	危	翼	18	辛酉	九紫	闭	轸	17	辛卯	六白	定	亢
廿八	20	癸巳	一白	成	轸	19	壬戌	八白	建	角	18	壬辰	五黄	执	氐
廿九	21	甲午	九紫	收	角	20	癸亥	七赤	除	亢	19	癸巳	四绿	破	房
三十						21	甲子	三碧	满	氐	20	甲午	三碧	危	心

公元1911年　清宣统三年　辛亥猪年（闰六月）　　太岁叶坚　九星八白

月份	十月小	己亥 二黑 艮卦 壁宿			十一月大	庚子 一白 坤卦 奎宿			十二月大	辛丑 九紫 乾卦 娄宿		
节气	小雪 11月23日 初三丁酉 酉时 17时55分	大雪 12月8日 十八壬子 未时 13时07分			冬至 12月23日 初四丁卯 卯时 6时53分	小寒 1月7日 十九壬午 早子时 0时07分			大寒 1月21日 初三丙申 酉时 17时29分	立春 2月5日 十八辛亥 午时 11时53分		
农历	公历	干支	九星	日建	星宿	公历	干支	九星	日建	星宿	公历	干支	九星	日建	星宿
初一	21	乙未	二黑	成	尾	20	甲子	六白	建	箕	19	甲午	四绿	执	牛
初二	22	丙申	一白	收	箕	21	乙丑	五黄	除	斗	20	乙未	五黄	破	女
初三	23	丁酉	九紫	开	斗	22	丙寅	四绿	满	牛	21	丙申	六白	危	虚
初四	24	戊戌	八白	闭	牛	23	丁卯	四绿	平	女	22	丁酉	七赤	成	危
初五	25	己亥	七赤	建	女	24	戊辰	五黄	定	虚	23	戊戌	八白	收	室
初六	26	庚子	六白	除	虚	25	己巳	六白	执	危	24	己亥	九紫	开	壁
初七	27	辛丑	五黄	满	危	26	庚午	七赤	破	室	25	庚子	一白	闭	奎
初八	28	壬寅	四绿	平	室	27	辛未	八白	危	壁	26	辛丑	二黑	建	娄
初九	29	癸卯	三碧	定	壁	28	壬申	九紫	成	奎	27	壬寅	三碧	除	胃
初十	30	甲辰	二黑	执	奎	29	癸酉	一白	收	娄	28	癸卯	四绿	满	昴
十一	12月	乙巳	一白	破	娄	30	甲戌	二黑	开	胃	29	甲辰	五黄	平	毕
十二	2	丙午	九紫	危	胃	31	乙亥	三碧	闭	昴	30	乙巳	六白	定	觜
十三	3	丁未	八白	成	昴	1月	丙子	四绿	建	毕	31	丙午	七赤	执	参
十四	4	戊申	七赤	收	毕	2	丁丑	五黄	除	觜	2月	丁未	八白	破	井
十五	5	己酉	六白	开	觜	3	戊寅	六白	满	参	2	戊申	九紫	危	鬼
十六	6	庚戌	五黄	闭	参	4	己卯	七赤	平	井	3	己酉	一白	成	柳
十七	7	辛亥	四绿	建	井	5	庚辰	八白	定	鬼	4	庚戌	二黑	收	星
十八	8	壬子	三碧	建	鬼	6	辛巳	九紫	执	柳	5	辛亥	三碧	收	张
十九	9	癸丑	二黑	除	柳	7	壬午	一白	执	星	6	壬子	四绿	开	翼
二十	10	甲寅	一白	满	星	8	癸未	二黑	破	张	7	癸丑	五黄	闭	轸
廿一	11	乙卯	九紫	平	张	9	甲申	三碧	危	翼	8	甲寅	六白	建	角
廿二	12	丙辰	八白	定	翼	10	乙酉	四绿	成	轸	9	乙卯	七赤	除	亢
廿三	13	丁巳	七赤	执	轸	11	丙戌	五黄	收	角	10	丙辰	八白	满	氐
廿四	14	戊午	六白	破	角	12	丁亥	六白	开	亢	11	丁巳	九紫	平	房
廿五	15	己未	五黄	危	亢	13	戊子	七赤	闭	氐	12	戊午	一白	定	心
廿六	16	庚申	四绿	成	氐	14	己丑	八白	建	房	13	己未	二黑	执	尾
廿七	17	辛酉	三碧	收	房	15	庚寅	九紫	除	心	14	庚申	三碧	破	箕
廿八	18	壬戌	二黑	开	心	16	辛卯	一白	满	尾	15	辛酉	四绿	危	斗
廿九	19	癸亥	一白	闭	尾	17	壬辰	二黑	平	箕	16	壬戌	五黄	成	牛
三十						18	癸巳	三碧	定	斗	17	癸亥	六白	收	女

公元1912年 民国元年 壬子鼠年　太岁邱德 九星七赤

月份	正月大		二月小		三月大		四月小	
	壬寅 八白 离卦 胃宿		癸卯 七赤 震卦 昴宿		甲辰 六白 巽卦 毕宿		乙巳 五黄 坎卦 觜宿	
节气	雨水 2月20日 初三丙寅 辰时 7时55分	惊蛰 3月6日 十八辛巳 卯时 6时20分	春分 3月21日 初三丙申 辰时 7时29分	清明 4月5日 十八辛亥 午时 11时48分	谷雨 4月20日 初四丙寅 戌时 19时12分	立夏 5月6日 二十壬午 卯时 5时47分	小满 5月21日 初五丁酉 酉时 18时57分	芒种 6月6日 廿一癸丑 巳时 10时27分

农历	公历	干支	九星	日建	星宿	公历	干支	九星	日建	星宿	公历	干支	九星	日建	星宿	公历	干支	九星	日建	星宿
初一	18	甲子	一白	开	虚	19	甲午	一白	平	室	17	癸亥	三碧	危	壁	17	癸巳	六白	建	娄
初二	19	乙丑	二黑	闭	危	20	乙未	二黑	定	壁	18	甲子	七赤	成	奎	18	甲午	七赤	除	胃
初三	20	丙寅	九紫	建	室	21	丙申	三碧	执	奎	19	乙丑	八白	收	娄	19	乙未	八白	满	昴
初四	21	丁卯	一白	除	壁	22	丁酉	四绿	破	娄	20	丙寅	六白	开	胃	20	丙申	九紫	平	毕
初五	22	戊辰	二黑	满	奎	23	戊戌	五黄	危	胃	21	丁卯	七赤	闭	昴	21	丁酉	一白	定	觜
初六	23	己巳	三碧	平	娄	24	己亥	六白	成	昴	22	戊辰	八白	建	毕	22	戊戌	二黑	执	参
初七	24	庚午	四绿	定	胃	25	庚子	七赤	收	毕	23	己巳	九紫	除	觜	23	己亥	三碧	破	井
初八	25	辛未	五黄	执	昴	26	辛丑	八白	开	觜	24	庚午	一白	满	参	24	庚子	四绿	危	鬼
初九	26	壬申	六白	破	毕	27	壬寅	九紫	闭	参	25	辛未	二黑	平	井	25	辛丑	五黄	成	柳
初十	27	癸酉	七赤	危	觜	28	癸卯	一白	建	井	26	壬申	三碧	定	鬼	26	壬寅	六白	收	星
十一	28	甲戌	八白	成	参	29	甲辰	二黑	除	鬼	27	癸酉	四绿	执	柳	27	癸卯	七赤	开	张
十二	29	乙亥	九紫	收	井	30	乙巳	三碧	满	柳	28	甲戌	五黄	破	星	28	甲辰	八白	闭	翼
十三	3月 丙子		一白	开	鬼	31	丙午	四绿	平	星	29	乙亥	六白	危	张	29	乙巳	九紫	建	轸
十四	2	丁丑	二黑	闭	柳	4月 丁未		五黄	定	张	30	丙子	七赤	成	翼	30	丙午	一白	除	角
十五	3	戊寅	三碧	建	星	2	戊申	六白	执	翼	5月 丁丑		八白	收	轸	31	丁未	二黑	满	亢
十六	4	己卯	四绿	除	张	3	己酉	七赤	破	轸	2	戊寅	九紫	开	角	6月 戊申		三碧	平	氐
十七	5	庚辰	五黄	满	翼	4	庚戌	八白	危	角	3	己卯	一白	闭	亢	2	己酉	四绿	定	房
十八	6	辛巳	六白	满	轸	5	辛亥	九紫	危	亢	4	庚辰	二黑	建	氐	3	庚戌	五黄	执	心
十九	7	壬午	七赤	平	角	6	壬子	一白	成	氐	5	辛巳	三碧	除	房	4	辛亥	六白	破	尾
二十	8	癸未	八白	定	亢	7	癸丑	二黑	收	房	6	壬午	四绿	除	心	5	壬子	七赤	危	箕
廿一	9	甲申	九紫	执	氐	8	甲寅	三碧	开	心	7	癸未	五黄	满	尾	6	癸丑	八白	成	斗
廿二	10	乙酉	一白	破	房	9	乙卯	四绿	闭	尾	8	甲申	六白	平	箕	7	甲寅	九紫	成	牛
廿三	11	丙戌	二黑	危	心	10	丙辰	五黄	建	箕	9	乙酉	七赤	定	斗	8	乙卯	一白	收	女
廿四	12	丁亥	三碧	成	尾	11	丁巳	六白	除	斗	10	丙戌	八白	执	牛	9	丙辰	二黑	开	虚
廿五	13	戊子	四绿	收	箕	12	戊午	七赤	满	牛	11	丁亥	九紫	破	女	10	丁巳	三碧	闭	危
廿六	14	己丑	五黄	开	斗	13	己未	八白	平	女	12	戊子	一白	危	虚	11	戊午	四绿	建	室
廿七	15	庚寅	六白	闭	牛	14	庚申	九紫	定	虚	13	己丑	二黑	成	危	12	己未	五黄	除	壁
廿八	16	辛卯	七赤	建	女	15	辛酉	一白	执	危	14	庚寅	三碧	收	室	13	庚申	六白	满	奎
廿九	17	壬辰	八白	除	虚	16	壬戌	二黑	破	室	15	辛卯	四绿	开	壁	14	辛酉	七赤	平	娄
三十	18	癸巳	九紫	满	危						16	壬辰	五黄	闭	奎					

公元1912年 民国元年 壬子鼠年　太岁邱德 九星七赤

月份	五月小 丙午 四绿 艮卦 参宿				六月大 丁未 三碧 坤卦 井宿				七月小 戊申 二黑 乾卦 鬼宿				八月小 己酉 一白 兑卦 柳宿			
节气	夏至 6月22日 初八己巳 寅时 3时16分		小暑 7月7日 廿三甲申 戌时 20时56分		大暑 7月23日 初十庚子 未时 14时13分		立秋 8月8日 廿六丙辰 卯时 6时37分		处暑 8月23日 十一辛未 亥时 21时01分		白露 9月8日 廿七丁亥 巳时 9时05分		秋分 9月23日 十三壬寅 酉时 18时07分		寒露 10月9日 廿九戊午 早子时 0时06分	
农历	公历	干支	九星	日建 星宿	公历	干支	九星	日建 星宿	公历	干支	九星	日建 星宿	公历	干支	九星	日建 星宿
初一	15	壬戌	八白	定 胃	14	辛卯	九紫	成 昴	13	辛酉	六白	除 觜	11	庚寅	四绿	执 参
初二	16	癸亥	九紫	执 昴	15	壬辰	八白	收 毕	14	壬戌	五黄	满 参	12	辛卯	三碧	破 井
初三	17	甲子	四绿	破 毕	16	癸巳	七赤	开 觜	15	癸亥	四绿	平 井	13	壬辰	二黑	危 鬼
初四	18	乙丑	五黄	危 觜	17	甲午	六白	闭 参	16	甲子	九紫	定 鬼	14	癸巳	一白	成 柳
初五	19	丙寅	六白	成 参	18	乙未	五黄	建 井	17	乙丑	八白	执 柳	15	甲午	九紫	收 星
初六	20	丁卯	七赤	收 井	19	丙申	四绿	除 鬼	18	丙寅	七赤	破 星	16	乙未	八白	开 张
初七	21	戊辰	八白	开 鬼	20	丁酉	三碧	满 柳	19	丁卯	六白	危 张	17	丙申	七赤	闭 翼
初八	22	己巳	四绿	闭 柳	21	戊戌	二黑	平 星	20	戊辰	五黄	成 翼	18	丁酉	六白	建 轸
初九	23	庚午	三碧	建 星	22	己亥	一白	定 张	21	己巳	四绿	收 轸	19	戊戌	五黄	除 角
初十	24	辛未	二黑	除 张	23	庚子	九紫	执 翼	22	庚午	三碧	开 角	20	己亥	四绿	满 亢
十一	25	壬申	一白	满 翼	24	辛丑	八白	破 轸	23	辛未	五黄	闭 亢	21	庚子	三碧	平 氐
十二	26	癸酉	九紫	平 轸	25	壬寅	七赤	危 角	24	壬申	四绿	建 氐	22	辛丑	二黑	定 房
十三	27	甲戌	八白	定 角	26	癸卯	六白	成 亢	25	癸酉	三碧	除 房	23	壬寅	一白	执 心
十四	28	乙亥	七赤	执 亢	27	甲辰	五黄	收 氐	26	甲戌	二黑	满 心	24	癸卯	九紫	破 尾
十五	29	丙子	六白	破 氐	28	乙巳	四绿	开 房	27	乙亥	一白	平 尾	25	甲辰	八白	危 箕
十六	30	丁丑	五黄	危 房	29	丙午	三碧	闭 心	28	丙子	九紫	定 箕	26	乙巳	七赤	成 斗
十七	7月	戊寅	四绿	成 心	30	丁未	二黑	建 尾	29	丁丑	八白	执 斗	27	丙午	六白	收 牛
十八	2	己卯	三碧	收 尾	31	戊申	一白	除 箕	30	戊寅	七赤	破 牛	28	丁未	五黄	开 女
十九	3	庚辰	二黑	开 箕	8月	己酉	九紫	满 斗	31	己卯	六白	危 女	29	戊申	四绿	闭 虚
二十	4	辛巳	一白	闭 斗	2	庚戌	八白	平 牛	9月	庚辰	五黄	成 虚	30	己酉	三碧	建 危
廿一	5	壬午	九紫	建 牛	3	辛亥	七赤	定 女	2	辛巳	四绿	收 危	10月	庚戌	二黑	除 室
廿二	6	癸未	八白	除 女	4	壬子	六白	执 虚	3	壬午	三碧	开 室	2	辛亥	一白	满 壁
廿三	7	甲申	七赤	除 虚	5	癸丑	五黄	破 危	4	癸未	二黑	闭 壁	3	壬子	九紫	平 奎
廿四	8	乙酉	六白	满 危	6	甲寅	四绿	危 室	5	甲申	一白	建 奎	4	癸丑	八白	定 娄
廿五	9	丙戌	五黄	平 室	7	乙卯	三碧	成 壁	6	乙酉	九紫	除 娄	5	甲寅	七赤	执 胃
廿六	10	丁亥	四绿	定 壁	8	丙辰	二黑	成 奎	7	丙戌	八白	满 胃	6	乙卯	六白	破 昴
廿七	11	戊子	三碧	执 奎	9	丁巳	一白	收 娄	8	丁亥	七赤	满 昴	7	丙辰	五黄	危 毕
廿八	12	己丑	二黑	破 娄	10	戊午	九紫	开 胃	9	戊子	六白	平 毕	8	丁巳	四绿	成 觜
廿九	13	庚寅	一白	危 胃	11	己未	八白	闭 昴	10	己丑	五黄	定 觜	9	戊午	三碧	成 参
三十					12	庚申	七赤	建 毕								

公元1912年 民国元年 壬子鼠年　太岁邱德 九星七赤

月份	九月大 庚戌 九紫 离卦 星宿					十月大 辛亥 八白 震卦 张宿					十一月小 壬子 七赤 巽卦 翼宿					十二月大 癸丑 六白 坎卦 轸宿				
节气	霜降 10月24日 十五癸酉 丑时 2时50分			立冬 11月8日 三十戊子 丑时 2时38分		小雪 11月23日 十五癸卯 夜子时 23时48分			大雪 12月7日 廿九丁巳 酉时 18时58分		冬至 12月22日 十四壬申 午时 12时44分			小寒 1月6日 廿九丁亥 卯时 5时57分		大寒 1月20日 十四辛丑 夜子时 23时19分			立春 2月4日 廿九丙辰 酉时 17时42分	
农历	公历	干支	九星	日建	星宿	公历	干支	九星	日建	星宿	公历	干支	九星	日建	星宿	公历	干支	九星	日建	星宿
初一	10	己未	二黑	收	井	9	己丑	八白	满	柳	9	己未	五黄	危	张	7	戊子	七赤	闭	翼
初二	11	庚申	一白	开	鬼	10	庚寅	七赤	平	星	10	庚申	四绿	成	翼	8	己丑	八白	建	轸
初三	12	辛酉	九紫	闭	柳	11	辛卯	六白	定	张	11	辛酉	三碧	收	轸	9	庚寅	九紫	除	角
初四	13	壬戌	八白	建	星	12	壬辰	五黄	执	翼	12	壬戌	二黑	开	角	10	辛卯	一白	满	亢
初五	14	癸亥	七赤	除	张	13	癸巳	四绿	破	轸	13	癸亥	一白	闭	亢	11	壬辰	二黑	平	氐
初六	15	甲子	三碧	满	翼	14	甲午	三碧	危	角	14	甲子	六白	建	氐	12	癸巳	三碧	定	房
初七	16	乙丑	二黑	平	轸	15	乙未	二黑	成	亢	15	乙丑	五黄	除	房	13	甲午	四绿	执	心
初八	17	丙寅	一白	定	角	16	丙申	一白	收	氐	16	丙寅	四绿	满	心	14	乙未	五黄	破	尾
初九	18	丁卯	九紫	执	亢	17	丁酉	九紫	开	房	17	丁卯	三碧	平	尾	15	丙申	六白	危	箕
初十	19	戊辰	八白	破	氐	18	戊戌	八白	闭	心	18	戊辰	二黑	定	箕	16	丁酉	七赤	成	斗
十一	20	己巳	七赤	危	房	19	己亥	七赤	建	尾	19	己巳	一白	执	斗	17	戊戌	八白	收	牛
十二	21	庚午	六白	成	心	20	庚子	六白	除	箕	20	庚午	九紫	破	牛	18	己亥	九紫	开	女
十三	22	辛未	五黄	收	尾	21	辛丑	五黄	满	斗	21	辛未	八白	危	女	19	庚子	一白	闭	虚
十四	23	壬申	四绿	开	箕	22	壬寅	四绿	平	牛	22	壬申	九紫	成	虚	20	辛丑	二黑	建	危
十五	24	癸酉	六白	闭	斗	23	癸卯	三碧	定	女	23	癸酉	一白	收	危	21	壬寅	三碧	除	室
十六	25	甲戌	五黄	建	牛	24	甲辰	二黑	执	虚	24	甲戌	二黑	开	室	22	癸卯	四绿	满	壁
十七	26	乙亥	四绿	除	女	25	乙巳	一白	破	危	25	乙亥	三碧	闭	壁	23	甲辰	五黄	平	奎
十八	27	丙子	三碧	满	虚	26	丙午	九紫	危	室	26	丙子	四绿	建	奎	24	乙巳	六白	定	娄
十九	28	丁丑	二黑	平	危	27	丁未	八白	成	壁	27	丁丑	五黄	除	娄	25	丙午	七赤	执	胃
二十	29	戊寅	一白	定	室	28	戊申	七赤	收	奎	28	戊寅	六白	满	胃	26	丁未	八白	破	昴
廿一	30	己卯	九紫	执	壁	29	己酉	六白	开	娄	29	己卯	七赤	平	昴	27	戊申	九紫	危	毕
廿二	31	庚辰	八白	破	奎	30	庚戌	五黄	闭	胃	30	庚辰	八白	定	毕	28	己酉	一白	成	觜
廿三	11月 辛巳		七赤	危	娄	12月 辛亥		四绿	建	昴	31	辛巳	九紫	执	觜	29	庚戌	二黑	收	参
廿四	2	壬午	六白	成	胃	2	壬子	三碧	除	毕	1月 壬午		一白	破	参	30	辛亥	三碧	开	井
廿五	3	癸未	五黄	收	昴	3	癸丑	二黑	满	觜	2	癸未	二黑	危	井	31	壬子	四绿	闭	鬼
廿六	4	甲申	四绿	开	毕	4	甲寅	一白	平	参	3	甲申	三碧	成	鬼	2月 癸丑		五黄	建	柳
廿七	5	乙酉	三碧	闭	觜	5	乙卯	九紫	定	井	4	乙酉	四绿	收	柳	2	甲寅	六白	除	星
廿八	6	丙戌	二黑	建	参	6	丙辰	八白	执	鬼	5	丙戌	五黄	开	星	3	乙卯	七赤	满	翼
廿九	7	丁亥	一白	除	井	7	丁巳	七赤	执	柳	6	丁亥	六白	开	张	4	丙辰	八白	满	翼
三十	8	戊子	九紫	除	鬼	8	戊午	六白	破	星						5	丁巳	九紫	平	轸

公元1913年　民国二年　癸丑牛年　　太岁林溥　九星六白

月份	正月大　甲寅 震卦 五黄 角宿		二月大　乙卯 巽卦 四绿 亢宿		三月小　丙辰 坎卦 三碧 氐宿	四月大　丁巳 艮卦 二黑 房宿	
节气	雨水 2月19日 十四辛未 未时 13时44分	惊蛰 3月6日 廿九丙戌 午时 12时08分	春分 3月21日 十四辛丑 未时 13时17分	清明 4月5日 廿九丙辰 酉时 17时35分	谷雨 4月21日 十五壬申 丑时 1时02分	立夏 5月6日 初一丁亥 午时 11时34分	小满 5月22日 十七癸卯 早子时 0时49分

农历	公历	干支	九星	日建	星宿	公历	干支	九星	日建	星宿	公历	干支	九星	日建	星宿	公历	干支	九星	日建	星宿
初一	6	戊午	一白	定	角	8	戊子	四绿	收	氐	7	戊午	七赤	满	心	6	丁亥	九紫	破	尾
初二	7	己未	二黑	执	亢	9	己丑	五黄	开	房	8	己未	八白	平	尾	7	戊子	一白	危	箕
初三	8	庚申	三碧	破	氐	10	庚寅	六白	闭	心	9	庚申	九紫	定	箕	8	己丑	二黑	成	斗
初四	9	辛酉	四绿	危	房	11	辛卯	七赤	建	尾	10	辛酉	一白	执	斗	9	庚寅	三碧	收	牛
初五	10	壬戌	五黄	成	心	12	壬辰	八白	除	箕	11	壬戌	二黑	破	牛	10	辛卯	四绿	开	女
初六	11	癸亥	六白	收	尾	13	癸巳	九紫	满	斗	12	癸亥	三碧	危	女	11	壬辰	五黄	闭	虚
初七	12	甲子	一白	开	箕	14	甲午	一白	平	牛	13	甲子	七赤	成	虚	12	癸巳	六白	建	危
初八	13	乙丑	二黑	闭	斗	15	乙未	二黑	定	女	14	乙丑	八白	收	危	13	甲午	七赤	除	室
初九	14	丙寅	三碧	建	牛	16	丙申	三碧	执	虚	15	丙寅	九紫	开	室	14	乙未	八白	满	壁
初十	15	丁卯	四绿	除	女	17	丁酉	四绿	破	危	16	丁卯	一白	闭	壁	15	丙申	九紫	平	奎
十一	16	戊辰	五黄	满	虚	18	戊戌	五黄	危	室	17	戊辰	二黑	建	奎	16	丁酉	一白	定	娄
十二	17	己巳	六白	平	危	19	己亥	六白	成	壁	18	己巳	三碧	除	娄	17	戊戌	二黑	执	胃
十三	18	庚午	七赤	定	室	20	庚子	七赤	收	奎	19	庚午	四绿	满	胃	18	己亥	三碧	破	昴
十四	19	辛未	五黄	执	壁	21	辛丑	八白	开	娄	20	辛未	五黄	平	昴	19	庚子	四绿	危	毕
十五	20	壬申	六白	破	奎	22	壬寅	九紫	闭	胃	21	壬申	三碧	定	毕	20	辛丑	五黄	成	觜
十六	21	癸酉	七赤	危	娄	23	癸卯	一白	建	昴	22	癸酉	四绿	执	觜	21	壬寅	六白	收	参
十七	22	甲戌	八白	成	胃	24	甲辰	二黑	除	毕	23	甲戌	五黄	破	参	22	癸卯	七赤	开	井
十八	23	乙亥	九紫	收	昴	25	乙巳	三碧	满	觜	24	乙亥	六白	危	井	23	甲辰	八白	闭	鬼
十九	24	丙子	一白	开	毕	26	丙午	四绿	平	参	25	丙子	七赤	成	鬼	24	乙巳	九紫	建	柳
二十	25	丁丑	二黑	闭	觜	27	丁未	五黄	定	井	26	丁丑	八白	收	柳	25	丙午	一白	除	星
廿一	26	戊寅	三碧	建	参	28	戊申	六白	执	鬼	27	戊寅	九紫	开	星	26	丁未	二黑	满	张
廿二	27	己卯	四绿	除	井	29	己酉	七赤	破	柳	28	己卯	一白	闭	张	27	戊申	三碧	平	翼
廿三	28	庚辰	五黄	满	鬼	30	庚戌	八白	危	星	29	庚辰	二黑	建	翼	28	己酉	四绿	定	轸
廿四	3月 辛巳	六白	平	柳		31	辛亥	九紫	成	张	30	辛巳	三碧	除	轸	29	庚戌	五黄	执	角
廿五	2	壬午	七赤	定	星	4月 壬子	一白	收	翼	5月 壬午	四绿	满	角	30	辛亥	六白	破	亢
廿六	3	癸未	八白	执	张	2	癸丑	二黑	开	轸	2	癸未	五黄	平	亢	31	壬子	七赤	危	氐
廿七	4	甲申	九紫	破	翼	3	甲寅	三碧	闭	角	3	甲申	六白	定	氐	6月 癸丑	八白	成	房
廿八	5	乙酉	一白	危	轸	4	乙卯	四绿	建	亢	4	乙酉	七赤	执	房	2	甲寅	九紫	收	心
廿九	6	丙戌	二黑	危	角	5	丙辰	五黄	建	氐	5	丙戌	八白	破	心	3	乙卯	一白	开	尾
三十	7	丁亥	三碧	成	亢	6	丁巳	六白	除	房						4	丙辰	二黑	闭	箕

公元1913年　民国二年　癸丑牛年　　太岁林溥　九星六白

月份	五月小 戊午 一白 坤卦 心宿					六月小 己未 九紫 乾卦 尾宿					七月大 庚申 八白 兑卦 箕宿					八月小 辛酉 七赤 离卦 斗宿				
节气	芒种 6月6日 初二戊午 申时 16时13分		夏至 6月22日 十八甲戌 巳时 9时09分			小暑 7月8日 初五庚寅 丑时 2时38分		大暑 7月23日 二十乙巳 戌时 20时03分			立秋 8月8日 初七辛酉 午时 12时15分		处暑 8月24日 廿三丁丑 丑时 2时48分			白露 9月8日 初八壬辰 未时 14时42分		秋分 9月24日 廿四戊申 夜子时 23时52分		
农历	公历	干支	九星	日建	星宿	公历	干支	九星	日建	星宿	公历	干支	九星	日建	星宿	公历	干支	九星	日建	星宿
初一	5	丁巳	三碧	建	斗	4	丙戌	五黄	定	牛	2	乙卯	三碧	成	女	9月	乙酉	九紫	除	危
初二	6	戊午	四绿	建	牛	5	丁亥	四绿	执	女	3	丙辰	二黑	收	虚	2	丙戌	八白	满	室
初三	7	己未	五黄	除	女	6	戊子	三碧	破	虚	4	丁巳	一白	开	危	3	丁亥	七赤	平	壁
初四	8	庚申	六白	满	虚	7	己丑	二黑	危	危	5	戊午	九紫	闭	室	4	戊子	六白	定	奎
初五	9	辛酉	七赤	平	危	8	庚寅	一白	危	室	6	己未	八白	建	壁	5	己丑	五黄	执	娄
初六	10	壬戌	八白	定	室	9	辛卯	九紫	成	壁	7	庚申	七赤	除	奎	6	庚寅	四绿	破	胃
初七	11	癸亥	九紫	执	壁	10	壬辰	八白	收	奎	8	辛酉	六白	除	娄	7	辛卯	三碧	危	昴
初八	12	甲子	四绿	破	奎	11	癸巳	七赤	开	娄	9	壬戌	五黄	满	胃	8	壬辰	二黑	危	毕
初九	13	乙丑	五黄	危	娄	12	甲午	六白	闭	胃	10	癸亥	四绿	平	昴	9	癸巳	一白	成	觜
初十	14	丙寅	六白	成	胃	13	乙未	五黄	建	昴	11	甲子	九紫	定	毕	10	甲午	九紫	收	参
十一	15	丁卯	七赤	收	昴	14	丙申	四绿	除	毕	12	乙丑	八白	执	觜	11	乙未	八白	开	井
十二	16	戊辰	八白	开	毕	15	丁酉	三碧	满	觜	13	丙寅	七赤	破	参	12	丙申	七赤	闭	鬼
十三	17	己巳	九紫	闭	觜	16	戊戌	二黑	平	参	14	丁卯	六白	危	井	13	丁酉	六白	建	柳
十四	18	庚午	一白	建	参	17	己亥	一白	定	井	15	戊辰	五黄	成	鬼	14	戊戌	五黄	除	星
十五	19	辛未	二黑	除	井	18	庚子	九紫	执	鬼	16	己巳	四绿	收	柳	15	己亥	四绿	满	张
十六	20	壬申	三碧	满	鬼	19	辛丑	八白	破	柳	17	庚午	三碧	开	星	16	庚子	三碧	平	翼
十七	21	癸酉	四绿	平	柳	20	壬寅	七赤	危	星	18	辛未	二黑	闭	张	17	辛丑	二黑	定	轸
十八	22	甲戌	八白	定	星	21	癸卯	六白	成	张	19	壬申	一白	建	翼	18	壬寅	一白	执	角
十九	23	乙亥	七赤	执	张	22	甲辰	五黄	收	翼	20	癸酉	九紫	除	轸	19	癸卯	九紫	破	亢
二十	24	丙子	六白	破	翼	23	乙巳	四绿	开	轸	21	甲戌	八白	满	角	20	甲辰	八白	危	氐
廿一	25	丁丑	五黄	危	轸	24	丙午	三碧	闭	角	22	乙亥	七赤	平	亢	21	乙巳	七赤	成	房
廿二	26	戊寅	四绿	成	角	25	丁未	二黑	建	亢	23	丙子	六白	定	氐	22	丙午	六白	收	心
廿三	27	己卯	三碧	收	亢	26	戊申	一白	除	氐	24	丁丑	八白	执	房	23	丁未	五黄	开	尾
廿四	28	庚辰	二黑	开	氐	27	己酉	九紫	满	房	25	戊寅	七赤	破	心	24	戊申	四绿	闭	箕
廿五	29	辛巳	一白	闭	房	28	庚戌	八白	平	心	26	己卯	六白	危	尾	25	己酉	三碧	建	斗
廿六	30	壬午	九紫	建	心	29	辛亥	七赤	定	尾	27	庚辰	五黄	成	箕	26	庚戌	二黑	除	牛
廿七	7月	癸未	八白	除	尾	30	壬子	六白	执	箕	28	辛巳	四绿	收	斗	27	辛亥	一白	满	女
廿八	2	甲申	七赤	满	箕	31	癸丑	五黄	破	斗	29	壬午	三碧	开	牛	28	壬子	九紫	平	虚
廿九	3	乙酉	六白	平	斗	8月	甲寅	四绿	危	牛	30	癸未	二黑	闭	女	29	癸丑	八白	定	危
三十											31	甲申	一白	建	虚					

196

国学经典文库

中华历书大全

·1900—2100年万年历法表·

图文珍藏版

公元1913年　民国二年　癸丑牛年　　太岁林溥　九星六白

月份	九月小 壬戌 六白 震卦 牛宿					十月大 癸亥 五黄 巽卦 女宿					十一月小 甲子 四绿 坎卦 虚宿					十二月大 乙丑 三碧 艮卦 危宿				
节气	寒露 10月9日 初十癸亥 卯时 5时43分			霜降 10月24日 廿五戊寅 辰时 8时34分		立冬 11月8日 十一癸巳 辰时 8时17分			小雪 11月23日 廿六戊申 卯时 5时35分		大雪 12月8日 十一癸亥 早子时 0时41分			冬至 12月22日 廿五丁丑 酉时 18时34分		小寒 1月6日 十一壬辰 午时 11时42分			大寒 1月21日 廿六丁未 卯时 5时11分	
农历	公历	干支	九星	日建	星宿	公历	干支	九星	日建	星宿	公历	干支	九星	日建	星宿	公历	干支	九星	日建	星宿
初一	30	甲寅	七赤	执	室	29	癸未	五黄	收	壁	28	癸丑	二黑	满	娄	27	壬午	一白	破	胃
初二	10月	乙卯	六白	破	壁	30	甲申	四绿	开	奎	29	甲寅	一白	平	胃	28	癸未	二黑	危	昴
初三	2	丙辰	五黄	危	奎	31	乙酉	三碧	闭	娄	30	乙卯	九紫	定	昴	29	甲申	三碧	成	毕
初四	3	丁巳	四绿	成	娄	11月	丙戌	二黑	建	胃	12月	丙辰	八白	执	毕	30	乙酉	四绿	收	觜
初五	4	戊午	三碧	收	胃	2	丁亥	一白	除	昴	2	丁巳	七赤	破	觜	31	丙戌	五黄	开	参
初六	5	己未	二黑	开	昴	3	戊子	九紫	满	毕	3	戊午	六白	危	参	1月	丁亥	六白	闭	井
初七	6	庚申	一白	闭	毕	4	己丑	八白	平	觜	4	己未	五黄	成	井	2	戊子	七赤	建	鬼
初八	7	辛酉	九紫	建	觜	5	庚寅	七赤	定	参	5	庚申	四绿	收	鬼	3	己丑	八白	除	柳
初九	8	壬戌	八白	除	参	6	辛卯	六白	执	井	6	辛酉	三碧	开	柳	4	庚寅	九紫	满	星
初十	9	癸亥	七赤	除	井	7	壬辰	五黄	破	鬼	7	壬戌	二黑	闭	星	5	辛卯	一白	平	张
十一	10	甲子	三碧	满	鬼	8	癸巳	四绿	破	柳	8	癸亥	一白	闭	张	6	壬辰	二黑	平	翼
十二	11	乙丑	二黑	平	柳	9	甲午	三碧	危	星	9	甲子	六白	建	翼	7	癸巳	三碧	定	轸
十三	12	丙寅	一白	定	星	10	乙未	二黑	成	张	10	乙丑	五黄	除	轸	8	甲午	四绿	执	角
十四	13	丁卯	九紫	执	张	11	丙申	一白	收	翼	11	丙寅	四绿	满	角	9	乙未	五黄	破	亢
十五	14	戊辰	八白	破	翼	12	丁酉	九紫	开	轸	12	丁卯	三碧	平	亢	10	丙申	六白	危	氐
十六	15	己巳	七赤	危	轸	13	戊戌	八白	闭	角	13	戊辰	二黑	定	氐	11	丁酉	七赤	成	房
十七	16	庚午	六白	成	角	14	己亥	七赤	建	亢	14	己巳	一白	执	房	12	戊戌	八白	收	心
十八	17	辛未	五黄	收	亢	15	庚子	六白	除	氐	15	庚午	九紫	破	心	13	己亥	九紫	开	尾
十九	18	壬申	四绿	开	氐	16	辛丑	五黄	满	房	16	辛未	八白	危	尾	14	庚子	一白	闭	箕
二十	19	癸酉	三碧	闭	房	17	壬寅	四绿	平	心	17	壬申	七赤	成	箕	15	辛丑	二黑	建	斗
廿一	20	甲戌	二黑	建	心	18	癸卯	三碧	定	尾	18	癸酉	六白	收	斗	16	壬寅	三碧	除	牛
廿二	21	乙亥	一白	除	尾	19	甲辰	二黑	执	箕	19	甲戌	五黄	开	牛	17	癸卯	四绿	满	女
廿三	22	丙子	九紫	满	箕	20	乙巳	一白	破	斗	20	乙亥	四绿	闭	女	18	甲辰	五黄	平	虚
廿四	23	丁丑	八白	平	斗	21	丙午	九紫	危	牛	21	丙子	三碧	建	虚	19	乙巳	六白	定	危
廿五	24	戊寅	一白	定	牛	22	丁未	八白	成	女	22	丁丑	五黄	除	危	20	丙午	七赤	执	室
廿六	25	己卯	九紫	执	女	23	戊申	七赤	收	虚	23	戊寅	六白	满	室	21	丁未	八白	破	壁
廿七	26	庚辰	八白	破	虚	24	己酉	六白	开	危	24	己卯	七赤	平	壁	22	戊申	九紫	危	奎
廿八	27	辛巳	七赤	危	危	25	庚戌	五黄	闭	室	25	庚辰	八白	定	奎	23	己酉	一白	成	娄
廿九	28	壬午	六白	成	室	26	辛亥	四绿	建	壁	26	辛巳	九紫	执	娄	24	庚戌	二黑	收	胃
三十						27	壬子	三碧	除	奎						25	辛亥	三碧	开	昴

公元1914年　民国三年　甲寅虎年（闰五月）　太岁张朝　九星五黄

月份	正月大 丙寅 二黑 巽卦 室宿					二月大 丁卯 一白 坎卦 壁宿					三月小 戊辰 九紫 艮卦 奎宿					四月大 己巳 八白 坤卦 娄宿				
节气	立春 2月4日 初十辛酉 夜子时 23时29分		雨水 2月19日 廿五丙子 戌时 19时37分			惊蛰 3月6日 初十辛卯 酉时 17时55分		春分 3月21日 廿五丙午 戌时 19时10分			清明 4月5日 初十辛酉 夜子时 23时21分		谷雨 4月21日 廿六丁丑 卯时 6时53分			立夏 5月6日 十二壬辰 酉时 17时20分		小满 5月22日 廿八戊申 卯时 6时37分		
农历	公历	干支	九星	日建	星宿	公历	干支	九星	日建	星宿	公历	干支	九星	日建	星宿	公历	干支	九星	日建	星宿
初一	26	壬子	四绿	闭	毕	25	壬午	七赤	定	参	27	壬子	一白	收	鬼	25	辛巳	三碧	除	柳
初二	27	癸丑	五黄	建	觜	26	癸未	八白	执	井	28	癸丑	二黑	开	柳	26	壬午	四绿	满	星
初三	28	甲寅	六白	除	参	27	甲申	九紫	破	鬼	29	甲寅	三碧	闭	星	27	癸未	五黄	平	张
初四	29	乙卯	七赤	满	井	28	乙酉	一白	危	柳	30	乙卯	四绿	建	张	28	甲申	六白	定	翼
初五	30	丙辰	八白	平	鬼	3月	丙戌	二黑	成	星	31	丙辰	五黄	除	翼	29	乙酉	七赤	执	轸
初六	31	丁巳	九紫	定	柳	2	丁亥	三碧	收	张	4月	丁巳	六白	满	轸	30	丙戌	八白	破	角
初七	2月	戊午	一白	执	星	3	戊子	四绿	开	翼	2	戊午	七赤	平	角	5月	丁亥	九紫	危	亢
初八	2	己未	二黑	破	张	4	己丑	五黄	闭	轸	3	己未	八白	定	氐	2	戊子	一白	成	氐
初九	3	庚申	三碧	危	翼	5	庚寅	六白	建	角	4	庚申	九紫	执	氐	3	己丑	二黑	收	房
初十	4	辛酉	四绿	危	轸	6	辛卯	七赤	建	亢	5	辛酉	一白	执	房	4	庚寅	三碧	开	心
十一	5	壬戌	五黄	成	角	7	壬辰	八白	除	氐	6	壬戌	二黑	破	心	5	辛卯	四绿	闭	尾
十二	6	癸亥	六白	收	亢	8	癸巳	九紫	满	房	7	癸亥	三碧	危	尾	6	壬辰	五黄	闭	箕
十三	7	甲子	一白	开	氐	9	甲午	一白	平	心	8	甲子	七赤	成	箕	7	癸巳	六白	建	斗
十四	8	乙丑	二黑	闭	房	10	乙未	二黑	定	尾	9	乙丑	八白	收	斗	8	甲午	七赤	除	牛
十五	9	丙寅	三碧	建	心	11	丙申	三碧	执	箕	10	丙寅	九紫	开	牛	9	乙未	八白	满	女
十六	10	丁卯	四绿	除	尾	12	丁酉	四绿	破	斗	11	丁卯	一白	闭	女	10	丙申	九紫	平	虚
十七	11	戊辰	五黄	满	箕	13	戊戌	五黄	危	牛	12	戊辰	二黑	建	虚	11	丁酉	一白	定	危
十八	12	己巳	六白	平	斗	14	己亥	六白	成	女	13	己巳	三碧	除	危	12	戊戌	二黑	执	室
十九	13	庚午	七赤	定	牛	15	庚子	七赤	收	虚	14	庚午	四绿	满	室	13	己亥	三碧	破	壁
二十	14	辛未	八白	执	女	16	辛丑	八白	开	危	15	辛未	五黄	平	壁	14	庚子	四绿	危	奎
廿一	15	壬申	九紫	破	虚	17	壬寅	九紫	闭	室	16	壬申	六白	定	奎	15	辛丑	五黄	成	娄
廿二	16	癸酉	一白	危	危	18	癸卯	一白	建	壁	17	癸酉	七赤	执	娄	16	壬寅	六白	收	胃
廿三	17	甲戌	二黑	成	室	19	甲辰	二黑	除	奎	18	甲戌	八白	破	胃	17	癸卯	七赤	开	昴
廿四	18	乙亥	三碧	收	壁	20	乙巳	三碧	满	娄	19	乙亥	九紫	危	昴	18	甲辰	八白	闭	毕
廿五	19	丙子	一白	开	奎	21	丙午	四绿	平	胃	20	丙子	一白	成	毕	19	乙巳	九紫	建	觜
廿六	20	丁丑	二黑	闭	娄	22	丁未	五黄	定	昴	21	丁丑	八白	收	觜	20	丙午	一白	除	参
廿七	21	戊寅	三碧	建	胃	23	戊申	六白	执	毕	22	戊寅	九紫	开	参	21	丁未	二黑	满	井
廿八	22	己卯	四绿	除	昴	24	己酉	七赤	破	觜	23	己卯	一白	闭	井	22	戊申	三碧	平	鬼
廿九	23	庚辰	五黄	满	毕	25	庚戌	八白	危	参	24	庚辰	二黑	建	鬼	23	己酉	四绿	定	柳
三十	24	辛巳	六白	平	觜	26	辛亥	九紫	成	井						24	庚戌	五黄	执	星

公元1914年 民国三年 甲寅虎年（闰五月）　太岁张朝 九星五黄

月份	五月小	庚午 七赤 乾卦 胃宿			闰五月大				六月小	辛未 六白 兑卦 昂宿		
节气	芒种 6月6日 十三癸亥 亥时 21时59分	夏至 6月22日 廿九己卯 未时 14时55分			小暑 7月8日 十六乙未 辰时 8时27分				大暑 7月24日 初二辛亥 丑时 1时46分	立秋 8月8日 十七丙寅 酉时 18时05分		
农历	公历	干支	九星	日建	星宿	公历	干支	九星	日建	星宿	公历	干支	九星	日建	星宿

农历	公历	干支	九星	日建	星宿	公历	干支	九星	日建	星宿	公历	干支	九星	日建	星宿
初一	25	辛亥	六白	破	张	23	庚辰	二黑	开	翼	23	庚戌	八白	平	角
初二	26	壬子	七赤	危	翼	24	辛巳	一白	闭	轸	24	辛亥	七赤	定	亢
初三	27	癸丑	八白	成	轸	25	壬午	九紫	建	角	25	壬子	六白	执	氐
初四	28	甲寅	九紫	收	角	26	癸未	八白	除	亢	26	癸丑	五黄	破	房
初五	29	乙卯	一白	开	亢	27	甲申	七赤	满	氐	27	甲寅	四绿	危	心
初六	30	丙辰	二黑	闭	氐	28	乙酉	六白	平	房	28	乙卯	三碧	成	尾
初七	31	丁巳	三碧	建	房	29	丙戌	五黄	定	心	29	丙辰	二黑	收	箕
初八	6月	戊午	四绿	除	心	30	丁亥	四绿	执	尾	30	丁巳	一白	开	斗
初九	2	己未	五黄	满	尾	7月	戊子	三碧	破	箕	31	戊午	九紫	闭	牛
初十	3	庚申	六白	平	箕	2	己丑	二黑	危	斗	8月	己未	八白	建	女
十一	4	辛酉	七赤	定	斗	3	庚寅	一白	成	牛	2	庚申	七赤	除	虚
十二	5	壬戌	八白	执	牛	4	辛卯	九紫	收	女	3	辛酉	六白	满	危
十三	6	癸亥	九紫	执	女	5	壬辰	八白	开	虚	4	壬戌	五黄	平	室
十四	7	甲子	四绿	破	虚	6	癸巳	七赤	闭	危	5	癸亥	四绿	定	壁
十五	8	乙丑	五黄	危	危	7	甲午	六白	建	室	6	甲子	九紫	执	奎
十六	9	丙寅	六白	成	室	8	乙未	五黄	建	壁	7	乙丑	八白	破	娄
十七	10	丁卯	七赤	收	壁	9	丙申	四绿	除	奎	8	丙寅	七赤	破	胃
十八	11	戊辰	八白	开	奎	10	丁酉	三碧	满	娄	9	丁卯	六白	危	昴
十九	12	己巳	九紫	闭	娄	11	戊戌	二黑	平	胃	10	戊辰	五黄	成	毕
二十	13	庚午	一白	建	胃	12	己亥	一白	定	昴	11	己巳	四绿	收	觜
廿一	14	辛未	二黑	除	昴	13	庚子	九紫	执	毕	12	庚午	三碧	开	参
廿二	15	壬申	三碧	满	毕	14	辛丑	八白	破	觜	13	辛未	二黑	闭	井
廿三	16	癸酉	四绿	平	觜	15	壬寅	七赤	危	参	14	壬申	一白	建	鬼
廿四	17	甲戌	五黄	定	参	16	癸卯	六白	成	井	15	癸酉	九紫	除	柳
廿五	18	乙亥	六白	执	井	17	甲辰	五黄	收	鬼	16	甲戌	八白	满	星
廿六	19	丙子	七赤	破	鬼	18	乙巳	四绿	开	柳	17	乙亥	七赤	平	张
廿七	20	丁丑	八白	危	柳	19	丙午	三碧	闭	星	18	丙子	六白	定	翼
廿八	21	戊寅	九紫	成	星	20	丁未	二黑	建	张	19	丁丑	五黄	执	轸
廿九	22	己卯	三碧	收	张	21	戊申	一白	除	翼	20	戊寅	四绿	破	角
三十						22	己酉	九紫	满	轸					

公元1914年 民国三年 甲寅虎年（闰五月）　太岁张朝 九星五黄

月份	七月大 壬申 五黄 离卦 毕宿					八月小 癸酉 四绿 震卦 觜宿					九月大 甲戌 三碧 巽卦 参宿				
节气	处暑 8月24日 初四壬午 辰时 8时29分		白露 9月8日 十九丁酉 戌时 20时32分			秋分 9月24日 初五癸丑 卯时 5时33分		寒露 10月9日 二十戊辰 午时 11时34分			霜降 10月24日 初六癸未 未时 14时17分		立冬 11月8日 廿一戊戌 未时 14时11分		
农历	公历	干支	九星	日建	星宿	公历	干支	九星	日建	星宿	公历	干支	九星	日建	星宿
初一	21	己卯	三碧	危	亢氐	20	己酉	三碧	建	房	19	戊寅	七赤	定	心尾
初二	22	庚辰	二黑	成	氐	21	庚戌	二黑	除	心	20	己卯	六白	执	箕
初三	23	辛巳	一白	收	房心	22	辛亥	一白	满	尾箕	21	庚辰	五黄	破	斗牛
初四	24	壬午	三碧	开	心尾	23	壬子	九紫	平	斗	22	辛巳	四绿	危	牛
初五	25	癸未	二黑	闭	尾	24	癸丑	八白	定	斗牛	23	壬午	三碧	成	女虚
初六	26	甲申	一白	建	箕	25	甲寅	七赤	执	女虚	24	癸未	五黄	收	虚
初七	27	乙酉	九紫	除	斗	26	乙卯	六白	破	虚危	25	甲申	四绿	开	危室
初八	28	丙戌	八白	满	牛	27	丙辰	五黄	危	危	26	乙酉	三碧	闭	室壁
初九	29	丁亥	七赤	平	女	28	丁巳	四绿	成	危	27	丙戌	二黑	建	壁
初十	30	戊子	六白	定	虚	29	戊午	三碧	收	室	28	丁亥	一白	除	奎
十一	31	己丑	五黄	执	危	30	己未	二黑	开	壁	29	戊子	九紫	满	奎娄
十二	9月	庚寅	四绿	破	室	10月	庚申	一白	闭	奎娄	30	己丑	八白	平	胃
十三	2	辛卯	三碧	危	壁	2	辛酉	九紫	建	娄	31	庚寅	七赤	定	昴
十四	3	壬辰	二黑	成	奎	3	壬戌	八白	除	胃	11月	辛卯	六白	执	毕
十五	4	癸巳	一白	收	娄	4	癸亥	七赤	满	昴	2	壬辰	五黄	破	觜参
十六	5	甲午	九紫	开	胃	5	甲子	三碧	平	毕	3	癸巳	四绿	危	参
十七	6	乙未	八白	闭	昴	6	乙丑	二黑	定	觜参	4	甲午	三碧	成	井鬼
十八	7	丙申	七赤	建	毕	7	丙寅	一白	执	参	5	乙未	二黑	收	井鬼
十九	8	丁酉	六白	建	觜参	8	丁卯	九紫	破	井鬼	6	丙申	一白	开	柳
二十	9	戊戌	五黄	除	参	9	戊辰	八白	破	鬼	7	丁酉	九紫	闭	星
廿一	10	己亥	四绿	满	井	10	己巳	七赤	危	柳	8	戊戌	八白	闭	张翼
廿二	11	庚子	三碧	平	鬼	11	庚午	六白	成	星	9	己亥	七赤	建	翼
廿三	12	辛丑	二黑	定	柳	12	辛未	五黄	收	张	10	庚子	六白	除	轸角
廿四	13	壬寅	一白	执	星	13	壬申	四绿	开	翼轸	11	辛丑	五黄	满	角
廿五	14	癸卯	九紫	破	张	14	癸酉	三碧	闭	轸	12	壬寅	四绿	平	亢
廿六	15	甲辰	八白	危	翼	15	甲戌	二黑	建	角	13	癸卯	三碧	定	氐
廿七	16	乙巳	七赤	成	轸	16	乙亥	一白	除	亢氐	14	甲辰	二黑	执	房心
廿八	17	丙午	六白	收	角	17	丙子	九紫	满	房	15	乙巳	一白	破	心尾
廿九	18	丁未	五黄	开	亢	18	丁丑	八白	平	心	16	丙午	九紫	危	尾
三十	19	戊申	四绿	闭	氐						17	丁未	八白	成	箕

公元1914年 民国三年 甲寅虎年（闰五月）　太岁张朝 九星五黄

月份	十月小	乙亥 二黑 坎卦 井宿				十一月小	丙子 一白 艮卦 鬼宿				十二月大	丁丑 九紫 坤卦 柳宿			
节气	小雪 11月23日 初六癸丑 午时 11时20分	大雪 12月8日 廿一戊辰 卯时 6时37分				冬至 12月23日 初七癸未 早子时 0时22分	小寒 1月6日 廿一丁酉 酉时 17时40分				大寒 1月21日 初七壬子 巳时 10时59分	立春 2月5日 廿二丁卯 卯时 5时25分			
农历	公历	干支	九星	日建	星宿	公历	干支	九星	日建	星宿	公历	干支	九星	日建	星宿
初一	18	戊申	七赤	收	箕	17	丁丑	二黑	除	斗	15	丙午	七赤	执	牛
初二	19	己酉	六白	开	斗	18	戊寅	一白	满	牛	16	丁未	八白	破	女
初三	20	庚戌	五黄	闭	牛	19	己卯	九紫	平	女	17	戊申	九紫	危	虚
初四	21	辛亥	四绿	建	女	20	庚辰	八白	定	虚	18	己酉	一白	成	室
初五	22	壬子	三碧	除	虚	21	辛巳	七赤	执	危	19	庚戌	二黑	收	壁
初六	23	癸丑	二黑	满	危	22	壬午	六白	破	室	20	辛亥	三碧	开	壁
初七	24	甲寅	一白	平	室	23	癸未	二黑	危	壁	21	壬子	四绿	闭	奎
初八	25	乙卯	九紫	定	壁	24	甲申	三碧	成	奎	22	癸丑	五黄	建	娄
初九	26	丙辰	八白	执	奎	25	乙酉	四绿	收	娄	23	甲寅	六白	除	胃
初十	27	丁巳	七赤	破	娄	26	丙戌	五黄	开	胃	24	乙卯	七赤	满	昴
十一	28	戊午	六白	危	胃	27	丁亥	六白	闭	昴	25	丙辰	八白	平	毕
十二	29	己未	五黄	成	昴	28	戊子	七赤	建	毕	26	丁巳	九紫	定	觜
十三	30	庚申	四绿	收	毕	29	己丑	八白	除	觜	27	戊午	一白	执	参
十四	12月	辛酉	三碧	开	觜	30	庚寅	九紫	满	参	28	己未	二黑	破	井
十五	2	壬戌	二黑	闭	参	31	辛卯	一白	平	井	29	庚申	三碧	危	鬼
十六	3	癸亥	一白	建	井	1月	壬辰	二黑	定	鬼	30	辛酉	四绿	成	柳
十七	4	甲子	六白	除	鬼	2	癸巳	三碧	执	柳	31	壬戌	五黄	收	星
十八	5	乙丑	五黄	满	柳	3	甲午	四绿	破	星	2月	癸亥	六白	开	张
十九	6	丙寅	四绿	平	星	4	乙未	五黄	危	张	2	甲子	一白	闭	翼
二十	7	丁卯	三碧	定	张	5	丙申	六白	成	翼	3	乙丑	二黑	建	轸
廿一	8	戊辰	二黑	定	翼	6	丁酉	七赤	成	轸	4	丙寅	三碧	除	角
廿二	9	己巳	一白	执	轸	7	戊戌	八白	收	角	5	丁卯	四绿	除	亢
廿三	10	庚午	九紫	破	角	8	己亥	九紫	开	亢	6	戊辰	五黄	满	氐
廿四	11	辛未	八白	危	亢	9	庚子	一白	闭	氐	7	己巳	六白	平	房
廿五	12	壬申	七赤	成	氐	10	辛丑	二黑	建	房	8	庚午	七赤	定	心
廿六	13	癸酉	六白	收	房	11	壬寅	三碧	除	心	9	辛未	八白	执	尾
廿七	14	甲戌	五黄	开	心	12	癸卯	四绿	满	尾	10	壬申	九紫	破	箕
廿八	15	乙亥	四绿	闭	尾	13	甲辰	五黄	平	箕	11	癸酉	一白	危	斗
廿九	16	丙子	三碧	建	箕	14	乙巳	六白	定	斗	12	甲戌	二黑	成	牛
三十											13	乙亥	三碧	收	女

公元1915年 民国四年 乙卯兔年　太岁方清 九星四绿

月份	正月大 戊寅 八白 坎卦 星宿					二月小 己卯 七赤 艮卦 张宿					三月大 庚辰 六白 坤卦 翼宿					四月大 辛巳 五黄 乾卦 轸宿				
节气	雨水 2月20日 初七壬午 丑时 1时23分			惊蛰 3月6日 廿一丙申 夜子时 23时48分		春分 3月22日 初七壬子 早子时 0时51分			清明 4月6日 廿二丁卯 卯时 5时09分		谷雨 4月21日 初八壬午 午时 12时28分			立夏 5月6日 廿三丁酉 夜子时 23时02分		小满 5月22日 初九癸丑 午时 12时10分			芒种 6月7日 廿五己巳 寅时 3时40分	
农历	公历	干支	九星	日建	星宿	公历	干支	九星	日建	星宿	公历	干支	九星	日建	星宿	公历	干支	九星	日建	星宿
初一	14	丙子	四绿	开	虚	16	丙午	四绿	平	室	14	乙亥	九紫	危	壁	14	乙巳	九紫	建	娄
初二	15	丁丑	五黄	闭	危	17	丁未	五黄	定	壁	15	丙子	一白	成	奎	15	丙午	一白	除	胃
初三	16	戊寅	六白	建	室	18	戊申	六白	执	奎	16	丁丑	二黑	收	娄	16	丁未	二黑	满	昴
初四	17	己卯	七赤	除	壁	19	己酉	七赤	破	娄	17	戊寅	三碧	开	胃	17	戊申	三碧	平	毕
初五	18	庚辰	八白	满	奎	20	庚戌	八白	危	胃	18	己卯	四绿	闭	昴	18	己酉	四绿	定	觜
初六	19	辛巳	九紫	平	娄	21	辛亥	九紫	成	昴	19	庚辰	五黄	建	毕	19	庚戌	五黄	执	参
初七	20	壬午	七赤	定	胃	22	壬子	一白	收	毕	20	辛巳	六白	除	觜	20	辛亥	六白	破	井
初八	21	癸未	八白	执	昴	23	癸丑	二黑	开	觜	21	壬午	四绿	满	参	21	壬子	七赤	危	鬼
初九	22	甲申	九紫	破	毕	24	甲寅	三碧	闭	参	22	癸未	五黄	平	井	22	癸丑	八白	成	柳
初十	23	乙酉	一白	危	觜	25	乙卯	四绿	建	井	23	甲申	六白	定	鬼	23	甲寅	九紫	收	星
十一	24	丙戌	二黑	成	参	26	丙辰	五黄	除	鬼	24	乙酉	七赤	执	柳	24	乙卯	一白	开	张
十二	25	丁亥	三碧	收	井	27	丁巳	六白	满	柳	25	丙戌	八白	破	星	25	丙辰	二黑	闭	翼
十三	26	戊子	四绿	开	鬼	28	戊午	七赤	平	星	26	丁亥	九紫	危	张	26	丁巳	三碧	建	轸
十四	27	己丑	五黄	闭	柳	29	己未	八白	定	张	27	戊子	一白	成	翼	27	戊午	四绿	除	角
十五	28	庚寅	六白	建	星	30	庚申	九紫	执	翼	28	己丑	二黑	收	轸	28	己未	五黄	满	亢
十六	3月	辛卯	七赤	除	张	31	辛酉	一白	破	轸	29	庚寅	三碧	开	角	29	庚申	六白	平	氐
十七	2	壬辰	八白	满	翼	4月	壬戌	二黑	危	角	30	辛卯	四绿	闭	亢	30	辛酉	七赤	定	房
十八	3	癸巳	九紫	平	轸	2	癸亥	三碧	成	亢	5月	壬辰	五黄	建	氐	31	壬戌	八白	执	心
十九	4	甲午	一白	定	角	3	甲子	七赤	收	氐	2	癸巳	六白	除	房	6月	癸亥	九紫	破	尾
二十	5	乙未	二黑	执	亢	4	乙丑	八白	开	房	3	甲午	七赤	满	心	2	甲子	四绿	危	箕
廿一	6	丙申	三碧	执	氐	5	丙寅	九紫	闭	心	4	乙未	八白	平	尾	3	乙丑	五黄	成	斗
廿二	7	丁酉	四绿	破	房	6	丁卯	一白	闭	尾	5	丙申	九紫	定	箕	4	丙寅	六白	收	牛
廿三	8	戊戌	五黄	危	心	7	戊辰	二黑	建	箕	6	丁酉	一白	定	斗	5	丁卯	七赤	开	女
廿四	9	己亥	六白	成	尾	8	己巳	三碧	除	斗	7	戊戌	二黑	执	牛	6	戊辰	八白	闭	虚
廿五	10	庚子	七赤	收	箕	9	庚午	四绿	满	牛	8	己亥	三碧	破	女	7	己巳	九紫	闭	危
廿六	11	辛丑	八白	开	斗	10	辛未	五黄	平	女	9	庚子	四绿	危	虚	8	庚午	一白	建	室
廿七	12	壬寅	九紫	闭	牛	11	壬申	六白	定	虚	10	辛丑	五黄	成	危	9	辛未	二黑	除	壁
廿八	13	癸卯	一白	建	女	12	癸酉	七赤	执	危	11	壬寅	六白	收	室	10	壬申	三碧	满	奎
廿九	14	甲辰	二黑	除	虚	13	甲戌	八白	破	室	12	癸卯	七赤	开	壁	11	癸酉	四绿	平	娄
三十	15	乙巳	三碧	满	危						13	甲辰	八白	闭	奎	12	甲戌	五黄	定	胃

国学经典文库　中华历书大全　·1900-2100年万年历法表·　图文珍藏版

公元1915年　民国四年　乙卯兔年　太岁方清　九星四绿

月份	五月小　壬午四绿　兑卦角宿	六月大　癸未三碧　离卦亢宿	七月小　甲申二黑　震卦氐宿	八月大　乙酉一白　巽卦房宿
节气	夏至 6月22日 初十甲申 戌时 20时29分　小暑 7月8日 廿六庚子 未时 14时07分	大暑 7月24日 十三丙辰 辰时 7时26分　立秋 8月8日 廿八辛未 夜子时 23时47分	处暑 8月24日 十四丁亥 未时 14时14分	白露 9月9日 初一癸卯 丑时 2时17分　秋分 9月24日 十六戊午 午时 11时23分

农历	公历	干支	九星	日建	星宿	公历	干支	九星	日建	星宿	公历	干支	九星	日建	星宿	公历	干支	九星	日建	星宿
初一	13	乙亥	六白	执	昴	12	甲辰	五黄	收	毕	11	甲戌	八白	满	参	9	癸卯	九紫	破	井
初二	14	丙子	七赤	破	毕	13	乙巳	四绿	开	觜	12	乙亥	七赤	平	井	10	甲辰	八白	危	鬼
初三	15	丁丑	八白	危	觜	14	丙午	三碧	闭	参	13	丙子	六白	定	鬼	11	乙巳	七赤	成	柳
初四	16	戊寅	九紫	成	参	15	丁未	二黑	建	井	14	丁丑	五黄	执	柳	12	丙午	六白	收	星
初五	17	己卯	一白	收	井	16	戊申	一白	除	鬼	15	戊寅	四绿	破	星	13	丁未	五黄	开	张
初六	18	庚辰	二黑	开	鬼	17	己酉	九紫	满	柳	16	己卯	三碧	危	张	14	戊申	四绿	闭	翼
初七	19	辛巳	三碧	闭	柳	18	庚戌	八白	平	星	17	庚辰	二黑	成	翼	15	己酉	三碧	建	轸
初八	20	壬午	四绿	建	星	19	辛亥	七赤	定	张	18	辛巳	一白	收	轸	16	庚戌	二黑	除	角
初九	21	癸未	五黄	除	张	20	壬子	六白	执	翼	19	壬午	九紫	开	角	17	辛亥	一白	满	亢
初十	22	甲申	七赤	满	翼	21	癸丑	五黄	破	轸	20	癸未	八白	闭	亢	18	壬子	九紫	平	氐
十一	23	乙酉	六白	平	轸	22	甲寅	四绿	危	角	21	甲申	七赤	建	氐	19	癸丑	八白	定	房
十二	24	丙戌	五黄	定	角	23	乙卯	三碧	成	亢	22	乙酉	六白	除	房	20	甲寅	七赤	执	心
十三	25	丁亥	四绿	执	亢	24	丙辰	二黑	收	氐	23	丙戌	五黄	满	心	21	乙卯	六白	破	尾
十四	26	戊子	三碧	破	氐	25	丁巳	一白	开	房	24	丁亥	七赤	平	尾	22	丙辰	五黄	危	箕
十五	27	己丑	二黑	危	房	26	戊午	九紫	闭	心	25	戊子	六白	定	箕	23	丁巳	四绿	成	斗
十六	28	庚寅	一白	成	心	27	己未	八白	建	尾	26	己丑	五黄	执	斗	24	戊午	三碧	收	牛
十七	29	辛卯	九紫	收	尾	28	庚申	七赤	除	箕	27	庚寅	四绿	破	牛	25	己未	二黑	开	女
十八	30	壬辰	八白	开	箕	29	辛酉	六白	满	斗	28	辛卯	三碧	危	女	26	庚申	一白	闭	虚
十九	7月	癸巳	七赤	闭	斗	30	壬戌	五黄	平	牛	29	壬辰	二黑	成	虚	27	辛酉	九紫	建	危
二十	2	甲午	六白	建	牛	31	癸亥	四绿	定	女	30	癸巳	一白	收	危	28	壬戌	八白	除	室
廿一	3	乙未	五黄	除	女	8月	甲子	九紫	执	虚	31	甲午	九紫	开	室	29	癸亥	七赤	满	壁
廿二	4	丙申	四绿	满	虚	2	乙丑	八白	破	危	9月	乙未	八白	闭	壁	30	甲子	三碧	平	奎
廿三	5	丁酉	三碧	平	危	3	丙寅	七赤	危	室	2	丙申	七赤	建	奎	10月	乙丑	二黑	定	娄
廿四	6	戊戌	二黑	定	室	4	丁卯	六白	成	壁	3	丁酉	六白	除	娄	2	丙寅	一白	执	胃
廿五	7	己亥	一白	执	壁	5	戊辰	五黄	收	奎	4	戊戌	五黄	满	胃	3	丁卯	九紫	破	昴
廿六	8	庚子	九紫	执	奎	6	己巳	四绿	开	娄	5	己亥	四绿	平	昴	4	戊辰	八白	危	毕
廿七	9	辛丑	八白	破	娄	7	庚午	三碧	闭	胃	6	庚子	三碧	定	毕	5	己巳	七赤	成	觜
廿八	10	壬寅	七赤	危	胃	8	辛未	二黑	闭	昴	7	辛丑	二黑	执	觜	6	庚午	六白	收	参
廿九	11	癸卯	六白	成	昴	9	壬申	一白	建	毕	8	壬寅	一白	破	参	7	辛未	五黄	开	井
三十						10	癸酉	九紫	除	觜						8	壬申	四绿	闭	鬼

公元1915年　民国四年　乙卯兔年　　太岁方清　九星四绿

月份	九月小 丙戌 九紫 坎卦 心宿					十月大 丁亥 八白 艮卦 尾宿					十一月小 戊子 七赤 坤卦 箕宿					十二月小 己丑 六白 乾卦 斗宿				
节气	寒露 10月9日 初一癸酉 酉时 17时20分		霜降 10月24日 十六戊子 戌时 20时09分			立冬 11月8日 初二癸卯 戌时 19时57分		小雪 11月23日 十七戊午 酉时 17时13分			大雪 12月8日 初二癸酉 午时 12时23分		冬至 12月23日 十七戊子 卯时 6时15分			小寒 1月6日 初二壬寅 夜子时 23时27分		大寒 1月21日 十七丁丑 申时 16时53分		
农历	公历	干支	九星	日建	星宿	公历	干支	九星	日建	星宿	公历	干支	九星	日建	星宿	公历	干支	九星	日建	星宿
初一	9	癸酉	三碧	闭	柳	7	壬寅	四绿	定	星	7	壬申	七赤	收	翼	5	辛丑	二黑	除	轸
初二	10	甲戌	二黑	建	星	8	癸卯	三碧	定	张	8	癸酉	六白	收	轸	6	壬寅	三碧	除	角
初三	11	乙亥	一白	除	张	9	甲辰	二黑	执	翼	9	甲戌	五黄	开	角	7	癸卯	四绿	满	亢
初四	12	丙子	九紫	满	翼	10	乙巳	一白	破	轸	10	乙亥	四绿	闭	亢	8	甲辰	五黄	平	氐
初五	13	丁丑	八白	平	轸	11	丙午	九紫	危	角	11	丙子	三碧	建	氐	9	乙巳	六白	定	房
初六	14	戊寅	七赤	定	角	12	丁未	八白	成	亢	12	丁丑	二黑	除	房	10	丙午	七赤	执	心
初七	15	己卯	六白	执	亢	13	戊申	七赤	收	氐	13	戊寅	一白	满	心	11	丁未	八白	破	尾
初八	16	庚辰	五黄	破	氐	14	己酉	六白	开	房	14	己卯	九紫	平	尾	12	戊申	九紫	危	箕
初九	17	辛巳	四绿	危	房	15	庚戌	五黄	闭	心	15	庚辰	八白	定	箕	13	己酉	一白	成	斗
初十	18	壬午	三碧	成	心	16	辛亥	四绿	建	尾	16	辛巳	七赤	执	斗	14	庚戌	二黑	收	牛
十一	19	癸未	二黑	收	尾	17	壬子	三碧	除	箕	17	壬午	六白	破	牛	15	辛亥	三碧	开	女
十二	20	甲申	一白	开	箕	18	癸丑	二黑	满	斗	18	癸未	五黄	危	女	16	壬子	四绿	闭	虚
十三	21	乙酉	九紫	闭	斗	19	甲寅	一白	平	牛	19	甲申	四绿	成	虚	17	癸丑	五黄	建	危
十四	22	丙戌	八白	建	牛	20	乙卯	九紫	定	女	20	乙酉	三碧	收	危	18	甲寅	六白	除	室
十五	23	丁亥	七赤	除	女	21	丙辰	八白	执	虚	21	丙戌	二黑	开	室	19	乙卯	七赤	满	壁
十六	24	戊子	九紫	满	虚	22	丁巳	七赤	破	危	22	丁亥	一白	闭	壁	20	丙辰	八白	平	奎
十七	25	己丑	八白	平	危	23	戊午	六白	危	室	23	戊子	七赤	建	奎	21	丁巳	九紫	定	娄
十八	26	庚寅	七赤	定	室	24	己未	五黄	成	壁	24	己丑	八白	除	娄	22	戊午	一白	执	胃
十九	27	辛卯	六白	执	壁	25	庚申	四绿	收	奎	25	庚寅	九紫	满	胃	23	己未	二黑	破	昴
二十	28	壬辰	五黄	破	奎	26	辛酉	三碧	开	娄	26	辛卯	一白	平	昴	24	庚申	三碧	危	毕
廿一	29	癸巳	四绿	危	娄	27	壬戌	二黑	闭	胃	27	壬辰	二黑	定	毕	25	辛酉	四绿	成	觜
廿二	30	甲午	三碧	成	胃	28	癸亥	一白	建	昴	28	癸巳	三碧	执	觜	26	壬戌	五黄	收	参
廿三	31	乙未	二黑	收	昴	29	甲子	六白	除	毕	29	甲午	四绿	破	参	27	癸亥	六白	开	井
廿四	11月	丙申	一白	开	毕	30	乙丑	五黄	满	觜	30	乙未	五黄	危	井	28	甲子	一白	闭	鬼
廿五	2	丁酉	九紫	闭	觜	12月	丙寅	四绿	平	参	31	丙申	六白	成	鬼	29	乙丑	二黑	建	柳
廿六	3	戊戌	八白	建	参	2	丁卯	三碧	定	井	1月	丁酉	七赤	收	柳	30	丙寅	三碧	除	星
廿七	4	己亥	七赤	除	井	3	戊辰	二黑	执	鬼	2	戊戌	八白	开	星	31	丁卯	四绿	满	张
廿八	5	庚子	六白	满	鬼	4	己巳	一白	破	柳	3	己亥	九紫	闭	张	2月	戊辰	五黄	平	翼
廿九	6	辛丑	五黄	平	柳	5	庚午	九紫	危	星	4	庚子	一白	建	翼	2	己巳	六白	定	轸
三十						6	辛未	八白	成	张										

公元1916年　民国五年　丙辰龙年　　太岁辛亚　九星三碧

月份	正月大 庚寅 艮卦 五黄 牛宿				二月大 辛卯 坤卦 四绿 女宿				三月小 壬辰 乾卦 三碧 虚宿				四月大 癸巳 兑卦 二黑 危宿			
节气	立春 2月5日 初三壬申 午时 11时13分		雨水 2月20日 十八丁亥 辰时 7时17分		惊蛰 3月6日 初三壬寅 卯时 5时37分		春分 3月21日 十八丁巳 卯时 6时46分		清明 4月5日 初三壬申 巳时 10时57分		谷雨 4月20日 十八丁亥 酉时 18时24分		立夏 5月6日 初五癸卯 寅时 4时49分		小满 5月21日 二十戊午 酉时 18时05分	
农历	公历	干支	九星	日建 星宿	公历	干支	九星	日建 星宿	公历	干支	九星	日建 星宿	公历	干支	九星	日建 星宿
初一	3	庚午	七赤	执 角	4	庚子	七赤	开 氐	3	庚午	四绿	平 心	2	己亥	三碧	危 尾
初二	4	辛未	八白	破 亢	5	辛丑	八白	闭 房	4	辛未	五黄	定 尾	3	庚子	四绿	成 箕
初三	5	壬申	九紫	破 氐	6	壬寅	九紫	闭 心	5	壬申	六白	定 箕	4	辛丑	五黄	收 斗
初四	6	癸酉	一白	危 房	7	癸卯	一白	建 尾	6	癸酉	七赤	执 斗	5	壬寅	六白	开 牛
初五	7	甲戌	二黑	成 心	8	甲辰	二黑	除 箕	7	甲戌	八白	破 牛	6	癸卯	七赤	开 女
初六	8	乙亥	三碧	收 尾	9	乙巳	三碧	满 斗	8	乙亥	九紫	危 女	7	甲辰	八白	闭 虚
初七	9	丙子	四绿	开 箕	10	丙午	四绿	平 牛	9	丙子	一白	成 虚	8	乙巳	九紫	建 危
初八	10	丁丑	五黄	闭 斗	11	丁未	五黄	定 女	10	丁丑	二黑	收 危	9	丙午	一白	除 室
初九	11	戊寅	六白	建 牛	12	戊申	六白	执 虚	11	戊寅	三碧	开 室	10	丁未	二黑	满 壁
初十	12	己卯	七赤	除 女	13	己酉	七赤	破 危	12	己卯	四绿	闭 壁	11	戊申	三碧	平 奎
十一	13	庚辰	八白	满 虚	14	庚戌	八白	危 室	13	庚辰	五黄	建 奎	12	己酉	四绿	定 娄
十二	14	辛巳	九紫	平 危	15	辛亥	九紫	成 壁	14	辛巳	六白	除 娄	13	庚戌	五黄	执 胃
十三	15	壬午	一白	定 室	16	壬子	一白	收 奎	15	壬午	七赤	满 胃	14	辛亥	六白	破 昴
十四	16	癸未	二黑	执 壁	17	癸丑	二黑	开 娄	16	癸未	八白	平 昴	15	壬子	七赤	危 毕
十五	17	甲申	三碧	破 奎	18	甲寅	三碧	闭 胃	17	甲申	九紫	定 毕	16	癸丑	八白	成 觜
十六	18	乙酉	四绿	危 娄	19	乙卯	四绿	建 昴	18	乙酉	一白	执 觜	17	甲寅	九紫	收 参
十七	19	丙戌	五黄	成 胃	20	丙辰	五黄	除 毕	19	丙戌	二黑	破 参	18	乙卯	一白	开 井
十八	20	丁亥	三碧	收 昴	21	丁巳	六白	满 觜	20	丁亥	九紫	危 井	19	丙辰	二黑	闭 鬼
十九	21	戊子	四绿	开 毕	22	戊午	七赤	平 参	21	戊子	一白	成 鬼	20	丁巳	三碧	建 柳
二十	22	己丑	五黄	闭 觜	23	己未	八白	定 井	22	己丑	二黑	收 柳	21	戊午	四绿	除 星
廿一	23	庚寅	六白	建 参	24	庚申	九紫	执 鬼	23	庚寅	三碧	开 星	22	己未	五黄	满 张
廿二	24	辛卯	七赤	除 井	25	辛酉	一白	破 柳	24	辛卯	四绿	闭 张	23	庚申	六白	平 翼
廿三	25	壬辰	八白	满 鬼	26	壬戌	二黑	危 星	25	壬辰	五黄	建 翼	24	辛酉	七赤	定 轸
廿四	26	癸巳	九紫	平 柳	27	癸亥	三碧	成 张	26	癸巳	六白	除 轸	25	壬戌	八白	执 角
廿五	27	甲午	一白	定 星	28	甲子	七赤	收 翼	27	甲午	七赤	满 角	26	癸亥	九紫	破 亢
廿六	28	乙未	二黑	执 张	29	乙丑	八白	开 轸	28	乙未	八白	平 亢	27	甲子	四绿	危 氐
廿七	29	丙申	三碧	破 翼	30	丙寅	九紫	闭 角	29	丙申	九紫	定 氐	28	乙丑	五黄	成 房
廿八	3月	丁酉	四绿	危 轸	31	丁卯	一白	建 亢	30	丁酉	一白	执 房	29	丙寅	六白	收 心
廿九	2	戊戌	五黄	成 角	4月	戊辰	二黑	除 氐	5月	戊戌	二黑	破 心	30	丁卯	七赤	开 尾
三十	3	己亥	六白	收 亢	2	己巳	三碧	满 房					31	戊辰	八白	闭 箕

公元1916年 民国五年 丙辰龙年　太岁辛亚 九星三碧

月份	五月小 甲午 一白 离卦 室宿					六月大 乙未 九紫 震卦 壁宿					七月大 丙申 八白 巽卦 奎宿					八月小 丁酉 七赤 坎卦 娄宿				
节气	芒种 6月6日 初六甲戌 巳时 9时25分			夏至 6月22日 廿二庚寅 丑时 2时24分		小暑 7月7日 初八乙巳 戌时 19时53分			大暑 7月23日 廿四辛酉 未时 13时21分		立秋 8月8日 初十丁丑 卯时 5时34分			处暑 8月23日 廿五壬辰 戌时 20时08分		白露 9月8日 十一戊申 辰时 8时04分			秋分 9月23日 廿六癸亥 酉时 17时14分	
农历	公历	干支	九星	日建	星宿	公历	干支	九星	日建	星宿	公历	干支	九星	日建	星宿	公历	干支	九星	日建	星宿
初一	6月	己巳	九紫	建	斗	30	戊戌	二黑	定	牛	30	戊辰	五黄	收	虚	29	戊戌	五黄	满	室
初二	2	庚午	一白	除	牛	7月	己亥	一白	执	女	31	己巳	四绿	开	危	30	己亥	四绿	平	壁
初三	3	辛未	二黑	满	女	2	庚子	九紫	破	虚	8月	庚午	三碧	闭	室	31	庚子	三碧	定	奎
初四	4	壬申	三碧	平	虚	3	辛丑	八白	危	危	2	辛未	二黑	建	壁	9月	辛丑	二黑	执	娄
初五	5	癸酉	四绿	定	危	4	壬寅	七赤	成	室	3	壬申	一白	除	奎	2	壬寅	一白	破	胃
初六	6	甲戌	五黄	定	室	5	癸卯	六白	收	壁	4	癸酉	九紫	满	娄	3	癸卯	九紫	危	昴
初七	7	乙亥	六白	执	壁	6	甲辰	五黄	开	奎	5	甲戌	八白	平	胃	4	甲辰	八白	成	毕
初八	8	丙子	七赤	破	奎	7	乙巳	四绿	开	娄	6	乙亥	七赤	定	昴	5	乙巳	七赤	收	觜
初九	9	丁丑	八白	危	娄	8	丙午	三碧	闭	胃	7	丙子	六白	执	毕	6	丙午	六白	开	参
初十	10	戊寅	九紫	成	胃	9	丁未	二黑	建	昴	8	丁丑	五黄	执	觜	7	丁未	五黄	闭	井
十一	11	己卯	一白	收	昴	10	戊申	一白	除	毕	9	戊寅	四绿	破	参	8	戊申	四绿	闭	鬼
十二	12	庚辰	二黑	开	毕	11	己酉	九紫	满	觜	10	己卯	三碧	危	井	9	己酉	三碧	建	柳
十三	13	辛巳	三碧	闭	觜	12	庚戌	八白	平	参	11	庚辰	二黑	成	鬼	10	庚戌	二黑	除	星
十四	14	壬午	四绿	建	参	13	辛亥	七赤	定	井	12	辛巳	一白	收	柳	11	辛亥	一白	满	张
十五	15	癸未	五黄	除	井	14	壬子	六白	执	鬼	13	壬午	九紫	开	星	12	壬子	九紫	平	翼
十六	16	甲申	六白	满	鬼	15	癸丑	五黄	破	柳	14	癸未	八白	闭	张	13	癸丑	八白	定	轸
十七	17	乙酉	七赤	平	柳	16	甲寅	四绿	危	星	15	甲申	七赤	建	翼	14	甲寅	七赤	执	角
十八	18	丙戌	八白	定	星	17	乙卯	三碧	成	张	16	乙酉	六白	除	轸	15	乙卯	六白	破	亢
十九	19	丁亥	九紫	执	张	18	丙辰	二黑	收	翼	17	丙戌	五黄	满	角	16	丙辰	五黄	危	氐
二十	20	戊子	一白	破	翼	19	丁巳	一白	开	轸	18	丁亥	四绿	平	亢	17	丁巳	四绿	成	房
廿一	21	己丑	二黑	危	轸	20	戊午	九紫	闭	角	19	戊子	三碧	定	氐	18	戊午	三碧	收	心
廿二	22	庚寅	一白	成	角	21	己未	八白	建	亢	20	己丑	二黑	执	房	19	己未	二黑	开	尾
廿三	23	辛卯	九紫	收	亢	22	庚申	七赤	除	氐	21	庚寅	一白	破	心	20	庚申	一白	闭	箕
廿四	24	壬辰	八白	开	氐	23	辛酉	六白	满	房	22	辛卯	九紫	危	尾	21	辛酉	九紫	建	斗
廿五	25	癸巳	七赤	闭	房	24	壬戌	五黄	平	心	23	壬辰	二黑	成	箕	22	壬戌	八白	除	牛
廿六	26	甲午	六白	建	心	25	癸亥	四绿	定	尾	24	癸巳	一白	收	斗	23	癸亥	七赤	满	女
廿七	27	乙未	五黄	除	尾	26	甲子	九紫	执	箕	25	甲午	九紫	开	牛	24	甲子	三碧	平	虚
廿八	28	丙申	四绿	满	箕	27	乙丑	八白	破	斗	26	乙未	八白	闭	女	25	乙丑	二黑	定	危
廿九	29	丁酉	三碧	平	斗	28	丙寅	七赤	危	牛	27	丙申	七赤	建	虚	26	丙寅	一白	执	室
三十						29	丁卯	六白	成	女	28	丁酉	六白	除	危					

公元1916年　民国五年　丙辰龙年　　太岁辛亚　九星三碧

月份	九月大 戊戌 六白 艮卦 胃宿				十月小 己亥 五黄 坤卦 昴宿				十一月大 庚子 四绿 乾卦 毕宿				十二月小 辛丑 三碧 兑卦 觜宿			
节气	寒露 10月8日 十二戊寅 夜子时 23时07分		霜降 10月24日 廿八甲午 丑时 1时57分		立冬 11月8日 十三己酉 丑时 1时42分		小雪 11月22日 廿七癸亥 亥时 22时57分		大雪 12月7日 十三戊寅 酉时 18时06分		冬至 12月22日 廿八癸巳 午时 11时58分		小寒 1月6日 十三戊申 卯时 5时09分		大寒 1月20日 廿七壬戌 亥时 22时37分	
农历	公历	干支	九星	日建 星宿	公历	干支	九星	日建 星宿	公历	干支	九星	日建 星宿	公历	干支	九星	日建 星宿
初一	27	丁卯	九紫	破 壁	27	丁酉	九紫	闭 娄	25	丙寅	四绿	平 胃	25	丙申	六白	成 毕
初二	28	戊辰	八白	危 奎	28	戊戌	八白	建 胃	26	丁卯	三碧	定 昴	26	丁酉	七赤	收 觜
初三	29	己巳	七赤	成 娄	29	己亥	七赤	除 昴	27	戊辰	二黑	执 毕	27	戊戌	八白	开 参
初四	30	庚午	六白	收 胃	30	庚子	六白	满 毕	28	己巳	一白	破 觜	28	己亥	九紫	闭 井
初五	10月	辛未	五黄	开 昴	31	辛丑	五黄	平 觜	29	庚午	九紫	危 参	29	庚子	一白	建 鬼
初六	2	壬申	四绿	闭 毕	11月	壬寅	四绿	定 参	30	辛未	八白	成 井	30	辛丑	二黑	除 柳
初七	3	癸酉	三碧	建 觜	2	癸卯	三碧	执 井	12月	壬申	七赤	收 鬼	31	壬寅	三碧	满 星
初八	4	甲戌	二黑	除 参	3	甲辰	二黑	破 鬼	2	癸酉	六白	开 柳	1月	癸卯	四绿	平 张
初九	5	乙亥	一白	满 井	4	乙巳	一白	危 柳	3	甲戌	五黄	闭 星	2	甲辰	五黄	定 翼
初十	6	丙子	九紫	平 鬼	5	丙午	九紫	成 星	4	乙亥	四绿	建 张	3	乙巳	六白	执 轸
十一	7	丁丑	八白	定 柳	6	丁未	八白	收 张	5	丙子	三碧	除 翼	4	丙午	七赤	破 角
十二	8	戊寅	七赤	定 星	7	戊申	七赤	开 翼	6	丁丑	二黑	满 轸	5	丁未	八白	危 元
十三	9	己卯	六白	执 张	8	己酉	六白	开 轸	7	戊寅	一白	满 角	6	戊申	九紫	成 氐
十四	10	庚辰	五黄	破 翼	9	庚戌	五黄	闭 角	8	己卯	九紫	平 元	7	己酉	一白	收 房
十五	11	辛巳	四绿	危 轸	10	辛亥	四绿	建 元	9	庚辰	八白	定 氐	8	庚戌	二黑	收 心
十六	12	壬午	三碧	成 角	11	壬子	三碧	除 氐	10	辛巳	七赤	执 房	9	辛亥	三碧	开 尾
十七	13	癸未	二黑	收 元	12	癸丑	二黑	满 房	11	壬午	六白	破 心	10	壬子	四绿	闭 箕
十八	14	甲申	一白	开 氐	13	甲寅	一白	平 心	12	癸未	五黄	危 尾	11	癸丑	五黄	建 斗
十九	15	乙酉	九紫	闭 房	14	乙卯	九紫	定 尾	13	甲申	四绿	成 箕	12	甲寅	六白	除 牛
二十	16	丙戌	八白	建 心	15	丙辰	八白	执 箕	14	乙酉	三碧	收 斗	13	乙卯	七赤	满 女
廿一	17	丁亥	七赤	除 尾	16	丁巳	七赤	破 斗	15	丙戌	二黑	开 牛	14	丙辰	八白	平 虚
廿二	18	戊子	六白	满 箕	17	戊午	六白	危 牛	16	丁亥	一白	闭 女	15	丁巳	九紫	定 危
廿三	19	己丑	五黄	平 斗	18	己未	五黄	成 女	17	戊子	九紫	建 虚	16	戊午	一白	执 室
廿四	20	庚寅	四绿	定 牛	19	庚申	四绿	收 虚	18	己丑	八白	除 危	17	己未	二黑	破 壁
廿五	21	辛卯	三碧	执 女	20	辛酉	三碧	开 危	19	庚寅	七赤	满 室	18	庚申	三碧	危 奎
廿六	22	壬辰	二黑	破 虚	21	壬戌	二黑	闭 室	20	辛卯	六白	平 壁	19	辛酉	四绿	成 娄
廿七	23	癸巳	一白	危 危	22	癸亥	一白	建 壁	21	壬辰	五黄	定 奎	20	壬戌	五黄	收 胃
廿八	24	甲午	三碧	成 室	23	甲子	六白	除 奎	22	癸巳	三碧	执 娄	21	癸亥	六白	开 昴
廿九	25	乙未	二黑	收 壁	24	乙丑	五黄	满 娄	23	甲午	四绿	破 胃	22	甲子	一白	闭 毕
三十	26	丙申	一白	开 奎					24	乙未	五黄	危 昴				

国学经典文库

中华历书大全

·1900-2100年万年历法表·

图文珍藏版

公元1917年　民国六年　丁巳蛇年（闰二月）　太岁易彦　九星二黑

月份	正月大 壬寅 二黑 坤卦 参宿				二月小 癸卯 一白 乾卦 井宿				闰二月小				三月大 甲辰 九紫 兑卦 鬼宿			
节气	立春 2月4日 十三丁丑 申时 16时57分	雨水 2月19日 廿八壬辰 未时 13时04分			惊蛰 3月6日 十三丁未 午时 11时24分	春分 3月21日 廿八壬戌 午时 12时37分			清明 4月5日 十四丁丑 申时 16时49分				谷雨 4月21日 初一癸巳 早子时 0时17分	立夏 5月6日 十六戊申 巳时 10时45分		
农历	公历	干支	九星	日建	星宿／公历	干支	九星	日建	星宿／公历	干支	九星	日建	星宿／公历	干支	九星	日建 星宿
初一	23	乙丑	二黑	建 觜	22 乙未	二黑	执 井	23 甲子	七赤	收 鬼	21 癸巳	六白	除 柳			
初二	24	丙寅	三碧	除 参	23 丙申	三碧	破 鬼	24 乙丑	八白	开 柳	22 甲午	七赤	满 星			
初三	25	丁卯	四绿	满 井	24 丁酉	四绿	危 柳	25 丙寅	九紫	闭 星	23 乙未	八白	平 张			
初四	26	戊辰	五黄	平 鬼	25 戊戌	五黄	成 星	26 丁卯	一白	建 张	24 丙申	九紫	定 翼			
初五	27	己巳	六白	定 柳	26 己亥	六白	收 张	27 戊辰	二黑	除 翼	25 丁酉	一白	执 轸			
初六	28	庚午	七赤	执 星	27 庚子	七赤	开 翼	28 己巳	三碧	满 轸	26 戊戌	二黑	破 角			
初七	29	辛未	八白	破 张	28 辛丑	八白	闭 轸	29 庚午	四绿	平 角	27 己亥	三碧	危 亢			
初八	30	壬申	九紫	危 翼	3月 壬寅	九紫	建 角	30 辛未	五黄	定 亢	28 庚子	四绿	成 氐			
初九	31	癸酉	一白	成 轸	2 癸卯	一白	除 亢	31 壬申	六白	执 氐	29 辛丑	五黄	收 房			
初十	2月	甲戌	二黑	收 角	3 甲辰	二黑	满 氐	4月 癸酉	七赤	破 房	30 壬寅	六白	开 心			
十一	2	乙亥	三碧	开 亢	4 乙巳	三碧	平 房	2 甲戌	八白	危 心	5月 癸卯	七赤	闭 尾			
十二	3	丙子	四绿	闭 氐	5 丙午	四绿	定 心	3 乙亥	九紫	成 尾	2 甲辰	八白	建 箕			
十三	4	丁丑	五黄	闭 房	6 丁未	五黄	定 尾	4 丙子	一白	收 箕	3 乙巳	九紫	除 斗			
十四	5	戊寅	六白	建 心	7 戊申	六白	执 箕	5 丁丑	二黑	收 斗	4 丙午	一白	满 牛			
十五	6	己卯	七赤	除 尾	8 己酉	七赤	破 斗	6 戊寅	三碧	开 牛	5 丁未	二黑	平 女			
十六	7	庚辰	八白	满 箕	9 庚戌	八白	危 牛	7 己卯	四绿	闭 女	6 戊申	三碧	平 虚			
十七	8	辛巳	九紫	平 斗	10 辛亥	九紫	成 女	8 庚辰	五黄	建 虚	7 己酉	四绿	定 危			
十八	9	壬午	一白	定 牛	11 壬子	一白	收 虚	9 辛巳	六白	除 危	8 庚戌	五黄	执 室			
十九	10	癸未	二黑	执 女	12 癸丑	二黑	开 危	10 壬午	七赤	满 室	9 辛亥	六白	破 壁			
二十	11	甲申	三碧	破 虚	13 甲寅	三碧	闭 室	11 癸未	八白	平 壁	10 壬子	七赤	危 奎			
廿一	12	乙酉	四绿	危 危	14 乙卯	四绿	建 壁	12 甲申	九紫	定 奎	11 癸丑	八白	成 娄			
廿二	13	丙戌	五黄	成 室	15 丙辰	五黄	除 奎	13 乙酉	一白	执 娄	12 甲寅	九紫	收 胃			
廿三	14	丁亥	六白	收 壁	16 丁巳	六白	满 娄	14 丙戌	二黑	破 胃	13 乙卯	一白	开 昴			
廿四	15	戊子	七赤	开 奎	17 戊午	七赤	平 胃	15 丁亥	三碧	危 昴	14 丙辰	二黑	闭 毕			
廿五	16	己丑	八白	闭 娄	18 己未	八白	定 昴	16 戊子	四绿	成 毕	15 丁巳	三碧	建 觜			
廿六	17	庚寅	九紫	建 胃	19 庚申	九紫	执 毕	17 己丑	五黄	收 觜	16 戊午	四绿	除 参			
廿七	18	辛卯	一白	除 昴	20 辛酉	一白	破 觜	18 庚寅	六白	开 参	17 己未	五黄	满 井			
廿八	19	壬辰	八白	满 毕	21 壬戌	二黑	危 参	19 辛卯	七赤	闭 井	18 庚申	六白	平 鬼			
廿九	20	癸巳	九紫	平 觜	22 癸亥	三碧	成 井	20 壬辰	八白	建 鬼	19 辛酉	七赤	定 柳			
三十	21	甲午	一白	定 参									20 壬戌	八白	执 星	

公元1917年 民国六年 丁巳蛇年（闰二月）　太岁易彦 九星二黑

月份	四月小 乙巳 八白 离卦 柳宿					五月大 丙午 七赤 震卦 星宿					六月大 丁未 六白 巽卦 张宿				
节气	小满 5月21日 初一癸亥 夜子时 23时58分		芒种 6月6日 十七己卯 申时 15时23分			夏至 6月22日 初四乙未 辰时 8时14分		小暑 7月8日 二十辛亥 丑时 1时50分			大暑 7月23日 初五丙寅 戌时 19时07分		立秋 8月8日 廿一壬午 午时 11时30分		
农历	公历	干支	九星	日建	星宿	公历	干支	九星	日建	星宿	公历	干支	九星	日建	星宿
初一	21	癸亥	九紫	破	张	19	壬辰	五黄	开	翼	19	壬戌	五黄	平	角
初二	22	甲子	四绿	危	翼	20	癸巳	六白	闭	轸	20	癸亥	四绿	定	亢
初三	23	乙丑	五黄	成	轸	21	甲午	七赤	建	角	21	甲子	九紫	执	氐
初四	24	丙寅	六白	收	角	22	乙未	五黄	除	亢	22	乙丑	八白	破	房
初五	25	丁卯	七赤	开	亢	23	丙申	四绿	满	氐	23	丙寅	七赤	危	心
初六	26	戊辰	八白	闭	氐	24	丁酉	三碧	平	房	24	丁卯	六白	成	尾
初七	27	己巳	九紫	建	房	25	戊戌	二黑	定	心	25	戊辰	五黄	收	箕
初八	28	庚午	一白	除	心	26	己亥	一白	执	尾	26	己巳	四绿	开	斗
初九	29	辛未	二黑	满	尾	27	庚子	九紫	破	箕	27	庚午	三碧	闭	牛
初十	30	壬申	三碧	平	箕	28	辛丑	八白	危	斗	28	辛未	二黑	建	女
十一	31	癸酉	四绿	定	斗	29	壬寅	七赤	成	牛	29	壬申	一白	除	虚
十二	6月	甲戌	五黄	执	牛	30	癸卯	六白	收	女	30	癸酉	九紫	满	危
十三	2	乙亥	六白	破	女	7月	甲辰	五黄	开	虚	31	甲戌	八白	平	室
十四	3	丙子	七赤	危	虚	2	乙巳	四绿	闭	危	8月	乙亥	七赤	定	壁
十五	4	丁丑	八白	成	危	3	丙午	三碧	建	室	2	丙子	六白	执	奎
十六	5	戊寅	九紫	收	室	4	丁未	二黑	除	壁	3	丁丑	五黄	破	娄
十七	6	己卯	一白	收	壁	5	戊申	一白	满	奎	4	戊寅	四绿	危	胃
十八	7	庚辰	二黑	开	奎	6	己酉	九紫	平	娄	5	己卯	三碧	成	昴
十九	8	辛巳	三碧	闭	娄	7	庚戌	八白	定	胃	6	庚辰	二黑	收	毕
二十	9	壬午	四绿	建	胃	8	辛亥	七赤	定	昴	7	辛巳	一白	开	觜
廿一	10	癸未	五黄	除	昴	9	壬子	六白	执	毕	8	壬午	九紫	开	参
廿二	11	甲申	六白	满	毕	10	癸丑	五黄	破	觜	9	癸未	八白	闭	井
廿三	12	乙酉	七赤	平	觜	11	甲寅	四绿	危	参	10	甲申	七赤	建	鬼
廿四	13	丙戌	八白	定	参	12	乙卯	三碧	成	井	11	乙酉	六白	除	柳
廿五	14	丁亥	九紫	执	井	13	丙辰	二黑	收	鬼	12	丙戌	五黄	满	星
廿六	15	戊子	一白	破	鬼	14	丁巳	一白	开	柳	13	丁亥	四绿	平	张
廿七	16	己丑	二黑	危	柳	15	戊午	九紫	闭	星	14	戊子	三碧	定	翼
廿八	17	庚寅	三碧	成	星	16	己未	八白	建	张	15	己丑	二黑	执	轸
廿九	18	辛卯	四绿	收	张	17	庚申	七赤	除	翼	16	庚寅	一白	破	角
三十						18	辛酉	六白	满	轸	17	辛卯	九紫	危	亢

公元1917年　民国六年　丁巳蛇年（闰二月）　　太岁易彦　九星二黑

月份	七月小					八月大					九月大				
		戊申 五黄 坎卦 翼宿					己酉 四绿 艮卦 轸宿					庚戌 三碧 坤卦 角宿			
节气	处暑 8月24日 初七戊戌 丑时 1时53分		白露 9月8日 廿二癸丑 未时 13时59分			秋分 9月23日 初八戊辰 夜子时 23时00分		寒露 10月9日 廿四甲申 卯时 5时02分			霜降 10月24日 初九己亥 辰时 7时43分		立冬 11月8日 廿四甲寅 辰时 7时36分		
农历	公历	干支	九星	日建	星宿	公历	干支	九星	日建	星宿	公历	干支	九星	日建	星宿
初一	18	壬辰	八白	成	氐	16	辛酉	九紫	建	房	16	辛卯	三碧	执	尾
初二	19	癸巳	七赤	收	房	17	壬戌	八白	除	心	17	壬辰	二黑	破	箕
初三	20	甲午	六白	开	心	18	癸亥	七赤	满	尾	18	癸巳	一白	危	斗
初四	21	乙未	五黄	闭	尾	19	甲子	三碧	平	箕	19	甲午	九紫	成	牛
初五	22	丙申	四绿	建	箕	20	乙丑	二黑	定	斗	20	乙未	八白	收	女
初六	23	丁酉	三碧	除	斗	21	丙寅	一白	执	牛	21	丙申	七赤	开	虚
初七	24	戊戌	五黄	满	牛	22	丁卯	九紫	破	女	22	丁酉	六白	闭	危
初八	25	己亥	四绿	平	女	23	戊辰	八白	危	虚	23	戊戌	五黄	建	室
初九	26	庚子	三碧	定	虚	24	己巳	七赤	成	危	24	己亥	七赤	除	壁
初十	27	辛丑	二黑	执	危	25	庚午	六白	收	室	25	庚子	六白	满	奎
十一	28	壬寅	一白	破	室	26	辛未	五黄	开	壁	26	辛丑	五黄	平	娄
十二	29	癸卯	九紫	危	壁	27	壬申	四绿	闭	奎	27	壬寅	四绿	定	胃
十三	30	甲辰	八白	成	奎	28	癸酉	三碧	建	娄	28	癸卯	三碧	执	昴
十四	31	乙巳	七赤	收	娄	29	甲戌	二黑	除	胃	29	甲辰	二黑	破	毕
十五	9月	丙午	六白	开	胃	30	乙亥	一白	满	昴	30	乙巳	一白	危	觜
十六	2	丁未	五黄	闭	昴	10月	丙子	九紫	平	毕	31	丙午	九紫	成	参
十七	3	戊申	四绿	建	毕	2	丁丑	八白	定	觜	11月	丁未	八白	收	井
十八	4	己酉	三碧	除	觜	3	戊寅	七赤	执	参	2	戊申	七赤	开	鬼
十九	5	庚戌	二黑	满	参	4	己卯	六白	破	井	3	己酉	六白	闭	柳
二十	6	辛亥	一白	平	井	5	庚辰	五黄	危	鬼	4	庚戌	五黄	建	星
廿一	7	壬子	九紫	定	鬼	6	辛巳	四绿	成	柳	5	辛亥	四绿	除	张
廿二	8	癸丑	八白	定	柳	7	壬午	三碧	收	星	6	壬子	三碧	满	翼
廿三	9	甲寅	七赤	执	星	8	癸未	二黑	开	张	7	癸丑	二黑	平	轸
廿四	10	乙卯	六白	破	张	9	甲申	一白	开	翼	8	甲寅	一白	平	角
廿五	11	丙辰	五黄	危	翼	10	乙酉	九紫	闭	轸	9	乙卯	九紫	定	亢
廿六	12	丁巳	四绿	成	轸	11	丙戌	八白	建	角	10	丙辰	八白	执	氐
廿七	13	戊午	三碧	收	角	12	丁亥	七赤	除	亢	11	丁巳	七赤	破	房
廿八	14	己未	二黑	开	亢	13	戊子	六白	满	氐	12	戊午	六白	危	心
廿九	15	庚申	一白	闭	氐	14	己丑	五黄	平	房	13	己未	五黄	成	尾
三十						15	庚寅	四绿	定	心	14	庚申	四绿	收	箕

国学经典文库　中华历书大全　·1900~2100年万年历法表·　图文珍藏版

公元1917年　民国六年　丁巳蛇年（闰二月）　太岁易彦　九星二黑

月份	十月小 辛亥 二黑 乾卦 亢宿				十一月大 壬子 一白 兑卦 氐宿				十二月小 癸丑 九紫 离卦 房宿			
节气	小雪 11月23日 初九己巳 寅时 4时44分	大雪 12月8日 廿四甲申 早子时 0时00分			冬至 12月22日 初九戊戌 酉时 17时45分	小寒 1月6日 廿四癸丑 午时 11时04分			大寒 1月21日 初九戊辰 寅时 4时24分	立春 2月4日 廿三壬午 亥时 22时53分		
农历	公历	干支	九星	日建	星宿	公历	干支	九星	日建	星宿	公历	干支	九星	日建	星宿
初一	15	辛酉	三碧	开	斗	14	庚寅	七赤	满	牛	13	庚申	三碧	危	虚
初二	16	壬戌	二黑	闭	牛	15	辛卯	六白	平	女	14	辛酉	四绿	成	危
初三	17	癸亥	一白	建	女	16	壬辰	五黄	定	虚	15	壬戌	五黄	收	室
初四	18	甲子	六白	除	虚	17	癸巳	四绿	执	危	16	癸亥	六白	开	壁
初五	19	乙丑	五黄	满	危	18	甲午	三碧	破	室	17	甲子	一白	闭	奎
初六	20	丙寅	四绿	平	室	19	乙未	二黑	危	壁	18	乙丑	二黑	建	娄
初七	21	丁卯	三碧	定	壁	20	丙申	一白	成	奎	19	丙寅	三碧	除	胃
初八	22	戊辰	二黑	执	奎	21	丁酉	九紫	收	娄	20	丁卯	四绿	满	昴
初九	23	己巳	一白	破	娄	22	戊戌	八白	开	胃	21	戊辰	五黄	平	毕
初十	24	庚午	九紫	危	胃	23	己亥	九紫	闭	昴	22	己巳	六白	定	觜
十一	25	辛未	八白	成	昴	24	庚子	一白	建	毕	23	庚午	七赤	执	参
十二	26	壬申	七赤	收	毕	25	辛丑	二黑	除	觜	24	辛未	八白	破	井
十三	27	癸酉	六白	开	觜	26	壬寅	三碧	满	参	25	壬申	九紫	危	鬼
十四	28	甲戌	五黄	闭	参	27	癸卯	四绿	平	井	26	癸酉	一白	成	柳
十五	29	乙亥	四绿	建	井	28	甲辰	五黄	定	鬼	27	甲戌	二黑	收	星
十六	30	丙子	三碧	除	鬼	29	乙巳	六白	执	柳	28	乙亥	三碧	开	张
十七	12月	丁丑	二黑	满	柳	30	丙午	七赤	破	星	29	丙子	四绿	闭	翼
十八	2	戊寅	一白	平	星	31	丁未	八白	危	张	30	丁丑	五黄	建	轸
十九	3	己卯	九紫	定	张	1月	戊申	九紫	成	翼	31	戊寅	六白	除	角
二十	4	庚辰	八白	执	翼	2	己酉	一白	收	轸	2月	己卯	七赤	满	亢
廿一	5	辛巳	七赤	破	轸	3	庚戌	二黑	开	角	2	庚辰	八白	平	氐
廿二	6	壬午	六白	危	角	4	辛亥	三碧	闭	亢	3	辛巳	九紫	定	房
廿三	7	癸未	五黄	成	亢	5	壬子	四绿	建	氐	4	壬午	一白	定	心
廿四	8	甲申	四绿	成	氐	6	癸丑	五黄	建	房	5	癸未	二黑	执	尾
廿五	9	乙酉	三碧	收	房	7	甲寅	六白	除	心	6	甲申	三碧	破	箕
廿六	10	丙戌	二黑	开	心	8	乙卯	七赤	满	尾	7	乙酉	四绿	危	斗
廿七	11	丁亥	一白	闭	尾	9	丙辰	八白	平	箕	8	丙戌	五黄	成	牛
廿八	12	戊子	九紫	建	箕	10	丁巳	九紫	定	斗	9	丁亥	六白	收	女
廿九	13	己丑	八白	除	斗	11	戊午	一白	执	牛	10	戊子	七赤	开	虚
三十						12	己未	二黑	破	女					

国学经典文库　中华历书大全　·1900—2100年万年历法表·　图文珍藏版

公元1918年 民国七年 戊午马年　太岁姚黎 九星一白

月份	正月大 甲寅 八白 乾卦 心宿				二月小 乙卯 七赤 兑卦 尾宿				三月小 丙辰 六白 离卦 箕宿				四月大 丁巳 五黄 震卦 斗宿			
节气	雨水 2月19日 初九丁酉 酉时 18时52分		惊蛰 3月6日 廿四壬子 酉时 17时20分		春分 3月21日 初九丁卯 酉时 18时25分		清明 4月5日 廿四壬午 亥时 22时45分		谷雨 4月21日 十一戊戌 卯时 6时05分		立夏 5月6日 廿六癸丑 申时 16时38分		小满 5月22日 十三己巳 卯时 5时45分		芒种 6月6日 廿八甲申 亥时 21时10分	
农历	公历	干支	九星	日建	星宿	公历	干支	九星	日建	星宿	公历	干支	九星	日建	星宿	公历 干支 九星 日建 星宿

农历	公历	干支	九星	日建	星宿	公历	干支	九星	日建	星宿	公历	干支	九星	日建	星宿	公历	干支	九星	日建	星宿
初一	11	己丑	八白	闭	危	13	己未	八白	定	壁	11	戊子	四绿	成	奎	10	丁巳	三碧	建	娄
初二	12	庚寅	九紫	建	室	14	庚申	九紫	执	奎	12	己丑	五黄	收	娄	11	戊午	四绿	除	胃
初三	13	辛卯	一白	除	壁	15	辛酉	一白	破	娄	13	庚寅	六白	开	胃	12	己未	五黄	满	昴
初四	14	壬辰	二黑	满	奎	16	壬戌	二黑	危	胃	14	辛卯	七赤	闭	昴	13	庚申	六白	平	毕
初五	15	癸巳	三碧	平	娄	17	癸亥	三碧	成	昴	15	壬辰	八白	建	毕	14	辛酉	七赤	定	觜
初六	16	甲午	四绿	定	胃	18	甲子	七赤	收	毕	16	癸巳	九紫	除	觜	15	壬戌	八白	执	参
初七	17	乙未	五黄	执	昴	19	乙丑	八白	开	觜	17	甲午	一白	满	参	16	癸亥	九紫	破	井
初八	18	丙申	六白	破	毕	20	丙寅	九紫	闭	参	18	乙未	二黑	平	井	17	甲子	四绿	危	鬼
初九	19	丁酉	四绿	危	觜	21	丁卯	一白	建	井	19	丙申	三碧	定	鬼	18	乙丑	五黄	成	柳
初十	20	戊戌	五黄	成	参	22	戊辰	二黑	除	鬼	20	丁酉	四绿	执	柳	19	丙寅	六白	收	星
十一	21	己亥	六白	收	井	23	己巳	三碧	满	柳	21	戊戌	二黑	破	星	20	丁卯	七赤	开	张
十二	22	庚子	七赤	开	鬼	24	庚午	四绿	平	星	22	己亥	三碧	危	张	21	戊辰	八白	闭	翼
十三	23	辛丑	八白	闭	柳	25	辛未	五黄	定	张	23	庚子	四绿	成	翼	22	己巳	九紫	建	轸
十四	24	壬寅	九紫	建	星	26	壬申	六白	执	翼	24	辛丑	五黄	收	轸	23	庚午	一白	除	角
十五	25	癸卯	一白	除	张	27	癸酉	七赤	破	轸	25	壬寅	六白	开	角	24	辛未	二黑	满	亢
十六	26	甲辰	二黑	满	翼	28	甲戌	八白	危	角	26	癸卯	七赤	闭	亢	25	壬申	三碧	平	氐
十七	27	乙巳	三碧	平	轸	29	乙亥	九紫	成	亢	27	甲辰	八白	建	氐	26	癸酉	四绿	定	房
十八	28	丙午	四绿	定	角	30	丙子	一白	收	氐	28	乙巳	九紫	除	房	27	甲戌	五黄	执	心
十九	3月	丁未	五黄	执	亢	31	丁丑	二黑	开	房	29	丙午	一白	满	心	28	乙亥	六白	破	尾
二十	2	戊申	六白	破	氐	4月	戊寅	三碧	闭	心	30	丁未	二黑	平	尾	29	丙子	七赤	危	箕
廿一	3	己酉	七赤	危	房	2	己卯	四绿	建	尾	5月	戊申	三碧	定	箕	30	丁丑	八白	成	斗
廿二	4	庚戌	八白	成	心	3	庚辰	五黄	除	箕	2	己酉	四绿	执	斗	31	戊寅	九紫	收	牛
廿三	5	辛亥	九紫	收	尾	4	辛巳	六白	满	斗	3	庚戌	五黄	破	牛	6月	己卯	一白	开	女
廿四	6	壬子	一白	收	箕	5	壬午	七赤	满	牛	4	辛亥	六白	危	女	2	庚辰	二黑	闭	虚
廿五	7	癸丑	二黑	开	斗	6	癸未	八白	平	女	5	壬子	七赤	成	虚	3	辛巳	三碧	建	危
廿六	8	甲寅	三碧	闭	牛	7	甲申	九紫	定	虚	6	癸丑	八白	成	危	4	壬午	四绿	除	室
廿七	9	乙卯	四绿	建	女	8	乙酉	一白	执	危	7	甲寅	九紫	收	室	5	癸未	五黄	满	壁
廿八	10	丙辰	五黄	除	虚	9	丙戌	二黑	破	室	8	乙卯	一白	开	壁	6	甲申	六白	满	奎
廿九	11	丁巳	六白	满	危	10	丁亥	三碧	危	壁	9	丙辰	二黑	闭	奎	7	乙酉	七赤	平	娄
三十	12	戊午	七赤	平	室											8	丙戌	八白	定	胃

公元1918年 民国七年 戊午马年　　太岁姚黎 九星一白

月份	五月小 戊午 四绿 巽卦 牛宿					六月大 己未 三碧 坎卦 女宿					七月小 庚申 二黑 艮卦 虚宿					八月大 辛酉 一白 坤卦 危宿				
节气	夏至 6月22日 十四庚子 未时 13时59分					小暑 7月8日 初一丙辰 辰时 7时32分		大暑 7月24日 十七壬申 早子时 0时51分			立秋 8月8日 初二丁亥 酉时 17时07分		处暑 8月24日 十八癸卯 辰时 7时37分			白露 9月8日 初四戊午 戌时 19时35分		秋分 9月24日 二十甲戌 寅时 4时45分		
农历	公历	干支	九星	日建	星宿	公历	干支	九星	日建	星宿	公历	干支	九星	日建	星宿	公历	干支	九星	日建	星宿
初一	9	丁亥	九紫	执	昴	8	丙辰	二黑	收	毕	7	丙戌	五黄	平	参	5	乙卯	六白	危	井
初二	10	戊子	一白	破	毕	9	丁巳	一白	开	觜	8	丁亥	四绿	平	井	6	丙辰	五黄	成	鬼
初三	11	己丑	二黑	危	觜	10	戊午	九紫	闭	参	9	戊子	三碧	定	鬼	7	丁巳	四绿	收	柳
初四	12	庚寅	三碧	成	参	11	己未	八白	建	井	10	己丑	二黑	执	柳	8	戊午	三碧	收	星
初五	13	辛卯	四绿	收	井	12	庚申	七赤	除	鬼	11	庚寅	一白	破	星	9	己未	二黑	开	张
初六	14	壬辰	五黄	开	鬼	13	辛酉	六白	满	柳	12	辛卯	九紫	危	张	10	庚申	一白	闭	翼
初七	15	癸巳	六白	闭	柳	14	壬戌	五黄	平	星	13	壬辰	八白	成	翼	11	辛酉	九紫	建	轸
初八	16	甲午	七赤	建	星	15	癸亥	四绿	定	张	14	癸巳	七赤	收	轸	12	壬戌	八白	除	角
初九	17	乙未	八白	除	张	16	甲子	九紫	执	翼	15	甲午	六白	开	角	13	癸亥	七赤	满	亢
初十	18	丙申	九紫	满	翼	17	乙丑	八白	破	轸	16	乙未	五黄	闭	亢	14	甲子	三碧	平	氐
十一	19	丁酉	一白	平	轸	18	丙寅	七赤	危	角	17	丙申	四绿	建	氐	15	乙丑	二黑	定	房
十二	20	戊戌	二黑	定	角	19	丁卯	六白	成	亢	18	丁酉	三碧	除	房	16	丙寅	一白	执	心
十三	21	己亥	三碧	执	亢	20	戊辰	五黄	收	氐	19	戊戌	二黑	满	心	17	丁卯	九紫	破	尾
十四	22	庚子	九紫	破	氐	21	己巳	四绿	开	房	20	己亥	一白	平	尾	18	戊辰	八白	危	箕
十五	23	辛丑	八白	危	房	22	庚午	三碧	闭	心	21	庚子	九紫	定	箕	19	己巳	七赤	成	斗
十六	24	壬寅	七赤	成	心	23	辛未	二黑	建	尾	22	辛丑	八白	执	斗	20	庚午	六白	收	牛
十七	25	癸卯	六白	收	尾	24	壬申	一白	除	箕	23	壬寅	七赤	破	牛	21	辛未	五黄	开	女
十八	26	甲辰	五黄	开	箕	25	癸酉	九紫	满	斗	24	癸卯	九紫	危	女	22	壬申	四绿	闭	虚
十九	27	乙巳	四绿	闭	斗	26	甲戌	八白	平	牛	25	甲辰	八白	成	虚	23	癸酉	三碧	建	危
二十	28	丙午	三碧	建	牛	27	乙亥	七赤	定	女	26	乙巳	七赤	收	危	24	甲戌	二黑	除	室
廿一	29	丁未	二黑	除	女	28	丙子	六白	执	虚	27	丙午	六白	开	室	25	乙亥	一白	满	壁
廿二	30	戊申	一白	满	虚	29	丁丑	五黄	破	危	28	丁未	五黄	闭	壁	26	丙子	九紫	平	奎
廿三	7月	己酉	九紫	平	危	30	戊寅	四绿	危	室	29	戊申	四绿	建	奎	27	丁丑	八白	定	娄
廿四	2	庚戌	八白	定	室	31	己卯	三碧	成	壁	30	己酉	三碧	除	娄	28	戊寅	七赤	执	胃
廿五	3	辛亥	七赤	执	壁	8月	庚辰	二黑	收	奎	31	庚戌	二黑	满	胃	29	己卯	六白	破	昴
廿六	4	壬子	六白	破	奎	2	辛巳	一白	开	娄	9月	辛亥	一白	平	昴	30	庚辰	五黄	危	毕
廿七	5	癸丑	五黄	危	娄	3	壬午	九紫	闭	胃	2	壬子	九紫	定	毕	10月	辛巳	四绿	成	觜
廿八	6	甲寅	四绿	成	胃	4	癸未	八白	建	昴	3	癸丑	八白	执	觜	2	壬午	三碧	收	参
廿九	7	乙卯	三碧	收	昴	5	甲申	七赤	除	毕	4	甲寅	七赤	破	参	3	癸未	二黑	开	井
三十						6	乙酉	六白	满	觜						4	甲申	一白	闭	鬼

213

公元1918年　民国七年　戊午马年　太岁姚黎　九星一白

月份	九月大 壬戌 九紫 乾卦 室宿					十月小 癸亥 八白 兑卦 壁宿					十一月大 甲子 七赤 离卦 奎宿					十二月大 乙丑 六白 震卦 娄宿				
节气	寒露 10月9日 初五己丑 巳时 10时40分				霜降 10月24日 二十甲辰 未时 13时32分	立冬 11月8日 初五己未 未时 13时18分				小雪 11月23日 二十甲戌 巳时 10时38分	大雪 12月8日 初六己丑 卯时 5时46分				冬至 12月22日 二十癸卯 夜子时 23时41分	小寒 1月6日 初五戊午 申时 16时51分				大寒 1月21日 二十癸酉 巳时 10时20分
农历	公历	干支	九星	日建	星宿	公历	干支	九星	日建	星宿	公历	干支	九星	日建	星宿	公历	干支	九星	日建	星宿
初一	5	乙酉	九紫	建	柳	4	乙卯	九紫	执	张	3	甲申	四绿	收	翼	2	甲寅	六白	满	角
初二	6	丙戌	八白	除	星	5	丙辰	八白	破	翼	4	乙酉	三碧	开	轸	3	乙卯	七赤	平	亢
初三	7	丁亥	七赤	满	张	6	丁巳	七赤	危	轸	5	丙戌	二黑	闭	角	4	丙辰	八白	定	氐
初四	8	戊子	六白	平	翼	7	戊午	六白	成	角	6	丁亥	一白	建	亢	5	丁巳	九紫	执	房
初五	9	己丑	五黄	平	轸	8	己未	五黄	成	亢	7	戊子	九紫	除	氐	6	戊午	一白	执	心
初六	10	庚寅	四绿	定	角	9	庚申	四绿	收	氐	8	己丑	八白	除	房	7	己未	二黑	破	尾
初七	11	辛卯	三碧	执	亢	10	辛酉	三碧	开	房	9	庚寅	七赤	满	心	8	庚申	三碧	危	箕
初八	12	壬辰	二黑	破	氐	11	壬戌	二黑	闭	心	10	辛卯	六白	平	尾	9	辛酉	四绿	成	斗
初九	13	癸巳	一白	危	房	12	癸亥	一白	建	尾	11	壬辰	五黄	定	箕	10	壬戌	五黄	收	牛
初十	14	甲午	九紫	成	心	13	甲子	六白	除	箕	12	癸巳	四绿	执	斗	11	癸亥	六白	开	女
十一	15	乙未	八白	收	尾	14	乙丑	五黄	满	斗	13	甲午	三碧	破	女	12	甲子	一白	闭	虚
十二	16	丙申	七赤	开	箕	15	丙寅	四绿	平	牛	14	乙未	二黑	危	女	13	乙丑	二黑	建	危
十三	17	丁酉	六白	闭	斗	16	丁卯	三碧	定	女	15	丙申	一白	成	虚	14	丙寅	三碧	除	室
十四	18	戊戌	五黄	建	牛	17	戊辰	二黑	执	虚	16	丁酉	九紫	收	危	15	丁卯	四绿	满	壁
十五	19	己亥	四绿	除	女	18	己巳	一白	破	危	17	戊戌	八白	开	室	16	戊辰	五黄	平	奎
十六	20	庚子	三碧	满	虚	19	庚午	九紫	危	室	18	己亥	七赤	闭	壁	17	己巳	六白	定	娄
十七	21	辛丑	二黑	平	危	20	辛未	八白	成	壁	19	庚子	六白	建	奎	18	庚午	七赤	执	胃
十八	22	壬寅	一白	定	室	21	壬申	七赤	收	奎	20	辛丑	五黄	除	娄	19	辛未	八白	破	昴
十九	23	癸卯	九紫	执	壁	22	癸酉	六白	开	娄	21	壬寅	四绿	满	胃	20	壬申	九紫	危	毕
二十	24	甲辰	二黑	破	奎	23	甲戌	五黄	闭	胃	22	癸卯	四绿	平	昴	21	癸酉	一白	成	觜
廿一	25	乙巳	一白	危	娄	24	乙亥	四绿	建	昴	23	甲辰	五黄	定	毕	22	甲戌	二黑	收	参
廿二	26	丙午	九紫	成	胃	25	丙子	三碧	除	毕	24	乙巳	六白	执	觜	23	乙亥	三碧	开	井
廿三	27	丁未	八白	收	昴	26	丁丑	二黑	满	觜	25	丙午	七赤	破	参	24	丙子	四绿	闭	鬼
廿四	28	戊申	七赤	开	毕	27	戊寅	一白	平	参	26	丁未	八白	危	井	25	丁丑	五黄	建	柳
廿五	29	己酉	六白	闭	觜	28	己卯	九紫	定	井	27	戊申	九紫	成	鬼	26	戊寅	六白	除	星
廿六	30	庚戌	五黄	建	参	29	庚辰	八白	执	鬼	28	己酉	一白	收	柳	27	己卯	七赤	满	张
廿七	31	辛亥	四绿	除	井	30	辛巳	七赤	破	柳	29	庚戌	二黑	开	星	28	庚辰	八白	平	翼
廿八	**11月**	壬子	三碧	满	鬼	**12月**	壬午	六白	危	星	30	辛亥	三碧	闭	张	29	辛巳	九紫	定	轸
廿九	2	癸丑	二黑	平	柳	2	癸未	五黄	成	张	31	壬子	四绿	建	翼	30	壬午	一白	执	角
三十	3	甲寅	一白	定	星						**1月**	癸丑	五黄	除	轸	31	癸未	二黑	破	亢

公元1919年 民国八年 己未羊年（闰七月）　太岁傅悦 九星九紫

月份	正月小 丙寅 五黄 兑卦 胃宿					二月大 丁卯 四绿 离卦 昴宿					三月小 戊辰 三碧 震卦 毕宿					四月小 己巳 二黑 巽卦 觜宿				
节气	立春 2月5日 初五戊子 寅时 4时39分		雨水 2月20日 二十癸卯 早子时 0时47分			惊蛰 3月6日 初五丁巳 夜子时 23时05分		春分 3月22日 廿一癸酉 早子时 0时19分			清明 4月6日 初六戊子 寅时 4时28分		谷雨 4月21日 廿一癸卯 午时 11时58分			立夏 5月6日 初七戊午 亥时 22时22分		小满 5月22日 廿三甲戌 午时 11时39分		
农历	公历	干支	九星	日建	星宿	公历	干支	九星	日建	星宿	公历	干支	九星	日建	星宿	公历	干支	九星	日建	星宿
初一	2月	甲申	三碧	危	氐	2	癸丑	二黑	闭	房	4月	癸未	八白	定	尾	30	壬子	七赤	成	箕
初二	2	乙酉	四绿	成	房	3	甲寅	三碧	建	心	2	甲申	九紫	执	箕	5月	癸丑	八白	收	斗
初三	3	丙戌	五黄	收	心	4	乙卯	四绿	除	尾	3	乙酉	一白	破	斗	2	甲寅	九紫	开	牛
初四	4	丁亥	六白	开	尾	5	丙辰	五黄	满	箕	4	丙戌	二黑	危	牛	3	乙卯	一白	闭	女
初五	5	戊子	七赤	开	箕	6	丁巳	六白	满	斗	5	丁亥	三碧	成	女	4	丙辰	二黑	建	虚
初六	6	己丑	八白	闭	斗	7	戊午	七赤	平	牛	6	戊子	四绿	成	虚	5	丁巳	三碧	除	危
初七	7	庚寅	九紫	建	牛	8	己未	八白	定	女	7	己丑	五黄	收	危	6	戊午	四绿	除	室
初八	8	辛卯	一白	除	女	9	庚申	九紫	执	虚	8	庚寅	六白	开	室	7	己未	五黄	满	壁
初九	9	壬辰	二黑	满	虚	10	辛酉	一白	破	危	9	辛卯	七赤	闭	壁	8	庚申	六白	平	奎
初十	10	癸巳	三碧	平	危	11	壬戌	二黑	危	室	10	壬辰	八白	建	奎	9	辛酉	七赤	定	娄
十一	11	甲午	四绿	定	室	12	癸亥	三碧	成	壁	11	癸巳	九紫	除	娄	10	壬戌	八白	执	胃
十二	12	乙未	五黄	执	壁	13	甲子	七赤	收	奎	12	甲午	一白	满	胃	11	癸亥	九紫	破	昴
十三	13	丙申	六白	破	奎	14	乙丑	八白	开	娄	13	乙未	二黑	平	昴	12	甲子	四绿	危	毕
十四	14	丁酉	七赤	危	娄	15	丙寅	九紫	闭	胃	14	丙申	三碧	定	毕	13	乙丑	五黄	成	觜
十五	15	戊戌	八白	成	胃	16	丁卯	一白	建	昴	15	丁酉	四绿	执	觜	14	丙寅	六白	收	参
十六	16	己亥	九紫	收	昴	17	戊辰	二黑	除	毕	16	戊戌	五黄	破	参	15	丁卯	七赤	开	井
十七	17	庚子	一白	开	毕	18	己巳	三碧	满	觜	17	己亥	六白	危	井	16	戊辰	八白	闭	鬼
十八	18	辛丑	二黑	闭	觜	19	庚午	四绿	平	参	18	庚子	七赤	成	鬼	17	己巳	九紫	建	柳
十九	19	壬寅	三碧	建	参	20	辛未	五黄	定	井	19	辛丑	八白	收	柳	18	庚午	一白	除	星
二十	20	癸卯	一白	除	井	21	壬申	六白	执	鬼	20	壬寅	九紫	开	星	19	辛未	二黑	满	张
廿一	21	甲辰	二黑	满	鬼	22	癸酉	七赤	破	柳	21	癸卯	七赤	闭	张	20	壬申	三碧	平	翼
廿二	22	乙巳	三碧	平	柳	23	甲戌	八白	危	星	22	甲辰	八白	建	翼	21	癸酉	四绿	定	轸
廿三	23	丙午	四绿	定	星	24	乙亥	九紫	成	张	23	乙巳	九紫	除	轸	22	甲戌	五黄	执	角
廿四	24	丁未	五黄	执	张	25	丙子	一白	收	翼	24	丙午	一白	满	角	23	乙亥	六白	破	亢
廿五	25	戊申	六白	破	翼	26	丁丑	二黑	开	轸	25	丁未	二黑	平	亢	24	丙子	七赤	危	氐
廿六	26	己酉	七赤	危	轸	27	戊寅	三碧	闭	角	26	戊申	三碧	定	氐	25	丁丑	八白	成	房
廿七	27	庚戌	八白	成	角	28	己卯	四绿	建	亢	27	己酉	四绿	执	房	26	戊寅	九紫	收	心
廿八	28	辛亥	九紫	收	亢	29	庚辰	五黄	除	氐	28	庚戌	五黄	破	心	27	己卯	一白	开	尾
廿九	3月	壬子	一白	开	氐	30	辛巳	六白	满	房	29	辛亥	六白	危	尾	28	庚辰	二黑	闭	箕
三十						31	壬午	七赤	平	心										

国学经典文库

中华历书大全

·1900—2100年万年历法表·

图文珍藏版

公元1919年 民国八年 己未羊年（闰七月）　太岁傅悦 九星九紫

月份	五月大 庚午 一白 坎卦 参宿					六月小 辛未 九紫 艮卦 井宿					七月小 壬申 八白 坤卦 鬼宿				
节气	芒种 6月7日 初十庚寅 丑时 2时56分		夏至 6月22日 廿五乙巳 戌时 19时53分			小暑 7月8日 十一辛酉 未时 13时20分		大暑 7月24日 廿七丁丑 卯时 6时44分			立秋 8月8日 十三壬辰 亥时 22时58分		处暑 8月24日 廿九戊申 未时 13时28分		
农历	公历	干支	九星	日建	星宿	公历	干支	九星	日建	星宿	公历	干支	九星	日建	星宿
初一	29	辛巳	三碧	建	斗	28	辛亥	七赤	执	女	27	庚辰	二黑	收	虚
初二	30	壬午	四绿	除	牛	29	壬子	六白	破	虚	28	辛巳	一白	开	危
初三	31	癸未	五黄	满	女	30	癸丑	五黄	危	危	29	壬午	九紫	闭	室
初四	6月	甲申	六白	平	虚	7月	甲寅	四绿	成	室	30	癸未	八白	建	壁
初五	2	乙酉	七赤	定	危	2	乙卯	三碧	收	壁	31	甲申	七赤	除	奎
初六	3	丙戌	八白	执	室	3	丙辰	二黑	开	奎	8月	乙酉	六白	满	娄
初七	4	丁亥	九紫	破	壁	4	丁巳	一白	闭	娄	2	丙戌	五黄	平	胃
初八	5	戊子	一白	危	奎	5	戊午	九紫	建	胃	3	丁亥	四绿	定	昴
初九	6	己丑	二黑	成	娄	6	己未	八白	除	昴	4	戊子	三碧	执	毕
初十	7	庚寅	三碧	成	胃	7	庚申	七赤	满	毕	5	己丑	二黑	破	觜
十一	8	辛卯	四绿	收	昴	8	辛酉	六白	满	参	6	庚寅	一白	危	参
十二	9	壬辰	五黄	开	毕	9	壬戌	五黄	平	井	7	辛卯	九紫	成	井
十三	10	癸巳	六白	闭	觜	10	癸亥	四绿	定	鬼	8	壬辰	八白	收	鬼
十四	11	甲午	七赤	建	参	11	甲子	九紫	执	柳	9	癸巳	七赤	收	柳
十五	12	乙未	八白	除	井	12	乙丑	八白	破	星	10	甲午	六白	开	星
十六	13	丙申	九紫	满	鬼	13	丙寅	七赤	危	张	11	乙未	五黄	闭	张
十七	14	丁酉	一白	平	柳	14	丁卯	六白	成	翼	12	丙申	四绿	建	翼
十八	15	戊戌	二黑	定	星	15	戊辰	五黄	收	轸	13	丁酉	三碧	除	轸
十九	16	己亥	三碧	执	张	16	己巳	四绿	开	角	14	戊戌	二黑	满	角
二十	17	庚子	四绿	破	翼	17	庚午	三碧	闭	元	15	己亥	一白	平	元
廿一	18	辛丑	五黄	危	轸	18	辛未	二黑	建	氐	16	庚子	九紫	定	氐
廿二	19	壬寅	六白	成	角	19	壬申	一白	除	房	17	辛丑	八白	执	房
廿三	20	癸卯	七赤	收	元	20	癸酉	九紫	满	心	18	壬寅	七赤	破	心
廿四	21	甲辰	八白	开	氐	21	甲戌	八白	平	尾	19	癸卯	六白	危	尾
廿五	22	乙巳	四绿	闭	房	22	乙亥	七赤	定	箕	20	甲辰	五黄	成	箕
廿六	23	丙午	三碧	建	心	23	丙子	六白	执	斗	21	乙巳	四绿	收	斗
廿七	24	丁未	二黑	除	尾	24	丁丑	五黄	破	牛	22	丙午	三碧	开	牛
廿八	25	戊申	一白	满	箕	25	戊寅	四绿	危	女	23	丁未	二黑	闭	女
廿九	26	己酉	九紫	平	斗	26	己卯	三碧	成	虚	24	戊申	四绿	建	虚
三十	27	庚戌	八白	定	牛										

月份	闰七月大					八月大				癸酉 七赤 乾卦 柳宿	九月小				甲戌 六白 兑卦 星宿
节气		白露 9月9日 十六甲子 丑时 1时27分				秋分 9月24日 初一己卯 巳时 10时35分		寒露 10月9日 十六甲午 申时 16时33分			霜降 10月24日 初一己酉 戌时 19时21分		立冬 11月8日 十六甲子 戌时 19时11分		
农历	公历	干支	九星	日建	星宿	公历	干支	九星	日建	星宿	公历	干支	九星	日建	星宿
初一	25	己酉	三碧	除	危	24	己卯	六白	破	壁	24	己酉	六白	闭	娄
初二	26	庚戌	二黑	满	室	25	庚辰	五黄	危	奎	25	庚戌	五黄	建	胃
初三	27	辛亥	一白	平	壁	26	辛巳	四绿	成	娄	26	辛亥	四绿	除	昴
初四	28	壬子	九紫	定	奎	27	壬午	三碧	收	胃	27	壬子	三碧	满	毕
初五	29	癸丑	八白	执	娄	28	癸未	二黑	开	昴	28	癸丑	二黑	平	觜
初六	30	甲寅	七赤	破	胃	29	甲申	一白	闭	毕	29	甲寅	一白	定	参
初七	31	乙卯	六白	危	昴	30	乙酉	九紫	建	觜	30	乙卯	九紫	执	井
初八	9月	丙辰	五黄	成	毕	10月	丙戌	八白	除	参	31	丙辰	八白	破	鬼
初九	2	丁巳	四绿	收	觜	2	丁亥	七赤	满	井	11月	丁巳	七赤	危	柳
初十	3	戊午	三碧	开	参	3	戊子	六白	平	鬼	2	戊午	六白	成	星
十一	4	己未	二黑	闭	井	4	己丑	五黄	定	柳	3	己未	五黄	收	张
十二	5	庚申	一白	建	鬼	5	庚寅	四绿	执	星	4	庚申	四绿	开	翼
十三	6	辛酉	九紫	除	柳	6	辛卯	三碧	破	张	5	辛酉	三碧	闭	轸
十四	7	壬戌	八白	满	星	7	壬辰	二黑	危	翼	6	壬戌	二黑	建	角
十五	8	癸亥	七赤	平	张	8	癸巳	一白	成	轸	7	癸亥	一白	除	亢
十六	9	甲子	三碧	平	翼	9	甲午	九紫	成	角	8	甲子	六白	除	氐
十七	10	乙丑	二黑	定	轸	10	乙未	八白	收	亢	9	乙丑	五黄	满	房
十八	11	丙寅	一白	执	角	11	丙申	七赤	开	氐	10	丙寅	四绿	平	心
十九	12	丁卯	九紫	破	亢	12	丁酉	六白	闭	房	11	丁卯	三碧	定	尾
二十	13	戊辰	八白	危	氐	13	戊戌	五黄	建	心	12	戊辰	二黑	执	箕
廿一	14	己巳	七赤	成	房	14	己亥	四绿	除	尾	13	己巳	一白	破	斗
廿二	15	庚午	六白	收	心	15	庚子	三碧	满	箕	14	庚午	九紫	危	牛
廿三	16	辛未	五黄	开	尾	16	辛丑	二黑	平	斗	15	辛未	八白	成	女
廿四	17	壬申	四绿	闭	箕	17	壬寅	一白	定	牛	16	壬申	七赤	收	虚
廿五	18	癸酉	三碧	建	斗	18	癸卯	九紫	执	女	17	癸酉	六白	开	危
廿六	19	甲戌	二黑	除	牛	19	甲辰	八白	破	虚	18	甲戌	五黄	闭	室
廿七	20	乙亥	一白	满	女	20	乙巳	七赤	危	危	19	乙亥	四绿	建	壁
廿八	21	丙子	九紫	平	虚	21	丙午	六白	成	室	20	丙子	三碧	除	奎
廿九	22	丁丑	八白	定	危	22	丁未	五黄	收	壁	21	丁丑	二黑	满	娄
三十	23	戊寅	七赤	执	室	23	戊申	四绿	开	奎					

国学经典文库　中华历书大全　·1900—2100年万年历法表·　图文珍藏版

公元1919年 民国八年 己未羊年（闰七月）　太岁傅悦 九星九紫

月份	十月大 乙亥 五黄 离卦 张宿					十一月大 丙子 四绿 震卦 翼宿					十二月大 丁丑 三碧 巽卦 轸宿				
节气	小雪 11月23日 初二己卯 申时 16时25分	大雪 12月8日 十七甲午 午时 11时37分				冬至 12月23日 初二己酉 卯时 5时27分	小寒 1月6日 十六癸亥 亥时 22时40分				大寒 1月21日 初一戊寅 申时 16时04分	立春 2月5日 十六癸巳 巳时 10时26分			
农历	公历	干支	九星	日建	星宿	公历	干支	九星	日建	星宿	公历	干支	九星	日建	星宿
初一	22	戊寅	一白	平	胃	22	戊申	七赤	成	毕觜	21	戊寅	六白	除	参井
初二	23	己卯	九紫	定	昴	23	己酉	一白	收	参	22	己卯	七赤	满	鬼柳
初三	24	庚辰	八白	执	毕觜	24	庚戌	二黑	开	井鬼	23	庚辰	八白	平	星
初四	25	辛巳	七赤	破	参	25	辛亥	三碧	闭	井鬼	24	辛巳	九紫	定	柳星
初五	26	壬午	六白	危		26	壬子	四绿	建	柳	25	壬午	一白	执	张
初六	27	癸未	五黄	成	井鬼	27	癸丑	五黄	除	星	26	癸未	二黑	破	翼
初七	28	甲申	四绿	收	柳	28	甲寅	六白	满	张	27	甲申	三碧	危	轸角
初八	29	乙酉	三碧	开	星	29	乙卯	七赤	平	翼	28	乙酉	四绿	成	角
初九	30	丙戌	二黑	闭	张	30	丙辰	八白	定	轸	29	丙戌	五黄	收	元
初十	12月	丁亥	一白	建		31	丁巳	九紫	执		30	丁亥	六白	开	氐
十一	2	戊子	九紫	除	翼	1月	戊午	一白	破	角	31	戊子	七赤	闭	房心尾
十二	3	己丑	八白	满	轸角	2	己未	二黑	危	元	2月	己丑	八白	建	箕
十三	4	庚寅	七赤	平	角	3	庚申	三碧	成	氐	2	庚寅	九紫	除	斗
十四	5	辛卯	六白	定	亢氐	4	辛酉	四绿	收	房心	3	辛卯	一白	满	牛女
十五	6	壬辰	五黄	执		5	壬戌	五黄	开		4	壬辰	二黑	平	虚危
十六	7	癸巳	四绿	破	房心	6	癸亥	六白	开	尾	5	癸巳	三碧	定	室壁
十七	8	甲午	三碧	破		7	甲子	一白	闭	箕斗	6	甲午	四绿	执	奎娄
十八	9	乙未	二黑	成	尾箕	8	乙丑	二黑	建	牛女	7	乙未	五黄	破	胃
十九	10	丙申	一白	收	斗	9	丙寅	三碧	除		8	丙申	六白	危	
二十	11	丁酉	九紫	开	牛女	10	丁卯	四绿	满	虚危	9	丁酉	七赤	成	昴毕
廿一	12	戊戌	八白	开		11	戊辰	五黄	平	室壁	10	戊戌	八白	收	参
廿二	13	己亥	七赤	闭	虚危	12	己巳	六白	定	奎	11	己亥	九紫	开	井
廿三	14	庚子	六白	建	室	13	庚午	七赤	执	娄	12	庚子	一白	闭	
廿四	15	辛丑	五黄	除	壁	14	辛未	八白	破	胃	13	辛丑	二黑	建	
廿五	16	壬寅	四绿	满	奎娄	15	壬申	九紫	危		14	壬寅	三碧	除	
廿六	17	癸卯	三碧	平	胃	16	癸酉	一白	成	昴	15	癸卯	四绿	满	
廿七	18	甲辰	二黑	定		17	甲戌	二黑	收	毕	16	甲辰	五黄	平	觜
廿八	19	乙巳	一白	执	昴	18	乙亥	三碧	开	昴毕	17	乙巳	六白	定	参井
廿九	20	丙午	九紫	破	毕	19	丙子	四绿	闭	觜参	18	丙午	七赤	执	
三十	21	丁未	八白	危		20	丁丑	五黄	建	井	19	丁未	八白		

公元1920年　民国九年　庚申猴年　　太岁毛梓　九星八白

月份	正月小 戊寅 二黑 离卦 角宿				二月大 己卯 一白 震卦 亢宿				三月小 庚辰 九紫 巽卦 氐宿				四月小 辛巳 八白 坎卦 房宿			
节气	雨水 2月20日 初一戊申 卯时 6时28分		惊蛰 3月6日 十六癸亥 寅时 4时51分		春分 3月21日 初二戊寅 卯时 5时59分		清明 4月5日 十七癸巳 巳时 10时14分		谷雨 4月20日 初二戊申 酉时 17时39分		立夏 5月6日 十八甲子 寅时 4时11分		小满 5月21日 初四己卯 酉时 17时21分		芒种 6月6日 二十乙未 辰时 8时50分	
农历	公历	干支	九星	日建 星宿	公历	干支	九星	日建 星宿	公历	干支	九星	日建 星宿	公历	干支	九星	日建 星宿
初一	20	戊申	六白	破 鬼	20	丁丑	二黑	开 柳	19	丁未	五黄	平 张	18	丙子	七赤	危 翼
初二	21	己酉	七赤	危 柳	21	戊寅	三碧	闭 星	20	戊申	三碧	定 翼	19	丁丑	八白	成 轸
初三	22	庚戌	八白	成 星	22	己卯	四绿	建 张	21	己酉	四绿	执 轸	20	戊寅	九紫	收 角
初四	23	辛亥	九紫	收 张	23	庚辰	五黄	除 翼	22	庚戌	五黄	破 角	21	己卯	一白	开 亢
初五	24	壬子	一白	开 翼	24	辛巳	六白	满 轸	23	辛亥	六白	危 亢	22	庚辰	二黑	闭 氐
初六	25	癸丑	二黑	闭 轸	25	壬午	七赤	平 角	24	壬子	七赤	成 氐	23	辛巳	三碧	建 房
初七	26	甲寅	三碧	建 角	26	癸未	八白	定 亢	25	癸丑	八白	收 房	24	壬午	四绿	除 心
初八	27	乙卯	四绿	除 亢	27	甲申	九紫	执 氐	26	甲寅	九紫	开 心	25	癸未	五黄	满 尾
初九	28	丙辰	五黄	满 氐	28	乙酉	一白	破 房	27	乙卯	一白	闭 尾	26	甲申	六白	平 箕
初十	29	丁巳	六白	平 房	29	丙戌	二黑	危 心	28	丙辰	二黑	建 箕	27	乙酉	七赤	定 斗
十一	3月	戊午	七赤	定 心	30	丁亥	三碧	成 尾	29	丁巳	三碧	除 斗	28	丙戌	八白	执 牛
十二	2	己未	八白	执 尾	31	戊子	四绿	收 箕	30	戊午	四绿	满 牛	29	丁亥	九紫	破 女
十三	3	庚申	九紫	破 箕	4月	己丑	五黄	开 斗	5月	己未	五黄	平 女	30	戊子	一白	危 虚
十四	4	辛酉	一白	危 斗	2	庚寅	六白	闭 牛	2	庚申	六白	定 虚	31	己丑	二黑	成 危
十五	5	壬戌	二黑	成 牛	3	辛卯	七赤	建 女	3	辛酉	七赤	执 危	6月	庚寅	三碧	收 室
十六	6	癸亥	三碧	成 女	4	壬辰	八白	除 虚	4	壬戌	八白	破 室	2	辛卯	四绿	开 壁
十七	7	甲子	七赤	收 虚	5	癸巳	九紫	除 危	5	癸亥	九紫	危 壁	3	壬辰	五黄	闭 奎
十八	8	乙丑	八白	开 危	6	甲午	一白	满 室	6	甲子	四绿	成 奎	4	癸巳	六白	建 娄
十九	9	丙寅	九紫	闭 室	7	乙未	二黑	平 壁	7	乙丑	五黄	收 娄	5	甲午	七赤	除 胃
二十	10	丁卯	一白	建 壁	8	丙申	三碧	定 奎	8	丙寅	六白	收 胃	6	乙未	八白	除 昴
廿一	11	戊辰	二黑	除 奎	9	丁酉	四绿	执 娄	9	丁卯	七赤	开 昴	7	丙申	九紫	满 毕
廿二	12	己巳	三碧	满 娄	10	戊戌	五黄	破 胃	10	戊辰	八白	闭 毕	8	丁酉	一白	平 觜
廿三	13	庚午	四绿	平 胃	11	己亥	六白	危 昴	11	己巳	九紫	建 觜	9	戊戌	二黑	定 参
廿四	14	辛未	五黄	定 昴	12	庚子	七赤	成 毕	12	庚午	一白	除 参	10	己亥	三碧	执 井
廿五	15	壬申	六白	执 毕	13	辛丑	八白	收 觜	13	辛未	二黑	满 井	11	庚子	四绿	破 鬼
廿六	16	癸酉	七赤	破 觜	14	壬寅	九紫	开 参	14	壬申	三碧	平 鬼	12	辛丑	五黄	危 柳
廿七	17	甲戌	八白	危 参	15	癸卯	一白	闭 井	15	癸酉	四绿	定 柳	13	壬寅	六白	成 星
廿八	18	乙亥	九紫	成 井	16	甲辰	二黑	建 鬼	16	甲戌	五黄	执 星	14	癸卯	七赤	收 张
廿九	19	丙子	一白	收 鬼	17	乙巳	三碧	除 柳	17	乙亥	六白	破 张	15	甲辰	八白	开 翼
三十					18	丙午	四绿	满 星								

公元1920年　民国九年　庚申猴年　太岁毛梓　九星八白

月份	五月大 壬午 七赤 艮卦 心宿					六月小 癸未 六白 坤卦 尾宿					七月小 甲申 五黄 乾卦 箕宿					八月大 乙酉 四绿 兑卦 斗宿				
节气	夏至 6月22日 初七辛亥 丑时 1时39分			小暑 7月7日 廿二丙寅 戌时 19时18分		大暑 7月23日 初八壬午 午时 12时34分			立秋 8月8日 廿四戊戌 寅时 4时58分		处暑 8月23日 初十癸丑 戌时 19时21分			白露 9月8日 廿六己巳 辰时 7时26分		秋分 9月23日 十二甲申 申时 16时28分			寒露 10月8日 廿七己亥 亥时 22时29分	
农历	公历	干支	九星	日建	星宿	公历	干支	九星	日建	星宿	公历	干支	九星	日建	星宿	公历	干支	九星	日建	星宿
初一	16	乙巳	九紫	闭	轸	16	乙亥	七赤	定	亢	14	甲辰	五黄	成	氐	12	癸酉	三碧	建	房
初二	17	丙午	一白	建	角	17	丙子	六白	执	氐	15	乙巳	四绿	收	房	13	甲戌	二黑	除	心
初三	18	丁未	二黑	除	亢	18	丁丑	五黄	破	房	16	丙午	三碧	开	心	14	乙亥	一白	满	尾
初四	19	戊申	三碧	满	氐	19	戊寅	四绿	危	心	17	丁未	二黑	闭	尾	15	丙子	九紫	平	箕
初五	20	己酉	四绿	平	房	20	己卯	三碧	成	尾	18	戊申	一白	建	箕	16	丁丑	八白	定	斗
初六	21	庚戌	五黄	定	心	21	庚辰	二黑	收	箕	19	己酉	九紫	除	斗	17	戊寅	七赤	执	牛
初七	22	辛亥	七赤	执	尾	22	辛巳	一白	开	斗	20	庚戌	八白	满	牛	18	己卯	六白	破	女
初八	23	壬子	六白	破	箕	23	壬午	九紫	闭	牛	21	辛亥	七赤	平	女	19	庚辰	五黄	危	虚
初九	24	癸丑	五黄	危	斗	24	癸未	八白	建	女	22	壬子	六白	定	虚	20	辛巳	四绿	成	危
初十	25	甲寅	四绿	成	牛	25	甲申	七赤	除	虚	23	癸丑	八白	执	危	21	壬午	三碧	收	室
十一	26	乙卯	三碧	收	女	26	乙酉	六白	满	危	24	甲寅	七赤	破	室	22	癸未	二黑	开	壁
十二	27	丙辰	二黑	开	虚	27	丙戌	五黄	平	室	25	乙卯	六白	危	壁	23	甲申	一白	闭	奎
十三	28	丁巳	一白	闭	危	28	丁亥	四绿	定	壁	26	丙辰	五黄	成	奎	24	乙酉	九紫	建	娄
十四	29	戊午	九紫	建	室	29	戊子	三碧	执	奎	27	丁巳	四绿	收	娄	25	丙戌	八白	除	胃
十五	30	己未	八白	除	壁	30	己丑	二黑	破	娄	28	戊午	三碧	开	胃	26	丁亥	七赤	满	昴
十六	7月	庚申	七赤	满	奎	31	庚寅	一白	危	胃	29	己未	二黑	闭	昴	27	戊子	六白	平	毕
十七	2	辛酉	六白	平	娄	8月	辛卯	九紫	成	昴	30	庚申	一白	建	毕	28	己丑	五黄	定	觜
十八	3	壬戌	五黄	定	胃	2	壬辰	八白	收	毕	31	辛酉	九紫	除	觜	29	庚寅	四绿	执	参
十九	4	癸亥	四绿	执	昴	3	癸巳	七赤	开	觜	9月	壬戌	八白	满	参	30	辛卯	三碧	破	井
二十	5	甲子	九紫	破	毕	4	甲午	六白	闭	参	2	癸亥	七赤	平	井	10月	壬辰	二黑	危	鬼
廿一	6	乙丑	八白	危	觜	5	乙未	五黄	建	井	3	甲子	三碧	定	鬼	2	癸巳	一白	成	柳
廿二	7	丙寅	七赤	危	参	6	丙申	四绿	除	鬼	4	乙丑	二黑	执	柳	3	甲午	九紫	收	星
廿三	8	丁卯	六白	成	井	7	丁酉	三碧	满	柳	5	丙寅	一白	破	星	4	乙未	八白	开	张
廿四	9	戊辰	五黄	收	鬼	8	戊戌	二黑	满	星	6	丁卯	九紫	危	张	5	丙申	七赤	闭	翼
廿五	10	己巳	四绿	开	柳	9	己亥	一白	平	张	7	戊辰	八白	成	翼	6	丁酉	六白	建	轸
廿六	11	庚午	三碧	闭	星	10	庚子	九紫	定	翼	8	己巳	七赤	成	轸	7	戊戌	五黄	除	角
廿七	12	辛未	二黑	建	张	11	辛丑	八白	执	轸	9	庚午	六白	收	角	8	己亥	四绿	除	亢
廿八	13	壬申	一白	除	翼	12	壬寅	七赤	破	角	10	辛未	五黄	开	亢	9	庚子	三碧	满	氐
廿九	14	癸酉	九紫	满	轸	13	癸卯	六白	危	亢	11	壬申	四绿	闭	氐	10	辛丑	二黑	平	房
三十	15	甲戌	八白	平	角											11	壬寅	一白	定	心

公元1920年　民国九年　庚申猴年　　太岁毛梓　九星八白

月份	九月小　丙戌 三碧　离卦 牛宿		十月大　丁亥 二黑　震卦 女宿		十一月大　戊子 一白　巽卦 虚宿		十二月大　己丑 九紫　坎卦 危宿	
节气	霜降 10月24日 十三乙卯 丑时 1时12分	立冬 11月8日 廿八庚午 丑时 1时04分	小雪 11月22日 十三甲申 亥时 22时15分	大雪 12月7日 廿八己亥 酉时 17时30分	冬至 12月22日 十三甲寅 午时 11时16分	小寒 1月6日 廿八己巳 寅时 4时33分	大寒 1月20日 十二癸未 亥时 21时54分	立春 2月4日 廿七戊戌 申时 16时20分

农历	九月公历	干支	九星	日建	星宿	十月公历	干支	九星	日建	星宿	十一月公历	干支	九星	日建	星宿	十二月公历	干支	九星	日建	星宿
初一	12	癸卯	九紫	执	尾	10	壬申	七赤	收	箕	10	壬寅	四绿	满	牛	9	壬申	九紫	危	虚
初二	13	甲辰	八白	破	箕	11	癸酉	六白	开	斗	11	癸卯	三碧	平	女	10	癸酉	一白	成	危
初三	14	乙巳	七赤	危	斗	12	甲戌	五黄	闭	牛	12	甲辰	二黑	定	虚	11	甲戌	二黑	收	室
初四	15	丙午	六白	成	牛	13	乙亥	四绿	建	女	13	乙巳	一白	执	危	12	乙亥	三碧	开	壁
初五	16	丁未	五黄	收	女	14	丙子	三碧	除	虚	14	丙午	九紫	破	室	13	丙子	四绿	闭	奎
初六	17	戊申	四绿	开	虚	15	丁丑	二黑	满	危	15	丁未	八白	危	壁	14	丁丑	五黄	建	娄
初七	18	己酉	三碧	闭	危	16	戊寅	一白	平	室	16	戊申	七赤	成	奎	15	戊寅	六白	除	胃
初八	19	庚戌	二黑	建	室	17	己卯	九紫	定	壁	17	己酉	六白	收	娄	16	己卯	七赤	满	昴
初九	20	辛亥	一白	除	壁	18	庚辰	八白	执	奎	18	庚戌	五黄	开	胃	17	庚辰	八白	平	毕
初十	21	壬子	九紫	满	奎	19	辛巳	七赤	破	娄	19	辛亥	四绿	闭	昴	18	辛巳	九紫	定	觜
十一	22	癸丑	八白	平	娄	20	壬午	六白	危	胃	20	壬子	三碧	建	毕	19	壬午	一白	执	参
十二	23	甲寅	七赤	定	胃	21	癸未	五黄	成	昴	21	癸丑	二黑	除	觜	20	癸未	二黑	破	井
十三	24	乙卯	九紫	执	昴	22	甲申	四绿	收	毕	22	甲寅	六白	满	参	21	甲申	三碧	危	鬼
十四	25	丙辰	八白	破	毕	23	乙酉	三碧	开	觜	23	乙卯	七赤	平	井	22	乙酉	四绿	成	柳
十五	26	丁巳	七赤	危	觜	24	丙戌	二黑	闭	参	24	丙辰	八白	定	鬼	23	丙戌	五黄	收	星
十六	27	戊午	六白	成	参	25	丁亥	一白	建	井	25	丁巳	九紫	执	柳	24	丁亥	六白	开	张
十七	28	己未	五黄	收	井	26	戊子	九紫	除	鬼	26	戊午	一白	破	星	25	戊子	七赤	闭	翼
十八	29	庚申	四绿	开	鬼	27	己丑	八白	满	柳	27	己未	二黑	危	张	26	己丑	八白	建	轸
十九	30	辛酉	三碧	闭	柳	28	庚寅	七赤	平	星	28	庚申	三碧	成	翼	27	庚寅	九紫	除	角
二十	31	壬戌	二黑	建	星	29	辛卯	六白	定	张	29	辛酉	四绿	收	轸	28	辛卯	一白	满	亢
廿一	11月	癸亥	一白	除	张	30	壬辰	五黄	执	翼	30	壬戌	五黄	开	角	29	壬辰	二黑	平	氐
廿二	2	甲子	六白	满	翼	12月	癸巳	四绿	破	轸	31	癸亥	六白	闭	亢	30	癸巳	三碧	定	房
廿三	3	乙丑	五黄	平	轸	2	甲午	三碧	危	角	1月	甲子	一白	建	氐	31	甲午	四绿	执	心
廿四	4	丙寅	四绿	定	角	3	乙未	二黑	成	亢	2	乙丑	二黑	除	房	2月	乙未	五黄	破	尾
廿五	5	丁卯	三碧	执	亢	4	丙申	一白	收	氐	3	丙寅	三碧	满	心	3	丙申	六白	危	箕
廿六	6	戊辰	二黑	破	氐	5	丁酉	九紫	开	房	4	丁卯	四绿	平	尾	4	丁酉	七赤	成	斗
廿七	7	己巳	一白	危	房	6	戊戌	八白	闭	心	5	戊辰	五黄	定	箕	5	戊戌	八白	收	牛
廿八	8	庚午	九紫	危	心	7	己亥	七赤	闭	尾	6	己巳	六白	定	斗	6	己亥	九紫	收	女
廿九	9	辛未	八白	成	尾	8	庚子	六白	建	箕	7	庚午	七赤	执	牛	7	庚子	一白	开	虚
三十						9	辛丑	五黄	除	斗	8	辛未	八白	破	女	8	辛丑	二黑	闭	危

国学经典文库

中华历书大全

·1900—2100年万年历法表·

图文珍藏版

公元1921年 民国十年 辛酉鸡年　太岁文政 九星七赤

月份	正月大 庚寅 八白 震卦 室宿	二月小 辛卯 七赤 巽卦 壁宿	三月大 壬辰 六白 坎卦 奎宿	四月小 癸巳 五黄 艮卦 娄宿
节气	雨水 2月19日 十二癸丑 午时 12时19分　惊蛰 3月6日 廿七戊辰 巳时 10时45分	春分 3月21日 十二癸未 午时 11时50分　清明 4月5日 廿七戊戌 申时 16时08分	谷雨 4月20日 十三癸丑 夜子时 23时32分　立夏 5月6日 廿九己巳 巳时 10时04分	小满 5月21日 十四甲申 夜子时 23时16分

农历	公历	干支	九星	日建	星宿	公历	干支	九星	日建	星宿	公历	干支	九星	日建	星宿	公历	干支	九星	日建	星宿
初一	8	壬寅	三碧	建	室	10	壬申	六白	执	奎	8	辛丑	八白	收	娄	8	辛未	二黑	满	昴
初二	9	癸卯	四绿	除	壁	11	癸酉	七赤	破	娄	9	壬寅	九紫	开	胃	9	壬申	三碧	平	毕
初三	10	甲辰	五黄	满	奎	12	甲戌	八白	危	胃	10	癸卯	一白	闭	昴	10	癸酉	四绿	定	觜
初四	11	乙巳	六白	平	娄	13	乙亥	九紫	成	昴	11	甲辰	二黑	建	毕	11	甲戌	五黄	执	参
初五	12	丙午	七赤	定	胃	14	丙子	一白	收	毕	12	乙巳	三碧	除	觜	12	乙亥	六白	破	井
初六	13	丁未	八白	执	昴	15	丁丑	二黑	开	觜	13	丙午	四绿	满	参	13	丙子	七赤	危	鬼
初七	14	戊申	九紫	破	毕	16	戊寅	三碧	闭	参	14	丁未	五黄	平	井	14	丁丑	八白	成	柳
初八	15	己酉	一白	危	觜	17	己卯	四绿	建	井	15	戊申	六白	定	鬼	15	戊寅	九紫	收	星
初九	16	庚戌	二黑	成	参	18	庚辰	五黄	除	鬼	16	己酉	七赤	执	柳	16	己卯	一白	开	张
初十	17	辛亥	三碧	收	井	19	辛巳	六白	满	柳	17	庚戌	八白	破	星	17	庚辰	二黑	闭	翼
十一	18	壬子	四绿	开	鬼	20	壬午	七赤	平	星	18	辛亥	九紫	危	张	18	辛巳	三碧	建	轸
十二	19	癸丑	二黑	闭	柳	21	癸未	八白	定	张	19	壬子	一白	成	翼	19	壬午	四绿	除	角
十三	20	甲寅	三碧	建	星	22	甲申	九紫	执	翼	20	癸丑	八白	收	轸	20	癸未	五黄	满	亢
十四	21	乙卯	四绿	除	张	23	乙酉	一白	破	轸	21	甲寅	九紫	开	角	21	甲申	六白	平	氐
十五	22	丙辰	五黄	满	翼	24	丙戌	二黑	危	角	22	乙卯	一白	闭	亢	22	乙酉	七赤	定	房
十六	23	丁巳	六白	平	轸	25	丁亥	三碧	成	亢	23	丙辰	二黑	建	氐	23	丙戌	八白	执	心
十七	24	戊午	七赤	定	角	26	戊子	四绿	收	氐	24	丁巳	三碧	除	房	24	丁亥	九紫	破	尾
十八	25	己未	八白	执	亢	27	己丑	五黄	开	房	25	戊午	四绿	满	心	25	戊子	一白	危	箕
十九	26	庚申	九紫	破	氐	28	庚寅	六白	闭	心	26	己未	五黄	平	尾	26	己丑	二黑	成	斗
二十	27	辛酉	一白	危	房	29	辛卯	七赤	建	尾	27	庚申	六白	定	箕	27	庚寅	三碧	收	牛
廿一	28	壬戌	二黑	成	心	30	壬辰	八白	除	箕	28	辛酉	七赤	执	斗	28	辛卯	四绿	开	女
廿二	3月	癸亥	三碧	收	尾	31	癸巳	九紫	满	斗	29	壬戌	八白	破	牛	29	壬辰	五黄	闭	虚
廿三	2	甲子	七赤	开	箕	4月	甲午	一白	平	牛	30	癸亥	九紫	危	女	30	癸巳	六白	建	危
廿四	3	乙丑	八白	闭	斗	2	乙未	二黑	定	女	5月	甲子	四绿	成	虚	31	甲午	七赤	除	室
廿五	4	丙寅	九紫	建	牛	3	丙申	三碧	执	虚	2	乙丑	五黄	收	危	6月	乙未	八白	满	壁
廿六	5	丁卯	一白	除	女	4	丁酉	四绿	破	危	3	丙寅	六白	开	室	2	丙申	九紫	平	奎
廿七	6	戊辰	二黑	除	虚	5	戊戌	五黄	破	室	4	丁卯	七赤	闭	壁	3	丁酉	一白	定	娄
廿八	7	己巳	三碧	满	危	6	己亥	六白	危	壁	5	戊辰	八白	建	奎	4	戊戌	二黑	执	胃
廿九	8	庚午	四绿	平	室	7	庚子	七赤	成	奎	6	己巳	九紫	建	娄	5	己亥	三碧	破	昴
三十	9	辛未	五黄	定	壁						7	庚午	一白	除	胃					

公元1921年　民国十年　辛酉鸡年　　太岁文政　九星七赤

月份	五月小 甲午 四绿 坤卦 胃宿				六月大 乙未 三碧 乾卦 昴宿				七月小 丙申 二黑 兑卦 毕宿				八月小 丁酉 一白 离卦 觜宿			
节气	芒种 6月6日 初一庚子 未时 14时41分		夏至 6月22日 十七丙辰 辰时 7时35分		小暑 7月8日 初四壬申 丑时 1时06分		大暑 7月23日 十九丁亥 酉时 18时30分		立秋 8月8日 初五癸卯 巳时 10时43分		处暑 8月24日 廿一己未 丑时 1时15分		白露 9月8日 初七甲戌 未时 13时09分		秋分 9月23日 廿二己丑 亥时 22时19分	
农历	公历	干支	九星	日建星宿	公历	干支	九星	日建星宿	公历	干支	九星	日建星宿	公历	干支	九星	日建星宿
初一	6	庚子	四绿	破毕	5	己巳	四绿	闭觜	4	己亥	一白	定井	2	戊辰	八白	成鬼
初二	7	辛丑	五黄	危觜	6	庚午	三碧	建参	5	庚子	九紫	执鬼	3	己巳	七赤	收柳
初三	8	壬寅	六白	成参	7	辛未	二黑	除井	6	辛丑	八白	破柳	4	庚午	六白	开星
初四	9	癸卯	七赤	收井	8	壬申	一白	除鬼	7	壬寅	七赤	危星	5	辛未	五黄	闭张
初五	10	甲辰	八白	开鬼	9	癸酉	九紫	满柳	8	癸卯	六白	危张	6	壬申	四绿	建翼
初六	11	乙巳	九紫	闭柳	10	甲戌	八白	平星	9	甲辰	五黄	成翼	7	癸酉	三碧	除轸
初七	12	丙午	一白	建星	11	乙亥	七赤	定张	10	乙巳	四绿	收轸	8	甲戌	二黑	除角
初八	13	丁未	二黑	除张	12	丙子	六白	执翼	11	丙午	三碧	开角	9	乙亥	一白	满亢
初九	14	戊申	三碧	满翼	13	丁丑	五黄	破轸	12	丁未	二黑	闭亢	10	丙子	九紫	平氐
初十	15	己酉	四绿	平轸	14	戊寅	四绿	危角	13	戊申	一白	建氐	11	丁丑	八白	定房
十一	16	庚戌	五黄	定角	15	己卯	三碧	成亢	14	己酉	九紫	除房	12	戊寅	七赤	执心
十二	17	辛亥	六白	执亢	16	庚辰	二黑	收氐	15	庚戌	八白	满心	13	己卯	六白	破尾
十三	18	壬子	七赤	破氐	17	辛巳	一白	开房	16	辛亥	七赤	平尾	14	庚辰	五黄	危箕
十四	19	癸丑	八白	危房	18	壬午	九紫	闭心	17	壬子	六白	定箕	15	辛巳	四绿	成斗
十五	20	甲寅	九紫	成心	19	癸未	八白	建尾	18	癸丑	五黄	执斗	16	壬午	三碧	收牛
十六	21	乙卯	一白	收尾	20	甲申	七赤	除箕	19	甲寅	四绿	破牛	17	癸未	二黑	开女
十七	22	丙辰	二黑	开箕	21	乙酉	六白	满斗	20	乙卯	三碧	危女	18	甲申	一白	闭虚
十八	23	丁巳	一白	闭斗	22	丙戌	五黄	平牛	21	丙辰	二黑	成虚	19	乙酉	九紫	建危
十九	24	戊午	九紫	建牛	23	丁亥	四绿	定女	22	丁巳	一白	收危	20	丙戌	八白	除室
二十	25	己未	八白	除女	24	戊子	三碧	执虚	23	戊午	九紫	开室	21	丁亥	七赤	满壁
廿一	26	庚申	七赤	满虚	25	己丑	二黑	破危	24	己未	二黑	闭壁	22	戊子	六白	平奎
廿二	27	辛酉	六白	平危	26	庚寅	一白	危室	25	庚申	一白	建奎	23	己丑	五黄	定娄
廿三	28	壬戌	五黄	定室	27	辛卯	九紫	成壁	26	辛酉	九紫	除娄	24	庚寅	四绿	执胃
廿四	29	癸亥	四绿	执壁	28	壬辰	八白	收奎	27	壬戌	八白	满胃	25	辛卯	三碧	破昴
廿五	30	甲子	九紫	破奎	29	癸巳	七赤	开娄	28	癸亥	七赤	平昴	26	壬辰	二黑	危毕
廿六	7月	乙丑	八白	危娄	30	甲午	六白	闭胃	29	甲子	三碧	定毕	27	癸巳	一白	成觜
廿七	2	丙寅	七赤	成胃	31	乙未	五黄	建昴	30	乙丑	二黑	执觜	28	甲午	九紫	收参
廿八	3	丁卯	六白	收昴	8月	丙申	四绿	除毕	31	丙寅	一白	破参	29	乙未	八白	开井
廿九	4	戊辰	五黄	开毕	2	丁酉	三碧	满觜	9月	丁卯	九紫	危井	30	丙申	七赤	闭鬼
三十					3	戊戌	二黑	平参								

公元1921年 民国十年 辛酉鸡年　太岁文政 九星七赤

月份	九月大　戊戌 九紫 震卦 参宿					十月小　己亥 八白 巽卦 井宿					十一月大　庚子 七赤 坎卦 鬼宿					十二月大　辛丑 六白 艮卦 柳宿				
节气	寒露 10月9日 初九乙巳 寅时 4时10分			霜降 10月24日 廿四庚申 辰时 7时02分		立冬 11月8日 初九乙亥 卯时 6时45分			小雪 11月23日 廿四庚寅 寅时 4时04分		大雪 12月7日 初九甲辰 夜子时 23时11分			冬至 12月22日 廿四己未 酉时 17时07分		小寒 1月6日 初九甲戌 巳时 10时16分			大寒 1月21日 廿四己丑 寅时 3时47分	
农历	公历	干支	九星	日建	星宿	公历	干支	九星	日建	星宿	公历	干支	九星	日建	星宿	公历	干支	九星	日建	星宿
初一	10月	丁酉	六白	建	柳	31	丁卯	三碧	执	张	29	丙申	一白	收	翼	29	丙寅	三碧	满	角
初二	2	戊戌	五黄	除	星	11月	戊辰	二黑	破	翼	30	丁酉	九紫	开	轸	30	丁卯	四绿	平	亢
初三	3	己亥	四绿	满	张	2	己巳	一白	危	轸	12月	戊戌	八白	闭	角	31	戊辰	五黄	定	氐
初四	4	庚子	三碧	平	翼	3	庚午	九紫	成	角	2	己亥	七赤	建	亢	1月	己巳	六白	执	房
初五	5	辛丑	二黑	定	轸	4	辛未	八白	收	亢	3	庚子	六白	除	氐	2	庚午	七赤	破	心
初六	6	壬寅	一白	执	角	5	壬申	七赤	开	氐	4	辛丑	五黄	满	房	3	辛未	八白	危	尾
初七	7	癸卯	九紫	破	亢	6	癸酉	六白	闭	房	5	壬寅	四绿	平	心	4	壬申	九紫	成	箕
初八	8	甲辰	八白	危	氐	7	甲戌	五黄	建	心	6	癸卯	三碧	定	尾	5	癸酉	一白	收	斗
初九	9	乙巳	七赤	危	房	8	乙亥	四绿	建	尾	7	甲辰	二黑	定	箕	6	甲戌	二黑	收	牛
初十	10	丙午	六白	成	心	9	丙子	三碧	除	箕	8	乙巳	一白	执	斗	7	乙亥	三碧	开	女
十一	11	丁未	五黄	收	尾	10	丁丑	二黑	满	斗	9	丙午	九紫	破	牛	8	丙子	四绿	闭	虚
十二	12	戊申	四绿	开	箕	11	戊寅	一白	平	牛	10	丁未	八白	危	女	9	丁丑	五黄	建	危
十三	13	己酉	三碧	闭	斗	12	己卯	九紫	定	女	11	戊申	七赤	成	虚	10	戊寅	六白	除	室
十四	14	庚戌	二黑	建	牛	13	庚辰	八白	执	虚	12	己酉	六白	收	危	11	己卯	七赤	满	壁
十五	15	辛亥	一白	除	女	14	辛巳	七赤	破	危	13	庚戌	五黄	开	室	12	庚辰	八白	平	奎
十六	16	壬子	九紫	满	虚	15	壬午	六白	危	室	14	辛亥	四绿	闭	壁	13	辛巳	九紫	定	娄
十七	17	癸丑	八白	平	危	16	癸未	五黄	成	壁	15	壬子	三碧	建	奎	14	壬午	一白	执	胃
十八	18	甲寅	七赤	定	室	17	甲申	四绿	收	奎	16	癸丑	二黑	除	娄	15	癸未	二黑	破	昴
十九	19	乙卯	六白	执	壁	18	乙酉	三碧	开	娄	17	甲寅	一白	满	胃	16	甲申	三碧	危	毕
二十	20	丙辰	五黄	破	奎	19	丙戌	二黑	闭	胃	18	乙卯	九紫	平	昴	17	乙酉	四绿	成	觜
廿一	21	丁巳	四绿	危	娄	20	丁亥	一白	建	昴	19	丙辰	八白	定	毕	18	丙戌	五黄	收	参
廿二	22	戊午	三碧	成	胃	21	戊子	九紫	除	毕	20	丁巳	七赤	执	觜	19	丁亥	六白	开	井
廿三	23	己未	二黑	收	昴	22	己丑	八白	满	觜	21	戊午	六白	破	参	20	戊子	七赤	闭	鬼
廿四	24	庚申	四绿	开	毕	23	庚寅	七赤	平	参	22	己未	二黑	危	井	21	己丑	八白	建	柳
廿五	25	辛酉	三碧	闭	觜	24	辛卯	六白	定	井	23	庚申	三碧	成	鬼	22	庚寅	九紫	除	星
廿六	26	壬戌	二黑	建	参	25	壬辰	五黄	执	鬼	24	辛酉	四绿	收	柳	23	辛卯	一白	满	张
廿七	27	癸亥	一白	除	井	26	癸巳	四绿	破	柳	25	壬戌	五黄	开	星	24	壬辰	二黑	平	翼
廿八	28	甲子	六白	满	鬼	27	甲午	三碧	危	星	26	癸亥	六白	闭	张	25	癸巳	三碧	定	轸
廿九	29	乙丑	五黄	平	柳	28	乙未	二黑	成	张	27	甲子	一白	建	翼	26	甲午	四绿	执	角
三十	30	丙寅	四绿	定	星						28	乙丑	二黑	除	轸	27	乙未	五黄	破	亢

国学经典文库　中华历书大全　·1900—2100年万年历法表·　图文珍藏版

公元1922年 民国十一年 壬戌狗年（闰五月）　太岁洪汜 九星六白

月份	正月大 壬寅 五黄 巽卦 星宿				二月小 癸卯 四绿 坎卦 张宿				三月大 甲辰 三碧 艮卦 翼宿				四月大 乙巳 二黑 坤卦 轸宿			
节气	立春 2月4日 初八癸卯 亥时 22时06分		雨水 2月19日 廿三戊午 酉时 18时16分		惊蛰 3月6日 初八癸酉 申时 16时33分		春分 3月21日 廿三戊子 酉时 17时48分		清明 4月5日 初九癸卯 亥时 21时58分		谷雨 4月21日 廿五己未 卯时 5时28分		立夏 5月6日 初十甲戌 申时 15时52分		小满 5月22日 廿六庚寅 卯时 5时10分	
农历	公历	干支	九星	日建 星宿	公历	干支	九星	日建 星宿	公历	干支	九星	日建 星宿	公历	干支	九星	日建 星宿
初一	28	丙申	六白	危 氐	27	丙寅	九紫	建 心	28	乙未	二黑	定 尾	27	乙丑	五黄	收 斗
初二	29	丁酉	七赤	成 房	28	丁卯	一白	除 尾	29	丙申	三碧	执 箕	28	丙寅	六白	开 牛
初三	30	戊戌	八白	收 心	3月	戊辰	二黑	满 箕	30	丁酉	四绿	破 斗	29	丁卯	七赤	闭 女
初四	31	己亥	九紫	开 尾	2	己巳	三碧	平 斗	31	戊戌	五黄	危 牛	30	戊辰	八白	建 虚
初五	2月	庚子	一白	闭 箕	3	庚午	四绿	定 牛	4月	己亥	六白	成 女	5月	己巳	九紫	除 危
初六	2	辛丑	二黑	建 斗	4	辛未	五黄	执 女	2	庚子	七赤	收 虚	2	庚午	一白	满 室
初七	3	壬寅	三碧	除 牛	5	壬申	六白	破 虚	3	辛丑	八白	开 危	3	辛未	二黑	平 壁
初八	4	癸卯	四绿	除 女	6	癸酉	七赤	破 危	4	壬寅	九紫	闭 室	4	壬申	三碧	定 奎
初九	5	甲辰	五黄	满 虚	7	甲戌	八白	危 室	5	癸卯	一白	闭 壁	5	癸酉	四绿	执 娄
初十	6	乙巳	六白	平 危	8	乙亥	九紫	成 壁	6	甲辰	二黑	建 奎	6	甲戌	五黄	破 胃
十一	7	丙午	七赤	定 室	9	丙子	一白	收 奎	7	乙巳	三碧	除 娄	7	乙亥	六白	破 昴
十二	8	丁未	八白	执 壁	10	丁丑	二黑	开 娄	8	丙午	四绿	满 胃	8	丙子	七赤	危 毕
十三	9	戊申	九紫	破 奎	11	戊寅	三碧	闭 胃	9	丁未	五黄	平 昴	9	丁丑	八白	成 觜
十四	10	己酉	一白	危 娄	12	己卯	四绿	建 昴	10	戊申	六白	定 毕	10	戊寅	九紫	收 参
十五	11	庚戌	二黑	成 胃	13	庚辰	五黄	除 毕	11	己酉	七赤	执 觜	11	己卯	一白	开 井
十六	12	辛亥	三碧	收 昴	14	辛巳	六白	满 觜	12	庚戌	八白	破 参	12	庚辰	二黑	闭 鬼
十七	13	壬子	四绿	开 毕	15	壬午	七赤	平 参	13	辛亥	九紫	危 井	13	辛巳	三碧	建 柳
十八	14	癸丑	五黄	闭 觜	16	癸未	八白	定 井	14	壬子	一白	成 鬼	14	壬午	四绿	除 星
十九	15	甲寅	六白	建 参	17	甲申	九紫	执 鬼	15	癸丑	二黑	收 柳	15	癸未	五黄	满 张
二十	16	乙卯	七赤	除 井	18	乙酉	一白	破 柳	16	甲寅	三碧	开 星	16	甲申	六白	平 翼
廿一	17	丙辰	八白	满 鬼	19	丙戌	二黑	危 星	17	乙卯	四绿	闭 张	17	乙酉	七赤	定 轸
廿二	18	丁巳	九紫	平 柳	20	丁亥	三碧	成 张	18	丙辰	五黄	建 翼	18	丙戌	八白	执 角
廿三	19	戊午	七赤	定 星	21	戊子	四绿	收 翼	19	丁巳	六白	除 轸	19	丁亥	九紫	破 亢
廿四	20	己未	八白	执 张	22	己丑	五黄	开 轸	20	戊午	七赤	满 角	20	戊子	一白	危 氐
廿五	21	庚申	九紫	破 翼	23	庚寅	六白	闭 角	21	己未	五黄	平 亢	21	己丑	二黑	成 房
廿六	22	辛酉	一白	危 轸	24	辛卯	七赤	建 亢	22	庚申	六白	定 氐	22	庚寅	三碧	收 心
廿七	23	壬戌	二黑	成 角	25	壬辰	八白	除 氐	23	辛酉	七赤	执 房	23	辛卯	四绿	开 尾
廿八	24	癸亥	三碧	收 亢	26	癸巳	九紫	满 房	24	壬戌	八白	破 心	24	壬辰	五黄	闭 箕
廿九	25	甲子	七赤	开 氐	27	甲午	一白	平 心	25	癸亥	九紫	危 尾	25	癸巳	六白	建 斗
三十	26	乙丑	八白	闭 房					26	甲子	四绿	成 箕	26	甲午	七赤	除 牛

公元1922年 民国十一年 壬戌狗年（闰五月） 太岁洪汜 九星六白

月份	五月小	丙午 一白 乾卦 角宿				闰五月小					六月大	丁未 九紫 兑卦 亢宿			
节气	芒种 6月6日 十一乙巳 戌时 20时30分	夏至 6月22日 廿七辛酉 未时 13时26分				小暑 7月8日 十四丁丑 卯时 6时57分					大暑 7月24日 初一癸巳 早子时 0时19分	立秋 8月8日 十六戊申 申时 16时37分			
农历	公历	干支	九星	日建	星宿	公历	干支	九星	日建	星宿	公历	干支	九星	日建	星宿
初一	27	乙未	八白	满	女	25	甲子	九紫	破	虚	24	癸巳	七赤	开	危
初二	28	丙申	九紫	平	虚	26	乙丑	八白	危	危	25	甲午	六白	闭	室
初三	29	丁酉	一白	定	危	27	丙寅	七赤	成	室	26	乙未	五黄	建	壁
初四	30	戊戌	二黑	执	室	28	丁卯	六白	收	壁	27	丙申	四绿	除	奎
初五	31	己亥	三碧	破	壁	29	戊辰	五黄	开	奎	28	丁酉	三碧	满	娄
初六	6月	庚子	四绿	危	奎	30	己巳	四绿	闭	娄	29	戊戌	二黑	平	胃
初七	2	辛丑	五黄	成	娄	7月	庚午	三碧	建	胃	30	己亥	一白	定	昴
初八	3	壬寅	六白	收	胃	2	辛未	二黑	除	昴	31	庚子	九紫	执	毕
初九	4	癸卯	七赤	开	昴	3	壬申	一白	满	毕	8月	辛丑	八白	破	觜
初十	5	甲辰	八白	闭	毕	4	癸酉	九紫	平	觜	2	壬寅	七赤	危	参
十一	6	乙巳	九紫	闭	觜	5	甲戌	八白	定	参	3	癸卯	六白	成	井
十二	7	丙午	一白	建	参	6	乙亥	七赤	执	井	4	甲辰	五黄	收	鬼
十三	8	丁未	二黑	除	井	7	丙子	六白	破	鬼	5	乙巳	四绿	开	柳
十四	9	戊申	三碧	满	鬼	8	丁丑	五黄	破	柳	6	丙午	三碧	闭	星
十五	10	己酉	四绿	平	柳	9	戊寅	四绿	危	星	7	丁未	二黑	建	张
十六	11	庚戌	五黄	定	星	10	己卯	三碧	成	张	8	戊申	一白	建	翼
十七	12	辛亥	六白	执	张	11	庚辰	二黑	收	翼	9	己酉	九紫	除	轸
十八	13	壬子	七赤	破	翼	12	辛巳	一白	开	轸	10	庚戌	八白	满	角
十九	14	癸丑	八白	危	轸	13	壬午	九紫	闭	角	11	辛亥	七赤	平	亢
二十	15	甲寅	九紫	成	角	14	癸未	八白	建	亢	12	壬子	六白	定	氐
廿一	16	乙卯	一白	收	亢	15	甲申	七赤	除	氐	13	癸丑	五黄	执	房
廿二	17	丙辰	二黑	开	氐	16	乙酉	六白	满	房	14	甲寅	四绿	破	心
廿三	18	丁巳	三碧	闭	房	17	丙戌	五黄	平	心	15	乙卯	三碧	危	尾
廿四	19	戊午	四绿	建	心	18	丁亥	四绿	定	尾	16	丙辰	二黑	成	箕
廿五	20	己未	五黄	除	尾	19	戊子	三碧	执	箕	17	丁巳	一白	收	斗
廿六	21	庚申	六白	满	箕	20	己丑	二黑	破	斗	18	戊午	九紫	开	牛
廿七	22	辛酉	六白	平	斗	21	庚寅	一白	危	牛	19	己未	八白	闭	女
廿八	23	壬戌	五黄	定	牛	22	辛卯	九紫	成	女	20	庚申	七赤	建	虚
廿九	24	癸亥	四绿	执	女	23	壬辰	八白	收	虚	21	辛酉	六白	除	危
三十											22	壬戌	五黄	满	室

公元1922年 民国十一年 壬戌狗年（闰五月）　太岁洪汜 九星六白

月份	七月小	戊申 八白 离卦 氐宿			八月小	己酉 七赤 震卦 房宿			九月大	庚戌 六白 巽卦 心宿		
节气	处暑 8月24日 初二甲子 辰时 7时04分	白露 9月8日 十七己卯 戌时 19时06分			秋分 9月24日 初四乙未 寅时 4时09分	寒露 10月9日 十九庚戌 巳时 10时09分			霜降 10月24日 初五乙丑 午时 12时52分	立冬 11月8日 二十庚辰 午时 12时45分		
农历	公历	干支	九星	日建 星宿	公历	干支	九星	日建 星宿	公历	干支	九星	日建 星宿
初一	23	癸亥	四绿	平 壁	21	壬辰	二黑	危 奎	20	辛酉	九紫	闭 娄
初二	24	甲子	三碧	定 奎	22	癸巳	一白	成 娄	21	壬戌	八白	建 胃
初三	25	乙丑	二黑	执 娄	23	甲午	九紫	收 胃	22	癸亥	七赤	除 昴
初四	26	丙寅	一白	破 胃	24	乙未	八白	开 昴	23	甲子	三碧	满 毕
初五	27	丁卯	九紫	危 昴	25	丙申	七赤	闭 毕	24	乙丑	五黄	平 觜
初六	28	戊辰	八白	成 毕	26	丁酉	六白	建 觜	25	丙寅	四绿	定 参
初七	29	己巳	七赤	收 觜	27	戊戌	五黄	除 参	26	丁卯	三碧	执 井
初八	30	庚午	六白	开 参	28	己亥	四绿	满 井	27	戊辰	二黑	破 鬼
初九	31	辛未	五黄	闭 井	29	庚子	三碧	平 鬼	28	己巳	一白	危 柳
初十	9月	壬申	四绿	建 鬼	30	辛丑	二黑	定 柳	29	庚午	九紫	成 星
十一	2	癸酉	三碧	除 柳	10月	壬寅	一白	执 星	30	辛未	八白	收 张
十二	3	甲戌	二黑	满 星	2	癸卯	九紫	破 张	31	壬申	七赤	开 翼
十三	4	乙亥	一白	平 张	3	甲辰	八白	危 翼	11月	癸酉	六白	闭 轸
十四	5	丙子	九紫	定 翼	4	乙巳	七赤	成 轸	2	甲戌	五黄	建 角
十五	6	丁丑	八白	执 轸	5	丙午	六白	收 角	3	乙亥	四绿	除 亢
十六	7	戊寅	七赤	破 角	6	丁未	五黄	开 亢	4	丙子	三碧	满 氐
十七	8	己卯	六白	破 亢	7	戊申	四绿	闭 氐	5	丁丑	二黑	平 房
十八	9	庚辰	五黄	危 氐	8	己酉	三碧	建 房	6	戊寅	一白	定 心
十九	10	辛巳	四绿	成 房	9	庚戌	二黑	建 心	7	己卯	九紫	执 尾
二十	11	壬午	三碧	收 心	10	辛亥	一白	除 尾	8	庚辰	八白	执 箕
廿一	12	癸未	二黑	开 尾	11	壬子	九紫	满 箕	9	辛巳	七赤	破 斗
廿二	13	甲申	一白	闭 箕	12	癸丑	八白	平 斗	10	壬午	六白	危 牛
廿三	14	乙酉	九紫	建 斗	13	甲寅	七赤	定 牛	11	癸未	五黄	成 女
廿四	15	丙戌	八白	除 牛	14	乙卯	六白	执 女	12	甲申	四绿	收 虚
廿五	16	丁亥	七赤	满 女	15	丙辰	五黄	破 虚	13	乙酉	三碧	开 危
廿六	17	戊子	六白	平 虚	16	丁巳	四绿	危 危	14	丙戌	二黑	闭 室
廿七	18	己丑	五黄	定 危	17	戊午	三碧	成 室	15	丁亥	一白	建 壁
廿八	19	庚寅	四绿	执 室	18	己未	二黑	收 壁	16	戊子	九紫	除 奎
廿九	20	辛卯	三碧	破 壁	19	庚申	一白	开 奎	17	己丑	八白	满 娄
三十									18	庚寅	七赤	平 胃

国学经典文库

中华历书大全

·1900-2100年历法表·

图文珍藏版

227

公元1922年　民国十一年　壬戌狗年（闰五月）　太岁洪汜　九星六白

月份	十月小　辛亥 五黄　坎卦 尾宿					十一月大　壬子 四绿　艮卦 箕宿					十二月大　癸丑 三碧　坤卦 斗宿				
节气	小雪 11月23日 初五乙未 巳时 9时55分		大雪 12月8日 二十庚戌 卯时 5时10分			冬至 12月22日 初五甲子 亥时 22时56分		小寒 1月6日 二十己卯 申时 16时14分			大寒 1月21日 初五甲午 巳时 9时34分		立春 2月5日 二十己酉 寅时 4时00分		
农历	公历	干支	九星	日建	星宿	公历	干支	九星	日建	星宿	公历	干支	九星	日建	星宿
初一	19	辛卯	六白	定	昴	18	庚申	四绿	成	毕	17	庚寅	九紫	除	参
初二	20	壬辰	五黄	执	毕	19	辛酉	三碧	收	觜	18	辛卯	一白	满	井
初三	21	癸巳	四绿	破	觜	20	壬戌	二黑	开	参	19	壬辰	二黑	平	鬼
初四	22	甲午	三碧	危	参	21	癸亥	一白	闭	井	20	癸巳	三碧	定	柳
初五	23	乙未	二黑	成	井	22	甲子	一白	建	鬼	21	甲午	四绿	执	星
初六	24	丙申	一白	收	鬼	23	乙丑	二黑	除	柳	22	乙未	五黄	破	张
初七	25	丁酉	九紫	开	柳	24	丙寅	三碧	满	星	23	丙申	六白	危	翼
初八	26	戊戌	八白	闭	星	25	丁卯	四绿	平	张	24	丁酉	七赤	成	轸
初九	27	己亥	七赤	建	张	26	戊辰	五黄	定	翼	25	戊戌	八白	收	角
初十	28	庚子	六白	除	翼	27	己巳	六白	执	轸	26	己亥	九紫	开	亢
十一	29	辛丑	五黄	满	轸	28	庚午	七赤	破	角	27	庚子	一白	闭	氐
十二	30	壬寅	四绿	平	角	29	辛未	八白	危	亢	28	辛丑	二黑	建	房
十三	12月	癸卯	三碧	定	亢	30	壬申	九紫	成	氐	29	壬寅	三碧	除	心
十四	2	甲辰	二黑	执	氐	31	癸酉	一白	收	房	30	癸卯	四绿	满	尾
十五	3	乙巳	一白	破	房	1月	甲戌	二黑	开	心	31	甲辰	五黄	平	箕
十六	4	丙午	九紫	危	心	2	乙亥	三碧	闭	尾	2月	乙巳	六白	定	斗
十七	5	丁未	八白	成	尾	3	丙子	四绿	建	箕	2	丙午	七赤	执	牛
十八	6	戊申	七赤	收	箕	4	丁丑	五黄	除	斗	3	丁未	八白	破	女
十九	7	己酉	六白	开	斗	5	戊寅	六白	满	牛	4	戊申	九紫	危	虚
二十	8	庚戌	五黄	开	牛	6	己卯	七赤	满	女	5	己酉	一白	成	危
廿一	9	辛亥	四绿	闭	女	7	庚辰	八白	平	虚	6	庚戌	二黑	收	室
廿二	10	壬子	三碧	建	虚	8	辛巳	九紫	定	危	7	辛亥	三碧	开	壁
廿三	11	癸丑	二黑	除	危	9	壬午	一白	执	室	8	壬子	四绿	开	奎
廿四	12	甲寅	一白	满	室	10	癸未	二黑	破	壁	9	癸丑	五黄	闭	娄
廿五	13	乙卯	九紫	平	壁	11	甲申	三碧	危	奎	10	甲寅	六白	建	胃
廿六	14	丙辰	八白	定	奎	12	乙酉	四绿	成	娄	11	乙卯	七赤	除	昴
廿七	15	丁巳	七赤	执	娄	13	丙戌	五黄	收	胃	12	丙辰	八白	满	毕
廿八	16	戊午	六白	破	胃	14	丁亥	六白	开	昴	13	丁巳	九紫	平	觜
廿九	17	己未	五黄	危	昴	15	戊子	七赤	闭	毕	14	戊午	一白	定	参
三十						16	己丑	八白	建	觜	15	己未	二黑	执	井

月份	正月小	甲寅 二黑 坎卦 牛宿	二月大	乙卯 一白 艮卦 女宿	三月大	丙辰 九紫 坤卦 虚宿	四月小	丁巳 八白 乾卦 危宿
节气	雨水 2月19日 初四癸亥 夜子时 23时59分	惊蛰 3月6日 十九戊寅 亥时 22时24分	春分 3月21日 初五癸巳 夜子时 23时28分	清明 4月6日 廿一己酉 寅时 3时45分	谷雨 4月21日 初六甲子 午时 11时05分	立夏 5月6日 廿一己卯 亥时 21时38分	小满 5月22日 初七乙未 巳时 10时45分	芒种 6月7日 廿三辛亥 丑时 2时14分

农历	公历	干支	九星	日建	星宿	公历	干支	九星	日建	星宿	公历	干支	九星	日建	星宿	公历	干支	九星	日建	星宿
初一	16	庚申	三碧	破	鬼	17	己丑	五黄	开	柳	16	己未	八白	平	张	16	己巳	二黑	成	轸
初二	17	辛酉	四绿	危	柳	18	庚寅	六白	闭	星	17	庚申	九紫	定	翼	17	庚寅	三碧	收	角
初三	18	壬戌	五黄	成	星	19	辛卯	七赤	建	张	18	辛酉	一白	执	轸	18	辛卯	四绿	开	亢
初四	19	癸亥	三碧	收	张	20	壬辰	八白	除	翼	19	壬戌	二黑	破	角	19	壬辰	五黄	闭	氐
初五	20	甲子	七赤	开	翼	21	癸巳	九紫	满	轸	20	癸亥	三碧	危	亢	20	癸巳	六白	建	房
初六	21	乙丑	八白	闭	轸	22	甲午	一白	平	角	21	甲子	四绿	成	氐	21	甲午	七赤	除	心
初七	22	丙寅	九紫	建	角	23	乙未	二黑	定	亢	22	乙丑	五黄	收	房	22	乙未	八白	满	尾
初八	23	丁卯	一白	除	亢	24	丙申	三碧	执	氐	23	丙寅	六白	开	心	23	丙申	九紫	平	箕
初九	24	戊辰	二黑	满	氐	25	丁酉	四绿	破	房	24	丁卯	七赤	闭	尾	24	丁酉	一白	定	斗
初十	25	己巳	三碧	平	房	26	戊戌	五黄	危	心	25	戊辰	八白	建	箕	25	戊戌	二黑	执	牛
十一	26	庚午	四绿	定	心	27	己亥	六白	成	尾	26	己巳	九紫	除	斗	26	己亥	三碧	破	女
十二	27	辛未	五黄	执	尾	28	庚子	七赤	收	箕	27	庚午	一白	满	牛	27	庚子	四绿	危	虚
十三	28	壬申	六白	破	箕	29	辛丑	八白	开	斗	28	辛未	二黑	平	女	28	辛丑	五黄	成	危
十四	3月	癸酉	七赤	危	斗	30	壬寅	九紫	闭	牛	29	壬申	三碧	定	虚	29	壬寅	六白	收	室
十五	2	甲戌	八白	成	牛	31	癸卯	一白	建	女	30	癸酉	四绿	执	危	30	癸卯	七赤	开	壁
十六	3	乙亥	九紫	收	女	4月	甲辰	二黑	除	虚	5月	甲戌	五黄	破	室	31	甲辰	八白	闭	奎
十七	4	丙子	一白	开	虚	2	乙巳	三碧	满	危	2	乙亥	六白	危	壁	6月	乙巳	九紫	建	娄
十八	5	丁丑	二黑	闭	危	3	丙午	四绿	平	室	3	丙子	七赤	成	奎	2	丙午	一白	除	胃
十九	6	戊寅	三碧	闭	室	4	丁未	五黄	定	壁	4	丁丑	八白	收	娄	3	丁未	二黑	满	昴
二十	7	己卯	四绿	建	壁	5	戊申	六白	执	奎	5	戊寅	九紫	开	胃	4	戊申	三碧	平	毕
廿一	8	庚辰	五黄	除	奎	6	己酉	七赤	执	娄	6	己卯	一白	开	昴	5	己酉	四绿	定	觜
廿二	9	辛巳	六白	满	娄	7	庚戌	八白	破	胃	7	庚辰	二黑	闭	毕	6	庚戌	五黄	执	参
廿三	10	壬午	七赤	平	胃	8	辛亥	九紫	危	昴	8	辛巳	三碧	建	觜	7	辛亥	六白	执	井
廿四	11	癸未	八白	定	昴	9	壬子	一白	成	毕	9	壬午	四绿	除	参	8	壬子	七赤	破	鬼
廿五	12	甲申	九紫	执	毕	10	癸丑	二黑	收	觜	10	癸未	五黄	满	井	9	癸丑	八白	危	柳
廿六	13	乙酉	一白	破	觜	11	甲寅	三碧	开	参	11	甲申	六白	平	鬼	10	甲寅	九紫	成	星
廿七	14	丙戌	二黑	危	参	12	乙卯	四绿	闭	井	12	乙酉	七赤	定	柳	11	乙卯	一白	收	张
廿八	15	丁亥	三碧	成	井	13	丙辰	五黄	建	鬼	13	丙戌	八白	执	星	12	丙辰	二黑	开	翼
廿九	16	戊子	四绿	收	鬼	14	丁巳	六白	除	柳	14	丁亥	九紫	破	张	13	丁巳	三碧	闭	轸
三十						15	戊午	七赤	满	星	15	戊子	一白	危	翼					

国学经典文库

中华历书大全

·1900-2100年万年历法表·

图文珍藏版

公元1923年 民国十二年 癸亥猪年　太岁虞程 九星五黄

月份	五月大 戊午 七赤 兑卦 室宿					六月小 己未 六白 离卦 壁宿					七月大 庚申 五黄 震卦 奎宿					八月小 辛酉 四绿 巽卦 娄宿				
节气	夏至 6月22日 初九丙寅 戌时 19时02分			小暑 7月8日 廿五壬午 午时 12时42分		大暑 7月24日 十一戊戌 卯时 6时00分			立秋 8月8日 廿六癸丑 亥时 22时24分		处暑 8月24日 十三己巳 午时 12时51分			白露 9月9日 廿九乙酉 早子时 0时57分		秋分 9月24日 十四庚子 巳时 10时03分			寒露 10月9日 廿九乙卯 申时 16时03分	
农历	公历	干支	九星	日建	宿	公历	干支	九星	日建	宿	公历	干支	九星	日建	宿	公历	干支	九星	日建	宿
初一	14	戊午	四绿	建	角	14	戊子	三碧	执	氐	12	丁巳	一白	收	房	11	丁亥	七赤	满	尾
初二	15	己未	五黄	除	亢	15	己丑	二黑	破	房	13	戊午	九紫	开	心	12	戊子	六白	平	箕
初三	16	庚申	六白	满	氐	16	庚寅	一白	危	心	14	己未	八白	闭	尾	13	己丑	五黄	定	斗
初四	17	辛酉	七赤	平	房	17	辛卯	九紫	成	尾	15	庚申	七赤	建	箕	14	庚寅	四绿	执	牛
初五	18	壬戌	八白	定	心	18	壬辰	八白	收	箕	16	辛酉	六白	除	斗	15	辛卯	三碧	破	女
初六	19	癸亥	九紫	执	尾	19	癸巳	七赤	开	斗	17	壬戌	五黄	满	牛	16	壬辰	二黑	危	虚
初七	20	甲子	四绿	破	箕	20	甲午	六白	闭	牛	18	癸亥	四绿	平	女	17	癸巳	一白	成	危
初八	21	乙丑	五黄	危	斗	21	乙未	五黄	建	女	19	甲子	九紫	定	虚	18	甲午	九紫	收	室
初九	22	丙寅	七赤	成	牛	22	丙申	四绿	除	虚	20	乙丑	八白	执	危	19	乙未	八白	开	壁
初十	23	丁卯	六白	收	女	23	丁酉	三碧	满	危	21	丙寅	七赤	破	室	20	丙申	七赤	闭	奎
十一	24	戊辰	五黄	开	虚	24	戊戌	二黑	平	室	22	丁卯	六白	危	壁	21	丁酉	六白	建	娄
十二	25	己巳	四绿	闭	危	25	己亥	一白	定	壁	23	戊辰	五黄	成	奎	22	戊戌	五黄	除	胃
十三	26	庚午	三碧	建	室	26	庚子	九紫	执	奎	24	己巳	七赤	收	娄	23	己亥	四绿	满	昴
十四	27	辛未	二黑	除	壁	27	辛丑	八白	破	娄	25	庚午	六白	开	胃	24	庚子	三碧	平	毕
十五	28	壬申	一白	满	奎	28	壬寅	七赤	危	胃	26	辛未	五黄	闭	昴	25	辛丑	二黑	定	觜
十六	29	癸酉	九紫	平	娄	29	癸卯	六白	成	昴	27	壬申	四绿	建	毕	26	壬寅	一白	执	参
十七	30	甲戌	八白	定	胃	30	甲辰	五黄	收	毕	28	癸酉	三碧	除	觜	27	癸卯	九紫	破	井
十八	7月	乙亥	七赤	执	昴	31	乙巳	四绿	开	觜	29	甲戌	二黑	满	参	28	甲辰	八白	危	鬼
十九	2	丙子	六白	破	毕	8月	丙午	三碧	闭	参	30	乙亥	一白	平	井	29	乙巳	七赤	成	柳
二十	3	丁丑	五黄	危	觜	2	丁未	二黑	建	井	31	丙子	九紫	定	鬼	30	丙午	六白	收	星
廿一	4	戊寅	四绿	成	参	3	戊申	一白	除	鬼	9月	丁丑	八白	执	柳	10月	丁未	五黄	开	张
廿二	5	己卯	三碧	收	井	4	己酉	九紫	满	柳	2	戊寅	七赤	破	星	2	戊申	四绿	闭	翼
廿三	6	庚辰	二黑	开	鬼	5	庚戌	八白	平	星	3	己卯	六白	危	张	3	己酉	三碧	建	轸
廿四	7	辛巳	一白	闭	柳	6	辛亥	七赤	定	张	4	庚辰	五黄	成	翼	4	庚戌	二黑	除	角
廿五	8	壬午	九紫	闭	星	7	壬子	六白	执	翼	5	辛巳	四绿	收	轸	5	辛亥	一白	满	亢
廿六	9	癸未	八白	建	张	8	癸丑	五黄	执	轸	6	壬午	三碧	开	角	6	壬子	九紫	平	氐
廿七	10	甲申	七赤	除	翼	9	甲寅	四绿	破	角	7	癸未	二黑	闭	亢	7	癸丑	八白	定	房
廿八	11	乙酉	六白	满	轸	10	乙卯	三碧	危	亢	8	甲申	一白	建	氐	8	甲寅	七赤	执	心
廿九	12	丙戌	五黄	平	角	11	丙辰	二黑	成	氐	9	乙酉	九紫	建	房	9	乙卯	六白	执	尾
三十	13	丁亥	四绿	定	亢						10	丙戌	八白	除	心					

月份	九月小 壬戌 三碧 坎卦 胃宿				十月大 癸亥 二黑 艮卦 昴宿				十一月小 甲子 一白 坤卦 毕宿				十二月大 乙丑 九紫 乾卦 觜宿			
节气	霜降 10月24日 十五庚午 酉时 18时50分				立冬 11月8日 初一乙酉 酉时 18时40分		小雪 11月23日 十六庚子 申时 15时53分		大雪 12月8日 初一乙卯 午时 11时04分		冬至 12月23日 十六庚午 寅时 4时53分		小寒 1月6日 初一甲申 亥时 22时05分		大寒 1月21日 十六己亥 申时 15时28分	
农历	公历	干支	九星	日建星宿	公历	干支	九星	日建星宿	公历	干支	九星	日建星宿	公历	干支	九星	日建星宿
初一	10	丙辰	五黄	破箕	8	乙酉	三碧	开斗	8	乙卯	九紫	平女	6	甲申	三碧	危虚
初二	11	丁巳	四绿	危斗	9	丙戌	二黑	闭牛	9	丙辰	八白	定虚	7	乙酉	四绿	成危
初三	12	戊午	三碧	成牛	10	丁亥	一白	建女	10	丁巳	七赤	执危	8	丙戌	五黄	收室
初四	13	己未	二黑	收女	11	戊子	九紫	除虚	11	戊午	六白	破室	9	丁亥	六白	开壁
初五	14	庚申	一白	开虚	12	己丑	八白	满危	12	己未	五黄	危壁	10	戊子	七赤	闭奎
初六	15	辛酉	九紫	闭危	13	庚寅	七赤	平室	13	庚申	四绿	成奎	11	己丑	八白	建娄
初七	16	壬戌	八白	建室	14	辛卯	六白	定壁	14	辛酉	三碧	收娄	12	庚寅	九紫	除胃
初八	17	癸亥	七赤	除壁	15	壬辰	五黄	执奎	15	壬戌	二黑	开胃	13	辛卯	一白	满昴
初九	18	甲子	三碧	满奎	16	癸巳	四绿	破娄	16	癸亥	一白	闭昴	14	壬辰	二黑	平毕
初十	19	乙丑	二黑	平娄	17	甲午	三碧	危胃	17	甲子	六白	建毕	15	癸巳	三碧	定觜
十一	20	丙寅	一白	定胃	18	乙未	二黑	成昴	18	乙丑	五黄	除觜	16	甲午	四绿	执参
十二	21	丁卯	九紫	执昴	19	丙申	一白	收毕	19	丙寅	四绿	满参	17	乙未	五黄	破井
十三	22	戊辰	八白	破毕	20	丁酉	九紫	开觜	20	丁卯	三碧	平井	18	丙申	六白	危鬼
十四	23	己巳	七赤	危觜	21	戊戌	八白	闭参	21	戊辰	二黑	定鬼	19	丁酉	七赤	成柳
十五	24	庚午	九紫	成参	22	己亥	七赤	建井	22	己巳	一白	执柳	20	戊戌	八白	收星
十六	25	辛未	八白	收井	23	庚子	六白	除鬼	23	庚午	七赤	破星	21	己亥	九紫	开张
十七	26	壬申	七赤	开鬼	24	辛丑	五黄	满柳	24	辛未	八白	危张	22	庚子	一白	闭翼
十八	27	癸酉	六白	闭柳	25	壬寅	四绿	平星	25	壬申	九紫	成翼	23	辛丑	二黑	建轸
十九	28	甲戌	五黄	建星	26	癸卯	三碧	定张	26	癸酉	一白	收轸	24	壬寅	三碧	除角
二十	29	乙亥	四绿	除张	27	甲辰	二黑	执翼	27	甲戌	二黑	开角	25	癸卯	四绿	满亢
廿一	30	丙子	三碧	满翼	28	乙巳	一白	破轸	28	乙亥	三碧	闭亢	26	甲辰	五黄	平氐
廿二	31	丁丑	二黑	平轸	29	丙午	九紫	危角	29	丙子	四绿	建氐	27	乙巳	六白	定房
廿三	11月	戊寅	一白	定角	30	丁未	八白	成亢	30	丁丑	五黄	除房	28	丙午	七赤	执心
廿四	2	己卯	九紫	执亢	12月	戊申	七赤	收氐	31	戊寅	六白	满心	29	丁未	八白	破尾
廿五	3	庚辰	八白	破氐	2	己酉	六白	开房	1月	己卯	七赤	平尾	30	戊申	九紫	危箕
廿六	4	辛巳	七赤	危房	3	庚戌	五黄	闭心	2	庚辰	八白	定箕	31	己酉	一白	成斗
廿七	5	壬午	六白	成心	4	辛亥	四绿	建尾	3	辛巳	九紫	执斗	2月	庚戌	二黑	收牛
廿八	6	癸未	五黄	收尾	5	壬子	三碧	除箕	4	壬午	一白	破牛	2	辛亥	三碧	开女
廿九	7	甲申	四绿	开箕	6	癸丑	二黑	满斗	5	癸未	二黑	危女	3	壬子	四绿	闭虚
三十					7	甲寅	一白	平牛					4	癸丑	五黄	建危

公元1924年 民国十三年 甲子鼠年　　太岁金赤 九星四绿

月份	正月小 丙寅 八白 离卦 参宿				二月大 丁卯 七赤 震卦 井宿				三月大 戊辰 六白 巽卦 鬼宿				四月小 己巳 五黄 坎卦 柳宿			
节气	立春 2月5日 初一甲寅 巳时 9时49分		雨水 2月20日 十六己巳 卯时 5时51分		惊蛰 3月6日 初二甲申 寅时 4时12分		春分 3月21日 十七己亥 卯时 5时20分		清明 4月5日 初二甲寅 巳时 9时33分		谷雨 4月20日 十七己巳 申时 16时58分		立夏 5月6日 初三乙酉 寅时 3时25分		小满 5月21日 十八庚子 申时 16时40分	
农历	公历	干支	九星	日建 星宿	公历	干支	九星	日建 星宿	公历	干支	九星	日建 星宿	公历	干支	九星	日建 星宿
初一	5	甲寅	六白	建 室	5	癸未	八白	执 壁	4	癸丑	二黑	开 娄	4	癸未	五黄	平 昴
初二	6	乙卯	七赤	除 壁	6	甲申	九紫	执 奎	5	甲寅	三碧	开 胃	5	甲申	六白	定 毕
初三	7	丙辰	八白	满 奎	7	乙酉	一白	破 娄	6	乙卯	四绿	闭 昴	6	乙酉	七赤	定 觜
初四	8	丁巳	九紫	平 娄	8	丙戌	二黑	危 胃	7	丙辰	五黄	建 毕	7	丙戌	八白	执 参
初五	9	戊午	一白	定 胃	9	丁亥	三碧	成 昴	8	丁巳	六白	除 觜	8	丁亥	九紫	破 井
初六	10	己未	二黑	执 昴	10	戊子	四绿	收 毕	9	戊午	七赤	满 参	9	戊子	一白	危 鬼
初七	11	庚申	三碧	破 毕	11	己丑	五黄	开 觜	10	己未	八白	平 井	10	己丑	二黑	成 柳
初八	12	辛酉	四绿	危 觜	12	庚寅	六白	闭 参	11	庚申	九紫	定 鬼	11	庚寅	三碧	收 星
初九	13	壬戌	五黄	成 参	13	辛卯	七赤	建 井	12	辛酉	一白	执 柳	12	辛卯	四绿	开 张
初十	14	癸亥	六白	收 井	14	壬辰	八白	除 鬼	13	壬戌	二黑	破 星	13	壬辰	五黄	闭 翼
十一	15	甲子	一白	开 鬼	15	癸巳	九紫	满 柳	14	癸亥	三碧	危 张	14	癸巳	六白	建 轸
十二	16	乙丑	二黑	闭 柳	16	甲午	一白	平 星	15	甲子	七赤	成 翼	15	甲午	七赤	除 角
十三	17	丙寅	三碧	建 星	17	乙未	二黑	定 张	16	乙丑	八白	收 轸	16	乙未	八白	满 亢
十四	18	丁卯	四绿	除 张	18	丙申	三碧	执 翼	17	丙寅	九紫	开 角	17	丙申	九紫	平 氐
十五	19	戊辰	五黄	满 翼	19	丁酉	四绿	破 轸	18	丁卯	一白	闭 亢	18	丁酉	一白	定 房
十六	20	己巳	三碧	平 轸	20	戊戌	五黄	危 角	19	戊辰	二黑	建 氐	19	戊戌	二黑	执 心
十七	21	庚午	四绿	定 角	21	己亥	六白	成 亢	20	己巳	九紫	除 房	20	己亥	三碧	破 尾
十八	22	辛未	五黄	执 亢	22	庚子	七赤	收 氐	21	庚午	一白	满 心	21	庚子	四绿	危 箕
十九	23	壬申	六白	破 氐	23	辛丑	八白	开 房	22	辛未	二黑	平 尾	22	辛丑	五黄	成 斗
二十	24	癸酉	七赤	危 房	24	壬寅	九紫	闭 心	23	壬申	三碧	定 箕	23	壬寅	六白	收 牛
廿一	25	甲戌	八白	成 心	25	癸卯	一白	建 尾	24	癸酉	四绿	执 斗	24	癸卯	七赤	开 女
廿二	26	乙亥	九紫	收 尾	26	甲辰	二黑	除 箕	25	甲戌	五黄	破 牛	25	甲辰	八白	闭 虚
廿三	27	丙子	一白	开 箕	27	乙巳	三碧	满 斗	26	乙亥	六白	危 女	26	乙巳	九紫	建 危
廿四	28	丁丑	二黑	闭 斗	28	丙午	四绿	平 牛	27	丙子	七赤	成 虚	27	丙午	一白	除 室
廿五	29	戊寅	三碧	建 牛	29	丁未	五黄	定 女	28	丁丑	八白	收 危	28	丁未	二黑	满 壁
廿六	3月	己卯	四绿	除 女	30	戊申	六白	执 虚	29	戊寅	九紫	开 室	29	戊申	三碧	平 奎
廿七	2	庚辰	五黄	满 虚	31	己酉	七赤	破 危	30	己卯	一白	闭 壁	30	己酉	四绿	定 娄
廿八	3	辛巳	六白	平 危	4月	庚戌	八白	危 室	5月	庚辰	二黑	建 奎	31	庚戌	五黄	执 胃
廿九	4	壬午	七赤	定 室	2	辛亥	九紫	成 壁	2	辛巳	三碧	除 娄	6月	辛亥	六白	破 昴
三十					3	壬子	一白	收 奎	3	壬午	四绿	满 胃				

月份	五月大	庚午 四绿 艮卦 星宿				六月大	辛未 三碧 坤卦 张宿				七月小	壬申 二黑 乾卦 翼宿				八月大	癸酉 一白 兑卦 轸宿			
节气	芒种 6月6日 初五丙辰 辰时 8时01分			夏至 6月22日 廿一壬申 早子时 0时59分		小暑 7月7日 初六丁亥 酉时 18时29分			大暑 7月23日 廿二癸卯 午时 11时57分		立秋 8月8日 初八己未 寅时 4时12分			处暑 8月23日 廿三甲戌 酉时 18时47分		白露 9月8日 初十庚寅 卯时 6时45分			秋分 9月23日 廿五乙巳 申时 15时58分	
农历	公历	干支	九星	日建	星宿	公历	干支	九星	日建	星宿	公历	干支	九星	日建	星宿	公历	干支	九星	日建	星宿
初一	2	壬子	七赤	危	毕	2	壬午	九紫	建	参	8月	壬子	六白	执	鬼	30	辛巳	四绿	收	柳
初二	3	癸丑	八白	成	觜	3	癸未	八白	除	井	2	癸丑	五黄	破	柳	31	壬午	三碧	开	星
初三	4	甲寅	九紫	收	参	4	甲申	七赤	满	鬼	3	甲寅	四绿	危	星	9月	癸未	二黑	闭	张
初四	5	乙卯	一白	开	井	5	乙酉	六白	平	柳	4	乙卯	三碧	成	张	2	甲申	一白	建	翼
初五	6	丙辰	二黑	开	鬼	6	丙戌	五黄	定	星	5	丙辰	二黑	收	翼	3	乙酉	九紫	除	轸
初六	7	丁巳	三碧	闭	柳	7	丁亥	四绿	定	张	6	丁巳	一白	开	轸	4	丙戌	八白	满	角
初七	8	戊午	四绿	建	星	8	戊子	三碧	执	翼	7	戊午	九紫	闭	角	5	丁亥	七赤	平	亢
初八	9	己未	五黄	除	张	9	己丑	二黑	破	轸	8	己未	八白	闭	亢	6	戊子	六白	定	氐
初九	10	庚申	六白	满	翼	10	庚寅	一白	危	角	9	庚申	七赤	建	氐	7	己丑	五黄	执	房
初十	11	辛酉	七赤	平	轸	11	辛卯	九紫	成	亢	10	辛酉	六白	除	房	8	庚寅	四绿	破	心
十一	12	壬戌	八白	定	角	12	壬辰	八白	收	氐	11	壬戌	五黄	满	心	9	辛卯	三碧	危	尾
十二	13	癸亥	九紫	执	亢	13	癸巳	七赤	开	房	12	癸亥	四绿	平	尾	10	壬辰	二黑	成	箕
十三	14	甲子	四绿	破	氐	14	甲午	六白	闭	心	13	甲子	九紫	定	箕	11	癸巳	一白	收	斗
十四	15	乙丑	五黄	危	房	15	乙未	五黄	建	尾	14	乙丑	八白	执	斗	12	甲午	九紫	开	牛
十五	16	丙寅	六白	成	心	16	丙申	四绿	除	箕	15	丙寅	七赤	破	牛	13	乙未	八白	闭	女
十六	17	丁卯	七赤	收	尾	17	丁酉	三碧	满	斗	16	丁卯	六白	危	女	14	丙申	七赤	闭	虚
十七	18	戊辰	八白	开	箕	18	戊戌	二黑	平	牛	17	戊辰	五黄	成	虚	15	丁酉	六白	建	危
十八	19	己巳	九紫	闭	斗	19	己亥	一白	定	女	18	己巳	四绿	收	危	16	戊戌	五黄	除	室
十九	20	庚午	一白	建	牛	20	庚子	九紫	执	虚	19	庚午	三碧	开	室	17	己亥	四绿	满	壁
二十	21	辛未	二黑	除	女	21	辛丑	八白	破	危	20	辛未	二黑	闭	壁	18	庚子	三碧	平	奎
廿一	22	壬申	一白	满	虚	22	壬寅	七赤	危	室	21	壬申	一白	建	奎	19	辛丑	二黑	定	娄
廿二	23	癸酉	九紫	平	危	23	癸卯	六白	成	壁	22	癸酉	九紫	除	娄	20	壬寅	一白	执	胃
廿三	24	甲戌	八白	定	室	24	甲辰	五黄	收	奎	23	甲戌	二黑	满	胃	21	癸卯	九紫	破	昴
廿四	25	乙亥	七赤	执	壁	25	乙巳	四绿	开	娄	24	乙亥	一白	平	昴	22	甲辰	八白	危	毕
廿五	26	丙子	六白	破	奎	26	丙午	三碧	闭	胃	25	丙子	九紫	定	毕	23	乙巳	七赤	成	觜
廿六	27	丁丑	五黄	危	娄	27	丁未	二黑	建	昴	26	丁丑	八白	执	觜	24	丙午	六白	收	参
廿七	28	戊寅	四绿	成	胃	28	戊申	一白	除	毕	27	戊寅	七赤	破	参	25	丁未	五黄	开	井
廿八	29	己卯	三碧	收	昴	29	己酉	九紫	满	觜	28	己卯	六白	危	井	26	戊申	四绿	闭	鬼
廿九	30	庚辰	二黑	开	毕	30	庚戌	八白	平	参	29	庚辰	五黄	成	鬼	27	己酉	三碧	建	柳
三十	7月	辛巳	一白	闭	觜	31	辛亥	七赤	定	井						28	庚戌	二黑	除	星

公元1924年 民国十三年 甲子鼠年　太岁金赤 九星四绿

月份	九月小　甲戌 九紫 离卦 角宿					十月大　乙亥 八白 震卦 亢宿					十一月小　丙子 七赤 巽卦 氐宿					十二月小　丁丑 六白 坎卦 房宿				
节气	寒露 10月8日 初十庚申 亥时 21时52分		霜降 10月24日 廿六丙子 早子时 0时44分			立冬 11月8日 十二辛卯 早子时 0时29分		小雪 11月22日 廿六乙巳 亥时 21时46分			大雪 12月7日 十一庚申 申时 16时52分		冬至 12月22日 廿六乙亥 巳时 10时45分			小寒 1月6日 十二庚寅 寅时 3时53分		大寒 1月20日 廿六甲辰 亥时 21时20分		
农历	公历	干支	九星	日建	星宿	公历	干支	九星	日建	星宿	公历	干支	九星	日建	星宿	公历	干支	九星	日建	星宿
初一	29	辛亥	一白	满	张	28	庚辰	八白	破	翼	27	庚戌	五黄	闭	角	26	己卯	七赤	平	亢
初二	30	壬子	九紫	平	翼	29	辛巳	七赤	危	轸	28	辛亥	四绿	建	亢	27	庚辰	八白	定	氐
初三	10月	癸丑	八白	定	轸	30	壬午	六白	成	角	29	壬子	三碧	除	氐	28	辛巳	九紫	执	房
初四	2	甲寅	七赤	执	角	31	癸未	五黄	收	亢	30	癸丑	二黑	满	房	29	壬午	一白	破	心
初五	3	乙卯	六白	破	亢	11月	甲申	四绿	开	氐	12月	甲寅	一白	平	心	30	癸未	二黑	危	尾
初六	4	丙辰	五黄	危	氐	2	乙酉	三碧	闭	房	2	乙卯	九紫	定	尾	31	甲申	三碧	成	箕
初七	5	丁巳	四绿	成	房	3	丙戌	二黑	建	心	3	丙辰	八白	执	箕	1月	乙酉	四绿	收	斗
初八	6	戊午	三碧	收	心	4	丁亥	一白	除	尾	4	丁巳	七赤	破	斗	2	丙戌	五黄	开	牛
初九	7	己未	二黑	开	尾	5	戊子	九紫	满	箕	5	戊午	六白	危	牛	3	丁亥	六白	闭	女
初十	8	庚申	一白	开	箕	6	己丑	八白	平	斗	6	己未	五黄	成	女	4	戊子	七赤	建	虚
十一	9	辛酉	九紫	闭	斗	7	庚寅	七赤	定	牛	7	庚申	四绿	成	虚	5	己丑	八白	除	危
十二	10	壬戌	八白	建	牛	8	辛卯	六白	定	女	8	辛酉	三碧	收	危	6	庚寅	九紫	除	室
十三	11	癸亥	七赤	除	女	9	壬辰	五黄	执	虚	9	壬戌	二黑	开	室	7	辛卯	一白	满	壁
十四	12	甲子	三碧	满	虚	10	癸巳	四绿	破	危	10	癸亥	一白	闭	壁	8	壬辰	二黑	平	奎
十五	13	乙丑	二黑	平	危	11	甲午	三碧	危	室	11	甲子	六白	建	奎	9	癸巳	三碧	定	娄
十六	14	丙寅	一白	定	室	12	乙未	二黑	成	壁	12	乙丑	五黄	除	娄	10	甲午	四绿	执	胃
十七	15	丁卯	九紫	执	壁	13	丙申	一白	收	奎	13	丙寅	四绿	满	胃	11	乙未	五黄	破	昂
十八	16	戊辰	八白	破	奎	14	丁酉	九紫	开	娄	14	丁卯	三碧	平	昂	12	丙申	六白	危	毕
十九	17	己巳	七赤	危	娄	15	戊戌	八白	闭	胃	15	戊辰	二黑	定	毕	13	丁酉	七赤	成	觜
二十	18	庚午	六白	成	胃	16	己亥	七赤	建	昂	16	己巳	一白	执	觜	14	戊戌	八白	收	参
廿一	19	辛未	五黄	收	昂	17	庚子	六白	除	毕	17	庚午	九紫	破	参	15	己亥	九紫	开	井
廿二	20	壬申	四绿	开	毕	18	辛丑	五黄	满	觜	18	辛未	八白	危	井	16	庚子	一白	闭	鬼
廿三	21	癸酉	三碧	闭	觜	19	壬寅	四绿	平	参	19	壬申	七赤	成	鬼	17	辛丑	二黑	建	柳
廿四	22	甲戌	二黑	建	参	20	癸卯	三碧	定	井	20	癸酉	六白	收	柳	18	壬寅	三碧	除	星
廿五	23	乙亥	一白	除	井	21	甲辰	二黑	执	鬼	21	甲戌	五黄	开	星	19	癸卯	四绿	满	张
廿六	24	丙子	三碧	满	鬼	22	乙巳	一白	破	柳	22	乙亥	三碧	闭	张	20	甲辰	五黄	平	翼
廿七	25	丁丑	二黑	平	柳	23	丙午	九紫	危	星	23	丙子	四绿	建	翼	21	乙巳	六白	定	轸
廿八	26	戊寅	一白	定	星	24	丁未	八白	成	张	24	丁丑	五黄	除	轸	22	丙午	七赤	执	角
廿九	27	己卯	九紫	执	张	25	戊申	七赤	收	翼	25	戊寅	六白	满	角	23	丁未	八白	破	亢
三十						26	己酉	六白	开	轸										

月份	正月大 戊寅 五黄 震卦 心宿					二月小 己卯 四绿 巽卦 尾宿					三月大 庚辰 三碧 坎卦 箕宿					四月小 辛巳 二黑 艮卦 斗宿				
节气	立春 2月4日 十二己未 申时 15时36分			雨水 2月19日 廿七甲戌 午时 11时42分		惊蛰 3月6日 十二己丑 巳时 9时59分			春分 3月21日 廿七甲辰 午时 11时12分		清明 4月5日 十三己未 申时 15时22分			谷雨 4月20日 廿八甲戌 亥时 22时51分		立夏 5月6日 十四庚寅 巳时 9时17分			小满 5月21日 廿九乙巳 亥时 22时32分	
农历	公历	干支	九星	日建	星宿	公历	干支	九星	日建	星宿	公历	干支	九星	日建	星宿	公历	干支	九星	日建	星宿
初一	24	戊申	九紫	危	氐	23	戊寅	三碧	建	心	24	丁未	五黄	定	尾	23	丁丑	八白	收	斗
初二	25	己酉	一白	成	房	24	己卯	四绿	除	尾	25	戊申	六白	执	箕	24	戊寅	九紫	开	牛
初三	26	庚戌	二黑	收	心	25	庚辰	五黄	满	箕	26	己酉	七赤	破	斗	25	己卯	一白	闭	女
初四	27	辛亥	三碧	开	尾	26	辛巳	六白	平	斗	27	庚戌	八白	危	牛	26	庚辰	二黑	建	虚
初五	28	壬子	四绿	闭	箕	27	壬午	七赤	定	牛	28	辛亥	九紫	成	女	27	辛巳	三碧	除	危
初六	29	癸丑	五黄	建	斗	28	癸未	八白	执	女	29	壬子	一白	收	虚	28	壬午	四绿	满	室
初七	30	甲寅	六白	除	牛	3月	甲申	九紫	破	虚	30	癸丑	二黑	开	危	29	癸未	五黄	平	壁
初八	31	乙卯	七赤	满	女	2	乙酉	一白	危	危	31	甲寅	三碧	闭	室	30	甲申	六白	定	奎
初九	2月	丙辰	八白	平	虚	3	丙戌	二黑	成	室	4月	乙卯	四绿	建	壁	5月	乙酉	七赤	执	娄
初十	2	丁巳	九紫	定	危	4	丁亥	三碧	收	壁	2	丙辰	五黄	除	奎	2	丙戌	八白	破	胃
十一	3	戊午	一白	执	室	5	戊子	四绿	开	奎	3	丁巳	六白	满	娄	3	丁亥	九紫	危	昴
十二	4	己未	二黑	执	壁	6	己丑	五黄	开	娄	4	戊午	七赤	平	胃	4	戊子	一白	成	毕
十三	5	庚申	三碧	破	奎	7	庚寅	六白	闭	胃	5	己未	八白	平	昴	5	己丑	二黑	收	觜
十四	6	辛酉	四绿	危	娄	8	辛卯	七赤	建	昴	6	庚申	九紫	定	毕	6	庚寅	三碧	收	参
十五	7	壬戌	五黄	成	胃	9	壬辰	八白	除	毕	7	辛酉	一白	执	觜	7	辛卯	四绿	开	井
十六	8	癸亥	六白	收	昴	10	癸巳	九紫	满	觜	8	壬戌	二黑	破	参	8	壬辰	五黄	闭	鬼
十七	9	甲子	一白	开	毕	11	甲午	一白	平	参	9	癸亥	三碧	危	井	9	癸巳	六白	建	柳
十八	10	乙丑	二黑	闭	觜	12	乙未	二黑	定	井	10	甲子	七赤	成	鬼	10	甲午	七赤	除	星
十九	11	丙寅	三碧	建	参	13	丙申	三碧	执	鬼	11	乙丑	八白	收	柳	11	乙未	八白	满	张
二十	12	丁卯	四绿	除	井	14	丁酉	四绿	破	柳	12	丙寅	九紫	开	星	12	丙申	九紫	平	翼
廿一	13	戊辰	五黄	满	鬼	15	戊戌	五黄	危	星	13	丁卯	一白	闭	张	13	丁酉	一白	定	轸
廿二	14	己巳	六白	平	柳	16	己亥	六白	成	张	14	戊辰	二黑	建	翼	14	戊戌	二黑	执	角
廿三	15	庚午	七赤	定	星	17	庚子	七赤	收	翼	15	己巳	三碧	除	轸	15	己亥	三碧	破	亢
廿四	16	辛未	八白	执	张	18	辛丑	八白	开	轸	16	庚午	四绿	满	角	16	庚子	四绿	危	氐
廿五	17	壬申	九紫	破	翼	19	壬寅	九紫	闭	角	17	辛未	五黄	平	亢	17	辛丑	五黄	成	房
廿六	18	癸酉	一白	危	轸	20	癸卯	一白	建	亢	18	壬申	六白	定	氐	18	壬寅	六白	收	心
廿七	19	甲戌	八白	成	角	21	甲辰	二黑	除	氐	19	癸酉	七赤	执	房	19	癸卯	七赤	开	尾
廿八	20	乙亥	九紫	收	亢	22	乙巳	三碧	满	房	20	甲戌	五黄	破	心	20	甲辰	八白	闭	箕
廿九	21	丙子	一白	开	氐	23	丙午	四绿	平	心	21	乙亥	六白	危	尾	21	乙巳	九紫	建	斗
三十	22	丁丑	二黑	闭	房						22	丙子	七赤	成	箕					

国学经典文库

中华历书大全

·1900—2100年万年历法表·

图文珍藏版

公元1925年　民国十四年　乙丑牛年（闰四月）　太岁陈泰　九星三碧

月份	闰四月大				五月大				六月小			
							壬午 一白 坤卦 牛宿				癸未 九紫 乾卦 女宿	
节气	芒种 6月6日 十六辛酉 未时 13时56分				夏至 6月22日 初二丁丑 卯时 6时49分	小暑 7月8日 十八癸巳 早子时 0时24分			大暑 7月23日 初三戊申 酉时 17时44分	立秋 8月8日 十九甲子 巳时 10时07分		
农历	公历	干支	九星	日建	星宿	公历	干支	九星	日建	星宿	公历	干支	九星	日建	星宿

农历	公历	干支	九星	日建	星宿	公历	干支	九星	日建	星宿	公历	干支	九星	日建	星宿
初一	22	丙午	一白	除	牛	21	丙子	七赤	破	虚	21	丙午	三碧	闭	室
初二	23	丁未	二黑	满	女	22	丁丑	五黄	危	危	22	丁未	二黑	建	壁
初三	24	戊申	三碧	平	虚	23	戊寅	四绿	成	室	23	戊申	一白	除	奎
初四	25	己酉	四绿	定	危	24	己卯	三碧	收	壁	24	己酉	九紫	满	娄
初五	26	庚戌	五黄	执	室	25	庚辰	二黑	开	奎	25	庚戌	八白	平	胃
初六	27	辛亥	六白	破	壁	26	辛巳	一白	闭	娄	26	辛亥	七赤	定	昴
初七	28	壬子	七赤	危	奎	27	壬午	九紫	建	胃	27	壬子	六白	执	毕
初八	29	癸丑	八白	成	娄	28	癸未	八白	除	昴	28	癸丑	五黄	破	觜
初九	30	甲寅	九紫	收	胃	29	甲申	七赤	满	毕	29	甲寅	四绿	危	参
初十	31	乙卯	一白	开	昴	30	乙酉	六白	平	觜	30	乙卯	三碧	成	井
十一	6月	丙辰	二黑	闭	毕	7月	丙戌	五黄	定	参	31	丙辰	二黑	收	鬼
十二	2	丁巳	三碧	建	觜	2	丁亥	四绿	执	井	8月	丁巳	一白	开	柳
十三	3	戊午	四绿	除	参	3	戊子	三碧	破	鬼	2	戊午	九紫	闭	星
十四	4	己未	五黄	满	井	4	己丑	二黑	危	柳	3	己未	八白	建	张
十五	5	庚申	六白	平	鬼	5	庚寅	一白	成	星	4	庚申	七赤	除	翼
十六	6	辛酉	七赤	平	柳	6	辛卯	九紫	收	张	5	辛酉	六白	满	轸
十七	7	壬戌	八白	定	星	7	壬辰	八白	开	翼	6	壬戌	五黄	平	角
十八	8	癸亥	九紫	执	张	8	癸巳	七赤	开	轸	7	癸亥	四绿	定	亢
十九	9	甲子	四绿	破	翼	9	甲午	六白	闭	角	8	甲子	九紫	定	氐
二十	10	乙丑	五黄	危	轸	10	乙未	五黄	建	亢	9	乙丑	八白	执	房
廿一	11	丙寅	六白	成	角	11	丙申	四绿	除	氐	10	丙寅	七赤	破	心
廿二	12	丁卯	七赤	收	亢	12	丁酉	三碧	满	房	11	丁卯	六白	危	尾
廿三	13	戊辰	八白	开	氐	13	戊戌	二黑	平	心	12	戊辰	五黄	成	箕
廿四	14	己巳	九紫	闭	房	14	己亥	一白	定	尾	13	己巳	四绿	收	斗
廿五	15	庚午	一白	建	心	15	庚子	九紫	执	箕	14	庚午	三碧	开	牛
廿六	16	辛未	二黑	除	尾	16	辛丑	八白	破	斗	15	辛未	二黑	闭	女
廿七	17	壬申	三碧	满	箕	17	壬寅	七赤	危	牛	16	壬申	一白	建	虚
廿八	18	癸酉	四绿	平	斗	18	癸卯	六白	成	女	17	癸酉	九紫	除	危
廿九	19	甲戌	五黄	定	牛	19	甲辰	五黄	收	虚	18	甲戌	八白	满	室
三十	20	乙亥	六白	执	女	20	乙巳	四绿	开	危					

公元1925年 民国十四年 乙丑牛年（闰四月）　　太岁陈泰 九星三碧

月份	七月大 甲申 八白 兑卦 虚宿					八月大 乙酉 七赤 离卦 危宿					九月小 丙戌 六白 震卦 室宿				
节气	处暑 8月24日 初六庚辰 早子时 0时33分		白露 9月8日 廿一乙未 午时 12时40分			秋分 9月23日 初六庚戌 亥时 21时43分		寒露 10月9日 廿二丙寅 寅时 3时47分			霜降 10月24日 初七辛巳 卯时 6时31分		立冬 11月8日 廿二丙申 卯时 6时26分		
农历	公历	干支	九星	日建	星宿	公历	干支	九星	日建	星宿	公历	干支	九星	日建	星宿
初一	19	乙亥	七赤	平	壁	18	乙巳	七赤	成	娄	18	乙亥	一白	除	昴
初二	20	丙子	六白	定	奎	19	丙午	六白	收	胃	19	丙子	九紫	满	毕
初三	21	丁丑	五黄	执	娄	20	丁未	五黄	开	昴	20	丁丑	八白	平	觜
初四	22	戊寅	四绿	破	胃	21	戊申	四绿	闭	毕	21	戊寅	七赤	定	参
初五	23	己卯	三碧	危	昴	22	己酉	三碧	建	觜	22	己卯	六白	执	井
初六	24	庚辰	五黄	成	毕	23	庚戌	二黑	除	参	23	庚辰	五黄	破	鬼
初七	25	辛巳	四绿	收	觜	24	辛亥	一白	满	井	24	辛巳	七赤	危	柳
初八	26	壬午	三碧	开	参	25	壬子	九紫	平	鬼	25	壬午	六白	成	星
初九	27	癸未	二黑	闭	井	26	癸丑	八白	定	柳	26	癸未	五黄	收	张
初十	28	甲申	一白	建	鬼	27	甲寅	七赤	执	星	27	甲申	四绿	开	翼
十一	29	乙酉	九紫	除	柳	28	乙卯	六白	破	张	28	乙酉	三碧	闭	轸
十二	30	丙戌	八白	满	星	29	丙辰	五黄	危	翼	29	丙戌	二黑	建	角
十三	31	丁亥	七赤	平	张	30	丁巳	四绿	成	轸	30	丁亥	一白	除	亢
十四	9月	戊子	六白	定	翼	10月	戊午	三碧	收	角	31	戊子	九紫	满	氐
十五	2	己丑	五黄	执	轸	2	己未	二黑	开	亢	11月	己丑	八白	平	房
十六	3	庚寅	四绿	破	角	3	庚申	一白	闭	氐	2	庚寅	七赤	定	心
十七	4	辛卯	三碧	危	亢	4	辛酉	九紫	建	房	3	辛卯	六白	执	尾
十八	5	壬辰	二黑	成	氐	5	壬戌	八白	除	心	4	壬辰	五黄	破	箕
十九	6	癸巳	一白	收	房	6	癸亥	七赤	满	尾	5	癸巳	四绿	危	斗
二十	7	甲午	九紫	开	心	7	甲子	三碧	平	箕	6	甲午	三碧	成	牛
廿一	8	乙未	八白	开	尾	8	乙丑	二黑	定	斗	7	乙未	二黑	收	女
廿二	9	丙申	七赤	闭	箕	9	丙寅	一白	定	牛	8	丙申	一白	收	虚
廿三	10	丁酉	六白	建	斗	10	丁卯	九紫	执	女	9	丁酉	九紫	开	危
廿四	11	戊戌	五黄	除	牛	11	戊辰	八白	破	虚	10	戊戌	八白	闭	室
廿五	12	己亥	四绿	满	女	12	己巳	七赤	危	危	11	己亥	七赤	建	壁
廿六	13	庚子	三碧	平	虚	13	庚午	六白	成	室	12	庚子	六白	除	奎
廿七	14	辛丑	二黑	定	危	14	辛未	五黄	收	壁	13	辛丑	五黄	满	娄
廿八	15	壬寅	一白	执	室	15	壬申	四绿	开	奎	14	壬寅	四绿	平	胃
廿九	16	癸卯	九紫	破	壁	16	癸酉	三碧	闭	娄	15	癸卯	三碧	定	昴
三十	17	甲辰	八白	危	奎	17	甲戌	二黑	建	胃					

国学经典文库

中华历书大全

·1900~2100年万年历法表·

图文珍藏版

公元1925年 民国十四年 乙丑牛年（闰四月）　太岁陈泰 九星三碧

月份	十月大　丁亥 五黄　巽卦 壁宿			十一月小　戊子 四绿　坎卦 奎宿			十二月大　己丑 三碧　艮卦 娄宿		
节气	小雪 11月23日 初八辛亥 寅时 3时35分		大雪 12月7日 廿二乙丑 亥时 22时52分	冬至 12月22日 初七庚辰 申时 16时36分		小寒 1月6日 廿二乙未 巳时 9时54分	大寒 1月21日 初八庚戌 寅时 3时12分		立春 2月4日 廿二甲子 亥时 21时38分

农历	公历	干支	九星	日建	星宿	公历	干支	九星	日建	星宿	公历	干支	九星	日建	星宿
初一	16	甲辰	二黑	执	毕	16	甲戌	五黄	开	参	14	癸卯	四绿	满	井
初二	17	乙巳	一白	破	觜	17	乙亥	四绿	闭	井	15	甲辰	五黄	平	鬼
初三	18	丙午	九紫	危	参	18	丙子	三碧	建	鬼	16	乙巳	六白	定	柳
初四	19	丁未	八白	成	井	19	丁丑	二黑	除	柳	17	丙午	七赤	执	星
初五	20	戊申	七赤	收	鬼	20	戊寅	一白	满	星	18	丁未	八白	破	张
初六	21	己酉	六白	开	柳	21	己卯	九紫	平	张	19	戊申	九紫	危	翼
初七	22	庚戌	五黄	闭	星	22	庚辰	八白	定	翼	20	己酉	一白	成	轸
初八	23	辛亥	四绿	建	张	23	辛巳	九紫	执	轸	21	庚戌	二黑	收	角
初九	24	壬子	三碧	除	翼	24	壬午	一白	破	角	22	辛亥	三碧	开	亢
初十	25	癸丑	二黑	满	轸	25	癸未	二黑	危	亢	23	壬子	四绿	闭	氐
十一	26	甲寅	一白	平	角	26	甲申	三碧	成	氐	24	癸丑	五黄	建	房
十二	27	乙卯	九紫	定	亢	27	乙酉	四绿	收	房	25	甲寅	六白	除	心
十三	28	丙辰	八白	执	氐	28	丙戌	五黄	开	心	26	乙卯	七赤	满	尾
十四	29	丁巳	七赤	破	房心	29	丁亥	六白	闭	尾	27	丙辰	八白	平	箕
十五	30	戊午	六白	危	心	30	戊子	七赤	建	箕	28	丁巳	九紫	定	斗
十六	12月	己未	五黄	成	尾	31	己丑	八白	除	斗牛	29	戊午	一白	执	牛
十七	2	庚申	四绿	收	箕	1月	庚寅	九紫	满	牛	30	己未	二黑	破	女
十八	3	辛酉	三碧	开	斗牛	2	辛卯	一白	平	女	31	庚申	三碧	危	虚
十九	4	壬戌	二黑	闭	牛	3	壬辰	二黑	定	虚	2月	辛酉	四绿	成	危室
二十	5	癸亥	一白	建	女	4	癸巳	三碧	执	危	2	壬戌	五黄	收	室
廿一	6	甲子	六白	除	虚	5	甲午	四绿	破	室	3	癸亥	六白	开	壁
廿二	7	乙丑	五黄	除	危	6	乙未	五黄	破	壁	4	甲子	一白	开	奎娄
廿三	8	丙寅	四绿	满	室	7	丙申	六白	危	奎	5	乙丑	二黑	闭	胃
廿四	9	丁卯	三碧	平	壁	8	丁酉	七赤	成	娄	6	丙寅	三碧	建	昴
廿五	10	戊辰	二黑	定	奎	9	戊戌	八白	收	胃	7	丁卯	四绿	除	昴
廿六	11	己巳	一白	执	娄	10	己亥	九紫	开	昴	8	戊辰	五黄	满	毕
廿七	12	庚午	九紫	破	胃	11	庚子	一白	闭	毕	9	己巳	六白	平	觜
廿八	13	辛未	八白	危	昴	12	辛丑	二黑	建	觜	10	庚午	七赤	定	参
廿九	14	壬申	七赤	成	毕	13	壬寅	三碧	除	参	11	辛未	八白	执	井
三十	15	癸酉	六白	收	觜						12	壬申	九紫	破	鬼

公元1926年　民国十五年　丙寅虎年　太岁沈兴　九星二黑

月份	正月小 庚寅 二黑 巽卦 胃宿				二月小 辛卯 一白 坎卦 昴宿				三月大 壬辰 九紫 艮卦 毕宿				四月小 癸巳 八白 坤卦 觜宿			
节气	雨水 2月19日 初七己卯 酉时 17时34分		惊蛰 3月6日 廿二甲午 申时 15时59分		春分 3月21日 初八己酉 酉时 17时01分		清明 4月5日 廿三甲子 亥时 21时18分		谷雨 4月21日 初十庚辰 寅时 4时36分		立夏 5月6日 廿五乙未 申时 15时08分		小满 5月22日 十一辛亥 寅时 4时14分		芒种 6月6日 廿六丙寅 戌时 19时41分	
农历	公历	干支	九星	日建 星宿	公历	干支	九星	日建 星宿	公历	干支	九星	日建 星宿	公历	干支	九星	日建 星宿
初一	13	癸酉	一白	危 柳	14	壬寅	九紫	闭 星	12	辛未	五黄	平 张	12	辛丑	五黄	成 轸
初二	14	甲戌	二黑	成 星	15	癸卯	一白	建 张	13	壬申	六白	定 翼	13	壬寅	六白	收 角
初三	15	乙亥	三碧	收 张	16	甲辰	二黑	除 翼	14	癸酉	七赤	执 轸	14	癸卯	七赤	开 亢
初四	16	丙子	四绿	开 翼	17	乙巳	三碧	满 轸	15	甲戌	八白	破 角	15	甲辰	八白	闭 氐
初五	17	丁丑	五黄	闭 轸	18	丙午	四绿	平 角	16	乙亥	九紫	危 亢	16	乙巳	九紫	建 房
初六	18	戊寅	六白	建 角	19	丁未	五黄	定 亢	17	丙子	一白	成 氐	17	丙午	一白	除 心
初七	19	己卯	四绿	除 亢	20	戊申	六白	执 氐	18	丁丑	二黑	收 房	18	丁未	二黑	满 尾
初八	20	庚辰	五黄	满 氐	21	己酉	七赤	破 房	19	戊寅	三碧	开 心	19	戊申	三碧	平 箕
初九	21	辛巳	六白	平 房	22	庚戌	八白	危 心	20	己卯	四绿	闭 尾	20	己酉	四绿	定 斗
初十	22	壬午	七赤	定 心	23	辛亥	九紫	成 尾	21	庚辰	二黑	建 箕	21	庚戌	五黄	执 牛
十一	23	癸未	八白	执 尾	24	壬子	一白	收 箕	22	辛巳	三碧	除 斗	22	辛亥	六白	破 女
十二	24	甲申	九紫	破 箕	25	癸丑	二黑	开 斗	23	壬午	四绿	满 牛	23	壬子	七赤	危 虚
十三	25	乙酉	一白	危 斗	26	甲寅	三碧	闭 牛	24	癸未	五黄	平 女	24	癸丑	八白	成 危
十四	26	丙戌	二黑	成 牛	27	乙卯	四绿	建 女	25	甲申	六白	定 虚	25	甲寅	九紫	收 室
十五	27	丁亥	三碧	收 女	28	丙辰	五黄	除 虚	26	乙酉	七赤	执 危	26	乙卯	一白	开 壁
十六	28	戊子	四绿	开 虚	29	丁巳	六白	满 危	27	丙戌	八白	破 室	27	丙辰	二黑	闭 奎
十七	3月	己丑	五黄	闭 危	30	戊午	七赤	平 室	28	丁亥	九紫	危 壁	28	丁巳	三碧	建 娄
十八	2	庚寅	六白	建 室	31	己未	八白	定 壁	29	戊子	一白	成 奎	29	戊午	四绿	除 胃
十九	3	辛卯	七赤	除 壁	4月	庚申	九紫	执 奎	30	己丑	二黑	收 娄	30	己未	五黄	满 昴
二十	4	壬辰	八白	满 奎	2	辛酉	一白	破 娄	5月	庚寅	三碧	开 胃	31	庚申	六白	平 毕
廿一	5	癸巳	九紫	平 娄	3	壬戌	二黑	危 胃	2	辛卯	四绿	闭 昴	6月	辛酉	七赤	定 觜
廿二	6	甲午	一白	平 胃	4	癸亥	三碧	成 昴	3	壬辰	五黄	建 毕	2	壬戌	八白	执 参
廿三	7	乙未	二黑	定 昴	5	甲子	七赤	成 毕	4	癸巳	六白	除 觜	3	癸亥	九紫	破 井
廿四	8	丙申	三碧	执 毕	6	乙丑	八白	收 觜	5	甲午	七赤	满 参	4	甲子	四绿	危 鬼
廿五	9	丁酉	四绿	破 觜	7	丙寅	九紫	开 参	6	乙未	八白	满 井	5	乙丑	五黄	成 柳
廿六	10	戊戌	五黄	危 参	8	丁卯	一白	闭 井	7	丙申	九紫	平 鬼	6	丙寅	六白	成 星
廿七	11	己亥	六白	成 井	9	戊辰	二黑	建 鬼	8	丁酉	一白	定 柳	7	丁卯	七赤	收 张
廿八	12	庚子	七赤	收 鬼	10	己巳	三碧	除 柳	9	戊戌	二黑	执 星	8	戊辰	八白	开 翼
廿九	13	辛丑	八白	开 柳	11	庚午	四绿	满 星	10	己亥	三碧	破 张	9	己巳	九紫	闭 轸
三十									11	庚子	四绿	危 翼				

公元1926年 民国十五年 丙寅虎年　太岁沈兴 九星二黑

月份	五月大 甲午 七赤 乾卦 参宿				六月小 乙未 六白 兑卦 井宿				七月大 丙申 五黄 离卦 鬼宿				八月大 丁酉 四绿 震卦 柳宿			
节气	夏至 6月22日 十三壬午 午时 12时29分		小暑 7月8日 廿九戊戌 卯时 6时05分		大暑 7月23日 十四癸丑 夜子时 23时24分				立秋 8月8日 初一己巳 申时 15时44分		处暑 8月24日 十七乙酉 卯时 6时13分		白露 9月8日 初二庚子 酉时 18时15分		秋分 9月24日 十八丙辰 寅时 3时26分	
农历	公历	干支	九星	日建 星宿	公历	干支	九星	日建 星宿	公历	干支	九星	日建 星宿	公历	干支	九星	日建 星宿
初一	10	庚午	一白	建 角	10	庚午	九紫	执 氐	8	己巳	四绿	收 房	7	己亥	四绿	平 尾
初二	11	辛未	二黑	除 亢	11	辛丑	八白	破 房	9	庚午	三碧	开 心	8	庚子	三碧	平 箕
初三	12	壬申	三碧	满 氐	12	壬寅	七赤	危 心	10	辛未	二黑	闭 尾	9	辛丑	二黑	定 斗
初四	13	癸酉	四绿	平 房	13	癸卯	六白	成 尾	11	壬申	一白	建 箕	10	壬寅	一白	执 牛
初五	14	甲戌	五黄	定 心	14	甲辰	五黄	收 箕	12	癸酉	九紫	除 斗	11	癸卯	九紫	破 女
初六	15	乙亥	六白	执 尾	15	乙巳	四绿	开 斗	13	甲戌	八白	满 牛	12	甲辰	八白	危 虚
初七	16	丙子	七赤	破 箕	16	丙午	三碧	闭 牛	14	乙亥	七赤	平 女	13	乙巳	七赤	成 危
初八	17	丁丑	八白	危 斗	17	丁未	二黑	建 女	15	丙子	六白	定 虚	14	丙午	六白	收 室
初九	18	戊寅	九紫	成 牛	18	戊申	一白	除 虚	16	丁丑	五黄	执 危	15	丁未	五黄	开 壁
初十	19	己卯	一白	收 女	19	己酉	九紫	满 危	17	戊寅	四绿	破 室	16	戊申	四绿	闭 奎
十一	20	庚辰	二黑	开 虚	20	庚戌	八白	平 室	18	己卯	三碧	危 壁	17	己酉	三碧	建 娄
十二	21	辛巳	三碧	闭 危	21	辛亥	七赤	定 壁	19	庚辰	二黑	成 奎	18	庚戌	二黑	除 胃
十三	22	壬午	九紫	建 室	22	壬子	六白	执 奎	20	辛巳	一白	收 娄	19	辛亥	一白	满 昴
十四	23	癸未	八白	除 壁	23	癸丑	五黄	破 娄	21	壬午	九紫	开 胃	20	壬子	九紫	平 毕
十五	24	甲申	七赤	满 奎	24	甲寅	四绿	危 胃	22	癸未	八白	闭 昴	21	癸丑	八白	定 觜
十六	25	乙酉	六白	平 娄	25	乙卯	三碧	成 昴	23	甲申	七赤	建 毕	22	甲寅	七赤	执 参
十七	26	丙戌	五黄	定 胃	26	丙辰	二黑	收 毕	24	乙酉	九紫	除 觜	23	乙卯	六白	破 井
十八	27	丁亥	四绿	执 昴	27	丁巳	一白	开 觜	25	丙戌	八白	满 参	24	丙辰	五黄	危 鬼
十九	28	戊子	三碧	破 毕	28	戊午	九紫	闭 参	26	丁亥	七赤	平 井	25	丁巳	四绿	成 柳
二十	29	己丑	二黑	危 觜	29	己未	八白	建 井	27	戊子	六白	定 鬼	26	戊午	三碧	收 星
廿一	30	庚寅	一白	成 参	30	庚申	七赤	除 鬼	28	己丑	五黄	执 柳	27	己未	二黑	开 张
廿二	7月	辛卯	九紫	收 井	31	辛酉	六白	满 柳	29	庚寅	四绿	破 星	28	庚申	一白	闭 翼
廿三	2	壬辰	八白	开 鬼	8月	壬戌	五黄	平 星	30	辛卯	三碧	危 张	29	辛酉	九紫	建 轸
廿四	3	癸巳	七赤	闭 柳	2	癸亥	四绿	定 张	31	壬辰	二黑	成 翼	30	壬戌	八白	除 角
廿五	4	甲午	六白	建 星	3	甲子	九紫	执 翼	9月	癸巳	一白	收 轸	10月	癸亥	七赤	满 亢
廿六	5	乙未	五黄	除 张	4	乙丑	八白	破 轸	2	甲午	九紫	开 角	2	甲子	三碧	平 氐
廿七	6	丙申	四绿	满 翼	5	丙寅	七赤	危 角	3	乙未	八白	闭 亢	3	乙丑	二黑	定 房
廿八	7	丁酉	三碧	平 轸	6	丁卯	六白	成 亢	4	丙申	七赤	建 氐	4	丙寅	一白	执 心
廿九	8	戊戌	二黑	平 角	7	戊辰	五黄	收 氐	5	丁酉	六白	除 房	5	丁卯	九紫	破 尾
三十	9	己亥	一白	定 亢					6	戊戌	五黄	满 心	6	戊辰	八白	危 箕

公元1926年　民国十五年　丙寅虎年　　太岁沈兴　九星二黑

月份	九月小 戊戌 三碧 巽卦 星宿					十月大 己亥 二黑 坎卦 张宿					十一月大 庚子 一白 艮卦 翼宿					十二月小 辛丑 九紫 坤卦 轸宿				
节气	寒露 10月9日 初三辛未 巳时 9时24分			霜降 10月24日 十八丙戌 午时 12时18分		立冬 11月8日 初四辛丑 午时 12时07分			小雪 11月23日 十九丙辰 巳时 9时27分		大雪 12月8日 初四辛未 寅时 4时38分			冬至 12月22日 十八乙酉 亥时 22时33分		小寒 1月6日 初三庚子 申时 15时44分			大寒 1月21日 十八乙卯 巳时 9时11分	
农历	公历	干支	九星	日建	星宿	公历	干支	九星	日建	星宿	公历	干支	九星	日建	星宿	公历	干支	九星	日建	星宿
初一	7	己巳	七赤	成	斗	5	戊戌	八白	建	牛	5	戊辰	二黑	执	虚	4	戊戌	八白	开	室
初二	8	庚午	六白	收	牛	6	己亥	七赤	除	女	6	己巳	一白	破	危	5	己亥	九紫	闭	壁
初三	9	辛未	五黄	收	女	7	庚子	六白	满	虚	7	庚午	九紫	危	室	6	庚子	一白	闭	奎
初四	10	壬申	四绿	开	虚	8	辛丑	五黄	满	危	8	辛未	八白	成	壁	7	辛丑	二黑	建	娄
初五	11	癸酉	三碧	闭	危	9	壬寅	四绿	平	室	9	壬申	七赤	收	奎	8	壬寅	三碧	除	胃
初六	12	甲戌	二黑	建	室	10	癸卯	三碧	定	壁	10	癸酉	六白	收	娄	9	癸卯	四绿	满	昴
初七	13	乙亥	一白	除	壁	11	甲辰	二黑	执	奎	11	甲戌	五黄	开	胃	10	甲辰	五黄	平	毕
初八	14	丙子	九紫	满	奎	12	乙巳	一白	破	娄	12	乙亥	四绿	闭	昴	11	乙巳	六白	定	觜
初九	15	丁丑	八白	平	娄	13	丙午	九紫	危	胃	13	丙子	三碧	建	毕	12	丙午	七赤	执	参
初十	16	戊寅	七赤	定	胃	14	丁未	八白	成	昴	14	丁丑	二黑	除	觜	13	丁未	八白	破	井
十一	17	己卯	六白	执	昴	15	戊申	七赤	收	毕	15	戊寅	一白	满	参	14	戊申	九紫	危	鬼
十二	18	庚辰	五黄	破	毕	16	己酉	六白	开	觜	16	己卯	九紫	平	井	15	己酉	一白	成	柳
十三	19	辛巳	四绿	危	觜	17	庚戌	五黄	闭	参	17	庚辰	八白	定	鬼	16	庚戌	二黑	收	星
十四	20	壬午	三碧	成	参	18	辛亥	四绿	建	井	18	辛巳	七赤	执	柳	17	辛亥	三碧	开	张
十五	21	癸未	二黑	收	井	19	壬子	三碧	除	鬼	19	壬午	六白	破	星	18	壬子	四绿	闭	翼
十六	22	甲申	一白	开	鬼	20	癸丑	二黑	满	柳	20	癸未	五黄	危	张	19	癸丑	五黄	建	轸
十七	23	乙酉	九紫	闭	柳	21	甲寅	一白	平	星	21	甲申	四绿	成	翼	20	甲寅	六白	除	角
十八	24	丙戌	二黑	建	星	22	乙卯	九紫	定	张	22	乙酉	四绿	收	轸	21	乙卯	七赤	满	亢
十九	25	丁亥	一白	除	张	23	丙辰	八白	执	翼	23	丙戌	五黄	开	角	22	丙辰	八白	平	氐
二十	26	戊子	九紫	满	翼	24	丁巳	七赤	破	轸	24	丁亥	六白	闭	亢	23	丁巳	九紫	定	房
廿一	27	己丑	八白	平	轸	25	戊午	六白	危	角	25	戊子	七赤	建	氐	24	戊午	一白	执	心
廿二	28	庚寅	七赤	定	角	26	己未	五黄	成	亢	26	己丑	八白	除	房	25	己未	二黑	破	尾
廿三	29	辛卯	六白	执	亢	27	庚申	四绿	收	氐	27	庚寅	九紫	满	心	26	庚申	三碧	危	箕
廿四	30	壬辰	五黄	破	氐	28	辛酉	三碧	开	房	28	辛卯	一白	平	尾	27	辛酉	四绿	成	斗
廿五	31	癸巳	四绿	危	房	29	壬戌	二黑	闭	心	29	壬辰	二黑	定	箕	28	壬戌	五黄	收	牛
廿六	11月	甲午	三碧	成	心	30	癸亥	一白	建	尾	30	癸巳	三碧	执	斗	29	癸亥	六白	开	女
廿七	2	乙未	二黑	收	尾	12月	甲子	六白	除	箕	31	甲午	四绿	破	牛	30	甲子	一白	闭	虚
廿八	3	丙申	一白	开	箕	2	乙丑	五黄	满	斗	1月	乙未	五黄	危	女	31	乙丑	二黑	建	危
廿九	4	丁酉	九紫	闭	斗	3	丙寅	四绿	平	牛	2	丙申	六白	成	虚	2月	丙寅	三碧	除	室
三十						4	丁卯	三碧	定	女	3	丁酉	七赤	收	危					

国学经典文库　中华历书大全　·1900~2100年历法表·　图文珍藏版

241

公元1927年 民国十六年 丁卯兔年　太岁耿章 九星一白

月份	正月大 壬寅 八白 坎卦 角宿				二月小 癸卯 七赤 艮卦 亢宿				三月小 甲辰 六白 坤卦 氐宿				四月大 乙巳 五黄 乾卦 房宿			
节气	立春 2月5日 初四庚申 寅时 3时30分		雨水 2月19日 十八甲申 夜子时 23时34分		惊蛰 3月6日 初三己亥 亥时 21时50分		春分 3月21日 十八甲寅 亥时 22时59分		清明 4月6日 初五庚午 寅时 3时06分		谷雨 4月21日 二十乙酉 巳时 10时31分		立夏 5月6日 初六庚子 戌时 20时53分		小满 5月22日 廿二丙辰 巳时 10时07分	
农历	公历	干支	九星	日建 星宿	公历	干支	九星	日建 星宿	公历	干支	九星	日建 星宿	公历	干支	九星	日建 星宿
初一	2	丁卯	四绿	满 壁	4	丁酉	四绿	危 娄	2	丙寅	九紫	闭 胃	5月	乙未	八白	平 昴
初二	3	戊辰	五黄	平 奎	5	戊戌	五黄	成 胃	3	丁卯	一白	建 昴	2	丙申	九紫	定 毕
初三	4	己巳	六白	定 娄	6	己亥	六白	成 昴	4	戊辰	二黑	除 毕	3	丁酉	一白	执 觜
初四	5	庚午	七赤	定 胃	7	庚子	七赤	收 毕	5	己巳	三碧	满 觜	4	戊戌	二黑	破 参
初五	6	辛未	八白	执 昴	8	辛丑	八白	开 觜	6	庚午	四绿	满 参	5	己亥	三碧	危 井
初六	7	壬申	九紫	破 毕	9	壬寅	九紫	闭 参	7	辛未	五黄	平 井	6	庚子	四绿	危 鬼
初七	8	癸酉	一白	危 觜	10	癸卯	一白	建 井	8	壬申	六白	定 鬼	7	辛丑	五黄	成 柳
初八	9	甲戌	二黑	成 参	11	甲辰	二黑	除 鬼	9	癸酉	七赤	执 柳	8	壬寅	六白	收 星
初九	10	乙亥	三碧	收 井	12	乙巳	三碧	满 柳	10	甲戌	八白	破 星	9	癸卯	七赤	开 张
初十	11	丙子	四绿	开 鬼	13	丙午	四绿	平 星	11	乙亥	九紫	危 张	10	甲辰	八白	闭 翼
十一	12	丁丑	五黄	闭 柳	14	丁未	五黄	定 张	12	丙子	一白	成 翼	11	乙巳	九紫	建 轸
十二	13	戊寅	六白	建 星	15	戊申	六白	执 翼	13	丁丑	二黑	收 轸	12	丙午	一白	除 角
十三	14	己卯	七赤	除 张	16	己酉	七赤	破 轸	14	戊寅	三碧	开 角	13	丁未	二黑	满 亢
十四	15	庚辰	八白	满 翼	17	庚戌	八白	危 角	15	己卯	四绿	闭 亢	14	戊申	三碧	平 氐
十五	16	辛巳	九紫	平 轸	18	辛亥	九紫	成 亢	16	庚辰	五黄	建 氐	15	己酉	四绿	定 房
十六	17	壬午	一白	定 角	19	壬子	一白	收 氐	17	辛巳	六白	除 房	16	庚戌	五黄	执 心
十七	18	癸未	二黑	执 亢	20	癸丑	二黑	开 房	18	壬午	七赤	满 心	17	辛亥	六白	破 尾
十八	19	甲申	九紫	破 氐	21	甲寅	三碧	闭 心	19	癸未	八白	平 尾	18	壬子	七赤	危 箕
十九	20	乙酉	一白	危 房	22	乙卯	四绿	建 尾	20	甲申	九紫	定 箕	19	癸丑	八白	成 斗
二十	21	丙戌	二黑	成 心	23	丙辰	五黄	除 箕	21	乙酉	七赤	执 斗	20	甲寅	九紫	收 牛
廿一	22	丁亥	三碧	收 尾	24	丁巳	六白	满 斗	22	丙戌	八白	破 牛	21	乙卯	一白	开 女
廿二	23	戊子	四绿	开 箕	25	戊午	七赤	平 牛	23	丁亥	九紫	危 女	22	丙辰	二黑	闭 虚
廿三	24	己丑	五黄	闭 斗	26	己未	八白	定 女	24	戊子	一白	成 虚	23	丁巳	三碧	建 危
廿四	25	庚寅	六白	建 牛	27	庚申	九紫	执 虚	25	己丑	二黑	收 危	24	戊午	四绿	除 室
廿五	26	辛卯	七赤	除 女	28	辛酉	一白	破 危	26	庚寅	三碧	开 室	25	己未	五黄	满 壁
廿六	27	壬辰	八白	满 虚	29	壬戌	二黑	危 室	27	辛卯	四绿	闭 壁	26	庚申	六白	平 奎
廿七	28	癸巳	九紫	平 危	30	癸亥	三碧	成 壁	28	壬辰	五黄	建 奎	27	辛酉	七赤	定 娄
廿八	3月	甲午	一白	定 室	31	甲子	七赤	收 奎	29	癸巳	六白	除 娄	28	壬戌	八白	执 胃
廿九	2	乙未	二黑	执 壁	4月	乙丑	八白	开 娄	30	甲午	七赤	满 胃	29	癸亥	九紫	破 昴
三十	3	丙申	三碧	破 奎									30	甲子	四绿	危 毕

公元1927年 民国十六年 丁卯兔年　太岁耿章　九星一白

月份	五月小 丙午 四绿 兑卦 心宿				六月大 丁未 三碧 离卦 尾宿				七月小 戊申 二黑 震卦 箕宿				八月大 己酉 一白 巽卦 斗宿			
节气	芒种 6月7日 初八壬申 丑时 1时24分		夏至 6月22日 廿三丁亥 酉时 18时22分		小暑 7月8日 初十癸卯 午时 11时49分		大暑 7月24日 廿六己未 卯时 5时16分		立秋 8月8日 十一甲戌 亥时 21时31分		处暑 8月24日 廿七庚寅 午时 12时05分		白露 9月8日 十三乙巳 早子时 0时05分		秋分 9月24日 廿九辛酉 巳时 9时16分	
农历	公历	干支	九星	日建 星宿	公历	干支	九星	日建 星宿	公历	干支	九星	日建 星宿	公历	干支	九星	日建 星宿
初一	31	乙丑	五黄	成 觜	29	甲午	六白	建 参	29	甲子	九紫	执 鬼	27	癸巳	一白	收 柳
初二	6月	丙寅	六白	收 参	30	乙未	五黄	除 井	30	乙丑	八白	破 柳	28	甲午	九紫	开 星
初三	2	丁卯	七赤	开 井	7月	丙申	四绿	满 鬼	31	丙寅	七赤	危 星	29	乙未	八白	闭 张
初四	3	戊辰	八白	闭 鬼	2	丁酉	三碧	平 柳	8月	丁卯	六白	成 张	30	丙申	七赤	建 翼
初五	4	己巳	九紫	建 柳	3	戊戌	二黑	定 星	2	戊辰	五黄	收 翼	31	丁酉	六白	除 轸
初六	5	庚午	一白	除 星	4	己亥	一白	执 张	3	己巳	四绿	开 轸	9月	戊戌	五黄	满 角
初七	6	辛未	二黑	满 张	5	庚子	九紫	破 翼	4	庚午	三碧	闭 角	2	己亥	四绿	平 亢
初八	7	壬申	三碧	满 翼	6	辛丑	八白	危 轸	5	辛未	二黑	建 亢	3	庚子	三碧	定 氐
初九	8	癸酉	四绿	平 轸	7	壬寅	七赤	成 角	6	壬申	一白	除 氐	4	辛丑	二黑	执 房
初十	9	甲戌	五黄	定 角	8	癸卯	六白	成 亢	7	癸酉	九紫	满 房	5	壬寅	一白	破 心
十一	10	乙亥	六白	执 亢	9	甲辰	五黄	收 氐	8	甲戌	八白	满 心	6	癸卯	九紫	危 尾
十二	11	丙子	七赤	破 氐	10	乙巳	四绿	开 房	9	乙亥	七赤	平 尾	7	甲辰	八白	成 箕
十三	12	丁丑	八白	危 房	11	丙午	三碧	闭 心	10	丙子	六白	定 箕	8	乙巳	七赤	成 斗
十四	13	戊寅	九紫	成 心	12	丁未	二黑	建 尾	11	丁丑	五黄	执 斗	9	丙午	六白	收 牛
十五	14	己卯	一白	收 尾	13	戊申	一白	除 箕	12	戊寅	四绿	破 牛	10	丁未	五黄	开 女
十六	15	庚辰	二黑	开 箕	14	己酉	九紫	满 斗	13	己卯	三碧	危 女	11	戊申	四绿	闭 虚
十七	16	辛巳	三碧	闭 斗	15	庚戌	八白	平 牛	14	庚辰	二黑	成 虚	12	己酉	三碧	建 危
十八	17	壬午	四绿	建 牛	16	辛亥	七赤	定 女	15	辛巳	一白	收 危	13	庚戌	二黑	除 室
十九	18	癸未	五黄	除 女	17	壬子	六白	执 虚	16	壬午	九紫	开 室	14	辛亥	一白	满 壁
二十	19	甲申	六白	满 虚	18	癸丑	五黄	破 危	17	癸未	八白	闭 壁	15	壬子	九紫	平 奎
廿一	20	乙酉	七赤	平 危	19	甲寅	四绿	危 室	18	甲申	七赤	建 奎	16	癸丑	八白	定 娄
廿二	21	丙戌	八白	定 室	20	乙卯	三碧	成 壁	19	乙酉	六白	除 娄	17	甲寅	七赤	执 胃
廿三	22	丁亥	四绿	执 壁	21	丙辰	二黑	收 奎	20	丙戌	五黄	满 胃	18	乙卯	六白	破 昴
廿四	23	戊子	三碧	破 奎	22	丁巳	一白	开 娄	21	丁亥	四绿	平 昴	19	丙辰	五黄	危 毕
廿五	24	己丑	二黑	危 娄	23	戊午	九紫	闭 胃	22	戊子	三碧	定 毕	20	丁巳	四绿	成 觜
廿六	25	庚寅	一白	成 胃	24	己未	八白	建 昴	23	己丑	二黑	执 觜	21	戊午	三碧	收 参
廿七	26	辛卯	九紫	收 昴	25	庚申	七赤	除 毕	24	庚寅	四绿	破 参	22	己未	二黑	开 井
廿八	27	壬辰	八白	开 毕	26	辛酉	六白	满 觜	25	辛卯	三碧	危 井	23	庚申	一白	闭 鬼
廿九	28	癸巳	七赤	闭 觜	27	壬戌	五黄	平 参	26	壬辰	二黑	成 鬼	24	辛酉	九紫	建 柳
三十					28	癸亥	四绿	定 井					25	壬戌	八白	除 星

公元1927年 民国十六年 丁卯兔年　太岁耿章 九星一白

月份	九月小 庚戌 九紫 坎卦 牛宿			十月大 辛亥 八白 艮卦 女宿			十一月大 壬子 七赤 坤卦 虚宿			十二月大 癸丑 六白 乾卦 危宿		
节气	寒露 10月9日 十四丙子 申时 15时15分	霜降 10月24日 廿九辛卯 酉时 18时06分		立冬 11月8日 十五丙午 酉时 17时56分	小雪 11月23日 三十辛酉 申时 15时13分		大雪 12月8日 十五丙子 巳时 10时26分	冬至 12月23日 三十辛卯 寅时 4时18分		小寒 1月6日 十四乙巳 亥时 21时31分	大寒 1月21日 廿九庚申 未时 14时56分	
农历	公历	干支	九星 日建 星宿	公历	干支	九星 日建 星宿	公历	干支	九星 日建 星宿	公历	干支	九星 日建 星宿
初一	26	癸亥	七赤 满 张	25	壬辰	五黄 破 翼	24	壬戌	二黑 闭 角	24	壬辰	二黑 定 氐
初二	27	甲子	三碧 平 翼	26	癸巳	四绿 危 轸	25	癸亥	一白 建 亢	25	癸巳	三碧 执 房
初三	28	乙丑	二黑 定 轸	27	甲午	三碧 成 角	26	甲子	六白 除 氐	26	甲午	四绿 破 心
初四	29	丙寅	一白 执 角	28	乙未	二黑 收 亢	27	乙丑	五黄 满 房	27	乙未	五黄 危 尾
初五	30	丁卯	九紫 破 亢	29	丙申	一白 开 氐	28	丙寅	四绿 平 心	28	丙申	六白 成 箕
初六	10月 戊辰		八白 危 氐	30	丁酉	九紫 闭 房	29	丁卯	三碧 定 尾	29	丁酉	七赤 收 斗
初七	2	己巳	七赤 成 房	31	戊戌	八白 建 心	30	戊辰	二黑 执 箕	30	戊戌	八白 开 牛
初八	3	庚午	六白 收 心	11月 己亥		七赤 除 尾	12月 己巳		一白 破 斗	31	己亥	九紫 闭 女
初九	4	辛未	五黄 开 尾	2	庚子	六白 满 箕	2	庚午	九紫 危 牛	1月 庚子		一白 建 虚
初十	5	壬申	四绿 闭 箕	3	辛丑	五黄 平 斗	3	辛未	八白 成 女	2	辛丑	二黑 除 危
十一	6	癸酉	三碧 建 斗	4	壬寅	四绿 定 牛	4	壬申	七赤 收 虚	3	壬寅	三碧 满 室
十二	7	甲戌	二黑 除 牛	5	癸卯	三碧 执 女	5	癸酉	六白 开 危	4	癸卯	四绿 平 壁
十三	8	乙亥	一白 满 女	6	甲辰	二黑 破 虚	6	甲戌	五黄 闭 室	5	甲辰	五黄 定 奎
十四	9	丙子	九紫 满 虚	7	乙巳	一白 危 危	7	乙亥	四绿 建 壁	6	乙巳	六白 定 娄
十五	10	丁丑	八白 平 危	8	丙午	九紫 危 室	8	丙子	三碧 建 奎	7	丙午	七赤 执 胃
十六	11	戊寅	七赤 定 室	9	丁未	八白 成 壁	9	丁丑	二黑 除 娄	8	丁未	八白 破 昴
十七	12	己卯	六白 执 壁	10	戊申	七赤 收 奎	10	戊寅	一白 满 胃	9	戊申	九紫 危 毕
十八	13	庚辰	五黄 破 奎	11	己酉	六白 开 娄	11	己卯	九紫 平 昴	10	己酉	一白 成 觜
十九	14	辛巳	四绿 危 娄	12	庚戌	五黄 闭 胃	12	庚辰	八白 定 毕	11	庚戌	二黑 收 参
二十	15	壬午	三碧 成 胃	13	辛亥	四绿 建 昴	13	辛巳	七赤 执 觜	12	辛亥	三碧 开 井
廿一	16	癸未	二黑 收 昴	14	壬子	三碧 除 毕	14	壬午	六白 破 参	13	壬子	四绿 闭 鬼
廿二	17	甲申	一白 开 毕	15	癸丑	二黑 满 觜	15	癸未	五黄 危 井	14	癸丑	五黄 建 柳
廿三	18	乙酉	九紫 闭 觜	16	甲寅	一白 平 参	16	甲申	四绿 成 鬼	15	甲寅	六白 除 星
廿四	19	丙戌	八白 建 参	17	乙卯	九紫 定 井	17	乙酉	三碧 收 柳	16	乙卯	七赤 满 张
廿五	20	丁亥	七赤 除 井	18	丙辰	八白 执 鬼	18	丙戌	二黑 开 星	17	丙辰	八白 平 翼
廿六	21	戊子	六白 满 鬼	19	丁巳	七赤 破 柳	19	丁亥	一白 闭 张	18	丁巳	九紫 定 轸
廿七	22	己丑	五黄 平 柳	20	戊午	六白 危 星	20	戊子	九紫 建 翼	19	戊午	一白 执 角
廿八	23	庚寅	四绿 定 星	21	己未	五黄 成 张	21	己丑	八白 除 轸	20	己未	二黑 破 亢
廿九	24	辛卯	六白 执 张	22	庚申	四绿 收 翼	22	庚寅	七赤 满 角	21	庚申	三碧 危 氐
三十				23	辛酉	三碧 开 轸	23	辛卯	一白 平 亢	22	辛酉	四绿 成 房

国学经典文库 中华历书大全 ·1900-2100年万年历法表· 图文珍藏版

公元1928年　民国十七年　戊辰龙年（闰二月）　　太岁赵达　九星九紫

月份	正月小 甲寅 五黄 艮卦 室宿					二月大 乙卯 四绿 坤卦 壁宿					闰二月小 丙辰 三碧 乾卦 奎宿					三月小				
节气	立春 2月5日 十四乙亥 巳时 9时16分		雨水 2月20日 廿九庚寅 卯时 5时19分			惊蛰 3月6日 十五乙巳 寅时 3时37分		春分 3月21日 三十庚申 寅时 4时44分			清明 4月5日 十五乙亥 辰时 8时54分					谷雨 4月20日 初一庚寅 申时 16时16分		立夏 5月6日 十七丙午 丑时 2时43分		
农历	公历	干支	九星	日建	星宿	公历	干支	九星	日建	星宿	公历	干支	九星	日建	星宿	公历	干支	九星	日建	星宿
初一	23	壬戌	五黄	收	心	21	辛卯	七赤	除	尾	22	辛酉	一白	破	斗	20	庚寅	三碧	开	牛
初二	24	癸亥	六白	开	尾	22	壬辰	八白	满	箕	23	壬戌	二黑	危	牛	21	辛卯	四绿	闭	女
初三	25	甲子	一白	闭	箕	23	癸巳	九紫	平	斗	24	癸亥	三碧	成	女	22	壬辰	五黄	建	虚
初四	26	乙丑	二黑	建	斗	24	甲午	一白	定	牛	25	甲子	七赤	收	虚	23	癸巳	六白	除	危
初五	27	丙寅	三碧	除	牛	25	乙未	二黑	执	女	26	乙丑	八白	开	危	24	甲午	七赤	满	室
初六	28	丁卯	四绿	满	女	26	丙申	三碧	破	虚	27	丙寅	九紫	闭	室	25	乙未	八白	平	壁
初七	29	戊辰	五黄	平	虚	27	丁酉	四绿	危	危	28	丁卯	一白	建	壁	26	丙申	九紫	定	奎
初八	30	己巳	六白	定	危	28	戊戌	五黄	成	室	29	戊辰	二黑	除	奎	27	丁酉	一白	执	娄
初九	31	庚午	七赤	执	室	29	己亥	六白	收	壁	30	己巳	三碧	满	娄	28	戊戌	二黑	破	胃
初十	2月	辛未	八白	破	壁	3月	庚子	七赤	开	奎	31	庚午	四绿	平	胃	29	己亥	三碧	危	昴
十一	2	壬申	九紫	危	奎	2	辛丑	八白	闭	娄	4月	辛未	五黄	定	昴	30	庚子	四绿	成	毕
十二	3	癸酉	一白	成	娄	3	壬寅	九紫	建	胃	2	壬申	六白	执	毕	5月	辛丑	五黄	收	觜
十三	4	甲戌	二黑	收	胃	4	癸卯	一白	除	昴	3	癸酉	七赤	破	觜	2	壬寅	六白	开	井
十四	5	乙亥	三碧	收	昴	5	甲辰	二黑	满	毕	4	甲戌	八白	危	参	3	癸卯	七赤	闭	井
十五	6	丙子	四绿	开	毕	6	乙巳	三碧	满	觜	5	乙亥	九紫	危	井	4	甲辰	八白	建	鬼
十六	7	丁丑	五黄	闭	觜	7	丙午	四绿	平	参	6	丙子	一白	成	鬼	5	乙巳	九紫	除	柳
十七	8	戊寅	六白	建	参	8	丁未	五黄	定	井	7	丁丑	二黑	收	柳	6	丙午	一白	除	星
十八	9	己卯	七赤	除	井	9	戊申	六白	执	鬼	8	戊寅	三碧	开	星	7	丁未	二黑	满	张
十九	10	庚辰	八白	满	鬼	10	己酉	七赤	破	柳	9	己卯	四绿	闭	张	8	戊申	三碧	平	翼
二十	11	辛巳	九紫	平	柳	11	庚戌	八白	危	星	10	庚辰	五黄	建	翼	9	己酉	四绿	定	轸
廿一	12	壬午	一白	定	星	12	辛亥	九紫	成	张	11	辛巳	六白	除	轸	10	庚戌	五黄	执	角
廿二	13	癸未	二黑	执	张	13	壬子	一白	收	翼	12	壬午	七赤	满	角	11	辛亥	六白	破	亢
廿三	14	甲申	三碧	破	翼	14	癸丑	二黑	开	轸	13	癸未	八白	平	亢	12	壬子	七赤	危	氐
廿四	15	乙酉	四绿	危	轸	15	甲寅	三碧	闭	角	14	甲申	九紫	定	氐	13	癸丑	八白	成	房
廿五	16	丙戌	五黄	成	角	16	乙卯	四绿	建	亢	15	乙酉	一白	执	房	14	甲寅	九紫	收	心
廿六	17	丁亥	六白	收	亢	17	丙辰	五黄	除	氐	16	丙戌	二黑	破	心	15	乙卯	一白	开	尾
廿七	18	戊子	七赤	开	氐	18	丁巳	六白	满	房	17	丁亥	三碧	危	尾	16	丙辰	二黑	闭	箕
廿八	19	己丑	八白	闭	房	19	戊午	七赤	平	心	18	戊子	四绿	成	箕	17	丁巳	三碧	建	斗
廿九	20	庚寅	六白	建	心	20	己未	八白	定	尾	19	己丑	五黄	收	斗	18	戊午	四绿	除	牛
三十						21	庚申	九紫	执	箕										

245

国学经典文库

中华历书大全

·1900~2100年万年历法表·

图文珍藏版

公元1928年 民国十七年 戊辰龙年（闰二月）　太岁赵达 九星九紫

月份	四月大				丁巳 二黑 兑卦 娄宿	五月小				戊午 一白 离卦 胃宿	六月小				己未 九紫 震卦 昴宿
节气	小满 5月21日 初三辛酉 申时 15时52分		芒种 6月6日 十九丁丑 辰时 7时17分			夏至 6月21日 初四壬辰 早子时 0时06分		小暑 7月7日 二十戊申 酉时 17时44分			大暑 7月23日 初七甲子 午时 11时02分		立秋 8月8日 廿三庚辰 寅时 3时27分		
农历	公历	干支	九星	日建	星宿	公历	干支	九星	日建	星宿	公历	干支	九星	日建	星宿
初一	19	己未	五黄	满	女	18	己丑	二黑	危	危	17	戊午	九紫	闭	室壁
初二	20	庚申	六白	平	虚	19	庚寅	三碧	成	室壁	18	己未	八白	建	壁
初三	21	辛酉	七赤	定	危	20	辛卯	四绿	收	壁	19	庚申	七赤	除	奎娄
初四	22	壬戌	八白	执	室	21	壬辰	八白	开	奎娄	20	辛酉	六白	满	娄
初五	23	癸亥	九紫	破	壁	22	癸巳	七赤	闭	娄	21	壬戌	五黄	平	胃
初六	24	甲子	四绿	危	奎娄	23	甲午	六白	建	胃	22	癸亥	四绿	定	昴毕
初七	25	乙丑	五黄	成	娄	24	乙未	五黄	除	昴	23	甲子	九紫	执	觜
初八	26	丙寅	六白	收	胃	25	丙申	四绿	满	毕觜	24	乙丑	八白	破	参
初九	27	丁卯	七赤	开	昴	26	丁酉	三碧	平	觜参	25	丙寅	七赤	危	井
初十	28	戊辰	八白	闭	毕	27	戊戌	二黑	定	参	26	丁卯	六白	成	鬼
十一	29	己巳	九紫	建	觜	28	己亥	一白	执	井	27	戊辰	五黄	收	鬼
十二	30	庚午	一白	除	参	29	庚子	九紫	破	鬼	28	己巳	四绿	开	柳
十三	31	辛未	二黑	满	井	30	辛丑	八白	危	柳	29	庚午	三碧	闭	星
十四	6月	壬申	三碧	平	鬼	7月	壬寅	七赤	成	星张	30	辛未	二黑	建	张翼
十五	2	癸酉	四绿	定	柳	2	癸卯	六白	收	张	31	壬申	一白	除	翼
十六	3	甲戌	五黄	执	星	3	甲辰	五黄	开	翼	8月	癸酉	九紫	满	轸角
十七	4	乙亥	六白	破	张	4	乙巳	四绿	闭	轸	2	甲戌	八白	平	角
十八	5	丙子	七赤	危	翼	5	丙午	三碧	建	角	3	乙亥	七赤	定	亢氐
十九	6	丁丑	八白	危	轸角	6	丁未	二黑	除	亢氐	4	丙子	六白	执	房
二十	7	戊寅	九紫	成	角	7	戊申	一白	除	氐	5	丁丑	五黄	破	心
廿一	8	己卯	一白	收	亢	8	己酉	九紫	满	房	6	戊寅	四绿	危	尾
廿二	9	庚辰	二黑	开	氐	9	庚戌	八白	平	心	7	己卯	三碧	成	箕
廿三	10	辛巳	三碧	闭	房心	10	辛亥	七赤	定	尾	8	庚辰	二黑	成	斗牛
廿四	11	壬午	四绿	建	尾	11	壬子	六白	执	箕斗	9	辛巳	一白	收	斗牛
廿五	12	癸未	五黄	除	尾	12	癸丑	五黄	破	斗	10	壬午	九紫	开	女
廿六	13	甲申	六白	满	箕斗	13	甲寅	四绿	危	牛女	11	癸未	八白	闭	女虚
廿七	14	乙酉	七赤	平	斗	14	乙卯	三碧	成	女	12	甲申	七赤	建	虚
廿八	15	丙戌	八白	定	牛	15	丙辰	二黑	收	虚	13	乙酉	六白	除	危室
廿九	16	丁亥	九紫	执	女虚	16	丁巳	一白	开	危	14	丙戌	五黄	满	室
三十	17	戊子	一白	破	虚										

公元1928年　民国十七年　戊辰龙年（闰二月）　太岁赵达　九星九紫

月份	七月大				庚申　八白 巽卦　毕宿	八月小				辛酉　七赤 坎卦　觜宿	九月大				壬戌　六白 艮卦　参宿
节气	处暑 8月23日 初九乙未 酉时 17时53分		白露 9月8日 廿五辛亥 卯时 6时01分			秋分 9月23日 初十丙寅 申时 15时05分		寒露 10月8日 廿五辛巳 亥时 21时09分			霜降 10月23日 十一丙申 夜子时 23时54分		立冬 11月7日 廿六辛亥 夜子时 23时49分		
农历	公历	干支	九星	日建	星宿	公历	干支	九星	日建	星宿	公历	干支	九星	日建	星宿
初一	15	丁亥	四绿	平	壁	14	丁巳	四绿	成	娄	13	丙戌	八白	建	胃
初二	16	戊子	三碧	定	奎	15	戊午	三碧	收	胃	14	丁亥	七赤	除	昴
初三	17	己丑	二黑	执	娄	16	己未	二黑	开	昴	15	戊子	六白	满	毕
初四	18	庚寅	一白	破	胃	17	庚申	一白	闭	毕	16	己丑	五黄	平	觜
初五	19	辛卯	九紫	危	昴	18	辛酉	九紫	建	觜	17	庚寅	四绿	定	参
初六	20	壬辰	八白	成	毕	19	壬戌	八白	除	参	18	辛卯	三碧	执	井
初七	21	癸巳	七赤	收	觜	20	癸亥	七赤	满	井	19	壬辰	二黑	破	鬼
初八	22	甲午	六白	开	参	21	甲子	三碧	平	鬼	20	癸巳	一白	危	柳
初九	23	乙未	八白	闭	井	22	乙丑	二黑	定	柳	21	甲午	九紫	成	星
初十	24	丙申	七赤	建	鬼	23	丙寅	一白	执	星	22	乙未	八白	收	张
十一	25	丁酉	六白	除	柳	24	丁卯	九紫	破	张	23	丙申	一白	开	翼
十二	26	戊戌	五黄	满	星	25	戊辰	八白	危	翼	24	丁酉	九紫	闭	轸
十三	27	己亥	四绿	平	张	26	己巳	七赤	成	轸	25	戊戌	八白	建	角
十四	28	庚子	三碧	定	翼	27	庚午	六白	收	角	26	己亥	七赤	除	亢
十五	29	辛丑	二黑	执	轸	28	辛未	五黄	开	亢	27	庚子	六白	满	氐
十六	30	壬寅	一白	破	角	29	壬申	四绿	闭	氐	28	辛丑	五黄	平	房
十七	31	癸卯	九紫	危	亢	30	癸酉	三碧	建	房	29	壬寅	四绿	定	心
十八	9月	甲辰	八白	成	氐	10月	甲戌	二黑	除	心	30	癸卯	三碧	执	尾
十九	2	乙巳	七赤	收	房	2	乙亥	一白	满	尾	31	甲辰	二黑	破	箕
二十	3	丙午	六白	开	心	3	丙子	九紫	平	箕	11月	乙巳	一白	危	斗
廿一	4	丁未	五黄	闭	尾	4	丁丑	八白	定	斗	2	丙午	九紫	成	牛
廿二	5	戊申	四绿	建	箕	5	戊寅	七赤	执	牛	3	丁未	八白	收	女
廿三	6	己酉	三碧	除	斗	6	己卯	六白	破	女	4	戊申	七赤	开	虚
廿四	7	庚戌	二黑	满	牛	7	庚辰	五黄	危	虚	5	己酉	六白	闭	危
廿五	8	辛亥	一白	满	女	8	辛巳	四绿	成	危	6	庚戌	五黄	建	室
廿六	9	壬子	九紫	平	虚	9	壬午	三碧	成	室	7	辛亥	四绿	建	壁
廿七	10	癸丑	八白	定	危	10	癸未	二黑	收	壁	8	壬子	三碧	除	奎
廿八	11	甲寅	七赤	执	室	11	甲申	一白	开	奎	9	癸丑	二黑	满	娄
廿九	12	乙卯	六白	破	壁	12	乙酉	九紫	闭	娄	10	甲寅	一白	平	胃
三十	13	丙辰	五黄	危	奎						11	乙卯	九紫	定	昴

公元1928年 民国十七年 戊辰龙年（闰二月）　太岁赵达　九星九紫

月份	十月大 癸亥 五黄 坤卦 井宿					十一月大 甲子 四绿 乾卦 鬼宿					十二月大 乙丑 三碧 兑卦 柳宿				
节气	小雪 11月22日 十一丙寅 亥时 21时00分		大雪 12月7日 廿六辛巳 申时 16时17分			冬至 12月22日 十一丙申 巳时 10时03分		小寒 1月6日 廿六辛亥 寅时 3时22分			大寒 1月20日 初十乙丑 戌时 20时42分		立春 2月4日 廿五庚辰 申时 15时08分		
农历	公历	干支	九星	日建	星宿	公历	干支	九星	日建	星宿	公历	干支	九星	日建	星宿
初一	12	丙辰	八白	执	毕	12	丙戌	二黑	开	参井	11	丙辰	八白	平	鬼柳
初二	13	丁巳	七赤	破	觜	13	丁亥	一白	闭		12	丁巳	九紫	定	星
初三	14	戊午	六白	危	参	14	戊子	九紫	建	鬼柳	13	戊午	一白	执	
初四	15	己未	五黄	成	井	15	己丑	八白	除	星	14	己未	二黑	破	张翼
初五	16	庚申	四绿	收	鬼	16	庚寅	七赤	满		15	庚申	三碧	危	轸
初六	17	辛酉	三碧	开	柳	17	辛卯	六白	平	张翼	16	辛酉	四绿	成	角
初七	18	壬戌	二黑	闭	星	18	壬辰	五黄	定	轸角	17	壬戌	五黄	收	亢
初八	19	癸亥	一白	建	张翼	19	癸巳	四绿	执		18	癸亥	六白	开	氐房
初九	20	甲子	六白	除	翼	20	甲午	三碧	破	亢	19	甲子	一白	闭	心
初十	21	乙丑	五黄	满	轸	21	乙未	二黑	危		20	乙丑	二黑	建	尾
十一	22	丙寅	四绿	平	角	22	丙申	六白	成	氐房	21	丙寅	三碧	除	箕
十二	23	丁卯	三碧	定	亢	23	丁酉	七赤	收	心尾	22	丁卯	四绿	满	斗牛
十三	24	戊辰	二黑	执	氐	24	戊戌	八白	开	箕	23	戊辰	五黄	平	
十四	25	己巳	一白	破	房心	25	己亥	九紫	闭		24	己巳	六白	定	女
十五	26	庚午	九紫	危		26	庚子	一白	建	斗牛	25	庚午	七赤	执	虚危
十六	27	辛未	八白	成	尾	27	辛丑	二黑	除	女	26	辛未	八白	破	
十七	28	壬申	七赤	收	箕斗	28	壬寅	三碧	满	虚危	27	壬申	九紫	危	室壁
十八	29	癸酉	六白	开	牛	29	癸卯	四绿	平		28	癸酉	一白	成	奎娄
十九	30	甲戌	五黄	闭	女	30	甲辰	五黄	定	室壁	29	甲戌	二黑	收	
二十	12月	乙亥	四绿	建		31	乙巳	六白	执		30	乙亥	三碧	开	胃
廿一	2	丙子	三碧	除	虚危	1月	丙午	七赤	破	室壁	31	丙子	四绿	闭	昴
廿二	3	丁丑	二黑	满		2	丁未	八白	成	奎娄	2月	丁丑	五黄	建	毕觜
廿三	4	戊寅	一白	平	室壁	3	戊申	九紫	收		2	戊寅	六白	除	参
廿四	5	己卯	九紫	定	奎	4	己酉	一白	开	胃	3	己卯	七赤	满	参井
廿五	6	庚辰	八白	执		5	庚戌	二黑	闭	昴	4	庚辰	八白	满	
廿六	7	辛巳	七赤	破	娄胃	6	辛亥	三碧	建	毕觜	5	辛巳	九紫	平	鬼柳
廿七	8	壬午	六白	危	昴	7	壬子	四绿	除	参	6	壬午	一白	定	
廿八	9	癸未	五黄	成	毕	8	癸丑	五黄	满	井	7	癸未	二黑	执	井鬼
廿九	10	甲申	四绿	收		9	甲寅	六白	平	鬼	8	甲申	三碧	破	
三十	11	乙酉	三碧	收		10	乙卯	七赤	满		9	乙酉	四绿	危	

公元1929年 民国十八年 己巳蛇年　太岁郭灿 九星八白

国学经典文库　中华历书大全　·1900-2100年万年历法表·　图文珍藏版

月份	正月小 丙寅 二黑 坤卦 星宿					二月大 丁卯 一白 乾卦 张宿					三月小 戊辰 九紫 兑卦 翼宿					四月小 己巳 八白 离卦 轸宿				
节气	雨水 2月19日 初十乙未 午时 11时06分		惊蛰 3月6日 廿五庚戌 巳时 9时31分			春分 3月21日 十一乙丑 巳时 10时34分		清明 4月5日 廿六庚辰 未时 14时51分			谷雨 4月20日 十一乙未 亥时 22时10分		立夏 5月6日 廿七辛亥 辰时 8时40分			小满 5月21日 十三丙寅 亥时 21时47分		芒种 6月6日 廿九壬午 未时 13时10分		
农历	公历	干支	九星	日建	星宿	公历	干支	九星	日建	星宿	公历	干支	九星	日建	星宿	公历	干支	九星	日建	星宿
初一	10	丙戌	五黄	成	星	11	乙卯	四绿	建	张	10	乙酉	一白	执	轸	9	甲寅	九紫	收	角
初二	11	丁亥	六白	收	张	12	丙辰	五黄	除	翼	11	丙戌	二黑	破	角	10	乙卯	一白	开	亢
初三	12	戊子	七赤	开	翼	13	丁巳	六白	满	轸	12	丁亥	三碧	危	亢	11	丙辰	二黑	闭	氐
初四	13	己丑	八白	闭	轸	14	戊午	七赤	平	角	13	戊子	四绿	成	氐	12	丁巳	三碧	建	房
初五	14	庚寅	九紫	建	角	15	己未	八白	定	亢	14	己丑	五黄	收	房	13	戊午	四绿	除	心
初六	15	辛卯	一白	除	亢	16	庚申	九紫	执	氐	15	庚寅	六白	开	心	14	己未	五黄	满	尾
初七	16	壬辰	二黑	满	氐	17	辛酉	一白	破	房	16	辛卯	七赤	闭	尾	15	庚申	六白	平	箕
初八	17	癸巳	三碧	平	房	18	壬戌	二黑	危	心	17	壬辰	八白	建	箕	16	辛酉	七赤	定	斗
初九	18	甲午	四绿	定	心	19	癸亥	三碧	成	尾	18	癸巳	九紫	除	斗	17	壬戌	八白	执	牛
初十	19	乙未	二黑	执	尾	20	甲子	七赤	收	箕	19	甲午	一白	满	牛	18	癸亥	九紫	破	女
十一	20	丙申	三碧	破	箕	21	乙丑	八白	开	斗	20	乙未	八白	平	女	19	甲子	四绿	危	虚
十二	21	丁酉	四绿	危	斗	22	丙寅	九紫	闭	牛	21	丙申	九紫	定	虚	20	乙丑	五黄	成	危
十三	22	戊戌	五黄	成	牛	23	丁卯	一白	建	女	22	丁酉	一白	执	危	21	丙寅	六白	收	室
十四	23	己亥	六白	收	女	24	戊辰	二黑	除	虚	23	戊戌	二黑	破	室	22	丁卯	七赤	开	壁
十五	24	庚子	七赤	开	虚	25	己巳	三碧	满	危	24	己亥	三碧	危	壁	23	戊辰	八白	闭	奎
十六	25	辛丑	八白	闭	危	26	庚午	四绿	平	室	25	庚子	四绿	成	奎	24	己巳	九紫	建	娄
十七	26	壬寅	九紫	建	室	27	辛未	五黄	定	壁	26	辛丑	五黄	收	娄	25	庚午	一白	除	胃
十八	27	癸卯	一白	除	壁	28	壬申	六白	执	奎	27	壬寅	六白	开	胃	26	辛未	二黑	满	昴
十九	28	甲辰	二黑	满	奎	29	癸酉	七赤	破	娄	28	癸卯	七赤	闭	昴	27	壬申	三碧	平	毕
二十	3月	乙巳	三碧	平	娄	30	甲戌	八白	危	胃	29	甲辰	八白	建	毕	28	癸酉	四绿	定	觜
廿一	2	丙午	四绿	定	胃	31	乙亥	九紫	成	昴	30	乙巳	九紫	除	觜	29	甲戌	五黄	执	参
廿二	3	丁未	五黄	执	昴	4月	丙子	一白	收	毕	5月	丙午	一白	满	参	30	乙亥	六白	破	井
廿三	4	戊申	六白	破	毕	2	丁丑	二黑	开	觜	2	丁未	二黑	平	井	31	丙子	七赤	危	鬼
廿四	5	己酉	七赤	危	觜	3	戊寅	三碧	闭	参	3	戊申	三碧	定	鬼	6月	丁丑	八白	成	柳
廿五	6	庚戌	八白	危	参	4	己卯	四绿	建	井	4	己酉	四绿	执	柳	2	戊寅	九紫	收	星
廿六	7	辛亥	九紫	成	井	5	庚辰	五黄	建	鬼	5	庚戌	五黄	破	星	3	己卯	一白	开	张
廿七	8	壬子	一白	收	鬼	6	辛巳	六白	除	柳	6	辛亥	六白	破	张	4	庚辰	二黑	闭	翼
廿八	9	癸丑	二黑	开	柳	7	壬午	七赤	满	星	7	壬子	七赤	危	翼	5	辛巳	三碧	建	轸
廿九	10	甲寅	三碧	闭	星	8	癸未	八白	平	张	8	癸丑	八白	成	轸	6	壬午	四绿	建	角
三十						9	甲申	九紫	定	翼										

公元1929年 民国十八年 己巳蛇年　太岁郭灿 九星八白

月份	五月大 庚午 七赤 震卦 角宿					六月小 辛未 六白 巽卦 亢宿					七月小 壬申 五黄 坎卦 氐宿					八月大 癸酉 四绿 艮卦 房宿				
节气	夏至 6月22日 十六戊戌 卯时 6时00分					小暑 7月7日 初一癸丑 夜子时 23时31分		大暑 7月23日 十七己巳 申时 16时53分			立秋 8月8日 初四乙酉 巳时 9时08分		处暑 8月23日 十九庚子 夜子时 23时41分			白露 9月8日 初六丙辰 午时 11时39分		秋分 9月23日 廿一辛未 戌时 20时52分		
农历	公历	干支	九星	日建	星宿	公历	干支	九星	日建	星宿	公历	干支	九星	日建	星宿	公历	干支	九星	日建	星宿
初一	7	癸未	五黄	除	亢	7	癸丑	五黄	破	房	5	壬午	九紫	闭	心	3	辛亥	一白	平	尾
初二	8	甲申	六白	满	氐	8	甲寅	四绿	危	心	6	癸未	八白	建	尾	4	壬子	九紫	定	箕
初三	9	乙酉	七赤	平	房	9	乙卯	三碧	成	尾	7	甲申	七赤	除	箕	5	癸丑	八白	执	斗
初四	10	丙戌	八白	定	心	10	丙辰	二黑	收	箕	8	乙酉	六白	除	斗	6	甲寅	七赤	破	牛
初五	11	丁亥	九紫	执	尾	11	丁巳	一白	开	斗	9	丙戌	五黄	满	牛	7	乙卯	六白	危	女
初六	12	戊子	一白	破	箕	12	戊午	九紫	闭	牛	10	丁亥	四绿	平	女	8	丙辰	五黄	危	虚
初七	13	己丑	二黑	危	斗	13	己未	八白	建	女	11	戊子	三碧	定	虚	9	丁巳	四绿	成	室
初八	14	庚寅	三碧	成	牛	14	庚申	七赤	除	虚	12	己丑	二黑	执	危	10	戊午	三碧	收	壁
初九	15	辛卯	四绿	收	女	15	辛酉	六白	满	危	13	庚寅	一白	破	室	11	己未	二黑	开	奎
初十	16	壬辰	五黄	开	虚	16	壬戌	五黄	平	室	14	辛卯	九紫	危	壁	12	庚申	一白	闭	奎
十一	17	癸巳	六白	闭	危	17	癸亥	四绿	定	壁	15	壬辰	八白	成	奎	13	辛酉	九紫	建	娄
十二	18	甲午	七赤	建	室	18	甲子	九紫	执	奎	16	癸巳	七赤	收	娄	14	壬戌	八白	除	胃
十三	19	乙未	八白	除	壁	19	乙丑	八白	破	娄	17	甲午	六白	开	胃	15	癸亥	七赤	满	昴
十四	20	丙申	九紫	满	奎	20	丙寅	七赤	危	胃	18	乙未	五黄	闭	昴	16	甲子	三碧	平	毕
十五	21	丁酉	一白	平	娄	21	丁卯	六白	成	昴	19	丙申	四绿	建	毕	17	乙丑	二黑	定	觜
十六	22	戊戌	二黑	定	胃	22	戊辰	五黄	收	毕	20	丁酉	三碧	除	觜	18	丙寅	一白	执	参
十七	23	己亥	一白	执	昴	23	己巳	四绿	开	觜	21	戊戌	二黑	满	参	19	丁卯	九紫	破	井
十八	24	庚子	九紫	破	毕	24	庚午	三碧	闭	参	22	己亥	一白	平	井	20	戊辰	八白	危	鬼
十九	25	辛丑	八白	危	觜	25	辛未	二黑	建	井	23	庚子	三碧	定	鬼	21	己巳	七赤	成	柳
二十	26	壬寅	七赤	成	参	26	壬申	一白	除	鬼	24	辛丑	二黑	执	柳	22	庚午	六白	收	张
廿一	27	癸卯	六白	收	井	27	癸酉	九紫	满	柳	25	壬寅	一白	破	星	23	辛未	五黄	开	张
廿二	28	甲辰	五黄	开	鬼	28	甲戌	八白	平	星	26	癸卯	九紫	危	张	24	壬申	四绿	闭	翼
廿三	29	乙巳	四绿	闭	柳	29	乙亥	七赤	定	张	27	甲辰	八白	成	翼	25	癸酉	三碧	建	轸
廿四	30	丙午	三碧	建	星	30	丙子	六白	执	翼	28	乙巳	七赤	收	轸	26	甲戌	二黑	除	角
廿五	**7月**	丁未	二黑	除	张	31	丁丑	五黄	破	轸	29	丙午	六白	开	角	27	乙亥	一白	满	亢
廿六	2	戊申	一白	满	翼	**8月**	戊寅	四绿	危	角	30	丁未	五黄	闭	亢	28	丙子	九紫	平	氐
廿七	3	己酉	九紫	平	轸	2	己卯	三碧	成	亢	31	戊申	四绿	建	氐	**29**	丁丑	八白	定	房
廿八	4	庚戌	八白	定	角	3	庚辰	二黑	收	氐	**9月**	己酉	三碧	除	房	30	戊寅	七赤	执	心
廿九	5	辛亥	七赤	执	亢	4	辛巳	一白	开	房	2	庚戌	二黑	满	心	**10月**	己卯	六白	破	尾
三十	6	壬子	六白	破	氐											2	庚辰	五黄	危	箕

国学经典文库

中华历书大全

·1900~2100年历法表·

图文珍藏版

251

公元1929年 民国十八年 己巳蛇年　太岁郭灿 九星八白

月份	九月小 甲戌 三碧 坤卦 心宿				十月大 乙亥 二黑 乾卦 尾宿				十一月大 丙子 一白 兑卦 箕宿				十二月大 丁丑 九紫 离卦 斗宿			
节气	寒露 10月9日 初七丁亥 丑时 2时47分		霜降 10月24日 廿二壬寅 卯时 5时41分		立冬 11月8日 初八丁巳 卯时 5时27分		小雪 11月23日 廿三壬申 丑时 2时48分		大雪 12月7日 初七丙戌 亥时 21时56分		冬至 12月22日 廿二辛丑 申时 15时52分		小寒 1月6日 初七丙辰 巳时 9时02分		大寒 1月21日 廿二辛未 丑时 2时32分	
农历	公历	干支	九星	日建 星宿	公历	干支	九星	日建 星宿	公历	干支	九星	日建 星宿	公历	干支	九星	日建 星宿
初一	3	辛巳	四绿	成 斗	11月	庚戌	五黄	建 牛	12月	庚辰	八白	执 虚	31	庚戌	二黑	开 室
初二	4	壬午	三碧	收 牛	2	辛亥	四绿	除 女	2	辛巳	七赤	破 危	1月	辛亥	三碧	闭 壁
初三	5	癸未	二黑	开 女	3	壬子	三碧	满 虚	3	壬午	六白	危 室	2	壬子	四绿	建 奎
初四	6	甲申	一白	闭 虚	4	癸丑	二黑	平 危	4	癸未	五黄	成 壁	3	癸丑	五黄	除 娄
初五	7	乙酉	九紫	建 危	5	甲寅	一白	定 室	5	甲申	四绿	收 奎	4	甲寅	六白	满 胃
初六	8	丙戌	八白	除 室	6	乙卯	九紫	执 壁	6	乙酉	三碧	开 娄	5	乙卯	七赤	平 昴
初七	9	丁亥	七赤	除 壁	7	丙辰	八白	破 奎	7	丙戌	二黑	开 胃	6	丙辰	八白	平 毕
初八	10	戊子	六白	满 奎	8	丁巳	七赤	破 娄	8	丁亥	一白	闭 昴	7	丁巳	九紫	定 觜
初九	11	己丑	五黄	平 娄	9	戊午	六白	危 胃	9	戊子	九紫	建 毕	8	戊午	一白	执 参
初十	12	庚寅	四绿	定 胃	10	己未	五黄	成 昴	10	己丑	八白	除 觜	9	己未	二黑	破 井
十一	13	辛卯	三碧	执 昴	11	庚申	四绿	收 毕	11	庚寅	七赤	满 参	10	庚申	三碧	危 鬼
十二	14	壬辰	二黑	破 毕	12	辛酉	三碧	开 觜	12	辛卯	六白	平 井	11	辛酉	四绿	成 柳
十三	15	癸巳	一白	危 觜	13	壬戌	二黑	闭 参	13	壬辰	五黄	定 鬼	12	壬戌	五黄	收 星
十四	16	甲午	九紫	成 参	14	癸亥	一白	建 井	14	癸巳	四绿	执 柳	13	癸亥	六白	开 张
十五	17	乙未	八白	收 井	15	甲子	六白	除 鬼	15	甲午	三碧	破 星	14	甲子	一白	闭 翼
十六	18	丙申	七赤	开 鬼	16	乙丑	五黄	满 柳	16	乙未	二黑	危 张	15	乙丑	二黑	建 轸
十七	19	丁酉	六白	闭 柳	17	丙寅	四绿	平 星	17	丙申	一白	成 翼	16	丙寅	三碧	除 角
十八	20	戊戌	五黄	建 星	18	丁卯	三碧	定 张	18	丁酉	九紫	收 轸	17	丁卯	四绿	满 亢
十九	21	己亥	四绿	除 张	19	戊辰	二黑	执 翼	19	戊戌	八白	开 角	18	戊辰	五黄	平 氐
二十	22	庚子	三碧	满 翼	20	己巳	一白	破 轸	20	己亥	七赤	闭 亢	19	己巳	六白	定 房
廿一	23	辛丑	二黑	平 轸	21	庚午	九紫	危 角	21	庚子	六白	建 氐	20	庚午	七赤	执 心
廿二	24	壬寅	四绿	定 角	22	辛未	八白	成 亢	22	辛丑	二黑	除 房	21	辛未	八白	破 尾
廿三	25	癸卯	三碧	执 亢	23	壬申	七赤	收 氐	23	壬寅	三碧	满 心	22	壬申	九紫	危 箕
廿四	26	甲辰	二黑	破 氐	24	癸酉	六白	开 房	24	癸卯	四绿	平 尾	23	癸酉	一白	成 斗
廿五	27	乙巳	一白	危 房	25	甲戌	五黄	闭 心	25	甲辰	五黄	定 箕	24	甲戌	二黑	收 牛
廿六	28	丙午	九紫	成 心	26	乙亥	四绿	建 尾	26	乙巳	六白	执 斗	25	乙亥	三碧	开 女
廿七	29	丁未	八白	收 尾	27	丙子	三碧	除 箕	27	丙午	七赤	破 牛	26	丙子	四绿	闭 虚
廿八	30	戊申	七赤	开 箕	28	丁丑	二黑	满 斗	28	丁未	八白	危 女	27	丁丑	五黄	建 危
廿九	31	己酉	六白	闭 斗	29	戊寅	一白	平 牛	29	戊申	九紫	成 虚	28	戊寅	六白	除 室
三十					30	己卯	九紫	定 女	30	己酉	一白	收 危	29	己卯	七赤	满 壁

公元1930年 民国十九年 庚午马年（闰六月） 太岁王清 九星七赤

月份	正月小 戊寅 八白 乾卦 牛宿					二月大 己卯 七赤 兑卦 女宿					三月大 庚辰 六白 离卦 虚宿					四月小 辛巳 五黄 震卦 危宿				
节气	立春 2月4日 初六乙酉 戌时 20时51分			雨水 2月19日 廿一庚子 申时 16时59分		惊蛰 3月6日 初七乙卯 申时 15时16分			春分 3月21日 廿二庚午 申时 16时29分		清明 4月5日 初七乙酉 戌时 20时37分			谷雨 4月21日 廿三辛丑 寅时 4时05分		立夏 5月6日 初八丙辰 未时 14时26分			小满 5月22日 廿四壬申 寅时 3时41分	
农历	公历	干支	九星	日建	星宿	公历	干支	九星	日建	星宿	公历	干支	九星	日建	星宿	公历	干支	九星	日建	星宿
初一	30	庚辰	八白	平	奎	28	己酉	七赤	危	娄	30	己卯	四绿	建	昴	29	己酉	四绿	执	觜
初二	31	辛巳	九紫	定	娄	3月	庚戌	八白	成	胃	31	庚辰	五黄	除	毕	30	庚戌	五黄	破	参
初三	2月	壬午	一白	执	胃	2	辛亥	九紫	收	昴	4月	辛巳	六白	满	觜	5月	辛亥	六白	危	井
初四	2	癸未	二黑	破	昴	3	壬子	一白	开	毕	2	壬午	七赤	平	参	2	壬子	七赤	成	鬼
初五	3	甲申	三碧	危	毕	4	癸丑	二黑	闭	觜	3	癸未	八白	定	井	3	癸丑	八白	收	柳
初六	4	乙酉	四绿	危	觜	5	甲寅	三碧	建	参	4	甲申	九紫	执	鬼	4	甲寅	九紫	开	星
初七	5	丙戌	五黄	成	参	6	乙卯	四绿	建	井	5	乙酉	一白	执	柳	5	乙卯	一白	闭	张
初八	6	丁亥	六白	收	井	7	丙辰	五黄	除	鬼	6	丙戌	二黑	破	星	6	丙辰	二黑	闭	翼
初九	7	戊子	七赤	开	鬼	8	丁巳	六白	满	柳	7	丁亥	三碧	危	张	7	丁巳	三碧	建	轸
初十	8	己丑	八白	闭	柳	9	戊午	七赤	平	星	8	戊子	四绿	成	翼	8	戊午	四绿	除	角
十一	9	庚寅	九紫	建	星	10	己未	八白	定	张	9	己丑	五黄	收	轸	9	己未	五黄	满	亢
十二	10	辛卯	一白	除	张	11	庚申	九紫	执	翼	10	庚寅	六白	开	角	10	庚申	六白	平	氐
十三	11	壬辰	二黑	满	翼	12	辛酉	一白	破	轸	11	辛卯	七赤	闭	亢	11	辛酉	七赤	定	房
十四	12	癸巳	三碧	平	轸	13	壬戌	二黑	危	角	12	壬辰	八白	建	氐	12	壬戌	八白	执	心
十五	13	甲午	四绿	定	角	14	癸亥	三碧	成	亢	13	癸巳	九紫	除	房	13	癸亥	九紫	破	尾
十六	14	乙未	五黄	执	亢	15	甲子	七赤	收	氐	14	甲午	一白	满	心	14	甲子	四绿	危	箕
十七	15	丙申	六白	破	氐	16	乙丑	八白	开	房	15	乙未	二黑	平	尾	15	乙丑	五黄	成	斗
十八	16	丁酉	七赤	危	房	17	丙寅	九紫	闭	心	16	丙申	三碧	定	箕	16	丙寅	六白	收	牛
十九	17	戊戌	八白	成	心	18	丁卯	一白	建	尾	17	丁酉	四绿	执	斗	17	丁卯	七赤	开	女
二十	18	己亥	九紫	收	尾	19	戊辰	二黑	除	箕	18	戊戌	五黄	破	牛	18	戊辰	八白	闭	虚
廿一	19	庚子	七赤	开	箕	20	己巳	三碧	满	斗	19	己亥	六白	危	女	19	己巳	九紫	建	危
廿二	20	辛丑	八白	闭	斗	21	庚午	四绿	平	牛	20	庚子	七赤	成	虚	20	庚午	一白	除	室
廿三	21	壬寅	九紫	建	牛	22	辛未	五黄	定	女	21	辛丑	五黄	收	危	21	辛未	二黑	满	壁
廿四	22	癸卯	一白	除	女	23	壬申	六白	执	虚	22	壬寅	六白	开	室	22	壬申	三碧	平	奎
廿五	23	甲辰	二黑	满	虚	24	癸酉	七赤	破	危	23	癸卯	七赤	闭	壁	23	癸酉	四绿	定	娄
廿六	24	乙巳	三碧	平	危	25	甲戌	八白	危	室	24	甲辰	八白	建	奎	24	甲戌	五黄	执	胃
廿七	25	丙午	四绿	定	室	26	乙亥	九紫	成	壁	25	乙巳	九紫	除	娄	25	乙亥	六白	破	昴
廿八	26	丁未	五黄	执	壁	27	丙子	一白	收	奎	26	丙午	一白	满	胃	26	丙子	七赤	危	毕
廿九	27	戊申	六白	破	奎	28	丁丑	二黑	开	娄	27	丁未	二黑	平	昴	27	丁丑	八白	成	觜
三十						29	戊寅	三碧	闭	胃	28	戊申	三碧	定	毕					

252

月份	五月小				六月大				闰六月小			
	壬午　四绿　巽卦　室宿				癸未　三碧　坎卦　壁宿							
节气	芒种 6月6日 初十丁亥 酉时 18时58分	夏至 6月22日 廿六癸卯 午时 11时52分			小暑 7月8日 十三己未 卯时 5时19分	大暑 7月23日 廿八甲戌 亥时 22时41分			立秋 8月8日 十四庚寅 未时 14时56分			
农历	公历	干支	九星	日建	星宿	公历	干支	九星	日建	星宿	公历	干支	九星	日建	星宿

农历	公历	干支	九星	日建	星宿	公历	干支	九星	日建	星宿	公历	干支	九星	日建	星宿
初一	28	戊寅	九紫	收	参	26	丁未	二黑	除	井	26	丁丑	五黄	破	柳
初二	29	己卯	一白	开	井	27	戊申	一白	满	鬼	27	戊寅	四绿	危	星
初三	30	庚辰	二黑	闭	鬼	28	己酉	九紫	平	柳	28	己卯	三碧	成	张
初四	31	辛巳	三碧	建	柳	29	庚戌	八白	定	星	29	庚辰	二黑	收	翼
初五	6月	壬午	四绿	除	星	30	辛亥	七赤	执	张	30	辛巳	一白	开	轸
初六	2	癸未	五黄	满	张	7月	壬子	六白	破	翼	31	壬午	九紫	闭	角
初七	3	甲申	六白	平	翼	2	癸丑	五黄	危	轸	8月	癸未	八白	建	亢
初八	4	乙酉	七赤	定	轸	3	甲寅	四绿	成	角	2	甲申	七赤	除	氐
初九	5	丙戌	八白	执	角	4	乙卯	三碧	收	亢	3	乙酉	六白	满	房
初十	6	丁亥	九紫	执	亢	5	丙辰	二黑	开	氐	4	丙戌	五黄	平	心
十一	7	戊子	一白	破	氐	6	丁巳	一白	闭	房	5	丁亥	四绿	定	尾
十二	8	己丑	二黑	危	房	7	戊午	九紫	建	心	6	戊子	三碧	执	箕
十三	9	庚寅	三碧	成	心	8	己未	八白	建	尾	7	己丑	二黑	破	斗
十四	10	辛卯	四绿	收	尾	9	庚申	七赤	除	箕	8	庚寅	一白	破	牛
十五	11	壬辰	五黄	开	箕	10	辛酉	六白	满	斗	9	辛卯	一白	危	女
十六	12	癸巳	六白	闭	斗	11	壬戌	五黄	平	牛	10	壬辰	八白	成	虚
十七	13	甲午	七赤	建	牛	12	癸亥	四绿	定	女	11	癸巳	七赤	收	危
十八	14	乙未	八白	除	女	13	甲子	九紫	执	虚	12	甲午	六白	开	室
十九	15	丙申	九紫	满	虚	14	乙丑	八白	破	危	13	乙未	五黄	闭	壁
二十	16	丁酉	一白	平	危	15	丙寅	七赤	危	室	14	丙申	四绿	建	奎
廿一	17	戊戌	二黑	定	室	16	丁卯	六白	成	壁	15	丁酉	三碧	除	娄
廿二	18	己亥	三碧	执	壁	17	戊辰	五黄	收	奎	16	戊戌	二黑	满	胃
廿三	19	庚子	四绿	破	奎	18	己巳	四绿	开	娄	17	己亥	一白	平	昴
廿四	20	辛丑	五黄	危	娄	19	庚午	三碧	闭	胃	18	庚子	九紫	定	毕
廿五	21	壬寅	六白	成	胃	20	辛未	二黑	建	昴	19	辛丑	八白	执	觜
廿六	22	癸卯	六白	收	昴	21	壬申	一白	除	毕	20	壬寅	七赤	破	参
廿七	23	甲辰	五黄	开	毕	22	癸酉	九紫	满	觜	21	癸卯	六白	危	井
廿八	24	乙巳	四绿	闭	觜	23	甲戌	八白	平	参	22	甲辰	五黄	成	鬼
廿九	25	丙午	三碧	建	参	24	乙亥	七赤	定	井	23	乙巳	四绿	收	柳
三十						25	丙子	六白	执	鬼					

国学经典文库　中华历书大全　1900-2100年万年历法表　图文珍藏版

公元1930年 民国十九年 庚午马年（闰六月） 太岁王清 九星七赤

月份	七月小		甲申 二黑 艮卦 奎宿		八月大		乙酉 一白 坤卦 娄宿		九月小		丙戌 九紫 乾卦 胃宿	
节气	处暑 8月24日 初一丙午 卯时 5时26分		白露 9月8日 十六辛酉 酉时 17时28分		秋分 9月24日 初三丁丑 丑时 2时35分		寒露 10月9日 十八壬辰 辰时 8时37分		霜降 10月24日 初三丁未 午时 11时25分		立冬 11月8日 十八壬戌 午时 11时20分	
农历	公历	干支	九星	日建	星宿	公历	干支	九星	日建	星宿	公历	干支	九星	日建	星宿

农历	公历	干支	九星	日建	星宿	公历	干支	九星	日建	星宿	公历	干支	九星	日建	星宿
初一	24	丙午	六白	开	星	22	乙亥	一白	满	张	22	乙巳	七赤	危	轸
初二	25	丁未	五黄	闭	张	23	丙子	九紫	平	翼	23	丙午	六白	成	角
初三	26	戊申	四绿	建	翼	24	丁丑	八白	定	轸	24	丁未	八白	收	亢
初四	27	己酉	三碧	除	轸	25	戊寅	七赤	执	角	25	戊申	七赤	开	氐房
初五	28	庚戌	二黑	满		26	己卯	六白	破	亢	26	己酉	六白	闭	房
初六	29	辛亥	一白	平	亢	27	庚辰	五黄	危	氐	27	庚戌	五黄	建	心尾
初七	30	壬子	九紫	定	氐	28	辛巳	四绿	成	房	28	辛亥	四绿	除	尾
初八	31	癸丑	八白	执	房	29	壬午	三碧	收	心	29	壬子	三碧	满	箕
初九	9月 甲寅		七赤	破	心	30	癸未	二黑	开	尾	30	癸丑	二黑	平	斗牛
初十	2	乙卯	六白	危	尾	10月 甲申		一白	闭	箕	31	甲寅	一白	定	牛
十一	3	丙辰	五黄	成	箕	2	乙酉	九紫	建	斗	11月 乙卯		九紫	执	女
十二	4	丁巳	四绿	收	斗	3	丙戌	八白	除	牛	2	丙辰	八白	破	虚危
十三	5	戊午	三碧	开	牛	4	丁亥	七赤	满	女	3	丁巳	七赤	危	室
十四	6	己未	二黑	闭	女	5	戊子	六白	平	虚	4	戊午	六白	成	壁
十五	7	庚申	一白	建	虚	6	己丑	五黄	定	危	5	己未	五黄	收	
十六	8	辛酉	九紫	建	危	7	庚寅	四绿	执	室	6	庚申	四绿	开	奎娄
十七	9	壬戌	八白	除	室壁	8	辛卯	三碧	破	壁	7	辛酉	三碧	闭	胃
十八	10	癸亥	七赤	满	奎娄	9	壬辰	二黑	危	奎娄	8	壬戌	二黑	闭	昴
十九	11	甲子	三碧	平		10	癸巳	一白	成	胃	9	癸亥	一白	建	毕
二十	12	乙丑	二黑	定		11	甲午	九紫	收		10	甲子	六白	除	
廿一	13	丙寅	一白	执	胃	12	乙未	八白	收	昴	11	乙丑	五黄	满	觜
廿二	14	丁卯	九紫	破	昴	13	丙申	七赤	开	毕觜	12	丙寅	四绿	平	参
廿三	15	戊辰	八白	危	毕觜	14	丁酉	六白	闭	参	13	丁卯	三碧	定	井鬼
廿四	16	己巳	七赤	成	参	15	戊戌	五黄	建	井	14	戊辰	二黑	执	鬼柳
廿五	17	庚午	六白	收		16	己亥	四绿	除	井	15	己巳	一白	破	柳
廿六	18	辛未	五黄	开	井鬼	17	庚子	三碧	满	鬼柳	16	庚午	九紫	危	星
廿七	19	壬申	四绿	闭	鬼	18	辛丑	二黑	平	柳	17	辛未	八白	成	张翼
廿八	20	癸酉	三碧	建	柳	19	壬寅	一白	定	星	18	壬申	七赤	收	翼
廿九	21	甲戌	二黑	除	星	20	癸卯	九紫	执	张翼	19	癸酉	六白	开	轸
三十						21	甲辰	八白	破	翼					

公元1930年　民国十九年　庚午马年（闰六月）　太岁王清　九星七赤

月份	十月大	丁亥 八白 兑卦 昴宿			十一月大	戊子 七赤 离卦 毕宿			十二月小	己丑 六白 震卦 觜宿		
节气	小雪 11月23日 初四丁丑 辰时 8时34分	大雪 12月8日 十九壬辰 寅时 3时50分			冬至 12月22日 初三丙午 亥时 21时39分	小寒 1月6日 十八辛酉 未时 14时55分			大寒 1月21日 初三丙子 辰时 8时17分	立春 2月5日 十八辛卯 丑时 2时40分		
农历	公历	干支	九星	日建	星宿	公历	干支	九星	日建	星宿	公历	干支	九星	日建	星宿

农历	公历	干支	九星	日建	星宿	公历	干支	九星	日建	星宿	公历	干支	九星	日建	星宿
初一	20	甲戌	五黄	闭	角	20	甲辰	二黑	定	氐	19	甲戌	二黑	收	心
初二	21	乙亥	四绿	建	亢	21	乙巳	一白	执	房	20	乙亥	三碧	开	尾
初三	22	丙子	三碧	除	氐	22	丙午	七赤	破	心	21	丙子	四绿	闭	箕
初四	23	丁丑	二黑	满	房	23	丁未	八白	危	尾	22	丁丑	五黄	建	斗
初五	24	戊寅	一白	平	心	24	戊申	九紫	成	箕	23	戊寅	六白	除	牛
初六	25	己卯	九紫	定	尾	25	己酉	一白	收	斗	24	己卯	七赤	满	女
初七	26	庚辰	八白	执	箕	26	庚戌	二黑	开	牛	25	庚辰	八白	平	虚
初八	27	辛巳	七赤	破	斗	27	辛亥	三碧	闭	女	26	辛巳	九紫	定	危
初九	28	壬午	六白	危	牛	28	壬子	四绿	建	虚	27	壬午	一白	执	室
初十	29	癸未	五黄	成	女	29	癸丑	五黄	除	危	28	癸未	二黑	破	壁
十一	30	甲申	四绿	收	虚	30	甲寅	六白	满	室	29	甲申	三碧	危	奎
十二	12月	乙酉	三碧	开	危	31	乙卯	七赤	平	壁	30	乙酉	四绿	成	娄
十三	2	丙戌	二黑	闭	室	1月	丙辰	八白	定	奎	31	丙戌	五黄	收	胃
十四	3	丁亥	一白	建	壁	2	丁巳	九紫	执	娄	2月	丁亥	六白	开	昴
十五	4	戊子	九紫	除	奎	3	戊午	一白	破	胃	2	戊子	七赤	闭	毕
十六	5	己丑	八白	满	娄	4	己未	二黑	危	昴	3	己丑	八白	建	觜
十七	6	庚寅	七赤	平	胃	5	庚申	三碧	成	毕	4	庚寅	九紫	除	参
十八	7	辛卯	六白	定	昴	6	辛酉	四绿	收	觜	5	辛卯	一白	除	井
十九	8	壬辰	五黄	定	毕	7	壬戌	五黄	收	参	6	壬辰	二黑	满	鬼
二十	9	癸巳	四绿	执	觜	8	癸亥	六白	开	井	7	癸巳	三碧	平	柳
廿一	10	甲午	三碧	破	参	9	甲子	一白	闭	鬼	8	甲午	四绿	定	星
廿二	11	乙未	二黑	危	井	10	乙丑	二黑	建	柳	9	乙未	五黄	执	张
廿三	12	丙申	一白	成	鬼	11	丙寅	三碧	除	星	10	丙申	六白	破	翼
廿四	13	丁酉	九紫	收	柳	12	丁卯	四绿	满	张	11	丁酉	七赤	危	轸
廿五	14	戊戌	八白	开	星	13	戊辰	五黄	平	翼	12	戊戌	八白	成	角
廿六	15	己亥	七赤	闭	张	14	己巳	六白	定	轸	13	己亥	九紫	收	亢
廿七	16	庚子	六白	建	翼	15	庚午	七赤	执	角	14	庚子	一白	开	氐
廿八	17	辛丑	五黄	除	轸	16	辛未	八白	破	亢	15	辛丑	二黑	闭	房
廿九	18	壬寅	四绿	满	角	17	壬申	九紫	危	氐	16	壬寅	三碧	建	心
三十	19	癸卯	三碧	平	亢	18	癸酉	一白	成	房					

公元1931年　民国二十年　辛未羊年　　太岁李素　九星六白

月份	正月大　庚寅 五黄　兑卦 参宿				二月大　辛卯 四绿　离卦 井宿				三月小　壬辰 三碧　震卦 鬼宿				四月大　癸巳 二黑　巽卦 柳宿			
节气	雨水 2月19日 初三乙巳 亥时 22时40分		惊蛰 3月6日 十八庚申 亥时 21时02分		春分 3月21日 初三乙亥 亥时 22时06分		清明 4月6日 十九辛卯 丑时 2时20分		谷雨 4月21日 初四丙午 巳时 9时39分		立夏 5月6日 十九辛酉 戌时 20时09分		小满 5月22日 初六丁丑 巳时 9时15分		芒种 6月7日 廿二癸巳 早子时 0时41分	
农历	公历	干支	九星	日建 星宿	公历	干支	九星	日建 星宿	公历	干支	九星	日建 星宿	公历	干支	九星	日建 星宿
初一	17	癸卯	四绿	除 尾	19	癸酉	七赤	破 斗	18	癸卯	一白	闭 女	17	壬申	三碧	平 虚
初二	18	甲辰	五黄	满 箕	20	甲戌	八白	危 牛	19	甲辰	二黑	建 虚	18	癸酉	四绿	定 危
初三	19	乙巳	三碧	平 斗	21	乙亥	九紫	成 女	20	乙巳	三碧	除 危	19	甲戌	五黄	执 室
初四	20	丙午	四绿	定 牛	22	丙子	一白	收 虚	21	丙午	一白	满 室	20	乙亥	六白	破 壁
初五	21	丁未	五黄	执 女	23	丁丑	二黑	开 危	22	丁未	二黑	平 壁	21	丙子	七赤	危 奎
初六	22	戊申	六白	破 虚	24	戊寅	三碧	闭 室	23	戊申	三碧	定 奎	22	丁丑	八白	成 娄
初七	23	己酉	七赤	危 危	25	己卯	四绿	建 壁	24	己酉	四绿	执 娄	23	戊寅	九紫	收 胃
初八	24	庚戌	八白	成 室	26	庚辰	五黄	除 奎	25	庚戌	五黄	破 胃	24	己卯	一白	开 昴
初九	25	辛亥	九紫	收 壁	27	辛巳	六白	满 娄	26	辛亥	六白	危 昴	25	庚辰	二黑	闭 毕
初十	26	壬子	一白	开 奎	28	壬午	七赤	平 胃	27	壬子	七赤	成 毕	26	辛巳	三碧	建 觜
十一	27	癸丑	二黑	闭 娄	29	癸未	八白	定 昴	28	癸丑	八白	收 觜	27	壬午	四绿	除 参
十二	28	甲寅	三碧	建 胃	30	甲申	九紫	执 毕	29	甲寅	九紫	开 参	28	癸未	五黄	满 井
十三	3月	乙卯	四绿	除 昴	31	乙酉	一白	破 觜	30	乙卯	一白	闭 井	29	甲申	六白	平 鬼
十四	2	丙辰	五黄	满 毕	4月	丙戌	二黑	危 参	5月	丙辰	二黑	建 鬼	30	乙酉	七赤	定 柳
十五	3	丁巳	六白	平 觜	2	丁亥	三碧	成 井	2	丁巳	三碧	除 柳	31	丙戌	八白	执 星
十六	4	戊午	七赤	定 参	3	戊子	四绿	收 鬼	3	戊午	四绿	满 星	6月	丁亥	九紫	破 张
十七	5	己未	八白	执 井	4	己丑	五黄	开 柳	4	己未	五黄	平 张	2	戊子	一白	危 翼
十八	6	庚申	九紫	执 鬼	5	庚寅	六白	闭 星	5	庚申	六白	定 翼	3	己丑	二黑	成 轸
十九	7	辛酉	一白	破 柳	6	辛卯	七赤	建 张	6	辛酉	七赤	定 轸	4	庚寅	三碧	收 角
二十	8	壬戌	二黑	危 星	7	壬辰	八白	除 翼	7	壬戌	八白	执 角	5	辛卯	四绿	开 亢
廿一	9	癸亥	三碧	成 张	8	癸巳	九紫	满 轸	8	癸亥	九紫	破 亢	6	壬辰	五黄	闭 氐
廿二	10	甲子	七赤	收 翼	9	甲午	一白	平 角	9	甲子	四绿	危 氐	7	癸巳	六白	闭 房
廿三	11	乙丑	八白	开 轸	10	乙未	二黑	平 亢	10	乙丑	五黄	成 房	8	甲午	七赤	建 心
廿四	12	丙寅	九紫	闭 角	11	丙申	三碧	定 氐	11	丙寅	六白	收 心	9	乙未	八白	除 尾
廿五	13	丁卯	一白	建 亢	12	丁酉	四绿	执 房	12	丁卯	七赤	开 尾	10	丙申	九紫	满 箕
廿六	14	戊辰	二黑	除 氐	13	戊戌	五黄	破 心	13	戊辰	八白	闭 箕	11	丁酉	一白	平 斗
廿七	15	己巳	三碧	满 房	14	己亥	六白	危 尾	14	己巳	九紫	建 斗	12	戊戌	二黑	定 牛
廿八	16	庚午	四绿	平 心	15	庚子	七赤	成 箕	15	庚午	一白	除 牛	13	己亥	三碧	执 女
廿九	17	辛未	五黄	定 尾	16	辛丑	八白	收 斗	16	辛未	二黑	满 女	14	庚子	四绿	破 虚
三十	18	壬申	六白	执 箕	17	壬寅	九紫	开 牛					15	辛丑	五黄	危 危

公元1931年 民国二十年 辛未羊年　太岁李素　九星六白

月份	五月小 甲午 一白 坎卦 星宿				六月大 乙未 九紫 艮卦 张宿				七月小 丙申 八白 坤卦 翼宿				八月小 丁酉 七赤 乾卦 轸宿			
节气	夏至 6月22日 初七戊申 酉时 17时28分		小暑 7月8日 廿三甲子 午时 11时05分		大暑 7月24日 初十庚辰 寅时 4时21分		立秋 8月8日 廿五乙未 戌时 20时44分		处暑 8月24日 十一辛亥 午时 11时10分		白露 9月8日 廿六丙寅 夜子时 23时17分		秋分 9月24日 十三壬午 辰时 8时23分		寒露 10月9日 廿八丁酉 未时 14时26分	
农历	公历	干支	九星	日建/星宿	公历	干支	九星	日建/星宿	公历	干支	九星	日建/星宿	公历	干支	九星	日建/星宿
初一	16	壬寅	六白	成 室	15	辛未	二黑	建 壁	14	辛丑	八白	执 娄	12	庚午	六白	收 胃
初二	17	癸卯	七赤	收 壁	16	壬申	一白	除 奎	15	壬寅	七赤	破 胃	13	辛未	五黄	开 昴
初三	18	甲辰	八白	开 奎	17	癸酉	九紫	满 娄	16	癸卯	六白	危 昴	14	壬申	四绿	闭 毕
初四	19	乙巳	九紫	闭 娄	18	甲戌	八白	平 胃	17	甲辰	五黄	成 毕	15	癸酉	三碧	建 觜
初五	20	丙午	一白	建 胃	19	乙亥	七赤	定 昴	18	乙巳	四绿	收 觜	16	甲戌	二黑	除 参
初六	21	丁未	二黑	除 昴	20	丙子	六白	执 毕	19	丙午	三碧	开 参	17	乙亥	一白	满 井
初七	22	戊申	一白	满 毕	21	丁丑	五黄	破 觜	20	丁未	二黑	闭 井	18	丙子	九紫	平 鬼
初八	23	己酉	九紫	平 觜	22	戊寅	四绿	危 参	21	戊申	一白	建 鬼	19	丁丑	八白	定 柳
初九	24	庚戌	八白	定 参	23	己卯	三碧	成 井	22	己酉	九紫	除 柳	20	戊寅	七赤	执 星
初十	25	辛亥	七赤	执 井	24	庚辰	二黑	收 鬼	23	庚戌	八白	满 星	21	己卯	六白	破 张
十一	26	壬子	六白	破 鬼	25	辛巳	一白	开 柳	24	辛亥	一白	平 张	22	庚辰	五黄	危 翼
十二	27	癸丑	五黄	危 柳	26	壬午	九紫	闭 星	25	壬子	九紫	定 翼	23	辛巳	四绿	成 轸
十三	28	甲寅	四绿	成 星	27	癸未	八白	建 张	26	癸丑	八白	执 轸	24	壬午	三碧	收 角
十四	29	乙卯	三碧	收 张	28	甲申	七赤	除 翼	27	甲寅	七赤	破 角	25	癸未	二黑	开 元
十五	30	丙辰	二黑	开 翼	29	乙酉	六白	满 轸	28	乙卯	六白	危 元	26	甲申	一白	闭 氐
十六	7月	丁巳	一白	闭 轸	30	丙戌	五黄	平 角	29	丙辰	五黄	成 氐	27	乙酉	九紫	建 房
十七	2	戊午	九紫	建 角	31	丁亥	四绿	定 元	30	丁巳	四绿	收 房	28	丙戌	八白	除 心
十八	3	己未	八白	除 元	8月	戊子	三碧	执 氐	31	戊午	三碧	开 心	29	丁亥	七赤	满 尾
十九	4	庚申	七赤	满 氐	2	己丑	二黑	破 房	9月	己未	二黑	闭 尾	30	戊子	六白	平 箕
二十	5	辛酉	六白	平 房	3	庚寅	一白	危 心	2	庚申	一白	建 箕	10月	己丑	五黄	定 斗
廿一	6	壬戌	五黄	定 心	4	辛卯	九紫	成 尾	3	辛酉	九紫	除 斗	2	庚寅	四绿	执 牛
廿二	7	癸亥	四绿	执 尾	5	壬辰	八白	收 箕	4	壬戌	八白	满 牛	3	辛卯	三碧	破 女
廿三	8	甲子	九紫	执 箕	6	癸巳	七赤	开 斗	5	癸亥	七赤	平 女	4	壬辰	二黑	危 虚
廿四	9	乙丑	八白	破 斗	7	甲午	六白	闭 牛	6	甲子	三碧	定 虚	5	癸巳	一白	成 危
廿五	10	丙寅	七赤	危 牛	8	乙未	五黄	闭 女	7	乙丑	二黑	执 危	6	甲午	九紫	收 室
廿六	11	丁卯	六白	成 女	9	丙申	四绿	建 虚	8	丙寅	一白	执 室	7	乙未	八白	开 壁
廿七	12	戊辰	五黄	收 虚	10	丁酉	三碧	除 危	9	丁卯	九紫	破 壁	8	丙申	七赤	闭 奎
廿八	13	己巳	四绿	开 危	11	戊戌	二黑	满 室	10	戊辰	八白	危 奎	9	丁酉	六白	闭 娄
廿九	14	庚午	三碧	闭 室	12	己亥	一白	平 壁	11	己巳	七赤	成 娄	10	戊戌	五黄	建 胃
三十					13	庚子	九紫	定 奎								

公元1931年　民国二十年　辛未羊年　　太岁李素　九星六白

月份	九月大　戊戌 六白 兑卦 角宿	十月小　己亥 五黄 离卦 亢宿	十一月大　庚子 四绿 震卦 氐宿	十二月小　辛丑 三碧 巽卦 房宿
节气	霜降 10月24日 十四壬子 酉时 17时15分　／　立冬 11月8日 廿九丁卯 酉时 17时09分	小雪 11月23日 十四壬午 未时 14时24分　／　大雪 12月8日 廿九丁酉 巳时 9时40分	冬至 12月23日 十五壬子 寅时 3时29分　／　小寒 1月6日 廿九丙寅 戌时 20时45分	大寒 1月21日 十四辛巳 未时 14时06分　／　立春 2月5日 廿九丙申 辰时 8时29分

农历	公历	干支	九星	日建	星宿	公历	干支	九星	日建	星宿	公历	干支	九星	日建	星宿	公历	干支	九星	日建	星宿
初一	11	己亥	四绿	除	昴	10	己巳	一白	破	觜	9	戊戌	八白	开	参	8	戊辰	五黄	平	鬼
初二	12	庚子	三碧	满	毕	11	庚午	九紫	危	参	10	己亥	七赤	闭	井	9	己巳	六白	定	柳
初三	13	辛丑	二黑	平	觜	12	辛未	八白	成	井	11	庚子	六白	建	鬼	10	庚午	七赤	执	星
初四	14	壬寅	一白	定	参	13	壬申	七赤	收	鬼	12	辛丑	五黄	除	柳	11	辛未	八白	破	张
初五	15	癸卯	九紫	执	井	14	癸酉	六白	开	柳	13	壬寅	四绿	满	星	12	壬申	九紫	危	翼
初六	16	甲辰	八白	破	鬼	15	甲戌	五黄	闭	星	14	癸卯	三碧	平	张	13	癸酉	一白	成	轸
初七	17	乙巳	七赤	危	柳	16	乙亥	四绿	建	张	15	甲辰	二黑	定	翼	14	甲戌	二黑	收	角
初八	18	丙午	六白	成	星	17	丙子	三碧	除	翼	16	乙巳	一白	执	轸	15	乙亥	三碧	开	亢
初九	19	丁未	五黄	收	张	18	丁丑	二黑	满	轸	17	丙午	九紫	破	角	16	丙子	四绿	闭	氐
初十	20	戊申	四绿	开	翼	19	戊寅	一白	平	角	18	丁未	八白	危	亢	17	丁丑	五黄	建	房
十一	21	己酉	三碧	闭	轸	20	己卯	九紫	定	亢	19	戊申	七赤	成	氐	18	戊寅	六白	除	心
十二	22	庚戌	二黑	建	角	21	庚辰	八白	执	氐	20	己酉	六白	收	房	19	己卯	七赤	满	尾
十三	23	辛亥	一白	除	亢	22	辛巳	七赤	破	房	21	庚戌	五黄	开	心	20	庚辰	八白	平	箕
十四	24	壬子	三碧	满	氐	23	壬午	六白	危	心	22	辛亥	四绿	闭	尾	21	辛巳	九紫	定	斗
十五	25	癸丑	二黑	平	房	24	癸未	五黄	成	尾	23	壬子	四绿	建	箕	22	壬午	一白	执	牛
十六	26	甲寅	一白	定	心	25	甲申	四绿	收	箕	24	癸丑	五黄	除	斗	23	癸未	二黑	破	女
十七	27	乙卯	九紫	执	尾	26	乙酉	三碧	开	斗	25	甲寅	六白	满	牛	24	甲申	三碧	危	虚
十八	28	丙辰	八白	破	箕	27	丙戌	二黑	闭	牛	26	乙卯	七赤	平	女	25	乙酉	四绿	成	危
十九	29	丁巳	七赤	危	斗	28	丁亥	一白	建	女	27	丙辰	八白	定	虚	26	丙戌	五黄	收	室
二十	30	戊午	六白	成	牛	29	戊子	九紫	除	虚	28	丁巳	九紫	执	危	27	丁亥	六白	开	壁
廿一	31	己未	五黄	收	女	30	己丑	八白	满	危	29	戊午	一白	破	室	28	戊子	七赤	闭	奎
廿二	**11月** 庚申		四绿	开	虚	**12月** 庚寅		七赤	平	室	30	己未	二黑	危	壁	29	己丑	八白	建	娄
廿三	2	辛酉	三碧	闭	危	2	辛卯	六白	定	壁	31	庚申	三碧	成	奎	30	庚寅	九紫	除	胃
廿四	3	壬戌	二黑	建	室	3	壬辰	五黄	执	奎	**1月** 辛酉		四绿	收	娄	31	辛卯	一白	满	昴
廿五	4	癸亥	一白	除	壁	4	癸巳	四绿	破	娄	2	壬戌	五黄	开	胃	**2月** 壬辰		二黑	平	毕
廿六	5	甲子	六白	满	奎	5	甲午	三碧	危	胃	3	癸亥	六白	闭	昴	2	癸巳	三碧	定	觜
廿七	6	乙丑	五黄	平	娄	6	乙未	二黑	成	昴	4	甲子	一白	建	毕	3	甲午	四绿	执	参
廿八	7	丙寅	四绿	定	胃	7	丙申	一白	收	毕	5	乙丑	二黑	除	觜	4	乙未	五黄	破	井
廿九	8	丁卯	三碧	定	昴	8	丁酉	九紫	收	觜	6	丙寅	三碧	除	参	5	丙申	六白	破	鬼
三十	9	戊辰	二黑	执	毕						7	丁卯	四绿	满	井					

月份	正月大	壬寅 二黑 离卦 心宿				二月大	癸卯 一白 震卦 尾宿				三月大	甲辰 九紫 巽卦 箕宿				四月小	乙巳 八白 坎卦 斗宿			
节气	雨水 2月20日 十五辛亥 寅时 4时28分		惊蛰 3月6日 三十丙寅 丑时 2时49分			春分 3月21日 十五辛巳 寅时 3时53分		清明 4月5日 三十丙申 辰时 8时06分			谷雨 4月20日 十五辛亥 申时 15时28分					立夏 5月6日 初一丁卯 丑时 1时55分		小满 5月21日 十六壬午 申时 15时06分		
农历	公历	干支	九星	日建	星宿	公历	干支	九星	日建	星宿	公历	干支	九星	日建	星宿	公历	干支	九星	日建	星宿
初一	6	丁酉	七赤	危	柳	7	丁卯	一白	建	张	6	丁酉	四绿	执	轸	6	丁卯	七赤	开	亢
初二	7	戊戌	八白	成	星	8	戊辰	二黑	除	翼	7	戊戌	五黄	破	角	7	戊辰	八白	闭	氐
初三	8	己亥	九紫	收	张	9	己巳	三碧	满	轸	8	己亥	六白	危	亢	8	己巳	九紫	建	房
初四	9	庚子	一白	开	翼	10	庚午	四绿	平	角	9	庚子	七赤	成	氐	9	庚午	一白	除	心
初五	10	辛丑	二黑	闭	轸	11	辛未	五黄	定	亢	10	辛丑	八白	收	房	10	辛未	二黑	满	尾
初六	11	壬寅	三碧	建	角	12	壬申	六白	执	氐	11	壬寅	九紫	开	心	11	壬申	三碧	平	箕
初七	12	癸卯	四绿	除	亢	13	癸酉	七赤	破	房	12	癸卯	一白	闭	尾	12	癸酉	四绿	定	斗
初八	13	甲辰	五黄	满	氐	14	甲戌	八白	危	心	13	甲辰	二黑	建	箕	13	甲戌	五黄	执	牛
初九	14	乙巳	六白	平	房	15	乙亥	九紫	成	尾	14	乙巳	三碧	除	斗	14	乙亥	六白	破	女
初十	15	丙午	七赤	定	心	16	丙子	一白	收	箕	15	丙午	四绿	满	牛	15	丙子	七赤	危	虚
十一	16	丁未	八白	执	尾	17	丁丑	二黑	开	斗	16	丁未	五黄	平	女	16	丁丑	八白	成	危
十二	17	戊申	九紫	破	箕	18	戊寅	三碧	闭	牛	17	戊申	六白	定	虚	17	戊寅	九紫	收	室
十三	18	己酉	一白	危	斗	19	己卯	四绿	建	女	18	己酉	七赤	执	危	18	己卯	一白	开	壁
十四	19	庚戌	二黑	成	牛	20	庚辰	五黄	除	虚	19	庚戌	八白	破	室	19	庚辰	二黑	闭	奎
十五	20	辛亥	九紫	收	女	21	辛巳	六白	满	危	20	辛亥	六白	危	壁	20	辛巳	三碧	建	娄
十六	21	壬子	一白	开	虚	22	壬午	七赤	平	室	21	壬子	七赤	成	奎	21	壬午	四绿	除	胃
十七	22	癸丑	二黑	闭	危	23	癸未	八白	定	壁	22	癸丑	八白	收	娄	22	癸未	五黄	满	昴
十八	23	甲寅	三碧	建	室	24	甲申	九紫	执	奎	23	甲寅	九紫	开	胃	23	甲申	六白	平	毕
十九	24	乙卯	四绿	除	壁	25	乙酉	一白	破	娄	24	乙卯	一白	闭	昴	24	乙酉	七赤	定	觜
二十	25	丙辰	五黄	满	奎	26	丙戌	二黑	危	胃	25	丙辰	二黑	建	毕	25	丙戌	八白	执	参
廿一	26	丁巳	六白	平	娄	27	丁亥	三碧	成	昴	26	丁巳	三碧	除	觜	26	丁亥	九紫	破	井
廿二	27	戊午	七赤	定	胃	28	戊子	四绿	收	毕	27	戊午	四绿	满	参	27	戊子	一白	危	鬼
廿三	28	己未	八白	执	昴	29	己丑	五黄	开	觜	28	己未	五黄	平	井	28	己丑	二黑	成	柳
廿四	29	庚申	九紫	破	毕	30	庚寅	六白	闭	参	29	庚申	六白	定	鬼	29	庚寅	三碧	收	星
廿五	3月 辛酉		一白	危	觜	31	辛卯	七赤	建	井	30	辛酉	七赤	执	柳	30	辛卯	四绿	开	张
廿六	2	壬戌	二黑	成	参	4月 壬辰		八白	除	鬼	5月 壬戌		八白	破	星	31	壬辰	五黄	闭	翼
廿七	3	癸亥	三碧	收	井	2	癸巳	九紫	满	柳	2	癸亥	九紫	危	张	6月 癸巳		六白	建	轸
廿八	4	甲子	七赤	开	鬼	3	甲午	一白	平	星	3	甲子	四绿	成	翼	2	甲午	七赤	除	角
廿九	5	乙丑	八白	闭	柳	4	乙未	二黑	定	张	4	乙丑	五黄	收	轸	3	乙未	八白	满	亢
三十	6	丙寅	九紫	闭	星	5	丙申	三碧	定	翼	5	丙寅	六白	开	角					

公元1932年　民国二十一年　壬申猴年　　太岁刘旺　九星五黄

月份	五月大 丙午 七赤 艮卦 牛宿					六月小 丁未 六白 坤卦 女宿					七月大 戊申 五黄 乾卦 虚宿					八月小 己酉 四绿 兑卦 危宿				
节气	芒种 6月6日 初三戊戌 卯时 6时27分		夏至 6月21日 十八癸丑 夜子时 23时22分			小暑 7月7日 初四己巳 申时 16时52分		大暑 7月23日 二十乙酉 巳时 10时17分			立秋 8月8日 初七辛丑 丑时 2时31分		处暑 8月23日 廿二丙辰 酉时 17时06分			白露 9月8日 初八壬申 卯时 5时02分		秋分 9月23日 廿三丁亥 未时 14时15分		
农历	公历	干支	九星	日建	星宿	公历	干支	九星	日建	星宿	公历	干支	九星	日建	星宿	公历	干支	九星	日建	星宿
初一	4	丙申	九紫	平	氐	4	丙寅	七赤	成	心	2	乙未	五黄	建	箕	9月	乙丑	二黑	执	斗
初二	5	丁酉	一白	定	房	5	丁卯	六白	收	尾	3	丙申	四绿	除	斗	2	丙寅	一白	破	牛
初三	6	戊戌	二黑	定	心	6	戊辰	五黄	开	箕	4	丁酉	三碧	满	斗	3	丁卯	九紫	危	女
初四	7	己亥	三碧	执	尾	7	己巳	四绿	开	斗	5	戊戌	二黑	平	牛	4	戊辰	八白	成	虚
初五	8	庚子	四绿	破	箕	8	庚午	三碧	闭	牛	6	己亥	一白	定	女	5	己巳	七赤	收	危
初六	9	辛丑	五黄	危	斗	9	辛未	二黑	建	女	7	庚子	九紫	执	虚	6	庚午	六白	开	室
初七	10	壬寅	六白	成	牛	10	壬申	一白	除	虚	8	辛丑	八白	执	危	7	辛未	五黄	闭	壁
初八	11	癸卯	七赤	收	女	11	癸酉	九紫	满	危	9	壬寅	七赤	破	室	8	壬申	四绿	闭	奎
初九	12	甲辰	八白	开	虚	12	甲戌	八白	平	室	10	癸卯	六白	危	壁	9	癸酉	三碧	建	娄
初十	13	乙巳	九紫	闭	危	13	乙亥	七赤	定	壁	11	甲辰	五黄	成	奎	10	甲戌	二黑	除	胃
十一	14	丙午	一白	建	室	14	丙子	六白	执	奎	12	乙巳	四绿	收	娄	11	乙亥	一白	满	昴
十二	15	丁未	二黑	除	壁	15	丁丑	五黄	破	娄	13	丙午	三碧	开	胃	12	丙子	九紫	平	毕
十三	16	戊申	三碧	满	奎	16	戊寅	四绿	危	胃	14	丁未	二黑	闭	昴	13	丁丑	八白	定	觜
十四	17	己酉	四绿	平	娄	17	己卯	三碧	成	昴	15	戊申	一白	建	毕	14	戊寅	七赤	执	参
十五	18	庚戌	五黄	定	胃	18	庚辰	二黑	收	毕	16	己酉	九紫	除	觜	15	己卯	六白	破	井
十六	19	辛亥	六白	执	昴	19	辛巳	一白	开	觜	17	庚戌	八白	满	参	16	庚辰	五黄	危	鬼
十七	20	壬子	七赤	破	毕	20	壬午	九紫	闭	参	18	辛亥	七赤	平	井	17	辛巳	四绿	成	柳
十八	21	癸丑	五黄	危	觜	21	癸未	八白	建	井	19	壬子	六白	定	鬼	18	壬午	三碧	收	星
十九	22	甲寅	四绿	成	参	22	甲申	七赤	除	鬼	20	癸丑	五黄	执	柳	19	癸未	二黑	开	张
二十	23	乙卯	三碧	收	井	23	乙酉	六白	满	柳	21	甲寅	四绿	破	星	20	甲申	一白	闭	翼
廿一	24	丙辰	二黑	开	鬼	24	丙戌	五黄	平	星	22	乙卯	三碧	危	张	21	乙酉	九紫	建	轸
廿二	25	丁巳	一白	闭	柳	25	丁亥	四绿	定	张	23	丙辰	五黄	成	翼	22	丙戌	八白	除	角
廿三	26	戊午	九紫	建	星	26	戊子	三碧	执	翼	24	丁巳	四绿	收	轸	23	丁亥	七赤	满	亢
廿四	27	己未	八白	除	张	27	己丑	二黑	破	轸	25	戊午	三碧	开	角	24	戊子	六白	平	氐
廿五	28	庚申	七赤	满	翼	28	庚寅	一白	危	角	26	己未	二黑	闭	亢	25	己丑	五黄	定	房
廿六	29	辛酉	六白	平	轸	29	辛卯	九紫	成	亢	27	庚申	一白	建	氐	26	庚寅	四绿	执	心
廿七	30	壬戌	五黄	定	角	30	壬辰	八白	收	氐	28	辛酉	九紫	除	房	27	辛卯	三碧	破	尾
廿八	7月	癸亥	四绿	执	亢	31	癸巳	七赤	开	房	29	壬戌	八白	满	心	28	壬辰	二黑	危	箕
廿九	2	甲子	九紫	破	氐	8月	甲午	六白	闭	心	30	癸亥	七赤	平	尾	29	癸巳	一白	成	斗
三十	3	乙丑	八白	危	房						31	甲子	三碧	定	箕					

260

公元1932年 民国二十一年 壬申猴年　太岁刘旺 九星五黄

月份	九月小 庚戌 三碧 离卦 室宿					十月大 辛亥 二黑 震卦 壁宿					十一月小 壬子 一白 巽卦 奎宿					十二月大 癸丑 九紫 坎卦 娄宿				
节气	寒露 10月8日 初九壬寅 戌时 20时09分			霜降 10月23日 廿四丁巳 夜子时 23时03分		立冬 11月7日 初十壬申 亥时 22时49分			小雪 11月22日 廿五丁亥 戌时 20时10分		大雪 12月7日 初十壬寅 申时 15时18分			冬至 12月22日 廿五丁巳 巳时 9时14分		小寒 1月6日 十一壬申 丑时 2时23分			大寒 1月20日 廿五丙戌 戌时 19时52分	
农历	公历	干支	九星	日建	星宿	公历	干支	九星	日建	星宿	公历	干支	九星	日建	星宿	公历	干支	九星	日建	星宿
初一	30	甲午	九紫	收	牛	29	癸亥	一白	除	女	28	癸巳	四绿	破	危	27	壬戌	五黄	开	室
初二	10月	乙未	八白	开	女	30	甲子	六白	满	虚	29	甲午	三碧	危	室	28	癸亥	六白	闭	壁
初三	2	丙申	七赤	闭	虚	31	乙丑	五黄	平	危	30	乙未	二黑	成	壁	29	甲子	一白	建	奎
初四	3	丁酉	六白	建	危	11月	丙寅	四绿	定	室	12月	丙申	一白	收	奎	30	乙丑	二黑	除	娄
初五	4	戊戌	五黄	除	室	2	丁卯	三碧	执	壁	2	丁酉	九紫	开	娄	31	丙寅	三碧	满	胃
初六	5	己亥	四绿	满	壁	3	戊辰	二黑	破	奎	3	戊戌	八白	闭	胃	1月	丁卯	四绿	平	昴
初七	6	庚子	三碧	平	奎	4	己巳	一白	危	娄	4	己亥	七赤	建	昴	2	戊辰	五黄	定	毕
初八	7	辛丑	二黑	定	娄	5	庚午	九紫	成	胃	5	庚子	六白	除	毕	3	己巳	六白	执	觜
初九	8	壬寅	一白	定	胃	6	辛未	八白	收	昴	6	辛丑	五黄	满	觜	4	庚午	七赤	破	参
初十	9	癸卯	九紫	执	昴	7	壬申	七赤	收	毕	7	壬寅	四绿	满	参	5	辛未	八白	危	井
十一	10	甲辰	八白	破	毕	8	癸酉	六白	开	觜	8	癸卯	三碧	平	井	6	壬申	九紫	危	鬼
十二	11	乙巳	七赤	危	觜	9	甲戌	五黄	闭	参	9	甲辰	二黑	定	鬼	7	癸酉	一白	成	柳
十三	12	丙午	六白	成	参	10	乙亥	四绿	建	井	10	乙巳	一白	执	柳	8	甲戌	二黑	收	星
十四	13	丁未	五黄	收	井	11	丙子	三碧	除	鬼	11	丙午	九紫	破	星	9	乙亥	三碧	开	张
十五	14	戊申	四绿	开	鬼	12	丁丑	二黑	满	柳	12	丁未	八白	危	张	10	丙子	四绿	闭	翼
十六	15	己酉	三碧	闭	柳	13	戊寅	一白	平	星	13	戊申	七赤	成	翼	11	丁丑	五黄	建	轸
十七	16	庚戌	二黑	建	星	14	己卯	九紫	定	张	14	己酉	六白	收	轸	12	戊寅	六白	除	角
十八	17	辛亥	一白	除	张	15	庚辰	八白	执	翼	15	庚戌	五黄	开	角	13	己卯	七赤	满	亢
十九	18	壬子	九紫	满	翼	16	辛巳	七赤	破	轸	16	辛亥	四绿	闭	亢	14	庚辰	八白	平	氐
二十	19	癸丑	八白	平	轸	17	壬午	六白	危	角	17	壬子	三碧	建	氐	15	辛巳	九紫	定	房
廿一	20	甲寅	七赤	定	角	18	癸未	五黄	成	亢	18	癸丑	二黑	除	房	16	壬午	一白	执	心
廿二	21	乙卯	六白	执	亢	19	甲申	四绿	收	氐	19	甲寅	一白	满	心	17	癸未	二黑	破	尾
廿三	22	丙辰	五黄	破	氐	20	乙酉	三碧	开	房	20	乙卯	九紫	平	尾	18	甲申	三碧	危	箕
廿四	23	丁巳	七赤	危	房	21	丙戌	二黑	闭	心	21	丙辰	八白	定	箕	19	乙酉	四绿	成	斗
廿五	24	戊午	六白	成	心	22	丁亥	一白	建	尾	22	丁巳	九紫	执	斗	20	丙戌	五黄	收	牛
廿六	25	己未	五黄	收	尾	23	戊子	九紫	除	箕	23	戊午	一白	破	牛	21	丁亥	六白	开	女
廿七	26	庚申	四绿	开	箕	24	己丑	八白	满	斗	24	己未	二黑	危	女	22	戊子	七赤	闭	虚
廿八	27	辛酉	三碧	闭	斗	25	庚寅	七赤	平	牛	25	庚申	三碧	成	虚	23	己丑	八白	建	危
廿九	28	壬戌	二黑	建	牛	26	辛卯	六白	定	女	26	辛酉	四绿	收	危	24	庚寅	九紫	除	室
三十						27	壬辰	五黄	执	虚						25	辛卯	一白	满	壁

公元1933年 民国二十二年 癸酉鸡年（闰五月）　太岁康志 九星四绿

月份	正月小 甲寅 八白 震卦 胃宿					二月大 乙卯 七赤 巽卦 昴宿					三月大 丙辰 六白 坎卦 毕宿					四月小 丁巳 五黄 艮卦 觜宿				
节气	立春 2月4日 初十辛丑 未时 14时09分		雨水 2月19日 廿五丙辰 巳时 10时16分			惊蛰 3月6日 十一辛未 辰时 8时31分		春分 3月21日 廿六丙戌 巳时 9时43分			清明 4月5日 十一辛丑 未时 13时50分		谷雨 4月20日 廿六丙辰 亥时 21时18分			立夏 5月6日 十二壬申 辰时 7时41分		小满 5月21日 廿七丁巳 戌时 20时56分		
农历	公历	干支	九星	日建	星宿	公历	干支	九星	日建	星宿	公历	干支	九星	日建	星宿	公历	干支	九星	日建	星宿
初一	26	壬辰	二黑	平	奎	24	辛酉	一白	危	娄	26	辛卯	七赤	建	昴	25	辛酉	七赤	执	觜
初二	27	癸巳	三碧	定	娄	25	壬戌	二黑	成	胃	27	壬辰	八白	除	毕	26	壬戌	八白	破	参
初三	28	甲午	四绿	执	胃	26	癸亥	三碧	收	昴	28	癸巳	九紫	满	觜	27	癸亥	九紫	危	井
初四	29	乙未	五黄	破	昴	27	甲子	七赤	开	毕	29	甲午	一白	平	参	28	甲子	四绿	成	鬼
初五	30	丙申	六白	危	毕	28	乙丑	八白	闭	觜	30	乙未	二黑	定	井	29	乙丑	五黄	收	柳
初六	31	丁酉	七赤	成	觜	3月	丙寅	九紫	建	参	31	丙申	三碧	执	鬼	30	丙寅	六白	开	星
初七	2月	戊戌	八白	收	参	2	丁卯	一白	除	井	4月	丁酉	四绿	破	柳	5月	丁卯	七赤	闭	张
初八	2	己亥	九紫	开	井	3	戊辰	二黑	满	鬼	2	戊戌	五黄	危	星	2	戊辰	八白	建	翼
初九	3	庚子	一白	闭	鬼	4	己巳	三碧	平	柳	3	己亥	六白	成	张	3	己巳	九紫	除	轸
初十	4	辛丑	二黑	闭	柳	5	庚午	四绿	定	星	4	庚子	七赤	收	翼	4	庚午	一白	满	角
十一	5	壬寅	三碧	建	星	6	辛未	五黄	定	张	5	辛丑	八白	收	轸	5	辛未	二黑	平	亢
十二	6	癸卯	四绿	除	张	7	壬申	六白	执	翼	6	壬寅	九紫	开	角	6	壬申	三碧	平	氐
十三	7	甲辰	五黄	满	翼	8	癸酉	七赤	破	轸	7	癸卯	一白	闭	亢	7	癸酉	四绿	定	房
十四	8	乙巳	六白	平	轸	9	甲戌	八白	危	角	8	甲辰	二黑	建	氐	8	甲戌	五黄	执	心
十五	9	丙午	七赤	定	角	10	乙亥	九紫	成	亢	9	乙巳	三碧	除	房	9	乙亥	六白	破	尾
十六	10	丁未	八白	执	亢	11	丙子	一白	收	氐	10	丙午	四绿	满	心	10	丙子	七赤	危	箕
十七	11	戊申	九紫	破	氐	12	丁丑	二黑	开	房	11	丁未	五黄	平	尾	11	丁丑	八白	成	斗
十八	12	己酉	一白	危	房	13	戊寅	三碧	闭	心	12	戊申	六白	定	箕	12	戊寅	九紫	收	牛
十九	13	庚戌	二黑	成	心	14	己卯	四绿	建	尾	13	己酉	七赤	执	斗	13	己卯	一白	开	女
二十	14	辛亥	三碧	收	尾	15	庚辰	五黄	除	箕	14	庚戌	八白	破	牛	14	庚辰	二黑	闭	虚
廿一	15	壬子	四绿	开	箕	16	辛巳	六白	满	斗	15	辛亥	九紫	危	女	15	辛巳	三碧	建	危
廿二	16	癸丑	五黄	闭	斗	17	壬午	七赤	平	牛	16	壬子	一白	成	虚	16	壬午	四绿	除	室
廿三	17	甲寅	六白	建	牛	18	癸未	八白	定	女	17	癸丑	二黑	收	危	17	癸未	五黄	满	壁
廿四	18	乙卯	七赤	除	女	19	甲申	九紫	执	虚	18	甲寅	三碧	开	室	18	甲申	六白	平	奎
廿五	19	丙辰	五黄	满	虚	20	乙酉	一白	破	危	19	乙卯	四绿	闭	壁	19	乙酉	七赤	定	娄
廿六	20	丁巳	六白	平	危	21	丙戌	二黑	危	室	20	丙辰	二黑	建	奎	20	丙戌	八白	执	胃
廿七	21	戊午	七赤	定	室	22	丁亥	三碧	成	壁	21	丁巳	三碧	除	娄	21	丁亥	九紫	破	昴
廿八	22	己未	八白	执	壁	23	戊子	四绿	收	奎	22	戊午	四绿	满	胃	22	戊子	一白	危	毕
廿九	23	庚申	九紫	破	奎	24	己丑	五黄	开	娄	23	己未	五黄	平	昴	23	己丑	二黑	成	觜
三十						25	庚寅	六白	闭	胃	24	庚申	六白	定	毕					

公元1933年　民国二十二年　癸酉鸡年（闰五月）　太岁康志　九星四绿

月份	五月大　戊午 四绿　坤卦 参宿					闰五月大					六月小　己未 三碧　乾卦 井宿				
节气	芒种 6月6日 十四癸卯 午时 12时17分		夏至 6月22日 三十己未 卯时 5时11分			小暑 7月7日 十五甲戌 亥时 22时44分					大暑 7月23日 初一庚寅 申时 16时05分		立秋 8月8日 十七丙午 辰时 8时25分		
农历	公历	干支	九星	日建	星宿	公历	干支	九星	日建	星宿	公历	干支	九星	日建	星宿
初一	24	庚寅	三碧	收	参	23	庚申	七赤	满	鬼	23	庚寅	一白	危	星
初二	25	辛卯	四绿	开	井	24	辛酉	六白	平	柳	24	辛卯	九紫	成	张
初三	26	壬辰	五黄	闭	鬼	25	壬戌	五黄	定	星	25	壬辰	八白	收	翼
初四	27	癸巳	六白	建	柳	26	癸亥	四绿	执	张	26	癸巳	七赤	开	轸
初五	28	甲午	七赤	除	星	27	甲子	九紫	破	翼	27	甲午	六白	闭	角
初六	29	乙未	八白	满	张	28	乙丑	八白	危	轸	28	乙未	五黄	建	亢
初七	30	丙申	九紫	平	翼	29	丙寅	七赤	成	角	29	丙申	四绿	除	氐房
初八	31	丁酉	一白	定	轸	30	丁卯	六白	收	亢	30	丁酉	三碧	满	心
初九	6月	戊戌	二黑	执	角	7月	戊辰	五黄	开	氐	31	戊戌	二黑	平	尾
初十	2	己亥	三碧	破	亢	2	己巳	四绿	闭	房	8月	己亥	一白	定	箕
十一	3	庚子	四绿	危	氐	3	庚午	三碧	建	心	2	庚子	九紫	执	斗
十二	4	辛丑	五黄	成	房	4	辛未	二黑	除	尾	3	辛丑	八白	破	牛
十三	5	壬寅	六白	收	心	5	壬申	一白	满	箕	4	壬寅	七赤	危	女
十四	6	癸卯	七赤	收	尾	6	癸酉	九紫	平	斗	5	癸卯	六白	成	虚
十五	7	甲辰	八白	开	箕	7	甲戌	八白	平	牛	6	甲辰	五黄	收	危
十六	8	乙巳	九紫	闭	斗	8	乙亥	七赤	定	女	7	乙巳	四绿	开	室
十七	9	丙午	一白	建	牛	9	丙子	六白	执	虚	8	丙午	三碧	开	壁
十八	10	丁未	二黑	除	女	10	丁丑	五黄	破	危	9	丁未	二黑	闭	奎
十九	11	戊申	三碧	满	虚	11	戊寅	四绿	危	室	10	戊申	一白	建	娄
二十	12	己酉	四绿	平	危	12	己卯	三碧	成	壁	11	己酉	九紫	除	胃
廿一	13	庚戌	五黄	定	室	13	庚辰	二黑	收	奎	12	庚戌	八白	满	昴
廿二	14	辛亥	六白	执	壁	14	辛巳	一白	开	娄	13	辛亥	七赤	平	毕
廿三	15	壬子	七赤	破	奎	15	壬午	九紫	闭	胃	14	壬子	六白	定	觜
廿四	16	癸丑	八白	危	娄	16	癸未	八白	建	昴	15	癸丑	五黄	执	参
廿五	17	甲寅	九紫	成	胃	17	甲申	七赤	除	毕	16	甲寅	四绿	破	井
廿六	18	乙卯	一白	收	昴	18	乙酉	六白	满	觜	17	乙卯	三碧	危	鬼
廿七	19	丙辰	二黑	开	毕	19	丙戌	五黄	平	参	18	丙辰	二黑	成	柳
廿八	20	丁巳	三碧	闭	觜	20	丁亥	四绿	定	井	19	丁巳	一白	收	星
廿九	21	戊午	四绿	建	参	21	戊子	三碧	执	鬼	20	戊午	九紫	开	张
三十	22	己未	八白	除	井	22	己丑	二黑	破	柳					

国学经典文库

中华历书大全

·1900—2100年万年历法表·

图文珍藏版

公元1933年 民国二十二年 癸酉鸡年（闰五月）　太岁康志 九星四绿

月份	七月大　庚申 二黑　兑卦 鬼宿					八月小　辛酉 一白　离卦 柳宿					九月大　壬戌 九紫　震卦 星宿				
节气	处暑 8月23日 初三辛酉 亥时 22时52分		白露 9月8日 十九丁丑 巳时 10时57分			秋分 9月23日 初四壬辰 戌时 20时01分		寒露 10月9日 二十戊申 丑时 2时03分			霜降 10月24日 初六癸亥 寅时 4时48分		立冬 11月8日 廿一戊寅 寅时 4时42分		
农历	公历	干支	九星	日建	星宿	公历	干支	九星	日建	星宿	公历	干支	九星	日建	星宿
初一	21	己未	八白	闭	张	20	己丑	五黄	定	轸	19	戊午	三碧	成	角
初二	22	庚申	七赤	建	翼	21	庚寅	四绿	执	角	20	己未	二黑	收	亢
初三	23	辛酉	九紫	除	轸	22	辛卯	三碧	破	亢	21	庚申	一白	开	氐
初四	24	壬戌	八白	满	角	23	壬辰	二黑	危	氐	22	辛酉	九紫	闭	房
初五	25	癸亥	七赤	平	亢	24	癸巳	一白	成	房	23	壬戌	八白	建	心
初六	26	甲子	三碧	定	氐	25	甲午	九紫	收	心	24	癸亥	一白	除	尾
初七	27	乙丑	二黑	执	房	26	乙未	八白	开	尾	25	甲子	六白	满	箕
初八	28	丙寅	一白	破	心	27	丙申	七赤	闭	箕	26	乙丑	五黄	平	斗
初九	29	丁卯	九紫	危	尾	28	丁酉	六白	建	斗	27	丙寅	四绿	定	牛
初十	30	戊辰	八白	成	箕	29	戊戌	五黄	除	牛	28	丁卯	三碧	执	女
十一	31	己巳	七赤	收	斗	30	己亥	四绿	满	女	29	戊辰	二黑	破	虚
十二	9月	庚午	六白	开	牛	10月	庚子	三碧	平	虚	30	己巳	一白	危	危
十三	2	辛未	五黄	闭	女	2	辛丑	二黑	定	危	31	庚午	九紫	成	室
十四	3	壬申	四绿	建	虚	3	壬寅	一白	执	室	11月	辛未	八白	收	壁
十五	4	癸酉	三碧	除	危	4	癸卯	九紫	破	壁	2	壬申	七赤	开	奎
十六	5	甲戌	二黑	满	室	5	甲辰	八白	危	奎	3	癸酉	六白	闭	娄
十七	6	乙亥	一白	平	壁	6	乙巳	七赤	成	娄	4	甲戌	五黄	建	胃
十八	7	丙子	九紫	定	奎	7	丙午	六白	收	胃	5	乙亥	四绿	除	昴
十九	8	丁丑	八白	定	娄	8	丁未	五黄	开	昴	6	丙子	三碧	满	毕
二十	9	戊寅	七赤	执	胃	9	戊申	四绿	开	毕	7	丁丑	二黑	平	参
廿一	10	己卯	六白	破	昴	10	己酉	三碧	闭	觜	8	戊寅	一白	平	井
廿二	11	庚辰	五黄	危	毕	11	庚戌	二黑	建	参	9	己卯	九紫	定	鬼
廿三	12	辛巳	四绿	成	觜	12	辛亥	一白	除	井	10	庚辰	八白	执	柳
廿四	13	壬午	三碧	收	参	13	壬子	九紫	满	鬼	11	辛巳	七赤	破	星
廿五	14	癸未	二黑	开	井	14	癸丑	八白	平	柳	12	壬午	六白	危	张
廿六	15	甲申	一白	闭	鬼	15	甲寅	七赤	定	星	13	癸未	五黄	成	翼
廿七	16	乙酉	九紫	建	柳	16	乙卯	六白	执	张	14	甲申	四绿	收	轸
廿八	17	丙戌	八白	除	星	17	丙辰	五黄	破	翼	15	乙酉	三碧	开	角
廿九	18	丁亥	七赤	满	张	18	丁巳	四绿	危	轸	16	丙戌	二黑	闭	亢
三十	19	戊子	六白	平	翼						17	丁亥	一白	建	氐

月份	十月小				癸亥 八白 巽卦 张宿	十一月小				甲子 七赤 坎卦 翼宿	十二月大				乙丑 六白 艮卦 轸宿
节气	小雪 11月23日 初六癸巳 丑时 1时53分		大雪 12月7日 二十丁未 亥时 21时11分			冬至 12月22日 初六壬戌 未时 14时57分		小寒 1月6日 廿一丁丑 辰时 8时16分			大寒 1月21日 初七壬辰 丑时 1时36分		立春 2月4日 廿一丙午 戌时 20时03分		
农历	公历	干支	九星	日建	星宿	公历	干支	九星	日建	星宿	公历	干支	九星	日建	星宿
初一	18	戊子	九紫	除	氐	17	丁巳	七赤	执	房	15	丙戌	五黄	收	心
初二	19	己丑	八白	满	房	18	戊午	六白	破	心	16	丁亥	六白	开	尾
初三	20	庚寅	七赤	平	心	19	己未	五黄	危	尾	17	戊子	七赤	闭	箕
初四	21	辛卯	六白	定	尾	20	庚申	四绿	成	箕	18	己丑	八白	建	斗
初五	22	壬辰	五黄	执	箕	21	辛酉	三碧	收	斗	19	庚寅	九紫	除	牛
初六	23	癸巳	四绿	破	斗	22	壬戌	五黄	开	牛	20	辛卯	一白	满	女
初七	24	甲午	三碧	危	牛	23	癸亥	六白	闭	女	21	壬辰	二黑	平	虚
初八	25	乙未	二黑	成	女	24	甲子	一白	建	虚	22	癸巳	三碧	定	危
初九	26	丙申	一白	收	虚	25	乙丑	二黑	除	危	23	甲午	四绿	执	室
初十	27	丁酉	九紫	开	危	26	丙寅	三碧	满	室	24	乙未	五黄	破	壁
十一	28	戊戌	八白	闭	室	27	丁卯	四绿	平	壁	25	丙申	六白	危	奎
十二	29	己亥	七赤	建	壁	28	戊辰	五黄	定	奎	26	丁酉	七赤	成	娄
十三	30	庚子	六白	除	奎	29	己巳	六白	执	娄	27	戊戌	八白	收	胃
十四	12月	辛丑	五黄	满	娄	30	庚午	七赤	破	胃	28	己亥	九紫	开	昴
十五	2	壬寅	四绿	平	胃	31	辛未	八白	危	昴	29	庚子	一白	闭	毕
十六	3	癸卯	三碧	定	昴	1月	壬申	九紫	成	毕	30	辛丑	二黑	建	觜
十七	4	甲辰	二黑	执	毕	2	癸酉	一白	收	觜	31	壬寅	三碧	除	参
十八	5	乙巳	一白	破	觜	3	甲戌	二黑	开	参	2月	癸卯	四绿	满	井
十九	6	丙午	九紫	危	参	4	乙亥	三碧	闭	井	2	甲辰	五黄	平	鬼
二十	7	丁未	八白	成	井	5	丙子	四绿	建	鬼	3	乙巳	六白	定	柳
廿一	8	戊申	七赤	收	鬼	6	丁丑	五黄	建	柳	4	丙午	七赤	定	星
廿二	9	己酉	六白	收	柳	7	戊寅	六白	除	星	5	丁未	八白	执	张
廿三	10	庚戌	五黄	开	星	8	己卯	七赤	满	张	6	戊申	九紫	破	翼
廿四	11	辛亥	四绿	闭	张	9	庚辰	八白	平	翼	7	己酉	一白	危	轸
廿五	12	壬子	三碧	建	翼	10	辛巳	九紫	定	轸	8	庚戌	二黑	成	角
廿六	13	癸丑	二黑	除	轸	11	壬午	一白	执	角	9	辛亥	三碧	收	亢
廿七	14	甲寅	一白	满	角	12	癸未	二黑	破	亢	10	壬子	四绿	开	氐
廿八	15	乙卯	九紫	平	亢	13	甲申	三碧	危	氐	11	癸丑	五黄	闭	房
廿九	16	丙辰	八白	定	氐	14	乙酉	四绿	成	房	12	甲寅	六白	建	心
三十											13	乙卯	七赤	除	尾

国学经典文库

中华历书大全

·1900～2100年万年历法表·

图文珍藏版

公元1934年　民国二十三年　甲戌狗年　太岁誓广　九星三碧

月份	正月小　丙寅 五黄　巽卦 角宿				二月大　丁卯 四绿　坎卦 亢宿				三月小　戊辰 三碧　艮卦 氐宿				四月大　己巳 二黑　坤卦 房宿			
节气	雨水 2月19日 初六辛酉 申时 16时01分			惊蛰 3月6日 廿一丙子 未时 14时26分	春分 3月21日 初七辛卯 申时 15时27分			清明 4月5日 廿二丙午 戌时 19时43分	谷雨 4月21日 初八壬戌 寅时 3时00分			立夏 5月6日 廿三丁丑 未时 13时30分	小满 5月22日 初十癸巳 丑时 2时34分			芒种 6月6日 廿五戊申 酉时 18时01分
农历	公历	干支	九星	日建 星宿	公历	干支	九星	日建 星宿	公历	干支	九星	日建 星宿	公历	干支	九星	日建 星宿
初一	14	丙辰	八白	满 箕	15	乙酉	一白	破 斗	14	乙卯	四绿	闭 女	13	甲申	六白	平 虚
初二	15	丁巳	九紫	平 斗	16	丙戌	二黑	危 牛	15	丙辰	五黄	建 虚	14	乙酉	七赤	定 危
初三	16	戊午	一白	定 牛	17	丁亥	三碧	成 女	16	丁巳	六白	除 危	15	丙戌	八白	执 室
初四	17	己未	二黑	执 女	18	戊子	四绿	收 虚	17	戊午	七赤	满 室	16	丁亥	九紫	破 壁
初五	18	庚申	三碧	破 虚	19	己丑	五黄	开 危	18	己未	八白	平 壁	17	戊子	一白	危 奎
初六	19	辛酉	一白	危 危	20	庚寅	六白	闭 室	19	庚申	九紫	定 奎	18	己丑	二黑	成 娄
初七	20	壬戌	二黑	成 室	21	辛卯	七赤	建 壁	20	辛酉	一白	执 娄	19	庚寅	三碧	收 胃
初八	21	癸亥	三碧	收 壁	22	壬辰	八白	除 奎	21	壬戌	八白	破 胃	20	辛卯	四绿	开 昴
初九	22	甲子	七赤	开 奎	23	癸巳	九紫	满 娄	22	癸亥	九紫	危 昴	21	壬辰	五黄	闭 毕
初十	23	乙丑	八白	闭 娄	24	甲午	一白	平 胃	23	甲子	四绿	成 毕	22	癸巳	六白	建 觜
十一	24	丙寅	九紫	建 胃	25	乙未	二黑	定 昴	24	乙丑	五黄	收 觜	23	甲午	七赤	除 参
十二	25	丁卯	一白	除 昴	26	丙申	三碧	执 毕	25	丙寅	六白	开 参	24	乙未	八白	满 井
十三	26	戊辰	二黑	满 毕	27	丁酉	四绿	破 觜	26	丁卯	七赤	闭 井	25	丙申	九紫	平 鬼
十四	27	己巳	三碧	平 觜	28	戊戌	五黄	危 参	27	戊辰	八白	建 鬼	26	丁酉	一白	定 柳
十五	28	庚午	四绿	定 参	29	己亥	六白	成 井	28	己巳	九紫	除 柳	27	戊戌	二黑	执 星
十六	3月	辛未	五黄	执 井	30	庚子	七赤	收 鬼	29	庚午	一白	满 星	28	己亥	三碧	破 张
十七	2	壬申	六白	破 鬼	31	辛丑	八白	开 柳	30	辛未	二黑	平 张	29	庚子	四绿	危 翼
十八	3	癸酉	七赤	危 柳	4月	壬寅	九紫	闭 星	5月	壬申	三碧	定 翼	30	辛丑	五黄	成 轸
十九	4	甲戌	八白	成 星	2	癸卯	一白	建 张	2	癸酉	四绿	执 轸	31	壬寅	六白	收 角
二十	5	乙亥	九紫	收 张	3	甲辰	二黑	除 翼	3	甲戌	五黄	破 角	6月	癸卯	七赤	开 亢
廿一	6	丙子	一白	收 翼	4	乙巳	三碧	满 轸	4	乙亥	六白	危 亢	2	甲辰	八白	闭 氐
廿二	7	丁丑	二黑	开 轸	5	丙午	四绿	满 角	5	丙子	七赤	成 氐	3	乙巳	九紫	建 房
廿三	8	戊寅	三碧	闭 角	6	丁未	五黄	平 亢	6	丁丑	八白	成 房	4	丙午	一白	除 心
廿四	9	己卯	四绿	建 亢	7	戊申	六白	定 氐	7	戊寅	九紫	收 心	5	丁未	二黑	满 尾
廿五	10	庚辰	五黄	除 氐	8	己酉	七赤	执 房	8	己卯	一白	开 尾	6	戊申	三碧	满 箕
廿六	11	辛巳	六白	满 房	9	庚戌	八白	破 心	9	庚辰	二黑	闭 箕	7	己酉	四绿	平 斗
廿七	12	壬午	七赤	平 心	10	辛亥	九紫	危 尾	10	辛巳	三碧	建 斗	8	庚戌	五黄	定 牛
廿八	13	癸未	八白	定 尾	11	壬子	一白	成 箕	11	壬午	四绿	除 牛	9	辛亥	六白	执 女
廿九	14	甲申	九紫	执 箕	12	癸丑	二黑	收 斗	12	癸未	五黄	满 女	10	壬子	七赤	破 虚
三十					13	甲寅	三碧	开 牛					11	癸丑	八白	危 危

公元1934年 民国二十三年 甲戌狗年　太岁誓广 九星三碧

月份	五月大 庚午 一白 乾卦 心宿					六月小 辛未 九紫 兑卦 尾宿					七月大 壬申 八白 离卦 箕宿					八月小 癸酉 七赤 震卦 斗宿				
节气	夏至 6月22日 十一甲子 巳时 10时47分		小暑 7月8日 廿七庚辰 寅时 4时24分			大暑 7月23日 十二乙未 亥时 21时42分		立秋 8月8日 廿八辛亥 未时 14时03分			处暑 8月24日 十五丁卯 寅时 4时32分		白露 9月8日 三十壬午 申时 16时36分			秋分 9月24日 十六戊戌 丑时 1时45分				
农历	公历	干支	九星	日建	星宿	公历	干支	九星	日建	星宿	公历	干支	九星	日建	星宿	公历	干支	九星	日建	星宿
初一	12	甲寅	九紫	成	室	12	甲申	七赤	除	奎	10	癸丑	五黄	执	娄	9	癸未	二黑	开	昴
初二	13	乙卯	一白	收	壁	13	乙酉	六白	满	娄	11	甲寅	四绿	破	胃	10	甲申	一白	闭	毕
初三	14	丙辰	二黑	开	奎	14	丙戌	五黄	平	胃	12	乙卯	三碧	危	昴	11	乙酉	九紫	建	觜
初四	15	丁巳	三碧	闭	娄	15	丁亥	四绿	定	昴	13	丙辰	二黑	成	毕	12	丙戌	八白	除	参
初五	16	戊午	四绿	建	胃	16	戊子	三碧	执	毕	14	丁巳	一白	收	觜	13	丁亥	七赤	满	井
初六	17	己未	五黄	除	昴	17	己丑	二黑	破	觜	15	戊午	九紫	开	参	14	戊子	六白	平	鬼
初七	18	庚申	六白	满	毕	18	庚寅	一白	危	参	16	己未	八白	闭	井	15	己丑	五黄	定	柳
初八	19	辛酉	七赤	平	觜	19	辛卯	九紫	成	井	17	庚申	七赤	建	鬼	16	庚寅	四绿	执	星
初九	20	壬戌	八白	定	参	20	壬辰	八白	收	鬼	18	辛酉	六白	除	柳	17	辛卯	三碧	破	张
初十	21	癸亥	九紫	执	井	21	癸巳	七赤	开	柳	19	壬戌	五黄	满	星	18	壬辰	二黑	危	翼
十一	22	甲子	九紫	破	鬼	22	甲午	六白	闭	星	20	癸亥	四绿	平	张	19	癸巳	一白	成	轸
十二	23	乙丑	八白	危	柳	23	乙未	五黄	建	张	21	甲子	九紫	定	翼	20	甲午	九紫	收	角
十三	24	丙寅	七赤	成	星	24	丙申	四绿	除	翼	22	乙丑	八白	执	轸	21	乙未	八白	开	亢
十四	25	丁卯	六白	收	张	25	丁酉	三碧	满	轸	23	丙寅	七赤	破	角	22	丙申	七赤	闭	氐
十五	26	戊辰	五黄	开	翼	26	戊戌	二黑	平	角	24	丁卯	九紫	危	亢	23	丁酉	六白	建	房
十六	27	己巳	四绿	闭	轸	27	己亥	一白	定	亢	25	戊辰	八白	成	氐	24	戊戌	五黄	除	心
十七	28	庚午	三碧	建	角	28	庚子	九紫	执	氐	26	己巳	七赤	收	房	25	己亥	四绿	满	尾
十八	29	辛未	二黑	除	亢	29	辛丑	八白	破	房	27	庚午	六白	开	心	26	庚子	三碧	平	箕
十九	30	壬申	一白	满	氐	30	壬寅	七赤	危	心	28	辛未	五黄	闭	尾	27	辛丑	二黑	定	斗
二十	7月	癸酉	九紫	平	房	31	癸卯	六白	成	尾	29	壬申	四绿	建	箕	28	壬寅	一白	执	牛
廿一	2	甲戌	八白	定	心	8月	甲辰	五黄	收	箕	30	癸酉	三碧	除	斗	29	癸卯	九紫	破	女
廿二	3	乙亥	七赤	执	尾	2	乙巳	四绿	开	斗	31	甲戌	二黑	满	牛	30	甲辰	八白	危	虚
廿三	4	丙子	六白	破	箕	3	丙午	三碧	闭	牛	9月	乙亥	一白	平	女	10月	乙巳	七赤	成	危
廿四	5	丁丑	五黄	危	斗	4	丁未	二黑	建	女	2	丙子	九紫	定	虚	2	丙午	六白	收	室
廿五	6	戊寅	四绿	成	牛	5	戊申	一白	除	虚	3	丁丑	八白	执	危	3	丁未	五黄	开	壁
廿六	7	己卯	三碧	收	女	6	己酉	九紫	满	危	4	戊寅	七赤	破	室	4	戊申	四绿	闭	奎
廿七	8	庚辰	二黑	收	虚	7	庚戌	八白	平	室	5	己卯	六白	危	壁	5	己酉	三碧	建	娄
廿八	9	辛巳	一白	开	危	8	辛亥	七赤	平	壁	6	庚辰	五黄	成	奎	6	庚戌	二黑	除	胃
廿九	10	壬午	九紫	闭	室	9	壬子	六白	定	奎	7	辛巳	四绿	收	娄	7	辛亥	一白	满	昴
三十	11	癸未	八白	建	壁						8	壬午	三碧	收	胃					

公元1934年 民国二十三年 甲戌狗年　太岁誓广 九星三碧

月份	九月大 甲戌 六白 巽卦 牛宿					十月大 乙亥 五黄 坎卦 女宿					十一月小 丙子 四绿 艮卦 虚宿					十二月大 丁丑 三碧 坤卦 危宿				
节气	寒露 10月9日 初二癸丑 辰时 7时44分		霜降 10月24日 十七戊辰 巳时 10时36分			立冬 11月8日 初二癸未 巳时 10时26分		小雪 11月23日 十七戊戌 辰时 7时44分			大雪 12月8日 初二癸丑 丑时 2时56分		冬至 12月22日 十六丁卯 戌时 20时49分			小寒 1月6日 初二壬午 未时 14时02分		大寒 1月21日 十七丁酉 辰时 7时28分		
农历	公历	干支	九星	日建	星宿	公历	干支	九星	日建	星宿	公历	干支	九星	日建	星宿	公历	干支	九星	日建	星宿
初一	8	壬子	九紫	平	毕	7	壬午	六白	成	参	7	壬子	三碧	除	鬼	5	辛巳	九紫	执	柳
初二	9	癸丑	八白	平	觜	8	癸未	五黄	成	井	8	癸丑	二黑	除	柳	6	壬午	一白	执	星
初三	10	甲寅	七赤	定	参	9	甲申	四绿	收	鬼	9	甲寅	一白	满	星	7	癸未	二黑	破	张
初四	11	乙卯	六白	执	井	10	乙酉	三碧	开	柳	10	乙卯	九紫	平	张	8	甲申	三碧	危	翼
初五	12	丙辰	五黄	破	鬼	11	丙戌	二黑	闭	星	11	丙辰	八白	定	翼	9	乙酉	四绿	成	轸
初六	13	丁巳	四绿	危	柳	12	丁亥	一白	建	张	12	丁巳	七赤	执	轸	10	丙戌	五黄	收	角
初七	14	戊午	三碧	成	星	13	戊子	九紫	除	翼	13	戊午	六白	破	角	11	丁亥	六白	开	亢
初八	15	己未	二黑	收	张	14	己丑	八白	满	轸	14	己未	五黄	危	亢	12	戊子	七赤	闭	氐
初九	16	庚申	一白	开	翼	15	庚寅	七赤	平	角	15	庚申	四绿	成	氐	13	己丑	八白	建	房
初十	17	辛酉	九紫	闭	轸	16	辛卯	六白	定	亢	16	辛酉	三碧	收	房	14	庚寅	九紫	除	心
十一	18	壬戌	八白	建	角	17	壬辰	五黄	执	氐	17	壬戌	二黑	开	心	15	辛卯	一白	满	尾
十二	19	癸亥	七赤	除	亢	18	癸巳	四绿	破	房	18	癸亥	一白	闭	尾	16	壬辰	二黑	平	箕
十三	20	甲子	三碧	满	氐	19	甲午	三碧	危	心	19	甲子	六白	建	箕	17	癸巳	三碧	定	斗
十四	21	乙丑	二黑	平	房	20	乙未	二黑	成	尾	20	乙丑	五黄	除	斗	18	甲午	四绿	执	牛
十五	22	丙寅	一白	定	心	21	丙申	一白	收	箕	21	丙寅	四绿	满	牛	19	乙未	五黄	破	女
十六	23	丁卯	九紫	执	尾	22	丁酉	九紫	开	斗	22	丁卯	四绿	平	女	20	丙申	六白	危	虚
十七	24	戊辰	二黑	破	箕	23	戊戌	八白	闭	牛	23	戊辰	五黄	定	虚	21	丁酉	七赤	成	危
十八	25	己巳	一白	危	斗	24	己亥	七赤	建	女	24	己巳	六白	执	危	22	戊戌	八白	收	室
十九	26	庚午	九紫	成	牛	25	庚子	六白	除	虚	25	庚午	七赤	破	室	23	己亥	九紫	开	壁
二十	27	辛未	八白	收	女	26	辛丑	五黄	满	危	26	辛未	八白	危	壁	24	庚子	一白	闭	奎
廿一	28	壬申	七赤	开	虚	27	壬寅	四绿	平	室	27	壬申	九紫	成	奎	25	辛丑	二黑	建	娄
廿二	29	癸酉	六白	闭	危	28	癸卯	三碧	定	壁	28	癸酉	一白	收	娄	26	壬寅	三碧	除	胃
廿三	30	甲戌	五黄	建	室	29	甲辰	二黑	执	奎	29	甲戌	二黑	开	胃	27	癸卯	四绿	满	昴
廿四	31	乙亥	四绿	除	壁	30	乙巳	一白	破	娄	30	乙亥	三碧	闭	昴	28	甲辰	五黄	平	毕
廿五	11月	丙子	三碧	满	奎	12月	丙午	九紫	危	胃	31	丙子	四绿	建	毕	29	乙巳	六白	定	觜
廿六	2	丁丑	二黑	平	娄	2	丁未	八白	成	昴	1月	丁丑	五黄	除	觜	30	丙午	七赤	执	参
廿七	3	戊寅	一白	定	胃	3	戊申	七赤	收	毕	2	戊寅	六白	满	参	31	丁未	八白	破	井
廿八	4	己卯	九紫	执	昴	4	己酉	六白	开	觜	3	己卯	七赤	平	井	2月	戊申	九紫	危	鬼
廿九	5	庚辰	八白	破	毕	5	庚戌	五黄	闭	参	4	庚辰	八白	定	鬼	2	己酉	一白	成	柳
三十	6	辛巳	七赤	危	觜	6	辛亥	四绿	建	井						3	庚戌	二黑	收	星

公元1935年　民国二十四年　乙亥猪年　　太岁伍保　九星二黑

月份	正月小 戊寅 二黑 坎卦 室宿				二月小 己卯 一白 艮卦 壁宿				三月大 庚辰 九紫 坤卦 奎宿				四月小 辛巳 八白 乾卦 娄宿			
节气	立春 2月5日 初二壬子 丑时 1时48分		雨水 2月19日 十六丙寅 亥时 21时51分		惊蛰 3月6日 初二辛巳 戌时 20时10分		春分 3月21日 十七丙申 亥时 21时17分		清明 4月6日 初四壬子 丑时 1时26分		谷雨 4月21日 十九丁卯 辰时 8时50分		立夏 5月6日 初四壬午 戌时 19时12分		小满 5月22日 二十戊戌 辰时 8时24分	
农历	公历	干支	九星	日建 星宿	公历	干支	九星	日建 星宿	公历	干支	九星	日建 星宿	公历	干支	九星	日建 星宿
初一	4	辛亥	三碧	开 张	5	庚辰	五黄	满 翼	3	己酉	七赤	破 轸	3	己卯	一白	闭 亢
初二	5	壬子	四绿	开 翼	6	辛巳	六白	满 轸	4	庚戌	八白	危 角	4	庚辰	二黑	建 氐
初三	6	癸丑	五黄	闭 轸	7	壬午	七赤	平 角	5	辛亥	九紫	成 亢	5	辛巳	三碧	除 房
初四	7	甲寅	六白	建 角	8	癸未	八白	定 亢	6	壬子	一白	成 氐	6	壬午	四绿	除 心
初五	8	乙卯	七赤	除 亢	9	甲申	九紫	执 氐	7	癸丑	二黑	收 房	7	癸未	五黄	满 尾
初六	9	丙辰	八白	满 氐	10	乙酉	一白	破 房	8	甲寅	三碧	开 心	8	甲申	六白	平 箕
初七	10	丁巳	九紫	平 房	11	丙戌	二黑	危 心	9	乙卯	四绿	闭 尾	9	乙酉	七赤	定 斗
初八	11	戊午	一白	定 心	12	丁亥	三碧	成 尾	10	丙辰	五黄	建 箕	10	丙戌	八白	执 牛
初九	12	己未	二黑	执 尾	13	戊子	四绿	收 箕	11	丁巳	六白	除 斗	11	丁亥	九紫	破 女
初十	13	庚申	三碧	破 箕	14	己丑	五黄	开 斗	12	戊午	七赤	满 牛	12	戊子	一白	危 虚
十一	14	辛酉	四绿	危 斗	15	庚寅	六白	闭 牛	13	己未	八白	平 女	13	己丑	二黑	成 危
十二	15	壬戌	五黄	成 牛	16	辛卯	七赤	建 女	14	庚申	九紫	定 虚	14	庚寅	三碧	收 室
十三	16	癸亥	六白	收 女	17	壬辰	八白	除 虚	15	辛酉	一白	执 危	15	辛卯	四绿	开 壁
十四	17	甲子	一白	开 虚	18	癸巳	九紫	满 危	16	壬戌	二黑	破 室	16	壬辰	五黄	闭 奎
十五	18	乙丑	二黑	闭 危	19	甲午	一白	平 室	17	癸亥	三碧	危 壁	17	癸巳	六白	建 娄
十六	19	丙寅	九紫	建 室	20	乙未	二黑	定 壁	18	甲子	七赤	成 奎	18	甲午	七赤	除 胃
十七	20	丁卯	一白	除 壁	21	丙申	三碧	执 奎	19	乙丑	八白	收 娄	19	乙未	八白	满 昴
十八	21	戊辰	二黑	满 奎	22	丁酉	四绿	破 娄	20	丙寅	九紫	开 胃	20	丙申	九紫	平 毕
十九	22	己巳	三碧	平 娄	23	戊戌	五黄	危 胃	21	丁卯	七赤	闭 昴	21	丁酉	一白	定 觜
二十	23	庚午	四绿	定 胃	24	己亥	六白	成 昴	22	戊辰	八白	建 毕	22	戊戌	二黑	执 参
廿一	24	辛未	五黄	执 昴	25	庚子	七赤	收 毕	23	己巳	九紫	除 觜	23	己亥	三碧	破 井
廿二	25	壬申	六白	破 毕	26	辛丑	八白	开 觜	24	庚午	一白	满 参	24	庚子	四绿	危 鬼
廿三	26	癸酉	七赤	危 觜	27	壬寅	九紫	闭 参	25	辛未	二黑	平 井	25	辛丑	五黄	成 柳
廿四	27	甲戌	八白	成 参	28	癸卯	一白	建 井	26	壬申	三碧	定 鬼	26	壬寅	六白	收 星
廿五	28	乙亥	九紫	收 井	29	甲辰	二黑	除 鬼	27	癸酉	四绿	执 柳	27	癸卯	七赤	开 张
廿六	3月	丙子	一白	开 鬼	30	乙巳	三碧	满 柳	28	甲戌	五黄	破 星	28	甲辰	八白	闭 翼
廿七	2	丁丑	二黑	闭 柳	31	丙午	四绿	平 星	29	乙亥	六白	危 张	29	乙巳	九紫	建 轸
廿八	3	戊寅	三碧	建 星	4月	丁未	五黄	定 张	30	丙子	七赤	成 翼	30	丙午	一白	除 角
廿九	4	己卯	四绿	除 张	2	戊申	六白	执 翼	5月	丁丑	八白	收 轸	31	丁未	二黑	满 亢
三十									2	戊寅	九紫	开 角				

国学经典文库

中华历书大全

·1900—2100年万年历法表·

图文珍藏版

269

公元1935年 民国二十四年 乙亥猪年　太岁伍保 九星二黑

月份	五月大 壬午 七赤 兑卦 胃宿			六月小 癸未 六白 离卦 昴宿			七月大 甲申 五黄 震卦 毕宿			八月大 乙酉 四绿 巽卦 觜宿		
节气	芒种 6月6日 初六癸丑 夜子时 23时41分	夏至 6月22日 廿二己巳 申时 16时37分		小暑 7月8日 初八乙酉 巳时 10时05分	大暑 7月24日 廿四辛丑 寅时 3时32分		立秋 8月8日 初十丙辰 戌时 19时47分	处暑 8月24日 廿六壬申 巳时 10时23分		白露 9月8日 十一丁亥 亥时 22时24分	秋分 9月24日 廿七癸卯 辰时 7时38分	
农历	公历	干支	九星 日建 星宿	公历	干支	九星 日建 星宿	公历	干支	九星 日建 星宿	公历	干支	九星 日建 星宿
初一	6月	戊申	三碧 平 氐	7月	戊寅	四绿 成 心	30	丁未	二黑 建 尾	29	丁丑	八白 执 斗
初二	2	己酉	四绿 定 房	2	己卯	三碧 收 尾	31	戊申	一白 除 箕	30	戊寅	七赤 破 牛
初三	3	庚戌	五黄 执 心	3	庚辰	二黑 开 箕	8月	己酉	九紫 满 斗	31	己卯	六白 危 女
初四	4	辛亥	六白 破 尾	4	辛巳	一白 闭 斗	2	庚戌	八白 平 牛	9月	庚辰	五黄 成 虚
初五	5	壬子	七赤 危 箕	5	壬午	九紫 建 牛	3	辛亥	七赤 定 女	2	辛巳	四绿 收 危
初六	6	癸丑	八白 危 斗	6	癸未	八白 除 女	4	壬子	六白 执 虚	3	壬午	三碧 开 室
初七	7	甲寅	九紫 成 牛	7	甲申	七赤 满 虚	5	癸丑	五黄 破 危	4	癸未	二黑 闭 壁
初八	8	乙卯	一白 收 女	8	乙酉	六白 满 危	6	甲寅	四绿 危 室	5	甲申	一白 建 奎
初九	9	丙辰	二黑 开 虚	9	丙戌	五黄 平 室	7	乙卯	三碧 成 壁	6	乙酉	九紫 除 娄
初十	10	丁巳	三碧 闭 危	10	丁亥	四绿 定 壁	8	丙辰	二黑 成 奎	7	丙戌	八白 满 胃
十一	11	戊午	四绿 建 室	11	戊子	三碧 执 奎	9	丁巳	一白 收 娄	8	丁亥	七赤 满 昴
十二	12	己未	五黄 除 壁	12	己丑	二黑 破 娄	10	戊午	九紫 开 胃	9	戊子	六白 平 毕
十三	13	庚申	六白 满 奎	13	庚寅	一白 危 胃	11	己未	八白 闭 昴	10	己丑	五黄 定 觜
十四	14	辛酉	七赤 平 娄	14	辛卯	九紫 成 昴	12	庚申	七赤 建 毕	11	庚寅	四绿 执 参
十五	15	壬戌	八白 定 胃	15	壬辰	八白 收 毕	13	辛酉	六白 除 觜	12	辛卯	三碧 破 井
十六	16	癸亥	九紫 执 昴	16	癸巳	七赤 开 觜	14	壬戌	五黄 满 参	13	壬辰	二黑 危 鬼
十七	17	甲子	四绿 破 毕	17	甲午	六白 闭 参	15	癸亥	四绿 平 井	14	癸巳	一白 成 柳
十八	18	乙丑	五黄 危 觜	18	乙未	五黄 建 井	16	甲子	九紫 定 鬼	15	甲午	九紫 收 星
十九	19	丙寅	六白 成 参	19	丙申	四绿 除 鬼	17	乙丑	八白 执 柳	16	乙未	八白 开 张
二十	20	丁卯	七赤 收 井	20	丁酉	三碧 满 柳	18	丙寅	七赤 破 星	17	丙申	七赤 闭 翼
廿一	21	戊辰	八白 开 鬼	21	戊戌	二黑 平 星	19	丁卯	六白 危 张	18	丁酉	六白 建 轸
廿二	22	己巳	四绿 闭 柳	22	己亥	一白 定 张	20	戊辰	五黄 成 翼	19	戊戌	五黄 除 角
廿三	23	庚午	三碧 建 星	23	庚子	九紫 执 翼	21	己巳	四绿 收 轸	20	己亥	四绿 满 亢
廿四	24	辛未	二黑 除 张	24	辛丑	八白 破 轸	22	庚午	三碧 开 角	21	庚子	三碧 平 氐
廿五	25	壬申	一白 满 翼	25	壬寅	七赤 危 角	23	辛未	二黑 闭 亢	22	辛丑	二黑 定 房
廿六	26	癸酉	九紫 平 轸	26	癸卯	六白 成 亢	24	壬申	四绿 建 氐	23	壬寅	一白 执 心
廿七	27	甲戌	八白 定 角	27	甲辰	五黄 收 氐	25	癸酉	三碧 除 房	24	癸卯	九紫 破 尾
廿八	28	乙亥	七赤 执 亢	28	乙巳	四绿 开 房	26	甲戌	二黑 满 心	25	甲辰	八白 危 箕
廿九	29	丙子	六白 破 氐	29	丙午	三碧 闭 心	27	乙亥	一白 平 尾	26	乙巳	七赤 成 斗
三十	30	丁丑	五黄 危 房				28	丙子	九紫 定 箕	27	丙午	六白 收 牛

国学经典文库

中华历书大全

·1900—2100年万年历法表·

图文珍藏版

月份	九月小	丙戌 三碧 坎卦 参宿			十月大	丁亥 二黑 艮卦 井宿			十一月大	戊子 一白 坤卦 鬼宿			十二月小	己丑 九紫 乾卦 柳宿		
节气	寒露 10月9日 十二戊午 未时 13时35分	霜降 10月24日 廿七癸酉 申时 16时29分			立冬 11月8日 十三戊子 申时 16时17分	小雪 11月23日 廿八癸卯 未时 13时35分			大雪 12月8日 十三戊午 辰时 8时44分	冬至 12月23日 廿八癸酉 丑时 2时37分			小寒 1月6日 十二丁亥 戌时 19时46分	大寒 1月21日 廿七壬寅 未时 13时12分		
农历	公历	干支	九星	日建	星宿	公历	干支	九星	日建	星宿	公历	干支	九星	日建	星宿	公历	干支	九星	日建	星宿

农历	公历	干支	九星	日建	星宿	公历	干支	九星	日建	星宿	公历	干支	九星	日建	星宿	公历	干支	九星	日建	星宿
初一	28	丁未	五黄	开	女	27	丙子	三碧	满	虚	26	丙午	九紫	危	室	26	丙子	四绿	建	奎
初二	29	戊申	四绿	闭	虚	28	丁丑	二黑	平	危	27	丁未	八白	成	壁	27	丁丑	五黄	除	娄
初三	30	己酉	三碧	建	危	29	戊寅	一白	定	室	28	戊申	七赤	收	奎	28	戊寅	六白	满	胃
初四	10月 庚戌		二黑	除	室	30	己卯	九紫	执	壁	29	己酉	六白	开	娄	29	己卯	七赤	平	昴
初五	2	辛亥	一白	满	壁	31	庚辰	八白	破	奎	30	庚戌	五黄	闭	胃	30	庚辰	八白	定	毕
初六	3	壬子	九紫	平	奎	11月 辛巳		七赤	危	娄	12月 辛亥		四绿	建	昴	31	辛巳	九紫	执	觜
初七	4	癸丑	八白	定	娄	2	壬午	六白	成	胃	2	壬子	三碧	除	毕	1月 壬午		一白	破	参
初八	5	甲寅	七赤	执	胃	3	癸未	五黄	收	昴	3	癸丑	二黑	满	觜	2	癸未	二黑	危	井
初九	6	乙卯	六白	破	昴	4	甲申	四绿	开	毕	4	甲寅	一白	平	参	3	甲申	三碧	成	鬼
初十	7	丙辰	五黄	危	毕	5	乙酉	三碧	闭	觜	5	乙卯	九紫	定	井	4	乙酉	四绿	收	柳
十一	8	丁巳	四绿	成	觜	6	丙戌	二黑	建	参	6	丙辰	八白	执	鬼	5	丙戌	五黄	开	星
十二	9	戊午	三碧	成	参	7	丁亥	一白	除	井	7	丁巳	七赤	破	柳	6	丁亥	六白	开	张
十三	10	己未	二黑	收	井	8	戊子	九紫	除	鬼	8	戊午	六白	破	星	7	戊子	七赤	闭	翼
十四	11	庚申	一白	开	鬼	9	己丑	八白	满	柳	9	己未	五黄	危	张	8	己丑	八白	建	轸
十五	12	辛酉	九紫	闭	柳	10	庚寅	七赤	平	星	10	庚申	四绿	成	翼	9	庚寅	九紫	除	角
十六	13	壬戌	八白	建	星	11	辛卯	六白	定	张	11	辛酉	三碧	收	轸	10	辛卯	一白	满	亢
十七	14	癸亥	七赤	除	张	12	壬辰	五黄	执	翼	12	壬戌	二黑	开	角	11	壬辰	二黑	平	氐
十八	15	甲子	三碧	满	翼	13	癸巳	四绿	破	轸	13	癸亥	一白	闭	亢	12	癸巳	三碧	定	房
十九	16	乙丑	二黑	平	轸	14	甲午	三碧	危	角	14	甲子	六白	建	氐	13	甲午	四绿	执	心
二十	17	丙寅	一白	定	角	15	乙未	二黑	成	亢	15	乙丑	五黄	除	房	14	乙未	五黄	破	尾
廿一	18	丁卯	九紫	执	亢	16	丙申	一白	收	氐	16	丙寅	四绿	满	心	15	丙申	六白	危	箕
廿二	19	戊辰	八白	破	氐	17	丁酉	九紫	开	房	17	丁卯	三碧	平	尾	16	丁酉	七赤	成	斗
廿三	20	己巳	七赤	危	房	18	戊戌	八白	闭	心	18	戊辰	二黑	定	箕	17	戊戌	八白	收	牛
廿四	21	庚午	六白	成	心	19	己亥	七赤	建	尾	19	己巳	一白	执	斗	18	己亥	九紫	开	女
廿五	22	辛未	五黄	收	尾	20	庚子	六白	除	箕	20	庚午	九紫	破	牛	19	庚子	一白	闭	虚
廿六	23	壬申	四绿	开	箕	21	辛丑	五黄	满	斗	21	辛未	八白	危	女	20	辛丑	二黑	建	危
廿七	24	癸酉	六白	闭	斗	22	壬寅	四绿	平	牛	22	壬申	七赤	成	虚	21	壬寅	三碧	除	室
廿八	25	甲戌	五黄	建	牛	23	癸卯	三碧	定	女	23	癸酉	一白	收	危	22	癸卯	四绿	满	壁
廿九	26	乙亥	四绿	除	女	24	甲辰	二黑	执	虚	24	甲戌	二黑	开	室	23	甲辰	五黄	平	奎
三十						25	乙巳	一白	破	危	25	乙亥	三碧	闭	壁					

公元1936年　民国二十五年　丙子鼠年（闰三月）　太岁郭嘉　九星一白

月份	正月大 庚寅 八白 离卦 星宿					二月小 辛卯 七赤 震卦 张宿					三月小 壬辰 六白 巽卦 翼宿					闰三月大				
节气	立春 2月5日 十三丁巳 辰时 7时29分			雨水 2月20日 廿八壬申 寅时 3时33分		惊蛰 3月6日 十三丁亥 丑时 1时49分			春分 3月21日 廿八壬寅 丑时 2时57分		清明 4月5日 十四丁巳 辰时 7时06分			谷雨 4月20日 廿九壬申 未时 14时31分		立夏 5月6日 十六戊子 早子时 0时56分				
农历	公历	干支	九星	日建	星宿	公历	干支	九星	日建	星宿	公历	干支	九星	日建	星宿	公历	干支	九星	日建	星宿
初一	24	乙巳	六白	定	娄	23	乙亥	九紫	收	昴	23	甲辰	二黑	除	毕	21	癸酉	四绿	执	觜
初二	25	丙午	七赤	执	胃	24	丙子	一白	开	毕	24	乙巳	三碧	满	觜	22	甲戌	五黄	破	参
初三	26	丁未	八白	破	昴	25	丁丑	二黑	闭	觜	25	丙午	四绿	平	参	23	乙亥	六白	危	井
初四	27	戊申	九紫	危	毕	26	戊寅	三碧	建	参	26	丁未	五黄	定	井	24	丙子	七赤	成	鬼
初五	28	己酉	一白	成	觜	27	己卯	四绿	除	井	27	戊申	六白	执	鬼	25	丁丑	八白	收	柳
初六	29	庚戌	二黑	收	参	28	庚辰	五黄	满	鬼	28	己酉	七赤	破	柳	26	戊寅	九紫	开	星
初七	30	辛亥	三碧	开	井	29	辛巳	六白	平	柳	29	庚戌	八白	危	星	27	己卯	一白	闭	张
初八	31	壬子	四绿	闭	鬼	3月1	壬午	七赤	定	星	30	辛亥	九紫	成	张	28	庚辰	二黑	建	翼
初九	2月1	癸丑	五黄	建	柳	2	癸未	八白	执	张	31	壬子	一白	收	翼	29	辛巳	三碧	除	轸
初十	2	甲寅	六白	除	星	3	甲申	九紫	破	翼	4月1	癸丑	二黑	开	轸	30	壬午	四绿	满	角
十一	3	乙卯	七赤	满	张	4	乙酉	一白	危	轸	2	甲寅	三碧	闭	角	5月1	癸未	五黄	平	亢
十二	4	丙辰	八白	平	翼	5	丙戌	二黑	成	角	3	乙卯	四绿	建	亢	2	甲申	六白	定	氐
十三	5	丁巳	九紫	平	轸	6	丁亥	三碧	成	亢	4	丙辰	五黄	除	氐	3	乙酉	七赤	执	房
十四	6	戊午	一白	定	角	7	戊子	四绿	收	氐	5	丁巳	六白	除	房	4	丙戌	八白	破	心
十五	7	己未	二黑	执	亢	8	己丑	五黄	开	房	6	戊午	七赤	满	心	5	丁亥	九紫	危	尾
十六	8	庚申	三碧	破	氐	9	庚寅	六白	闭	心	7	己未	八白	平	尾	6	戊子	一白	危	箕
十七	9	辛酉	四绿	危	房	10	辛卯	七赤	建	尾	8	庚申	九紫	定	箕	7	己丑	二黑	成	斗
十八	10	壬戌	五黄	成	心	11	壬辰	八白	除	箕	9	辛酉	一白	执	斗	8	庚寅	三碧	收	牛
十九	11	癸亥	六白	收	尾	12	癸巳	九紫	满	斗	10	壬戌	二黑	破	牛	9	辛卯	四绿	开	女
二十	12	甲子	一白	开	箕	13	甲午	一白	平	牛	11	癸亥	三碧	危	女	10	壬辰	五黄	闭	虚
廿一	13	乙丑	二黑	闭	斗	14	乙未	二黑	定	女	12	甲子	七赤	成	虚	11	癸巳	六白	建	危
廿二	14	丙寅	三碧	建	牛	15	丙申	三碧	执	虚	13	乙丑	八白	收	危	12	甲午	七赤	除	室
廿三	15	丁卯	四绿	除	女	16	丁酉	四绿	破	危	14	丙寅	九紫	开	室	13	乙未	八白	满	壁
廿四	16	戊辰	五黄	满	虚	17	戊戌	五黄	危	室	15	丁卯	一白	闭	壁	14	丙申	九紫	平	奎
廿五	17	己巳	六白	平	危	18	己亥	六白	成	壁	16	戊辰	二黑	建	奎	15	丁酉	一白	定	娄
廿六	18	庚午	七赤	定	室	19	庚子	七赤	收	奎	17	己巳	三碧	除	娄	16	戊戌	二黑	执	胃
廿七	19	辛未	八白	执	壁	20	辛丑	八白	开	娄	18	庚午	四绿	满	胃	17	己亥	三碧	破	昴
廿八	20	壬申	六白	破	奎	21	壬寅	九紫	闭	胃	19	辛未	五黄	平	昴	18	庚子	四绿	危	毕
廿九	21	癸酉	七赤	危	娄	22	癸卯	一白	建	昴	20	壬申	三碧	定	毕	19	辛丑	五黄	成	觜
三十	22	甲戌	八白	成	胃											20	壬寅	六白	收	参

272

月份	四月小		癸巳 五黄 坎卦 轸宿		五月小		甲午 四绿 艮卦 角宿		六月大		乙未 三碧 坤卦 亢宿	
节气	小满 5月21日 初一癸卯 未时 14时07分		芒种 6月6日 十七己未 卯时 5时30分		夏至 6月21日 初三甲戌 亥时 22时21分		小暑 7月7日 十九庚寅 申时 15时58分		大暑 7月23日 初六丙午 巳时 9时17分		立秋 8月8日 廿二壬戌 丑时 1时43分	
农历	公历	干支	九星	日建	星宿	公历	干支	九星	日建	星宿	公历	干支	九星	日建	星宿

农历	公历	干支	九星	日建	星宿	公历	干支	九星	日建	星宿	公历	干支	九星	日建	星宿
初一	21	癸卯	七赤	开	井	19	壬申	三碧	满	鬼	18	辛丑	八白	破	柳
初二	22	甲辰	八白	闭	鬼	20	癸酉	四绿	平	柳	19	壬寅	七赤	危	星
初三	23	乙巳	九紫	建	柳	21	甲戌	八白	定	星	20	癸卯	六白	成	张
初四	24	丙午	一白	除	星	22	乙亥	七赤	执	张	21	甲辰	五黄	收	翼
初五	25	丁未	二黑	满	张	23	丙子	六白	破	翼	22	乙巳	四绿	开	轸
初六	26	戊申	三碧	平	翼	24	丁丑	五黄	危	轸	23	丙午	三碧	闭	角
初七	27	己酉	四绿	定	轸	25	戊寅	四绿	成	角	24	丁未	二黑	建	亢
初八	28	庚戌	五黄	执	角	26	己卯	三碧	收	亢	25	戊申	一白	除	氐
初九	29	辛亥	六白	破	亢	27	庚辰	二黑	开	氐	26	己酉	九紫	满	房
初十	30	壬子	七赤	危	氐	28	辛巳	一白	闭	房	27	庚戌	八白	平	心
十一	31	癸丑	八白	成	房	29	壬午	九紫	建	心	28	辛亥	七赤	定	尾
十二	6月	甲寅	九紫	收	心	30	癸未	八白	除	尾	29	壬子	六白	执	箕
十三	2	乙卯	一白	开	尾	7月	甲申	七赤	满	箕	30	癸丑	五黄	破	斗
十四	3	丙辰	二黑	闭	箕	2	乙酉	六白	平	斗	31	甲寅	四绿	危	牛
十五	4	丁巳	三碧	建	斗	3	丙戌	五黄	定	牛	8月	乙卯	三碧	成	女
十六	5	戊午	四绿	除	牛	4	丁亥	四绿	执	女	2	丙辰	二黑	收	虚
十七	6	己未	五黄	除	女	5	戊子	三碧	破	虚	3	丁巳	一白	开	危
十八	7	庚申	六白	满	虚	6	己丑	二黑	危	危	4	戊午	九紫	闭	室
十九	8	辛酉	七赤	平	危	7	庚寅	一白	危	室	5	己未	八白	建	壁
二十	9	壬戌	八白	定	室	8	辛卯	九紫	成	壁	6	庚申	七赤	除	奎
廿一	10	癸亥	九紫	执	壁	9	壬辰	八白	收	奎	7	辛酉	六白	满	娄
廿二	11	甲子	四绿	破	奎	10	癸巳	七赤	开	娄	8	壬戌	五黄	满	胃
廿三	12	乙丑	五黄	危	娄	11	甲午	六白	闭	胃	9	癸亥	四绿	平	昴
廿四	13	丙寅	六白	成	胃	12	乙未	五黄	建	昴	10	甲子	九紫	定	毕
廿五	14	丁卯	七赤	收	昴	13	丙申	四绿	除	毕	11	乙丑	八白	执	觜
廿六	15	戊辰	八白	开	毕	14	丁酉	三碧	满	觜	12	丙寅	七赤	破	参
廿七	16	己巳	九紫	闭	觜	15	戊戌	二黑	平	参	13	丁卯	六白	危	井
廿八	17	庚午	一白	建	参	16	己亥	一白	定	井	14	戊辰	五黄	成	鬼
廿九	18	辛未	二黑	除	井	17	庚子	九紫	执	鬼	15	己巳	四绿	收	柳
三十											16	庚午	三碧	开	星

月份	七月大				丙申 二黑 乾卦 氐宿	八月小				丁酉 一白 兑卦 房宿	九月大				戊戌 九紫 离卦 心宿
节气	处暑 8月23日 初七丁丑 申时 16时10分		白露 9月8日 廿三癸巳 寅时 4时20分			秋分 9月23日 初八戊申 未时 13时25分		寒露 10月8日 廿三癸亥 戌时 19时32分			霜降 10月23日 初九戊寅 亥时 22时18分		立冬 11月7日 廿四癸巳 亥时 22时14分		
农历	公历	干支	九星	日建	星宿	公历	干支	九星	日建	星宿	公历	干支	九星	日建	星宿
初一	17	辛未	二黑	闭	张	16	辛丑	二黑	定	轸	15	庚午	六白	成	角
初二	18	壬申	一白	建	翼	17	壬寅	一白	执	角	16	辛未	五黄	收	亢
初三	19	癸酉	九紫	除	轸	18	癸卯	九紫	破	亢	17	壬申	四绿	开	氐
初四	20	甲戌	八白	满	角	19	甲辰	八白	危	氐	18	癸酉	三碧	闭	房
初五	21	乙亥	七赤	平	亢	20	乙巳	七赤	成	房	19	甲戌	二黑	建	心
初六	22	丙子	六白	定	氐	21	丙午	六白	收	心	20	乙亥	一白	除	尾
初七	23	丁丑	八白	执	房	22	丁未	五黄	开	尾	21	丙子	九紫	满	箕
初八	24	戊寅	七赤	破	心	23	戊申	四绿	闭	箕	22	丁丑	八白	平	斗
初九	25	己卯	六白	危	尾	24	己酉	三碧	建	斗	23	戊寅	一白	定	牛
初十	26	庚辰	五黄	成	箕	25	庚戌	二黑	除	牛	24	己卯	九紫	执	女
十一	27	辛巳	四绿	收	斗	26	辛亥	一白	满	女	25	庚辰	八白	破	虚
十二	28	壬午	三碧	开	牛	27	壬子	九紫	平	虚	26	辛巳	七赤	危	危
十三	29	癸未	二黑	闭	女	28	癸丑	八白	定	危	27	壬午	六白	成	室
十四	30	甲申	一白	建	虚	29	甲寅	七赤	执	室	28	癸未	五黄	收	壁
十五	31	乙酉	九紫	除	危	30	乙卯	六白	破	壁	29	甲申	四绿	开	奎
十六	9月	丙戌	八白	满	室	10月	丙辰	五黄	危	奎	30	乙酉	三碧	闭	娄
十七	2	丁亥	七赤	平	壁	2	丁巳	四绿	成	娄	31	丙戌	二黑	建	胃
十八	3	戊子	六白	定	奎	3	戊午	三碧	收	胃	11月	丁亥	一白	除	昴
十九	4	己丑	五黄	执	娄	4	己未	二黑	开	昴	2	戊子	九紫	满	毕
二十	5	庚寅	四绿	破	胃	5	庚申	一白	闭	毕	3	己丑	八白	平	觜
廿一	6	辛卯	三碧	危	昴	6	辛酉	九紫	建	觜	4	庚寅	七赤	定	参
廿二	7	壬辰	二黑	成	毕	7	壬戌	八白	除	参	5	辛卯	六白	执	井
廿三	8	癸巳	一白	成	觜	8	癸亥	七赤	除	井	6	壬辰	五黄	破	鬼
廿四	9	甲午	九紫	收	参	9	甲子	三碧	满	鬼	7	癸巳	四绿	破	柳
廿五	10	乙未	八白	开	井	10	乙丑	二黑	平	柳	8	甲午	三碧	危	星
廿六	11	丙申	七赤	闭	鬼	11	丙寅	一白	定	星	9	乙未	二黑	成	张
廿七	12	丁酉	六白	建	柳	12	丁卯	九紫	执	张	10	丙申	一白	收	翼
廿八	13	戊戌	五黄	除	星	13	戊辰	八白	破	翼	11	丁酉	九紫	开	轸
廿九	14	己亥	四绿	满	张	14	己巳	七赤	危	轸	12	戊戌	八白	闭	角
三十	15	庚子	三碧	平	翼						13	己亥	七赤	建	亢

月份	十月大		己亥 八白 震卦 尾宿			十一月大		庚子 七赤 巽卦 箕宿			十二月小		辛丑 六白 坎卦 斗宿		
节气	小雪 11月22日 初九戊申 戌时 19时25分		大雪 12月7日 廿四癸亥 未时 14时42分			冬至 12月22日 初九戊寅 辰时 8时26分		小寒 1月6日 廿四癸巳 丑时 1时43分			大寒 1月20日 初八丁未 戌时 19时00分		立春 2月4日 廿三壬戌 未时 13时25分		
农历	公历	干支	九星	日建	星宿	公历	干支	九星	日建	星宿	公历	干支	九星	日建	星宿
初一	14	庚子	六白	除	氐	14	庚午	九紫	破	心	13	庚子	一白	闭	箕
初二	15	辛丑	五黄	满	房	15	辛未	八白	危	尾	14	辛丑	二黑	建	斗
初三	16	壬寅	四绿	平	心	16	壬申	七赤	成	箕	15	壬寅	三碧	除	牛
初四	17	癸卯	三碧	定	尾	17	癸酉	六白	收	斗	16	癸卯	四绿	满	女
初五	18	甲辰	二黑	执	箕	18	甲戌	五黄	开	牛	17	甲辰	五黄	平	虚
初六	19	乙巳	一白	破	斗	19	乙亥	四绿	闭	女	18	乙巳	六白	定	危
初七	20	丙午	九紫	危	牛	20	丙子	三碧	建	虚	19	丙午	七赤	执	室
初八	21	丁未	八白	成	女	21	丁丑	二黑	除	危	20	丁未	八白	破	壁
初九	22	戊申	七赤	收	虚	22	戊寅	六白	满	室	21	戊申	九紫	危	奎
初十	23	己酉	六白	开	危	23	己卯	七赤	平	壁	22	己酉	一白	成	娄
十一	24	庚戌	五黄	闭	室	24	庚辰	八白	定	奎	23	庚戌	二黑	收	胃
十二	25	辛亥	四绿	建	壁	25	辛巳	九紫	执	娄	24	辛亥	三碧	开	昴
十三	26	壬子	三碧	除	奎	26	壬午	一白	破	胃	25	壬子	四绿	闭	毕
十四	27	癸丑	二黑	满	娄	27	癸未	二黑	危	昴	26	癸丑	五黄	建	觜
十五	28	甲寅	一白	平	胃	28	甲申	三碧	成	毕	27	甲寅	六白	除	参
十六	29	乙卯	九紫	定	昴	29	乙酉	四绿	收	觜	28	乙卯	七赤	满	井
十七	30	丙辰	八白	执	毕	30	丙戌	五黄	开	参	29	丙辰	八白	平	鬼
十八	12月	丁巳	七赤	破	觜	31	丁亥	六白	闭	井	30	丁巳	九紫	定	柳
十九	2	戊午	六白	危	参	1月	戊子	七赤	建	鬼	31	戊午	一白	执	星
二十	3	己未	五黄	成	井	2	己丑	八白	除	柳	2月	己未	二黑	破	张
廿一	4	庚申	四绿	收	鬼	3	庚寅	九紫	满	星	2	庚申	三碧	危	翼
廿二	5	辛酉	三碧	开	柳	4	辛卯	一白	平	张	3	辛酉	四绿	成	轸
廿三	6	壬戌	二黑	闭	星	5	壬辰	二黑	定	翼	4	壬戌	五黄	成	角
廿四	7	癸亥	一白	闭	张	6	癸巳	三碧	定	轸	5	癸亥	六白	收	亢
廿五	8	甲子	六白	建	翼	7	甲午	四绿	执	角	6	甲子	一白	开	氐
廿六	9	乙丑	五黄	除	轸	8	乙未	五黄	破	亢	7	乙丑	二黑	闭	房
廿七	10	丙寅	四绿	满	角	9	丙申	六白	危	氐	8	丙寅	三碧	建	心
廿八	11	丁卯	三碧	平	亢	10	丁酉	七赤	成	房	9	丁卯	四绿	除	尾
廿九	12	戊辰	二黑	定	氐	11	戊戌	八白	收	心	10	戊辰	五黄	满	箕
三十	13	己巳	一白	执	房	12	己亥	九紫	开	尾					

国学经典文库　中华历书大全　·1900－2100年万年历法表·　图文珍藏版

公元1937年　民国二十六年　丁丑牛年　太岁汪文　九星九紫

月份	正月大 壬寅 五黄 震卦 牛宿					二月小 癸卯 四绿 巽卦 女宿					三月小 甲辰 三碧 坎卦 虚宿					四月大 乙巳 二黑 艮卦 危宿				
节气	雨水 2月19日 初九丁丑 巳时 9时20分			惊蛰 3月6日 廿四壬辰 辰时 7时44分		春分 3月21日 初九丁未 辰时 8时45分			清明 4月5日 廿四壬戌 未时 13时01分		谷雨 4月20日 初十丁丑 戌时 20时19分			立夏 5月6日 廿六癸巳 卯时 6时50分		小满 5月21日 十二戊申 戌时 19时57分			芒种 6月6日 廿八甲子 午时 11时22分	
农历	公历	干支	九星	日建	星宿	公历	干支	九星	日建	星宿	公历	干支	九星	日建	星宿	公历	干支	九星	日建	星宿
初一	11	己巳	六白	平	斗	13	己亥	六白	成	女	11	戊辰	二黑	建	虚	10	丁酉	一白	定	危
初二	12	庚午	七赤	定	牛	14	庚子	七赤	收	虚	12	己巳	三碧	除	危	11	戊戌	二黑	执	室
初三	13	辛未	八白	执	女	15	辛丑	八白	开	危	13	庚午	四绿	满	室	12	己亥	三碧	破	壁
初四	14	壬申	九紫	破	虚	16	壬寅	九紫	闭	室	14	辛未	五黄	平	壁	13	庚子	四绿	危	奎
初五	15	癸酉	一白	危	危	17	癸卯	一白	建	壁	15	壬申	六白	定	奎	14	辛丑	五黄	成	娄
初六	16	甲戌	二黑	成	室	18	甲辰	二黑	除	奎	16	癸酉	七赤	执	娄	15	壬寅	六白	收	胃
初七	17	乙亥	三碧	收	壁	19	乙巳	三碧	满	娄	17	甲戌	八白	破	胃	16	癸卯	七赤	开	昴
初八	18	丙子	四绿	开	奎	20	丙午	四绿	平	胃	18	乙亥	九紫	危	昴	17	甲辰	八白	闭	毕
初九	19	丁丑	二黑	闭	娄	21	丁未	五黄	定	昴	19	丙子	一白	成	毕	18	乙巳	九紫	建	觜
初十	20	戊寅	三碧	建	胃	22	戊申	六白	执	毕	20	丁丑	八白	收	觜	19	丙午	一白	除	参
十一	21	己卯	四绿	除	昴	23	己酉	七赤	破	觜	21	戊寅	九紫	开	参	20	丁未	二黑	满	井
十二	22	庚辰	五黄	满	毕	24	庚戌	八白	危	参	22	己卯	一白	闭	井	21	戊申	三碧	平	鬼
十三	23	辛巳	六白	平	觜	25	辛亥	九紫	成	井	23	庚辰	二黑	建	鬼	22	己酉	四绿	定	柳
十四	24	壬午	七赤	定	参	26	壬子	一白	收	鬼	24	辛巳	三碧	除	柳	23	庚戌	五黄	执	星
十五	25	癸未	八白	执	井	27	癸丑	二黑	开	柳	25	壬午	四绿	满	星	24	辛亥	六白	破	张
十六	26	甲申	九紫	破	鬼	28	甲寅	三碧	闭	星	26	癸未	五黄	平	张	25	壬子	七赤	危	翼
十七	27	乙酉	一白	危	柳	29	乙卯	四绿	建	张	27	甲申	六白	定	翼	26	癸丑	八白	成	轸
十八	28	丙戌	二黑	成	星	30	丙辰	五黄	除	翼	28	乙酉	七赤	执	轸	27	甲寅	九紫	收	角
十九	**3月**	丁亥	三碧	收	张	31	丁巳	六白	满	轸	29	丙戌	八白	破	角	28	乙卯	一白	开	亢
二十	2	戊子	四绿	开	翼	**4月**	戊午	七赤	平	角	30	丁亥	九紫	危	亢	29	丙辰	二黑	闭	氐
廿一	3	己丑	五黄	闭	轸	2	己未	八白	定	亢	**5月**	戊子	一白	成	氐	30	丁巳	三碧	建	房
廿二	4	庚寅	六白	建	角	3	庚申	九紫	执	氐	2	己丑	二黑	收	房	31	戊午	四绿	除	心
廿三	5	辛卯	七赤	除	亢	4	辛酉	一白	破	房	3	庚寅	三碧	开	心	**6月**	己未	五黄	满	尾
廿四	6	壬辰	八白	除	氐	5	壬戌	二黑	破	心	4	辛卯	四绿	闭	尾	2	庚申	六白	平	箕
廿五	7	癸巳	九紫	满	房	6	癸亥	三碧	危	尾	5	壬辰	五黄	建	箕	3	辛酉	七赤	定	斗
廿六	8	甲午	一白	平	心	7	甲子	七赤	成	箕	6	癸巳	六白	建	斗	4	壬戌	八白	执	牛
廿七	9	乙未	二黑	定	尾	8	乙丑	八白	收	斗	7	甲午	七赤	除	牛	5	癸亥	九紫	破	女
廿八	10	丙申	三碧	执	箕	9	丙寅	九紫	开	牛	8	乙未	八白	满	女	6	甲子	四绿	破	虚
廿九	11	丁酉	四绿	破	斗	10	丁卯	一白	闭	女	9	丙申	九紫	平	虚	7	乙丑	五黄	危	危
三十	12	戊戌	五黄	危	牛											8	丙寅	六白	成	室

公元1937年 民国二十六年 丁丑牛年　太岁汪文 九星九紫

月份	五月小 丙午 一白 坤卦 室宿					六月小 丁未 九紫 乾卦 壁宿					七月大 戊申 八白 兑卦 奎宿					八月小 己酉 七赤 离卦 娄宿				
节气	夏至 6月22日 十四庚辰 寅时 4时11分		小暑 7月7日 廿九乙未 亥时 21时45分			大暑 7月23日 十六辛亥 申时 15时06分					立秋 8月8日 初三丁卯 辰时 7时25分		处暑 8月23日 十八壬午 亥时 21时57分			白露 9月8日 初四戊戌 巳时 9时59分		秋分 9月23日 十九癸丑 戌时 19时12分		
农历	公历	干支	九星	日建	星宿	公历	干支	九星	日建	星宿	公历	干支	九星	日建	星宿	公历	干支	九星	日建	星宿
初一	9	丁卯	七赤	收	壁	8	丙申	四绿	除	奎	6	乙丑	八白	破	娄	5	乙未	八白	闭	昴
初二	10	戊辰	八白	开	奎	9	丁酉	三碧	满	娄	7	丙寅	七赤	危	胃	6	丙申	七赤	建	毕
初三	11	己巳	九紫	闭	娄	10	戊戌	二黑	平	胃	8	丁卯	六白	危	昴	7	丁酉	六白	除	觜
初四	12	庚午	一白	建	胃	11	己亥	一白	定	昴	9	戊辰	五黄	成	毕	8	戊戌	五黄	满	参
初五	13	辛未	二黑	除	昴	12	庚子	九紫	执	毕	10	己巳	四绿	收	觜	9	己亥	四绿	满	井
初六	14	壬申	三碧	满	毕	13	辛丑	八白	破	觜	11	庚午	三碧	开	参	10	庚子	三碧	平	鬼
初七	15	癸酉	四绿	平	觜	14	壬寅	七赤	危	参	12	辛未	二黑	闭	井	11	辛丑	二黑	定	柳
初八	16	甲戌	五黄	定	参	15	癸卯	六白	成	井	13	壬申	一白	建	鬼	12	壬寅	一白	执	星
初九	17	乙亥	六白	执	井	16	甲辰	五黄	收	鬼	14	癸酉	九紫	除	柳	13	癸卯	九紫	破	张
初十	18	丙子	七赤	破	鬼	17	乙巳	四绿	开	柳	15	甲戌	八白	满	星	14	甲辰	八白	危	翼
十一	19	丁丑	八白	危	柳	18	丙午	三碧	闭	星	16	乙亥	七赤	平	张	15	乙巳	七赤	成	轸
十二	20	戊寅	九紫	成	星	19	丁未	二黑	建	张	17	丙子	六白	定	翼	16	丙午	六白	收	角
十三	21	己卯	一白	收	张	20	戊申	一白	除	翼	18	丁丑	五黄	执	轸	17	丁未	五黄	开	亢
十四	22	庚辰	二黑	开	翼	21	己酉	九紫	满	轸	19	戊寅	四绿	破	角	18	戊申	四绿	闭	氐
十五	23	辛巳	一白	闭	轸	22	庚戌	八白	平	角	20	己卯	三碧	危	亢	19	己酉	三碧	建	房
十六	24	壬午	九紫	建	角	23	辛亥	七赤	定	亢	21	庚辰	二黑	成	氐	20	庚戌	二黑	除	心
十七	25	癸未	八白	除	亢	24	壬子	六白	执	氐	22	辛巳	一白	收	房	21	辛亥	一白	满	尾
十八	26	甲申	七赤	满	氐	25	癸丑	五黄	破	房	23	壬午	三碧	开	心	22	壬子	九紫	平	箕
十九	27	乙酉	六白	平	房	26	甲寅	四绿	危	心	24	癸未	二黑	闭	尾	23	癸丑	八白	定	斗
二十	28	丙戌	五黄	定	心	27	乙卯	三碧	成	尾	25	甲申	一白	建	箕	24	甲寅	七赤	执	牛
廿一	29	丁亥	四绿	执	尾	28	丙辰	二黑	收	箕	26	乙酉	九紫	除	斗	25	乙卯	六白	破	女
廿二	30	戊子	三碧	破	箕	29	丁巳	一白	开	斗	27	丙戌	八白	满	牛	26	丙辰	五黄	危	虚
廿三	7月	己丑	二黑	危	斗	30	戊午	九紫	闭	牛	28	丁亥	七赤	平	女	27	丁巳	四绿	成	危
廿四	2	庚寅	一白	成	牛	31	己未	八白	建	女	29	戊子	六白	定	虚	28	戊午	三碧	收	室
廿五	3	辛卯	九紫	收	女	8月	庚申	七赤	除	虚	30	己丑	五黄	执	危	29	己未	二黑	开	壁
廿六	4	壬辰	八白	开	虚	2	辛酉	六白	满	危	31	庚寅	四绿	破	室	30	庚申	一白	闭	奎
廿七	5	癸巳	七赤	闭	危	3	壬戌	五黄	平	室	9月	辛卯	三碧	危	壁	10月	辛酉	九紫	建	娄
廿八	6	甲午	六白	建	室	4	癸亥	四绿	定	壁	2	壬辰	二黑	成	奎	2	壬戌	八白	除	胃
廿九	7	乙未	五黄	建	壁	5	甲子	九紫	执	奎	3	癸巳	一白	收	娄	3	癸亥	七赤	满	昴
三十											4	甲午	九紫	开	胃					

国学经典文库

中华历书大全

・1900-2100年万年历法表・

图文珍藏版

公元1937年　民国二十六年　丁丑牛年　太岁汪文　九星九紫

月份	九月大	庚戌 六白 震卦 胃宿	十月大	辛亥 五黄 巽卦 昴宿	十一月大	壬子 四绿 坎卦 毕宿	十二月小	癸丑 三碧 艮卦 觜宿
节气	寒露 10月9日 初六己巳 丑时 1时10分	霜降 10月24日 廿一甲申 寅时 4时06分	立冬 11月8日 初六己亥 寅时 3时55分	小雪 11月23日 廿一甲寅 丑时 1时16分	大雪 12月7日 初五戊辰 戌时 20时26分	冬至 12月22日 二十癸未 未时 14时21分	小寒 1月6日 初五戊戌 辰时 7时31分	大寒 1月21日 二十癸丑 早子时 0时58分

农历	公历	干支	九星	日建	星宿	公历	干支	九星	日建	星宿	公历	干支	九星	日建	星宿	公历	干支	九星	日建	星宿
初一	4	甲子	三碧	平	毕	3	甲午	三碧	成	参	3	甲子	六白	除	鬼	2	甲午	四绿	破	星
初二	5	乙丑	二黑	定	觜	4	乙未	二黑	收	井	4	乙丑	五黄	满	柳	3	乙未	五黄	危	张
初三	6	丙寅	一白	执	参	5	丙申	一白	开	鬼	5	丙寅	四绿	平	星	4	丙申	六白	成	翼
初四	7	丁卯	九紫	破	井	6	丁酉	九紫	闭	柳	6	丁卯	三碧	定	张	5	丁酉	七赤	收	轸
初五	8	戊辰	八白	危	鬼	7	戊戌	八白	建	星	7	戊辰	二黑	定	翼	6	戊戌	八白	收	角
初六	9	己巳	七赤	危	柳	8	己亥	七赤	建	张	8	己巳	一白	执	轸	7	己亥	九紫	开	亢
初七	10	庚午	六白	成	星	9	庚子	六白	除	翼	10	庚午	九紫	破	角	8	庚子	一白	闭	氐
初八	11	辛未	五黄	收	张	10	辛丑	五黄	满	轸	10	辛未	八白	危	亢	9	辛丑	二黑	建	房
初九	12	壬申	四绿	开	翼	11	壬寅	四绿	平	角	11	壬申	七赤	成	氐	10	壬寅	三碧	除	心
初十	13	癸酉	三碧	闭	轸	12	癸卯	三碧	定	亢	12	癸酉	六白	收	房	11	癸卯	四绿	满	尾
十一	14	甲戌	二黑	建	角	13	甲辰	二黑	执	氐	13	甲戌	五黄	开	心	12	甲辰	五黄	平	箕
十二	15	乙亥	一白	除	亢	14	乙巳	一白	破	房	14	乙亥	四绿	闭	尾	13	乙巳	六白	定	斗
十三	16	丙子	九紫	满	氐	15	丙午	九紫	危	心	15	丙子	三碧	建	箕	14	丙午	七赤	执	牛
十四	17	丁丑	八白	平	房	16	丁未	八白	成	尾	16	丁丑	二黑	除	斗	15	丁未	八白	破	女
十五	18	戊寅	七赤	定	心	17	戊申	七赤	收	箕	17	戊寅	一白	满	牛	16	戊申	九紫	危	虚
十六	19	己卯	六白	执	尾	18	己酉	六白	开	斗	18	己卯	九紫	平	女	17	己酉	一白	成	危
十七	20	庚辰	五黄	破	箕	19	庚戌	五黄	闭	牛	19	庚辰	八白	定	虚	18	庚戌	二黑	收	室
十八	21	辛巳	四绿	危	斗	20	辛亥	四绿	建	女	20	辛巳	七赤	执	危	19	辛亥	三碧	开	壁
十九	22	壬午	三碧	成	牛	21	壬子	三碧	除	虚	21	壬午	六白	破	室	20	壬子	四绿	闭	奎
二十	23	癸未	二黑	收	女	22	癸丑	二黑	满	危	22	癸未	二黑	危	壁	21	癸丑	五黄	建	娄
廿一	24	甲申	四绿	开	虚	23	甲寅	一白	平	室	23	甲申	三碧	成	奎	22	甲寅	六白	除	胃
廿二	25	乙酉	三碧	闭	危	24	乙卯	九紫	定	壁	24	乙酉	四绿	收	娄	23	乙卯	七赤	满	昴
廿三	26	丙戌	二黑	建	室	25	丙辰	八白	执	奎	25	丙戌	五黄	开	胃	24	丙辰	八白	平	毕
廿四	27	丁亥	一白	除	壁	26	丁巳	七赤	破	娄	26	丁亥	六白	闭	昴	25	丁巳	九紫	定	觜
廿五	28	戊子	九紫	满	奎	27	戊午	六白	危	胃	27	戊子	七赤	建	毕	26	戊午	一白	执	参
廿六	29	己丑	八白	平	娄	28	己未	五黄	成	昴	28	己丑	八白	除	觜	27	己未	二黑	破	井
廿七	30	庚寅	七赤	定	胃	29	庚申	四绿	收	毕	29	庚寅	九紫	满	参	28	庚申	三碧	危	鬼
廿八	31	辛卯	六白	执	昴	30	辛酉	三碧	开	觜	30	辛卯	一白	平	井	29	辛酉	四绿	成	柳
廿九	11月	壬辰	五黄	破	毕	12月	壬戌	二黑	闭	参	31	壬辰	二黑	定	鬼	30	壬戌	五黄	收	星
三十	2	癸巳	四绿	危	觜	2	癸亥	一白	建	井	1月	癸巳	三碧	执	柳					

月份	正月大 甲寅 二黑 巽卦 参宿				二月大 乙卯 一白 坎卦 井宿				三月小 丙辰 九紫 艮卦 鬼宿				四月小 丁巳 八白 坤卦 柳宿			
节气	立春 2月4日 初五丁卯 戌时 19时14分		雨水 2月19日 二十壬午 申时 15时19分		惊蛰 3月6日 初五丁酉 未时 13时33分		春分 3月21日 二十壬子 未时 14时43分		清明 4月5日 初五丁卯 酉时 18时48分		谷雨 4月21日 廿一癸未 丑时 2时14分		立夏 5月6日 初七戊戌 午时 12时35分		小满 5月22日 廿三甲寅 丑时 1时50分	
农历	公历	干支	九星	日建 星宿	公历	干支	九星	日建 星宿	公历	干支	九星	日建 星宿	公历	干支	九星	日建 星宿
初一	31	癸亥	六白	开 张	2	癸巳	九紫	平 轸	4月	癸亥	三碧	成 亢	30	壬辰	五黄	建 氐
初二	2月	甲子	一白	闭 翼	3	甲午	一白	定 角	2	甲子	七赤	收 氐	5月	癸巳	六白	除 房
初三	2	乙丑	二黑	建 轸	4	乙未	二黑	执 亢	3	乙丑	八白	开 房	2	甲午	七赤	满 心
初四	3	丙寅	三碧	除 角	5	丙申	三碧	破 氐	4	丙寅	九紫	闭 心	3	乙未	八白	平 尾
初五	4	丁卯	四绿	除 亢	6	丁酉	四绿	破 房	5	丁卯	一白	闭 尾	4	丙申	九紫	定 箕
初六	5	戊辰	五黄	满 氐	7	戊戌	五黄	危 心	6	戊辰	二黑	建 箕	5	丁酉	一白	执 斗
初七	6	己巳	六白	平 房	8	己亥	六白	成 尾	7	己巳	三碧	除 斗	6	戊戌	二黑	破 牛
初八	7	庚午	七赤	定 心	9	庚子	七赤	收 箕	8	庚午	四绿	满 牛	7	己亥	三碧	危 女
初九	8	辛未	八白	执 尾	10	辛丑	八白	开 斗	9	辛未	五黄	平 女	8	庚子	四绿	成 虚
初十	9	壬申	九紫	破 箕	11	壬寅	九紫	闭 牛	10	壬申	六白	定 虚	9	辛丑	五黄	收 危
十一	10	癸酉	一白	危 斗	12	癸卯	一白	建 女	11	癸酉	七赤	执 危	10	壬寅	六白	收 室
十二	11	甲戌	二黑	成 牛	13	甲辰	二黑	除 虚	12	甲戌	八白	破 室	11	癸卯	七赤	开 壁
十三	12	乙亥	三碧	收 女	14	乙巳	三碧	满 危	13	乙亥	九紫	危 壁	12	甲辰	八白	闭 奎
十四	13	丙子	四绿	开 虚	15	丙午	四绿	平 室	14	丙子	一白	成 奎	13	乙巳	九紫	建 娄
十五	14	丁丑	五黄	闭 危	16	丁未	五黄	定 壁	15	丁丑	二黑	收 娄	14	丙午	一白	除 胃
十六	15	戊寅	六白	建 室	17	戊申	六白	执 奎	16	戊寅	三碧	开 胃	15	丁未	二黑	满 昴
十七	16	己卯	七赤	除 壁	18	己酉	七赤	破 娄	17	己卯	四绿	闭 昴	16	戊申	三碧	平 毕
十八	17	庚辰	八白	满 奎	19	庚戌	八白	危 胃	18	庚辰	五黄	建 毕	17	己酉	四绿	定 觜
十九	18	辛巳	九紫	平 娄	20	辛亥	九紫	成 昴	19	辛巳	六白	除 觜	18	庚戌	五黄	执 参
二十	19	壬午	七赤	定 胃	21	壬子	一白	收 毕	20	壬午	七赤	满 参	19	辛亥	六白	破 井
廿一	20	癸未	八白	执 昴	22	癸丑	二黑	开 觜	21	癸未	五黄	平 井	20	壬子	七赤	危 鬼
廿二	21	甲申	九紫	破 毕	23	甲寅	三碧	闭 参	22	甲申	六白	定 鬼	21	癸丑	八白	成 柳
廿三	22	乙酉	一白	危 觜	24	乙卯	四绿	建 井	23	乙酉	七赤	执 柳	22	甲寅	九紫	收 星
廿四	23	丙戌	二黑	成 参	25	丙辰	五黄	除 鬼	24	丙戌	八白	破 星	23	乙卯	一白	开 张
廿五	24	丁亥	三碧	收 井	26	丁巳	六白	满 柳	25	丁亥	九紫	危 张	24	丙辰	二黑	闭 翼
廿六	25	戊子	四绿	开 鬼	27	戊午	七赤	平 星	26	戊子	一白	成 翼	25	丁巳	三碧	建 轸
廿七	26	己丑	五黄	闭 柳	28	己未	八白	定 张	27	己丑	二黑	收 轸	26	戊午	四绿	除 角
廿八	27	庚寅	六白	建 星	29	庚申	九紫	执 翼	28	庚寅	三碧	开 角	27	己未	五黄	满 亢
廿九	28	辛卯	七赤	除 张	30	辛酉	一白	破 轸	29	辛卯	四绿	闭 亢	28	庚申	六白	平 氐
三十	3月	壬辰	八白	满 翼	31	壬戌	二黑	危 角								

国学经典文库　中华历书大全　·1900-2100年万年历法表·　图文珍藏版

公元1938年　民国二十七年　戊寅虎年（闰七月）　　太岁曾光　九星八白

月份	五月大 戊午 七赤 乾卦 星宿					六月小 己未 六白 兑卦 张宿					七月小 庚申 五黄 离卦 翼宿				
节气	芒种 6月6日 初九己巳 酉时 17时06分		夏至 6月22日 廿五乙酉 巳时 10时03分			小暑 7月8日 十一辛丑 寅时 3时31分		大暑 7月23日 廿六丙辰 戌时 20时57分			立秋 8月8日 十三壬申 未时 13时12分		处暑 8月24日 廿九戊子 寅时 3时45分		
农历	公历	干支	九星	日建	星宿	公历	干支	九星	日建	星宿	公历	干支	九星	日建	星宿
初一	29	辛酉	七赤	定	房	28	辛卯	九紫	收	尾	27	庚申	七赤	除	箕
初二	30	壬戌	八白	执	心	29	壬辰	八白	开	箕	28	辛酉	六白	满	斗
初三	31	癸亥	九紫	破	尾	30	癸巳	七赤	闭	斗	29	壬戌	五黄	平	牛
初四	6月	甲子	四绿	危	箕	7月	甲午	六白	建	牛	30	癸亥	四绿	定	女
初五	2	乙丑	五黄	成	斗	2	乙未	五黄	除	女	31	甲子	九紫	执	虚
初六	3	丙寅	六白	收	牛	3	丙申	四绿	满	虚	8月	乙丑	八白	破	危
初七	4	丁卯	七赤	开	女	4	丁酉	三碧	平	危	2	丙寅	七赤	危	室
初八	5	戊辰	八白	闭	虚	5	戊戌	二黑	定	室	3	丁卯	六白	成	壁
初九	6	己巳	九紫	闭	危	6	己亥	一白	执	壁	4	戊辰	五黄	收	奎
初十	7	庚午	一白	建	室	7	庚子	九紫	破	奎	5	己巳	四绿	开	娄
十一	8	辛未	二黑	除	壁	8	辛丑	八白	破	娄	6	庚午	三碧	闭	胃
十二	9	壬申	三碧	满	奎	9	壬寅	七赤	危	胃	7	辛未	二黑	建	昴
十三	10	癸酉	四绿	平	娄	10	癸卯	六白	成	昴	8	壬申	一白	建	毕
十四	11	甲戌	五黄	定	胃	11	甲辰	五黄	收	毕	9	癸酉	九紫	除	觜
十五	12	乙亥	六白	执	昴	12	乙巳	四绿	开	觜	10	甲戌	八白	满	参
十六	13	丙子	七赤	破	毕	13	丙午	三碧	闭	参	11	乙亥	七赤	平	井
十七	14	丁丑	八白	危	觜	14	丁未	二黑	建	井	12	丙子	六白	定	鬼
十八	15	戊寅	九紫	成	参	15	戊申	一白	除	鬼	13	丁丑	五黄	执	柳
十九	16	己卯	一白	收	井	16	己酉	九紫	满	柳	14	戊寅	四绿	破	星
二十	17	庚辰	二黑	开	鬼	17	庚戌	八白	平	星	15	己卯	三碧	危	张
廿一	18	辛巳	三碧	闭	柳	18	辛亥	七赤	定	张	16	庚辰	二黑	成	翼
廿二	19	壬午	四绿	建	星	19	壬子	六白	执	翼	17	辛巳	一白	收	轸
廿三	20	癸未	五黄	除	张	20	癸丑	五黄	破	轸	18	壬午	九紫	开	角
廿四	21	甲申	六白	满	翼	21	甲寅	四绿	危	角	19	癸未	八白	闭	亢
廿五	22	乙酉	六白	平	轸	22	乙卯	三碧	成	亢	20	甲申	七赤	建	氐
廿六	23	丙戌	五黄	定	角	23	丙辰	二黑	收	氐	21	乙酉	六白	除	房
廿七	24	丁亥	四绿	执	亢	24	丁巳	一白	开	房	22	丙戌	五黄	满	心
廿八	25	戊子	三碧	破	氐	25	戊午	九紫	闭	心	23	丁亥	四绿	平	尾
廿九	26	己丑	二黑	危	房	26	己未	八白	建	尾	24	戊子	三碧	定	箕
三十	27	庚寅	一白	成	心										

月份	闰七月大					八月小　辛酉 四绿　震卦 轸宿					九月大　壬戌 三碧　巽卦 角宿				
节气	白露 9月8日 十五癸卯 申时 15时48分					秋分 9月24日 初一己未 早子时 0时59分 / 寒露 10月9日 十六甲戌 辰时 7时01分					霜降 10月24日 初二己丑 巳时 9时53分 / 立冬 11月8日 十七甲辰 巳时 9时48分				
农历	公历	干支	九星	日建	星宿	公历	干支	九星	日建	星宿	公历	干支	九星	日建	星宿
初一	25	己丑	五黄	执	斗牛	24	己未	二黑	开	女	23	戊子	六白	满	虚
初二	26	庚寅	四绿	破	牛女	25	庚申	一白	闭	虚	24	己丑	八白	平	危
初三	27	辛卯	三碧	危	女虚	26	辛酉	九紫	建	危	25	庚寅	七赤	定	室壁
初四	28	壬辰	二黑	成	虚危	27	壬戌	八白	除	室	26	辛卯	六白	执	壁奎
初五	29	癸巳	一白	收	危	28	癸亥	七赤	满	壁	27	壬辰	五黄	破	奎
初六	30	甲午	九紫	开	室	29	甲子	三碧	平	奎	28	癸巳	四绿	危	娄
初七	31	乙未	八白	闭	壁	30	乙丑	二黑	定	娄	29	甲午	三碧	成	胃昴
初八	9月	丙申	七赤	建	奎	10月	丙寅	一白	执	胃	30	乙未	二黑	收	昴
初九	2	丁酉	六白	除	娄	2	丁卯	九紫	破	昴	31	丙申	一白	开	毕
初十	3	戊戌	五黄	满	胃	3	戊辰	八白	危	毕	11月	丁酉	九紫	闭	觜
十一	4	己亥	四绿	平	昴	4	己巳	七赤	成	觜	2	戊戌	八白	建	参井
十二	5	庚子	三碧	定	毕	5	庚午	六白	收	参	3	己亥	七赤	除	井
十三	6	辛丑	二黑	执	觜	6	辛未	五黄	开	井	4	庚子	六白	满	柳
十四	7	壬寅	一白	破	参	7	壬申	四绿	闭	鬼柳	5	辛丑	五黄	平	星
十五	8	癸卯	九紫	破	井	8	癸酉	三碧	建	柳	6	壬寅	四绿	定	张
十六	9	甲辰	八白	危	鬼	9	甲戌	二黑	建	星	7	癸卯	三碧	执	翼
十七	10	乙巳	七赤	成	柳	10	乙亥	一白	除	张	8	甲辰	二黑	执	轸
十八	11	丙午	六白	收	星	11	丙子	九紫	满	翼	9	乙巳	一白	破	轸角
十九	12	丁未	五黄	开	张	12	丁丑	八白	平	轸	10	丙午	九紫	危	角亢
二十	13	戊申	四绿	闭	翼	13	戊寅	七赤	定	角	11	丁未	八白	成	亢
廿一	14	己酉	三碧	建	轸	14	己卯	六白	执	亢	12	戊申	七赤	收	氐
廿二	15	庚戌	二黑	除	角	15	庚辰	五黄	破	氐房	13	己酉	六白	开	房
廿三	16	辛亥	一白	满	亢	16	辛巳	四绿	危	房心	14	庚戌	五黄	闭	心尾
廿四	17	壬子	九紫	平	氐	17	壬午	三碧	成	尾	15	辛亥	四绿	建	尾箕
廿五	18	癸丑	八白	定	房	18	癸未	二黑	收	尾	16	壬子	三碧	除	箕
廿六	19	甲寅	七赤	执	心	19	甲申	一白	开	箕	17	癸丑	二黑	满	斗牛
廿七	20	乙卯	六白	破	尾	20	乙酉	九紫	闭	斗牛	18	甲寅	一白	平	牛女
廿八	21	丙辰	五黄	危	箕	21	丙戌	八白	建	牛女	19	乙卯	九紫	定	女虚
廿九	22	丁巳	四绿	成	斗	22	丁亥	七赤	除	女	20	丙辰	八白	执	虚危
三十	23	戊午	三碧	收	牛						21	丁巳	七赤	破	危

公元1938年　民国二十七年　戊寅虎年（闰七月）　太岁曾光　九星八白

月份	十月大		癸亥 二黑 坎卦 亢宿			十一月小		甲子 一白 艮卦 氐宿			十二月大		乙丑 九紫 坤卦 房宿		
节气	小雪 11月23日 初二己未 辰时 7时06分		大雪 12月8日 十七甲戌 丑时 2时21分			冬至 12月22日 初一戊子 戌时 20时13分		小寒 1月6日 十六癸卯 午时 13时27分			大寒 1月21日 初二戊午 卯时 6时50分		立春 2月5日 十七癸酉 丑时 1时10分		
农历	公历	干支	九星	日建	星宿	公历	干支	九星	日建	星宿	公历	干支	九星	日建	星宿
初一	22	戊午	六白	危	室	22	戊子	七赤	建	奎	20	丁巳	九紫	定	娄
初二	23	己未	五黄	成	壁	23	己丑	八白	除	娄	21	戊午	一白	执	胃
初三	24	庚申	四绿	收	奎	24	庚寅	九紫	满	胃	22	己未	二黑	破	昴
初四	25	辛酉	三碧	开	娄	25	辛卯	一白	平	昴	23	庚申	三碧	危	毕
初五	26	壬戌	二黑	闭	胃	26	壬辰	二黑	定	毕	24	辛酉	四绿	成	觜
初六	27	癸亥	一白	建	昴	27	癸巳	三碧	执	觜	25	壬戌	五黄	收	参
初七	28	甲子	六白	除	毕	28	甲午	四绿	破	参	26	癸亥	六白	开	井
初八	29	乙丑	五黄	满	觜	29	乙未	五黄	危	井	27	甲子	一白	闭	鬼
初九	30	丙寅	四绿	平	参	30	丙申	六白	成	鬼	28	乙丑	二黑	建	柳
初十	12月	丁卯	三碧	定	井	31	丁酉	七赤	收	柳	29	丙寅	三碧	除	星
十一	2	戊辰	二黑	执	鬼	1月	戊戌	八白	开	星	30	丁卯	四绿	满	张
十二	3	己巳	一白	破	柳	2	己亥	九紫	闭	张	31	戊辰	五黄	平	翼
十三	4	庚午	九紫	危	星	3	庚子	一白	建	翼	2月	己巳	六白	定	轸角
十四	5	辛未	八白	成	张	4	辛丑	二黑	除	轸角	2	庚午	七赤	执	
十五	6	壬申	七赤	收	翼	5	壬寅	三碧	满		3	辛未	八白	破	亢
十六	7	癸酉	六白	开	轸角	6	癸卯	四绿	满	亢	4	壬申	九紫	危	氐
十七	8	甲戌	五黄	开		7	甲辰	五黄	平	氐	5	癸酉	一白	成	房心
十八	9	乙亥	四绿	闭	亢	8	乙巳	六白	定	房心	6	甲戌	二黑	收	
十九	10	丙子	三碧	建	氐	9	丙午	七赤	执		7	乙亥	三碧	收	尾箕
二十	11	丁丑	二黑	除	房	10	丁未	八白	破		8	丙子	四绿	开	
廿一	12	戊寅	一白	满	心	11	戊申	九紫	危	箕	9	丁丑	五黄	闭	斗牛
廿二	13	己卯	九紫	平	尾	12	己酉	一白	成	斗牛	10	戊寅	六白	建	
廿三	14	庚辰	八白	定	箕	13	庚戌	二黑	收		11	己卯	七赤	除	女虚
廿四	15	辛巳	七赤	执	斗牛	14	辛亥	三碧	开	女虚	12	庚辰	八白	满	
廿五	16	壬午	六白	破		15	壬子	四绿	闭		13	辛巳	九紫	平	危室
廿六	17	癸未	五黄	危	女虚	16	癸丑	五黄	建	危室	14	壬午	一白	定	
廿七	18	甲申	四绿	成		17	甲寅	六白	除	壁奎	15	癸未	二黑	执	壁奎
廿八	19	乙酉	三碧	收	危室	18	乙卯	七赤	满		16	甲申	三碧	破	
廿九	20	丙戌	二黑	开		19	丙辰	八白	平		17	乙酉	四绿	危	娄胃
三十	21	丁亥	一白	闭	壁						18	丙戌	五黄	成	

公元1939年　民国二十八年　己卯兔年　太岁伍仲　九星七赤

月份	正月大 丙寅 八白 坎卦 心宿					二月大 丁卯 七赤 艮卦 尾宿					三月小 戊辰 六白 坤卦 箕宿					四月小 己巳 五黄 乾卦 斗宿				
节气	雨水 2月19日 初一丁亥 亥时 21时09分		惊蛰 3月6日 十六壬寅 戌时 19时26分			春分 3月21日 初一丁巳 戌时 20时28分		清明 4月6日 十七癸酉 早子时 0时37分			谷雨 4月21日 初二戊子 辰时 7时55分		立夏 5月6日 十七癸卯 酉时 18时21分			小满 5月22日 初四己未 辰时 7时26分		芒种 6月6日 十九甲戌 亥时 22时51分		
农历	公历	干支	九星	日建	星宿	公历	干支	九星	日建	星宿	公历	干支	九星	日建	星宿	公历	干支	九星	日建	星宿
初一	19	丁亥	三碧	收	昴	21	丁巳	六白	满	觜	20	丁亥	三碧	危	井	19	丙辰	二黑	闭	鬼
初二	20	戊子	四绿	开	毕	22	戊午	七赤	平	参	21	戊子	一白	成	鬼	20	丁巳	三碧	建	柳
初三	21	己丑	五黄	闭	觜	23	己未	八白	定	井	22	己丑	二黑	收	柳	21	戊午	四绿	除	星
初四	22	庚寅	六白	建	参	24	庚申	九紫	执	鬼	23	庚寅	三碧	开	星	22	己未	五黄	满	张
初五	23	辛卯	七赤	除	井	25	辛酉	一白	破	柳	24	辛卯	四绿	闭	张	23	庚申	六白	平	翼
初六	24	壬辰	八白	满	鬼	26	壬戌	二黑	危	星	25	壬辰	五黄	建	翼	24	辛酉	七赤	定	轸
初七	25	癸巳	九紫	平	柳	27	癸亥	三碧	成	张	26	癸巳	六白	除	轸	25	壬戌	八白	执	角
初八	26	甲午	一白	定	星	28	甲子	七赤	收	翼	27	甲午	七赤	满	角	26	癸亥	九紫	破	亢
初九	27	乙未	二黑	执	张	29	乙丑	八白	开	轸	28	乙未	八白	平	亢	27	甲子	四绿	危	氐
初十	28	丙申	三碧	破	翼	30	丙寅	九紫	闭	角	29	丙申	九紫	定	氐	28	乙丑	五黄	成	房
十一	3月	丁酉	四绿	危	轸	31	丁卯	一白	建	亢	30	丁酉	一白	执	房	29	丙寅	六白	收	心
十二	2	戊戌	五黄	成	角	4月	戊辰	二黑	除	氐	5月	戊戌	二黑	破	心	30	丁卯	七赤	开	尾
十三	3	己亥	六白	收	亢	2	己巳	三碧	满	房	2	己亥	三碧	危	尾	31	戊辰	八白	闭	箕
十四	4	庚子	七赤	开	氐	3	庚午	四绿	平	心	3	庚子	四绿	成	箕	6月	己巳	九紫	建	斗
十五	5	辛丑	八白	闭	房	4	辛未	五黄	定	尾	4	辛丑	五黄	收	斗	2	庚午	一白	除	牛
十六	6	壬寅	九紫	闭	心	5	壬申	六白	执	箕	5	壬寅	六白	开	牛	3	辛未	二黑	满	女
十七	7	癸卯	一白	建	尾	6	癸酉	七赤	执	斗	6	癸卯	七赤	开	女	4	壬申	三碧	平	虚
十八	8	甲辰	二黑	除	箕	7	甲戌	八白	破	牛	7	甲辰	八白	闭	虚	5	癸酉	四绿	定	危
十九	9	乙巳	三碧	满	斗	8	乙亥	九紫	危	女	8	乙巳	九紫	建	危	6	甲戌	五黄	定	室
二十	10	丙午	四绿	平	牛	9	丙子	一白	成	虚	9	丙午	一白	除	室	7	乙亥	六白	执	壁
廿一	11	丁未	五黄	定	女	10	丁丑	二黑	收	危	10	丁未	二黑	满	壁	8	丙子	七赤	破	奎
廿二	12	戊申	六白	执	虚	11	戊寅	三碧	开	室	11	戊申	三碧	平	奎	9	丁丑	八白	危	娄
廿三	13	己酉	七赤	破	危	12	己卯	四绿	闭	壁	12	己酉	四绿	定	娄	10	戊寅	九紫	成	胃
廿四	14	庚戌	八白	危	室	13	庚辰	五黄	建	奎	13	庚戌	五黄	执	胃	11	己卯	一白	收	昴
廿五	15	辛亥	九紫	成	壁	14	辛巳	六白	除	娄	14	辛亥	六白	破	昴	12	庚辰	二黑	开	毕
廿六	16	壬子	一白	收	奎	15	壬午	七赤	满	胃	15	壬子	七赤	危	毕	13	辛巳	三碧	闭	觜
廿七	17	癸丑	二黑	开	娄	16	癸未	八白	平	昴	16	癸丑	八白	成	觜	14	壬午	四绿	建	参
廿八	18	甲寅	三碧	闭	胃	17	甲申	九紫	定	毕	17	甲寅	九紫	收	参	15	癸未	五黄	除	井
廿九	19	乙卯	四绿	建	昴	18	乙酉	一白	执	觜	18	乙卯	一白	开	井	16	甲申	六白	满	鬼
三十	20	丙辰	五黄	除	毕	19	丙戌	二黑	破	参										

国学经典文库　中华历书大全·1900-2100年万年历法表·图文珍藏版

公元1939年 民国二十八年 己卯兔年　太岁伍仲 九星七赤

月份	五月大 庚午 四绿 兑卦 牛宿					六月小 辛未 三碧 离卦 女宿					七月小 壬申 二黑 震卦 虚宿					八月大 癸酉 一白 巽卦 危宿				
节气	夏至 6月22日 初六庚寅 申时 15时39分		小暑 7月8日 廿二丙午 巳时 9时18分			大暑 7月24日 初八壬戌 丑时 2时36分		立秋 8月8日 廿三丁丑 戌时 19时03分			处暑 8月24日 初十癸巳 巳时 9时31分		白露 9月8日 廿五戊申 亥时 21时42分			秋分 9月24日 十二甲子 卯时 6时49分		寒露 10月9日 廿七己卯 午时 12时56分		
农历	公历	干支	九星	日建	星宿	公历	干支	九星	日建	星宿	公历	干支	九星	日建	星宿	公历	干支	九星	日建	星宿
初一	17	乙酉	七赤	平	柳	17	乙卯	三碧	成	张	15	甲申	七赤	建	翼	13	癸丑	八白	定	轸
初二	18	丙戌	八白	定	星	18	丙辰	二黑	收	翼	16	乙酉	六白	除	轸	14	甲寅	七赤	执	角
初三	19	丁亥	九紫	执	张	19	丁巳	一白	开	轸	17	丙戌	五黄	满	角	15	乙卯	六白	破	亢
初四	20	戊子	一白	破	翼	20	戊午	九紫	闭	角	18	丁亥	四绿	平	亢	16	丙辰	五黄	危	氐
初五	21	己丑	二黑	危	轸	21	己未	八白	建	亢	19	戊子	三碧	定	氐	17	丁巳	四绿	成	房
初六	22	庚寅	一白	成	角	22	庚申	七赤	除	氐	20	己丑	二黑	执	房	18	戊午	三碧	收	心
初七	23	辛卯	九紫	收	亢	23	辛酉	六白	满	房	21	庚寅	一白	破	心	19	己未	二黑	开	尾
初八	24	壬辰	八白	开	氐	24	壬戌	五黄	平	心	22	辛卯	九紫	危	尾	20	庚申	一白	闭	箕
初九	25	癸巳	七赤	闭	房	25	癸亥	四绿	定	尾	23	壬辰	八白	成	箕	21	辛酉	九紫	建	斗
初十	26	甲午	六白	建	心	26	甲子	九紫	执	箕	24	癸巳	一白	收	斗	22	壬戌	八白	除	牛
十一	27	乙未	五黄	除	尾	27	乙丑	八白	破	斗	25	甲午	九紫	开	牛	23	癸亥	七赤	满	女
十二	28	丙申	四绿	满	箕	28	丙寅	七赤	危	牛	26	乙未	八白	闭	女	24	甲子	三碧	平	虚
十三	29	丁酉	三碧	平	斗	29	丁卯	六白	成	女	27	丙申	七赤	建	虚	25	乙丑	二黑	定	危
十四	30	戊戌	二黑	定	牛	30	戊辰	五黄	收	虚	28	丁酉	六白	除	危	26	丙寅	一白	执	室
十五	7月1	己亥	一白	执	女	31	己巳	四绿	开	危	29	戊戌	五黄	满	室	27	丁卯	九紫	破	壁
十六	2	庚子	九紫	破	虚	8月1	庚午	三碧	闭	室	30	己亥	四绿	平	壁	28	戊辰	八白	危	奎
十七	3	辛丑	八白	危	危	2	辛未	二黑	建	壁	31	庚子	三碧	定	奎	29	己巳	七赤	成	娄
十八	4	壬寅	七赤	成	室	3	壬申	一白	除	奎	9月1	辛丑	二黑	执	娄	30	庚午	六白	收	胃
十九	5	癸卯	六白	收	壁	4	癸酉	九紫	满	娄	2	壬寅	一白	破	胃	10月1	辛未	五黄	开	昴
二十	6	甲辰	五黄	开	奎	5	甲戌	八白	平	胃	3	癸卯	九紫	危	昴	2	壬申	四绿	闭	毕
廿一	7	乙巳	四绿	闭	娄	6	乙亥	七赤	定	昴	4	甲辰	八白	成	毕	3	癸酉	三碧	建	觜
廿二	8	丙午	三碧	闭	胃	7	丙子	六白	执	毕	5	乙巳	七赤	收	觜	4	甲戌	二黑	除	参
廿三	9	丁未	二黑	建	昴	8	丁丑	五黄	执	觜	6	丙午	六白	开	参	5	乙亥	一白	满	井
廿四	10	戊申	一白	除	毕	9	戊寅	四绿	破	参	7	丁未	五黄	闭	井	6	丙子	九紫	平	鬼
廿五	11	己酉	九紫	满	觜	10	己卯	三碧	危	井	8	戊申	四绿	闭	鬼	7	丁丑	八白	定	柳
廿六	12	庚戌	八白	平	参	11	庚辰	二黑	成	鬼	9	己酉	三碧	建	柳	8	戊寅	七赤	执	星
廿七	13	辛亥	七赤	定	井	12	辛巳	一白	收	柳	10	庚戌	二黑	除	星	9	己卯	六白	执	张
廿八	14	壬子	六白	执	鬼	13	壬午	九紫	开	星	11	辛亥	一白	满	张	10	庚辰	五黄	破	翼
廿九	15	癸丑	五黄	破	柳	14	癸未	八白	闭	张	12	壬子	九紫	平	翼	11	辛巳	四绿	危	轸
三十	16	甲寅	四绿	危	星											12	壬午	三碧	成	角

月份	九月小 甲戌 九紫 坎卦 室宿				十月大 乙亥 八白 艮卦 壁宿				十一月小 丙子 七赤 坤卦 奎宿				十二月大 丁丑 六白 乾卦 娄宿			
节气	霜降 10月24日 十二甲午 申时 15时45分		立冬 11月8日 廿七己酉 申时 15时43分		小雪 11月23日 十三甲子 午时 12时58分		大雪 12月8日 廿八己卯 辰时 8时17分		冬至 12月23日 十三甲午 丑时 2时05分		小寒 1月6日 廿七戊申 戌时 19时23分		大寒 1月21日 十三癸亥 午时 12时44分		立春 2月5日 廿八戊寅 辰时 7时07分	
农历	公历	干支	九星	日星/建宿	公历	干支	九星	日星/建宿	公历	干支	九星	日星/建宿	公历	干支	九星	日星/建宿
初一	13	癸未	二黑	收 亢	11	壬子	三碧	除 氐	11	壬午	六白	破 心	9	辛亥	三碧	开 尾
初二	14	甲申	一白	开 氐	12	癸丑	二黑	满 房	12	癸未	五黄	危 尾	10	壬子	四绿	闭 箕
初三	15	乙酉	九紫	闭 房	13	甲寅	一白	平 心	13	甲申	四绿	成 箕	11	癸丑	五黄	建 斗
初四	16	丙戌	八白	建 心	14	乙卯	九紫	定 尾	14	乙酉	三碧	收 斗	12	甲寅	六白	除 牛
初五	17	丁亥	七赤	除 尾	15	丙辰	八白	执 箕	15	丙戌	二黑	开 牛	13	乙卯	七赤	满 女
初六	18	戊子	六白	满 箕	16	丁巳	七赤	破 斗	16	丁亥	一白	闭 女	14	丙辰	八白	平 虚
初七	19	己丑	五黄	平 斗	17	戊午	六白	危 牛	17	戊子	九紫	建 虚	15	丁巳	九紫	定 危
初八	20	庚寅	四绿	定 牛	18	己未	五黄	成 女	18	己丑	八白	除 危	16	戊午	一白	执 室
初九	21	辛卯	三碧	执 女	19	庚申	四绿	收 虚	19	庚寅	七赤	满 室	17	己未	二黑	破 壁
初十	22	壬辰	二黑	破 虚	20	辛酉	三碧	开 危	20	辛卯	六白	平 壁	18	庚申	三碧	危 奎
十一	23	癸巳	一白	危 危	21	壬戌	二黑	闭 室	21	壬辰	五黄	定 奎	19	辛酉	四绿	成 娄
十二	24	甲午	三碧	成 室	22	癸亥	一白	建 壁	22	癸巳	四绿	执 娄	20	壬戌	五黄	收 胃
十三	25	乙未	二黑	收 壁	23	甲子	六白	除 奎	23	甲午	四绿	破 胃	21	癸亥	六白	开 昴
十四	26	丙申	一白	开 奎	24	乙丑	五黄	满 娄	24	乙未	五黄	危 昴	22	甲子	一白	闭 毕
十五	27	丁酉	九紫	闭 娄	25	丙寅	四绿	平 胃	25	丙申	六白	成 毕	23	乙丑	二黑	建 觜
十六	28	戊戌	八白	建 胃	26	丁卯	三碧	定 昴	26	丁酉	七赤	收 觜	24	丙寅	三碧	除 参
十七	29	己亥	七赤	除 昴	27	戊辰	二黑	执 毕	27	戊戌	八白	开 参	25	丁卯	四绿	满 井
十八	30	庚子	六白	满 毕	28	己巳	一白	破 觜	28	己亥	九紫	闭 井	26	戊辰	五黄	平 鬼
十九	31	辛丑	五黄	平 觜	29	庚午	九紫	危 参	29	庚子	一白	建 鬼	27	己巳	六白	定 柳
二十	11月	壬寅	四绿	定 参	30	辛未	八白	成 井	30	辛丑	二黑	除 柳	28	庚午	七赤	执 星
廿一	2	癸卯	三碧	执 井	12月	壬申	七赤	收 鬼	31	壬寅	三碧	满 星	29	辛未	八白	破 张
廿二	3	甲辰	二黑	破 鬼	2	癸酉	六白	开 柳	1月	癸卯	四绿	平 张	30	壬申	九紫	危 翼
廿三	4	乙巳	一白	危 柳	3	甲戌	五黄	闭 星	2	甲辰	五黄	定 翼	31	癸酉	一白	成 轸
廿四	5	丙午	九紫	成 星	4	乙亥	四绿	建 张	3	乙巳	六白	执 轸	2月	甲戌	二黑	收 角
廿五	6	丁未	八白	收 张	5	丙子	三碧	除 翼	4	丙午	七赤	破 角	2	乙亥	三碧	开 亢
廿六	7	戊申	七赤	开 翼	6	丁丑	二黑	满 轸	5	丁未	八白	危 亢	3	丙子	四绿	闭 氐
廿七	8	己酉	六白	开 轸	7	戊寅	一白	平 角	6	戊申	九紫	危 氐	4	丁丑	五黄	建 房
廿八	9	庚戌	五黄	闭 角	8	己卯	九紫	平 亢	7	己酉	一白	成 房	5	戊寅	六白	除 心
廿九	10	辛亥	四绿	建 亢	9	庚辰	八白	定 氐	8	庚戌	二黑	收 心	6	己卯	七赤	除 尾
三十					10	辛巳	七赤	执 房					7	庚辰	八白	满 箕

国学经典文库　中华历书大全·1900-2100年万年历法表·图文珍藏版

285

公元1940年　民国二十九年　庚辰龙年　　太岁童德　九星六白

月份	正月大	戊寅 艮卦	五黄 胃宿	二月大	己卯 坤卦	四绿 昴宿	三月小	庚辰 乾卦	三碧 毕宿	四月大	辛巳 兑卦	二黑 觜宿
节气	雨水 2月20日 十三癸巳 寅时 3时03分		惊蛰 3月6日 廿八戊申 丑时 1时23分	春分 3月21日 十三癸亥 丑时 2时23分		清明 4月5日 廿八戊寅 卯时 6时34分	谷雨 4月20日 十三癸巳 未时 13时50分		立夏 5月6日 廿九己酉 早子时 0时16分	小满 5月21日 十五甲子 未时 13时23分		

农历	公历	干支	九星	日建	星宿	公历	干支	九星	日建	星宿	公历	干支	九星	日建	星宿	公历	干支	九星	日建	星宿
初一	8	辛巳	九紫	平	斗	9	辛亥	九紫	成	女	8	辛巳	六白	除	危	7	庚戌	五黄	执	室
初二	9	壬午	一白	定	牛	10	壬子	一白	收	虚	9	壬午	七赤	满	室	8	辛亥	六白	破	壁
初三	10	癸未	二黑	执	女	11	癸丑	二黑	开	危	10	癸未	八白	平	壁	9	壬子	七赤	危	奎
初四	11	甲申	三碧	破	虚	12	甲寅	三碧	闭	室	11	甲申	九紫	定	奎	10	癸丑	八白	成	娄
初五	12	乙酉	四绿	危	危	13	乙卯	四绿	建	壁	12	乙酉	一白	执	娄	11	甲寅	九紫	收	胃
初六	13	丙戌	五黄	成	室	14	丙辰	五黄	除	奎	13	丙戌	二黑	破	胃	12	乙卯	一白	开	昴
初七	14	丁亥	六白	收	壁	15	丁巳	六白	满	娄	14	丁亥	三碧	危	昴	13	丙辰	二黑	闭	毕
初八	15	戊子	七赤	开	奎	16	戊午	七赤	平	胃	15	戊子	四绿	成	毕	14	丁巳	三碧	建	觜
初九	16	己丑	八白	闭	娄	17	己未	八白	定	昴	16	己丑	五黄	收	觜	15	戊午	四绿	除	参
初十	17	庚寅	九紫	建	胃	18	庚申	九紫	执	毕	17	庚寅	六白	开	参	16	己未	五黄	满	井
十一	18	辛卯	一白	除	昴	19	辛酉	一白	破	觜	18	辛卯	七赤	闭	井	17	庚申	六白	平	鬼
十二	19	壬辰	二黑	满	毕	20	壬戌	二黑	危	参	19	壬辰	八白	建	鬼	18	辛酉	七赤	定	柳
十三	20	癸巳	九紫	平	觜	21	癸亥	三碧	成	井	20	癸巳	六白	除	柳	19	壬戌	八白	执	星
十四	21	甲午	一白	定	参	22	甲子	七赤	收	鬼	21	甲午	七赤	满	星	20	癸亥	九紫	破	张
十五	22	乙未	二黑	执	井	23	乙丑	八白	开	柳	22	乙未	八白	平	张	21	甲子	四绿	危	翼
十六	23	丙申	三碧	破	鬼	24	丙寅	九紫	闭	星	23	丙申	九紫	定	翼	22	乙丑	五黄	成	轸
十七	24	丁酉	四绿	危	柳	25	丁卯	一白	建	张	24	丁酉	一白	执	轸	23	丙寅	六白	收	角
十八	25	戊戌	五黄	成	星	26	戊辰	二黑	除	翼	25	戊戌	二黑	破	角	24	丁卯	七赤	开	亢
十九	26	己亥	六白	收	张	27	己巳	三碧	满	轸	26	己亥	三碧	危	亢	25	戊辰	八白	闭	氐
二十	27	庚子	七赤	开	翼	28	庚午	四绿	平	角	27	庚子	四绿	成	氐	26	己巳	九紫	建	房
廿一	28	辛丑	八白	闭	轸	29	辛未	五黄	定	亢	28	辛丑	五黄	收	房	27	庚午	一白	除	心
廿二	29	壬寅	九紫	建	角	30	壬申	六白	执	氐	29	壬寅	六白	开	心	28	辛未	二黑	满	尾
廿三	3月	癸卯	一白	除	亢	31	癸酉	七赤	破	房	30	癸卯	七赤	闭	尾	29	壬申	三碧	平	箕
廿四	2	甲辰	二黑	满	氐	4月	甲戌	八白	危	心	5月	甲辰	八白	建	箕	30	癸酉	四绿	定	斗
廿五	3	乙巳	三碧	平	房	2	乙亥	九紫	成	尾	2	乙巳	九紫	除	斗	31	甲戌	五黄	执	牛
廿六	4	丙午	四绿	定	心	3	丙子	一白	收	箕	3	丙午	一白	满	牛	6月	乙亥	六白	破	女
廿七	5	丁未	五黄	执	尾	4	丁丑	二黑	开	斗	4	丁未	二黑	平	女	2	丙子	七赤	危	虚
廿八	6	戊申	六白	破	箕	5	戊寅	三碧	开	牛	5	戊申	三碧	定	虚	3	丁丑	八白	成	危
廿九	7	己酉	七赤	破	斗	6	己卯	四绿	闭	女	6	己酉	四绿	定	危	4	戊寅	九紫	收	室
三十	8	庚戌	八白	危	牛	7	庚辰	五黄	建	虚						5	己卯	一白	开	壁

月份	五月小 壬午 一白 离卦 参宿				六月大 癸未 九紫 震卦 井宿				七月小 甲申 八白 巽卦 鬼宿				八月小 乙酉 七赤 坎卦 柳宿			
节气	芒种 6月6日 初一庚辰 寅时 4时44分		夏至 6月21日 十六乙未 亥时 21时36分		小暑 7月7日 初三辛亥 申时 15时08分		大暑 7月23日 十九丁卯 辰时 8时34分		立秋 8月8日 初五癸未 早子时 0时51分		处暑 8月23日 二十戊戌 申时 15时28分		白露 9月8日 初七甲寅 寅时 3时29分		秋分 9月23日 廿二己巳 午时 12时45分	
农历	公历	干支	九星	日建 星宿	公历	干支	九星	日建 星宿	公历	干支	九星	日建 星宿	公历	干支	九星	日建 星宿
初一	6	庚辰	二黑	开 奎	5	己酉	九紫	平 娄	4	己卯	三碧	成 昴	2	戊申	四绿	建 毕
初二	7	辛巳	三碧	闭 娄	6	庚戌	八白	定 胃	5	庚辰	二黑	收 毕	3	己酉	三碧	除 觜
初三	8	壬午	四绿	建 胃	7	辛亥	七赤	定 昴	6	辛巳	一白	开 觜	4	庚戌	二黑	满 参
初四	9	癸未	五黄	除 昴	8	壬子	六白	执 毕	7	壬午	九紫	闭 参	5	辛亥	一白	平 井
初五	10	甲申	六白	满 毕	9	癸丑	五黄	破 觜	8	癸未	八白	闭 井	6	壬子	九紫	定 鬼
初六	11	乙酉	七赤	平 觜	10	甲寅	四绿	危 参	9	甲申	七赤	建 鬼	7	癸丑	八白	执 柳
初七	12	丙戌	八白	定 参	11	乙卯	三碧	成 井	10	乙酉	六白	除 柳	8	甲寅	七赤	执 星
初八	13	丁亥	九紫	执 井	12	丙辰	二黑	收 鬼	11	丙戌	五黄	满 星	9	乙卯	六白	破 张
初九	14	戊子	一白	破 鬼	13	丁巳	一白	开 柳	12	丁亥	四绿	平 张	10	丙辰	五黄	危 翼
初十	15	己丑	二黑	危 柳	14	戊午	九紫	闭 星	13	戊子	三碧	定 翼	11	丁巳	四绿	成 轸
十一	16	庚寅	三碧	成 星	15	己未	八白	建 张	14	己丑	二黑	执 轸	12	戊午	三碧	收 角
十二	17	辛卯	四绿	收 张	16	庚申	七赤	除 翼	15	庚寅	一白	破 角	13	己未	二黑	开 亢
十三	18	壬辰	五黄	开 翼	17	辛酉	六白	满 轸	16	辛卯	九紫	危 亢	14	庚申	一白	闭 氐
十四	19	癸巳	六白	闭 轸	18	壬戌	五黄	平 角	17	壬辰	八白	成 氐	15	辛酉	九紫	建 房
十五	20	甲午	七赤	建 角	19	癸亥	四绿	定 亢	18	癸巳	七赤	收 房	16	壬戌	八白	除 心
十六	21	乙未	五黄	除 亢	20	甲子	九紫	执 氐	19	甲午	六白	开 心	17	癸亥	七赤	满 尾
十七	22	丙申	四绿	满 氐	21	乙丑	八白	破 房	20	乙未	五黄	闭 尾	18	甲子	三碧	平 箕
十八	23	丁酉	三碧	平 房	22	丙寅	七赤	危 心	21	丙申	四绿	建 箕	19	乙丑	二黑	定 斗
十九	24	戊戌	二黑	定 心	23	丁卯	六白	成 尾	22	丁酉	三碧	除 斗	20	丙寅	一白	执 牛
二十	25	己亥	一白	执 尾	24	戊辰	五黄	收 箕	23	戊戌	五黄	满 牛	21	丁卯	九紫	破 女
廿一	26	庚子	九紫	破 箕	25	己巳	四绿	开 斗	24	己亥	四绿	平 女	22	戊辰	八白	危 虚
廿二	27	辛丑	八白	危 斗	26	庚午	三碧	闭 牛	25	庚子	三碧	定 虚	23	己巳	七赤	成 危
廿三	28	壬寅	七赤	成 牛	27	辛未	二黑	建 女	26	辛丑	二黑	执 危	24	庚午	六白	收 室
廿四	29	癸卯	六白	收 女	28	壬申	一白	除 虚	27	壬寅	一白	破 室	25	辛未	五黄	开 壁
廿五	30	甲辰	五黄	开 虚	29	癸酉	九紫	满 危	28	癸卯	九紫	危 壁	26	壬申	四绿	闭 奎
廿六	7月 1	乙巳	四绿	闭 危	30	甲戌	八白	平 室	29	甲辰	八白	成 奎	27	癸酉	三碧	建 娄
廿七	2	丙午	三碧	建 室	31	乙亥	七赤	定 壁	30	乙巳	七赤	收 娄	28	甲戌	二黑	除 胃
廿八	3	丁未	二黑	除 壁	8月 1	丙子	六白	执 奎	31	丙午	六白	开 胃	29	乙亥	一白	满 昴
廿九	4	戊申	一白	满 奎	2	丁丑	五黄	破 娄	9月 1	丁未	五黄	闭 昴	30	丙子	九紫	平 毕
三十					3	戊寅	四绿	危 胃								

国学经典文库　中华历书大全　·1900～2100年万年历法表·　图文珍藏版

公元1940年　民国二十九年　庚辰龙年　太岁童德　九星六白

月份	九月大 丙戌 六白 艮卦 星宿					十月小 丁亥 五黄 坤卦 张宿					十一月大 戊子 四绿 乾卦 翼宿					十二月小 己丑 三碧 兑卦 轸宿				
节气	寒露 10月8日 初八甲申 酉时 18时42分		霜降 10月23日 廿三己亥 亥时 21时39分			立冬 11月7日 初八甲寅 亥时 21时26分		小雪 11月22日 廿三己巳 酉时 18时48分			大雪 12月7日 初九甲申 未时 13时57分		冬至 12月22日 廿四己亥 辰时 7时54分			小寒 1月6日 初九甲寅 丑时 1时03分		大寒 1月20日 廿三戊辰 酉时 18时33分		
农历	公历	干支	九星	日建	星宿	公历	干支	九星	日建	星宿	公历	干支	九星	日建	星宿	公历	干支	九星	日建	星宿
初一	10月	丁丑	八白	定	觜	31	丁未	八白	收	井	29	丙子	三碧	除	鬼	29	丙午	七赤	破	星
初二	2	戊寅	七赤	执	参	11月	戊申	七赤	开	鬼	30	丁丑	二黑	满	柳	30	丁未	八白	危	张
初三	3	己卯	六白	破	井		己酉	六白	闭	柳	12月	戊寅	一白	平	星	31	戊申	九紫	成	翼
初四	4	庚辰	五黄	危	鬼	3	庚戌	五黄	建	星	2	己卯	九紫	定	张	1月	己酉	一白	收	轸
初五	5	辛巳	四绿	成	柳	4	辛亥	四绿	除	张	3	庚辰	八白	执	翼	2	庚戌	二黑	开	角
初六	6	壬午	三碧	收	星		壬子	三碧	满	翼	4	辛巳	七赤	破	轸	3	辛亥	三碧	闭	亢
初七	7	癸未	二黑	开	张		癸丑	二黑	平	轸	5	壬午	六白	危	角	4	壬子	四绿	建	氐
初八	8	甲申	一白	开	翼	7	甲寅	一白	平	角	6	癸未	五黄	成	亢	5	癸丑	五黄	除	房
初九	9	乙酉	九紫	闭	轸		乙卯	九紫	定	亢	7	甲申	四绿	成	氐	6	甲寅	六白	除	心
初十	10	丙戌	八白	建	角	9	丙辰	八白	执	氐	8	乙酉	三碧	收	房	7	乙卯	七赤	满	尾
十一	11	丁亥	七赤	除	亢	10	丁巳	七赤	破	房	9	丙戌	二黑	开	心	8	丙辰	八白	平	箕
十二	12	戊子	六白	满	氐	11	戊午	六白	危	心	10	丁亥	一白	闭	尾	9	丁巳	九紫	定	斗
十三	13	己丑	五黄	平	房		己未	五黄	成	尾	11	戊子	九紫	建	箕	10	戊午	一白	执	牛
十四	14	庚寅	四绿	定	心	13	庚申	四绿	收	箕	12	己丑	八白	除	斗	11	己未	二黑	破	女
十五	15	辛卯	三碧	执	尾	14	辛酉	三碧	开	斗	13	庚寅	七赤	满	牛	12	庚申	三碧	危	虚
十六	16	壬辰	二黑	破	箕	15	壬戌	二黑	闭	牛	14	辛卯	六白	平	女	13	辛酉	四绿	成	危
十七	17	癸巳	一白	危	斗	16	癸亥	一白	建	女	15	壬辰	五黄	定	虚	14	壬戌	五黄	收	室
十八	18	甲午	九紫	成	牛	17	甲子	六白	除	虚	16	癸巳	四绿	执	危	15	癸亥	六白	开	壁
十九	19	乙未	八白	收	女	18	乙丑	五黄	满	危	17	甲午	三碧	破	室	16	甲子	一白	闭	奎
二十	20	丙申	七赤	开	虚	19	丙寅	四绿	平	室	18	乙未	二黑	危	壁	17	乙丑	二黑	建	娄
廿一	21	丁酉	六白	闭	危	20	丁卯	三碧	定	壁	19	丙申	一白	成	奎	18	丙寅	三碧	除	胃
廿二	22	戊戌	五黄	建	室	21	戊辰	二黑	执	奎	20	丁酉	九紫	收	娄	19	丁卯	四绿	满	昴
廿三	23	己亥	七赤	除	壁	22	己巳	一白	破	娄	21	戊戌	八白	开	胃	20	戊辰	五黄	平	毕
廿四	24	庚子	六白	满	奎	23	庚午	九紫	危	胃	22	己亥	九紫	闭	昴	21	己巳	六白	定	觜
廿五	25	辛丑	五黄	平	娄	24	辛未	八白	成	昴	23	庚子	一白	建	毕	22	庚午	七赤	执	参
廿六	26	壬寅	四绿	定	胃	25	壬申	七赤	收	毕	24	辛丑	二黑	除	觜	23	辛未	八白	破	井
廿七	27	癸卯	三碧	执	昴	26	癸酉	六白	开	觜	25	壬寅	三碧	满	参	24	壬申	九紫	危	鬼
廿八	28	甲辰	二黑	破	毕	27	甲戌	五黄	闭	参	26	癸卯	四绿	平	井	25	癸酉	一白	成	柳
廿九	29	乙巳	一白	危	觜	28	乙亥	四绿	建	井	27	甲辰	五黄	定	鬼	26	甲戌	二黑	收	星
三十	30	丙午	九紫	成	参						28	乙巳	六白	执	柳					

月份	正月大 庚寅 二黑 坤卦 角宿				二月大 辛卯 一白 乾卦 亢宿				三月小 壬辰 九紫 兑卦 氐宿				四月大 癸巳 八白 离卦 房宿			
节气	立春 2月4日 初九癸未 午时 12时49分	雨水 2月19日 廿四戊戌 辰时 8时56分			惊蛰 3月6日 初九癸丑 辰时 7时10分	春分 3月21日 廿四戊辰 辰时 8时20分			清明 4月5日 初九癸未 午时 12时24分	谷雨 4月20日 廿四戊戌 戌时 19时50分			立夏 5月6日 十一甲寅 卯时 6时09分	小满 5月21日 廿六己巳 戌时 19时22分		
农历	公历	干支	九星	日建 星宿	公历	干支	九星	日建 星宿	公历	干支	九星	日建 星宿	公历	干支	九星	日建 星宿
初一	27	乙亥	三碧	开 张	26	乙巳	三碧	平 轸	28	乙亥	九紫	成 亢	26	甲辰	八白	建 氐
初二	28	丙子	四绿	闭 翼	27	丙午	四绿	定 角	29	丙子	一白	收 氐	27	乙巳	九紫	除 房
初三	29	丁丑	五黄	建 轸	28	丁未	五黄	执 亢	30	丁丑	二黑	开 房	28	丙午	一白	满 心
初四	30	戊寅	六白	除 角	3月	戊申	六白	破 氐	31	戊寅	三碧	闭 心	29	丁未	二黑	平 尾
初五	31	己卯	七赤	满 亢	2	己酉	七赤	危 房	4月	己卯	四绿	建 尾	30	戊申	三碧	定 箕
初六	2月	庚寅	八白	平 氐	3	庚戌	八白	成 心	2	庚辰	五黄	除 箕	5月	己酉	四绿	执 斗
初七	2	辛卯	九紫	定 房	4	辛亥	九紫	收 尾	3	辛巳	六白	满 斗	2	庚戌	五黄	破 牛
初八	3	壬午	一白	执 心	5	壬子	一白	开 箕	4	壬午	七赤	平 牛	3	辛亥	六白	危 女
初九	4	癸未	二黑	执 尾	6	癸丑	二黑	闭 斗	5	癸未	八白	平 女	4	壬子	七赤	成 虚
初十	5	甲申	三碧	破 箕	7	甲寅	三碧	闭 牛	6	甲申	九紫	定 虚	5	癸丑	八白	收 危
十一	6	乙酉	四绿	危 斗	8	乙卯	四绿	建 女	7	乙酉	一白	执 危	6	甲寅	九紫	收 室
十二	7	丙戌	五黄	成 牛	9	丙辰	五黄	除 虚	8	丙戌	二黑	破 室	7	乙卯	一白	开 壁
十三	8	丁亥	六白	收 女	10	丁巳	六白	满 危	9	丁亥	三碧	危 壁	8	丙辰	二黑	闭 奎
十四	9	戊子	七赤	开 虚	11	戊午	七赤	平 室	10	戊子	四绿	成 奎	9	丁巳	三碧	建 娄
十五	10	己丑	八白	闭 危	12	己未	八白	定 壁	11	己丑	五黄	收 娄	10	戊午	四绿	除 胃
十六	11	庚寅	九紫	建 室	13	庚申	九紫	执 奎	12	庚寅	六白	开 胃	11	己未	五黄	满 昴
十七	12	辛卯	一白	除 壁	14	辛酉	一白	破 娄	13	辛卯	七赤	闭 昴	12	庚申	六白	平 毕
十八	13	壬辰	二黑	满 奎	15	壬戌	二黑	危 胃	14	壬辰	八白	建 毕	13	辛酉	七赤	定 觜
十九	14	癸巳	三碧	平 娄	16	癸亥	三碧	成 昴	15	癸巳	九紫	除 觜	14	壬戌	八白	执 参
二十	15	甲午	四绿	定 胃	17	甲子	七赤	收 毕	16	甲午	一白	满 参	15	癸亥	九紫	破 井
廿一	16	乙未	五黄	执 昴	18	乙丑	八白	开 觜	17	乙未	二黑	平 井	16	甲子	四绿	危 鬼
廿二	17	丙申	六白	破 毕	19	丙寅	九紫	闭 参	18	丙申	三碧	定 鬼	17	乙丑	五黄	成 柳
廿三	18	丁酉	七赤	危 觜	20	丁卯	一白	建 井	19	丁酉	四绿	执 柳	18	丙寅	六白	收 星
廿四	19	戊戌	五黄	成 参	21	戊辰	二黑	除 鬼	20	戊戌	二黑	破 星	19	丁卯	七赤	开 张
廿五	20	己亥	六白	收 井	22	己巳	三碧	满 柳	21	己亥	三碧	危 张	20	戊辰	八白	闭 翼
廿六	21	庚子	七赤	开 鬼	23	庚午	四绿	平 星	22	庚子	四绿	成 翼	21	己巳	九紫	建 轸
廿七	22	辛丑	八白	闭 柳	24	辛未	五黄	定 张	23	辛丑	五黄	收 轸	22	庚午	一白	除 角
廿八	23	壬寅	九紫	建 星	25	壬申	六白	执 翼	24	壬寅	六白	开 角	23	辛未	二黑	满 亢
廿九	24	癸卯	一白	除 张	26	癸酉	七赤	破 轸	25	癸卯	七赤	闭 亢	24	壬申	三碧	平 氐
三十	25	甲辰	二黑	满 翼	27	甲戌	八白	危 角					25	癸酉	四绿	定 房

公元1941年　民国三十年　辛巳蛇年（闰六月）　　太岁郑祖　九星五黄

月份	五月大 甲午 七赤 震卦 心宿					六月小 乙未 六白 巽卦 尾宿					闰六月大				
节气	芒种 6月6日 十二乙酉 巳时 10时39分		夏至 6月22日 廿八辛丑 寅时 3时33分			小暑 7月7日 十三丙辰 亥时 21时03分		大暑 7月23日 廿九壬申 未时 14时26分			立秋 8月8日 十六戊子 卯时 6时45分				
农历	公历	干支	九星	日建	星宿	公历	干支	九星	日建	星宿	公历	干支	九星	日建	星宿
初一	26	甲戌	五黄	执	心	25	甲辰	五黄	开	箕	24	癸酉	九紫	满	斗牛
初二	27	乙亥	六白	破	尾	26	乙巳	四绿	闭	斗	25	甲戌	八白	平	牛
初三	28	丙子	七赤	危	箕	27	丙午	三碧	建	牛女	26	乙亥	七赤	定	女虚
初四	29	丁丑	八白	成	斗牛	28	丁未	二黑	除	女	27	丙子	六白	执	虚
初五	30	戊寅	九紫	收	牛	29	戊申	一白	满	虚	28	丁丑	五黄	破	危
初六	31	己卯	一白	开	女虚	30	己酉	九紫	平	危	29	戊寅	四绿	危	室壁
初七	6月	庚辰	二黑	闭	虚	7月	庚戌	八白	定	室	30	己卯	三碧	成	壁
初八	2	辛巳	三碧	建	危	2	辛亥	七赤	执	壁	31	庚辰	二黑	收	奎娄
初九	3	壬午	四绿	除	室壁	3	壬子	六白	破	奎	8月	辛巳	一白	开	娄
初十	4	癸未	五黄	满	壁	4	癸丑	五黄	危	娄	2	壬午	九紫	闭	胃
十一	5	甲申	六白	平	奎娄	5	甲寅	四绿	成	胃	3	癸未	八白	建	昴毕
十二	6	乙酉	七赤	平	娄	6	乙卯	三碧	收	昴	4	甲申	七赤	除	毕
十三	7	丙戌	八白	定	胃	7	丙辰	二黑	收	毕觜	5	乙酉	六白	满	觜
十四	8	丁亥	九紫	执	昴	8	丁巳	一白	开	觜	6	丙戌	五黄	平	参井
十五	9	戊子	一白	破	毕	9	戊午	九紫	闭	参	7	丁亥	四绿	定	井
十六	10	己丑	二黑	危	觜	10	己未	八白	建	井	8	戊子	三碧	定	鬼柳
十七	11	庚寅	三碧	成	参	11	庚申	七赤	除	鬼	9	己丑	二黑	执	柳
十八	12	辛卯	四绿	收	井	12	辛酉	六白	满	柳	10	庚寅	一白	破	星
十九	13	壬辰	五黄	开	鬼	13	壬戌	五黄	平	星	11	辛卯	九紫	危	张翼
二十	14	癸巳	六白	闭	柳	14	癸亥	四绿	定	张	12	壬辰	八白	成	翼
廿一	15	甲午	七赤	建	星	15	甲子	九紫	执	翼	13	癸巳	七赤	收	轸角
廿二	16	乙未	八白	除	张	16	乙丑	八白	破	轸	14	甲午	六白	开	角
廿三	17	丙申	九紫	满	翼	17	丙寅	七赤	危	角	15	乙未	五黄	闭	亢氐
廿四	18	丁酉	一白	平	轸角	18	丁卯	六白	成	亢氐	16	丙申	四绿	建	氐
廿五	19	戊戌	二黑	定	角	19	戊辰	五黄	收	氐	17	丁酉	三碧	除	房
廿六	20	己亥	三碧	执	亢氐	20	己巳	四绿	开	房心	18	戊戌	二黑	满	心尾
廿七	21	庚子	四绿	破	氐	21	庚午	三碧	闭	心	19	己亥	一白	平	尾
廿八	22	辛丑	八白	危	房	22	辛未	二黑	建	尾	20	庚子	九紫	定	箕
廿九	23	壬寅	七赤	成	心	23	壬申	一白	除	箕	21	辛丑	八白	执	斗牛
三十	24	癸卯	六白	收	尾						22	壬寅	七赤	破	牛

月份	七月小　　丙申　五黄　坎卦　箕宿				八月小　　丁酉　四绿　艮卦　斗宿				九月大　　戊戌　三碧　坤卦　牛宿			
节气	处暑 8月23日 初一癸卯 亥时 21时16分	白露 9月8日 十七己未 巳时 9时23分			秋分 9月23日 初三甲戌 酉时 18时32分	寒露 10月9日 十九庚寅 早子时 0时38分			霜降 10月24日 初五乙巳 寅时 3时27分	立冬 11月8日 二十庚申 寅时 3时24分		
农历	公历	干支	九星	日建 星宿	公历	干支	九星	日建 星宿	公历	干支	九星	日建 星宿
初一	23	癸卯	九紫	危 女	21	壬申	四绿	闭 虚	20	辛丑	二黑	平 危
初二	24	甲辰	八白	成 虚	22	癸酉	三碧	建 危	21	壬寅	一白	定 室
初三	25	乙巳	七赤	收 危	23	甲戌	二黑	除 室	22	癸卯	九紫	执 壁
初四	26	丙午	六白	开 室	24	乙亥	一白	满 壁	23	甲辰	八白	破 奎
初五	27	丁未	五黄	闭 壁	25	丙子	九紫	平 奎	24	乙巳	一白	危 娄
初六	28	戊申	四绿	建 奎	26	丁丑	八白	定 娄	25	丙午	九紫	成 胃
初七	29	己酉	三碧	除 娄	27	戊寅	七赤	执 胃	26	丁未	八白	收 昴
初八	30	庚戌	二黑	满 胃	28	己卯	六白	破 昴	27	戊申	七赤	开 毕
初九	31	辛亥	一白	平 昴	29	庚辰	五黄	危 毕	28	己酉	六白	闭 觜
初十	9月	壬子	九紫	定 毕	30	辛巳	四绿	成 觜	29	庚戌	五黄	建 参
十一	2	癸丑	八白	执 觜	10月	壬午	三碧	收 参	30	辛亥	四绿	除 井
十二	3	甲寅	七赤	破 参	2	癸未	二黑	开 井	31	壬子	三碧	满 鬼
十三	4	乙卯	六白	危 井	3	甲申	一白	闭 鬼	11月	癸丑	二黑	平 柳
十四	5	丙辰	五黄	成 鬼	4	乙酉	九紫	建 柳	2	甲寅	一白	定 星
十五	6	丁巳	四绿	收 柳	5	丙戌	八白	除 星	3	乙卯	九紫	执 张
十六	7	戊午	三碧	开 星	6	丁亥	七赤	满 张	4	丙辰	八白	破 翼
十七	8	己未	二黑	开 张	7	戊子	六白	平 翼	5	丁巳	七赤	危 轸
十八	9	庚申	一白	闭 翼	8	己丑	五黄	定 轸	6	戊午	六白	成 角
十九	10	辛酉	九紫	建 轸	9	庚寅	四绿	定 角	7	己未	五黄	收 亢
二十	11	壬戌	八白	除 角	10	辛卯	三碧	执 亢	8	庚申	四绿	收 氐
廿一	12	癸亥	七赤	满 亢	11	壬辰	二黑	破 氐	9	辛酉	三碧	开 房
廿二	13	甲子	三碧	平 氐	12	癸巳	一白	危 房	10	壬戌	二黑	闭 心
廿三	14	乙丑	二黑	定 房	13	甲午	九紫	成 心	11	癸亥	一白	建 尾
廿四	15	丙寅	一白	执 心	14	乙未	八白	收 尾	12	甲子	六白	除 箕
廿五	16	丁卯	九紫	破 尾	15	丙申	七赤	开 箕	13	乙丑	五黄	满 斗
廿六	17	戊辰	八白	危 箕	16	丁酉	六白	闭 斗	14	丙寅	四绿	平 牛
廿七	18	己巳	七赤	成 斗	17	戊戌	五黄	建 牛	15	丁卯	三碧	定 女
廿八	19	庚午	六白	收 牛	18	己亥	四绿	除 女	16	戊辰	二黑	执 虚
廿九	20	辛未	五黄	开 女	19	庚子	三碧	满 虚	17	己巳	一白	破 危
三十									18	庚午	九紫	危 室

国学经典文库　中华历书大全　·1900—2100年万年历法表·　图文珍藏版

公元1941年　民国三十年　辛巳蛇年（闰六月）　　太岁郑祖　九星五黄

月份	十月小					己亥 二黑 乾卦 女宿	十一月大					庚子 一白 兑卦 虚宿	十二月小					辛丑 九紫 离卦 危宿

| 节气 | 小雪 11月23日 初五乙亥 早子时 0时37分 | | | | | 大雪 12月7日 十九己丑 戌时 19时55分 | 冬至 12月22日 初五甲辰 未时 13时44分 | | | | | 小寒 1月6日 二十己未 辰时 7时02分 | 大寒 1月21日 初五甲戌 早子时 0时23分 | | | | | 立春 2月4日 十九戊子 酉时 18时48分 |

农历	公历	干支	九星	日建	星宿		公历	干支	九星	日建	星宿		公历	干支	九星	日建	星宿	
初一	19	辛未	八白	成	壁		18	庚子	六白	建	奎		17	庚午	七赤	执	胃	
初二	20	壬申	七赤	收	奎		19	辛丑	五黄	除	娄		18	辛未	八白	破	昴	
初三	21	癸酉	六白	开	娄		20	壬寅	四绿	满	胃		19	壬申	九紫	危	毕	
初四	22	甲戌	五黄	闭	胃		21	癸卯	三碧	平	昴		20	癸酉	一白	成	觜	
初五	23	乙亥	四绿	建	昴		22	甲辰	五黄	定	毕		21	甲戌	二黑	收	参	
初六	24	丙子	三碧	除	毕		23	乙巳	六白	执	觜		22	乙亥	三碧	开	井	
初七	25	丁丑	二黑	满	觜		24	丙午	七赤	破	参		23	丙子	四绿	闭	鬼	
初八	26	戊寅	一白	平	参		25	丁未	八白	危	井		24	丁丑	五黄	建	柳	
初九	27	己卯	九紫	定	井		26	戊申	九紫	成	鬼		25	戊寅	六白	除	星	
初十	28	庚辰	八白	执	鬼		27	己酉	一白	收	柳		26	己卯	七赤	满	张	
十一	29	辛巳	七赤	破	柳		28	庚戌	二黑	开	星		27	庚辰	八白	平	翼	
十二	30	壬午	六白	危	星		29	辛亥	三碧	闭	张		28	辛巳	九紫	定	轸	
十三	12月	癸未	五黄	成	张		30	壬子	四绿	建	翼		29	壬午	一白	执	角	
十四	2	甲申	四绿	收	翼		31	癸丑	五黄	除	轸		30	癸未	二黑	破	亢	
十五	3	乙酉	三碧	开	轸		1月	甲寅	六白	满	角		31	甲申	三碧	危	氐	
十六	4	丙戌	二黑	闭	角		2	乙卯	七赤	平	亢		2月	乙酉	四绿	成	房	
十七	5	丁亥	一白	建	亢		3	丙辰	八白	定	氐		2	丙戌	五黄	收	心	
十八	6	戊子	九紫	除	氐		4	丁巳	九紫	执	房		3	丁亥	六白	开	尾	
十九	7	己丑	八白	除	房		5	戊午	一白	破	心		4	戊子	七赤	开	箕	
二十	8	庚寅	七赤	满	心		6	己未	二黑	破	尾		5	己丑	八白	闭	斗	
廿一	9	辛卯	六白	平	尾		7	庚申	三碧	危	箕		6	庚寅	九紫	建	牛	
廿二	10	壬辰	五黄	定	箕		8	辛酉	四绿	成	斗		7	辛卯	一白	除	女	
廿三	11	癸巳	四绿	执	斗		9	壬戌	五黄	收	牛		8	壬辰	二黑	满	虚	
廿四	12	甲午	三碧	破	牛		10	癸亥	六白	开	女		9	癸巳	三碧	平	危	
廿五	13	乙未	二黑	危	女		11	甲子	一白	闭	虚		10	甲午	四绿	定	室	
廿六	14	丙申	一白	成	虚		12	乙丑	二黑	建	危		11	乙未	五黄	执	壁	
廿七	15	丁酉	九紫	收	危		13	丙寅	三碧	除	室		12	丙申	六白	破	奎	
廿八	16	戊戌	八白	开	室		14	丁卯	四绿	满	壁		13	丁酉	七赤	危	娄	
廿九	17	己亥	七赤	闭	壁		15	戊辰	五黄	平	奎		14	戊戌	八白	成	胃	
三十							16	己巳	六白	定	娄							

月份	正月大 壬寅 八白 乾卦 室宿					二月小 癸卯 七赤 兑卦 壁宿					三月大 甲辰 六白 离卦 奎宿					四月大 乙巳 五黄 震卦 娄宿				
节气	雨水 2月19日 初五癸卯 未时 14时46分		惊蛰 3月6日 二十戊午 未时 13时09分			春分 3月21日 初五癸酉 未时 14时10分		清明 4月5日 二十戊子 酉时 18时23分			谷雨 4月21日 初七甲辰 丑时 1时39分		立夏 5月6日 廿二己未 午时 12时06分			小满 5月22日 初八乙亥 丑时 1时08分		芒种 6月6日 廿三庚寅 申时 16时32分		
农历	公历	干支	九星	日建	星宿	公历	干支	九星	日建	星宿	公历	干支	九星	日建	星宿	公历	干支	九星	日建	星宿
初一	15	己亥	九紫	收	昴	17	己巳	三碧	满	觜	15	戊戌	五黄	破	参	15	戊辰	八白	闭	鬼
初二	16	庚子	一白	开	毕	18	庚午	四绿	平	参	16	己亥	六白	危	井	16	己巳	九紫	建	柳
初三	17	辛丑	二黑	闭	觜	19	辛未	五黄	定	井	17	庚子	七赤	成	鬼	17	庚午	一白	除	星
初四	18	壬寅	三碧	建	参	20	壬申	六白	执	鬼	18	辛丑	八白	收	柳	18	辛未	二黑	满	张
初五	19	癸卯	一白	除	井	21	癸酉	七赤	破	柳	19	壬寅	九紫	开	星	19	壬申	三碧	平	翼
初六	20	甲辰	二黑	满	鬼	22	甲戌	八白	危	星	20	癸卯	一白	闭	张	20	癸酉	四绿	定	轸
初七	21	乙巳	三碧	平	柳	23	乙亥	九紫	成	张	21	甲辰	八白	建	翼	21	甲戌	五黄	执	角
初八	22	丙午	四绿	定	星	24	丙子	一白	收	翼	22	乙巳	九紫	除	轸	22	乙亥	六白	破	亢
初九	23	丁未	五黄	执	张	25	丁丑	二黑	开	轸	23	丙午	一白	满	角	23	丙子	七赤	危	氐
初十	24	戊申	六白	破	翼	26	戊寅	三碧	闭	角	24	丁未	二黑	平	亢	24	丁丑	八白	成	房
十一	25	己酉	七赤	危	轸	27	己卯	四绿	建	亢	25	戊申	三碧	定	氐	25	戊寅	九紫	收	心
十二	26	庚戌	八白	成	角	28	庚辰	五黄	除	氐	26	己酉	四绿	执	房	26	己卯	一白	开	尾
十三	27	辛亥	九紫	收	亢	29	辛巳	六白	满	房	27	庚戌	五黄	破	心	27	庚辰	二黑	闭	箕
十四	28	壬子	一白	开	氐	30	壬午	七赤	平	心	28	辛亥	六白	危	尾	28	辛巳	三碧	建	斗
十五	3月	癸丑	二黑	闭	房	31	癸未	八白	定	尾	29	壬子	七赤	成	箕	29	壬午	四绿	除	牛
十六	2	甲寅	三碧	建	心	4月	甲申	九紫	执	箕	30	癸丑	八白	收	斗	30	癸未	五黄	满	女
十七	3	乙卯	四绿	除	尾	2	乙酉	一白	破	斗	5月	甲寅	九紫	开	牛	31	甲申	六白	平	虚
十八	4	丙辰	五黄	满	箕	3	丙戌	二黑	危	牛	2	乙卯	一白	闭	女	6月	乙酉	七赤	定	危
十九	5	丁巳	六白	平	斗	4	丁亥	三碧	成	女	3	丙辰	二黑	建	虚	2	丙戌	八白	执	室
二十	6	戊午	七赤	平	牛	5	戊子	四绿	成	虚	4	丁巳	三碧	除	危	3	丁亥	九紫	破	壁
廿一	7	己未	八白	定	女	6	己丑	五黄	收	危	5	戊午	四绿	满	室	4	戊子	一白	危	奎
廿二	8	庚申	九紫	执	虚	7	庚寅	六白	开	室	6	己未	五黄	满	壁	5	己丑	二黑	成	娄
廿三	9	辛酉	一白	破	危	8	辛卯	七赤	闭	壁	7	庚申	六白	定	娄	6	庚寅	三碧	成	胃
廿四	10	壬戌	二黑	危	室	9	壬辰	八白	建	奎	8	辛酉	七赤	执	胃	7	辛卯	四绿	收	昴
廿五	11	癸亥	三碧	成	壁	10	癸巳	九紫	除	娄	9	壬戌	八白	执	胃	8	壬辰	五黄	开	毕
廿六	12	甲子	七赤	收	奎	11	甲午	一白	满	胃	10	癸亥	九紫	破	昴	9	癸巳	六白	闭	觜
廿七	13	乙丑	八白	开	娄	12	乙未	二黑	平	昴	11	甲子	四绿	危	毕	10	甲午	七赤	建	参
廿八	14	丙寅	九紫	闭	胃	13	丙申	三碧	定	毕	12	乙丑	五黄	成	觜	11	乙未	八白	除	井
廿九	15	丁卯	一白	建	昴	14	丁酉	四绿	执	觜	13	丙寅	六白	收	参	12	丙申	九紫	满	鬼
三十	16	戊辰	二黑	除	毕						14	丁卯	七赤	开	井	13	丁酉	一白	平	柳

国学经典文库

中华历书大全

· 1900—2100年万年历法表 ·

图文珍藏版

公元1942年　民国三十一年　壬午马年　　太岁路明　九星四绿

月份	五月小 丙午 四绿 巽卦 胃宿					六月大 丁未 三碧 坎卦 昴宿					七月小 戊申 二黑 艮卦 毕宿					八月大 己酉 一白 坤卦 觜宿				

节气
- 五月小：夏至 6月22日 初九丙午 巳时 9时16分 ／ 小暑 7月8日 廿五壬戌 丑时 2时51分
- 六月大：大暑 7月23日 十一丁丑 戌时 20时07分 ／ 立秋 8月8日 廿七癸巳 午时 12时30分
- 七月小：处暑 8月24日 十三己酉 丑时 2时58分 ／ 白露 9月8日 廿八甲子 申时 15时06分
- 八月大：秋分 9月24日 十五庚辰 早子时 0时16分 ／ 寒露 10月9日 三十乙未 卯时 6时21分

农历	五月公历	干支	九星	日建	星宿	六月公历	干支	九星	日建	星宿	七月公历	干支	九星	日建	星宿	八月公历	干支	九星	日建	星宿
初一	14	戊戌	二黑	定	星	13	丁卯	六白	成	张	12	丁酉	三碧	除	轸	10	丙寅	一白	执	角
初二	15	己亥	三碧	执	张	14	戊辰	五黄	收	翼	13	戊戌	二黑	满	角	11	丁卯	九紫	破	亢
初三	16	庚子	四绿	破	翼	15	己巳	四绿	开	轸	14	己亥	一白	平	亢	12	戊辰	八白	危	氐
初四	17	辛丑	五黄	危	轸	16	庚午	三碧	闭	角	15	庚子	九紫	定	氐	13	己巳	七赤	成	房
初五	18	壬寅	六白	成	角	17	辛未	二黑	建	亢	16	辛丑	八白	执	房	14	庚午	六白	收	心
初六	19	癸卯	七赤	收	亢	18	壬申	一白	除	氐	17	壬寅	七赤	破	心	15	辛未	五黄	开	尾
初七	20	甲辰	八白	开	氐	19	癸酉	九紫	满	房	18	癸卯	六白	危	尾	16	壬申	四绿	闭	箕
初八	21	乙巳	九紫	闭	房	20	甲戌	八白	平	心	19	甲辰	五黄	成	箕	17	癸酉	三碧	建	斗
初九	22	丙午	三碧	建	心	21	乙亥	七赤	定	尾	20	乙巳	四绿	收	斗	18	甲戌	二黑	除	牛
初十	23	丁未	二黑	除	尾	22	丙子	六白	执	箕	21	丙午	三碧	开	牛	19	乙亥	一白	满	女
十一	24	戊申	一白	满	箕	23	丁丑	五黄	破	斗	22	丁未	二黑	闭	女	20	丙子	九紫	平	虚
十二	25	己酉	九紫	平	斗	24	戊寅	四绿	危	牛	23	戊申	一白	建	虚	21	丁丑	八白	定	危
十三	26	庚戌	八白	定	牛	25	己卯	三碧	成	女	24	己酉	三碧	除	危	22	戊寅	七赤	执	室
十四	27	辛亥	七赤	执	女	26	庚辰	二黑	收	虚	25	庚戌	二黑	满	室	23	己卯	六白	破	壁
十五	28	壬子	六白	破	虚	27	辛巳	一白	开	危	26	辛亥	一白	平	壁	24	庚辰	五黄	危	奎
十六	29	癸丑	五黄	危	危	28	壬午	九紫	闭	室	27	壬子	九紫	定	奎	25	辛巳	四绿	成	娄
十七	30	甲寅	四绿	成	室	29	癸未	八白	建	壁	28	癸丑	八白	执	娄	26	壬午	三碧	收	胃
十八	7月	乙卯	三碧	收	壁	30	甲申	七赤	除	奎	29	甲寅	七赤	破	胃	27	癸未	二黑	开	昴
十九	2	丙辰	二黑	开	奎	31	乙酉	六白	满	娄	30	乙卯	六白	危	昴	28	甲申	一白	闭	毕
二十	3	丁巳	一白	闭	娄	8月	丙戌	五黄	平	胃	31	丙辰	五黄	成	毕	29	乙酉	九紫	建	觜
廿一	4	戊午	九紫	建	胃	2	丁亥	四绿	定	昴	9月	丁巳	四绿	收	觜	30	丙戌	八白	除	参
廿二	5	己未	八白	除	昴	3	戊子	三碧	执	毕	2	戊午	三碧	开	参	10月	丁亥	七赤	满	井
廿三	6	庚申	七赤	满	毕	4	己丑	二黑	破	觜	3	己未	二黑	闭	井	2	戊子	六白	平	鬼
廿四	7	辛酉	六白	平	觜	5	庚寅	一白	危	参	4	庚申	一白	建	鬼	3	己丑	五黄	定	柳
廿五	8	壬戌	五黄	平	参	6	辛卯	九紫	成	井	5	辛酉	九紫	除	柳	4	庚寅	四绿	执	星
廿六	9	癸亥	四绿	定	井	7	壬辰	八白	收	鬼	6	壬戌	八白	满	星	5	辛卯	三碧	破	张
廿七	10	甲子	九紫	执	鬼	8	癸巳	七赤	收	柳	7	癸亥	七赤	平	张	6	壬辰	二黑	危	翼
廿八	11	乙丑	八白	破	柳	9	甲午	六白	开	星	8	甲子	三碧	平	翼	7	癸巳	一白	成	轸
廿九	12	丙寅	七赤	危	星	10	乙未	五黄	闭	张	9	乙丑	二黑	定	轸	8	甲午	九紫	收	角
三十						11	丙申	四绿	建	翼						9	乙未	八白	收	亢

国学经典文库

中华历书大全

·1900～2100年万年历法表·

图文珍藏版

公元1942年　民国三十一年　壬午马年　　太岁路明　九星四绿

月份	九月小 庚戌 九紫 乾卦 参宿				十月大 辛亥 八白 兑卦 井宿				十一月小 壬子 七赤 离卦 鬼宿				十二月大 癸丑 六白 震卦 柳宿			
节气	霜降 10月24日 十五庚戌 巳时 9时15分				立冬 11月8日 初一乙丑 巳时 9时11分	小雪 11月23日 十六庚辰 卯时 6时30分			大雪 12月8日 初一乙未 丑时 1时46分	冬至 12月22日 十五己酉 戌时 19时39分			小寒 1月6日 初一甲子 午时 12时54分	大寒 1月21日 十六己卯 卯时 6时18分		
农历	公历	干支	九星	日建 星宿	公历	干支	九星	日建 星宿	公历	干支	九星	日建 星宿	公历	干支	九星	日建 星宿
初一	10	丙申	七赤	开 氐	8	乙丑	五黄	满 房	8	乙未	二黑	危 尾	6	甲子	一白	闭 箕
初二	11	丁酉	六白	闭 房	9	丙寅	四绿	平 心	9	丙申	一白	成 箕	7	乙丑	二黑	建 斗
初三	12	戊戌	五黄	建 心	10	丁卯	三碧	定 尾	10	丁酉	九紫	收 斗	8	丙寅	三碧	除 牛
初四	13	己亥	四绿	除 尾	11	戊辰	二黑	执 箕	11	戊戌	八白	开 牛	9	丁卯	四绿	满 女
初五	14	庚子	三碧	满 箕	12	己巳	一白	破 斗	12	己亥	七赤	闭 女	10	戊辰	五黄	平 虚
初六	15	辛丑	二黑	平 斗	13	庚午	九紫	危 牛	13	庚子	六白	建 虚	11	己巳	六白	定 危
初七	16	壬寅	一白	定 牛	14	辛未	八白	成 女	14	辛丑	五黄	除 危	12	庚午	七赤	执 室
初八	17	癸卯	九紫	执 女	15	壬申	七赤	收 虚	15	壬寅	四绿	满 室	13	辛未	八白	破 壁
初九	18	甲辰	八白	破 虚	16	癸酉	六白	开 危	16	癸卯	三碧	平 壁	14	壬申	九紫	危 奎
初十	19	乙巳	七赤	危 危	17	甲戌	五黄	闭 室	17	甲辰	二黑	定 奎	15	癸酉	一白	成 娄
十一	20	丙午	六白	成 室	18	乙亥	四绿	建 壁	18	乙巳	一白	执 娄	16	甲戌	二黑	收 胃
十二	21	丁未	五黄	收 壁	19	丙子	三碧	除 奎	19	丙午	九紫	破 胃	17	乙亥	三碧	开 昴
十三	22	戊申	四绿	开 奎	20	丁丑	二黑	满 娄	20	丁未	八白	危 昴	18	丙子	四绿	闭 毕
十四	23	己酉	三碧	闭 娄	21	戊寅	一白	平 胃	21	戊申	七赤	成 毕	19	丁丑	五黄	建 觜
十五	24	庚戌	五黄	建 胃	22	己卯	九紫	定 昴	22	己酉	一白	收 觜	20	戊寅	六白	除 参
十六	25	辛亥	四绿	除 昴	23	庚辰	八白	执 毕	23	庚戌	二黑	开 参	21	己卯	七赤	满 井
十七	26	壬子	三碧	满 毕	24	辛巳	七赤	破 觜	24	辛亥	三碧	闭 井	22	庚辰	八白	平 鬼
十八	27	癸丑	二黑	平 觜	25	壬午	六白	危 参	25	壬子	四绿	建 鬼	23	辛巳	九紫	定 柳
十九	28	甲寅	一白	定 参	26	癸未	五黄	成 井	26	癸丑	五黄	除 柳	24	壬午	一白	执 星
二十	29	乙卯	九紫	执 井	27	甲申	四绿	收 鬼	27	甲寅	六白	满 星	25	癸未	二黑	破 张
廿一	30	丙辰	八白	破 鬼	28	乙酉	三碧	开 柳	28	乙卯	七赤	平 张	26	甲申	三碧	危 翼
廿二	31	丁巳	七赤	危 柳	29	丙戌	二黑	闭 星	29	丙辰	八白	定 翼	27	乙酉	四绿	成 轸
廿三	11月	戊午	六白	成 星	30	丁亥	一白	建 张	30	丁巳	九紫	执 轸	28	丙戌	五黄	收 角
廿四	2	己未	五黄	收 张	12月	戊子	九紫	除 翼	31	戊午	一白	破 角	29	丁亥	六白	开 亢
廿五	3	庚申	四绿	开 翼	2	己丑	八白	满 轸	1月	己未	二黑	危 亢	30	戊子	七赤	闭 氐
廿六	4	辛酉	三碧	闭 轸	3	庚寅	七赤	平 角	2	庚申	三碧	成 氐	31	己丑	八白	建 房
廿七	5	壬戌	二黑	建 角	4	辛卯	六白	定 亢	3	辛酉	四绿	收 房	2月	庚寅	九紫	除 心
廿八	6	癸亥	一白	除 亢	5	壬辰	五黄	执 氐	4	壬戌	五黄	开 心	2	辛卯	一白	满 尾
廿九	7	甲子	六白	满 氐	6	癸巳	四绿	破 房	5	癸亥	六白	闭 尾	3	壬辰	二黑	平 箕
三十					7	甲午	三碧	危 心					4	癸巳	三碧	定 斗

公元1943年　民国三十二年　癸未羊年　　太岁魏仁　九星三碧

月份	正月小 甲寅 五黄 兑卦 星宿					二月大 乙卯 四绿 离卦 张宿					三月小 丙辰 三碧 震卦 翼宿					四月大 丁巳 二黑 巽卦 轸宿				
节气	立春 2月5日 初一甲午 早子时 0时40分			雨水 2月19日 十五戊申 戌时 20时40分		惊蛰 3月6日 初一癸亥 酉时 18时58分			春分 3月21日 十六戊寅 戌时 20时02分		清明 4月6日 初二甲午 早子时 0时11分			谷雨 4月21日 十七己酉 辰时 7时31分		立夏 5月6日 初三甲子 酉时 17时53分			小满 5月22日 十九庚辰 辰时 7时02分	
农历	公历	干支	九星	日建	星宿	公历	干支	九星	日建	星宿	公历	干支	九星	日建	星宿	公历	干支	九星	日建	星宿
初一	5	甲午	四绿	定	牛	6	癸亥	三碧	成	女	5	癸巳	九紫	满	危	4	壬戌	八白	破	室
初二	6	乙未	五黄	执	女	7	甲子	七赤	收	虚	6	甲午	一白	满	室	5	癸亥	九紫	危	壁
初三	7	丙申	六白	破	虚	8	乙丑	八白	开	危	7	乙未	二黑	平	壁	6	甲子	四绿	危	奎
初四	8	丁酉	七赤	危	危	9	丙寅	九紫	闭	室	8	丙申	三碧	定	奎	7	乙丑	五黄	成	娄
初五	9	戊戌	八白	成	室	10	丁卯	一白	建	壁	9	丁酉	四绿	执	娄	8	丙寅	六白	收	胃
初六	10	己亥	九紫	收	壁	11	戊辰	二黑	除	奎	10	戊戌	五黄	破	胃	9	丁卯	七赤	开	昴
初七	11	庚子	一白	开	奎	12	己巳	三碧	满	娄	11	己亥	六白	危	昴	10	戊辰	八白	闭	毕
初八	12	辛丑	二黑	闭	娄	13	庚午	四绿	平	胃	12	庚子	七赤	成	毕	11	己巳	九紫	建	觜
初九	13	壬寅	三碧	建	胃	14	辛未	五黄	定	昴	13	辛丑	八白	收	觜	12	庚午	一白	除	参
初十	14	癸卯	四绿	除	昴	15	壬申	六白	执	毕	14	壬寅	九紫	开	参	13	辛未	二黑	满	井
十一	15	甲辰	五黄	满	毕	16	癸酉	七赤	破	觜	15	癸卯	一白	闭	井	14	壬申	三碧	平	鬼
十二	16	乙巳	六白	平	觜	17	甲戌	八白	危	参	16	甲辰	二黑	建	鬼	15	癸酉	四绿	定	柳
十三	17	丙午	七赤	定	参	18	乙亥	九紫	成	井	17	乙巳	三碧	除	柳	16	甲戌	五黄	执	星
十四	18	丁未	八白	执	井	19	丙子	一白	收	鬼	18	丙午	四绿	满	星	17	乙亥	六白	破	张
十五	19	戊申	六白	破	鬼	20	丁丑	二黑	开	柳	19	丁未	五黄	平	张	18	丙子	七赤	危	翼
十六	20	己酉	七赤	危	柳	21	戊寅	三碧	闭	星	20	戊申	六白	定	翼	19	丁丑	八白	成	轸
十七	21	庚戌	八白	成	星	22	己卯	四绿	建	张	21	己酉	四绿	执	轸	20	戊寅	九紫	收	角
十八	22	辛亥	九紫	收	张	23	庚辰	五黄	除	翼	22	庚戌	五黄	破	角	21	己卯	一白	开	亢
十九	23	壬子	一白	开	翼	24	辛巳	六白	满	轸	23	辛亥	六白	危	亢	22	庚辰	二黑	闭	氐
二十	24	癸丑	二黑	闭	轸	25	壬午	七赤	平	角	24	壬子	七赤	成	氐	23	辛巳	三碧	建	房
廿一	25	甲寅	三碧	建	角	26	癸未	八白	定	亢	25	癸丑	八白	收	房	24	壬午	四绿	除	心
廿二	26	乙卯	四绿	除	亢	27	甲申	九紫	执	氐	26	甲寅	九紫	开	心	25	癸未	五黄	满	尾
廿三	27	丙辰	五黄	满	氐	28	乙酉	一白	破	房	27	乙卯	一白	闭	尾	26	甲申	六白	平	箕
廿四	28	丁巳	六白	平	房	29	丙戌	二黑	危	心	28	丙辰	二黑	建	箕	27	乙酉	七赤	定	斗
廿五	3月	戊午	七赤	定	心	30	丁亥	三碧	成	尾	29	丁巳	三碧	除	斗	28	丙戌	八白	执	牛
廿六	2	己未	八白	执	尾	31	戊子	四绿	收	箕	30	戊午	四绿	满	牛	29	丁亥	九紫	破	女
廿七	3	庚申	九紫	破	箕	4月	己丑	五黄	开	斗	5月	己未	五黄	平	女	30	戊子	一白	危	虚
廿八	4	辛酉	一白	危	斗	2	庚寅	六白	闭	牛	2	庚申	六白	定	虚	31	己丑	二黑	成	危
廿九	5	壬戌	二黑	成	牛	3	辛卯	七赤	建	女	3	辛酉	七赤	执	危	6月	庚寅	三碧	收	室
三十						4	壬辰	八白	除	虚						2	辛卯	四绿	开	壁

公元1943年 民国三十二年 癸未羊年　　太岁魏仁 九星三碧

月份	五月小 戊午 一白 坎卦 角宿					六月大 己未 九紫 艮卦 亢宿					七月大 庚申 八白 坤卦 氐宿					八月小 辛酉 七赤 乾卦 房宿				
节气	芒种 6月6日 初四乙未 亥时 22时18分		夏至 6月22日 二十辛亥 申时 15时12分			小暑 7月8日 初七丁卯 辰时 8时38分		大暑 7月24日 廿三癸未 丑时 2时04分			立秋 8月8日 初八戊戌 酉时 18时18分		处暑 8月24日 廿四甲寅 辰时 8时54分			白露 9月8日 初九己巳 戌时 20时55分		秋分 9月24日 廿五乙酉 卯时 6时11分		
农历	公历	干支	九星	日建	星宿	公历	干支	九星	日建	星宿	公历	干支	九星	日建	星宿	公历	干支	九星	日建	星宿
初一	3	壬辰	五黄	闭	奎	2	辛酉	六白	平	娄	8月	辛卯	九紫	成	昴	31	辛酉	九紫	除	觜
初二	4	癸巳	六白	建	娄	3	壬戌	五黄	定	胃	2	壬辰	八白	收	胃	9月	壬戌	八白	满	参
初三	5	甲午	七赤	除	胃	4	癸亥	四绿	执	昴	3	癸巳	七赤	开	觜	2	癸亥	七赤	平	井
初四	6	乙未	八白	除	昴	5	甲子	九紫	破	毕	4	甲午	六白	闭	参	3	甲子	三碧	定	鬼
初五	7	丙申	九紫	满	毕	6	乙丑	八白	危	觜	5	乙未	五黄	建	井	4	乙丑	二黑	执	柳
初六	8	丁酉	一白	平	觜	7	丙寅	七赤	成	参	6	丙申	四绿	除	鬼	5	丙寅	一白	破	星
初七	9	戊戌	二黑	定	参	8	丁卯	六白	成	井	7	丁酉	三碧	满	柳	6	丁卯	九紫	危	张
初八	10	己亥	三碧	执	井	9	戊辰	五黄	收	鬼	8	戊戌	二黑	满	星	7	戊辰	八白	成	翼
初九	11	庚子	四绿	破	鬼	10	己巳	四绿	开	柳	9	己亥	一白	平	张	8	己巳	七赤	收	轸
初十	12	辛丑	五黄	危	柳	11	庚午	三碧	闭	星	10	庚子	九紫	定	翼	9	庚午	六白	收	角
十一	13	壬寅	六白	成	星	12	辛未	二黑	建	张	11	辛丑	八白	执	轸	10	辛未	五黄	开	亢
十二	14	癸卯	七赤	收	张	13	壬申	一白	除	翼	12	壬寅	七赤	破	角	11	壬申	四绿	闭	氐
十三	15	甲辰	八白	开	翼	14	癸酉	九紫	满	轸	13	癸卯	六白	危	亢	12	癸酉	三碧	建	房
十四	16	乙巳	九紫	闭	轸	15	甲戌	八白	平	角	14	甲辰	五黄	成	氐	13	甲戌	二黑	除	心
十五	17	丙午	一白	建	角	16	乙亥	七赤	定	亢	15	乙巳	四绿	收	房	14	乙亥	一白	满	尾
十六	18	丁未	二黑	除	亢	17	丙子	六白	执	氐	16	丙午	三碧	开	心	15	丙子	九紫	平	箕
十七	19	戊申	三碧	满	氐	18	丁丑	五黄	破	房	17	丁未	二黑	闭	尾	16	丁丑	八白	定	斗
十八	20	己酉	四绿	平	房	19	戊寅	四绿	危	心	18	戊申	一白	建	箕	17	戊寅	七赤	执	牛
十九	21	庚戌	五黄	定	心	20	己卯	三碧	成	尾	19	己酉	九紫	除	斗	18	己卯	六白	破	女
二十	22	辛亥	七赤	执	尾	21	庚辰	二黑	收	箕	20	庚戌	八白	满	牛	19	庚辰	五黄	危	虚
廿一	23	壬子	六白	破	箕	22	辛巳	一白	开	斗	21	辛亥	七赤	平	女	20	辛巳	四绿	成	危
廿二	24	癸丑	五黄	危	斗	23	壬午	九紫	闭	牛	22	壬子	六白	定	虚	21	壬午	三碧	收	室
廿三	25	甲寅	四绿	成	牛	24	癸未	八白	建	女	23	癸丑	五黄	执	危	22	癸未	二黑	开	壁
廿四	26	乙卯	三碧	收	女	25	甲申	七赤	除	虚	24	甲寅	七赤	破	室	23	甲申	一白	闭	奎
廿五	27	丙辰	二黑	开	虚	26	乙酉	六白	满	危	25	乙卯	六白	危	壁	24	乙酉	九紫	建	娄
廿六	28	丁巳	一白	闭	危	27	丙戌	五黄	平	室	26	丙辰	五黄	成	奎	25	丙戌	八白	除	胃
廿七	29	戊午	九紫	建	室	28	丁亥	四绿	定	壁	27	丁巳	四绿	收	娄	26	丁亥	七赤	满	昴
廿八	30	己未	八白	除	壁	29	戊子	三碧	执	奎	28	戊午	三碧	开	胃	27	戊子	六白	平	毕
廿九	7月	庚申	七赤	满	奎	30	己丑	二黑	破	娄	29	己未	二黑	闭	昴	28	己丑	五黄	定	觜
三十						31	庚寅	一白	危	胃	30	庚申	一白	建	毕					

公元1943年　民国三十二年　癸未羊年　太岁魏仁　九星三碧

月份	九月大　壬戌 六白　兑卦 心宿	十月小　癸亥 五黄　离卦 尾宿	十一月大　甲子 四绿　震卦 箕宿	十二月小　乙丑 三碧　巽卦 斗宿
节气	寒露 10月9日 十一庚子 午时 12时10分　／　霜降 10月24日 廿六乙卯 申时 15时08分	立冬 11月8日 十一庚午 未时 14时58分　／　小雪 11月23日 廿六乙酉 午时 12时21分	大雪 12月8日 十二庚子 辰时 7时32分　／　冬至 12月23日 廿七乙卯 丑时 1时29分	小寒 1月6日 十一己巳 酉时 18时39分　／　大寒 1月21日 廿六甲申 午时 12时07分

农历	九月公历	九月干支	九月九星	九月日建	九月星宿	十月公历	十月干支	十月九星	十月日建	十月星宿	十一月公历	十一月干支	十一月九星	十一月日建	十一月星宿	十二月公历	十二月干支	十二月九星	十二月日建	十二月星宿
初一	29	庚寅	四绿	执	参	29	庚申	四绿	开	鬼	27	己丑	八白	满	柳	27	己未	二黑	危	张
初二	30	辛卯	三碧	破	井	30	辛酉	三碧	闭	柳	28	庚寅	七赤	平	星	28	庚申	三碧	成	翼
初三	10月	壬辰	二黑	危	鬼	31	壬戌	二黑	建	星	29	辛卯	六白	定	张	29	辛酉	四绿	收	轸
初四	2	癸巳	一白	成	柳	11月	癸亥	一白	除	张	30	壬辰	五黄	执	翼	30	壬戌	五黄	开	角
初五	3	甲午	九紫	收	星	2	甲子	六白	满	翼	12月	癸巳	四绿	破	轸	31	癸亥	六白	闭	亢
初六	4	乙未	八白	开	张	3	乙丑	五黄	平	轸	2	甲午	三碧	危	角	1月	甲子	一白	建	氐
初七	5	丙申	七赤	闭	翼	4	丙寅	四绿	定	角	3	乙未	二黑	成	亢	2	乙丑	二黑	除	房
初八	6	丁酉	六白	建	轸	5	丁卯	三碧	执	亢	4	丙申	一白	收	氐	3	丙寅	三碧	满	心
初九	7	戊戌	五黄	除	角	6	戊辰	二黑	破	氐	5	丁酉	九紫	开	房	4	丁卯	四绿	平	尾
初十	8	己亥	四绿	满	亢	7	己巳	一白	危	房	6	戊戌	八白	闭	心	5	戊辰	五黄	定	箕
十一	9	庚子	三碧	满	氐	8	庚午	九紫	危	心	7	己亥	七赤	建	尾	6	己巳	六白	执	斗
十二	10	辛丑	二黑	平	房	9	辛未	八白	成	尾	8	庚子	六白	建	箕	7	庚午	七赤	执	牛
十三	11	壬寅	一白	定	心	10	壬申	七赤	收	箕	9	辛丑	五黄	除	斗	8	辛未	八白	破	女
十四	12	癸卯	九紫	执	尾	11	癸酉	六白	开	斗	10	壬寅	四绿	满	牛	9	壬申	九紫	危	虚
十五	13	甲辰	八白	破	箕	12	甲戌	五黄	闭	牛	11	癸卯	三碧	平	女	10	癸酉	一白	成	危
十六	14	乙巳	七赤	危	斗	13	乙亥	四绿	建	女	12	甲辰	二黑	定	虚	11	甲戌	二黑	收	室
十七	15	丙午	六白	成	牛	14	丙子	三碧	除	虚	13	乙巳	一白	执	危	12	乙亥	三碧	开	壁
十八	16	丁未	五黄	收	女	15	丁丑	二黑	满	危	14	丙午	九紫	破	室	13	丙子	四绿	闭	奎
十九	17	戊申	四绿	开	虚	16	戊寅	一白	平	室	15	丁未	八白	危	壁	14	丁丑	五黄	建	娄
二十	18	己酉	三碧	闭	危	17	己卯	九紫	定	壁	16	戊申	七赤	成	奎	15	戊寅	六白	除	胃
廿一	19	庚戌	二黑	建	室	18	庚辰	八白	执	奎	17	己酉	六白	收	娄	16	己卯	七赤	满	昴
廿二	20	辛亥	一白	除	壁	19	辛巳	七赤	破	娄	18	庚戌	五黄	开	胃	17	庚辰	八白	平	毕
廿三	21	壬子	九紫	满	奎	20	壬午	六白	危	胃	19	辛亥	四绿	闭	昴	18	辛巳	九紫	定	觜
廿四	22	癸丑	八白	平	娄	21	癸未	五黄	成	昴	20	壬子	三碧	建	毕	19	壬午	一白	执	参
廿五	23	甲寅	七赤	定	胃	22	甲申	四绿	收	毕	21	癸丑	二黑	除	觜	20	癸未	二黑	破	井
廿六	24	乙卯	九紫	执	昴	23	乙酉	三碧	开	觜	22	甲寅	一白	满	参	21	甲申	三碧	危	鬼
廿七	25	丙辰	八白	破	毕	24	丙戌	二黑	闭	参	23	乙卯	七赤	平	井	22	乙酉	四绿	成	柳
廿八	26	丁巳	七赤	危	觜	25	丁亥	一白	建	井	24	丙辰	八白	定	鬼	23	丙戌	五黄	收	星
廿九	27	戊午	六白	成	参	26	戊子	九紫	除	鬼	25	丁巳	九紫	执	柳	24	丁亥	六白	开	张
三十	28	己未	五黄	收	井						26	戊午	一白	破	星					

公元1944年　民国三十三年　甲申猴年（闰四月）　　太岁方公　九星二黑

月份	正月大 丙寅 二黑 离卦 牛宿				二月小 丁卯 一白 震卦 女宿				三月大 戊辰 九紫 巽卦 虚宿				四月小 己巳 八白 坎卦 危宿			
节气	立春 2月5日 十二己亥 卯时 6时22分	雨水 2月20日 廿七丙寅 丑时 2时27分			惊蛰 3月6日 十二己巳 早子时 0时40分	春分 3月21日 廿七甲申 丑时 1时48分			清明 4月5日 十三己亥 卯时 5时53分	谷雨 4月20日 廿八甲寅 未时 13时17分			立夏 5月5日 十三己巳 夜子时 23时39分	小满 5月21日 廿九乙酉 午时 12时50分		
农历	公历	干支	九星	日建 星宿	公历	干支	九星	日建 星宿	公历	干支	九星	日建 星宿	公历	干支	九星	日建 星宿
初一	25	戊子	七赤	闭 翼	24	戊午	七赤	定 角	24	丁亥	三碧	成 亢	23	丁巳	三碧	除 房
初二	26	己丑	八白	建 轸	25	己未	八白	执 亢	25	戊子	四绿	收 氐	24	戊午	四绿	满 心
初三	27	庚寅	九紫	除 角	26	庚申	九紫	破 氐	26	己丑	五黄	开 房	25	己未	五黄	平 尾
初四	28	辛卯	一白	满 亢	27	辛酉	一白	危 房	27	庚寅	六白	闭 心	26	庚申	六白	定 箕
初五	29	壬辰	二黑	平 氐	28	壬戌	二黑	成 心	28	辛卯	七赤	建 尾	27	辛酉	七赤	执 斗
初六	30	癸巳	三碧	定 房	29	癸亥	三碧	收 尾	29	壬辰	八白	除 箕	28	壬戌	八白	破 牛
初七	31	甲午	四绿	执 心	3月	甲子	七赤	开 箕	30	癸巳	九紫	满 斗	29	癸亥	九紫	危 女
初八	2月	乙未	五黄	破 尾	2	乙丑	八白	闭 斗	31	甲午	一白	平 牛	30	甲子	四绿	成 虚
初九	2	丙申	六白	危 箕	3	丙寅	九紫	建 牛	4月	乙未	二黑	定 女	5月	乙丑	五黄	收 危
初十	3	丁酉	七赤	成 斗	4	丁卯	一白	除 女	2	丙申	三碧	执 虚	2	丙寅	六白	开 室
十一	4	戊戌	八白	收 牛	5	戊辰	二黑	满 虚	3	丁酉	四绿	破 危	3	丁卯	七赤	闭 壁
十二	5	己亥	九紫	收 女	6	己巳	三碧	满 危	4	戊戌	五黄	危 室	4	戊辰	八白	建 奎
十三	6	庚子	一白	开 虚	7	庚午	四绿	平 室	5	己亥	六白	危 壁	5	己巳	九紫	建 娄
十四	7	辛丑	二黑	闭 危	8	辛未	五黄	定 壁	6	庚子	七赤	成 奎	6	庚午	一白	除 胃
十五	8	壬寅	三碧	建 室	9	壬申	六白	执 奎	7	辛丑	八白	收 娄	7	辛未	二黑	满 昴
十六	9	癸卯	四绿	除 壁	10	癸酉	七赤	破 娄	8	壬寅	九紫	开 胃	8	壬申	三碧	平 毕
十七	10	甲辰	五黄	满 奎	11	甲戌	八白	危 胃	9	癸卯	一白	闭 昴	9	癸酉	四绿	定 觜
十八	11	乙巳	六白	平 娄	12	乙亥	九紫	成 昴	10	甲辰	二黑	建 毕	10	甲戌	五黄	执 参
十九	12	丙午	七赤	定 胃	13	丙子	一白	收 毕	11	乙巳	三碧	除 觜	11	乙亥	六白	破 井
二十	13	丁未	八白	执 昴	14	丁丑	二黑	开 觜	12	丙午	四绿	满 参	12	丙子	七赤	危 鬼
廿一	14	戊申	九紫	破 毕	15	戊寅	三碧	闭 参	13	丁未	五黄	平 井	13	丁丑	八白	成 柳
廿二	15	己酉	一白	危 觜	16	己卯	四绿	建 井	14	戊申	六白	定 鬼	14	戊寅	九紫	收 星
廿三	16	庚戌	二黑	成 参	17	庚辰	五黄	除 鬼	15	己酉	七赤	执 柳	15	己卯	一白	开 张
廿四	17	辛亥	三碧	收 井	18	辛巳	六白	满 柳	16	庚戌	八白	破 星	16	庚辰	二黑	闭 翼
廿五	18	壬子	四绿	开 鬼	19	壬午	七赤	平 星	17	辛亥	九紫	危 张	17	辛巳	三碧	建 轸
廿六	19	癸丑	五黄	闭 柳	20	癸未	八白	定 张	18	壬子	一白	成 翼	18	壬午	四绿	除 角
廿七	20	甲寅	三碧	建 星	21	甲申	九紫	执 翼	19	癸丑	二黑	收 轸	19	癸未	五黄	满 亢
廿八	21	乙卯	四绿	除 张	22	乙酉	一白	破 轸	20	甲寅	九紫	开 角	20	甲申	六白	平 氐
廿九	22	丙辰	五黄	满 翼	23	丙戌	二黑	危 角	21	乙卯	一白	闭 亢	21	乙酉	七赤	定 房
三十	23	丁巳	六白	平 轸					22	丙辰	二黑	建 氐				

月份	闰四月大					五月小　庚午 七赤 艮卦 室宿					六月大　辛未 六白 坤卦 壁宿				
节气	芒种 6月6日 十六辛丑 寅时 4时10分					夏至 6月21日 初一丙辰 亥时 21时02分 ／ 小暑 7月7日 十七壬申 未时 14时36分					大暑 7月23日 初四戊子 辰时 7时55分 ／ 立秋 8月8日 二十甲辰 早子时 0时18分				
农历	公历	干支	九星	日建	星宿	公历	干支	九星	日建	星宿	公历	干支	九星	日建	星宿
初一	22	丙戌	八白	执	心	21	丙辰	二黑	开	箕	20	乙酉	六白	满	斗
初二	23	丁亥	九紫	破	尾	22	丁巳	一白	闭	斗	21	丙戌	五黄	平	牛
初三	24	戊子	一白	危	箕	23	戊午	九紫	建	牛	22	丁亥	四绿	定	女
初四	25	己丑	二黑	成	斗	24	己未	八白	除	女	23	戊子	三碧	执	虚
初五	26	庚寅	三碧	收	牛	25	庚申	七赤	满	虚	24	己丑	二黑	破	危
初六	27	辛卯	四绿	开	女	26	辛酉	六白	平	危	25	庚寅	一白	危	室
初七	28	壬辰	五黄	闭	虚	27	壬戌	五黄	定	室	26	辛卯	九紫	成	壁
初八	29	癸巳	六白	建	危	28	癸亥	四绿	执	壁	27	壬辰	八白	收	奎
初九	30	甲午	七赤	除	室	29	甲子	九紫	破	奎	28	癸巳	七赤	开	娄
初十	31	乙未	八白	满	壁	30	乙丑	八白	危	娄	29	甲午	六白	闭	胃
十一	6月	丙申	九紫	平	奎	7月	丙寅	七赤	成	胃	30	乙未	五黄	建	昴
十二	2	丁酉	一白	定	娄	2	丁卯	六白	收	昴	31	丙申	四绿	除	毕
十三	3	戊戌	二黑	执	胃	3	戊辰	五黄	开	毕	8月	丁酉	三碧	满	觜
十四	4	己亥	三碧	破	昴	4	己巳	四绿	闭	觜	2	戊戌	二黑	平	参
十五	5	庚子	四绿	危	毕	5	庚午	三碧	建	参	3	己亥	一白	定	井
十六	6	辛丑	五黄	危	觜	6	辛未	二黑	除	井	4	庚子	九紫	执	鬼
十七	7	壬寅	六白	成	参	7	壬申	一白	除	鬼	5	辛丑	八白	破	柳
十八	8	癸卯	七赤	收	井	8	癸酉	九紫	满	柳	6	壬寅	七赤	危	星
十九	9	甲辰	八白	开	鬼	9	甲戌	八白	平	星	7	癸卯	六白	成	张
二十	10	乙巳	九紫	闭	柳	10	乙亥	七赤	定	张	8	甲辰	五黄	收	翼
廿一	11	丙午	一白	建	星	11	丙子	六白	执	翼	9	乙巳	四绿	收	轸
廿二	12	丁未	二黑	除	张	12	丁丑	五黄	破	轸	10	丙午	三碧	开	角
廿三	13	戊申	三碧	满	翼	13	戊寅	四绿	危	角	11	丁未	二黑	闭	亢
廿四	14	己酉	四绿	平	轸	14	己卯	三碧	成	亢	12	戊申	一白	建	氐
廿五	15	庚戌	五黄	定	角	15	庚辰	二黑	收	氐	13	己酉	九紫	除	房
廿六	16	辛亥	六白	执	亢	16	辛巳	一白	开	房	14	庚戌	八白	满	心
廿七	17	壬子	七赤	破	氐	17	壬午	九紫	闭	心	15	辛亥	七赤	平	尾
廿八	18	癸丑	八白	危	房	18	癸未	八白	建	尾	16	壬子	六白	定	箕
廿九	19	甲寅	九紫	成	心	19	甲申	七赤	除	箕	17	癸丑	五黄	执	斗
三十	20	乙卯	一白	收	尾						18	甲寅	四绿	破	牛

月份	七月小				壬申　五黄 乾卦　奎宿	八月大				癸酉　四绿 兑卦　娄宿	九月大				甲戌　三碧 离卦　胃宿
节气	处暑 8月23日 初五己未 未时 14时46分		白露 9月8日 廿一乙亥 丑时 2时55分			秋分 9月23日 初七庚寅 午时 12时01分		寒露 10月8日 廿二乙巳 酉时 18时08分			霜降 10月23日 初七庚申 戌时 20时55分		立冬 11月7日 廿二乙亥 戌时 20时54分		
农历	公历	干支	九星	日建	星宿	公历	干支	九星	日建	星宿	公历	干支	九星	日建	星宿
初一	19	乙卯	三碧	危	女	17	甲申	一白	闭	虚	17	甲寅	七赤	定	室
初二	20	丙辰	二黑	成	虚	18	乙酉	九紫	建	危	18	乙卯	六白	执	壁
初三	21	丁巳	一白	收	危	19	丙戌	八白	除	室	19	丙辰	五黄	破	奎
初四	22	戊午	九紫	开	室	20	丁亥	七赤	满	壁	20	丁巳	四绿	危	娄
初五	23	己未	二黑	闭	壁	21	戊子	六白	平	奎	21	戊午	三碧	成	胃
初六	24	庚申	一白	建	奎	22	己丑	五黄	定	娄	22	己未	二黑	收	昴
初七	25	辛酉	九紫	除	娄	23	庚寅	四绿	执	胃	23	庚申	四绿	开	毕
初八	26	壬戌	八白	满	胃	24	辛卯	三碧	破	昴	24	辛酉	三碧	闭	觜
初九	27	癸亥	七赤	平	昴	25	壬辰	二黑	危	毕	25	壬戌	二黑	建	参
初十	28	甲子	三碧	定	毕	26	癸巳	一白	成	觜	26	癸亥	一白	除	井
十一	29	乙丑	二黑	执	觜	27	甲午	九紫	收	参	27	甲子	六白	满	鬼
十二	30	丙寅	一白	破	参	28	乙未	八白	开	井	28	乙丑	五黄	平	柳
十三	31	丁卯	九紫	危	井	29	丙申	七赤	闭	鬼	29	丙寅	四绿	定	星
十四	9月 1	戊辰	八白	成	鬼	30	丁酉	六白	建	柳	30	丁卯	三碧	执	张
十五	2	己巳	七赤	收	柳	10月 1	戊戌	五黄	除	星	31	戊辰	二黑	破	翼
十六	3	庚午	六白	开	星	2	己亥	四绿	满	张	11月 1	己巳	一白	危	轸
十七	4	辛未	五黄	闭	张	3	庚子	三碧	平	翼	2	庚午	九紫	成	角
十八	5	壬申	四绿	建	翼	4	辛丑	二黑	定	轸	3	辛未	八白	收	亢
十九	6	癸酉	三碧	除	轸	5	壬寅	一白	执	角	4	壬申	七赤	开	氐
二十	7	甲戌	二黑	满	角	6	癸卯	九紫	破	亢	5	癸酉	六白	闭	房
廿一	8	乙亥	一白	满	亢	7	甲辰	八白	危	氐	6	甲戌	五黄	建	心
廿二	9	丙子	九紫	平	氐	8	乙巳	七赤	成	房	7	乙亥	四绿	建	尾
廿三	10	丁丑	八白	定	房	9	丙午	六白	收	心	8	丙子	三碧	除	箕
廿四	11	戊寅	七赤	执	心	10	丁未	五黄	开	尾	9	丁丑	二黑	满	斗
廿五	12	己卯	六白	破	尾	11	戊申	四绿	开	箕	10	戊寅	一白	平	牛
廿六	13	庚辰	五黄	危	箕	12	己酉	三碧	闭	斗	11	己卯	九紫	定	女
廿七	14	辛巳	四绿	成	斗牛	13	庚戌	二黑	建	牛	12	庚辰	八白	执	虚
廿八	15	壬午	三碧	收	牛	14	辛亥	一白	除	女	13	辛巳	七赤	破	危
廿九	16	癸未	二黑	开	女	15	壬子	九紫	满	虚	14	壬午	六白	危	室
三十						16	癸丑	八白	平	危	15	癸未	五黄	成	壁

公元1944年 民国三十三年 甲申猴年（闰四月）　太岁方公 九星二黑

月份	十月小 乙亥 二黑 震卦 昴宿					十一月大 丙子 一白 巽卦 毕宿					十二月大 丁丑 九紫 坎卦 觜宿				
节气	小雪 11月22日 初七庚寅 酉时 18时07分		大雪 12月7日 廿二乙巳 未时 13时27分			冬至 12月22日 初八庚申 辰时 7时14分		小寒 1月6日 廿三乙亥 早子时 0时34分			大寒 1月20日 初七己丑 酉时 17时53分		立春 2月4日 廿二甲辰 午时 12时19分		
农历	公历	干支	九星	日建	星宿	公历	干支	九星	日建	星宿	公历	干支	九星	日建	星宿
初一	16	甲申	四绿	收	奎	15	癸丑	二黑	除	娄	14	癸未	二黑	破	昴
初二	17	乙酉	三碧	开	娄	16	甲寅	一白	满	胃	15	甲申	三碧	危	毕
初三	18	丙戌	二黑	闭	胃	17	乙卯	九紫	平	昴	16	乙酉	四绿	成	觜
初四	19	丁亥	一白	建	昴	18	丙辰	八白	定	毕	17	丙戌	五黄	收	参
初五	20	戊子	九紫	除	毕	19	丁巳	七赤	执	觜	18	丁亥	六白	开	井
初六	21	己丑	八白	满	觜	20	戊午	六白	破	参	19	戊子	七赤	闭	鬼
初七	22	庚寅	七赤	平	参	21	己未	五黄	危	井	20	己丑	八白	建	柳
初八	23	辛卯	六白	定	井	22	庚申	三碧	成	鬼	21	庚寅	九紫	除	星
初九	24	壬辰	五黄	执	鬼	23	辛酉	四绿	收	柳	22	辛卯	一白	满	张
初十	25	癸巳	四绿	破	柳	24	壬戌	五黄	开	星	23	壬辰	二黑	平	翼
十一	26	甲午	三碧	危	星	癸亥	六白	闭	张		癸巳	三碧	定	轸	
十二	27	乙未	二黑	成	张	26	甲子	一白	建	翼	24	甲午	四绿	执	角
十三	28	丙申	一白	收	翼	27	乙丑	二黑	除	轸	25	乙未	五黄	破	亢
十四	29	丁酉	九紫	开	轸	28	丙寅	三碧	满	角	26	丙申	六白	危	氐
十五	30	戊戌	八白	闭	角	29	丁卯	四绿	平	亢	27	丁酉	七赤	成	房
十六	12月 己亥		七赤	建	亢	30	戊辰	五黄	定	氐	28	丁酉	七赤	成	房
十七	2	庚子	六白	除	氐	31	己巳	六白	执	房	29	戊戌	八白	收	心
十八	3	辛丑	五黄	满	房	1月 庚午		七赤	破	心	30	己亥	九紫	开	尾
十九	4	壬寅	四绿	平	心	2	辛未	八白	危	尾	31	庚子	一白	闭	箕
二十	5	癸卯	三碧	定	尾	3	壬申	九紫	成	箕	2月 辛丑		二黑	建	斗
廿一	6	甲辰	二黑	执	箕	4	癸酉	一白	收	斗	2	壬寅	三碧	除	牛
廿二	7	乙巳	一白	执	斗	5	甲戌	二黑	开	牛	3	癸卯	四绿	满	女
廿三	8	丙午	九紫	破	牛	6	乙亥	三碧	开	女	4	甲辰	五黄	满	虚
廿四	9	丁未	八白	危	女	7	丙子	四绿	闭	虚	5	乙巳	六白	平	危
廿五	10	戊申	七赤	成	虚	8	丁丑	五黄	建	危	6	丙午	七赤	定	室
廿六	11	己酉	六白	收	危	9	戊寅	六白	除	室	7	丁未	八白	执	壁
廿七	12	庚戌	五黄	开	室	10	己卯	七赤	满	壁	8	戊申	九紫	破	奎
廿八	13	辛亥	四绿	闭	壁	11	庚辰	八白	平	奎	9	己酉	一白	危	娄
廿九	14	壬子	三碧	建	奎	12	辛巳	九紫	定	娄	10	庚戌	二黑	成	胃
三十						13	壬午	一白	执	胃	11	辛亥	三碧	收	昴
											12	壬子	四绿	开	毕

公元1945年　民国三十四年　乙酉鸡年　　太岁蒋嵩　九星一白

月份	正月小 戊寅 八白 震卦 参宿					二月小 己卯 七赤 巽卦 井宿					三月大 庚辰 六白 坎卦 鬼宿					四月小 辛巳 五黄 艮卦 柳宿				
节气	雨水 2月19日 初七己未 辰时 8时14分		惊蛰 3月6日 廿二甲戌 卯时 6时37分			春分 3月21日 初八己丑 辰时 7时37分		清明 4月5日 廿三甲辰 午时 11时51分			谷雨 4月20日 初九己未 戌时 19时06分		立夏 5月6日 廿五乙亥 卯时 5时36分			小满 5月21日 初十庚寅 酉时 18时40分		芒种 6月6日 廿六丙午 巳时 10时05分		
农历	公历	干支	九星	日建	星宿	公历	干支	九星	日建	星宿	公历	干支	九星	日建	星宿	公历	干支	九星	日建	星宿
初一	13	癸丑	五黄	闭	觜	14	壬午	七赤	平	参	12	辛亥	九紫	危	井	12	辛巳	三碧	建	柳
初二	14	甲寅	六白	建	参	15	癸未	八白	定	井	13	壬子	一白	成	鬼	13	壬午	四绿	除	星
初三	15	乙卯	七赤	除	井	16	甲申	九紫	执	鬼	14	癸丑	二黑	收	柳	14	癸未	五黄	满	张
初四	16	丙辰	八白	满	鬼	17	乙酉	一白	破	柳	15	甲寅	三碧	开	星	15	甲申	六白	平	翼
初五	17	丁巳	九紫	平	柳	18	丙戌	二黑	危	星	16	乙卯	四绿	闭	张	16	乙酉	七赤	定	轸
初六	18	戊午	一白	定	星	19	丁亥	三碧	成	张	17	丙辰	五黄	建	翼	17	丙戌	八白	执	角
初七	19	己未	八白	执	张	20	戊子	四绿	收	翼	18	丁巳	六白	除	轸	18	丁亥	九紫	破	亢
初八	20	庚申	九紫	破	翼	21	己丑	五黄	开	轸	19	戊午	七赤	满	角	19	戊子	一白	危	氐
初九	21	辛酉	一白	危	轸	22	庚寅	六白	闭	角	20	己未	五黄	平	亢	20	己丑	二黑	成	房
初十	22	壬戌	二黑	成	角	23	辛卯	七赤	建	亢	21	庚申	六白	定	氐	21	庚寅	三碧	收	心
十一	23	癸亥	三碧	收	亢	24	壬辰	八白	除	氐	22	辛酉	七赤	执	房	22	辛卯	四绿	开	尾
十二	24	甲子	七赤	开	氐	25	癸巳	九紫	满	房	23	壬戌	八白	破	心	23	壬辰	五黄	闭	箕
十三	25	乙丑	八白	闭	房	26	甲午	一白	平	心	24	癸亥	九紫	危	尾	24	癸巳	六白	建	斗
十四	26	丙寅	九紫	建	心	27	乙未	二黑	定	尾	25	甲子	四绿	成	箕	25	甲午	七赤	除	牛
十五	27	丁卯	一白	除	尾	28	丙申	三碧	执	箕	26	乙丑	五黄	收	斗	26	乙未	八白	满	女
十六	28	戊辰	二黑	满	箕	29	丁酉	四绿	破	斗	27	丙寅	六白	开	牛	27	丙申	九紫	平	虚
十七	3月 己巳	三碧	平	斗		30	戊戌	五黄	危	牛	28	丁卯	七赤	闭	女	28	丁酉	一白	定	危
十八	2	庚午	四绿	定	牛	31	己亥	六白	成	女	29	戊辰	八白	建	虚	29	戊戌	二黑	执	室
十九	3	辛未	五黄	执	女	4月 庚子	七赤	收	虚		30	己巳	九紫	除	危	30	己亥	三碧	破	壁
二十	4	壬申	六白	破	虚	2	辛丑	八白	开	危	5月 庚午	一白	满	室		31	庚子	四绿	危	奎
廿一	5	癸酉	七赤	危	危	3	壬寅	九紫	闭	室	2	辛未	二黑	平	壁	6月 辛丑	五黄	成	娄	
廿二	6	甲戌	八白	危	室	4	癸卯	一白	建	壁	3	壬申	三碧	定	奎	2	壬寅	六白	收	胃
廿三	7	乙亥	九紫	成	壁	5	甲辰	二黑	建	奎	4	癸酉	四绿	执	娄	3	癸卯	七赤	开	昴
廿四	8	丙子	一白	收	奎	6	乙巳	三碧	除	娄	5	甲戌	五黄	破	胃	4	甲辰	八白	闭	毕
廿五	9	丁丑	二黑	开	娄	7	丙午	四绿	满	胃	6	乙亥	六白	破	昴	5	乙巳	九紫	建	觜
廿六	10	戊寅	三碧	闭	胃	8	丁未	五黄	平	昴	7	丙子	七赤	危	毕	6	丙午	一白	建	参
廿七	11	己卯	四绿	建	昴	9	戊申	六白	定	毕	8	丁丑	八白	成	觜	7	丁未	二黑	除	井
廿八	12	庚辰	五黄	除	毕	10	己酉	七赤	执	觜	9	戊寅	九紫	收	参	8	戊申	三碧	满	鬼
廿九	13	辛巳	六白	满	觜	11	庚戌	八白	破	参	10	己卯	一白	开	井	9	己酉	四绿	平	柳
三十											11	庚辰	二黑	闭	鬼					

公元1945年　民国三十四年　乙酉鸡年　　太岁蒋嵩　九星一白

月份	五月小 壬午 四绿 坤卦 星宿				六月大 癸未 三碧 乾卦 张宿				七月小 甲申 二黑 兑卦 翼宿				八月大 乙酉 一白 离卦 轸宿			
节气	夏至 6月22日 十三壬戌 丑时 2时52分		小暑 7月7日 廿八丁丑 戌时 20时26分		大暑 7月23日 十五癸巳 未时 13时45分				立秋 8月8日 初一己酉 卯时 6时05分		处暑 8月23日 十六甲子 戌时 20时35分		白露 9月8日 初三庚辰 辰时 8时38分		秋分 9月23日 十八乙未 酉时 17时49分	
农历	公历	干支	九星	日建 星宿	公历	干支	九星	日建 星宿	公历	干支	九星	日建 星宿	公历	干支	九星	日建 星宿
初一	10	庚戌	五黄	定 星	9	己卯	三碧	成 张	8	己酉	九紫	除 轸	6	戊寅	七赤	破 角
初二	11	辛亥	六白	执 张	10	庚辰	二黑	收 翼	9	庚戌	八白	满 角	7	己卯	六白	危 亢
初三	12	壬子	七赤	破 翼	11	辛巳	一白	开 轸	10	辛亥	七赤	平 亢	8	庚辰	五黄	成 氐
初四	13	癸丑	八白	危 轸	12	壬午	九紫	闭 角	11	壬子	六白	定 氐	9	辛巳	四绿	收 房
初五	14	甲寅	九紫	成 角	13	癸未	八白	建 亢	12	癸丑	五黄	执 房	10	壬午	三碧	收 心
初六	15	乙卯	一白	收 亢	14	甲申	七赤	除 氐	13	甲寅	四绿	破 心	11	癸未	二黑	开 尾
初七	16	丙辰	二黑	开 氐	15	乙酉	六白	满 房	14	乙卯	三碧	危 尾	12	甲申	一白	闭 箕
初八	17	丁巳	三碧	闭 房	16	丙戌	五黄	平 心	15	丙辰	二黑	成 箕	13	乙酉	九紫	建 斗
初九	18	戊午	四绿	建 心	17	丁亥	四绿	定 尾	16	丁巳	一白	收 斗	14	丙戌	八白	除 牛
初十	19	己未	五黄	除 尾	18	戊子	三碧	执 箕	17	戊午	九紫	开 牛	15	丁亥	七赤	满 女
十一	20	庚申	六白	满 箕	19	己丑	二黑	破 斗	18	己未	八白	闭 女	16	戊子	六白	平 虚
十二	21	辛酉	七赤	平 斗	20	庚寅	一白	危 牛	19	庚申	七赤	建 虚	17	己丑	五黄	定 危
十三	22	壬戌	五黄	定 牛	21	辛卯	九紫	成 女	20	辛酉	六白	除 危	18	庚寅	四绿	执 室
十四	23	癸亥	四绿	执 女	22	壬辰	八白	收 虚	21	壬戌	五黄	满 室	19	辛卯	三碧	破 壁
十五	24	甲子	九紫	破 虚	23	癸巳	七赤	开 危	22	癸亥	四绿	平 壁	20	壬辰	二黑	危 奎
十六	25	乙丑	八白	危 危	24	甲午	六白	闭 室	23	甲子	三碧	定 奎	21	癸巳	一白	成 娄
十七	26	丙寅	七赤	成 室	25	乙未	五黄	建 壁	24	乙丑	二黑	执 娄	22	甲午	九紫	收 胃
十八	27	丁卯	六白	收 壁	26	丙申	四绿	除 奎	25	丙寅	一白	破 胃	23	乙未	八白	开 昴
十九	28	戊辰	五黄	开 奎	27	丁酉	三碧	满 娄	26	丁卯	九紫	危 昴	24	丙申	七赤	闭 毕
二十	29	己巳	四绿	闭 娄	28	戊戌	二黑	平 胃	27	戊辰	八白	成 毕	25	丁酉	六白	建 觜
廿一	30	庚午	三碧	建 胃	29	己亥	一白	定 昴	28	己巳	七赤	收 觜	26	戊戌	五黄	除 参
廿二	7月	辛未	二黑	除 昴	30	庚子	九紫	执 毕	29	庚午	六白	开 参	27	己亥	四绿	满 井
廿三	2	壬申	一白	满 毕	31	辛丑	八白	破 觜	30	辛未	五黄	闭 井	28	庚子	三碧	平 鬼
廿四	3	癸酉	九紫	平 觜	8月	壬寅	七赤	危 参	31	壬申	四绿	建 鬼	29	辛丑	二黑	定 柳
廿五	4	甲戌	八白	定 参	2	癸卯	六白	成 井	9月	癸酉	三碧	除 柳	30	壬寅	一白	执 星
廿六	5	乙亥	七赤	执 井	3	甲辰	五黄	收 鬼	2	甲戌	二黑	满 星	10月	癸卯	九紫	破 张
廿七	6	丙子	六白	破 鬼	4	乙巳	四绿	开 柳	3	乙亥	一白	平 张	2	甲辰	八白	危 翼
廿八	7	丁丑	五黄	破 柳	5	丙午	三碧	闭 星	4	丙子	九紫	定 翼	3	乙巳	七赤	成 轸
廿九	8	戊寅	四绿	危 星	6	丁未	二黑	建 张	5	丁丑	八白	执 轸	4	丙午	六白	收 角
三十					7	戊申	一白	除 翼					5	丁未	五黄	开 亢

公元1945年 民国三十四年 乙酉鸡年　太岁蒋嵩 九星一白

月份	九月大 丙戌 九紫 震卦 角宿					十月大 丁亥 八白 巽卦 亢宿					十一月小 戊子 七赤 坎卦 氐宿					十二月大 己丑 六白 艮卦 房宿				
节气	寒露 10月8日 初三庚戌 夜子时 23时49分			霜降 10月24日 十九丙寅 丑时 2时43分		立冬 11月8日 初四辛巳 丑时 2时34分			小雪 11月22日 十八乙未 夜子时 23时55分		大雪 12月7日 初三庚戌 戌时 19时07分			冬至 12月22日 十八乙丑 未时 13时03分		小寒 1月6日 初四庚辰 卯时 6时16分			大寒 1月20日 十八甲午 夜子时 23时44分	
农历	公历	干支	九星	日建	星宿	公历	干支	九星	日建	星宿	公历	干支	九星	日建	星宿	公历	干支	九星	日建	星宿
初一	6	戊申	四绿	闭	氐	5	戊寅	一白	定	心	5	戊申	七赤	收	箕	3	丁丑	五黄	除	斗
初二	7	己酉	三碧	建	房	6	己卯	九紫	执	尾	6	己酉	六白	开	斗	4	戊寅	六白	满	牛
初三	8	庚戌	二黑	建	心	7	庚辰	八白	破	箕	7	庚戌	五黄	开	牛	5	己卯	七赤	平	女
初四	9	辛亥	一白	除	尾	8	辛巳	七赤	破	斗	8	辛亥	四绿	闭	女	6	庚辰	八白	平	虚
初五	10	壬子	九紫	满	箕	9	壬午	六白	危	牛	9	壬子	三碧	建	虚	7	辛巳	九紫	定	危
初六	11	癸丑	八白	平	斗	10	癸未	五黄	成	女	10	癸丑	二黑	除	危	8	壬午	一白	执	室
初七	12	甲寅	七赤	定	牛	11	甲申	四绿	收	虚	11	甲寅	一白	满	室	9	癸未	二黑	破	壁
初八	13	乙卯	六白	执	女	12	乙酉	三碧	开	危	12	乙卯	九紫	平	壁	10	甲申	三碧	危	奎
初九	14	丙辰	五黄	破	虚	13	丙戌	二黑	闭	室	13	丙辰	八白	定	奎	11	乙酉	四绿	成	娄
初十	15	丁巳	四绿	危	危	14	丁亥	一白	建	壁	14	丁巳	七赤	执	娄	12	丙戌	五黄	收	胃
十一	16	戊午	三碧	成	室	15	戊子	九紫	除	奎	15	戊午	六白	破	胃	13	丁亥	六白	开	昴
十二	17	己未	二黑	收	壁	16	己丑	八白	满	娄	16	己未	五黄	危	昴	14	戊子	七赤	闭	毕
十三	18	庚申	一白	开	奎	17	庚寅	七赤	平	胃	17	庚申	四绿	成	毕	15	己丑	八白	建	觜
十四	19	辛酉	九紫	闭	娄	18	辛卯	六白	定	昴	18	辛酉	三碧	收	觜	16	庚寅	九紫	除	参
十五	20	壬戌	八白	建	胃	19	壬辰	五黄	执	毕	19	壬戌	二黑	开	参	17	辛卯	一白	满	井
十六	21	癸亥	七赤	除	昴	20	癸巳	四绿	破	觜	20	癸亥	一白	闭	井	18	壬辰	二黑	平	鬼
十七	22	甲子	三碧	满	毕	21	甲午	三碧	危	参	21	甲子	六白	建	鬼	19	癸巳	三碧	定	柳
十八	23	乙丑	二黑	平	觜	22	乙未	二黑	成	井	22	乙丑	二黑	除	柳	20	甲午	四绿	执	星
十九	24	丙寅	四绿	定	参	23	丙申	一白	收	鬼	23	丙寅	三碧	满	星	21	乙未	五黄	破	张
二十	25	丁卯	三碧	执	井	24	丁酉	九紫	开	柳	24	丁卯	四绿	平	张	22	丙申	六白	危	翼
廿一	26	戊辰	二黑	破	鬼	25	戊戌	八白	闭	星	25	戊辰	五黄	定	翼	23	丁酉	七赤	成	轸
廿二	27	己巳	一白	危	柳	26	己亥	七赤	建	张	26	己巳	六白	执	轸	24	戊戌	八白	收	角
廿三	28	庚午	九紫	成	星	27	庚子	六白	除	翼	27	庚午	七赤	破	角	25	己亥	九紫	开	亢
廿四	29	辛未	八白	收	张	28	辛丑	五黄	满	轸	28	辛未	八白	危	亢	26	庚子	一白	闭	氐
廿五	30	壬申	七赤	开	翼	29	壬寅	四绿	平	角	29	壬申	九紫	成	氐	27	辛丑	二黑	建	房
廿六	31	癸酉	六白	闭	轸	30	癸卯	三碧	定	亢	30	癸酉	一白	收	房	28	壬寅	三碧	除	心
廿七	11月	甲戌	五黄	建	角	12月	甲辰	二黑	执	氐	31	甲戌	二黑	开	心	29	癸卯	四绿	满	尾
廿八	2	乙亥	四绿	除	亢	2	乙巳	一白	破	房	1月	乙亥	三碧	闭	尾	30	甲辰	五黄	平	箕
廿九	3	丙子	三碧	满	氐	3	丙午	九紫	危	心	2	丙子	四绿	建	箕	31	乙巳	六白	定	斗
三十	4	丁丑	二黑	平	房	4	丁未	八白	成	尾						2月	丙午	七赤	执	牛

公元1946年　民国三十五年　丙戌狗年　　太岁向般　九星九紫

月份	正月大 庚寅 五黄 巽卦 心宿					二月小 辛卯 四绿 坎卦 尾宿					三月小 壬辰 三碧 艮卦 箕宿					四月大 癸巳 二黑 坤卦 斗宿				
节气	立春 2月4日 初三己酉 酉时 18时03分		雨水 2月19日 十八甲子 未时 14时08分			惊蛰 3月6日 初三己卯 午时 12时24分		春分 3月21日 十八甲午 未时 13时32分			清明 4月5日 初四己酉 酉时 17时38分		谷雨 4月21日 二十乙丑 丑时 1时02分			立夏 5月6日 初六庚辰 午时 11时21分		小满 5月22日 廿二丙申 早子时 0时33分		
农历	公历	干支	九星	日建	星宿	公历	干支	九星	日建	星宿	公历	干支	九星	日建	星宿	公历	干支	九星	日建	星宿
初一	2	丁未	八白	破	女	4	丁丑	二黑	闭	危	2	丙午	四绿	平	室	5月	乙亥	六白	危	壁
初二	3	戊申	九紫	危	虚	5	戊寅	三碧	建	室	3	丁未	五黄	定	壁	2	丙子	七赤	成	奎
初三	4	己酉	一白	危	危	6	己卯	四绿	建	壁	4	戊申	六白	执	奎	3	丁丑	八白	收	娄
初四	5	庚戌	二黑	成	室	7	庚辰	五黄	除	奎	5	己酉	七赤	执	娄	4	戊寅	九紫	开	胃
初五	6	辛亥	三碧	收	壁	8	辛巳	六白	满	娄	6	庚戌	八白	破	胃	5	己卯	一白	闭	昴
初六	7	壬子	四绿	开	奎	9	壬午	七赤	平	胃	7	辛亥	九紫	危	昴	6	庚辰	二黑	建	毕
初七	8	癸丑	五黄	闭	娄	10	癸未	八白	定	昴	8	壬子	一白	成	毕	7	辛巳	三碧	建	觜
初八	9	甲寅	六白	建	胃	11	甲申	九紫	执	毕	9	癸丑	二黑	收	觜	8	壬午	四绿	除	参
初九	10	乙卯	七赤	除	昴	12	乙酉	一白	破	觜	10	甲寅	三碧	开	参	9	癸未	五黄	满	井
初十	11	丙辰	八白	满	毕	13	丙戌	二黑	危	参	11	乙卯	四绿	闭	井	10	甲申	六白	平	鬼
十一	12	丁巳	九紫	平	觜	14	丁亥	三碧	成	井	12	丙辰	五黄	建	鬼	11	乙酉	七赤	定	柳
十二	13	戊午	一白	定	参	15	戊子	四绿	收	鬼	13	丁巳	六白	除	柳	12	丙戌	八白	执	星
十三	14	己未	二黑	执	井	16	己丑	五黄	开	柳	14	戊午	七赤	满	星	13	丁亥	九紫	破	张
十四	15	庚申	三碧	破	鬼	17	庚寅	六白	闭	星	15	己未	八白	平	张	14	戊子	一白	危	翼
十五	16	辛酉	四绿	危	柳	18	辛卯	七赤	建	张	16	庚申	九紫	定	翼	15	己丑	二黑	成	轸
十六	17	壬戌	五黄	成	星	19	壬辰	八白	除	翼	17	辛酉	一白	执	轸	16	庚寅	三碧	收	角
十七	18	癸亥	六白	收	张	20	癸巳	九紫	满	轸	18	壬戌	二黑	破	角	17	辛卯	四绿	开	亢
十八	19	甲子	七赤	开	翼	21	甲午	一白	平	角	19	癸亥	三碧	危	亢	18	壬辰	五黄	闭	氐
十九	20	乙丑	八白	闭	轸	22	乙未	二黑	定	亢	20	甲子	七赤	成	氐	19	癸巳	六白	建	房
二十	21	丙寅	九紫	建	角	23	丙申	三碧	执	氐	21	乙丑	五黄	收	房	20	甲午	七赤	除	心
廿一	22	丁卯	一白	除	亢	24	丁酉	四绿	破	房	22	丙寅	六白	开	心	21	乙未	八白	满	尾
廿二	23	戊辰	二黑	满	氐	25	戊戌	五黄	危	心	23	丁卯	七赤	闭	尾	22	丙申	九紫	平	箕
廿三	24	己巳	三碧	平	房	26	己亥	六白	成	尾	24	戊辰	八白	建	箕	23	丁酉	一白	定	斗
廿四	25	庚午	四绿	定	心	27	庚子	七赤	收	箕	25	己巳	九紫	除	斗	24	戊戌	二黑	执	牛
廿五	26	辛未	五黄	执	尾	28	辛丑	八白	开	斗	26	庚午	一白	满	牛	25	己亥	三碧	破	女
廿六	27	壬申	六白	破	箕	29	壬寅	九紫	闭	牛	27	辛未	二黑	平	女	26	庚子	四绿	危	虚
廿七	28	癸酉	七赤	危	斗	30	癸卯	一白	建	女	28	壬申	三碧	定	虚	27	辛丑	五黄	成	危
廿八	3月	甲戌	八白	成	牛	31	甲辰	二黑	除	虚	29	癸酉	四绿	执	危	28	壬寅	六白	收	室
廿九	2	乙亥	九紫	收	女	4月	乙巳	三碧	满	危	30	甲戌	五黄	破	室	29	癸卯	七赤	开	壁
三十	3	丙子	一白	开	虚											30	甲辰	八白	闭	奎

公元1946年　民国三十五年　丙戌狗年　　太岁向殿 九星九紫

月份	五月小 甲午 一白 乾卦 牛宿					六月小 乙未 九紫 兑卦 女宿					七月大 丙申 八白 离卦 虚宿					八月小 丁酉 七赤 震卦 危宿				
节气	芒种 6月6日 初七辛亥 申时 15时48分		夏至 6月22日 廿三丁卯 辰时 8时44分			小暑 7月8日 初十癸未 丑时 2时10分		大暑 7月23日 廿五戊戌 戌时 19时37分			立秋 8月8日 十二甲寅 午时 11时51分		处暑 8月24日 廿八庚午 丑时 2时26分			白露 9月8日 十三乙酉 未时 14时27分		秋分 9月23日 廿八庚子 夜子时 23时40分		
农历	公历	干支	九星	日建	星宿	公历	干支	九星	日建	星宿	公历	干支	九星	日建	星宿	公历	干支	九星	日建	星宿
初一	31	乙巳	九紫	建	娄	29	甲戌	八白	定	胃	28	癸卯	六白	成	昴	27	癸酉	三碧	除	觜
初二	6月	丙午	一白	除	胃	30	乙亥	七赤	执	昴	29	甲辰	五黄	收	毕	28	甲戌	二黑	满	参
初三	2	丁未	二黑	满	昴	7月	丙子	六白	破	毕	30	乙巳	四绿	开	觜	29	乙亥	一白	平	井
初四	3	戊申	三碧	平	毕	2	丁丑	五黄	危	觜	31	丙午	三碧	闭	参	30	丙子	九紫	定	鬼
初五	4	己酉	四绿	定	觜	3	戊寅	四绿	成	参	8月	丁未	二黑	建	井	31	丁丑	八白	执	柳
初六	5	庚戌	五黄	执	参	4	己卯	三碧	收	井	2	戊申	一白	除	鬼	9月	戊寅	七赤	破	星
初七	6	辛亥	六白	执	井	5	庚辰	二黑	开	鬼	3	己酉	九紫	满	柳	2	己卯	六白	危	张
初八	7	壬子	七赤	破	鬼	6	辛巳	一白	闭	柳	4	庚戌	八白	平	星	3	庚辰	五黄	成	翼
初九	8	癸丑	八白	危	柳	7	壬午	九紫	建	星	5	辛亥	七赤	定	张	4	辛巳	四绿	收	轸
初十	9	甲寅	九紫	成	星	8	癸未	八白	建	张	6	壬子	六白	执	翼	5	壬午	三碧	开	角
十一	10	乙卯	一白	收	张	9	甲申	七赤	除	翼	7	癸丑	五黄	破	轸	6	癸未	二黑	闭	亢
十二	11	丙辰	二黑	开	翼	10	乙酉	六白	满	轸	8	甲寅	四绿	破	角	7	甲申	一白	建	氐
十三	12	丁巳	三碧	闭	轸	11	丙戌	五黄	平	角	9	乙卯	三碧	危	亢	8	乙酉	九紫	建	房
十四	13	戊午	四绿	建	角	12	丁亥	四绿	定	亢	10	丙辰	二黑	成	氐	9	丙戌	八白	除	心
十五	14	己未	五黄	除	亢	13	戊子	三碧	执	氐	11	丁巳	一白	收	房	10	丁亥	七赤	满	尾
十六	15	庚申	六白	满	氐	14	己丑	二黑	破	房	12	戊午	九紫	开	心	11	戊子	六白	平	箕
十七	16	辛酉	七赤	平	房	15	庚寅	一白	危	心	13	己未	八白	闭	尾	12	己丑	五黄	定	斗
十八	17	壬戌	八白	定	心	16	辛卯	九紫	成	尾	14	庚申	七赤	建	箕	13	庚寅	四绿	执	牛
十九	18	癸亥	九紫	执	尾	17	壬辰	八白	收	箕	15	辛酉	六白	除	斗	14	辛卯	三碧	破	女
二十	19	甲子	四绿	破	箕	18	癸巳	七赤	开	斗	16	壬戌	五黄	满	牛	15	壬辰	二黑	危	虚
廿一	20	乙丑	五黄	危	斗	19	甲午	六白	闭	牛	17	癸亥	四绿	平	女	16	癸巳	一白	成	危
廿二	21	丙寅	六白	成	牛	20	乙未	五黄	建	女	18	甲子	九紫	定	虚	17	甲午	九紫	收	室
廿三	22	丁卯	六白	收	女	21	丙申	四绿	除	虚	19	乙丑	八白	执	危	18	乙未	八白	开	壁
廿四	23	戊辰	五黄	开	虚	22	丁酉	三碧	满	危	20	丙寅	七赤	破	室	19	丙申	七赤	闭	奎
廿五	24	己巳	四绿	闭	危	23	戊戌	二黑	平	室	21	丁卯	六白	危	壁	20	丁酉	六白	建	娄
廿六	25	庚午	三碧	建	室	24	己亥	一白	定	壁	22	戊辰	五黄	成	奎	21	戊戌	五黄	除	胃
廿七	26	辛未	二黑	除	壁	25	庚子	九紫	执	奎	23	己巳	四绿	收	娄	22	己亥	四绿	满	昴
廿八	27	壬申	一白	满	奎	26	辛丑	八白	破	娄	24	庚午	六白	开	胃	23	庚子	三碧	平	毕
廿九	28	癸酉	九紫	平	娄	27	壬寅	七赤	危	胃	25	辛未	五黄	闭	昴	24	辛丑	二黑	定	觜
三十											26	壬申	四绿	建	毕					

公元1946年　民国三十五年　丙戌狗年　太岁向般　九星九紫

月份	九月大 戊戌 六白 巽卦 室宿					十月大 己亥 五黄 坎卦 壁宿					十一月小 庚子 四绿 艮卦 奎宿					十二月大 辛丑 三碧 坤卦 娄宿				
节气	寒露 10月9日 十五丙辰 卯时 5时40分		霜降 10月24日 三十辛未 辰时 8时34分			立冬 11月8日 十五丙戌 辰时 8时27分		小雪 11月23日 三十辛丑 卯时 5时46分			大雪 12月8日 十五丙辰 丑时 1时00分		冬至 12月22日 廿九庚午 酉时 18时53分			小寒 1月6日 十五乙酉 午时 12时06分		大寒 1月21日 三十庚子 卯时 5时31分		
农历	公历	干支	九星	日建	星宿	公历	干支	九星	日建	星宿	公历	干支	九星	日建	星宿	公历	干支	九星	日建	星宿
初一	25	壬寅	一白	执	参	25	壬申	七赤	开	鬼	24	壬寅	四绿	平	星	23	辛未	八白	危	张
初二	26	癸卯	九紫	破	井	26	癸酉	六白	闭	柳	25	癸卯	三碧	定	张	24	壬申	九紫	成	翼
初三	27	甲辰	八白	危	鬼	27	甲戌	五黄	建	星	26	甲辰	二黑	执	翼	25	癸酉	一白	收	轸
初四	28	乙巳	七赤	成	柳	28	乙亥	四绿	除	张	27	乙巳	一白	破	轸	26	甲戌	二黑	开	角
初五	29	丙午	六白	收	星	29	丙子	三碧	满	翼	28	丙午	九紫	危	角	27	乙亥	三碧	闭	亢
初六	30	丁未	五黄	开	张	30	丁丑	二黑	平	轸	29	丁未	八白	成	亢	28	丙子	四绿	建	氐
初七	10月	戊申	四绿	闭	翼	31	戊寅	一白	定	角	30	戊申	七赤	收	氐	29	丁丑	五黄	除	房
初八	2	己酉	三碧	建	轸	11月	己卯	九紫	执	亢	12月	己酉	六白	开	房	30	戊寅	六白	满	心
初九	3	庚戌	二黑	除	角	2	庚辰	八白	破	氐	2	庚戌	五黄	闭	心	31	己卯	七赤	平	尾
初十	4	辛亥	一白	满	亢	3	辛巳	七赤	危	房	3	辛亥	四绿	建	尾	1月	庚辰	八白	定	箕
十一	5	壬子	九紫	平	氐	4	壬午	六白	成	心	4	壬子	三碧	除	箕	2	辛巳	九紫	执	斗
十二	6	癸丑	八白	定	房	5	癸未	五黄	收	尾	5	癸丑	二黑	满	斗	3	壬午	一白	破	牛
十三	7	甲寅	七赤	执	心	6	甲申	四绿	开	箕	6	甲寅	一白	平	牛	4	癸未	二黑	危	女
十四	8	乙卯	六白	破	尾	7	乙酉	三碧	闭	斗	7	乙卯	九紫	定	女	5	甲申	三碧	成	虚
十五	9	丙辰	五黄	破	箕	8	丙戌	二黑	闭	牛	8	丙辰	八白	定	虚	6	乙酉	四绿	成	危
十六	10	丁巳	四绿	危	斗	9	丁亥	一白	建	女	9	丁巳	七赤	执	危	7	丙戌	五黄	收	室
十七	11	戊午	三碧	成	牛	10	戊子	九紫	除	虚	10	戊午	六白	破	室	8	丁亥	六白	开	壁
十八	12	己未	二黑	收	女	11	己丑	八白	满	危	11	己未	五黄	危	壁	9	戊子	七赤	闭	奎
十九	13	庚申	一白	开	虚	12	庚寅	七赤	平	室	12	庚申	四绿	成	奎	10	己丑	八白	建	娄
二十	14	辛酉	九紫	闭	危	13	辛卯	六白	定	壁	13	辛酉	三碧	收	娄	11	庚寅	九紫	除	胃
廿一	15	壬戌	八白	建	室	14	壬辰	五黄	执	奎	14	壬戌	二黑	开	胃	12	辛卯	一白	满	昴
廿二	16	癸亥	七赤	除	壁	15	癸巳	四绿	破	娄	15	癸亥	一白	闭	昴	13	壬辰	二黑	平	毕
廿三	17	甲子	三碧	满	奎	16	甲午	三碧	危	胃	16	甲子	六白	建	毕	14	癸巳	三碧	定	觜
廿四	18	乙丑	二黑	平	娄	17	乙未	二黑	成	昴	17	乙丑	五黄	除	觜	15	甲午	四绿	执	参
廿五	19	丙寅	一白	定	胃	18	丙申	一白	收	毕	18	丙寅	四绿	满	参	16	乙未	五黄	破	井
廿六	20	丁卯	九紫	执	昴	19	丁酉	九紫	开	觜	19	丁卯	三碧	平	井	17	丙申	六白	危	鬼
廿七	21	戊辰	八白	破	毕	20	戊戌	八白	闭	参	20	戊辰	二黑	定	鬼	18	丁酉	七赤	成	柳
廿八	22	己巳	七赤	危	觜	21	己亥	七赤	建	井	21	己巳	一白	执	柳	19	戊戌	八白	收	星
廿九	23	庚午	六白	成	参	22	庚子	六白	除	鬼	22	庚午	七赤	破	星	20	己亥	九紫	开	张
三十	24	辛未	八白	收	井	23	辛丑	五黄	满	柳						21	庚子	一白	闭	翼

国学经典文库

中华历书大全

·1900—2100年万年历法表·

图文珍藏版

公元1947年 民国三十六年 丁亥猪年（闰二月）　太岁封齐 九星八白

月份	正月大 壬寅 二黑 坎卦 胃宿					二月大 癸卯 一白 艮卦 昴宿					闰二月小					三月小 甲辰 九紫 坤卦 毕宿				
节气	立春 2月4日 十四甲寅 夜子时 23时50分			雨水 2月19日 廿九己巳 戌时 19时51分		惊蛰 3月6日 十四甲申 酉时 18时07分			春分 3月21日 廿九己亥 戌时 19时12分		清明 4月5日 十四甲寅 夜子时 23时20分					谷雨 4月21日 初一庚午 卯时 6时39分			立夏 5月6日 十六乙酉 酉时 17时02分	
农历	公历	干支	九星	日建	星宿	公历	干支	九星	日建	星宿	公历	干支	九星	日建	星宿	公历	干支	九星	日建	星宿
初一	22	辛丑	二黑	建	轸	21	辛未	五黄	执	亢	23	辛丑	八白	开	房	21	庚午	一白	满	心
初二	23	壬寅	三碧	除	角	22	壬申	六白	破	氐	24	壬寅	九紫	闭	心	22	辛未	二黑	平	尾
初三	24	癸卯	四绿	满	亢	23	癸酉	七赤	危	房	25	癸卯	一白	建	尾	23	壬申	三碧	定	箕
初四	25	甲辰	五黄	平	氐	24	甲戌	八白	成	心	26	甲辰	二黑	除	箕	24	癸酉	四绿	执	斗
初五	26	乙巳	六白	定	房	25	乙亥	九紫	收	尾	27	乙巳	三碧	满	斗	25	甲戌	五黄	破	牛
初六	27	丙午	七赤	执	心	26	丙子	一白	开	箕	28	丙午	四绿	平	牛	26	乙亥	六白	危	女
初七	28	丁未	八白	破	尾	27	丁丑	二黑	闭	斗	29	丁未	五黄	定	女	27	丙子	七赤	成	虚
初八	29	戊申	九紫	危	箕	28	戊寅	三碧	建	牛	30	戊申	六白	执	虚	28	丁丑	八白	收	危
初九	30	己酉	一白	成	斗	3月	己卯	四绿	除	女	31	己酉	七赤	破	危	29	戊寅	九紫	开	室
初十	31	庚戌	二黑	收	牛	2	庚辰	五黄	满	虚	4月	庚戌	八白	危	室	30	己卯	一白	闭	壁
十一	2月	辛亥	三碧	开	女	3	辛巳	六白	平	危	2	辛亥	九紫	成	壁	5月	庚辰	二黑	建	奎
十二	2	壬子	四绿	闭	虚	4	壬午	七赤	定	室	3	壬子	一白	收	奎	2	辛巳	三碧	除	娄
十三	3	癸丑	五黄	建	危	5	癸未	八白	执	壁	4	癸丑	二黑	开	娄	3	壬午	四绿	满	胃
十四	4	甲寅	六白	建	室	6	甲申	九紫	执	奎	5	甲寅	三碧	开	胃	4	癸未	五黄	平	昴
十五	5	乙卯	七赤	除	壁	7	乙酉	一白	破	娄	6	乙卯	四绿	闭	昴	5	甲申	六白	定	毕
十六	6	丙辰	八白	满	奎	8	丙戌	二黑	危	胃	7	丙辰	五黄	建	毕	6	乙酉	七赤	定	觜
十七	7	丁巳	九紫	平	娄	9	丁亥	三碧	成	昴	8	丁巳	六白	除	觜	7	丙戌	八白	执	参
十八	8	戊午	一白	定	胃	10	戊子	四绿	收	毕	9	戊午	七赤	满	参	8	丁亥	九紫	破	井
十九	9	己未	二黑	执	昴	11	己丑	五黄	开	觜	10	己未	八白	平	井	9	戊子	一白	危	鬼
二十	10	庚申	三碧	破	毕	12	庚寅	六白	闭	参	11	庚申	九紫	定	鬼	10	己丑	二黑	成	柳
廿一	11	辛酉	四绿	危	觜	13	辛卯	七赤	建	井	12	辛酉	一白	执	柳	11	庚寅	三碧	收	星
廿二	12	壬戌	五黄	成	参	14	壬辰	八白	除	鬼	13	壬戌	二黑	破	星	12	辛卯	四绿	开	张
廿三	13	癸亥	六白	收	井	15	癸巳	九紫	满	柳	14	癸亥	三碧	危	张	13	壬辰	五黄	闭	翼
廿四	14	甲子	一白	开	鬼	16	甲午	一白	平	星	15	甲子	七赤	成	翼	14	癸巳	六白	建	轸
廿五	15	乙丑	二黑	闭	柳	17	乙未	二黑	定	张	16	乙丑	八白	收	轸	15	甲午	七赤	除	角
廿六	16	丙寅	三碧	建	星	18	丙申	三碧	执	翼	17	丙寅	九紫	开	角	16	乙未	八白	满	亢
廿七	17	丁卯	四绿	除	张	19	丁酉	四绿	破	轸	18	丁卯	一白	闭	亢	17	丙申	九紫	平	氐
廿八	18	戊辰	五黄	满	翼	20	戊戌	五黄	危	角	19	戊辰	二黑	建	氐	18	丁酉	一白	定	房
廿九	19	己巳	三碧	平	轸	21	己亥	六白	成	亢	20	己巳	三碧	除	房	19	戊戌	二黑	执	心
三十	20	庚午	四绿	定	角	22	庚子	七赤	收	氐										

公元1947年 民国三十六年 丁亥猪年（闰二月） 太岁封齐 九星八白

月份	四月大			乙巳 八白乾卦 觜宿		五月小			丙午 七赤兑卦 参宿		六月小			丁未 六白离卦 井宿
节气	小满 5月22日 初三辛丑 卯时 6时09分			芒种 6月6日 十八丙辰 亥时 21时31分		夏至 6月22日 初四壬申 未时 14时18分			小暑 7月8日 二十戊子 辰时 7时55分		大暑 7月24日 初七甲辰 丑时 1时14分			立秋 8月8日 廿二己未 酉时 17时40分
农历	公历	干支	九星	日建	星宿	公历	干支	九星	日建	星宿	公历	干支	九星	日建	星宿
初一	20	己亥	三碧	破	尾	19	己巳	九紫	闭	斗	18	戊戌	二黑	平	牛
初二	21	庚子	四绿	危	箕	20	庚午	一白	建	牛	19	己亥	一白	定	女
初三	22	辛丑	五黄	成	斗	21	辛未	二黑	除	女	20	庚子	九紫	执	虚
初四	23	壬寅	六白	收	牛	22	壬申	一白	满	虚	21	辛丑	八白	破	危
初五	24	癸卯	七赤	开	女	23	癸酉	九紫	平	危	22	壬寅	七赤	危	室
初六	25	甲辰	八白	闭	虚	24	甲戌	八白	定	室	23	癸卯	六白	成	壁
初七	26	乙巳	九紫	建	危	25	乙亥	七赤	执	壁	24	甲辰	五黄	收	奎
初八	27	丙午	一白	除	室	26	丙子	六白	破	奎	25	乙巳	四绿	开	娄
初九	28	丁未	二黑	满	壁	27	丁丑	五黄	危	娄	26	丙午	三碧	闭	胃
初十	29	戊申	三碧	平	奎	28	戊寅	四绿	成	胃	27	丁未	二黑	建	昴
十一	30	己酉	四绿	定	娄	29	己卯	三碧	收	昴	28	戊申	一白	除	毕
十二	31	庚戌	五黄	执	胃	30	庚辰	二黑	开	毕	29	己酉	九紫	满	觜
十三	6月 辛亥		六白	破	昴	7月 辛巳		一白	闭	觜	30	庚戌	八白	平	参
十四	2	壬子	七赤	危	毕	2	壬午	九紫	建	参	31	辛亥	七赤	定	井
十五	3	癸丑	八白	成	觜	3	癸未	八白	除	井	8月 壬子		六白	执	鬼
十六	4	甲寅	九紫	收	参	4	甲申	七赤	满	鬼	2	癸丑	五黄	破	柳
十七	5	乙卯	一白	开	井	5	乙酉	六白	平	柳	3	甲寅	四绿	危	星
十八	6	丙辰	二黑	开	鬼	6	丙戌	五黄	定	星	4	乙卯	三碧	成	张
十九	7	丁巳	三碧	闭	柳	7	丁亥	四绿	执	张	5	丙辰	二黑	收	翼
二十	8	戊午	四绿	建	星	8	戊子	三碧	执	翼	6	丁巳	一白	开	轸
廿一	9	己未	五黄	除	张	9	己丑	二黑	破	轸	7	戊午	九紫	闭	角
廿二	10	庚申	六白	满	翼	10	庚寅	一白	危	角	8	己未	八白	闭	亢
廿三	11	辛酉	七赤	平	轸	11	辛卯	九紫	成	亢	9	庚申	七赤	建	氐
廿四	12	壬戌	八白	定	角	12	壬辰	八白	收	氐	10	辛酉	六白	除	房
廿五	13	癸亥	九紫	执	亢	13	癸巳	七赤	开	房	11	壬戌	五黄	满	心
廿六	14	甲子	四绿	破	氐	14	甲午	六白	闭	心	12	癸亥	四绿	平	尾
廿七	15	乙丑	五黄	危	房	15	乙未	五黄	建	尾	13	甲子	九紫	定	箕
廿八	16	丙寅	六白	成	心	16	丙申	四绿	除	箕	14	乙丑	八白	执	斗
廿九	17	丁卯	七赤	收	尾	17	丁酉	三碧	满	斗	15	丙寅	七赤	破	牛
三十	18	戊辰	八白	开	箕										

月份	七月大 戊申 五黄 震卦 鬼宿					八月小 己酉 四绿 巽卦 柳宿					九月大 庚戌 三碧 坎卦 星宿				
节气	处暑 8月24日 初九乙亥 辰时 8时08分		白露 9月8日 廿四庚寅 戌时 20时21分			秋分 9月24日 初十丙午 卯时 5时28分		寒露 10月9日 廿五辛酉 午时 11时37分			霜降 10月24日 十一丙子 未时 14时25分		立冬 11月8日 廿六辛卯 未时 14时24分		
农历	公历	干支	九星	日建	星宿	公历	干支	九星	日建	星宿	公历	干支	九星	日建	星宿
初一	16	丁卯	六白	危	女	15	丁酉	六白	建	危	14	丙寅	一白	定	室
初二	17	戊辰	五黄	成	虚	16	戊戌	五黄	除	室	15	丁卯	九紫	执	壁
初三	18	己巳	四绿	收	危	17	己亥	四绿	满	壁	16	戊辰	八白	破	奎
初四	19	庚午	三碧	开	室	18	庚子	三碧	平	奎	17	己巳	七赤	危	娄
初五	20	辛未	二黑	闭	壁	19	辛丑	二黑	定	娄	18	庚午	六白	成	胃
初六	21	壬申	一白	建	奎	20	壬寅	一白	执	胃	19	辛未	五黄	收	昴
初七	22	癸酉	九紫	除	娄	21	癸卯	九紫	破	昴	20	壬申	四绿	开	毕
初八	23	甲戌	八白	满	胃	22	甲辰	八白	危	毕	21	癸酉	三碧	闭	觜
初九	24	乙亥	一白	平	昴	23	乙巳	七赤	成	觜	22	甲戌	二黑	建	参
初十	25	丙子	九紫	定	毕	24	丙午	六白	收	参	23	乙亥	一白	除	井
十一	26	丁丑	八白	执	觜	25	丁未	五黄	开	井	24	丙子	三碧	满	鬼
十二	27	戊寅	七赤	破	参	26	戊申	四绿	闭	鬼	25	丁丑	二黑	平	柳
十三	28	己卯	六白	危	井	27	己酉	三碧	建	柳	26	戊寅	一白	定	星
十四	29	庚辰	五黄	成	鬼	28	庚戌	二黑	除	星	27	己卯	九紫	执	张
十五	30	辛巳	四绿	收	柳	29	辛亥	一白	满	张	28	庚辰	八白	破	翼
十六	31	壬午	三碧	开	星	30	壬子	九紫	平	翼	29	辛巳	七赤	危	轸
十七	9月	癸未	二黑	闭	张	10月	癸丑	八白	定	轸	30	壬午	六白	成	角
十八	2	甲申	一白	建	翼	2	甲寅	七赤	执	角	31	癸未	五黄	收	亢
十九	3	乙酉	九紫	除	轸	3	乙卯	六白	破	亢	11月	甲申	四绿	开	氐
二十	4	丙戌	八白	满	角	4	丙辰	五黄	危	氐	2	乙酉	三碧	闭	房
廿一	5	丁亥	七赤	平	亢	5	丁巳	四绿	成	房	3	丙戌	二黑	建	心
廿二	6	戊子	六白	定	氐	6	戊午	三碧	收	心	4	丁亥	一白	除	尾
廿三	7	己丑	五黄	执	房	7	己未	二黑	开	尾	5	戊子	九紫	满	箕
廿四	8	庚寅	四绿	执	心	8	庚申	一白	闭	箕	6	己丑	八白	平	斗
廿五	9	辛卯	三碧	破	尾	9	辛酉	九紫	闭	斗	7	庚寅	七赤	定	牛
廿六	10	壬辰	二黑	危	箕	10	壬戌	八白	建	牛	8	辛卯	六白	定	女
廿七	11	癸巳	一白	成	斗	11	癸亥	七赤	除	女	9	壬辰	五黄	执	虚
廿八	12	甲午	九紫	收	牛	12	甲子	三碧	满	虚	10	癸巳	四绿	破	危
廿九	13	乙未	八白	开	女	13	乙丑	二黑	平	危	11	甲午	三碧	危	室
三十	14	丙申	七赤	闭	虚						12	乙未	二黑	成	壁

公元1947年 民国三十六年 丁亥猪年（闰二月）　太岁封齐 九星八白

月份	十月小　辛亥 二黑　艮卦 张宿	十一月大　壬子 一白　坤卦 翼宿	十二月大　癸丑 九紫　乾卦 轸宿
节气	小雪 11月23日 十一丙午 午时 11时37分　大雪 12月8日 廿六辛酉 卯时 6时56分	冬至 12月23日 十二丙子 早子时 0时42分　小寒 1月6日 廿六庚寅 酉时 18时00分	大寒 1月21日 十一乙巳 午时 11时18分　立春 2月5日 廿六庚申 卯时 5时42分

农历	公历	干支	九星	日建	星宿	公历	干支	九星	日建	星宿	公历	干支	九星	日建	星宿
初一	13	丙申	一白	收	奎娄	12	乙丑	五黄	除	娄胃	11	乙未	五黄	破	昴毕
初二	14	丁酉	九紫	开	娄	13	丙寅	四绿	满	胃昴	12	丙申	六白	危	觜参
初三	15	戊戌	八白	闭	胃	14	丁卯	三碧	平	昴毕觜	13	丁酉	七赤	成	井
初四	16	己亥	七赤	建	昴	15	戊辰	二黑	定	毕觜	14	戊戌	八白	收	鬼
初五	17	庚子	六白	除	毕觜	16	己巳	一白	执	参	15	己亥	九紫	开	柳星
初六	18	辛丑	五黄	满	参	17	庚午	九紫	破	井鬼	16	庚子	一白	闭	张
初七	19	壬寅	四绿	平	井	18	辛未	八白	危	井鬼	17	辛丑	二黑	建	翼
初八	20	癸卯	三碧	定	井鬼	19	壬申	七赤	成	柳	18	壬寅	三碧	除	张翼
初九	21	甲辰	二黑	执	鬼柳	20	癸酉	六白	收	星	19	癸卯	四绿	满	角亢
初十	22	乙巳	一白	破	星	21	甲戌	五黄	开		20	甲辰	五黄	平	
十一	23	丙午	九紫	危	张	22	乙亥	四绿	闭	张翼	21	乙巳	六白	定	氐房
十二	24	丁未	八白	成	翼	23	丙子	四绿	建	翼轸角	22	丙午	七赤	执	心
十三	25	戊申	七赤	收	翼轸	24	丁丑	五黄	除	轸角	23	丁未	八白	破	尾
十四	26	己酉	六白	开	轸角	25	戊寅	六白	满	亢	24	戊申	九紫	危	氐房
十五	27	庚戌	五黄	闭		26	己卯	七赤	平	氐	25	己酉	一白	成	心尾
十六	28	辛亥	四绿	建	亢氐	27	庚辰	八白	定	房心尾	26	庚戌	二黑	收	箕
十七	29	壬子	三碧	除	氐房	28	辛巳	九紫	执		27	辛亥	三碧	开	斗牛
十八	30	癸丑	二黑	满	房心尾	29	壬午	一白	破	箕	28	壬子	四绿	闭	女
十九	12月	甲寅	一白	平		30	癸未	二黑	危	斗牛	29	癸丑	五黄	建	虚危
二十	2	乙卯	九紫	定	箕	31	甲申	三碧	成		30	甲寅	六白	除	室
廿一	3	丙辰	八白	执	斗	1月	乙酉	四绿	收	女虚	31	乙卯	七赤	满	壁
廿二	4	丁巳	七赤	破	斗牛	2	丙戌	五黄	开	危	2月	丙辰	八白	平	奎娄
廿三	5	戊午	六白	危	女	3	丁亥	六白	闭	室壁	2	丁巳	九紫	定	胃
廿四	6	己未	五黄	成	虚	4	戊子	七赤	建	奎	3	戊午	一白	执	昴毕
廿五	7	庚申	四绿	收	危	5	己丑	八白	除	娄胃	4	己未	二黑	破	
廿六	8	辛酉	三碧	收	室	6	庚寅	九紫	满	昴	5	庚申	三碧	危	觜参
廿七	9	壬戌	二黑	开	壁	7	辛卯	一白	平	毕	6	辛酉	四绿	成	井
廿八	10	癸亥	一白	闭	奎	8	壬辰	二黑	定	觜参	7	壬戌	五黄	收	
廿九	11	甲子	六白	建		9	癸巳	三碧	执		8	癸亥	六白	开	
三十						10	甲午	四绿			9	甲子	一白		

公元1948年 民国三十七年 戊子鼠年　太岁郢班 九星七赤

月份	正月大 甲寅 八白 离卦 角宿				二月小 乙卯 七赤 震卦 亢宿				三月大 丙辰 六白 巽卦 氐宿				四月小 丁巳 五黄 坎卦 房宿			
节气	雨水 2月20日 十一乙亥 丑时 1时36分		惊蛰 3月5日 廿五己丑 夜子时 23时57分		春分 3月21日 十一乙巳 早子时 0时56分		清明 4月5日 廿六庚申 卯时 5时09分		谷雨 4月20日 十二乙亥 午时 12时24分		立夏 5月5日 廿七庚寅 亥时 22时52分		小满 5月21日 十三丙午 午时 11时57分		芒种 6月6日 廿九壬戌 寅时 3时20分	
农历	公历	干支	九星	日建 星宿	公历	干支	九星	日建 星宿	公历	干支	九星	日建 星宿	公历	干支	九星	日建 星宿
初一	10	乙丑	二黑	闭 觜	11	乙未	二黑	定 井	9	甲子	七赤	成 鬼	9	甲午	七赤	除 星
初二	11	丙寅	三碧	建 参	12	丙申	三碧	执 鬼	10	乙丑	八白	收 柳	10	乙未	八白	满 张
初三	12	丁卯	四绿	除 井	13	丁酉	四绿	破 柳	11	丙寅	九紫	开 星	11	丙申	九紫	平 翼
初四	13	戊辰	五黄	满 鬼	14	戊戌	五黄	危 星	12	丁卯	一白	闭 张	12	丁酉	一白	定 轸
初五	14	己巳	六白	平 柳	15	己亥	六白	成 张	13	戊辰	二黑	建 翼	13	戊戌	二黑	执 角
初六	15	庚午	七赤	定 星	16	庚子	七赤	收 翼	14	己巳	三碧	除 轸	14	己亥	三碧	破 亢
初七	16	辛未	八白	执 张	17	辛丑	八白	开 轸	15	庚午	四绿	满 角	15	庚子	四绿	危 氐
初八	17	壬申	九紫	破 翼	18	壬寅	九紫	闭 角	16	辛未	五黄	平 亢	16	辛丑	五黄	成 房
初九	18	癸酉	一白	危 轸	19	癸卯	一白	建 亢	17	壬申	六白	定 氐	17	壬寅	六白	收 心
初十	19	甲戌	二黑	成 角	20	甲辰	二黑	除 氐	18	癸酉	七赤	执 房	18	癸卯	七赤	开 尾
十一	20	乙亥	九紫	收 亢	21	乙巳	三碧	满 房	19	甲戌	八白	破 心	19	甲辰	八白	闭 箕
十二	21	丙子	一白	开 氐	22	丙午	四绿	平 心	20	乙亥	六白	危 尾	20	乙巳	九紫	建 斗
十三	22	丁丑	二黑	闭 房	23	丁未	五黄	定 尾	21	丙子	七赤	成 箕	21	丙午	一白	除 牛
十四	23	戊寅	三碧	建 心	24	戊申	六白	执 箕	22	丁丑	八白	收 斗	22	丁未	二黑	满 女
十五	24	己卯	四绿	除 尾	25	己酉	七赤	破 斗	23	戊寅	九紫	开 牛	23	戊申	三碧	平 虚
十六	25	庚辰	五黄	满 箕	26	庚戌	八白	危 牛	24	己卯	一白	闭 女	24	己酉	四绿	定 危
十七	26	辛巳	六白	平 斗	27	辛亥	九紫	成 女	25	庚辰	二黑	建 虚	25	庚戌	五黄	执 室
十八	27	壬午	七赤	定 牛	28	壬子	一白	收 虚	26	辛巳	三碧	除 危	26	辛亥	六白	破 壁
十九	28	癸未	八白	执 女	29	癸丑	二黑	开 危	27	壬午	四绿	满 室	27	壬子	七赤	危 奎
二十	29	甲申	九紫	破 虚	30	甲寅	三碧	闭 室	28	癸未	五黄	平 壁	28	癸丑	八白	成 娄
廿一	3月	乙酉	一白	危 危	31	乙卯	四绿	建 壁	29	甲申	六白	定 奎	29	甲寅	九紫	收 胃
廿二	2	丙戌	二黑	成 室	4月	丙辰	五黄	除 奎	30	乙酉	七赤	执 娄	30	乙卯	一白	开 昴
廿三	3	丁亥	三碧	收 壁	2	丁巳	六白	满 娄	5月	丙戌	八白	破 胃	31	丙辰	二黑	闭 毕
廿四	4	戊子	四绿	开 奎	3	戊午	七赤	平 胃	2	丁亥	九紫	危 昴	6月	丁巳	三碧	建 觜
廿五	5	己丑	五黄	开 娄	4	己未	八白	定 昴	3	戊子	一白	成 毕	2	戊午	四绿	除 参
廿六	6	庚寅	六白	闭 胃	5	庚申	九紫	定 毕	4	己丑	二黑	收 觜	3	己未	五黄	满 井
廿七	7	辛卯	七赤	建 昴	6	辛酉	一白	执 觜	5	庚寅	三碧	收 参	4	庚申	六白	平 鬼
廿八	8	壬辰	八白	除 毕	7	壬戌	二黑	破 参	6	辛卯	四绿	开 井	5	辛酉	七赤	定 柳
廿九	9	癸巳	九紫	满 觜	8	癸亥	三碧	危 井	7	壬辰	五黄	闭 鬼	6	壬戌	八白	定 星
三十	10	甲午	一白	平 参					8	癸巳	六白	建 柳				

313

公元1948年　民国三十七年　戊子鼠年　太岁郢班 九星七赤

月份	五月大 戊午 艮卦 四绿 心宿					六月小 己未 坤卦 三碧 尾宿					七月小 庚申 乾卦 二黑 箕宿					八月大 辛酉 兑卦 一白 斗宿				
节气	夏至 6月21日 十五丁丑 戌时 20时10分					小暑 7月7日 初一癸巳 未时 13时43分		大暑 7月23日 十七己酉 辰时 7时07分			立秋 8月7日 初三甲子 夜子时 23时26分		处暑 8月23日 十九庚辰 未时 14时02分			白露 9月8日 初六丙申 丑时 2时04分		秋分 9月23日 廿一辛亥 午时 11时21分		
农历	公历	干支	九星	日建	星宿	公历	干支	九星	日建	星宿	公历	干支	九星	日建	星宿	公历	干支	九星	日建	星宿
初一	7	癸亥	九紫	执	张	7	癸巳	七赤	开	轸	5	壬戌	五黄	平	角	3	辛卯	三碧	危	亢
初二	8	甲子	四绿	破	翼	8	甲午	六白	闭	角	6	癸亥	四绿	定	亢	4	壬辰	二黑	成	氐
初三	9	乙丑	五黄	危	轸	9	乙未	五黄	建	亢	7	甲子	九紫	定	氐	5	癸巳	一白	收	房
初四	10	丙寅	六白	成	角	10	丙申	四绿	除	氐	8	乙丑	八白	执	房	6	甲午	九紫	开	心
初五	11	丁卯	七赤	收	亢	11	丁酉	三碧	满	房	9	丙寅	七赤	破	心	7	乙未	八白	闭	尾
初六	12	戊辰	八白	开	氐	12	戊戌	二黑	平	心	10	丁卯	六白	危	尾	8	丙申	七赤	闭	箕
初七	13	己巳	九紫	闭	房	13	己亥	一白	定	尾	11	戊辰	五黄	成	箕	9	丁酉	六白	建	斗
初八	14	庚午	一白	建	心	14	庚子	九紫	执	箕	12	己巳	四绿	收	斗	10	戊戌	五黄	除	牛
初九	15	辛未	二黑	除	尾	15	辛丑	八白	破	斗	13	庚午	三碧	开	牛	11	己亥	四绿	满	女
初十	16	壬申	三碧	满	箕	16	壬寅	七赤	危	牛	14	辛未	二黑	闭	女	12	庚子	三碧	平	虚
十一	17	癸酉	四绿	平	斗	17	癸卯	六白	成	女	15	壬申	一白	建	虚	13	辛丑	二黑	定	危
十二	18	甲戌	五黄	定	牛	18	甲辰	五黄	收	虚	16	癸酉	九紫	除	危	14	壬寅	一白	执	室
十三	19	乙亥	六白	执	女	19	乙巳	四绿	开	危	17	甲戌	八白	满	室	15	癸卯	九紫	破	壁
十四	20	丙子	七赤	破	虚	20	丙午	三碧	闭	室	18	乙亥	七赤	平	壁	16	甲辰	八白	危	奎
十五	21	丁丑	五黄	危	危	21	丁未	二黑	建	壁	19	丙子	六白	定	奎	17	乙巳	七赤	成	娄
十六	22	戊寅	四绿	成	室	22	戊申	一白	除	奎	20	丁丑	五黄	执	娄	18	丙午	六白	收	胃
十七	23	己卯	三碧	收	壁	23	己酉	九紫	满	娄	21	戊寅	四绿	破	胃	19	丁未	五黄	开	昴
十八	24	庚辰	二黑	开	奎	24	庚戌	八白	平	胃	22	己卯	三碧	危	昴	20	戊申	四绿	闭	毕
十九	25	辛巳	一白	闭	娄	25	辛亥	七赤	定	昴	23	庚辰	五黄	成	毕	21	己酉	三碧	建	觜
二十	26	壬午	九紫	建	胃	26	壬子	六白	执	毕	24	辛巳	四绿	收	觜	22	庚戌	二黑	除	参
廿一	27	癸未	八白	除	昴	27	癸丑	五黄	破	觜	25	壬午	三碧	开	参	23	辛亥	一白	满	井
廿二	28	甲申	七赤	满	毕	28	甲寅	四绿	危	参	26	癸未	二黑	闭	井	24	壬子	九紫	平	鬼
廿三	29	乙酉	六白	平	觜	29	乙卯	三碧	成	井	27	甲申	一白	建	鬼	25	癸丑	八白	定	柳
廿四	30	丙戌	五黄	定	参	30	丙辰	二黑	收	鬼	28	乙酉	九紫	除	柳	26	甲寅	七赤	执	星
廿五	**7月**	丁亥	四绿	执	井	31	丁巳	一白	开	柳	29	丙戌	八白	满	星	27	乙卯	六白	破	张
廿六	2	戊子	三碧	破	鬼	**8月**	戊午	九紫	闭	星	30	丁亥	七赤	平	张	28	丙辰	五黄	危	翼
廿七	3	己丑	二黑	危	柳	2	己未	八白	建	张	31	戊子	六白	定	翼	29	丁巳	四绿	成	轸
廿八	4	庚寅	一白	成	星	3	庚申	七赤	除	翼	**9月**	己丑	五黄	执	轸	30	戊午	三碧	收	角
廿九	5	辛卯	九紫	收	张	4	辛酉	六白	满	轸	2	庚寅	四绿	破	角	**10月**	己未	二黑	开	亢
三十	6	壬辰	八白	开	翼											2	庚申	一白	闭	氐

公元1948年　民国三十七年　戊子鼠年　　太岁郢班　九星七赤

月份	九月小 壬戌 九紫 离卦 牛宿				十月大 癸亥 八白 震卦 女宿				十一月小 甲子 七赤 巽卦 虚宿				十二月大 乙丑 六白 坎卦 危宿			
节气	寒露 10月8日 初六丙寅 酉时 17时20分		霜降 10月23日 廿一辛巳 戌时 20时17分		立冬 11月7日 初七丙申 戌时 20时06分		小雪 11月22日 廿二辛亥 酉时 17时28分		大雪 12月7日 初七丙寅 午时 12时37分		冬至 12月22日 廿二辛巳 卯时 6时33分		小寒 1月5日 初七乙未 夜子时 23时41分		大寒 1月20日 廿二庚戌 酉时 17时08分	
农历	公历	干支	九星	日建 星宿	公历	干支	九星	日建 星宿	公历	干支	九星	日建 星宿	公历	干支	九星	日建 星宿
初一	3	辛酉	九紫	建 房	11月	庚寅	七赤	成 心	12月	庚申	四绿	收 箕	30	己丑	八白	除 斗
初二	4	壬戌	八白	除 心	2	辛卯	六白	执 尾	2	辛酉	三碧	开 斗	31	庚寅	九紫	满 牛
初三	5	癸亥	七赤	满 尾	3	壬辰	五黄	破 箕	3	壬戌	二黑	闭 牛	1月	辛卯	一白	平 女
初四	6	甲子	三碧	平 箕	4	癸巳	四绿	危 斗	4	癸亥	一白	建 女	2	壬辰	二黑	定 虚
初五	7	乙丑	二黑	定 斗	5	甲午	三碧	成 牛	5	甲子	六白	除 虚	3	癸巳	三碧	执 危
初六	8	丙寅	一白	定 牛	6	乙未	二黑	收 女	6	乙丑	五黄	满 危	4	甲午	四绿	破 室
初七	9	丁卯	九紫	执 女	7	丙申	一白	收 虚	7	丙寅	四绿	满 室	5	乙未	五黄	破 壁
初八	10	戊辰	八白	破 虚	8	丁酉	九紫	开 危	8	丁卯	三碧	平 壁	6	丙申	六白	危 奎
初九	11	己巳	七赤	危 危	9	戊戌	八白	闭 室	9	戊辰	二黑	定 奎	7	丁酉	七赤	成 娄
初十	12	庚午	六白	成 室	10	己亥	七赤	建 壁	10	己巳	一白	执 娄	8	戊戌	八白	收 胃
十一	13	辛未	五黄	收 壁	11	庚子	六白	除 奎	11	庚午	九紫	破 胃	9	己亥	九紫	开 昴
十二	14	壬申	四绿	开 奎	12	辛丑	五黄	满 娄	12	辛未	八白	危 昴	10	庚子	一白	闭 毕
十三	15	癸酉	三碧	闭 娄	13	壬寅	四绿	平 胃	13	壬申	七赤	成 毕	11	辛丑	二黑	建 觜
十四	16	甲戌	二黑	建 胃	14	癸卯	三碧	定 昴	14	癸酉	六白	收 觜	12	壬寅	三碧	除 参
十五	17	乙亥	一白	除 昴	15	甲辰	二黑	执 毕	15	甲戌	五黄	开 参	13	癸卯	四绿	满 井
十六	18	丙子	九紫	满 毕	16	乙巳	一白	破 觜	16	乙亥	四绿	闭 井	14	甲辰	五黄	平 鬼
十七	19	丁丑	八白	平 觜	17	丙午	九紫	危 参	17	丙子	三碧	建 鬼	15	乙巳	六白	定 柳
十八	20	戊寅	七赤	定 参	18	丁未	八白	成 井	18	丁丑	二黑	除 柳	16	丙午	七赤	执 星
十九	21	己卯	六白	执 井	19	戊申	七赤	收 鬼	19	戊寅	一白	满 星	17	丁未	八白	破 张
二十	22	庚辰	五黄	破 鬼	20	己酉	六白	开 柳	20	己卯	九紫	平 张	18	戊申	九紫	危 翼
廿一	23	辛巳	七赤	危 柳	21	庚戌	五黄	闭 星	21	庚辰	八白	定 翼	19	己酉	一白	成 轸
廿二	24	壬午	六白	成 星	22	辛亥	四绿	建 张	22	辛巳	九紫	执 轸	20	庚戌	二黑	收 角
廿三	25	癸未	五黄	收 张	23	壬子	三碧	除 翼	23	壬午	一白	破 角	21	辛亥	三碧	开 亢
廿四	26	甲申	四绿	开 翼	24	癸丑	二黑	满 轸	24	癸未	二黑	危 亢	22	壬子	四绿	闭 氐
廿五	27	乙酉	三碧	闭 轸	25	甲寅	一白	平 角	25	甲申	三碧	成 氐	23	癸丑	五黄	建 房
廿六	28	丙戌	二黑	建 角	26	乙卯	九紫	定 亢	26	乙酉	四绿	收 房	24	甲寅	六白	除 心
廿七	29	丁亥	一白	除 亢	27	丙辰	八白	执 氐	27	丙戌	五黄	开 心	25	乙卯	七赤	满 尾
廿八	30	戊子	九紫	满 氐	28	丁巳	七赤	破 房	28	丁亥	六白	闭 尾	26	丙辰	八白	平 箕
廿九	31	己丑	八白	平 房	29	戊午	六白	危 心	29	戊子	七赤	建 箕	27	丁巳	九紫	定 斗
三十					30	己未	五黄	成 尾					28	戊午	一白	执 牛

公元1949年　　己丑牛年（闰七月）　　太岁潘佑　九星六白

月份	正月大 丙寅 五黄 震卦 室宿					二月小 丁卯 四绿 巽卦 壁宿					三月大 戊辰 三碧 坎卦 奎宿					四月大 己巳 二黑 艮卦 娄宿				
节气	立春 2月4日 初七乙丑 午时 11时24分		雨水 2月19日 廿二庚辰 辰时 7时28分			惊蛰 3月6日 初七乙未 卯时 5时40分		春分 3月21日 廿二庚戌 卯时 6时49分			清明 4月5日 初八乙卯 巳时 10时52分		谷雨 4月20日 廿三庚辰 酉时 18时18分			立夏 5月6日 初九丙申 寅时 4时37分		小满 5月21日 廿四辛亥 酉时 17时51分		
农历	公历	干支	九星	日建	星宿	公历	干支	九星	日建	星宿	公历	干支	九星	日建	星宿	公历	干支	九星	日建	星宿
初一	29	己未	二黑	破	女	28	己丑	五黄	闭	危	29	戊午	七赤	平	室	28	戊子	一白	成	奎
初二	30	庚申	三碧	危	虚	3月	庚寅	六白	建	室	30	己未	八白	定	壁	29	己丑	二黑	收	娄
初三	31	辛酉	四绿	成	危	2	辛卯	七赤	除	壁	31	庚申	九紫	执	奎	30	庚寅	三碧	开	胃
初四	2月	壬戌	五黄	收	室	3	壬辰	八白	满	奎	4月	辛酉	一白	破	娄	5月	辛卯	四绿	闭	昴
初五	2	癸亥	六白	开	壁	4	癸巳	九紫	平	娄	2	壬戌	二黑	危	胃	2	壬辰	五黄	建	毕
初六	3	甲子	一白	闭	奎	5	甲午	一白	定	胃	3	癸亥	三碧	成	昴	3	癸巳	六白	除	觜
初七	4	乙丑	二黑	闭	娄	6	乙未	二黑	定	昴	4	甲子	七赤	收	毕	4	甲午	七赤	满	参
初八	5	丙寅	三碧	建	胃	7	丙申	三碧	执	毕	5	乙丑	八白	收	觜	5	乙未	八白	平	井
初九	6	丁卯	四绿	除	昴	8	丁酉	四绿	破	觜	6	丙寅	九紫	开	参	6	丙申	九紫	平	鬼
初十	7	戊辰	五黄	满	毕	9	戊戌	五黄	危	参	7	丁卯	一白	闭	井	7	丁酉	一白	定	柳
十一	8	己巳	六白	平	觜	10	己亥	六白	成	井	8	戊辰	二黑	建	鬼	8	戊戌	二黑	执	星
十二	9	庚午	七赤	定	参	11	庚子	七赤	收	鬼	9	己巳	三碧	除	柳	9	己亥	三碧	破	张
十三	10	辛未	八白	执	井	12	辛丑	八白	开	柳	10	庚午	四绿	满	星	10	庚子	四绿	危	翼
十四	11	壬申	九紫	破	鬼	13	壬寅	九紫	闭	星	11	辛未	五黄	平	张	11	辛丑	五黄	成	轸
十五	12	癸酉	一白	危	柳	14	癸卯	一白	建	张	12	壬申	六白	定	翼	12	壬寅	六白	收	角
十六	13	甲戌	二黑	成	星	15	甲辰	二黑	除	翼	13	癸酉	七赤	执	轸	13	癸卯	七赤	开	亢
十七	14	乙亥	三碧	收	张	16	乙巳	三碧	满	轸	14	甲戌	八白	破	角	14	甲辰	八白	闭	氐
十八	15	丙子	四绿	开	翼	17	丙午	四绿	平	角	15	乙亥	九紫	危	亢	15	乙巳	九紫	建	房
十九	16	丁丑	五黄	闭	轸	18	丁未	五黄	定	亢	16	丙子	一白	成	氐	16	丙午	一白	除	心
二十	17	戊寅	六白	建	角	19	戊申	六白	执	氐	17	丁丑	二黑	收	房	17	丁未	二黑	满	尾
廿一	18	己卯	七赤	除	亢	20	己酉	七赤	破	房	18	戊寅	三碧	开	心	18	戊申	三碧	平	箕
廿二	19	庚辰	五黄	满	氐	21	庚戌	八白	危	心	19	己卯	四绿	闭	尾	19	己酉	四绿	定	斗
廿三	20	辛巳	六白	平	房	22	辛亥	九紫	成	尾	20	庚辰	二黑	建	箕	20	庚戌	五黄	执	女
廿四	21	壬午	七赤	定	心	23	壬子	一白	收	箕	21	辛巳	三碧	除	斗	21	辛亥	六白	破	虚
廿五	22	癸未	八白	执	尾	24	癸丑	二黑	开	斗	22	壬午	四绿	满	牛	22	壬子	七赤	危	危
廿六	23	甲申	九紫	破	箕	25	甲寅	三碧	闭	牛	23	癸未	五黄	平	女	23	癸丑	八白	成	室
廿七	24	乙酉	一白	危	斗	26	乙卯	四绿	建	女	24	甲申	六白	定	虚	24	甲寅	九紫	收	壁
廿八	25	丙戌	二黑	成	牛	27	丙辰	五黄	除	虚	25	乙酉	七赤	执	危	25	乙卯	一白	开	奎
廿九	26	丁亥	三碧	收	女	28	丁巳	六白	满	危	26	丙戌	八白	破	室	26	丙辰	二黑	闭	娄
三十	27	戊子	四绿	开	虚						27	丁亥	九紫	危	壁	27	丁巳	三碧	建	胃

公元1949年　　己丑牛年（闰七月）　　太岁潘佑　九星六白

月份	五月小					六月大					七月小				
	庚午 一白 坤卦 胃宿					辛未 九紫 乾卦 昴宿					壬申 八白 兑卦 毕宿				
节气	芒种 6月6日 初十丁卯 巳时 9时07分			夏至 6月22日 廿六癸未 丑时 2时03分		小暑 7月7日 十二戊戌 戌时 19时32分			大暑 7月23日 廿八甲寅 午时 12时57分		立秋 8月8日 十四庚午 卯时 5时15分			处暑 8月23日 廿九乙酉 戌时 19时49分	
农历	公历	干支	九星	日建	星宿	公历	干支	九星	日建	星宿	公历	干支	九星	日建	星宿
初一	28	戊午	四绿	除	胃	26	丁亥	四绿	执	昴	26	丁巳	一白	开	觜
初二	29	己未	五黄	满	昴	27	戊子	三碧	破	毕	27	戊午	九紫	闭	参
初三	30	庚申	六白	平	毕	28	己丑	二黑	危	觜	28	己未	八白	建	井
初四	31	辛酉	七赤	定	觜	29	庚寅	一白	成	参	29	庚申	七赤	除	鬼
初五	6月	壬戌	八白	执	参	30	辛卯	九紫	收	井	30	辛酉	六白	满	柳
初六	2	癸亥	九紫	破	井	7月	壬辰	八白	开	鬼	31	壬戌	五黄	平	星
初七	3	甲子	四绿	危	鬼	2	癸巳	七赤	闭	柳	8月	癸亥	四绿	定	张
初八	4	乙丑	五黄	成	柳	3	甲午	六白	建	星	2	甲子	九紫	执	翼
初九	5	丙寅	六白	收	星	4	乙未	五黄	除	张	3	乙丑	八白	破	轸
初十	6	丁卯	七赤	收	张	5	丙申	四绿	满	翼	4	丙寅	七赤	危	角
十一	7	戊辰	八白	开	翼	6	丁酉	三碧	平	轸	5	丁卯	六白	成	亢
十二	8	己巳	九紫	闭	轸	7	戊戌	二黑	平	角	6	戊辰	五黄	收	氐
十三	9	庚午	一白	建	角	8	己亥	一白	定	亢	7	己巳	四绿	开	房
十四	10	辛未	二黑	除	亢	9	庚子	九紫	执	氐	8	庚午	三碧	开	心
十五	11	壬申	三碧	满	氐	10	辛丑	八白	破	房	9	辛未	二黑	闭	尾
十六	12	癸酉	四绿	平	房	11	壬寅	七赤	危	心	10	壬申	一白	建	箕
十七	13	甲戌	五黄	定	心	12	癸卯	六白	成	尾	11	癸酉	九紫	除	斗
十八	14	乙亥	六白	执	尾	13	甲辰	五黄	收	箕	12	甲戌	八白	满	牛
十九	15	丙子	七赤	破	箕	14	乙巳	四绿	开	斗	13	乙亥	七赤	平	女
二十	16	丁丑	八白	危	斗	15	丙午	三碧	闭	牛	14	丙子	六白	定	虚
廿一	17	戊寅	九紫	成	牛	16	丁未	二黑	建	女	15	丁丑	五黄	执	危
廿二	18	己卯	一白	收	女	17	戊申	一白	除	虚	16	戊寅	四绿	破	室
廿三	19	庚辰	二黑	开	虚	18	己酉	九紫	满	危	17	己卯	三碧	危	壁
廿四	20	辛巳	三碧	闭	危	19	庚戌	八白	平	室	18	庚辰	二黑	成	奎
廿五	21	壬午	四绿	建	室	20	辛亥	七赤	定	壁	19	辛巳	一白	收	娄
廿六	22	癸未	八白	除	壁	21	壬子	六白	执	奎	20	壬午	九紫	开	胃
廿七	23	甲申	七赤	满	奎	22	癸丑	五黄	破	娄	21	癸未	八白	闭	昴
廿八	24	乙酉	六白	平	娄	23	甲寅	四绿	危	胃	22	甲申	七赤	建	毕
廿九	25	丙戌	五黄	定	胃	24	乙卯	三碧	成	昴	23	乙酉	九紫	除	觜
三十						25	丙辰	二黑	收	毕					

公元1949年　己丑牛年（闰七月）　太岁潘佑　九星六白

月份	闰七月小				八月大　癸酉 七赤 离卦 觜宿				九月小　甲戌 六白 震卦 参宿			
节气	白露 9月8日 十六辛丑 辰时 7时54分				秋分 9月23日 初二丙辰 酉时 17时06分　寒露 10月8日 十七辛未 夜子时 23时11分				霜降 10月24日 初三丁亥 丑时 2时03分　立冬 11月8日 十八壬寅 丑时 2时00分			
农历	公历	干支	九星	日建 星宿	公历	干支	九星	日建 星宿	公历	干支	九星	日建 星宿
初一	24	丙戌	八白	满 参	22	乙卯	六白	破 井	22	乙酉	九紫	闭 柳
初二	25	丁亥	七赤	平 井	23	丙辰	五黄	危 鬼	23	丙戌	八白	建 星
初三	26	戊子	六白	定 鬼	24	丁巳	四绿	成 柳	24	丁亥	一白	除 张
初四	27	己丑	五黄	执 柳	25	戊午	三碧	收 星	25	戊子	九紫	满 翼
初五	28	庚寅	四绿	破 星	26	己未	二黑	开 张	26	己丑	八白	平 轸
初六	29	辛卯	三碧	危 张	27	庚申	一白	闭 翼	27	庚寅	七赤	定 角
初七	30	壬辰	二黑	成 翼	28	辛酉	九紫	建 轸	28	辛卯	六白	执 亢
初八	31	癸巳	一白	收 轸	29	壬戌	八白	除 角	29	壬辰	五黄	破 氐
初九	9月	甲午	九紫	开 角	30	癸亥	七赤	满 亢	30	癸巳	四绿	危 房
初十	2	乙未	八白	闭 亢	10月	甲子	三碧	平 氐	31	甲午	三碧	成 心
十一	3	丙申	七赤	建 氐	2	乙丑	二黑	定 房	11月	乙未	二黑	收 尾
十二	4	丁酉	六白	除 房	3	丙寅	一白	执 心	2	丙申	一白	开 箕
十三	5	戊戌	五黄	满 心	4	丁卯	九紫	破 尾	3	丁酉	九紫	闭 斗
十四	6	己亥	四绿	平 尾	5	戊辰	八白	危 箕	4	戊戌	八白	建 牛
十五	7	庚子	三碧	定 箕	6	己巳	七赤	成 斗	5	己亥	七赤	除 女
十六	8	辛丑	二黑	定 斗	7	庚午	六白	收 牛	6	庚子	六白	满 虚
十七	9	壬寅	一白	执 牛	8	辛未	五黄	收 女	7	辛丑	五黄	平 危
十八	10	癸卯	九紫	破 女	9	壬申	四绿	开 虚	8	壬寅	四绿	平 室
十九	11	甲辰	八白	危 虚	10	癸酉	三碧	闭 危	9	癸卯	三碧	定 壁
二十	12	乙巳	七赤	成 危	11	甲戌	二黑	建 室	10	甲辰	二黑	执 奎
廿一	13	丙午	六白	收 室	12	乙亥	一白	除 壁	11	乙巳	一白	破 娄
廿二	14	丁未	五黄	开 壁	13	丙子	九紫	满 奎	12	丙午	九紫	危 胃
廿三	15	戊申	四绿	闭 奎	14	丁丑	八白	平 娄	13	丁未	八白	成 昴
廿四	16	己酉	三碧	建 娄	15	戊寅	七赤	定 胃	14	戊申	七赤	收 毕
廿五	17	庚戌	二黑	除 胃	16	己卯	六白	执 昴	15	己酉	六白	开 觜
廿六	18	辛亥	一白	满 昴	17	庚辰	五黄	破 毕	16	庚戌	五黄	闭 参
廿七	19	壬子	九紫	平 毕	18	辛巳	四绿	危 觜	17	辛亥	四绿	建 井
廿八	20	癸丑	八白	定 觜	19	壬午	三碧	成 参	18	壬子	三碧	除 鬼
廿九	21	甲寅	七赤	执 参	20	癸未	二黑	收 井	19	癸丑	二黑	满 柳
三十					21	甲申	一白	开 鬼				

公元1949年　己丑牛年（闰七月）　太岁潘佑　九星六白

月份	十月大 乙亥 五黄 巽卦 井宿					十一月小 丙子 四绿 坎卦 鬼宿					十二月大 丁丑 三碧 艮卦 柳宿				
节气	小雪 11月22日 初三丙辰 夜子时 23时17分		大雪 12月7日 十八辛未 酉时 18时34分			冬至 12月22日 初三丙戌 午时 12时24分		小寒 1月6日 十八辛丑 卯时 5时39分			大寒 1月20日 初三乙卯 夜子时 23时00分		立春 2月4日 十八庚午 酉时 17时21分		
农历	公历	干支	九星	日建	星宿	公历	干支	九星	日建	星宿	公历	干支	九星	日建	星宿
初一	20	甲寅	一白	平	星	20	甲申	四绿	成	翼	18	癸丑	五黄	建	轸角
初二	21	乙卯	九紫	定	张	21	乙酉	三碧	收	轸角	19	甲寅	六白	除	角
初三	22	丙辰	八白	执	翼	22	丙戌	五黄	开	角	20	乙卯	七赤	满	亢
初四	23	丁巳	七赤	破	轸角	23	丁亥	六白	闭	亢	21	丙辰	八白	平	氐
初五	24	戊午	六白	危	角	24	戊子	七赤	建	氐	22	丁巳	九紫	定	房
初六	25	己未	五黄	成	亢	25	己丑	八白	除	房	23	戊午	一白	执	心尾
初七	26	庚申	四绿	收	氐	26	庚寅	九紫	满	心尾	24	己未	二黑	破	箕
初八	27	辛酉	三碧	开	房	27	辛卯	一白	平	尾	25	庚申	三碧	危	斗牛
初九	28	壬戌	二黑	闭	心尾	28	壬辰	二黑	定	箕	26	辛酉	四绿	成	斗牛
初十	29	癸亥	一白	建	尾	29	癸巳	三碧	执	斗	27	壬戌	五黄	收	女
十一	30	甲子	六白	除	箕	30	甲午	四绿	破	牛	28	癸亥	六白	开	虚
十二	12月	乙丑	五黄	满	斗	31	乙未	五黄	危	女	29	甲子	一白	闭	虚
十三	2	丙寅	四绿	平	牛	1月	丙申	六白	成	虚	30	乙丑	二黑	建	危
十四	3	丁卯	三碧	定	女	2	丁酉	七赤	收	危	31	丙寅	三碧	除	室
十五	4	戊辰	二黑	执	虚	3	戊戌	八白	开	室	2月	丁卯	四绿	满	壁
十六	5	己巳	一白	破	危	4	己亥	九紫	闭	壁	2	戊辰	五黄	平	奎娄
十七	6	庚午	九紫	危	室	5	庚子	一白	建	奎	3	己巳	六白	定	胃
十八	7	辛未	八白	危	壁	6	辛丑	二黑	建	娄	4	庚午	七赤	定	昴
十九	8	壬申	七赤	成	奎	7	壬寅	三碧	除	胃	5	辛未	八白	执	毕
二十	9	癸酉	六白	收	娄	8	癸卯	四绿	满	昴	6	壬申	九紫	破	觜
廿一	10	甲戌	五黄	开	胃	9	甲辰	五黄	平	毕	7	癸酉	一白	危	参
廿二	11	乙亥	四绿	闭	昴	10	乙巳	六白	定	觜	8	甲戌	二黑	成	井
廿三	12	丙子	三碧	建	毕	11	丙午	七赤	执	参	9	乙亥	三碧	收	鬼
廿四	13	丁丑	二黑	除	觜	12	丁未	八白	破	井	10	丙子	四绿	开	柳
廿五	14	戊寅	一白	满	参	13	戊申	九紫	危	鬼	11	丁丑	五黄	闭	星
廿六	15	己卯	九紫	平	井	14	己酉	一白	成	柳	12	戊寅	六白	建	张
廿七	16	庚辰	八白	定	鬼	15	庚戌	二黑	收	星	13	己卯	七赤	除	翼
廿八	17	辛巳	七赤	执	柳	16	辛亥	三碧	开	张	14	庚辰	八白	满	轸角
廿九	18	壬午	六白	破	星	17	壬子	四绿	闭	翼	15	辛巳	九紫	平	轸角
三十	19	癸未	五黄	危	张						16	壬午	一白	定	角

公元1950年　庚寅虎年　太岁郧桓 九星五黄

月份	正月小 戊寅 二黑 巽卦 星宿					二月大 己卯 一白 坎卦 张宿					三月大 庚辰 九紫 艮卦 翼宿					四月小 辛巳 八白 坤卦 轸宿				
节气	雨水 2月19日 初三乙酉 未时 13时18分			惊蛰 3月6日 十八庚子 午时 11时36分		春分 3月21日 初四乙卯 午时 12时35分			清明 4月5日 十九庚午 申时 16时45分		谷雨 4月20日 初四乙酉 夜子时 23时59分			立夏 5月6日 二十辛丑 巳时 10时25分		小满 5月21日 初五丙辰 夜子时 23时27分			芒种 6月6日 廿二壬申 未时 14时51分	
农历	公历	干支	九星	日建	宿	公历	干支	九星	日建	宿	公历	干支	九星	日建	宿	公历	干支	九星	日建	宿
初一	17	癸未	二黑	执	亢	18	壬子	一白	收	氐	17	壬午	七赤	满	心	17	壬子	七赤	危	箕
初二	18	甲申	三碧	破	氐	19	癸丑	二黑	开	房	18	癸未	八白	平	尾	18	癸丑	八白	成	斗
初三	19	乙酉	一白	危	房	20	甲寅	三碧	闭	心	19	甲申	九紫	定	箕	19	甲寅	九紫	收	牛
初四	20	丙戌	二黑	成	心	21	乙卯	四绿	建	尾	20	乙酉	七赤	执	斗	20	乙卯	一白	开	女
初五	21	丁亥	三碧	收	尾	22	丙辰	五黄	除	箕	21	丙戌	八白	破	牛	21	丙辰	二黑	闭	虚
初六	22	戊子	四绿	开	箕	23	丁巳	六白	满	斗	22	丁亥	九紫	危	女	22	丁巳	三碧	建	危
初七	23	己丑	五黄	闭	斗	24	戊午	七赤	平	牛	23	戊子	一白	成	虚	23	戊午	四绿	除	室
初八	24	庚寅	六白	建	牛	25	己未	八白	定	女	24	己丑	二黑	收	危	24	己未	五黄	满	壁
初九	25	辛卯	七赤	除	女	26	庚申	九紫	执	虚	25	庚寅	三碧	开	室	25	庚申	六白	平	奎
初十	26	壬辰	八白	满	虚	27	辛酉	一白	破	危	26	辛卯	四绿	闭	壁	26	辛酉	七赤	定	娄
十一	27	癸巳	九紫	平	危	28	壬戌	二黑	危	室	27	壬辰	五黄	建	奎	27	壬戌	八白	执	胃
十二	28	甲午	一白	定	室	29	癸亥	三碧	成	壁	28	癸巳	六白	除	娄	28	癸亥	九紫	破	昴
十三	3月 乙未		二黑	执	壁	30	甲子	七赤	收	奎	29	甲午	七赤	满	胃	29	甲子	四绿	危	毕
十四	2	丙申	三碧	破	奎	31	乙丑	八白	开	娄	30	乙未	八白	平	昴	30	乙丑	五黄	成	觜
十五	3	丁酉	四绿	危	娄	4月 丙寅		九紫	闭	胃	5月 丙申		九紫	定	毕	31	丙寅	六白	收	参
十六	4	戊戌	五黄	成	胃	2	丁卯	一白	建	昴	2	丁酉	一白	执	觜	6月 丁卯		七赤	开	井
十七	5	己亥	六白	收	昴	3	戊辰	二黑	除	毕	3	戊戌	二黑	破	参	2	戊辰	八白	闭	鬼
十八	6	庚子	七赤	收	毕	4	己巳	三碧	满	觜	4	己亥	三碧	危	井	3	己巳	九紫	建	柳
十九	7	辛丑	八白	开	觜	5	庚午	四绿	满	参	5	庚子	四绿	成	鬼	4	庚午	一白	除	星
二十	8	壬寅	九紫	闭	参	6	辛未	五黄	平	井	6	辛丑	五黄	成	柳	5	辛未	二黑	满	张
廿一	9	癸卯	一白	建	井	7	壬申	六白	定	鬼	7	壬寅	六白	收	星	6	壬申	三碧	满	翼
廿二	10	甲辰	二黑	除	鬼	8	癸酉	七赤	执	柳	8	癸卯	七赤	开	张	7	癸酉	四绿	平	轸
廿三	11	乙巳	三碧	满	柳	9	甲戌	八白	破	星	9	甲辰	八白	闭	翼	8	甲戌	五黄	定	角
廿四	12	丙午	四绿	平	星	10	乙亥	九紫	危	张	10	乙巳	九紫	建	轸	9	乙亥	六白	执	亢
廿五	13	丁未	五黄	定	张	11	丙子	一白	成	翼	11	丙午	一白	除	角	10	丙子	七赤	破	氐
廿六	14	戊申	六白	执	翼	12	丁丑	二黑	收	轸	12	丁未	二黑	满	亢	11	丁丑	八白	危	房
廿七	15	己酉	七赤	破	轸	13	戊寅	三碧	开	角	13	戊申	三碧	平	氐	12	戊寅	九紫	成	心
廿八	16	庚戌	八白	危	角	14	己卯	四绿	闭	亢	14	己酉	四绿	定	房	13	己卯	一白	收	尾
廿九	17	辛亥	九紫	成	亢	15	庚辰	五黄	建	氐	15	庚戌	五黄	执	心	14	庚辰	二黑	开	箕
三十						16	辛巳	六白	除	房	16	辛亥	六白	破	尾					

公元1950年　庚寅虎年　太岁邬桓　九星五黄

月份	五月大 壬午 七赤 乾卦 角宿					六月大 癸未 六白 兑卦 亢宿					七月小 甲申 五黄 离卦 氐宿					八月小 乙酉 四绿 震卦 房宿				
节气	夏至 6月22日 初八戊子 辰时 7时36分		小暑 7月8日 廿四甲辰 丑时 1时41分			大暑 7月23日 初九己未 酉时 18时30分		立秋 8月8日 廿五乙亥 巳时 10时56分			处暑 8月24日 十一辛卯 丑时 1时24分		白露 9月8日 廿六丙午 未时 13时34分			秋分 9月23日 十二辛酉 亥时 22时44分		寒露 10月9日 廿八丁丑 寅时 4时53分		
农历	公历	干支	九星	日建	星宿	公历	干支	九星	日建	星宿	公历	干支	九星	日建	星宿	公历	干支	九星	日建	星宿
初一	15	辛巳	三碧	闭	斗	15	辛亥	七赤	定	女	14	辛巳	一白	收	危	12	庚戌	二黑	除	室
初二	16	壬午	四绿	建	牛	16	壬子	六白	执	虚	15	壬午	九紫	开	室	13	辛亥	一白	满	壁
初三	17	癸未	五黄	除	女	17	癸丑	五黄	破	危	16	癸未	八白	闭	壁	14	壬子	九紫	平	奎
初四	18	甲申	六白	满	虚	18	甲寅	四绿	危	室	17	甲申	七赤	建	奎	15	癸丑	八白	定	娄
初五	19	乙酉	七赤	平	危	19	乙卯	三碧	成	壁	18	乙酉	六白	除	娄	16	甲寅	七赤	执	胃
初六	20	丙戌	八白	定	室	20	丙辰	二黑	收	奎	19	丙戌	五黄	满	胃	17	乙卯	六白	破	昴
初七	21	丁亥	九紫	执	壁	21	丁巳	一白	开	娄	20	丁亥	四绿	平	昴	18	丙辰	五黄	危	毕
初八	22	戊子	三碧	破	奎	22	戊午	九紫	闭	胃	21	戊子	三碧	定	毕	19	丁巳	四绿	成	觜
初九	23	己丑	二黑	危	娄	23	己未	八白	建	昴	22	己丑	二黑	执	觜	20	戊午	三碧	收	参
初十	24	庚寅	一白	成	胃	24	庚申	七赤	除	毕	23	庚寅	一白	破	参	21	己未	二黑	开	井
十一	25	辛卯	九紫	收	昴	25	辛酉	六白	满	觜	24	辛卯	三碧	危	井	22	庚申	一白	闭	鬼
十二	26	壬辰	八白	开	毕	26	壬戌	五黄	平	参	25	壬辰	二黑	成	鬼	23	辛酉	九紫	建	柳
十三	27	癸巳	七赤	闭	觜	27	癸亥	四绿	定	井	26	癸巳	一白	收	柳	24	壬戌	八白	除	星
十四	28	甲午	六白	建	参	28	甲子	九紫	执	鬼	27	甲午	九紫	开	星	25	癸亥	七赤	满	张
十五	29	乙未	五黄	除	井	29	乙丑	八白	破	柳	28	乙未	八白	闭	张	26	甲子	三碧	平	翼
十六	30	丙申	四绿	满	鬼	30	丙寅	七赤	危	星	29	丙申	七赤	建	翼	27	乙丑	二黑	定	轸
十七	7月	丁酉	三碧	平	柳	31	丁卯	六白	成	张	30	丁酉	六白	除	轸	28	丙寅	一白	执	角
十八	2	戊戌	二黑	定	星	8月	戊辰	五黄	收	翼	31	戊戌	五黄	满	角	29	丁卯	九紫	破	亢
十九	3	己亥	一白	执	张	2	己巳	四绿	开	轸	9月	己亥	四绿	平	亢	30	戊辰	八白	危	氐
二十	4	庚子	九紫	破	翼	3	庚午	三碧	闭	角	2	庚子	三碧	定	氐	10月	己巳	七赤	成	房
廿一	5	辛丑	八白	危	轸	4	辛未	二黑	建	亢	3	辛丑	二黑	执	房	2	庚午	六白	收	心
廿二	6	壬寅	七赤	成	角	5	壬申	一白	除	氐	4	壬寅	一白	破	心	3	辛未	五黄	开	尾
廿三	7	癸卯	六白	收	亢	6	癸酉	九紫	满	房	5	癸卯	九紫	危	尾	4	壬申	四绿	闭	箕
廿四	8	甲辰	五黄	收	氐	7	甲戌	八白	平	心	6	甲辰	八白	成	箕	5	癸酉	三碧	建	斗
廿五	9	乙巳	四绿	开	房	8	乙亥	七赤	平	尾	7	乙巳	七赤	收	斗	6	甲戌	二黑	除	牛
廿六	10	丙午	三碧	闭	心	9	丙子	六白	定	箕	8	丙午	六白	收	牛	7	乙亥	一白	满	女
廿七	11	丁未	二黑	建	尾	10	丁丑	五黄	执	斗	9	丁未	五黄	开	女	8	丙子	九紫	平	虚
廿八	12	戊申	一白	除	箕	11	戊寅	四绿	破	牛	10	戊申	四绿	闭	虚	9	丁丑	八白	平	危
廿九	13	己酉	九紫	满	斗	12	己卯	三碧	危	女	11	己酉	三碧	建	危	10	戊寅	七赤	定	室
三十	14	庚戌	八白	平	牛	13	庚辰	二黑	成	虚										

公元1950年　庚寅虎年　太岁邬桓　九星五黄

月份	九月大 丙戌 三碧 巽卦 心宿					十月小 丁亥 二黑 坎卦 尾宿					十一月大 戊子 一白 艮卦 箕宿					十二月小 己丑 九紫 坤卦 斗宿				
节气	霜降 10月24日 十四壬辰 辰时 7时45分			立冬 11月8日 廿九丁未 辰时 7时44分		小雪 11月23日 十四壬戌 卯时 5时03分			大雪 12月8日 廿九丁丑 早子时 0时22分		冬至 12月22日 十四辛卯 酉时 18时14分			小寒 1月6日 廿九丙午 午时 11时31分		大寒 1月21日 十四辛酉 寅时 4时53分			立春 2月4日 廿八乙亥 夜子时 23时14分	
农历	公历	干支	九星	日建	星宿	公历	干支	九星	日建	星宿	公历	干支	九星	日建	星宿	公历	干支	九星	日建	星宿
初一	11	己卯	六白	执	壁	10	己酉	六白	开	娄	9	戊寅	一白	满	胃	8	戊申	九紫	危	毕
初二	12	庚辰	五黄	破	奎	11	庚戌	五黄	闭	胃	10	己卯	九紫	平	昴	9	己酉	一白	成	觜
初三	13	辛巳	四绿	危	娄	12	辛亥	四绿	建	昴	11	庚辰	八白	定	毕	10	庚戌	二黑	收	参
初四	14	壬午	三碧	成	胃	13	壬子	三碧	除	毕	12	辛巳	七赤	执	觜	11	辛亥	三碧	开	井
初五	15	癸未	二黑	收	昴	14	癸丑	二黑	满	觜	13	壬午	六白	破	参	12	壬子	四绿	闭	鬼
初六	16	甲申	一白	开	毕	15	甲寅	一白	平	参	14	癸未	五黄	危	井	13	癸丑	五黄	建	柳
初七	17	乙酉	九紫	闭	觜	16	乙卯	九紫	定	井	15	甲申	四绿	成	鬼	14	甲寅	六白	除	星
初八	18	丙戌	八白	建	参	17	丙辰	八白	执	鬼	16	乙酉	三碧	收	柳	15	乙卯	七赤	满	张
初九	19	丁亥	七赤	除	井	18	丁巳	七赤	破	柳	17	丙戌	二黑	开	星	16	丙辰	八白	平	翼
初十	20	戊子	六白	满	鬼	19	戊午	六白	危	星	18	丁亥	一白	闭	张	17	丁巳	九紫	定	轸
十一	21	己丑	五黄	平	柳	20	己未	五黄	成	张	19	戊子	九紫	建	翼	18	戊午	一白	执	角
十二	22	庚寅	四绿	定	星	21	庚申	四绿	收	翼	20	己丑	八白	除	轸	19	己未	二黑	破	亢
十三	23	辛卯	三碧	执	张	22	辛酉	三碧	开	轸	21	庚寅	七赤	满	角	20	庚申	三碧	危	氐
十四	24	壬辰	五黄	破	翼	23	壬戌	二黑	闭	角	22	辛卯	一白	平	亢	21	辛酉	四绿	成	房
十五	25	癸巳	四绿	危	轸	24	癸亥	一白	建	亢	23	壬辰	二黑	定	氐	22	壬戌	五黄	收	心
十六	26	甲午	三碧	成	角	25	甲子	六白	除	氐	24	癸巳	三碧	执	房	23	癸亥	六白	开	尾
十七	27	乙未	二黑	收	亢	26	乙丑	五黄	满	房	25	甲午	四绿	破	心	24	甲子	一白	闭	箕
十八	28	丙申	一白	开	氐	27	丙寅	四绿	平	心	26	乙未	五黄	危	尾	25	乙丑	二黑	建	斗
十九	29	丁酉	九紫	闭	房	28	丁卯	三碧	定	尾	27	丙申	六白	成	箕	26	丙寅	三碧	除	牛
二十	30	戊戌	八白	建	心	29	戊辰	二黑	执	箕	28	丁酉	七赤	收	斗	27	丁卯	四绿	满	女
廿一	31	己亥	七赤	除	尾	30	己巳	一白	破	斗	29	戊戌	八白	开	牛	28	戊辰	五黄	平	虚
廿二	11月 庚子		六白	满	箕	12月 庚午		九紫	危	牛	30	己亥	九紫	闭	女	29	己巳	六白	定	危
廿三	2	辛丑	五黄	平	斗	2	辛未	八白	成	女	31	庚子	一白	建	虚	30	庚午	七赤	执	室
廿四	3	壬寅	四绿	定	牛	3	壬申	七赤	收	虚	1月 辛丑		二黑	除	危	31	辛未	八白	破	壁
廿五	4	癸卯	三碧	执	女	4	癸酉	六白	开	危	2	壬寅	三碧	满	室	2月 壬申		九紫	危	奎
廿六	5	甲辰	二黑	破	虚	5	甲戌	五黄	闭	室	3	癸卯	四绿	平	壁	2	癸酉	一白	成	娄
廿七	6	乙巳	一白	危	危	6	乙亥	四绿	建	壁	4	甲辰	五黄	定	奎	3	甲戌	二黑	收	胃
廿八	7	丙午	九紫	成	室	7	丙子	三碧	除	奎	5	乙巳	六白	执	娄	4	乙亥	三碧	收	昴
廿九	8	丁未	八白	成	壁	8	丁丑	二黑	除	娄	6	丙午	七赤	执	胃	5	丙子	四绿	开	毕
三十	9	戊申	七赤	收	奎						7	丁未	八白	破	昴					

公元1951年　辛卯兔年　太岁范宁　九星四绿

月份	正月大 庚寅 八白 坎卦 牛宿		二月小 辛卯 七赤 艮卦 女宿		三月大 壬辰 六白 坤卦 虚宿		四月大 癸巳 五黄 乾卦 危宿	
节气	雨水 2月19日 十四庚寅 戌时 19时10分	惊蛰 3月6日 廿九乙巳 酉时 17时27分	春分 3月21日 十四庚申 酉时 18时26分	清明 4月5日 廿九乙亥 亥时 22时33分	谷雨 4月21日 十六辛卯 卯时 5时48分		立夏 5月6日 初一丙午 申时 16时10分	小满 5月22日 十七壬戌 卯时 5时16分
农历	公历	干支 九星 日建 星宿	公历	干支 九星 日建 星宿	公历	干支 九星 日建 星宿	公历	干支 九星 日建 星宿
初一	6	丁丑 五黄 闭 觜	8	丁未 五黄 定 井	6	丙子 一白 成 鬼	6	丙午 一白 除 星
初二	7	戊寅 六白 建 参	9	戊申 六白 执 鬼	7	丁丑 二黑 收 柳	7	丁未 二黑 满 张
初三	8	己卯 七赤 除 井	10	己酉 七赤 破 柳	8	戊寅 三碧 开 星	8	戊申 三碧 平 翼
初四	9	庚辰 八白 满 鬼	11	庚戌 八白 危 星	9	己卯 四绿 闭 张	9	己酉 四绿 定 轸
初五	10	辛巳 九紫 平 柳	12	辛亥 九紫 成 张	10	庚辰 五黄 建 翼	10	庚戌 五黄 执 角
初六	11	壬午 一白 定 星	13	壬子 一白 收 翼	11	辛巳 六白 除 轸	11	辛亥 六白 破 元
初七	12	癸未 二黑 执 张	14	癸丑 二黑 开 轸	12	壬午 七赤 满 角	12	壬子 七赤 危 氐
初八	13	甲申 三碧 破 翼	15	甲寅 三碧 闭 角	13	癸未 八白 平 元	13	癸丑 八白 成 房
初九	14	乙酉 四绿 危 轸	16	乙卯 四绿 建 元	14	甲申 九紫 定 氐	14	甲寅 九紫 收 心
初十	15	丙戌 五黄 成 角	17	丙辰 五黄 除 氐	15	乙酉 一白 执 房	15	乙卯 一白 开 尾
十一	16	丁亥 六白 收 元	18	丁巳 六白 满 房	16	丙戌 二黑 破 心	16	丙辰 二黑 闭 箕
十二	17	戊子 七赤 开 氐	19	戊午 七赤 平 心	17	丁亥 三碧 危 尾	17	丁巳 三碧 建 斗
十三	18	己丑 八白 闭 房	20	己未 八白 定 尾	18	戊子 四绿 成 箕	18	戊午 四绿 除 牛
十四	19	庚寅 六白 建 心	21	庚申 九紫 执 箕	19	己丑 五黄 收 斗	19	己未 五黄 满 女
十五	20	辛卯 七赤 除 尾	22	辛酉 一白 破 斗	20	庚寅 六白 开 牛	20	庚申 六白 平 虚
十六	21	壬辰 八白 满 箕	23	壬戌 二黑 危 牛	21	辛卯 四绿 闭 女	21	辛酉 七赤 定 危
十七	22	癸巳 九紫 平 斗	24	癸亥 三碧 成 女	22	壬辰 五黄 建 虚	22	壬戌 八白 执 室
十八	23	甲午 一白 定 牛	25	甲子 七赤 收 虚	23	癸巳 六白 除 危	23	癸亥 九紫 破 壁
十九	24	乙未 二黑 执 女	26	乙丑 八白 开 危	24	甲午 七赤 满 室	24	甲子 四绿 危 奎
二十	25	丙申 三碧 破 虚	27	丙寅 九紫 闭 室	25	乙未 八白 平 壁	25	乙丑 五黄 成 娄
廿一	26	丁酉 四绿 危 危	28	丁卯 一白 建 壁	26	丙申 九紫 定 奎	26	丙寅 六白 收 胃
廿二	27	戊戌 五黄 成 室	29	戊辰 二黑 除 奎	27	丁酉 一白 执 娄	27	丁卯 七赤 开 昴
廿三	28	己亥 六白 收 壁	30	己巳 三碧 满 娄	28	戊戌 二黑 破 胃	28	戊辰 八白 闭 毕
廿四	3月	庚子 七赤 开 奎	31	庚午 四绿 平 胃	29	己亥 三碧 危 昴	29	己巳 九紫 建 觜
廿五	2	辛丑 八白 闭 娄	4月	辛未 五黄 定 昴	30	庚子 四绿 成 毕	30	庚午 一白 除 参
廿六	3	壬寅 九紫 建 胃	2	壬申 六白 执 毕	5月	辛丑 五黄 收 觜	31	辛未 二黑 满 井
廿七	4	癸卯 一白 除 昴	3	癸酉 七赤 破 觜	2	壬寅 六白 开 参	6月	壬申 三碧 平 鬼
廿八	5	甲辰 二黑 满 毕	4	甲戌 八白 危 参	3	癸卯 七赤 闭 井	2	癸酉 四绿 定 柳
廿九	6	乙巳 三碧 满 觜	5	乙亥 九紫 危 井	4	甲辰 八白 建 鬼	3	甲戌 五黄 执 星
三十	7	丙午 四绿 平 参			5	乙巳 九紫 除 柳	4	乙亥 六白 破 张

公元1951年　辛卯兔年　太岁范宁　九星四绿

月份	五月小　甲午 四绿 兑卦 室宿					六月大　乙未 三碧 离卦 壁宿					七月小　丙申 二黑 震卦 奎宿					八月大　丁酉 一白 巽卦 娄宿				
节气	芒种 6月6日 初二丁丑 戌时 20时33分		夏至 6月22日 十八癸巳 未时 13时25分			小暑 7月8日 初五己酉 卯时 6时54分		大暑 7月24日 廿一乙丑 早子时 0时21分			立秋 8月8日 初六庚辰 申时 16时38分		处暑 8月24日 廿二丙申 辰时 7时17分			白露 9月8日 初八辛亥 戌时 19时19分		秋分 9月24日 廿四丁卯 寅时 4时38分		
农历	公历	干支	九星	日建	星宿	公历	干支	九星	日建	星宿	公历	干支	九星	日建	星宿	公历	干支	九星	日建	星宿
初一	5	丙子	七赤	危	翼	4	乙巳	四绿	闭	轸	3	乙亥	七赤	定	亢	9月	甲辰	八白	成	氐
初二	6	丁丑	八白	危	轸	5	丙午	三碧	建	角	4	丙子	六白	执	氐	2	乙巳	七赤	收	房
初三	7	戊寅	九紫	成	角	6	丁未	二黑	除	亢	5	丁丑	五黄	破	房	3	丙午	六白	开	心
初四	8	己卯	一白	收	亢	7	戊申	一白	满	氐	6	戊寅	四绿	危	心	4	丁未	五黄	闭	尾
初五	9	庚辰	二黑	开	氐	8	己酉	九紫	满	房	7	己卯	三碧	成	尾	5	戊申	四绿	建	箕
初六	10	辛巳	三碧	闭	房	9	庚戌	八白	平	心	8	庚辰	二黑	成	箕	6	己酉	三碧	除	斗
初七	11	壬午	四绿	建	心	10	辛亥	七赤	定	尾	9	辛巳	一白	收	斗	7	庚戌	二黑	满	牛
初八	12	癸未	五黄	除	尾	11	壬子	六白	执	箕	10	壬午	九紫	开	牛	8	辛亥	一白	满	女
初九	13	甲申	六白	满	箕	12	癸丑	五黄	破	斗	11	癸未	八白	闭	女	9	壬子	九紫	平	虚
初十	14	乙酉	七赤	平	斗	13	甲寅	四绿	危	牛	12	甲申	七赤	建	虚	10	癸丑	八白	定	危
十一	15	丙戌	八白	定	牛	14	乙卯	三碧	成	女	13	乙酉	六白	除	危	11	甲寅	七赤	执	室
十二	16	丁亥	九紫	执	女	15	丙辰	二黑	收	虚	14	丙戌	五黄	满	室	12	乙卯	六白	破	壁
十三	17	戊子	一白	破	虚	16	丁巳	一白	开	危	15	丁亥	四绿	平	壁	13	丙辰	五黄	危	奎
十四	18	己丑	二黑	危	危	17	戊午	九紫	闭	室	16	戊子	三碧	定	奎	14	丁巳	四绿	成	娄
十五	19	庚寅	三碧	成	室	18	己未	八白	建	壁	17	己丑	二黑	执	娄	15	戊午	三碧	收	胃
十六	20	辛卯	四绿	收	壁	19	庚申	七赤	除	奎	18	庚寅	一白	破	胃	16	己未	二黑	开	昴
十七	21	壬辰	五黄	开	奎	20	辛酉	六白	满	娄	19	辛卯	九紫	危	昴	17	庚申	一白	闭	毕
十八	22	癸巳	七赤	闭	娄	21	壬戌	五黄	平	胃	20	壬辰	八白	成	毕	18	辛酉	九紫	建	觜
十九	23	甲午	六白	建	胃	22	癸亥	四绿	定	昴	21	癸巳	七赤	收	觜	19	壬戌	八白	除	参
二十	24	乙未	五黄	除	昴	23	甲子	九紫	执	毕	22	甲午	六白	开	参	20	癸亥	七赤	满	井
廿一	25	丙申	四绿	满	毕	24	乙丑	八白	破	觜	23	乙未	五黄	闭	井	21	甲子	三碧	平	鬼
廿二	26	丁酉	三碧	平	觜	25	丙寅	七赤	危	参	24	丙申	七赤	建	鬼	22	乙丑	二黑	定	柳
廿三	27	戊戌	二黑	定	参	26	丁卯	六白	成	井	25	丁酉	六白	除	柳	23	丙寅	一白	执	星
廿四	28	己亥	一白	执	井	27	戊辰	五黄	收	鬼	26	戊戌	五黄	满	星	24	丁卯	九紫	破	张
廿五	29	庚子	九紫	破	鬼	28	己巳	四绿	开	柳	27	己亥	四绿	平	张	25	戊辰	八白	危	翼
廿六	30	辛丑	八白	危	柳	29	庚午	三碧	闭	星	28	庚子	三碧	定	翼	26	己巳	七赤	成	轸
廿七	7月	壬寅	七赤	成	星	30	辛未	二黑	建	张	29	辛丑	二黑	执	轸	27	庚午	六白	收	角
廿八	2	癸卯	六白	收	张	31	壬申	一白	除	翼	30	壬寅	一白	破	角	28	辛未	五黄	开	亢
廿九	3	甲辰	五黄	开	翼	8月	癸酉	九紫	满	轸	31	癸卯	九紫	危	亢	29	壬申	四绿	闭	氐
三十						2	甲戌	八白	平	角						30	癸酉	三碧	建	房

月份	九月小				戊戌 九紫 坎卦 胃宿	十月大				己亥 八白 艮卦 昴宿	十一 月小				庚子 七赤 坤卦 毕宿	十二 月大				辛丑 六白 乾卦 觜宿
节气	寒露 10月9日 初九壬午 巳时 10时37分		霜降 10月24日 廿四丁酉 未时 13时37分			立冬 11月8日 初十壬子 未时 13时27分		小雪 11月23日 廿五丁卯 巳时 10时52分			大雪 12月8日 初十壬午 卯时 6时03分		冬至 12月23日 廿五丁酉 早子时 0时01分			小寒 1月6日 初十辛亥 酉时 17时10分		大寒 1月21日 廿五丙寅 巳时 10时39分		
农历	公历	干支	九星	日建	星宿	公历	干支	九星	日建	星宿	公历	干支	九星	日建	星宿	公历	干支	九星	日建	星宿
初一	10月	甲戌	二黑	除	心	30	癸卯	三碧	执	尾	29	癸酉	六白	开	斗	28	壬寅	三碧	满	牛
初二	2	乙亥	一白	满	尾	31	甲辰	二黑	破	箕	30	甲戌	五黄	闭	牛	29	癸卯	四绿	平	女
初三	3	丙子	九紫	平	箕	11月	乙巳	一白	危	斗	12月	乙亥	四绿	建	女	30	甲辰	五黄	定	虚
初四	4	丁丑	八白	定	斗	2	丙午	九紫	成	牛	2	丙子	三碧	除	虚	31	乙巳	六白	执	危
初五	5	戊寅	七赤	执	牛	3	丁未	八白	收	女	3	丁丑	二黑	满	危	1月	丙午	七赤	破	室
初六	6	己卯	六白	破	女	4	戊申	七赤	开	虚	4	戊寅	一白	平	室	2	丁未	八白	危	壁
初七	7	庚辰	五黄	危	虚	5	己酉	六白	闭	危	5	己卯	九紫	定	壁	3	戊申	九紫	成	奎
初八	8	辛巳	四绿	成	危	6	庚戌	五黄	建	室	6	庚辰	八白	执	奎	4	己酉	一白	收	娄
初九	9	壬午	三碧	成	室	7	辛亥	四绿	除	壁	7	辛巳	七赤	破	娄	5	庚戌	二黑	开	胃
初十	10	癸未	二黑	收	壁	8	壬子	三碧	除	奎	8	壬午	六白	破	胃	6	辛亥	三碧	开	昴
十一	11	甲申	一白	开	奎	9	癸丑	二黑	满	娄	9	癸未	五黄	危	昴	7	壬子	四绿	闭	毕
十二	12	乙酉	九紫	闭	娄	10	甲寅	一白	平	胃	10	甲申	四绿	成	毕	8	癸丑	五黄	建	觜
十三	13	丙戌	八白	建	胃	11	乙卯	九紫	定	昴	11	乙酉	三碧	收	觜	9	甲寅	六白	除	参
十四	14	丁亥	七赤	除	昴	12	丙辰	八白	执	毕	12	丙戌	二黑	开	参	10	乙卯	七赤	满	井
十五	15	戊子	六白	满	毕	13	丁巳	七赤	破	觜	13	丁亥	一白	闭	井	11	丙辰	八白	平	鬼
十六	16	己丑	五黄	平	觜	14	戊午	六白	危	参	14	戊子	九紫	建	鬼	12	丁巳	九紫	定	柳
十七	17	庚寅	四绿	定	参	15	己未	五黄	成	井	15	己丑	八白	除	柳	13	戊午	一白	执	星
十八	18	辛卯	三碧	执	井	16	庚申	四绿	收	鬼	16	庚寅	七赤	满	星	14	己未	二黑	破	张
十九	19	壬辰	二黑	破	鬼	17	辛酉	三碧	开	柳	17	辛卯	六白	平	张	15	庚申	三碧	危	翼
二十	20	癸巳	一白	危	柳	18	壬戌	二黑	闭	星	18	壬辰	五黄	定	翼	16	辛酉	四绿	成	轸
廿一	21	甲午	九紫	成	星	19	癸亥	一白	建	张	19	癸巳	四绿	执	轸	17	壬戌	五黄	收	角
廿二	22	乙未	八白	收	张	20	甲子	六白	除	翼	20	甲午	三碧	破	角	18	癸亥	六白	开	亢
廿三	23	丙申	七赤	开	翼	21	乙丑	五黄	满	轸	21	乙未	二黑	危	亢	19	甲子	一白	闭	氐
廿四	24	丁酉	九紫	闭	轸	22	丙寅	四绿	平	角	22	丙申	一白	成	氐	20	乙丑	二黑	建	房
廿五	25	戊戌	八白	建	角	23	丁卯	三碧	定	亢	23	丁酉	七赤	收	房	21	丙寅	三碧	除	心
廿六	26	己亥	七赤	除	亢	24	戊辰	二黑	执	氐	24	戊戌	八白	开	心	22	丁卯	四绿	满	尾
廿七	27	庚子	六白	满	氐	25	己巳	一白	破	房	25	己亥	九紫	闭	尾	23	戊辰	五黄	平	箕
廿八	28	辛丑	五黄	平	房	26	庚午	九紫	危	心	26	庚子	一白	建	箕	24	己巳	六白	定	斗
廿九	29	壬寅	四绿	定	心	27	辛未	八白	成	尾	27	辛丑	二黑	除	斗	25	庚午	七赤	执	牛
三十						28	壬申	七赤	收	箕						26	辛未	八白	破	女

国学经典文库

中华历书大全

·1900—2100年万年历法表·

图文珍藏版

公元1952年　壬辰龙年（闰五月）　太岁彭泰　九星三碧

月份	正月小 壬寅 五黄 艮卦 参宿					二月大 癸卯 四绿 坤卦 井宿					三月小 甲辰 三碧 乾卦 鬼宿					四月大 乙巳 二黑 兑卦 柳宿				
节气	立春 2月5日 初十辛巳 寅时 4时53分			雨水 2月20日 廿五丙申 早子时 0时58分		惊蛰 3月5日 初十庚戌 夜子时 23时08分			春分 3月21日 廿六丙寅 早子时 0时15分		清明 4月5日 十一辛巳 寅时 4时16分			谷雨 4月20日 廿六丙申 午时 11时37分		立夏 5月5日 十二辛亥 亥时 21时55分			小满 5月21日 廿八丁巳 午时 11时04分	
农历	公历	干支	九星	日建	星宿	公历	干支	九星	日建	星宿	公历	干支	九星	日建	星宿	公历	干支	九星	日建	星宿
初一	27	壬申	九紫	危	虚	25	辛丑	八白	闭	危	26	辛未	五黄	定	壁	24	庚子	四绿	成	奎
初二	28	癸酉	一白	成	危	26	壬寅	九紫	建	室	27	壬申	六白	执	奎	25	辛丑	五黄	收	娄
初三	29	甲戌	二黑	收	室	27	癸卯	一白	除	壁	28	癸酉	七赤	破	娄	26	壬寅	六白	开	胃
初四	30	乙亥	三碧	开	壁	28	甲辰	二黑	满	奎	29	甲戌	八白	危	胃	27	癸卯	七赤	闭	昴
初五	31	丙子	四绿	闭	奎	29	乙巳	三碧	平	娄	30	乙亥	九紫	成	昴	28	甲辰	八白	建	毕
初六	2月	丁丑	五黄	建	娄	3月	丙午	四绿	定	胃	31	丙子	一白	收	毕	29	乙巳	九紫	除	觜
初七	2	戊寅	六白	除	胃	2	丁未	五黄	执	昴	4月	丁丑	二黑	开	觜	30	丙午	一白	满	参
初八	3	己卯	七赤	满	昴	3	戊申	六白	破	毕	2	戊寅	三碧	闭	参	5月	丁未	二黑	平	井
初九	4	庚辰	八白	平	毕	4	己酉	七赤	危	觜	3	己卯	四绿	建	井	2	戊申	三碧	定	鬼
初十	5	辛巳	九紫	平	觜	5	庚戌	八白	危	参	4	庚辰	五黄	除	鬼	3	己酉	四绿	执	柳
十一	6	壬午	一白	定	参	6	辛亥	九紫	成	井	5	辛巳	六白	除	柳	4	庚戌	五黄	破	星
十二	7	癸未	二黑	执	井	7	壬子	一白	收	鬼	6	壬午	七赤	满	星	5	辛亥	六白	破	张
十三	8	甲申	三碧	破	鬼	8	癸丑	二黑	开	柳	7	癸未	八白	平	张	6	壬子	七赤	危	翼
十四	9	乙酉	四绿	危	柳	9	甲寅	三碧	闭	星	8	甲申	九紫	定	翼	7	癸丑	八白	成	轸
十五	10	丙戌	五黄	成	星	10	乙卯	四绿	建	张	9	乙酉	一白	执	轸	8	甲寅	九紫	收	角
十六	11	丁亥	六白	收	张	11	丙辰	五黄	除	翼	10	丙戌	二黑	破	角	9	乙卯	一白	开	亢
十七	12	戊子	七赤	开	翼	12	丁巳	六白	满	轸	11	丁亥	三碧	危	亢	10	丙辰	二黑	闭	氐
十八	13	己丑	八白	闭	轸	13	戊午	七赤	平	角	12	戊子	四绿	成	氐	11	丁巳	三碧	建	房
十九	14	庚寅	九紫	建	角	14	己未	八白	定	亢	13	己丑	五黄	收	房	12	戊午	四绿	除	心
二十	15	辛卯	一白	除	亢	15	庚申	九紫	执	氐	14	庚寅	六白	开	心	13	己未	五黄	满	尾
廿一	16	壬辰	二黑	满	氐	16	辛酉	一白	破	房	15	辛卯	七赤	闭	尾	14	庚申	六白	平	箕
廿二	17	癸巳	三碧	平	房	17	壬戌	二黑	危	心	16	壬辰	八白	建	箕	15	辛酉	七赤	定	斗
廿三	18	甲午	四绿	定	心	18	癸亥	三碧	成	尾	17	癸巳	九紫	除	斗	16	壬戌	八白	执	女
廿四	19	乙未	五黄	执	尾	19	甲子	七赤	收	箕	18	甲午	一白	满	牛	17	癸亥	九紫	破	虚
廿五	20	丙申	三碧	破	箕	20	乙丑	八白	开	斗	19	乙未	二黑	平	女	18	甲子	四绿	危	虚
廿六	21	丁酉	四绿	危	斗	21	丙寅	九紫	闭	牛	20	丙申	九紫	定	虚	19	乙丑	五黄	成	危
廿七	22	戊戌	五黄	成	牛	22	丁卯	一白	建	女	21	丁酉	一白	执	危	20	丙寅	六白	收	室
廿八	23	己亥	六白	收	女	23	戊辰	二黑	除	虚	22	戊戌	二黑	破	室	21	丁卯	七赤	开	壁
廿九	24	庚子	七赤	开	虚	24	己巳	三碧	满	危	23	己亥	三碧	危	壁	22	戊辰	八白	闭	奎
三十						25	庚午	四绿	平	室						23	己巳	九紫	建	娄

月份	五月小				丙午 一白 离卦 星宿	闰五月大				六月小				丁未 九紫 震卦 张宿
节气	芒种 6月6日 十四癸未 丑时 2时21分		夏至 6月21日 廿九戊戌 戌时 19时13分			小暑 7月7日 十六甲寅 午时 12时46分				大暑 7月23日 初二庚午 卯时 6时08分		立秋 8月7日 十七乙酉 亥时 22时32分		
农历	公历	干支	九星	日建	星宿	公历	干支	九星	日建	星宿	公历	干支	九星	日建	星宿
初一	24	庚午	一白	除	胃	22	己亥	一白	执	昴	22	己巳	四绿	开	觜
初二	25	辛未	二黑	满	昴	23	庚子	九紫	破	毕	23	庚午	三碧	闭	参
初三	26	壬申	三碧	平	毕	24	辛丑	八白	危	觜	24	辛未	二黑	建	井
初四	27	癸酉	四绿	定	觜	25	壬寅	七赤	成	参	25	壬申	一白	除	鬼
初五	28	甲戌	五黄	执	参	26	癸卯	六白	收	井	26	癸酉	九紫	满	柳
初六	29	乙亥	六白	破	井	27	甲辰	五黄	开	鬼	27	甲戌	八白	平	星
初七	30	丙子	七赤	危	鬼	28	乙巳	四绿	闭	柳	28	乙亥	七赤	定	张
初八	31	丁丑	八白	成	柳	29	丙午	三碧	建	星	29	丙子	六白	执	翼
初九	**6月**	戊寅	九紫	收	星	30	丁未	二黑	除	张	30	丁丑	五黄	破	轸
初十	2	己卯	一白	开	张	**7月**	戊申	一白	满	翼	31	戊寅	四绿	危	角
十一	3	庚辰	二黑	闭	翼	2	己酉	九紫	平	轸	**8月**	己卯	三碧	成	亢
十二	4	辛巳	三碧	建	轸	3	庚戌	八白	定	角	2	庚辰	二黑	收	氐
十三	5	壬午	四绿	除	角	4	辛亥	七赤	执	亢	3	辛巳	一白	开	房
十四	6	癸未	五黄	除	亢	5	壬子	六白	破	氐	4	壬午	九紫	闭	心
十五	7	甲申	六白	满	氐	6	癸丑	五黄	危	房	5	癸未	八白	建	尾
十六	8	乙酉	七赤	平	房	7	甲寅	四绿	成	心	6	甲申	七赤	除	箕
十七	9	丙戌	八白	定	心	8	乙卯	三碧	收	尾	7	乙酉	六白	除	斗
十八	10	丁亥	九紫	执	尾	9	丙辰	二黑	收	箕	8	丙戌	五黄	满	牛
十九	11	戊子	一白	破	箕	10	丁巳	一白	开	斗	9	丁亥	四绿	平	女
二十	12	己丑	二黑	危	斗	11	戊午	九紫	闭	牛	10	戊子	三碧	定	虚
廿一	13	庚寅	三碧	成	牛	12	己未	八白	建	女	11	己丑	二黑	执	危
廿二	14	辛卯	四绿	收	女	13	庚申	七赤	除	虚	12	庚寅	一白	破	室
廿三	15	壬辰	五黄	开	虚	14	辛酉	六白	满	危	13	辛卯	九紫	危	壁
廿四	16	癸巳	六白	闭	危	15	壬戌	五黄	平	室	14	壬辰	八白	成	奎
廿五	17	甲午	七赤	建	室	16	癸亥	四绿	定	壁	15	癸巳	七赤	收	娄
廿六	18	乙未	八白	除	壁	17	甲子	九紫	执	奎	16	甲午	六白	开	胃
廿七	19	丙申	九紫	满	奎	18	乙丑	八白	破	娄	17	乙未	五黄	闭	昴
廿八	20	丁酉	一白	平	娄	19	丙寅	七赤	危	胃	18	丙申	四绿	建	毕
廿九	21	戊戌	二黑	定	胃	20	丁卯	六白	成	昴	19	丁酉	三碧	除	觜
三十						21	戊辰	五黄	收	毕					

国学经典文库

中华历书大全

·1900~2100年万年历法表·

图文珍藏版

公元1952年　壬辰龙年（闰五月）　太岁彭泰　九星三碧

月份	七月大 戊申 八白 巽卦 翼宿					八月大 己酉 七赤 坎卦 轸宿					九月小 庚戌 六白 艮卦 角宿				
节气	处暑 8月23日 初四辛丑 未时 13时04分		白露 9月8日 二十丁巳 丑时 1时14分			秋分 9月23日 初五壬申 巳时 10时24分		寒露 10月8日 二十丁亥 申时 16时33分			霜降 10月23日 初五壬寅 戌时 19时23分		立冬 11月7日 二十丁巳 戌时 19时22分		
农历	公历	干支	九星	日建	星宿	公历	干支	九星	日建	星宿	公历	干支	九星	日建	星宿
初一	20	戊戌	二黑	满	参	19	戊辰	八白	危	鬼	19	戊戌	五黄	建	星
初二	21	己亥	一白	平	井	20	己巳	七赤	成	柳	20	己亥	四绿	除	张
初三	22	庚子	九紫	定	鬼	21	庚午	六白	收	星	21	庚子	三碧	满	翼
初四	23	辛丑	二黑	执	柳	22	辛未	五黄	开	张	22	辛丑	二黑	平	轸
初五	24	壬寅	一白	破	星	23	壬申	四绿	闭	翼	23	壬寅	四绿	定	角
初六	25	癸卯	九紫	危	张	24	癸酉	三碧	建	轸	24	癸卯	三碧	执	亢
初七	26	甲辰	八白	成	翼	25	甲戌	二黑	除	角	25	甲辰	二黑	破	氐
初八	27	乙巳	七赤	收	轸	26	乙亥	一白	满	亢	26	乙巳	一白	危	房
初九	28	丙午	六白	开	角	27	丙子	九紫	平	氐	27	丙午	九紫	成	心
初十	29	丁未	五黄	闭	亢	28	丁丑	八白	定	房	28	丁未	八白	收	尾
十一	30	戊申	四绿	建	氐	29	戊寅	七赤	执	心	29	戊申	七赤	开	箕
十二	31	己酉	三碧	除	房	30	己卯	六白	破	尾	30	己酉	六白	闭	斗
十三	9月	庚戌	二黑	满	心	10月	庚辰	五黄	危	箕	31	庚戌	五黄	建	牛
十四	2	辛亥	一白	平	尾	2	辛巳	四绿	成	斗	11月	辛亥	四绿	除	女
十五	3	壬子	九紫	定	箕	3	壬午	三碧	收	牛	2	壬子	三碧	满	虚
十六	4	癸丑	八白	执	斗	4	癸未	二黑	开	女	3	癸丑	二黑	平	危
十七	5	甲寅	七赤	破	牛	5	甲申	一白	闭	虚	4	甲寅	一白	定	室
十八	6	乙卯	六白	危	女	6	乙酉	九紫	建	危	5	乙卯	九紫	执	壁
十九	7	丙辰	五黄	成	虚	7	丙戌	八白	除	室	6	丙辰	八白	破	奎
二十	8	丁巳	四绿	成	危	8	丁亥	七赤	除	壁	7	丁巳	七赤	破	娄
廿一	9	戊午	三碧	收	室	9	戊子	六白	满	奎	8	戊午	六白	危	胃
廿二	10	己未	二黑	开	壁	10	己丑	五黄	平	娄	9	己未	五黄	成	昴
廿三	11	庚申	一白	闭	奎	11	庚寅	四绿	定	胃	10	庚申	四绿	收	毕
廿四	12	辛酉	九紫	建	娄	12	辛卯	三碧	执	昴	11	辛酉	三碧	开	觜
廿五	13	壬戌	八白	除	胃	13	壬辰	二黑	破	毕	12	壬戌	二黑	闭	参
廿六	14	癸亥	七赤	满	昴	14	癸巳	一白	危	觜	13	癸亥	一白	建	井
廿七	15	甲子	三碧	平	毕	15	甲午	九紫	成	参	14	甲子	六白	除	鬼
廿八	16	乙丑	二黑	定	觜	16	乙未	八白	收	井	15	乙丑	五黄	满	柳
廿九	17	丙寅	一白	执	参	17	丙申	七赤	开	鬼	16	丙寅	四绿	平	星
三十	18	丁卯	九紫	破	井	18	丁酉	六白	闭	柳					

公元1952年　壬辰龙年（闰五月）　太岁彭泰　九星三碧

月份	十月大 辛亥 五黄 坤卦 亢宿					十一月小 壬子 四绿 乾卦 氐宿					十二月大 癸丑 三碧 兑卦 房宿				
节气	小雪 11月22日 初六壬申 申时 16时36分		大雪 12月7日 廿一丁亥 午时 11时56分			冬至 12月22日 初六壬寅 卯时 5时44分		小寒 1月5日 二十丙辰 夜子时 23时03分			大寒 1月20日 初六辛未 申时 16时22分		立春 2月4日 廿一丙戌 巳时 10时46分		
农历	公历	干支	九星	日建	星宿	公历	干支	九星	日建	星宿	公历	干支	九星	日建	星宿
初一	17	丁卯	三碧	定	张	17	丁酉	九紫	收	轸	15	丙寅	三碧	除	角
初二	18	戊辰	二黑	执	翼	18	戊戌	八白	开	角	16	丁卯	四绿	满	亢
初三	19	己巳	一白	破	轸	19	己亥	七赤	闭	亢	17	戊辰	五黄	平	氐
初四	20	庚午	九紫	危	角	20	庚子	六白	建	氐	18	己巳	六白	定	房
初五	21	辛未	八白	成	亢	21	辛丑	五黄	除	房	19	庚午	七赤	执	心
初六	22	壬申	七赤	收	氐	22	壬寅	三碧	满	心	20	辛未	八白	破	尾
初七	23	癸酉	六白	开	房	23	癸卯	四绿	平	尾	21	壬申	九紫	危	箕
初八	24	甲戌	五黄	闭	心	24	甲辰	五黄	定	箕	22	癸酉	一白	成	斗
初九	25	乙亥	四绿	建	尾	25	乙巳	六白	执	斗	23	甲戌	二黑	收	牛
初十	26	丙子	三碧	除	箕	26	丙午	七赤	破	牛	24	乙亥	三碧	开	女
十一	27	丁丑	二黑	满	斗	27	丁未	八白	危	女	25	丙子	四绿	闭	虚
十二	28	戊寅	一白	平	牛	28	戊申	九紫	成	虚	26	丁丑	五黄	建	危
十三	29	己卯	九紫	定	女	29	己酉	一白	收	危	27	戊寅	六白	除	室
十四	30	庚辰	八白	执	虚	30	庚戌	二黑	开	室	28	己卯	七赤	满	壁
十五	12月	辛巳	七赤	破	危	31	辛亥	三碧	闭	壁	29	庚辰	八白	平	奎
十六	2	壬午	六白	危	室	1月	壬子	四绿	建	奎	30	辛巳	九紫	定	娄
十七	3	癸未	五黄	成	壁	2	癸丑	五黄	除	娄	31	壬午	一白	执	胃
十八	4	甲申	四绿	收	奎	3	甲寅	六白	满	胃	2月	癸未	二黑	破	昴
十九	5	乙酉	三碧	开	娄	4	乙卯	七赤	平	昴	2	甲申	三碧	危	毕
二十	6	丙戌	二黑	闭	胃	5	丙辰	八白	平	毕	3	乙酉	四绿	成	觜
廿一	7	丁亥	一白	闭	昴	6	丁巳	九紫	定	觜	4	丙戌	五黄	收	参
廿二	8	戊子	九紫	建	毕	7	戊午	一白	执	参	5	丁亥	六白	收	井
廿三	9	己丑	八白	除	觜	8	己未	二黑	破	井	6	戊子	七赤	开	鬼
廿四	10	庚寅	七赤	满	参	9	庚申	三碧	危	鬼	7	己丑	八白	闭	柳
廿五	11	辛卯	六白	平	井	10	辛酉	四绿	成	柳	8	庚寅	九紫	建	星
廿六	12	壬辰	五黄	定	鬼	11	壬戌	五黄	收	星	9	辛卯	一白	除	张
廿七	13	癸巳	四绿	执	柳	12	癸亥	六白	开	张	10	壬辰	二黑	满	翼
廿八	14	甲午	三碧	破	星	13	甲子	一白	闭	翼	11	癸巳	三碧	平	轸
廿九	15	乙未	二黑	危	张	14	乙丑	二黑	建	轸	12	甲午	四绿	定	角
三十	16	丙申	一白	成	翼						13	乙未	五黄	执	亢

国学经典文库

中华历书大全

·1900-2100年万年历法表·

图文珍藏版

公元1953年　癸巳蛇年　太岁徐舜　九星二黑

国学经典文库

中华历书大全

·1900—2100年万年历法表·

图文珍藏版

330

月份	正月小 甲寅 二黑 坤卦 心宿				二月大 乙卯 一白 乾卦 尾宿				三月小 丙辰 九紫 兑卦 箕宿				四月小 丁巳 八白 离卦 斗宿			
节气	雨水 2月19日 初六辛丑 卯时 6时42分		惊蛰 3月6日 廿一丙辰 卯时 5时03分		春分 3月21日 初七辛未 卯时 6时01分		清明 4月5日 廿二丙戌 巳时 10时13分		谷雨 4月20日 初七辛丑 酉时 17时26分		立夏 5月6日 廿三丁巳 寅时 3时53分		小满 5月21日 初九壬申 申时 16时53分		芒种 6月6日 廿五戊子 辰时 8时17分	
农历	公历	干支	九星	日建 星宿	公历	干支	九星	日建 星宿	公历	干支	九星	日建 星宿	公历	干支	九星	日建 星宿
初一	14	丙申	六白	破 氐	15	乙丑	八白	开 房	14	乙未	二黑	平 尾	13	甲子	四绿	危 箕
初二	15	丁酉	七赤	危 房	16	丙寅	九紫	闭 心	15	丙申	三碧	定 箕	14	乙丑	五黄	成 斗
初三	16	戊戌	八白	成 心	17	丁卯	一白	建 尾	16	丁酉	四绿	执 斗	15	丙寅	六白	收 牛
初四	17	己亥	九紫	收 尾	18	戊辰	二黑	除 箕	17	戊戌	五黄	破 牛	16	丁卯	七赤	开 女
初五	18	庚子	一白	开 箕	19	己巳	三碧	满 斗	18	己亥	六白	危 女	17	戊辰	八白	闭 虚
初六	19	辛丑	八白	闭 斗	20	庚午	四绿	平 牛	19	庚子	七赤	成 虚	18	己巳	九紫	建 危
初七	20	壬寅	九紫	建 牛	21	辛未	五黄	定 女	20	辛丑	五黄	收 危	19	庚午	一白	除 室
初八	21	癸卯	一白	除 女	22	壬申	六白	执 虚	21	壬寅	六白	开 室	20	辛未	二黑	满 壁
初九	22	甲辰	二黑	满 虚	23	癸酉	七赤	破 危	22	癸卯	七赤	闭 壁	21	壬申	三碧	平 奎
初十	23	乙巳	三碧	平 危	24	甲戌	八白	危 室	23	甲辰	八白	建 奎	22	癸酉	四绿	定 娄
十一	24	丙午	四绿	定 室	25	乙亥	九紫	成 壁	24	乙巳	九紫	除 娄	23	甲戌	五黄	执 胃
十二	25	丁未	五黄	执 壁	26	丙子	一白	收 奎	25	丙午	一白	满 胃	24	乙亥	六白	破 昴
十三	26	戊申	六白	破 奎	27	丁丑	二黑	开 娄	26	丁未	二黑	平 昴	25	丙子	七赤	危 毕
十四	27	己酉	七赤	危 娄	28	戊寅	三碧	闭 胃	27	戊申	三碧	定 毕	26	丁丑	八白	成 觜
十五	28	庚戌	八白	成 胃	29	己卯	四绿	建 昴	28	己酉	四绿	执 觜	27	戊寅	九紫	收 参
十六	3月 辛亥		九紫	收 昴	30	庚辰	五黄	除 毕	29	庚戌	五黄	破 参	28	己卯	一白	开 井
十七	2	壬子	一白	开 毕	31	辛巳	六白	满 觜	30	辛亥	六白	危 井	29	庚辰	二黑	闭 鬼
十八	3	癸丑	二黑	闭 觜	4月 壬午		七赤	平 参	5月 壬子		七赤	成 鬼	30	辛巳	三碧	建 柳
十九	4	甲寅	三碧	建 参	2	癸未	八白	定 井	2	癸丑	八白	收 柳	31	壬午	四绿	除 星
二十	5	乙卯	四绿	除 井	3	甲申	九紫	执 鬼	3	甲寅	九紫	开 星	6月 癸未		五黄	满 张
廿一	6	丙辰	五黄	除 鬼	4	乙酉	一白	破 柳	4	乙卯	一白	闭 张	2	甲申	六白	平 翼
廿二	7	丁巳	六白	满 柳	5	丙戌	二黑	破 星	5	丙辰	二黑	建 翼	3	乙酉	七赤	定 轸
廿三	8	戊午	七赤	平 星	6	丁亥	三碧	危 张	6	丁巳	三碧	建 轸	4	丙戌	八白	执 角
廿四	9	己未	八白	定 张	7	戊子	四绿	成 翼	7	戊午	四绿	除 角	5	丁亥	九紫	破 亢
廿五	10	庚申	九紫	执 翼	8	己丑	五黄	收 轸	8	己未	五黄	满 亢	6	戊子	一白	破 氐
廿六	11	辛酉	一白	破 轸	9	庚寅	六白	开 角	9	庚申	六白	平 氐	7	己丑	二黑	危 房
廿七	12	壬戌	二黑	危 角	10	辛卯	七赤	闭 亢	10	辛酉	七赤	定 房	8	庚寅	三碧	成 心
廿八	13	癸亥	三碧	成 亢	11	壬辰	八白	建 氐	11	壬戌	八白	执 心	9	辛卯	四绿	收 尾
廿九	14	甲子	七赤	收 氐	12	癸巳	九紫	除 房	12	癸亥	九紫	破 尾	10	壬辰	五黄	开 箕
三十					13	甲午	一白	满 心								

公元1953年　癸巳蛇年　太岁徐舜　九星二黑

月份	五月大 戊午 七赤 震卦 牛宿					六月大 己未 六白 巽卦 女宿					七月小 庚申 五黄 坎卦 虚宿					八月大 辛酉 四绿 艮卦 危宿				
节气	夏至 6月22日 十二甲辰 丑时 1时00分		小暑 7月7日 廿七己未 酉时 18时35分			大暑 7月23日 十三乙亥 午时 11时53分		立秋 8月8日 廿九辛卯 寅时 4时15分			处暑 8月23日 十四丙午 酉时 18时46分					白露 9月8日 初一壬戌 卯时 6时53分		秋分 9月23日 十六丁丑 申时 16时07分		
农历	公历	干支	九星	日建	星宿	公历	干支	九星	日建	星宿	公历	干支	九星	日建	星宿	公历	干支	九星	日建	星宿
初一	11	癸巳	六白	闭	斗	11	癸亥	四绿	定	女	10	癸巳	七赤	收	危	8	壬戌	八白	除	室
初二	12	甲午	七赤	建	牛	12	甲子	九紫	执	虚	11	甲午	六白	开	室	9	癸亥	七赤	满	壁
初三	13	乙未	八白	除	女	13	乙丑	八白	破	危	12	乙未	五黄	闭	壁	10	甲子	三碧	平	奎
初四	14	丙申	九紫	满	虚	14	丙寅	七赤	危	室	13	丙申	四绿	建	奎	11	乙丑	二黑	定	娄
初五	15	丁酉	一白	平	危	15	丁卯	六白	成	壁	14	丁酉	三碧	除	娄	12	丙寅	一白	执	胃
初六	16	戊戌	二黑	定	室	16	戊辰	五黄	收	奎	15	戊戌	二黑	满	胃	13	丁卯	九紫	破	昴
初七	17	己亥	三碧	执	壁	17	己巳	四绿	开	娄	16	己亥	一白	平	昴	14	戊辰	八白	危	毕
初八	18	庚子	四绿	破	奎	18	庚午	三碧	闭	胃	17	庚子	九紫	定	毕	15	己巳	七赤	成	觜
初九	19	辛丑	五黄	危	娄	19	辛未	二黑	建	昴	18	辛丑	八白	执	觜	16	庚午	六白	收	参
初十	20	壬寅	六白	成	胃	20	壬申	一白	除	毕	19	壬寅	七赤	破	参	17	辛未	五黄	开	井
十一	21	癸卯	七赤	收	昴	21	癸酉	九紫	满	觜	20	癸卯	六白	危	井	18	壬申	四绿	闭	鬼
十二	22	甲辰	五黄	开	毕	22	甲戌	八白	平	参	21	甲辰	五黄	成	鬼	19	癸酉	三碧	建	柳
十三	23	乙巳	四绿	闭	觜	23	乙亥	七赤	定	井	22	乙巳	四绿	收	柳	20	甲戌	二黑	除	星
十四	24	丙午	三碧	建	参	24	丙子	六白	执	鬼	23	丙午	六白	开	星	21	乙亥	一白	满	张
十五	25	丁未	二黑	除	井	25	丁丑	五黄	破	柳	24	丁未	五黄	闭	张	22	丙子	九紫	平	翼
十六	26	戊申	一白	满	鬼	26	戊寅	四绿	危	星	25	戊申	四绿	建	翼	23	丁丑	八白	定	轸
十七	27	己酉	九紫	平	柳	27	己卯	三碧	成	张	26	己酉	三碧	除	轸	24	戊寅	七赤	执	角
十八	28	庚戌	八白	定	星	28	庚辰	二黑	收	翼	27	庚戌	二黑	满	角	25	己卯	六白	破	亢
十九	29	辛亥	七赤	执	张	29	辛巳	一白	开	轸	28	辛亥	一白	平	亢	26	庚辰	五黄	危	氐
二十	30	壬子	六白	破	翼	30	壬午	九紫	闭	角	29	壬子	九紫	定	氐	27	辛巳	四绿	成	房
廿一	7月	癸丑	五黄	危	轸	31	癸未	八白	建	亢	30	癸丑	八白	执	房	28	壬午	三碧	收	心
廿二	2	甲寅	四绿	成	角	8月	甲申	七赤	除	氐	31	甲寅	七赤	破	心	29	癸未	二黑	开	尾
廿三	3	乙卯	三碧	收	亢	2	乙酉	六白	满	房	9月	乙卯	六白	危	尾	30	甲申	一白	闭	箕
廿四	4	丙辰	二黑	开	氐	3	丙戌	五黄	平	心	2	丙辰	五黄	成	箕	10月	乙酉	九紫	建	斗
廿五	5	丁巳	一白	闭	房	4	丁亥	四绿	定	尾	3	丁巳	四绿	收	斗	2	丙戌	八白	除	牛
廿六	6	戊午	九紫	建	心	5	戊子	三碧	执	箕	4	戊午	三碧	开	牛	3	丁亥	七赤	满	女
廿七	7	己未	八白	建	尾	6	己丑	二黑	破	斗	5	己未	二黑	闭	女	4	戊子	六白	平	虚
廿八	8	庚申	七赤	除	箕	7	庚寅	一白	危	牛	6	庚申	一白	建	虚	5	己丑	五黄	定	危
廿九	9	辛酉	六白	满	斗	8	辛卯	九紫	危	女	7	辛酉	九紫	除	危	6	庚寅	四绿	执	室
三十	10	壬戌	五黄	平	牛	9	壬辰	八白	成	虚						7	辛卯	三碧	破	壁

公元1953年　癸巳蛇年　太岁徐舜　九星二黑

月份	九月大 壬戌 三碧 坤卦 室宿					十月小 癸亥 二黑 乾卦 壁宿					十一月大 甲子 一白 兑卦 奎宿					十二月小 乙丑 九紫 离卦 娄宿				
节气	寒露 10月8日 初一壬辰 亥时 22时11分		霜降 10月24日 十七戊申 丑时 1时07分			立冬 11月8日 初二癸亥 丑时 1时02分		小雪 11月22日 十六丁丑 亥时 22时23分			大雪 12月7日 初二壬辰 酉时 17时38分		冬至 12月22日 十七丁未 午时 11时32分			小寒 1月6日 初二壬戌 寅时 4时46分		大寒 1月20日 十六丙子 亥时 22时12分		
农历	公历	干支	九星	日建	星宿	公历	干支	九星	日建	星宿	公历	干支	九星	日建	星宿	公历	干支	九星	日建	星宿
初一	8	壬辰	二黑	破	奎	7	壬戌	二黑	建	胃	6	辛卯	六白	定	昴	5	辛酉	四绿	收	觜
初二	9	癸巳	一白	危	娄	8	癸亥	一白	建	昴	7	壬辰	五黄	定	毕	6	壬戌	五黄	收	参
初三	10	甲午	九紫	成	胃	9	甲子	六白	除	毕	8	癸巳	四绿	执	觜	7	癸亥	六白	开	井
初四	11	乙未	八白	收	昴	10	乙丑	五黄	满	觜	9	甲午	三碧	破	参	8	甲子	一白	闭	鬼
初五	12	丙申	七赤	开	毕	11	丙寅	四绿	平	参	10	乙未	二黑	危	井	9	乙丑	二黑	建	柳
初六	13	丁酉	六白	闭	觜	12	丁卯	三碧	定	井	11	丙申	一白	成	鬼	10	丙寅	三碧	除	星
初七	14	戊戌	五黄	建	参	13	戊辰	二黑	执	鬼	12	丁酉	九紫	收	柳	11	丁卯	四绿	满	张
初八	15	己亥	四绿	除	井	14	己巳	一白	破	柳	13	戊戌	八白	开	星	12	戊辰	五黄	平	翼
初九	16	庚子	三碧	满	鬼	15	庚午	九紫	危	星	14	己亥	七赤	闭	张	13	己巳	六白	定	轸
初十	17	辛丑	二黑	平	柳	16	辛未	八白	成	张	15	庚子	六白	建	翼	14	庚午	七赤	执	角
十一	18	壬寅	一白	定	星	17	壬申	七赤	收	翼	16	辛丑	五黄	除	轸	15	辛未	八白	破	亢
十二	19	癸卯	九紫	执	张	18	癸酉	六白	开	轸	17	壬寅	四绿	满	角	16	壬申	九紫	危	氐
十三	20	甲辰	八白	破	翼	19	甲戌	五黄	闭	角	18	癸卯	三碧	平	亢	17	癸酉	一白	成	房
十四	21	乙巳	七赤	危	轸	20	乙亥	四绿	建	亢	19	甲辰	二黑	定	氐	18	甲戌	二黑	收	心
十五	22	丙午	六白	成	角	21	丙子	三碧	除	氐	20	乙巳	一白	执	房	19	乙亥	三碧	开	尾
十六	23	丁未	五黄	收	亢	22	丁丑	二黑	满	房	21	丙午	九紫	破	心	20	丙子	四绿	闭	箕
十七	24	戊申	七赤	开	氐	23	戊寅	一白	平	心	22	丁未	八白	危	尾	21	丁丑	五黄	建	斗
十八	25	己酉	六白	闭	房	24	己卯	九紫	定	尾	23	戊申	九紫	成	箕	22	戊寅	六白	除	牛
十九	26	庚戌	五黄	建	心	25	庚辰	八白	执	箕	24	己酉	一白	收	斗	23	己卯	七赤	满	女
二十	27	辛亥	四绿	除	尾	26	辛巳	七赤	破	斗	25	庚戌	二黑	开	牛	24	庚辰	八白	平	虚
廿一	28	壬子	三碧	满	箕	27	壬午	六白	危	牛	26	辛亥	三碧	闭	女	25	辛巳	九紫	定	危
廿二	29	癸丑	二黑	平	斗	28	癸未	五黄	成	女	27	壬子	四绿	建	虚	26	壬午	一白	执	室
廿三	30	甲寅	一白	定	牛	29	甲申	四绿	收	虚	28	癸丑	五黄	除	危	27	癸未	二黑	破	壁
廿四	31	乙卯	九紫	执	女	30	乙酉	三碧	开	危	29	甲寅	六白	满	室	28	甲申	三碧	危	奎
廿五	11月	丙辰	八白	破	虚	12月	丙戌	二黑	闭	室	30	乙卯	七赤	平	壁	29	乙酉	四绿	成	娄
廿六	2	丁巳	七赤	危	危	2	丁亥	一白	建	壁	31	丙辰	八白	定	奎	30	丙戌	五黄	收	胃
廿七	3	戊午	六白	成	室	3	戊子	九紫	除	奎	1月	丁巳	九紫	执	娄	31	丁亥	六白	开	昴
廿八	4	己未	五黄	收	壁	4	己丑	八白	满	娄	2	戊午	一白	破	胃	2月	戊子	七赤	闭	毕
廿九	5	庚申	四绿	开	奎	5	庚寅	七赤	平	胃	3	己未	二黑	危	昴	2	己丑	八白	建	觜
三十	6	辛酉	三碧	闭	娄						4	庚申	三碧	成	毕					

月份	正月大 丙寅 八白 乾卦 胃宿					二月小 丁卯 七赤 兑卦 昴宿					三月大 戊辰 六白 离卦 毕宿					四月小 己巳 五黄 震卦 觜宿				
节气	立春 2月4日 初二辛卯 申时 16时31分		雨水 2月19日 十七丙午 午时 12时33分			惊蛰 3月6日 初二辛酉 巳时 10时49分		春分 3月21日 十七丙子 午时 11时54分			清明 4月5日 初三辛卯 申时 15时59分		谷雨 4月20日 十八丙午 夜子时 23时20分			立夏 5月6日 初四壬戌 巳时 9时38分		小满 5月21日 十九丁丑 亥时 22时48分		
农历	公历	干支	九星	日建	星宿	公历	干支	九星	日建	星宿	公历	干支	九星	日建	星宿	公历	干支	九星	日建	星宿
初一	3	庚寅	九紫	除	参	5	庚申	九紫	破	鬼	3	己丑	五黄	开	柳	3	己未	五黄	平	张
初二	4	辛卯	一白	除	井	6	辛酉	一白	破	柳	4	庚寅	六白	闭	星	4	庚申	六白	定	翼
初三	5	壬辰	二黑	满	鬼	7	壬戌	二黑	危	星	5	辛卯	七赤	闭	张	5	辛酉	七赤	执	轸
初四	6	癸巳	三碧	平	柳	8	癸亥	三碧	成	张	6	壬辰	八白	建	翼	6	壬戌	八白	执	角
初五	7	甲午	四绿	定	星	9	甲子	七赤	收	翼	7	癸巳	九紫	除	轸	7	癸亥	九紫	破	亢
初六	8	乙未	五黄	执	张	10	乙丑	八白	开	轸	8	甲午	一白	满	角	8	甲子	四绿	危	氐
初七	9	丙申	六白	破	翼	11	丙寅	九紫	闭	角	9	乙未	二黑	平	亢	9	乙丑	五黄	成	房
初八	10	丁酉	七赤	危	轸	12	丁卯	一白	建	亢	10	丙申	三碧	定	氐	10	丙寅	六白	收	心
初九	11	戊戌	八白	成	角	13	戊辰	二黑	除	氐	11	丁酉	四绿	执	房	11	丁卯	七赤	开	尾
初十	12	己亥	九紫	收	亢	14	己巳	三碧	满	房	12	戊戌	五黄	破	心	12	戊辰	八白	闭	箕
十一	13	庚子	一白	开	氐	15	庚午	四绿	平	心	13	己亥	六白	危	尾	13	己巳	九紫	建	斗
十二	14	辛丑	二黑	闭	房	16	辛未	五黄	定	尾	14	庚子	七赤	成	箕	14	庚午	一白	除	牛
十三	15	壬寅	三碧	建	心	17	壬申	六白	执	箕	15	辛丑	八白	收	斗	15	辛未	二黑	满	女
十四	16	癸卯	四绿	除	尾	18	癸酉	七赤	破	斗	16	壬寅	九紫	开	牛	16	壬申	三碧	平	虚
十五	17	甲辰	五黄	满	箕	19	甲戌	八白	危	危	17	癸卯	一白	闭	女	17	癸酉	四绿	定	危
十六	18	乙巳	六白	平	斗	20	乙亥	九紫	成	女	18	甲辰	二黑	建	虚	18	甲戌	五黄	执	室
十七	19	丙午	四绿	定	牛	21	丙子	一白	收	虚	19	乙巳	三碧	除	危	19	乙亥	六白	破	壁
十八	20	丁未	五黄	执	女	22	丁丑	二黑	开	危	20	丙午	一白	满	室	20	丙子	七赤	危	奎
十九	21	戊申	六白	破	虚	23	戊寅	三碧	闭	室	21	丁未	二黑	平	壁	21	丁丑	八白	成	娄
二十	22	己酉	七赤	危	危	24	己卯	四绿	建	壁	22	戊申	三碧	定	奎	22	戊寅	九紫	收	胃
廿一	23	庚戌	八白	成	室	25	庚辰	五黄	除	奎	23	己酉	四绿	执	娄	23	己卯	一白	开	昴
廿二	24	辛亥	九紫	收	壁	26	辛巳	六白	满	娄	24	庚戌	五黄	破	胃	24	庚辰	二黑	闭	毕
廿三	25	壬子	一白	开	奎	27	壬午	七赤	平	胃	25	辛亥	六白	危	昴	25	辛巳	三碧	建	觜
廿四	26	癸丑	二黑	闭	娄	28	癸未	八白	定	昴	26	壬子	七赤	成	毕	26	壬午	四绿	除	参
廿五	27	甲寅	三碧	建	胃	29	甲申	九紫	执	毕	27	癸丑	八白	收	觜	27	癸未	五黄	满	井
廿六	28	乙卯	四绿	除	昴	30	乙酉	一白	破	觜	28	甲寅	九紫	开	参	28	甲申	六白	平	鬼
廿七	3月	丙辰	五黄	满	毕	31	丙戌	二黑	危	参	29	乙卯	一白	闭	井	29	乙酉	七赤	定	柳
廿八	2	丁巳	六白	平	觜	4月	丁亥	三碧	成	井	30	丙辰	二黑	建	鬼	30	丙戌	八白	执	星
廿九	3	戊午	七赤	定	参	2	戊子	四绿	收	鬼	5月	丁巳	三碧	除	柳	31	丁亥	九紫	破	张
三十	4	己未	八白	执	井						2	戊午	四绿	满	星					

国学经典文库　中华历书大全　·1900～2100年万年历法表·　图文珍藏版

公元1954年　甲午马年　太岁张词　九星一白

月份	五月小 庚午 巽卦 四绿 参宿					六月大 辛未 坎卦 三碧 井宿					七月小 壬申 艮卦 二黑 鬼宿					八月大 癸酉 坤卦 一白 柳宿				
节气	芒种 6月6日 初六癸巳 未时 14时01分		夏至 6月22日 廿二己酉 卯时 6时55分			小暑 7月8日 初九乙丑 早子时 0时20分		大暑 7月23日 廿四庚辰 酉时 17时46分			立秋 8月8日 初十丙申 巳时 10时00分		处暑 8月24日 廿六壬子 早子时 0时37分			白露 9月8日 十二丁卯 午时 12时39分		秋分 9月23日 廿七壬午 亥时 21时56分		
农历	公历	干支	九星	日建	星宿	公历	干支	九星	日建	星宿	公历	干支	九星	日建	星宿	公历	干支	九星	日建	星宿
初一	6月	戊子	一白	危	翼	30	丁巳	一白	闭	轸	30	丁亥	四绿	定	元	28	丙辰	五黄	成	氐
初二	2	己丑	二黑	成	轸	7月	戊午	九紫	建	角	31	戊子	三碧	执	氐	29	丁巳	四绿	收	房
初三	3	庚寅	三碧	收	角	2	己未	八白	除	元	8月	己丑	二黑	破	房	30	戊午	三碧	开	心
初四	4	辛卯	四绿	开	元	3	庚申	七赤	满	氐	2	庚寅	一白	危	心	31	己未	二黑	闭	尾
初五	5	壬辰	五黄	闭	氐	4	辛酉	六白	平	房	3	辛卯	九紫	成	尾	9月	庚申	一白	建	箕
初六	6	癸巳	六白	闭	房	5	壬戌	五黄	定	心	4	壬辰	八白	收	箕	2	辛酉	九紫	除	斗
初七	7	甲午	七赤	建	心	6	癸亥	四绿	执	尾	5	癸巳	七赤	开	斗	3	壬戌	八白	满	牛
初八	8	乙未	八白	除	尾	7	甲子	九紫	破	箕	6	甲午	六白	闭	牛	4	癸亥	七赤	平	女
初九	9	丙申	九紫	满	箕	8	乙丑	八白	破	斗	7	乙未	五黄	建	女	5	甲子	三碧	定	虚
初十	10	丁酉	一白	平	斗	9	丙寅	七赤	危	牛	8	丙申	四绿	建	虚	6	乙丑	二黑	执	危
十一	11	戊戌	二黑	定	牛	10	丁卯	六白	成	女	9	丁酉	三碧	除	危	7	丙寅	一白	破	室
十二	12	己亥	三碧	执	女	11	戊辰	五黄	收	虚	10	戊戌	二黑	满	室	8	丁卯	九紫	破	壁
十三	13	庚子	四绿	破	虚	12	己巳	四绿	开	危	11	己亥	一白	平	壁	9	戊辰	八白	危	奎
十四	14	辛丑	五黄	危	危	13	庚午	三碧	闭	室	12	庚子	九紫	定	奎	10	己巳	七赤	成	娄
十五	15	壬寅	六白	成	室	14	辛未	二黑	建	壁	13	辛丑	八白	执	娄	11	庚午	六白	收	胃
十六	16	癸卯	七赤	收	壁	15	壬申	一白	除	奎	14	壬寅	七赤	破	胃	12	辛未	五黄	开	昴
十七	17	甲辰	八白	开	奎	16	癸酉	九紫	满	娄	15	癸卯	六白	危	昴	13	壬申	四绿	闭	毕
十八	18	乙巳	九紫	闭	娄	17	甲戌	八白	平	胃	16	甲辰	五黄	成	毕	14	癸酉	三碧	建	觜
十九	19	丙午	一白	建	胃	18	乙亥	七赤	定	昴	17	乙巳	四绿	收	觜	15	甲戌	二黑	除	参
二十	20	丁未	二黑	除	昴	19	丙子	六白	执	毕	18	丙午	三碧	开	参	16	乙亥	一白	满	井
廿一	21	戊申	三碧	满	毕	20	丁丑	五黄	破	觜	19	丁未	二黑	闭	井	17	丙子	九紫	平	鬼
廿二	22	己酉	九紫	平	觜	21	戊寅	四绿	危	参	20	戊申	一白	建	鬼	18	丁丑	八白	定	柳
廿三	23	庚戌	八白	定	参	22	己卯	三碧	成	井	21	己酉	九紫	除	柳	19	戊寅	七赤	执	星
廿四	24	辛亥	七赤	执	井	23	庚辰	二黑	收	鬼	22	庚戌	八白	满	星	20	己卯	六白	破	张
廿五	25	壬子	六白	破	鬼	24	辛巳	一白	开	柳	23	辛亥	七赤	平	张	21	庚辰	五黄	危	翼
廿六	26	癸丑	五黄	危	柳	25	壬午	九紫	闭	星	24	壬子	九紫	定	翼	22	辛巳	四绿	成	轸
廿七	27	甲寅	四绿	成	星	26	癸未	八白	建	张	25	癸丑	八白	执	轸	23	壬午	三碧	收	角
廿八	28	乙卯	三碧	收	张	27	甲申	七赤	除	翼	26	甲寅	七赤	破	角	24	癸未	二黑	开	元
廿九	29	丙辰	二黑	开	翼	28	乙酉	六白	满	轸	27	乙卯	六白	危	元	25	甲申	一白	闭	氐
三十						29	丙戌	五黄	平	角						26	乙酉	九紫	建	房

公元1954年　甲午马年　太岁张词　九星一白

月份	九月大	甲戌 乾卦	九紫 星宿		十月小	乙亥 兑卦	八白 张宿		十一月大	丙子 离卦	七赤 翼宿		十二月大	丁丑 震卦	六白 轸宿	
节气	寒露 10月9日 十三戊戌 寅时 3时58分		霜降 10月24日 廿八癸丑 卯时 6时57分		立冬 11月8日 十三戊辰 卯时 6时51分		小雪 11月23日 廿八癸未 寅时 4时15分		大雪 12月7日 十三丁酉 夜子时 23时29分		冬至 12月22日 廿八壬子 酉时 17时25分		小寒 1月6日 十三丁卯 巳时 10时31分		大寒 1月21日 廿八壬午 寅时 4时03分	
农历	公历	干支	九星	日建 星宿	公历	干支	九星	日建 星宿	公历	干支	九星	日建 星宿	公历	干支	九星	日建 星宿
初一	27	丙戌	八白	除 心	27	丙辰	八白	破 箕	25	乙酉	三碧	开 斗	25	乙卯	七赤	平 女
初二	28	丁亥	七赤	满 尾	28	丁巳	七赤	危 斗	26	丙戌	二黑	闭 牛	26	丙辰	八白	定 虚
初三	29	戊子	六白	平 箕	29	戊午	六白	成 牛	27	丁亥	一白	建 女	27	丁巳	九紫	执 危
初四	30	己丑	五黄	定 斗	30	己未	五黄	收 女	28	戊子	九紫	除 虚	28	戊午	一白	破 室
初五	10月 庚寅		四绿	执 牛	31	庚申	四绿	开 虚	29	己丑	八白	满 危	29	己未	二黑	危 壁
初六	2	辛卯	三碧	破 女	11月 辛酉		三碧	闭 危	30	庚寅	七赤	平 室	30	庚申	三碧	成 奎
初七	3	壬辰	二黑	危 虚	2	壬戌	二黑	建 室	12月 辛卯		六白	定 壁	31	辛酉	四绿	收 娄
初八	4	癸巳	一白	成 危	3	癸亥	一白	除 壁	2	壬辰	五黄	执 奎	1月 壬戌		五黄	开 胃
初九	5	甲午	九紫	收 室	4	甲子	六白	满 奎	3	癸巳	四绿	破 娄	2	癸亥	六白	闭 昴
初十	6	乙未	八白	开 壁	5	乙丑	五黄	平 娄	4	甲午	三碧	危 胃	3	甲子	一白	建 毕
十一	7	丙申	七赤	闭 奎	6	丙寅	四绿	定 胃	5	乙未	二黑	成 昴	4	乙丑	二黑	除 觜
十二	8	丁酉	六白	建 娄	7	丁卯	三碧	执 昴	6	丙申	一白	收 毕	5	丙寅	三碧	满 参
十三	9	戊戌	五黄	建 胃	8	戊辰	二黑	执 毕	7	丁酉	九紫	收 觜	6	丁卯	四绿	满 井
十四	10	己亥	四绿	除 昴	9	己巳	一白	破 觜	8	戊戌	八白	开 参	7	戊辰	五黄	平 鬼
十五	11	庚子	三碧	满 毕	10	庚午	九紫	危 参	9	己亥	七赤	闭 井	8	己巳	六白	定 柳
十六	12	辛丑	二黑	平 觜	11	辛未	八白	成 井	10	庚子	六白	建 鬼	9	庚午	七赤	执 星
十七	13	壬寅	一白	定 参	12	壬申	七赤	收 鬼	11	辛丑	五黄	除 柳	10	辛未	八白	破 张
十八	14	癸卯	九紫	执 井	13	癸酉	六白	开 柳	12	壬寅	四绿	满 星	11	壬申	九紫	危 翼
十九	15	甲辰	八白	破 鬼	14	甲戌	五黄	闭 星	13	癸卯	三碧	平 张	12	癸酉	一白	成 轸
二十	16	乙巳	七赤	危 柳	15	乙亥	四绿	建 张	14	甲辰	二黑	定 翼	13	甲戌	二黑	收 角
廿一	17	丙午	六白	成 星	16	丙子	三碧	除 翼	15	乙巳	一白	执 轸	14	乙亥	三碧	开 亢
廿二	18	丁未	五黄	收 张	17	丁丑	二黑	满 轸	16	丙午	九紫	破 角	15	丙子	四绿	闭 氐
廿三	19	戊申	四绿	开 翼	18	戊寅	一白	平 角	17	丁未	八白	危 亢	16	丁丑	五黄	建 房
廿四	20	己酉	三碧	闭 轸	19	己卯	九紫	定 亢	18	戊申	七赤	成 氐	17	戊寅	六白	除 心
廿五	21	庚戌	二黑	建 角	20	庚辰	八白	执 氐	19	己酉	六白	收 房	18	己卯	七赤	满 尾
廿六	22	辛亥	一白	除 亢	21	辛巳	七赤	破 房	20	庚戌	五黄	开 心	19	庚辰	八白	平 箕
廿七	23	壬子	九紫	满 氐	22	壬午	六白	危 心	21	辛亥	四绿	闭 尾	20	辛巳	九紫	定 斗
廿八	24	癸丑	二黑	平 房	23	癸未	五黄	成 尾	22	壬子	四绿	建 箕	21	壬午	一白	执 牛
廿九	25	甲寅	一白	定 心	24	甲申	四绿	收 箕	23	癸丑	五黄	除 斗	22	癸未	二黑	破 女
三十	26	乙卯	九紫	执 尾					24	甲寅	六白	满 牛	23	甲申	三碧	危 虚

公元1955年　乙未羊年（闰三月）　太岁杨贤　九星九紫

月份	正月小 戊寅 五黄 兑卦 角宿					二月大 己卯 四绿 离卦 亢宿					三月小 庚辰 三碧 震卦 氐宿					闰三月大				
节气	立春 2月4日 十二丙申 亥时 22时18分			雨水 2月19日 廿七辛亥 酉时 18时19分		惊蛰 3月6日 十三丙寅 申时 16时32分			春分 3月21日 廿八辛巳 酉时 17时36分		清明 4月5日 十三丙申 亥时 21时39分			谷雨 4月21日 廿九壬子 寅时 4时58分		立夏 5月6日 十五丁卯 申时 15时18分				
农历	公历	干支	九星	日建	星宿	公历	干支	九星	日建	星宿	公历	干支	九星	日建	星宿	公历	干支	九星	日建	星宿
初一	24	乙酉	四绿	成	危	22	甲寅	三碧	建	室	24	甲申	九紫	执	奎	22	癸丑	八白	收	娄
初二	25	丙戌	五黄	收	室	23	乙卯	四绿	除	壁	25	乙酉	一白	破	娄	23	甲寅	九紫	开	胃
初三	26	丁亥	六白	开	壁	24	丙辰	五黄	满	奎	26	丙戌	二黑	危	胃	24	乙卯	一白	闭	昴
初四	27	戊子	七赤	闭	奎	25	丁巳	六白	平	娄	27	丁亥	三碧	成	昴	25	丙辰	二黑	建	毕
初五	28	己丑	八白	建	娄	26	戊午	七赤	定	胃	28	戊子	四绿	收	毕	26	丁巳	三碧	除	觜
初六	29	庚寅	九紫	除	胃	27	己未	八白	执	昴	29	己丑	五黄	开	觜	27	戊午	四绿	满	参
初七	30	辛卯	一白	满	昴	28	庚申	九紫	破	毕	30	庚寅	六白	闭	参	28	己未	五黄	平	井
初八	31	壬辰	二黑	平	毕	3月	辛酉	一白	危	觜	31	辛卯	七赤	建	井	29	庚申	六白	定	鬼
初九	2月	癸巳	三碧	定	觜	2	壬戌	二黑	成	参	4月	壬辰	八白	除	鬼	30	辛酉	七赤	执	柳
初十	2	甲午	四绿	执	参	3	癸亥	三碧	收	井	2	癸巳	九紫	满	柳	5月	壬戌	八白	破	星
十一	3	乙未	五黄	破	井	4	甲子	七赤	开	鬼	3	甲午	一白	平	星	2	癸亥	九紫	危	张
十二	4	丙申	六白	破	鬼	5	乙丑	八白	闭	柳	4	乙未	二黑	定	张	3	甲子	四绿	成	翼
十三	5	丁酉	七赤	危	柳	6	丙寅	九紫	闭	星	5	丙申	三碧	定	翼	4	乙丑	五黄	收	轸
十四	6	戊戌	八白	成	星	7	丁卯	一白	建	张	6	丁酉	四绿	执	轸	5	丙寅	六白	开	角
十五	7	己亥	九紫	收	张	8	戊辰	二黑	除	翼	7	戊戌	五黄	破	角	6	丁卯	七赤	开	亢
十六	8	庚子	一白	开	翼	9	己巳	三碧	满	轸	8	己亥	六白	危	亢	7	戊辰	八白	闭	氐
十七	9	辛丑	二黑	闭	轸	10	庚午	四绿	平	角	9	庚子	七赤	成	氐	8	己巳	九紫	建	房
十八	10	壬寅	三碧	建	角	11	辛未	五黄	定	亢	10	辛丑	八白	收	房	9	庚午	一白	除	心
十九	11	癸卯	四绿	除	亢	12	壬申	六白	执	氐	11	壬寅	九紫	开	心	10	辛未	二黑	满	尾
二十	12	甲辰	五黄	满	氐	13	癸酉	七赤	破	房	12	癸卯	一白	闭	尾	11	壬申	三碧	平	箕
廿一	13	乙巳	六白	平	房	14	甲戌	八白	危	心	13	甲辰	二黑	建	箕	12	癸酉	四绿	定	斗
廿二	14	丙午	七赤	定	心	15	乙亥	九紫	成	尾	14	乙巳	三碧	除	斗	13	甲戌	五黄	执	牛
廿三	15	丁未	八白	执	尾	16	丙子	一白	收	箕	15	丙午	四绿	满	牛	14	乙亥	六白	破	女
廿四	16	戊申	九紫	破	箕	17	丁丑	二黑	开	斗	16	丁未	五黄	平	女	15	丙子	七赤	危	虚
廿五	17	己酉	一白	危	斗	18	戊寅	三碧	闭	牛	17	戊申	六白	定	虚	16	丁丑	八白	成	危
廿六	18	庚戌	二黑	成	牛	19	己卯	四绿	建	女	18	己酉	七赤	执	危	17	戊寅	九紫	收	室
廿七	19	辛亥	九紫	收	女	20	庚辰	五黄	除	虚	19	庚戌	八白	破	室	18	己卯	一白	开	壁
廿八	20	壬子	一白	开	虚	21	辛巳	六白	满	危	20	辛亥	九紫	危	壁	19	庚辰	二黑	闭	奎
廿九	21	癸丑	二黑	闭	危	22	壬午	七赤	平	室	21	壬子	七赤	成	奎	20	辛巳	三碧	建	娄
三十						23	癸未	八白	定	壁						21	壬午	四绿	除	胃

公元1955年　乙未羊年（闰三月）　太岁杨贤　九星九紫

月份	四月小	辛巳 二黑 巽卦 房宿			五月小	壬午 一白 坎卦 心宿			六月大	癸未 九紫 艮卦 尾宿		
节气	小满 5月22日 初一癸未 寅时 4时25分	芒种 6月6日 十六戊戌 戌时 19时44分			夏至 6月22日 初三甲寅 午时 12时32分	小暑 7月8日 十九庚午 卯时 6时06分			大暑 7月23日 初五乙酉 夜子时 23时25分	立秋 8月8日 廿一辛丑 申时 15时51分		
农历	公历	干支	九星	日建 星宿	公历	干支	九星	日建 星宿	公历	干支	九星	日建 星宿
初一	22	癸未	五黄	满 昴	20	壬子	七赤	破 毕	19	辛巳	一白	开 觜
初二	23	甲申	六白	平 毕	21	癸丑	八白	危 觜	20	壬午	九紫	闭 参
初三	24	乙酉	七赤	定 觜	22	甲寅	四绿	成 参	21	癸未	八白	建 井
初四	25	丙戌	八白	执 参	23	乙卯	三碧	收 井	22	甲申	七赤	除 鬼
初五	26	丁亥	九紫	破 井	24	丙辰	二黑	开 鬼	23	乙酉	六白	满 柳
初六	27	戊子	一白	危 鬼	25	丁巳	一白	闭 柳	24	丙戌	五黄	平 星
初七	28	己丑	二黑	成 柳	26	戊午	九紫	建 星	25	丁亥	四绿	定 张
初八	29	庚寅	三碧	收 星	27	己未	八白	除 张	26	戊子	三碧	执 翼
初九	30	辛卯	四绿	开 张	28	庚申	七赤	满 翼	27	己丑	二黑	破 轸
初十	31	壬辰	五黄	闭 翼	29	辛酉	六白	平 轸	28	庚寅	一白	危 角
十一	6月	癸巳	六白	建 轸	30	壬戌	五黄	定 角	29	辛卯	九紫	成 亢
十二	2	甲午	七赤	除 角	7月	癸亥	四绿	执 亢	30	壬辰	八白	收 氐
十三	3	乙未	八白	满 亢	2	甲子	九紫	破 氐	31	癸巳	七赤	开 房
十四	4	丙申	九紫	平 氐	3	乙丑	八白	危 房	8月	甲午	六白	闭 心
十五	5	丁酉	一白	定 房	4	丙寅	七赤	成 心	2	乙未	五黄	建 尾
十六	6	戊戌	二黑	定 心	5	丁卯	六白	收 尾	3	丙申	四绿	除 箕
十七	7	己亥	三碧	执 尾	6	戊辰	五黄	开 箕	4	丁酉	三碧	满 斗
十八	8	庚子	四绿	破 箕	7	己巳	四绿	闭 斗	5	戊戌	二黑	平 牛
十九	9	辛丑	五黄	危 斗	8	庚午	三碧	闭 牛	6	己亥	一白	定 女
二十	10	壬寅	六白	成 牛	9	辛未	二黑	建 女	7	庚子	九紫	执 虚
廿一	11	癸卯	七赤	收 女	10	壬申	一白	除 虚	8	辛丑	八白	执 危
廿二	12	甲辰	八白	开 虚	11	癸酉	九紫	满 危	9	壬寅	七赤	破 室
廿三	13	乙巳	九紫	闭 危	12	甲戌	八白	平 室	10	癸卯	六白	危 壁
廿四	14	丙午	一白	建 室	13	乙亥	七赤	定 壁	11	甲辰	五黄	成 奎
廿五	15	丁未	二黑	除 壁	14	丙子	六白	执 奎	12	乙巳	四绿	收 娄
廿六	16	戊申	三碧	满 奎	15	丁丑	五黄	破 娄	13	丙午	三碧	开 胃
廿七	17	己酉	四绿	平 娄	16	戊寅	四绿	危 胃	14	丁未	二黑	闭 昴
廿八	18	庚戌	五黄	定 胃	17	己卯	三碧	成 昴	15	戊申	一白	建 毕
廿九	19	辛亥	六白	执 昴	18	庚辰	二黑	收 毕	16	己酉	九紫	除 觜
三十									17	庚戌	八白	满 参

国学经典文库

中华历书大全

·1900—2100年万年历法表·

图文珍藏版

公元1955年　　乙未羊年（闰三月）　　太岁杨贤　九星九紫

月份	七月小 甲申 八白 坤卦 箕宿					八月大 乙酉 七赤 乾卦 斗宿					九月小 丙戌 六白 兑卦 牛宿				
节气	处暑 8月24日 初七丁巳 卯时 6时20分		白露 9月8日 廿二壬申 酉时 18时32分			秋分 9月24日 初九戊子 寅时 3时42分		寒露 10月9日 廿四癸卯 巳时 9时53分			霜降 10月24日 初九戊午 午时 12时44分		立冬 11月8日 廿四癸酉 午时 12时46分		
农历	公历	干支	九星	日建	星宿	公历	干支	九星	日建	星宿	公历	干支	九星	日建	星宿
初一	18	辛亥	七赤	平	井	16	庚辰	五黄	危	鬼	16	庚戌	二黑	建	星
初二	19	壬子	六白	定	鬼	17	辛巳	四绿	成	柳	17	辛亥	一白	除	张
初三	20	癸丑	五黄	执	柳	18	壬午	三碧	收	星	18	壬子	九紫	满	翼
初四	21	甲寅	四绿	破	星	19	癸未	二黑	开	张	19	癸丑	八白	平	轸
初五	22	乙卯	三碧	危	张	20	甲申	一白	闭	翼	20	甲寅	七赤	定	角
初六	23	丙辰	二黑	成	翼	21	乙酉	九紫	建	轸	21	乙卯	六白	执	亢
初七	24	丁巳	四绿	收	轸	22	丙戌	八白	除	角	22	丙辰	五黄	破	氐
初八	25	戊午	三碧	开	角	23	丁亥	七赤	满	亢	23	丁巳	四绿	危	房
初九	26	己未	二黑	闭	亢	24	戊子	六白	平	氐	24	戊午	六白	成	心
初十	27	庚申	一白	建	氐	25	己丑	五黄	定	房	25	己未	五黄	收	尾
十一	28	辛酉	九紫	除	房	26	庚寅	四绿	执	心	26	庚申	四绿	开	箕
十二	29	壬戌	八白	满	心	27	辛卯	三碧	破	尾	27	辛酉	三碧	闭	斗
十三	30	癸亥	七赤	平	尾	28	壬辰	二黑	危	箕	28	壬戌	二黑	建	牛
十四	31	甲子	三碧	定	箕	29	癸巳	一白	成	斗	29	癸亥	一白	除	女
十五	9月	乙丑	二黑	执	斗	30	甲午	九紫	收	牛	30	甲子	六白	满	虚
十六	2	丙寅	一白	破	牛	10月	乙未	八白	开	女	31	乙丑	五黄	平	危
十七	3	丁卯	九紫	危	女	2	丙申	七赤	闭	虚	11月	丙寅	四绿	定	室
十八	4	戊辰	八白	成	虚	3	丁酉	六白	建	危	2	丁卯	三碧	执	壁
十九	5	己巳	七赤	收	危	4	戊戌	五黄	除	室	3	戊辰	二黑	破	奎
二十	6	庚午	六白	开	室	5	己亥	四绿	满	壁	4	己巳	一白	危	娄
廿一	7	辛未	五黄	闭	壁	6	庚子	三碧	平	奎	5	庚午	九紫	成	胃
廿二	8	壬申	四绿	闭	奎	7	辛丑	二黑	定	娄	6	辛未	八白	收	昴
廿三	9	癸酉	三碧	建	娄	8	壬寅	一白	执	胃	7	壬申	七赤	开	毕
廿四	10	甲戌	二黑	除	胃	9	癸卯	九紫	执	昴	8	癸酉	六白	闭	觜
廿五	11	乙亥	一白	满	昴	10	甲辰	八白	破	毕	9	甲戌	五黄	闭	参
廿六	12	丙子	九紫	平	毕	11	乙巳	七赤	危	觜	10	乙亥	四绿	建	井
廿七	13	丁丑	八白	定	觜	12	丙午	六白	成	参	11	丙子	三碧	除	鬼
廿八	14	戊寅	七赤	执	参	13	丁未	五黄	收	井	12	丁丑	二黑	满	柳
廿九	15	己卯	六白	破	井	14	戊申	四绿	开	鬼	13	戊寅	一白	平	星
三十						15	己酉	三碧	闭	柳					

国学经典文库

中华历书大全

·1900～2100年万年历法表·

图文珍藏版

公元1955年　乙未羊年（闰三月）　太岁杨贤　九星九紫

月份	十月大	丁亥 五黄 离卦 女宿	十一月大	戊子 四绿 震卦 虚宿	十二月大	己丑 三碧 巽卦 危宿
节气	小雪 11月23日 初十戊子 巳时 10时02分	大雪 12月8日 廿五癸卯 卯时 5时24分	冬至 12月22日 初九丁巳 夜子时 23时12分	小寒 1月6日 廿四壬申 申时 16时31分	大寒 1月21日 初九丁亥 巳时 9时49分	立春 2月5日 廿四壬寅 寅时 4时13分

农历	公历	干支	九星	日建	星宿	公历	干支	九星	日建	星宿	公历	干支	九星	日建	星宿
初一	14	己卯	九紫	定	张	14	己酉	六白	收	轸	13	己卯	七赤	满	亢
初二	15	庚辰	八白	执	翼	15	庚戌	五黄	开	角	14	庚辰	八白	平	氐
初三	16	辛巳	七赤	破	轸	16	辛亥	四绿	闭	亢	15	辛巳	九紫	定	房
初四	17	壬午	六白	危	角	17	壬子	三碧	建	氐	16	壬午	一白	执	心
初五	18	癸未	五黄	成	亢	18	癸丑	二黑	除	房	17	癸未	二黑	破	尾
初六	19	甲申	四绿	收	氐	19	甲寅	一白	满	心	18	甲申	三碧	危	箕
初七	20	乙酉	三碧	开	房	20	乙卯	九紫	平	尾	19	乙酉	四绿	成	斗
初八	21	丙戌	二黑	闭	心	21	丙辰	八白	定	箕	20	丙戌	五黄	收	牛
初九	22	丁亥	一白	建	尾	22	丁巳	九紫	执	斗	21	丁亥	六白	开	女
初十	23	戊子	九紫	除	箕	23	戊午	一白	破	牛	22	戊子	七赤	闭	虚
十一	24	己丑	八白	满	斗	24	己未	二黑	危	女	23	己丑	八白	建	危
十二	25	庚寅	七赤	平	牛	25	庚申	三碧	成	虚	24	庚寅	九紫	除	室壁
十三	26	辛卯	六白	定	女	26	辛酉	四绿	收	危	25	辛卯	一白	满	奎
十四	27	壬辰	五黄	执	虚	27	壬戌	五黄	开	室	26	壬辰	二黑	平	娄
十五	28	癸巳	四绿	破	危	28	癸亥	六白	闭	壁	27	癸巳	三碧	定	胃
十六	29	甲午	三碧	危	室	29	甲子	一白	建	奎	28	甲午	四绿	执	昴
十七	30	乙未	二黑	成	壁	30	乙丑	二黑	除	娄	29	乙未	五黄	破	毕
十八	12月 1	丙申	一白	收	奎	31	丙寅	三碧	满	胃	30	丙申	六白	危	觜
十九	2	丁酉	九紫	开	娄	1月 1	丁卯	四绿	平	昴	31	丁酉	七赤	成	参
二十	3	戊戌	八白	闭	胃	2	戊辰	五黄	定	毕	2月 1	戊戌	八白	收	井
廿一	4	己亥	七赤	建	昴	3	己巳	六白	执	觜	2	己亥	九紫	开	鬼
廿二	5	庚子	六白	除	毕	4	庚午	七赤	破	参	3	庚子	一白	闭	柳
廿三	6	辛丑	五黄	满	觜	5	辛未	八白	危	井	4	辛丑	二黑	建	星
廿四	7	壬寅	四绿	平	参	6	壬申	九紫	危	鬼	5	壬寅	三碧	建	张
廿五	8	癸卯	三碧	平	井	7	癸酉	一白	成	柳	6	癸卯	四绿	除	翼
廿六	9	甲辰	二黑	定	鬼	8	甲戌	二黑	收	星	7	甲辰	五黄	满	轸
廿七	10	乙巳	一白	执	柳	9	乙亥	三碧	开	张	8	乙巳	六白	平	角
廿八	11	丙午	九紫	破	星	10	丙子	四绿	闭	翼	9	丙午	七赤	定	亢
廿九	12	丁未	八白	危	张	11	丁丑	五黄	建	轸	10	丁未	八白	执	氐
三十	13	戊申	七赤	成	翼	12	戊寅	六白	除	角	11	戊申	九紫	破	房

公元1956年　丙申猴年　太岁管仲　九星八白

月份	正月小 庚寅 二黑 离卦 室宿					二月大 辛卯 一白 震卦 壁宿					三月小 壬辰 九紫 巽卦 奎宿					四月大 癸巳 八白 坎卦 娄宿				
节气	雨水 2月20日 初九丁巳 早子时 0时05分		惊蛰 3月5日 廿三辛未 亥时 22时25分			春分 3月20日 初九丙戌 夜子时 23时21分		清明 4月5日 廿五壬寅 亥时 21时32分			谷雨 4月20日 初十丁巳 巳时 10时44分		立夏 5月5日 廿五壬申 亥时 21时10分			小满 5月21日 十二戊子 巳时 10时13分		芒种 6月6日 廿八甲辰 丑时 1时36分		
农历	公历	干支	九星	日建	星宿	公历	干支	九星	日建	星宿	公历	干支	九星	日建	星宿	公历	干支	九星	日建	星宿
初一	12	己酉	一白	危	房	12	戊寅	三碧	闭	心	11	戊申	六白	定	箕	10	丁丑	八白	成	斗
初二	13	庚戌	二黑	成	心	13	己卯	四绿	建	尾	12	己酉	七赤	执	斗	11	戊寅	九紫	收	牛
初三	14	辛亥	三碧	收	尾	14	庚辰	五黄	除	箕	13	庚戌	八白	破	牛	12	己卯	一白	开	女
初四	15	壬子	四绿	开	箕	15	辛巳	六白	满	斗	14	辛亥	九紫	危	女	13	庚辰	二黑	闭	虚
初五	16	癸丑	五黄	闭	斗	16	壬午	七赤	平	牛	15	壬子	一白	成	虚	14	辛巳	三碧	建	危
初六	17	甲寅	六白	建	牛	17	癸未	八白	定	女	16	癸丑	二黑	收	危	15	壬午	四绿	除	室
初七	18	乙卯	七赤	除	女	18	甲申	九紫	执	虚	17	甲寅	三碧	开	室	16	癸未	五黄	满	壁
初八	19	丙辰	八白	满	虚	19	乙酉	一白	破	危	18	乙卯	四绿	闭	壁	17	甲申	六白	平	奎
初九	20	丁巳	六白	平	危	20	丙戌	二黑	危	室	19	丙辰	五黄	建	奎	18	乙酉	七赤	定	娄
初十	21	戊午	七赤	定	室	21	丁亥	三碧	成	壁	20	丁巳	三碧	除	娄	19	丙戌	八白	执	胃
十一	22	己未	八白	执	壁	22	戊子	四绿	收	奎	21	戊午	四绿	满	胃	20	丁亥	九紫	破	昴
十二	23	庚申	九紫	破	奎	23	己丑	五黄	开	娄	22	己未	五黄	平	昴	21	戊子	一白	危	毕
十三	24	辛酉	一白	危	娄	24	庚寅	六白	闭	胃	23	庚申	六白	定	毕	22	己丑	二黑	成	觜
十四	25	壬戌	二黑	成	胃	25	辛卯	七赤	建	昴	24	辛酉	七赤	执	觜	23	庚寅	三碧	收	参
十五	26	癸亥	三碧	收	昴	26	壬辰	八白	除	毕	25	壬戌	八白	破	参	24	辛卯	四绿	开	井
十六	27	甲子	七赤	开	毕	27	癸巳	九紫	满	觜	26	癸亥	九紫	危	井	25	壬辰	五黄	闭	鬼
十七	28	乙丑	八白	闭	觜	28	甲午	一白	平	参	27	甲子	四绿	成	鬼	26	癸巳	六白	建	柳
十八	29	丙寅	九紫	建	参	29	乙未	二黑	定	井	28	乙丑	五黄	收	柳	27	甲午	七赤	除	星
十九	3月	丁卯	一白	除	井	30	丙申	三碧	执	鬼	29	丙寅	六白	开	星	28	乙未	八白	满	张
二十	2	戊辰	二黑	满	鬼	31	丁酉	四绿	破	柳	30	丁卯	七赤	闭	张	29	丙申	九紫	平	翼
廿一	3	己巳	三碧	平	柳	4月	戊戌	五黄	危	星	5月	戊辰	八白	建	翼	30	丁酉	一白	定	轸
廿二	4	庚午	四绿	定	星	2	己亥	六白	成	张	2	己巳	九紫	除	轸	31	戊戌	二黑	执	角
廿三	5	辛未	五黄	定	张	3	庚子	七赤	收	翼	3	庚午	一白	满	角	6月	己亥	三碧	破	亢
廿四	6	壬申	六白	执	翼	4	辛丑	八白	开	轸	4	辛未	二黑	平	亢	2	庚子	四绿	危	氐
廿五	7	癸酉	七赤	破	轸	5	壬寅	九紫	开	角	5	壬申	三碧	平	氐	3	辛丑	五黄	成	房
廿六	8	甲戌	八白	危	角	6	癸卯	一白	闭	亢	6	癸酉	四绿	定	房	4	壬寅	六白	收	心
廿七	9	乙亥	九紫	成	亢	7	甲辰	二黑	建	氐	7	甲戌	五黄	执	心	5	癸卯	七赤	开	尾
廿八	10	丙子	一白	收	氐	8	乙巳	三碧	除	房	8	乙亥	六白	破	尾	6	甲辰	八白	开	箕
廿九	11	丁丑	二黑	开	房	9	丙午	四绿	满	心	9	丙子	七赤	危	箕	7	乙巳	九紫	闭	斗
三十						10	丁未	五黄	平	尾						8	丙午	一白	建	牛

公元1956年　丙申猴年　太岁管仲　九星八白

月份	五月小 甲午 七赤 艮卦 胃宿					六月小 乙未 六白 坤卦 昴宿					七月大 丙申 五黄 乾卦 毕宿					八月小 丁酉 四绿 兑卦 觜宿				
节气	夏至 6月21日 十三己未 酉时 18时24分				小暑 7月7日 廿九乙亥 午时 11时59分	大暑 7月23日 十六辛卯 卯时 5时21分					立秋 8月7日 初二丙午 亥时 21时41分				处暑 8月23日 十八壬戌 午时 12时15分	白露 9月8日 初四戊寅 早子时 0时20分				秋分 9月23日 十九癸巳 巳时 9时36分
农历	公历	干支	九星	日建	星宿	公历	干支	九星	日建	星宿	公历	干支	九星	日建	星宿	公历	干支	九星	日建	星宿
初一	9	丁未	二黑	除	女	8	丙子	六白	执	虚	6	乙巳	四绿	开	危	5	乙亥	一白	平	壁
初二	10	戊申	三碧	满	虚	9	丁丑	五黄	破	危	7	丙午	三碧	开	室	6	丙子	九紫	定	奎
初三	11	己酉	四绿	平	危	10	戊寅	四绿	危	室	8	丁未	二黑	闭	壁	7	丁丑	八白	执	娄
初四	12	庚戌	五黄	定	室	11	己卯	三碧	成	壁	9	戊申	一白	建	奎	8	戊寅	七赤	执	胃
初五	13	辛亥	六白	执	壁	12	庚辰	二黑	收	奎	10	己酉	九紫	除	娄	9	己卯	六白	破	昴
初六	14	壬子	七赤	破	奎	13	辛巳	一白	开	娄	11	庚戌	八白	满	胃	10	庚辰	五黄	危	毕
初七	15	癸丑	八白	危	娄	14	壬午	九紫	闭	胃	12	辛亥	七赤	平	昴	11	辛巳	四绿	成	觜
初八	16	甲寅	九紫	成	胃	15	癸未	八白	建	昴	13	壬子	六白	定	毕	12	壬午	三碧	收	参
初九	17	乙卯	一白	收	昴	16	甲申	七赤	除	毕	14	癸丑	五黄	执	觜	13	癸未	二黑	开	井
初十	18	丙辰	二黑	开	毕	17	乙酉	六白	满	觜	15	甲寅	四绿	破	参	14	甲申	一白	闭	鬼
十一	19	丁巳	三碧	闭	觜	18	丙戌	五黄	平	参	16	乙卯	三碧	危	井	15	乙酉	九紫	建	柳
十二	20	戊午	四绿	建	参	19	丁亥	四绿	定	井	17	丙辰	二黑	成	鬼	16	丙戌	八白	除	星
十三	21	己未	八白	除	井	20	戊子	三碧	执	鬼	18	丁巳	一白	收	柳	17	丁亥	七赤	满	张
十四	22	庚申	七赤	满	鬼	21	己丑	二黑	破	柳	19	戊午	九紫	开	星	18	戊子	六白	平	翼
十五	23	辛酉	六白	平	柳	22	庚寅	一白	危	星	20	己未	八白	闭	张	19	己丑	五黄	定	轸
十六	24	壬戌	五黄	定	星	23	辛卯	九紫	成	张	21	庚申	七赤	建	翼	20	庚寅	四绿	执	角
十七	25	癸亥	四绿	执	张	24	壬辰	八白	收	翼	22	辛酉	六白	除	轸	21	辛卯	三碧	破	亢
十八	26	甲子	九紫	破	翼	25	癸巳	七赤	开	轸	23	壬戌	八白	满	角	22	壬辰	二黑	危	氐
十九	27	乙丑	八白	危	轸	26	甲午	六白	闭	角	24	癸亥	七赤	平	亢	23	癸巳	一白	成	房
二十	28	丙寅	七赤	成	角	27	乙未	五黄	建	亢	25	甲子	三碧	定	氐	24	甲午	九紫	收	心
廿一	29	丁卯	六白	收	亢	28	丙申	四绿	除	氐	26	乙丑	二黑	执	房	25	乙未	八白	开	尾
廿二	30	戊辰	五黄	开	氐	29	丁酉	三碧	满	房	27	丙寅	一白	破	心	26	丙申	七赤	闭	箕
廿三	7月	己巳	四绿	闭	房	30	戊戌	二黑	平	心	28	丁卯	九紫	危	尾	27	丁酉	六白	建	斗
廿四	2	庚午	三碧	建	心	31	己亥	一白	定	尾	29	戊辰	八白	成	箕	28	戊戌	五黄	除	牛
廿五	3	辛未	二黑	除	尾	8月	庚子	九紫	执	箕	30	己巳	七赤	收	斗	29	己亥	四绿	满	女
廿六	4	壬申	一白	满	箕	2	辛丑	八白	破	斗	31	庚午	六白	开	牛	30	庚子	三碧	平	虚
廿七	5	癸酉	九紫	平	斗	3	壬寅	七赤	危	牛	9月	辛未	五黄	闭	女	10月	辛丑	二黑	定	危
廿八	6	甲戌	八白	定	牛	4	癸卯	六白	成	女	2	壬申	四绿	建	虚	2	壬寅	一白	执	室
廿九	7	乙亥	七赤	定	女	5	甲辰	五黄	收	虚	3	癸酉	三碧	除	危	3	癸卯	九紫	破	壁
三十											4	甲戌	二黑	满	室					

国学经典文库　中华历书大全　·1900~2100年万年历法表·　图文珍藏版

国学经典文库

中华历书大全

·1900~2100年万年历法表·

图文珍藏版

公元1956年　丙申猴年　　太岁管仲　九星八白

月份	九月大　戊戌　三碧　离卦　参宿	十月小　己亥　二黑　震卦　井宿	十一月大　庚子　一白　巽卦　鬼宿	十二月大　辛丑　九紫　坎卦　柳宿
节气	寒露　10月8日　初五戊申　申时　15时37分　／　霜降　10月23日　二十癸亥　酉时　18时35分	立冬　11月7日　初五戊寅　酉时　18时27分　／　小雪　11月22日　二十癸巳　申时　15时51分	大雪　12月7日　初六戊申　午时　11时03分　／　冬至　12月22日　廿一癸亥　卯时　5时00分	小寒　1月5日　初五丁丑　亥时　22时11分　／　大寒　1月20日　二十壬辰　申时　15时39分

农历	公历	干支	九星	日建	星宿	公历	干支	九星	日建	星宿	公历	干支	九星	日建	星宿	公历	干支	九星	日建	星宿
初一	4	甲辰	八白	危	奎	3	甲戌	五黄	建	胃	2	癸卯	三碧	定	昴	1月	癸酉	一白	收	觜
初二	5	乙巳	七赤	成	娄	4	乙亥	四绿	除	昴	3	甲辰	二黑	执	毕	2	甲戌	二黑	开	参
初三	6	丙午	六白	收	胃	5	丙子	三碧	满	毕	4	乙巳	一白	破	觜	3	乙亥	三碧	闭	井
初四	7	丁未	五黄	开	昴	6	丁丑	二黑	平	觜	5	丙午	九紫	危	参	4	丙子	四绿	建	鬼
初五	8	戊申	四绿	开	毕	7	戊寅	一白	平	参	6	丁未	八白	成	井	5	丁丑	五黄	建	柳
初六	9	己酉	三碧	闭	觜	8	己卯	九紫	定	井	7	戊申	七赤	成	鬼	6	戊寅	六白	除	星
初七	10	庚戌	二黑	建	参	9	庚辰	八白	执	鬼	8	己酉	六白	收	柳	7	己卯	七赤	满	张
初八	11	辛亥	一白	除	井	10	辛巳	七赤	破	柳	9	庚戌	五黄	开	星	8	庚辰	八白	平	翼
初九	12	壬子	九紫	满	鬼	11	壬午	六白	危	星	10	辛亥	四绿	闭	张	9	辛巳	九紫	定	轸
初十	13	癸丑	八白	平	柳	12	癸未	五黄	成	张	11	壬子	三碧	建	翼	10	壬午	一白	执	角
十一	14	甲寅	七赤	定	星	13	甲申	四绿	收	翼	12	癸丑	二黑	除	轸	11	癸未	二黑	破	亢
十二	15	乙卯	六白	执	张	14	乙酉	三碧	开	轸	13	甲寅	一白	满	角	12	甲申	三碧	危	氐
十三	16	丙辰	五黄	破	翼	15	丙戌	二黑	闭	角	14	乙卯	九紫	平	亢	13	乙酉	四绿	成	房
十四	17	丁巳	四绿	危	轸	16	丁亥	一白	建	亢	15	丙辰	八白	定	氐	14	丙戌	五黄	收	心
十五	18	戊午	三碧	成	角	17	戊子	九紫	除	氐	16	丁巳	七赤	执	房	15	丁亥	六白	开	尾
十六	19	己未	二黑	收	亢	18	己丑	八白	满	房	17	戊午	六白	破	心	16	戊子	七赤	闭	箕
十七	20	庚申	一白	开	氐	19	庚寅	七赤	平	心	18	己未	五黄	危	尾	17	己丑	八白	建	斗
十八	21	辛酉	九紫	闭	房	20	辛卯	六白	定	尾	19	庚申	四绿	成	箕	18	庚寅	九紫	除	牛
十九	22	壬戌	八白	建	心	21	壬辰	五黄	执	箕	20	辛酉	三碧	收	斗	19	辛卯	一白	满	女
二十	23	癸亥	一白	除	尾	22	癸巳	四绿	破	斗	21	壬戌	二黑	开	牛	20	壬辰	二黑	平	虚
廿一	24	甲子	六白	满	箕	23	甲午	三碧	危	牛	22	癸亥	六白	闭	女	21	癸巳	三碧	定	危
廿二	25	乙丑	五黄	平	斗	24	乙未	二黑	成	女	23	甲子	一白	建	虚	22	甲午	四绿	执	室
廿三	26	丙寅	四绿	定	牛	25	丙申	一白	收	虚	24	乙丑	二黑	除	危	23	乙未	五黄	破	壁
廿四	27	丁卯	三碧	执	女	26	丁酉	九紫	开	危	25	丙寅	三碧	满	室	24	丙申	六白	危	奎
廿五	28	戊辰	二黑	破	虚	27	戊戌	八白	闭	室	26	丁卯	四绿	平	壁	25	丁酉	七赤	成	娄
廿六	29	己巳	一白	危	危	28	己亥	七赤	建	壁	27	戊辰	五黄	定	奎	26	戊戌	八白	收	胃
廿七	30	庚午	九紫	成	室	29	庚子	六白	除	奎	28	己巳	六白	执	娄	27	己亥	九紫	开	昴
廿八	31	辛未	八白	收	壁	30	辛丑	五黄	满	娄	29	庚午	七赤	破	胃	28	庚子	一白	闭	毕
廿九	11月	壬申	七赤	开	奎	12月	壬寅	四绿	平	胃	30	辛未	八白	危	昴	29	辛丑	二黑	建	觜
三十	2	癸酉	六白	闭	娄						31	壬申	九紫	成	毕	30	壬寅	三碧	除	参

国学经典文库　中华历书大全　·1900－2100年万年历法表·　图文珍藏版

公元1957年　丁酉鸡年（闰八月）　太岁康杰 九星七赤

月份	正月大 壬寅 八白 震卦 星宿				二月小 癸卯 七赤 巽卦 张宿				三月大 甲辰 六白 坎卦 翼宿				四月小 乙巳 五黄 艮卦 轸宿			
节气	立春 2月4日 初五丁未 巳时 9时55分		雨水 2月19日 二十壬戌 卯时 5时59分		惊蛰 3月6日 初五丁丑 寅时 4时11分		春分 3月21日 二十壬辰 卯时 5时17分		清明 4月5日 初六丁未 巳时 9时19分		谷雨 4月20日 廿一壬戌 申时 16时42分		立夏 5月6日 初七戊寅 丑时 2时59分		小满 5月21日 廿二癸巳 申时 16时11分	
农历	公历	干支	九星	日建 星宿	公历	干支	九星	日建 星宿	公历	干支	九星	日建 星宿	公历	干支	九星	日建 星宿
初一	31	癸卯	四绿	满 井	2	癸酉	七赤	危 柳	31	壬寅	九紫	闭 星	30	壬申	三碧	定 翼
初二	2月	甲辰	五黄	平 鬼	3	甲戌	八白	成 星	4月	癸卯	一白	建 张	5月	癸酉	四绿	执 轸
初三	2	乙巳	六白	定 柳	4	乙亥	九紫	收 张	2	甲辰	二黑	除 翼	2	甲戌	五黄	破 角
初四	3	丙午	七赤	执 星	5	丙子	一白	开 翼	3	乙巳	三碧	满 轸	3	乙亥	六白	危 亢
初五	4	丁未	八白	执 张	6	丁丑	二黑	开 轸	4	丙午	四绿	平 角	4	丙子	七赤	成 氐
初六	5	戊申	九紫	破 翼	7	戊寅	三碧	闭 角	5	丁未	五黄	平 亢	5	丁丑	八白	收 房
初七	6	己酉	一白	危 轸	8	己卯	四绿	建 亢	6	戊申	六白	定 氐	6	戊寅	九紫	收 心
初八	7	庚戌	二黑	成 角	9	庚辰	五黄	除 氐	7	己酉	七赤	执 房	7	己卯	一白	开 尾
初九	8	辛亥	三碧	收 亢	10	辛巳	六白	满 房	8	庚戌	八白	破 心	8	庚辰	二黑	闭 箕
初十	9	壬子	四绿	开 氐	11	壬午	七赤	平 心	9	辛亥	九紫	危 尾	9	辛巳	三碧	建 斗
十一	10	癸丑	五黄	闭 房	12	癸未	八白	定 尾	10	壬子	一白	成 箕	10	壬午	四绿	除 牛
十二	11	甲寅	六白	建 心	13	甲申	九紫	执 箕	11	癸丑	二黑	收 斗	11	癸未	五黄	满 女
十三	12	乙卯	七赤	除 尾	14	乙酉	一白	破 斗	12	甲寅	三碧	开 牛	12	甲申	六白	平 虚
十四	13	丙辰	八白	满 箕	15	丙戌	二黑	危 牛	13	乙卯	四绿	闭 女	13	乙酉	七赤	定 危
十五	14	丁巳	九紫	平 斗	16	丁亥	三碧	成 女	14	丙辰	五黄	建 虚	14	丙戌	八白	执 室
十六	15	戊午	一白	定 牛	17	戊子	四绿	收 虚	15	丁巳	六白	除 危	15	丁亥	九紫	破 壁
十七	16	己未	二黑	执 女	18	己丑	五黄	开 危	16	戊午	七赤	满 室	16	戊子	一白	危 奎
十八	17	庚申	三碧	破 虚	19	庚寅	六白	闭 室	17	己未	八白	平 壁	17	己丑	二黑	成 娄
十九	18	辛酉	四绿	危 危	20	辛卯	七赤	建 壁	18	庚申	九紫	定 奎	18	庚寅	三碧	收 胃
二十	19	壬戌	二黑	成 室	21	壬辰	八白	除 奎	19	辛酉	一白	执 娄	19	辛卯	四绿	开 昴
廿一	20	癸亥	三碧	收 壁	22	癸巳	九紫	满 娄	20	壬戌	八白	破 胃	20	壬辰	五黄	闭 毕
廿二	21	甲子	七赤	开 奎	23	甲午	一白	平 胃	21	癸亥	九紫	危 昴	21	癸巳	六白	建 觜
廿三	22	乙丑	八白	闭 娄	24	乙未	二黑	定 昴	22	甲子	四绿	成 毕	22	甲午	七赤	除 参
廿四	23	丙寅	九紫	建 胃	25	丙申	三碧	执 毕	23	乙丑	五黄	收 觜	23	乙未	八白	满 井
廿五	24	丁卯	一白	除 昴	26	丁酉	四绿	破 觜	24	丙寅	六白	开 参	24	丙申	九紫	平 鬼
廿六	25	戊辰	二黑	满 毕	27	戊戌	五黄	危 参	25	丁卯	七赤	闭 井	25	丁酉	一白	定 柳
廿七	26	己巳	三碧	平 觜	28	己亥	六白	成 井	26	戊辰	八白	建 鬼	26	戊戌	二黑	执 星
廿八	27	庚午	四绿	定 参	29	庚子	七赤	收 鬼	27	己巳	九紫	除 柳	27	己亥	三碧	破 张
廿九	28	辛未	五黄	执 井	30	辛丑	八白	开 柳	28	庚午	一白	满 星	28	庚子	四绿	危 翼
三十	3月	壬申	六白	破 鬼					29	辛未	二黑	平 张				

公元1957年　丁酉鸡年（闰八月）　太岁康杰　九星七赤

月份	五月大 丙午 四绿 坤卦 角宿					六月小 丁未 三碧 乾卦 亢宿					七月小 戊申 二黑 兑卦 氐宿				
节气	芒种 6月6日 初九己酉 辰时 7时25分		夏至 6月22日 廿五乙丑 早子时 0时21分			小暑 7月7日 初十庚辰 酉时 17时49分		大暑 7月23日 廿六丙申 午时 11时15分			立秋 8月8日 十三壬子 寅时 3时33分		处暑 8月23日 廿八丁卯 酉时 18时08分		
农历	公历	干支	九星	日建	星宿	公历	干支	九星	日建	星宿	公历	干支	九星	日建	星宿
初一	29	辛丑	五黄	成	轸	28	辛未	二黑	除	亢	27	庚子	九紫	执	氐房
初二	30	壬寅	六白	收	角	29	壬申	一白	满	氐	28	辛丑	八白	破	心尾
初三	31	癸卯	七赤	开	亢	30	癸酉	九紫	平	房	29	壬寅	七赤	危	箕
初四	6月	甲辰	八白	闭	氐	7月	甲戌	八白	定	心	30	癸卯	六白	成	斗牛
初五	2	乙巳	九紫	建	房	2	乙亥	七赤	执	尾	31	甲辰	五黄	收	女
初六	3	丙午	一白	除	心	3	丙子	六白	破	箕	8月	乙巳	四绿	开	危室
初七	4	丁未	二黑	满	尾	4	丁丑	五黄	危	斗	2	丙午	三碧	闭	壁
初八	5	戊申	三碧	平	箕	5	戊寅	四绿	成	牛	3	丁未	二黑	建	奎娄
初九	6	己酉	四绿	平	斗	6	己卯	三碧	收	女	4	戊申	一白	除	胃
初十	7	庚戌	五黄	定	牛	7	庚辰	二黑	收	虚	5	己酉	九紫	满	昴毕
十一	8	辛亥	六白	执	女	8	辛巳	一白	开	危	6	庚戌	八白	平	觜参
十二	9	壬子	七赤	破	虚	9	壬午	九紫	闭	室	7	辛亥	七赤	定	井
十三	10	癸丑	八白	危	危	10	癸未	八白	建	壁	8	壬子	六白	定	鬼
十四	11	甲寅	九紫	成	室	11	甲申	七赤	除	奎	9	癸丑	五黄	执	柳星
十五	12	乙卯	一白	收	壁	12	乙酉	六白	满	娄	10	甲寅	四绿	破	张翼
十六	13	丙辰	二黑	开	奎	13	丙戌	五黄	平	胃	11	乙卯	三碧	危	轸
十七	14	丁巳	三碧	闭	娄	14	丁亥	四绿	定	昴	12	丙辰	二黑	成	角亢
十八	15	戊午	四绿	建	胃	15	戊子	三碧	执	毕	13	丁巳	一白	收	氐
十九	16	己未	五黄	除	昴	16	己丑	二黑	破	觜	14	戊午	九紫	开	房
二十	17	庚申	六白	满	毕	17	庚寅	一白	危	参	15	己未	八白	闭	心尾
廿一	18	辛酉	七赤	平	觜	18	辛卯	九紫	成	井	16	庚申	七赤	建	箕
廿二	19	壬戌	八白	定	参	19	壬辰	八白	收	鬼	17	辛酉	六白	除	斗牛
廿三	20	癸亥	九紫	执	井	20	癸巳	七赤	开	柳	18	壬戌	五黄	满	女虚
廿四	21	甲子	四绿	破	鬼	21	甲午	六白	闭	星	19	癸亥	四绿	平	危室
廿五	22	乙丑	八白	危	柳	22	乙未	五黄	建	张	20	甲子	九紫	定	壁奎
廿六	23	丙寅	七赤	成	星	23	丙申	四绿	除	翼	21	乙丑	八白	执	娄胃
廿七	24	丁卯	六白	收	张	24	丁酉	三碧	满	轸	22	丙寅	七赤	破	昴毕
廿八	25	戊辰	五黄	开	翼	25	戊戌	二黑	平	角	23	丁卯	九紫	危	觜参
廿九	26	己巳	四绿	闭	轸	26	己亥	一白	定	亢	24	戊辰	八白	成	井
三十	27	庚午	三碧	建	角										

公元1957年　丁酉鸡年（闰八月）　太岁康杰 九星七赤

月份	八月大 己酉 一白 离卦 房宿					闰八月小					九月大 庚戌 九紫 震卦 心宿				
节气	白露 9月8日 十五癸未 卯时 6时13分		秋分 9月23日 三十戊戌 申时 15时27分			寒露 10月8日 十五癸丑 亥时 21时31分					霜降 10月24日 初二己巳 早子时 0时25分		立冬 11月8日 十七甲申 早子时 0时21分		
农历	公历	干支	九星	日建	星宿	公历	干支	九星	日建	星宿	公历	干支	九星	日建	星宿
初一	25	己巳	七赤	收	房	24	己亥	四绿	满	尾	23	戊辰	八白	破	箕
初二	26	庚午	六白	开	心	25	庚子	三碧	平	箕	24	己巳	一白	危	斗
初三	27	辛未	五黄	闭	尾	26	辛丑	二黑	定	斗	25	庚午	九紫	成	牛
初四	28	壬申	四绿	建	箕	27	壬寅	一白	执	牛	26	辛未	八白	收	女
初五	29	癸酉	三碧	除	斗	28	癸卯	九紫	破	女	27	壬申	七赤	开	虚
初六	30	甲戌	二黑	满	牛	29	甲辰	八白	危	虚	28	癸酉	六白	闭	危
初七	31	乙亥	一白	平	女	30	乙巳	七赤	成	危	29	甲戌	五黄	建	室
初八	9月	丙子	九紫	定	虚	10月	丙午	六白	收	室	30	乙亥	四绿	除	壁
初九	2	丁丑	八白	执	危	2	丁未	五黄	开	壁	31	丙子	三碧	满	奎
初十	3	戊寅	七赤	破	室	3	戊申	四绿	闭	奎	11月	丁丑	二黑	平	娄
十一	4	己卯	六白	危	壁	4	己酉	三碧	建	娄	2	戊寅	一白	定	胃
十二	5	庚辰	五黄	成	奎	5	庚戌	二黑	除	胃	3	己卯	九紫	执	昴
十三	6	辛巳	四绿	收	娄	6	辛亥	一白	满	昴	4	庚辰	八白	破	毕
十四	7	壬午	三碧	开	胃	7	壬子	九紫	平	毕	5	辛巳	七赤	危	觜
十五	8	癸未	二黑	开	昴	8	癸丑	八白	平	觜	6	壬午	六白	成	参
十六	9	甲申	一白	闭	毕	9	甲寅	七赤	定	参	7	癸未	五黄	收	井
十七	10	乙酉	九紫	建	觜	10	乙卯	六白	执	井	8	甲申	四绿	收	鬼
十八	11	丙戌	八白	除	参	11	丙辰	五黄	破	鬼	9	乙酉	三碧	开	柳
十九	12	丁亥	七赤	满	井	12	丁巳	四绿	危	柳	10	丙戌	二黑	闭	星
二十	13	戊子	六白	平	鬼	13	戊午	三碧	成	星	11	丁亥	一白	建	张
廿一	14	己丑	五黄	定	柳	14	己未	二黑	收	张	12	戊子	九紫	除	翼
廿二	15	庚寅	四绿	执	星	15	庚申	一白	开	翼	13	己丑	八白	满	轸
廿三	16	辛卯	三碧	破	张	16	辛酉	九紫	闭	轸	14	庚寅	七赤	平	角
廿四	17	壬辰	二黑	危	翼	17	壬戌	八白	建	角	15	辛卯	六白	定	亢
廿五	18	癸巳	一白	成	轸	18	癸亥	七赤	除	亢	16	壬辰	五黄	执	氐
廿六	19	甲午	九紫	收	角	19	甲子	三碧	满	氐	17	癸巳	四绿	破	房
廿七	20	乙未	八白	开	亢	20	乙丑	二黑	平	房	18	甲午	三碧	危	心
廿八	21	丙申	七赤	闭	氐	21	丙寅	一白	定	心	19	乙未	二黑	成	尾
廿九	22	丁酉	六白	建	房	22	丁卯	九紫	执	尾	20	丙申	一白	收	箕
三十	23	戊戌	五黄	除	心						21	丁酉	九紫	开	斗

公元1957年　丁酉鸡年（闰八月）　太岁康杰　九星七赤

月份	十月小 辛亥 八白 巽卦 尾宿					十一月大 壬子 七赤 坎卦 箕宿					十二月小 癸丑 六白 艮卦 斗宿				
节气	小雪 11月22日 初一戊戌 亥时 21时40分		大雪 12月7日 十六癸丑 申时 16时57分			冬至 12月22日 初二戊辰 巳时 10时49分		小寒 1月6日 十七癸未 寅时 4时05分			大寒 1月20日 初一丁酉 亥时 21时29分		立春 2月4日 十六壬子 申时 15时50分		
农历	公历	干支	九星	日建	星宿	公历	干支	九星	日建	星宿	公历	干支	九星	日建	星宿
初一	22	戊戌	八白	闭	牛	21	丁卯	三碧	平	女	20	丁酉	七赤	成	危
初二	23	己亥	七赤	建	女	22	戊辰	五黄	定	虚	21	戊戌	八白	收	室
初三	24	庚子	六白	除	虚	23	己巳	六白	执	危	22	己亥	九紫	开	壁
初四	25	辛丑	五黄	满	危	24	庚午	七赤	破	室	23	庚子	一白	闭	奎娄
初五	26	壬寅	四绿	平	室	25	辛未	八白	危	壁	24	辛丑	二黑	建	娄
初六	27	癸卯	三碧	定	壁	26	壬申	九紫	成	奎	25	壬寅	三碧	除	胃
初七	28	甲辰	二黑	执	奎娄	27	癸酉	一白	收	娄	26	癸卯	四绿	满	昴
初八	29	乙巳	一白	破	娄	28	甲戌	二黑	开	胃	27	甲辰	五黄	平	毕
初九	30	丙午	九紫	危	胃	29	乙亥	三碧	闭	昴	28	乙巳	六白	定	参
初十	12月	丁未	八白	成	昴	30	丙子	四绿	建	毕	29	丙午	七赤	执	井
十一	2	戊申	七赤	收	毕	31	丁丑	五黄	除	觜参	30	丁未	八白	破	井鬼
十二	3	己酉	六白	开	觜	1月	戊寅	六白	满	参	31	戊申	九紫	危	鬼柳
十三	4	庚戌	五黄	闭	参	2	己卯	七赤	平	井鬼	2月	己酉	一白	成	星张
十四	5	辛亥	四绿	建	井	3	庚辰	八白	定	鬼	2	庚戌	二黑	收	张
十五	6	壬子	三碧	除	鬼	4	辛巳	九紫	执	柳	3	辛亥	三碧	开	翼
十六	7	癸丑	二黑	除	柳	5	壬午	一白	破	星	4	壬子	四绿	开	翼轸
十七	8	甲寅	一白	满	星	6	癸未	二黑	破	张翼	5	癸丑	五黄	闭	轸角
十八	9	乙卯	九紫	平	张	7	甲申	三碧	危	翼轸	6	甲寅	六白	建	角亢
十九	10	丙辰	八白	定	翼	8	乙酉	四绿	成	轸角	7	乙卯	七赤	除	亢氐
二十	11	丁巳	七赤	执	轸	9	丙戌	五黄	收	角	8	丙辰	八白	满	氐
廿一	12	戊午	六白	破	角	10	丁亥	六白	开	亢氐	9	丁巳	九紫	平	房心
廿二	13	己未	五黄	危	亢	11	戊子	七赤	闭	氐房	10	戊午	一白	定	心尾
廿三	14	庚申	四绿	成	氐	12	己丑	八白	建	房心	11	己未	二黑	执	箕
廿四	15	辛酉	三碧	收	房	13	庚寅	九紫	除	心尾	12	庚申	三碧	破	斗
廿五	16	壬戌	二黑	开	心	14	辛卯	一白	满	尾	13	辛酉	四绿	危	牛女
廿六	17	癸亥	一白	闭	尾	15	壬辰	二黑	平	箕	14	壬戌	五黄	成	女虚
廿七	18	甲子	六白	建	箕斗	16	癸巳	三碧	定	斗牛	15	癸亥	六白	收	虚危
廿八	19	乙丑	五黄	除	斗	17	甲午	四绿	执	牛女	16	甲子	一白	开	危
廿九	20	丙寅	四绿	满	牛	18	乙未	五黄	破	女虚	17	乙丑	二黑	闭	
三十						19	丙申	六白	危	虚					

月份	正月大				甲寅 五黄 巽卦 牛宿	二月大				乙卯 四绿 坎卦 女宿	三月大				丙辰 三碧 艮卦 虚宿	四月小				丁巳 二黑 坤卦 危宿
节气	雨水 2月19日 初二丁卯 午时 11时49分		惊蛰 3月6日 十七壬午 巳时 10时06分			春分 3月21日 初二丁酉 午时 11时06分		清明 4月5日 十七壬子 申时 15时13分			谷雨 4月20日 初二丁卯 亥时 22时27分		立夏 5月6日 十八癸未 辰时 8时50分			小满 5月21日 初三戊戌 亥时 21时51分		芒种 6月6日 十九甲寅 未时 13时13分		
农历	公历	干支	九星	日建	星宿	公历	干支	九星	日建	星宿	公历	干支	九星	日建	星宿	公历	干支	九星	日建	星宿
初一	18	丙寅	三碧	建	室	20	丙申	三碧	执	奎	19	丙寅	九紫	开	胃	19	丙申	九紫	平	毕
初二	19	丁卯	一白	除	壁	21	丁酉	四绿	破	娄	20	丁卯	七赤	闭	昴	20	丁酉	一白	定	觜
初三	20	戊辰	二黑	满	奎	22	戊戌	五黄	危	胃	21	戊辰	八白	建	毕	21	戊戌	二黑	执	参
初四	21	己巳	三碧	平	娄	23	己亥	六白	成	昴	22	己巳	九紫	除	觜	22	己亥	三碧	破	井
初五	22	庚午	四绿	定	胃	24	庚子	七赤	收	毕	23	庚午	一白	满	参	23	庚子	四绿	危	鬼
初六	23	辛未	五黄	执	昴	25	辛丑	八白	开	觜	24	辛未	二黑	平	井	24	辛丑	五黄	成	柳
初七	24	壬申	六白	破	毕	26	壬寅	九紫	闭	参	25	壬申	三碧	定	鬼	25	壬寅	六白	收	星
初八	25	癸酉	七赤	危	觜	27	癸卯	一白	建	井	26	癸酉	四绿	执	柳	26	癸卯	七赤	开	张
初九	26	甲戌	八白	成	参	28	甲辰	二黑	除	鬼	27	甲戌	五黄	破	星	27	甲辰	八白	闭	翼
初十	27	乙亥	九紫	收	井	29	乙巳	三碧	满	柳	28	乙亥	六白	危	张	28	乙巳	九紫	建	轸
十一	28	丙子	一白	开	鬼	30	丙午	四绿	平	星	29	丙子	七赤	成	翼	29	丙午	一白	除	角
十二	3月 丁丑		二黑	闭	柳	31	丁未	五黄	定	张	30	丁丑	八白	收	轸	30	丁未	二黑	满	亢
十三	2	戊寅	三碧	建	星	4月 戊申		六白	执	翼	5月 戊寅		九紫	开	角	31	戊申	三碧	平	氐
十四	3	己卯	四绿	除	张	2	己酉	七赤	破	轸	2	己卯	一白	闭	亢	6月 己酉		四绿	定	房
十五	4	庚辰	五黄	满	翼	3	庚戌	八白	危	角	3	庚辰	二黑	建	氐	2	庚戌	五黄	执	心
十六	5	辛巳	六白	平	轸	4	辛亥	九紫	成	亢	4	辛巳	三碧	除	房	3	辛亥	六白	破	尾
十七	6	壬午	七赤	平	角	5	壬子	一白	成	氐	5	壬午	四绿	满	心	4	壬子	七赤	危	箕
十八	7	癸未	八白	定	亢	6	癸丑	二黑	收	房	6	癸未	五黄	满	尾	5	癸丑	八白	成	斗
十九	8	甲申	九紫	执	氐	7	甲寅	三碧	开	心	7	甲申	六白	平	箕	6	甲寅	九紫	收	牛
二十	9	乙酉	一白	破	房	8	乙卯	四绿	闭	尾	8	乙酉	七赤	定	斗	7	乙卯	一白	收	女
廿一	10	丙戌	二黑	危	心	9	丙辰	五黄	建	箕	9	丙戌	八白	执	牛	8	丙辰	二黑	开	虚
廿二	11	丁亥	三碧	成	尾	10	丁巳	六白	除	斗	10	丁亥	九紫	破	女	9	丁巳	三碧	闭	危
廿三	12	戊子	四绿	收	箕	11	戊午	七赤	满	牛	11	戊子	一白	危	虚	10	戊午	四绿	建	室
廿四	13	己丑	五黄	开	斗	12	己未	八白	平	女	12	己丑	二黑	成	危	11	己未	五黄	除	壁
廿五	14	庚寅	六白	闭	牛	13	庚申	九紫	定	虚	13	庚寅	三碧	收	室	12	庚申	六白	满	奎
廿六	15	辛卯	七赤	建	女	14	辛酉	一白	执	危	14	辛卯	四绿	开	壁	13	辛酉	七赤	平	娄
廿七	16	壬辰	八白	除	虚	15	壬戌	二黑	破	室	15	壬辰	五黄	闭	奎	14	壬戌	八白	定	胃
廿八	17	癸巳	九紫	满	危	16	癸亥	三碧	危	壁	16	癸巳	六白	建	娄	15	癸亥	九紫	执	昴
廿九	18	甲午	一白	平	室	17	甲子	七赤	成	奎	17	甲午	七赤	除	胃	16	甲子	四绿	破	毕
三十	19	乙未	二黑	定	壁	18	乙丑	八白	收	娄	18	乙未	八白	满	昴					

国学经典文库　中华历书大全　·1900~2100年万年历法表·　图文珍藏版

国学经典文库

中华历书大全

·1900-2100年万年历法表·

图文珍藏版

月份	五月大 戊午 一白 乾卦 室宿			六月小 己未 九紫 兑卦 壁宿			七月小 庚申 八白 离卦 奎宿			八月大 辛酉 七赤 震卦 娄宿		
节气	夏至 6月22日 初六庚午 卯时 5时57分	小暑 7月7日 廿一乙酉 夜子时 23时34分		大暑 7月23日 初七辛丑 申时 16时51分	立秋 8月8日 廿三丁巳 巳时 9时18分		处暑 8月23日 初九壬申 夜子时 23时47分	白露 9月8日 廿五戊子 午时 12时00分		秋分 9月23日 十一癸卯 亥时 21时10分	寒露 10月9日 廿七己未 寅时 3时20分	
农历	公历	干支	九星 日建 星宿	公历	干支	九星 日建 星宿	公历	干支	九星 日建 星宿	公历	干支	九星 日建 星宿
初一	17	乙丑	五黄 危 觜	17	乙未	五黄 建 井	15	甲子 九紫	定 鬼	13	癸巳	一白 成 柳
初二	18	丙寅	六白 成 参	18	丙申	四绿 除 鬼	16	乙丑	八白 执 柳	14	甲午	九紫 收 星
初三	19	丁卯	七赤 收 井	19	丁酉	三碧 满 柳	17	丙寅	七赤 破 星	15	乙未	八白 开 张
初四	20	戊辰	八白 开 鬼	20	戊戌	二黑 平 星	18	丁卯	六白 危 张	16	丙申	七赤 闭 翼
初五	21	己巳	九紫 闭 柳	21	己亥	一白 定 张	18	戊辰	五黄 成 翼	17	丁酉	六白 建 轸
初六	22	庚午	三碧 建 星	22	庚子	九紫 执 翼	20	己巳	四绿 收 轸	18	戊戌	五黄 除 角
初七	23	辛未	二黑 除 张	23	辛丑	八白 破 轸	21	庚午	三碧 开 角	19	己亥	四绿 满 亢
初八	24	壬申	一白 满 翼	24	壬寅	七赤 危 角	22	辛未	二黑 闭 亢	20	庚子	三碧 平 氐
初九	25	癸酉	九紫 平 轸	25	癸卯	六白 成 亢	23	壬申	四绿 建 氐	21	辛丑	二黑 定 房
初十	26	甲戌	八白 定 角	26	甲辰	五黄 收 氐	24	癸酉	三碧 除 房	22	壬寅	一白 执 心
十一	27	乙亥	七赤 执 亢	27	乙巳	四绿 开 房	25	甲戌	二黑 满 心	23	癸卯	九紫 破 尾
十二	28	丙子	六白 破 氐	28	丙午	三碧 闭 心	26	乙亥	一白 平 尾	24	甲辰	八白 危 箕
十三	29	丁丑	五黄 危 房	29	丁未	二黑 建 尾	27	丙子	九紫 定 箕	25	乙巳	七赤 成 斗
十四	30	戊寅	四绿 成 心	30	戊申	一白 除 箕	28	丁丑	八白 执 斗	26	丙午	六白 收 牛
十五	7月	己卯	三碧 收 尾	31	己酉	九紫 满 斗	29	戊寅	七赤 破 牛	27	丁未	五黄 开 女
十六	2	庚辰	二黑 开 箕	8月	庚戌	八白 平 牛	30	己卯	六白 危 女	28	戊申	四绿 闭 虚
十七	3	辛巳	一白 闭 斗	2	辛亥	七赤 定 女	31	庚辰	五黄 成 虚	29	己酉	三碧 建 危
十八	4	壬午	九紫 建 牛	3	壬子	六白 执 虚	9月	辛巳	四绿 收 危	30	庚戌	二黑 除 室
十九	5	癸未	八白 除 女	4	癸丑	五黄 破 危	2	壬午	三碧 开 室	10月	辛亥	一白 满 壁
二十	6	甲申	七赤 满 虚	5	甲寅	四绿 危 室	3	癸未	二黑 闭 壁	2	壬子	九紫 平 奎
廿一	7	乙酉	六白 平 危	6	乙卯	三碧 成 壁	4	甲申	一白 建 奎	3	癸丑	八白 定 娄
廿二	8	丙戌	五黄 定 室	7	丙辰	二黑 收 奎	5	乙酉	九紫 除 娄	4	甲寅	七赤 执 胃
廿三	9	丁亥	四绿 执 壁	8	丁巳	一白 收 娄	6	丙戌	八白 满 胃	5	乙卯	六白 破 昴
廿四	10	戊子	三碧 破 奎	9	戊午	九紫 开 胃	7	丁亥	七赤 平 昴	6	丙辰	五黄 危 毕
廿五	11	己丑	二黑 危 娄	10	己未	八白 闭 昴	8	戊子	六白 平 毕	7	丁巳	四绿 成 觜
廿六	12	庚寅	一白 成 胃	11	庚申	七赤 建 毕	9	己丑	五黄 定 觜	8	戊午	三碧 收 参
廿七	13	辛卯	九紫 收 昴	12	辛酉	六白 除 觜	10	庚寅	四绿 执 参	9	己未	二黑 开 井
廿八	14	壬辰	八白 开 毕	13	壬戌	五黄 满 参	11	辛卯	三碧 破 井	10	庚申	一白 闭 鬼
廿九	15	癸巳	七赤 闭 觜	14	癸亥	四绿 平 井	12	壬辰	二黑 危 鬼	11	辛酉	九紫 闭 柳
三十	16	甲午	六白 闭 参							12	壬戌	八白 建 星

月份	九月小		壬戌　六白 巽卦　胃宿	十月大		癸亥　五黄 坎卦　昴宿	十一月小		甲子　四绿 艮卦　毕宿	十二月大		乙丑　三碧 坤卦　觜宿
节气	霜降 10月24日 十二甲戌 卯时 6时12分	立冬 11月8日 廿七己丑 卯时 6时13分		小雪 11月23日 十三甲辰 寅时 3时30分	大雪 12月7日 廿七戊午 亥时 22时50分		冬至 12月22日 十二癸酉 申时 16时40分	小寒 1月6日 廿七戊子 巳时 9时59分		大寒 1月21日 十三癸卯 寅时 3时20分	立春 2月4日 廿七丁巳 亥时 21时43分	
农历	公历	干支	九星	日建	星宿	公历	干支	九星	日建	星宿	公历	干支	九星	日建	星宿

农历	公历	干支	九星	日建	星宿	公历	干支	九星	日建	星宿	公历	干支	九星	日建	星宿
初一	13	癸亥	七赤	除	张	11	壬辰	五黄	执	翼	11	壬戌	二黑	开	角	9	辛卯	一白	满	亢
初二	14	甲子	三碧	满	翼	12	癸巳	四绿	破	轸	12	癸亥	一白	闭	亢	10	壬辰	二黑	平	氐
初三	15	乙丑	二黑	平	轸	13	甲午	三碧	危	角	13	甲子	六白	建	氐	11	癸巳	三碧	定	房
初四	16	丙寅	一白	定	角	14	乙未	二黑	成	亢	14	乙丑	五黄	除	房	12	甲午	四绿	执	心
初五	17	丁卯	九紫	执	亢	15	丙申	一白	收	氐	15	丙寅	四绿	满	心	13	乙未	五黄	破	尾
初六	18	戊辰	八白	破	氐	16	丁酉	九紫	开	房	16	丁卯	三碧	平	尾	14	丙申	六白	危	箕
初七	19	己巳	七赤	危	房	17	戊戌	八白	闭	心	17	戊辰	二黑	定	箕	15	丁酉	七赤	成	斗
初八	20	庚午	六白	成	心	18	己亥	七赤	建	尾	18	己巳	一白	执	斗	16	戊戌	八白	收	牛
初九	21	辛未	五黄	收	尾	19	庚子	六白	除	箕	19	庚午	九紫	破	牛	17	己亥	九紫	开	女
初十	22	壬申	四绿	开	箕	20	辛丑	五黄	满	斗	20	辛未	八白	危	女	18	庚子	一白	闭	虚
十一	23	癸酉	三碧	闭	斗	21	壬寅	四绿	平	牛	21	壬申	七赤	成	虚	19	辛丑	二黑	建	危
十二	24	甲戌	五黄	建	牛	22	癸卯	三碧	定	女	22	癸酉	一白	收	危	20	壬寅	三碧	除	室
十三	25	乙亥	四绿	除	女	23	甲辰	二黑	执	虚	23	甲戌	二黑	开	室	21	癸卯	四绿	满	壁
十四	26	丙子	三碧	满	虚	24	乙巳	一白	破	危	24	乙亥	三碧	闭	壁	22	甲辰	五黄	平	奎
十五	27	丁丑	二黑	平	危	25	丙午	九紫	危	室	25	丙子	四绿	建	奎	23	乙巳	六白	定	娄
十六	28	戊寅	一白	定	室	26	丁未	八白	成	壁	26	丁丑	五黄	除	娄	24	丙午	七赤	执	胃
十七	29	己卯	九紫	执	壁	27	戊申	七赤	收	奎	27	戊寅	六白	满	胃	25	丁未	八白	破	昴
十八	30	庚辰	八白	破	奎	28	己酉	六白	开	娄	28	己卯	七赤	平	昴	26	戊申	九紫	危	毕
十九	31	辛巳	七赤	危	娄	29	庚戌	五黄	闭	胃	29	庚辰	八白	定	毕	27	己酉	一白	成	觜
二十	11月	壬午	六白	成	胃	30	辛亥	四绿	建	昴	30	辛巳	九紫	执	觜	28	庚戌	二黑	收	参
廿一	2	癸未	五黄	收	昴	12月	壬子	三碧	除	毕	31	壬午	一白	破	参	29	辛亥	三碧	开	井
廿二	3	甲申	四绿	开	毕	2	癸丑	二黑	满	觜	1月	癸未	二黑	危	井	30	壬子	四绿	闭	鬼
廿三	4	乙酉	三碧	闭	觜	3	甲寅	一白	平	参	2	甲申	三碧	成	鬼	31	癸丑	五黄	建	柳
廿四	5	丙戌	二黑	建	参	4	乙卯	九紫	定	井	3	乙酉	四绿	收	柳	2月	甲寅	六白	除	星
廿五	6	丁亥	一白	除	井	5	丙辰	八白	执	鬼	4	丙戌	五黄	开	星	2	乙卯	七赤	满	张
廿六	7	戊子	九紫	满	鬼	6	丁巳	七赤	破	柳	5	丁亥	六白	闭	张	3	丙辰	八白	平	翼
廿七	8	己丑	八白	满	柳	7	戊午	六白	破	星	6	戊子	七赤	闭	翼	4	丁巳	九紫	平	轸
廿八	9	庚寅	七赤	平	星	8	己未	五黄	危	张	7	己丑	八白	建	轸	5	戊午	一白	定	角
廿九	10	辛卯	六白	定	张	9	庚申	四绿	成	翼	8	庚寅	九紫	除	角	6	己未	二黑	执	亢
三十						10	辛酉	三碧	收	轸						7	庚申	三碧	破	氐

公元1959年　己亥猪年　太岁谢寿 九星五黄

月份	正月小 丙寅 二黑 坎卦 参宿				二月大 丁卯 一白 艮卦 井宿				三月大 戊辰 九紫 坤卦 鬼宿				四月小 己巳 八白 乾卦 柳宿			
节气	雨水 2月19日 十二壬申 酉时 17时38分		惊蛰 3月6日 廿七丁亥 申时 15时57分		春分 3月21日 十三壬寅 申时 16时55分		清明 4月5日 廿八丁巳 亥时 21时04分		谷雨 4月21日 十四癸酉 寅时 4时17分		立夏 5月6日 廿九戊子 未时 14时39分		小满 5月22日 十五甲辰 寅时 3时43分			
农历	公历	干支	九星	日建 星宿	公历	干支	九星	日建 星宿	公历	干支	九星	日建 星宿	公历	干支	九星	日建 星宿
初一	8	辛酉	四绿	危 房	9	庚寅	六白	闭 心	8	庚申	九紫	定 箕	8	庚寅	三碧	收 牛
初二	9	壬戌	五黄	成 心	10	辛卯	七赤	建 尾	9	辛酉	一白	执 斗	9	辛卯	四绿	开 女
初三	10	癸亥	六白	收 尾	11	壬辰	八白	除 箕	10	壬戌	二黑	破 牛	10	壬辰	五黄	闭 虚
初四	11	甲子	一白	开 箕	12	癸巳	九紫	满 斗	11	癸亥	三碧	危 女	11	癸巳	六白	建 危
初五	12	乙丑	二黑	闭 斗	13	甲午	一白	平 牛	12	甲子	七赤	成 虚	12	甲午	七赤	除 室
初六	13	丙寅	三碧	建 牛	14	乙未	二黑	定 女	13	乙丑	八白	收 危	13	乙未	八白	满 壁
初七	14	丁卯	四绿	除 女	15	丙申	三碧	执 虚	14	丙寅	九紫	开 室	14	丙申	九紫	平 奎
初八	15	戊辰	五黄	满 虚	16	丁酉	四绿	破 危	15	丁卯	一白	闭 壁	15	丁酉	一白	定 娄
初九	16	己巳	六白	平 危	17	戊戌	五黄	危 室	16	戊辰	二黑	建 奎	16	戊戌	二黑	执 胃
初十	17	庚午	七赤	定 室	18	己亥	六白	成 壁	17	己巳	三碧	除 娄	17	己亥	三碧	破 昴
十一	18	辛未	八白	执 壁	19	庚子	七赤	收 奎	18	庚午	四绿	满 胃	18	庚子	四绿	危 毕
十二	19	壬申	六白	破 奎	20	辛丑	八白	开 娄	19	辛未	五黄	平 昴	19	辛丑	五黄	成 觜
十三	20	癸酉	七赤	危 娄	21	壬寅	九紫	闭 胃	20	壬申	六白	定 毕	20	壬寅	六白	收 参
十四	21	甲戌	八白	成 胃	22	癸卯	一白	建 昴	21	癸酉	四绿	执 觜	21	癸卯	七赤	开 井
十五	22	乙亥	九紫	收 昴	23	甲辰	二黑	除 毕	22	甲戌	五黄	破 参	22	甲辰	八白	闭 鬼
十六	23	丙子	一白	开 毕	24	乙巳	三碧	满 觜	23	乙亥	六白	危 井	23	乙巳	九紫	建 柳
十七	24	丁丑	二黑	闭 觜	25	丙午	四绿	平 参	24	丙子	七赤	成 鬼	24	丙午	一白	除 星
十八	25	戊寅	三碧	建 参	26	丁未	五黄	定 井	25	丁丑	八白	收 柳	25	丁未	二黑	满 张
十九	26	己卯	四绿	除 井	27	戊申	六白	执 鬼	26	戊寅	九紫	开 星	26	戊申	三碧	平 翼
二十	27	庚辰	五黄	满 鬼	28	己酉	七赤	破 柳	27	己卯	一白	闭 张	27	己酉	四绿	定 轸
廿一	28	辛巳	六白	平 柳	29	庚戌	八白	危 星	28	庚辰	二黑	建 翼	28	庚戌	五黄	执 角
廿二	3月	壬午	七赤	定 星	30	辛亥	九紫	成 张	29	辛巳	三碧	除 轸	29	辛亥	六白	破 亢
廿三	2	癸未	八白	执 张	31	壬子	一白	收 翼	30	壬午	四绿	满 角	30	壬子	七赤	危 氐
廿四	3	甲申	九紫	破 翼	4月	癸丑	二黑	开 轸	5月	癸未	五黄	平 亢	31	癸丑	八白	成 房
廿五	4	乙酉	一白	危 轸	2	甲寅	三碧	闭 角	2	甲申	六白	定 氐	6月	甲寅	九紫	收 心
廿六	5	丙戌	二黑	成 角	3	乙卯	四绿	建 亢	3	乙酉	七赤	执 房	2	乙卯	一白	开 尾
廿七	6	丁亥	三碧	收 亢	4	丙辰	五黄	除 氐	4	丙戌	八白	破 心	3	丙辰	二黑	闭 箕
廿八	7	戊子	四绿	收 氐	5	丁巳	六白	除 房	5	丁亥	九紫	危 尾	4	丁巳	三碧	建 斗
廿九	8	己丑	五黄	开 房	6	戊午	七赤	满 心	6	戊子	一白	危 箕	5	戊午	四绿	除 女
三十					7	己未	八白	平 尾	7	己丑	二黑	成 斗				

月份	五月大 庚午 七赤 兑卦 星宿					六月小 辛未 六白 离卦 张宿					七月大 壬申 五黄 震卦 翼宿					八月小 癸酉 四绿 巽卦 轸宿				
节气	芒种 6月6日 初一己未 戌时 19时01分			夏至 6月22日 十七乙亥 午时 11时50分		小暑 7月8日 初三辛卯 卯时 5时20分			大暑 7月23日 十八丙午 亥时 22时46分		立秋 8月8日 初五壬戌 申时 15时05分			处暑 8月24日 廿一戊寅 卯时 5时44分		白露 9月8日 初六癸巳 酉时 17时49分			秋分 9月24日 廿二己酉 寅时 3时09分	
农历	公历	干支	九星	日建	星宿	公历	干支	九星	日建	星宿	公历	干支	九星	日建	星宿	公历	干支	九星	日建	星宿
初一	6	己未	五黄	除	女	6	己丑	二黑	危	危	4	戊午	九紫	闭	室	3	戊子	六白	定	奎
初二	7	庚申	六白	满	虚	7	庚寅	一白	成	室	5	己未	八白	建	壁	4	己丑	五黄	执	娄
初三	8	辛酉	七赤	平	危	8	辛卯	九紫	成	壁	6	庚申	七赤	除	奎	5	庚寅	四绿	破	胃
初四	9	壬戌	八白	定	室	9	壬辰	八白	收	奎	7	辛酉	六白	满	娄	6	辛卯	三碧	危	昴
初五	10	癸亥	九紫	执	壁	10	癸巳	七赤	开	娄	8	壬戌	五黄	满	胃	7	壬辰	二黑	成	毕
初六	11	甲子	四绿	破	奎	11	甲午	六白	闭	胃	9	癸亥	四绿	平	昴	8	癸巳	一白	成	觜
初七	12	乙丑	五黄	危	娄	12	乙未	五黄	建	昴	10	甲子	九紫	定	毕	9	甲午	九紫	收	参
初八	13	丙寅	六白	成	胃	13	丙申	四绿	除	毕	11	乙丑	八白	执	觜	10	乙未	八白	开	井
初九	14	丁卯	七赤	收	昴	14	丁酉	三碧	满	觜	12	丙寅	七赤	破	参	11	丙申	七赤	闭	鬼
初十	15	戊辰	八白	开	毕	15	戊戌	二黑	平	参	13	丁卯	六白	危	井	12	丁酉	六白	建	柳
十一	16	己巳	九紫	闭	觜	16	己亥	一白	定	井	14	戊辰	五黄	成	鬼	13	戊戌	五黄	除	星
十二	17	庚午	一白	建	参	17	庚子	九紫	执	鬼	15	己巳	四绿	收	柳	14	己亥	四绿	满	张
十三	18	辛未	二黑	除	井	18	辛丑	八白	破	柳	16	庚午	三碧	开	星	15	庚子	三碧	平	翼
十四	19	壬申	三碧	满	鬼	19	壬寅	七赤	危	星	17	辛未	二黑	闭	张	16	辛丑	二黑	定	轸
十五	20	癸酉	四绿	平	柳	20	癸卯	六白	成	张	18	壬申	一白	建	翼	17	壬寅	一白	执	角
十六	21	甲戌	五黄	定	星	21	甲辰	五黄	收	翼	19	癸酉	九紫	除	轸	18	癸卯	九紫	破	亢
十七	22	乙亥	七赤	执	张	22	乙巳	四绿	开	轸	20	甲戌	八白	满	角	19	甲辰	八白	危	氐
十八	23	丙子	六白	破	翼	23	丙午	三碧	闭	角	21	乙亥	七赤	平	亢	20	乙巳	七赤	成	房
十九	24	丁丑	五黄	危	轸	24	丁未	二黑	建	亢	22	丙子	六白	定	氐	21	丙午	六白	收	心
二十	25	戊寅	四绿	成	角	25	戊申	一白	除	氐	23	丁丑	五黄	执	房	22	丁未	五黄	开	尾
廿一	26	己卯	三碧	收	亢	26	己酉	九紫	满	房	24	戊寅	七赤	破	心	23	戊申	四绿	闭	箕
廿二	27	庚辰	二黑	开	氐	27	庚戌	八白	平	心	25	己卯	六白	危	尾	24	己酉	三碧	建	斗
廿三	28	辛巳	一白	闭	房	28	辛亥	七赤	定	尾	26	庚辰	五黄	成	箕	25	庚戌	二黑	除	牛
廿四	29	壬午	九紫	建	心	29	壬子	六白	执	箕	27	辛巳	四绿	收	斗	26	辛亥	一白	满	女
廿五	30	癸未	八白	除	尾	30	癸丑	五黄	破	斗	28	壬午	三碧	开	牛	27	壬子	九紫	平	虚
廿六	7月	甲申	七赤	满	箕	31	甲寅	四绿	危	牛	29	癸未	二黑	闭	女	28	癸丑	八白	定	危
廿七	2	乙酉	六白	平	斗	8月	乙卯	三碧	成	女	30	甲申	一白	建	虚	29	甲寅	七赤	执	室
廿八	3	丙戌	五黄	定	牛	2	丙辰	二黑	收	虚	31	乙酉	九紫	除	危	30	乙卯	六白	破	壁
廿九	4	丁亥	四绿	执	女	3	丁巳	一白	开	危	9月	丙戌	八白	满	室	10月	丙辰	五黄	危	奎
三十	5	戊子	三碧	破	虚						2	丁亥	七赤	平	壁					

国学经典文库
中华历书大全
· 1900—2100年万年历法表 ·
图文珍藏版

公元1959年　　己亥猪年　太岁谢寿 九星五黄

月份	九月大		甲戌 三碧 坎卦 角宿	十月小		乙亥 二黑 艮卦 亢宿	十一月大		丙子 一白 坤卦 氐宿	十二月小		丁丑 九紫 乾卦 房宿
节气	寒露	霜降		立冬	小雪		大雪	冬至		小寒	大寒	
	10月9日	10月24日		11月8日	11月23日		12月8日	12月22日		1月6日	1月21日	
	初八甲子	廿三己卯		初八甲午	廿三己酉		初九甲子	廿三戊寅		初八癸巳	廿三戊申	
	巳时	午时		午时	巳时		寅时	亥时		申时	巳时	
	9时11分	12时12分		12时03分	9时28分		4时38分	22时35分		15时43分	9时11分	
农历	公历	干支	九星	日建	星宿	公历	干支	九星	日建	星宿	公历	干支	九星	日建	星宿	公历	干支	九星	日建	星宿

农历	公历	干支	九星	日建	星宿	公历	干支	九星	日建	星宿	公历	干支	九星	日建	星宿	公历	干支	九星	日建	星宿
初一	2	丁巳	四绿	成	娄	11月	丁亥	一白	除	昴	30	丙辰	八白	执	毕	30	丙戌	五黄	开	参
初二	3	戊午	三碧	收	胃	2	戊子	九紫	满	毕	12月	丁巳	七赤	破	觜	31	丁亥	六白	闭	井
初三	4	己未	二黑	开	昴	3	己丑	八白	平	觜	2	戊午	六白	危	参	1月	戊子	七赤	建	鬼
初四	5	庚申	一白	闭	毕	4	庚寅	七赤	定	参	3	己未	五黄	成	井	2	己丑	八白	除	柳
初五	6	辛酉	九紫	建	觜	5	辛卯	六白	执	井	4	庚申	四绿	收	鬼	3	庚寅	九紫	满	星
初六	7	壬戌	八白	除	参	6	壬辰	五黄	破	鬼	5	辛酉	三碧	开	柳	4	辛卯	一白	平	张
初七	8	癸亥	七赤	满	井	7	癸巳	四绿	危	柳	6	壬戌	二黑	闭	星	5	壬辰	二黑	定	翼
初八	9	甲子	三碧	满	鬼	8	甲午	三碧	危	星	7	癸亥	一白	建	张	6	癸巳	三碧	定	轸
初九	10	乙丑	二黑	平	柳	9	乙未	二黑	成	张	8	甲子	六白	建	翼	7	甲午	四绿	执	角
初十	11	丙寅	一白	定	星	10	丙申	一白	收	翼	9	乙丑	五黄	除	轸	8	乙未	五黄	破	亢
十一	12	丁卯	九紫	执	张	11	丁酉	九紫	开	轸	10	丙寅	四绿	满	角	9	丙申	六白	危	氐
十二	13	戊辰	八白	破	翼	12	戊戌	八白	闭	角	11	丁卯	三碧	平	亢	10	丁酉	七赤	成	房
十三	14	己巳	七赤	危	轸	13	己亥	七赤	建	亢	12	戊辰	二黑	定	氐	11	戊戌	八白	收	心
十四	15	庚午	六白	成	角	14	庚子	六白	除	氐	13	己巳	一白	执	房	12	己亥	九紫	开	尾
十五	16	辛未	五黄	收	亢	15	辛丑	五黄	满	房	14	庚午	九紫	破	心	13	庚子	一白	闭	箕
十六	17	壬申	四绿	开	氐	16	壬寅	四绿	平	心	15	辛未	八白	危	尾	14	辛丑	二黑	建	斗
十七	18	癸酉	三碧	闭	房	17	癸卯	三碧	定	尾	16	壬申	七赤	成	箕	15	壬寅	三碧	除	牛
十八	19	甲戌	二黑	建	心	18	甲辰	二黑	执	箕	17	癸酉	六白	收	斗	16	癸卯	四绿	满	女
十九	20	乙亥	一白	除	尾	19	乙巳	一白	破	斗	18	甲戌	五黄	开	牛	17	甲辰	五黄	平	虚
二十	21	丙子	九紫	满	箕	20	丙午	九紫	危	牛	19	乙亥	四绿	闭	女	18	乙巳	六白	定	危
廿一	22	丁丑	八白	平	斗	21	丁未	八白	成	女	20	丙子	三碧	建	虚	19	丙午	七赤	执	室
廿二	23	戊寅	七赤	定	牛	22	戊申	七赤	收	虚	21	丁丑	二黑	除	危	20	丁未	八白	破	壁
廿三	24	己卯	九紫	执	女	23	己酉	六白	开	危	22	戊寅	六白	满	室	21	戊申	九紫	危	奎
廿四	25	庚辰	八白	破	虚	24	庚戌	五黄	闭	室	23	己卯	七赤	平	壁	22	己酉	一白	成	娄
廿五	26	辛巳	七赤	危	危	25	辛亥	四绿	建	壁	24	庚辰	八白	定	奎	23	庚戌	二黑	收	胃
廿六	27	壬午	六白	成	室	26	壬子	三碧	除	奎	25	辛巳	九紫	执	娄	24	辛亥	三碧	开	昴
廿七	28	癸未	五黄	收	壁	27	癸丑	二黑	满	娄	26	壬午	一白	破	胃	25	壬子	四绿	闭	毕
廿八	29	甲申	四绿	开	奎	28	甲寅	一白	平	胃	27	癸未	二黑	危	昴	26	癸丑	五黄	建	觜
廿九	30	乙酉	三碧	闭	娄	29	乙卯	九紫	定	昴	28	甲申	三碧	成	毕	27	甲寅	六白	除	参
三十	31	丙戌	二黑	建	胃						29	乙酉	四绿	收	觜					

公元1960年　庚子鼠年（闰六月）　太岁虞起　九星四绿

月份	正月大 戊寅 八白 离卦 心宿					二月小 己卯 七赤 震卦 尾宿					三月大 庚辰 六白 巽卦 箕宿					四月小 辛巳 五黄 坎卦 斗宿				
节气	立春 2月5日 初九癸亥 寅时 3时24分		雨水 2月19日 廿三丁丑 夜子时 23时27分			惊蛰 3月5日 初八壬辰 亥时 21时37分		春分 3月20日 廿三丁未 亥时 22时43分			清明 4月5日 初十癸亥 丑时 2时44分		谷雨 4月20日 廿五戊寅 巳时 10时06分			立夏 5月5日 初十癸巳 戌时 20时23分		小满 5月21日 廿六己酉 巳时 9时34分		
农历	公历	干支	九星	日建	星宿	公历	干支	九星	日建	星宿	公历	干支	九星	日建	星宿	公历	干支	九星	日建	星宿
初一	28	乙卯	七赤	满	井	27	乙酉	一白	危	柳	27	甲寅	三碧	闭	星	26	甲申	六白	定	翼
初二	29	丙辰	八白	平	鬼	28	丙戌	二黑	成	星	28	乙卯	四绿	建	张	27	乙酉	七赤	执	轸
初三	30	丁巳	九紫	定	柳	29	丁亥	三碧	收	张	29	丙辰	五黄	除	翼	28	丙戌	八白	破	角
初四	31	戊午	一白	执	星	3月	戊子	四绿	开	翼	30	丁巳	六白	满	轸	29	丁亥	九紫	危	亢
初五	2月	己未	二黑	破	张	2	己丑	五黄	闭	轸	31	戊午	七赤	平	角	30	戊子	一白	成	氐
初六	2	庚申	三碧	危	翼	3	庚寅	六白	建	角	4月	己未	八白	定	亢	5月	己丑	二黑	收	房
初七	3	辛酉	四绿	成	轸	4	辛卯	七赤	除	亢	2	庚申	九紫	执	氐	2	庚寅	三碧	开	心
初八	4	壬戌	五黄	收	角	5	壬辰	八白	除	氐	3	辛酉	一白	破	房	3	辛卯	四绿	闭	尾
初九	5	癸亥	六白	收	亢	6	癸巳	九紫	满	房	4	壬戌	二黑	危	心	4	壬辰	五黄	建	箕
初十	6	甲子	一白	开	氐	7	甲午	一白	平	心	5	癸亥	三碧	成	尾	5	癸巳	六白	建	斗
十一	7	乙丑	二黑	闭	房	8	乙未	二黑	定	尾	6	甲子	七赤	成	箕	6	甲午	七赤	除	牛
十二	8	丙寅	三碧	建	心	9	丙申	三碧	执	箕	7	乙丑	八白	收	斗	7	乙未	八白	满	女
十三	9	丁卯	四绿	除	尾	10	丁酉	四绿	破	斗	8	丙寅	九紫	开	牛	8	丙申	九紫	平	虚
十四	10	戊辰	五黄	满	箕	11	戊戌	五黄	危	牛	9	丁卯	一白	闭	女	9	丁酉	一白	定	危
十五	11	己巳	六白	平	斗	12	己亥	六白	成	女	10	戊辰	二黑	建	虚	10	戊戌	二黑	执	室
十六	12	庚午	七赤	定	牛	13	庚子	七赤	收	虚	11	己巳	三碧	除	危	11	己亥	三碧	破	壁
十七	13	辛未	八白	执	女	14	辛丑	八白	开	危	12	庚午	四绿	满	室	12	庚子	四绿	危	奎
十八	14	壬申	九紫	破	虚	15	壬寅	九紫	闭	室	13	辛未	五黄	平	壁	13	辛丑	五黄	成	娄
十九	15	癸酉	一白	危	危	16	癸卯	一白	建	壁	14	壬申	六白	定	奎	14	壬寅	六白	收	胃
二十	16	甲戌	二黑	成	室	17	甲辰	二黑	除	奎	15	癸酉	七赤	执	娄	15	癸卯	七赤	开	昴
廿一	17	乙亥	三碧	收	壁	18	乙巳	三碧	满	娄	16	甲戌	八白	破	胃	16	甲辰	八白	闭	毕
廿二	18	丙子	四绿	开	奎	19	丙午	四绿	平	胃	17	乙亥	九紫	危	昴	17	乙巳	九紫	建	觜
廿三	19	丁丑	二黑	闭	娄	20	丁未	五黄	定	昴	18	丙子	一白	成	毕	18	丙午	一白	除	参
廿四	20	戊寅	三碧	建	胃	21	戊申	六白	执	毕	19	丁丑	二黑	收	觜	19	丁未	二黑	满	井
廿五	21	己卯	四绿	除	昴	22	己酉	七赤	破	觜	20	戊寅	九紫	开	参	20	戊申	三碧	平	鬼
廿六	22	庚辰	五黄	满	毕	23	庚戌	八白	危	参	21	己卯	一白	闭	井	21	己酉	四绿	定	柳
廿七	23	辛巳	六白	平	觜	24	辛亥	九紫	成	井	22	庚辰	二黑	建	鬼	22	庚戌	五黄	执	星
廿八	24	壬午	七赤	定	参	25	壬子	一白	收	鬼	23	辛巳	三碧	除	柳	23	辛亥	六白	破	张
廿九	25	癸未	八白	执	井	26	癸丑	二黑	开	柳	24	壬午	四绿	满	星	24	壬子	七赤	危	翼
三十	26	甲申	九紫	破	鬼						25	癸未	五黄	平	张					

公元1960年　庚子鼠年（闰六月）　太岁虞起 九星四绿

月份	五月大 壬午 四绿 艮卦 牛宿					六月大 癸未 三碧 坤卦 女宿					闰六月小				
节气	芒种 6月6日 十三乙丑 早子时 0时49分		夏至 6月21日 廿八庚辰 酉时 17时43分			小暑 7月7日 十四丙申 午时 11时13分		大暑 7月23日 三十壬子 寅时 4时38分			立秋 8月7日 十五丁卯 亥时 21时00分				
农历	公历	干支	九星	日建	星宿	公历	干支	九星	日建	星宿	公历	干支	九星	日建	星宿
初一	25	癸丑	八白	成	轸	24	癸未	八白	除	亢	24	癸丑	五黄	破	房
初二	26	甲寅	九紫	收	角	25	甲申	七赤	满	氐	25	甲寅	四绿	危	心
初三	27	乙卯	一白	开	亢	26	乙酉	六白	平	房	26	乙卯	三碧	成	尾
初四	28	丙辰	二黑	闭	氐	27	丙戌	五黄	定	心	27	丙辰	二黑	收	箕
初五	29	丁巳	三碧	建	房	28	丁亥	四绿	执	尾	28	丁巳	一白	开	斗
初六	30	戊午	四绿	除	心	29	戊子	三碧	破	箕	29	戊午	九紫	闭	牛
初七	31	己未	五黄	满	尾	30	己丑	二黑	危	斗	30	己未	八白	建	女
初八	6月	庚申	六白	平	箕	7月	庚寅	一白	成	牛	31	庚申	七赤	除	虚
初九	2	辛酉	七赤	定	斗	2	辛卯	九紫	收	女	8月	辛酉	六白	满	危
初十	3	壬戌	八白	执	牛	3	壬辰	八白	开	虚	2	壬戌	五黄	平	室
十一	4	癸亥	九紫	破	女	4	癸巳	七赤	闭	危	3	癸亥	四绿	定	壁
十二	5	甲子	四绿	危	虚	5	甲午	六白	建	室	4	甲子	九紫	执	奎
十三	6	乙丑	五黄	危	危	6	乙未	五黄	除	壁	5	乙丑	八白	破	娄
十四	7	丙寅	六白	成	室	7	丙申	四绿	除	奎	6	丙寅	七赤	危	胃
十五	8	丁卯	七赤	收	壁	8	丁酉	三碧	满	娄	7	丁卯	六白	危	昴
十六	9	戊辰	八白	开	奎	9	戊戌	二黑	平	胃	8	戊辰	五黄	成	毕
十七	10	己巳	九紫	闭	娄	10	己亥	一白	定	昴	9	己巳	四绿	收	觜
十八	11	庚午	一白	建	胃	11	庚子	九紫	执	毕	10	庚午	三碧	开	参
十九	12	辛未	二黑	除	昴	12	辛丑	八白	破	觜	11	辛未	二黑	闭	井
二十	13	壬申	三碧	满	毕	13	壬寅	七赤	危	参	12	壬申	一白	建	鬼
廿一	14	癸酉	四绿	平	觜	14	癸卯	六白	成	井	13	癸酉	九紫	除	柳
廿二	15	甲戌	五黄	定	参	15	甲辰	五黄	收	鬼	14	甲戌	八白	满	星
廿三	16	乙亥	六白	执	井	16	乙巳	四绿	开	柳	15	乙亥	七赤	平	张
廿四	17	丙子	七赤	破	鬼	17	丙午	三碧	闭	星	16	丙子	六白	定	翼
廿五	18	丁丑	八白	危	柳	18	丁未	二黑	建	张	17	丁丑	五黄	执	轸
廿六	19	戊寅	九紫	成	星	19	戊申	一白	除	翼	18	戊寅	四绿	破	角
廿七	20	己卯	一白	收	张	20	己酉	九紫	满	轸	19	己卯	三碧	危	亢
廿八	21	庚辰	二黑	开	翼	21	庚戌	八白	平	角	20	庚辰	二黑	成	氐
廿九	22	辛巳	一白	闭	轸	22	辛亥	七赤	定	亢	21	辛巳	一白	收	房
三十	23	壬午	九紫	建	角	23	壬子	六白	执	氐					

公元1960年　庚子鼠年（闰六月）　　太岁虞起　九星四绿

月份	七月大	甲申 二黑 乾卦 虚宿			八月小	乙酉 一白 兑卦 危宿			九月大	丙戌 九紫 离卦 室宿		
节气	处暑 8月23日 初二癸未 午时 11时35分	白露 9月7日 十七戊戌 夜子时 23时47分			秋分 9月23日 初三甲寅 巳时 9时00分	寒露 10月8日 十八己巳 申时 15时09分			霜降 10月23日 初四甲申 酉时 18时02分	立冬 11月7日 十九己亥 酉时 18时03分		
农历	公历	干支	九星	日建	星宿	公历	干支	九星	日建	星宿	公历	干支	九星	日建	星宿

农历	公历	干支	九星	日建	星宿	公历	干支	九星	日建	星宿	公历	干支	九星	日建	星宿
初一	22	壬午	九紫	开	心	21	壬子	九紫	平	箕	20	辛巳	四绿	危	斗
初二	23	癸未	二黑	闭	尾	22	癸丑	八白	定	斗	21	壬午	三碧	成	牛
初三	24	甲申	一白	建	箕	23	甲寅	七赤	执	牛	22	癸未	二黑	收	女
初四	25	乙酉	九紫	除	斗	24	乙卯	六白	破	女	23	甲申	四绿	开	虚
初五	26	丙戌	八白	满	牛	25	丙辰	五黄	危	虚	24	乙酉	三碧	闭	危
初六	27	丁亥	七赤	平	女	26	丁巳	四绿	成	危	25	丙戌	二黑	建	室
初七	28	戊子	六白	定	虚	27	戊午	三碧	收	室	26	丁亥	一白	除	壁
初八	29	己丑	五黄	执	危	28	己未	二黑	开	壁	27	戊子	九紫	满	奎
初九	30	庚寅	四绿	破	室	29	庚申	一白	闭	奎	28	己丑	八白	平	娄
初十	31	辛卯	三碧	危	壁	30	辛酉	九紫	建	娄	29	庚寅	七赤	定	胃
十一	9月 壬辰		二黑	成	奎	10月 壬戌		八白	除	胃	30	辛卯	六白	执	昴
十二	2	癸巳	一白	收	娄	2	癸亥	七赤	满	昴	31	壬辰	五黄	破	毕
十三	3	甲午	九紫	开	胃	3	甲子	三碧	平	毕	11月 癸巳		四绿	危	觜
十四	4	乙未	八白	闭	昴	4	乙丑	二黑	定	觜	2	甲午	三碧	成	参
十五	5	丙申	七赤	建	毕	5	丙寅	一白	执	参	3	乙未	二黑	收	井
十六	6	丁酉	六白	除	觜	6	丁卯	九紫	破	井	4	丙申	一白	开	鬼
十七	7	戊戌	五黄	除	参	7	戊辰	八白	危	鬼	5	丁酉	九紫	闭	柳
十八	8	己亥	四绿	满	井	8	己巳	七赤	成	柳	6	戊戌	八白	建	星
十九	9	庚子	三碧	平	鬼	9	庚午	六白	收	星	7	己亥	七赤	建	张
二十	10	辛丑	二黑	定	柳	10	辛未	五黄	收	张	8	庚子	六白	除	翼
廿一	11	壬寅	一白	执	星	11	壬申	四绿	开	翼	9	辛丑	五黄	满	轸
廿二	12	癸卯	九紫	破	张	12	癸酉	三碧	闭	轸	10	壬寅	四绿	平	角
廿三	13	甲辰	八白	危	翼	13	甲戌	二黑	建	角	11	癸卯	三碧	定	亢
廿四	14	乙巳	七赤	成	轸	14	乙亥	一白	除	亢	12	甲辰	二黑	执	氐
廿五	15	丙午	六白	收	角	15	丙子	九紫	满	氐	13	乙巳	一白	破	房
廿六	16	丁未	五黄	开	亢	16	丁丑	八白	平	房	14	丙午	九紫	危	心
廿七	17	戊申	四绿	闭	氐	17	戊寅	七赤	定	心	15	丁未	八白	成	尾
廿八	18	己酉	三碧	建	房	18	己卯	六白	执	尾	16	戊申	七赤	收	箕
廿九	19	庚戌	二黑	除	心	19	庚辰	五黄	破	箕	17	己酉	六白	开	斗
三十	20	辛亥	一白	满	尾						18	庚戌	五黄	闭	牛

国学经典文库 中华历书大全 ·1900～2100年万年历法表· 图文珍藏版

公元1960年　庚子鼠年（闰六月）　　太岁虞起　九星四绿

月份	十月小　丁亥 八白 震卦 壁宿					十一月大　戊子 七赤 巽卦 奎宿					十二月小　己丑 六白 坎卦 娄宿				
节气	小雪 11月22日 初四甲寅 申时 15时19分		大雪 12月7日 十九己巳 巳时 10时39分			冬至 12月22日 初五甲申 寅时 4时27分		小寒 1月5日 十九戊戌 亥时 21时43分			大寒 1月20日 初四癸丑 申时 15时02分		立春 2月4日 十九戊辰 巳时 9时23分		
农历	公历	干支	九星	日建	星宿	公历	干支	九星	日建	星宿	公历	干支	九星	日建	星宿
初一	19	辛亥	四绿	建	女	18	庚辰	八白	定	虚	17	庚戌	二黑	收	室
初二	20	壬子	三碧	除	虚	19	辛巳	七赤	执	危	18	辛亥	三碧	开	壁
初三	21	癸丑	二黑	满	危	20	壬午	六白	破	室	19	壬子	四绿	闭	奎
初四	22	甲寅	一白	平	室	21	癸未	五黄	危	壁	20	癸丑	五黄	建	娄
初五	23	乙卯	九紫	定	壁	22	甲申	三碧	成	奎	21	甲寅	六白	除	胃
初六	24	丙辰	八白	执	奎	23	乙酉	四绿	收	娄	22	乙卯	七赤	满	昴
初七	25	丁巳	七赤	破	娄	24	丙戌	五黄	开	胃	23	丙辰	八白	平	毕
初八	26	戊午	六白	危	胃	25	丁亥	六白	闭	昴	24	丁巳	九紫	定	觜
初九	27	己未	五黄	成	昴	26	戊子	七赤	建	毕	25	戊午	一白	执	参
初十	28	庚申	四绿	收	毕	27	己丑	八白	除	觜	26	己未	二黑	破	井
十一	29	辛酉	三碧	开	觜	28	庚寅	九紫	满	参	27	庚申	三碧	危	鬼
十二	30	壬戌	二黑	闭	参	29	辛卯	一白	平	井	28	辛酉	四绿	成	柳
十三	12月	癸亥	一白	建	井	30	壬辰	二黑	定	鬼	29	壬戌	五黄	收	星
十四	2	甲子	六白	除	鬼	31	癸巳	三碧	执	柳	30	癸亥	六白	开	张
十五	3	乙丑	五黄	满	柳	1月	甲午	四绿	破	星	31	甲子	一白	闭	翼
十六	4	丙寅	四绿	平	星	2	乙未	五黄	危	张	2月	乙丑	二黑	建	轸
十七	5	丁卯	三碧	定	张	3	丙申	六白	成	翼	2	丙寅	三碧	除	角
十八	6	戊辰	二黑	执	翼	4	丁酉	七赤	收	轸	3	丁卯	四绿	满	亢
十九	7	己巳	一白	执	轸	5	戊戌	八白	收	角	4	戊辰	五黄	满	氐
二十	8	庚午	九紫	破	角	6	己亥	九紫	开	亢	5	己巳	六白	平	房
廿一	9	辛未	八白	危	亢	7	庚子	一白	闭	氐	6	庚午	七赤	定	心
廿二	10	壬申	七赤	成	氐	8	辛丑	二黑	建	房	7	辛未	八白	执	尾
廿三	11	癸酉	六白	收	房	9	壬寅	三碧	除	心	8	壬申	九紫	破	箕
廿四	12	甲戌	五黄	开	心	10	癸卯	四绿	满	尾	9	癸酉	一白	危	斗
廿五	13	乙亥	四绿	闭	尾	11	甲辰	五黄	平	箕	10	甲戌	二黑	成	牛
廿六	14	丙子	三碧	建	箕	12	乙巳	六白	定	斗	11	乙亥	三碧	收	女
廿七	15	丁丑	二黑	除	斗	13	丙午	七赤	执	牛	12	丙子	四绿	开	虚
廿八	16	戊寅	一白	满	牛	14	丁未	八白	破	女	13	丁丑	五黄	闭	危
廿九	17	己卯	九紫	平	女	15	戊申	九紫	危	虚	14	戊寅	六白	建	室
三十						16	己酉	一白	成	危					

月份	正月大 庚寅 五黄 震卦 胃宿				二月小 辛卯 四绿 巽卦 昴宿				三月大 壬辰 三碧 坎卦 毕宿				四月小 癸巳 二黑 艮卦 觜宿			
节气	雨水 2月19日 初五癸卯 卯时 5时17分		惊蛰 3月6日 二十戊戌 寅时 3时35分		春分 3月21日 初五癸丑 寅时 4时33分		清明 4月5日 二十戊辰 辰时 8时43分		谷雨 4月20日 初六癸未 申时 15时56分		立夏 5月6日 廿二己亥 丑时 2时22分		小满 5月21日 初七甲寅 申时 15时23分		芒种 6月6日 廿三庚午 卯时 6时47分	
农历	公历	干支	九星	日建 星宿	公历	干支	九星	日建 星宿	公历	干支	九星	日建 星宿	公历	干支	九星	日建 星宿
初一	15	己卯	七赤	除 壁	17	己酉	七赤	破 娄	15	戊寅	三碧	开 胃	15	戊申	三碧	平 毕
初二	16	庚辰	八白	满 奎	18	庚戌	八白	危 胃	16	己卯	四绿	闭 昴	16	己酉	四绿	定 觜
初三	17	辛巳	九紫	平 娄	19	辛亥	九紫	成 昴	17	庚辰	五黄	建 毕	17	庚戌	五黄	执 参
初四	18	壬午	一白	定 胃	20	壬子	一白	收 毕	18	辛巳	六白	除 觜	18	辛亥	六白	破 井
初五	19	癸未	八白	执 昴	21	癸丑	二黑	开 觜	19	壬午	七赤	满 参	19	壬子	七赤	危 鬼
初六	20	甲申	九紫	破 毕	22	甲寅	三碧	闭 参	20	癸未	五黄	平 井	20	癸丑	八白	成 柳
初七	21	乙酉	一白	危 觜	23	乙卯	四绿	建 井	21	甲申	六白	定 鬼	21	甲寅	九紫	收 星
初八	22	丙戌	二黑	成 参	24	丙辰	五黄	除 鬼	22	乙酉	七赤	执 柳	22	乙卯	一白	开 张
初九	23	丁亥	三碧	收 井	25	丁巳	六白	满 柳	23	丙戌	八白	破 星	23	丙辰	二黑	闭 翼
初十	24	戊子	四绿	开 鬼	26	戊午	七赤	平 星	24	丁亥	九紫	危 张	24	丁巳	三碧	建 轸
十一	25	己丑	五黄	闭 柳	27	己未	八白	定 张	25	戊子	一白	成 翼	25	戊午	四绿	除 角
十二	26	庚寅	六白	建 星	28	庚申	九紫	执 翼	26	己丑	二黑	收 轸	26	己未	五黄	满 亢
十三	27	辛卯	七赤	除 张	29	辛酉	一白	破 轸	27	庚寅	三碧	开 角	27	庚申	六白	平 氐
十四	28	壬辰	八白	满 翼	30	壬戌	二黑	危 角	28	辛卯	四绿	闭 亢	28	辛酉	七赤	定 房
十五	3月	癸巳	九紫	平 轸	31	癸亥	三碧	成 亢	29	壬辰	五黄	建 氐	29	壬戌	八白	执 心
十六	2	甲午	一白	定 角	4月	甲子	七赤	收 氐	30	癸巳	六白	除 房	30	癸亥	九紫	破 尾
十七	3	乙未	二黑	执 亢	2	乙丑	八白	开 房	5月	甲午	七赤	满 心	31	甲子	四绿	危 箕
十八	4	丙申	三碧	破 氐	3	丙寅	九紫	闭 心	2	乙未	八白	平 尾	6月	乙丑	五黄	成 斗
十九	5	丁酉	四绿	危 房	4	丁卯	一白	建 尾	3	丙申	九紫	定 箕	2	丙寅	六白	收 牛
二十	6	戊戌	五黄	危 心	5	戊辰	二黑	建 箕	4	丁酉	一白	执 斗	3	丁卯	七赤	开 女
廿一	7	己亥	六白	成 尾	6	己巳	三碧	除 斗	5	戊戌	二黑	破 牛	4	戊辰	八白	闭 虚
廿二	8	庚子	七赤	收 箕	7	庚午	四绿	满 牛	6	己亥	三碧	危 女	5	己巳	九紫	建 危
廿三	9	辛丑	八白	开 斗	8	辛未	五黄	平 女	7	庚子	四绿	危 虚	6	庚午	一白	建 室
廿四	10	壬寅	九紫	闭 牛	9	壬申	六白	定 虚	8	辛丑	五黄	成 危	7	辛未	二黑	除 壁
廿五	11	癸卯	一白	建 女	10	癸酉	七赤	执 危	9	壬寅	六白	收 室	8	壬申	三碧	满 奎
廿六	12	甲辰	二黑	除 虚	11	甲戌	八白	破 室	10	癸卯	七赤	开 壁	9	癸酉	四绿	平 娄
廿七	13	乙巳	三碧	满 危	12	乙亥	九紫	危 壁	11	甲辰	八白	闭 奎	10	甲戌	五黄	定 胃
廿八	14	丙午	四绿	平 室	13	丙子	一白	成 奎	12	乙巳	九紫	建 娄	11	乙亥	六白	执 昴
廿九	15	丁未	五黄	定 壁	14	丁丑	二黑	收 娄	13	丙午	一白	除 胃	12	丙子	七赤	破 毕
三十	16	戊申	六白	执 奎					14	丁未	二黑	满 昴				

国学经典文库

中华历书大全

·1900~2100年万年历法表·

图文珍藏版

公元1961年　辛丑牛年　　太岁汤信　九星三碧

月份	五月大 甲午 一白 坤卦 参宿				六月小 乙未 九紫 乾卦 井宿				七月大 丙申 八白 兑卦 鬼宿				八月大 丁酉 七赤 离卦 柳宿			
节气	夏至 6月21日 初九乙酉 夜子时 23时31分		小暑 7月7日 廿五辛丑 酉时 17时07分		大暑 7月23日 十一丁巳 巳时 10时24分		立秋 8月8日 廿七癸酉 丑时 2时49分		处暑 8月23日 十三戊子 酉时 17时19分		白露 9月8日 廿九甲辰 卯时 5时30分		秋分 9月23日 十四己未 未时 14时43分		寒露 10月8日 廿九甲戌 戌时 20时50分	
农历	公历	干支	九星	日建星宿	公历	干支	九星	日建星宿	公历	干支	九星	日建星宿	公历	干支	九星	日建星宿
初一	13	丁丑	八白	危觜	13	丁未	二黑	建井	11	丙子	六白	定鬼	10	丙午	六白	收星
初二	14	戊寅	九紫	成参	14	戊申	一白	除鬼	12	丁丑	五黄	执柳	11	丁未	五黄	开张
初三	15	己卯	一白	收井	15	己酉	九紫	满柳	13	戊寅	四绿	破星	12	戊申	四绿	闭翼
初四	16	庚辰	二黑	开鬼	16	庚戌	八白	平星	14	己卯	三碧	危张	13	己酉	三碧	建轸
初五	17	辛巳	三碧	闭柳	17	辛亥	七赤	定张	15	庚辰	二黑	成翼	14	庚戌	二黑	除角
初六	18	壬午	四绿	建星	18	壬子	六白	执翼	16	辛巳	一白	收轸	15	辛亥	一白	满亢
初七	19	癸未	五黄	除张	19	癸丑	五黄	破轸	17	壬午	九紫	开角	16	壬子	九紫	平氐
初八	20	甲申	六白	满翼	20	甲寅	四绿	危角	18	癸未	八白	闭亢	17	癸丑	八白	定房
初九	21	乙酉	六白	平轸	21	乙卯	三碧	成亢	19	甲申	七赤	建氐	18	甲寅	七赤	执心
初十	22	丙戌	五黄	定角	22	丙辰	二黑	收氐	20	乙酉	六白	除房	19	乙卯	六白	破尾
十一	23	丁亥	四绿	执亢	23	丁巳	一白	开房	21	丙戌	五黄	满心	20	丙辰	五黄	危箕
十二	24	戊子	三碧	破氐	24	戊午	九紫	闭心	22	丁亥	四绿	平尾	21	丁巳	四绿	成斗
十三	25	己丑	二黑	危房	25	己未	八白	建尾	23	戊子	六白	定箕	22	戊午	三碧	收牛
十四	26	庚寅	一白	成心	26	庚申	七赤	除箕	24	己丑	五黄	执斗	23	己未	二黑	开女
十五	27	辛卯	九紫	收尾	27	辛酉	六白	满斗	25	庚寅	四绿	破牛	24	庚申	一白	闭虚
十六	28	壬辰	八白	开箕	28	壬戌	五黄	平牛	26	辛卯	三碧	危女	25	辛酉	九紫	建室
十七	29	癸巳	七赤	闭斗	29	癸亥	四绿	定女	27	壬辰	二黑	成虚	26	壬戌	八白	除室
十八	30	甲午	六白	建牛	30	甲子	九紫	执虚	28	癸巳	一白	收危	27	癸亥	七赤	满壁
十九	7月	乙未	五黄	除女	31	乙丑	八白	破危	29	甲午	九紫	开室	28	甲子	三碧	平奎
二十	2	丙申	四绿	满虚	8月	丙寅	七赤	危室	30	乙未	八白	闭壁	29	乙丑	二黑	定娄
廿一	3	丁酉	三碧	平危	2	丁卯	六白	成壁	31	丙申	七赤	建奎	30	丙寅	一白	执胃
廿二	4	戊戌	二黑	定室	3	戊辰	五黄	收奎	9月	丁酉	六白	除娄	10月	丁卯	九紫	破昴
廿三	5	己亥	一白	执壁	4	己巳	四绿	开娄	2	戊戌	五黄	满胃	2	戊辰	八白	危毕
廿四	6	庚子	九紫	破奎	5	庚午	三碧	闭胃	3	己亥	四绿	平昴	3	己巳	七赤	成觜
廿五	7	辛丑	八白	危娄	6	辛未	二黑	建昴	4	庚子	三碧	定毕	4	庚午	六白	收参
廿六	8	壬寅	七赤	危胃	7	壬申	一白	除毕	5	辛丑	二黑	执觜	5	辛未	五黄	开井
廿七	9	癸卯	六白	成昴	8	癸酉	九紫	除觜	6	壬寅	一白	破参	6	壬申	四绿	闭鬼
廿八	10	甲辰	五黄	收毕	9	甲戌	八白	满参	7	癸卯	九紫	危井	7	癸酉	三碧	建柳
廿九	11	乙巳	四绿	开觜	10	乙亥	七赤	平井	8	甲辰	八白	危鬼	8	甲戌	二黑	建星
三十	12	丙午	三碧	闭参					9	乙巳	七赤	成柳	9	乙亥	一白	除张

月份	九月小	戊戌 六白 震卦 星宿	十月大	己亥 五黄 巽卦 张宿	十一 月小	庚子 四绿 坎卦 翼宿	十二 月大	辛丑 三碧 艮卦 轸宿
节气	霜降 10月23日 十四己丑 夜子时 23时48分	立冬 11月7日 廿九甲辰 夜子时 23时47分	小雪 11月22日 十五己未 亥时 21时09分	大雪 12月7日 三十甲戌 申时 16时27分	冬至 12月22日 十五己丑 巳时 10时20分	小寒 1月6日 初一甲辰 寅时 3时36分	大寒 1月20日 十五戊午 丑时 2时59分	立春 2月4日 三十癸酉 申时 15时18分
农历	公历 干支 九星 日建 星宿		公历 干支 九星 日建 星宿		公历 干支 九星 日建 星宿		公历 干支 九星 日建 星宿	
初一	10 丙子 九紫 满 翼		8 乙巳 一白 破 轸		8 乙亥 四绿 闭 亢		6 甲辰 五黄 平 氐	
初二	11 丁丑 八白 平 轸		9 丙午 九紫 危 角		9 丙子 三碧 建 氐		7 乙巳 六白 定 房	
初三	12 戊寅 七赤 定 角		10 丁未 八白 成 亢		10 丁丑 二黑 除 房		8 丙午 七赤 执 心	
初四	13 己卯 六白 执 亢		11 戊申 七赤 收 氐		11 戊寅 一白 满 心		9 丁未 八白 破 尾	
初五	14 庚辰 五黄 破 氐		12 己酉 六白 开 房		12 己卯 九紫 平 尾		10 戊申 九紫 危 箕	
初六	15 辛巳 四绿 危 房		13 庚戌 五黄 闭 心		13 庚辰 八白 定 箕		11 己酉 一白 成 斗	
初七	16 壬午 三碧 成 心		14 辛亥 四绿 建 尾		14 辛巳 七赤 执 斗		12 庚戌 二黑 收 牛	
初八	17 癸未 二黑 收 尾		15 壬子 三碧 除 箕		15 壬午 六白 破 牛		13 辛亥 三碧 开 女	
初九	18 甲申 一白 开 箕		16 癸丑 二黑 满 斗		16 癸未 五黄 危 女		14 壬子 四绿 闭 虚	
初十	19 乙酉 九紫 闭 斗		17 甲寅 一白 平 牛		17 甲申 四绿 成 虚		15 癸丑 五黄 建 危	
十一	20 丙戌 八白 建 牛		18 乙卯 九紫 定 女		18 乙酉 三碧 收 危		16 甲寅 六白 除 室	
十二	21 丁亥 七赤 除 女		19 丙辰 八白 执 虚		19 丙戌 二黑 开 室		17 乙卯 七赤 满 壁	
十三	22 戊子 六白 满 虚		20 丁巳 七赤 破 危		20 丁亥 一白 闭 壁		18 丙辰 八白 平 奎	
十四	23 己丑 八白 平 危		21 戊午 六白 危 室		21 戊子 九紫 建 奎		19 丁巳 九紫 定 娄	
十五	24 庚寅 七赤 定 室		22 己未 五黄 成 壁		22 己丑 八白 除 娄		20 戊午 一白 执 胃	
十六	25 辛卯 六白 执 壁		23 庚申 四绿 收 奎		23 庚寅 九紫 满 胃		21 己未 二黑 破 昴	
十七	26 壬辰 五黄 破 奎		24 辛酉 三碧 开 娄		24 辛卯 一白 平 昴		22 庚申 三碧 危 毕	
十八	27 癸巳 四绿 危 娄		25 壬戌 二黑 闭 胃		25 壬辰 二黑 定 毕		23 辛酉 四绿 成 觜	
十九	28 甲午 三碧 成 胃		26 癸亥 一白 建 昴		26 癸巳 三碧 执 觜		24 壬戌 五黄 收 参	
二十	29 乙未 二黑 收 昴		27 甲子 六白 除 毕		27 甲午 四绿 破 参		25 癸亥 六白 开 井	
廿一	30 丙申 一白 开 毕		28 乙丑 五黄 满 觜		28 乙未 五黄 危 井		26 甲子 一白 闭 鬼	
廿二	31 丁酉 九紫 闭 觜		29 丙寅 四绿 平 参		29 丙申 六白 成 鬼		27 乙丑 二黑 建 柳	
廿三	11月 戊戌 八白 建 参		30 丁卯 三碧 定 井		30 丁酉 七赤 收 柳		28 丙寅 三碧 除 星	
廿四	2 己亥 七赤 除 井		12月 戊辰 二黑 执 鬼		31 戊戌 八白 开 星		29 丁卯 四绿 满 张	
廿五	3 庚子 六白 满 鬼		2 己巳 一白 破 柳		1月 己亥 九紫 闭 张		30 戊辰 五黄 平 翼	
廿六	4 辛丑 五黄 平 柳		3 庚午 九紫 危 星		2 庚子 一白 建 翼		31 己巳 六白 定 轸	
廿七	5 壬寅 四绿 定 星		4 辛未 八白 成 张		3 辛丑 二黑 除 轸		2月 庚午 七赤 执 角	
廿八	6 癸卯 三碧 执 张		5 壬申 七赤 收 翼		4 壬寅 三碧 满 角		2 辛未 八白 破 亢	
廿九	7 甲辰 二黑 执 翼		6 癸酉 六白 开 轸		5 癸卯 四绿 平 亢		3 壬申 九紫 危 氐	
三十			7 甲戌 五黄 开 角				4 癸酉 一白 危 房	

公元1962年　壬寅虎年　　太岁贺谔　九星二黑

月份	正月小 壬寅 二黑 巽卦 角宿					二月大 癸卯 一白 坎卦 亢宿					三月小 甲辰 九紫 艮卦 氐宿					四月小 乙巳 八白 坤卦 房宿				
节气	雨水 2月19日 十五戊子 午时 11时15分					惊蛰 3月6日 初一癸卯 巳时 9时30分		春分 3月21日 十六戊午 巳时 10时30分			清明 4月5日 初一癸酉 未时 14时35分		谷雨 4月20日 十六戊子 亥时 21时51分			立夏 5月6日 初三甲辰 辰时 8时10分		小满 5月21日 十八己未 亥时 21时17分		
农历	公历	干支	九星	日建	星宿	公历	干支	九星	日建	星宿	公历	干支	九星	日建	星宿	公历	干支	九星	日建	星宿
初一	5	甲戌	二黑	成	心	6	癸卯	一白	建	尾	5	癸酉	七赤	执	斗	4	壬寅	六白	开	牛
初二	6	乙亥	三碧	收	尾	7	甲辰	二黑	除	箕	6	甲戌	八白	破	牛	5	癸卯	七赤	闭	女
初三	7	丙子	四绿	开	箕	8	乙巳	三碧	满	斗	7	乙亥	九紫	危	女	6	甲辰	八白	闭	虚
初四	8	丁丑	五黄	闭	斗	9	丙午	四绿	平	牛	8	丙子	一白	成	虚	7	乙巳	九紫	建	危
初五	9	戊寅	六白	建	牛	10	丁未	五黄	定	女	9	丁丑	二黑	收	危	8	丙午	一白	除	室
初六	10	己卯	七赤	除	女	11	戊申	六白	执	虚	10	戊寅	三碧	开	室	9	丁未	二黑	满	壁
初七	11	庚辰	八白	满	虚	12	己酉	七赤	破	危	11	己卯	四绿	闭	壁	10	戊申	三碧	平	奎
初八	12	辛巳	九紫	平	危	13	庚戌	八白	危	室	12	庚辰	五黄	建	奎	11	己酉	四绿	定	娄
初九	13	壬午	一白	定	室	14	辛亥	九紫	成	壁	13	辛巳	六白	除	娄	12	庚戌	五黄	执	胃
初十	14	癸未	二黑	执	壁	15	壬子	一白	收	奎	14	壬午	七赤	满	胃	13	辛亥	六白	破	昴
十一	15	甲申	三碧	破	奎	16	癸丑	二黑	开	娄	15	癸未	八白	平	昴	14	壬子	七赤	危	毕
十二	16	乙酉	四绿	危	娄	17	甲寅	三碧	闭	胃	16	甲申	九紫	定	毕	15	癸丑	八白	成	觜
十三	17	丙戌	五黄	成	胃	18	乙卯	四绿	建	昴	17	乙酉	一白	执	觜	16	甲寅	九紫	收	参
十四	18	丁亥	六白	收	昴	19	丙辰	五黄	除	毕	18	丙戌	二黑	破	参	17	乙卯	一白	开	井
十五	19	戊子	四绿	开	毕	20	丁巳	六白	满	觜	19	丁亥	三碧	危	井	18	丙辰	二黑	闭	鬼
十六	20	己丑	五黄	闭	觜	21	戊午	七赤	平	参	20	戊子	一白	成	鬼	19	丁巳	三碧	建	柳
十七	21	庚寅	六白	建	参	22	己未	八白	定	井	21	己丑	二黑	收	柳	20	戊午	四绿	除	星
十八	22	辛卯	七赤	除	井	23	庚申	九紫	执	鬼	22	庚寅	三碧	开	星	21	己未	五黄	满	张
十九	23	壬辰	八白	满	鬼	24	辛酉	一白	破	柳	23	辛卯	四绿	闭	张	22	庚申	六白	平	翼
二十	24	癸巳	九紫	平	柳	25	壬戌	二黑	危	星	24	壬辰	五黄	建	翼	23	辛酉	七赤	定	轸
廿一	25	甲午	一白	定	星	26	癸亥	三碧	成	张	25	癸巳	六白	除	轸	24	壬戌	八白	执	角
廿二	26	乙未	二黑	执	张	27	甲子	七赤	收	翼	26	甲午	七赤	满	角	25	癸亥	九紫	破	亢
廿三	27	丙申	三碧	破	翼	28	乙丑	八白	开	轸	27	乙未	八白	平	亢	26	甲子	四绿	危	氐
廿四	28	丁酉	四绿	危	轸	29	丙寅	九紫	闭	角	28	丙申	九紫	定	氐	27	乙丑	五黄	成	房
廿五	3月 戊戌		五黄	成	角	30	丁卯	一白	建	亢	29	丁酉	一白	执	房	28	丙寅	六白	收	心
廿六	2	己亥	六白	收	亢	31	戊辰	二黑	除	氐	30	戊戌	二黑	破	心	29	丁卯	七赤	开	尾
廿七	3	庚子	七赤	开	氐	4月 己巳		三碧	满	房	5月 己亥		三碧	危	尾	30	戊辰	八白	闭	箕
廿八	4	辛丑	八白	闭	房	2	庚午	四绿	平	心	2	庚子	四绿	成	箕	31	己巳	九紫	建	斗
廿九	5	壬寅	九紫	建	心	3	辛未	五黄	定	尾	3	辛丑	五黄	收	斗	6月 庚午		一白	除	牛
三十						4	壬申	六白	执	箕										

月份	五月大　丙午 七赤　乾卦 心宿				六月小　丁未 六白　兑卦 尾宿				七月大　戊申 五黄　离卦 箕宿				八月大　己酉 四绿　震卦 斗宿			
节气	芒种 6月6日 初五乙亥 午时 12时32分		夏至 6月22日 廿一辛卯 卯时 5时25分		小暑 7月7日 初六丙午 亥时 22时52分		大暑 7月23日 廿二壬戌 申时 16时19分		立秋 8月8日 初九戊寅 辰时 8时34分		处暑 8月23日 廿四癸巳 夜子时 23时12分		白露 9月8日 初十己酉 午时 11时16分		秋分 9月23日 廿五甲子 戌时 20时36分	
农历	公历	干支	九星	日建 星宿	公历	干支	九星	日建 星宿	公历	干支	九星	日建 星宿	公历	干支	九星	日建 星宿
初一	2	辛未	二黑	满 女	2	辛丑	八白	危 危	31	庚午	三碧	闭 室	30	庚子	三碧	定 奎
初二	3	壬申	三碧	平 虚	3	壬寅	七赤	成 室	8月	辛未	二黑	建 壁	31	辛丑	二黑	执 娄
初三	4	癸酉	四绿	定 危	4	癸卯	六白	收 壁	2	壬申	一白	除 奎	9月	壬寅	一白	破 胃
初四	5	甲戌	五黄	执 室	5	甲辰	五黄	开 奎	3	癸酉	九紫	满 娄	2	癸卯	九紫	危 昴
初五	6	乙亥	六白	执 壁	6	乙巳	四绿	闭 娄	4	甲戌	八白	平 胃	3	甲辰	八白	成 毕
初六	7	丙子	七赤	破 奎	7	丙午	三碧	闭 胃	5	乙亥	七赤	定 昴	4	乙巳	七赤	收 觜
初七	8	丁丑	八白	危 娄	8	丁未	二黑	建 昴	6	丙子	六白	执 毕	5	丙午	六白	开 参
初八	9	戊寅	九紫	成 胃	9	戊申	一白	除 毕	7	丁丑	五黄	破 觜	6	丁未	五黄	闭 井
初九	10	己卯	一白	收 昴	10	己酉	九紫	满 觜	8	戊寅	四绿	破 参	7	戊申	四绿	建 鬼
初十	11	庚辰	二黑	开 毕	11	庚戌	八白	平 参	9	己卯	三碧	危 井	8	己酉	三碧	建 柳
十一	12	辛巳	三碧	闭 觜	12	辛亥	七赤	定 井	10	庚辰	二黑	成 鬼	9	庚戌	二黑	除 星
十二	13	壬午	四绿	建 参	13	壬子	六白	执 鬼	11	辛巳	一白	收 柳	10	辛亥	一白	满 张
十三	14	癸未	五黄	除 井	14	癸丑	五黄	破 柳	12	壬午	九紫	开 星	11	壬子	九紫	平 翼
十四	15	甲申	六白	满 鬼	15	甲寅	四绿	危 星	13	癸未	八白	闭 张	12	癸丑	八白	定 轸
十五	16	乙酉	七赤	平 柳	16	乙卯	三碧	成 张	14	甲申	七赤	建 翼	13	甲寅	七赤	执 角
十六	17	丙戌	八白	定 星	17	丙辰	二黑	收 翼	15	乙酉	六白	除 轸	14	乙卯	六白	破 亢
十七	18	丁亥	九紫	执 张	18	丁巳	一白	开 轸	16	丙戌	五黄	满 角	15	丙辰	五黄	危 氐
十八	19	戊子	一白	破 翼	19	戊午	九紫	闭 角	17	丁亥	四绿	平 亢	16	丁巳	四绿	成 房
十九	20	己丑	二黑	危 轸	20	己未	八白	建 亢	18	戊子	三碧	定 氐	17	戊午	三碧	收 心
二十	21	庚寅	三碧	成 角	21	庚申	七赤	除 氐	19	己丑	二黑	执 房	18	己未	二黑	开 尾
廿一	22	辛卯	九紫	收 亢	22	辛酉	六白	满 房	20	庚寅	一白	破 心	19	庚申	一白	闭 箕
廿二	23	壬辰	八白	开 氐	23	壬戌	五黄	平 心	21	辛卯	九紫	危 尾	20	辛酉	九紫	建 斗
廿三	24	癸巳	七赤	闭 房	24	癸亥	四绿	定 尾	22	壬辰	八白	成 箕	21	壬戌	八白	除 牛
廿四	25	甲午	六白	建 心	25	甲子	九紫	执 箕	23	癸巳	一白	收 斗	22	癸亥	七赤	满 女
廿五	26	乙未	五黄	除 尾	26	乙丑	八白	破 斗	24	甲午	九紫	开 女	23	甲子	三碧	平 虚
廿六	27	丙申	四绿	满 箕	27	丙寅	七赤	危 牛	25	乙未	八白	闭 女	24	乙丑	二黑	定 危
廿七	28	丁酉	三碧	平 斗	28	丁卯	六白	成 女	26	丙申	七赤	建 虚	25	丙寅	一白	执 室
廿八	29	戊戌	二黑	定 牛	29	戊辰	五黄	收 虚	27	丁酉	六白	除 危	26	丁卯	九紫	破 壁
廿九	30	己亥	一白	执 女	30	己巳	四绿	开 危	28	戊戌	五黄	满 室	27	戊辰	八白	危 奎
三十	7月	庚子	九紫	破 虚					29	己亥	四绿	平 壁	28	己巳	七赤	成 娄

公元1962年　壬寅虎年　太岁贺谔　九星二黑

月份	九月小　庚戌 三碧　巽卦 牛宿					十月大　辛亥 二黑　坎卦 女宿					十一月大　壬子 一白　艮卦 虚宿					十二月小　癸丑 九紫　坤卦 危宿				
节气	寒露 10月9日 十一庚辰 丑时 2时39分		霜降 10月24日 廿六乙未 卯时 5时41分			立冬 11月8日 十二庚戌 卯时 5时36分		小雪 11月23日 廿七乙丑 寅时 3时03分			大雪 12月7日 十一己卯 亥时 22时17分		冬至 12月22日 廿六甲午 申时 16时16分			小寒 1月6日 十一己酉 巳时 9时27分		大寒 1月21日 廿六甲子 丑时 2时55分		
农历	公历	干支	九星	日建	星宿	公历	干支	九星	日建	星宿	公历	干支	九星	日建	星宿	公历	干支	九星	日建	星宿
初一	29	庚午	六白	收	胃	28	己亥	七赤	除	昴	27	己巳	一白	破	觜	27	己亥	九紫	闭	井
初二	30	辛未	五黄	开	昴	29	庚子	六白	满	毕	28	庚午	九紫	危	参	28	庚子	一白	建	鬼
初三	10月	壬申	四绿	闭	毕	30	辛丑	五黄	平	觜	29	辛未	八白	成	井	29	辛丑	二黑	除	柳
初四	2	癸酉	三碧	建	觜	31	壬寅	四绿	定	参	30	壬申	七赤	收	鬼	30	壬寅	三碧	满	星
初五	3	甲戌	二黑	除	参	11月	癸卯	三碧	执	井	12月	癸酉	六白	开	柳	31	癸卯	四绿	平	张
初六	4	乙亥	一白	满	井	2	甲辰	二黑	破	鬼	2	甲戌	五黄	闭	星	1月	甲辰	五黄	定	翼
初七	5	丙子	九紫	平	鬼	3	乙巳	一白	危	柳	3	乙亥	四绿	建	张	2	乙巳	六白	执	轸
初八	6	丁丑	八白	定	柳	4	丙午	九紫	成	星	4	丙子	三碧	除	翼	3	丙午	七赤	破	角
初九	7	戊寅	七赤	执	星	5	丁未	八白	收	张	5	丁丑	二黑	满	轸	4	丁未	八白	危	亢
初十	8	己卯	六白	破	张	6	戊申	七赤	开	翼	6	戊寅	一白	平	角	5	戊申	九紫	成	氐
十一	9	庚辰	五黄	破	翼	7	己酉	六白	闭	轸	7	己卯	九紫	平	亢	6	己酉	一白	成	房
十二	10	辛巳	四绿	危	轸	8	庚戌	五黄	建	角	8	庚辰	八白	定	氐	7	庚戌	二黑	收	心
十三	11	壬午	三碧	成	角	9	辛亥	四绿	建	亢	9	辛巳	七赤	执	房	8	辛亥	三碧	开	尾
十四	12	癸未	二黑	收	亢	10	壬子	三碧	除	氐	10	壬午	六白	破	心	9	壬子	四绿	闭	箕
十五	13	甲申	一白	开	氐	11	癸丑	二黑	满	房	11	癸未	五黄	危	尾	10	癸丑	五黄	建	斗
十六	14	乙酉	九紫	闭	房	12	甲寅	一白	平	心	12	甲申	四绿	成	箕	11	甲寅	六白	除	牛
十七	15	丙戌	八白	建	心	13	乙卯	九紫	定	尾	13	乙酉	三碧	收	斗	12	乙卯	七赤	满	女
十八	16	丁亥	七赤	除	尾	14	丙辰	八白	执	箕	14	丙戌	二黑	开	牛	13	丙辰	八白	平	虚
十九	17	戊子	六白	满	箕	15	丁巳	七赤	破	斗	15	丁亥	一白	闭	女	14	丁巳	九紫	定	危
二十	18	己丑	五黄	平	斗	16	戊午	六白	危	牛	16	戊子	九紫	建	虚	15	戊午	一白	执	室
廿一	19	庚寅	四绿	定	牛	17	己未	五黄	成	女	17	己丑	八白	除	危	16	己未	二黑	破	壁
廿二	20	辛卯	三碧	执	女	18	庚申	四绿	收	虚	18	庚寅	七赤	满	室	17	庚申	三碧	危	奎
廿三	21	壬辰	二黑	破	虚	19	辛酉	三碧	开	危	19	辛卯	六白	平	壁	18	辛酉	四绿	成	娄
廿四	22	癸巳	一白	危	危	20	壬戌	二黑	闭	室	20	壬辰	五黄	定	奎	19	壬戌	五黄	收	胃
廿五	23	甲午	九紫	成	室	21	癸亥	一白	建	壁	21	癸巳	四绿	执	娄	20	癸亥	六白	开	昴
廿六	24	乙未	二黑	收	壁	22	甲子	六白	除	奎	22	甲午	四绿	破	胃	21	甲子	一白	闭	毕
廿七	25	丙申	一白	开	奎	23	乙丑	五黄	满	娄	23	乙未	五黄	危	昴	22	乙丑	二黑	建	觜
廿八	26	丁酉	九紫	闭	娄	24	丙寅	四绿	平	胃	24	丙申	六白	成	毕	23	丙寅	三碧	除	参
廿九	27	戊戌	八白	建	胃	25	丁卯	三碧	定	昴	25	丁酉	七赤	收	觜	24	丁卯	四绿	满	井
三十						26	戊辰	二黑	执	毕	26	戊戌	八白	开	参					

月份	正月大 甲寅 八白 坎卦 室宿			二月小 乙卯 七赤 艮卦 壁宿			三月大 丙辰 六白 坤卦 奎宿			四月小 丁巳 五黄 乾卦 娄宿		
节气	立春 2月4日 十一戊寅 亥时 21时08分		雨水 2月19日 廿六癸巳 酉时 17时09分	惊蛰 3月6日 十一戊申 申时 15时17分		春分 3月21日 廿六癸亥 申时 16时20分	清明 4月5日 十二戊寅 戌时 20时19分		谷雨 4月21日 廿八甲午 寅时 3时36分	立夏 5月6日 十三己酉 未时 13时52分		小满 5月22日 廿九乙丑 丑时 2时58分
农历	公历	干支	九星 日建 星宿	公历	干支	九星 日建 星宿	公历	干支	九星 日建 星宿	公历	干支	九星 日建 星宿
初一	25	戊辰	五黄 平 鬼	24	戊戌	五黄 成 星	25	丁卯	一白 建 张	24	丁酉	一白 执 轸
初二	26	己巳	六白 定 柳	25	己亥	六白 收 张	26	戊辰	二黑 除 翼	25	戊戌	二黑 破 角
初三	27	庚午	七赤 执 星	26	庚子	七赤 开 翼	27	己巳	三碧 满 轸	26	己亥	三碧 危 亢
初四	28	辛未	八白 破 张	27	辛丑	八白 闭 轸	28	庚午	四绿 平 角	27	庚子	四绿 成 氐
初五	29	壬申	九紫 危 翼	28	壬寅	九紫 建 角	29	辛未	五黄 定 亢	28	辛丑	五黄 收 房
初六	30	癸酉	一白 成 轸	3月	癸卯	一白 除 亢	30	壬申	六白 执 氐	29	壬寅	六白 开 心
初七	31	甲戌	二黑 收 角	2	甲辰	二黑 满 氐	31	癸酉	七赤 破 房	30	癸卯	七赤 闭 尾
初八	2月	乙亥	三碧 开 亢	3	乙巳	三碧 平 房	4月	甲戌	八白 危 心	5月	甲辰	八白 建 箕
初九	2	丙子	四绿 闭 氐	4	丙午	四绿 定 心	2	乙亥	九紫 成 尾	2	乙巳	九紫 除 斗
初十	3	丁丑	五黄 建 房	5	丁未	五黄 执 尾	3	丙子	一白 收 箕	3	丙午	一白 满 牛
十一	4	戊寅	六白 建 心	6	戊申	六白 执 箕	4	丁丑	二黑 开 斗	4	丁未	二黑 平 女
十二	5	己卯	七赤 除 尾	7	己酉	七赤 破 斗	5	戊寅	三碧 开 牛	5	戊申	三碧 定 虚
十三	6	庚辰	八白 满 箕	8	庚戌	八白 危 牛	6	己卯	四绿 闭 女	6	己酉	四绿 定 危
十四	7	辛巳	九紫 平 斗	9	辛亥	九紫 成 女	7	庚辰	五黄 建 虚	7	庚戌	五黄 执 室
十五	8	壬午	一白 定 牛	10	壬子	一白 收 虚	8	辛巳	六白 除 危	8	辛亥	六白 破 壁
十六	9	癸未	二黑 执 女	11	癸丑	二黑 开 危	9	壬午	七赤 满 室	9	壬子	七赤 危 奎
十七	10	甲申	三碧 破 虚	12	甲寅	三碧 闭 室	10	癸未	八白 平 壁	10	癸丑	八白 成 娄
十八	11	乙酉	四绿 危 危	13	乙卯	四绿 建 壁	11	甲申	九紫 定 奎	11	甲寅	九紫 收 胃
十九	12	丙戌	五黄 成 室	14	丙辰	五黄 除 奎	12	乙酉	一白 执 娄	12	乙卯	一白 开 昴
二十	13	丁亥	六白 收 壁	15	丁巳	六白 满 娄	13	丙戌	二黑 破 胃	13	丙辰	二黑 闭 毕
廿一	14	戊子	七赤 开 奎	16	戊午	七赤 平 胃	14	丁亥	三碧 危 昴	14	丁巳	三碧 建 觜
廿二	15	己丑	八白 闭 娄	17	己未	八白 定 昴	15	戊子	四绿 成 毕	15	戊午	四绿 除 参
廿三	16	庚寅	九紫 建 胃	18	庚申	九紫 执 毕	16	己丑	五黄 收 觜	16	己未	五黄 满 井
廿四	17	辛卯	一白 除 昴	19	辛酉	一白 破 觜	17	庚寅	六白 开 参	17	庚申	六白 平 鬼
廿五	18	壬辰	二黑 满 毕	20	壬戌	二黑 危 参	18	辛卯	七赤 闭 井	18	辛酉	七赤 定 柳
廿六	19	癸巳	九紫 平 觜	21	癸亥	三碧 成 井	19	壬辰	八白 建 鬼	19	壬戌	八白 执 星
廿七	20	甲午	一白 定 参	22	甲子	七赤 收 鬼	20	癸巳	九紫 除 柳	20	癸亥	九紫 破 张
廿八	21	乙未	二黑 执 井	23	乙丑	八白 开 柳	21	甲午	七赤 满 星	21	甲子	四绿 危 翼
廿九	22	丙申	三碧 破 鬼	24	丙寅	九紫 闭 星	22	乙未	八白 平 张	22	乙丑	五黄 成 轸
三十	23	丁酉	四绿 危 柳				23	丙申	九紫 定 翼			

国学经典文库 中华历书大全 ·1900～2100年万年历法表· 图文珍藏版

公元1963年　癸卯兔年（闰四月）　太岁皮时　九星一白

月份	闰四月小				五月大 戊午 四绿 兑卦 胃宿				六月小 己未 三碧 离卦 昴宿			
节气	芒种 6月6日 十五庚辰 酉时 18时14分				夏至 6月22日 初二丙申 午时 11时04分	小暑 7月8日 十八壬子 寅时 4时38分			大暑 7月23日 初三丁卯 亥时 21时59分	立秋 8月8日 十九癸未 未时 14时25分		
农历	公历	干支	九星	日建	星宿	公历	干支	九星	日建	星宿	公历	干支	九星	日建	星宿

农历	公历	干支	九星	日建	星宿	公历	干支	九星	日建	星宿	公历	干支	九星	日建	星宿
初一	23	丙寅	六白	收	角	21	乙未	八白	除	亢	21	乙丑	八白	破	房
初二	24	丁卯	七赤	开	亢	22	丙申	四绿	满	氐	22	丙寅	七赤	危	心
初三	25	戊辰	八白	闭	氐	23	丁酉	三碧	平	房	23	丁卯	六白	成	尾
初四	26	己巳	九紫	建	房	24	戊戌	二黑	定	心	24	戊辰	五黄	收	箕
初五	27	庚午	一白	除	心	25	己亥	一白	执	尾	25	己巳	四绿	开	斗
初六	28	辛未	二黑	满	尾	26	庚子	九紫	破	箕	26	庚午	三碧	闭	牛
初七	29	壬申	三碧	平	箕	27	辛丑	八白	危	斗	27	辛未	二黑	建	女
初八	30	癸酉	四绿	定	斗	28	壬寅	七赤	成	牛	28	壬申	一白	除	虚
初九	31	甲戌	五黄	执	牛	29	癸卯	六白	收	女	29	癸酉	九紫	满	危
初十	6月	乙亥	六白	破	女	30	甲辰	五黄	开	虚	30	甲戌	八白	平	室
十一	2	丙子	七赤	危	虚	7月	乙巳	四绿	闭	危	31	乙亥	七赤	定	壁
十二	3	丁丑	八白	成	危	2	丙午	三碧	建	室	8月	丙子	六白	执	奎
十三	4	戊寅	九紫	收	室	3	丁未	二黑	除	壁	2	丁丑	五黄	破	娄
十四	5	己卯	一白	开	壁	4	戊申	一白	满	奎	3	戊寅	四绿	危	胃
十五	6	庚辰	二黑	开	奎	5	己酉	九紫	平	娄	4	己卯	三碧	成	昴
十六	7	辛巳	三碧	闭	娄	6	庚戌	八白	定	胃	5	庚辰	二黑	收	毕
十七	8	壬午	四绿	建	胃	7	辛亥	七赤	执	昴	6	辛巳	一白	开	觜
十八	9	癸未	五黄	除	昴	8	壬子	六白	执	毕	7	壬午	九紫	闭	参
十九	10	甲申	六白	满	毕	9	癸丑	五黄	破	觜	8	癸未	八白	闭	井
二十	11	乙酉	七赤	平	觜	10	甲寅	四绿	危	参	9	甲申	七赤	建	鬼
廿一	12	丙戌	八白	定	参	11	乙卯	三碧	成	井	10	乙酉	六白	除	柳
廿二	13	丁亥	九紫	执	井	12	丙辰	二黑	收	鬼	11	丙戌	五黄	满	星
廿三	14	戊子	一白	破	鬼	13	丁巳	一白	开	柳	12	丁亥	四绿	平	张
廿四	15	己丑	二黑	危	柳	14	戊午	九紫	闭	星	13	戊子	三碧	定	翼
廿五	16	庚寅	三碧	成	星	15	己未	八白	建	张	14	己丑	二黑	执	轸
廿六	17	辛卯	四绿	收	张	16	庚申	七赤	除	翼	15	庚寅	一白	破	角
廿七	18	壬辰	五黄	开	翼	17	辛酉	六白	满	轸	16	辛卯	九紫	危	亢
廿八	19	癸巳	六白	闭	轸	18	壬戌	五黄	平	角	17	壬辰	八白	成	氐
廿九	20	甲午	七赤	建	角	19	癸亥	四绿	定	亢	18	癸巳	七赤	收	房
三十						20	甲子	九紫	执	氐					

月份	七月大			庚申 二黑 震卦 毕宿	八月小			辛酉 一白 巽卦 觜宿	九月大			壬戌 九紫 坎卦 参宿
节气	处暑 8月24日 初六己亥 寅时 4时58分		白露 9月8日 廿一甲寅 酉时 17时12分		秋分 9月24日 初七庚午 丑时 2时24分		寒露 10月9日 廿二乙酉 辰时 8时36分		霜降 10月24日 初八庚子 午时 11时29分		立冬 11月8日 廿三乙卯 午时 11时33分	
农历	公历	干支	九星	日建 星宿	公历	干支	九星	日建 星宿	公历	干支	九星	日建 星宿
初一	19	甲午	六白	开 心	18	甲子	三碧	平 箕	17	癸巳	一白	危 斗
初二	20	乙未	五黄	闭 尾	19	乙丑	二黑	定 斗	18	甲午	九紫	成 牛
初三	21	丙申	四绿	建 箕	20	丙寅	一白	执 牛	19	乙未	八白	收 女
初四	22	丁酉	三碧	除 斗	21	丁卯	九紫	破 女	20	丙申	七赤	开 虚
初五	23	戊戌	二黑	满 牛	22	戊辰	八白	危 虚	21	丁酉	六白	闭 危
初六	24	己亥	四绿	平 女	23	己巳	七赤	成 危	22	戊戌	五黄	建 室
初七	25	庚子	三碧	定 虚	24	庚午	六白	收 室	23	己亥	四绿	除 壁
初八	26	辛丑	二黑	执 危	25	辛未	五黄	开 壁	24	庚子	六白	满 奎
初九	27	壬寅	一白	破 室	26	壬申	四绿	闭 奎	25	辛丑	五黄	平 娄
初十	28	癸卯	九紫	危 壁	27	癸酉	三碧	建 娄	26	壬寅	四绿	定 胃
十一	29	甲辰	八白	成 奎	28	甲戌	二黑	除 胃	27	癸卯	三碧	执 昴
十二	30	乙巳	七赤	收 娄	29	乙亥	一白	满 昴	28	甲辰	二黑	破 毕
十三	31	丙午	六白	开 胃	30	丙子	九紫	平 毕	29	乙巳	一白	危 觜
十四	9月	丁未	五黄	闭 昴	10月	丁丑	八白	定 觜	30	丙午	九紫	成 参
十五	2	戊申	四绿	建 毕	2	戊寅	七赤	执 参	31	丁未	八白	收 井
十六	3	己酉	三碧	除 觜	3	己卯	六白	破 井	11月	戊申	七赤	开 鬼
十七	4	庚戌	二黑	满 参	4	庚辰	五黄	危 鬼	2	己酉	六白	闭 柳
十八	5	辛亥	一白	平 井	5	辛巳	四绿	成 柳	3	庚戌	五黄	建 星
十九	6	壬子	九紫	定 鬼	6	壬午	三碧	收 星	4	辛亥	四绿	除 张
二十	7	癸丑	八白	执 柳	7	癸未	二黑	开 张	5	壬子	三碧	满 翼
廿一	8	甲寅	七赤	执 星	8	甲申	一白	闭 翼	6	癸丑	二黑	平 轸
廿二	9	乙卯	六白	破 张	9	乙酉	九紫	闭 轸	7	甲寅	一白	定 角
廿三	10	丙辰	五黄	危 翼	10	丙戌	八白	建 角	8	乙卯	九紫	定 亢
廿四	11	丁巳	四绿	成 轸	11	丁亥	七赤	除 亢	9	丙辰	八白	执 氐
廿五	12	戊午	三碧	收 角	12	戊子	六白	满 氐	10	丁巳	七赤	破 房
廿六	13	己未	二黑	开 亢	13	己丑	五黄	平 房	11	戊午	六白	危 心
廿七	14	庚申	一白	闭 氐	14	庚寅	四绿	定 心	12	己未	五黄	成 尾
廿八	15	辛酉	九紫	建 房	15	辛卯	三碧	执 尾	13	庚申	四绿	收 箕
廿九	16	壬戌	八白	除 心	16	壬辰	二黑	破 箕	14	辛酉	三碧	开 斗
三十	17	癸亥	七赤	满 尾					15	壬戌	二黑	闭 牛

国学经典文库　中华历书大全　·1900—2100年万年历法表·　图文珍藏版

公元1963年　癸卯兔年（闰四月）　太岁皮时　九星一白

月份	十月大 癸亥 八白 艮卦 井宿					十一月大 甲子 七赤 坤卦 鬼宿					十二月小 乙丑 六白 乾卦 柳宿				
节气	小雪 11月23日 初八庚午 辰时 8时50分		大雪 12月8日 廿三乙酉 寅时 4时13分			冬至 12月22日 初七己亥 亥时 22时02分		小寒 1月6日 廿二甲寅 申时 15时23分			大寒 1月21日 初七己巳 辰时 8时41分		立春 2月5日 廿二甲申 寅时 3时05分		
农历	公历	干支	九星	日建	星宿	公历	干支	九星	日建	星宿	公历	干支	九星	日建	星宿
初一	16	癸亥	一白	建	女	16	癸巳	四绿	执	危	15	癸亥	六白	开	壁
初二	17	甲子	六白	除	虚	17	甲午	三碧	破	室	16	甲子	一白	闭	奎
初三	18	乙丑	五黄	满	危	18	乙未	二黑	危	壁	17	乙丑	二黑	建	娄
初四	19	丙寅	四绿	平	室	19	丙申	一白	成	奎	18	丙寅	三碧	除	胃
初五	20	丁卯	三碧	定	壁	20	丁酉	九紫	收	娄	19	丁卯	四绿	满	昴
初六	21	戊辰	二黑	执	奎	21	戊戌	八白	开	胃	20	戊辰	五黄	平	毕
初七	22	己巳	一白	破	娄	22	己亥	九紫	闭	昴	21	己巳	六白	定	觜
初八	23	庚午	九紫	危	胃	23	庚子	一白	建	毕	22	庚午	七赤	执	参
初九	24	辛未	八白	成	昴	24	辛丑	二黑	除	觜	23	辛未	八白	破	井
初十	25	壬申	七赤	收	毕	25	壬寅	三碧	满	参	24	壬申	九紫	危	鬼
十一	26	癸酉	六白	开	觜	26	癸卯	四绿	平	井	25	癸酉	一白	成	柳
十二	27	甲戌	五黄	闭	参	27	甲辰	五黄	定	鬼	26	甲戌	二黑	收	星
十三	28	乙亥	四绿	建	井	28	乙巳	六白	执	柳	27	乙亥	三碧	开	张
十四	29	丙子	三碧	除	鬼	29	丙午	七赤	破	星	28	丙子	四绿	闭	翼
十五	30	丁丑	二黑	满	柳	30	丁未	八白	危	张	29	丁丑	五黄	建	轸
十六	12月	戊寅	一白	平	星	31	戊申	九紫	成	翼	30	戊寅	六白	除	角
十七	2	己卯	九紫	定	张	1月	己酉	一白	收	轸	31	己卯	七赤	满	亢
十八	3	庚辰	八白	执	翼	2	庚戌	二黑	开	角	2月	庚辰	八白	平	房
十九	4	辛巳	七赤	破	轸	3	辛亥	三碧	闭	亢	2	辛巳	九紫	定	心
二十	5	壬午	六白	危	角	4	壬子	四绿	建	氐	3	壬午	一白	执	尾
廿一	6	癸未	五黄	成	亢	5	癸丑	五黄	除	房	4	癸未	二黑	破	箕
廿二	7	甲申	四绿	收	氐	6	甲寅	六白	除	心	5	甲申	三碧	破	斗
廿三	8	乙酉	三碧	收	房	7	乙卯	七赤	满	尾	6	乙酉	四绿	危	牛
廿四	9	丙戌	二黑	开	心	8	丙辰	八白	平	箕	7	丙戌	五黄	成	女
廿五	10	丁亥	一白	闭	尾	9	丁巳	九紫	定	斗	8	丁亥	六白	收	虚
廿六	11	戊子	九紫	建	箕	10	戊午	一白	执	牛	9	戊子	七赤	开	危
廿七	12	己丑	八白	除	斗	11	己未	二黑	破	女	10	己丑	八白	闭	室
廿八	13	庚寅	七赤	满	牛	12	庚申	三碧	危	虚	11	庚寅	九紫	建	壁
廿九	14	辛卯	六白	平	女	13	辛酉	四绿	成	危	12	辛卯	一白	除	
三十	15	壬辰	五黄	定	虚	14	壬戌	五黄	收	室					

公元1964年　甲辰龙年　太岁李成　九星九紫

月份	正月大　丙寅 五黄 艮卦 星宿			二月小　丁卯 四绿 坤卦 张宿			三月大　戊辰 三碧 乾卦 翼宿			四月小　己巳 二黑 兑卦 轸宿		
节气	雨水 2月19日 初七戊戌 亥时 22时57分	惊蛰 3月5日 廿二癸丑 亥时 21时16分		春分 3月20日 初七戊辰 亥时 22时10分	清明 4月5日 廿三甲申 丑时 2时18分		谷雨 4月20日 初九己亥 巳时 9时27分	立夏 5月5日 廿四甲寅 戌时 19时51分		小满 5月21日 初十庚午 辰时 8时50分	芒种 6月6日 廿六丙戌 早子时 0时12分	
农历	公历	干支	九星 日建星宿	公历	干支	九星 日建星宿	公历	干支	九星 日建星宿	公历	干支	九星 日建星宿
初一	13	壬辰	二黑 满 奎	14	壬戌	二黑 危 胃	12	辛卯	七赤 闭 昴	12	辛酉	七赤 定 觜
初二	14	癸巳	三碧 平 娄	15	癸亥	三碧 成 昴	13	壬辰	八白 建 毕	13	壬戌	八白 执 参
初三	15	甲午	四绿 定 胃	16	甲子	七赤 收 毕	14	癸巳	九紫 除 觜	14	癸亥	九紫 破 井
初四	16	乙未	五黄 执 昴	17	乙丑	八白 开 觜	15	甲午	一白 满 参	15	甲子	四绿 危 鬼
初五	17	丙申	六白 破 毕	18	丙寅	九紫 闭 参	16	乙未	二黑 平 井	16	乙丑	五黄 成 柳
初六	18	丁酉	七赤 危 觜	19	丁卯	一白 建 井	17	丙申	三碧 定 鬼	17	丙寅	六白 收 星
初七	19	戊戌	五黄 成 参	20	戊辰	二黑 除 鬼	18	丁酉	四绿 执 柳	18	丁卯	七赤 开 张
初八	20	己亥	六白 收 井	21	己巳	三碧 满 柳	19	戊戌	五黄 破 星	19	戊辰	八白 闭 翼
初九	21	庚子	七赤 开 鬼	22	庚午	四绿 平 星	20	己亥	三碧 危 张	20	己巳	九紫 建 轸
初十	22	辛丑	八白 闭 柳	23	辛未	五黄 定 张	21	庚子	四绿 成 翼	21	庚午	一白 除 角
十一	23	壬寅	九紫 建 星	24	壬申	六白 执 翼	22	辛丑	五黄 收 轸	22	辛未	二黑 满 亢
十二	24	癸卯	一白 除 张	25	癸酉	七赤 破 轸	23	壬寅	六白 开 角	23	壬申	三碧 平 氐
十三	25	甲辰	二黑 满 翼	26	甲戌	八白 危 角	24	癸卯	七赤 闭 亢	24	癸酉	四绿 定 房
十四	26	乙巳	三碧 平 轸	27	乙亥	九紫 成 亢	25	甲辰	八白 建 氐	25	甲戌	五黄 执 心
十五	27	丙午	四绿 定 角	28	丙子	一白 收 氐	26	乙巳	九紫 除 房	26	乙亥	六白 破 尾
十六	28	丁未	五黄 执 亢	29	丁丑	二黑 开 房	27	丙午	一白 满 心	27	丙子	七赤 危 箕
十七	29	戊申	六白 破 氐	30	戊寅	三碧 闭 心	28	丁未	二黑 平 尾	28	丁丑	八白 成 斗
十八	3月	己酉	七赤 危 房	31	己卯	四绿 建 尾	29	戊申	三碧 定 箕	29	戊寅	九紫 收 牛
十九	2	庚戌	八白 成 心	4月	庚辰	五黄 除 箕	30	己酉	四绿 执 斗	30	己卯	一白 开 女
二十	3	辛亥	九紫 收 尾	2	辛巳	六白 满 斗	5月	庚戌	五黄 破 牛	31	庚辰	二黑 闭 虚
廿一	4	壬子	一白 开 箕	3	壬午	七赤 平 牛	2	辛亥	六白 危 女	6月	辛巳	三碧 建 危
廿二	5	癸丑	二黑 开 斗	4	癸未	八白 定 女	3	壬子	七赤 成 虚	2	壬午	四绿 除 室
廿三	6	甲寅	三碧 闭 牛	5	甲申	九紫 定 虚	4	癸丑	八白 收 危	3	癸未	五黄 满 壁
廿四	7	乙卯	四绿 建 女	6	乙酉	一白 执 危	5	甲寅	九紫 收 室	4	甲申	六白 平 奎
廿五	8	丙辰	五黄 除 虚	7	丙戌	二黑 破 室	6	乙卯	一白 开 壁	5	乙酉	七赤 定 娄
廿六	9	丁巳	六白 满 危	8	丁亥	三碧 危 壁	7	丙辰	二黑 闭 奎	6	丙戌	八白 执 胃
廿七	10	戊午	七赤 平 室	9	戊子	四绿 成 奎	8	丁巳	三碧 建 娄	7	丁亥	九紫 破 昴
廿八	11	己未	八白 定 壁	10	己丑	五黄 收 娄	9	戊午	四绿 除 胃	8	戊子	一白 危 毕
廿九	12	庚申	九紫 执 奎	11	庚寅	六白 开 胃	10	己未	五黄 满 昴	9	己丑	二黑 成 觜
三十	13	辛酉	一白 破 娄				11	庚申	六白 平 毕			

月份	五月小 庚午 一白 离卦 角宿				六月大 辛未 九紫 震卦 亢宿				七月小 壬申 八白 巽卦 氐宿				八月大 癸酉 七赤 坎卦 房宿			
节气	夏至 6月21日 十二辛丑 申时 16时57分		小暑 7月7日 廿八丁巳 巳时 10时32分		大暑 7月23日 十五癸酉 寅时 3时53分		立秋 8月7日 三十戊子 戌时 20时46分		处暑 8月23日 十六甲辰 巳时 10时51分				白露 9月7日 初二己未 夜子时 23时00分		秋分 9月23日 十八乙亥 辰时 8时17分	
农历	公历	干支	九星	日建/星宿	公历	干支	九星	日建/星宿	公历	干支	九星	日建/星宿	公历	干支	九星	日建/星宿
初一	10	庚寅	三碧	成 参	9	己未	八白	建 井	8	己丑	二黑	执 柳	6	戊午	三碧	开 星
初二	11	辛卯	四绿	收 井	10	庚申	七赤	除 鬼	9	庚寅	一白	破 星	7	己未	二黑	开 张
初三	12	壬辰	五黄	开 鬼	11	辛酉	六白	满 柳	10	辛卯	九紫	危 张	8	庚申	一白	闭 翼
初四	13	癸巳	六白	闭 柳	12	壬戌	五黄	平 星	11	壬辰	八白	成 翼	9	辛酉	九紫	建 轸
初五	14	甲午	七赤	建 星	13	癸亥	四绿	定 张	12	癸巳	七赤	收 轸	10	壬戌	八白	除 角
初六	15	乙未	八白	除 张	14	甲子	九紫	执 翼	13	甲午	六白	开 角	11	癸亥	七赤	满 亢
初七	16	丙申	九紫	满 翼	15	乙丑	八白	破 轸	14	乙未	五黄	闭 亢	12	甲子	三碧	平 氐
初八	17	丁酉	一白	平 轸	16	丙寅	七赤	危 角	15	丙申	四绿	建 氐	13	乙丑	二黑	定 房
初九	18	戊戌	二黑	定 角	17	丁卯	六白	成 亢	16	丁酉	三碧	除 房	14	丙寅	一白	执 心
初十	19	己亥	三碧	执 亢	18	戊辰	五黄	收 氐	17	戊戌	二黑	满 心	15	丁卯	九紫	破 尾
十一	20	庚子	四绿	破 氐	19	己巳	四绿	开 房	18	己亥	一白	平 尾	16	戊辰	八白	危 箕
十二	21	辛丑	八白	危 房	20	庚午	三碧	闭 心	19	庚子	九紫	定 箕	17	己巳	七赤	成 斗
十三	22	壬寅	七赤	成 心	21	辛未	二黑	建 尾	20	辛丑	八白	执 斗	18	庚午	六白	收 牛
十四	23	癸卯	六白	收 尾	22	壬申	一白	除 箕	21	壬寅	七赤	破 牛	19	辛未	五黄	开 女
十五	24	甲辰	五黄	开 箕	23	癸酉	九紫	满 斗	22	癸卯	六白	危 女	20	壬申	四绿	闭 虚
十六	25	乙巳	四绿	闭 斗	24	甲戌	八白	平 牛	23	甲辰	八白	成 虚	21	癸酉	三碧	建 室
十七	26	丙午	三碧	建 牛	25	乙亥	七赤	定 女	24	乙巳	七赤	收 危	22	甲戌	二黑	除 壁
十八	27	丁未	二黑	除 女	26	丙子	六白	执 虚	25	丙午	六白	开 室	23	乙亥	一白	满 奎
十九	28	戊申	一白	满 虚	27	丁丑	五黄	破 危	26	丁未	五黄	闭 壁	24	丙子	九紫	平 娄
二十	29	己酉	九紫	平 危	28	戊寅	四绿	危 室	27	戊申	四绿	建 奎	25	丁丑	八白	定 娄
廿一	30	庚戌	八白	定 室	29	己卯	三碧	成 壁	28	己酉	三碧	除 娄	26	戊寅	七赤	执 胃
廿二	7月	辛亥	七赤	执 壁	30	庚辰	二黑	收 奎	29	庚戌	二黑	满 胃	27	己卯	六白	破 昴
廿三	2	壬子	六白	破 奎	31	辛巳	一白	开 娄	30	辛亥	一白	平 昴	28	庚辰	五黄	危 毕
廿四	3	癸丑	五黄	危 娄	8月	壬午	九紫	闭 胃	31	壬子	九紫	定 毕	29	辛巳	四绿	成 觜
廿五	4	甲寅	四绿	成 胃	2	癸未	八白	建 昴	9月	癸丑	八白	执 觜	30	壬午	三碧	收 参
廿六	5	乙卯	三碧	收 昴	3	甲申	七赤	除 毕	2	甲寅	七赤	破 参	10月	癸未	二黑	开 井
廿七	6	丙辰	二黑	开 毕	4	乙酉	六白	满 觜	3	乙卯	六白	危 井	2	甲申	一白	闭 鬼
廿八	7	丁巳	一白	开 觜	5	丙戌	五黄	平 参	4	丙辰	五黄	成 鬼	3	乙酉	九紫	建 柳
廿九	8	戊午	九紫	闭 参	6	丁亥	四绿	定 井	5	丁巳	四绿	收 柳	4	丙戌	八白	除 星
三十					7	戊子	三碧	定 鬼					5	丁亥	七赤	满 张

公元1964年　甲辰龙年　太岁李成　九星九紫

月份	九月小		甲戌 六白 艮卦 心宿		十月大		乙亥 五黄 坤卦 尾宿		十一月大		丙子 四绿 乾卦 箕宿		十二月大		丁丑 三碧 兑卦 斗宿	
节气	寒露 10月8日 初三庚寅 未时 14时22分		霜降 10月23日 十八乙巳 酉时 17时21分		立冬 11月7日 初四庚申 酉时 17时15分		小雪 11月22日 十九乙亥 未时 14时39分		大雪 12月7日 初四庚寅 巳时 9时53分		冬至 12月22日 十九乙亥 寅时 3时50分		小寒 1月5日 初三己未 亥时 21时02分		大寒 1月20日 十八甲戌 未时 14时29分	
农历	公历	干支	九星	日建	星宿	公历	干支	九星	日建	星宿	公历	干支	九星	日建	星宿	公历	干支	九星	日建	星宿
---	---	---	---	---	---	---	---	---	---	---	---	---	---	---	---	---	---	---	---	---
初一	6	戊子	六白	平	翼	4	丁巳	七赤	危	轸	4	丁亥	一白	建	亢	3	丁巳	九紫	执	房
初二	7	己丑	五黄	定	轸	5	戊午	六白	成	角	5	戊子	九紫	除	氐	4	戊午	一白	破	心
初三	8	庚寅	四绿	定	角	6	己未	五黄	收	亢	6	己丑	八白	满	房	5	己未	二黑	破	尾
初四	9	辛卯	三碧	执	亢	7	庚申	四绿	收	氐	7	庚寅	七赤	满	心	6	庚申	三碧	危	箕
初五	10	壬辰	二黑	破	氐	8	辛酉	三碧	开	房	8	辛卯	六白	平	尾	7	辛酉	四绿	成	斗
初六	11	癸巳	一白	危	房	9	壬戌	二黑	闭	心	9	壬辰	五黄	定	箕	8	壬戌	五黄	收	牛
初七	12	甲午	九紫	成	心	10	癸亥	一白	建	尾	10	癸巳	四绿	执	斗	9	癸亥	六白	开	女
初八	13	乙未	八白	收	尾	11	甲子	六白	除	箕	11	甲午	三碧	破	牛	10	甲子	一白	闭	虚
初九	14	丙申	七赤	开	箕	12	乙丑	五黄	满	斗	12	乙未	二黑	危	女	11	乙丑	二黑	建	危
初十	15	丁酉	六白	闭	斗	13	丙寅	四绿	平	牛	13	丙申	一白	成	虚	12	丙寅	三碧	除	室
十一	16	戊戌	五黄	建	牛	14	丁卯	三碧	定	女	14	丁酉	九紫	收	危	13	丁卯	四绿	满	壁
十二	17	己亥	四绿	除	女	15	戊辰	二黑	执	虚	15	戊戌	八白	开	室	14	戊辰	五黄	平	奎
十三	18	庚子	三碧	满	虚	16	己巳	一白	破	危	16	己亥	七赤	闭	壁	15	己巳	六白	定	娄
十四	19	辛丑	二黑	平	危	17	庚午	九紫	危	室	17	庚子	六白	建	奎	16	庚午	七赤	执	胃
十五	20	壬寅	一白	定	室	18	辛未	八白	成	壁	18	辛丑	五黄	除	娄	17	辛未	八白	破	昴
十六	21	癸卯	九紫	执	壁	19	壬申	七赤	收	奎	19	壬寅	四绿	满	胃	18	壬申	九紫	危	毕
十七	22	甲辰	八白	破	奎	20	癸酉	六白	开	娄	20	癸卯	三碧	平	昴	19	癸酉	一白	成	觜
十八	23	乙巳	一白	危	娄	21	甲戌	五黄	闭	胃	21	甲辰	二黑	定	毕	20	甲戌	二黑	收	参
十九	24	丙午	九紫	成	胃	22	乙亥	四绿	建	昴	22	乙巳	六白	执	觜	21	乙亥	三碧	开	井
二十	25	丁未	八白	收	昴	23	丙子	三碧	除	毕	23	丙午	七赤	破	参	22	丙子	四绿	闭	鬼
廿一	26	戊申	七赤	开	毕	24	丁丑	二黑	满	觜	24	丁未	八白	危	井	23	丁丑	五黄	建	柳
廿二	27	己酉	六白	闭	觜	25	戊寅	一白	平	参	25	戊申	九紫	成	鬼	24	戊寅	六白	除	星
廿三	28	庚戌	五黄	建	参	26	己卯	九紫	定	井	26	己酉	一白	收	柳	25	己卯	七赤	满	张
廿四	29	辛亥	四绿	除	井	27	庚辰	八白	执	鬼	27	庚戌	二黑	开	星	26	庚辰	八白	平	翼
廿五	30	壬子	三碧	满	鬼	28	辛巳	七赤	破	柳	28	辛亥	三碧	闭	张	27	辛巳	九紫	定	轸
廿六	31	癸丑	二黑	平	柳	29	壬午	六白	危	星	29	壬子	四绿	建	翼	28	壬午	一白	执	角
廿七	11月	甲寅	一白	定	星	30	癸未	五黄	成	张	30	癸丑	五黄	除	轸	29	癸未	二黑	破	亢
廿八	2	乙卯	九紫	执	张	12月	甲申	四绿	收	翼	31	甲寅	六白	满	角	30	甲申	三碧	危	氐
廿九	3	丙辰	八白	破	翼	2	乙酉	三碧	开	轸	1月	乙卯	七赤	平	亢	31	乙酉	四绿	成	房
三十						3	丙戌	二黑	闭	角	2	丙辰	八白	定	氐	2月	丙戌	五黄	收	心

公元1965年　乙巳蛇年　太岁吴遂　九星八白

月份	正月小 戊寅 二黑 坤卦 牛宿					二月大 己卯 一白 乾卦 女宿					三月小 庚辰 九紫 兑卦 虚宿					四月大 辛巳 八白 离卦 危宿				
节气	立春 2月4日 初三己丑 辰时 8时46分		雨水 2月19日 十八甲辰 寅时 4时48分			惊蛰 3月6日 初四己未 寅时 3时01分		春分 3月21日 十九甲戌 寅时 4时05分			清明 4月5日 初四己丑 辰时 8时07分		谷雨 4月20日 十九甲辰 申时 15时26分			立夏 5月6日 初六庚申 丑时 1时42分		小满 5月21日 廿一乙亥 未时 14时50分		
农历	公历	干支	九星	日建	星宿	公历	干支	九星	日建	星宿	公历	干支	九星	日建	星宿	公历	干支	九星	日建	星宿
初一	2	丁亥	六白	开	尾	3	丙辰	五黄	满	箕	2	丙戌	二黑	危	牛	5月	乙卯	一白	闭	女
初二	3	戊子	七赤	闭	箕	4	丁巳	六白	平	斗	3	丁亥	三碧	成	女	2	丙辰	二黑	建	虚
初三	4	己丑	八白	闭	斗	5	戊午	七赤	定	牛	4	戊子	四绿	收	虚	3	丁巳	三碧	除	危
初四	5	庚寅	九紫	建	牛	6	己未	八白	定	女	5	己丑	五黄	收	危	4	戊午	四绿	满	室
初五	6	辛卯	一白	除	女	7	庚申	九紫	执	虚	6	庚寅	六白	开	室	5	己未	五黄	平	壁
初六	7	壬辰	二黑	满	虚	8	辛酉	一白	破	危	7	辛卯	七赤	闭	壁	6	庚申	六白	平	奎
初七	8	癸巳	三碧	平	危	9	壬戌	二黑	危	室	8	壬辰	八白	建	奎	7	辛酉	七赤	定	娄
初八	9	甲午	四绿	定	室	10	癸亥	三碧	成	壁	9	癸巳	九紫	除	娄	8	壬戌	八白	执	胃
初九	10	乙未	五黄	执	壁	11	甲子	七赤	收	奎	10	甲午	一白	满	胃	9	癸亥	九紫	破	毕
初十	11	丙申	六白	破	奎	12	乙丑	八白	开	娄	11	乙未	二黑	平	昴	10	甲子	四绿	危	毕
十一	12	丁酉	七赤	危	娄	13	丙寅	九紫	闭	胃	12	丙申	三碧	定	毕	11	乙丑	五黄	成	觜
十二	13	戊戌	八白	成	胃	14	丁卯	一白	建	昴	13	丁酉	四绿	执	觜	12	丙寅	六白	收	参
十三	14	己亥	九紫	收	昴	15	戊辰	二黑	除	毕	14	戊戌	五黄	破	参	13	丁卯	七赤	开	井
十四	15	庚子	一白	开	毕	16	己巳	三碧	满	觜	15	己亥	六白	危	井	14	戊辰	八白	闭	鬼
十五	16	辛丑	二黑	闭	觜	17	庚午	四绿	平	参	16	庚子	七赤	成	鬼	15	己巳	九紫	建	柳
十六	17	壬寅	三碧	建	参	18	辛未	五黄	定	井	17	辛丑	八白	收	柳	16	庚午	一白	除	星
十七	18	癸卯	四绿	除	井	19	壬申	六白	执	鬼	18	壬寅	九紫	开	星	17	辛未	二黑	满	张
十八	19	甲辰	二黑	满	鬼	20	癸酉	七赤	破	柳	19	癸卯	一白	闭	张	18	壬申	三碧	平	翼
十九	20	乙巳	三碧	平	柳	21	甲戌	八白	危	星	20	甲辰	八白	建	翼	19	癸酉	四绿	定	轸
二十	21	丙午	四绿	定	星	22	乙亥	九紫	成	张	21	乙巳	九紫	除	轸	20	甲戌	五黄	执	角
廿一	22	丁未	五黄	执	张	23	丙子	一白	收	翼	22	丙午	一白	满	角	21	乙亥	六白	破	亢
廿二	23	戊申	六白	破	翼	24	丁丑	二黑	开	轸	23	丁未	二黑	平	亢	22	丙子	七赤	危	氐
廿三	24	己酉	七赤	危	轸	25	戊寅	三碧	闭	角	24	戊申	三碧	定	氐	23	丁丑	八白	成	房
廿四	25	庚戌	八白	成	角	26	己卯	四绿	建	亢	25	己酉	四绿	执	房	24	戊寅	九紫	收	心
廿五	26	辛亥	九紫	收	亢	27	庚辰	五黄	除	氐	26	庚戌	五黄	破	心	25	己卯	一白	开	尾
廿六	27	壬子	一白	开	氐	28	辛巳	六白	满	房	27	辛亥	六白	危	尾	26	庚辰	二黑	闭	箕
廿七	28	癸丑	二黑	闭	房	29	壬午	七赤	平	心	28	壬子	七赤	成	箕	27	辛巳	三碧	建	斗
廿八	3月	甲寅	三碧	建	心	30	癸未	八白	定	尾	29	癸丑	八白	收	斗	28	壬午	四绿	除	牛
廿九	2	乙卯	四绿	除	尾	31	甲申	九紫	执	箕	30	甲寅	九紫	开	牛	29	癸未	五黄	满	女
三十						4月	乙酉	一白	破	斗						30	甲申	六白	平	虚

月份	五月小 壬午 七赤 震卦 室宿						六月小 癸未 六白 巽卦 壁宿						七月大 甲申 五黄 坎卦 奎宿						八月小 乙酉 四绿 艮卦 娄宿					
节气	芒种 6月6日 初七辛卯 卯时 6时02分			夏至 6月21日 廿二甲午 亥时 22时56分			小暑 7月7日 初九壬戌 申时 16时21分			大暑 7月23日 廿五戊寅 巳时 9时48分			立秋 8月8日 十二甲午 丑时 2时05分			处暑 8月23日 廿七己酉 申时 16时43分			白露 9月8日 十三乙丑 寅时 4时48分			秋分 9月23日 廿八庚辰 未时 14时06分		
农历	公历	干支	九星	日建	星宿		公历	干支	九星	日建	星宿		公历	干支	九星	日建	星宿		公历	干支	九星	日建	星宿	
初一	31	乙酉	七赤	定	危		29	甲寅	四绿	成	室		28	癸未	八白	建	壁		27	癸丑	八白	执	娄	
初二	6月	丙戌	八白	执	室		30	乙卯	三碧	收	壁		29	甲申	七赤	除	奎		28	甲寅	七赤	破	胃	
初三	2	丁亥	九紫	破	壁		7月	丙辰	二黑	开	奎		30	乙酉	六白	满	娄		29	乙卯	六白	危	昴	
初四	3	戊子	一白	危	奎		2	丁巳	一白	闭	娄		31	丙戌	五黄	平	胃		30	丙辰	五黄	成	毕	
初五	4	己丑	二黑	成	娄		3	戊午	九紫	建	胃		8月	丁亥	四绿	定	昴		31	丁巳	四绿	收	觜	
初六	5	庚寅	三碧	收	胃		4	己未	八白	除	昴		2	戊子	三碧	执	毕		9月	戊午	三碧	开	参	
初七	6	辛卯	四绿	收	昴		5	庚申	七赤	满	毕		3	己丑	二黑	破	觜		2	己未	二黑	闭	井	
初八	7	壬辰	五黄	开	毕		6	辛酉	六白	平	觜		4	庚寅	一白	危	参		3	庚申	一白	建	鬼	
初九	8	癸巳	六白	闭	觜		7	壬戌	五黄	平	参		5	辛卯	九紫	成	井		4	辛酉	九紫	除	柳	
初十	9	甲午	七赤	建	参		8	癸亥	四绿	定	井		6	壬辰	八白	收	鬼		5	壬戌	八白	满	星	
十一	10	乙未	八白	除	井		9	甲子	九紫	执	鬼		7	癸巳	七赤	开	柳		6	癸亥	七赤	平	张	
十二	11	丙申	九紫	满	鬼		10	乙丑	八白	破	柳		8	甲午	六白	开	星		7	甲子	三碧	定	翼	
十三	12	丁酉	一白	平	柳		11	丙寅	七赤	危	星		9	乙未	五黄	闭	张		8	乙丑	二黑	定	轸	
十四	13	戊戌	二黑	定	星		12	丁卯	六白	成	张		10	丙申	四绿	建	翼		9	丙寅	一白	执	角	
十五	14	己亥	三碧	执	张		13	戊辰	五黄	收	翼		11	丁酉	三碧	除	轸		10	丁卯	九紫	破	亢	
十六	15	庚子	四绿	破	翼		14	己巳	四绿	开	轸		12	戊戌	二黑	满	角		11	戊辰	八白	危	氐	
十七	16	辛丑	五黄	危	轸		15	庚午	三碧	闭	角		13	己亥	一白	平	亢		12	己巳	七赤	成	房	
十八	17	壬寅	六白	成	角		16	辛未	二黑	建	亢		14	庚子	九紫	定	氐		13	庚午	六白	收	心	
十九	18	癸卯	七赤	收	亢		17	壬申	一白	除	氐		15	辛丑	八白	执	房		14	辛未	五黄	开	尾	
二十	19	甲辰	八白	开	氐		18	癸酉	九紫	满	房		16	壬寅	七赤	破	心		15	壬申	四绿	闭	箕	
廿一	20	乙巳	九紫	闭	房		19	甲戌	八白	平	心		17	癸卯	六白	危	尾		16	癸酉	三碧	建	斗	
廿二	21	丙午	三碧	建	心		20	乙亥	七赤	定	尾		18	甲辰	五黄	成	箕		17	甲戌	二黑	除	牛	
廿三	22	丁未	二黑	除	尾		21	丙子	六白	执	箕		19	乙巳	四绿	收	斗		18	乙亥	一白	满	女	
廿四	23	戊申	一白	满	箕		22	丁丑	五黄	破	斗		20	丙午	三碧	开	牛		19	丙子	九紫	平	虚	
廿五	24	己酉	九紫	平	斗		23	戊寅	四绿	危	牛		21	丁未	二黑	闭	女		20	丁丑	八白	定	危	
廿六	25	庚戌	八白	定	牛		24	己卯	三碧	成	女		22	戊申	一白	建	虚		21	戊寅	七赤	执	室	
廿七	26	辛亥	七赤	执	女		25	庚辰	二黑	收	虚		23	己酉	三碧	除	危		22	己卯	六白	破	壁	
廿八	27	壬子	六白	破	虚		26	辛巳	一白	开	危		24	庚戌	二黑	满	室		23	庚辰	五黄	危	奎	
廿九	28	癸丑	五黄	危	危		27	壬午	九紫	闭	室		25	辛亥	一白	平	壁		24	辛巳	四绿	成	娄	
三十													26	壬子	九紫	定	奎							

公元1965年　乙巳蛇年　太岁吴遂 九星八白

月份	九月小 丙戌 三碧 坤卦 胃宿					十月大 丁亥 二黑 乾卦 昴宿					十一月大 戊子 一白 兑卦 毕宿					十二月小 己丑 九紫 离卦 觜宿				
节气	寒露 10月8日 十四乙未 戌时 20时11分			霜降 10月23日 廿九庚戌 夜子时 23时10分		立冬 11月7日 十五乙丑 夜子时 23时07分			小雪 11月22日 三十庚辰 戌时 20时29分		大雪 12月7日 十五乙未 申时 15时46分			冬至 12月22日 三十庚戌 巳时 9时41分		小寒 1月6日 十五乙丑 丑时 2时55分			大寒 1月20日 廿九己卯 戌时 20时20分	
农历	公历	干支	九星	日建	星宿	公历	干支	九星	日建	星宿	公历	干支	九星	日建	星宿	公历	干支	九星	日建	星宿
初一	25	壬午	三碧	收	胃	24	辛亥	四绿	除	昴	23	辛巳	七赤	破	觜	23	辛亥	三碧	闭	井
初二	26	癸未	二黑	开	昴	25	壬子	三碧	满	毕	24	壬午	六白	危	参	24	壬子	四绿	建	鬼
初三	27	甲申	一白	闭	毕	26	癸丑	二黑	平	觜	25	癸未	五黄	成	井	25	癸丑	五黄	除	柳
初四	28	乙酉	九紫	建	觜	27	甲寅	一白	定	参	26	甲申	四绿	收	鬼	26	甲寅	六白	满	星
初五	29	丙戌	八白	除	参	28	乙卯	九紫	执	井	27	乙酉	三碧	开	柳	27	乙卯	七赤	平	张
初六	30	丁亥	七赤	满	井	29	丙辰	八白	破	鬼	28	丙戌	二黑	闭	星	28	丙辰	八白	定	翼
初七	10月	戊子	六白	平	鬼	30	丁巳	七赤	危	柳	29	丁亥	一白	建	张	29	丁巳	九紫	执	轸
初八	2	己丑	五黄	定	柳	31	戊午	六白	成	星	30	戊子	九紫	除	翼	30	戊午	一白	破	角
初九	3	庚寅	四绿	执	张	11月	己未	五黄	收	张	12月	己丑	八白	满	轸	31	己未	二黑	危	亢
初十	4	辛卯	三碧	破	张	2	庚申	四绿	开	翼	2	庚寅	七赤	平	角	1月	庚申	三碧	成	氐
十一	5	壬辰	二黑	危	翼	3	辛酉	三碧	闭	轸	3	辛卯	六白	定	亢	2	辛酉	四绿	收	房
十二	6	癸巳	一白	成	轸	4	壬戌	二黑	建	角	4	壬辰	五黄	执	氐	3	壬戌	五黄	开	心
十三	7	甲午	九紫	收	角	5	癸亥	一白	除	亢	5	癸巳	四绿	破	房	4	癸亥	六白	闭	尾
十四	8	乙未	八白	收	亢	6	甲子	六白	满	氐	6	甲午	三碧	危	心	5	甲子	一白	建	箕
十五	9	丙申	七赤	开	氐	7	乙丑	五黄	满	房	7	乙未	二黑	危	尾	6	乙丑	二黑	建	斗
十六	10	丁酉	六白	闭	房	8	丙寅	四绿	平	心	8	丙申	一白	成	箕	7	丙寅	三碧	除	牛
十七	11	戊戌	五黄	建	心	9	丁卯	三碧	定	尾	9	丁酉	九紫	收	斗	8	丁卯	四绿	满	女
十八	12	己亥	四绿	除	尾	10	戊辰	二黑	执	箕	10	戊戌	八白	开	牛	9	戊辰	五黄	平	虚
十九	13	庚子	三碧	满	箕	11	己巳	一白	破	斗	11	己亥	七赤	闭	女	10	己巳	六白	定	危
二十	14	辛丑	二黑	平	斗	12	庚午	九紫	危	牛	12	庚子	六白	建	虚	11	庚午	七赤	执	室
廿一	15	壬寅	一白	定	牛	13	辛未	八白	成	女	13	辛丑	五黄	除	危	12	辛未	八白	破	壁
廿二	16	癸卯	九紫	执	女	14	壬申	七赤	收	虚	14	壬寅	四绿	满	室	13	壬申	九紫	危	奎
廿三	17	甲辰	八白	破	虚	15	癸酉	六白	开	危	15	癸卯	三碧	平	壁	14	癸酉	一白	成	娄
廿四	18	乙巳	七赤	危	危	16	甲戌	五黄	闭	室	16	甲辰	二黑	定	奎	15	甲戌	二黑	收	胃
廿五	19	丙午	六白	成	室	17	乙亥	四绿	建	壁	17	乙巳	一白	执	娄	16	乙亥	三碧	开	昴
廿六	20	丁未	五黄	收	壁	18	丙子	三碧	除	奎	18	丙午	九紫	破	胃	17	丙子	四绿	闭	毕
廿七	21	戊申	四绿	开	奎	19	丁丑	二黑	满	娄	19	丁未	八白	危	昴	18	丁丑	五黄	建	觜
廿八	22	己酉	三碧	闭	娄	20	戊寅	一白	平	胃	20	戊申	七赤	成	毕	19	戊寅	六白	除	参
廿九	23	庚戌	五黄	建	胃	21	己卯	九紫	定	昴	21	己酉	六白	收	觜	20	己卯	七赤	满	井
三十						22	庚辰	八白	执	毕	22	庚戌	二黑	开	参					

公元1966年　丙午马年（闰三月）　太岁文折　九星七赤

月份	正月大 庚寅 八白 乾卦 参宿		二月大 辛卯 七赤 兑卦 井宿		三月大 壬辰 六白 离卦 鬼宿		闰三月小	
节气	立春 2月4日 十五甲午 未时 14时38分	雨水 2月19日 三十己酉 巳时 10时38分	惊蛰 3月6日 十五甲子 辰时 8时52分	春分 3月21日 三十己卯 巳时 9时53分	清明 4月5日 十五甲午 未时 13时57分	谷雨 4月20日 三十己酉 亥时 21时12分	立夏 5月6日 十六乙丑 辰时 7时30分	

农历	公历	干支	九星	日建	宿	公历	干支	九星	日建	宿	公历	干支	九星	日建	宿	公历	干支	九星	日建	宿
初一	21	庚辰	八白	平	鬼	20	庚戌	八白	成	星	22	庚辰	五黄	除	翼	21	庚戌	五黄	破	角
初二	22	辛巳	九紫	定	柳	21	辛亥	九紫	收	张	23	辛巳	六白	满	轸	22	辛亥	六白	危	亢
初三	23	壬午	一白	执	星	22	壬子	一白	开	翼	24	壬午	七赤	平	角	23	壬子	七赤	成	氐
初四	24	癸未	二黑	破	张	23	癸丑	二黑	闭	轸	25	癸未	八白	定	亢	24	癸丑	八白	收	房
初五	25	甲申	三碧	危	翼	24	甲寅	三碧	建	角	26	甲申	九紫	执	氐	25	甲寅	九紫	开	心
初六	26	乙酉	四绿	成	轸	25	乙卯	四绿	除	亢	27	乙酉	一白	破	房	26	乙卯	一白	闭	尾
初七	27	丙戌	五黄	收	角	26	丙辰	五黄	满	氐	28	丙戌	二黑	危	心	27	丙辰	二黑	建	箕
初八	28	丁亥	六白	开	亢	27	丁巳	六白	平	房	29	丁亥	三碧	成	尾	28	丁巳	三碧	除	斗
初九	29	戊子	七赤	闭	氐	28	戊午	七赤	定	心	30	戊子	四绿	收	箕	29	戊午	四绿	满	牛
初十	30	己丑	八白	建	房	3月	己未	八白	执	尾	31	己丑	五黄	开	斗	30	己未	五黄	平	女
十一	31	庚寅	九紫	除	心	2	庚申	九紫	破	箕	4月	庚寅	六白	闭	牛	5月	庚申	六白	定	虚
十二	2月	辛卯	一白	满	尾	3	辛酉	一白	危	斗	2	辛卯	七赤	建	女	2	辛酉	七赤	执	危
十三	2	壬辰	二黑	平	箕	4	壬戌	二黑	成	牛	3	壬辰	八白	除	虚	3	壬戌	八白	破	室
十四	3	癸巳	三碧	定	斗	5	癸亥	三碧	收	女	4	癸巳	九紫	满	危	4	癸亥	九紫	危	壁
十五	4	甲午	四绿	定	牛	6	甲子	七赤	收	虚	5	甲午	一白	满	室	5	甲子	四绿	成	奎
十六	5	乙未	五黄	执	女	7	乙丑	八白	开	危	6	乙未	二黑	平	壁	6	乙丑	五黄	成	娄
十七	6	丙申	六白	破	虚	8	丙寅	九紫	闭	室	7	丙申	三碧	定	奎	7	丙寅	六白	收	胃
十八	7	丁酉	七赤	危	危	9	丁卯	一白	建	壁	8	丁酉	四绿	执	娄	8	丁卯	七赤	开	昴
十九	8	戊戌	八白	成	室	10	戊辰	二黑	除	奎	9	戊戌	五黄	破	胃	9	戊辰	八白	闭	毕
二十	9	己亥	九紫	收	壁	11	己巳	三碧	满	娄	10	己亥	六白	危	昴	10	己巳	九紫	建	觜
廿一	10	庚子	一白	开	奎	12	庚午	四绿	平	胃	11	庚子	七赤	成	毕	11	庚午	一白	除	参
廿二	11	辛丑	二黑	闭	娄	13	辛未	五黄	定	昴	12	辛丑	八白	收	觜	12	辛未	二黑	满	井
廿三	12	壬寅	三碧	建	胃	14	壬申	六白	执	毕	13	壬寅	九紫	开	参	13	壬申	三碧	平	鬼
廿四	13	癸卯	四绿	除	昴	15	癸酉	七赤	破	觜	14	癸卯	一白	闭	井	14	癸酉	四绿	定	柳
廿五	14	甲辰	五黄	满	毕	16	甲戌	八白	危	参	15	甲辰	二黑	建	鬼	15	甲戌	五黄	执	星
廿六	15	乙巳	六白	平	觜	17	乙亥	九紫	成	井	16	乙巳	三碧	除	柳	16	乙亥	六白	破	张
廿七	16	丙午	七赤	定	参	18	丙子	一白	收	鬼	17	丙午	四绿	满	星	17	丙子	七赤	危	翼
廿八	17	丁未	八白	执	井	19	丁丑	二黑	开	柳	18	丁未	五黄	平	张	18	丁丑	八白	成	轸
廿九	18	戊申	九紫	破	鬼	20	戊寅	三碧	闭	星	19	戊申	六白	定	翼	19	戊寅	九紫	收	角
三十	19	己酉	七赤	危	柳	21	己卯	四绿	建	张	20	己酉	四绿	执	轸					

月份	四月大 癸巳 五黄 震卦 柳宿					五月小 甲午 四绿 巽卦 星宿					六月小 乙未 三碧 坎卦 张宿				
节气	小满 5月21日 初二庚辰 戌时 20时32分		芒种 6月6日 十八丙申 午时 11时50分			夏至 6月22日 初四壬子 寅时 4时33分		小暑 7月7日 十九丁卯 亥时 22时07分			大暑 7月23日 初六癸未 申时 15时23分		立秋 8月8日 廿二己亥 辰时 7时49分		
农历	公历	干支	九星	日建	星宿	公历	干支	九星	日建	星宿	公历	干支	九星	日建	星宿
初一	20	己卯	一白	开	亢	19	己酉	四绿	平	房	18	戊寅	四绿	危	心
初二	21	庚辰	二黑	闭	氐	20	庚戌	五黄	定	心	19	己卯	三碧	成	尾
初三	22	辛巳	三碧	建	房	21	辛亥	六白	执	尾	20	庚辰	二黑	收	箕
初四	23	壬午	四绿	除	心	22	壬子	六白	破	箕	21	辛巳	一白	开	斗
初五	24	癸未	五黄	满	尾	23	癸丑	五黄	危	斗	22	壬午	九紫	闭	牛
初六	25	甲申	六白	平	箕	24	甲寅	四绿	成	牛	23	癸未	八白	建	女
初七	26	乙酉	七赤	定	斗	25	乙卯	三碧	收	女	24	甲申	七赤	除	虚
初八	27	丙戌	八白	执	牛	26	丙辰	二黑	开	虚	25	乙酉	六白	满	危
初九	28	丁亥	九紫	破	女	27	丁巳	一白	闭	危	26	丙戌	五黄	平	室
初十	29	戊子	一白	危	虚	28	戊午	九紫	建	室	27	丁亥	四绿	定	壁
十一	30	己丑	二黑	成	危	29	己未	八白	除	壁	28	戊子	三碧	执	奎
十二	31	庚寅	三碧	收	室	30	庚申	七赤	满	奎	29	己丑	二黑	破	娄
十三	6月	辛卯	四绿	开	壁	7月	辛酉	六白	平	娄	30	庚寅	一白	危	胃
十四	2	壬辰	五黄	闭	奎	2	壬戌	五黄	定	胃	31	辛卯	九紫	成	昴
十五	3	癸巳	六白	建	娄	3	癸亥	四绿	执	昴	8月	壬辰	八白	收	毕
十六	4	甲午	七赤	除	胃	4	甲子	九紫	破	毕	2	癸巳	七赤	开	觜
十七	5	乙未	八白	满	昴	5	乙丑	八白	危	觜	3	甲午	六白	闭	参
十八	6	丙申	九紫	满	毕	6	丙寅	七赤	成	参	4	乙未	五黄	建	井
十九	7	丁酉	一白	平	觜	7	丁卯	六白	成	井	5	丙申	四绿	除	鬼
二十	8	戊戌	二黑	定	参	8	戊辰	五黄	收	鬼	6	丁酉	三碧	满	柳
廿一	9	己亥	三碧	执	井	9	己巳	四绿	开	柳	7	戊戌	二黑	平	星
廿二	10	庚子	四绿	破	鬼	10	庚午	三碧	闭	星	8	己亥	一白	平	张
廿三	11	辛丑	五黄	危	柳	11	辛未	二黑	建	张	9	庚子	九紫	定	翼
廿四	12	壬寅	六白	成	星	12	壬申	一白	除	翼	10	辛丑	八白	执	轸
廿五	13	癸卯	七赤	收	张	13	癸酉	九紫	满	轸	11	壬寅	七赤	破	角
廿六	14	甲辰	八白	开	翼	14	甲戌	八白	平	角	12	癸卯	六白	危	亢
廿七	15	乙巳	九紫	闭	轸	15	乙亥	七赤	定	亢	13	甲辰	五黄	成	氐
廿八	16	丙午	一白	建	角	16	丙子	六白	执	氐	14	乙巳	四绿	收	房
廿九	17	丁未	二黑	除	亢	17	丁丑	五黄	破	房	15	丙午	三碧	开	心
三十	18	戊申	三碧	满	氐										

公元1966年　丙午马年（闰三月）　太岁文折 九星七赤

月份	七月大 丙申 二黑 艮卦 翼宿				八月小 丁酉 一白 坤卦 轸宿				九月小 戊戌 九紫 乾卦 角宿			
节气	处暑 8月23日 初八甲寅 亥时 22时18分	白露 9月8日 廿四庚午 巳时 10时32分			秋分 9月23日 初九乙酉 戌时 19时43分	寒露 10月9日 廿五辛丑 丑时 1时57分			霜降 10月24日 十一丙辰 寅时 4时51分	立冬 11月8日 廿六辛未 寅时 4时56分		
农历	公历	干支	九星	日建	星宿	公历	干支	九星	日建	星宿	公历	干支	九星	日建	星宿

农历	公历	干支	九星	日建	星宿	公历	干支	九星	日建	星宿	公历	干支	九星	日建	星宿
初一	16	丁未	二黑	闭	尾	15	丁丑	八白	定	斗	14	丙午	六白	成	牛
初二	17	戊申	一白	建	箕	16	戊寅	七赤	执	牛	15	丁未	五黄	收	女
初三	18	己酉	九紫	除	斗	17	己卯	六白	破	女	16	戊申	四绿	开	虚
初四	19	庚戌	八白	满	牛	18	庚辰	五黄	危	虚	17	己酉	三碧	闭	室
初五	20	辛亥	七赤	平	女	19	辛巳	四绿	成	危	18	庚戌	二黑	建	
初六	21	壬子	六白	定	虚	20	壬午	三碧	收	室	19	辛亥	一白	除	壁
初七	22	癸丑	五黄	执	危	21	癸未	二黑	开	壁	20	壬子	九紫	满	奎
初八	23	甲寅	七赤	破	室	22	甲申	一白	闭	奎	21	癸丑	八白	平	娄
初九	24	乙卯	六白	危	壁	23	乙酉	九紫	建	娄	22	甲寅	七赤	定	胃
初十	25	丙辰	五黄	成	奎	24	丙戌	八白	除	胃	23	乙卯	六白	执	昴
十一	26	丁巳	四绿	收	娄	25	丁亥	七赤	满	昴	24	丙辰	八白	破	毕
十二	27	戊午	三碧	开	胃	26	戊子	六白	平	毕	25	丁巳	七赤	危	觜
十三	28	己未	二黑	闭	昴	27	己丑	五黄	定	觜	26	戊午	六白	成	参
十四	29	庚申	一白	建	毕	28	庚寅	四绿	执	参	27	己未	五黄	收	井
十五	30	辛酉	九紫	除	觜	29	辛卯	三碧	破	井	28	庚申	四绿	开	鬼
十六	31	壬戌	八白	满	参	30	壬辰	二黑	危	鬼	29	辛酉	三碧	闭	柳
十七	9月	癸亥	七赤	平	井	10月	癸巳	一白	成	柳	30	壬戌	二黑	建	星
十八	2	甲子	三碧	定	鬼	2	甲午	九紫	收	星	31	癸亥	一白	除	张
十九	3	乙丑	二黑	执	柳	3	乙未	八白	开	张	11月	甲子	六白	满	翼
二十	4	丙寅	一白	破	星	4	丙申	七赤	闭	翼	2	乙丑	五黄	平	轸
廿一	5	丁卯	九紫	危	张	5	丁酉	六白	建	轸	3	丙寅	四绿	定	角
廿二	6	戊辰	八白	成	翼	6	戊戌	五黄	除	角	4	丁卯	三碧	执	亢
廿三	7	己巳	七赤	收	轸	7	己亥	四绿	满	亢	5	戊辰	二黑	破	氐
廿四	8	庚午	六白	收	角	8	庚子	三碧	平	氐	6	己巳	一白	危	房
廿五	9	辛未	五黄	开	亢	9	辛丑	二黑	平	房	7	庚午	九紫	成	心
廿六	10	壬申	四绿	闭	氐	10	壬寅	一白	定	心	8	辛未	八白	成	尾
廿七	11	癸酉	三碧	建	房	11	癸卯	九紫	执	尾	9	壬申	七赤	收	箕
廿八	12	甲戌	二黑	除	心	12	甲辰	八白	破	箕	10	癸酉	六白	开	斗
廿九	13	乙亥	一白	满	尾	13	乙巳	七赤	危	斗	11	甲戌	五黄	闭	牛
三十	14	丙子	九紫	平	箕										

公元1966年　丙午马年（闰三月）　太岁文折　九星七赤

月份	十月大 己亥 八白 兑卦 亢宿				十一月大 庚子 七赤 离卦 氐宿				十二月小 辛丑 六白 震卦 房宿			
节气	小雪 11月23日 十二丙戌 丑时 2时14分	大雪 12月7日 廿六庚子 亥时 21时38分			冬至 12月22日 十一乙卯 申时 15时29分	小寒 1月6日 廿六庚午 辰时 8时49分			大寒 1月21日 十一乙酉 丑时 2时08分	立春 2月4日 廿五己亥 戌时 20时31分		
农历	公历	干支	九星	日建	星宿	公历	干支	九星	日建	星宿	公历	干支	九星	日建	星宿

农历	公历	干支	九星	日建	星宿	公历	干支	九星	日建	星宿	公历	干支	九星	日建	星宿
初一	12	乙亥	四绿	建	女	12	乙巳	一白	执	危	11	乙亥	三碧	开	壁
初二	13	丙子	三碧	除	虚	13	丙午	九紫	破	室	12	丙子	四绿	闭	奎
初三	14	丁丑	二黑	满	危	14	丁未	八白	危	壁	13	丁丑	五黄	建	娄
初四	15	戊寅	一白	平	室	15	戊申	七赤	成	奎	14	戊寅	六白	除	胃
初五	16	己卯	九紫	定	壁	16	己酉	六白	收	娄	15	己卯	七赤	满	昴
初六	17	庚辰	八白	执	奎	17	庚戌	五黄	开	胃	16	庚辰	八白	平	毕
初七	18	辛巳	七赤	破	娄	18	辛亥	四绿	闭	昴	17	辛巳	九紫	定	觜
初八	19	壬午	六白	危	胃	19	壬子	三碧	建	毕	18	壬午	一白	执	参
初九	20	癸未	五黄	成	昴	20	癸丑	二黑	除	觜	19	癸未	二黑	破	井
初十	21	甲申	四绿	收	毕	21	甲寅	一白	满	参	20	甲申	三碧	危	鬼
十一	22	乙酉	三碧	开	觜	22	乙卯	七赤	平	井	21	乙酉	四绿	成	柳
十二	23	丙戌	二黑	闭	参	23	丙辰	八白	定	鬼	22	丙戌	五黄	收	星
十三	24	丁亥	一白	建	井	24	丁巳	九紫	执	柳	23	丁亥	六白	开	张
十四	25	戊子	九紫	除	鬼	25	戊午	一白	破	星	24	戊子	七赤	闭	翼
十五	26	己丑	八白	满	柳	26	己未	二黑	危	张	25	己丑	八白	建	轸
十六	27	庚寅	七赤	平	星	27	庚申	三碧	成	翼	26	庚寅	九紫	除	角
十七	28	辛卯	六白	定	张	28	辛酉	四绿	收	轸	27	辛卯	一白	满	亢
十八	29	壬辰	五黄	执	翼	29	壬戌	五黄	开	角	28	壬辰	二黑	平	氐
十九	30	癸巳	四绿	破	轸	30	癸亥	六白	闭	亢	29	癸巳	三碧	定	房
二十	12月	甲午	三碧	危	角	31	甲子	一白	建	氐	30	甲午	四绿	执	心
廿一	2	乙未	二黑	成	亢	1月	乙丑	二黑	除	房	31	乙未	五黄	破	尾
廿二	3	丙申	一白	收	氐	2	丙寅	三碧	满	心	2月	丙申	六白	危	箕
廿三	4	丁酉	九紫	开	房	3	丁卯	四绿	平	尾	2	丁酉	七赤	成	斗
廿四	5	戊戌	八白	闭	心	4	戊辰	五黄	定	箕	3	戊戌	八白	收	牛
廿五	6	己亥	七赤	建	尾	5	己巳	六白	执	斗	4	己亥	九紫	收	女
廿六	7	庚子	六白	除	箕	6	庚午	七赤	破	牛	5	庚子	一白	开	虚
廿七	8	辛丑	五黄	满	斗	7	辛未	八白	危	女	6	辛丑	二黑	闭	危
廿八	9	壬寅	四绿	平	牛	8	壬申	九紫	成	虚	7	壬寅	三碧	建	室
廿九	10	癸卯	三碧	定	女	9	癸酉	一白	成	危	8	癸卯	四绿	除	壁
三十	11	甲辰	二黑	执	虚	10	甲戌	二黑	收	室					

月份	正月大 壬寅 五黄 兑卦 心宿					二月大 癸卯 四绿 离卦 尾宿					三月小 甲辰 三碧 震卦 箕宿					四月大 乙巳 二黑 巽卦 斗宿				
节气	雨水 2月19日 十一甲寅 申时 16时24分			惊蛰 3月6日 廿六己巳 未时 14时42分		春分 3月21日 十一甲申 申时 15时37分			清明 4月5日 廿六己亥 戌时 19时45分		谷雨 4月21日 十二乙卯 丑时 2时55分			立夏 5月6日 廿七庚午 未时 13时17分		小满 5月22日 十四丙戌 丑时 2时18分			芒种 6月6日 廿九辛丑 酉时 17时36分	
农历	公历	干支	九星	日建	星宿	公历	干支	九星	日建	星宿	公历	干支	九星	日建	星宿	公历	干支	九星	日建	星宿
初一	9	甲辰	五黄	满	奎	11	甲戌	八白	危	胃	10	甲辰	二黑	建	毕	9	癸酉	四绿	定	觜
初二	10	乙巳	六白	平	娄	12	乙亥	九紫	成	昴	11	乙巳	三碧	除	觜	10	甲戌	五黄	执	参
初三	11	丙午	七赤	定	胃	13	丙子	一白	收	毕	12	丙午	四绿	满	参	11	乙亥	六白	破	井
初四	12	丁未	八白	执	昴	14	丁丑	二黑	开	觜	13	丁未	五黄	平	井	12	丙子	七赤	危	鬼
初五	13	戊申	九紫	破	毕	15	戊寅	三碧	闭	参	14	戊申	六白	定	鬼	13	丁丑	八白	成	柳
初六	14	己酉	一白	危	觜	16	己卯	四绿	建	井	15	己酉	七赤	执	柳	14	戊寅	九紫	收	星
初七	15	庚戌	二黑	成	参	17	庚辰	五黄	除	鬼	16	庚戌	八白	破	星	15	己卯	一白	开	张
初八	16	辛亥	三碧	收	井	18	辛巳	六白	满	柳	17	辛亥	九紫	危	张	16	庚辰	二黑	闭	翼
初九	17	壬子	四绿	开	鬼	19	壬午	七赤	平	星	18	壬子	一白	成	翼	17	辛巳	三碧	建	轸
初十	18	癸丑	五黄	闭	柳	20	癸未	八白	定	张	19	癸丑	二黑	收	轸	18	壬午	四绿	除	角
十一	19	甲寅	三碧	建	星	21	甲申	九紫	执	翼	20	甲寅	三碧	开	角	19	癸未	五黄	满	亢
十二	20	乙卯	四绿	除	张	22	乙酉	一白	破	轸	21	乙卯	一白	闭	亢	20	甲申	六白	平	氐
十三	21	丙辰	五黄	满	翼	23	丙戌	二黑	危	角	22	丙辰	二黑	建	氐	21	乙酉	七赤	定	房
十四	22	丁巳	六白	平	轸	24	丁亥	三碧	成	亢	23	丁巳	三碧	除	房	22	丙戌	八白	执	心
十五	23	戊午	七赤	定	角	25	戊子	四绿	收	氐	24	戊午	四绿	满	心	23	丁亥	九紫	破	尾
十六	24	己未	八白	执	亢	26	己丑	五黄	开	房	25	己未	五黄	平	尾	24	戊子	一白	危	箕
十七	25	庚申	九紫	破	氐	27	庚寅	六白	闭	心	26	庚申	六白	定	箕	25	己丑	二黑	成	斗
十八	26	辛酉	一白	危	房	28	辛卯	七赤	建	尾	27	辛酉	七赤	执	斗	26	庚寅	三碧	收	牛
十九	27	壬戌	二黑	成	心	29	壬辰	八白	除	箕	28	壬戌	八白	破	牛	27	辛卯	四绿	开	女
二十	28	癸亥	三碧	收	尾	30	癸巳	九紫	满	斗	29	癸亥	九紫	危	女	28	壬辰	五黄	闭	虚
廿一	3月	甲子	七赤	开	箕	31	甲午	一白	平	牛	30	甲子	四绿	成	虚	29	癸巳	六白	建	危
廿二	2	乙丑	八白	闭	斗	4月	乙未	二黑	定	女	5月	乙丑	五黄	收	危	30	甲午	七赤	除	室
廿三	3	丙寅	九紫	建	牛	2	丙申	三碧	执	虚	2	丙寅	六白	开	室	31	乙未	八白	满	壁
廿四	4	丁卯	一白	除	女	3	丁酉	四绿	破	危	3	丁卯	七赤	闭	壁	6月	丙申	九紫	平	奎
廿五	5	戊辰	二黑	满	虚	4	戊戌	五黄	危	室	4	戊辰	八白	建	奎	2	丁酉	一白	定	娄
廿六	6	己巳	三碧	满	危	5	己亥	六白	成	壁	5	己巳	九紫	除	娄	3	戊戌	二黑	执	胃
廿七	7	庚午	四绿	平	室	6	庚子	七赤	收	奎	6	庚午	一白	满	胃	4	己亥	三碧	破	昴
廿八	8	辛未	五黄	定	壁	7	辛丑	八白	收	娄	7	辛未	二黑	平	昴	5	庚子	四绿	危	毕
廿九	9	壬申	六白	执	奎	8	壬寅	九紫	开	胃	8	壬申	三碧	平	毕	6	辛丑	五黄	成	觜
三十	10	癸酉	七赤	破	娄	9	癸卯	一白	闭	昴						7	壬寅	六白	收	参

国学经典文库　中华历书大全　·1900—2100年万年历法表·　图文珍藏版

公元1967年　丁未羊年　太岁缪丙 九星六白

月份	五月大 丙午 一白 坎卦 牛宿					六月小 丁未 九紫 艮卦 女宿					七月小 戊申 八白 坤卦 虚宿					八月大 己酉 七赤 乾卦 危宿				
节气	夏至 6月22日 十五丁巳 巳时 10时23分					小暑 7月8日 初一癸酉 寅时 3时53分　大暑 7月23日 十六戊子 亥时 21时16分					立秋 8月8日 初三甲辰 未时 13时35分　处暑 8月24日 十九庚申 寅时 4时13分					白露 9月8日 初五乙亥 申时 16时18分　秋分 9月24日 廿一辛卯 丑时 1时38分				
农历	公历	干支	九星	日建	星宿	公历	干支	九星	日建	星宿	公历	干支	九星	日建	星宿	公历	干支	九星	日建	星宿
初一	8	癸卯	七赤	收	井	8	癸酉	九紫	满	柳	6	壬寅	七赤	危	星	4	辛未	五黄	闭	张
初二	9	甲辰	八白	开	鬼	9	甲戌	八白	平	星	7	癸卯	六白	成	张	5	壬申	四绿	建	翼
初三	10	乙巳	九紫	闭	柳	10	乙亥	七赤	定	张	8	甲辰	五黄	成	翼	6	癸酉	三碧	除	轸
初四	11	丙午	一白	建	星	11	丙子	六白	执	翼	9	乙巳	四绿	收	轸	7	甲戌	二黑	满	角
初五	12	丁未	二黑	除	张	12	丁丑	五黄	破	轸	10	丙午	三碧	开	角	8	乙亥	一白	平	亢
初六	13	戊申	三碧	满	翼	13	戊寅	四绿	危	角	11	丁未	二黑	闭	亢	9	丙子	九紫	平	氐
初七	14	己酉	四绿	平	轸	14	己卯	三碧	成	亢	12	戊申	一白	建	氐	10	丁丑	八白	定	房
初八	15	庚戌	五黄	定	角	15	庚辰	二黑	收	氐	13	己酉	九紫	除	房	11	戊寅	七赤	执	心
初九	16	辛亥	六白	执	亢	16	辛巳	一白	开	房	14	庚戌	八白	满	心	12	己卯	六白	破	尾
初十	17	壬子	七赤	破	氐	17	壬午	九紫	闭	心	15	辛亥	七赤	平	尾	13	庚辰	五黄	危	箕
十一	18	癸丑	八白	危	房	18	癸未	八白	建	尾	16	壬子	六白	定	箕	14	辛巳	四绿	成	斗
十二	19	甲寅	九紫	成	心	19	甲申	七赤	除	箕	17	癸丑	五黄	执	斗	15	壬午	三碧	收	牛
十三	20	乙卯	一白	收	尾	20	乙酉	六白	满	斗	18	甲寅	四绿	破	牛	16	癸未	二黑	开	女
十四	21	丙辰	二黑	开	箕	21	丙戌	五黄	平	牛	19	乙卯	三碧	危	女	17	甲申	一白	闭	虚
十五	22	丁巳	一白	闭	斗	22	丁亥	四绿	定	女	20	丙辰	二黑	成	虚	18	乙酉	九紫	建	危
十六	23	戊午	九紫	建	牛	23	戊子	三碧	执	虚	21	丁巳	一白	收	危	19	丙戌	八白	除	室
十七	24	己未	八白	除	女	24	己丑	二黑	破	危	22	戊午	九紫	开	室	20	丁亥	七赤	满	壁
十八	25	庚申	七赤	满	虚	25	庚寅	一白	危	室	23	己未	八白	闭	壁	21	戊子	六白	平	奎
十九	26	辛酉	六白	平	危	26	辛卯	九紫	成	壁	24	庚申	一白	建	奎	22	己丑	五黄	定	娄
二十	27	壬戌	五黄	定	室	27	壬辰	八白	收	奎	25	辛酉	九紫	除	娄	23	庚寅	四绿	执	胃
廿一	28	癸亥	四绿	执	壁	28	癸巳	七赤	开	娄	26	壬戌	八白	满	胃	24	辛卯	三碧	破	昴
廿二	29	甲子	九紫	破	奎	29	甲午	六白	闭	胃	27	癸亥	七赤	平	昴	25	壬辰	二黑	危	毕
廿三	30	乙丑	八白	危	娄	30	乙未	五黄	建	昴	28	甲子	三碧	定	毕	26	癸巳	一白	成	觜
廿四	7月	丙寅	七赤	成	胃	31	丙申	四绿	除	毕	29	乙丑	二黑	执	觜	27	甲午	九紫	收	参
廿五	2	丁卯	六白	收	昴	8月	丁酉	三碧	满	觜	30	丙寅	一白	破	参	28	乙未	八白	开	井
廿六	3	戊辰	五黄	开	毕	2	戊戌	二黑	平	参	31	丁卯	九紫	危	井	29	丙申	七赤	闭	鬼
廿七	4	己巳	四绿	闭	觜	3	己亥	一白	定	井	9月	戊辰	八白	成	鬼	30	丁酉	六白	建	柳
廿八	5	庚午	三碧	建	参	4	庚子	九紫	执	鬼	2	己巳	七赤	收	柳	10月	戊戌	五黄	除	星
廿九	6	辛未	二黑	除	井	5	辛丑	八白	破	柳	3	庚午	六白	开	星	2	己亥	四绿	满	张
三十	7	壬申	一白	满	鬼											3	庚子	三碧	平	翼

国学经典文库

中华历书大全

·1900—2100年万年历法表·

图文珍藏版

月份	九月小 庚戌 六白 兑卦 室宿					十月大 辛亥 五黄 离卦 壁宿					十一月小 壬子 四绿 震卦 奎宿					十二月大 癸丑 三碧 巽卦 娄宿				
节气	寒露 10月9日 初六丙午 辰时 7时41分		霜降 10月24日 廿一辛酉 巳时 10时44分			立冬 11月8日 初七丙子 巳时 10时38分		小雪 11月23日 廿二辛卯 辰时 8时05分			大雪 12月8日 初七丙午 寅时 3时18分		冬至 12月22日 廿一庚申 亥时 21时17分			小寒 1月6日 初七乙亥 未时 14时27分		大寒 1月21日 廿二庚寅 辰时 7时54分		
农历	公历	干支	九星	日建	星宿	公历	干支	九星	日建	星宿	公历	干支	九星	日建	星宿	公历	干支	九星	日建	星宿
初一	4	辛丑	二黑	定	轸	2	庚午	九紫	成	角	2	庚子	六白	除	氐	31	己巳	六白	执	房
初二	5	壬寅	一白	执	角	3	辛未	八白	收	亢	3	辛丑	五黄	满	房	1月 庚午		七赤	破	心
初三	6	癸卯	九紫	破	亢	4	壬申	七赤	开	氐	4	壬寅	四绿	平	心	2	辛未	八白	危	尾
初四	7	甲辰	八白	危	氐	5	癸酉	六白	闭	房	5	癸卯	三碧	定	尾	3	壬申	九紫	成	箕
初五	8	乙巳	七赤	成	房	6	甲戌	五黄	建	心	6	甲辰	二黑	执	箕	4	癸酉	一白	收	斗
初六	9	丙午	六白	收	心	7	乙亥	四绿	除	尾	7	乙巳	一白	破	斗	5	甲戌	二黑	开	牛
初七	10	丁未	五黄	收	尾	8	丙子	三碧	除	箕	8	丙午	九紫	破	牛	6	乙亥	三碧	开	女
初八	11	戊申	四绿	开	箕	9	丁丑	二黑	满	斗	9	丁未	八白	危	女	7	丙子	四绿	闭	虚
初九	12	己酉	三碧	闭	斗	10	戊寅	一白	平	牛	10	戊申	七赤	成	虚	8	丁丑	五黄	建	危
初十	13	庚戌	二黑	建	牛	11	己卯	九紫	定	女	11	己酉	六白	收	危	9	戊寅	六白	除	室
十一	14	辛亥	一白	除	女	12	庚辰	八白	执	虚	12	庚戌	五黄	开	室	10	己卯	七赤	满	壁
十二	15	壬子	九紫	满	虚	13	辛巳	七赤	破	危	13	辛亥	四绿	闭	壁	11	庚辰	八白	平	奎
十三	16	癸丑	八白	平	危	14	壬午	六白	危	室	14	壬子	三碧	建	奎	12	辛巳	九紫	定	娄
十四	17	甲寅	七赤	定	室	15	癸未	五黄	成	壁	15	癸丑	二黑	除	娄	13	壬午	一白	执	胃
十五	18	乙卯	六白	执	壁	16	甲申	四绿	收	奎	16	甲寅	一白	满	胃	14	癸未	二黑	破	昴
十六	19	丙辰	五黄	破	奎	17	乙酉	三碧	开	娄	17	乙卯	九紫	平	昴	15	甲申	三碧	危	毕
十七	20	丁巳	四绿	危	娄	18	丙戌	二黑	闭	胃	18	丙辰	八白	定	毕	16	乙酉	四绿	成	觜
十八	21	戊午	三碧	成	胃	19	丁亥	一白	建	昴	19	丁巳	七赤	执	觜	17	丙戌	五黄	收	参
十九	22	己未	二黑	收	昴	20	戊子	九紫	除	毕	20	戊午	六白	破	参	18	丁亥	六白	开	井
二十	23	庚申	一白	开	毕	21	己丑	八白	满	觜	21	己未	五黄	危	井	19	戊子	七赤	闭	鬼
廿一	24	辛酉	三碧	闭	觜	22	庚寅	七赤	平	参	22	庚申	三碧	成	鬼	20	己丑	八白	建	柳
廿二	25	壬戌	二黑	建	参	23	辛卯	六白	定	井	23	辛酉	四绿	收	柳	21	庚寅	九紫	除	星
廿三	26	癸亥	一白	除	井	24	壬辰	五黄	执	鬼	24	壬戌	五黄	开	星	22	辛卯	一白	满	张
廿四	27	甲子	六白	满	鬼	25	癸巳	四绿	破	柳	25	癸亥	六白	闭	张	23	壬辰	二黑	平	翼
廿五	28	乙丑	五黄	平	柳	26	甲午	三碧	危	星	26	甲子	一白	建	翼	24	癸巳	三碧	定	轸
廿六	29	丙寅	四绿	定	星	27	乙未	二黑	成	张	27	乙丑	二黑	除	轸	25	甲午	四绿	执	角
廿七	30	丁卯	三碧	执	张	28	丙申	一白	收	翼	28	丙寅	三碧	满	角	26	乙未	五黄	破	亢
廿八	31	戊辰	二黑	破	翼	29	丁酉	九紫	开	轸	29	丁卯	四绿	平	亢	27	丙申	六白	危	氐
廿九	11月 己巳		一白	危	轸	30	戊戌	八白	闭	角	30	戊辰	五黄	定	氐	28	丁酉	七赤	成	房
三十						12月 己亥		七赤	建	亢						29	戊戌	八白	收	心

公元1968年　戊申猴年（闰七月）　太岁俞志　九星五黄

月份	正月小 甲寅 二黑 离卦 胃宿					二月大 乙卯 一白 震卦 昴宿					三月小 丙辰 九紫 巽卦 毕宿					四月大 丁巳 八白 坎卦 觜宿				
节气	立春 2月5日 初七乙巳 丑时 2时08分		雨水 2月19日 廿一己未 亥时 22时09分			惊蛰 3月5日 初七甲戌 戌时 20时18分		春分 3月20日 廿二己丑 亥时 21时22分			清明 4月5日 初八乙巳 丑时 1时21分		谷雨 4月20日 廿三庚申 辰时 8时41分			立夏 5月5日 初九乙亥 酉时 18时56分		小满 5月21日 廿五辛卯 辰时 8时06分		
农历	公历	干支	九星	日建	星宿	公历	干支	九星	日建	星宿	公历	干支	九星	日建	星宿	公历	干支	九星	日建	星宿
初一	30	己亥	九紫	开	尾	28	戊辰	二黑	满	箕	29	戊戌	五黄	危	牛	27	丁卯	七赤	闭	女
初二	31	庚子	一白	闭	箕	29	己巳	三碧	平	斗	30	己亥	六白	成	女	28	戊辰	八白	建	虚
初三	2月	辛丑	二黑	建	斗	3月	庚午	四绿	定	牛	31	庚子	七赤	收	虚	29	己巳	九紫	除	危
初四	2	壬寅	三碧	除	牛	2	辛未	五黄	执	女	4月	辛丑	八白	开	危	30	庚午	一白	满	室
初五	3	癸卯	四绿	满	女	3	壬申	六白	破	虚	2	壬寅	九紫	闭	室	5月	辛未	二黑	平	壁
初六	4	甲辰	五黄	平	虚	4	癸酉	七赤	危	危	3	癸卯	一白	建	壁	2	壬申	三碧	定	奎
初七	5	乙巳	六白	平	危	5	甲戌	八白	成	室	4	甲辰	二黑	除	奎	3	癸酉	四绿	执	娄
初八	6	丙午	七赤	定	室	6	乙亥	九紫	成	壁	5	乙巳	三碧	除	娄	4	甲戌	五黄	破	胃
初九	7	丁未	八白	执	壁	7	丙子	一白	收	奎	6	丙午	四绿	满	胃	5	乙亥	六白	破	昴
初十	8	戊申	九紫	破	奎	8	丁丑	二黑	开	娄	7	丁未	五黄	平	昴	6	丙子	七赤	危	毕
十一	9	己酉	一白	危	娄	9	戊寅	三碧	闭	胃	8	戊申	六白	定	毕	7	丁丑	八白	成	觜
十二	10	庚戌	二黑	成	胃	10	己卯	四绿	建	昴	9	己酉	七赤	执	觜	8	戊寅	九紫	收	参
十三	11	辛亥	三碧	收	昴	11	庚辰	五黄	除	毕	10	庚戌	八白	破	参	9	己卯	一白	开	井
十四	12	壬子	四绿	开	毕	12	辛巳	六白	满	觜	11	辛亥	九紫	危	井	10	庚辰	二黑	闭	鬼
十五	13	癸丑	五黄	闭	觜	13	壬午	七赤	平	参	12	壬子	一白	成	鬼	11	辛巳	三碧	建	柳
十六	14	甲寅	六白	建	参	14	癸未	八白	定	井	13	癸丑	二黑	收	柳	12	壬午	四绿	除	星
十七	15	乙卯	七赤	除	井	15	甲申	九紫	执	鬼	14	甲寅	三碧	开	星	13	癸未	五黄	满	张
十八	16	丙辰	八白	满	鬼	16	乙酉	一白	破	柳	15	乙卯	四绿	闭	张	14	甲申	六白	平	翼
十九	17	丁巳	九紫	平	柳	17	丙戌	二黑	危	星	16	丙辰	五黄	建	翼	15	乙酉	七赤	定	轸
二十	18	戊午	一白	定	星	18	丁亥	三碧	成	张	17	丁巳	六白	除	轸	16	丙戌	八白	执	角
廿一	19	己未	八白	执	张	19	戊子	四绿	收	翼	18	戊午	七赤	满	角	17	丁亥	九紫	破	亢
廿二	20	庚申	九紫	破	翼	20	己丑	五黄	开	轸	19	己未	八白	平	亢	18	戊子	一白	危	氐
廿三	21	辛酉	一白	危	轸	21	庚寅	六白	闭	角	20	庚申	六白	定	氐	19	己丑	二黑	成	房
廿四	22	壬戌	二黑	成	角	22	辛卯	七赤	建	亢	21	辛酉	七赤	执	房	20	庚寅	三碧	收	心
廿五	23	癸亥	三碧	收	亢	23	壬辰	八白	除	氐	22	壬戌	八白	破	心	21	辛卯	四绿	开	尾
廿六	24	甲子	七赤	开	氐	24	癸巳	九紫	满	房	23	癸亥	九紫	危	尾	22	壬辰	五黄	闭	箕
廿七	25	乙丑	八白	闭	房	25	甲午	一白	平	心	24	甲子	四绿	成	箕	23	癸巳	六白	建	斗
廿八	26	丙寅	九紫	建	心	26	乙未	二黑	定	尾	25	乙丑	五黄	收	斗	24	甲午	七赤	除	牛
廿九	27	丁卯	一白	除	尾	27	丙申	三碧	执	箕	26	丙寅	六白	开	牛	25	乙未	八白	满	女
三十						28	丁酉	四绿	破	斗						26	丙申	九紫	平	虚

公元1968年　　戊申猴年（闰七月）　　太岁俞志　九星五黄

月份	五月大 戊午 七赤 艮卦 参宿					六月小 己未 六白 坤卦 井宿					七月大 庚申 五黄 乾卦 鬼宿				
节气	芒种 6月5日 初十丙午 夜子时 23时19分		夏至 6月21日 廿六壬戌 申时 16时13分			小暑 7月7日 十二戊寅 巳时 9时42分		大暑 7月23日 廿八甲午 寅时 3时07分			立秋 8月7日 十四己酉 戌时 19时27分		处暑 8月23日 三十乙丑 巳时 10时03分		
农历	公历	干支	九星	日建	星宿	公历	干支	九星	日建	星宿	公历	干支	九星	日建	星宿
初一	27	丁酉	一白	定	危	26	丁卯	六白	收	壁	25	丙申	四绿	除	奎
初二	28	戊戌	二黑	执	室	27	戊辰	五黄	开	奎	26	丁酉	三碧	满	娄
初三	29	己亥	三碧	破	壁	28	己巳	四绿	闭	娄	27	戊戌	二黑	平	胃
初四	30	庚子	四绿	危	奎	29	庚午	三碧	建	胃	28	己亥	一白	定	昴
初五	31	辛丑	五黄	成	娄	30	辛未	二黑	除	昴	29	庚子	九紫	执	毕
初六	6月	壬寅	六白	收	胃	7月	壬申	一白	满	毕	30	辛丑	八白	破	觜
初七	2	癸卯	七赤	开	昴	2	癸酉	九紫	平	觜	31	壬寅	七赤	危	参
初八	3	甲辰	八白	闭	毕	3	甲戌	八白	定	参	8月	癸卯	六白	成	井
初九	4	乙巳	九紫	建	觜	4	乙亥	七赤	执	井	2	甲辰	五黄	收	鬼
初十	5	丙午	一白	建	参	5	丙子	六白	破	鬼	3	乙巳	四绿	开	柳
十一	6	丁未	二黑	除	井	6	丁丑	五黄	危	柳	4	丙午	三碧	闭	星
十二	7	戊申	三碧	满	鬼	7	戊寅	四绿	危	星	5	丁未	二黑	建	张
十三	8	己酉	四绿	平	柳	8	己卯	三碧	成	张	6	戊申	一白	除	翼
十四	9	庚戌	五黄	定	星	9	庚辰	二黑	收	翼	7	己酉	九紫	除	轸
十五	10	辛亥	六白	执	张	10	辛巳	一白	开	轸	8	庚戌	八白	满	角
十六	11	壬子	七赤	破	翼	11	壬午	九紫	闭	角	9	辛亥	七赤	平	亢
十七	12	癸丑	八白	危	轸	12	癸未	八白	建	亢	10	壬子	六白	定	氐
十八	13	甲寅	九紫	成	角	13	甲申	七赤	除	氐	11	癸丑	五黄	执	房
十九	14	乙卯	一白	收	亢	14	乙酉	六白	满	房	12	甲寅	四绿	破	心
二十	15	丙辰	二黑	开	氐	15	丙戌	五黄	平	心	13	乙卯	三碧	危	尾
廿一	16	丁巳	三碧	闭	房	16	丁亥	四绿	定	尾	14	丙辰	二黑	成	箕
廿二	17	戊午	四绿	建	心	17	戊子	三碧	执	箕	15	丁巳	一白	收	斗
廿三	18	己未	五黄	除	尾	18	己丑	二黑	破	斗	16	戊午	九紫	开	牛
廿四	19	庚申	六白	满	箕	19	庚寅	一白	危	牛	17	己未	八白	闭	女
廿五	20	辛酉	七赤	平	斗	20	辛卯	九紫	成	女	18	庚申	七赤	建	虚
廿六	21	壬戌	五黄	定	牛	21	壬辰	八白	收	虚	19	辛酉	六白	除	危
廿七	22	癸亥	四绿	执	女	22	癸巳	七赤	开	危	20	壬戌	五黄	满	室
廿八	23	甲子	九紫	破	虚	23	甲午	六白	闭	室	21	癸亥	四绿	平	壁
廿九	24	乙丑	八白	危	危	24	乙未	五黄	建	壁	22	甲子	九紫	定	奎
三十	25	丙寅	七赤	成	室						23	乙丑	二黑	执	娄

公元1968年　戊申猴年（闰七月）　太岁俞志 九星五黄

月份	闰七月小					八月大　辛酉 四绿 兑卦 柳宿					九月小　壬戌 三碧 离卦 星宿				
节气	白露 9月7日 十五庚辰 亥时 22时12分					秋分 9月23日 初二丙申 辰时 7时26分　寒露 10月8日 十七辛亥 未时 13时35分					霜降 10月23日 初二丙寅 申时 16时30分　立冬 11月7日 十七辛巳 申时 16时30分				
农历	公历	干支	九星	日建	星宿	公历	干支	九星	日建	星宿	公历	干支	九星	日建	星宿
初一	24	丙寅	一白	破	胃	22	乙未	八白	开	昴	22	乙丑	二黑	平	觜
初二	25	丁卯	九紫	危	昴	23	丙申	七赤	闭	毕	23	丙寅	四绿	定	参
初三	26	戊辰	八白	成	毕	24	丁酉	六白	建	觜	24	丁卯	三碧	执	井
初四	27	己巳	七赤	收	觜	25	戊戌	五黄	除	参	25	戊辰	二黑	破	鬼
初五	28	庚午	六白	开	参	26	己亥	四绿	满	井	26	己巳	一白	危	柳
初六	29	辛未	五黄	闭	井	27	庚子	三碧	平	鬼	27	庚午	九紫	成	星
初七	30	壬申	四绿	建	鬼	28	辛丑	二黑	定	柳	28	辛未	八白	收	张
初八	31	癸酉	三碧	除	柳	29	壬寅	一白	执	星	29	壬申	七赤	开	翼
初九	9月 甲戌		二黑	满	星	30	癸卯	九紫	破	张	30	癸酉	六白	闭	轸
初十	2	乙亥	一白	平	张	10月 甲辰		八白	危	翼	31	甲戌	五黄	建	角
十一	3	丙子	九紫	定	翼	2	乙巳	七赤	成	轸	11月 乙亥		四绿	除	亢
十二	4	丁丑	八白	执	轸	3	丙午	六白	收	角	2	丙子	三碧	满	氐
十三	5	戊寅	七赤	破	角	4	丁未	五黄	开	亢	3	丁丑	二黑	平	房
十四	6	己卯	六白	危	亢	5	戊申	四绿	闭	氐	4	戊寅	一白	定	心
十五	7	庚辰	五黄	危	氐	6	己酉	三碧	建	房	5	己卯	九紫	执	尾
十六	8	辛巳	四绿	成	房	7	庚戌	二黑	除	心	6	庚辰	八白	破	箕
十七	9	壬午	三碧	收	心	8	辛亥	一白	除	尾	7	辛巳	七赤	危	斗
十八	10	癸未	二黑	开	尾	9	壬子	九紫	满	箕	8	壬午	六白	成	牛
十九	11	甲申	一白	闭	箕	10	癸丑	八白	平	斗	9	癸未	五黄	收	女
二十	12	乙酉	九紫	建	斗	11	甲寅	七赤	定	牛	10	甲申	四绿	收	虚
廿一	13	丙戌	八白	除	牛	12	乙卯	六白	执	女	11	乙酉	三碧	开	危
廿二	14	丁亥	七赤	满	女	13	丙辰	五黄	破	虚	12	丙戌	二黑	闭	室
廿三	15	戊子	六白	平	虚	14	丁巳	四绿	危	危	13	丁亥	一白	建	壁
廿四	16	己丑	五黄	定	危	15	戊午	三碧	成	室	14	戊子	九紫	除	奎
廿五	17	庚寅	四绿	执	室	16	己未	二黑	收	壁	15	己丑	八白	满	娄
廿六	18	辛卯	三碧	破	壁	17	庚申	一白	开	奎	16	庚寅	七赤	平	胃
廿七	19	壬辰	二黑	危	奎	18	辛酉	九紫	闭	娄	17	辛卯	六白	定	昴
廿八	20	癸巳	一白	成	娄	19	壬戌	八白	建	胃	18	壬辰	五黄	执	毕
廿九	21	甲午	九紫	收	胃	20	癸亥	七赤	除	昴	19	癸巳	四绿	破	觜
三十						21	甲子	三碧	满	毕					

公元1968年　戊申猴年（闰七月）　太岁俞志　九星五黄

月份	十月大（癸亥 二黑 震卦 张宿）					十一月小（甲子 一白 巽卦 翼宿）					十二月大（乙丑 九紫 坎卦 轸宿）				

节气
- 十月：小雪 11月22日 初三丙申 未时 13时49分　大雪 12月7日 十八辛亥 巳时 9时09分
- 十一月：冬至 12月22日 初三丙寅 寅时 3时00分　小寒 1月5日 十七庚辰 戌时 20时17分
- 十二月：大寒 1月20日 初三乙未 未时 13时38分　立春 2月4日 十八庚戌 辰时 7时59分

农历	公历	干支	九星	日建	星宿	公历	干支	九星	日建	星宿	公历	干支	九星	日建	星宿
初一	20	甲午	三碧	危	参	20	甲子	六白	建	鬼	18	癸巳	三碧	定	柳
初二	21	乙未	二黑	成	井	21	乙丑	五黄	除	柳	19	甲午	四绿	执	星
初三	22	丙申	一白	收	鬼	22	丙寅	三碧	满	星	20	乙未	五黄	破	张
初四	23	丁酉	九紫	开	柳	23	丁卯	四绿	平	张	21	丙申	六白	危	翼
初五	24	戊戌	八白	闭	星	24	戊辰	五黄	定	翼	22	丁酉	七赤	成	轸
初六	25	己亥	七赤	建	张	25	己巳	六白	执	轸	23	戊戌	八白	收	角
初七	26	庚子	六白	除	翼	26	庚午	七赤	破	角	24	己亥	九紫	开	亢
初八	27	辛丑	五黄	满	轸	27	辛未	八白	危	亢	25	庚子	一白	闭	氐房
初九	28	壬寅	四绿	平	角	28	壬申	九紫	成	氐	26	辛丑	二黑	建	心
初十	29	癸卯	三碧	定	亢	29	癸酉	一白	收	房	27	壬寅	三碧	除	尾
十一	30	甲辰	二黑	执	氐	30	甲戌	二黑	开	心	28	癸卯	四绿	满	箕
十二	12月	乙巳	一白	破	房心	31	乙亥	三碧	闭	尾	29	甲辰	五黄	平	斗
十三	2	丙午	九紫	危	心	1月	丙子	四绿	建	箕	30	乙巳	六白	定	牛
十四	3	丁未	八白	成	尾	2	丁丑	五黄	除	斗	31	丙午	七赤	执	女
十五	4	戊申	七赤	收	箕	3	戊寅	六白	满	牛	2月	丁未	八白	破	虚
十六	5	己酉	六白	开	斗	4	己卯	七赤	平	女	2	戊申	九紫	危	危
十七	6	庚戌	五黄	闭	牛	5	庚辰	八白	平	虚	3	己酉	一白	成	室
十八	7	辛亥	四绿	闭	女	6	辛巳	九紫	定	危	4	庚戌	二黑	收	室壁
十九	8	壬子	三碧	建	虚	7	壬午	一白	执	室	5	辛亥	三碧	收	奎
二十	9	癸丑	二黑	除	危	8	癸未	二黑	破	壁	6	壬子	四绿	开	娄
廿一	10	甲寅	一白	满	室	9	甲申	三碧	危	奎	7	癸丑	五黄	闭	胃
廿二	11	乙卯	九紫	平	壁	10	乙酉	四绿	成	娄	8	甲寅	六白	建	昴
廿三	12	丙辰	八白	定	奎	11	丙戌	五黄	收	胃	9	乙卯	七赤	除	毕
廿四	13	丁巳	七赤	执	娄	12	丁亥	六白	开	昴	10	丙辰	八白	满	觜
廿五	14	戊午	六白	破	胃	13	戊子	七赤	闭	毕	11	丁巳	九紫	平	参
廿六	15	己未	五黄	危	昴	14	己丑	八白	建	觜	12	戊午	一白	定	井
廿七	16	庚申	四绿	成	毕	15	庚寅	九紫	除	参	13	己未	二黑	执	鬼
廿八	17	辛酉	三碧	收	觜	16	辛卯	一白	满	井	14	庚申	三碧	破	柳
廿九	18	壬戌	二黑	开	参	17	壬辰	二黑	平	鬼	15	辛酉	四绿	危	星
三十	19	癸亥	一白	闭	井						16	壬戌	五黄	成	星

公元1969年　己酉鸡年　太岁程寅　九星四绿

月份	正月小 丙寅 八白 震卦 角宿					二月大 丁卯 七赤 巽卦 亢宿					三月小 戊辰 六白 坎卦 氐宿					四月大 己巳 五黄 艮卦 房宿				
节气	雨水 2月19日 初三乙丑 寅时 3时55分		惊蛰 3月6日 十八庚辰 丑时 2时11分			春分 3月21日 初四乙未 寅时 3时08分		清明 4月5日 十九庚戌 辰时 7时15分			谷雨 4月20日 初四乙丑 未时 14时27分		立夏 5月6日 二十辛巳 早子时 0时50分			小满 5月21日 初六丙申 未时 13时50分		芒种 6月6日 廿二壬子 卯时 5时12分		
农历	公历	干支	九星	日建	星宿	公历	干支	九星	日建	星宿	公历	干支	九星	日建	星宿	公历	干支	九星	日建	星宿
初一	17	癸亥	六白	收	张	18	壬辰	八白	除	翼	17	壬戌	二黑	破	角	16	辛卯	四绿	开	亢
初二	18	甲子	一白	开	翼	19	癸巳	九紫	满	轸	18	癸亥	三碧	危	亢	17	壬辰	五黄	闭	氐
初三	19	乙丑	八白	闭	轸	20	甲午	一白	平	角	19	甲子	七赤	成	氐	18	癸巳	六白	建	房
初四	20	丙寅	九紫	建	角	21	乙未	二黑	定	亢	20	乙丑	五黄	收	房	19	甲午	七赤	除	心
初五	21	丁卯	一白	除	亢	22	丙申	三碧	执	氐	21	丙寅	六白	开	心	20	乙未	八白	满	尾
初六	22	戊辰	二黑	满	氐	23	丁酉	四绿	破	房	22	丁卯	七赤	闭	尾	21	丙申	九紫	平	箕
初七	23	己巳	三碧	平	房	24	戊戌	五黄	危	心	23	戊辰	八白	建	箕	22	丁酉	一白	定	斗
初八	24	庚午	四绿	定	心	25	己亥	六白	成	尾	24	己巳	九紫	除	斗	23	戊戌	二黑	执	牛
初九	25	辛未	五黄	执	尾	26	庚子	七赤	收	箕	25	庚午	一白	满	牛	24	己亥	三碧	破	女
初十	26	壬申	六白	破	箕	27	辛丑	八白	开	斗	26	辛未	二黑	平	女	25	庚子	四绿	危	虚
十一	27	癸酉	七赤	危	斗	28	壬寅	九紫	闭	牛	27	壬申	三碧	定	虚	26	辛丑	五黄	成	危
十二	28	甲戌	八白	成	牛	29	癸卯	一白	建	女	28	癸酉	四绿	执	危	27	壬寅	六白	收	室
十三	3月	乙亥	九紫	收	女	30	甲辰	二黑	除	虚	29	甲戌	五黄	破	室	28	癸卯	七赤	开	壁
十四	2	丙子	一白	开	虚	31	乙巳	三碧	满	危	30	乙亥	六白	危	壁	29	甲辰	八白	闭	奎
十五	3	丁丑	二黑	闭	危	4月	丙午	四绿	平	室	5月	丙子	七赤	成	奎	30	乙巳	九紫	建	娄
十六	4	戊寅	三碧	建	室	2	丁未	五黄	定	壁	2	丁丑	八白	收	娄	31	丙午	一白	除	胃
十七	5	己卯	四绿	除	壁	3	戊申	六白	执	奎	3	戊寅	九紫	开	胃	6月	丁未	二黑	满	昴
十八	6	庚辰	五黄	除	奎	4	己酉	七赤	破	娄	4	己卯	一白	闭	昴	2	戊申	三碧	平	毕
十九	7	辛巳	六白	满	娄	5	庚戌	八白	破	胃	5	庚辰	二黑	建	毕	3	己酉	四绿	定	觜
二十	8	壬午	七赤	平	胃	6	辛亥	九紫	危	昴	6	辛巳	三碧	建	觜	4	庚戌	五黄	执	参
廿一	9	癸未	八白	定	昴	7	壬子	一白	成	毕	7	壬午	四绿	除	参	5	辛亥	六白	破	井
廿二	10	甲申	九紫	执	毕	8	癸丑	二黑	收	觜	8	癸未	五黄	满	井	6	壬子	七赤	破	鬼
廿三	11	乙酉	一白	破	觜	9	甲寅	三碧	开	参	9	甲申	六白	平	鬼	7	癸丑	八白	危	柳
廿四	12	丙戌	二黑	危	参	10	乙卯	四绿	闭	井	10	乙酉	七赤	定	柳	8	甲寅	九紫	成	星
廿五	13	丁亥	三碧	成	井	11	丙辰	五黄	建	鬼	11	丙戌	八白	执	星	9	乙卯	一白	收	张
廿六	14	戊子	四绿	收	鬼	12	丁巳	六白	除	柳	12	丁亥	九紫	破	张	10	丙辰	二黑	开	翼
廿七	15	己丑	五黄	开	柳	13	戊午	七赤	满	星	13	戊子	一白	危	翼	11	丁巳	三碧	闭	轸
廿八	16	庚寅	六白	闭	星	14	己未	八白	平	张	14	己丑	二黑	成	轸	12	戊午	四绿	建	角
廿九	17	辛卯	七赤	建	张	15	庚申	九紫	定	翼	15	庚寅	三碧	收	角	13	己未	五黄	除	亢
三十						16	辛酉	一白	执	轸						14	庚申	六白	满	氐

公元1969年　己酉鸡年　太岁程寅　九星四绿

月份	五月小 庚午 四绿 坤卦 心宿					六月大 辛未 三碧 乾卦 尾宿					七月大 壬申 二黑 兑卦 箕宿					八月小 癸酉 一白 离卦 斗宿				
节气	夏至 6月21日 初七丁卯 亥时 21时55分		小暑 7月7日 廿三癸未 申时 15时32分			大暑 7月23日 初十己亥 辰时 8时48分		立秋 8月8日 廿六乙卯 丑时 1时14分			处暑 8月23日 十一庚午 申时 15时44分		白露 9月8日 廿七丙戌 寅时 3时56分			秋分 9月23日 十二辛丑 未时 13时07分		寒露 10月8日 廿七丙辰 戌时 19时17分		
农历	公历	干支	九星	日建	星宿	公历	干支	九星	日建	星宿	公历	干支	九星	日建	星宿	公历	干支	九星	日建	星宿
初一	15	辛酉	七赤	平	房	14	庚寅	一白	危	心	13	庚申	七赤	建	箕	12	庚寅	四绿	执	牛
初二	16	壬戌	八白	定	心	15	辛卯	九紫	成	尾	14	辛酉	六白	除	斗	13	辛卯	三碧	破	女
初三	17	癸亥	九紫	执	尾	16	壬辰	八白	收	箕	15	壬戌	五黄	满	牛	14	壬辰	二黑	危	虚
初四	18	甲子	四绿	破	箕	17	癸巳	七赤	开	斗	16	癸亥	四绿	平	女	15	癸巳	一白	成	危
初五	19	乙丑	五黄	危	斗	18	甲午	六白	闭	牛	17	甲子	九紫	定	虚	16	甲午	九紫	收	室
初六	20	丙寅	六白	成	牛	19	乙未	五黄	建	女	18	乙丑	八白	执	危	17	乙未	八白	开	壁
初七	21	丁卯	六白	收	女	20	丙申	四绿	除	虚	19	丙寅	七赤	破	室	18	丙申	七赤	闭	奎
初八	22	戊辰	五黄	开	虚	21	丁酉	三碧	满	危	20	丁卯	六白	危	壁	19	丁酉	六白	建	娄
初九	23	己巳	四绿	闭	危	22	戊戌	二黑	平	室	21	戊辰	五黄	成	奎	20	戊戌	五黄	除	胃
初十	24	庚午	三碧	建	室	23	己亥	一白	定	壁	22	己巳	四绿	收	娄	21	己亥	四绿	满	昴
十一	25	辛未	二黑	除	壁	24	庚子	九紫	执	奎	23	庚午	六白	开	胃	22	庚子	三碧	平	毕
十二	26	壬申	一白	满	奎	25	辛丑	八白	破	娄	24	辛未	五黄	闭	昴	23	辛丑	二黑	定	觜
十三	27	癸酉	九紫	平	娄	26	壬寅	七赤	危	胃	25	壬申	四绿	建	毕	24	壬寅	一白	执	参
十四	28	甲戌	八白	定	胃	27	癸卯	六白	成	昴	26	癸酉	三碧	除	觜	25	癸卯	九紫	破	井
十五	29	乙亥	七赤	执	昴	28	甲辰	五黄	收	毕	27	甲戌	二黑	满	参	26	甲辰	八白	危	鬼
十六	30	丙子	六白	破	毕	29	乙巳	四绿	开	觜	28	乙亥	一白	平	井	27	乙巳	七赤	成	柳
十七	7月	丁丑	五黄	危	觜	30	丙午	三碧	闭	参	29	丙子	九紫	定	鬼	28	丙午	六白	收	星
十八	2	戊寅	四绿	成	参	31	丁未	二黑	建	井	30	丁丑	八白	执	柳	29	丁未	五黄	开	张
十九	3	己卯	三碧	收	井	8月	戊申	一白	除	鬼	31	戊寅	七赤	破	星	30	戊申	四绿	闭	翼
二十	4	庚辰	二黑	开	鬼	2	己酉	九紫	满	柳	9月	己卯	六白	危	张	10月	己酉	三碧	建	轸
廿一	5	辛巳	一白	闭	柳	3	庚戌	八白	平	星	2	庚辰	五黄	成	翼	2	庚戌	二黑	除	角
廿二	6	壬午	九紫	建	星	4	辛亥	七赤	定	张	3	辛巳	四绿	收	轸	3	辛亥	一白	满	亢
廿三	7	癸未	八白	建	张	5	壬子	六白	执	翼	4	壬午	三碧	开	角	4	壬子	九紫	平	氐
廿四	8	甲申	七赤	除	翼	6	癸丑	五黄	破	轸	5	癸未	二黑	闭	亢	5	癸丑	八白	定	房
廿五	9	乙酉	六白	满	轸	7	甲寅	四绿	危	角	6	甲申	一白	建	氐	6	甲寅	七赤	执	心
廿六	10	丙戌	五黄	平	角	8	乙卯	三碧	危	亢	7	乙酉	九紫	除	房	7	乙卯	六白	破	尾
廿七	11	丁亥	四绿	定	亢	9	丙辰	二黑	成	氐	8	丙戌	八白	除	心	8	丙辰	五黄	破	箕
廿八	12	戊子	三碧	执	氐	10	丁巳	一白	收	房	9	丁亥	七赤	满	尾	9	丁巳	四绿	危	斗
廿九	13	己丑	二黑	破	房	11	戊午	九紫	开	心	10	戊子	六白	平	箕	10	戊午	三碧	成	牛
三十						12	己未	八白	闭	尾	11	己丑	五黄	定	斗					

公元1969年　己酉鸡年　太岁程寅　九星四绿

月份	九月大　甲戌　九紫　震卦　牛宿	十月小　乙亥　八白　巽卦　女宿	十一月大　丙子　七赤　坎卦　虚宿	十二月小　丁丑　六白　艮卦　危宿
节气	霜降 10月23日 十三辛未 亥时 22时11分 ／ 立冬 11月7日 廿八丙戌 亥时 22时12分	小雪 11月22日 十三辛丑 戌时 19时31分 ／ 大雪 12月7日 廿八丙辰 未时 14时52分	冬至 12月22日 十四辛未 辰时 8时44分 ／ 小寒 1月6日 廿九丙戌 丑时 2时02分	大寒 1月20日 十三庚子 戌时 19时24分 ／ 立春 2月4日 廿八乙卯 未时 13时46分

农历	九月公历	干支	九星	日建	星宿	十月公历	干支	九星	日建	星宿	十一月公历	干支	九星	日建	星宿	十二月公历	干支	九星	日建	星宿
初一	11	己未	二黑	收	女	10	己丑	八白	满	危	9	戊午	六白	破	室	8	戊子	七赤	闭	奎
初二	12	庚申	一白	开	虚	11	庚寅	七赤	平	室	10	己未	五黄	危	壁	9	己丑	八白	建	娄
初三	13	辛酉	九紫	闭	危	12	辛卯	六白	定	壁	11	庚申	四绿	成	奎	10	庚寅	九紫	除	胃
初四	14	壬戌	八白	建	室	13	壬辰	五黄	执	奎	12	辛酉	三碧	收	娄	11	辛卯	一白	满	昴
初五	15	癸亥	七赤	除	壁	14	癸巳	四绿	破	娄	13	壬戌	二黑	开	胃	12	壬辰	二黑	平	毕
初六	16	甲子	六白	满	奎	15	甲午	三碧	危	胃	14	癸亥	一白	闭	昴	13	癸巳	三碧	定	觜
初七	17	乙丑	五黄	平	娄	16	乙未	二黑	成	昴	15	甲子	六白	建	毕	14	甲午	四绿	执	参
初八	18	丙寅	四绿	定	胃	17	丙申	一白	收	毕	16	乙丑	五黄	除	觜	15	乙未	五黄	破	井
初九	19	丁卯	三碧	执	昴	18	丁酉	九紫	开	觜	17	丙寅	四绿	满	参	16	丙申	六白	危	鬼
初十	20	戊辰	二黑	破	毕	19	戊戌	八白	闭	参	18	丁卯	三碧	平	井	17	丁酉	七赤	成	柳
十一	21	己巳	一白	危	觜	20	己亥	七赤	建	井	19	戊辰	二黑	定	鬼	18	戊戌	八白	收	星
十二	22	庚午	九紫	成	参	21	庚子	六白	除	鬼	20	己巳	一白	执	柳	19	己亥	九紫	开	张
十三	23	辛未	八白	收	井	22	辛丑	五黄	满	柳	21	庚午	九紫	破	星	20	庚子	一白	闭	翼
十四	24	壬申	七赤	开	鬼	23	壬寅	四绿	平	星	22	辛未	八白	危	张	21	辛丑	二黑	建	轸
十五	25	癸酉	六白	闭	柳	24	癸卯	三碧	定	张	23	壬申	九紫	成	翼	22	壬寅	三碧	除	角
十六	26	甲戌	五黄	建	星	25	甲辰	二黑	执	翼	24	癸酉	一白	收	轸	23	癸卯	四绿	满	亢
十七	27	乙亥	四绿	除	张	26	乙巳	一白	破	轸	25	甲戌	二黑	开	角	24	甲辰	五黄	平	氐
十八	28	丙子	三碧	满	翼	27	丙午	九紫	危	角	26	乙亥	三碧	闭	亢	25	乙巳	六白	定	房
十九	29	丁丑	二黑	平	轸	28	丁未	八白	成	亢	27	丙子	四绿	建	氐	26	丙午	七赤	执	心
二十	30	戊寅	一白	定	角	29	戊申	七赤	收	氐	28	丁丑	五黄	除	房	27	丁未	八白	破	尾
廿一	31	己卯	九紫	执	亢	30	己酉	六白	开	房	29	戊寅	六白	满	心	28	戊申	九紫	危	箕
廿二	**11月**	庚辰	八白	破	氐	**12月**	庚戌	五黄	闭	心	30	己卯	七赤	平	尾	29	己酉	一白	成	斗
廿三	2	辛巳	七赤	危	房	2	辛亥	四绿	建	尾	31	庚辰	八白	定	箕	30	庚戌	二黑	收	牛
廿四	3	壬午	六白	成	心	3	壬子	三碧	除	箕	**1月**	辛巳	九紫	执	斗	31	辛亥	三碧	开	女
廿五	4	癸未	五黄	收	尾	4	癸丑	二黑	满	斗	2	壬午	一白	破	牛	**2月**	壬子	四绿	闭	虚
廿六	5	甲申	四绿	开	箕	5	甲寅	一白	平	牛	3	癸未	二黑	危	女	2	癸丑	五黄	建	危
廿七	6	乙酉	三碧	闭	斗	6	乙卯	九紫	定	女	4	甲申	三碧	成	虚	3	甲寅	六白	除	室
廿八	7	丙戌	二黑	闭	牛	7	丙辰	八白	定	虚	5	乙酉	四绿	收	危	4	乙卯	七赤	除	壁
廿九	8	丁亥	一白	建	女	8	丁巳	七赤	执	危	6	丙戌	五黄	收	室	5	丙辰	八白	满	奎
三十	9	戊子	九紫	除	虚						7	丁亥	六白	开	壁					

公元1970年　庚戌狗年　太岁化秋　九星三碧

月份	正月大 戊寅 五黄 巽卦 室宿				二月小 己卯 四绿 坎卦 壁宿				三月小 庚辰 三碧 艮卦 奎宿				四月大 辛巳 二黑 坤卦 娄宿			
节气	雨水 2月19日 十四庚午 巳时 9时42分	惊蛰 3月6日 廿九乙酉 辰时 7时59分			春分 3月21日 十四庚子 辰时 8时56分	清明 4月5日 廿九乙卯 未时 13时02分			谷雨 4月20日 十五庚午 戌时 20时15分				立夏 5月6日 初二丙戌 卯时 6时34分	小满 5月21日 十七辛丑 戌时 19时37分		
农历	公历	干支	九星	日建 星宿	公历	干支	九星	日建 星宿	公历	干支	九星	日建 星宿	公历	干支	九星	日建 星宿
初一	6	丁巳	九紫	平 娄	8	丁亥	三碧	成 昴	6	丙辰	五黄	建 毕	5	乙酉	七赤	执 觜
初二	7	戊午	一白	定 胃	9	戊子	四绿	收 毕	7	丁巳	六白	除 觜	6	丙戌	八白	执 参
初三	8	己未	二黑	执 昴	10	己丑	五黄	开 觜	8	戊午	七赤	满 参	7	丁亥	九紫	破 井
初四	9	庚申	三碧	破 毕	11	庚寅	六白	闭 参	9	己未	八白	平 井	8	戊子	一白	危 鬼
初五	10	辛酉	四绿	危 觜	12	辛卯	七赤	建 井	10	庚申	九紫	定 鬼	9	己丑	二黑	成 柳
初六	11	壬戌	五黄	成 参	13	壬辰	八白	除 鬼	11	辛酉	一白	执 柳	10	庚寅	三碧	收 星
初七	12	癸亥	六白	收 井	14	癸巳	九紫	满 柳	12	壬戌	二黑	破 星	11	辛卯	四绿	开 张
初八	13	甲子	一白	开 鬼	15	甲午	一白	平 星	13	癸亥	三碧	危 张	12	壬辰	五黄	闭 翼
初九	14	乙丑	二黑	闭 柳	16	乙未	二黑	定 张	14	甲子	七赤	成 翼	13	癸巳	六白	建 轸
初十	15	丙寅	三碧	建 星	17	丙申	三碧	执 翼	15	乙丑	八白	收 轸	14	甲午	七赤	除 角
十一	16	丁卯	四绿	除 张	18	丁酉	四绿	破 轸	16	丙寅	九紫	开 角	15	乙未	八白	满 亢
十二	17	戊辰	五黄	满 翼	19	戊戌	五黄	危 角	17	丁卯	一白	闭 亢	16	丙申	九紫	平 氐
十三	18	己巳	六白	平 轸	20	己亥	六白	成 亢	18	戊辰	二黑	建 氐	17	丁酉	一白	定 房
十四	19	庚午	四绿	定 角	21	庚子	七赤	收 氐	19	己巳	三碧	除 房	18	戊戌	二黑	执 心
十五	20	辛未	五黄	执 亢	22	辛丑	八白	开 房	20	庚午	一白	满 心	19	己亥	三碧	破 尾
十六	21	壬申	六白	破 氐	23	壬寅	九紫	闭 心	21	辛未	二黑	平 尾	20	庚子	四绿	危 箕
十七	22	癸酉	七赤	危 房	24	癸卯	一白	建 尾	22	壬申	三碧	定 箕	21	辛丑	五黄	成 斗
十八	23	甲戌	八白	成 心	25	甲辰	二黑	除 箕	23	癸酉	四绿	执 斗	22	壬寅	六白	收 牛
十九	24	乙亥	九紫	收 尾	26	乙巳	三碧	满 斗	24	甲戌	五黄	破 牛	23	癸卯	七赤	开 女
二十	25	丙子	一白	开 箕	27	丙午	四绿	平 牛	25	乙亥	六白	危 女	24	甲辰	八白	闭 虚
廿一	26	丁丑	二黑	闭 斗	28	丁未	五黄	定 女	26	丙子	七赤	成 虚	25	乙巳	九紫	建 危
廿二	27	戊寅	三碧	建 牛	29	戊申	六白	执 虚	27	丁丑	八白	收 危	26	丙午	一白	除 室
廿三	28	己卯	四绿	除 女	30	己酉	七赤	破 危	28	戊寅	九紫	开 室	27	丁未	二黑	满 壁
廿四	3月	庚辰	五黄	满 虚	31	庚戌	八白	危 室	29	己卯	一白	闭 壁	28	戊申	三碧	平 奎
廿五	2	辛巳	六白	平 危	4月	辛亥	九紫	成 壁	30	庚辰	二黑	建 奎	29	己酉	四绿	定 娄
廿六	3	壬午	七赤	定 室	2	壬子	一白	收 奎	5月	辛巳	三碧	除 娄	30	庚戌	五黄	执 胃
廿七	4	癸未	八白	执 壁	3	癸丑	二黑	开 娄	2	壬午	四绿	满 胃	31	辛亥	六白	破 昴
廿八	5	甲申	九紫	破 奎	4	甲寅	三碧	闭 胃	3	癸未	五黄	平 昴	6月	壬子	七赤	危 毕
廿九	6	乙酉	一白	破 娄	5	乙卯	四绿	闭 昴	4	甲申	六白	定 毕	2	癸丑	八白	成 觜
三十	7	丙戌	二黑	危 胃									3	甲寅	九紫	收 参

387

公元1970年　庚戌狗年　太岁化秋　九星三碧

月份	五月小 壬午 一白 乾卦 胃宿					六月大 癸未 九紫 兑卦 昴宿					七月大 甲申 八白 离卦 毕宿					八月小 乙酉 七赤 震卦 觜宿				
节气	芒种 6月6日 初三丁巳 巳时 10时52分		夏至 6月22日 十九癸酉 寅时 3时43分			小暑 7月7日 初五戊子 亥时 21时11分		大暑 7月23日 廿一甲辰 未时 14时37分			立秋 8月8日 初七庚申 卯时 6时54分		处暑 8月23日 廿二乙亥 亥时 21时34分			白露 9月8日 初八辛卯 巳时 9时38分		秋分 9月23日 廿三丙午 酉时 18时59分		
农历	公历	干支	九星	日建	星宿	公历	干支	九星	日建	星宿	公历	干支	九星	日建	星宿	公历	干支	九星	日建	星宿
初一	4	乙卯	一白	开	井	3	甲申	七赤	满	鬼	2	甲寅	四绿	危	星	9月	甲申	一白	建	翼
初二	5	丙辰	二黑	闭	鬼	4	乙酉	六白	平	柳	3	乙卯	三碧	成	张	2	乙酉	九紫	除	轸
初三	6	丁巳	三碧	闭	柳	5	丙戌	五黄	定	星	4	丙辰	二黑	收	翼	3	丙戌	八白	满	角
初四	7	戊午	四绿	建	星	6	丁亥	四绿	执	张	5	丁巳	一白	开	轸	4	丁亥	七赤	平	亢
初五	8	己未	五黄	除	张	7	戊子	三碧	执	翼	6	戊午	九紫	闭	角	5	戊子	六白	定	氐
初六	9	庚申	六白	满	翼	8	己丑	二黑	破	轸	7	己未	八白	建	亢	6	己丑	五黄	执	房
初七	10	辛酉	七赤	平	轸	9	庚寅	一白	危	角	8	庚申	七赤	建	氐	7	庚寅	四绿	破	心
初八	11	壬戌	八白	定	角	10	辛卯	九紫	成	亢	9	辛酉	六白	除	房	8	辛卯	三碧	破	尾
初九	12	癸亥	九紫	执	亢	11	壬辰	八白	收	氐	10	壬戌	五黄	满	心	9	壬辰	二黑	危	箕
初十	13	甲子	四绿	破	氐	12	癸巳	七赤	开	房	11	癸亥	四绿	平	尾	10	癸巳	一白	成	斗
十一	14	乙丑	五黄	危	房	13	甲午	六白	闭	心	12	甲子	九紫	定	箕	11	甲午	九紫	收	牛
十二	15	丙寅	六白	成	心	14	乙未	五黄	建	尾	13	乙丑	八白	执	斗	12	乙未	八白	开	女
十三	16	丁卯	七赤	收	尾	15	丙申	四绿	除	箕	14	丙寅	七赤	破	牛	13	丙申	七赤	闭	虚
十四	17	戊辰	八白	开	箕	16	丁酉	三碧	满	斗	15	丁卯	六白	危	女	14	丁酉	六白	建	危
十五	18	己巳	九紫	闭	斗	17	戊戌	二黑	平	牛	16	戊辰	五黄	成	虚	15	戊戌	五黄	除	室
十六	19	庚午	一白	建	牛	18	己亥	一白	定	女	17	己巳	四绿	收	危	16	己亥	四绿	满	壁
十七	20	辛未	二黑	除	女	19	庚子	九紫	执	虚	18	庚午	三碧	开	室	17	庚子	三碧	平	奎
十八	21	壬申	三碧	满	虚	20	辛丑	八白	破	危	19	辛未	二黑	闭	壁	18	辛丑	二黑	定	娄
十九	22	癸酉	九紫	平	危	21	壬寅	七赤	危	室	20	壬申	一白	建	奎	19	壬寅	一白	执	胃
二十	23	甲戌	八白	定	室	22	癸卯	六白	成	壁	21	癸酉	九紫	除	娄	20	癸卯	九紫	破	昴
廿一	24	乙亥	七赤	执	壁	23	甲辰	五黄	收	奎	22	甲戌	八白	满	胃	21	甲辰	八白	危	毕
廿二	25	丙子	六白	破	奎	24	乙巳	四绿	开	娄	23	乙亥	一白	平	昴	22	乙巳	七赤	成	觜
廿三	26	丁丑	五黄	危	娄	25	丙午	三碧	闭	胃	24	丙子	九紫	定	毕	23	丙午	六白	收	参
廿四	27	戊寅	四绿	成	胃	26	丁未	二黑	建	昴	25	丁丑	八白	执	觜	24	丁未	五黄	开	井
廿五	28	己卯	三碧	收	昴	27	戊申	一白	除	毕	26	戊寅	七赤	破	参	25	戊申	四绿	闭	鬼
廿六	29	庚辰	二黑	开	毕	28	己酉	九紫	满	觜	27	己卯	六白	危	井	26	己酉	三碧	建	柳
廿七	30	辛巳	一白	闭	觜	29	庚戌	八白	平	参	28	庚辰	五黄	成	鬼	27	庚戌	二黑	除	星
廿八	7月	壬午	九紫	建	参	30	辛亥	七赤	定	井	29	辛巳	四绿	收	柳	28	辛亥	一白	满	张
廿九	2	癸未	八白	除	井	31	壬子	六白	执	鬼	30	壬午	三碧	开	星	29	壬子	九紫	平	翼
三十						8月	癸丑	五黄	破	柳	31	癸未	二黑	闭	张					

月份	九月大 丙戌 六白 巽卦 参宿				十月大 丁亥 五黄 坎卦 井宿				十一月小 戊子 四绿 艮卦 鬼宿				十二月大 己丑 三碧 坤卦 柳宿			
节气	寒露 10月9日 初十壬戌 丑时 1时02分		霜降 10月24日 廿五丁丑 寅时 4时05分		立冬 11月8日 初十壬辰 寅时 3时58分		小雪 11月23日 廿五丁未 丑时 1时25分		大雪 12月7日 初九辛酉 戌时 20时28分		冬至 12月22日 廿四丙子 未时 14时36分		小寒 1月6日 初十辛卯 辰时 7时45分		大寒 1月21日 廿五丙午 丑时 1时13分	
农历	公历	干支	九星	日建 宿	公历	干支	九星	日建 宿	公历	干支	九星	日建 宿	公历	干支	九星	日建 宿
初一	30	癸丑	八白	定 轸	30	癸未	五黄	收 亢	29	癸丑	二黑	满 房	28	壬午	一白	破 心
初二	10月	甲寅	七赤	执 角	31	甲申	四绿	开 氐	30	甲寅	一白	平 心	29	癸未	二黑	危 尾
初三	2	乙卯	六白	破 亢	11月	乙酉	三碧	闭 房	12月	乙卯	九紫	定 尾	30	甲申	三碧	成 箕
初四	3	丙辰	五黄	危 氐	2	丙戌	二黑	建 心	2	丙辰	八白	执 箕	31	乙酉	四绿	收 斗
初五	4	丁巳	四绿	成 房	3	丁亥	一白	除 尾	3	丁巳	七赤	破 斗	1月	丙戌	五黄	开 牛
初六	5	戊午	三碧	收 心	4	戊子	九紫	满 箕	4	戊午	六白	危 牛	2	丁亥	六白	闭 女
初七	6	己未	二黑	开 尾	5	己丑	八白	平 斗	5	己未	五黄	成 女	3	戊子	七赤	建 虚
初八	7	庚申	一白	闭 箕	6	庚寅	七赤	定 牛	6	庚申	四绿	收 虚	4	己丑	八白	除 危
初九	8	辛酉	九紫	建 斗	7	辛卯	六白	执 女	7	辛酉	三碧	收 危	5	庚寅	九紫	满 室
初十	9	壬戌	八白	建 牛	8	壬辰	五黄	执 虚	8	壬戌	二黑	开 室	6	辛卯	一白	满 壁
十一	10	癸亥	七赤	除 女	9	癸巳	四绿	破 危	9	癸亥	一白	闭 壁	7	壬辰	二黑	平 奎
十二	11	甲子	三碧	满 虚	10	甲午	三碧	危 室	10	甲子	六白	建 奎	8	癸巳	三碧	定 娄
十三	12	乙丑	二黑	平 危	11	乙未	二黑	成 壁	11	乙丑	五黄	除 娄	9	甲午	四绿	执 胃
十四	13	丙寅	一白	定 室	12	丙申	一白	收 奎	12	丙寅	四绿	满 胃	10	乙未	五黄	破 昴
十五	14	丁卯	九紫	执 壁	13	丁酉	九紫	开 娄	13	丁卯	三碧	平 昴	11	丙申	六白	危 毕
十六	15	戊辰	八白	破 奎	14	戊戌	八白	闭 胃	14	戊辰	二黑	定 毕	12	丁酉	七赤	成 觜
十七	16	己巳	七赤	危 娄	15	己亥	七赤	建 昴	15	己巳	一白	执 觜	13	戊戌	八白	收 参
十八	17	庚午	六白	成 胃	16	庚子	六白	除 毕	16	庚午	九紫	破 参	14	己亥	九紫	开 井
十九	18	辛未	五黄	收 昴	17	辛丑	五黄	满 觜	17	辛未	八白	危 井	15	庚子	一白	闭 鬼
二十	19	壬申	四绿	开 毕	18	壬寅	四绿	平 参	18	壬申	七赤	成 鬼	16	辛丑	二黑	建 柳
廿一	20	癸酉	三碧	闭 觜	19	癸卯	三碧	定 井	19	癸酉	六白	收 柳	17	壬寅	三碧	除 星
廿二	21	甲戌	二黑	建 参	20	甲辰	二黑	执 鬼	20	甲戌	五黄	开 星	18	癸卯	四绿	满 张
廿三	22	乙亥	一白	除 井	21	乙巳	一白	破 柳	21	乙亥	四绿	闭 张	19	甲辰	五黄	平 翼
廿四	23	丙子	九紫	满 鬼	22	丙午	九紫	危 星	22	丙子	四绿	建 翼	20	乙巳	六白	定 轸
廿五	24	丁丑	二黑	平 柳	23	丁未	八白	成 张	23	丁丑	五黄	除 轸	21	丙午	七赤	执 角
廿六	25	戊寅	一白	定 星	24	戊申	七赤	收 翼	24	戊寅	六白	满 角	22	丁未	八白	破 亢
廿七	26	己卯	九紫	执 张	25	己酉	六白	开 轸	25	己卯	七赤	平 亢	23	戊申	九紫	危 氐
廿八	27	庚辰	八白	破 翼	26	庚戌	五黄	闭 角	26	庚辰	八白	定 氐	24	己酉	一白	成 房
廿九	28	辛巳	七赤	危 轸	27	辛亥	四绿	建 亢	27	辛巳	九紫	执 房	25	庚戌	二黑	收 心
三十	29	壬午	六白	成 角	28	壬子	三碧	除 氐					26	辛亥	三碧	开 尾

国学经典文库　中华历书大全　·1900-2100年万年历法表·　图文珍藏版

月份	正月小 庚寅 二黑 坎卦 星宿				二月大 辛卯 一白 艮卦 张宿				三月小 壬辰 九紫 坤卦 翼宿				四月小 癸巳 八白 乾卦 轸宿			
节气	立春 2月4日 初九庚申 戌时 19时26分		雨水 2月19日 廿四乙亥 申时 15时27分		惊蛰 3月6日 初十庚寅 未时 13时35分		春分 3月21日 廿五乙亥 未时 14时38分		清明 4月5日 初十庚申 酉时 18时36分		谷雨 4月21日 廿六丙子 丑时 1时54分		立夏 5月6日 十二辛卯 午时 12时08分		小满 5月22日 廿八丁未 丑时 1时15分	
农历	公历	干支	九星	日建 星宿	公历	干支	九星	日建 星宿	公历	干支	九星	日建 星宿	公历	干支	九星	日建 星宿
初一	27	壬子	四绿	闭 箕	25	辛巳	六白	平 斗	27	辛亥	九紫	成 女	25	庚辰	二黑	建 虚
初二	28	癸丑	五黄	建 斗	26	壬午	七赤	定 牛	28	壬子	一白	收 虚	26	辛巳	三碧	除 危
初三	29	甲寅	六白	除 牛	27	癸未	八白	执 女	29	癸丑	二黑	开 危	27	壬午	四绿	满 室
初四	30	乙卯	七赤	满 女	28	甲申	九紫	破 虚	30	甲寅	三碧	闭 室	28	癸未	五黄	平 壁
初五	31	丙辰	八白	平 虚	3月	乙酉	一白	危 危	31	乙卯	四绿	建 壁	29	甲申	六白	定 奎
初六	2月	丁巳	九紫	定 危	2	丙戌	二黑	成 室	4月	丙辰	五黄	除 奎	30	乙酉	七赤	执 娄
初七	2	戊午	一白	执 室	3	丁亥	三碧	收 壁	2	丁巳	六白	满 娄	5月	丙戌	八白	破 胃
初八	3	己未	二黑	破 壁	4	戊子	四绿	开 奎	3	戊午	七赤	平 胃	2	丁亥	九紫	危 昴
初九	4	庚申	三碧	破 奎	5	己丑	五黄	闭 娄	4	己未	八白	定 昴	3	戊子	一白	成 毕
初十	5	辛酉	四绿	危 娄	6	庚寅	六白	闭 胃	5	庚申	九紫	定 毕	4	己丑	二黑	收 觜
十一	6	壬戌	五黄	成 胃	7	辛卯	七赤	建 昴	6	辛酉	一白	执 觜	5	庚寅	三碧	开 参
十二	7	癸亥	六白	收 昴	8	壬辰	八白	除 毕	7	壬戌	二黑	破 参	6	辛卯	四绿	开 井
十三	8	甲子	一白	开 毕	9	癸巳	九紫	满 觜	8	癸亥	三碧	危 井	7	壬辰	五黄	闭 鬼
十四	9	乙丑	二黑	闭 觜	10	甲午	一白	平 参	9	甲子	七赤	成 鬼	8	癸巳	六白	建 柳
十五	10	丙寅	三碧	建 参	11	乙未	二黑	定 井	10	乙丑	八白	收 柳	9	甲午	七赤	除 星
十六	11	丁卯	四绿	除 井	12	丙申	三碧	执 鬼	11	丙寅	九紫	开 星	10	乙未	八白	满 张
十七	12	戊辰	五黄	满 鬼	13	丁酉	四绿	破 柳	12	丁卯	一白	闭 张	11	丙申	九紫	平 翼
十八	13	己巳	六白	平 柳	14	戊戌	五黄	危 星	13	戊辰	二黑	建 翼	12	丁酉	一白	定 轸
十九	14	庚午	七赤	定 星	15	己亥	六白	成 张	14	己巳	三碧	除 轸	13	戊戌	二黑	执 角
二十	15	辛未	八白	执 张	16	庚子	七赤	收 翼	15	庚午	四绿	满 角	14	己亥	三碧	破 亢
廿一	16	壬申	九紫	破 翼	17	辛丑	八白	开 轸	16	辛未	五黄	平 亢	15	庚子	四绿	危 氐
廿二	17	癸酉	一白	危 轸	18	壬寅	九紫	闭 角	17	壬申	六白	定 氐	16	辛丑	五黄	成 房
廿三	18	甲戌	二黑	成 角	19	癸卯	一白	建 亢	18	癸酉	七赤	执 房	17	壬寅	六白	收 心
廿四	19	乙亥	九紫	收 亢	20	甲辰	二黑	除 氐	19	甲戌	八白	破 心	18	癸卯	七赤	开 尾
廿五	20	丙子	一白	开 氐	21	乙巳	三碧	满 房	20	乙亥	九紫	危 尾	19	甲辰	八白	闭 箕
廿六	21	丁丑	二黑	闭 房	22	丙午	四绿	平 心	21	丙子	七赤	成 箕	20	乙巳	九紫	建 斗
廿七	22	戊寅	三碧	建 心	23	丁未	五黄	定 尾	22	丁丑	八白	收 斗	21	丙午	一白	除 牛
廿八	23	己卯	四绿	除 尾	24	戊申	六白	执 箕	23	戊寅	九紫	开 牛	22	丁未	二黑	满 女
廿九	24	庚辰	五黄	满 箕	25	己酉	七赤	破 斗	24	己卯	一白	闭 女	23	戊申	三碧	平 虚
三十					26	庚戌	八白	危 牛								

月份	五月大	甲午 七赤 兑卦 角宿				闰五月小					六月大	乙未 六白 离卦 亢宿			
节气	芒种 6月6日 十四壬戌 申时 16时29分	夏至 6月22日 三十戊寅 巳时 9时20分				小暑 7月8日 十六甲午 丑时 2时51分					大暑 7月23日 初二己酉 戌时 20时15分	立秋 8月8日 十八乙丑 午时 12时40分			
农历	公历	干支	九星	日建	星宿	公历	干支	九星	日建	星宿	公历	干支	九星	日建	星宿
初一	24	己酉	四绿	定	危	23	己卯	三碧	收	壁	22	戊申	一白	除	奎
初二	25	庚戌	五黄	执	室	24	庚辰	二黑	开	奎	23	己酉	九紫	满	娄
初三	26	辛亥	六白	破	壁	25	辛巳	一白	闭	娄	24	庚戌	八白	平	胃
初四	27	壬子	七赤	危	奎	26	壬午	九紫	建	胃	25	辛亥	七赤	定	昴
初五	28	癸丑	八白	成	娄	27	癸未	八白	除	昴	26	壬子	六白	执	毕
初六	29	甲寅	九紫	收	胃	28	甲申	七赤	满	毕	27	癸丑	五黄	破	觜
初七	30	乙卯	一白	开	昴	29	乙酉	六白	平	觜	28	甲寅	四绿	危	参
初八	31	丙辰	二黑	闭	毕	30	丙戌	五黄	定	参	29	乙卯	三碧	成	井
初九	6月	丁巳	三碧	建	觜	7月	丁亥	四绿	执	井	30	丙辰	二黑	收	鬼
初十	2	戊午	四绿	除	参	2	戊子	三碧	破	鬼	31	丁巳	一白	开	柳
十一	3	己未	五黄	满	井	3	己丑	二黑	危	柳	8月	戊午	九紫	闭	星
十二	4	庚申	六白	平	鬼	4	庚寅	一白	成	星	2	己未	八白	建	张
十三	5	辛酉	七赤	定	柳	5	辛卯	九紫	收	张	3	庚申	七赤	除	翼
十四	6	壬戌	八白	定	星	6	壬辰	八白	开	翼	4	辛酉	六白	满	轸
十五	7	癸亥	九紫	执	张	7	癸巳	七赤	闭	轸	5	壬戌	五黄	平	角
十六	8	甲子	四绿	破	翼	8	甲午	六白	闭	角	6	癸亥	四绿	定	亢
十七	9	乙丑	五黄	危	轸	9	乙未	五黄	建	亢	7	甲子	九紫	执	氐
十八	10	丙寅	六白	成	角	10	丙申	四绿	除	氐	8	乙丑	八白	执	房
十九	11	丁卯	七赤	收	亢	11	丁酉	三碧	满	房	9	丙寅	七赤	破	心
二十	12	戊辰	八白	开	氐	12	戊戌	二黑	平	心	10	丁卯	六白	危	尾
廿一	13	己巳	九紫	闭	房	13	己亥	一白	定	尾	11	戊辰	五黄	成	箕
廿二	14	庚午	一白	建	心	14	庚子	九紫	执	箕	12	己巳	四绿	收	斗
廿三	15	辛未	二黑	除	尾	15	辛丑	八白	破	斗	13	庚午	三碧	开	牛
廿四	16	壬申	三碧	满	箕	16	壬寅	七赤	危	牛	14	辛未	二黑	闭	女
廿五	17	癸酉	四绿	平	斗	17	癸卯	六白	成	女	15	壬申	一白	建	虚
廿六	18	甲戌	五黄	定	牛	18	甲辰	五黄	收	虚	16	癸酉	九紫	除	危
廿七	19	乙亥	六白	执	女	19	乙巳	四绿	开	危	17	甲戌	八白	满	室
廿八	20	丙子	七赤	破	虚	20	丙午	三碧	闭	室	18	乙亥	七赤	平	壁
廿九	21	丁丑	八白	危	危	21	丁未	二黑	建	壁	19	丙子	六白	定	奎
三十	22	戊寅	四绿	成	室						20	丁丑	五黄	执	娄

国学经典文库

中华历书大全

·1900-2100年万年历法表·

图文珍藏版

公元1971年　辛亥猪年（闰五月）　太岁叶坚 九星二黑

月份	七月小 丙申 五黄 震卦 氐宿					八月大 丁酉 四绿 巽卦 房宿					九月大 戊戌 三碧 坎卦 心宿				
节气	处暑 8月24日 初四辛巳 寅时 3时15分		白露 9月8日 十九丙申 申时 15时30分			秋分 9月24日 初六壬子 早子时 0时45分		寒露 10月9日 廿一丁卯 卯时 6时59分			霜降 10月24日 初六壬午 巳时 9时53分		立冬 11月8日 廿一丁酉 巳时 9时57分		
农历	公历	干支	九星	日建	星宿	公历	干支	九星	日建	星宿	公历	干支	九星	日建	星宿
初一	21	戊寅	四绿	破	胃	19	丁未	五黄	开	昴	19	丁丑	八白	平	觜
初二	22	己卯	三碧	危	昴	20	戊申	四绿	闭	毕	20	戊寅	七赤	定	参
初三	23	庚辰	二黑	成	毕	21	己酉	三碧	建	觜	21	己卯	六白	执	井
初四	24	辛巳	四绿	收	觜	22	庚戌	二黑	除	参	22	庚辰	五黄	破	鬼
初五	25	壬午	三碧	开	参	23	辛亥	一白	满	井	23	辛巳	四绿	危	柳
初六	26	癸未	二黑	闭	井	24	壬子	九紫	平	鬼	24	壬午	六白	成	星
初七	27	甲申	一白	建	鬼	25	癸丑	八白	定	柳	25	癸未	五黄	收	张
初八	28	乙酉	九紫	除	柳	26	甲寅	七赤	执	星	26	甲申	四绿	开	翼
初九	29	丙戌	八白	满	星	27	乙卯	六白	破	张	27	乙酉	三碧	闭	轸
初十	30	丁亥	七赤	平	张	28	丙辰	五黄	危	翼	28	丙戌	二黑	建	角
十一	31	戊子	六白	定	翼	29	丁巳	四绿	成	轸	29	丁亥	一白	除	亢
十二	9月	己丑	五黄	执	轸	30	戊午	三碧	收	角	30	戊子	九紫	满	氐
十三	2	庚寅	四绿	破	角	10月	己未	二黑	开	亢	31	己丑	八白	平	房
十四	3	辛卯	三碧	危	亢	2	庚申	一白	闭	氐	11月	庚寅	七赤	定	心
十五	4	壬辰	二黑	成	氐	3	辛酉	九紫	建	房	2	辛卯	六白	执	尾
十六	5	癸巳	一白	收	房	4	壬戌	八白	除	心	3	壬辰	五黄	破	箕
十七	6	甲午	九紫	开	心	5	癸亥	七赤	满	尾	4	癸巳	四绿	危	斗
十八	7	乙未	八白	闭	尾	6	甲子	三碧	平	箕	5	甲午	三碧	成	牛
十九	8	丙申	七赤	闭	箕	7	乙丑	二黑	定	斗	6	乙未	二黑	收	女
二十	9	丁酉	六白	建	斗	8	丙寅	一白	执	牛	7	丙申	一白	开	虚
廿一	10	戊戌	五黄	除	牛	9	丁卯	九紫	执	女	8	丁酉	九紫	开	危
廿二	11	己亥	四绿	满	女	10	戊辰	八白	破	虚	9	戊戌	八白	闭	室
廿三	12	庚子	三碧	平	虚	11	己巳	七赤	危	危	10	己亥	七赤	建	壁
廿四	13	辛丑	二黑	定	危	12	庚午	六白	成	室	11	庚子	六白	除	奎
廿五	14	壬寅	一白	执	室	13	辛未	五黄	收	壁	12	辛丑	五黄	满	娄
廿六	15	癸卯	九紫	破	壁	14	壬申	四绿	开	奎	13	壬寅	四绿	平	胃
廿七	16	甲辰	八白	危	奎	15	癸酉	三碧	闭	娄	14	癸卯	三碧	定	昴
廿八	17	乙巳	七赤	成	娄	16	甲戌	二黑	建	胃	15	甲辰	二黑	执	毕
廿九	18	丙午	六白	收	胃	17	乙亥	一白	除	昴	16	乙巳	一白	破	觜
三十						18	丙子	九紫	满	毕	17	丙午	九紫	危	参

公元1971年　辛亥猪年（闰五月）　太岁叶坚　九星二黑

月份	十月大				己亥 二黑 艮卦 尾宿	十一月小				庚子 一白 坤卦 箕宿	十二月大				辛丑 九紫 乾卦 斗宿
节气	小雪 11月23日 初六壬子 辰时 7时14分		大雪 12月8日 廿一丁卯 丑时 2时36分			冬至 12月22日 初五辛巳 戌时 20时24分		小寒 1月6日 二十丙申 未时 13时42分			大寒 1月21日 初六辛亥 卯时 6时59分		立春 2月5日 廿一丙寅 丑时 1时20分		
农历	公历	干支	九星	日建	星宿	公历	干支	九星	日建	星宿	公历	干支	九星	日建	星宿
初一	18	丁未	八白	成	井	18	丁丑	二黑	除	柳	16	丙午	七赤	执	星
初二	19	戊申	七赤	收	鬼	19	戊寅	一白	满	星	17	丁未	八白	破	张
初三	20	己酉	六白	开	柳	20	己卯	九紫	平	张	18	戊申	九紫	危	翼
初四	21	庚戌	五黄	闭	星	21	庚辰	八白	定	翼	19	己酉	一白	成	轸
初五	22	辛亥	四绿	建	张	22	辛巳	九紫	执	轸	20	庚戌	二黑	收	角
初六	23	壬子	三碧	除	翼	23	壬午	一白	破	角	21	辛亥	三碧	开	亢
初七	24	癸丑	二黑	满	轸	24	癸未	二黑	危	亢	22	壬子	四绿	闭	氐
初八	25	甲寅	一白	平	角	25	甲申	三碧	成	氐	23	癸丑	五黄	建	房
初九	26	乙卯	九紫	定	亢	26	乙酉	四绿	收	房	24	甲寅	六白	除	心
初十	27	丙辰	八白	执	氐	27	丙戌	五黄	开	心	25	乙卯	七赤	满	尾
十一	28	丁巳	七赤	破	房	28	丁亥	六白	闭	尾	26	丙辰	八白	平	箕
十二	29	戊午	六白	危	心	29	戊子	七赤	建	箕	27	丁巳	九紫	定	斗
十三	30	己未	五黄	成	尾	30	己丑	八白	除	斗	28	戊午	一白	执	牛
十四	12月	庚申	四绿	收	箕	31	庚寅	九紫	满	牛	29	己未	二黑	破	女
十五	2	辛酉	三碧	开	斗	1月	辛卯	一白	平	女	30	庚申	三碧	危	虚
十六	3	壬戌	二黑	闭	牛	2	壬辰	二黑	定	虚	31	辛酉	四绿	成	危
十七	4	癸亥	一白	建	女	3	癸巳	三碧	执	危	2月	壬戌	五黄	收	室
十八	5	甲子	六白	除	虚	4	甲午	四绿	破	室	2	癸亥	六白	开	壁
十九	6	乙丑	五黄	满	危	5	乙未	五黄	危	壁	3	甲子	一白	闭	奎
二十	7	丙寅	四绿	平	室	6	丙申	六白	成	奎	4	乙丑	二黑	建	娄
廿一	8	丁卯	三碧	平	壁	7	丁酉	七赤	成	娄	5	丙寅	三碧	建	胃
廿二	9	戊辰	二黑	定	奎	8	戊戌	八白	收	胃	6	丁卯	四绿	除	昴
廿三	10	己巳	一白	执	娄	9	己亥	九紫	开	昴	7	戊辰	五黄	满	毕
廿四	11	庚午	九紫	破	胃	10	庚子	一白	闭	毕	8	己巳	六白	平	觜
廿五	12	辛未	八白	危	昴	11	辛丑	二黑	建	觜	9	庚午	七赤	定	参
廿六	13	壬申	七赤	成	毕	12	壬寅	三碧	除	参	10	辛未	八白	执	井
廿七	14	癸酉	六白	收	觜	13	癸卯	四绿	满	井	11	壬申	九紫	破	鬼
廿八	15	甲戌	五黄	开	参	14	甲辰	五黄	平	鬼	12	癸酉	一白	危	柳
廿九	16	乙亥	四绿	闭	井	15	乙巳	六白	定	柳	13	甲戌	二黑	成	星
三十	17	丙子	三碧	建	鬼						14	乙亥	三碧	收	张

公元1972年　壬子鼠年　太岁邱德　九星一白

月份	正月小 壬寅 八白 离卦 牛宿				二月大 癸卯 七赤 震卦 女宿				三月小 甲辰 六白 巽卦 虚宿				四月小 乙巳 五黄 坎卦 危宿			
节气	雨水 2月19日 初五庚辰 亥时 21时12分	惊蛰 3月5日 二十乙未 戌时 19时28分			春分 3月20日 初六庚戌 戌时 20时22分	清明 4月5日 廿二丙寅 早子时 0时29分			谷雨 4月20日 初七辛巳 辰时 7时37分	立夏 5月5日 廿二丙申 酉时 18时01分			小满 5月21日 初九壬子 辰时 7时00分	芒种 6月5日 廿四丁卯 亥时 22时22分		
农历	公历	干支	九星	日建 星宿	公历	干支	九星	日建 星宿	公历	干支	九星	日建 星宿	公历	干支	九星	日建 星宿
初一	15	丙子	四绿	开 翼	15	乙巳	三碧	满 轸	14	乙亥	九紫	危 亢	13	甲辰	八白	闭 氐
初二	16	丁丑	五黄	闭 轸	16	丙午	四绿	平 角	15	丙子	一白	成 氐	14	乙巳	九紫	建 房
初三	17	戊寅	六白	建 角	17	丁未	五黄	定 亢	16	丁丑	二黑	收 房	15	丙午	一白	除 心
初四	18	己卯	七赤	除 亢	18	戊申	六白	执 氐	17	戊寅	三碧	开 心	16	丁未	二黑	满 尾
初五	19	庚辰	五黄	满 氐	19	己酉	七赤	破 房	18	己卯	四绿	闭 尾	17	戊申	三碧	平 箕
初六	20	辛巳	六白	平 房	20	庚戌	八白	危 心	19	庚辰	五黄	建 箕	18	己酉	四绿	定 斗
初七	21	壬午	七赤	定 心	21	辛亥	九紫	成 尾	20	辛巳	三碧	除 斗	19	庚戌	五黄	执 牛
初八	22	癸未	八白	执 尾	22	壬子	一白	收 箕	21	壬午	四绿	满 牛	20	辛亥	六白	破 女
初九	23	甲申	九紫	破 箕	23	癸丑	二黑	开 斗	22	癸未	五黄	平 女	21	壬子	七赤	危 虚
初十	24	乙酉	一白	危 斗	24	甲寅	三碧	闭 牛	23	甲申	六白	定 虚	22	癸丑	八白	成 危
十一	25	丙戌	二黑	成 牛	25	乙卯	四绿	建 女	24	乙酉	七赤	执 危	23	甲寅	九紫	收 室
十二	26	丁亥	三碧	收 女	26	丙辰	五黄	除 虚	25	丙戌	八白	破 室	24	乙卯	一白	开 壁
十三	27	戊子	四绿	开 虚	27	丁巳	六白	满 危	26	丁亥	九紫	危 壁	25	丙辰	二黑	闭 奎
十四	28	己丑	五黄	闭 危	28	戊午	七赤	平 室	27	戊子	一白	成 奎	26	丁巳	三碧	建 娄
十五	29	庚寅	六白	建 室	29	己未	八白	定 壁	28	己丑	二黑	收 娄	27	戊午	四绿	除 胃
十六	3月 辛卯	七赤		除 壁	30	庚申	九紫	执 奎	29	庚寅	三碧	开 胃	28	己未	五黄	满 昴
十七	2	壬辰	八白	满 奎	31	辛酉	一白	破 娄	30 辛卯	四绿		闭 昴	29	庚申	六白	平 毕
十八	3	癸巳	九紫	平 娄	4月 壬戌	二黑		危 胃	5月 壬辰	五黄		建 毕	30	辛酉	七赤	定 觜
十九	4	甲午	一白	定 胃	2	癸亥	三碧	成 昴	2	癸巳	六白	除 觜	31	壬戌	八白	执 参
二十	5	乙未	二黑	定 昴	3	甲子	七赤	收 毕	3	甲午	七赤	满 参	6月 癸亥	九紫		破 井
廿一	6	丙申	三碧	执 毕	4	乙丑	八白	开 觜	4	乙未	八白	平 井	2	甲子	四绿	危 鬼
廿二	7	丁酉	四绿	破 觜	5	丙寅	九紫	开 参	5	丙申	九紫	平 鬼	3	乙丑	五黄	成 柳
廿三	8	戊戌	五黄	危 参	6	丁卯	一白	闭 井	6	丁酉	一白	定 柳	4	丙寅	六白	收 星
廿四	9	己亥	六白	成 井	7	戊辰	二黑	建 鬼	7	戊戌	二黑	执 星	5	丁卯	七赤	收 张
廿五	10	庚子	七赤	收 鬼	8	己巳	三碧	除 柳	8	己亥	三碧	破 张	6	戊辰	八白	开 翼
廿六	11	辛丑	八白	开 柳	9	庚午	四绿	满 星	9	庚子	四绿	危 翼	7	己巳	九紫	闭 轸
廿七	12	壬寅	九紫	闭 星	10	辛未	五黄	平 张	10	辛丑	五黄	成 轸	8	庚午	一白	建 角
廿八	13	癸卯	一白	建 张	11	壬申	六白	定 翼	11	壬寅	六白	收 角	9	辛未	二黑	除 亢
廿九	14	甲辰	二黑	除 翼	12	癸酉	七赤	执 轸	12	癸卯	七赤	开 亢	10	壬申	三碧	满 氐
三十					13	甲戌	八白	破 角								

公元1972年　壬子鼠年　太岁邱德　九星一白

月份	五月大 丙午 四绿 艮卦 室宿					六月小 丁未 三碧 坤卦 壁宿					七月大 戊申 二黑 乾卦 奎宿					八月小 己酉 一白 兑卦 娄宿				
节气	夏至 6月21日 十一癸未 申时 15时06分		小暑 7月7日 廿七己亥 辰时 8时43分			大暑 7月23日 十三乙卯 丑时 2时03分		立秋 8月7日 廿八庚午 酉时 18时29分			处暑 8月23日 十五丙戌 巳时 9时03分		白露 9月7日 三十辛丑 亥时 21时15分			秋分 9月23日 十六丁巳 卯时 6时33分				
农历	公历	干支	九星	日建	星宿	公历	干支	九星	日建	星宿	公历	干支	九星	日建	星宿	公历	干支	九星	日建	星宿
初一	11	癸酉	四绿	平	房	11	癸卯	六白	成	尾	9	壬申	一白	建	箕	8	壬寅	一白	执	牛
初二	12	甲戌	五黄	定	心	12	甲辰	五黄	收	箕	10	癸酉	九紫	除	斗	9	癸卯	九紫	破	女
初三	13	乙亥	六白	执	尾	13	乙巳	四绿	开	斗	11	甲戌	八白	满	牛	10	甲辰	八白	危	虚
初四	14	丙子	七赤	破	箕	14	丙午	三碧	闭	牛	12	乙亥	七赤	平	女	11	乙巳	七赤	成	危
初五	15	丁丑	八白	危	斗	15	丁未	二黑	建	女	13	丙子	六白	定	虚	12	丙午	六白	收	室
初六	16	戊寅	九紫	成	牛	16	戊申	一白	除	虚	14	丁丑	五黄	执	危	13	丁未	五黄	开	壁
初七	17	己卯	一白	收	女	17	己酉	九紫	满	危	15	戊寅	四绿	破	室	14	戊申	四绿	闭	奎
初八	18	庚辰	二黑	开	虚	18	庚戌	八白	平	室	16	己卯	三碧	危	壁	15	己酉	三碧	建	娄
初九	19	辛巳	三碧	闭	危	19	辛亥	七赤	定	壁	17	庚辰	二黑	成	奎	16	庚戌	二黑	除	胃
初十	20	壬午	四绿	建	室	20	壬子	六白	执	奎	18	辛巳	一白	收	娄	17	辛亥	一白	满	昴
十一	21	癸未	八白	除	壁	21	癸丑	五黄	破	娄	19	壬午	九紫	开	胃	18	壬子	九紫	平	毕
十二	22	甲申	七赤	满	奎	22	甲寅	四绿	危	胃	20	癸未	八白	闭	昴	19	癸丑	八白	定	觜
十三	23	乙酉	六白	平	娄	23	乙卯	三碧	成	昴	21	甲申	七赤	建	毕	20	甲寅	七赤	执	参
十四	24	丙戌	五黄	定	胃	24	丙辰	二黑	收	毕	22	乙酉	六白	除	觜	21	乙卯	六白	破	井
十五	25	丁亥	四绿	执	昴	25	丁巳	一白	开	觜	23	丙戌	八白	满	参	22	丙辰	五黄	危	鬼
十六	26	戊子	三碧	破	毕	26	戊午	九紫	闭	参	24	丁亥	七赤	平	井	23	丁巳	四绿	成	柳
十七	27	己丑	二黑	危	觜	27	己未	八白	建	井	25	戊子	六白	定	鬼	24	戊午	三碧	收	星
十八	28	庚寅	一白	成	参	28	庚申	七赤	除	鬼	26	己丑	五黄	执	柳	25	己未	二黑	开	张
十九	29	辛卯	九紫	收	井	29	辛酉	六白	满	柳	27	庚寅	四绿	破	星	26	庚申	一白	闭	翼
二十	30	壬辰	八白	开	鬼	30	壬戌	五黄	平	星	28	辛卯	三碧	危	张	27	辛酉	九紫	建	轸
廿一	7月	癸巳	七赤	闭	柳	31	癸亥	四绿	定	张	29	壬辰	二黑	成	翼	28	壬戌	八白	除	角
廿二	2	甲午	六白	建	星	8月	甲子	九紫	执	翼	30	癸巳	一白	收	轸	29	癸亥	七赤	满	亢
廿三	3	乙未	五黄	除	张	2	乙丑	八白	破	轸	31	甲午	九紫	开	角	30	甲子	三碧	平	氐
廿四	4	丙申	四绿	满	翼	3	丙寅	七赤	危	角	9月	乙未	八白	闭	亢	10月	乙丑	二黑	定	房
廿五	5	丁酉	三碧	平	轸	4	丁卯	六白	成	亢	2	丙申	七赤	建	氐	2	丙寅	一白	执	心
廿六	6	戊戌	二黑	定	角	5	戊辰	五黄	收	氐	3	丁酉	六白	除	房	3	丁卯	九紫	破	尾
廿七	7	己亥	一白	定	亢	6	己巳	四绿	开	房	4	戊戌	五黄	满	心	4	戊辰	八白	危	箕
廿八	8	庚子	九紫	执	氐	7	庚午	三碧	开	心	5	己亥	四绿	平	尾	5	己巳	七赤	成	斗
廿九	9	辛丑	八白	破	房	8	辛未	二黑	闭	尾	6	庚子	三碧	定	箕	6	庚午	六白	收	牛
三十	10	壬寅	七赤	危	心						7	辛丑	二黑	定	斗					

公元1972年　壬子鼠年　太岁邱德　九星一白

月份	九月大 庚戌 九紫 离卦 胃宿					十月大 辛亥 八白 震卦 昴宿					十一月小 壬子 七赤 巽卦 毕宿					十二月大 癸丑 六白 坎卦 觜宿				
节气	寒露 10月8日 初二壬申 午时 12时42分			霜降 10月23日 十七丁亥 申时 15时42分		立冬 11月7日 初二壬寅 申时 15时40分			小雪 11月22日 十七丁巳 未时 13时03分		大雪 12月7日 初二壬申 辰时 8时19分			冬至 12月22日 十七丁亥 丑时 2时13分		小寒 1月5日 初二辛丑 戌时 19时26分			大寒 1月20日 十七丙辰 午时 12时49分	
农历	公历	干支	九星	日建	星宿	公历	干支	九星	日建	星宿	公历	干支	九星	日建	星宿	公历	干支	九星	日建	星宿
初一	7	辛未	五黄	开	女	6	辛丑	五黄	平	危	6	辛未	八白	成	壁	4	庚子	一白	建	奎
初二	8	壬申	四绿	开	虚	7	壬寅	四绿	平	室	7	壬申	七赤	成	奎	5	辛丑	二黑	建	娄
初三	9	癸酉	三碧	闭	危	8	癸卯	三碧	定	壁	8	癸酉	六白	收	娄	6	壬寅	三碧	除	胃
初四	10	甲戌	二黑	建	室	9	甲辰	二黑	执	奎	9	甲戌	五黄	开	胃	7	癸卯	四绿	满	昴
初五	11	乙亥	一白	除	壁	10	乙巳	一白	破	娄	10	乙亥	四绿	闭	昴	8	甲辰	五黄	平	毕
初六	12	丙子	九紫	满	奎	11	丙午	九紫	危	胃	11	丙子	三碧	建	毕	9	乙巳	六白	定	觜
初七	13	丁丑	八白	平	娄	12	丁未	八白	成	昴	12	丁丑	二黑	除	觜	10	丙午	七赤	执	参
初八	14	戊寅	七赤	定	胃	13	戊申	七赤	收	毕	13	戊寅	一白	满	参	11	丁未	八白	破	井
初九	15	己卯	六白	执	昴	14	己酉	六白	开	觜	14	己卯	九紫	平	井	12	戊申	九紫	危	鬼
初十	16	庚辰	五黄	破	毕	15	庚戌	五黄	闭	参	15	庚辰	八白	定	鬼	13	己酉	一白	成	柳
十一	17	辛巳	四绿	危	觜	16	辛亥	四绿	建	井	16	辛巳	七赤	执	柳	14	庚戌	二黑	收	星
十二	18	壬午	三碧	成	参	17	壬子	三碧	除	鬼	17	壬午	六白	破	星	15	辛亥	三碧	开	张
十三	19	癸未	二黑	收	井	18	癸丑	二黑	满	柳	18	癸未	五黄	危	张	16	壬子	四绿	闭	翼
十四	20	甲申	一白	开	鬼	19	甲寅	一白	平	星	19	甲申	四绿	成	翼	17	癸丑	五黄	建	轸
十五	21	乙酉	九紫	闭	柳	20	乙卯	九紫	定	张	20	乙酉	三碧	收	轸	18	甲寅	六白	除	角
十六	22	丙戌	八白	建	星	21	丙辰	八白	执	翼	21	丙戌	二黑	开	角	19	乙卯	七赤	满	亢
十七	23	丁亥	一白	除	张	22	丁巳	七赤	破	轸	22	丁亥	六白	闭	亢	20	丙辰	八白	平	氐
十八	24	戊子	九紫	满	翼	23	戊午	六白	危	角	23	戊子	七赤	建	氐	21	丁巳	九紫	定	房
十九	25	己丑	八白	平	轸	24	己未	五黄	成	亢	24	己丑	八白	除	房	22	戊午	一白	执	心
二十	26	庚寅	七赤	定	角	25	庚申	四绿	收	氐	25	庚寅	九紫	满	心	23	己未	二黑	破	尾
廿一	27	辛卯	六白	执	亢	26	辛酉	三碧	开	房	26	辛卯	一白	平	尾	24	庚申	三碧	危	箕
廿二	28	壬辰	五黄	破	氐	27	壬戌	二黑	闭	心	27	壬辰	二黑	定	箕	25	辛酉	四绿	成	斗
廿三	29	癸巳	四绿	危	房	28	癸亥	一白	建	尾	28	癸巳	三碧	执	斗	26	壬戌	五黄	收	牛
廿四	30	甲午	三碧	成	心	29	甲子	六白	除	箕	29	甲午	四绿	破	牛	27	癸亥	六白	开	女
廿五	31	乙未	二黑	收	尾	30	乙丑	五黄	满	斗	30	乙未	五黄	危	女	28	甲子	一白	闭	虚
廿六	11月	丙申	一白	开	箕	12月	丙寅	四绿	平	牛	31	丙申	六白	成	虚	29	乙丑	二黑	建	危
廿七	2	丁酉	九紫	闭	斗	2	丁卯	三碧	定	女	1月	丁酉	七赤	收	危	30	丙寅	三碧	除	室
廿八	3	戊戌	八白	建	牛	3	戊辰	二黑	执	虚	2	戊戌	八白	开	室	31	丁卯	四绿	满	壁
廿九	4	己亥	七赤	除	女	4	己巳	一白	破	危	3	己亥	九紫	闭	壁	2月	戊辰	五黄	平	奎
三十	5	庚子	六白	满	虚	5	庚午	九紫	危	室						2	己巳	六白	定	娄

公元1973年 癸丑牛年 太岁林溥 九星九紫

月份	正月大 甲寅 五黄 震卦 参宿	二月小 乙卯 四绿 巽卦 井宿	三月大 丙辰 三碧 坎卦 鬼宿	四月小 丁巳 二黑 艮卦 柳宿
节气	立春 2月4日 初二辛未 辰时 7时04分 ／ 雨水 2月19日 十七丙戌 寅时 3时01分	惊蛰 3月6日 初二辛丑 丑时 1时13分 ／ 春分 3月21日 十七丙辰 丑时 2时13分	清明 4月5日 初三辛未 卯时 6时14分 ／ 谷雨 4月20日 十八丙戌 未时 13时30分	立夏 5月5日 初三辛未 夜子时 23时46分 ／ 小满 5月21日 十九丁巳 午时 12时54分

农历	公历	干支	九星	日建	星宿	公历	干支	九星	日建	星宿	公历	干支	九星	日建	星宿	公历	干支	九星	日建	星宿
初一	3	庚午	七赤	执	胃	5	庚子	七赤	开	毕	3	己巳	三碧	满	觜	3	己亥	三碧	危	井
初二	4	辛未	八白	执	昴	6	辛丑	八白	开	觜	4	庚午	四绿	平	参	4	庚子	四绿	成	鬼
初三	5	壬申	九紫	破	毕	7	壬寅	九紫	闭	参	5	辛未	五黄	平	井	5	辛丑	五黄	成	柳
初四	6	癸酉	一白	危	觜	8	癸卯	一白	建	井	6	壬申	六白	定	鬼	6	壬寅	六白	收	星
初五	7	甲戌	二黑	成	参	9	甲辰	二黑	除	鬼	7	癸酉	七赤	执	柳	7	癸卯	七赤	开	张
初六	8	乙亥	三碧	收	井	10	乙巳	三碧	满	柳	8	甲戌	八白	破	星	8	甲辰	八白	闭	翼
初七	9	丙子	四绿	开	鬼	11	丙午	四绿	平	星	9	乙亥	九紫	危	张	9	乙巳	九紫	建	轸
初八	10	丁丑	五黄	闭	柳	12	丁未	五黄	定	张	10	丙子	一白	成	翼	10	丙午	一白	除	角
初九	11	戊寅	六白	建	星	13	戊申	六白	执	翼	11	丁丑	二黑	收	轸	11	丁未	二黑	满	亢
初十	12	己卯	七赤	除	张	14	己酉	七赤	破	轸	12	戊寅	三碧	开	角	12	戊申	三碧	平	氐
十一	13	庚辰	八白	满	翼	15	庚戌	八白	危	角	13	己卯	四绿	闭	亢	13	己酉	四绿	定	房
十二	14	辛巳	九紫	平	轸	16	辛亥	九紫	成	亢	14	庚辰	五黄	建	氐	14	庚戌	五黄	执	心
十三	15	壬午	一白	定	角	17	壬子	一白	收	氐	15	辛巳	六白	除	房	15	辛亥	六白	破	尾
十四	16	癸未	二黑	执	亢	18	癸丑	二黑	开	房	16	壬午	七赤	满	心	16	壬子	七赤	危	箕
十五	17	甲申	三碧	破	氐	19	甲寅	三碧	闭	心	17	癸未	八白	平	尾	17	癸丑	八白	成	斗
十六	18	乙酉	四绿	危	房	20	乙卯	四绿	建	尾	18	甲申	九紫	定	箕	18	甲寅	九紫	收	牛
十七	19	丙戌	二黑	成	心	21	丙辰	五黄	除	箕	19	乙酉	一白	执	斗	19	乙卯	一白	开	女
十八	20	丁亥	三碧	收	尾	22	丁巳	六白	满	斗	20	丙戌	八白	破	牛	20	丙辰	二黑	闭	虚
十九	21	戊子	四绿	开	箕	23	戊午	七赤	平	牛	21	丁亥	九紫	危	女	21	丁巳	三碧	建	危
二十	22	己丑	五黄	闭	斗	24	己未	八白	定	女	22	戊子	一白	成	虚	22	戊午	四绿	除	室
廿一	23	庚寅	六白	建	牛	25	庚申	九紫	执	虚	23	己丑	二黑	收	危	23	己未	五黄	满	壁
廿二	24	辛卯	七赤	除	女	26	辛酉	一白	破	危	24	庚寅	三碧	开	室	24	庚申	六白	平	奎
廿三	25	壬辰	八白	满	虚	27	壬戌	二黑	危	室	25	辛卯	四绿	闭	壁	25	辛酉	七赤	定	娄
廿四	26	癸巳	九紫	平	危	28	癸亥	三碧	成	壁	26	壬辰	五黄	建	奎	26	壬戌	八白	执	胃
廿五	27	甲午	一白	定	室	29	甲子	七赤	收	奎	27	癸巳	六白	除	娄	27	癸亥	九紫	破	昴
廿六	28	乙未	二黑	执	壁	30	乙丑	八白	开	娄	28	甲午	七赤	满	胃	28	甲子	四绿	危	毕
廿七	3月	丙申	三碧	破	奎	31	丙寅	九紫	闭	胃	29	乙未	八白	平	昴	29	乙丑	五黄	成	觜
廿八	2	丁酉	四绿	危	娄	4月	丁卯	一白	建	昴	30	丙申	九紫	定	毕	30	丙寅	六白	收	参
廿九	3	戊戌	五黄	成	胃	2	戊辰	二黑	除	毕	5月	丁酉	一白	执	觜	31	丁卯	七赤	开	井
三十	4	己亥	六白	收	昴						2	戊戌	二黑	破	参					

公元1973年　癸丑牛年　太岁林溥　九星九紫

月份	五月小 戊午 一白 坤卦 星宿		六月大 己未 九紫 乾卦 张宿		七月小 庚申 八白 兑卦 翼宿		八月小 辛酉 七赤 离卦 轸宿	
节气	芒种 6月6日 初六癸酉 寅时 4时07分	夏至 6月21日 廿一戊子 亥时 21时01分	小暑 7月7日 初八甲辰 未时 14时27分	大暑 7月23日 廿四庚申 辰时 7时56分	立秋 8月8日 初十丙子 早子时 0时13分	处暑 8月23日 廿五辛卯 未时 14时54分	白露 9月8日 十二丁未 寅时 3时00分	秋分 9月23日 廿七壬戌 午时 12时21分
农历	公历 干支 九星 日建 星宿		公历 干支 九星 日建 星宿		公历 干支 九星 日建 星宿		公历 干支 九星 日建 星宿	
初一	6月 戊辰 八白 闭 鬼		30 丁酉 三碧 平 柳		30 丁卯 六白 成 张		28 丙申 七赤 建 翼	
初二	2 己巳 九紫 建 柳		7月 戊戌 二黑 定 星		31 戊辰 五黄 收 翼		29 丁酉 六白 除 轸	
初三	3 庚午 一白 除 星		2 己亥 一白 执 张		8月 己巳 四绿 开 轸		30 戊戌 五黄 满 角	
初四	4 辛未 二黑 满 张		3 庚子 九紫 破 翼		2 庚午 三碧 闭 角		31 己亥 四绿 平 亢	
初五	5 壬申 三碧 平 翼		4 辛丑 八白 危 轸		3 辛未 二黑 建 亢		9月 庚子 三碧 定 氐	
初六	6 癸酉 四绿 平 轸		5 壬寅 七赤 成 角		4 壬申 一白 除 氐		2 辛丑 二黑 执 房	
初七	7 甲戌 五黄 定 角		6 癸卯 六白 收 亢		5 癸酉 九紫 满 房		3 壬寅 一白 破 心	
初八	8 乙亥 六白 执 亢		7 甲辰 五黄 收 氐		6 甲戌 八白 平 心		4 癸卯 九紫 危 尾	
初九	9 丙子 七赤 破 氐		8 乙巳 四绿 开 房		7 乙亥 七赤 定 尾		5 甲辰 八白 成 箕	
初十	10 丁丑 八白 危 房		9 丙午 三碧 闭 心		8 丙子 六白 定 箕		6 乙巳 七赤 收 斗	
十一	11 戊寅 九紫 成 心		10 丁未 二黑 建 尾		9 丁丑 五黄 执 斗		7 丙午 六白 开 牛	
十二	12 己卯 一白 收 尾		11 戊申 一白 除 箕		10 戊寅 四绿 破 牛		8 丁未 五黄 开 女	
十三	13 庚辰 二黑 开 箕		12 己酉 九紫 满 斗		11 己卯 三碧 危 女		9 戊申 四绿 闭 虚	
十四	14 辛巳 三碧 闭 斗		13 庚戌 八白 平 牛		12 庚辰 二黑 成 虚		10 己酉 三碧 建 危	
十五	15 壬午 四绿 建 牛		14 辛亥 七赤 定 女		13 辛巳 一白 收 危		11 庚戌 二黑 除 室	
十六	16 癸未 五黄 除 女		15 壬子 六白 执 虚		14 壬午 九紫 开 室		12 辛亥 一白 满 壁	
十七	17 甲申 六白 满 虚		16 癸丑 五黄 破 危		15 癸未 八白 闭 壁		13 壬子 九紫 平 奎	
十八	18 乙酉 七赤 平 危		17 甲寅 四绿 危 室		16 甲申 七赤 建 奎		14 癸丑 八白 定 娄	
十九	19 丙戌 八白 定 室		18 乙卯 三碧 成 壁		17 乙酉 六白 除 娄		15 甲寅 七赤 执 胃	
二十	20 丁亥 九紫 执 壁		19 丙辰 二黑 收 奎		18 丙戌 五黄 满 胃		16 乙卯 六白 破 昴	
廿一	21 戊子 三碧 破 奎		20 丁巳 一白 开 娄		19 丁亥 四绿 平 昴		17 丙辰 五黄 危 毕	
廿二	22 己丑 二黑 危 娄		21 戊午 九紫 闭 胃		20 戊子 三碧 定 毕		18 丁巳 四绿 成 觜	
廿三	23 庚寅 一白 成 胃		22 己未 八白 建 昴		21 己丑 二黑 执 觜		19 戊午 三碧 收 参	
廿四	24 辛卯 九紫 收 昴		23 庚申 七赤 除 毕		22 庚寅 一白 破 参		20 己未 二黑 开 井	
廿五	25 壬辰 八白 开 毕		24 辛酉 六白 满 觜		23 辛卯 三碧 危 井		21 庚申 一白 闭 鬼	
廿六	26 癸巳 七赤 闭 觜		25 壬戌 五黄 平 参		24 壬辰 二黑 成 鬼		22 辛酉 九紫 建 柳	
廿七	27 甲午 六白 建 参		26 癸亥 四绿 定 井		25 癸巳 一白 收 柳		23 壬戌 八白 除 星	
廿八	28 乙未 五黄 除 井		27 甲子 九紫 执 鬼		26 甲午 九紫 开 星		24 癸亥 七赤 满 张	
廿九	29 丙申 四绿 满 鬼		28 乙丑 八白 破 柳		27 乙未 八白 闭 张		25 甲子 三碧 平 翼	
三十			29 丙寅 七赤 危 星					

公元1973年　癸丑　　太岁林溥　九星九紫

月份	九月大 壬戌 六白 震卦 角宿				十月大 癸亥 五黄 巽卦 亢宿				十一月小 甲子 四绿 坎卦 氐宿				十二月大 乙丑 三碧 艮卦 房宿			
节气	寒露 10月8日 十三丁丑 酉时 18时28分		霜降 10月23日 廿八壬辰 亥时 21时31分		立冬 11月7日 十三丁未 亥时 21时28分		小雪 11月22日 廿八壬戌 酉时 18时54分		大雪 12月7日 十三丁丑 未时 14时11分		冬至 12月22日 廿八壬辰 辰时 8时08分		小寒 1月6日 十四丁未 丑时 1时20分		大寒 1月20日 廿八辛酉 酉时 18时46分	
农历	公历	干支	九星	日建 星宿	公历	干支	九星	日建 星宿	公历	干支	九星	日建 星宿	公历	干支	九星	日建 星宿
初一	26	乙丑	二黑	定 轸	26	乙未	二黑	收 亢	25	乙丑	五黄	满 房	24	甲午	四绿	破 心
初二	27	丙寅	一白	执 角	27	丙申	一白	开 氐	26	丙寅	四绿	平 心	25	乙未	五黄	危 尾
初三	28	丁卯	九紫	破 亢	28	丁酉	九紫	闭 房	27	丁卯	三碧	定 尾	26	丙申	六白	成 箕
初四	29	戊辰	八白	危 氐	29	戊戌	八白	建 心	28	戊辰	二黑	执 箕	27	丁酉	七赤	收 斗
初五	30	己巳	七赤	成 房	30	己亥	七赤	除 尾	29	己巳	一白	破 斗	28	戊戌	八白	开 牛
初六	10月	庚午	六白	收 心	31	庚子	六白	满 箕	30	庚午	九紫	危 牛	29	己亥	九紫	闭 女
初七	2	辛未	五黄	开 尾	11月	辛丑	五黄	平 斗	12月	辛未	八白	成 女	30	庚子	一白	建 虚
初八	3	壬申	四绿	闭 箕	2	壬寅	四绿	定 牛	2	壬申	七赤	收 虚	31	辛丑	二黑	除 危
初九	4	癸酉	三碧	建 斗	3	癸卯	三碧	执 女	3	癸酉	六白	开 危	1月	壬寅	三碧	满 室
初十	5	甲戌	二黑	除 牛	4	甲辰	二黑	破 虚	4	甲戌	五黄	闭 室	2	癸卯	四绿	平 壁
十一	6	乙亥	一白	满 女	5	乙巳	一白	危 危	5	乙亥	四绿	建 壁	3	甲辰	五黄	定 奎
十二	7	丙子	九紫	平 虚	6	丙午	九紫	成 室	6	丙子	三碧	除 奎	4	乙巳	六白	执 娄
十三	8	丁丑	八白	平 危	7	丁未	八白	成 壁	7	丁丑	二黑	除 娄	5	丙午	七赤	破 胃
十四	9	戊寅	七赤	定 室	8	戊申	七赤	收 奎	8	戊寅	一白	满 胃	6	丁未	八白	破 昴
十五	10	己卯	六白	执 壁	9	己酉	六白	开 娄	9	己卯	九紫	平 昴	7	戊申	九紫	危 毕
十六	11	庚辰	五黄	破 奎	10	庚戌	五黄	闭 胃	10	庚辰	八白	定 毕	8	己酉	一白	成 觜
十七	12	辛巳	四绿	危 娄	11	辛亥	四绿	建 昴	11	辛巳	七赤	执 觜	9	庚戌	二黑	收 参
十八	13	壬午	三碧	成 胃	12	壬子	三碧	除 毕	12	壬午	六白	破 参	10	辛亥	三碧	开 井
十九	14	癸未	二黑	收 昴	13	癸丑	二黑	满 觜	13	癸未	五黄	危 井	11	壬子	四绿	闭 鬼
二十	15	甲申	一白	开 毕	14	甲寅	一白	平 参	14	甲申	四绿	成 鬼	12	癸丑	五黄	建 柳
廿一	16	乙酉	九紫	闭 觜	15	乙卯	九紫	定 井	15	乙酉	三碧	收 柳	13	甲寅	六白	除 星
廿二	17	丙戌	八白	建 参	16	丙辰	八白	执 鬼	16	丙戌	二黑	开 星	14	乙卯	七赤	满 张
廿三	18	丁亥	七赤	除 井	17	丁巳	七赤	破 柳	17	丁亥	一白	闭 张	15	丙辰	八白	平 翼
廿四	19	戊子	六白	满 鬼	18	戊午	六白	危 星	18	戊子	九紫	建 翼	16	丁巳	九紫	定 轸
廿五	20	己丑	五黄	平 柳	19	己未	五黄	成 张	19	己丑	八白	除 轸	17	戊午	一白	执 角
廿六	21	庚寅	四绿	定 星	20	庚申	四绿	收 翼	20	庚寅	七赤	满 角	18	己未	二黑	破 亢
廿七	22	辛卯	三碧	执 张	21	辛酉	三碧	开 轸	21	辛卯	六白	平 亢	19	庚申	三碧	危 氐
廿八	23	壬辰	五黄	破 翼	22	壬戌	二黑	闭 角	22	壬辰	二黑	定 氐	20	辛酉	四绿	成 房
廿九	24	癸巳	四绿	危 轸	23	癸亥	一白	建 亢	23	癸巳	三碧	执 房	21	壬戌	五黄	收 心
三十	25	甲午	三碧	成 角	24	甲子	六白	除 氐					22	癸亥	六白	开 尾

公元1974年　甲寅虎年（闰四月）　太岁张朝　九星八白

月份	正月大 丙寅 二黑 巽卦 心宿					二月大 丁卯 一白 坎卦 尾宿					三月小 戊辰 九紫 艮卦 箕宿					四月大 己巳 八白 坤卦 斗宿				
节气	立春 2月4日 十三丙子 未时 13时00分		雨水 2月19日 廿八辛卯 辰时 8时59分			惊蛰 3月6日 十三丙午 辰时 7时07分		春分 3月21日 廿八辛酉 辰时 8时07分			清明 4月5日 十三丙子 午时 12时05分		谷雨 4月20日 廿八辛卯 戌时 19时19分			立夏 5月6日 十五丁未 卯时 5时34分		小满 5月21日 三十壬戌 酉时 18时36分		
农历	公历	干支	九星	日建	星宿	公历	干支	九星	日建	星宿	公历	干支	九星	日建	星宿	公历	干支	九星	日建	星宿
初一	23	甲子	一白	闭	箕	22	甲午	一白	定	牛	24	甲子	七赤	收	虚	22	癸巳	六白	除	危
初二	24	乙丑	二黑	建	斗	23	乙未	二黑	执	女	25	乙丑	八白	开	危	23	甲午	七赤	满	室
初三	25	丙寅	三碧	除	牛	24	丙申	三碧	破	虚	26	丙寅	九紫	闭	室	24	乙未	八白	平	壁
初四	26	丁卯	四绿	满	女	25	丁酉	四绿	危	危	27	丁卯	一白	建	壁	25	丙申	九紫	定	奎
初五	27	戊辰	五黄	平	虚	26	戊戌	五黄	成	室	28	戊辰	二黑	除	奎	26	丁酉	一白	执	娄
初六	28	己巳	六白	定	危	27	己亥	六白	收	壁	29	己巳	三碧	满	娄	27	戊戌	二黑	破	胃
初七	29	庚午	七赤	执	室	28	庚子	七赤	开	奎	30	庚午	四绿	平	胃	28	己亥	三碧	危	昴
初八	30	辛未	八白	破	壁	3月	辛丑	八白	闭	娄	31	辛未	五黄	定	昴	29	庚子	四绿	成	毕
初九	31	壬申	九紫	危	奎	2	壬寅	九紫	建	胃	4月	壬申	六白	执	毕	30	辛丑	五黄	收	觜
初十	2月	癸酉	一白	成	娄	3	癸卯	一白	除	昴	2	癸酉	七赤	破	觜	5月	壬寅	六白	开	参
十一	2	甲戌	二黑	收	胃	4	甲辰	二黑	满	毕	3	甲戌	八白	危	参	2	癸卯	七赤	闭	井
十二	3	乙亥	三碧	开	昴	5	乙巳	三碧	平	觜	4	乙亥	九紫	成	井	3	甲辰	八白	建	鬼
十三	4	丙子	四绿	开	毕	6	丙午	四绿	平	参	5	丙子	一白	成	鬼	4	乙巳	九紫	除	柳
十四	5	丁丑	五黄	闭	觜	7	丁未	五黄	定	井	6	丁丑	二黑	收	柳	5	丙午	一白	满	星
十五	6	戊寅	六白	建	参	8	戊申	六白	执	鬼	7	戊寅	三碧	开	星	6	丁未	二黑	满	张
十六	7	己卯	七赤	除	井	9	己酉	七赤	破	柳	8	己卯	四绿	闭	张	7	戊申	三碧	平	翼
十七	8	庚辰	八白	满	鬼	10	庚戌	八白	危	星	9	庚辰	五黄	建	翼	8	己酉	四绿	定	轸
十八	9	辛巳	九紫	平	柳	11	辛亥	九紫	成	张	10	辛巳	六白	除	轸	9	庚戌	五黄	执	角
十九	10	壬午	一白	定	星	12	壬子	一白	收	翼	11	壬午	七赤	满	角	10	辛亥	六白	破	亢
二十	11	癸未	二黑	执	张	13	癸丑	二黑	开	轸	12	癸未	八白	平	亢	11	壬子	七赤	危	氐
廿一	12	甲申	三碧	破	翼	14	甲寅	三碧	闭	角	13	甲申	九紫	定	氐	12	癸丑	八白	成	房
廿二	13	乙酉	四绿	危	轸	15	乙卯	四绿	建	亢	14	乙酉	一白	执	房	13	甲寅	九紫	收	心
廿三	14	丙戌	五黄	成	角	16	丙辰	五黄	除	氐	15	丙戌	二黑	破	心	14	乙卯	一白	开	尾
廿四	15	丁亥	六白	收	亢	17	丁巳	六白	满	房	16	丁亥	三碧	危	尾	15	丙辰	二黑	闭	箕
廿五	16	戊子	七赤	开	氐	18	戊午	七赤	平	心	17	戊子	四绿	成	箕	16	丁巳	三碧	建	斗
廿六	17	己丑	八白	闭	房	19	己未	八白	定	尾	18	己丑	五黄	收	斗	17	戊午	四绿	除	牛
廿七	18	庚寅	九紫	建	心	20	庚申	九紫	执	箕	19	庚寅	六白	开	牛	18	己未	五黄	满	女
廿八	19	辛卯	七赤	除	尾	21	辛酉	一白	破	斗	20	辛卯	四绿	闭	女	19	庚申	六白	平	虚
廿九	20	壬辰	八白	满	箕	22	壬戌	二黑	危	牛	21	壬辰	五黄	建	虚	20	辛酉	七赤	定	危
三十	21	癸巳	九紫	平	斗	23	癸亥	三碧	成	女						21	壬戌	八白	执	室

公元1974年　甲寅虎年（闰四月）　太岁张朝　九星八白

月份	闰四月小					五月小　庚午 七赤 乾卦 牛宿					六月大　辛未 六白 兑卦 女宿				
节气	芒种 6月6日 十六戊寅 巳时 9时52分					夏至 6月22日 初三甲午 丑时 2时38分	小暑 7月7日 十八己酉 戌时 20时11分				大暑 7月23日 初五乙丑 未时 13时30分	立秋 8月8日 廿一辛巳 卯时 5时57分			
农历	公历	干支	九星	日建	星宿	公历	干支	九星	日建	星宿	公历	干支	九星	日建	星宿
初一	22	癸亥	九紫	破	壁	20	壬辰	五黄	开	奎	19	辛酉	六白	满	娄
初二	23	甲子	四绿	危	奎	21	癸巳	六白	闭	娄	20	壬戌	五黄	平	胃
初三	24	乙丑	五黄	成	娄	22	甲午	六白	建	胃	21	癸亥	四绿	定	昴
初四	25	丙寅	六白	收	胃	23	乙未	五黄	除	昴	22	甲子	九紫	执	毕
初五	26	丁卯	七赤	开	昴	24	丙申	四绿	满	毕	23	乙丑	八白	破	觜
初六	27	戊辰	八白	闭	毕	25	丁酉	三碧	平	觜	24	丙寅	七赤	危	参
初七	28	己巳	九紫	建	觜	26	戊戌	二黑	定	参	25	丁卯	六白	成	井
初八	29	庚午	一白	除	参	27	己亥	一白	执	井	26	戊辰	五黄	收	鬼
初九	30	辛未	二黑	满	井	28	庚子	九紫	破	鬼	27	己巳	四绿	开	柳
初十	31	壬申	三碧	平	鬼	29	辛丑	八白	危	柳	28	庚午	三碧	闭	星
十一	6月	癸酉	四绿	定	柳	30	壬寅	七赤	成	星	29	辛未	二黑	建	张
十二	2	甲戌	五黄	执	星	7月	癸卯	六白	收	张	30	壬申	一白	除	翼
十三	3	乙亥	六白	破	张	2	甲辰	五黄	开	翼	31	癸酉	九紫	满	轸
十四	4	丙子	七赤	危	翼	3	乙巳	四绿	闭	轸	8月	甲戌	八白	平	角
十五	5	丁丑	八白	成	轸	4	丙午	三碧	建	角	2	乙亥	七赤	定	亢
十六	6	戊寅	九紫	成	角	5	丁未	二黑	除	亢	3	丙子	六白	执	氐
十七	7	己卯	一白	收	亢	6	戊申	一白	满	氐	4	丁丑	五黄	破	房
十八	8	庚辰	二黑	开	氐	7	己酉	九紫	满	房	5	戊寅	四绿	危	心
十九	9	辛巳	三碧	闭	房	8	庚戌	八白	平	心	6	己卯	三碧	成	尾
二十	10	壬午	四绿	建	心	9	辛亥	七赤	定	尾	7	庚辰	二黑	收	箕
廿一	11	癸未	五黄	除	尾	10	壬子	六白	执	箕	8	辛巳	一白	收	斗
廿二	12	甲申	六白	满	箕	11	癸丑	五黄	破	斗	9	壬午	九紫	开	牛
廿三	13	乙酉	七赤	平	斗	12	甲寅	四绿	危	牛	10	癸未	八白	闭	女
廿四	14	丙戌	八白	定	牛	13	乙卯	三碧	成	女	11	甲申	七赤	建	虚
廿五	15	丁亥	九紫	执	女	14	丙辰	二黑	收	虚	12	乙酉	六白	除	危
廿六	16	戊子	一白	破	虚	15	丁巳	一白	开	危	13	丙戌	五黄	满	室
廿七	17	己丑	二黑	危	危	16	戊午	九紫	闭	室	14	丁亥	四绿	平	壁
廿八	18	庚寅	三碧	成	室	17	己未	八白	建	壁	15	戊子	三碧	定	奎
廿九	19	辛卯	四绿	收	壁	18	庚申	七赤	除	奎	16	己丑	二黑	执	娄
三十											17	庚寅	一白	破	胃

国学经典文库　中华历书大全　·1900—2100年万年历法表·　图文珍藏版

公元1974年　甲寅虎年（闰四月）　太岁张朝　九星八白

月份	七月小　壬申 五黄 离卦 虚宿					八月小　癸酉 四绿 震卦 危宿					九月大　甲戌 三碧 巽卦 室宿				
节气	处暑 8月23日 初六丙申 戊时 20时29分		白露 9月8日 廿二壬子 辰时 8时45分			秋分 9月23日 初八丁卯 酉时 17时59分		寒露 10月9日 廿四癸未 早子时 0时15分			霜降 10月24日 初十戊戌 寅时 3时11分		立冬 11月8日 廿五癸丑 寅时 3时18分		
农历	公历	干支	九星	日建	星宿	公历	干支	九星	日建	星宿	公历	干支	九星	日建	星宿
初一	18	辛卯	九紫	危	昴	16	庚申	一白	闭	毕	15	己丑	五黄	平	觜
初二	19	壬辰	八白	成	毕	17	辛酉	九紫	建	觜	16	庚寅	四绿	定	参
初三	20	癸巳	七赤	收	觜	18	壬戌	八白	除	参	17	辛卯	三碧	执	井
初四	21	甲午	六白	开	参	19	癸亥	七赤	满	井	18	壬辰	二黑	破	鬼
初五	22	乙未	五黄	闭	井	20	甲子	三碧	平	鬼	19	癸巳	一白	危	柳
初六	23	丙申	七赤	建	鬼	21	乙丑	二黑	定	柳	20	甲午	九紫	成	星
初七	24	丁酉	六白	除	柳	22	丙寅	一白	执	星	21	乙未	八白	收	张
初八	25	戊戌	五黄	满	星	23	丁卯	九紫	破	张	22	丙申	七赤	开	翼
初九	26	己亥	四绿	平	张	24	戊辰	八白	危	翼	23	丁酉	六白	闭	轸
初十	27	庚子	三碧	定	翼	25	己巳	七赤	成	轸	24	戊戌	八白	建	角
十一	28	辛丑	二黑	执	轸	26	庚午	六白	收	角	25	己亥	七赤	除	亢
十二	29	壬寅	一白	破	角	27	辛未	五黄	开	亢	26	庚子	六白	满	氐
十三	30	癸卯	九紫	危	亢	28	壬申	四绿	闭	氐	27	辛丑	五黄	平	房
十四	31	甲辰	八白	成	氐	29	癸酉	三碧	建	房	28	壬寅	四绿	定	心尾
十五	9月	乙巳	七赤	收	房	30	甲戌	二黑	除	心	29	癸卯	三碧	执	尾
十六	2	丙午	六白	开	心	10月	乙亥	一白	满	尾	30	甲辰	二黑	破	箕
十七	3	丁未	五黄	闭	尾	2	丙子	九紫	平	箕	31	乙巳	一白	危	斗牛
十八	4	戊申	四绿	建	箕	3	丁丑	八白	定	斗牛	11月	丙午	九紫	成	牛
十九	5	己酉	三碧	除	斗牛	4	戊寅	七赤	执	牛	2	丁未	八白	收	女虚
二十	6	庚戌	二黑	满	牛	5	己卯	六白	破	女	3	戊申	七赤	开	虚
廿一	7	辛亥	一白	平	女	6	庚辰	五黄	危	虚	4	己酉	六白	闭	危室
廿二	8	壬子	九紫	平	虚	7	辛巳	四绿	成	危室	5	庚戌	五黄	建	室
廿三	9	癸丑	八白	定	危	8	壬午	三碧	收	室壁	6	辛亥	四绿	除	壁
廿四	10	甲寅	七赤	执	室	9	癸未	二黑	收	壁奎	7	壬子	三碧	满	奎娄
廿五	11	乙卯	六白	破	壁	10	甲申	一白	开	奎	8	癸丑	二黑	满	娄
廿六	12	丙辰	五黄	危	奎	11	乙酉	九紫	闭	娄	9	甲寅	一白	平	胃
廿七	13	丁巳	四绿	成	娄	12	丙戌	八白	建	胃	10	乙卯	九紫	定	昴
廿八	14	戊午	三碧	收	胃	13	丁亥	七赤	除	昴觜	11	丙辰	八白	执	毕觜
廿九	15	己未	二黑	开	昴	14	戊子	六白	满	毕	12	丁巳	七赤	破	觜参
三十											13	戊午	六白	危	

月份	十月大				乙亥 二黑 坎卦 壁宿	十一月小				丙子 一白 艮卦 奎宿	十二月大				丁丑 九紫 坤卦 娄宿
节气	小雪 11月23日 初十戊辰 早子时 0时39分		大雪 12月7日 廿四壬午 戌时 20时05分			冬至 12月22日 初九丁酉 未时 13时56分		小寒 1月6日 廿四壬子 辰时 7时18分			大寒 1月21日 初十丁卯 早子时 0时37分		立春 2月4日 廿四辛巳 酉时 18时59分		
农历	公历	干支	九星	日建	星宿	公历	干支	九星	日建	星宿	公历	干支	九星	日建	星宿
初一	14	己未	五黄	成	井	14	己丑	八白	除	柳	12	戊午	一白	执	星
初二	15	庚申	四绿	收	鬼	15	庚寅	七赤	满	星	13	己未	二黑	破	张
初三	16	辛酉	三碧	开	柳	16	辛卯	六白	平	张	14	庚申	三碧	危	翼
初四	17	壬戌	二黑	闭	星	17	壬辰	五黄	定	翼	15	辛酉	四绿	成	轸
初五	18	癸亥	一白	建	张	18	癸巳	四绿	执	轸	16	壬戌	五黄	收	角
初六	19	甲子	六白	除	翼	19	甲午	三碧	破	角	17	癸亥	六白	开	亢
初七	20	乙丑	五黄	满	轸	20	乙未	二黑	危	亢	18	甲子	一白	闭	氐
初八	21	丙寅	四绿	平	角	21	丙申	一白	成	氐	19	乙丑	二黑	建	房
初九	22	丁卯	三碧	定	亢	22	丁酉	七赤	收	房	20	丙寅	三碧	除	心
初十	23	戊辰	二黑	执	氐	23	戊戌	八白	开	心	21	丁卯	四绿	满	尾
十一	24	己巳	一白	破	房	24	己亥	九紫	闭	尾	22	戊辰	五黄	平	箕
十二	25	庚午	九紫	危	心	25	庚子	一白	建	箕	23	己巳	六白	定	斗
十三	26	辛未	八白	成	尾	26	辛丑	二黑	除	斗	24	庚午	七赤	执	牛
十四	27	壬申	七赤	收	箕	27	壬寅	三碧	满	牛	25	辛未	八白	破	女
十五	28	癸酉	六白	开	斗	28	癸卯	四绿	平	女	26	壬申	九紫	危	虚
十六	29	甲戌	五黄	闭	牛	29	甲辰	五黄	定	虚	27	癸酉	一白	成	危
十七	30	乙亥	四绿	建	女	30	乙巳	六白	执	危	28	甲戌	二黑	收	室
十八	12月 丙子		三碧	除	虚	31	丙午	七赤	破	室	29	乙亥	三碧	开	壁
十九	2	丁丑	二黑	满	危	1月 丁未		八白	危	壁	30	丙子	四绿	闭	奎
二十	3	戊寅	一白	平	室	2	戊申	九紫	成	奎	31	丁丑	五黄	建	娄
廿一	4	己卯	九紫	定	壁	3	己酉	一白	收	娄	2月 戊寅		六白	除	胃
廿二	5	庚辰	八白	执	奎	4	庚戌	二黑	开	胃	2	己卯	七赤	满	昴
廿三	6	辛巳	七赤	破	娄	5	辛亥	三碧	闭	昴	3	庚辰	八白	平	毕
廿四	7	壬午	六白	破	胃	6	壬子	四绿	闭	毕	4	辛巳	九紫	平	觜
廿五	8	癸未	五黄	危	昴	7	癸丑	五黄	建	觜	5	壬午	一白	定	参
廿六	9	甲申	四绿	成	毕	8	甲寅	六白	除	参	6	癸未	二黑	执	井
廿七	10	乙酉	三碧	收	觜	9	乙卯	七赤	满	井	7	甲申	三碧	破	鬼
廿八	11	丙戌	二黑	开	参	10	丙辰	八白	平	鬼	8	乙酉	四绿	危	柳
廿九	12	丁亥	一白	闭	井	11	丁巳	九紫	定	柳	9	丙戌	五黄	成	星
三十	13	戊子	九紫	建	鬼						10	丁亥	六白	收	张

国学经典文库

中华历书大全

·1900-2100年万年历法表·

图文珍藏版

403

公元1975年　乙卯兔年　太岁方清　九星七赤

月份	正月大 戊寅 八白 坎卦 胃宿					二月大 己卯 七赤 艮卦 昴宿					三月小 庚辰 六白 坤卦 毕宿					四月大 辛巳 五黄 乾卦 觜宿				
节气	雨水 2月19日 初九丙申 未时 14时50分		惊蛰 3月6日 廿四辛亥 未时 13时06分			春分 3月21日 初九丙寅 未时 13时57分		清明 4月5日 廿四辛巳 酉时 18时02分			谷雨 4月21日 初十丁酉 丑时 1时07分		立夏 5月6日 廿五壬子 午时 11时27分			小满 5月22日 十二戊辰 早子时 0时24分		芒种 6月6日 廿七癸未 申时 15时42分		
农历	公历	干支	九星	日建	星宿	公历	干支	九星	日建	星宿	公历	干支	九星	日建	星宿	公历	干支	九星	日建	星宿
初一	11	戊子	七赤	开	翼	13	戊午	七赤	平	角	12	戊子	四绿	成	氐	11	丁巳	三碧	建	房
初二	12	己丑	八白	闭	轸	14	己未	八白	定	亢	13	己丑	五黄	收	房	12	戊午	四绿	除	心
初三	13	庚寅	九紫	建	角	15	庚申	九紫	执	氐	14	庚寅	六白	开	心	13	己未	五黄	满	尾
初四	14	辛卯	一白	除	亢	16	辛酉	一白	破	房	15	辛卯	七赤	闭	尾	14	庚申	六白	平	箕
初五	15	壬辰	二黑	满	氐	17	壬戌	二黑	危	心	16	壬辰	八白	建	箕	15	辛酉	七赤	定	斗
初六	16	癸巳	三碧	平	房	18	癸亥	三碧	成	尾	17	癸巳	九紫	除	斗	16	壬戌	八白	执	牛
初七	17	甲午	四绿	定	心	19	甲子	七赤	收	箕	18	甲午	一白	满	牛	17	癸亥	九紫	破	女
初八	18	乙未	五黄	执	尾	20	乙丑	八白	开	斗	19	乙未	二黑	平	女	18	甲子	四绿	危	虚
初九	19	丙申	三碧	破	箕	21	丙寅	九紫	闭	牛	20	丙申	三碧	定	虚	19	乙丑	五黄	成	危
初十	20	丁酉	四绿	危	斗	22	丁卯	一白	建	女	21	丁酉	一白	执	危	20	丙寅	六白	收	室
十一	21	戊戌	五黄	成	牛	23	戊辰	二黑	除	虚	22	戊戌	二黑	破	室	21	丁卯	七赤	开	壁
十二	22	己亥	六白	收	女	24	己巳	三碧	满	危	23	己亥	三碧	危	壁	22	戊辰	八白	闭	奎
十三	23	庚子	七赤	开	虚	25	庚午	四绿	平	室	24	庚子	四绿	成	奎	23	己巳	九紫	建	娄
十四	24	辛丑	八白	闭	危	26	辛未	五黄	定	壁	25	辛丑	五黄	收	娄	24	庚午	一白	除	胃
十五	25	壬寅	九紫	建	室	27	壬申	六白	执	奎	26	壬寅	六白	开	胃	25	辛未	二黑	满	昴
十六	26	癸卯	一白	除	壁	28	癸酉	七赤	破	娄	27	癸卯	七赤	闭	昴	26	壬申	三碧	平	毕
十七	27	甲辰	二黑	满	奎	29	甲戌	八白	危	胃	28	甲辰	八白	建	毕	27	癸酉	四绿	定	觜
十八	28	乙巳	三碧	平	娄	30	乙亥	九紫	成	昴	29	乙巳	九紫	除	觜	28	甲戌	五黄	执	参
十九	3月	丙午	四绿	定	胃	31	丙子	一白	收	毕	30	丙午	一白	满	参	29	乙亥	六白	破	井
二十	2	丁未	五黄	执	昴	4月	丁丑	二黑	开	觜	5月	丁未	二黑	平	井	30	丙子	七赤	危	鬼
廿一	3	戊申	六白	破	毕	2	戊寅	三碧	闭	参	2	戊申	三碧	定	鬼	31	丁丑	八白	成	柳
廿二	4	己酉	七赤	危	觜	3	己卯	四绿	建	井	3	己酉	四绿	执	柳	6月	戊寅	九紫	收	星
廿三	5	庚戌	八白	成	参	4	庚辰	五黄	除	鬼	4	庚戌	五黄	破	星	2	己卯	一白	开	张
廿四	6	辛亥	九紫	收	井	5	辛巳	六白	除	柳	5	辛亥	六白	危	张	3	庚辰	二黑	闭	翼
廿五	7	壬子	一白	收	鬼	6	壬午	七赤	满	星	6	壬子	七赤	成	翼	4	辛巳	三碧	建	轸
廿六	8	癸丑	二黑	开	柳	7	癸未	八白	平	张	7	癸丑	八白	收	轸	5	壬午	四绿	除	角
廿七	9	甲寅	三碧	闭	星	8	甲申	九紫	定	翼	8	甲寅	九紫	收	角	6	癸未	五黄	除	亢
廿八	10	乙卯	四绿	建	张	9	乙酉	一白	执	轸	9	乙卯	一白	开	亢	7	甲申	六白	满	氐
廿九	11	丙辰	五黄	除	翼	10	丙戌	二黑	破	角	10	丙辰	二黑	闭	氐	8	乙酉	七赤	平	房
三十	12	丁巳	六白	满	轸	11	丁亥	三碧	危	亢						9	丙戌	八白	定	心

公元1975年　乙卯兔年　太岁方清　九星七赤

月份	五月小 壬午四绿 兑卦参宿					六月小 癸未三碧 离卦井宿					七月大 甲申二黑 震卦鬼宿					八月小 乙酉一白 巽卦柳宿				
节气	夏至 6月22日 十三己亥 辰时 8时26分			小暑 7月8日 廿九乙卯 丑时 1时59分		大暑 7月23日 十五庚午 戌时 19时22分					立秋 8月8日 初二丙戌 午时 11时45分			处暑 8月24日 十八壬寅 丑时 2时24分		白露 9月8日 初三丁巳 未时 14时34分			秋分 9月23日 十八壬申 夜子时 23时55分	
农历	公历	干支	九星	日建	星宿	公历	干支	九星	日建	星宿	公历	干支	九星	日建	星宿	公历	干支	九星	日建	星宿
初一	10	丁亥	九紫	执	尾	9	丙辰	二黑	收	箕	7	乙酉	六白	满	斗	6	乙卯	六白	危	女
初二	11	戊子	一白	破	箕	10	丁巳	一白	开	斗	8	丙戌	五黄	满	牛	7	丙辰	五黄	成	虚
初三	12	己丑	二黑	危	斗	11	戊午	九紫	闭	牛	9	丁亥	四绿	平	女	8	丁巳	四绿	成	危
初四	13	庚寅	三碧	成	牛	12	己未	八白	建	女	10	戊子	三碧	定	虚	9	戊午	三碧	收	室
初五	14	辛卯	四绿	收	女	13	庚申	七赤	除	虚	11	己丑	二黑	执	危	10	己未	二黑	开	壁
初六	15	壬辰	五黄	开	虚	14	辛酉	六白	满	危	12	庚寅	一白	破	室	11	庚申	一白	闭	奎
初七	16	癸巳	六白	闭	危	15	壬戌	五黄	平	室	13	辛卯	九紫	危	壁	12	辛酉	九紫	建	娄
初八	17	甲午	七赤	建	室	16	癸亥	四绿	定	壁	14	壬辰	八白	成	奎	13	壬戌	八白	除	胃
初九	18	乙未	八白	除	壁	17	甲子	九紫	执	奎	15	癸巳	七赤	收	娄	14	癸亥	七赤	满	昴
初十	19	丙申	九紫	满	奎	18	乙丑	八白	破	娄	16	甲午	六白	开	胃	15	甲子	三碧	平	毕
十一	20	丁酉	一白	平	娄	19	丙寅	七赤	危	胃	17	乙未	五黄	闭	昴	16	乙丑	二黑	定	觜
十二	21	戊戌	二黑	定	胃	20	丁卯	六白	成	昴	18	丙申	四绿	建	毕	17	丙寅	一白	执	参
十三	22	己亥	一白	执	昴	21	戊辰	五黄	收	毕	19	丁酉	三碧	除	觜	18	丁卯	九紫	破	井
十四	23	庚子	九紫	破	毕	22	己巳	四绿	开	觜	20	戊戌	二黑	满	参	19	戊辰	八白	危	鬼
十五	24	辛丑	八白	危	觜	23	庚午	三碧	闭	参	21	己亥	一白	平	井	20	己巳	七赤	成	柳
十六	25	壬寅	七赤	成	参	24	辛未	二黑	建	井	22	庚子	九紫	定	鬼	21	庚午	六白	收	星
十七	26	癸卯	六白	收	井	25	壬申	一白	除	鬼	23	辛丑	八白	执	柳	22	辛未	五黄	开	张
十八	27	甲辰	五黄	开	鬼	26	癸酉	九紫	满	柳	24	壬寅	一白	破	星	23	壬申	四绿	闭	翼
十九	28	乙巳	四绿	闭	柳	27	甲戌	八白	平	星	25	癸卯	九紫	危	张	24	癸酉	三碧	建	轸
二十	29	丙午	三碧	建	星	28	乙亥	七赤	定	张	26	甲辰	八白	成	翼	25	甲戌	二黑	除	角
廿一	30	丁未	二黑	除	张	29	丙子	六白	执	翼	27	乙巳	七赤	收	轸	26	乙亥	一白	满	亢
廿二	7月	戊申	一白	满	翼	30	丁丑	五黄	破	轸	28	丙午	六白	开	角	27	丙子	九紫	平	氐
廿三	2	己酉	九紫	平	轸	31	戊寅	四绿	危	角	29	丁未	五黄	闭	亢	28	丁丑	八白	定	房
廿四	3	庚戌	八白	定	角	8月	己卯	三碧	成	亢	30	戊申	四绿	建	氐	29	戊寅	七赤	执	心
廿五	4	辛亥	七赤	执	亢	2	庚辰	二黑	收	氐	31	己酉	三碧	除	房	30	己卯	六白	破	尾
廿六	5	壬子	六白	破	氐	3	辛巳	一白	开	房	9月	庚戌	二黑	满	心	10月	庚辰	五黄	危	箕
廿七	6	癸丑	五黄	危	房	4	壬午	九紫	闭	心	2	辛亥	一白	平	尾	2	辛巳	四绿	成	斗
廿八	7	甲寅	四绿	成	心	5	癸未	八白	建	尾	3	壬子	九紫	定	箕	3	壬午	三碧	收	牛
廿九	8	乙卯	三碧	收	尾	6	甲申	七赤	除	箕	4	癸丑	八白	执	斗	4	癸未	二黑	开	女
三十											5	甲寅	七赤	破	牛					

405

公元1975年　乙卯兔年　太岁方清　九星七赤

月份	九月小 丙戌 九紫 坎卦 星宿				十月大 丁亥 八白 艮卦 张宿				十一月小 戊子 七赤 坤卦 翼宿				十二月大 己丑 六白 乾卦 轸宿			
节气	寒露 10月9日 初五戊子 卯时 6时02分			霜降 10月24日 二十癸卯 巳时 9时06分	立冬 11月8日 初六戊午 巳时 9时03分			小雪 11月23日 廿一癸酉 卯时 6时31分	大雪 12月8日 初六戊子 丑时 1时47分			冬至 12月22日 二十壬寅 戌时 19时46分	小寒 1月6日 初六丁巳 午时 12时58分			大寒 1月21日 廿一壬申 卯时 6时25分
农历	公历	干支	九星	日建星宿	公历	干支	九星	日建星宿	公历	干支	九星	日建星宿	公历	干支	九星	日建星宿
初一	5	甲申	一白	闭 虚	3	癸丑	二黑	平 危	3	癸未	五黄	成 壁	1月	壬子	四绿	建 奎
初二	6	乙酉	九紫	建 危	4	甲寅	一白	定 室	4	甲申	四绿	收 奎	2	癸丑	五黄	除 娄
初三	7	丙戌	八白	除 室	5	乙卯	九紫	执 壁	5	乙酉	三碧	开 娄	3	甲寅	六白	满 胃
初四	8	丁亥	七赤	满 壁	6	丙辰	八白	破 奎	6	丙戌	二黑	闭 胃	4	乙卯	七赤	平 昴
初五	9	戊子	六白	满 奎	7	丁巳	七赤	危 娄	7	丁亥	一白	建 昴	5	丙辰	八白	定 毕
初六	10	己丑	五黄	平 娄	8	戊午	六白	危 胃	8	戊子	九紫	建 毕	6	丁巳	九紫	定 觜
初七	11	庚寅	四绿	定 胃	9	己未	五黄	成 昴	9	己丑	八白	除 觜	7	戊午	一白	执 参
初八	12	辛卯	三碧	执 昴	10	庚申	四绿	收 毕	10	庚寅	七赤	满 参	8	己未	二黑	破 井
初九	13	壬辰	二黑	破 毕	11	辛酉	三碧	开 觜	11	辛卯	六白	平 井	9	庚申	三碧	危 鬼
初十	14	癸巳	一白	危 觜	12	壬戌	二黑	闭 参	12	壬辰	五黄	定 鬼	10	辛酉	四绿	成 柳
十一	15	甲午	九紫	成 参	13	癸亥	一白	建 井	13	癸巳	四绿	执 柳	11	壬戌	五黄	收 星
十二	16	乙未	八白	收 井	14	甲子	六白	除 鬼	14	甲午	三碧	破 星	12	癸亥	六白	开 张
十三	17	丙申	七赤	开 鬼	15	乙丑	五黄	满 柳	15	乙未	二黑	危 张	13	甲子	一白	闭 翼
十四	18	丁酉	六白	闭 柳	16	丙寅	四绿	平 星	16	丙申	一白	成 翼	14	乙丑	二黑	建 轸
十五	19	戊戌	五黄	建 星	17	丁卯	三碧	定 张	17	丁酉	九紫	收 轸	15	丙寅	三碧	除 角
十六	20	己亥	四绿	除 张	18	戊辰	二黑	执 翼	18	戊戌	八白	开 角	16	丁卯	四绿	满 亢
十七	21	庚子	三碧	满 翼	19	己巳	一白	破 轸	19	己亥	七赤	闭 亢	17	戊辰	五黄	平 氐
十八	22	辛丑	二黑	平 轸	20	庚午	九紫	危 角	20	庚子	六白	建 氐	18	己巳	六白	定 房
十九	23	壬寅	一白	定 角	21	辛未	八白	成 亢	21	辛丑	五黄	除 房	19	庚午	七赤	执 心
二十	24	癸卯	三碧	执 亢	22	壬申	七赤	收 氐	22	壬寅	三碧	满 心	20	辛未	八白	破 尾
廿一	25	甲辰	二黑	破 氐	23	癸酉	六白	开 房	23	癸卯	四绿	平 尾	21	壬申	九紫	危 箕
廿二	26	乙巳	一白	危 房	24	甲戌	五黄	闭 心	24	甲辰	五黄	定 箕	22	癸酉	一白	成 斗
廿三	27	丙午	九紫	成 心	25	乙亥	四绿	建 尾	25	乙巳	六白	执 斗	23	甲戌	二黑	收 女
廿四	28	丁未	八白	收 尾	26	丙子	三碧	除 箕	26	丙午	七赤	破 牛	24	乙亥	三碧	开 虚
廿五	29	戊申	七赤	开 箕	27	丁丑	二黑	满 斗	27	丁未	八白	危 女	25	丙子	四绿	闭 虚
廿六	30	己酉	六白	闭 斗	28	戊寅	一白	平 牛	28	戊申	九紫	成 虚	26	丁丑	五黄	建 危
廿七	31	庚戌	五黄	建 牛	29	己卯	九紫	定 女	29	己酉	一白	收 危	27	戊寅	六白	除 室
廿八	11月	辛亥	四绿	除 女	30	庚辰	八白	执 虚	30	庚戌	二黑	开 室	28	己卯	七赤	满 壁
廿九	2	壬子	三碧	满 虚	12月	辛巳	七赤	破 危	31	辛亥	三碧	闭 壁	29	庚辰	八白	平 奎
三十					2	壬午	六白	危 室					30	辛巳	九紫	定 娄

月份	正月大 庚寅 五黄 艮卦 角宿					二月大 辛卯 四绿 坤卦 亢宿					三月小 壬辰 三碧 乾卦 氐宿					四月大 癸巳 二黑 兑卦 房宿				
节气	立春 2月5日 初六丁亥 早子时 0时40分			雨水 2月19日 二十辛丑 戌时 20时40分		惊蛰 3月5日 初五丙辰 酉时 18时48分			春分 3月20日 二十辛未 戌时 19时50分		清明 4月4日 初五丙戌 夜子时 23时47分			谷雨 4月20日 廿一壬寅 辰时 7时03分		立夏 5月5日 初七丁巳 酉时 17时14分			小满 5月21日 廿三癸酉 卯时 6时21分	
农历	公历	干支	九星	日建	星宿	公历	干支	九星	日建	星宿	公历	干支	九星	日建	星宿	公历	干支	九星	日建	星宿
初一	31	壬午	一白	执	胃	3月	壬子	一白	开	毕	31	壬午	七赤	平	参	29	辛亥	六白	危	井
初二	2月	癸未	二黑	破	昴	2	癸丑	二黑	闭	觜	4月	癸未	八白	定	井	30	壬子	七赤	成	鬼
初三	2	甲申	三碧	危	毕	3	甲寅	三碧	建	参	2	甲申	九紫	执	鬼	5月	癸丑	八白	收	柳
初四	3	乙酉	四绿	成	觜	4	乙卯	四绿	除	井	3	乙酉	一白	破	柳	2	甲寅	九紫	开	星
初五	4	丙戌	五黄	收	参	5	丙辰	五黄	除	鬼	4	丙戌	二黑	破	星	3	乙卯	一白	闭	张
初六	5	丁亥	六白	收	井	6	丁巳	六白	满	柳	5	丁亥	三碧	危	张	4	丙辰	二黑	建	翼
初七	6	戊子	七赤	开	鬼	7	戊午	七赤	平	星	6	戊子	四绿	成	翼	5	丁巳	三碧	建	轸
初八	7	己丑	八白	闭	柳	8	己未	八白	定	张	7	己丑	五黄	收	轸	6	戊午	四绿	除	角
初九	8	庚寅	九紫	建	星	9	庚申	九紫	执	翼	8	庚寅	六白	开	角	7	己未	五黄	满	亢
初十	9	辛卯	一白	除	张	10	辛酉	一白	破	轸	9	辛卯	七赤	闭	亢	8	庚申	六白	平	氐
十一	10	壬辰	二黑	满	翼	11	壬戌	二黑	危	角	10	壬辰	八白	建	氐	9	辛酉	七赤	定	房
十二	11	癸巳	三碧	平	轸	12	癸亥	三碧	成	亢	11	癸巳	九紫	除	房	10	壬戌	八白	执	心
十三	12	甲午	四绿	定	角	13	甲子	七赤	收	氐	12	甲午	一白	满	心	11	癸亥	九紫	破	尾
十四	13	乙未	五黄	执	亢	14	乙丑	八白	开	房	13	乙未	二黑	平	尾	12	甲子	四绿	危	箕
十五	14	丙申	六白	破	氐	15	丙寅	九紫	闭	心	14	丙申	三碧	定	箕	13	乙丑	五黄	成	斗
十六	15	丁酉	七赤	危	房	16	丁卯	一白	建	尾	15	丁酉	四绿	执	斗	14	丙寅	六白	收	牛
十七	16	戊戌	八白	成	心	17	戊辰	二黑	除	箕	16	戊戌	五黄	破	牛	15	丁卯	七赤	开	女
十八	17	己亥	九紫	收	尾	18	己巳	三碧	满	斗	17	己亥	六白	危	女	16	戊辰	八白	闭	虚
十九	18	庚子	一白	开	箕	19	庚午	四绿	平	牛	18	庚子	七赤	成	虚	17	己巳	九紫	建	危
二十	19	辛丑	八白	闭	斗	20	辛未	五黄	定	女	19	辛丑	八白	收	危	18	庚午	一白	除	室
廿一	20	壬寅	九紫	建	牛	21	壬申	六白	执	虚	20	壬寅	六白	开	室	19	辛未	二黑	满	壁
廿二	21	癸卯	一白	除	女	22	癸酉	七赤	破	危	21	癸卯	七赤	闭	壁	20	壬申	三碧	平	奎
廿三	22	甲辰	二黑	满	虚	23	甲戌	八白	危	室	22	甲辰	八白	建	奎	21	癸酉	四绿	定	娄
廿四	23	乙巳	三碧	平	危	24	乙亥	九紫	成	壁	23	乙巳	九紫	除	娄	22	甲戌	五黄	执	胃
廿五	24	丙午	四绿	定	室	25	丙子	一白	收	奎	24	丙午	一白	满	胃	23	乙亥	六白	破	昴
廿六	25	丁未	五黄	执	壁	26	丁丑	二黑	开	娄	25	丁未	二黑	平	昴	24	丙子	七赤	危	毕
廿七	26	戊申	六白	破	奎	27	戊寅	三碧	闭	胃	26	戊申	三碧	定	毕	25	丁丑	八白	成	觜
廿八	27	己酉	七赤	危	娄	28	己卯	四绿	建	昴	27	己酉	四绿	执	觜	26	戊寅	九紫	收	参
廿九	28	庚戌	八白	成	胃	29	庚辰	五黄	除	毕	28	庚戌	五黄	破	参	27	己卯	一白	开	井
三十	29	辛亥	九紫	收	昴	30	辛巳	六白	满	觜						28	庚辰	二黑	闭	鬼

国学经典文库

中华历书大全

·1900—2100年万年历法表·

图文珍藏版

407

公元1976年　丙辰龙年（闰八月）　　太岁辛亚 九星六白

月份	五月小 甲午 一白 离卦 心宿					六月大 乙未 九紫 震卦 尾宿					七月小 丙申 八白 巽卦 箕宿				
节气	芒种 6月5日 初八戊子 亥时 21时31分		夏至 6月21日 廿四甲辰 未时 14时24分			小暑 7月7日 十一庚申 辰时 7时51分		大暑 7月23日 廿七丙子 丑时 1时19分			立秋 8月7日 十二辛卯 酉时 17时39分		处暑 8月23日 廿八丁未 辰时 8时18分		
农历	公历	干支	九星	日建	星宿	公历	干支	九星	日建	星宿	公历	干支	九星	日建	星宿
初一	29	辛巳	三碧	建	柳	27	庚戌	八白	定	星	27	庚辰	二黑	收	翼
初二	30	壬午	四绿	除	星	28	辛亥	七赤	执	张	28	辛巳	一白	开	轸
初三	31	癸未	五黄	满	张	29	壬子	六白	破	翼	29	壬午	九紫	闭	角
初四	6月	甲申	六白	平	翼	30	癸丑	五黄	危	轸	30	癸未	八白	建	亢
初五	2	乙酉	七赤	定	轸	7月	甲寅	四绿	成	角	31	甲申	七赤	除	氐
初六	3	丙戌	八白	执	角	2	乙卯	三碧	收	亢	8月	乙酉	六白	满	房
初七	4	丁亥	九紫	破	亢	3	丙辰	二黑	开	氐	2	丙戌	五黄	平	心
初八	5	戊子	一白	破	氐	4	丁巳	一白	闭	房	3	丁亥	四绿	定	尾
初九	6	己丑	二黑	危	房	5	戊午	九紫	建	心	4	戊子	三碧	执	箕
初十	7	庚寅	三碧	成	心	6	己未	八白	除	尾	5	己丑	二黑	破	斗
十一	8	辛卯	四绿	收	尾	7	庚申	七赤	除	箕	6	庚寅	一白	危	牛
十二	9	壬辰	五黄	开	箕	8	辛酉	六白	满	斗	7	辛卯	九紫	危	女
十三	10	癸巳	六白	闭	斗	9	壬戌	五黄	平	牛	8	壬辰	八白	成	虚
十四	11	甲午	七赤	建	牛	10	癸亥	四绿	定	女	9	癸巳	七赤	收	危
十五	12	乙未	八白	除	女	11	甲子	九紫	执	虚	10	甲午	六白	开	室
十六	13	丙申	九紫	满	虚	12	乙丑	八白	破	危	11	乙未	五黄	闭	壁
十七	14	丁酉	一白	平	危	13	丙寅	七赤	危	室	12	丙申	四绿	建	奎
十八	15	戊戌	二黑	定	室	14	丁卯	六白	成	壁	13	丁酉	三碧	除	娄
十九	16	己亥	三碧	执	壁	15	戊辰	五黄	收	奎	14	戊戌	二黑	满	胃
二十	17	庚子	四绿	破	奎	16	己巳	四绿	开	娄	15	己亥	一白	平	昴
廿一	18	辛丑	五黄	危	娄	17	庚午	三碧	闭	胃	16	庚子	九紫	定	毕
廿二	19	壬寅	六白	成	胃	18	辛未	二黑	建	昴	17	辛丑	八白	执	觜
廿三	20	癸卯	七赤	收	昴	19	壬申	一白	除	毕	18	壬寅	七赤	破	参
廿四	21	甲辰	五黄	开	毕	20	癸酉	九紫	满	觜	19	癸卯	六白	危	井
廿五	22	乙巳	四绿	闭	觜	21	甲戌	八白	平	参	20	甲辰	五黄	成	鬼
廿六	23	丙午	三碧	建	参	22	乙亥	七赤	定	井	21	乙巳	四绿	收	柳
廿七	24	丁未	二黑	除	井	23	丙子	六白	执	鬼	22	丙午	三碧	开	星
廿八	25	戊申	一白	满	鬼	24	丁丑	五黄	破	柳	23	丁未	五黄	闭	张
廿九	26	己酉	九紫	平	柳	25	戊寅	四绿	危	星	24	戊申	四绿	建	翼
三十						26	己卯	三碧	成	张					

公元1976年　丙辰龙年（闰八月）　太岁辛亚 九星六白

月份	八月大 丁酉 七赤 坎卦 斗宿				闰八月小				九月小 戊戌 六白 艮卦 牛宿			
节气	白露 9月7日 十四壬戌 戌时 20时28分	秋分 9月23日 三十戊寅 卯时 5时48分			寒露 10月8日 十五癸巳 午时 11时58分				霜降 10月23日 初一戊申 未时 14时58分	立冬 11月7日 十六癸亥 未时 14时49分		
农历	公历	干支	九星	日建	星宿	公历	干支	九星	日建	星宿	公历	干支	九星	日建	星宿

农历	公历	干支	九星	日建	星宿	公历	干支	九星	日建	星宿	公历	干支	九星	日建	星宿
初一	25	己酉	三碧	除	轸	24	己卯	六白	破	亢	23	戊申	七赤	开	氐
初二	26	庚戌	二黑	满	角	25	庚辰	五黄	危	氐	24	己酉	六白	闭	房
初三	27	辛亥	一白	平	亢	26	辛巳	四绿	成	房	25	庚戌	五黄	建	心
初四	28	壬子	九紫	定	氐	27	壬午	三碧	收	心	26	辛亥	四绿	除	尾
初五	29	癸丑	八白	执	房	28	癸未	二黑	开	尾	27	壬子	三碧	满	箕
初六	30	甲寅	七赤	破	心	29	甲申	一白	闭	箕	28	癸丑	二黑	平	斗
初七	31	乙卯	六白	危	尾	30	乙酉	九紫	建	斗	29	甲寅	一白	定	牛
初八	9月	丙辰	五黄	成	箕	10月	丙戌	八白	除	牛	30	乙卯	九紫	执	女
初九	2	丁巳	四绿	收	斗	2	丁亥	七赤	满	女	31	丙辰	八白	破	虚
初十	3	戊午	三碧	开	牛	3	戊子	六白	平	虚	11月	丁巳	七赤	危	危
十一	4	己未	二黑	闭	女	4	己丑	五黄	定	危	2	戊午	六白	成	室
十二	5	庚申	一白	建	虚	5	庚寅	四绿	执	室	3	己未	五黄	收	壁
十三	6	辛酉	九紫	除	危	6	辛卯	三碧	破	壁	4	庚申	四绿	开	奎
十四	7	壬戌	八白	除	室	7	壬辰	二黑	危	奎	5	辛酉	三碧	闭	娄
十五	8	癸亥	七赤	满	壁	8	癸巳	一白	成	娄	6	壬戌	二黑	建	胃
十六	9	甲子	三碧	平	奎	9	甲午	九紫	成	胃	7	癸亥	一白	建	昴
十七	10	乙丑	二黑	定	娄	10	乙未	八白	收	昴	8	甲子	六白	除	毕
十八	11	丙寅	一白	执	胃	11	丙申	七赤	开	毕	9	乙丑	五黄	满	觜
十九	12	丁卯	九紫	破	昴	12	丁酉	六白	闭	觜	10	丙寅	四绿	平	参
二十	13	戊辰	八白	危	毕	13	戊戌	五黄	建	参	11	丁卯	三碧	定	井
廿一	14	己巳	七赤	成	觜	14	己亥	四绿	除	井	12	戊辰	二黑	执	鬼
廿二	15	庚午	六白	收	参	15	庚子	三碧	满	鬼	13	己巳	一白	破	柳
廿三	16	辛未	五黄	开	井	16	辛丑	二黑	平	柳	14	庚午	九紫	危	星
廿四	17	壬申	四绿	闭	鬼	17	壬寅	一白	定	星	15	辛未	八白	成	张
廿五	18	癸酉	三碧	建	柳	18	癸卯	九紫	执	张	16	壬申	七赤	收	翼
廿六	19	甲戌	二黑	除	星	19	甲辰	八白	破	翼	17	癸酉	六白	开	轸
廿七	20	乙亥	一白	满	张	20	乙巳	七赤	危	轸	18	甲戌	五黄	闭	角
廿八	21	丙子	九紫	平	翼	21	丙午	六白	成	角	19	乙亥	四绿	建	亢
廿九	22	丁丑	八白	定	轸	22	丁未	五黄	收	亢	20	丙子	三碧	除	氐
三十	23	戊寅	七赤	执	角										

国学经典文库　中华历书大全　·1900—2100年万年历法表·　图文珍藏版

月份	十月大				己亥 五黄 坤卦 女宿	十一月小				庚子 四绿 乾卦 虚宿	十二月大				辛丑 三碧 兑卦 危宿
节气	小雪 11月22日 初二戊寅 午时 12时22分		大雪 12月7日 十七癸巳 辰时 7时41分			冬至 12月22日 初二戊申 丑时 1时35分		小寒 1月5日 十六壬戌 酉时 18时51分			大寒 1月20日 初二丁丑 午时 12时15分		立春 2月4日 十七壬辰 卯时 6时34分		
农历	公历	干支	九星	日建	星宿	公历	干支	九星	日建	星宿	公历	干支	九星	日建	星宿
初一	21	丁丑	二黑	满	房	21	丁未	八白	危	尾	19	丙子	四绿	闭	箕
初二	22	戊寅	一白	平	心	22	戊申	九紫	成	箕	20	丁丑	五黄	建	斗
初三	23	己卯	九紫	定	尾	23	己酉	一白	收	斗	21	戊寅	六白	除	牛
初四	24	庚辰	八白	执	箕	24	庚戌	二黑	开	牛	22	己卯	七赤	满	女
初五	25	辛巳	七赤	破	斗	25	辛亥	三碧	闭	女	23	庚辰	八白	平	虚
初六	26	壬午	六白	危	牛	26	壬子	四绿	建	虚	24	辛巳	九紫	定	危
初七	27	癸未	五黄	成	女	27	癸丑	五黄	除	危	25	壬午	一白	执	室
初八	28	甲申	四绿	收	虚	28	甲寅	六白	满	室	26	癸未	二黑	破	壁
初九	29	乙酉	三碧	开	危	29	乙卯	七赤	平	壁	27	甲申	三碧	危	奎
初十	30	丙戌	二黑	闭	室	30	丙辰	八白	定	奎	28	乙酉	四绿	成	娄
十一	12月	丁亥	一白	建	壁	31	丁巳	九紫	执	娄	29	丙戌	五黄	收	胃
十二	2	戊子	九紫	除	奎	1月	戊午	一白	破	胃	30	丁亥	六白	开	昴
十三	3	己丑	八白	满	娄	2	己未	二黑	危	昴	31	戊子	七赤	闭	毕
十四	4	庚寅	七赤	平	胃	3	庚申	三碧	成	毕	2月	己丑	八白	建	觜
十五	5	辛卯	六白	定	昴	4	辛酉	四绿	收	觜	2	庚寅	九紫	除	参
十六	6	壬辰	五黄	执	毕	5	壬戌	五黄	收	参	3	辛卯	一白	满	井
十七	7	癸巳	四绿	执	觜	6	癸亥	六白	开	井	4	壬辰	二黑	满	鬼
十八	8	甲午	三碧	破	参	7	甲子	一白	闭	鬼	5	癸巳	三碧	平	柳
十九	9	乙未	二黑	危	井	8	乙丑	二黑	建	柳	6	甲午	四绿	定	星
二十	10	丙申	一白	成	鬼	9	丙寅	三碧	除	星	7	乙未	五黄	执	张
廿一	11	丁酉	九紫	收	柳	10	丁卯	四绿	满	张	8	丙申	六白	破	翼
廿二	12	戊戌	八白	开	星	11	戊辰	五黄	平	翼	9	丁酉	七赤	危	轸
廿三	13	己亥	七赤	闭	张	12	己巳	六白	定	轸	10	戊戌	八白	成	角
廿四	14	庚子	六白	建	翼	13	庚午	七赤	执	角	11	己亥	九紫	收	亢
廿五	15	辛丑	五黄	除	轸	14	辛未	八白	破	亢	12	庚子	一白	开	氐
廿六	16	壬寅	四绿	满	角	15	壬申	九紫	危	氐	13	辛丑	二黑	闭	房
廿七	17	癸卯	三碧	平	亢	16	癸酉	一白	成	房	14	壬寅	三碧	建	心
廿八	18	甲辰	二黑	定	氐	17	甲戌	二黑	收	心	15	癸卯	四绿	除	尾
廿九	19	乙巳	一白	执	房	18	乙亥	三碧	开	尾	16	甲辰	五黄	满	箕
三十	20	丙午	九紫	破	心						17	乙巳	六白	平	斗

国学经典文库

中华历书大全

·1900-2100年万年历法表·

图文珍藏版

月份	正月大 壬寅 二黑 坤卦 室宿					二月小 癸卯 一白 乾卦 壁宿					三月大 甲辰 九紫 兑卦 奎宿					四月大 乙巳 八白 离卦 娄宿				
节气	雨水 2月19日 初二丁未 丑时 2时31分			惊蛰 3月6日 十七壬戌 早子时 0时44分		春分 3月21日 初二丁丑 丑时 1时42分			清明 4月5日 十七壬辰 卯时 5时46分		谷雨 4月20日 初三丁未 午时 12时57分			立夏 5月5日 十八壬戌 夜子时 23时16分		小满 5月21日 初四戊寅 午时 12时14分			芒种 6月6日 二十甲午 寅时 3时32分	
农历	公历	干支	九星	日建	星宿	公历	干支	九星	日建	星宿	公历	干支	九星	日建	星宿	公历	干支	九星	日建	星宿
初一	18	丙午	七赤	定	牛	20	丙子	一白	收	虚	18	乙巳	三碧	除	危	18	乙亥	六白	破	壁
初二	19	丁未	五黄	执	女	21	丁丑	二黑	开	危	19	丙午	四绿	满	室	19	丙子	七赤	危	奎
初三	20	戊申	六白	破	虚	22	戊寅	三碧	闭	室	20	丁未	二黑	平	壁	20	丁丑	八白	成	娄
初四	21	己酉	七赤	危	危	23	己卯	四绿	建	壁	21	戊申	三碧	定	奎	21	戊寅	九紫	收	胃
初五	22	庚戌	八白	成	室	24	庚辰	五黄	除	奎	22	己酉	四绿	执	娄	22	己卯	一白	开	昴
初六	23	辛亥	九紫	收	壁	25	辛巳	六白	满	娄	23	庚戌	五黄	破	胃	23	庚辰	二黑	闭	毕
初七	24	壬子	一白	开	奎	26	壬午	七赤	平	胃	24	辛亥	六白	危	昴	24	辛巳	三碧	建	觜
初八	25	癸丑	二黑	闭	娄	27	癸未	八白	定	昴	25	壬子	七赤	成	毕	25	壬午	四绿	除	参
初九	26	甲寅	三碧	建	胃	28	甲申	九紫	执	毕	26	癸丑	八白	收	觜	26	癸未	五黄	满	井
初十	27	乙卯	四绿	除	昴	29	乙酉	一白	破	觜	27	甲寅	九紫	开	参	27	甲申	六白	平	鬼
十一	28	丙辰	五黄	满	毕	30	丙戌	二黑	危	参	28	乙卯	一白	闭	井	28	乙酉	七赤	定	柳
十二	3月	丁巳	六白	平	觜	31	丁亥	三碧	成	井	29	丙辰	二黑	建	鬼	29	丙戌	八白	执	星
十三	2	戊午	七赤	定	参	4月	戊子	四绿	收	鬼	30	丁巳	三碧	除	柳	30	丁亥	九紫	破	张
十四	3	己未	八白	执	井	2	己丑	五黄	开	柳	5月	戊午	四绿	满	星	31	戊子	一白	危	翼
十五	4	庚申	九紫	破	鬼	3	庚寅	六白	闭	星	2	己未	五黄	平	张	6月	己丑	二黑	成	轸
十六	5	辛酉	一白	危	柳	4	辛卯	七赤	建	张	3	庚申	六白	定	翼	2	庚寅	三碧	收	角
十七	6	壬戌	二黑	危	星	5	壬辰	八白	建	翼	4	辛酉	七赤	执	轸	3	辛卯	四绿	开	亢
十八	7	癸亥	三碧	成	张	6	癸巳	九紫	除	轸	5	壬戌	八白	破	角	4	壬辰	五黄	闭	氐
十九	8	甲子	七赤	收	翼	7	甲午	一白	满	角	6	癸亥	九紫	危	亢	5	癸巳	六白	建	房
二十	9	乙丑	八白	开	轸	8	乙未	二黑	平	亢	7	甲子	四绿	危	氐	6	甲午	七赤	除	心
廿一	10	丙寅	九紫	闭	角	9	丙申	三碧	定	氐	8	乙丑	五黄	成	房	7	乙未	八白	除	尾
廿二	11	丁卯	一白	建	亢	10	丁酉	四绿	执	房	9	丙寅	六白	收	心	8	丙申	九紫	满	箕
廿三	12	戊辰	二黑	除	氐	11	戊戌	五黄	破	心	10	丁卯	七赤	开	尾	9	丁酉	一白	平	斗
廿四	13	己巳	三碧	满	房	12	己亥	六白	危	尾	11	戊辰	八白	闭	箕	10	戊戌	二黑	定	牛
廿五	14	庚午	四绿	平	心	13	庚子	七赤	成	箕	12	己巳	九紫	建	斗	11	己亥	三碧	执	女
廿六	15	辛未	五黄	定	尾	14	辛丑	八白	收	斗	13	庚午	一白	除	牛	12	庚子	四绿	破	虚
廿七	16	壬申	六白	执	箕	15	壬寅	九紫	开	牛	14	辛未	二黑	满	女	13	辛丑	五黄	危	危
廿八	17	癸酉	七赤	破	斗	16	癸卯	一白	闭	女	15	壬申	三碧	平	虚	14	壬寅	六白	成	室
廿九	18	甲戌	八白	危	牛	17	甲辰	二黑	建	虚	16	癸酉	四绿	定	危	15	癸卯	七赤	收	壁
三十	19	乙亥	九紫	成	女						17	甲戌	五黄	执	室	16	甲辰	八白	开	奎

公元1977年　丁巳蛇年　太岁易彦　九星五黄

月份	五月小　丙午 七赤 震卦 胃宿					六月大　丁未 六白 巽卦 昴宿					七月小　戊申 五黄 坎卦 毕宿					八月大　己酉 四绿 艮卦 觜宿				
节气	夏至 6月21日 初五己酉 戌时 20时14分		小暑 7月7日 廿一乙丑 未时 13时48分			大暑 7月23日 初八辛巳 辰时 7时04分		立秋 8月7日 廿三丙申 夜子时 23时30分			处暑 8月23日 初九壬子 未时 14时00分		白露 9月8日 廿五戊辰 丑时 2时16分			秋分 9月23日 十一癸未 午时 11时30分		寒露 10月8日 廿六戊戌 酉时 17时44分		
农历	公历	干支	九星	日建	星宿	公历	干支	九星	日建	星宿	公历	干支	九星	日建	星宿	公历	干支	九星	日建	星宿
初一	17	乙巳	九紫	闭	娄	16	甲戌	八白	平	胃	15	甲辰	五黄	成	毕	13	癸酉	三碧	建	觜
初二	18	丙午	一白	建	胃	17	乙亥	七赤	定	昴	16	乙巳	四绿	收	觜	14	甲戌	二黑	除	参
初三	19	丁未	二黑	除	昴	18	丙子	六白	执	毕	17	丙午	三碧	开	参	15	乙亥	一白	满	井
初四	20	戊申	三碧	满	毕	19	丁丑	五黄	破	觜	18	丁未	二黑	闭	井	16	丙子	九紫	平	鬼
初五	21	己酉	九紫	平	觜	20	戊寅	四绿	危	参	19	戊申	一白	建	鬼	17	丁丑	八白	定	柳
初六	22	庚戌	八白	定	参	21	己卯	三碧	成	井		己酉	九紫	除	柳	18	戊寅	七赤	执	星
初七	23	辛亥	七赤	执	井	22	庚辰	二黑	收	鬼	21	庚戌	八白	满	星	19	己卯	六白	破	张
初八	24	壬子	六白	破	鬼	23	辛巳	一白	开	柳	22	辛亥	七赤	平	张	20	庚辰	五黄	危	翼
初九	25	癸丑	五黄	危	柳	24	壬午	九紫	闭	星	23	壬子	九紫	定	翼	21	辛巳	四绿	成	轸
初十	26	甲寅	四绿	成	星	25	癸未	八白	建	张	24	癸丑	八白	执	轸	22	壬午	三碧	收	角
十一	27	乙卯	三碧	收	张	26	甲申	七赤	除	翼	25	甲寅	七赤	破	角	23	癸未	二黑	开	亢
十二	28	丙辰	二黑	开	翼	27	乙酉	六白	满	轸	26	乙卯	六白	危	亢	24	甲申	一白	闭	氐
十三	29	丁巳	一白	闭	轸	28	丙戌	五黄	平	角	27	丙辰	五黄	成	氐	25	乙酉	九紫	建	房
十四	30	戊午	九紫	建	角	29	丁亥	四绿	定	亢	28	丁巳	四绿	收	房	26	丙戌	八白	除	心
十五	7月	己未	八白	除	亢	30	戊子	三碧	执	氐	29	戊午	三碧	开	心	27	丁亥	七赤	满	尾
十六	2	庚申	七赤	满	氐	31	己丑	二黑	破	房	30	己未	二黑	闭	尾	28	戊子	六白	平	箕
十七	3	辛酉	六白	平	房	8月	庚寅	一白	危	心	31	庚申	一白	建	箕	29	己丑	五黄	定	斗
十八	4	壬戌	五黄	定	心	2	辛卯	九紫	成	尾	9月	辛酉	九紫	除	斗	30	庚寅	四绿	执	牛
十九	5	癸亥	四绿	执	尾	3	壬辰	八白	收	箕	2	壬戌	八白	满	牛	10月	辛卯	三碧	破	女
二十	6	甲子	九紫	破	箕	4	癸巳	七赤	开	斗	3	癸亥	七赤	平	女	2	壬辰	二黑	危	虚
廿一	7	乙丑	八白	破	斗	5	甲午	六白	闭	牛	4	甲子	三碧	定	虚	3	癸巳	一白	成	危
廿二	8	丙寅	七赤	危	牛	6	乙未	五黄	建	女	5	乙丑	二黑	执	危	4	甲午	九紫	收	室
廿三	9	丁卯	六白	成	女	7	丙申	四绿	建	虚	6	丙寅	一白	破	室	5	乙未	八白	开	壁
廿四	10	戊辰	五黄	收	虚	8	丁酉	三碧	除	危	7	丁卯	九紫	危	壁	6	丙申	七赤	闭	奎
廿五	11	己巳	四绿	开	危	9	戊戌	二黑	满	室	8	戊辰	八白	成	奎	7	丁酉	六白	建	娄
廿六	12	庚午	三碧	闭	室	10	己亥	一白	平	壁	9	己巳	七赤	成	娄	8	戊戌	五黄	除	胃
廿七	13	辛未	二黑	建	壁	11	庚子	九紫	定	奎	10	庚午	六白	收	胃	9	己亥	四绿	除	昴
廿八	14	壬申	一白	除	奎	12	辛丑	八白	执	娄	11	辛未	五黄	开	昴	10	庚子	三碧	满	毕
廿九	15	癸酉	九紫	满	娄	13	壬寅	七赤	破	胃	12	壬申	四绿	闭	毕	11	辛丑	二黑	平	觜
三十						14	癸卯	六白	危	昴						12	壬寅	一白	定	参

公元1977年　丁巳蛇年　　太岁易彦　九星五黄

国学经典文库　中华历书大全　·1900-2100年万年历法表·　图文珍藏版

月份	九月小				十月大				十一月小				十二月小			
	庚戌 三碧 坤卦 参宿				辛亥 二黑 乾卦 井宿				壬子 一白 兑卦 鬼宿				癸丑 九紫 离卦 柳宿			
节气	霜降 10月23日 十一癸丑 戌时 20时41分		立冬 11月7日 廿六戊辰 戌时 20时46分		小雪 11月22日 十二癸未 酉时 18时07分		大雪 12月7日 廿七戊戌 未时 13时31分		冬至 12月22日 十二癸丑 辰时 7时23分		小寒 1月6日 廿七戊戌 早子时 0时44分		大寒 1月20日 十二壬午 酉时 18时04分		立春 2月4日 廿七丁酉 午时 12时27分	
农历	公历	干支	九星	日建 星宿	公历	干支	九星	日建 星宿	公历	干支	九星	日建 星宿	公历	干支	九星	日建 星宿
初一	13	癸卯	九紫	执 井	11	壬申	七赤	收 鬼	11	壬寅	四绿	满 星	9	辛未	八白	破 张
初二	14	甲辰	八白	破 鬼	12	癸酉	六白	开 柳	12	癸卯	三碧	平 张	10	壬申	九紫	危 翼
初三	15	乙巳	七赤	危 柳	13	甲戌	五黄	闭 星	13	甲辰	二黑	定 翼	11	癸酉	一白	成 轸
初四	16	丙午	六白	成 星	14	乙亥	四绿	建 张	14	乙巳	一白	执 轸	12	甲戌	二黑	收 角
初五	17	丁未	五黄	收 张	15	丙子	三碧	除 翼	15	丙午	九紫	破 角	13	乙亥	三碧	开 亢
初六	18	戊申	四绿	开 翼	16	丁丑	二黑	满 轸	16	丁未	八白	危 亢	14	丙子	四绿	闭 氐
初七	19	己酉	三碧	闭 轸	17	戊寅	一白	平 角	17	戊申	七赤	成 氐	15	丁丑	五黄	建 房
初八	20	庚戌	二黑	建 角	18	己卯	九紫	定 亢	18	己酉	六白	收 房	16	戊寅	六白	除 心
初九	21	辛亥	一白	除 亢	19	庚辰	八白	执 氐	19	庚戌	五黄	开 心	17	己卯	七赤	满 尾
初十	22	壬子	九紫	满 氐	20	辛巳	七赤	破 房	20	辛亥	四绿	闭 尾	18	庚辰	八白	平 箕
十一	23	癸丑	二黑	平 房	21	壬午	六白	危 心	21	壬子	三碧	建 箕	19	辛巳	九紫	定 斗
十二	24	甲寅	一白	定 心	22	癸未	五黄	成 尾	22	癸丑	五黄	除 斗	20	壬午	一白	执 牛
十三	25	乙卯	九紫	执 尾	23	甲申	四绿	收 箕	23	甲寅	六白	满 牛	21	癸未	二黑	破 女
十四	26	丙辰	八白	破 箕	24	乙酉	三碧	开 斗	24	乙卯	七赤	平 女	22	甲申	三碧	危 虚
十五	27	丁巳	七赤	危 斗	25	丙戌	二黑	闭 牛	25	丙辰	八白	定 虚	23	乙酉	四绿	成 危
十六	28	戊午	六白	成 牛	26	丁亥	一白	建 女	26	丁巳	九紫	执 危	24	丙戌	五黄	收 室
十七	29	己未	五黄	收 女	27	戊子	九紫	除 虚	27	戊午	一白	破 室	25	丁亥	六白	开 壁
十八	30	庚申	四绿	开 虚	28	己丑	八白	满 危	28	己未	二黑	危 壁	26	戊子	七赤	闭 奎
十九	31	辛酉	三碧	闭 危	29	庚寅	七赤	平 室	29	庚申	三碧	成 奎	27	己丑	八白	建 娄
二十	11月	壬戌	二黑	建 室	30	辛卯	六白	定 壁	30	辛酉	四绿	收 娄	28	庚寅	九紫	除 胃
廿一	2	癸亥	一白	除 壁	12月	壬辰	五黄	执 奎	31	壬戌	五黄	开 胃	29	辛卯	一白	满 昴
廿二	3	甲子	六白	满 奎	2	癸巳	四绿	破 娄	1月	癸亥	六白	闭 昴	30	壬辰	二黑	平 毕
廿三	4	乙丑	五黄	平 娄	3	甲午	三碧	危 胃	2	甲子	一白	建 毕	31	癸巳	三碧	定 觜
廿四	5	丙寅	四绿	定 胃	4	乙未	二黑	成 昴	3	乙丑	二黑	除 觜	2月	甲午	四绿	执 参
廿五	6	丁卯	三碧	执 昴	5	丙申	一白	收 毕	4	丙寅	三碧	满 参	2	乙未	五黄	破 井
廿六	7	戊辰	二黑	破 毕	6	丁酉	九紫	开 觜	5	丁卯	四绿	平 井	3	丙申	六白	危 鬼
廿七	8	己巳	一白	破 觜	7	戊戌	八白	开 参	6	戊辰	五黄	定 鬼	4	丁酉	七赤	成 柳
廿八	9	庚午	九紫	危 参	8	己亥	七赤	闭 井	7	己巳	六白	执 柳	5	戊戌	八白	收 星
廿九	10	辛未	八白	成 井	9	庚子	六白	建 鬼	8	庚午	七赤	执 星	6	己亥	九紫	收 张
三十					10	辛丑	五黄	除 柳								

413

公元1978年　戊午马年　太岁姚黎　九星四绿

月份	正月大 甲寅 八白 乾卦 星宿					二月小 乙卯 七赤 兑卦 张宿					三月大 丙辰 六白 离卦 翼宿					四月大 丁巳 五黄 震卦 轸宿				
节气	雨水 2月19日 十三壬子 辰时 8时21分			惊蛰 3月6日 廿八丁卯 卯时 6时38分		春分 3月21日 十三壬午 辰时 7时34分			清明 4月5日 廿八丁酉 午时 11时39分		谷雨 4月20日 十四壬子 酉时 18时50分			立夏 5月6日 三十戊辰 卯时 5时09分		小满 5月21日 十五癸未 酉时 18时08分				
农历	公历	干支	九星	日建	星宿	公历	干支	九星	日建	星宿	公历	干支	九星	日建	星宿	公历	干支	九星	日建	星宿
初一	7	庚子	一白	开	翼	9	庚午	四绿	平	角	7	己亥	六白	危	元	7	己巳	九紫	建	房
初二	8	辛丑	二黑	闭	轸	10	辛未	五黄	定	元	8	庚子	七赤	成	氐	8	庚午	一白	除	心
初三	9	壬寅	三碧	建	角	11	壬申	六白	执	氐	9	辛丑	八白	收	房	9	辛未	二黑	满	尾
初四	10	癸卯	四绿	除	元	12	癸酉	七赤	破	房	10	壬寅	九紫	开	心	10	壬申	三碧	平	箕
初五	11	甲辰	五黄	满	氐	13	甲戌	八白	危	心	11	癸卯	一白	闭	尾	11	癸酉	四绿	定	斗
初六	12	乙巳	六白	平	房	14	乙亥	九紫	成	尾	12	甲辰	二黑	建	箕	12	甲戌	五黄	执	牛
初七	13	丙午	七赤	定	心	15	丙子	一白	收	箕	13	乙巳	三碧	除	斗	13	乙亥	六白	破	女
初八	14	丁未	八白	执	尾	16	丁丑	二黑	开	斗	14	丙午	四绿	满	牛	14	丙子	七赤	危	虚
初九	15	戊申	九紫	破	箕	17	戊寅	三碧	闭	牛	15	丁未	五黄	平	女	15	丁丑	八白	成	危
初十	16	己酉	一白	危	斗	18	己卯	四绿	建	女	16	戊申	六白	定	虚	16	戊寅	九紫	收	室
十一	17	庚戌	二黑	成	牛	19	庚辰	五黄	除	虚	17	己酉	七赤	执	危	17	己卯	一白	开	壁
十二	18	辛亥	三碧	收	女	20	辛巳	六白	满	危	18	庚戌	八白	破	室	18	庚辰	二黑	闭	奎
十三	19	壬子	一白	开	虚	21	壬午	七赤	平	室	19	辛亥	九紫	危	壁	19	辛巳	三碧	建	娄
十四	20	癸丑	二黑	闭	危	22	癸未	八白	定	壁	20	壬子	七赤	成	奎	20	壬午	四绿	除	胃
十五	21	甲寅	三碧	建	室	23	甲申	九紫	执	奎	21	癸丑	八白	收	娄	21	癸未	五黄	满	昴
十六	22	乙卯	四绿	除	壁	24	乙酉	一白	破	娄	22	甲寅	九紫	开	胃	22	甲申	六白	平	毕
十七	23	丙辰	五黄	满	奎	25	丙戌	二黑	危	胃	23	乙卯	一白	闭	昴	23	乙酉	七赤	定	觜
十八	24	丁巳	六白	平	娄	26	丁亥	三碧	成	昴	24	丙辰	二黑	建	毕	24	丙戌	八白	执	参
十九	25	戊午	七赤	定	胃	27	戊子	四绿	收	毕	25	丁巳	三碧	除	觜	25	丁亥	九紫	破	井
二十	26	己未	八白	执	昴	28	己丑	五黄	开	觜	26	戊午	四绿	满	参	26	戊子	一白	危	鬼
廿一	27	庚申	九紫	破	毕	29	庚寅	六白	闭	参	27	己未	五黄	平	井	27	己丑	二黑	成	柳
廿二	28	辛酉	一白	危	觜	30	辛卯	七赤	建	井	28	庚申	六白	定	鬼	28	庚寅	三碧	收	星
廿三	3月	壬戌	二黑	成	参	31	壬辰	八白	除	鬼	29	辛酉	七赤	执	柳	29	辛卯	四绿	开	张
廿四	2	癸亥	三碧	收	井	4月	癸巳	九紫	满	柳	30	壬戌	八白	破	星	30	壬辰	五黄	闭	翼
廿五	3	甲子	七赤	开	鬼	2	甲午	一白	平	星	5月	癸亥	九紫	危	张	31	癸巳	六白	建	轸
廿六	4	乙丑	八白	闭	柳	3	乙未	二黑	定	张	2	甲子	四绿	成	翼	6月	甲午	七赤	除	角
廿七	5	丙寅	九紫	建	星	4	丙申	三碧	执	翼	3	乙丑	五黄	收	轸	2	乙未	八白	满	元
廿八	6	丁卯	一白	建	张	5	丁酉	四绿	执	轸	4	丙寅	六白	开	角	3	丙申	九紫	平	氐
廿九	7	戊辰	二黑	除	翼	6	戊戌	五黄	破	角	5	丁卯	七赤	闭	元	4	丁酉	一白	定	房
三十	8	己巳	三碧	满	轸						6	戊辰	八白	闭	氐	5	戊戌	二黑	执	心

公元1978年　戊午马年　　太岁姚黎　九星四绿

月份	五月小 戊午 四绿 巽卦 角宿				六月大 己未 三碧 坎卦 亢宿				七月大 庚申 二黑 艮卦 氐宿				八月小 辛酉 一白 坤卦 房宿			
节气	芒种 6月6日 初一己亥 巳时 9时23分		夏至 6月22日 十七乙卯 丑时 2时10分		小暑 7月7日 初三庚午 戌时 19时37分		大暑 7月23日 十九丙戌 未时 13时00分		立秋 8月8日 初五壬寅 卯时 5时18分		处暑 8月23日 二十丁巳 戌时 19时57分		白露 9月8日 初六癸酉 辰时 8时03分		秋分 9月23日 廿一戊子 酉时 17时26分	
农历	公历	干支	九星	日建 星宿	公历	干支	九星	日建 星宿	公历	干支	九星	日建 星宿	公历	干支	九星	日建 星宿
初一	6	己亥	三碧	执 尾	5	戊辰	五黄	开 箕	4	戊戌	二黑	平 牛	3	戊辰	八白	成 虚
初二	7	庚子	四绿	破 箕	6	己巳	四绿	闭 斗	5	己亥	一白	定 女	4	己巳	七赤	收 危
初三	8	辛丑	五黄	危 斗	7	庚午	三碧	闭 牛	6	庚子	九紫	执 虚	5	庚午	六白	开 室
初四	9	壬寅	六白	成 牛	8	辛未	二黑	建 女	7	辛丑	八白	破 危	6	辛未	五黄	闭 壁
初五	10	癸卯	七赤	收 女	9	壬申	一白	除 虚	8	壬寅	七赤	破 室	7	壬申	四绿	建 奎
初六	11	甲辰	八白	开 虚	10	癸酉	九紫	满 危	9	癸卯	六白	危 壁	8	癸酉	三碧	建 娄
初七	12	乙巳	九紫	闭 危	11	甲戌	八白	平 室	10	甲辰	五黄	成 奎	9	甲戌	二黑	除 胃
初八	13	丙午	一白	建 室	12	乙亥	七赤	定 壁	11	乙巳	四绿	收 娄	10	乙亥	一白	满 昴
初九	14	丁未	二黑	除 壁	13	丙子	六白	执 奎	12	丙午	三碧	开 胃	11	丙子	九紫	平 毕
初十	15	戊申	三碧	满 奎	14	丁丑	五黄	破 娄	13	丁未	二黑	闭 昴	12	丁丑	八白	定 觜
十一	16	己酉	四绿	平 娄	15	戊寅	四绿	危 胃	14	戊申	一白	建 毕	13	戊寅	七赤	执 参
十二	17	庚戌	五黄	定 胃	16	己卯	三碧	成 昴	15	己酉	九紫	除 觜	14	己卯	六白	破 井
十三	18	辛亥	六白	执 昴	17	庚辰	二黑	收 毕	16	庚戌	八白	满 参	15	庚辰	五黄	危 鬼
十四	19	壬子	七赤	破 毕	18	辛巳	一白	开 觜	17	辛亥	七赤	平 井	16	辛巳	四绿	成 柳
十五	20	癸丑	八白	危 觜	19	壬午	九紫	闭 参	18	壬子	六白	定 鬼	17	壬午	三碧	收 星
十六	21	甲寅	九紫	成 参	20	癸未	八白	建 井	19	癸丑	五黄	执 柳	18	癸未	二黑	开 张
十七	22	乙卯	三碧	收 井	21	甲申	七赤	除 鬼	20	甲寅	四绿	破 星	19	甲申	一白	闭 翼
十八	23	丙辰	二黑	开 鬼	22	乙酉	六白	满 柳	21	乙卯	三碧	危 张	20	乙酉	九紫	建 轸
十九	24	丁巳	一白	闭 柳	23	丙戌	五黄	平 星	22	丙辰	二黑	成 翼	21	丙戌	八白	除 角
二十	25	戊午	九紫	建 星	24	丁亥	四绿	定 张	23	丁巳	四绿	收 轸	22	丁亥	七赤	满 亢
廿一	26	己未	八白	除 张	25	戊子	三碧	执 翼	24	戊午	三碧	开 角	23	戊子	六白	平 氐
廿二	27	庚申	七赤	满 翼	26	己丑	二黑	破 轸	25	己未	二黑	闭 亢	24	己丑	五黄	定 房
廿三	28	辛酉	六白	平 轸	27	庚寅	一白	危 角	26	庚申	一白	建 氐	25	庚寅	四绿	执 心
廿四	29	壬戌	五黄	定 角	28	辛卯	九紫	成 亢	27	辛酉	九紫	除 房	26	辛卯	三碧	破 尾
廿五	30	癸亥	四绿	执 亢	29	壬辰	八白	收 氐	28	壬戌	八白	满 心	27	壬辰	二黑	危 箕
廿六	7月	甲子	九紫	破 氐	30	癸巳	七赤	开 房	29	癸亥	七赤	平 尾	28	癸巳	一白	成 斗
廿七	2	乙丑	八白	危 房	31	甲午	六白	闭 心	30	甲子	三碧	定 箕	29	甲午	九紫	收 牛
廿八	3	丙寅	七赤	成 心	8月	乙未	五黄	建 尾	31	乙丑	二黑	执 斗	30	乙未	八白	开 女
廿九	4	丁卯	六白	收 尾	2	丙申	四绿	除 箕	9月	丙寅	一白	破 牛	10月	丙申	七赤	闭 虚
三十					3	丁酉	三碧	满 斗		丁卯	九紫	危 女				

国学经典文库　中华历书大全　·1900—2100年万年历法表·　图文珍藏版

公元1978年　戊午马年　太岁姚黎　九星四绿

月份	九月大 壬戌 九紫 乾卦 心宿				十月小 癸亥 八白 兑卦 尾宿				十一月大 甲子 七赤 离卦 箕宿				十二月小 乙丑 六白 震卦 斗宿			
节气	寒露 10月8日 初七癸卯 夜子时 23时31分		霜降 10月24日 廿三己未 丑时 2时37分		立冬 11月8日 初八甲戌 丑时 2时34分		小雪 11月23日 廿三己丑 早子时 0时05分		大雪 12月7日 初八癸卯 戌时 19时20分		冬至 12月22日 廿三戊午 未时 13时21分		小寒 1月6日 初八癸酉 卯时 6时32分		大寒 1月21日 廿三戊子 早子时 0时00分	
农历	公历	干支	九星	日建/星宿	公历	干支	九星	日建/星宿	公历	干支	九星	日建/星宿	公历	干支	九星	日建/星宿
初一	2	丁酉	六白	建 危	11月	丁卯	三碧	执 壁	30	丙申	一白	收 奎	30	丙寅	三碧	满 胃
初二	3	戊戌	五黄	除 室	2	戊辰	二黑	破 奎	12月	丁酉	九紫	开 娄	31	丁卯	四绿	平 昴
初三	4	己亥	四绿	满 壁	3	己巳	一白	危 娄	2	戊戌	八白	闭 胃	1月	戊辰	五黄	定 毕
初四	5	庚子	三碧	平 奎	4	庚午	九紫	成 胃	3	己亥	七赤	建 昴	2	己巳	六白	执 觜
初五	6	辛丑	二黑	定 娄	5	辛未	八白	收 昴	4	庚子	六白	除 毕	3	庚午	七赤	破 参
初六	7	壬寅	一白	执 胃	6	壬申	七赤	开 毕	5	辛丑	五黄	满 觜	4	辛未	八白	危 井
初七	8	癸卯	九紫	执 昴	7	癸酉	六白	闭 觜	6	壬寅	四绿	平 参	5	壬申	九紫	成 鬼
初八	9	甲辰	八白	破 毕	8	甲戌	五黄	闭 参	7	癸卯	三碧	平 井	6	癸酉	一白	成 柳
初九	10	乙巳	七赤	危 觜	9	乙亥	四绿	建 井	8	甲辰	二黑	定 鬼	7	甲戌	二黑	收 星
初十	11	丙午	六白	成 参	10	丙子	三碧	除 鬼	9	乙巳	一白	执 柳	8	乙亥	三碧	开 张
十一	12	丁未	五黄	收 井	11	丁丑	二黑	满 柳	10	丙午	九紫	破 星	9	丙子	四绿	闭 翼
十二	13	戊申	四绿	开 鬼	12	戊寅	一白	平 星	11	丁未	八白	危 张	10	丁丑	五黄	建 轸
十三	14	己酉	三碧	闭 柳	13	己卯	九紫	定 张	12	戊申	七赤	成 翼	11	戊寅	六白	除 角
十四	15	庚戌	二黑	建 星	14	庚辰	八白	执 翼	13	己酉	六白	收 轸	12	己卯	七赤	满 亢
十五	16	辛亥	一白	除 张	15	辛巳	七赤	破 轸	14	庚戌	五黄	开 角	13	庚辰	八白	平 氐
十六	17	壬子	九紫	满 翼	16	壬午	六白	危 角	15	辛亥	四绿	闭 亢	14	辛巳	九紫	定 房
十七	18	癸丑	八白	平 轸	17	癸未	五黄	成 亢	16	壬子	三碧	建 氐	15	壬午	一白	执 心
十八	19	甲寅	七赤	定 角	18	甲申	四绿	收 氐	17	癸丑	二黑	除 房	16	癸未	二黑	破 尾
十九	20	乙卯	六白	执 亢	19	乙酉	三碧	开 房	18	甲寅	一白	满 心	17	甲申	三碧	危 箕
二十	21	丙辰	五黄	破 氐	20	丙戌	二黑	闭 心	19	乙卯	九紫	平 尾	18	乙酉	四绿	成 斗
廿一	22	丁巳	四绿	危 房	21	丁亥	一白	建 尾	20	丙辰	八白	定 箕	19	丙戌	五黄	收 牛
廿二	23	戊午	三碧	成 心	22	戊子	九紫	除 箕	21	丁巳	七赤	执 斗	20	丁亥	六白	开 女
廿三	24	己未	五黄	收 尾	23	己丑	八白	满 斗	22	戊午	一白	破 牛	21	戊子	七赤	闭 虚
廿四	25	庚申	四绿	开 箕	24	庚寅	七赤	平 牛	23	己未	二黑	危 女	22	己丑	八白	建 危
廿五	26	辛酉	三碧	闭 斗	25	辛卯	六白	定 女	24	庚申	三碧	成 虚	23	庚寅	九紫	除 室
廿六	27	壬戌	二黑	建 牛	26	壬辰	五黄	执 虚	25	辛酉	四绿	收 危	24	辛卯	一白	满 壁
廿七	28	癸亥	一白	除 女	27	癸巳	四绿	破 危	26	壬戌	五黄	开 室	25	壬辰	二黑	平 奎
廿八	29	甲子	六白	满 虚	28	甲午	三碧	危 室	27	癸亥	六白	闭 壁	26	癸巳	三碧	定 娄
廿九	30	乙丑	五黄	平 危	29	乙未	二黑	成 壁	28	甲子	一白	建 奎	27	甲午	四绿	执 胃
三十	31	丙寅	四绿	定 室					29	乙丑	二黑	除 娄				

公元1979年　己未羊年（闰六月）　太岁傅悦 九星三碧

月份	正月大 丙寅 五黄 兑卦 牛宿				二月小 丁卯 四绿 离卦 女宿				三月小 戊辰 三碧 震卦 虚宿				四月大 己巳 二黑 巽卦 危宿			
节气	立春 2月4日 初八壬寅 酉时 18时13分		雨水 2月19日 廿三丁巳 未时 14时13分		惊蛰 3月6日 初八壬申 午时 12时20分		春分 3月21日 廿三丁亥 未时 13时22分		清明 4月5日 初九壬寅 酉时 17时18分		谷雨 4月21日 廿五戊午 早子时 0时35分		立夏 5月6日 十一癸酉 巳时 10时47分		小满 5月21日 廿六戊子 夜子时 23时54分	
农历	公历	干支	九星	日建 星宿	公历	干支	九星	日建 星宿	公历	干支	九星	日建 星宿	公历	干支	九星	日建 星宿
初一	28	乙未	五黄	破 昴	27	乙丑	八白	闭 觜	28	甲午	一白	平 参	26	癸亥	九紫	危 井
初二	29	丙申	六白	危 毕	28	丙寅	九紫	建 参	29	乙未	二黑	定 井	27	甲子	四绿	成 鬼
初三	30	丁酉	七赤	成 觜	3月	丁卯	一白	除 井	30	丙申	三碧	执 鬼	28	乙丑	五黄	收 柳
初四	31	戊戌	八白	收 参	2	戊辰	二黑	满 鬼	31	丁酉	四绿	破 柳	29	丙寅	六白	开 星
初五	2月	己亥	九紫	开 井	3	己巳	三碧	平 柳	4月	戊戌	五黄	危 星	30	丁卯	七赤	闭 张
初六	2	庚子	一白	闭 鬼	4	庚午	四绿	定 星	2	己亥	六白	成 张	5月	戊辰	八白	建 翼
初七	3	辛丑	二黑	建 柳	5	辛未	五黄	执 张	3	庚子	七赤	收 翼	2	己巳	九紫	除 轸
初八	4	壬寅	三碧	建 星	6	壬申	六白	执 翼	4	辛丑	八白	开 轸	3	庚午	一白	满 角
初九	5	癸卯	四绿	除 张	7	癸酉	七赤	破 轸	5	壬寅	九紫	开 角	4	辛未	二黑	平 亢
初十	6	甲辰	五黄	满 翼	8	甲戌	八白	危 角	6	癸卯	一白	闭 亢	5	壬申	三碧	定 氐
十一	7	乙巳	六白	平 轸	9	乙亥	九紫	成 亢	7	甲辰	二黑	建 氐	6	癸酉	四绿	定 房
十二	8	丙午	七赤	定 角	10	丙子	一白	收 氐	8	乙巳	三碧	除 房	7	甲戌	五黄	执 心
十三	9	丁未	八白	执 亢	11	丁丑	二黑	开 房	9	丙午	四绿	满 心	8	乙亥	六白	破 尾
十四	10	戊申	九紫	破 氐	12	戊寅	三碧	闭 心	10	丁未	五黄	平 尾	9	丙子	七赤	危 箕
十五	11	己酉	一白	危 房	13	己卯	四绿	建 尾	11	戊申	六白	定 箕	10	丁丑	八白	成 斗
十六	12	庚戌	二黑	成 心	14	庚辰	五黄	除 箕	12	己酉	七赤	执 斗	11	戊寅	九紫	收 牛
十七	13	辛亥	三碧	收 尾	15	辛巳	六白	满 斗	13	庚戌	八白	破 牛	12	己卯	一白	开 女
十八	14	壬子	四绿	开 箕	16	壬午	七赤	平 牛	14	辛亥	九紫	危 女	13	庚辰	二黑	闭 虚
十九	15	癸丑	五黄	闭 斗	17	癸未	八白	定 女	15	壬子	一白	成 虚	14	辛巳	三碧	建 危
二十	16	甲寅	六白	建 牛	18	甲申	九紫	执 虚	16	癸丑	二黑	收 危	15	壬午	四绿	除 室
廿一	17	乙卯	七赤	除 女	19	乙酉	一白	破 危	17	甲寅	三碧	开 室	16	癸未	五黄	满 壁
廿二	18	丙辰	八白	满 虚	20	丙戌	二黑	危 室	18	乙卯	四绿	闭 壁	17	甲申	六白	平 奎
廿三	19	丁巳	六白	平 危	21	丁亥	三碧	成 壁	19	丙辰	五黄	建 奎	18	乙酉	七赤	定 娄
廿四	20	戊午	七赤	定 室	22	戊子	四绿	收 奎	20	丁巳	六白	除 娄	19	丙戌	八白	执 胃
廿五	21	己未	八白	执 壁	23	己丑	五黄	开 娄	21	戊午	四绿	满 胃	20	丁亥	九紫	破 昴
廿六	22	庚申	九紫	破 奎	24	庚寅	六白	闭 胃	22	己未	五黄	平 昴	21	戊子	一白	危 毕
廿七	23	辛酉	一白	危 娄	25	辛卯	七赤	建 昴	23	庚申	六白	定 毕	22	己丑	二黑	成 觜
廿八	24	壬戌	二黑	成 胃	26	壬辰	八白	除 毕	24	辛酉	七赤	执 觜	23	庚寅	三碧	收 参
廿九	25	癸亥	三碧	收 昴	27	癸巳	九紫	满 觜	25	壬戌	八白	破 参	24	辛卯	四绿	开 井
三十	26	甲子	七赤	开 毕									25	壬辰	五黄	闭 鬼

公元1979年　己未羊年（闰六月）　　太岁傅悦　九星三碧

月份	五月小				庚午 一白 坎卦 室宿	六月大				辛未 九紫 艮卦 壁宿	闰六月大				
节气	芒种 6月6日 十二甲辰 申时 15时05分		夏至 6月22日 廿八庚申 辰时 7时56分			小暑 7月8日 十五丙子 丑时 1时25分		大暑 7月23日 三十辛卯 酉时 18时49分			立秋 8月8日 十六丁未 午时 11时11分				
农历	公历	干支	九星	日建	星宿	公历	干支	九星	日建	星宿	公历	干支	九星	日建	星宿
初一	26	癸巳	六白	建	柳	24	壬戌	五黄	定	星	24	壬辰	八白	收	翼
初二	27	甲午	七赤	除	星	25	癸亥	四绿	执	张	25	癸巳	七赤	开	轸
初三	28	乙未	八白	满	张	26	甲子	九紫	破	翼	26	甲午	六白	闭	角
初四	29	丙申	九紫	平	翼	27	乙丑	八白	危	轸	27	乙未	五黄	建	亢
初五	30	丁酉	一白	定	轸	28	丙寅	七赤	成	角	28	丙申	四绿	除	氐
初六	31	戊戌	二黑	执	角	29	丁卯	六白	收	亢	29	丁酉	三碧	满	房
初七	6月	己亥	三碧	破	亢	30	戊辰	五黄	开	氐	30	戊戌	二黑	平	心
初八	2	庚子	四绿	危	氐	7月	己巳	四绿	闭	房	31	己亥	一白	定	尾
初九	3	辛丑	五黄	成	房	2	庚午	三碧	建	心	8月	庚子	九紫	执	箕
初十	4	壬寅	六白	收	心	3	辛未	二黑	除	尾	2	辛丑	八白	破	斗
十一	5	癸卯	七赤	开	尾	4	壬申	一白	满	箕	3	壬寅	七赤	危	牛
十二	6	甲辰	八白	开	箕	5	癸酉	九紫	平	斗	4	癸卯	六白	成	女
十三	7	乙巳	九紫	闭	斗	6	甲戌	八白	定	牛	5	甲辰	五黄	收	虚
十四	8	丙午	一白	建	牛	7	乙亥	七赤	执	女	6	乙巳	四绿	开	危
十五	9	丁未	二黑	除	女	8	丙子	六白	执	虚	7	丙午	三碧	闭	室
十六	10	戊申	三碧	满	虚	9	丁丑	五黄	破	危	8	丁未	二黑	闭	壁
十七	11	己酉	四绿	平	危	10	戊寅	四绿	危	室	9	戊申	一白	建	奎
十八	12	庚戌	五黄	定	室	11	己卯	三碧	成	壁	10	己酉	九紫	除	娄
十九	13	辛亥	六白	执	壁	12	庚辰	二黑	收	奎	11	庚戌	八白	满	胃
二十	14	壬子	七赤	破	奎	13	辛巳	一白	开	娄	12	辛亥	七赤	平	昴
廿一	15	癸丑	八白	危	娄	14	壬午	九紫	闭	胃	13	壬子	六白	定	毕
廿二	16	甲寅	九紫	成	胃	15	癸未	八白	建	昴	14	癸丑	五黄	执	觜
廿三	17	乙卯	一白	收	昴	16	甲申	七赤	除	毕	15	甲寅	四绿	破	参
廿四	18	丙辰	二黑	开	毕	17	乙酉	六白	满	觜	16	乙卯	三碧	危	井
廿五	19	丁巳	三碧	闭	觜	18	丙戌	五黄	平	参	17	丙辰	二黑	成	鬼
廿六	20	戊午	四绿	建	参	19	丁亥	四绿	定	井	18	丁巳	一白	收	柳
廿七	21	己未	五黄	除	井	20	戊子	三碧	执	鬼	19	戊午	九紫	开	星
廿八	22	庚申	七赤	满	鬼	21	己丑	二黑	破	柳	20	己未	八白	闭	张
廿九	23	辛酉	六白	平	柳	22	庚寅	一白	危	星	21	庚申	七赤	建	翼
三十						23	辛卯	九紫	成	张	22	辛酉	六白	除	轸

公元1979年　己未羊年（闰六月）　太岁傅悦　九星三碧

月份	七月小		壬申　八白 坤卦　奎宿		八月大		癸酉　七赤 乾卦　娄宿		九月大		甲戌　六白 兑卦　胃宿	
节气	处暑 8月24日 初二癸亥 丑时 1时47分		白露 9月8日 十七戊寅 未时 14时00分		秋分 9月23日 初三癸巳 夜子时 23时17分		寒露 10月9日 十九己酉 卯时 5时30分		霜降 10月24日 初四甲子 辰时 8时28分		立冬 11月8日 十九己卯 辰时 8时33分	

农历	公历	干支	九星	日建	星宿	公历	干支	九星	日建	星宿	公历	干支	九星	日建	星宿
初一	23	壬戌	五黄	满	角	21	辛卯	三碧	破	亢	21	辛酉	九紫	闭	房
初二	24	癸亥	七赤	平	亢	22	壬辰	二黑	危	氐	22	壬戌	八白	建	心
初三	25	甲子	三碧	定	氐	23	癸巳	一白	成	房	23	癸亥	七赤	除	尾
初四	26	乙丑	二黑	执	房	24	甲午	九紫	收	心	24	甲子	六白	满	箕
初五	27	丙寅	一白	破	心	25	乙未	八白	开	尾	25	乙丑	五黄	平	斗
初六	28	丁卯	九紫	危	尾	26	丙申	七赤	闭	箕	26	丙寅	四绿	定	牛
初七	29	戊辰	八白	成	箕	27	丁酉	六白	建	斗	27	丁卯	三碧	执	女
初八	30	己巳	七赤	收	斗	28	戊戌	五黄	除	牛	28	戊辰	二黑	破	虚
初九	31	庚午	六白	开	牛	29	己亥	四绿	满	女	29	己巳	一白	危	危
初十	9月	辛未	五黄	闭	女	30	庚子	三碧	平	虚	30	庚午	九紫	成	室
十一	2	壬申	四绿	建	虚	10月	辛丑	二黑	定	危	31	辛未	八白	收	壁
十二	3	癸酉	三碧	除	危	2	壬寅	一白	执	室	11月	壬申	七赤	开	奎
十三	4	甲戌	二黑	满	室	3	癸卯	九紫	破	壁	2	癸酉	六白	闭	娄
十四	5	乙亥	一白	平	壁	4	甲辰	八白	危	奎	3	甲戌	五黄	建	胃
十五	6	丙子	九紫	定	奎	5	乙巳	七赤	成	娄	4	乙亥	四绿	除	昴
十六	7	丁丑	八白	执	娄	6	丙午	六白	收	胃	5	丙子	三碧	满	毕
十七	8	戊寅	七赤	执	胃	7	丁未	五黄	开	昴	6	丁丑	二黑	平	觜
十八	9	己卯	六白	破	昴	8	戊申	四绿	闭	毕	7	戊寅	一白	定	参
十九	10	庚辰	五黄	危	毕	9	己酉	三碧	闭	觜	8	己卯	九紫	定	井
二十	11	辛巳	四绿	成	觜	10	庚戌	二黑	建	参	9	庚辰	八白	执	鬼
廿一	12	壬午	三碧	收	参	11	辛亥	一白	除	井	10	辛巳	七赤	破	柳
廿二	13	癸未	二黑	开	井	12	壬子	九紫	满	鬼	11	壬午	六白	危	星
廿三	14	甲申	一白	闭	鬼	13	癸丑	八白	平	柳	12	癸未	五黄	成	张
廿四	15	乙酉	九紫	建	柳	14	甲寅	七赤	定	星	13	甲申	四绿	收	翼
廿五	16	丙戌	八白	除	星	15	乙卯	六白	执	张	14	乙酉	三碧	开	轸
廿六	17	丁亥	七赤	满	张	16	丙辰	五黄	破	翼	15	丙戌	二黑	闭	角
廿七	18	戊子	六白	平	翼	17	丁巳	四绿	危	轸	16	丁亥	一白	建	亢
廿八	19	己丑	五黄	定	轸	18	戊午	三碧	成	角	17	戊子	九紫	除	氐
廿九	20	庚寅	四绿	执	角	19	己未	二黑	收	亢	18	己丑	八白	满	房
三十						20	庚申	一白	开	氐	19	庚寅	七赤	平	心

公元1979年　己未羊年（闰六月）　太岁傅悦　九星三碧

月份	十月小				乙亥 五黄 离卦 昴宿	十一月大				丙子 四绿 震卦 毕宿	十二月小				丁丑 三碧 巽卦 觜宿
节气	小雪 11月23日 初四甲午 卯时 5时54分		大雪 12月8日 十九己酉 丑时 1时18分			冬至 12月22日 初四癸亥 戌时 19时10分		小寒 1月6日 十九戊寅 午时 12时29分			大寒 1月21日 初四癸巳 卯时 5时49分		立春 2月5日 十九戊申 早子时 0时10分		
农历	公历	干支	九星	日建	星宿	公历	干支	九星	日建	星宿	公历	干支	九星	日建	星宿
初一	20	辛卯	六白	定	尾	19	庚申	四绿	成	箕	18	庚寅	九紫	除	牛
初二	21	壬辰	五黄	执	箕	20	辛酉	三碧	收	斗	19	辛卯	一白	满	女
初三	22	癸巳	四绿	破	斗	21	壬戌	二黑	开	牛	20	壬辰	二黑	平	虚
初四	23	甲午	三碧	危	牛	22	癸亥	六白	闭	女	21	癸巳	三碧	定	危
初五	24	乙未	二黑	成	女	23	甲子	一白	建	虚	22	甲午	四绿	执	室
初六	25	丙申	一白	收	虚	24	乙丑	二黑	除	危	23	乙未	五黄	破	壁
初七	26	丁酉	九紫	开	危	25	丙寅	三碧	满	室	24	丙申	六白	危	奎
初八	27	戊戌	八白	闭	室	26	丁卯	四绿	平	壁	25	丁酉	七赤	成	娄
初九	28	己亥	七赤	建	壁	27	戊辰	五黄	定	奎	26	戊戌	八白	收	胃
初十	29	庚子	六白	除	奎	28	己巳	六白	执	娄	27	己亥	九紫	开	昴
十一	30	辛丑	五黄	满	娄	29	庚午	七赤	破	胃	28	庚子	一白	闭	毕
十二	12月	壬寅	四绿	平	胃	30	辛未	八白	危	昴	29	辛丑	二黑	建	觜
十三	2	癸卯	三碧	定	昴	31	壬申	九紫	成	毕	30	壬寅	三碧	除	参
十四	3	甲辰	二黑	执	毕	1月	癸酉	一白	收	觜	31	癸卯	四绿	满	井
十五	4	乙巳	一白	破	觜	2	甲戌	二黑	开	参	2月	甲辰	五黄	平	鬼
十六	5	丙午	九紫	危	参	3	乙亥	三碧	闭	井	2	乙巳	六白	定	柳
十七	6	丁未	八白	成	井	4	丙子	四绿	建	鬼	3	丙午	七赤	执	星
十八	7	戊申	七赤	收	鬼	5	丁丑	五黄	除	柳	4	丁未	八白	破	张
十九	8	己酉	六白	收	柳	6	戊寅	六白	除	星	5	戊申	九紫	破	翼
二十	9	庚戌	五黄	开	星	7	己卯	七赤	满	张	6	己酉	一白	危	轸
廿一	10	辛亥	四绿	闭	张	8	庚辰	八白	平	翼	7	庚戌	二黑	成	角
廿二	11	壬子	三碧	建	翼	9	辛巳	九紫	定	轸	8	辛亥	三碧	收	亢
廿三	12	癸丑	二黑	除	轸	10	壬午	一白	执	角	9	壬子	四绿	开	氐
廿四	13	甲寅	一白	满	角	11	癸未	二黑	破	亢	10	癸丑	五黄	闭	房
廿五	14	乙卯	九紫	平	亢	12	甲申	三碧	危	氐	11	甲寅	六白	建	心
廿六	15	丙辰	八白	定	氐	13	乙酉	四绿	成	房	12	乙卯	七赤	除	尾
廿七	16	丁巳	七赤	执	房	14	丙戌	五黄	收	心	13	丙辰	八白	满	箕
廿八	17	戊午	六白	破	心	15	丁亥	六白	开	尾	14	丁巳	九紫	平	斗
廿九	18	己未	五黄	危	尾	16	戊子	七赤	闭	箕	15	戊午	一白	定	牛
三十						17	己丑	八白	建	斗					

月份	正月大 戊寅 二黑 离卦 参宿					二月小 己卯 一白 震卦 井宿					三月小 庚辰 九紫 巽卦 鬼宿					四月大 辛巳 八白 坎卦 柳宿				
节气	雨水 2月19日 初四壬戌 戌时 20时02分			惊蛰 3月5日 十九丁丑 酉时 18时17分		春分 3月20日 初四壬辰 戌时 19时10分			清明 4月4日 十九丁未 夜子时 23时15分		谷雨 4月20日 初六癸亥 卯时 6时23分			立夏 5月5日 廿一戊寅 申时 16时44分		小满 5月21日 初八甲午 卯时 5时42分			芒种 6月5日 廿三己酉 亥时 21时04分	
农历	公历	干支	九星	日建	星宿	公历	干支	九星	日建	星宿	公历	干支	九星	日建	星宿	公历	干支	九星	日建	星宿
初一	16	己未	二黑	执	女	17	己丑	五黄	开	危	15	戊午	七赤	满	室	14	丁亥	九紫	破	壁
初二	17	庚申	三碧	破	虚	18	庚寅	六白	闭	室	16	己未	八白	平	壁	15	戊子	一白	危	奎
初三	18	辛酉	四绿	危	危	19	辛卯	七赤	建	壁	17	庚申	九紫	定	奎	16	己丑	二黑	成	娄
初四	19	壬戌	二黑	成	室	20	壬辰	八白	除	奎	18	辛酉	一白	执	娄	17	庚寅	三碧	收	胃
初五	20	癸亥	三碧	收	壁	21	癸巳	九紫	满	娄	19	壬戌	二黑	破	胃	18	辛卯	四绿	开	昴
初六	21	甲子	七赤	开	奎	22	甲午	一白	平	胃	20	癸亥	九紫	危	昴	19	壬辰	五黄	闭	毕
初七	22	乙丑	八白	闭	娄	23	乙未	二黑	定	昴	21	甲子	四绿	成	毕	20	癸巳	六白	建	觜
初八	23	丙寅	九紫	建	胃	24	丙申	三碧	执	毕	22	乙丑	五黄	收	觜	21	甲午	七赤	除	参
初九	24	丁卯	一白	除	昴	25	丁酉	四绿	破	觜	23	丙寅	六白	开	参	22	乙未	八白	满	井
初十	25	戊辰	二黑	满	毕	26	戊戌	五黄	危	参	24	丁卯	七赤	闭	井	23	丙申	九紫	平	鬼
十一	26	己巳	三碧	平	觜	27	己亥	六白	成	井	25	戊辰	八白	建	鬼	24	丁酉	一白	定	柳
十二	27	庚午	四绿	定	参	28	庚子	七赤	收	鬼	26	己巳	九紫	除	柳	25	戊戌	二黑	执	星
十三	28	辛未	五黄	执	井	29	辛丑	八白	开	柳	27	庚午	一白	满	星	26	己亥	三碧	破	张
十四	29	壬申	六白	破	鬼	30	壬寅	九紫	闭	星	28	辛未	二黑	平	张	27	庚子	四绿	危	翼
十五	3月	癸酉	七赤	危	柳	31	癸卯	一白	建	张	29	壬申	三碧	定	翼	28	辛丑	五黄	成	轸
十六	2	甲戌	八白	成	星	4月	甲辰	二黑	除	翼	30	癸酉	四绿	执	轸	29	壬寅	六白	收	角
十七	3	乙亥	九紫	收	张	2	乙巳	三碧	满	轸	5月	甲戌	五黄	破	角	30	癸卯	七赤	开	亢
十八	4	丙子	一白	开	翼	3	丙午	四绿	平	角	2	乙亥	六白	危	亢	31	甲辰	八白	闭	氐
十九	5	丁丑	二黑	开	轸	4	丁未	五黄	平	亢	3	丙子	七赤	成	氐	6月	乙巳	九紫	建	房
二十	6	戊寅	三碧	闭	角	5	戊申	六白	定	氐	4	丁丑	八白	收	房	2	丙午	一白	除	心
廿一	7	己卯	四绿	建	亢	6	己酉	七赤	执	房	5	戊寅	九紫	收	心	3	丁未	二黑	满	尾
廿二	8	庚辰	五黄	除	氐	7	庚戌	八白	破	心	6	己卯	一白	开	尾	4	戊申	三碧	平	箕
廿三	9	辛巳	六白	满	房	8	辛亥	九紫	危	尾	7	庚辰	二黑	闭	箕	5	己酉	四绿	平	斗
廿四	10	壬午	七赤	平	心	9	壬子	一白	成	箕	8	辛巳	三碧	建	斗	6	庚戌	五黄	定	牛
廿五	11	癸未	八白	定	尾	10	癸丑	二黑	收	斗	9	壬午	四绿	除	牛	7	辛亥	六白	执	女
廿六	12	甲申	九紫	执	箕	11	甲寅	三碧	开	牛	10	癸未	五黄	满	女	8	壬子	七赤	破	虚
廿七	13	乙酉	一白	破	斗	12	乙卯	四绿	闭	女	11	甲申	六白	平	虚	9	癸丑	八白	危	危
廿八	14	丙戌	二黑	危	牛	13	丙辰	五黄	建	虚	12	乙酉	七赤	定	危	10	甲寅	九紫	成	室
廿九	15	丁亥	三碧	成	女	14	丁巳	六白	除	危	13	丙戌	八白	执	室	11	乙卯	一白	收	壁
三十	16	戊子	四绿	收	虚											12	丙辰	二黑	开	奎

国学经典文库 中华历书大全 ·1900－2100年万年历法表· 图文珍藏版

公元1980年　庚申猴年　　太岁毛梓　九星二黑

月份	五月小 壬午 七赤 艮卦 星宿				六月大 癸未 六白 坤卦 张宿				七月小 甲申 五黄 乾卦 翼宿				八月大 乙酉 四绿 兑卦 轸宿			
节气	夏至 6月21日 初九乙丑 未时 13时47分		小暑 7月7日 廿五辛巳 辰时 7时24分		大暑 7月23日 十二丁酉 早子时 0时42分		立秋 8月7日 廿七壬子 酉时 17时09分		处暑 8月23日 十三戊辰 辰时 7时41分		白露 9月7日 廿八癸未 戌时 19时54分		秋分 9月23日 十五己亥 卯时 5时09分		寒露 10月8日 三十甲寅 午时 11时20分	
农历	公历	干支	九星	日建 星宿	公历	干支	九星	日建 星宿	公历	干支	九星	日建 星宿	公历	干支	九星	日建 星宿
初一	13	丁巳	三碧	闭 娄	12	丙戌	五黄	平 胃	11	丙辰	二黑	成 毕	9	乙酉	九紫	建 觜
初二	14	戊午	四绿	建 胃	13	丁亥	四绿	定 昴		丁巳	一白	收 觜	10	丙戌	八白	除 参
初三	15	己未	五黄	除 昴	14	戊子	三碧	执 毕	13	戊午	九紫	开 参	11	丁亥	七赤	满 井
初四	16	庚申	六白	满 毕	15	己丑	二黑	破 觜	14	己未	八白	闭 井	12	戊子	六白	平 鬼
初五	17	辛酉	七赤	平 觜	16	庚寅	一白	危 参	15	庚申	七赤	建 鬼	13	己丑	五黄	定 柳
初六	18	壬戌	八白	定 参	17	辛卯	九紫	成 井	16	辛酉	六白	除 柳	14	庚寅	四绿	执 星
初七	19	癸亥	九紫	执 井	18	壬辰	八白	收 鬼	17	壬戌	五黄	满 星	15	辛卯	三碧	破 张
初八	20	甲子	四绿	破 鬼	19	癸巳	七赤	开 柳	18	癸亥	四绿	平 张	16	壬辰	二黑	危 翼
初九	21	乙丑	八白	危 柳	20	甲午	六白	闭 星	19	甲子	九紫	定 翼	17	癸巳	一白	成 轸
初十	22	丙寅	七赤	成 星	21	乙未	五黄	建 张	20	乙丑	八白	执 轸	18	甲午	九紫	收 角
十一	23	丁卯	六白	收 张	22	丙申	四绿	除 翼	21	丙寅	七赤	破 角	19	乙未	八白	开 亢
十二	24	戊辰	五黄	开 翼	23	丁酉	三碧	满 轸	22	丁卯	六白	危 亢	20	丙申	七赤	闭 氐
十三	25	己巳	四绿	闭 轸	24	戊戌	二黑	平 角	23	戊辰	八白	成 氐	21	丁酉	六白	建 房
十四	26	庚午	三碧	建 角	25	己亥	一白	定 亢	24	己巳	七赤	收 房	22	戊戌	五黄	除 心
十五	27	辛未	二黑	除 亢	26	庚子	九紫	执 氐	25	庚午	六白	开 心	23	己亥	四绿	满 尾
十六	28	壬申	一白	满 氐	27	辛丑	八白	破 房	26	辛未	五黄	闭 尾	24	庚子	三碧	平 箕
十七	29	癸酉	九紫	平 房	28	壬寅	七赤	危 心	27	壬申	四绿	建 箕	25	辛丑	二黑	定 斗
十八	30	甲戌	八白	定 心	29	癸卯	六白	成 尾	28	癸酉	三碧	除 斗	26	壬寅	一白	执 牛
十九	7月	乙亥	七赤	执 尾	30	甲辰	五黄	收 箕	29	甲戌	二黑	满 牛	27	癸卯	九紫	破 女
二十	2	丙子	六白	破 箕	31	乙巳	四绿	开 斗	30	乙亥	一白	平 女	28	甲辰	八白	危 虚
廿一	3	丁丑	五黄	危 斗	8月	丙午	三碧	闭 牛	31	丙子	九紫	定 虚	29	乙巳	七赤	成 危
廿二	4	戊寅	四绿	成 牛	2	丁未	二黑	建 女	9月	丁丑	八白	执 危	30	丙午	六白	收 室
廿三	5	己卯	三碧	收 女	3	戊申	一白	除 虚	2	戊寅	七赤	破 室	10月	丁未	五黄	开 壁
廿四	6	庚辰	二黑	开 虚	4	己酉	九紫	满 危	3	己卯	六白	危 壁	2	戊申	四绿	闭 奎
廿五	7	辛巳	一白	开 危	5	庚戌	八白	平 室	4	庚辰	五黄	成 奎	3	己酉	三碧	建 娄
廿六	8	壬午	九紫	闭 室	6	辛亥	七赤	定 壁	5	辛巳	四绿	收 娄	4	庚戌	二黑	除 胃
廿七	9	癸未	八白	建 壁	7	壬子	六白	定 奎	6	壬午	三碧	开 胃	5	辛亥	一白	满 昴
廿八	10	甲申	七赤	除 奎	8	癸丑	五黄	执 娄	7	癸未	二黑	开 昴	6	壬子	九紫	平 毕
廿九	11	乙酉	六白	满 娄	9	甲寅	四绿	破 胃	8	甲申	一白	闭 毕	7	癸丑	八白	定 觜
三十					10	乙卯	三碧	危 昴					8	甲寅	七赤	定 参

公元1980年　庚申猴年　太岁毛梓　九星二黑

月份	九月大 丙戌 三碧 离卦 角宿					十月小 丁亥 二黑 震卦 亢宿					十一月大 戊子 一白 巽卦 氐宿					十二月大 己丑 九紫 坎卦 房宿				
节气	霜降 10月23日 十五己巳 未时 14时18分			立冬 11月7日 三十甲申 未时 14时19分		小雪 11月22日 十五己亥 午时 11时42分			大雪 12月7日 初一甲寅 辰时 7时02分		冬至 12月22日 十六己巳 早子时 0时56分			小寒 1月5日 三十癸未 酉时 18时13分		大寒 1月20日 十五戊戌 午时 11时36分			立春 2月4日 三十癸丑 卯时 5时56分	
农历	公历	干支	九星	日建	星宿	公历	干支	九星	日建	星宿	公历	干支	九星	日建	星宿	公历	干支	九星	日建	星宿
初一	9	乙卯	六白	执	井	8	乙酉	三碧	开	柳	7	甲寅	一白	满	星	6	甲申	三碧	危	翼
初二	10	丙辰	五黄	破	鬼	9	丙戌	二黑	闭	星	8	乙卯	九紫	平	张	7	乙酉	四绿	成	轸
初三	11	丁巳	四绿	危	柳	10	丁亥	一白	建	张	9	丙辰	八白	定	翼	8	丙戌	五黄	收	角
初四	12	戊午	三碧	成	星	11	戊子	九紫	除	翼	10	丁巳	七赤	执	轸	9	丁亥	六白	开	亢
初五	13	己未	二黑	收	张	12	己丑	八白	满	轸	11	戊午	六白	破	角	10	戊子	七赤	闭	氐
初六	14	庚申	一白	开	翼	13	庚寅	七赤	平	角	12	己未	五黄	危	亢	11	己丑	八白	建	房
初七	15	辛酉	九紫	闭	轸	14	辛卯	六白	定	亢	13	庚申	四绿	成	氐	12	庚寅	九紫	除	心
初八	16	壬戌	八白	建	角	15	壬辰	五黄	执	氐	14	辛酉	三碧	收	房	13	辛卯	一白	满	尾
初九	17	癸亥	七赤	除	亢	16	癸巳	四绿	破	房	15	壬戌	二黑	开	心	14	壬辰	二黑	平	箕
初十	18	甲子	三碧	满	氐	17	甲午	三碧	危	心	16	癸亥	一白	闭	尾	15	癸巳	三碧	定	斗
十一	19	乙丑	二黑	平	房	18	乙未	二黑	成	尾	17	甲子	六白	建	箕	16	甲午	四绿	执	牛
十二	20	丙寅	一白	定	心	19	丙申	一白	收	箕	18	乙丑	五黄	除	斗	17	乙未	五黄	破	女
十三	21	丁卯	九紫	执	尾	20	丁酉	九紫	开	斗	19	丙寅	四绿	满	牛	18	丙申	六白	危	虚
十四	22	戊辰	八白	破	箕	21	戊戌	八白	闭	牛	20	丁卯	三碧	平	女	19	丁酉	七赤	成	危
十五	23	己巳	一白	危	斗	22	己亥	七赤	建	女	21	戊辰	二黑	定	虚	20	戊戌	八白	收	室
十六	24	庚午	九紫	成	牛	23	庚子	六白	除	虚	22	己巳	六白	执	危	21	己亥	九紫	开	壁
十七	25	辛未	八白	收	女	24	辛丑	五黄	满	危	23	庚午	七赤	破	室	22	庚子	一白	闭	奎
十八	26	壬申	七赤	开	虚	25	壬寅	四绿	平	室	24	辛未	八白	危	壁	23	辛丑	二黑	建	娄
十九	27	癸酉	六白	闭	危	26	癸卯	三碧	定	壁	25	壬申	九紫	成	奎	24	壬寅	三碧	除	胃
二十	28	甲戌	五黄	建	室	27	甲辰	二黑	执	奎	26	癸酉	一白	收	娄	25	癸卯	四绿	满	昴
廿一	29	乙亥	四绿	除	壁	28	乙巳	一白	破	娄	27	甲戌	二黑	开	胃	26	甲辰	五黄	平	毕
廿二	30	丙子	三碧	满	奎	29	丙午	九紫	危	胃	28	乙亥	三碧	闭	昴	27	乙巳	六白	定	觜
廿三	31	丁丑	二黑	平	娄	30	丁未	八白	成	昴	29	丙子	四绿	建	毕	28	丙午	七赤	执	参
廿四	11月	戊寅	一白	定	胃	12月	戊申	七赤	收	毕	30	丁丑	五黄	除	觜	29	丁未	八白	破	井
廿五	2	己卯	九紫	执	昴	2	己酉	六白	开	觜	31	戊寅	六白	满	参	30	戊申	九紫	危	鬼
廿六	3	庚辰	八白	破	毕	3	庚戌	五黄	闭	参	1月	己卯	七赤	平	井	31	己酉	一白	成	柳
廿七	4	辛巳	七赤	危	觜	4	辛亥	四绿	建	井	2	庚辰	八白	定	鬼	2月	庚戌	二黑	收	星
廿八	5	壬午	六白	成	参	5	壬子	三碧	除	鬼	3	辛巳	九紫	执	柳	2	辛亥	三碧	开	张
廿九	6	癸未	五黄	收	井	6	癸丑	二黑	满	柳	4	壬午	一白	破	星	3	壬子	四绿	闭	翼
三十	7	甲申	四绿	收	鬼						5	癸未	二黑	破	张	4	癸丑	五黄	闭	轸

公元1981年　辛酉鸡年　太岁文政　九星一白

月份	正月小 庚寅 震卦 八白 心宿					二月大 辛卯 巽卦 七赤 尾宿					三月小 壬辰 坎卦 六白 箕宿					四月小 癸巳 艮卦 五黄 斗宿				
节气	雨水 2月19日 十五戊辰 丑时 1时52分					惊蛰 3月6日 初一癸未 早子时 0时05分	春分 3月21日 十六戊戌 丑时 1时03分				清明 4月5日 初一癸丑 卯时 5时05分	谷雨 4月20日 十六戊辰 午时 12时19分				立夏 5月5日 初二癸未 亥时 22时35分	小满 5月21日 十八己亥 午时 11时39分			
农历	公历	干支	九星	日建	星宿	公历	干支	九星	日建	星宿	公历	干支	九星	日建	星宿	公历	干支	九星	日建	星宿
初一	5	甲寅	六白	建	角	6	癸未	八白	定	亢	5	癸丑	二黑	收	房	4	壬午	四绿	满	心
初二	6	乙卯	七赤	除	亢	7	甲申	九紫	执	氐	6	甲寅	三碧	开	心	5	癸未	五黄	满	尾
初三	7	丙辰	八白	满	氐	8	乙酉	一白	破	房	7	乙卯	四绿	闭	尾	6	甲申	六白	平	箕
初四	8	丁巳	九紫	平	房	9	丙戌	二黑	危	心	8	丙辰	五黄	建	箕	7	乙酉	七赤	定	斗
初五	9	戊午	一白	定	心	10	丁亥	三碧	成	尾	9	丁巳	六白	除	斗	8	丙戌	八白	执	牛
初六	10	己未	二黑	执	尾	11	戊子	四绿	收	箕	10	戊午	七赤	满	牛	9	丁亥	九紫	破	女
初七	11	庚申	三碧	破	箕	12	己丑	五黄	开	斗	11	己未	八白	平	女	10	戊子	一白	危	虚
初八	12	辛酉	四绿	危	斗	13	庚寅	六白	闭	牛	12	庚申	九紫	定	虚	11	己丑	二黑	成	危
初九	13	壬戌	五黄	成	牛	14	辛卯	七赤	建	女	13	辛酉	一白	执	危	12	庚寅	三碧	收	室
初十	14	癸亥	六白	收	女	15	壬辰	八白	除	虚	14	壬戌	二黑	破	室	13	辛卯	四绿	开	壁
十一	15	甲子	一白	开	虚	16	癸巳	九紫	满	危	15	癸亥	三碧	危	壁	14	壬辰	五黄	闭	奎
十二	16	乙丑	二黑	闭	危	17	甲午	一白	平	室	16	甲子	七赤	成	奎	15	癸巳	六白	建	娄
十三	17	丙寅	三碧	建	室	18	乙未	二黑	定	壁	17	乙丑	八白	收	娄	16	甲午	七赤	除	胃
十四	18	丁卯	四绿	除	壁	19	丙申	三碧	执	奎	18	丙寅	九紫	开	胃	17	乙未	八白	满	昴
十五	19	戊辰	二黑	满	奎	20	丁酉	四绿	破	娄	19	丁卯	一白	闭	昴	18	丙申	九紫	平	毕
十六	20	己巳	三碧	平	娄	21	戊戌	五黄	危	胃	20	戊辰	八白	建	毕	19	丁酉	一白	定	觜
十七	21	庚午	四绿	定	胃	22	己亥	六白	成	昴	21	己巳	九紫	除	觜	20	戊戌	二黑	执	参
十八	22	辛未	五黄	执	昴	23	庚子	七赤	收	毕	22	庚午	一白	满	参	21	己亥	三碧	破	井
十九	23	壬申	六白	破	毕	24	辛丑	八白	开	觜	23	辛未	二黑	平	井	22	庚子	四绿	危	鬼
二十	24	癸酉	七赤	危	觜	25	壬寅	九紫	闭	参	24	壬申	三碧	定	鬼	23	辛丑	五黄	成	柳
廿一	25	甲戌	八白	成	参	26	癸卯	一白	建	井	25	癸酉	四绿	执	柳	24	壬寅	六白	收	星
廿二	26	乙亥	九紫	收	井	27	甲辰	二黑	除	鬼	26	甲戌	五黄	破	星	25	癸卯	七赤	开	张
廿三	27	丙子	一白	开	鬼	28	乙巳	三碧	满	柳	27	乙亥	六白	危	张	26	甲辰	八白	闭	翼
廿四	28	丁丑	二黑	闭	柳	29	丙午	四绿	平	星	28	丙子	七赤	成	翼	27	乙巳	九紫	建	轸
廿五	3月	戊寅	三碧	建	星	30	丁未	五黄	定	张	29	丁丑	八白	收	轸	28	丙午	一白	除	角
廿六	2	己卯	四绿	除	张	31	戊申	六白	执	翼	30	戊寅	九紫	开	角	29	丁未	二黑	满	亢
廿七	3	庚辰	五黄	满	翼	4月	己酉	七赤	破	轸	5月	己卯	一白	闭	亢	30	戊申	三碧	平	氐
廿八	4	辛巳	六白	平	轸	2	庚戌	八白	危	角	2	庚辰	二黑	建	氐	31	己酉	四绿	定	房
廿九	5	壬午	七赤	定	角	3	辛亥	九紫	成	亢	3	辛巳	三碧	除	房	6月	庚戌	五黄	执	心
三十						4	壬子	一白	收	氐										

424

公元1981年　辛酉鸡年　太岁文政 九星一白

月份	五月大 甲午 四绿 坤卦 牛宿					六月小 乙未 三碧 乾卦 女宿					七月小 丙申 二黑 兑卦 虚宿					八月大 丁酉 一白 离卦 危宿				
节气	芒种 6月6日 初五乙卯 丑时 2时53分				夏至 6月21日 二十庚午 戌时 19时45分	小暑 7月7日 初六丙戌 未时 13时12分				大暑 7月23日 廿二壬寅 卯时 6时40分	立秋 8月7日 初八丁巳 亥时 22时57分				处暑 8月23日 廿四癸酉 未时 13时38分	白露 9月8日 十一己丑 丑时 1时43分				秋分 9月23日 廿六甲辰 午时 11时05分
农历	公历	干支	九星	日建	星宿	公历	干支	九星	日建	星宿	公历	干支	九星	日建	星宿	公历	干支	九星	日建	星宿
初一	2	辛亥	六白	破	尾	2	辛巳	一白	闭	斗	31	庚戌	八白	平	牛	29	己卯	六白	危	女
初二	3	壬子	七赤	危	箕	3	壬午	九紫	建	箕	8月	辛亥	七赤	定	女	30	庚辰	五黄	成	虚
初三	4	癸丑	八白	成	斗	4	癸未	八白	除	女	2	壬子	六白	执	虚	31	辛巳	四绿	收	危
初四	5	甲寅	九紫	收	牛	5	甲申	七赤	满	虚	3	癸丑	五黄	破	危	9月	壬午	三碧	开	室
初五	6	乙卯	一白	收	女	6	乙酉	六白	平	危	4	甲寅	四绿	危	室	2	癸未	二黑	闭	壁
初六	7	丙辰	二黑	开	虚	7	丙戌	五黄	平	室	5	乙卯	三碧	成	壁	3	甲申	一白	建	奎
初七	8	丁巳	三碧	闭	危	8	丁亥	四绿	定	壁	6	丙辰	二黑	收	奎	4	乙酉	九紫	除	娄
初八	9	戊午	四绿	建	室	9	戊子	三碧	执	奎	7	丁巳	一白	收	娄	5	丙戌	八白	满	胃
初九	10	己未	五黄	除	壁	10	己丑	二黑	破	娄	8	戊午	九紫	开	胃	6	丁亥	七赤	平	昴
初十	11	庚申	六白	满	奎	11	庚寅	一白	危	胃	9	己未	八白	闭	昴	7	戊子	六白	定	毕
十一	12	辛酉	七赤	平	娄	12	辛卯	九紫	成	昴	10	庚申	七赤	建	毕	8	己丑	五黄	定	觜
十二	13	壬戌	八白	定	胃	13	壬辰	八白	收	毕	11	辛酉	六白	除	觜	9	庚寅	四绿	执	参
十三	14	癸亥	九紫	执	昴	14	癸巳	七赤	开	觜	12	壬戌	五黄	满	参	10	辛卯	三碧	破	井
十四	15	甲子	四绿	破	毕	15	甲午	六白	闭	参	13	癸亥	四绿	平	井	11	壬辰	二黑	危	鬼
十五	16	乙丑	五黄	危	觜	16	乙未	五黄	建	井	14	甲子	九紫	定	鬼	12	癸巳	一白	成	柳
十六	17	丙寅	六白	成	参	17	丙申	四绿	除	鬼	15	乙丑	八白	执	柳	13	甲午	九紫	收	星
十七	18	丁卯	七赤	收	井	18	丁酉	三碧	满	柳	16	丙寅	七赤	破	星	14	乙未	八白	开	张
十八	19	戊辰	八白	开	鬼	19	戊戌	二黑	平	星	17	丁卯	六白	危	张	15	丙申	七赤	闭	翼
十九	20	己巳	九紫	闭	柳	20	己亥	一白	定	张	18	戊辰	五黄	成	翼	16	丁酉	六白	建	轸
二十	21	庚午	三碧	建	星	21	庚子	九紫	执	翼	19	己巳	四绿	收	轸	17	戊戌	五黄	除	角
廿一	22	辛未	二黑	除	张	22	辛丑	八白	破	轸	20	庚午	三碧	开	角	18	己亥	四绿	满	亢
廿二	23	壬申	一白	满	翼	23	壬寅	七赤	危	角	21	辛未	二黑	闭	亢	19	庚子	三碧	平	氐
廿三	24	癸酉	九紫	平	轸	24	癸卯	六白	成	亢	22	壬申	一白	建	氐	20	辛丑	二黑	定	房
廿四	25	甲戌	八白	定	角	25	甲辰	五黄	收	氐	23	癸酉	三碧	除	房	21	壬寅	一白	执	心
廿五	26	乙亥	七赤	执	亢	26	乙巳	四绿	开	房	24	甲戌	二黑	满	心	22	癸卯	九紫	破	尾
廿六	27	丙子	六白	破	氐	27	丙午	三碧	闭	心	25	乙亥	一白	平	尾	23	甲辰	八白	危	箕
廿七	28	丁丑	五黄	危	房	28	丁未	二黑	建	尾	26	丙子	九紫	定	箕	24	乙巳	七赤	成	斗
廿八	29	戊寅	四绿	成	心	29	戊申	一白	除	箕	27	丁丑	八白	执	斗	25	丙午	六白	收	牛
廿九	30	己卯	三碧	收	尾	30	己酉	九紫	满	斗	28	戊寅	七赤	破	牛	26	丁未	五黄	开	女
三十	7月	庚辰	二黑	开	箕											27	戊申	四绿	闭	虚

国学经典文库

中华历书大全

·1900~2100年万年历法表·

图文珍藏版

公元1981年　辛酉鸡年　太岁文政　九星一白

月份	九月大 戊戌 震卦 九紫室宿					十月小 己亥 巽卦 八白壁宿					十一月大 庚子 坎卦 七赤奎宿					十二月大 辛丑 艮卦 六白娄宿				
节气	寒露 10月8日 十一己未 酉时 17时10分		霜降 10月23日 廿六甲戌 戌时 20时13分			立冬 11月7日 十一己丑 戌时 20时09分		小雪 11月22日 廿六甲辰 酉时 17时36分			大雪 12月7日 十二己未 午时 12时52分		冬至 12月22日 廿七甲戌 卯时 6时51分			小寒 1月6日 十二己丑 早子时 0时03分		大寒 1月20日 廿六癸卯 酉时 17时31分		
农历	公历	干支	九星	日建	星宿	公历	干支	九星	日建	星宿	公历	干支	九星	日建	星宿	公历	干支	九星	日建	星宿
初一	28	己酉	三碧	建	危	28	己卯	九紫	执	壁	26	戊申	七赤	收	奎	26	戊寅	六白	满	胃
初二	29	庚戌	二黑	除	室	29	庚辰	八白	破	奎	27	己酉	六白	开	娄	27	己卯	七赤	平	昴
初三	30	辛亥	一白	满	壁	30	辛巳	七赤	危	娄	28	庚戌	五黄	闭	胃	28	庚辰	八白	定	毕
初四	10月	壬子	九紫	平	奎	31	壬午	六白	成	胃	29	辛亥	四绿	建	昴	29	辛巳	九紫	执	觜
初五	2	癸丑	八白	定	娄	11月	癸未	五黄	收	昴	30	壬子	三碧	除	毕	30	壬午	一白	破	参
初六	3	甲寅	七赤	执	胃	2	甲申	四绿	开	毕	12月	癸丑	二黑	满	觜	31	癸未	二黑	危	井
初七	4	乙卯	六白	破	昴	3	乙酉	三碧	闭	觜	2	甲寅	一白	平	参	1月	甲申	三碧	成	鬼
初八	5	丙辰	五黄	危	毕	4	丙戌	二黑	建	参	3	乙卯	九紫	定	井	2	乙酉	四绿	收	柳
初九	6	丁巳	四绿	成	觜	5	丁亥	一白	除	井	4	丙辰	八白	执	鬼	3	丙戌	五黄	开	星
初十	7	戊午	三碧	收	参	6	戊子	九紫	满	鬼	5	丁巳	七赤	破	柳	4	丁亥	六白	闭	张
十一	8	己未	二黑	收	井	7	己丑	八白	满	柳	6	戊午	六白	危	星	5	戊子	七赤	建	翼
十二	9	庚申	一白	开	鬼	8	庚寅	七赤	平	星	7	己未	五黄	成	张	6	己丑	八白	建	轸
十三	10	辛酉	九紫	闭	柳	9	辛卯	六白	定	张	8	庚申	四绿	收	翼	7	庚寅	九紫	除	角
十四	11	壬戌	八白	建	星	10	壬辰	五黄	执	翼	9	辛酉	三碧	开	轸	8	辛卯	一白	满	亢
十五	12	癸亥	七赤	除	张	11	癸巳	四绿	破	轸	10	壬戌	二黑	开	角	9	壬辰	二黑	平	氐
十六	13	甲子	三碧	满	翼	12	甲午	三碧	危	角	11	癸亥	一白	闭	亢	10	癸巳	三碧	定	房
十七	14	乙丑	二黑	平	轸	13	乙未	二黑	成	亢	12	甲子	六白	建	氐	11	甲午	四绿	执	心
十八	15	丙寅	一白	定	角	14	丙申	一白	收	氐	13	乙丑	五黄	除	房	12	乙未	五黄	破	尾
十九	16	丁卯	九紫	执	亢	15	丁酉	九紫	开	房	14	丙寅	四绿	满	心	13	丙申	六白	危	箕
二十	17	戊辰	八白	破	氐	16	戊戌	八白	闭	心	15	丁卯	三碧	平	尾	14	丁酉	七赤	成	斗
廿一	18	己巳	七赤	危	房	17	己亥	七赤	建	尾	16	戊辰	二黑	定	箕	15	戊戌	八白	收	牛
廿二	19	庚午	六白	成	心	18	庚子	六白	除	箕	17	己巳	一白	执	斗	16	己亥	九紫	开	女
廿三	20	辛未	五黄	收	尾	19	辛丑	五黄	满	斗	18	庚午	九紫	破	牛	17	庚子	一白	闭	虚
廿四	21	壬申	四绿	开	箕	20	壬寅	四绿	平	牛	19	辛未	八白	危	女	18	辛丑	二黑	建	危
廿五	22	癸酉	三碧	闭	斗	21	癸卯	三碧	定	女	20	壬申	七赤	成	虚	19	壬寅	三碧	除	室
廿六	23	甲戌	五黄	建	牛	22	甲辰	二黑	执	虚	21	癸酉	六白	收	危	20	癸卯	四绿	满	壁
廿七	24	乙亥	四绿	除	女	23	乙巳	一白	破	危	22	甲戌	二黑	开	室	21	甲辰	五黄	平	奎
廿八	25	丙子	三碧	满	虚	24	丙午	九紫	危	室	23	乙亥	三碧	闭	壁	22	乙巳	六白	定	娄
廿九	26	丁丑	二黑	平	危	25	丁未	八白	成	壁	24	丙子	四绿	建	奎	23	丙午	七赤	执	胃
三十	27	戊寅	一白	定	室						25	丁丑	五黄	除	娄	24	丁未	八白	破	昴